柴达木枸杞

主 编

海 平 王水潮

上海科学技术出版社

图书在版编目(CIP)数据

柴达木枸杞 / 海平,王水潮主编.—上海:上海科学技术
出版社,2020.4
　ISBN 978-7-5478-4806-7

　Ⅰ.①柴…　Ⅱ.①海…②王…　Ⅲ.①柴达木盆地-枸杞
Ⅳ.①S567.1

中国版本图书馆 CIP 数据核字(2020)第 036547 号

审图号:青 S(2020)011 号

内容提要

　　本书是一部关于柴达木枸杞道地质量综合评价体系论述的专著,考证了枸杞名称来源和药用历史,总结了枸杞野生与栽培种质资源、生物学特性、生药学、药理学和化学成分研究概况,详细论述了柴达木枸杞道地性形成的历史原因及品质特征,介绍了柴达木枸杞种植技术以及枸杞干果、枸杞汁、枸杞酒、枸杞油生产加工技术。可为从事枸杞教学、科研、临床与栽培种植、生产加工人员提供参考。

项目支持

　　本书编写和出版得到青海省科技基础条件平台建设专项"青海省药品检验检测平台"(项目编号:2017-ZJ-Y40)和"青海省中藏药材数字化技术服务平台"(项目编号:2018-ZJ-T06)支持。

柴达木枸杞
主编　海　平　王水潮

上海世纪出版(集团)有限公司
上海科学技术出版社　出版、发行
(上海钦州南路 71 号　邮政编码 200235　www.sstp.cn)
上海中华商务联合印刷有限公司印刷
开本 889×1194　1/16　印张 40
字数:1000 千字
2020 年 4 月第 1 版　2020 年 4 月第 1 次印刷
ISBN 978-7-5478-4806-7 / R·2028
定价:398.00 元

编 委 会

主 编

海　平　　王水潮

副主编

韩晓萍　　宋　霞　　彭　敏　　魏立新

编 者

（按姓氏笔画为序）

马春花　　马颖娴　　王启林　　王彦林　　亢俊铧

达洛嘉　　刘　明　　孙允武　　李　志　　李生洪

李亚楠　　李国红　　李镇冰　　张占权　　张志成

张国英　　张建美　　陈　志　　拉毛杰　　周　霈

郑永彪　　钟启国　　骆桂法　　耿万益　　贾守宁

晏晓辉　　郭全兴　　崔亚君　　魏玉海

主要编写单位

青海省药品检验检测院

青海省中藏药现代化研究重点实验室

主编简介

　　海平,生于 1964 年 6 月,河南邓州市人,研究员,青海省医学学科带头人,青海大学硕士研究生导师。1985 年毕业于山东医学院药学系,主要从事药理毒理、药品检验、质量控制等领域研究工作。曾任青海省心脑血管病专科医院副院长,现任青海省药品检验检测院党委书记、院长,青海省中藏药现代化研究重点实验室主任。国家执业药师工作专家、中国药学会高级会员、中国药理学会会员、青海省药学会副理事长及药理专业委员会主任委员和学术交流部主任、青海省食品安全风险评估专家委员会委员兼首席专家、《青海医学院学报》《青海医药杂志》编委等。主持国家"八五"重点攻关课题子课题、国家科技重大专项-重大新药创制子课题、藏药七十味珍珠丸药效及作用机制研究、青海省基本药物藏成药品种质量安全分析评价研究等课题 30 余项。获青海省科技进步奖、青海省医药卫生科技奖等 6 项,省科技成果 26 项,专利 8 项,编写出版学术著作及科普图书 9 部,发表论文 78 篇,组织完成药品标准制订、修订近 200 项。

　　王水潮,生于 1963 年 9 月,陕西大荔人,主任药师。1986 年毕业于陕西中医学院药学系。曾任青海省药品监督办公室主任、西宁市食品药品监督管理局局长、青海省药品检验所所长等职务,中国药学会会员,药品 GMP、GSP 认证检查员。在青海高原一直从事药品检验与监督、中藏药资源调查、药品标准研究工作,完成中藏药检品 2 000 余批次,制作与整理药材标本 3 600 余份。在国内出版、发表著作及论文 30余(部)篇,先后主编《矿物药历史沿革与演变》《青海省食品药品检验简史》、合著《中国藏药》三卷和《常用药经验鉴别》等著作,在相关期刊发表论文 27 篇。主持藿香正气水、板蓝根冲剂等产品仿制与塞龙骨胶囊、藏茵陈片等标准科研工作。曾获青海省科技进步奖 2 项,青海省卫生厅科技三等奖 2 项,中国药品生物制品鉴定所优秀成果奖 1 项。组织处理了全国性药品有害和不良反应事件 10 余起。近年来主要从事青海枸杞为主的道地药材研究与开发工作。

序　言

　　枸杞子(Fructus Lycii)是我国传统名贵药材,作为药材始载于中医药经典《神农本草经》,至今已有2 000多年历史。《中华人民共和国药典》(1963～2015版)均规定枸杞子来源为茄科植物宁夏枸杞(*Lycium barbarum* L.)的干燥成熟果实,枸杞子性甘味平,有滋补肝肾、益精明目的功效。近年来研究表明,其含有枸杞多糖、甜菜碱、黄酮、β-胡萝卜素等丰富的活性物质,已成为国内外研究热点。枸杞在品种选育与鉴定、化学成分与药理作用、临床应用等研究方面成果报道较多,还涉及细胞学、分子学、种植栽培、医药及保健食品开发等方面,表明枸杞子无论在临床应用还是保健食品开发领域都有广阔前景。

　　柴达木盆地是我国枸杞的原生地之一,枸杞野生资源与栽培资源较丰富,其中柴达木枸杞与宁夏枸杞为同一物种,被中医药行业称之为"柴杞"。青海省药品检验检测院等单位共同研究并撰写本书,以阐述柴达木枸杞的中医道地优质性,我十分赞成本书的撰写思路和方向。

　　柴达木枸杞颗粒饱满、色泽红润、肉厚籽少、味甜,是商品枸杞中的上品。成分测试结果表明柴达木枸杞中枸杞多糖、总糖、甜菜碱、胡萝卜素、黄酮等多种活性成分含量较高。近几十年来,青海枸杞种植产业不断扩大,其质量被中医药临床和作为健康保健食品的实践历史所认可,这得益于柴达木盆地特殊的生态环境与气象因子,青海柴达木每年日照时间在2 530～3 200小时,太阳辐照强烈,年平均气温4.5 ℃,生态环境洁净,水源、土壤、大气无污染,病虫害少,所以生产的枸杞质量好,多为绿色有机产品。特殊环境生长的枸杞活性成分丰富而且含量高,富含硒,这些道地特征是难得的。柴达木枸杞道地品质更得益于柴达木地区枸杞种质资源丰富,野生枸杞居群和连片种植居群生物性特征突出,保证了枸杞物种的生物遗传多样性。柴达木枸杞种植比全国其他产区既有优势也有难度,本书介绍的柴达木枸杞系列种植技术规范、篱架栽培技术和丰产栽培技术较适应于青海高原枸杞生产,有利于促进柴达木枸杞道地性的形成与发展。相信本书的出版,对保护柴达木枸杞生物遗传多样性、提升品牌效应、改进枸杞药材生产方式、提升柴达木枸杞质量与产量,具有积极的推动作用。因此,我十分高兴能与青海省药品检验检测院专家合作推荐这本书,谨以上言,不吝指教。

中国工程院院士

吴天一

2019 年 12 月

前　言

　　青海柴达木盆地是茄科植物宁夏枸杞(*Lycium barbarum* L.)的传统产地，*barbarum* 是用地名确定的种名，原意是"北非洲的"，译为非洲枸杞，现传译为"宁夏的"，L. 是 1753 年发现该物种的瑞典植物学家林奈的名字缩写。宁夏枸杞是 1959 年《中药志》确定的该植物的中文名称，并非专指宁夏产区的枸杞，中国其他地区野生与种植的该物种都称为宁夏枸杞。该物种产于柴达木地区的果实是《中国药典》中枸杞子的重要来源之一，被称为"柴杞"，属商品"西枸杞"规格。枸杞子具有滋补肝肾、益精明目的功效，用于虚劳精亏、腰膝酸痛、眩晕耳鸣、内热消渴、血虚萎黄、目昏不明等症。现代研究表明，枸杞子具有增强免疫力、抗肿瘤、延缓衰老、降血脂、降血糖、抗氧化、增强造血功能等药理作用。1988 年枸杞子被卫生部确定为食药两用品种。随着我国中老年人数量的增加，人们回归自然、注重保健的意识不断提升，枸杞子国内销售市场呈现快速增长趋势，而且不断突破"中华文化圈"，作为一种健康营养增补剂，得到欧美消费者青睐，被美国人称为喜马拉雅山"中国雪果"。近年来枸杞子国际出口量逐年递增，行业人士有"枸杞市场在宁夏，市场品质在青海"的赞誉。在大健康背景下，柴达木枸杞产业发展前景十分广阔。

　　柴达木盆地也是枸杞的原生地之一，柴达木地区植物种类少，但表现出一定的古老特征。由于造山运动的影响，留下许多古老的地中海植物区系物种，典型的有白刺、黑枸杞、枸杞、梭梭等。至今，位于都兰五龙沟的野生宁夏枸杞林约有 3 400 亩，在格尔木方圆 200 km² 内有 20 多万亩野生枸杞林带，这些是我国野生枸杞的分布中心，是世界唯一的野生枸杞居群和种质资源库。所以，青海柴达木在民间有"中华枸杞祖源地"之说，也被称为"宁夏枸杞的老家"，枸杞的别名"西王母杖"也与柴达木当地称呼吻合。20 世纪 50 年代中期，柴达木人就已经开始人工驯化野生枸杞，60 年代至今，当地市场上有枸杞子种植品和野生品两种。自 20 世纪 70 年代后期，柴达木人开始从宁夏产区引植优良品种，从此，枸杞子商品主要以栽培品为主要来源。自 2000 年以后实施退耕还林工程、"三北"防护林工程和防沙工程，柴达木枸杞迎来发展壮大的机遇，在盆地东南边缘区域和腹地沙区数十个绿洲及周边地区，因地制宜集中连片营造枸杞经济林，取得生态防护与经济发展双重效益。青海省人民政府相继出台《关于促进枸杞加工产业发展的意见》《青海省枸杞产业发展规划》和《青海省关于加快有机枸杞产业发展实施意见》等政策，提出"生态立省"战略，青海相关职能部门提出"东部沙棘，西部枸杞"的林业发展政策。这些政策明确枸杞产业新的发展思路、方向和重点任务，给柴达木枸杞产业发展注入活力和推动力。2004～2014 年，枸杞林发展规模达到 43 万亩，至 2017 年达到 70 万亩，盛果期枸杞接近 30 万亩，年产干果达 8 万吨，成为独立的位居全国第二位的种植"居群"。同时,柴达木枸杞系列新品种相继研发成功,具有自主知识产权的新品种 6 个。良种繁育技术与高原枸杞篱架栽培技术成果达到国内领先水平。柴达木枸杞产业成为生态、脱贫、富农、推动农村经济发展的主导产业。柴达木枸杞产地被授予"中国枸杞之乡"称号,获得国家地理标志保护产品许可,入选中欧地理标志互认产品名单,成为全国 35 个中欧地标互认产品之一。2018 年 4 月,柴达木有机枸杞价格指数为 921.06 点,成为全国有机枸杞产业的风向标和晴雨表。2019 年 11 月 26 日,中国外交部向全世界推介青海,明确青海有机枸杞产量居中国首位。柴达木枸杞产业的现状与宁夏产区特点极为相似,共同由成长期向成熟期转化,占据国内 35%～40% 的市场份额。但是,柴达木枸杞产业起步较晚,高端产品缺少,品种良莠不齐问题突出。受地域影响,柴达木枸杞 50%～60% 的产量是冠以宁夏产区的名义进入国内外市场。好药材没有好价格,好品质没有好品牌,柴达木枸杞在市场上话语权不重。基于此,青海省药品检验检测院以青海省科技厅科技基础条件平台项目"青海省药品检验检测平台"建设为契机,联合省内外高校科研院所,对柴达木枸杞的道地优质性进行专项研究。一方面,采取本草经典、地方志和传统用药经验并结合中医临床应用柴达木枸杞实际情况进行道地性研究分析与评价;另一方面,借助现代分析手段测试柴达木枸杞活性和营养成分,对比全国枸杞各产区化学成分差异性以及生态因子的影响关系,借助近年来分子生物学研究成果,利用 DNA 指纹图谱和化学指纹图谱实验研究结论评定柴达木枸杞物种基因与品质,总结柴达木枸杞生物学和化学成分特征,健全现代化柴达木枸杞道地质量综合评价体系,整理并著成《柴达木枸杞》一书。

本书介绍柴达木枸杞道地性品质研究概论,包括枸杞源流探析、枸杞资源学、枸杞生物学特征、枸杞生药学及临床应用、枸杞药理学研究、枸杞化学成分研究、柴达木枸杞生境分析、柴达木枸杞栽培技术、柴达木枸杞道地优质性评价、柴达木枸杞生产与质量管理、柴达木枸杞深加工技术及产业化发展战略研究等 12 个章节。"柴杞"道地优质性表现为:一是物质属性,柴达木枸杞物种为宁夏枸杞。主要栽培品种有宁杞 1 号、5 号、7 号,柴杞 1 号、2 号、3 号,青杞 1 号。DNA 指纹图谱研究表明,这些主要栽培品种与宁杞 1 号和青海野生宁夏枸杞同源(即为同一生物基因),构成柴达木枸杞道地性的物种、基因和质量基础。二是道地产地,产区处于柴达木盆地及边缘海南州共和沙珠玉乡区域。介于 $90°16'～99°16'E,35°00'～39°20'N$ 之间,海拔 2 600～3 200 m,主要种植在都兰、诺木洪、格尔木、德令哈、乌兰等地,其中诺木洪有世界吉尼斯纪录中海拔最高的连片种植基地。产区属"世界四大超净区""第三极",而且气候干燥、冷凉,紫外线强、昼夜温差大、病虫害较轻、农药残留量和重金属污染较少,是目前国内最大的有机枸杞种植基地,构成柴达木枸杞道地性的产地基础。三是柴达木枸杞活性成分和营养成分由于受独特的自然环境影响,光合作用强,有效成分积累多,普遍较其他产区含量较高,这是构成柴达木枸杞的道地性的品质基础。四是中医药疗效明显。20 世纪 50～80 年代,中医药界认为柴达木枸杞"质量佳、产量亦大"并收载于《中药学》《中药材手册》等教材和工具书中。枸杞在柴达木产量大,广泛应用于中医临床和中药生产之中。五是商品率特征。柴达木枸杞干果粒大饱满,籽小肉厚,农药残留少,口感好。按药材商品规格标准划分,其中特优级占比率大,充分体现柴达木枸杞生物学特性与道地优质性。六是柴达木枸杞有机、绿色、无公害、标准化种植与管理,是其道地优质性的基本保证。柴达木枸杞的道地性形成是由生物因素、生态因素、人为因素等长期演变和实践的结果,其中种植、加工、炮制技术是重要的人为因素条件,是道地性形成的重要保障,也为柴达木枸杞道地药材的良性发展打下坚实基础。

本书的出版旨在为柴达木枸杞道地优质性的存在、形成和确定提供理论依据和科学实验证据,旨在为枸杞中药材种植质量管理规范(GAP)生产、品牌创立、知识产权与地理标志产品保护提供技术与科学支撑,从而丰富柴达木枸杞的品牌和知识产权建设内容,为推动青海枸杞产业乃至全国枸杞产业健康发展并走向国际化提供资料和技术支撑。本书适合于枸杞育种、育苗、栽培、种植、深加工、中药生产、保健食品生产、销售、临床应用、大众养生等全产业链一线人员应用,对从事枸杞专门研究的科研人员、教育培训及热爱枸杞产业的广大仁人也有一定参考价值。

本书所涉及的枸杞栽培与加工技术以青海产区为主,由于全国栽培区域较多,生长环境与生产方式的不同,枸杞质量参差不齐,对本书中柴达木枸杞道地质量综合评价体系要因地制宜,灵活运用。

虽经努力,几易成稿,由于牵涉面广,作者水平有限,疏漏和不足之处在所难免,敬请广大读者批评指正。

编 者

2019 年 12 月

目　录

第一章

枸杞源流探析

从历史古典和医药经典著作考证枸杞的名称、来源、产地、药性、功效与主治，以及品种变化的发展概况，从中梳理枸杞食用、药用历史发展脉络，探明其深受历代医药家重视、应用的原因。

第一节　枸杞名称考释(殷商春秋时期)

一、甲骨文"杞"字考释

甲骨文是中国商代后期刻写在龟甲和兽骨上的文字，主要指殷墟甲骨文，又名"王八担""殷契"，是王室用于占卜记事的文字。

甲骨卜辞中有"杞"(图 1-1)，在《殷墟书契前编》(罗振玉，1913)和《甲骨文编》(孙海波，1934)两本甲骨文工具书中均收入此字。商末和周初青铜器铭文也有此字，字形由上下结构转化为左右结构，和今文"杞"字的结构很相似。

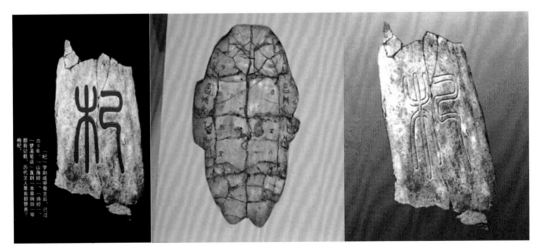

图 1-1　含"杞"字的龟甲

《枸杞史话》(周兴华等，2009)中，"杞"字有 3 种写法：

第一种写作 ，见于罗振玉《殷墟书契前编·

八》；第二种写作 ，见于罗振玉《殷墟书契后编·上一三》；第三种写作 ，见于罗振玉《殷墟书契后编·下三七》。

对上述甲骨文卜辞中的"杞"字,甲骨文名家罗振玉依据《说文解字》解释说:"杞,枸杞也。从木已声。"《尔雅·释木》载:"杞,枸檵。舍人曰:枸杞也。孙曰:即今枸芑。"段玉裁《说文解字注》:"杞,枸杞也。按释木,《毛传》皆云。杞,枸檵,《礼记郑注》亦云。芑,枸檵也。"郭注《尔雅》云:"今枸杞也。是则枸檵为古名。枸杞虽见本草经,而为今名。许檵篆下当云,枸檵杞也。"

甲骨卜辞中的"杞"字,有的也可能指"姓氏""地名"或"国名"。据《史记》和《通志》记载,"杞氏"为"夏禹之后"。"禹兴于西羌",周兴华(2009)考证枸杞自古盛产于"陇右河西",即今宁夏、甘肃、青海一带,这也是大禹族人繁衍生息的地方。所以夏禹时代人们就将对生命具有神奇作用的枸杞树作为图腾。

甲骨文中关于殷商时代农事的内容较多,有"田""作大田"的记载,还有"黍""稷""麦""稻""杞"等农作物的名称。甲骨卜辞"己卯卜行贞,王其田亡灾,在杞"的记载,意思是国王在"杞""田"中占卜有无自然灾害。"杞"即枸杞。"田"是指种满了枸杞的农田。所以,甲骨卜辞"王其田亡灭,在杞"的记载证明枸杞在殷商时代已有人工栽培种植,并成为一种果木。

甲骨卜辞中的"庚辰卜行贞,王其步自杞,亡灾""庚寅卜在女香贞,王步于杞,亡灾;壬辰卜,在杞贞,王步于意,亡灾"。以上卜辞都是说国王祈福枸杞无灾的吉兆。

甲骨文对枸杞的记载说明:一是殷商时代枸杞已人工栽培种植。二是当时的国王及民众对枸杞非常重视。三是证实了当时的人迷信,无事不卜,对枸杞等农作物的丰歉占卜正是这种心态的表现。

"杞"字形演变:

杞字源解说:己,既是声旁也是形旁,是"纪"的省略,表示系绑。杞,甲骨文 = 木(木)+ 弓(纪,绑)。造字本意:结卵圆形红色浆果的落叶小灌木,古人将其捆扎成束晾干作药。金文 承续甲骨文字

形。篆文 调整为左右结构。

二、《山海经》枸杞考释

枸杞作为神奇果树被古人崇拜。据史料考证,枸杞植物始载于《山海经》(图1-2)。

图1-2 《山海经》

《山海经》中有关枸杞的记载有:《南次二经》,"又东四百里,曰虏勺之山,其上多梓楠,其下多荆、杞。滂水出焉,而东流注于海。"译文为:再往东四百里,有山叫虏勺山,山上有很多梓树和楠树,山下有很多牡荆和枸杞。滂水从这里发源而东流入大海。文中"杞"指枸杞。《西山经》,"又西八十里,曰小华之山,其木多荆、杞……食之已心痛。"译文为:再往西八十里,有山叫小华山,山上的树木大多是牡荆和枸杞……"杞"即指枸杞。《东次二经》,"又南三百八十里,曰余峨之山,其上多梓,其下多荆、芑……"译文为:再往南三百八十里,有山叫余峨山,山上有很多梓树和楠树,上下有许多牡荆和枸杞……"芑"同"杞",即枸杞。《东次四经》,"又南二百二十里,曰东始之山,上多仓玉。有木焉,其状如杨而赤理,其汁如血,不实,其名曰芑,可以服马。"译文为:……东始山多产青玉,山里有一种树,形状像杨柳却有红色纹理。汁液红色像血,其名叫"芑",可以使马驯服。有论者认为"其名曰芑""其汁如血"描述的是枸杞无疑(周兴华,2009)。"芑"字,郭璞注音"起(qi)",李善注《西京赋》引此经作"杞",《礼记正义·卷五十四》:"芑,枸杞也。"再者,杨柳科灌木均无"其汁如血"的液体流出,所以,此处的"芑"当为枸杞。《中山十二经》,"又东南一百八十里,曰暴山,其

木多棕、荆、芑、竹、菌……又东南一百五十九里,曰尧山,其阴多黄垩,其阳多黄金,其木多荆芑柳檀,其草多诸舆术又南九十里,曰柴桑之山……其木多柳芑、楮桑。又东二百三十里,曰荣余之山……其木多柳芑,其虫多怪蛇虫。"译文为:向东南一百八十里,有山叫暴山,这里草木大多是棕树、楠树、牡荆、枸杞以及竹类植物。再往东南一百五十九里,有山叫尧山,山的北西产黄垩土,南面产金矿,这里的树木大多是牡荆、枸杞、柳树、檀树,草类大多是山药、苍术和白术。向南九十里,有山叫柴桑之山,这里的植物多是柳树、枸杞、楮树、桑树……再向东二百三十里,有山叫荣余山……山上树木多是柳树、枸杞,这里的虫类大多是蛇虫。"芑"即"杞",指枸杞。

以上引述《山海经》十余座山川,都生长着枸杞(杞、芑),有的山上生活着野牛、神鸟和其他野兽(梁渠);有的山上有奇石、金银矿石、玉石等;说明当时的人们对枸杞这一物种价值有明确认识,"其汁如血"说明古人认为枸杞对人和动物的性命有良好的作用,这也是朴素原始的类比法,是一种对天人合一的探索,也是中药药象学的始载。

从以上甲骨文和《山海经》记载可知,枸杞种植年代当早于甲骨文时期,枸杞种植与食用至今已有4 000多年历史。

三、《诗经》枸杞考释

《诗经》中《朕风·将仲子》:"将仲子兮！无逾我里,无折我树杞。岂敢爱之？畏我父母。仲可怀也,父母之言,亦可畏也！"译文为:仲哥哥听我讲,不要跨过里外墙,莫把杞树来碰伤。不是爱惜这些树,只是怕我爹和娘,无时不把哥牵挂,又怕爹娘来责骂,这事真叫我害怕。

《小雅·杕杜》:"陟坡北山,言采其杞。王事靡盬,忧我父母……"译文为:登上那座北山冈,采点枸杞尝一尝。身强力壮众士子,从早到晚干事忙,无法服侍我爹娘。《小雅·湛露》:"湛湛露斯,在彼杞棘。"《小雅·四月》:"山有蕨薇,隰有杞桋。君子作歌,维以告哀！"《小雅·北山》:"陟彼北山,言采其杞……"

《大雅·文王有声》:"丰水有芑,武王岂不仕……"

《小雅·南山有台》:"南山有杞,北山有李……南山有枸,北山有楰……"全诗分五节,第三节、第五节提到杞树和枸树,"枸杞"一名的来由,源自两个树种特征的合称,其树干为"杞树"的形态,树枝则状如"枸树"鸡爪形的果实。

《诗经》中对枸杞的歌咏很多,有表达对君王崇敬的,有表达对爱情忠贞的,也有表达建功立业等愿望的。周兴华(2009)通过考证《小雅·采芑》和《大雅·生民》两章节,认为在西周栽培种植枸杞已成为一种耕作习惯,后稷种植枸杞等农作物有高超技艺,《诗经》中10余篇有关枸杞的记载均与周人生产活动紧密相关,枸杞作为一种与人的健康紧密相关的珍贵果木,在西周时代就已大规模栽培种植和食用酿酒了(图1-3)。

图1-3 《山海经》《诗经》著作

第二节 历代本草枸杞考证

枸杞药用始载于神农时代,至今约有2500年的历史。

一、秦汉时期

枸杞药用历史可追溯于三皇五帝时代。神农氏是华夏古代"三皇"之一,神农始尝百草,始有医药。

我国最早的医书《五十二病方》中有枸杞植物入药的记载:"毒乌(喙)者,一,取杞本长尺,大如指,削,(春)木臼中,煮以酒。""杞本"经考证为枸杞根(周兴华,2009)。

成书于战国至秦汉时期,记载上古以来华夏族群的医药著作《神农本草经》,首次记载了枸杞的药用功效。在《卷一·上经》中记载:"枸杞味苦寒。主五内邪气,热中,消渴,固痹。久服,坚筋骨,轻身不老。一名杞根,一名地骨,一名杞忌,一名地辅。生平泽。"将枸杞列为主养命以应天,无毒,多服久服不伤人,欲轻身益气不老延年者之木类药品中的上品。说明当时人们已摸索出枸杞补肝肾之功。南朝齐梁时代的《神农本草经》版本,记载了上述功效,还增加了"耐寒暑,下胸肾气,客热,头疼,补内伤,大劳嘘吸,强阴,利大小肠,补精气诸不足,易颜色,变白,明目定神,令人长寿"的功效(陈润东,2014)。

《神农本草经》的清代译注版本对记载的枸杞认识更加深刻。陈修园《神农本草经读》记载:枸杞气寒,禀水气而入肾,味苦无毒,得火味而入心。五内即五藏。五藏为藏阴之地,热气伤阴,即为邪气。邪气伏于中,则为热中,热中则津液不足。内不能滋润藏府而为消渴,外不能灌溉经络为周痹。热甚则生风,热郁则成湿,种种相因。唯枸杞之苦寒清热,可以统主之。久服坚筋骨,轻身不老,耐寒暑三句,则又申言其心肾交补之功,以肾字从坚。补之即所以坚之也,坚则身健而轻,自忘老态,且肾水足可以耐暑,心火宁可以耐寒。洵为服食之上剂,然苦寒二字,《本经》概根、苗、花、子而言。若单论其子,严冬霜雪之中,红润可爱,是禀少阴水精之气,兼少阴君火之化,为补养心肾之良药,但性缓不可治大病急病耳——说明了枸杞子重在补阴,强阴就是补阴的意思。从神农本草经记载分析,古人尚未明确枸杞的药用部位,主无内邪气,热中消渴可能指的是根,久服坚筋骨,轻身不老是叶或子的功效。

二、魏晋南北朝时期

继《神农本草经》之后,梁代陶弘景总结了汉代至魏晋时期枸杞药用经验。在《名医别录》中有新的记载:"枸杞根大寒,子微寒,无毒。主治风湿,下胸胁气,客热头痛,补内伤,大劳,嘘吸,坚筋骨,强阴,利大小肠。久服耐寒暑。一名羊乳,一名却暑,一名仙人杖,一名西王母杖。生常山及诸丘陵板岸上。冬采根,春夏采叶,秋采茎实,阴干。"首次出现了药用部位的区分。根与叶性味有别,但对驱邪和补益的功效却未能细分开来。陶氏的论证,得到了后世

《神农本草经》各种辑本、注释本等多种版本的继承,是对秦汉时期《神农本草经》的继承、完善、补充和发展,强调枸杞子补养之功是陶弘景的重大贡献(图1-4)。

图1-4　现代出版的秦汉唐宋元时期本草著作

晋代葛洪在《肘后备急方》中单用枸杞子捣汁,日点3~5次,治疗目赤生翳,较早地将该药用于眼科疾患(张建华,2002)。

《本草经集注》是在《神农本草经》之后,由公元2世纪以后的南北朝时期江苏丹阳人陶弘景汇编而成,药物增加到730种,其中有:枸杞,去家千里,勿食罗摩。枸杞,此言其补益精气,强盛阴道也。今出堂邑,而石头烽火楼下最多。其叶可作羹,味小苦。枸杞根,实为服食家用,其说乃甚美,仙人之杖,远自有皆乎也。

三、隋唐时期

唐显庆二年(657年)唐政府组织苏敬等人,于显庆四年(659年)编成《新修本草》。收载药物850种,为国家药典。其中载有枸杞:味苦、性寒、无毒。久服坚筋骨,轻身不老,耐寒暑,补精气诸不足,易颜色,变白,明目安神,令人长寿。苗味苦,性寒。能消热除烦,益心志,补五劳七伤,壮心气,去除皮肤及骨节间的风邪,解热毒,消疮肿。地骨皮味苦,性寒。锉成细末,掺和在面中煮熟后食用,能去肾的风邪,补益精气。消除骨蒸烦热,能消渴。

隋唐《药性论》明确指出本品有明目作用。《药性论》:臣,子叶同说,味甘,平。能补益精诸不足,

易颜色,变白,明目,安神,令人长寿。叶和羊肉做羹,益人,甚除风,明目。若渴,可煮作饮代茶饮之。发热诸毒,烦闷,可单煮汁解之,能消热面毒。又根皮细锉,面拌,熟煮吞之,主治肾家风,良。主患眼风障,赤膜昏痛,取叶捣汁注眼中妙。其对枸杞功效论述较为全面。并确定了子与叶性味相同,改变了前人苦寒的观点,子由苦寒转为甘平。明确了其根用的是皮,叶则取其汁注眼应用。

食药同源。枸杞食药应用始于孙思邈及其弟子孟诜。世界食疗学鼻祖孟诜早已把枸杞子载入《食疗本草》:枸杞寒,无毒。叶及子,并坚筋能老,除风,补益筋骨,能益人,去虚劳。根,主去骨热,消渴。叶和羊肉做羹,尤善益人。代茶法:煮汁饮之,益阳事。能去眼中风痒赤膜,捣叶汁点之良。又,取洗去泥,和面拌作饮,煮熟吞之,去肾气尤良。又益精气(董泽宏,2015)。孟氏对枸杞不同部位功效进行了分述,解析了枸杞子壮阳益肾功效。枸杞叶代茶法,煮汁饮之,益阳事。而枸杞子则有比叶更好的补阳作用。

唐代《千金翼方》载:"枸杞味苦寒,根大寒,子微寒,无毒。主五内邪气,热中消渴,周痹风湿,下胸胁气,客热头疼,补内伤,大劳嘘吸,坚筋骨,强阴,利大小肠,久服坚筋骨,轻身不老,耐寒暑。一名杞根,一名地骨,一名枸忌,一名地辅,一名羊乳,一名却暑,一名仙人杖,一名西王母杖。生常山平泽及诸丘陵阪岸,冬采根,春夏采叶,秋采茎实,阴干。"

《千金翼方·种造药第六》记载了枸杞的栽培方法。

种枸杞法:拣好地,熟劚加粪讫,然后逐长开垅,深七八寸,令宽。乃取枸杞连茎,到长四寸许,以草为索慢束,束如羹碗许大,于垅中立种之,每束相去一尺。下束讫,别调烂牛粪稀如面糊,灌束子上,令满。减则更灌,然后以肥土拥之满讫。土上更加熟牛粪,然后灌水。不久即生,乃如劚韭法,从一头起首割,得半亩,料理如法,可供数人。其割时与地面平,高留则无叶,深劚即伤根,割仍避热及雨中,但早朝为佳。

又法:但作束子作坑,方一尺,深于束子三寸,即下束子讫,着好粪满坑填之,以水浇粪下,即更着粪填,以不减为度,令粪上束子一二寸即得。生后极肥,数锄拥,每月加一粪尤佳。

又法:但畦中种子,如种菜法,上粪下水,当年虽瘦,二年以后悉肥,勿令长苗,即不堪食。如食不尽,即劚作干菜,以备冬中常使。如此从春及秋,其苗不绝。取甘州者为真,叶厚大者是。有刺叶小者是白棘,不堪服食,慎之。

又法:枸杞子于水盆,挼令散讫,暴干,劚地作畦,畦中去却五寸土,匀作垅,缚草作锛,以臂长短,即以泥涂锛上令遍,以安垅中,即以子布泥上,一面令稀稠得所,以细土盖上令遍,又以烂牛粪盖子上令遍,又布土一重,令与畦平,待苗出,时时浇溉。及堪采,即如劚韭法,更不要煮炼,每种用二月,初一年但五度劚,不可过此也。

凡枸杞生西南郡谷中及甘州者,其子味过于蒲桃。今兰州西去,邺城、灵州、九原并多,根茎尤大。这是孙氏对前人种植枸杞的经验总结和质量比较分析结论。

《雷公炮炙论》论述枸杞的炮制为:"凡使根,掘得后,使东流水浸,以物刷上土,然后待干,破去心,用熟甘草汤浸一宿,然后焙干用。其根苦似物命形状者上,春食叶,夏食子,秋冬食根并子也。"又提出以枸杞为辅料来炮制巴戟天:"凡使,须用枸杞子汤浸一宿,待稍软,漉出,却,用酒浸一伏时,又漉出,用菊花同熬,令焦黄,去菊花,用布拭令干用。"(黄璐琦,2016)

四、两宋时期

宋代医家对枸杞功效的认识和前古人基本一致。《开宝本草》载:"枸杞,味苦,根大寒,子微寒,无毒。风湿,下胸胁气,客热头痛,补内伤,大劳嘘吸,坚筋骨,强阴,利大小肠。"

《本草图经》载:"枸杞,茎、叶及子,服之轻身益气。"然寇宗奭在《本草衍义》中首次提出了枸杞应当用梗皮,曰:枸杞当用梗皮,地骨当用根皮,枸杞子应当用其红实,是一物有三用,其皮寒,根大寒,子微寒,亦三等。此正是孟子所谓性由杞柳之杞,后人徒劳分别,又为之枸棘,兹强生名耳。凡杞未有无棘者,虽大至有成架,然亦有棘。但此物小则多刺,还如酸枣及棘其实皆一也,今人多用其子,直为补肾药,是曾未考究经意,当更量其虚实冷热用之。

《本草衍义》记载:枸杞子性滋而补,甘平而润坚肾,滋肝益气,润肺生精,助阳去风,明目强筋骨而补虚劳。治咽干而疗心痛,肾病,消中(渴而饮水),二便能利(能利大小肠。得生地,治带下,脉数;得青盐、川椒,治肝虚目暗)。虚劳客热,枸杞根为末,白汤调服,痼疾人勿服。肝虚下泣,枸杞子浸酒饮之。肾虚腰痛,枸杞子、杜仲、萆薢,酒煎服。《本草衍义》首次收载了"治咽干而疗心痛……得生地,治带下"功效。

宋代王怀隐的《太平圣惠方》在食疗粥中记载了枸杞粥,用枸杞鲜果 100 g、粳米 60 g 煮粥。佐以咸豆豉,此粥久食可治虚劳低热、体虚盗汗等症。在散剂中记载了白花散,由枸杞花、桃花、蒺藜花、甘菊花组成,晒干研末,坚持久服可长气力,轻身延年。在《卷九十四·神仙服枸杞法》中,记载有一人往河西为官,路上见一个十五六岁的女子打一八九十岁的老人,问其女子曰:"此老人是何人?"女子曰:"我曾孙,打之何怪? 此有良药不肯服食,致使年老不能行步,所以决罚。"使者逐问女子:"几年几许?"女曰:"年三百七十二岁。"使者又问:"药复有几种,可得闻乎?"女云:"药惟一种,然有五名。"使者问:"五名何也?"女子曰:"春名天精,夏名枸杞,秋名地骨,冬名仙人杖,亦名西王母杖。以四时采服之,令人与天地齐寿。"使者问:"所采如何?"女子曰:"……依次采治服之,二百日内,身体光泽,皮肤如酥;三百日徐行及马,老者复少,久服延年,可为真人矣。"这则故事充分说明了王怀隐深知枸杞药性,爱用善用,"四时采服之,可与天地同寿",河西枸杞因此著名。"河西"之地指现在的宁夏、甘肃、青海一带。后世人王绪前(2015)认为这则故事比《本草汇言》对枸杞的评价尤高,认为其兼有人参、黄芪、当归、熟地、肉桂、附子、知母、黄柏、黄芩、黄连、苍术、厚朴、羌活、独活、防风等药的特点。

《证类本草》记载:味苦,寒。根大寒,子微寒,无毒。主五内邪气,热中消渴,周痹,风湿,下胸胁气,客热头痛,补内伤大劳嘘吸,坚筋骨,强阴,利大小肠。久服坚筋骨,轻身不老,耐寒暑。一名杞根,一名地骨,一名枸忌,一名地辅,一名羊乳,一名却暑,一名仙人杖,一名西王母杖。生常山平泽及诸丘陵阪岸。冬采根,春夏采叶,秋采茎、实,阴干。

引陶隐居云:今出堂邑,而石头烽火楼下最多。其叶可作羹,味小苦。俗谚云:去家千里,勿食萝摩、枸杞。此言其补益精气,强盛阴道也。萝摩一名

苦丸,叶浓大,作藤生,摘之有白乳汁,人家多种之。可生啖,亦蒸煮食也。枸杞根、实,为服食家用,其说甚美,仙人之杖,远有旨乎。臣禹锡等谨按《尔雅疏》云:杞,一名枸檵。郭云:今枸杞也。《诗·四牡》云:集于苞杞。陆机云:一名苦杞,一名地骨。春生作羹茹,微苦,其茎似莓,子秋熟,正赤,茎、叶及子,服之轻身益气尔。《抱朴子》云:家柴一名托卢,或名天精,或名却老,或名地骨。《药性论》云:枸杞,臣,子、叶同说,味甘,平。能补益精,诸不足,易颜色,变白,明目,安神,令人长寿。叶和羊肉作羹,益人,甚除风,明目。若渴,可煮作饮,代茶饮之。白色无刺者良。与乳酪相恶。发热诸毒,烦闷,可单煮汁解之。能消热面毒。又,根皮细锉,面拌熟煮吞之,主治肾家风,良。又,益精气法:取叶上虫窠子,曝干为末,入干地黄中为丸,益阳事。主患眼风障,赤膜昏痛,取叶捣汁注眼中,妙。《日华子》云:地仙苗,除烦益志,补五劳七伤,壮心气,去皮肤、骨节间风,消热毒,散疮肿,即枸杞也。

引《图经》曰:枸杞,生常山平泽及丘陵阪岸,今处处有之。春生苗,叶如石榴叶而软薄,堪食,俗呼为甜菜。其茎干高三、五尺,作丛。六月、七月生小红紫花。随便结红实,形微长如枣核。其根名地骨。春夏采叶,秋采茎、实,冬采根。谨按《尔雅》云:杞,枸。郭璞云:今枸杞也。《诗·小雅·四牡》云:集于苞杞。陆机疏云:一名苦杞,一名地骨。春生,作羹茹微苦。其茎似莓。子秋熟,正赤。茎、叶及子服之,轻身益气。《淮南·枕中记》著河西女子服枸杞法:正月上寅采根,二月上卯治服之;三月上辰采茎,四月上巳治服之;五月上午采叶,六月上未治服之;七月上申采花,八月上酉治服之;九月上戌采子,十月上亥治服之;十一月上子采根,十二月上丑治服之。又有并花、实、根、茎、叶作煎,及单筌子汁煎膏服之,其功并等。今人相传谓枸杞与枸棘二种相类,其实形长而枝无刺者,真枸杞也。圆而有刺者,枸棘也。枸棘不堪入药。而下品溲疏条注:李当之云:子似枸杞,冬月熟,色赤。味甘、苦。苏恭云:形似空疏,木高丈许,白皮。其子,七月、八月熟。似枸杞子,味甘而两两相并。今注云:虽相似,然溲疏有刺,枸杞无刺,以此为别。是三物相似,而二物又有刺。溲疏亦有巨骨之名,如枸杞谓之地骨,当亦相类,用之宜细辨耳。或云:溲疏以高大为别,是不然

也。今枸杞极有高大者，其入药乃神良。世传蓬莱县南丘村多枸杞。高者一二丈，其根蟠结甚固。故其乡人多寿考，亦饮食其水土之品使然耳。润州州寺大井旁生枸杞，亦岁久。故土人目为枸杞井，云饮其水甚益人。溲疏生熊耳川谷及田野丘墟地。四月采，古今方书鲜见用者，当亦难别耳。又按：枸杞一名仙人杖，而陈藏器《拾遗》别有两种仙人杖，一种是枯死竹竿之色黑者，一种是菜类，并此为三物而同一名也。陈子昂《观玉篇》云：余从补阙乔公北征，夏四月，次于张掖河洲，草木无他异，唯有仙人杖，往往丛生，予昔尝饵之。此役也，息意滋味，成人有荐嘉蔬者，此物存焉。因为乔公唱言其功，时东莱王仲烈亦同旅，闻之喜而甘心食之，旬有五日，行人有自谓知药者，谓乔公曰：此白棘也。仲烈遂疑曰：吾亦怪其味甘，乔公信是言，乃讥子，子因作《观玉篇》。按此仙人杖作菜茹者，叶似苦苣。白棘木类，何因相似而致疑如此。或曰：乔公所谓白棘，当是枸棘，枸棘是枸杞之有针者。而《本经》中无白棘之别名。又其味苦，仙人杖味甘，设疑为枸棘，枸棘亦非甘物。乃知草木之类，多而难识，使人惑疑似之言，以真为伪，失青黄甘苦之别而至于是，宜乎子昂论著之详也。

引雷公云：凡使根，掘得后使东流水浸，以物刷上土了，然后待干，破去心，用熟甘草汤浸一宿，然后焙干用。其根若似物命形状者上，春食叶，夏食子，秋冬食根并子也。《食疗》：寒，无毒。叶及子并坚筋能老，除风，补益筋骨，能益人去虚劳。根主去骨热，消渴。叶和羊肉作羹尤善益人。代茶法煮汁饮之，益阳事，能去眼中风痒赤膜，捣叶汁点之良。又取洗去泥，和面拌作饮煮熟吞之，去肾气尤良，又益精气。《圣惠方》载：枸杞子酒，主补虚，长肌肉，益颜色，肥健人，能去劳热。用生枸杞子五升，好酒二斗，研搦勿碎，浸七日，漉去滓饮之。初以三合为始，后即任性饮之（《外台秘要》同）。《千金方》：治齿疼，煮枸杞汁含之。又方治肝虚或当风眼泪等新病方：枸杞子取肥者二升捣破，内绢袋置罐中，以酒一斗浸讫，密封勿泄气，三七日，每旦饮之，任性勿醉。又方治虚劳客热。用枸杞根末调服，有固疾人不得吃。《肘后方》：治大赫疮。此患急，宜防毒瓦斯入心腹，饮枸杞汁至瘥。又方疗目热生肤赤白眼。捣枸杞汁洗目，五七度。又方大食马肉生狂方。忽鼻头燥，眼赤，不食，避人藏身，皆欲发狂。便宜枸杞汁

煮粥饲之，即不狂，若不肯食糜，以盐涂其鼻，既舐之，则欲食矣。《经验方》：金髓煎：枸杞子，不计多少。逐日旋采摘红熟者，去嫩蒂子拣令洁净，便以无灰酒于净器浸之，须是瓮，用酒浸以两月为限，用蜡纸封闭紧密，无令透气，候日数足漉出，于新竹器内盛贮。旋于沙盆中研令烂细，然后以细布滤过，候研滤皆毕，去滓不用，即并前渍药酒及滤过药汁搅匀，量银锅内多少升斗作番次，慢火熬成膏，切须不住手用物搅，恐粘底不匀，候稀稠得所，待冷，用净瓶器盛之，勿令泄气。每早辰温酒下二大匙头，夜卧服之，百日中身轻气壮，积年不废，可以羽化。《经验后方》：治五劳七伤，庶事衰弱。枸杞叶半斤切，粳米二合，以豉汁中相和，煮作粥，以五味末，葱白等调和食之。又方：变白轻身。枸杞子二升，十月壬癸日采，采时面东摘，生地黄汁三升，以好酒二升，于瓷瓶内浸二十一日了，开封，添地黄汁同浸，搅之，却以纸三重封其头了，更浸，候至立春前三十日开瓶，空心暖饮一杯，至立春后，髭鬓却黑。勿食芜荑、葱，服之耐老轻身，无比。孙真人备急方：治满口齿有血。枸杞和根、苗煎汤，食后吃。又治骨槽风（《经验后方》同）。兵部手集疗眼暴赤痛神效，枸杞汁点眼立验。

引《沈存中方》曰：陕西枸杞，长一二丈，其围数寸，无刺，根皮如厚朴，甘美异于诸处，生子如樱桃，全少核，曝干如饼，极烂有味。《外台秘要》：疗眼暴天行肿痒痛。地骨皮三斤，水三斗，煮取三升，绞去滓，更纳盐一两，煎取二升，敷目。或加干姜二两。治疽凡患痈疽恶疮，出脓血不止者。取地骨皮不拘多少，净洗，先刮上面粗皮留之，再刮取细白穰，取粗皮同地骨一处煎汤，淋洗病令脓血净，以细穰贴之，立效。有一朝士，腹胁间病疽，经岁不瘥。人烧灰敷贴之，初淋洗出血一二升，其家人辈惧，欲止，病者曰：疽似少宽，更淋之，再用五升许，血渐淡，遂止，以细穰贴之，次日结痂，遂愈。《别说》云：枸棘亦非甘物。今按诸文所说，名极多，故使人疑，然比物用甚众，花小而红紫色，采时七月上申日。《图经》中说：实形长而枝无刺者，真枸杞也。此别是一种类，必多根而致疑。又用根去上浮粗皮一重，近白者一重，色微紫极薄阴干。治金疮有神验。

引《衍义》曰：枸杞，当用梗皮，地骨当用根皮，枸杞子当用其红实，是一物有三用。其皮寒，根大寒，子微寒，亦三等。此正是孟子所谓：性由杞柳之

杞。后人徒劳分别,又为之枸棘,兹强生名耳。凡杞,未有无棘者,虽大至有成架,然亦有棘。但此物小则多刺,大则少刺,还如酸枣及棘,其实皆一也。今人多用其子,直为补肾药,是曾未考究经意。当更量其虚实冷热用之。

《证类本草》(《经史政类备急本草》)是北宋时期四川名医唐慎微所著,成书于1097—1100年间。该书囊括了上自《神农本草经》,下到北宋《嘉祐本草》的历代医药文献精华。该著作对枸杞记载有以下特点:①收载了北宋以前本草对枸杞的性味、功效、产地、采收、加工详细内容,并附有注文,是该时期记载枸杞内容最丰富,最权威的一部书,曾被后期明代李时珍评价为"使诸家本草及各药单方,垂之千古,不致论没者,皆其功也"。②开创了本草学增设附方先例,收载枸杞处方约14种,大大方便了枸杞的临床应用。③收载了《雷公炮炙论》有关枸杞的炮制方法,用甘草汁浸泡枸杞根皮。明确了根皮及其炮制方法。④明确了叶和子的功效与根不同。春食叶、夏食子,秋冬食根并子。

《证类本草》是北宋时期药学大成之著,对枸杞形态、产地、鉴别、性味功效记载最为详细。可以清晰看出,宋以前主要本草书籍对枸杞记载的发展脉络,该著不仅受到了后期明代李时珍高度评价,也被当代美国学者李约瑟博士说成"比十五和十六世纪早期欧洲的植物学著作高明得多,是北宋本草的杰作,达到了空前未有的高水平"。

南宋陈衍《宝庆本草折衷》记载:"枸杞秋采茎皮,阴干,味苦,寒,无毒。冬采根,去心,阴干,味苦、甘、寒,无毒。主肾家风。秋采实,日干,味甘平,微寒,无毒。补益精不足,易颜变白,明目安神。枸杞叶春夏采,味甘、平。除风明目,去眼中风痒赤膜,捣汁点眼。"至宋代基本延续枸杞"苦寒,子微寒,无毒"的观点,至南宋陈衍认为枸杞"味甘平、微寒、无毒",再继五代《药性论》后又提出枸杞性味为"甘,平"。第一次明确了枸杞根、茎皮味苦,性寒,子和叶味甘,性平,对枸杞功效认识有了新进展。

《神农本草经》时代,枸杞不分根、叶、果,整体只言功效。《名医别录》首次明确了枸杞的药用部位,区别了根、果、叶的性味,但功效亦同《神农本草经》。这种情况一直延续到宋代本草中,但医家形成了枸杞枝叶和根用于消渴、枸杞子用于补虚劳的认识(李

静,2019)。

五、金元时期

元代忽思慧是一位蒙古族医学家。在1314—1320年间,作为宫廷饮膳太医,广征博采药学典籍,广泛搜集元代朝野食疗方精粹,在《饮膳正要》中详细记载了枸杞茶,服枸杞,枸杞羊肾粥等食疗方,强调了枸杞营养保健,滋补壮阳,延年益寿的重要性。

枸杞茶:枸杞五斗,水淘洗净,去浮麦,焙干,用白布筒净,去蒂萼黑色,选拣红熟者,先用雀舌茶展溲碾子,茶芽不用,次碾枸杞为细末。每日空心用匙头入酥油搅匀,温酒调下,白汤亦可。忌与酪同食。译文:枸杞子五斗,用水淘洗干净,去掉浮在水面上的枸杞子及杂物,用文火烘焙干,用白布筒净,拣去果蒂、花萼、黑色的枸杞子,选取色泽红艳、成熟度好的枸杞子备用。先用雀舌茶汁,茶叶弃之不用,把准备用来碾磨枸杞子的碾子全面地冲洗一遍。等碾子晾干后,将枸杞子用碾子碾成细末,收贮在洁净的容器中。每日空腹时取枸杞茶一汤匙,加入酥油搅拌均匀,用温酒冲调后服食,或者用白开水冲调后服食。但是不要与奶酪同时吃。

服枸杞:枸杞叶能令人筋骨壮,除风补益,去虚劳,益阳事。春夏秋采叶,冬采子,可久食之。译文:枸杞叶能够使人筋骨强壮,驱除风邪,对人有补养作用,消除虚劳,有益于男子的性功能。春、夏、秋季采集枸杞的叶子,冬季采集枸杞的果实,可以长期食用。

枸杞羊肾粥:治阳气衰败,腰脚疼痛,五劳七伤。枸杞叶一斤,羊肾二对,细切,葱白一茎,羊肉半斤,炒。右四味拌匀,入五味,煮成汁,下米熬成粥,空腹食之。译文:枸杞羊肾粥治疗阳气衰败,腰脚疼痛,五劳七伤。枸杞叶一斤,羊肾脏两副,洗净,剔去脂膜,细细切碎,葱白一根,羊肉半斤,切成片后炒熟。以上四种原料,相互混合拌匀,加入五味调料,煮熬成汤汁,然后下入适量的米煮成粥。空腹时食用。

成书于元代(1279—1368年)的《瑞竹堂经验方》,以枸杞子为君制四神丸,用于肾经虚损、眼目昏花或云翳遮眼者,有较好疗效。方中枸杞子与辛温通之品拌炒后,则具有补而不滞,滋而不腻的特点(张建华,2002)。

金元时期的《药性赋》,收载了枸杞根味甘、淡;性寒。归肺、肾经。有凉血退热除蒸功效,为退虚

热、盗汗骨蒸之佳品，评注引《本草求真》曰：此地骨皮味甘，能治有汗骨蒸。

六、明清时期

在中医眼科著作中，论成书年代之早和影响之大的，当首推《眼科龙木论》和《银海精微》，后者内容更为丰富，临床实用价值较大，是驰名中外的眼科著作。在《银海精微》（图1-5）中，用枸杞子配伍创制的治疗眼科疾患的有十几种方剂，如驻景丸，治心肾俱虚，血气十足，下元衰惫。苍术散，治小儿痘疮入眼，生翳膜，羞明怕日。密蒙花散，治眼羞明怕日，肝胆虚损，瞳仁不清。补肝明目丸，治肝血虚，视物不明，诸眼服凉药，表里愈后少神光。明目固本丸，治心热，肾水不足用，少睛光，久服生精清心。补肾明目丸，治诸内障，欲变五风，变化视物不明。驻景补肾明目丸，治肝肾俱虚，瞳仁内有淡白色，昏暗，渐成内障，服能安魂定魄，补血气虚。开明丸，治远年近日翳障昏暗，寂无所见，一切目疾。八子丸，治风毒气眼，翳膜睛不开，久新及内外障疾。以枸杞为君药的方剂有：枸苓丸，枸杞子四两，白茯苓八两，当归二两，青盐一两，菟丝子四两，酒浸蒸，为细末，炼蜜和丸，食前白汤下，治男子妇人肾脏虚耗，水不上升，眼目昏暗，远视不明，渐成内障。雷岩丸，枸杞子二两，菊花二两等五种制丸，治男子妇人肝经不足，风邪内乘，上攻眼睛，泪出羞明怕日，多见黑花，翳膜遮睛，睑生风粟，或痒或痛，隐涩难开。补肾丸，枸杞子、菖蒲、白茯苓、人参、山药、泽泻、菟丝子各一两，上炼蜜为丸，治肾水衰之蝇翅黑花眼疾。在五脏要论章节记载"肝气盛火者，可用柴胡……枸杞之类"。在药性论章节记载"枸杞子味甘，入肾经。补肾明目，去目中赤膜遮睛，酒洗用。"

《本草发明》记载：枸杞子，上品，君。气微寒，味甘苦。《发明》曰：枸杞子补肾之功大，故本草主五内邪气，热中消渴，补内伤大劳，强阴，健筋骨，利大小肠，又助阳益精，明目安神。疗固痹风湿，去骨节间风，肾家风，下胸肋气，客热头痛，风眼赤，痛痒瘴膜，下血腰痛。久服轻身不老，补肾故也。甘肃州地产者佳，紫熟味甜，颗小膏润者有力，赤黯味淡，颗大枯燥者不堪。市家多用蜜拌。叶：捣汁注目中，去风痒、去膜。作茶啜，解消渴、强阴。诸毒烦闷、面毒发热能却。茎：名仙人杖，能追皮肤骨节风，消热

毒，散疮肿。叶上虫窠子：收曝，同地黄作丸，酒吞，能益阳事。

《本草蒙荃》记载：枸杞子，味甘、苦，气微寒。无毒。近道田侧俱有，甘肃州并（属陕西）者独佳。春生嫩苗，作茹爽口。秋结赤实，入药益人。依时采收，曝干选用。紫熟味甜，粗小膏润者有力。赤黯味淡，颗大枯燥者无能。今市家多以蜜拌欺人，不可不细认尔。去净梗蒂，任作散丸。明耳目安神，耐寒暑延寿。添精固髓，健骨强筋。滋阴不致阳衰，兴阳常使阳举。谚云：离家千里，勿服枸杞，赤以其能助阳也。更止消渴，尤补劳伤。叶捣汁注目中……能除风痒去膜。叶上虫窠子收曝……甚益阳事。茎名仙人杖，皮肤骨节风能追。地骨皮者，性甚寒凉，即此根名，惟取皮用。经入少阴肾脏，并手少阳三焦。解传尸有汗，肌热骨蒸。疗在表无寒，风湿周痹。去五内邪热，利大小二便。强阴强筋，凉血凉骨。

《救荒本草》记载：枸杞，一名杞根，一名枸忌，一名地辅，一名羊乳，一名却暑，一名仙人杖，一名西王母杖，一名地仙苗，一名托卢，或名天精，或名却老，一名枸檵，一名苦杞，俗称为甜菜子，根名地骨。生常山平泽，今处处有之。其茎干高三五尺，上有小刺，春生苗，叶如石榴叶而软薄，茎叶间开小红紫花，随便结实，形如枣核，熟则红色。味微苦，性寒，根大寒，子微寒，无毒。一云味甘，平。白色无刺者良。陕西枸杞长一二丈，围数寸，无刺，根皮如厚朴，甘美异于诸处，生子如樱桃，全少核，曝干如饼，极烂有味。救饥，采叶炸熟，水淘净，油盐调食，作羹食皆可。子红熟时亦可食，若渴，煮叶作饮，以代茶饮之。朱橚记载的苦杞是今中国枸杞。味甘平，甘美异于诸处，为今宁夏枸杞。

《本草经疏》载：枸杞子，润而滋补，兼能退热，而专于补肾、润肺、生津、益气，为肝肾真阴不足，劳乏内热补益之要药。老人阴虚者十之七八，故服食家为益精明目之上品。昔人多谓其能生精益气，除阴虚内热名目者，盖热退则阴生，阴生则精血自长，肝开窍于目，黑水神光属肾，二脏之阴气增益，则目自明矣。

《药鉴》载：枸杞，补肾，明耳目，安神，耐寒暑。延寿添精，固髓健骨。滋阴不致阴衰，兴阳常使阳举。并麦冬，同生地，入箱子，治肾虚目疾如神。佐杜仲，同芡实，加牛膝，疗房劳腰疼甚捷。

《药性解》载：枸杞子入肝、肾二经。主五内邪热、烦躁消渴、固瘤消渴、下胸胁气、除头疼、明眼目、补劳伤、坚筋骨、益精髓、壮心气、强阴益智、皮肤骨节间风、散疮肿热毒、恶乳酪、解曲毒。

《本草原始》记载："枸杞气味苦，寒，无毒。主治无内邪气，热中消渴，周痹风湿……久服坚筋骨，强阴，利大小肠，补精气诸不足，安神，令人长寿。""道书言，千载枸杞，其形如犬，故得名。"

图 1-5　现代出版的明代本草著作

《本草纲目》记载：枸杞、地骨皮，《本经》列上品。

【释名】枸檵（尔雅）。别录作枸忌。枸棘（《衍义》）、苦杞（《诗疏》）、甜菜（《图经》）、天精（《抱扑》）、地骨（《本经》）、地仙（《日华》）、却老（《别录》）、羊乳（《别录》）、仙人杖（《别录》）、西王母杖。时珍曰：枸、杞二树名。此物棘如枸之刺，茎如杞之条，故兼名之。道书言千载枸杞，其形如犬，故得枸名，未审然否。颂曰：仙人杖有三种：一是枸杞；一是菜类，叶似苦苣；一是枯死竹竿之黑者也。

【集解】《别录》曰：枸杞生常山平泽，及诸丘陵阪岸。颂曰：今处处有之。春生苗，叶如石榴叶而软薄堪食，俗呼为甜菜。其茎干高三五尺，作丛。六月、七月生小红紫花。随便结红实，形微长如枣核。其根名地骨。《诗·小雅》云：集于苞杞。陆玑诗疏云：一名苦杞。春生，作羹茹微苦。其茎似莓。其子秋熟，正赤。茎、时及子服之，轻身益气。今人相传谓枸杞与枸棘二种相类。其实形长而枝无刺者，真枸杞也。圆而有刺者，枸棘也，不堪入药。马志注溲疏条云：溲疏有刺，枸杞无刺，以此为别，溲疏亦有巨骨之名，如枸杞之名地骨，当亦相类，用之宜辨。或云：溲疏以高大者为别，是不然也。今枸杞极有高大者，入药尤神良。宗奭曰：枸杞、枸棘，徒劳分别。凡杞未有无刺者，虽大至于成架，尚亦有棘。但

此物小则刺多，大则刺少，正如酸枣与棘，其实一物也。时珍曰：古者枸杞、地骨取常山者为上，其他丘陵阪岸者皆可用。后世惟取陕西者良，而又以甘州者为绝品。今陕之兰州、灵州、九原以西枸杞，并是大树，其叶厚根粗。河西及甘州者，其子圆如樱桃，暴干紧小少核，干亦红润甘美，味如葡萄，可作果实，异于他处者。沈存中笔谈亦言：陕西极边生者高丈余，大可作柱。叶长数寸，无刺。根皮如厚朴。则入药大抵以河西者为上也。种树书言：收子及掘根种于肥壤中，待苗生，剪为蔬食，甚佳。

【气味】枸杞：苦、寒、无毒。《别录》曰：根：大寒。子：微寒，无毒。冬采根，春、夏采叶，秋采茎、实。权曰：枸杞：甘，平。子、叶同。宗奭曰：枸杞当用梗皮，地骨当用根皮，子当用红实。其皮寒，根大寒，子微寒。今人多用其子为补肾药，是未曾考竟经意。当量其虚实冷热用之。时珍曰：今考本经止云枸杞，不指是根、茎、叶、子。《别录》乃增根大寒、子微寒字，似以枸杞为苗；甄氏《药性论》乃云：枸杞甘、平，子、叶皆同，似以枸杞为根；寇氏《衍义》又以枸杞为梗皮，皆是臆说。按陶弘景言枸杞根实为服食家用。河西女子服枸杞法，根、茎、叶、花实俱采用。则《本经》所列气味主治，盖通根、苗、花、实而言，初无分别也。后世以枸杞子为滋补药，地骨皮为退热药，始歧而二之。窃谓枸杞苗叶苦而气凉，根味甘淡气寒，子味甘气平。气味即殊，则功用当别。此后人发前人未到之处者也。

【主治】枸杞：主五内邪气，热中消渴，周痹风湿。久服，坚筋骨，轻身不老，耐寒暑（《本经》）。下胸胁气，客热头痛，补内伤大劳嘘吸，强阴，利大小肠（《别录》）。补精气诸不足，易颜色，变白，明目安神，令人长寿（甄权）。

【发明】时珍曰：此乃通指枸杞根、苗、花实并用之功也。其单用之功，今列于下。

苗：苦、寒。权曰：甘、平。时珍曰：甘、凉。伏砒、砂。除烦益志，补五劳七伤，壮心气，去皮服骨节间风，消热毒，散疮肿（《大明》）。和羊肉作羹，益人，除风明目。作饮代茶，止渴，消热烦，益阳事，解面毒，与乳酪相恶。汁注目中，去风障赤膜昏痛（甄权）。去上焦心肺客热（时珍）。

地骨皮：斅曰：凡使根，掘得以东流水浸，刷去土，捶去心，以熟甘草汤浸一宿，焙干用。苦、寒。

《别录》曰：大寒。权曰：甘，平。时珍曰：甘、淡，寒。杲曰：苦、平、寒。升也，阴也。好古曰：入足少阴、手少阳经。制硫黄、丹砂。细剉，拌面煮熟，吞之，去肾家风，益精气（甄权）。去骨热消渴（孟诜）。解骨蒸肌热消渴，风湿痹，坚筋骨，凉血（无素）。治在表无定之风邪，传尸有汗之骨蒸（李杲）。泄肾火，降肺中伏火，去胞中火。退热，补正气（好古）。治上膈吐血。煎汤漱口，止齿血，治骨槽风（吴瑞）。治金疮神验（陈承）。去下焦肝肾虚热（时珍）。

枸杞子：时珍曰：凡用拣净枝梗，取鲜明者洗净，酒润一夜，捣烂入药。苦，寒。权曰：甘，平。【主治】坚筋骨，耐老，除风，去虚劳。补精气（孟诜）。主心病嗌干心痛，渴而引饮，肾病消中（好古）。滋肾润肺。榨油点灯，明目（时珍）。

【发明】弘景曰：枸杞叶作羹，小苦。俗谚云：去家千里，勿食萝摩、枸杞。此言二物补益精气，强盛阴道也。枸杞根实为服食家用，其说甚美，名为仙人之杖，远有旨乎？颂曰：茎、叶及子，服之轻身益气。淮南枕中记载河西女子服枸杞法：正月上寅采根，二月上卯治服之；三月上辰采茎，四月上巳治服之；五月上午采其叶，六月上未治服之；七月上申采花，八月上酉治服之；九月上戌采子，十月上亥治服之；十一月上子采根，十二月上丑治服之。又有花、实、根、茎、叶作煎，或单榨子汁煎膏服之者，其功并同。世传蓬莱县南丘村多枸杞，高者一二丈，其根盘结甚固。其乡人多寿考，亦饮食其水土之气使然。又润州开元寺大井旁生枸杞，岁久，土人目为枸杞井，云饮其水甚益人也。敩曰：其根似物形状者为上。时珍曰：按刘禹锡枸杞井诗云：僧房药树依寒井，井有清泉药有灵。翠黛叶生笼石甃，殷红子熟照铜瓶。枝繁本是仙人杖，根老能成瑞犬形。上品功能甘露味，还知一勺可延龄。又《续仙传》云：朱孺子见溪侧二花犬，逐之于枸杞丛下。掘之得根，形如二犬。烹而食之，忽觉身轻。周密浩然斋日抄云：宋徽宗时，顺州筑城，得枸杞于土中，其形如獒状，驰献阙下，乃仙家所谓千岁枸杞，其形如犬者。据前数说，则枸杞之滋益不独子，而根亦不止于退热而已。但根、苗、子之气味稍殊，而主治亦未必无别。盖其苗乃天精，苦甘而凉，上焦心肺客热者宜之；根乃地骨，甘淡而寒，下焦肝肾虚热者宜之。此皆三焦气分之药，所谓热淫于内，泻以甘寒也。至于子则甘平而润，性滋而补，不能退热，止能补肾润肺，生精益气。此乃平补之药，所谓精气不足者，补之以味也。分而用之，则各有所主；兼而用之，则一举两得。世人但知用黄芩、黄连，苦寒以治上焦之火；黄檗、知母，苦寒以治下焦阴火。谓之补阴降火，久服致伤元气。而不知枸杞、地骨甘寒平补，使精气充而邪火自退之妙，惜哉！予尝以青蒿佐地骨退热，屡有殊功，人所未喻者。兵部尚书刘松石，讳天和，麻城人。所集保寿堂方载地仙丹云：昔有异人赤脚张，传此方于猗氏县一老人，服之寿百余，行走如飞，发白反黑，齿落更生，阳事强健。此药性平，常服能除邪热，明目轻身。春采枸杞叶，名天精草；夏采花，名长生草；秋采子，名枸杞子；冬采根，名地骨皮，并阴干，用无灰酒浸一夜，晒露四十九昼夜，取日精月华气，待干为末，炼蜜丸如弹子大。每早晚各用一丸细嚼，以隔夜百沸汤下。此药采无刺味甜者，其有刺者服之无益。

《本草纲目》约用5 000个字，分7节，叙述了枸杞有异名12个，并分别论证了枸杞叶、枸杞根（地骨皮）、枸杞子的药材功能与服用方法，列出了32个传统医药方剂，李时珍总结了明代以前各朝代枸杞名称、性味、功效及方剂组成。首先，根据"其形如犬"，"果实酸甜可食"象形取音说明了枸杞之名是因形而来，文中枸、杞两种树名，此物棘如枸之刺，茎如杞之条，故兼名之。其次，阐明了茎、叶、根皮、果实气味稍殊，而主治也不相同。不但阐述了枸杞植物各部分的功用，更加明确了枸杞子主滋补的效用。而且和黄芩、黄连、黄柏、知母的降火之功作了比较，指出这些药因苦寒太过而伤元气，而用枸杞子，枸杞根（地骨皮）之甘寒平补，则热邪自退，又无不良之弊。由此表明，李时珍对枸杞药效的认识与论述十分透彻，枸杞子甘平而润，乃平补之药。

清代《本草辑要》：枸杞子，甘，平。润肺清肝，滋肾益气，生精助阳，补虚劳，强筋骨（肝主筋，肾主骨）。去风明目（目为肝窍，瞳子属肾）。利大小肠。嗌干消渴。甘州所产、红润少核者良。酒浸捣用。得杜仲、萆薢，治肾虚腰痛；得青盐、川椒，治肝虚目暗。叶，名天精草，苦，甘而凉，清上焦心肺客热，代茶止消渴。

《本草正义》记载：甘、温，味重，阴中有阳。补精益髓，壮骨强筋，扶虚劳，助熟地。以其性温，亦能助阳。见阴虚脐腹有隐疼者最宜。

《本草汇笺》：枸杞子体润能滋肾家之阴，味甘能助肾家之阳，故为平补之剂。人参、枸杞，每相须为用。盖人参固气，令精不遗；枸杞滋阴，令火不泄。慎斋先生谓枸杞能升阳，职此故也。火不泄，则阳道常强矣。地骨皮能退骨间伏火，故除有汗骨蒸。然皮走表分，又能祛无定之虚邪。

《食鉴本草》："用甘州枸杞子一合，米三合，煮粥食，一方采叶煮粥食，入盐少许，空腹食，治肝家火旺血衰。"用枸杞与米煮粥，治疗肝肾阴虚不能制阳所致肝阳亢奋之证（图1-6）。

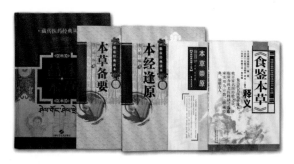

图1-6   现代出版的清代本草著作

《本经逢原》记载：枸杞，甘平，无毒。河西及甘州者良。《本经》：主热中消渴，久服坚筋骨，耐寒暑。发明：枸杞子味甘色赤，性温无疑；根味微苦，性必微寒。缘《本经》根子合论无分，以致后人或言子性微寒，根性大寒；或言子性大温，根性苦寒。盖有惑于一，本无寒热两殊之理。夫天之生物不齐，都有丰于此而涩于彼者，如山茱萸之肉涩精、核滑精，当归之头止血、尾破血，橘实之皮涤痰、膜聚痰，不一而足。即炎帝之尝药，不过详气、味、形、色，安有味甘色赤，形质兹腴之物性寒之理？《本经》所言主热消渴、坚筋骨、耐寒暑，是指其子而言，质润味厚，峻补肝肾冲督之精血，精得补益，水旺骨强，而肾虚火炎、热中消渴、血虚目昏、腰膝疼痛悉愈，而无寒暑之患矣。所谓精不足者，补之以味也。古谚有云：去家千里，勿食枸杞。甚言补益精气之速耳。然元阳气衰、阴虚精滑，及妇人失合、劳嗽蒸热之人慎用，以能益精血，精旺则思偶，理固然也。

清代药物专著《本草求真》对枸杞的药理作用进行了探讨，曰："枸杞，甘寒性润。据书载祛风明目，强筋健骨，补精壮阳，然究因于肾水亏损，服此甘润，阴从阳涨，水至风息，故能明目强筋，是明指为滋水

之味。故书目载能治消渴。"明确指出该药之所以能明目强筋，是因为能滋补肾水的缘故。《本草汇言》所说"俗云枸杞善能治目，非治目也，能壮精益神，神满精足，故治目有效。又言治风，能补血生营，血足风灭，故治风有验也"。肝的脉络连目系，肝开窍于目，肝阴血不足可致夜盲，眼干涩，视物不清，肝火上炎则目赤肿痛，肝阳上亢则目眩，以五行来分析，肝属木，肾属水，肝木依靠肾水的滋养，称为"水能涵木"，反之，肾水不能滋养肝木，称为"水不涵木"。所以，前人对枸杞滋补肝肾之阴而善明目的总结是正确而深刻的。

晚清时代，医家对枸杞子研究主要体现在治疗虚证，男女肾亏引起的不育，精液亏损等症。证实了"枸杞子补阳补阴，殊不知，又能使气可充，血可补，阳可生，阴可长，火可降，风湿可去，有十全之炒用焉"，这就是人们对它重用的原因。

七、近代与现代

《中药材手册》（1959版）记载：枸杞子为干燥的果实，原植物系茄科落叶灌木，野生与栽培均有，喜生于排水良好的砂质土壤中。习惯认为宁夏回族自治区、甘肃及青海柴达木栽培者品质最佳，河北天津专区产品次之，河南野生之山枸杞质量最次。《中药材手册》（1996年第2版）记载：全国所用枸杞以宁夏回族自治区所产者质量最佳，产量亦大，同属植物中华枸杞的果实质差，不宜做枸杞子入药，品质优劣以粒大、肉厚、子少、色红、质柔润者为佳。产地项下记载主产于中宁、中卫及内蒙古。此外，甘肃、青海、新疆、河北、山西地区亦产。在基原项目明确枸杞子来源为茄科植物宁夏枸杞（*Lycium barbarum* L.）干燥成熟果实。这一记载同为当时宁夏种植枸杞的规模相适应。

《中药志》（中国医学院/科学院药物研究所，1959）记载：枸杞为常用中药，其根、茎、叶及果实均入药，现今主要供药用的为果实及根皮，原植物有宁夏枸杞（西枸杞）及枸杞（津枸杞）两种。原植物项下记载：宁夏枸杞（*L. barbarum* L.），野生和栽培均有，在宁夏之中宁县有大面积种植，分布于甘肃、宁夏、新疆、内蒙古、青海等地。枸杞（*L. chinense* Mill.）分布于黑龙江、吉林、辽宁、河北、河南、山东、安徽、江苏、浙江、福建、广东、广西、江南、湖南、湖

北、四川、贵州、云南、陕西、甘肃等地,一般系野生,河北静海一带有栽培。这是首次确定枸杞子基原的本草著作。

《中药大辞典》(江苏新医学院,1977)记载枸杞子基原为茄科植物枸杞(L. chinense Mill.)或宁夏枸杞(L. barbarum L.)的成熟果实。在宁夏枸杞项下记载本品分布甘肃、宁夏、青海、新疆、内蒙古等地,野生或栽培均有(图1-7)。

图1-7 《中国药典》及现代本草著作

《中药学》(成都中医学院,1978)是全国各大中医学院试用教材,在枸杞子项下记载"为茄科落叶灌木植物宁夏枸杞(L. barbarum L.)和枸杞(L. chinense Mill.)"的成熟果实,以产于宁夏、河北、甘肃、青海等地的质量最好。夏至前后果实成熟时采摘。晾晒干燥,生用。养阴补血,益精明目,用于肝肾虚损不足,精血不足之症。

《中药鉴定学》(1980版,成都中医学院)枸杞基原项下收载为枸杞(L. chinense)或宁夏枸杞(L. barbarum)的成熟果实。以粒大、肉厚、籽小、色红、质柔、味甜者为佳。《中药鉴定学》(1990版,成都中医学院)枸杞基原项下收载为宁夏枸杞(L. barbarum)的干燥成熟果实。本品成纺锤形或椭圆形,长1.5~2 cm,直径4~8 mm。表面鲜红色或暗红色,陈久者紫红色,具不规则皱纹,略有光泽。一端有白色的果柄痕,另一端有小凸块状花柱痕迹,质柔软而滋润。内藏种子数多,黄色,扁平似肾脏形。气微,味甜,微酸苦。嚼之唾液呈红黄色。以粒大、肉厚、籽小、色红、质柔、味甜者为佳。在产地项下记载:

主产于宁夏、甘肃、青海、新疆、内蒙古、河北等地。

《新编中药志》(肖培根,2002)记载:枸杞子商品主要为茄科植物宁夏枸杞(L. barbarum)的成熟果实。分布于河北、内蒙古、山西、陕西、甘肃、宁夏、青海、新疆等地,有野生和栽培。

近代医药工作者对枸杞研究较多,枸杞的医疗保健功效越来越被人们认识和利用。出版的书籍也较多,主要体现在以下方面。

(1)枸杞基原的确立。枸杞属(Lycium)来源于希腊语(Lykion),指的是一种多刺植物,该植物发现于土耳其西北部的古老城市底亚(Lycia)。20世纪50年代,《中药材手册》收载的枸杞子基原没有明确原植物拉丁名,但从记载的产地分析,其基原包括了宁夏枸杞和枸杞两种。至1996年《中药材手册》再版,其基原确定为宁夏枸杞(L. barbarum)的干燥成熟果实。宁夏枸杞和中宁枸杞中文名称首载于《中药志》(1959版)。《中国植物志》第六十七卷第一分册收载了宁夏枸杞(L. barbarum)的果实中药称枸杞子,性味甘平,有滋肝补肾,益精明目的作用。枸杞药材基原在《中国药典》(1963版)、《中药大辞典》《中药鉴定学》(成都中医学院,1979)和《中医大辞典》(中医研究院,1982),均为茄种植物宁夏枸杞(L. barbarum)和枸杞(L. chinense)的成熟果实。枸杞基原在《中药材手册》《常用中药鉴定大全》(张贵君,1993)、《中草药资源学》(周荣汉,1993)和《中国药典》(1977至2015年版)均为茄科植物宁夏枸杞(L. barbarum)的干燥成熟果实。并将枸杞(L. chinense)、北方枸杞(L. chinense var. potaninii)、土库曼枸杞(L. turcomanicum)、西北枸杞(L. potauinii)和毛蕊枸杞(L. dasystemum)的果实列为混淆品和伪品,未列入枸杞子基原。枸杞(L. chinense Mill.)的种加词"chinense"是指该种发现于中国,最早发现于台湾岛,与中国大陆地区常见的枸杞为一个种,现有北方枸杞变种。"Mill."为命名人缩写。将枸杞植物(L. barbarum L.)中文名确定为宁夏枸杞是"现传译"(宁夏医药通讯,1980)。"Lycium"是枸杞属名,"barbarum"是用地名确定的种名,原意是"北非的",现传译为"宁夏的""药用的"。"L."是提出此学名的作者,瑞典植物学家林奈(KarI Von Linne)的名字缩写,该植物名称发表于1753年的Specics plantarum(《植物志种》)中,相应的英文名称为"Barbar Y wolfber Y"，"Barbar Y"意为"北非的"，应将"*Lycium barbarum*"翻译为"非洲枸杞"。因该种在中国西北各地均有野生与种植，中文名称确定为"宁夏枸杞"只是一种传统称谓，并无科学界定意义。

（2）枸杞子的研究深化。《宁夏枸杞研究》（白寿宁，1999）为记载枸杞综合研究的专著，对1981—1997年从事枸杞科学技术工作进行了概括和总结，精选了396篇论文和66篇国家专业期刊摘要，对促进宁夏乃至全国枸杞主产区科学研究和产业化发展做出了积极贡献。《宁夏枸杞》主要介绍枸杞植物学形态、营养价值、药用价值、选育、种植、加工、病虫害防治等技术。《中国枸杞种质资源》介绍了枸杞的起源与栽培历史、枸杞种质资源研究的主要内容和方法、枸杞属植物种质资源及其分类、主要种质资源等（曹有龙，2015）。介绍枸杞的专著还有《枸杞史话》《枸杞》，等等。

枸杞栽培是世界上较早的果树培植技术。枸杞野生的利用大约在春秋以前，唐朝以后，枸杞有人工驯化的记载，至明清枸杞列为朝廷贡品后，开始规模种植，20世纪60年代至80年代枸杞开始集约化种植（安巍，2010）。《枸杞规范化栽培及加工技术》（安巍，2010）和《枸杞栽培学》（曹有龙等，2013）较全面介绍了近十几年来枸杞的种植现状，规范化种植技术和种植标准。

（3）柴达木枸杞兴起。柴达木枸杞与西枸杞、血枸杞、津枸杞类同，是宁夏枸杞另一商品类别或规格。柴达木枸杞商品基原为宁夏枸杞（*L. barbarum*），这与《中药志》《中药材手册》《中药大辞典》《中国植物志》《中药学》记载相吻合。这也证明了青海柴达木地区是宁夏枸杞原产地。

《青藏高原药物图鉴》（郭本兆，1987）记载：宁夏枸杞产于青海东部及海西、黄南、海南等州，9～10月果实成熟时摘下晒干备用。

《青海高原本草概要》（邹寒雁，1993）记载：宁夏枸杞（*L. barbarum* L.）藏名译音"旁庆"，主产于柴达木盆地，又称柴枸。《青海地道地产药材》（郭鹏举，1996）记载：青海产枸杞的商品主流与药典收载品种一致，为茄科植物宁夏枸杞的干燥成熟果实，多为栽培引种品，分布于柴达木的都兰县、格尔木、乌兰、兴海、贵南等地，生长于海拔1 890～3 000 m的河岸、灌丛、山坡荒地。以柴达木地区产量最高，质最优，俗称"柴枸杞"，为青海大宗药材之一。

《青海生态经济林浆果资源研究与开发》（索有瑞，2012）记载了枸杞子多糖、黄酮、β-胡萝卜、甜菜矸、氨基酸、蛋白质、微量元素等测试方法与结果，为枸杞的开发利用提供了可靠实验科学数据。

《青藏高原枸杞种质资源与栽培技术研究》（王占林，2018）较全面记载了青海柴达木枸杞种质资源、枸杞良种选育与种苗繁殖技术、柴达木优质高效的栽培技术以及其标准化栽培技术集成与示范，为柴达木枸杞产业发展起到了积极的促进作用。

第三节　考证中相关问题分析

综上考证，从三皇五帝到现代几千年，枸杞子药用始载于《神农本草经》，各代本草均有详细记载，是历代医家用于补益肝肾、明目之要药。对其名称、产地、性味、归经、功效众说纷纭，笔者归纳整理于下。

一、名称考证

《山海经》记载："杞。"李善注《西京赋》记载："苟"，即杞。《诗经》记载："杞。"《神农本草经》记载："枸杞、枸忌。"《吴普本草》记载："羊乳。"《毛诗传》记载："枸檵。"《抱朴子》记载："象柴、纯卢、仙人杖、却老、天精。"《日华子本草》记载："地仙。"《本草衍义》记载："枸棘。"《本草经集注》记载："苟起子。"《救荒本草》记载："甜菜子。"《藏府药式补正》记载："杞子。"《枸杞赋》记载："匪藻匪芹，强名曰杞，或云羊乳，亦云枸忌。"《本草纲目》记载："枸杞子、杞拘。"近代以来中医药有了较快发展，大量书籍出版问世，枸杞的名称更为丰富，《陕甘宁青中药选》（兰州军区后勤部卫生部，1971）将枸杞子别名称为"野辣椒、红果子"。《河南中药手册》记为"红青椒、枸蹄子"。《中草药学》（南京药学院，1980）又名"土杞子、枸茄子、枸奶子、红耳坠、红榴榴"。《常用中药名查对手册》（于晓捷，2008）称为"西枸子、宁夏枸杞子、中宁枸杞子、津枸子、血枸杞、北枸杞"。《四川中药志》称为枸地芽子。《药材学》称"枸杞豆、血杞子"。《山西中药志》称为"地骨子、枸茄茄"。近几年枸杞种植品种不断增多，又出现了许多新的名称，有柴杞、宁杞、诺木洪枸杞、精杞、青杞、蒙杞等。如上所述，枸杞名称从公元前6世纪甲骨文到现代本草中均有"杞"字记载，对"枸杞"名称来历，李时珍做了解说。虽众说纷纭，但该物种名称叫"枸杞"，药用果实叫"枸杞子"，认识一致。

二、原植物考证

苏颂记载："今处处有之。春生苗，叶如石榴叶而软薄堪食，俗呼为甜菜。其茎干高三五尺，作丛。六月、七月生小红紫花。随便结红实，形微长如枣核。其根名地骨。"寇宗奭言："枸杞当用梗皮，地骨当用根皮，枸杞子当用其红实。其皮寒，根大寒，子微寒。今人多用其子，直为补肾药。"李时珍云："枸、杞二树名。此物棘如枸之刺，茎如杞之条，故兼名之。"《全国中草药汇编》（全国中草药汇编编写组，1975）中记载枸杞子为茄科枸杞属植物宁夏枸杞或枸杞的果实，《中国药典》（1963年版）也是宁夏枸杞和枸杞两品种。1977年版的《中国药典》记为：枸杞为茄科植物宁夏枸杞的干燥成熟果实。综合考证资料分析，古代本草虽对枸杞原植物形态描述较少，但"叶如石榴"处处有之当是枸杞或枸杞属多种植物，宁夏枸杞叶为狭披针形或披针形，这与2015版《中国药典》枸杞基原不甚一致。

三、道地产区考证

枸杞子在文献中记载了全国大部分地区都有分布，但以宁夏、青海、甘肃、新疆、内蒙古、河北、山西黄河流域比较集中（张恩勤，1990）。《名医别录》记载"枸杞生常山平泽及诸丘陵阪岸……今处处有之。古者枸杞、地骨，取常山者为上，其他丘陵阪岸者皆可用，后世惟取陕西者良，而又以甘州者为绝品，今陕之兰州、灵州、九原以西，枸杞并是大树，其叶厚、根粗，河西及甘州者，其子圆如樱桃，曝干紧小，少核，干赤红润甘美，味如葡萄，可作果实，异与他处者，则入药大抵以河西者为上。"《本草纲目》对枸杞

评价很高，简述了道地品质："甘州者为绝品，河西及甘州者，其子圆如樱桃，曝干紧小少核，干亦红润甘美，味如葡萄。"《本草述钩元》记载："河西及甘州者少核多润甘美，以河西者为上。"《药品化义》记载："体润圆小，核少色紫，味甘者佳。枸杞子道地特征：如樱桃圆小，体润，核少，色红，味甘。"说明枸杞各地均产，河北为主产，陕西产者良，甘肃为佳品（宋平顺等，2016），甘肃、青海黄河以西果实味比葡萄为上品。枸杞生于沙质土，黄土沟沿，路旁，树边，主产于宁夏、甘肃、青海、新疆等地，我国东北及西北各地沙区均有分布（中国科学院，1973）。对比古今枸杞子分布与产地可知，自古以来，枸杞子一直广泛分布全国各地，其中常山、茂州（四川）、甘州为历史古老道地药材，清代以后变迁为宁夏、甘肃道地药材，现在宁夏、甘肃、青海均为道地药材，《中药材手册》和《中药学》这些权威著作中都以宁夏、青海所产枸杞子质量最佳、产量大及粒大、肉厚、籽小、色红、质柔、味甜者为佳称誉。这一点也从宁夏枸杞和枸杞及同属其他种的产地分布得以印证。

四、药性考证

汉代《神农本草经》记载气味苦寒。《名医别论》记载根大寒，子微寒，无毒。唐代甄权《药性论》曰："子叶同说，味甘、平。能补益精诸不足，易颜色、变白、明目、安神、令人长寿。"（马子密，2001）。《本草经疏》曰："枸杞感天之春寒之气，兼得乎地之冲气，故其味苦甘，其气寒而其性无毒。"《本草蒙筌》曰："味甘、苦，气微寒，无毒。明耳目安神，耐寒暑延寿，添精固髓健骨强筋。"《药性解》记载："枸杞子，味苦甘、性微寒，无毒，入肝、肾二经。主五内邪热，烦躁消渴，周痹消渴，下胸胁气，除头痛，明眼目，补劳伤，坚筋骨，益精髓，壮心气，强阴益智，皮肤骨节间风，散疮肿热毒，恶乳酪，解曲毒。"《景岳全书》曰："味甘微辛，气温，可升可降。"《本草备要》曰："平，补而润。"《本草经解》云："枸杞子气寒、秉天冬寒之水气，入足少阴肾经；味苦无毒，得地南方之火味，入手少阴心经。"《神农本草经读》曰："五内为藏阴之地，热气伤阴，即为邪气，邪气伏于中，则为热中。热中则津液不足，内不能滋润脏腑而消渴，外不能灌溉经络而为周痹，热盛则成风，热郁则生湿，种种相因，唯枸杞之苦寒清热，可以同主之。"《本草品汇精要》第十

六卷记载枸杞(无毒),强阴益精。《新修本草》第十二卷:"枸杞,味苦寒,根大寒,子微寒,无毒。"清代严西亭《得配本草》记载:"枸杞味甘,微温而润;入足少阴,兼厥阴经血分;补肝经之阴,益肾水之阳;退虚热,益精气,解消渴,去湿风强筋。"《宁夏中草药手册》记载:枸杞性味甘平;《内蒙古中草药》枸杞子:味甘性平,补肝肾,强筋骨,养血明目。《临床应用中药学》(颜正华,1984)记为枸杞子,味甘,性平。《本草逢原》:元阳气衰,阴虚精滑者慎用。总之,枸杞子药主要包括:味甘、苦、微辛、微温而润、平、无毒、气寒,主流本草多记载寒性,与现代药典及其他中药书籍中的"味甘、性平"药性记载存有分歧,但与根大寒,苦寒清热的记载不一致,有以下3种情况。

(1)以色定性为温性,认为枸杞子为五味中的甘,颜色为红,必定四性属温。《本经逢原》记载:"枸杞子味甘色赤,性温无疑……安有味甘色赤,形质滋腴之物,性寒之理。"《本草新编》亦有注释:"(枸杞)味甘、苦。气微温,无毒。"认为枸杞味甘,性微温。

(2)认为枸杞子性为微寒或微凉定为寒性。《新修本草》记载:"枸杞,味苦寒,根大寒,子微寒,无毒。"缪希雍在《本草经疏》中注解此药认为,枸杞感天令春寒之气,兼得地之冲气,故其味苦甘,气寒而其性无毒。《本草经解》曰:"枸杞子气寒,秉天冬寒之水气,如足少阴肾经;味苦无毒……"《医学衷中参西录》曰:"枸杞子,味甘多液,性微寒。为滋补肝肾最良之药。"

(3)认为枸杞子既能滋阴又能补阳,寒热偏性不明显定为平性。《药性论》认为"(枸杞)子叶同说,味甘、平。能补益精诸不足,易颜色、变白、明目、安神、令人长寿。"《宁夏中草药手册》记载"枸杞性味甘平;滋补肝肾,益精明目。"《临床应用中药学》认为"枸杞子,味甘,性平;为滋补肝肾、明目之药。"《中国药典》(2010年版)亦记载"枸杞子,甘,平。归肝、肾经。"

较多的中医作者认为枸杞属寒性,这与平性有分歧。刘璐星(2017)研究认为是寒性,因为以色定性为温性是机械的五行观念,缺乏科学性。平性观是一种妥协说法,从不良反应推测,对元阳气衰、阴虚者、泄泻者慎食枸杞和"离家千里,勿食枸杞"认为枸杞有补肾壮阳助兴作用,推理解释上阐述了枸杞

属寒性。再以近代大医家张锡纯用枸杞子治疗脏腑间热的案例说明枸杞子药性属微寒。

五、功效考证

《古今名医药论》(潘远根等,2008)记载:"枸杞子,润而滋补,兼能退热,而专于补肾、润肺、生津、益气,为肝肾真阴不足、劳乏内热补益之要药。老人阴虚者十之七八,故服食家为益精明目之上品。昔人多谓其能生精益气,除阴虚内热明目者,盖热退则阴生,阴生则精血自长,肝开窍于目,黑水神光属肾,二脏之阴气增益,则目自明矣。"《景岳全书》中张介宾曰:"味重而纯,故能补阴,阴中有阳,故能补气,所以滋阴而不致阴衰,助阳而能使阳旺。"《重庆堂随笔·卷下》(颜正华,1991):"枸杞子,专补以血,非他药所能及也。"《新编抗衰老中药学》(陈可翼等,1998)记载枸杞子为补肾之剂,性味平和,补阴养血,益精明目。古文献中早已记载枸杞子是一种延缓衰老药,描述为"轻身、乌须、明目、延年……"不少补益方剂如右归丸、七宝美髯丹、杞菊地黄丸等配伍中都有枸杞子。《名医别录》曰:"冬采根,春夏采叶,秋采茎、实,阴干。下胸胁气,客人头疼,内伤大劳嘘吸,强阴,利大小肠。"综上可知,古本草中关于枸杞子的功效及主治的记载有"补肾、润肺、补肝、明目、生精益气、补阴养血"等,与现代药典"滋补肝肾,益精明目,用于虚劳精亏,腰膝酸痛,眩晕耳鸣,阳痿消渴,血虚萎黄,目昏不明"描述基本一致。

六、果、叶、根对比考证

唐代《食疗本草》将枸杞植物各部位功效进行了分述,明代李时珍在此基础上,又提出了部位不同的药用差别,并提醒临床实用时注意。李时珍曰:"枸杞之滋益不独子,而根亦不止于退热而已。但根、苗、子之气味稍殊,而主治亦未必无别。盖其苗乃天精,苦甘而凉,上焦心肺客热者宜之;根乃地骨,甘淡而寒,下焦肝肾虚热者宜之。此皆三焦气分之药,所谓热淫于内,泄以甘寒也。"李时珍认为枸杞子为滋补药,地骨皮为退热药,这一认识已经延续至今,也被临床证实,这对枸杞充分发挥医疗用途具有很重要的意义。枸杞子为补益药,其补益的特点是"乃平补之品",可以平补气血阴阳。枸杞子可以补阴,但从主要作用来看,应以补血为主,根据中医理论,色

红的药材多具有走血的特点，而从临床应用来看，也常将枸杞子用来治疗血虚病证，主要又是精血虚证。

枸杞果实与枸杞根药效医家应用认识深刻。《药性琐谈》（江海涛，2013）记载：中药学一般认为植物的实（包括果实和种子）主收藏，根主升发。实是由藏而生；根是由生而藏。所以普遍认为枸杞子是阴中含阳，枸杞根（地骨皮）主要是甘寒滋阴清热。也有人解释为本乎天者得阳气，本乎地者得阴气，因此枸杞子阴中有阳，地骨皮纯阴。与枸杞子相比，地骨皮以滋阴清热为主，治虚劳潮热盗汗、肺热咳喘、吐血、衄血等。和一般滋阴药物不同的是，枸杞根（地骨皮）补的阴是"流动性"的，王好古认为地骨皮入足少阴、手少阳经。入足少阴经好理解，因为肾是阴气的大本营。手少阳是三焦经，是气机由下向上、由内到外的通路，入手少阳经意思是地骨皮补的阴可以在体内"流动"，不像地黄沉在下焦。故"以地之骨皮，干寒清润，不泥不滞，非地黄、麦冬同流"。

第四节　枸杞药用基原变迁

一、药用部位与药性变化

枸杞的药用载于《神农本草经》，对药用部位没有区分，统论其苦寒性，并未有根、茎、叶、实之分（陈润东，2014）。尚志钧（2013）报道了《名医别录》中将根、叶、子区分论之，认为枸杞味苦寒，子微寒并以后世延续。特此观点的有《开宝本草》《嘉祐本草》《证类本草》《图经本草药性总论》《履巉本草》等。枸杞子药性为甘、平的首载于五代《药性论》，至南宋《宝庆本草折衷》再次记载枸杞子"味甘平，微寒，无毒"。至明代《本草纲目》记载枸杞子"味甘气平，甘平而润，性滋而补"。除以上两个观点外，明代《救荒本草》记载"枸杞子，微寒，无毒，一云味甘平"。提出枸杞存在两种性味观点。明代《本草约言》记载枸杞"味苦，甘，气寒，无毒"，有相同记载者有《药性要略大全》（郑宁，2003），《本草蒙筌》《本草发明》等都有甘、苦同时存在的记载。综合枸杞甘寒药性为刘文泰《本草品汇精要》"味甘，性微寒"。认为枸杞子味甘微辛，气温的观点为明代《景岳全书》，此后甘平温表达增多，从明清后到现代明确为甘平。

通过本草记载枸杞药性变化脉络，枸杞子的药用功效古今一致。但其性味是有变迁的，主要经历了苦微寒，甘平，甘苦寒交替出现，以及短暂出现甘温的记载，至民国以来普遍认为甘平的历史变迁过程。从古代文献可以看出，枸杞子性味由苦，微寒逐渐演变为甘平。枸杞子的药性表述，"苦"的出现越来越少，"寒"在其次，更多的表述是甘、平、温，其变迁的主要趋势为由苦寒逐渐演变为甘平。关于枸杞子性味记载的变迁原因，除去口尝者亲身感受的差异、学术传承、著书者所处时代特点等因素外，与植物品种演化、产地变迁、临床应用的改变、栽培技术的推广等有密切关系（钱丹，2016）。

药用部位与药性变化见图1-8。

图 1-8　枸杞药用部位与药性变化

二、基原植物变化

1. 枸杞子原植物形态相关古籍的描述·《本草图经》载:"春生苗,叶如石榴叶而软薄堪食,俗呼为甜菜;其茎干高三、五尺,作丛;六月、七月生小红紫花;随便结红实,形微长如枣核。"《野菜博录》载:"茎干高三五尺,有小刺,苗叶如石榴叶,软薄,开小红紫花,结实熟则红色。"《救荒本草》记载"其茎干高三五尺,叶如石榴叶而软薄,茎间开小红紫花,实如枣核,熟则红色。陕西枸杞长一二丈,围数寸,无刺,根皮如厚朴,甘美异于诸处,生子如樱桃。"从古至今枸杞子原植物形态的表述基本类似,但是存在"有刺"和"无刺"之别。如《药性论》认为"白色无刺者良",《本草图经》认为无刺者为真,《本草衍义》认为"小则多刺,大则少刺",后世也基本摘录上述记载。枸杞属植物均有刺,如截萼枸杞(*L. truncatum*)有的棘刺少,如黑果枸杞(*L. ruthenicum*),有的棘刺多。推测宁夏枸杞(*L. barbarum*)。原有棘刺,经过栽培主干上无刺或少刺。故"有刺与无刺"的分歧产生

的原因可能是因古籍所载原植物不同所致,"大则少刺"指的是栽培的、刺少、果实大、甜味的宁夏枸杞;"小则多刺"泛指野生的、多棘刺、果实小、味不甚甜或带有苦味的多种枸杞(钱丹,2016)。

李静(2019)考证得出"叶如石榴叶、茎高三、五尺、作丛"是枸杞。"高一二丈、无刺"是宁夏枸杞。

2. 枸杞子原植物相关古籍图谱的证据·古代本草文献中的原植物图谱为枸杞子原植物品种考证起到一定的借鉴作用(图1-9),以《植物名实图考》和《古今图书集成草木典》中所绘图最具有代表性。这些特点在附有绘图的其他文献中也可看到,如《补遗雷公炮制便览》《食物草本》《重修政和经史政类备用草本》《本草蒙筌》《本草原始》《本草图解》《本草汇》《本草求真》《野菜博录》等古籍中的图谱。清代吴其濬《植物名实图考》的枸杞图较清晰,根据其茎枝有刺,叶卵形,宿存花萼三裂,花冠筒部短于或近等于檐部裂片,推断其原植物应为中国枸杞。但其从其他的图谱中可见叶片狭椭圆形或长椭圆状披针形,茎枝粗壮,分枝挺直等特点,又与宁夏枸杞近似。

宋代《证类本草》枸杞植物图　明代《救荒本草》枸杞植物图　明代《本草蒙筌》枸杞植物图　清代《植物名实图考》枸杞植物图

图 1-9　历代本草枸杞植物图

古代文献未对枸杞子的基原植物做明确注明,对枸杞子植物的植株、叶形、花冠、果实形态的描述文字简短、粗糙。中国枸杞属植物7种,3变种,植物间形态较为相似,难以辨识。在形态分类系统尚未建立的古代,对原植物形态的记述往往是比较简单扼要的,常常是一两句话提及关键之处。对于细微的花萼,叶形等鉴别要点未做过详细记载,故枸杞子原植物形态描述不同多因枸杞属植物不同所致(钱丹,2016)。

3. 产区变化·《名医别录》首次记载:"常山及诸丘陵阪岸上。"《本草经集注》载:"生常山平泽,及诸丘陵阪岸上,今出堂邑,而石头烽火楼下最多。"至唐代孙思邈《千金翼方》云:"甘州者为真,叶厚大者是。"此后基本未离"出河西,甘州为上"的记载。河西在汉唐时代指今甘肃、青海黄河以西,即河西走廊和湟水流域。甘州即今之甘肃张掖中部,河西走廊中段。明代《物理小识》中记载:"西宁子少而味甘,他处子多。惠安堡枸杞遍野,秋熟最盛。"至清代乾

隆年间,宁夏《中卫县志》:"宁安一带,家种杞园。各省入药甘枸杞,皆宁产也。"唐代确立了甘州的道地地位,至明清后以宁夏中宁枸杞质优为共识。由此可见,枸杞产区古代多在今河北恒山、江苏堂邑。几经变化为甘州,即今河西的甘肃、青海一带。

清代《本草述》,将枸杞子的气味与道地性紧密地联系在了一起。"枸杞子从燕都所市者,味先甜,甜多后带微苦,大概属西土所产,非甘州也。"第一次提出"土产"枸杞的概念,认为土产枸杞甜中带苦,甘州所产者味甘为佳。清代王孟英《归砚录》记载:"甘枸杞以甘州得名。河西遍地皆产,惟凉州镇番卫瞭江石所产独佳。"曹炳章《增订伪药条辨》:"枸杞子,陕西潼关长城边出者,肉厚糯润,紫红色,颗粒粗长,味甘者为佳。宁夏产者,颗粒大红色有蒂,略次。东北关外行之。甘肃镇番长城边出者,粒细红圆活,味亦甘,此货过霉天即变黑,甚难久藏,略次。他如闽、浙及各地所产者,旧地皆曰土杞子,粒小,味甘淡兼苦,肉薄性微凉,不入补益药,为最次。"人们认识不

断提高对枸杞子的产地与品种和质量优劣等结合在一起记载更多。

历代本草所记载枸杞子非同一种原植物,由野生为主的中国枸杞,发展至宁夏枸杞。在华北、华东一带两者并存。枸杞子其性味变迁是品种变化所致。早期主流品种为广泛分布的野生的中国枸杞,亦可能包括北方枸杞、截萼枸杞等。此类果实多甘中带苦或微苦。从唐代开始,西北地区宁夏枸杞应用并得到推崇,经过大量栽培管理,植株高大且果实红润甘美,成为枸杞子的主流品种。品种的变迁导致了性味功效的变化。这种现象是药材新兴品种优选的结果,是栽培品优于野生品的实例之一。这种变化亦反映了临床应用的改变,早期枸杞子(土枸杞)多论其补虚劳,宁夏枸杞由于补益作用明显而得到推崇,是由临床应用决定的。宁夏枸杞的兴起是该药材多来源品种中选拔出来的一种优质品种(钱丹,2016)。

枸杞产地变化见图1-10。

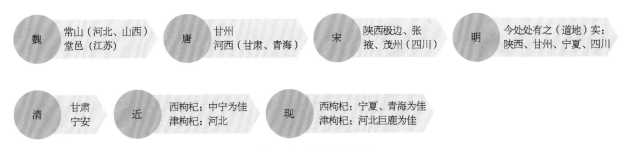

图1-10 枸杞产地变化

三、宁夏枸杞成为法定基原

枸杞是我国传统"中药材"的商品名称,不是一个植物学意义上的"种"名,枸杞作为一种中药材,入药历史已有2 000余年,入药植物的"种"经历了由"中国枸杞"向"宁夏枸杞"的转变(秦垦,2015)。我国现存最早成书的药学专著《神农本草经》所列上品的"枸杞",性寒、味苦,干果药味重,嚼食口感"苦、麻",应该是植物分类上的"枸杞"或同属其他种。该种在全国有广泛的自然分布,正如古本草云"今处处有之"。主要分布于年降水400 mm以上的地区,现在其变种"北方枸杞"依然在河北巨鹿一带广有种植,韩国人也将其作为入药正品。而明清之后入药的枸杞"味甘,性平",应该是植物分类上的"宁夏枸杞",分布主要在我国年降水400 mm以下的"青、新、甘、宁、内蒙古"等西北地区。因最早主要人工栽培在宁夏中宁地区,中华人民共和国成立前中文通用名为"中宁枸杞",中华人民共和国成立后"种名"被确定为"宁夏枸杞",因而我们现在讲的"枸杞"栽培品种科学意义上是讲"宁夏枸杞"这个种的栽培品种,但如果叙述入药"枸杞"的历史沿革,那么"中国枸杞"与"宁夏枸杞"这样种的层面上的演替就不得不提及。

为什么最早入药的不是适口性好、药效好的宁夏枸杞而是口感很差的中国枸杞呢?分析其原因大概有两个:首先是地缘关系上宁夏枸杞的自然分布区年降水在400 mm以下,在传统意义上属游牧文化区,不属中原文化(农耕)的主要分布区,"中药"这个"中原文化"的组成部分当然不会关注这一物种。

其次是"中国枸杞"和我们人类有紧密依存度的禾本科植物一样——"自然亲和、生殖确保",在有无虫媒的条件下,都可以结实并表现为果粒大且均匀,这一特性决定了野生的"中国枸杞"可以大量的采摘,可以形成一定的产量,成为一种商品进行市场销售;而宁夏枸杞群体内的绝大多数品系自交不亲和,在自然状态下通常授粉质量很差,导致其坐果率很低,即便坐果也种子数量很少果实很小,很难形成产量,因此不能成为一种可以商业化的"药品"。

随着明初"宁夏府"的设立,中原文化的关注使"宁夏枸杞"这一物种进入了中原文化的视野,"宁夏枸杞"被列入朝贡品名录,中原文化的认同为入药的"枸杞子"正品是"宁夏枸杞"这个种的干果,李时珍的《本草纲目》也将枸杞入药的正品确定为宁夏产的枸杞。相传,优质的宁夏枸杞最早出产于"卫宁"地区的常乐堡、永康堡、宣和堡等清水河洪泛区,当时

宁夏府在人工驯化栽培以前为了满足枸杞的朝贡,甚至人为地制造清水河洪泛工程来提高枸杞的出粒大、质优的枸杞。

为什么宁夏枸杞这个物种在西北的自然分布很广,按照中国的一方水土孕育一方人、孕育一方物产的学说,该物种适合于该地区生长。20 世纪五六十年代,宁夏、青海、甘肃、新疆主要产区多种植枸杞,质优宁夏枸杞这个种"自交不亲和"的物种会表现出一定水平上"弱的自交亲和性",从而"坐果率、果实等级"水平会大幅提高,达到了可以人工采集的水平,这一推论与现今生产上认为有"一定盐渍化水平"的地区枸杞植株抗逆性好、产量高的现象相一致。1977 年版《中国药典》法定确立了宁夏枸杞为枸杞药材的唯一来源,其后,其他同科同属种皆枸杞药材混淆品及伪品,退出中医临床。

枸杞基原变化见图 1-11。

图 1-11　枸杞基原变化

第五节　枸杞考证述源的主要结论

一、枸杞食药应用源远流长

枸杞源流于甲骨文、《山海经》《诗经》记载中,当时社会背景里王朝统治者有占卜习惯,说明枸杞早已被古人奉为古代图腾,或作为一种与人健康相关的珍贵果木,在远古时期就开始栽培和食用药用。

二、枸杞的同物异名居多

枸杞多以枸杞功效为由立名,如仙人杖、西王母杖、却老、天精、地仙等,也有以枸杞的性状特征

为由立名,如血枸杞、红耳坠、红果子等;还有以产地立名,如津枸杞、北枸杞、宁夏枸杞、柴杞、青杞等。名称虽多,但均指宁夏枸杞和中华枸杞同属物种。

三、枸杞以宁夏、青海为道地产区

从古本草"今处处有之""生常山""生西河郡""甘州""鄀城""灵州""九原"等,考证这些产地均在青海、宁夏、甘肃、陕西、河北、山西、内蒙古等西部黄河流域,现代枸杞集中分布种植于宁夏、青海等地。

20 世纪 50 年代，许多权威书籍记载了枸杞多产于宁夏与青海，有"产量大，质量亦佳"的称誉。枸杞道地由常山（河北）→甘州河西（甘肃、青海、宁夏）→茂州（四川）→甘州（甘肃）→中宁（宁夏）→宁夏、青海、河北发生变迁。

四、功效为平补之剂，从古至今认识一致

从《神农本草经》枸杞列为上品，主养命以应天，无毒，久服不伤人，轻身益气，到现代人滋补肝肾，明目，延缓衰老，增强人体免疫力等，历代中医都用于平补药物。中医养生延年的"返老还童丸""七宝美髯丹""延龄固本丸"等方中都有枸杞入药，从古到今人们普遍认为，常食枸杞可以强身壮阳，延年益寿。

五、性味认识略有分歧

秦汉至明代多家医者认为本品苦寒，根大寒，子微寒，但唐代《药性论》却认为"甘平"。至清代以来，认为甘平的医家较多。分析原因可能是枸杞药用部位不同，主要是枸杞属植物不同种应用上的差别造成。枸杞子主流药用品种原植物由华北地区广泛分布的中国枸杞变迁为主产西北地区的宁夏枸杞，《中国药典》1977 年版收载了宁夏枸杞为枸杞药材唯一基原，性味甘平，为滋补之品。以后历版《中国药典》均认为本品味甘平，常用于滋补药方中。

第二章

枸杞资源学

枸杞系茄科枸杞属落叶灌木,是起源较古老的植物种类之一,日本学者 Fukuda 通过研究枸杞属植物叶绿体的 DNA 分子系统进化,认为该属物种起源年代在(29.4±9.7)万年前。枸杞属植物是一个经济意义较大的类群,在全世界呈离散分布,约有 80 种。1934 年中国植物家王云章及 1950 年俄罗斯植物分类学者 A·保雅柯娃都对中国产枸杞种质资源进行了整理,其后中国科学院匡可任、路安民进行了实地观察调研,分析种内变化状况和种间界限,将我国枸杞属植物分为 7 个种,3 个变种。20 世纪 80 年代以后,随着枸杞种植产业兴盛,枸杞种质资源研究得到更快发展,新发现了 4 种野生种,并且新培育处 40 多个栽培种质品种,这些近像野生种和新选育推广的枸杞品种都成为新生的种质资源。本章从野生、栽培两个方面介绍枸杞的种质资源。

第一节　枸杞属植物分类地位与基本特征

枸杞属隶属于茄科植物,并归于茄族之下的枸杞亚族。

茄族——Solaneae Reichb

草本,灌木或小乔木,花萼通常 5(稀 2~4 或 10),浅裂或中裂,极稀无齿;花冠常辐射对称,稀两侧对称;雄蕊 5,全部能育;子房具大小相等的 2 室;浆果或盖裂蒴果,不被果萼包围或完全被膨大的果萼包围;种子具极弯曲而大于半环的胚。分为 4 亚族,即枸杞亚族、天仙子亚族、茄亚族、茄参亚族。

枸杞亚族——Lyciinae Wettst

草本或灌木,叶不分裂,花单生或因节间极短而成簇生,花冠漏斗状或筒状钟形,檐部狭窄,药隔位于两药室中间,花丝与药隔基部相连接,花萼果时仅宿存于果实基部而不包围果实,浆果。约 15 属,我国有 2 属。

该属植物的主要形态特征:

灌木,通常有棘刺或稀无刺。单叶互生或因侧枝极度缩短而数枚簇生,条状圆柱形或扁平,全缘,有叶柄或近于无柄。花有梗,单生于叶腋或簇生于极度缩短的侧枝上;花萼钟状,具不等大的 2~5 萼齿或裂片,在花蕾中镊合状排列,花后不甚增大,宿存;花冠漏斗状、稀筒状或近钟状,檐部 5 裂或稀 4 裂,裂片在花蕾中覆瓦状排列,基部有显著的耳片或耳片不明显,通常在喉部扩大;雄蕊 5,着生于花冠筒的中部或中部之下,伸出或不伸出于花冠,花丝基部稍上处有一圈绒毛或无毛,花药长椭圆形,药室平行,纵缝裂开;子房 2 室,花柱丝状,柱头 2 浅裂,胚珠多数或少数。浆果,具肉质果皮。种子多数或由于不发育仅有少数,扁平,种皮骨质,密布网纹状凹穴;胚弯曲成大于半圆的环,位于周边,子叶半圆棒状(中国科学院/中国植物志编辑委员会,1985)。

第二节　枸杞野生资源

一、世界枸杞属植物资源概况

（一）种类数量与地理分布

本属植物在全世界约有 80 种，主要分布于暖温带地区，欧洲 3 种，亚洲 7～8 种，澳大利亚 1 种，美洲约 45 种，南非 6 种（路安民等，2003）。

该属植物在全球呈现离散分布，从南美洲、北美洲到大洋洲、欧亚大陆和南非等地域均有分布。美国的亚利桑那州和南美阿根廷是世界上枸杞属植物的两个分布中心（郑贞贞，2012）。热带地区未发现分布。从植被角度分析，该属植物为森林区内低海拔地段的一个森林分布种，从东起日本、韩国、朝鲜，直达我国各地，西可到喜马拉雅和巴基斯坦，为常见的典型东亚种（图 2-1）（段金廒，2015）。

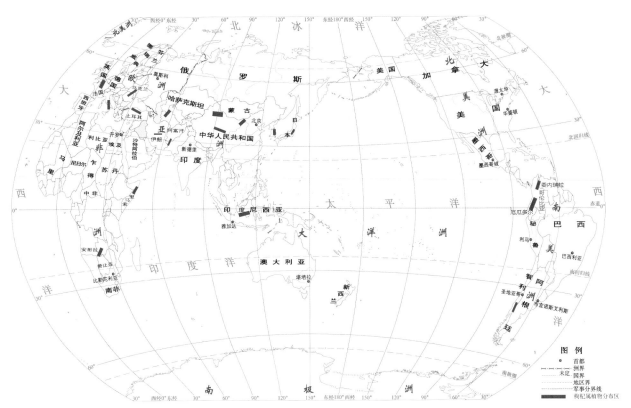

图 2-1　世界枸杞属植物分布格局示意图

（二）资源的起源与系统演化

Symon 认为枸杞属这种离散分布很可能是由于冈瓦纳大陆（Gondwanaland）的断裂与漂移形成的（郑贞贞，2012）。值得注意的是，该属中的 *Lycium sandwicense* A. Gray 广泛地分布在太平洋各岛屿（复活节岛、夏威夷群岛、小笠原群岛、大东群岛等）。这种异常现象究竟是人为传播还是自然传播或地址变化造成的，尚无研究报道，仅在 1932 年 Hitchcock 认为，从形态学上看该物种与北美洲同属物种 *L. carolinianum* var. *quadrifidum* 有很近的亲缘关系。由于枸杞属的姊妹属 *Grabowskia* 的分布仅限于南美洲，因此目前大多数学者认为南美洲是枸杞属物种的起源中心。今天大陆板块的形成在 60 万～80 万年前，而日本东北大学 Fukuda 对枸杞属植物的叶绿体 DNA 分布系统进化研究显示，枸杞属物种起源年代应该在（29.4±9.7）万年前。此结果支持了该物种的自然传播说。Fukuda 认为，世界各地分布的枸杞属物种之间存在以下演化关系：

（1）枸杞属物种起源于美洲大陆，美洲大陆的枸杞属物种包括了一个并系集合群体。

（2）南美洲、大洋洲和欧亚大陆的枸杞属物种是一个单一群系，它们都有一个共同的来自美洲大陆的祖先。

（3）南非枸杞属物种也是一个并系集合群体，大洋洲和欧亚大陆的枸杞属物种曾起源于南非。

（4）*L. sandwicense* 与美洲大陆群体中某一个系处于同一个进化分枝上（郑贞贞，2012；董静洲等，2008）。

（三）国外主要药用枸杞种质资源

国外枸杞主要药用品种有以下几种。阴生枸杞（*L. ambrosum*），是哥伦比亚药用植物，用于治疗丹毒。土库曼枸杞（*L. turcomanicum*），是土库曼斯坦、塔吉克斯坦、乌兹别克斯坦、伊朗、阿富汗和高加索地区的药用植物，果实补益肝肾，益精明目。肖氏枸杞（*L. shauii*），是索马里、以色列的药用枸杞，根煎剂治感冒、牙疼，茎煎剂外敷治疗鼻出血、动物咬伤。欧洲枸杞（*L. europaeum*），是欧洲、地中海及亚洲西部、巴勒斯坦地区的民族药，叶外用治皮肤感染、牙疼、卡他、洗眼睛，全株治疗骨疼、消炎。灰色枸杞（*L. cinereum*），是南非、博茨瓦纳的药用植物，根治胃痛，根粉碎成末装烟袋抽烟治疗头痛。夜香树枸杞（*L. cestroides*），是阿根廷药用植物，叶子治疗疼痛、耳痛、黏膜炎、胃病。非洲枸杞（*L. afrum*），是非洲和西亚药用植物，叶子用作消散剂和康复药。安纳枸杞（*L. anatolicum*），是土耳其民族药，枝和叶烧汁外用于皮肤病、红肿、变态过敏（肖培根等，2015）。

另外，据史料考证，中国枸杞（*L. chinense*），在1740年传入法国和地中海沿岸栽培后逐渐演变为野生物种，如捷克、匈牙利布达佩斯、罗马尼亚等都有枸杞形成的群落。日本、韩国、朝鲜也分布有许多野生枸杞资源，药食两用，功效为滋补肾肝、明目强体。

二、中国枸杞属植物野生资源

我国枸杞属植物资源在《中国植物志》（中国植物志编辑委员会，1985）记载7种3变种，主要分布于我国北方。近年来在我国枸杞子主产区发现了清水河枸杞、昌吉枸杞、小叶黄果枸杞、西藏新种苦枸杞及变种蜜枝枸杞等5个枸杞属植物新类群（吴莉莉等，2011；Xie，2016；陈甜甜等，2012；安巍等，2014），共有野生枸杞11种4个变种。枸杞和宁夏枸杞属广布种，也是主要药用植物。

（一）枸杞种检索表

《中国植物志》第67卷第1分册收载我国产枸杞属植物有7种3变种，分种检索如下。

1. 枸杞种检索表

（1）果实成熟后紫黑色；枝条上每节有1短的裸露棘刺；叶条行或近乎圆柱形、稀倒狭披针形、肉质；花冠筒部长约为檐部裂片长的2～3倍 ········· ······················· 黑果枸杞（*L. ruthenicum*）。

（1）果实成熟后红色或橙黄色；枝条上的棘刺常生叶和花；或兼生有裸露的短刺，稀无刺；叶条状披针形、披针形、倒披针形、卵形或椭圆形；花冠筒长为檐部裂片长的2倍；或稍长或者稍短与裂片。

（2）花冠筒长约为檐部裂片长的2倍；花丝基部稍上处仅生极稀疏的绒毛。

（3）枝条柔弱；叶一般中部较宽，狭披针形或披针形；花萼有时因裂片断裂成截头········ ······················· 截萼枸杞（*L. trnulcatum*）。

（3）枝条坚硬；叶通常前端较宽，倒披针形或椭圆形状倒披针形；有时宽披针形；花萼裂片不断裂。

（4）茎和枝灰白色或灰黄色；花冠裂片边缘有稀疏缘毛 ·············· ······················· 新疆枸杞（*L. dasystemum*）。

（4）茎和枝暗红色；花冠裂片边缘无缘毛 ·············· 红枝枸杞（*L. dasystemum* var. *rubricaulium*）。

（2）花冠筒长于檐部裂片但不达到2倍，或者稍长或稍短于裂片；基部稍上处密生一圈绒毛。

（5）花较大，花冠长9～15 mm；雄蕊短于花冠或稍长于花冠；种子较大，长2～3 mm。

（6）花萼通常2中裂；花冠裂片边缘无缘毛，筒部明显较裂片长但成漏斗状。

（7）果实卵状，距圆状或稀近球状，红色（栽培品种中亦有橙色），长至少在6 mm以上；叶通常为披针形或椭圆状披针形；种子较多 ········· 宁夏枸杞（*L. barbarum*）。

（7）果实球状，橙色，直径约4 mm；叶条状披针形；种子仅2～3枚 ···

……黄果枸杞(*L. barbarum* var. *auranticarpum*)。

　　(6)花萼通常3中裂或4～5齿裂;花冠裂片边缘有缘毛,筒部稍短于裂片、或长于裂片但成圆柱状。

　　　　(8)花冠筒圆柱状,明显长于檐部裂片;叶披针形…………………… 柱筒枸杞(*L. cylindricum*)。

　　　　(8)花冠筒漏斗状,明显短于檐不裂片;叶卵行、卵状菱形、长椭圆形、卵状披针形或披针形。

　　　　　　(9)叶卵形、卵状菱形、长椭圆形或卵状披针形;花冠裂片边缘缘毛浓密;雄蕊稍短于花冠……………………………… 枸杞(*L. chinense*)。

　　　　　　(9)叶披针形或条状披针形;花冠裂片边缘缘毛稀疏;雄蕊稍长与花冠 … 北方枸杞(*L chinense* var. *potaninii*)。

　　　　(5)花较小,华冠长5～7 mm;雄蕊显著长于花冠;种子小,长仅1 mm;叶长8～15 mm;花冠筒内壁在花丝毛丛的同一水平上无毛;果实小,球状,直径约4 mm …………………………………… 云南枸杞(*L. yunnanense*)。

　　董静洲学者认为我国有枸杞7个种和2个变种,其中,红枝枸杞(*L. dasystemum* var. *rubricaulium*)被认为是新疆枸杞(*L. dasystemum*)的变种,可是新修订的《中国植物志》英文版(*Flora of China*)将其作为一种生态变型而非分类学类群(distinet taxon)从该属分类系统中删去了。

　　野生枸杞属于泛北极植物区—亚洲荒漠植物亚区—中亚东部植物地区,各野生种群落植被组成稀疏,结构简单,但其地理成分复杂多样,如有来自地中海、西亚至中亚成分的红砂属(*Reaumuria*)、盐爪爪属(*Kalidium*)及少量中亚、东亚成分等种相互渗透。各野生枸杞种识别要点如下检索表(刘王锁,2013)。

　　2. 枸杞种(含新类群)检索表

　　(1) 枝条呈"之"字形曲折 …………………… (2)

　　(1) 枝条直伸,不呈"之"字形曲折 ………… (3)

　　　　(2) 果熟时黑色或黑紫色 …………………………………… 黑果枸杞(*L. rutenicum*)

　　　　(2) 果熟时淡黄色,近透明 ………………………………… 小叶黄果枸杞(*L. parvifolium*)

　　　　(3) 花冠筒长为冠檐裂片的2倍 …………………… 截萼枸杞(*L. truncatum*)

　　　　(3) 花冠筒与冠檐裂片近等长 … (4)

　　　　　　(4) 花冠裂片具缘毛 …………………………………… 枸杞(*L. chinense*)

　　　　　　(4) 花冠裂片无缘毛 ……… (5)

　　　　　　　　(5) 花萼不规则2～4浅裂 ………………………… 清水河枸杞(*L. gingshuiheense*)

　　　　　　　　(5) 花萼常2中裂 …… (6)

　　　　　　　　　　(6) 浆果红色或橙色 …………………………… 宁夏枸杞(*L. barbarum*)

　　　　　　　　　　(6) 浆果不为红色或橙色 ………………………………………………… (7)

　　　　　　　　　　　　(7) 浆果淡紫色,近透明 …… 密枝枸杞(*L. barbarum* var. *implicatum*)

　　　　　　　　　　　　(7) 浆果橙黄色 … 黄果枸杞(*L. barbarum* var. *auranticarpum*)

　　3. 昌吉枸杞与宁夏枸杞检索要点

　　(1) 果实为红褐色,绒毛浓密,且密闭花冠筒,花冠喉部的鹅黄色轮廓呈五角形排列……昌吉枸杞(*L. changjicum*)

　　　　(2) 果实为红色,花丝基部绒毛较稀疏,花冠喉部的鹅黄色轮廓露出很少 …… 宁夏枸杞(*L. barbarum*)

　　4. 苦枸杞与宁夏枸杞的检索要点·苦枸杞(*L. amarum*)被鉴定为新种是基于其刺基部明显的突起,薄而坚韧的叶片、花萼尖2齿裂。

(二) 分种描述

　　1. 黑果枸杞(*Lycium ruthenicum*)·多棘刺灌木,高20～50 cm,多分枝。枝条坚硬,白色或灰白色,常成之字形曲折,斜生或横卧于地面,小枝顶端渐尖成棘刺状,节间短缩,每节有长0.3～1.5 cm的短棘刺。叶2～6片簇生于短枝上,肥厚肉质,近无柄,条形,条状披针形或条状倒披针形,顶端钝圆,基部渐狭,中脉不明显,长0.5～3 cm,宽2～7 mm。花1～2朵生于短枝上;花梗细弱,长0.5～1 cm;花萼狭钟状,长3～4 mm,果实稍膨大成半球形,包围果实中下部,不规则2～4浅裂,裂片膜质,边缘有稀疏缘毛;花冠漏斗状,浅紫色,长约1.2 cm,筒部向檐部稍扩大,5浅裂,裂片矩圆状卵形,长为筒部的

图 2-2　黑果枸杞(《中国植物志》)

1.花果枝；2.果枝；3.花冠展开

图 2-3　黑果枸杞(摄于青海德令哈)

1/3~1/2,无缘毛,耳片不明显;雄蕊稍伸出花冠,着生于花冠筒中部,花丝离基部稍上处有疏绒毛;花柱与雄蕊近等长。浆果成熟后紫黑色,球状,有时顶端稍凹陷,种子肾形,褐色。花果期7~9月(郭本兆,1987)。(图2-2、图2-3)

此种分布于陕西北部、宁夏、甘肃、青海、新疆和西藏,中亚、高加索和欧洲其他一些地区亦有。耐干旱,常生于盐碱土荒地、沙地或路旁。可作为水土保持的灌木。

2. 截萼枸杞(*Lycium truncatum*)·灌木,高

1~1.5 m,分枝圆柱状,灰白色或灰黄色,少棘刺。叶在长枝上通常单生,在短枝上则数枚簇生,条状披针形,顶端急尖,中部较宽,基部狭楔形且下延成叶柄,长1.5~2.5 cm,宽2~6 mm,中脉稍明显。花1~3朵生于短枝上同叶簇生;花梗细瘦,向顶端接近花萼处稍增粗,长1~1.5 cm。花萼钟状,长3~4 mm,2~3裂,裂片膜质,花后有时断裂而使宿萼成截头状;花冠漏斗状,下部细,向上渐扩大,筒长约8 mm,裂片卵形,长约为筒部之半,无缘毛;雄蕊插生于花冠筒中部,稍伸出花冠,花丝基部具稀疏绒毛;

图 2-4　截萼枸杞(《中国植物志》)

1.果枝；2.花枝；3.花冠展开

图 2-5　截萼枸杞果实

图 2-6 截萼枸杞全株(摄于银川)

花柱稍伸出花冠。浆果矩圆形或卵状矩圆形,长5～8 mm,顶端有小尖头。种子橙黄色,长约 2 mm。花果期 5～10 月。(图 2-4、图 2-5)

产于陕西、内蒙古和甘肃。常生于海拔 800～1 500 m 的山坡、路旁或田边。

3a. 新疆枸杞(*Lycium dasystemum*)·多分枝灌木,高达 1.5 m,枝条坚硬,稍弯曲,灰白色或灰黄色,嫩枝细长,老枝有坚硬的棘刺;棘刺长 0.6～6 cm,裸露或生叶和花。叶形状多变,倒披针形、椭圆状倒披针形或稀宽披针形,顶端急尖或钝,基部楔形,下延到极端的叶柄上,长 1.5～4 cm,宽 5～15 mm。花朵 2～3 朵同叶簇生于短枝上或长枝上单生于叶腋;花梗长 1～1.8 cm,向顶端渐渐增粗。花萼长约 4 mm,常 2～3 中裂;花冠漏斗状,长 9～12 mm,筒部长约为檐部裂片的 2 倍,裂片卵形,边缘有稀疏的缘毛;花丝基部稍上处同花冠筒内壁同一水平上都

生有极稀疏绒毛,由于花冠裂片外展而花药稍露出花冠,花柱亦稍伸出花冠。浆果卵圆状或矩圆状,长7 mm 左右,红色。种子每果可达 20 余个,肾脏形,长 1.5～2 mm。花果期 6～9 月。(图 2-7～图 2-9)

分布于新疆、甘肃和青海;中亚。生于海拔1 200 m～2 700 m 的山坡、沙滩或绿洲。

图 2-8 新疆枸杞全株(摄于银川)

图 2-7 新疆枸杞(《中国植物志》)

1.果枝;2.花冠展开

图 2-9 新疆枸杞果实(摄于银川)

图 2-10 新疆枸杞花(摄于银川)

3b. 红枝枸杞(变种)(*Lycium dasystemum* var. *rubricaulium*)· 本变种和新疆枸杞的不同处: 老枝褐红色,花冠裂片无缘毛。(图 2-11、图 2-12)

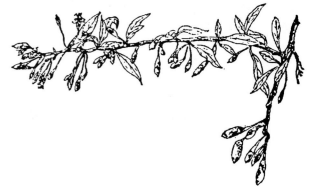

图 2-11 红枝枸杞(《中国植物志》)

图 2-12 红枝枸杞(摄于诺木洪)

产于青海诺木洪,生于海拔 2 900 m 左右的灌丛中。

4a. 宁夏枸杞(*Lycium barbarum*)· 落叶灌木,高 0.5～2 m,径直立,灰白色,具棱;分枝细密,多开展而略斜升或弓曲,灰白色或灰黄色,无毛而微有光泽,有不生叶的短棘刺和生叶、花的长棘刺。叶互生或簇生,披针形或长椭圆状披针形,先端渐尖或急尖,全缘,基部楔形,长 2～3 cm。花 1～2 朵簇生于叶腋,花梗细,常下垂;花萼钟状,长 4～5 mm,常2 中裂,裂片有小尖头或顶端又 2～3 齿裂;花冠漏斗状,粉红色或淡紫色,筒部长 8～10 mm,明显长于檐部裂片,裂片长 5～6 mm,卵形,顶端圆钝,基部有耳,边缘无缘毛,花开放时平展;雄蕊 5,着生花冠中部,花丝基部稍上处及花冠筒内壁生一圈密绒毛;花柱与雄蕊均稍伸出花冠。浆果红色或橙色,果皮肉质,多汁液,卵圆形或椭圆形或短圆形或圆形,顶端有短尖头或平截,有时稍凹陷,长 8～15 mm,直径5～10 mm;种子常 20 余粒,略成肾脏形,棕黄色。花果期 6～10 月(郭本兆,1987)。(图 2-13、图 2-14)

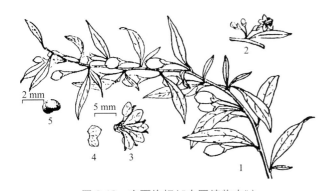

图 2-13 宁夏枸杞(《中国植物志》)
1.果枝;2.花枝的第一节;3.花冠展开;4.花萼展开;5.种子

图 2-14 野生宁夏枸杞移栽(摄于诺木洪)

原产我国北部,河北北部、内蒙古、山西北部、陕西北部、甘肃、宁夏、青海、新疆有野生,由于果实入药而栽培。现在除以上地区有栽培外,我国中部和南部不少地区也已引种,宁夏及青海栽培多、产量高。本种在我国有悠久的栽培历史,约在17世纪中叶引种到欧洲,现在欧洲及地中海沿岸国家以及美洲则有栽培并成为野生。常生于土层深厚的沟岸、山坡、田埂或宅旁。耐盐碱、沙漠和干旱,因此可作水土保持和造林绿化的灌木。

4b. 黄果枸杞(变种)(*Lycium barbarum* var. *anranticarpum*)·落叶灌丛,丛状生长,分枝性强,

枝干很多,一般每丛 10～30 株,最多达百余株,也有数株一丛的。植株高度一般为 50～90 cm,最高达 120 cm。植株基茎粗一般 0.5～0.8 cm,有的粗达 1.5～2 cm。老的枝干皮呈细裂状,灰褐色。枝条密生,老枝灰褐色或灰黑色;当年生枝光滑无毛,青灰或青黄色。棘刺很多,几乎每个枝的先端与侧生短枝均呈棘刺状。棘刺一般长 0.5～2 cm。新枝生 2 cm 以上的棘刺,长有叶片,也能开花结实。老枝叶 6～10 个叶片簇生芽眼,肉质较明显(仅次于黑果枸杞),叶形狭窄,呈条形、条状披针形、倒条状披针形。叶长一般 2～5 cm,宽 0.2～0.4 cm,柄长 0.4～0.5 cm,叶脉不明显。新枝叶单生或簇生(新枝第一次生叶为单生),叶质比老枝叶薄,叶为狭披针形、长椭圆状披针形或长椭圆形。叶小,长 1～3 cm,宽

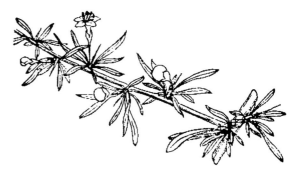

图 2-15 黄果枸杞(《中国植物志》)

图 2-16 黄果枸杞

图 2-17　黄果枸杞花　　　　　　　　　　图 2-18　黄果枸杞果实(摄于银川)

0.3～0.6 cm,柄长 0.1～0.3 cm,叶脉不明显。花在枝上单生或 2～4 朵簇生于叶腋。花梗长 0.5～0.8 cm,向顶端渐增粗。花萼钟状,紫绿色,长 0.3～0.4 cm,通常二中裂,多为二裂,也有四裂。花冠紫红或淡紫红色。花冠分冠筒与冠檐两部分,筒部上端扩展呈漏斗状,檐部 5 裂片平展,花冠裂片卵形,先端圆舌状,瓣耳小或不明显。冠筒长 8～10.5 mm,冠檐长 4～5 mm,筒檐之比为 2∶1 或稍大于 2∶1。花柱稍伸出于花冠筒,柱头头状,绿色。雄蕊花丝细长,着生于冠筒中下部。花丝基部稍向上处着生一圈绒毛并交织成球状毛丛,毛丛紧密中等,有的较疏。与毛丛等高处的花冠筒内壁或多或少地亦生有绒毛。花丝不等长,或近于或稍低于或稍高于花柱,使花药分布于柱头的周围。幼果期果色青,先端及萼片略带紫色,幼果近圆形。成熟果色橙或橙黄,表面似有透明光泽。果形小,鲜果千粒重约 160 g。果粒大小不一,果径 0.5～0.8 cm。果粒形状不很规正,有似圆茄形,有的果身稍扁象略圆的小玉米粒。不很圆的果实,长约 0.7 cm,宽约 0.8 cm,厚约 0.5 cm。果肉薄,味淡,稍带甜味。果萼 2～3 裂,果熟后萼端裂片呈膜质,黄褐色。果实内含种子较少,一般为 2～8 粒。种子长 1.5 mm 左右,呈半圆形或肾形。种皮黄白色。(图 2-15～图 2-18)

本变种不同于宁夏枸杞之处:枝条多棘刺,几乎每节均有;叶狭窄,条形或条状披针形,老枝叶明显肉质;花稍小,花冠筒比檐部裂片长达 2 倍;浆果

小,近球形,直径 4～8 mm,橙黄色,一般仅有 2～8 粒种子;果萼先端呈膜质(秦国峰,1980)。

分布于宁夏银川、青海诺木洪宅旁、路边、渠舞及撩荒盐碱地的田头地坝上。土壤多为淡灰钙土,含盐量 0.2%～0.5%,在地表白茫茫的盐碱地块上也见有生长。野生植株为丛生状,每丛 10～30 株,有的数小丛萌生株连为大丛,每丛多至百余株,常与藜科的白刺植物成丛混生在一起。在沙荒地主根扎得很深,靠近地面的主根上须根较多,有的枝干匍匐地面也向土里生长须根。生命力极强,7～9 月间生长特旺盛。野生植株结实不多,果粒很小。

4c. 密枝枸杞(新变种)(Lycium barbarum var. implicatum)·该变种与原变种宁夏枸杞的区别在于植株分枝多而密,叶片小,狭长椭圆形、倒披针形或匙形,长 1～1.8 cm,宽 1.5～2.5 mm;雄蕊着生于花冠喉部,长短不等,其中 2 枚较短,其余 3 枚较长,近无毛;浆果卵球形或椭圆球形,长 5～8 mm,直径 3～6 mm,淡紫色,近透明,多汁,味甜,种子 2～4 粒(陈甜甜等,2012)。图见小叶黄枸杞。

5. 柱筒枸杞(Lycium cylindricum)·灌木,分枝多"之"字状折曲,白色或带淡黄色;棘刺长 1～3 cm,不生叶或生叶。叶单生或在短枝上 2～3 枚簇生,近无柄或仅有极短的柄,披针形,长 1.5～3.5 cm,宽 3～6 mm,顶端钝,基部楔形。花单生或有时 2 朵同叶簇生,花梗长约 1 cm,细瘦。花萼钟

状,长和直径均约 3 mm,3 中裂或稀 2 中裂,裂片有时具不规则的齿;花冠筒部圆柱形,长 5～6 mm,直径约 2.5 mm,裂片阔卵形,长约 4 mm,顶端圆钝,边缘有缘毛;雄蕊插生于花冠筒的中部稍上处,花丝基部稍上处生一圈密绒毛且交织成卵球状的毛丛体;子房卵形,花柱长约 8 mm。果实卵形,长约 5 mm,仅具少数种子。(图 2-19、图 2-20)

产于我国新疆。

图 2-19　柱筒枸杞(《中国植物志》)

1. 花;2. 花冠展开

图 2-20　柱筒枸杞(摄于银川)

6a. 枸杞(*Lycium chinense*)·多分枝灌木,高 0.5～1 m,栽培品可伸达 2 m 多;枝条较弱,弓状弯曲或俯垂,淡灰色,有纵条纹,棘刺长 0.5～2 cm,生叶和花的棘刺较长,小枝顶端锐尖成棘刺状。叶纸质或栽培时质稍厚,单叶互生或 2～4 枚簇生,卵形、卵状菱形、长椭圆形、卵状披针形,顶端急尖,基部楔形,长 1.5～5 cm,宽 0.5～2.5 cm,栽培品较大,可长达 10 cm 以上,宽达 4 cm;叶柄长 0.4～1 cm。花在长枝上单生或双生于叶腋,在短枝上则同叶簇生;花梗长 1～2 cm,向顶端渐增粗。花萼长 3～4 mm,通常 3 中裂或 4～5 齿裂,裂片多少有缘毛;花冠漏斗状,长 9～12 mm,淡紫色,筒部向上骤然扩大,稍

图 2-21　枸杞(《中国植物志》)

1.花枝;2.果枝;3.花冠展开;4.栽培类型的果实

短于或近等于檐部裂片,裂片卵形,顶端圆钝,平展或稍向外反曲,边缘有缘毛,基部耳显著;雄蕊较花冠稍短,因花冠裂片外展而伸出花冠,花丝在近基部处密生一圈绒毛并交织成椭圆状的毛丛体,与毛丛等高处的花冠筒内壁亦密生一环绒毛;花柱稍伸出雄蕊,上端弓状弯区,柱头绿色。浆果红色,卵形,栽培品可长成矩圆状或长椭圆形,顶端尖或钝,长7～15 mm,栽培品可长达 22 mm,直径 5～8 mm。种子扁肾脏形,长 2.5～3 mm,黄色。花果期 6～11 月。(图 2-21、图 2-22)

分布于我国东北、河北、山西、陕西、甘肃南部以及西部、华中、华南和华东各地;常生于山坡、荒地、丘陵地、盐碱地、路旁及村边宅旁。在我国除普遍野生外,各地也有作药用、蔬菜或绿化栽培。

图 2-22　枸杞(摄于银川)

6b. 北方枸杞(变种)(*Lycium chinense* var. *potaninii*)·多分枝灌木,高 0.5～1 m。枝条细弱,常俯垂,淡灰色,小枝淡黄色,无毛,顶端锐尖成棘刺状。单叶互生或 2～4 枚簇生于短枝上,披针形、矩圆状披针形或条状披针形,长 2～5 cm,宽 5～12 mm,全缘,基部渐狭,楔形,具短柄。花 3～5 朵簇生于叶腋,具长 5～15 mm 的花梗;花萼钟状,长 3～5 mm,3～5 裂,裂片宽卵形,多少具缘毛;花冠漏斗形,长8～12 mm,紫色,筒部稍短于或近等于檐部裂片,顶端 5 深裂,裂片卵形,顶端钝圆,平展或稍向外反曲,边缘具稀疏的缘毛,基部耳不显著;雄蕊 5,较花冠稍长,花丝在近基部处生一圈绒毛并交织成椭圆状的毛丛,与毛丛等高处的花冠筒内壁也密生一环绒毛;花柱稍长出雄蕊,上端弓弯,柱头绿色。浆果红

图 2-23　北方枸杞(《中国植物志》)

色,卵状、矩圆状或椭圆状卵形,顶端尖或钝。长7～15 mm;种子扁肾形,黄色。花果期 7～10 月(郭本兆,1987)。(图 2-23、图 2-24)

本变种不同于枸杞之处:叶通常为宽披针形、矩圆状披针形或披针形;花冠裂片的边缘缘毛稀疏,基部耳不显著;雄蕊稍长于花冠。

图 2-24　北方枸杞(摄于银川)

分布于河北北部、山西北部、陕西北部、内蒙古、宁夏、甘肃西部、青海东部和新疆。常生于向阳山坡、沟旁。亦有栽培作为绿化观赏植物。

7. 云南枸杞(*Lycium yunnanense*)·直立灌木,丛生,高 50 cm;枝坚硬,灰褐色,小枝细弱,黄褐色顶端锐尖成针刺状。叶在长枝和棘刺上单生,在极短的瘤状短枝上 2 枚至数枚簇生,狭卵形、矩圆状披针形或披针形,全缘,顶端急尖,基部狭楔形,长 8～15 mm,宽 2～3 mm,叶脉不明显;叶柄极短。花

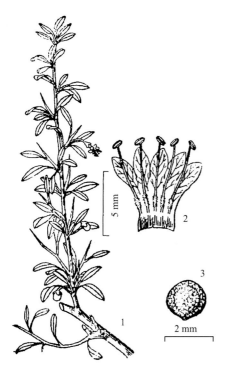

图 2-25　云南枸杞(《中国植物志》)
1.花果枝;2.花冠展开;3.种子

通常由于节间极短缩而同叶簇生,淡蓝紫色,花梗纤细,长 4～6 mm。花萼钟状,长约 2 mm,通常 3 裂或有 4～5 齿,裂片三角形,顶端有短绒毛,花冠漏斗状,筒部长 3～4 mm,裂片卵形,长 2～3 mm,顶端钝圆,边缘几乎无毛;雄蕊插生花冠筒中部稍下处,花丝丝状,显著伸出于花冠,长 5～7 mm,基部稍上处生一圈绒毛,而在花冠筒内壁上几乎无毛,花药长 0.8 mm,子房卵形,花柱明显长于花冠,长 7～8 mm,柱头头状,不明显 2 裂。果实球状,直径约 4 mm,黄红色,干后顶部有一明显纵沟,有 20 余粒种子。种子圆盘形,淡黄色,直径约 1 mm,表面密布小凹穴。产于云南,生于海拔 1 360～1 450 m 的河旁沙地或丛林中。(图 2-25、图 2-26)

8. 清水河枸杞(新种)(*Lycium qingshuiheense*)·直立小灌木,多分枝,多棘刺,高 30～50 cm,老枝灰白色、淡灰褐色,少数带棕黄色,幼枝粉白色或白色,枝条直伸,不成"之"字形曲折,坚硬,有不规则的纵条纹,无毛,小枝顶端常变成锐尖的棘刺,节间短缩,每节有长 0.8～3.7 cm 不等的棘刺,向上棘刺渐变稀疏变短;短枝位于棘刺两侧,在幼枝上不明显,在老枝上成瘤状。叶在长枝上单生,互生,在短枝上常 2～4(～6)枚簇生,肉质,肥厚,近无柄,条形、条状披针形、条状倒披针形,先端钝圆或稍尖,基部渐变狭,近轴面绿色,远轴面浅绿色,长 0.8～2.8 cm,宽 1～2(～3)mm,中部或上部较宽,宽 2～3(～4)mm,无毛。花 1～4 朵与叶一起簇生于短枝顶端;花梗纤细,长 5～10 mm,无毛;花萼钟形或筒状钟形,长

图 2-26 云南枸杞(摄于银川)

3.5~4.5 mm,果实膨大成半球状,包围于果实中下部,不规则 2~4 浅裂,裂片边缘无毛;花冠筒状漏斗形,紫色或紫红色,长 8~12 mm,筒部与冠檐近等长,长 4~6 mm,直径约 1~1.5 mm,向上成漏斗状明显扩大,5 浅裂,裂片长圆状卵形,长约为花冠的 1/2,宽约 2 mm,先端钝圆,无缘毛,雄蕊与花冠近等长或稍短,着生于花冠筒的喉部,长 6~7 mm,花丝丝状,连同花冠无毛或被稀疏短柔毛,长 4~4.5 mm;花药长圆形,黄色,长 1.8~2.5 mm,雌蕊长 8~10 mm,子房长圆形或近圆球形,长约 1.4~1.6 mm,直径 0.5 mm,花柱纤细,柱头 2 浅裂。浆果扁圆球形,顶端常微凹,深红褐色,直径 4~7 mm。种子 1~4 枚。花果期 5~7 月(李吉宁等,2011;崔治家等,2013)。(图 2-27)

分布于宁夏中宁大战场乡西沙窝村和甘肃金塔

图 2-27 清水河枸杞

1.花果枝;2.花;3~4.花冠展开示雄蕊;5.雌蕊;6.果萼;7.果实

牛头湾,生于海拔 1 197 m 左右的河岸,荒漠边缘,土壤为沙壤土。

9. 昌吉枸杞(新种质)(*Lycium changjicum*) · 多年生落叶灌木,高 1.0~1.6 m。枝灰白色,坚硬,多棘刺,棘刺发红,分枝呈"之"字形曲折,粗壮枝上有纵向裂纹。叶披针形或条状披针形,叶面反卷或平展,黄绿色,中脉明显,深紫色,叶尖急尖,基部狭楔形,叶长 3~6 cm,宽 0.3~1.0 cm,2~4 枚簇生。叶柄长 0.3~1 cm,粗 0.4~0.5 mm。花 1~5 朵生于短枝上同叶簇生,花梗细长,向顶端接近花萼处稍增粗,长 7~13 mm,花萼钟状,长 3~4 mm,3~4 中裂;花冠漏斗状,花筒长 8~10 mm,裂片卵形,花瓣深紫色,5 瓣,花瓣边缘有绒毛,花冠喉部的鹅黄色轮廓呈五角形,且多外露于花冠喉部之上,花丝基部稍上位置绒毛浓密,封闭花筒内部,花瓣中脉紫色重,呈五条深紫色辐射线,花冠背面脉线少,花萼短。红褐色小圆果,纵径为 7.03 cm,横径为 5.75 cm,纵横径比为 1:1.22,果味甜苦,果皮厚,革质。单个眼芽的坐果数为 1~3 个,种子数 3~5 粒/果,黄白色,肾形,种子直径为 1.8~2.9 mm,厚度 0.5~0.65 mm,种子不饱满(安巍等,2014)。(图 2-28)

产于新疆昌吉吉木萨尔(模式标本存于宁夏枸杞工程技术研究中心标本室)。

10. 西藏枸杞(苦枸杞)(*Lyicum amarum*) · 西藏枸杞(苦枸杞)由 L. Q. Huang 基于一般植物形态及花粉微观形态相区别于该新种密切相关的枸杞,通过 DNA 序列研究淀粉合成酶(GBSSI),发现在系统发育关系中该新种与其关系密切的枸杞同属于一个类群,在形态上非常接近于枸杞(*L. chinense*),具有同样的披针叶或长而细的倒披针叶,三瓣萼片,在花丝基部和近的花管分布有环状长柔毛。然而,西藏枸杞被鉴定为新种是基于其刺基部明显的突起,薄而坚韧的叶片,花萼尖 2 齿裂。根据分析结果,西藏枸杞接近于宁夏枸杞(*L. barbarum*)、枸杞(*L. chinense*)、新疆枸杞(*L. dasystemum*)和云南枸杞(*L. Yunnanense*)(Xie,2016)。

11. 小叶黄果枸杞(新种)(*Lycium parvifolium* T. Y. Chen & X. L. Jiang sp. nov.) · 直立小灌木,多分枝,多棘刺,高 40~80 cm,老枝灰白色,有明显的纵条纹,幼枝粉白色或白色,枝条成"之"字形曲

A

B

C

图 2-28 昌吉枸杞和西藏枸杞
A. 昌吉枸杞;B、C. 西藏枸杞

折,坚硬,无毛,小枝顶端常变成锐尖的棘刺,节间短缩,每节有长 0.8~2.4 cm 长短的棘刺,向上棘刺渐变稀疏变短;短枝位于棘刺两侧,在幼枝上不明显,在老枝上成瘤状。叶在长枝上互生,在短枝上常 2~6 枚簇生,肉质,肥厚,较小,具极短的柄或近无柄,条形、条状披针形、条状倒披针形或狭椭圆形,先

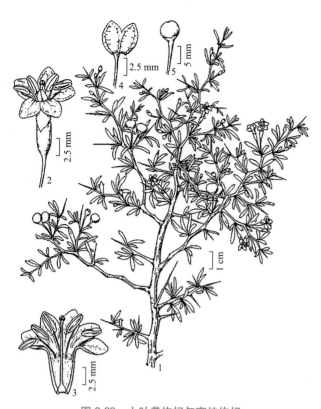

图 2-29 小叶黄枸杞与密枝枸杞
1.花果枝;2.花;3.花冠展开示雄蕊;4.花萼展开;5.果实

端钝圆或稍尖,基部渐变狭,近轴面绿色,远轴面浅绿色,长 1~2.5 cm,宽 1.5~2(~3)mm,中部或上部较宽,无毛。花 1~2 朵与叶一起簇生于短枝顶端;花梗纤细,长 5~8 mm,无毛;花萼杯状或筒状,长 3~4 mm,常 2 浅裂,果时膨大成半球状,包围于果实中下部,不规则 2~4 浅裂,裂片边缘无毛;花冠漏斗状,紫色或蓝紫色,长 8~13 mm,筒部与冠檐近等长,长 4~5 mm,直径 1.5~2 mm,向上成漏斗状明显扩大,5 裂,裂片长圆状卵形,长约为花冠的 1/2,宽 2.2~2.5 mm,先端钝圆,无缘毛,雄蕊着生于花冠筒的喉部,与花冠近等长,长 6~8 mm,花丝丝状,连同花冠无毛或在基部被稀疏短柔毛,长 4~4.5 mm;花药长圆形,黄色,长 2.8~3.6 mm,雌蕊长 8~10 mm,子房长圆形或近圆球形,长 1.4~1.5 mm,直径 1~1.3 mm,花柱纤细,无毛,柱头扁球形,2 浅裂。浆果常淡黄色,近透明,常为扁球形或椭圆球形,长 6~10 mm,直径 6~8 mm。种子 5~8 枚。花果期 6~9 月。(图 2-29)

产于宁夏中宁鸣沙镇,海拔 1 188 m,生于河岸(陈甜甜等,2012)。

(三)中国野生枸杞分布与特点

1. 分布 · 我国枸杞资源源远流长,从前文枸杞源流探析分析,两千多年前枸杞分布在常州、堂邑、甘州、河西、陕西极边、茂州、兰州、灵州、九原以西等地。在中国境内,枸杞属植物分布于我国的西北和北部地区,具有较为广泛的分布范围(图 2-30)。现代的地理位置为甘肃、青海、宁夏、陕西、江苏、河南、四川、河北、山西等地。

我国产 11 种 4 变种,分别为枸杞(*L. chinese*)、宁夏枸杞(*L. barbarum*)、黑果枸杞(*L. ruthenicum*)、截萼枸杞(*L. truncatum*)、新疆枸杞(*L. dasystemum*)、柱筒枸杞(*L. cylindricum*)、云南枸杞(*L. yunnanense*)。中国枸杞属植物的自然分布,除海南外,其他各地均有分布,且以我国北方地区分布较为集中。枸杞属多种植物可供药用,其中较为常用的主要有宁夏枸杞和枸杞。宁夏枸杞的干燥成熟果实称枸杞子(Lycii Fructus)入药,其味甘,性平,具有滋肝补肾、益精明目之功效;枸杞和宁夏枸杞的干燥根皮称地骨皮(Lycii Cortex)入药,其味甘,性寒,具有凉血除蒸、清肺降火之功效。此外,黑果枸杞也常作为保健食品应用。

从植被角度分析,枸杞(*L. chinense*)为森林区内低海拔地段的一个森林区分布种,分布十分广泛,东起日本、韩国、朝鲜,直达我国的东北、华北、华中、华南和西南,西部可分布到喜马拉雅山脉和巴基斯坦,为常见的典型东亚种。该种有变种——北方枸杞(*L. chinense* var. *potaninii*),分布于河北、山西、陕西、甘肃、青海东部、内蒙古、宁夏和新疆等地,生长于山地阳坡和沟谷地,多为野生。

宁夏枸杞,又名甘枸杞,原产于我国西北和华北地区,自然分布区域西至新疆和田,东至辽宁营口,南至四川小金,北抵内蒙古二连浩特,地处北纬 31~44°,东经 80~122°区域。在此范围内又比较集中分布于自青海至山西的黄河两岸黄土高原与山麓地带,以及青海柴达木盆地和甘肃河西走廊,北纬 33~41°,东经 97~111°,为宁夏枸杞的自然分布中心区域。从植被角度分析,为草原荒漠区分布。

枸杞属植物在我国分布广泛,环境适应性极强,从高原高寒草甸、荒漠到低山丘陵的丛林,土壤类型有沙漠、沼泽泥炭、盐碱地、碱性黏土、酸性红黄壤、

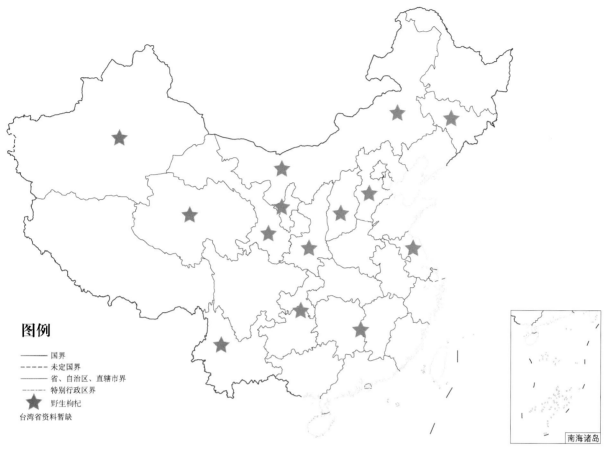

图 2-30　中国野生枸杞分布区域示意图

酸性腐殖土,从强光照的青藏高原到弱光照的四川盆地,干旱半干旱的西北地区到高温高湿多雨的西南、东南地区,主要分布于西北和华北地区。

枸杞第一大产区宁夏调查到有野生枸杞 6 种,其中清水河枸杞和小叶黄枸杞为新发现种。分别为清水河枸杞(L. qingshuiheense)、小叶黄果枸杞(L. parvifolium);变种 2 个,分别为黄果枸杞(L. barbarum var. auranticarpum)、密枝枸杞(L. barbarum var. implicatum),其中,密枝枸杞为宁夏枸杞的新变种;黑果枸杞(L. ruthenicum)、宁夏枸杞(L. barbarum)、枸杞(L. chinense)、截萼枸杞(L. truncatum)。

根据中国植物区系分区,宁夏群聚特征分布的野生枸杞属于泛北极植物区—亚洲荒漠植物亚区—中亚东部植物地区,各野生种群落植被组成稀疏,结构简单,但其地理成分复杂多样,如有来自地中海、西亚至中亚成分的红砂属(Reaumuria)、盐爪爪属(Kalidium)及少量中亚、东亚成分等种相互渗透

(刘王锁,2013)。

枸杞第二主产区青海调查到野生近缘种有 10种(郭辉等,2009;青海种子植物名录编写组,1990),分别为黑果枸杞、宁夏枸杞、北方枸杞、新疆枸杞、红枝枸杞、柱筒枸杞、黄果枸杞、枸杞、陵叶枸杞等。

枸杞主产区新疆调查到野生近缘种有 5 个种(汪智军,2013),分别为黑果枸杞、新疆枸杞、宁夏枸杞、柱筒枸杞、枸杞。

枸杞主产区甘肃调查到野生近缘种质 6 个种,分别为宁夏枸杞、枸杞、黑果枸杞、昌吉枸杞等。

其他主产区如内蒙古、河北、山西等地区野生近缘种调查结果尚未得到有效数据,也未见文献报道。

笔者在枸杞野生近缘种质调查中发现,青海柴达木盆地是野生枸杞资源的中心地带,黑果枸杞分布于格尔木、都兰、德令哈、大柴旦等地约有 39 万亩,红枸杞分布于诺木洪乌龙沟、德令哈、乌兰等地约有 4 000 亩,野生红果、黑果枸杞皆为大宗地产商品销往国内外,红果枸杞在大产区宁夏中宁也有部

分分布,但不形成商品;青海野生资源由于受经济利益影响,盗挖滥采现象严重,致使野生枸杞生长地的生态环境遭到破坏,宁夏产区受到当地农民放牧干扰和部分农耕破坏,中宁野生枸杞资源数量也不断减少。新疆野生枸杞由于受到垦荒造田和城市化进程速度加快,人为干扰和地域性严重生态缺水等因素日益萎缩,种群和植株数量极速减少,柱筒枸杞成为野外灭绝种,黑果枸杞和新疆枸杞成为渐危种(汪智军,2013)。

2. 新类群起源·近年来发现新类群多分布于枸杞主产区宁夏、甘肃、新疆等地,为探讨这些新类群的起源及与国产枸杞属植物的亲缘关系,吴莉莉等(2011)使用核基因颗粒性结合淀粉合成酶基因(GBSSI)片断,对国产7个类群的枸杞属植物进行了分子系统研究,结果表明中国分布的枸杞属植物为旧世界分布的类群,没有形成一个单系。枸杞属新类群的产生与植物种间或种内杂交相关,宁夏枸杞存在较高的遗传分化,清水河枸杞与小叶黄果枸杞是宁夏枸杞和黑果枸杞杂交的后代,密枝枸杞是宁夏枸杞种内杂交的后代。枸杞和新疆枸杞与宁夏枸杞亲缘关系较近。新类群的发现对枸杞资源开发和品种改良提供了科学依据。

3. 主要药用枸杞资源·枸杞属植物在《神农本草经》时期已开始药用。目前药用枸杞主要为枸杞和宁夏枸杞两种,2015年版《中国药典》规定:地骨皮(Lycii Cortex)为茄科植物枸杞(*Lycium Chinese* Mill.)或宁夏枸杞(*Lycium barbarum* L.)的干燥根皮。枸杞子(Lycil Fructus)为茄科植物宁夏枸杞(*Lycium barbarum* L.)的干燥成熟果实。两个药用植物的差异性比较见表2-1。

表2-1　宁夏枸杞与枸杞特征对比

区别点	宁夏枸杞	枸　杞
植物	灌木或栽培者呈小乔木状	多为分枝灌木
茎	直立,栽培者树径可达10～20 cm	弯曲或扶直
叶	披针形、长椭圆状披针形	卵形,长椭圆形、卵状披针形
花萼	花萼2中裂片或每个裂片顶端有2～3小齿	花萼中裂或不规则的3～4齿裂
花冠	花冠筒明显长于檐部裂片,边缘无缘毛	花冠筒短于或近等于檐部裂片,边缘有缘毛
果实	果实甜,无苦味	果实甜,后味微苦
种子	种子较小,长约2 mm	种子较大,长2.5～3 mm
分布区	草原荒漠区,西北居多	森林区,全国绝大多数地区均有分布

三、柴达木盆地枸杞野生资源

(一) 枸杞种类与资源

1. 黑果枸杞(*Lycium ruthenicum*)·生于海拔2 780～3 500 m的盐化沙地、河湖沿岸、干河床盐碱土荒地,荒漠草滩等处,主要分布柴达木盆地乌兰、德令哈、格尔木、诺木洪地区和马海农场,呈现大分布小聚集的局面。

2. 宁夏枸杞(*Lycium barbarum*)·生于海拔1 800～3 450 m的山坡、河谷、水边、田边。产玉树、尖扎、兴海、共和、都兰、乌兰、格尔木、德令哈等地。

3. 北方枸杞(*Lycium chinense* var. *potaninii* A. M. Lu)·生于海拔2 230～2 560 m的路边、荒地、田埂上,丘间低地、河床两侧盐渍化较弱的砂质地、黄土丘陵等。产西宁、民和、大通、湟源、同仁、德令哈、海北、平安等地(中国科学院西北高原研究所,1987)。

4. 新疆枸杞(*Lycium dasystemum*)·生于海拔2 900～3 300 m的山坡、沙滩或绿洲,可耐轻中度盐渍土,产德令哈、都兰、乌兰等地。

5. 红枝枸杞(*Lycium dasystemum* var. *rubricaulium*)·系新疆枸杞变种,与新疆枸杞的区别是:其老枝红褐色,花冠裂片无缘毛,生于海拔2 900 m灌木丛中,分布于诺木洪地区(中国科学院西北高原生物研究所,1987)。

6. 黄果枸杞(*Lycium barbarum* var. *auranyi-carpum*)·产于德令哈、诺木洪等地,生于海拔

2 600～3 000 m 的盆地内荒漠、半荒漠草原、盐碱地和沙漠化土地带。

据《青海种子植物名录》记载：枸杞（*Lycium chinense*）生于海拔 3 700 m，山坡，荒地林缘、地边。产柴达木、祁连、尖扎、乌兰、海晏、大通、民和、乐都、循化、湟中。陵叶枸杞（*L. rhombifolium*）生境不详，产柴达木。柱筒枸杞（*L. cylindricum*）生于 2 900 m，产柴达木（青海种子植物名录编写组，1990；郭辉等，2009）。

（二）分布规律

受海拔高度的影响，北方枸杞的分布仅限于海拔 2 800 m 以下的相关地域，由于缺乏保护，其资源锐减。

柴达木枸杞的种类和覆盖度呈现由东南向西北逐步递减的变化规律。其原因是受柴达木盆地地势高低影响，西北高而东南低，降水量和温度受海洋湿润气候的微弱影响，呈现出由东南向西北递减的态势，盆地西北方向荒漠化程度高。

（三）柴达木主要野生枸杞资源调查与研究

对柴达木盆地具有代表性的分布较广的野生枸杞资源——宁夏枸杞、黑果枸杞、黄果枸杞和红枝枸杞的地理分布、生境以及形态学特征进行调查分析，为柴达木盆地枸杞品种选育工作提供理论依据和技术支持，同时也为野生枸杞原生境的保护提供了依据（郑贞贞，2012）。

1. 宁夏枸杞·生于山坡，河谷，水边，田边和盐碱地。主要分布海拔 2 811～2 992 m，周围通常伴生沙蒿、猪毛蒿、披针叶独行菜、刺儿毛、芨芨草、柽柳、蒿草、齿叶白刺、裂叶风毛菊、合头草、鹅绒萎陵菜、蒿子、灰藜、苦苣菜、棘豆、藨草、沙棘、红花岩黄芪、中华紫苑木等野生植物，如表 2-2。

表 2-2　宁夏枸杞调查点的地理位置及生境

编号	海拔 (m)	经度 (E)	纬度 (N)	土壤	植被覆盖度 (%)	伴生植物
1	2 811	94°56′31.66″	36°23′55.43″	沙壤土	90	芦苇
2	2 783	96°25′16″	36°26′41.69″	沙壤土	95	芦苇，披针叶独行菜
3	2 874	97°31′15.9″	36°07′35.3″	沙质土	70	沙蒿，猪毛蒿，披针叶独行菜，刺儿菜，芨芨草，车前草，木藜柽树，蒿草
4	2 992	97°41′32.6″	36°04′3.2″	沙壤土	98	齿叶白刺，裂叶风毛菊，合头草，鹅绒萎陵菜，刺儿菜，蒿子，灰藜，苦苣菜，棘豆草，沙棘，红花岩黄芪，中华紫苑木

2. 黑果枸杞·生于盐碱地、盐化沙地、河湖沿岸、干河床和路旁。主要分布海拔 2 756～2 822 m，周围通常伴生芦苇、唐古特白刺、柽柳、红枝枸杞、花花菜、黄果枸杞、裂叶风毛菊、锁阳、藨草、蒲公英、盐爪爪、苦麻豆、猴头草等野生植物，如表 2-3。

表 2-3　黑果枸杞调查点的地理位置及生境

编号	海拔 (m)	经度 (E)	纬度 (N)	土壤	植被覆盖度 (%)	伴生植物
1	2 809	94°58′55.35″	36°23′26.32″	盐碱土、沙质土	40	芦苇，白刺，柽柳
2	2 812	94.56′20.02″	36°24′24.73″	盐碱土、沙质土	30	芦苇，柽柳
3	2 807	94°56′31.23″	36°24′46.45″	盐碱土、沙质土	40	芦苇，柽柳
4	2 764	96°14′28.08″	36°24′55.05″	盐碱土	40	唐古特白刺，芦苇，柽柳，红枝枸杞，花花菜

（续表）

编号	海拔 (m)	经度 (E)	纬度 (N)	土壤	植被覆盖度 (%)	伴生植物
5	2 756	96°27′10.12″	36°28′4.58″	盐碱土	20	唐古特白刺,芦苇,柽柳,黄果枸杞,裂叶风毛菊,锁阳,藨草,蒲公英,盐爪爪,苦麻豆
6	2 795	96°25′53.36″	36°26′17.52″	堆积沙		红花岩黄芪,披针叶独行菜,乌拉斯特杨,沙蒿
7	2 822	96°51′23.83″	37°18′19.95″	沙壤土	90	黄果枸杞,黄芪,唐古特白刺,猴头草,芦苇

3. 黄果枸杞·生于盐碱土和堆积沙梁土。主要分布海拔 2 768～2 770 m,周围通常伴生唐古特白刺、芦苇、柽柳、红枝枸杞、黑果枸杞、花花菜、裂叶风毛菊、锁阳、藨草、蒲公英、盐爪爪、苦麻豆、红花岩黄芪、披针叶独行菜、乌拉斯特杨、沙蒿等野生植物,如表 2-4。

表 2-4　黄果枸杞调查点的地理位置及生境

编号	海拔 (m)	经度 (E)	纬度 (N)	土壤	植被覆盖度 (%)	伴生植物
1	2 756	96°27′10.12″	36°28′4.58″	盐碱土	20	唐古特白刺,芦苇,柽柳,黑果枸杞,裂叶风毛菊,锁阳,藨草,蒲公英,盐爪爪,苦麻豆
2	2 770	96°27′14.19″	36°27′32.86″	盐碱土	30	芦苇,黑果枸杞,红枝枸杞
3	2 795	96°25′49.38″	36°26′18.57″	沙土梁	60	披针叶独行菜,乌拉斯特杨,沙蒿,黄枸杞,黄芪
4	2 764	96°14′26.08″	37°24′49.46″	盐碱土	15	苦苣菜,灰藜,唐古特白刺,芦苇,柽柳,红枝枸杞
5	2 787	96°18′20.20″	36°25′45.38″	盐碱土 田埂土	45	芦苇

4. 红枝枸杞·生于盐碱土。主要分布海拔 2 764～2 770 m,周围通常伴生唐古特白刺、芦苇、柽柳、黄果枸杞、黑果枸杞、花花菜等野生植物,如表 2-5。

表 2-5　红枝枸杞调查点的地理位置及生境

编号	海拔 (m)	经度 (E)	纬度 (N)	土壤	植被覆盖度 (%)	伴生植物
1	2 764	96°14′25.96″	36°24′54.62″	盐碱土	15	唐古特白刺,芦苇,柽柳,黄果枸杞,黑果枸杞,花花菜
2	2 770	96°27′14.19″	36°27′32.86″	盐碱土	30	芦苇,黑果枸杞,黄果枸杞

（四）柴达木野生枸杞形态研究

郑贞贞(2012)对 16 个居群调查了植株高、冠幅长、冠幅宽、植株分枝数、叶长、叶宽、叶厚、花茎、花冠长、花萼长、花萼数、花柄长、枝条长、节间长、10 cm 枝条刺数、刺长、果纵径、果横径、果柄长、单果重、种子数等 21 个数量性状,叶形、叶脉、绒毛在花丝的位置、绒毛稠密度、果形、果色等 6 个质量属性。

植株高、冠幅长、冠幅宽、植株分枝数从各居群中随机分散选取 15～20 株测定后计算平均值；叶长、叶宽、叶厚从各居群植株上随机选取 30～40 片测定后计算平均值；花茎、花冠长、花萼长、花萼数、花柄长从各居群植株上随机选取 10～15 朵小花测定后计算平均值；枝条长从各居群植株上随机选取 10～20 个枝条测定后计算平均值；节间长从选取的枝条中随机选 20～30 节间测定后计算平均值；10 cm 枝条刺数，刺长从选取的枝条中分别随机选取 20～30 份测定后计算平均值；果纵径、果横径、果柄长、单果重、种子数从各居群植株上随机选取 10～15 个果测定后计算平均值。

对枸杞分类最重要的性状是叶宽、节间长、叶长和种子数，其次为株高、冠幅长、叶形、叶脉、花茎、绒毛在花丝的位置、花丝绒毛稠密度、花萼数、花柄长、10 cm 枝条刺数、果纵径、果形。花冠长、花萼长、刺长、果横径、单果重等性状对枸杞分类也较为重要。

通过对柴达木盆地野生枸杞资源宁夏枸杞、黑果枸杞、黄果枸杞和红枝枸杞的形态学聚类分析得知，黄果枸杞和红枝枸杞的亲缘关系最近，这两种枸杞与黑果枸杞的亲缘关系较近，与宁夏枸杞的亲缘关系最远；宁夏枸杞与黑果枸杞的关系相对较远。这一结果与传统的形态学分类也存在明显不同，如黄果枸杞与宁夏枸杞不在一类，而黄果枸杞与红枝

枸杞又同在一类。而分析得出的黄果枸杞与黑果枸杞亲缘关系较近，与宁夏枸杞亲缘关系较远的这一结论与李彦龙等（2011 年）通过生物学研究得出的结论一致。本实验结果与传统形态学结论不一致，可能是由于表型性状的选择存在一定的差异，同时材料选择的地域不同可能也是一个重要的原因。因此，关于黄果枸杞、黑果枸杞和红枝枸杞的分类地位还需要更多的不同方法的试验验证和做更进一步的分析探讨。

对枸杞 27 个表型性状进行聚类分析，将表型性状聚集为两大类，然后进行主成分分析得出对枸杞分类最重要的性状是叶宽、节间长、叶长和种子数，其次为株高、冠幅长、叶形、叶脉、花茎、绒毛在花丝的位置、花丝绒毛稠密度、花萼数、花柄长、10 cm 枝条刺数、果纵径、果形，花冠长、花萼长、刺长、果横径、单果重等性状对枸杞分类也较为重要（王占林，2018）。

（五）青海野生北方枸杞资源研究

1. 北方枸杞群落的生态环境特点·青海野生北方枸杞生长在海拔 1 800～2 800 m 处，主要分布在西宁、海东、黄南、海西等地，超过 2 800 m 未见分布。北方枸杞群落的生态环境特点见表 2-6（朱秀苗等，2008）。

表 2-6　北方枸杞群落的生态环境特点

编号	地点	海拔（m）	土壤类型	气候类型
1	西宁	2 261	栗钙土	高原温带半干旱气候区
2	民和	1 814	灰钙土	高原温带半干旱气候区
3	大通	2 480	灰褐土	高原温带半干旱气候区
4	湟源	2 600	栗钙土	高原温带半干旱气候区
5	湟中	2 668	灰钙土	高原温带半干旱气候区
6	同仁	2 400	灰钙土	高原亚寒带半湿润气候区
7	德令哈	2 800	盐碱土	高原温带干旱气候区

2. 群落的数量特征·北方枸杞植物群落主要由北方枸杞、早熟禾、垂穗披碱草、苦苣菜等 11 种植物组成，其中北方枸杞的多度为 5，密度为 8，盖度为 90%，频度为 85%。虽然其密度较小，但由于北方枸杞的分枝较多，树冠直径大，使得盖度加大，加之

高度在群落中的占优势，因此在该群落中的北方枸杞应属优势种和建群种，其他种皆为低矮的草本植物，例如西宁北方枸杞种群的数量特征见表 2-7（朱秀苗等，2008）。

表 2-7　西宁北方枸杞种群的数量特征

植物种类	多度（级）	密度（株/m²）	盖度（%）	频度
北方枸杞	5	8	90	85
早熟禾	2	20	8	50
垂穗披碱草	2	14	10	40
披针叶黄华	2	7	12	42
箭叶旋花	2	5	5	26
野薄荷	1	2	1	16
鼠掌老鹳草	2	7	2	25
黄花蒿	+	1	1	12
鹅绒委陵菜	+	1	1	45
藜	+	3	1	22
苦苣菜	3	33	5	45

3. 资源储量·利用 SPSS 统计软件对北方枸杞的密度、平均株高、根长度、平均每株干重、平均每株果实粒数平均每株果实干重的有关数据进行统计，结果如表 2-8 所示。根据计算，北方枸杞地上部分干重为 1.71×10^4 kg/m²。

表 2-8　枸杞资源情况表

样地	密度（株/m²）	平均株高（cm）	根长（cm）	平均每株干重（g）	平均每株果实总数（粒）	平均每株果实干重（g）
西宁	8	53	56.2	80	153	5.83
民和	7	120	123.5	196	312	12.61
大通	6	166.2	170.3	500	536	19.44
湟源	8	145	155.2	232	386	15.42
湟中	6	110	114.1	170	284	10.67
同仁	9	140	130.9	265	350	13.14
德令哈	7	134	123.7	214	321	16.98
平均值	7.29	124	124.8	236.7	334.6	13.44

（六）柴达木野生枸杞林与生物多样性

青海是我国枸杞生物多样性资源地之一，野生枸杞资源最为丰富，是世界范围内待开发的重要特色资源之一。由于自然生态条件得天独厚，在诺木洪附近分布有迄今发现的国内面积最大、最集中的多品种天然野生枸杞群落，该地区干旱少雨，日照丰富，是枸杞的最佳生态区。野生枸杞有黑、红、黄、紫、白，呈现生物多样性，这些枸杞棘刺灌木，高

0.5～2 m，是荒漠戈壁地区主要的建群植物，在盆地香日德、德令哈、乌兰等地的戈壁荒滩上也有成带条生长星散林，这里生境条件严酷、抗逆性强、萌生能力强、耐干旱盐碱、耐沙耐寒在此能形成灌木，是优良的防风固沙保持水土的优良植物野生资源，也是世界全球地区无法找到的枸杞最佳生态区，更是我国最大最宝贵的基因库（图 2-31）。

宁夏枸杞在青海柴达木盆地、共和盆地以及东

图 2-31 青海枸杞资源分布示意图

部河湟谷地广为分布,常于土层深厚的沟岸、山坡、田埂和宅旁。在都兰乌拉斯泰河流域的宗加和巴隆一带戈壁砾石滩,有一片绵延 4 000 hm² 的原始枸杞群林。在诺木洪的乌龙沟有近 200 m² 成片的野生宁夏枸杞,高度约达 5 m(图 2-32)。黑果枸杞灌木林分布于柴达木盆地盐化荒漠土上,在诺木洪到茫崖一带戈壁边缘的怪柳之间,与西伯利亚白刺、芦苇组成怪柳包沙丘荒漠灌林,在格尔木河岸阶地与芦苇构成芦苇灌木林。新疆枸杞也是荒漠里的旱生植物,主要分布于柴达木盆地的沙滩和绿洲周边。北方枸杞主要分布在青海东部河湟谷地,在柴达木盆地也有少量分布(王占林,2018)。

图 2-32 青海海西州乌龙沟野生枸杞林

图 2-33 青海海西州德令哈可鲁克湖边野生黑果枸杞林带

野生枸杞树生长期一般在 35～50 年,然而乌龙沟这片天然野生枸杞林树龄 60 年以上的就近百株,最老的已有 200 多岁。

当地传说这片野生枸杞林已有上千年的历史。这里的枸杞树大些的有 2 m 高,树干有成人小臂粗细,不过果实小且稀疏,大部分枸杞树已没有再结果,只剩下繁茂的树叶和干裂的树干。

图 2-34　怀头他拉野生红枸杞林照片　　　　　　　　图 2-35　怀头他拉野生红枸杞

黑枸杞　　　　　　　　紫枸杞　　　　　　　　白枸杞　　　　　　　　红、黄枸杞

图 2-36　枸杞生物多样性(摄于诺木洪)

第三节　枸杞栽培种质资源

枸杞在长达数百年的生产栽培历史中,由于自然杂交与人工选择的结果,形成了许多栽培类型,根据用途可分为果用枸杞和菜用枸杞。20 世纪 60～70 年代,宁夏回族自治区农林科学院秦国峰通过野外和栽培区的实地观察,根据植株的形态特征,又将栽培枸杞初步划分为 3 个类型、12 个品种,并较为全面地衡量了各品种的经济性状(李丁仁,2012)。宁夏和青海两大产区搜集了大量的枸杞种质资源,现保存于银川和诺木洪"枸杞种质资源圃"内,共计 2 100 余份。本章第二节中笔者重点介绍了野生种质资源,本节主要对种植培育类种质资源做介绍。

一、枸杞的主要种质资源

作为重要的经济植物,我国许多地区都对枸杞

栽培品种的培育十分关注,众多地区均审定了地方品种(图 2-37),种质资源十分丰富。

(一)菜用枸杞

菜用枸杞主要以茎叶菜食或茶饮为主,植物来源为野生或栽培的枸杞(*L. chinense*),主要分布于广东、广西、台湾、四川、福建。菜用枸杞专用品种有宁杞菜 1 号,天精 1 号,天精 3 号。

优质菜用枸杞大多具有较宽大的叶片;较强的发枝力、分蘖力和抗逆能力,并具有较高的生产力和较浓的风味品质。

1. 大叶类型·西北、华南地区地方品种。株丛高 30～65 cm,叶片宽长披针形至卵形椭圆形,叶脉脉网状明显,深绿色,长 2～5 cm,宽 0.5～2.5 cm,最长可达 10 cm,宽 7 cm,株丛全年产菜,耐热、耐

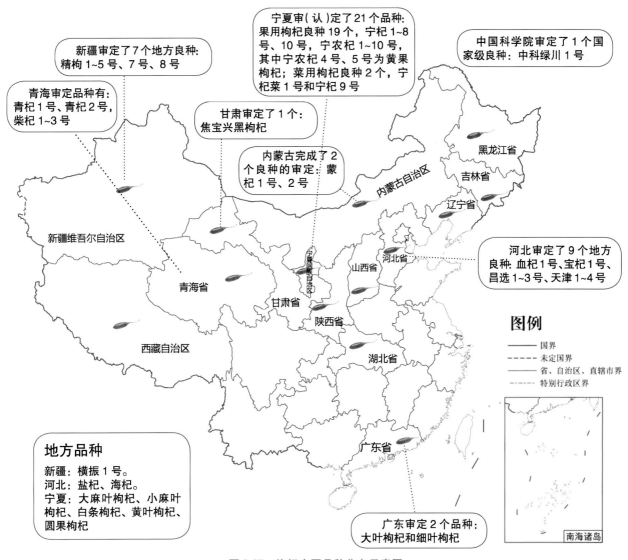

新疆审定了7个地方良种：精枸1~5号、7号、8号

青海审定品种有：青杞1号、青杞2号，柴杞1~3号

宁夏审（认）定了21个品种：果用枸杞良种19个，宁杞1~8号、10号，宁农杞1~10号，其中宁农杞4号、5号为黄果枸杞；菜用枸杞良种2个，宁杞菜1号和宁杞9号

中国科学院审定了1个国家级良种：中科绿川1号

甘肃审定了1个：焦宝兴黑枸杞

内蒙古完成了2个良种的审定：蒙杞1号、2号

河北审定了9个地方良种：血杞1号、宝杞1号、昌选1~3号、天津1~4号

广东审定2个品种：大叶枸杞和细叶枸杞

黑龙江省

吉林省

辽宁省

内蒙古自治区

新疆维吾尔自治区

青海省

甘肃省

宁夏回族自治区

山西省

河北省

陕西省

西藏自治区

湖北省

广东省

图例

—— 国界
---- 未定国界
—— 省、自治区、直辖市界
-·-·- 特别行政区界

南海诸岛

地方品种

新疆：横振1号。
河北：盐杞、海杞。
宁夏：大麻叶枸杞、小麻叶枸杞、白条枸杞、黄叶枸杞、圆果枸杞

图 2-37 枸杞主要品种分布示意图

湿,抗病力较强,分蘖力较强(单丛分蘖力 20 个以上),冬季基本不休眠,多适宜于保护地栽培。

（1）宁杞菜 1 号：该品是由野生枸杞（*L. chinense*）与宁夏栽培的果用枸杞 1 号品种,经人工杂交获得的蔬菜专用新品种。不开花,不结果。2002 年 2 月正式通过宁夏科技厅组织的专家鉴定,2003 年被列为国家重点科技成果推广计划（编号：2003EC000394）。该品种根系发达,插条育苗的根系在有效土层内的穿透力和再生能力强。2 年生主根长 30～50 cm,粗 0.15～0.5 cm;侧根 16～25 条,长 25～45 cm,粗 0.21～0.53 cm;须根密集,多达 70 条以上;根系在有效土层分布半径为 50～120 cm。栽培菜园嫩茎高 15 cm 左右;即采集 8～12 cm 的嫩茎叶,在生产季节每 6～8 天采集一次,故而控制丛状生长高度,只保留茎基部 8～10 个芽眼为生长点,便于萌生更多的嫩茎。一般茎高 10～15 cm,粗 0.27～0.36 cm,绿色;叶为单叶互生或 2～4 片簇生于芽眼,披针形或椭圆披针形。长 3.1～8.7 cm,宽 0.8～2.3 cm;叶脉明显,主脉紫红色,叶肉质地厚（李丁仁,2012）。（图 2-38、图 2-39）

该品种西北、华南、华北、东北均有一定面积引种栽培。但该品种产量偏低,钠离子含量高,口感欠佳,远不如广东、福建等地大叶枸杞和细叶枸杞（王凤宝等,2013）。

（2）广州大叶枸杞：从东莞引入,已在广州栽培 50 余年。株高 65 cm 左右,开展度 54 cm,茎粗 0.7 cm,青绿色。叶近椭圆形。长约 8 cm,宽 7 cm,绿色,叶背浅绿色,茎节无刺或有软刺,易出生侧枝,

图 2-38　宁杞菜 1 号(摄于银川)

图 2-39　宁杞菜 1 号种植基地(摄于银川)

耐寒,耐风雨,但耐热性稍差。

2. 细叶类型·华中(江西、湖北)、西北(甘肃、陕西、宁夏)等地都有分布。株丛高 20~70 cm,叶肉质、细长、长披针形,叶长 1.5~3 cm,宽 0.2~0.3 cm,最长可达 5 cm,宽 3 cm,叶色绿,叶片表面附有薄蜡层。质地脆嫩,纤维少。耐旱、抗寒、抗病、分蘗力中等,生长势一般,适宜于露地栽培。

广州细叶枸杞广东地方品种。株高 70 cm 左右,开展度 25 cm,嫩茎青绿色,收获时青褐色,粗 6 cm。叶披针形,长 5 cm,宽 3 cm,绿色,叶背浅绿色。茎节有刺或无,易生出侧枝。耐寒,耐风雨,不耐热。味浓,品质优良。

3. 昌选 1 号·本品是从河北燕山山麓及环渤海湾地区野生枸杞(*L. chinense*)资源进行搜集、鉴定、筛选了产量高、药用品质和营养品质优良的软枝型菜用枸杞新品种。昌选 1 号属软枝型,嫩茎梢可食,部分长度最长达 21.3 cm,嫩茎鲜质量最大,达

2.71 g,并高抗白粉病、根腐病,对瘿螨有免疫力。

昌选 1 号氨基酸总含量高于宁杞菜 1 号 5.6%。必需氨基酸总含量高于对照 8.4%。昌选 1 号硒、锌含量较高,养生保健价值较高。由河北科技师范学院成功筛选出优异软枝类型菜用枸杞品种昌选 1 号,比对照宁杞菜 1 号增产 9.5%,粗蛋白、氨基酸总量和必需氨基酸含量分别比对照组高 23.0%、5.6% 和 8.4%,黄酮含量比对照组高 21.4%,微量元素硒、锌和铁分别比对照组高 150.0%、75.4% 和 11.2%。昌选 1 号养生保健价值较高,是理想的菜用枸杞新品种(王凤宝,2011)。

4. 天精 1 号·枸杞菜新品种,由河北科技师范学院采用生物诱变技术选育而成。属软枝枸杞,丛状生长,每丛 10~20 条枝、枝长 100~250 cm,当年生枝条软,营养生长旺盛,生殖生长弱,有利于高品质枸杞菜的生产。萌芽早、生长速度快,可食嫩枝长达 16.5 cm,嫩茎鲜重 3.5 g,产菜量高,亩产 3 500 kg 左右,口感好,品质优,粗蛋白 44.71%,粗脂肪 1.96%,氨基酸总量 31.12%,微量元素锌 55.65 mg/kg,铁 129.94 mg/kg,钙 2 613 mg/kg,枸杞多糖 7.16%。抗病性好。

天精 1 号表现为植株高大,茎杆粗壮,嫩茎梢延长,叶面积增大,结实率低,营养生长旺盛,比对照品种宁杞菜 1 号增产 102.8%;天精 1 号所含人体必需的氨基酸总量比昌选 1 号、宁杞菜 1 号和大叶枸杞分别高 15.4%、36.5% 和 11.4%;氨基酸总量比昌选 1 号、宁杞菜 1 号和大叶枸杞分别高 15.8%、27.6% 和 12.1%。因此,天精 1 号具有优异的营养保健价值(王凤宝等,2011,2013;李建等,2011)。

5. 天精 3 号 · 以优选的昌选 1 号种子为诱变材料,采用生物诱变技术选育而成,为便于新品种推广,将 GM - 3～18 定名天精 3 号。天精 3 号具有超高产特性,营养品质、药用品质优良,对瘿螨有免疫力、高抗白粉病、根腐病,2009 年进行了成果鉴定。

天精 3 号氨基酸总含量比昌选 1 号、宁杞菜 1 号和大叶枸杞分别高 1.9%、7.7% 和 33.8%;天精 3 号嫩茎梢粗蛋白含量为 40.76%,高于昌选 1 号 5.73%,高于大叶枸杞 18.9%;天精 3 号粗脂肪 6.12%,高于昌选 1 号 16.6%。天精 3 号枸杞多糖含量为 3.355%,比昌选 1 号、宁杞菜 1 号和大叶枸杞分别增加 27.08%、0.45% 和 12.21%;甜菜碱含量为 3.10%,比大叶枸杞增加 11.51%;黄酮含量为 3.825%,比昌选 1 号、宁杞菜 1 号和大叶枸杞分别增加 10.71%、34.21% 和 68.50%;天精 3 号除甜菜碱含量低于昌选 1 号和宁杞菜 1 号外,其他均显著高于其他菜用枸杞(王凤宝等,2011,2013)。

菜用枸杞除上述品种外,福建农业科学院甘蔗研究所药食植物资源圃保存和筛选了上引枸杞、漳农引枸杞、甘枸杞 1 号、甘枸杞 2 号 4 个品种。其含蛋白质、氨基酸明显高于卷心菜、生菜、芹菜,是较好的药膳蔬菜,口味独特,是上好的营养保健菜(李跃森等,2014)。河北秦皇岛枸杞研究培育出了"天津杞菜 2 号",该品种在甘肃武威引种成功,产量与收入均高于其他蔬菜,丰富了当地的蔬菜品种(曹虎等,2016)。

(二) 果用枸杞

优异果用枸杞大多具有果实大,色泽鲜艳,千粒重,可溶性物质含量高等特点,同时其植株具有较高的成枝率,并能获得较高产量。

1. 宁夏枸杞 · 为宁夏、青海、甘肃地方品种。灌木,经人工栽培后成小乔木,株高 80～200 cm。枝灰白色,枝上有不生叶的短荆棘和生叶、花的长棘刺。叶互生或簇生,披针形或椭圆状披针形。花萼钟状,花冠漏斗状,花紫色,开放式平展,花果期 5～10 月。果实红色,椭圆形、卵形或矩圆形,长 8～20 mm,直径 5～10 mm。鲜果千粒重 250～550 g,可溶性固形物 21.5%。种子扁肾脏形,棕黄色,每果含种子 25 粒左右。叶果比 1.88,成枝率 35%。在 -41.5 ℃ 的低温下可安全越冬。

2. 宁杞 1 号 · 宁杞 1 号是 1973 年由宁夏中宁最优品种大麻叶枸杞中采用单株优选法选出来的,依次通过选丰产资源、初选优树、复选优树、复选优树无性系和对照品种比较实验、优良无性系区域实验、推广优良品种,选出宁杞 1 号。该品种对比大麻叶,平均产量高 35%,鲜果千粒重高出 21%。果实大小、肉厚均优于大麻叶。耐旱、耐寒、抗虫、抗病力较强(钟铽元,1988)。

花、果形态特征、结果习性和生长比较,"宁杞 1 号"花冠绽开直径 1.5 cm,花丝基部有一圈稀疏绒毛;果实圆柱形,鲜果纵径 1.68 cm,横径 0.97 cm;叶大,深绿色。对照花开直径 1.3 cm,花丝基部有一圈浓密的绒毛;果实圆柱形,鲜果纵径 1.59 cm,横径 0.85 cm;叶片深绿色。宁杞 1 号具有生长快、发枝多、枝条节间长,叶片宽大肥厚等特点。有分枝均匀,通风透光好和枝刺少,便于采摘等优点。目前在宁夏、青海、甘肃、新疆、内蒙古、河北等地区广泛推广种植,约占种植面积 85% 以上。

另有"宁杞 1 号提纯复壮品"是在宁杞 1 号枸杞品种的基础上,进一步提纯复壮,而选育出的枸杞新品种。该品种成龄树结果枝细长柔软,荆刺少,鲜果果粒均匀、等级率高,千粒重为 600 g,干果特级率达到 85% 以上。该品种适应环境能力强、生长快、自交亲和率高、抗逆性强,是目前不同地区生产栽培种植最适宜的品种,亩产可达 300～500 kg。(图 2-40、图 2-41)

图 2-40　宁杞 1 号提纯复壮品(摄于银川)

图 2-41 宁杞 1 号提纯复壮品(摄于宁夏中宁)

3. 宁杞 2 号·宁杞 2 号是 1978 年在宁夏从丰产资源大麻叶枸杞品种中采用单株选优培育出来的,经无性繁殖苗木,小区对比实验,区域实验,均表现出丰产,具有鲜果粒大的特点(钟铤元等,1990)。

宁杞 2 号与宁杞 1 号形态特征有较大差异:宁杞 2 号树形特别开张,枝长 45.8 cm,节间长 1.41 cm,树皮灰褐色,嫩枝梢端淡黄色,具有红色小点。叶长 5.35 cm,宽 1.06 cm,厚 0.12 cm,平均单叶面积 3.78 cm^2,深绿色。花大,花瓣绽开直径 1.57 cm,花长 1.67 cm,花丝基部有一圈特别稠密的绒毛。果实特大,纵径 2.43 cm、横径 0.98 cm,梭形,先端具一长渐尖。

宁杞 1 号的树形不如宁杞 2 号开张,枝长 39.7 cm,节间长 1.20 cm,嫩枝梢端淡绿色;叶长 4.09 cm,宽 1.09 cm,厚 0.113 cm,平均单叶面积 2.97 cm^2;花瓣绽开直径 1.50 cm,花长 1.60 cm,花丝近基部有一圈稀疏豌绒毛;果柱形,纵径 1.68 cm,横径 0.97 cm。

对照树形开张,枝长 44.0 cm,梢长 1.22 cm,树皮灰褐色,嫩枝梢端淡绿色,叶长 3.70 cm,宽 1.06 cm,厚 0.10 cm,平均单叶面积 3.01 cm^2,淡绿色。花较小,花瓣绽开直径 1.3 cm,长 1.5 cm,花丝基部有一圈浓绒毛。果较小,纵径 1.59 cm,横径 0.85 cm,柱形先端钝或钝尖。(图 2-42)

图 2-42 宁杞 2 号(摄于银川芦花台)

宁杞 2 号生长快,发枝多,萌芽率高,开始结果节位低,坐果率高,每个节(芽眼)花果多,叶果比小,叶绿素含量较高,这些都有利于丰产。

宁杞 2 号物候期与对照差异不大,萌芽、展叶期较对照早 1 天,果熟期晚 3 天,落叶期早 1 天。

宁杞 2 号鲜果比宁杞 1 号增重 3.4%,果实主要营养成分含量高,品质好,特别是多糖含量高出 47.5%,另外对枸杞蚜虫和红瘿蚊的抗性也强(钟铤元等,1990)。在宁夏、青海、新疆、内蒙古和湖北推广种植。

4. 大麻叶枸杞·大麻叶枸杞是宁夏枸杞栽培品中的当地品种,但丰产性低于宁杞 1 号和宁杞 2 号。该品种生长快,树冠开张,通风透光性好。

大麻叶枸杞树高 1.5 m 左右,根茎粗 6 cm 左右,树冠直径 1.7 m 左右。树皮灰褐色,当年生枝祭灰白色,嫩枝梢端淡绿色。结果枝细长而软,呈弧垂生长,棘刺极少,枝长 35～55 cm,节间长 1.3～2 cm。叶深绿色,在二年生枝上簇生,条状披针形;当年生枝上单叶互生或后期有 2～3 枚并生,披针形,长 2.89～6.38 cm,宽 0.72～2.25 cm,厚 0.525 mm。花长 1.5 cm,花瓣绽开直径 1.3 cm,花丝近基部有一圈稠密的绒毛,花萼 2 裂。果实先端钝尖或圆。鲜果平均长 1.6 cm,果径 0.85～1.2 cm。果肉厚 0.11 cm,果实鲜干比为 4.3∶1,鲜果千粒 450～510 g,干果千粒重 130～154 g。种子约占鲜果重的 5.5%。单株鲜果产量 7～8 kg,最高可达 14 kg。(图 2-43)

图 2-43　大麻叶枸杞树(摄于银川芦花台)

5. 宁杞 3 号·宁杞 3 号是由农科院 2004 年选育的枸杞新品种。该品种树势长势旺盛,结果枝细长柔软,弧垂生长,荆刺少,鲜果千粒重为 996 g,果肉厚度为 0.207 cm,不易制干,可作为鲜食品种进行栽培。目前在宁夏固原、海原有一定面积的栽培。其他主产区少有种植。该品种通过了国家林业局植物新品种保护办公室的品种审查(品种权号:20050032)。

该品是继宁杞 1、2 号之后选育出的又一优质丰产的枸杞新株系。它在栽植后 1～4 年平均亩产干果比宁杞 1 号增产 111.08%,鲜果千粒重比宁杞 1 号增加 38.5%,特优级果率增加 71%,枸杞多糖、甜菜碱比宁杞 1 号分别增加 6.68% 和 4.76%,较耐盐碱,生长快,发枝多,3 年生树可达株高 1.61 m,管径 1.31 m,根茎粗 4.0 cm,单株发枝 621 枝,是宁杞 1 号的两倍,适宜于西北和华北地区栽种。(图 2-44)

图 2-44　宁杞 3 号(摄于中宁号)

6. 宁杞4号·2005年3月19日由中宁县枸杞生产管理站选育并通过宁夏林木品种审定委员会审定,该品种高产、稳产、优质、果实个大、肉厚、质量好。

该品种树势生长旺盛,树冠张开,结果枝斜生或弧垂,鲜果千粒重为610 g,目前在宁夏中宁有大面积的栽培种植。

花、果、叶形态特征和结果特性(胡忠庆等,2005):

(1)宁杞4号,花长1.59 cm,花瓣绽开直径1.53 cm,花丝中部有圈稠密绒毛,花萼2～3裂。果实长,果径粗,具8棱(4棱高4棱低),先端多钝尖。鲜果平均纵径1.83cn,横径0.94 cm。

(2)果枝芽眼花蕾数多,落花落果少。二年生枝每芽眼花蕾数4～7朵,比大麻叶(2～5朵)、宁杞2号(3～4朵)明显多。二年生枝和一年生春7寸枝平均落花落果2.3%,比大麻叶(29.7%)低。

(3)各类结果枝条多,果实大且较均匀。

(4)强壮枝耐短截修剪,果枝易培养。强壮枝短截修剪后,发枝力强,成枝力也强,尤其是强壮枝短截后所成枝条,及时疏除徒长枝,留下的枝条中果枝占46%～61%,比大麻叶高32.6%,比宁杞2号高56.7%。

(5)叶片质地厚,浓绿。二年生枝叶片披针形,当年生枝叶片部分反卷,嫩叶叶脉基部至中部正面紫色。

图2-45　宁杞4号(摄于芦花台)

(6)果实的营养价值高,宁杞4号果大、肉厚、质量好。干果含维生素C 19.40 mg/100 g,胡萝卜素7.38 mg/100 g,人体必需8种氨基酸1.619 g/100 g,枸杞多糖3%以上,各种营养成分与宁杞1号相当,是很好的药食两用植物,有很好的营养和医用价值。

(7)适应性及抗病虫害能力、抗盐碱、抗病虫、抗旱性都强于其他品种。(图2-45)

7. 宁杞5号·宁杞5号在2009年通过区林木品种审定委员会审定(良种编号:宁S－SC－LB－001－2009)。由国家枸杞工程技术研究中心、银川育新枸杞种业有限公司和宁夏林业产业服务中心选育成功。

植物学特征:树势强健,树体较大,枝条柔顺。生长快,成枝力较强,结果枝条细软、下垂,在宁夏地区栽植5年时即可进入稳产期;5年生树,株高1.6 m,冠幅1.7×1.4 m,地径6.38 cm。当年生嫩枝梢部略有紫色条纹,较细弱,节间较长,成熟枝条黄灰白色,细、软、长;有效结果枝70%长度集中在40～70 cm之间,枝条后三分之一段偶具细弱小针刺,起始着果的距离8～15 cm,节间1.13 cm。二年生老枝叶条状披针形,簇生,当年生枝叶互生、披针形、成熟叶片青灰绿色,中脉平展,质地较厚,叶尖渐尖,叶最宽处近中部,叶长3～5 cm,长宽比4.12～4.38:1。花长1.8 cm,花瓣绽开直径1.6 cm,花柱超长、柱头显著高于花药;花药未开裂时月白色,开裂后内无花粉;花绽开后花冠裂片紫红色,花冠筒内壁淡黄色,花初开时花冠筒喉部鹅黄色,在紫色裂片的映衬下呈星形;花丝近基部有绒毛较稠密。青果先端平,无果尖,萼片多2裂,稀1裂。鲜果橙红色,果表光亮,平均单果质量1.1 g,最大单果质量3.2 g。鲜果腰部平直,先端钝圆,果身多不具棱,纵剖面近距圆形,果型指数2.2,平均纵径2.54 cm,横径1.74 cm,果肉厚0.16 cm,内含种子15～40粒。鲜果较耐挤压,果筐内适宜承载深度30～35 cm。宁夏地区夏季晴天用食用碱处理后4～5天可以制干,果实鲜干比4.6～4.9:1,干果色泽红润果表有光泽。

该品种特征:幼树期营养生长势强、需两级摘心才能向生殖生长转化,一年生水平枝每节花果数2.1个,当年生水平枝起始着果节位8.2,每节花果数 0.9 个,中等枝条剪截成枝力 4.5,非剪截枝条自然发枝力 10.4,结果枝 70% 的有效结果枝长度集中在 40～70 cm 之间。果实含总糖 56%,枸杞多糖 3.49%、胡萝卜素 1.20 mg/100 g、甜菜碱 0.98 g/100 g。4 龄树亩产 240～260 kg,混等干果 269 粒/50 g,特优级果率(280 粒/50 g)100%。

繁育系统类型为雄性不育,专性异交,需配授粉树,需要传粉者。

优缺点为瘿螨、白粉病、根腐病抗性较弱,对蓟马抗性强。雨后易裂果。喜光照,耐寒、耐旱,不耐阴、湿。

该品种在宁夏、青海、甘肃、内蒙古等地均有种植。(图 2-46)

图 2-46 宁杞 5 号(摄于银川芦花台)

8. 小麻叶枸杞 · 树高 1.40～1.65 m,根茎 4.50～8.70 cm,冠径 1.50～1.80 m,针刺少。结果枝的枝基茎粗 0.3～0.4 cm,枝长 35～55 cm,节间长 1.3～1.8 cm。果长 1.6～2 cm,果径 0.5～0.8 cm。果肉较厚,内含种子 17～35 粒。鲜果千粒重 400～450 g,干果千粒重 11～130 g,种子千粒重 0.85 g。果实商品出成率:特等占 27%,甲等 26%,乙等 35%,丙等 12%。果实主要营养成分含量:蛋白质 20.8%,粗脂肪 10%,还原糖 21.5%,总糖 24.2%;维生素 C 11.75 mg/100 g,胡萝卜素 6.50 mg/100 g,氨基酸总量 1.57 mg/100 g,甜菜碱 1.16%。

9. 白条枸杞(扎扎茨) · 树高 1.60～1.90 m,基茎 5～10.5 cm,冠径 1.6～2.20 m,多针刺。结果枝的枝基茎粗 0.3～0.4 cm,枝长 20～40 cm,节间长 0.8～1 cm,每节花果数 1.85 个,枝基着果距 2～5 cm。叶片叶色深绿,老枝叶披针形,长 5～8 cm,宽 0.8 cm,果肉厚薄中等,内含种子 16～37 粒。一般亩产 100～150 kg,高产可达 200 kg。鲜果千粒重 450 g 左右,干果千粒重 116 g,种子千粒重 1.02 g。果实商品出成率:特等占 8.7%,甲等 44%,乙等 44%,丙等 14.7%。果实主要营养成分含量:蛋白质 15.4%,粗脂肪 10.6%,还原糖 12.8%,总糖 24.2%。维生素 C 15.50 mg/100 g,胡萝卜素 5.80 mg/100 g,氨基酸总量 1.98 mg/100 g,甜菜碱 1.34%。

10. 黄叶枸杞 · 树高 1.50～2.00 m,根茎 5.5～9.5 cm,冠径 1.6～2.00 m,针刺少。结果枝的枝基茎粗 0.35～0.50 cm,枝长 55～67 cm,节间长 1.5～2 cm,每节花果数 1.45 个,枝基着果距 10～20 cm。当年生枝灰黄色或青黄色,叶长 5～8 cm,宽 0.7～0.9 cm,熟果鲜红,两头尖果身细长,一般长 1.62 cm,果径 0.6～0.8 cm。果肉薄,内含种子 26～51 粒。一般亩产干果 70～100 kg,高产可达 120 kg。鲜果千粒重 350 g 左右,干果千粒重 80 g,种子千粒重 0.81 g。果实商品出成率:特等果占 1.2%,甲等 2.0%,乙等 33.2%,丙等 63.3%。果实营养成分含量:蛋白质 13.6%,粗脂肪 9.2%,还原糖 18.0%,总糖 42.8%,维生素 C 16.0 mg/100 g,胡萝卜素 6.5 mg/100 g,氨基酸总量 1.00 mg/100 g,甜菜碱 1.45%。

11. 圆果枸杞 · 树高 1.35～1.65 m,根茎 4.50～8.70 cm,冠径 1.50～1.80 m,针刺少。结果枝的枝基茎粗 0.35～0.5 cm,枝长 40～65 cm,节间长 1.3～2 cm,每节花果数 1.45 个,枝基着果距 5～10 cm。叶片叶色深绿,质地厚且硬。老枝叶披针形或条状披针形,长 5～8 cm,宽 0.8～1.2 cm;熟果鲜红,近卵圆形或圆茄形。果长 0.8～1.2 cm,果径 0.6～1 cm。果味较甜,内含种子 17～30 粒。一般亩产干果 80～100 kg,高产可达 120 kg。鲜果千粒重 300 g 左右,干果千粒重 75 g,种子千粒重 0.70 g。果实商品出成率:无特等品,甲等占 17.9%,乙等 54.0%,丙等 28.1%。果实主要营养成分含量:

蛋白质 17.5%，粗脂肪 5.4%，还原糖 21.5%，总糖 30.4%，维生素 C 17.80 mg/100 g，胡萝卜素 6.30 mg/100 g，氨基酸总量 1.85 mg/100 g，甜菜碱 1.20%。(图 2-47)

图 2-47　圆果枸杞(摄于新疆精河)

12. 宁杞 6 号·宁杞 6 号枸杞是由宁夏农科院林业研究所 2010 年选育的枸杞新品种。该品种树势生长旺盛，抽枝力强，枝条长而硬，鲜果千粒重为 850 g，田间栽培时需与"宁杞 1 号"混栽，目前作为一个新品种在林业研究所有少量的栽培。

宁杞 6 号树体及叶、花、果性状特征树体特征：树体生长旺盛，抽枝力强枝条长而硬，春季整形修剪过程中需要对粗壮的二次枝尽可能短截，以防结果枝外移。老眼枝：①老眼枝结果习性良好，所留结果枝全部结果，即使较粗壮的二次枝短截后照常结果，每节间 3～7 个花果簇生于叶腋。②强壮中间枝经短截后发枝能力强，抽出的二次枝较直立，大多数枝条结果，每节 1～3 花果簇生于叶腋。当年生枝：①当年生徒长枝打顶后抽枝能力强，即使不打顶生长一段时间后也照常抽枝，抽出的二次枝较粗壮，需经二次打顶后才能开花结果。②七寸枝花果数较宁杞 1 号少，每节间 1～2 朵，稀 3 朵。叶：叶片展开呈宽长条形，叶片碧绿，叶脉清晰，幼叶片两边对称卷曲成水槽状，老叶呈不规则翻卷。花：紫红色，花冠 5，雄蕊 5，雌蕊 1，花开后雌蕊向两侧呈不规则弯曲。果：幼果细长稍弯曲，萼片单裂，个别在尖端有浅裂痕果长大后渐直，成熟后呈长矩形。(图 2-48)

宁杞 6 号与宁杞 1 号树体生长量、结果枝条数的测定比较显示：宁杞 6 号树体生长具有明显的优势。除株高在整形修剪过程中受人为因素影响外，地径、冠幅、结果枝条数分别比对照增加 21.6%、15.3%～17.2% 和 57.2%，而结果枝条数的多少正是决定一个品种丰产性的关键因素之一。

宁杞 6 号叶面积与叶果比的测定显示：从感观上枸杞新品种宁杞 6 号的单叶平均面积明显大于宁杞 1 号。取两品种相同长度的枝条，分别对果粒数、每节结果数、叶片数和叶面积进行测定，结果枸杞新品种宁杞 6 号叶果比宁杞 1 号增大 1 倍，植物体叶面积的增加，有利于对太阳光能的利用，也有利于植物体营养成分的合成和积累，这也可能成为枸杞新品种果粒大、产量高的因素之一(南雄雄等，2014)。

图 2-48　宁杞 6 号(摄于银川芦花台)

13. 宁杞7号·2002年7月,在现宁夏海原,并于2004～2010年分别在宁夏的惠农、银川、中宁、海原等地区以宁杞1号为对照进行区域试验,发现其综合经济性状优良,物候期比对照提前5～7日,单果质量增加30%以上。2010年10月通过宁夏林木良种审定委员会审定,定名"宁杞7号"。

品种特征:树势健壮,树姿半开张,树冠呈自然半圆形,不经剪截发枝迟缓,剪截成枝率4.5,抽枝齐整,当年生枝生殖生长势强,起始成花节位2～3节;叶片厚,青灰色,宽披针形,叶基部卵圆形,顶端渐尖、微凹,叶脉清晰。腋花芽为主,二年生枝花量极少,每叶腋花2朵居多,花绽开后花冠裂片堇紫色,花冠筒喉部鹅黄色,堇紫色未越过喉部;花冠檐部裂片背面中央有条绿色维管束,花后2～3 h花冠开始反卷,花冠堇紫色自花冠边缘向喉部逐渐消退,远观花冠外缘近白色,花丝近基部有圈稀疏绒毛。

自交亲和,无虫媒参与也正常坐果,可丰产稳产。幼果粗直,花冠脱落处无清晰果尖,成熟后呈长矩形。平均鲜果单果质量0.72 g;横径1.18 cm,纵径2.2 cm,果肉厚1.2 mm,含籽数平均29个,鲜干比4.1～4.6。鲜果深红色,口感甜味淡,易制干,干果药香浓郁,口感好。干果枸杞多糖含量39.7 mg/g,甜菜碱10.8 mg/g,胡萝卜素1.385 mg/g,分别比宁杞1号增加10.9%、29.2%、12.6%。种植当年挂果,第4年达到盛果期,抗逆性和适应性较强,喜光照、耐寒、耐旱,不耐阴、湿,抗黑果病能力强,对蓟马、白粉病抗性较弱。在宁夏银川地区3月28—30日开始萌芽,4月6—8日大量萌芽展叶,4月12日新梢开始生长,5月4—10日当年生枝大量现蕾,5月17—30日新枝盛花期,6月中下旬当年生新枝进入盛果期,10月下旬落叶,生长期240天左右(秦垦等,2012)。(图2-49)

图2-49 宁杞7号(摄于银川芦花台)

14. 柴杞1号·亲本来源及特性:柴杞1号(原代号:cq04-01)2012年12月经青海省林木品种审定委员会审定通过。杂交亲本组合:♂父本:海西野生枸杞,♀母本:宁杞1号。父本树龄约30年,抗旱性强、结果密度高于母本。本树龄4年,果型大,结果间隔时间短。

果实特性:果实纺锤形,红色,果棱4个,果尾平,腔室2～3个;纵径2.76±0.25 cm,横径1.07±

0.16 cm,单果平均重量1.74±0.6 g。干果肉厚0.82±0.07 cm。(图2-50)

经济性状(3年龄以上):干果粒度(粒/50 g)133.00±18.37;特优级果率60%～70%;产量310～400 kg/亩;鲜干比3.3～3.6:1。

品质特性:总糖含量48.00%,多糖含量7.16%,蛋白质含量13.63%,水分含量15.36%,17种氨基酸总量13.31%。

图 2-50　柴杞 1 号(摄于德令哈)

15. 柴杞 2 号·亲本来源及特性：柴杞 2 号由青海省海西州农业科学研究所于 2003 年在宁杞 1 号枸杞园中发现优异单株,经系统筛选而来。2012 年 11 月 29 日青海省第八届农作物品种审定委员会第 2 次会议审定通过,现定名柴杞 2 号。

果实特性：果实纺锤形,红色,果棱 4 个,果尾平,腔室 2～3 个;纵径 2.85±0.25 cm,横径 1.03±0.16 cm,单果平均重量 1.35±0.6 g,最大单果重 2.68 g。(图 2-51)

经济性状(3 年龄以上)：干果粒度(粒/50 g) 135.00±20.66;特优级果率 60%～70%;产量 360～410 kg/亩;鲜果千粒重 1 537.8±11.3 g;鲜干比 3.70±0.61∶1。

品质特性：总糖含量 47.30%,多糖含量 7.97%,蛋白质含量 13.12%,水分含量 15.37%,17 种氨基酸总量 12.62%。

综合而言,柴杞 2 号与宁杞 1 号的主要区别为高产、品质优、商品性好、抗病性强、抗旱、耐盐碱、效益显著。

柴杞 2 号在省外种植情况：西藏拉萨、甘肃景泰地区 2013 年引进试种,至 2015 年面积达到 300 亩,其中拉萨 100 亩,景泰 200 亩。经当地种植农户反映,该品种优势突出,具有丰产、稳产、果粒大、品质佳、抗病性强等特点。

图 2-51　柴杞 2 号(摄于德令哈)

16. 柴杞 3 号·亲本来源及特性：柴杞 3 号(原代号：c904-32),杂交亲本组合：♂ 父本为宁杞 1 号园中的变异株;♀ 母本为宁杞 1 号。果实特性为果实红色,果沟 2～5 个,外部形状扁圆,果尾凸,横切后内部结构为二腔室,果沟底部颜色为浅黄色。最大单果重量为 5.78 g,纵茎 3.36±0.15 cm,横茎 1.49±0.13 cm。(图 2-52)

经济性状(3 年龄以上)：干果粒度(粒/50 g)

91.5±9.9;鲜果千粒重 2 502.66±10.9 g;鲜干比 4.75±1.2：1。

品质特性：总糖含量 48.70%，多糖含量 6.85%，蛋白质含量 12.5%，水分含量 17.28%。

柴杞 3 号与宁杞 1 主要区别为该品种果大、汁多、皮薄、肉厚，非常适宜食用，也适宜加工鲜果汁。缺点是晾晒时间过长，本地缺乏深加工企业，对生产的鲜果无法进行回收加工，造成该品种推广速度缓慢。

图 2-52　柴杞 3 号(摄于德令哈)

17. 青杞 1 号·由青海省农林科学院和青海省林业技术推广总站共同培育的枸杞优良品种"青杞 1 号"，2012 年 8 月 21 日正式通过青海省林业厅林木品种审定委员会组织的专家审定。"青杞 1 号"是青海省农林科学院和青海省林业技术推广总站依托青海省科技厅下达的《柴达木地区枸杞良种选育及规范化栽培技术研究》项目。通过对栽培枸杞种子进行辐射诱变，培育实生苗，利用幼株选育的方法从大量实生苗中选育出的枸杞优良品种。该品种具有树势强健、树体紧凑、生长快、抗逆性强、丰产、稳产、果粒大、品质好、易制干、病虫害综合抗性高、管理简单、适应范围广等综合优势。自交亲和水平高、可单一品种建园。在柴达木诺木洪地区平均鲜果纵径 3.29 cm、横径 1.20 cm、果肉厚 0.18 cm、单果重 1.638 g，鲜干比 3.08：1，青杞 1 号单朱产量值较高，多糖及黄酮含量也高(李晨等，2018)。亩产 250～300 千克"青杞 1 号"的选育成功，标志着青海在 2012 年培育的"柴杞 1 号"的基础上，又新增加了一个具有自主知识产权的枸杞优良品种。(图 2-53)

18. 青杞 2 号·2017 年 12 月 28 日，由青海省林业厅林木品种审定委员会通过品种认定。该品种以低糖为主要选育目的，母本为韩国枸杞，父本为宁杞 7 号杂交选育而成，解决了果实返潮板结问题，适合在柴达木盆地、共和盆地推广种植。(图 2-54)

图 2-53　青杞 1 号(摄于诺木洪农场)

图 2-54 青杞 2 号(摄于诺木洪农场)

19. 精杞 1 号·由新疆精河县枸杞研究所育成,果长 2.2～2.8 cm,果径 0.8～1.2 cm,果实鲜干比 4∶1,鲜果千粒重 670 g,特级果率 80%,皮薄肉厚、品质优良。该品种是新疆主要栽培品种,占 60%优势,药用价值高(高仿,2017;张本强,2018)。

20. 精杞 2 号·精杞 2 号为大麻叶枸杞的自然杂交后代。2009 年选育人员将"0702"新品质定名为"精杞 2 号",在新疆精河选育成功并顺利推广。

精杞 2 号品系生长势强,树姿开张,树冠中大,半圆形,下垂果枝明显增多,易修剪宜培养树形;该品系结果早,扦插苗当年种植当年结果,丰产性好,比对照平均增产 9.8%;果枝每个叶腋着生 2～4 果,以 2 果为主,果距变短平均 1.3 cm;果实较大,鲜果千粒重平均达 127 g;果实鲜艳,着色均匀,皮薄,果实形状圆柱形,长 2.4～2.9 cm,径 1.5～1.7 cm,果实种子较小,种子数量发生变化,在 39～59 粒之间,制出的干果大等级率高,在生产中表现丰产、稳产、果粒大、鲜食口感好、采摘用工省、种植收益高等综合优势(刘富娥等,2010)。

在精河,精杞 2 号与精杞 1 号、宁杞 1 号的物候期基本同期。4 月上中旬萌芽,现蕾期为 4 月中旬,初花期为 5 月中旬,花期 7～9 天;夏果初果期为 7 月中旬,夏果结束期比精杞 1 号、宁杞 1 号稍晚 2～

3 天;秋枝萌发期为 7 月底 8 月初,秋果成熟期为 9 月中下旬。枸杞的物候期主要受温度的影响,连续 5 年的物候期观察表明:精杞 2 号优良品系在 2 个试点均能完成萌芽、展叶、新梢生长、开花、结果和落叶等树木生长的全物候期。该品种属于大果型,颗粒大,多用于鲜食(张本强,2018)。

21. 精杞 4 号·枸杞新品种精杞 4 号是新疆精河县枸杞开发管理中心经过 5 年的优选、繁育、区试以及对比试验等,确定的新疆地区圆果枸杞的优良品种。

生物学特性:精杞 4 号系硬枝型枸杞,生长势强,树冠大,半圆形,成龄树高 1.7～1.8 m,冠幅 1.4～1.5 m;当年生结果枝灰黄色,针刺少,长度 42～69 cm,多以直立斜生枝为主,果枝占新发枝的比率达 80%左右,枝条芽眼饱满突出,每个叶腋着生 1～6 果,以 3 果为主;叶片大,叶色深绿,叶片长 5.7～7.8 cm,宽 1.2～2.8 cm;花大,深紫色,花瓣 5 个,花萼 1～3 裂,雄蕊 5 个,花瓣长 0.8 cm,宽 0.6 cm,花柄长 2.8 cm,柱头偏移中心;果肉厚,果实圆形,纵径 1.4～2.4 cm,横径 1.0～1.5 cm,最大单果 2.15 g,鲜果千粒重平均可达 1 013.6 g,比对照平均增加 178.3 g,增幅达 21.3%,果实种子 2 251 粒。精杞 4 号品系结果早,扦插苗当年种植当年结果,丰产性好,制出的干果圆形,特级果出成率75%以上,四年生枸杞园亩产量可达280 kg以上。

精杞4号比对照精杞1号和宁杞1号等品种物候期早3～4天。连续多年的在区试点种植,精杞4号可以完成萌芽、现蕾、开花、结果、落叶等枸杞生长的全物候期(丛虎滋,2013)。

22. 精杞6号 · 精杞6号从内蒙古引进,由内蒙古河套大学培育的新品系"蒙杞0901"引种而成。2010年引进到新疆精河。2012年定名为精杞6号,申请为新疆维吾尔自治区林业厅林木良种审定。

生物学特性:树冠中大,树姿开张。成年树高1.6 m,花冠幅1.4～1.5 m。树干灰褐色,斜生枝多,枝条角度开张,枝条节间短,易形成腋花芽。成龄叶片宽披针形,长7.5～11 cm,宽1.2～2.8 cm,宽且较厚,深绿色,光滑无毛,叶脉清晰。根系粗壮,生长快。花1～3朵为簇,以1、2果为主。果实长椭圆形,果个大,纵径2.4～4.0 cm,横径0.9～1.4 cm,最大单果重2.82 g,着色鲜艳,皮肉厚,鲜果千粒重1 204 g。种子大,种子数量5～47粒/果。

在精河,精杞6号比精杞1号、宁杞1号、宁杞7号物候期晚2～3天。4月上中旬萌芽,现蕾期为4月中旬,初花期为5月中旬,花期7～9天;夏果初果期为6月中旬,结束期比精杞1号、宁杞1号晚2～3天;秋枝萌发期为7月底8月初,秋果成熟期为9月下旬。枸杞的物候期主要受温度的影响,连续多年的物候期观察看出,精杞6号在2个试点均能完成萌芽、展叶、新梢生长、开花、结果和落叶等树木生长全物候期(孙天罡等,2014)。

23. 恒振1号 · 2014年10月,新疆维吾尔自治区林木品种审定委员会确定恒振1号为森木良种,该品种利用宁杞1号芽变植株选育而成。比宁杞1号果实百粒重平均大近一倍,总含糖量高于"宁杞1号"2.9%,果粒大,果皮厚,优果率达82%,有颗粒大、肉厚、采摘方便的特点。

24. 盐杞和海杞 · 均为河北沧州市林业局与中科院遗传与发育生物学研究所农业资源中心、中科院农业水资源重点研究室合作育成。2009年12月通过河北省林木品种审定委员会审定。品种特点特性:两品种树体矮小,树姿形长,树势中庸。一年生枝黄褐色。叶片长椭圆形,叶绿全缘,花着生于枝叶腋间或在短枝上簇生。果实整齐度高,果肉较厚,味

甜。3月中旬萌芽,10月下旬落叶。丰产性好,栽植当年即可结果,3年进入丰产期。抗逆性强,耐盐、耐碱、耐旱涝,在含盐量0.5%～1.5%的重盐碱地上能够正常生长和结果。

盐杞发枝力中等,枝条较硬,有灰白色纵条纹,节间长0.5～2 cm,枝刺少而硬。叶片浅绿色,叶长2.7～6.0 cm,宽0.6～1.9 cm,叶面稍卷曲。长枝叶腋间花量1～6朵,短枝簇生花量2～14朵。果实为纺锤形,橙红色,纵茎1.42～2 cm,横径0.72～1.02 cm,果形指数1.94,整齐度0.71,平均单果重0.56 g。可溶性固形物含量20.58%,含仁率5%,出干率30.91%。制干的枸杞子色泽鲜红,枸杞多糖含量为3.52%,总糖含量为46.32%。果形美观,品质优良,质感、功能良好,三年生株产鲜果可达1.69 kg。(图2-55)

图2-55 盐杞

海杞发枝力强,枝条较软,有灰黄色纵条纹,节间长0.6～3.1 cm。长0.3～5 cm,叶片深绿色、较厚,叶长2.0～4.8 cm,宽0.5～1.6 cm。叶面平展。长枝叶腋间花量1～3朵,短枝簇生花量2～8朵,海杞各茬花期和采收期较盐杞早2～3天。果实长椭圆形,鲜红色,纵径1.4～1.8 cm,横径0.76～1.05 cm,果形指数1.74,整齐度0.70,平均单果重0.65 g。可溶性固形物含量21.61%,含仁率4.8%,出干率30.83%。制干的枸杞色泽深红,枸杞多糖含量4.03%,总糖含量为43.35%。果实个大枸杞多糖含量高,药用价值高。抗裂果,三年生株产鲜果可达1.86 kg(张秀梅等,2011)。(图2-56)

图 2-56 海杞

25. 蒙杞 1 号·蒙杞 1 号是 2005 年内蒙古农牧院选育的品种,通过了内蒙古自治区主要农作物品种认定,以蒙认果 2005001 号获得品种认定证书(王建民等,2007)。

蒙杞 1 号和宁杞 1 号(地产)相比果实体积增大 1 倍以上,特优级果率增加 73%,果肉厚度增加

28%,果实千粒重增加 994.9 g 总糖含量增加 1.9%,还原糖含量增加 11.86%,灰分含量降低 0.23%,水分含量增加 2.3%,维生素 B₁ 和 B₂ 含量基本持平,维生素 C 含量降低 17%,胡萝卜素含量降低 21.7%,氨基酸总量基本持平,在含钙、铁方面略低于宁杞 1 号;可滴定酸含量略高于宁杞 1 号,和宁夏产枸杞相比,主要指标均高于宁夏测试指标;叶片大小、叶片厚度、枝条生长量、枝条节间长度、花长、结果部位等方面存在一定差异。

蒙杞 1 号是从实生树上选育的一个大果优株,果个比当地主栽品种宁杞 1 号增大 1 倍以上,果实特优级果率为 95% 以上,果实含糖量高,其他营养成分和地产宁杞 1 号基本相当,是一个很有发展前景的枸杞新品种。蒙杞 1 号抗性强,对蚜虫、红瘿蚊的抗性强于宁杞 1 号,对瘿螨的抗性略低于宁杞 1 号。蒙杞 1 号适应性强,适栽范围广,在盐碱土、壤土、沙壤土上都可栽培,果大便于采摘,建议蒙杞 1 号可在内蒙古、宁夏、青海、新疆、河北等枸杞栽培区域栽培。(图 2-57)

图 2-57 蒙杞 1 号(摄于内蒙古乌拉山)

26. 中科绿川 1 号·该品种是中国科学院武汉植物园杨天顺,采用自然变异优选法在内蒙古沙海镇宁杞 1 号枸杞林中选出优株的种子实生苗培育而成。2011 年 12 月通过国家林业局林木品种审定委员会审定,定名为"中科绿川 1 号"(杨天顺,2017)。

生物学特性:生长势较强,幼树和成龄树枝条

呈灰白色,节间较短,一般 1.5~2.0 cm,棘刺较少。花量较大,多于其他主栽品种。果蒂易脱落,适宜机械化采摘。成熟果为梨形或扁圆形,果棱不明显,尖端较尖,颜色鲜艳。果实较大,鲜果平均纵径 1.42 cm,横径 1.36 cm,收获末期鲜果(秋果)千粒质量 623.8 g。果肉厚,含水量高达 80.09%,可制汁加工。干果含

枸杞多糖 58.76 mg/g,黄酮醇 26.86 mg/g,β-胡萝卜素 165 mg/g;单果中的种子数 12～45 粒,多数为 20 粒以上。(图 2-58)

图 2-58　中科绿川 1 号(左)和宁杞 4 号枸杞(右)

早产性、稳产性较好。对蚜虫、黑果病有较强的抗性,但对白粉病抗性较弱。耐盐碱,耐贫瘠,耐肥,耐旱,耐寒,怕涝,在 pH 8.2～10.5、含盐量 0.1%～0.2%土壤中生长较良好。

适宜在内蒙古中西部、宁夏、青海、新疆、甘肃、河北辛集等枸杞适生区栽培。

27. 黄果枸杞(*Lycium barbarum var. auranticarpum*)· 灌木,分枝细密,有纵槽纹,或白色或灰黄色,无毛而微有光泽,有不生叶的短棘刺和生叶、花的长棘刺。叶互生或簇生,披针形或长椭圆状披针形,顶端短渐尖或急尖,基部楔形,长 2～3 cm,宽 4～6 mm,栽培时长达 12 cm,宽 1.5～2.0 cm,略带肉质,叶脉不明显。花在短枝上 1～2 朵生于叶腋,在长枝上 2～6 朵同叶簇生,花梗长 1～2 cm,向顶端渐增粗。花萼钟状,长 4～5 mm,通常 2 中裂,裂片有小尖或顶端有 2～3 齿裂花冠漏斗状,紫堇色,筒部长 8～10 mm,自下部向上渐扩大,明显长于檐部裂片,裂片长 5～6 mm,卵形,顶端圆钝,基部有耳,边缘无缘毛,花开放时平展雄蕊的花丝基部稍上处及花冠筒内壁生一圈密绒毛,花柱像雄蕊一样由于花冠裂片平展而稍伸出花冠。浆果红色或在栽培类型中也有橙色,果皮肉质,多汁液,椭圆状、矩圆状、卵形或近球形,顶端有短尖头或平截、有时稍凹陷,长 820 mm,直径 5～10 mm。种子常 20 余粒,略呈肾脏形,扁压,棕黄色,长约 2 mm。花期较长,5～10 月。(图 2-59)

黄果枸杞与宁夏枸杞的不同主要有以下几点:叶狭窄,条形、条状披针形、倒条状披针形或狭披针形,具肉质;果实橙黄色,球状,直径 4～8 mm,仅有 2～8 粒种子(刘俭等,2015)。

28. 白果枸杞· 多棘刺灌木,高 20～150 cm,多分枝;分枝斜生或横卧于地面,白色或灰白色,坚硬,常常呈"之"字形曲折,小枝顶端渐尖呈棘刺状,嫩枝茎尖翠绿色,节间短缩,叶 2～6 枚簇生于短枝上,在幼枝上嫩叶基部发白,肉质肥厚,近无柄,条形、条状披针形或条状倒披针形,有时呈狭披针形,顶端钝圆,基部渐狭。花 1～2 朵生于短枝上,花果期 5～10 月,花梗细瘦,花萼狭钟状,果时稍膨大呈半球状,裂片膜质花冠漏斗状,浅紫色或白色,向外翻卷,花冠口无绒毛,具有一条清晰中脉,两条副脉,筒部白

图 2-59　黄果枸杞(摄于宁夏银川)

图 2-60　白色枸杞(摄于诺木洪)

图 2-61　宁杞 8 号(摄于银川芦花台)

色向檐部延伸较长,5 深裂,花柱与雄蕊近等长。浆果白色或表皮略带紫色斑点,球状,有时顶端稍凹陷,直径 4~9 mm。种子肾形,褐色(刘俭等,2015)。(图 2-60)

29. 宁杞 8 号(杞椒 1 号)·"07 - 01"优新品系,母本 2007 年发现于宁杞 1 号生产园,后经无性扩繁形成无性系,遗传背景不详。选育工作由宁夏农林科学院、宁夏枸杞协会合作完成,2008—2011年以宁杞 1 号为对照,在银川、中宁、青海、内蒙古等地进行区域试验和生产试栽。在生产中表现丰产、稳产,果粒大,鲜食口感好,采摘用工省,种植收益高等综合优势。通过宁夏林木品种审定为宁杞 8 号,在宁夏、新疆、青海也有较好的表现。(图 2-61)

30. 宁农杞9号·09－01母本发现于内蒙古"宁夏枸杞"生产园。主要特性：自交不亲和，需混植建园；物候期与宁杞1号基本相同，果熟期较宁杞1号晚5天左右；树体生长量大，生长快，枝条长；老眼枝花量少，当年生结果枝粗长，多有扭曲；嫩枝梢部多堇紫色条纹，每叶腋花量1～2朵；花萼单裂，上部紫色较深，花瓣5，花冠筒喉部豆绿色，花冠檐部裂片背面中央有三条绿色维管束，叶片厚、青灰色；一年生枝上叶片常扭曲反折，正反面叶脉清楚。鲜果单果质量较宁杞1号增加50%以上，宁夏地区夏果平均单果重1.14 g，制干速率较宁杞1号慢20%左右，干果颗粒密度232粒/50 g左右，优于宁杞1号的350～370粒；盛果期亩产干果300 kg以上，略低于宁杞1号350 kg的亩产。（图2-62）

图 2-62　宁农杞9号(摄于银川芦花台)

31. 血杞1号·20世纪70年代鉴定出血杞1号。枸杞一般树高1.5～2 m，树冠呈自然开心形或伞形，叶单叶互生，花多簇生。果成熟多为血红色，少数为橙色或橙黄色，肉甘甜。粒大、肉厚、籽少、色红，主栽培于河北巨鹿、大城、青县，其中巨鹿是全国最大的生产基地。因巨鹿是黄河故道，土壤呈弱碱性砂质，地下深层水纯净、甘甜，富含多种矿物质，故血杞没有经过任何杂交和嫁接，传承了野生北方枸杞(*L. chinense* var. *potaninii*)的优质基因。果实颗粒较小，苦中略有甜味；根皮作地骨皮，深受国内外消费者欢迎，药性纯，保持原生态，是保存较好的种质资源。（图2-63）

图 2-63　血杞1号(摄于河北巨鹿)

32. 美国枸杞·美国枸杞是1994～1995年华中农大的蔡得田教授在美国中西部犹他州的洛根(Logan)山地发现的一种野生美国枸杞(*Lycium americana*)，1996年在武汉引种繁殖。利用它作为地理远缘杂交亲本,与我国的宁夏枸杞、中华枸杞杂交,创造出新的杂交种甚至多倍体(重点在于三倍体)种,从而为选育优良的果大、无子、高产、抗病的枸杞新品种提供了良好条件。

美国枸杞的形态特点与生物学特性:美国枸杞与我国宁夏枸杞的形态特点基本相似。它是一种落叶小灌木。单叶互生,长卵圆形,长 5.83 cm,宽 1.75 cm,分枝早,当植株生长到 15 cm 左右时,即开始从基部的第 3、4 叶腋生长出分枝。嫩枝无刺,呈淡紫色,随着生长,老枝渐呈淡灰色,着少量短刺。在美国犹他州 7 月上旬开花,花瓣淡紫色。果实初为绿色,后经历淡黄、浅红至深紫红的成熟变化。8 月底至 10 月初成熟,累红果挂满枝条,不仅带来丰收,而且可以构成独特景观。进入深秋季节,叶片脱落,红红的浆果在秋霜或初雪的映衬下显得格外美丽。

美国枸杞有两种类型的果枝。一种是长果枝,长 10.0～35.2 cm;另一种是短果枝,长 3.1～9.9 cm。长果枝上着生的果实较稀成串状,短果枝上着果成簇状。经调查,平均 17.6 cm 长的长果枝着果 48.3 个,平均 1 cm 有 2.7 个果;平均均 6.2 cm 长的短果枝着果 24.5 个,平均 1 cm 有 4.0 个果。可见着果密是美国枸杞的显著特点。美国枸杞的另一特点是果实大而均匀。千果鲜重达 5 174.8 g,最大单果重 6.35 g。美国枸杞的第三个特点是果实种子数少,平均每果 13.87 粒种子,比宁夏枸杞的种子数要少(陈冬玲,1997)。(表 2-9)

表 2-9　美国枸杞与宁夏枸杞果实种子数比较

种类	调查果实数（个）	每果种子数	每果饱满种子数	每果干秕种子数
美国枸杞	300	13.87±5.2	6.98±2.3	6.89±1.2
宁夏枸杞	300	25.24±6.7	11.83±3.6	13.41±2.7

33. **韩国速生枸杞·**韩国速生枸杞是近年来引进的优良品种。在河北安国有大面积生产基地,产品全部销往韩国。近年来我国多处地区试验种植均表现良好,抗逆性强,几乎没有病虫害,适应性强,在荒山坡地、草原、平原均能生长,耐盐碱。韩国速生枸杞全株高可控制在 1.5 m 左右,主干直立,枝条多,从上到下结满红红的枸杞果,亩栽 700 株,行距 1.2 m 左右,第 1 年亩产干果几十千克,第 3 年亩产干果 300 kg,盛果期可达 30 年。

34. **无籽枸杞·**宁夏林科所 2001 年从宁杞 1 号同源四倍体中选出优良四倍体育种材料 98－2,从三倍体中选育了优良三倍体品系 99－3 和 9601,99－3 与宁杞 1 号(二倍体)相比,总含糖量提高 37.5%,多糖含量提高 20%,氨基酸总量提高 9.5%,鲜果千粒重提高了 7.3%,含子数少 58.7%,孢子数降低 88.8%,产量提高 6.63%。三倍体枸杞叶大茎粗,嫩茎叶做菜用枸杞,食用优于二倍体枸杞。

宁夏农科院枸杞中心首次将对蚜虫具有显著抗性,且对人、畜无害的植物源基因导入枸杞细胞,获得了抗蚜虫的转基因枸杞株系。

35. **黑杂 1 号·**"黑杂 1 号"是以甘肃、青海及新疆等地的野生黑果枸杞为母本杂交培育的新品系。相比野生黑果枸杞而言,其结果量较少,果粒更大,枝刺减少。是目前发现花青素含量最高的黑色经济植物。

形态特征:落叶灌木,高 50～120 cm。多分枝,枝条坚硬,常呈"之"字形弯曲,白色,枝上和顶端具棘刺。叶 2～4 片簇生于短枝上,肉质,无柄,条状披针形或圆棒状,长 6～25 mm,先端钝圆。花 1～4 朵生于棘刺基部两侧的短枝上,花梗细,长 3～8 mm;花萼狭钟状,长 3～4 mm,3～5 裂;花冠漏斗状,浅紫色,长 1 cm,雄蕊不等长。浆果球形,成熟后纯黑色,直径 10～16.5 mm,种子肾形。(图 2-65)

地理分布:区域试验分布于甘肃、宁夏、青海、内蒙古等地区。

36. **焦宝兴黑枸杞·**由甘肃林业高级工程师焦宝兴在黑果枸杞栽培技术经验总结培出的优良品种。

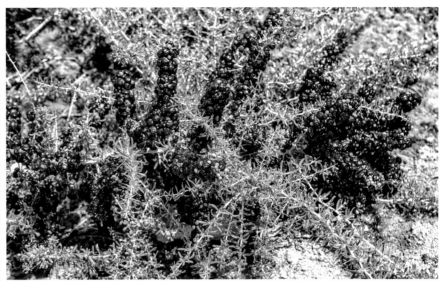

图 2-64 黑杂 1 号（摄于诺木洪）

图 2-65 黑杂 1 号（摄于甘肃）

37. 青黑杞 1 号·青黑杞 1 号由青海省农林科学院和青海诺木洪农场合作选择育种方法选出。有丰产、稳产、果粒大、品质好、易制干、病虫害抗性强优势。

38. 诺黑（种源）·诺黑由青海省农林科学院采用区域种源实验培养的良种。有丰产、稳产、果粒大、花青素含量高等特点。

二、枸杞种质资源圃

20 世纪 70 年代科学研究部门开始对植物种质资源进行收集保存，现在已发展成为全球性的重大研究课题。在国际上，国际植物遗传资源研究所（IPGRI）、联合国粮农组织（FAO）、国际生物学局（IBP）、国际自然和自然资源保护联盟（IUCN）、国际林联（TUFRO）、联合国开发计划署（UNDP）、联合国环境规划署（UNEP）、联合国教科文组织（UNESCO）、国际橡胶组织（IRRDB）等多个组织从不同的角度倡导和开展了种质资源的保护。在我国，《中华人民共和国种子法》明确规定"国家对种质资源享有主权，国家依法保护种质资源，任何单位和个人不得侵占和破坏种质资源"。近年来，各地科技工作者着手建立枸杞种质资源圃，千方百计搜集、研究、开发各种枸杞资源。

（一）宁夏枸杞工程中心品种资源圃

宁夏枸杞资源圃收集并保存了我国境内自然分布的7种、3变种枸杞，以及从美国、韩国、马来西亚等国引进的种质，共计60个品种（系），2000余份中间材料。其中，红果类1500份，黄果类120份，黑果类300份，其他150份。收集的种质中既有新发现的昌吉枸杞、八倍体枸杞，又有百年枸杞树，是目前枸杞属植物遗传多样性涵盖量最大、种质资源最丰富的基因库。

据了解，2012年枸杞种质资源圃便被纳入"国家林木种质资源平台"种质资源共享服务体系。自建圃以来，依托圃内丰富的种质材料，枸杞研究所先后承担了国家科技支撑计划、国家863计划、国家自然科学基金、自治区重大枸杞育种专项、枸杞重大基础研究项目"枸杞全基因测序"等项目50余项。培育出8个品种、15个新优株系。其中，宁杞1号和宁杞7号占全国枸杞种植面积80%。申请发明型专利5项，制定国家标准1项，地方标准7项。（图2-66）

图2-66 宁夏枸杞研究所枸杞资源圃（芦花台）

（二）青海诺木洪枸杞种质资源圃

诺木洪农场建立了约95亩地的枸杞资源圃。与中科院，青海省农科院林科所共同开展枸杞品种培育，苗木组培、种植示范等项目，基地有黄果枸杞、紫枸杞、韩国枸杞、蒙杞、宁杞1，2，3，5，7号等几十个品种间隔育种。有宁夏枸杞野生移栽品几十颗，两颗百年古枸杞树。丰产种植示范基地20多亩，篱架种植红、黑枸杞基地10余亩。目前青海培育出了柴杞1，2，3号和青杞1号、2号、青黑杞1号、诺黑等地方品种。青海高原枸杞良种选育与快繁技术研究与示范项目达到了国际先进水平。资源圃共收集枸杞种质24份，其中引进宁夏12份，甘肃1份，内蒙古2份，河北1份，新疆2份，收集柴达木5份。这些种质资源相对集中培育在诺木洪农场枸杞资源圃中，完善了柴达木枸杞育种平台（王占林，2018）。（图2-67）

图 2-67　青海枸杞种质资源圃(诺木洪)

(三)甘肃武威黑果枸杞种质资源圃

武威蔡旗乡与武威市林科院合作打造的黑果枸杞种质资源保护利用试验基地,占地面积600亩,计划建设黑果枸杞种质资源圃10亩,采穗圃20亩,高效栽培示范基地100亩。重点开展当地黑果枸杞种质资源保护,模拟黑果枸杞原生态环境,引进驯化青海、宁夏、新疆等地黑果枸杞种质资源,研究不同生态环境黑果枸杞的遗传多样性,选育适合武威荒漠盐碱地栽培的黑果枸杞优良种质,开发利用黑果枸杞种质资源。

(四)新疆精河枸杞资源圃

在精河建立了枸杞种质圃,成为全疆域最大的枸杞种质资源汇集中心,约23.1 km²,分为18个功能区。目前收集了4个种类36个品系,共计8 932株,已培育出精杞1号、2号两个新品种,精杞4号、6号在申报鉴定之中。另外,新疆林业科学院树木园采用野生整株采挖、种子实生繁殖、迁地保护了多种枸杞种植资源。在吐鲁番沙漠植物园也保护了2种枸杞物种。

三、枸杞种质资源评价

我国在枸杞分类、资源特性、资源评价等方面做了大量工作,资源评价多以外观品质的百粒重、横纵径、大小来评比,另外以干果的主要活性物质含量进行评比。这项工作已取得了一定进展,为枸杞的种植提供了科学的实验数据与支持。

(一)10个枸杞品系综合评定

20世纪90年代,有研究者采用合理—满意度和多维价值理论并合规则,对农家品种大麻叶、小麻叶、白果枸杞、圆果枸杞、大黄果枸杞;人工杂交育种品种宁杞1、宁杞2;优系72001、72004和72007进行了综合评定,调查内容有生长特性、结果量、抗性及果实品质特性中的千粒重、果形指数、鲜干果比和成分含量。

用合理—满意度和多维价值理论的并合规则,得出10个主要栽培枸杞品系总体表现合理—满意度:大麻叶枸杞0.92,综合表现最佳,宁杞1号次为0.87,圆果枸杞0.24,表现最差。此结果与直观的分析结果相吻合(胥耀平等,1996)。

（二）不同枸杞种质间品质比较

研究不同枸杞种质间品质比较，通过对黑/白果枸杞（*L. ruthenicum*）、黄果枸杞（*L. barbarum* var. *auranticarpum*）、宁夏枸杞（*L. barbarum*）3 个品种的外观品质（百粒重、横纵径）及其干果的主要活性成分（枸杞多糖、总糖、甜菜碱、类胡萝卜素、浸出物）进行比较，结果表明：黑/白果枸杞和黄果枸杞的百粒重、果形指数形态相近，但与宁夏枸杞有较大差异；按宁夏枸杞的活性成分（多糖、甜菜碱、类胡萝卜素）含量高低标准评判，黑、白、黄果枸杞无太大的利用价值，黑、黄、白果枸杞的利用机制需从其他富含成分入手挖掘；类胡萝卜素是宁夏枸杞的特异性生理活性物质。

黑、白、黄果枸杞的品质评价，应从其特殊功效成分出发另建评价标准。以宁夏枸杞的评价方式，黑、白、黄果枸杞无利用价值，但以黑果枸杞为例，黑果枸杞富含花色苷类色素锦葵色素，其鲜果花色苷含量及体外抗氧化活性测定结果显著优于蓝莓、树莓的行业内热炒的功能性食品，也显著高于宁夏枸杞。就单一抗氧化活性而言，黑果枸杞显然功效优于宁夏枸杞，白果、黄果枸杞花色苷含量与宁夏枸杞基本接近，从花色苷含量及体外抗氧化活性出发，黑果枸杞显著优于宁夏枸杞。白果与黄果枸杞以宁夏枸杞的标准及红果枸杞的标准均无利用价值，有无特殊功效还有待挖掘。宁夏枸杞与黑、白、黄果枸杞尽管都属于枸杞属植物，从主要功效成分评判时应使用不同标准。以宁夏枸杞的品质评价标准评判黑白黄果枸杞是否具有利用价值，或许是不可取的。

类胡萝卜素是宁夏枸杞的标志性功效成分。建议将其作为宁夏枸杞质量评价的首选指标。从测试结果分析可知，类胡萝卜素在宁夏枸杞中丰度最高，可以判定为是宁夏枸杞的标志性成分。枸杞作为中药材，明目是其最为确切的功效之一。已有的研究结果表明，人和灵长类动物眼睛的黄斑和视网膜中所存在的类胡萝卜素均是叶黄素和玉米黄素，类胡萝卜素可以防止眼睛受到紫外线及蓝光和自由基的伤害，老年性黄斑变性的发生与黄斑中这两种色素含量的下降直接相关。白内障是老年人易得的又一种眼疾，研究表明，补充叶黄素和玉米黄素可显著减轻发病程度。叶黄素是植物中最为丰富的类胡萝卜

素，可以从叶菜类等蔬菜水果中容易获取，玉米黄素在水果蔬菜中普遍存在但含量不高。枸杞是常见果蔬中唯一以玉米黄素为优势类胡萝卜素的果蔬，这与本研究结果较为一致。枸杞中类胡萝卜素可作为宁夏枸杞的标志性成分，结合前人的研究结果，建议将类胡萝卜素含量的高低作为宁夏枸杞质量优劣评判的首选指标（刘俭等，2015）。

（三）黄果与红果枸杞品质评价

调查测定 5 种枸杞种质资源的农艺性状和质量性状，比较分析了 4 种黄果枸杞（W-11-15、W-12-27、W-12-30）、3 种黄果枸杞与宁杞 1 号的表型特征特性及营养成分的差异。结果表明，W-11-15、WV-12-27、WW-12-30 三种黄果枸杞具有不散粉的特性；黄果枸杞的果实大小、单株产量均小于红果枸杞宁杞 1 号，但鲜果出汁率明显高于宁杞 1 号（80％左右）；相对于宁杞 1 号，黄果枸杞的总糖、枸杞多糖和类胡萝卜素含量较低，但具有高黄酮的特性；黄果枸杞的果糖含量较宁杞 1 号低，但葡萄糖含量较高，尤其是 W-12-30 果实中的葡萄糖含量比宁杞 1 号高 34.47％。

黄果枸杞是枸杞种质资源中的稀缺资源，果实黄色，鲜果汁无生药味、无苦味，果肉细腻，色泽美观，果皮薄，榨汁过程中皮渣很少，出汁率高，是枸杞鲜汁饮料加工的理想材料。但该品种产量低。目前枸杞深加工所用的鲜果原料主要是宁杞 1 号和宁杞 7 号等果用型和生产上大面积栽培的红果枸杞品种。这些品种栽培面积大、产量高，但其鲜果汁生药味重，有苦味，色泽不美观，得不到市场青睐。因此，在多年枸杞新品种选育的基础上，从花器散粉特性、果实大小、营养成分含量等方面，比较分析优选黄果枸杞的种质材料与主栽品种"宁杞 1 号"在农艺性状及营养成分方面的差异，确定黄果枸杞的资源特异性（王亚君等，2016）。

（四）10 个枸杞品种在盐碱地上的栽培特性比较

研究者以甘肃景泰—条山镇条山农场盐碱地枸杞为对象，为盐碱地规模化枸杞种植选种提供理论依据。观察测定种植在盐碱地上的 10 个枸杞品种的物候期、年生长量、病虫害感染率、产量及果实品质，通过方差分析筛选出各指标表现最佳的枸杞品

种。在盐碱地上栽植的蒙杞 1 号、先锋 1 号、07-2 生长期长、果实成熟晚、产量低;蒙杞 1 号、宁杞 1 号、宁杞 4 号生长量少;蒙杞 1 号抗逆性差;先锋 1 号、07-2 其果实品质低而在盐碱地上栽植的宁杞系列品种、扁果枸杞、0901 其生长期短,果实成熟早,其中宁杞 5 号生长量大、抗逆性强、产量高、果实品质优良,最适宜在盐碱地上栽培,而蒙杞 1 号、先锋 1 号、07-2 则不适宜在盐碱地上栽培,另外 6 个品种在盐碱地上的表现中等(仲怡铭等,2017)。

(五) 不同品种枸杞果实比较

通过对 22 种枸杞果实功能营养成分测定分析,结果表明,宁杞 6 号、云南枸杞、宁杞 7 号、宁杞 2 号、新疆枸杞和白花枸杞的多糖含量高,宁杞 6 号、宁杞 1 号、中国枸杞、宁杞 5 号甜菜碱含量高,这些均可作为提取单一成分的药材。枸杞果实中黄酮类化合物主要为芦丁,这与 J. Z. Dong 等研究结果一致,其中宁杞 4 号、新疆枸杞、宁杞 3 号、宁杞 6 号和宁杞 7 号等品种芦丁含量高。玉米黄素和叶黄素为枸杞果实中主要的类胡萝卜素,还包含少量的 β 隐黄质、β 胡萝卜素、新黄质。其中,新疆枸杞、柱筒枸杞、截萼枸杞、云南枸杞和小麻叶枸杞等品种类胡萝卜素含量较高。亦有研究报道,在枸杞果实中检测到 3 种类胡萝卜素,分别为玉米黄素、β-隐黄质和 β-胡萝卜素,并检测到大量的叶黄素二棕榈酸酯。本研究未检测到叶黄素二棕榈酸酯,这一差异可能主要与样品处理方法和检测方法不同有关。研究结果表明,不同品种枸杞在各个品质指标中存在一定差异,而关于品质指标的代谢途径的规律以及材料间各个指标产生差异的原因,还有待于进一步深入研究。

通过对 22 种枸杞果实功能营养成分综合评价筛选出"新疆枸杞"和"柱筒枸杞"综合品质高,其多糖、甜菜碱、芦丁和类胡萝卜素含量都普遍较高或居中,可作为候选株系。在今后的研究中,可以结合其丰产性、生长条件及抗逆性等进一步筛选,为枸杞育种、品质改良及枸杞资源开发利用提供丰富的可利用资源(述小英等,2017)。

(六) 不同果色枸杞鲜果品质综合评价

研究者以 32 份枸杞鲜果为材料,测定枸杞鲜果产量性状、风味性状和功能活性等 24 项品质指标。

利用相关分析和主成分分析,筛选枸杞鲜果品质评价指标;运用层次分析确立评价指标的权重,采用数据标准化处理,建立不同果色枸杞鲜果品质综合评价体系。结果不同果色枸杞鲜果品质性状变异丰富,变异系数为 14.3% ~ 113.4%,其中苹果酸变异系数最大,蔗糖、黄酮次之,横径、总糖较小;通过相关分析和因子分析,从 24 项指标中筛选出纵径、横径、果糖、葡萄糖、草酸、酒石酸、黄酮、多糖等 8 项指标作为枸杞鲜果品质评价的代表性指标;综合考虑 8 项指标对枸杞鲜果品质的影响程度,构建层次结构模型,优化出 8 项指标的权重系数分别为 17.74%、17.74%、10.75%、10.75%、5.38%、5.38%、10.75%、21.51%;根据数据标准化处理公式,计算出供试材料的综合评价值,不同果色枸杞鲜果综合品质存在较大差异,主要表现为红色果＞紫色果＞黄色果＞暗红色果＞黑色果。不同果色枸杞鲜果品质可用果实纵径、横径、果糖、葡萄糖、草酸、酒石酸、黄酮和多糖等 8 项指标进行综合评价,红色鲜果综合品质表现较优,黑色鲜果综合品质表现较差。影响枸杞鲜果品质评价的关键因子依次为产量因子、功效因子和风味因子。

本研究通过建立枸杞鲜果综合品质评价体系,得出 32 个材料综合得分及优良度排序。综合评价值较高材料为宁杞 2 号、蒙杞 1 号、宁杞 7 号、宁杞 6 号、扁果枸杞、宁杞 4 号和宁杞 1 号,这些品种(系)综合表现优良,其种植面积占到全国枸杞总面积 90% 以上;而昌吉枸杞、中国枸杞和黑果枸杞综合评价值较低,其果实的果粒小、营养物质含量较低,唯有富含花色苷类物质的黑果枸杞在生产上零星种植,其他两个枸杞均为野生分布;此外,W-11-15 和 W-12-27 是宁杞 1 号与黄果枸杞的杂交后代,果色为浅黄色,株系 0507 和株系 0508 是黑果枸杞与宁杞 1 号的杂交后代,果色为紫色,这 4 份株系单果重、风味物质含量较亲本黄果和黑果有大幅提高,但综合品质尚未超过宁杞 1 号(部分功效物质高于宁杞 1 号),其株系的表现一般。以后可通过筛选淘汰或作为选育果色品种的授粉亲本。可见,本研究所获得的不同果色枸杞材料综合性状表现,与生产利用的实际表现基本相符(赵建华等,2017)。

（七）新疆四种枸杞果品比较

通过对新疆精河地区精杞1号、精杞2号、宁夏红和豫新4个枸杞品种的外观品质，以及主要理化成分和活性成分进行了测定，采用显著性分析和聚类分析来比较其差异性。并且对比分析了它们的氨基酸组成差异，并利用氨基酸比值系数法对其蛋白质营养价值进行评价。结果表明，精杞1号和宁夏红在外观性状方面有明显的品种优势。作为精河地区主栽品种的精杞1号，浸出物、甜菜碱、类胡萝卜素等活性成分含量都是最高的，这充分体现了它的药用价值。除果形指数和总黄酮外，4个品种的其他指标差异都达到了极显著性水平。四种枸杞的氨基酸含量丰富，种类齐全，宁夏红与精杞1号的必需氨基酸、药用氨基酸含量相对较高。精杞1号的SRC值为83.27，必需氨基酸模式更接近于人体蛋白质组成。由此可见，精杞1号的营养价值和药用价值都比较理想，有利于进一步的开发和利用（高仿等，2017）。

（八）密枝枸杞果品评价

有学者以密枝枸杞和宁杞5号作了对比研究，表明密枝枸杞叶总黄酮含量为50.00 mg/g，总多酚含量为44.48 mg/g，粗蛋白质含量为14.25%，粗多糖含量为43.02 mg/g，抗坏血酸含量为289.1 mg/g，钾元素含量为3.13 mg/g。密枝枸杞和宁杞5号枸杞叶中活性物质（总黄酮、总多酚）和营养成分中的蛋白质含量均呈显著性差异（$p \leq 0.05$）；枸杞多糖和矿质元素（钾）的含量均呈极显著性差异（$p \leq 0.01$）；但抗坏血酸含量无显著性差异（$p > 0.05$）。与宁杞5号相比，密枝枸杞叶中总黄酮、总多酚、蛋白质、粗多糖和钾的含量分别高2.97%、5.93%、6.42%、8.31%和33.76%；而抗坏血酸含量低32.34%。王娅丽等对宁杞9号叶芽营养成分分析的研究中，其结果显示宁杞9号叶芽中的总黄酮、枸杞多糖、粗蛋白、抗坏血酸、钾的含量分别为16.2 mg/g、35 mg/g、89.3 mg/g、35.4 mg/g、5.31 mg/g。与之相比，密枝枸杞和宁杞5号枸杞叶总黄酮、枸杞多糖、抗坏血酸的含量均远高于宁杞9号：总黄酮含量高出宁杞9号约4倍；抗坏血酸含量是宁杞9号的9～11倍；枸杞多糖含量与宁杞9号枸杞叶相当，但两者粗蛋白含量和钾元素含量均低于宁杞9号枸

杞叶。这可能是由于采摘时间以及品种不同所致。由此可见，密枝枸杞叶营养品质高，活性物质丰富，且其叶片小而狭长，利用其开发枸杞茶具有广阔前景（朱娟娟等，2016）。

四、柴达木枸杞种质资源

（一）栽培品种及特点

20世纪60年代，青海都兰诺木洪就从宁夏引种宁夏枸杞（*Lycium barbarum*）的大麻叶和宁杞1号，后陆续有宁杞2号、宁杞3号、宁杞4号、宁杞5号、宁杞7号、蒙杞1号引种。2010年以来，成功培育了具有本地特色和自主知识产权的柴杞1号、2号、3号和青杞1号、2号。青黑杞1号、诺黑。在青海柴达木地区生产试验，其生产质量和数量比宁杞1号增产15%，推广前景广阔。以上种植品种中宁杞1号栽培面积最大。近十年来，青海以种植宁夏枸杞和黑果枸杞为主，宁夏枸杞虽从宁夏产区引种，但由于柴达木盆地天然优势资源和种植户重视科技方法，使得青海产区枸杞在营养价值和外观特征上均优于其他产区，故称为柴杞。

1. 宁杞1号

（1）生物学特性：小灌木，进入成龄期（4年以上），株高1.40～1.60 m，根茎粗4.40～12.50 cm，株冠直径1.50～1.70 m。叶色深绿色，质地较厚，横切面平或略微向上凸起，顶端尖。当年生枝单叶互生或后期有2～3枚并生，披针形，叶长2.65～7.60 cm，宽0.68～2.18 cm，厚0.10～0.15 cm。当年生枝条灰白色，嫩枝绿色，具有紫色脉线，多年生枝灰褐色，株枝条数160～285条结果枝细长而软，棘刺少，枝型弧垂或斜生，枝长36～54 cm，节长1.34～1.48 cm，成熟枝条较硬，荆棘极少，结果枝着果距3～8 cm，每节花果数2.2个，节间1.09 cm。花淡紫色，花长1.6 cm，花瓣绽开直径1.5 cm左右，花冠喉部至花冠裂片基部淡黄色，花丝近基部有圈稀疏绒毛，花萼2～3裂。幼果粗壮，熟果鲜红色，果表光亮，果身椭圆柱状，具4～5条纵棱，先端钝尖或钝圆，鲜果纵径1.5～1.9 cm，横径0.73～0.94 cm，果肉厚0.11～0.14 cm，鲜果千粒重505～582 g。种子棕黄色，肾形，每果内含种子25～40粒，种子千粒重0.80 g，种子占鲜果重5.08%。

图 2-68 宁杞 1 号(摄于诺木洪)

(2)特点：宁杞 1 号是我国目前枸杞的主栽品种。2015 年青海种植以面积计算,宁杞 1 号约占 90%。自交亲和,可单一品种建园,具有优质、高产、稳产、适应性强的特点。在青海柴达木地区表现树势强健,丰产、稳产、果粒大、品质好、易制干、病虫害综合抗性高、管理简单、抗旱性强,适应范围广等综合优势。

宁杞 1 号提纯复壮是在宁杞 1 号枸杞品种的基础上进一步提纯复壮化,而选育出的枸杞新品种。该品种成龄树结果枝细长柔软,荆刺少,鲜果果粒均匀、等级率高,千粒重为 600 g,干果特级率达到 85% 以上。(图 2-68、图 2-69)

图 2-69 宁杞 1 号(摄于德令哈)

2. 柴杞 1 号

(1)生物学特性：树高 152±12 cm,基茎粗 3.49±0.46 cm,树冠直径 158±44 cm。叶为披针形,长 8.28±0.37 cm,宽 2.43±0.15 cm,长宽比 3.62± 0.32。叶色浅绿,叶中脉浅黄色,叶脉数 11.30±1.56 条,叶互生,每个叶基处着生 1～3 片叶。花萼浅黄绿色,萼片数 2～3 个。花冠筒状五花瓣,紫色,花基部与中部浅黄绿色;花长 1.76±0.12 cm,直径 1.72±

0.17 cm。雄蕊 5 个,有绒毛,长 1.33±0.14 cm,雌蕊 1 个,浅黄色,长 1.31±0.13 cm。花柄浅绿色,长 1.86±0.47 cm。果实纺锤形,红色,果核 4 个,果尾

平,腔室 2～3 个;纵径 2.76±0.25 cm,横径 1.07±0.16 cm,单果平均重量 1.74±0.6 g。干果肉厚 0.82±0.07 cm。种子内含 34～83 粒;种子扁肾形。

图 2-70　柴杞 1 号(摄于德令哈)

(2) 特点:通过杂交育种选育出的适宜柴达木盆地种植的新品种。树势强壮,具有丰产、稳产、果粒大、品质好、管理简单、抗旱性、适应性强等特点(图 2-70)。鲜果橙红色,果表光亮,平均单果质量 1.74 g,最大单果质量 3.8 g。干果粒度(粒/50 g)133.00±18.37。柴杞 1 号与宁杞 1 号主要区别见表 2-10。

表 2-10　柴杞 1 号与宁杞 1 号主要区别

特征特性	柴杞 1 号	宁杞 1 号
叶中脉颜色	浅黄色	紫红色
果实鲜干比	3.09～3.71:1	4.1～4.7:1
内含种子数(粒)	34～83	10～30
鲜果纵径(cm)	2.76	1.68
果实横径(cm)	1.07	0.97
结果枝颜色	青白色	灰白色
特优级果率(%)	60～70	30
干果亩产量(kg)	310～400	250～300

3. 柴杞 2 号

(1) 生物学特性:树高 149±11 cm,基茎粗 2.49±0.43 cm,树冠直径 148±44 cm。当年生枝

条叶片性状:叶为披针形,长 8.25±0.67 cm,宽 2.23±0.17 cm,长宽比 3.60±0.28。横切面为长扁形,厚 0.11±0.10 cm;叶色浅绿,叶中脉浅黄色,叶脉数 12.30±1.86 条,叶互生,着生密度 0.12±0.12 片/cm,每个叶基处着生 1～3 片叶。一年以上枝条叶片性状:叶为披针形,长 1.28±1.12 cm,宽 1.07±0.15 cm,长宽比 6.8±0.72;横切面为长扁形,厚 0.11±0.09 cm;叶色浅绿,叶中脉浅黄色,叶脉数 6.12±1.64 条;叶互生,着生密度 2.13±0.48 片/cm,每个叶基处生 2～8 片叶。花特性:花萼浅黄绿色,萼片数 2～3 个。花冠筒状五花瓣,紫色,花基部与中部浅黄绿色;花长 1.75±0.24 cm,直径 1.73±0.19 cm。雄蕊 5 个,浅黄色并有绒毛,长 1.23±0.14 cm;雌蕊 1 个,浅黄色,长 1.21±0.13 cm。花柄浅绿色,长 1.85±0.45 cm。果实纺锤形,红色,果核 4 个,果尾平,腔室 2～3 个;纵径 2.85±0.25 cm,横径 1.03±0.16 cm,单果平均重量 1.35±0.6 g。内含种子 37.70±4.91 粒,干果肉厚 0.55±0.08 cm。

(2) 特点:高产,品质优,商品性好,抗病性强,抗旱,耐盐碱,干果粒度(粒/50 g)135。柴杞 2 号与宁杞 1 号主要区别见表 2-11。

表 2-11　柴杞 2 号与宁杞 1 号主要区别

特征特性	柴杞 2 号	宁杞 1 号
叶中脉颜色	浅黄色	紫红色
果实鲜干比	3.70～0.61∶1	4.1～4.7∶1
内含种子数(粒)	37.70～4.91	10～30
鲜果纵径(cm)	2.85±0.25	1.68
果实横径(cm)	1.03±0.16	0.97
结果枝颜色	青白色	灰白色
干果亩产量(kg)	360～410	250～300
特优级果率(%)	60～70	30

表 2-12　柴杞 3 号与宁杞 1 号主要区别

特征特性	柴杞 3 号	宁杞 1 号
叶色	浅绿	深绿
叶中脉颜色	浅黄色	紫红色
果实鲜干比	4.75∶1	4.4∶1
内含种子数(粒)	27～37	10～30
鲜果纵径(cm)	3.36	1.68
果实横径(cm)	1.48	0.97
结果枝颜色	青白色	灰白色
果实果沟	淡黄色	无果沟
干果亩产量(kg)	350	250～300

4. 柴杞 3 号

(1) 生物学特性：树高 172.60±9.06 cm，基茎粗 3.71±0.48 cm，树冠直径 162.60±22.2 cm。当年生枝条叶部性状：当年生枝条开花密度（春梢）1.36±0.39 个/cm，当年生枝条结果密度 0.68±0.1 个/cm，叶基处挂果 1～3 个，枝条纵向树皮无纹理，无木质化，树皮易破损。与主干着果距离在 4.80±2.35 cm，节间长 3.48±0.77 cm。一年生以上枝条叶部性状：一年生枝条开花密度 2.60±0.67 个/cm，一年生枝条结果密度 1.99±0.39 个/cm，叶基处挂果 2～4 个，枝条纵向树皮纹理明显，木质化明显，与主干着果距离在 5.45±2.64 cm，节间长 3.20±0.58 cm。花萼浅黄绿色，萼片数 2～3 个。花冠筒状五花瓣，紫色，花基部与中部浅黄绿色；花长 1.59±0.1 cm，直径 1.57±0.20 cm。雄蕊 5 个，浅黄色并有绒毛，长 1.09±0.16 cm，雌蕊 1 个，黄色，长 1.06±0.1 cm。花柄浅绿色，长 2.02±0.47 cm。果实红色，果核 2～5 个，外部性状扁圆，果尾凸出，横切后内部结构为 2 腔室；果沟底部颜色为浅黄色，最大单果重量 5.78 g，纵径 3.36±0.15 cm，横径 1.49±0.13 cm。果实内含种子 27.52±10.6 粒，鲜果肉厚 0.79 cm。

(2) 特点：果大肉厚，皮薄果汁多、口感佳、非常适宜鲜食，也适宜加工果汁，丰产性好。在柴达木种植干果产量 350 kg/亩，鲜果产量 1 700 kg/亩。果粒大，果表光亮。抗病性强，较宁杞 1 号比较，对白粉病、根腐病、圆斑病感病率低。干果粒度（粒/50 g）91.5±9.9。柴杞 3 号与宁杞 1 号主要区别见表 2-12。

5. 青杞·青杞 1 号树势强健，丰产，稳产，果粒大，品种好，易制干，病虫害综合抗性高，管理简单，抗旱性强，适应范围广等综合优势。自交亲和，可单一品种建园。在诺木洪地区平均鲜果纵径 3.287 cm，横径 1.203 cm，单果重 1.638 g，鲜干比 3.91∶1，亩产可达 450 kg。

"青杞 2 号"以低糖为主要选育目的，通过杂交育种培育的枸杞优良品种，其母本为韩国枸杞，父本为宁杞 7 号。该品种在确保枸杞多糖含量不降低的同时，大幅度降低了总糖含量，可有效解决青海枸杞果实易返潮板结的问题，增加果品储存期。适宜在有效积温大于 1 800 ℃的柴达木盆地、共和盆地以及相似枸杞适生区域栽培推广。（图 2-71）

6. 宁杞 5 号

(1) 生物学特性：小灌木，5 年以上成树高 1.6 m，根茎粗 6.38 cm，树冠直径 1.7 m。树势强健，树体较大，枝条柔顺。一年生枝条黄灰白色。嫩枝梢略有紫色条纹，当年生结果枝枝条梢部较细弱，梢部节间较长，结果枝细、软、长，但不影响采摘。枝型开张树体较紧凑，幼树期营养生长势强，需两级摘心才能向生殖生长转化。一年生水平枝每节花果数 2.1 个，当年生水平枝起始着果节位 8.2，每节花果数 0.9 个，中等枝条剪截成枝力 4.5，非剪截枝条自然发枝力 10.4，节间长 1.3～2.5 cm，70%的有效结果枝长度集中在 40～70 cm，老熟枝条后三分之一段偶具细弱小针刺，结果枝条果距 8～15 cm，节间 1.13 cm。叶色深灰绿色，质地较厚，老熟叶片青灰绿色，叶中脉平展，二年生老枝叶条状披针形，簇生，

图 2-71 青杞 2 号（摄于诺木洪农场）

当年生枝叶互生、披针形，最宽处近中部，叶尖渐尖，当年生叶片长 3～5 cm，长宽比 4.12～4.38：1。花长 1.8 cm，花瓣绽开直径 1.6 cm，花柱超长，显著高于雄蕊花药，新鲜花药嫩白色，开裂但不散粉，花绽开后花冠裂片紫红色，盛花期花冠筒喉部鹅黄色，在裂片的紫色映衬下呈星型，花冠筒内壁淡黄色，花丝近基部有圈稠密绒毛，花萼 2 裂。鲜果橙红色，果表光亮，平均单果质量 1.1 g，最大单果质量 3.2 g。鲜果果型指数 2.2，果腰部平直，果身多不具棱，纵剖面近矩圆形，先端钝圆，平均纵径 2.54 cm，横径 1.74 cm，果肉厚 0.16 cm，内含种子 15～40 粒。（图 2-72）

图 2-72 宁杞 5 号（摄于诺木洪）

（2）特点：在全国各主产区均有栽培。在青海种植产量高，结果密度较大，果实大，均匀，商品率高。但该品雄性不育，建园时需配置授粉树。在良好的授粉条件下，鲜果粒大、肉厚、果形美观、耐储用、适口性好，可作为鲜、干两用品种。白粉病抗性弱，需适时防治。在青海柴达木地区表现：具有树体生长快、发枝力强、新枝生长旺盛、耐寒、耐碱等特性。

7. 宁杞 7 号

（1）生物学特性：小灌木，进入成龄期（4 年以上），树高 1.4～1.6 m，根茎粗 4.8～12.9 cm，树冠直径 1.4～1.6 m。幼叶黄绿色，成熟叶片深绿色，质地较厚，横切面平叶脉清晰，顶端钝尖。当年生枝单叶互生或有 2～3 枚并生，宽披针形，平均长 4.15 cm，宽 1.24 cm，厚 4.2～3.6 cm。枝条灰白色，结果枝 0～250 条，枝棘刺少，枝形弧垂或斜，平均枝长 45 cm，节间长 1.56 cm，着果距 4.2～6.8 cm，每节花果数 1～2 个。花淡紫色，花长 1.8 cm，花瓣绽开直径 1.6 cm 左右。幼果粗壮，蔬果深红色，果身椭圆柱形,多不具纵棱,先端钝尖,鲜果纵径1.8～2.0 cm,横径0.98～1.20 cm,果肉厚0.13～0.17 cm,鲜果千粒重940～1 002 g。种子黄色,肾形,每果内含种子24～40粒,种子千粒重0.725 g左右。

(2)特点:在宁夏、青海、甘肃、新疆、内蒙古、河北、山西、西藏广泛栽植,并表现出良好的适应性与经济性状。自交亲和,可单一品种建园。在柴达木地区表现:该树冠较开张,老眼枝花量极少,发枝强,具高度自交亲和能力,纯系栽培可实现稳产、丰产。经生产实践和区域栽培试验研究,定位为柴达木枸杞产区适宜栽培的优良品种。(图2-73)

图2-73 宁杞7号(摄于诺木洪)

8. 蒙杞1号

(1)生物学特性:小灌木,叶长6.45 cm,叶宽1.42 cm,长宽比4.54∶1,叶厚1.12 mm;枝条长47.8 cm;节间长1.45 cm;花长1.86 cm,花瓣直径1.48 cm;结果部位多数在第6叶节处。"蒙杞1号"在内蒙古巴彦淖尔乌拉特前旗果实特大,果实长茄形,纵径3.56 cm,横径1.38 cm,鲜果千粒重1.686 1 kg,果肉厚0.146 cm,种子占鲜果重5.29%。

(2)特点:有"寸杞"之称,果实硕大,含糖量高,品质优良。诺木洪产区有栽培,表现为果粒大,果肉厚。经生产实践和区域试验研究,蒙杞1号要求的积温较高,在柴达木枸杞产区表现:果粒大,但早期产量相对较低,栽培需配置授粉树。(图2-74)

9. 宁杞3号

(1)生物学特性:小灌木,栽培3年以上的树,株高1.50～1.61 m,根茎粗4.01～5.05 cm,株冠直径1.30～1.50 m;树势强,生长快,发枝多,每枝可发3.2枝,嫩枝梢部淡黄绿色,树皮灰褐色,当年生枝皮灰白色;结果枝细长而软,弧垂生长,棘刺少,平均枝长39.7 cm;叶片绿色,叶横切面向下凹形,顶端渐尖,二年生老枝叶条状披针形,簇生,当年生枝

图2-74 蒙杞1号(摄于诺木洪农场)

叶披针形,长宽比4.8∶1,互生;花绽开后紫红色,花冠喉部及花冠裂片基部紫红色,花冠筒内壁淡黄色,花丝近基部有圈稠密绒毛,花梗长2.31 cm;长枝上花1～3朵,腋生。果熟后为红色浆果,卵圆形,平均纵径1.74 cm,横径0.89 cm,果肉厚0.207 cm,千粒重996.6 g,果实鲜干比4.68∶1,平均每果有

种子数 33.3 粒。

（2）特点：在青海、宁夏、甘肃有少量种植。自交不亲和，建园时需配置授粉树，鲜果适口性好，可作为鲜食或榨汁用品种使用。白粉病抗性较弱，需提前防治。在青海柴达木地区表现：具有树体生长快、发枝力强、新枝生长旺盛、耐寒、耐碱、抗黑果病能力较强等特性。果实果粒大、肉厚、鲜果味甜、汁多等特点。

10. 白果枸杞·柴达木白果枸杞（*L. ruthenicum*）发现于青海诺木洪地区野生黑果枸杞（*L. ruthenicum*）群落之中，初步判断是当地野生黑果枸杞和红枝枸杞（变种）（*L. dasystemum* var. *rubricaulium*）的天然杂交种。在诺木洪黑果枸杞种植地，笔者也发现过其种植的植株，树冠大小、叶形和黑果枸杞十分相似。（图 2-75）

图 2-75　白果枸杞（摄于诺木洪枸杞园）

研究结果表明，白果枸杞果实中的活性成分种类与黑果枸杞基本相同，但各活性成分的含量有所降低或增加。其中：含量有所增加的活性成分有总糖（10.42%）、总酸（9.83 g/kg）、维生素 C（2.70 mg/100 g），17 种氨基酸中脯氨酸（PRO）和苯丙氨酸（PHE）的含量略高于黑果枸杞，分别为 0.02% 和 0.06%。含量有所减小的活性成分有多糖（−0.19%）、甜菜碱（−1.35 mg）、总黄酮（−2.43%）、多元酚（−2.10%）、α-维生素 E（−1.90 mg/kg）、γ-维生素 E（−6.06 mg/kg）、α-维生素 E（−145 mg/kg）、原花青素（−1.29%），17 种氨基酸总量（−0.68%）。8 种人体不能合成，但又是维持机体氮平衡所必需的药用氨基酸含量有所降低：谷氨酸（−5.10%）、天门冬氨酸（−14.85%）、精氨酸（−21.92%）、甘氨酸（−14.29%）、苯丙氨酸（−25.00%）、酪氨酸（−28.57%）、亮氨酸（−15.00%）、赖氨酸（−31.58%）。

通过白果枸杞果实活性成分的测定与分析，依据黑果枸杞的评判标准，白果枸杞没有太大的利用价值。但是，研究结果对从其他富含成分入手，挖掘利用机制奠定了理论基础，可为合理开发利用柴达木白果枸杞提供参考。

11. 青黑杞 1 号·青黑杞 1 号为青海省农林科学院和青海诺木洪农场等单位的王占林、樊光辉、谢守忠等（2017）采用选择育种方法选育出的黑果枸杞良种，在生产中表现丰产、稳产、果粒大、品质好、易制干、病虫黑抗性强和管理简单等综合优势。

"青黑杞 1 号"是以丰产和便于采摘为选育目的，采用选择育种的方法，通过大范围收集枸杞优良单株，经单株选优试验，无性扩繁形成的优良无性系，产量比常规实生苗栽培种高出 30% 以上。适宜在青海柴达木地区、海拔 3 000 m 以下、10 ℃有效积温大于 1 500 ℃的区域栽培。该品种的培育填补了黑果枸杞人工栽培品种的空白。（图 2-76）

图 2-76　青黑杞 1 号（摄于格尔木）

12. 诺黑（种源）·诺黑（种源）为青海省农林科学院朱春云、陈进福等采用区域种源试验选育出的枸杞良品，在生产中表现丰产、稳产、果粒大、花青素含量高等特点。诺黑（种源）在青海都兰、格尔木等地有较大面积种植（王占林，2018）。2014 年被青海省林木品种审定委员会认定为林木良种，具有高产、质优、适应性和抗逆性强等特点。

（二）柴达木枸杞种质资源研究与评价

1. 柴达木枸杞物候期·枸杞长期适应于一年中温度的寒暑节律性变化，从而形成与此相适应的植物发育节律周期性变化的起止日期称为物候期。雷玉红（2015）对柴达木地区 2011—2013 年气象资源进行分析，研究柴达木枸杞各发育期特征，得出各发育时段，通过观测地段、植株和枝的选择，观察方法和时间确定，各发育期的判定标准建立得出了柴达木枸杞物候期及气象条件特征。

（1）判定标准：枸杞树的物候期一般可以分为萌芽期、展叶期、新梢生长期、现蕾期、开花期、果熟期、落叶期和休眠期。对应的具体发育期包括芽开放、展叶始、春梢生长始期、老眼枝开花始期、老眼枝果实形成始期、老眼枝果实成熟始期、春梢（夏果枝）现蕾盛期、春梢（夏果枝）开花盛期、夏果形成始期、夏果成熟始期、叶变色始、秋梢生长始期秋梢开花始期、秋果成熟始期、秋季落叶始期。具体发育期判定标准见表 2-13。

（2）"柴杞"各发育期分析：根据青海省诺木洪气象站积累 3 年的枸杞观测资料分析，"柴杞"春季日平均气温回升到 10 ℃左右，4 月下旬枸杞开始萌芽生长，至 11 月上旬落叶结束一年生长。

表 2-13 "柴杞"发育期判定标准表

物候期	标准（个体植株）
芽开放期	枝条变绿，芽苞伸长 0.5 cm 以上
展叶始期	展出第 1 片小叶
展叶盛期	50%枝条展出第 1 片小叶
春梢生长始期	春梢伸长达到 2 cm 以上
老眼枝开花始期	老眼枝上花开放，颜色白为当日开花，受精后变红
老眼枝开花盛期	50%老眼枝上花开放

（续表）

物候期	标准（个体植株）
老眼枝果实形成始期	青果长度超过 0.5 cm
老眼枝果实形成盛期	50%青果长度超过 0.5 cm
老眼枝果实成熟始期	老眼枝青果迅速膨大并变成鲜红色，有光泽
老眼枝果实成熟盛期	50%老眼枝青果迅速膨大并变成鲜红色，有光泽
春梢（夏果枝）现蕾盛期	50%春梢（夏果枝）上出现蕾，长度超过 0.5 cm
春梢（夏果枝）开花始期	春梢上花开放，颜色白为当日开花，受精后变红
春梢（夏果枝）开花盛期	50%果枝上花开放
夏果形成始期	夏果枝上青果长度超过 0.5 cm
夏果形成盛期	50%夏果枝青果长度超过 0.5 cm
夏果成熟始期	夏果枝青果迅速膨大并变成鲜红色，有光泽
夏果成熟盛期	50%夏果枝青果迅速膨大并变成鲜红色，有光泽
叶变色始期	夏果枝叶片变厚，色泽发生退行性改变，触碰容易掉落
叶变色盛期	50%夏果枝叶片变厚，色泽发生退行性改变，触碰容易掉落
秋梢生长始期	秋梢伸长达到 2 cm 以上
秋梢生长盛期	50%秋梢伸长达到 2 cm 以上
秋梢开花始期	秋梢上花开放，颜色白，为当日开花，受精后变红
秋梢开花盛期	秋梢上 50%花开放
秋果成熟始期	秋果枝青果迅速膨大并变成鲜红色，有光泽
秋果成熟盛期	50%秋果枝青果迅速膨大并变成鲜红色，有光泽
秋季落叶始期	枝条上有叶片自然脱落
秋季落叶盛期	50%枝条上有叶片自然脱落

根据表 2-13 中的平均发育期可以确定，4 月下旬枸杞开始萌芽，5 月中旬展叶，春叶生长 10 日后抽春梢。诺木洪"柴杞"老眼枝在 5 月下旬末至 6 月上旬初开始开花，中旬达到开花盛期；6 月下旬果实开始形成，7 月上旬果实达到盛期。7 月中旬开始成

熟,下旬基本成熟。6月中旬夏果枝初现蕾,6月下旬春梢开始开花,至7月上旬达到开花盛期;7月下旬夏果形成,8月上旬开始成熟,8月中旬达到成熟盛期。7月末8月初基本成熟,开始采摘,短暂夏眠期后开始秋季营养生长。

7月开始进入秋果的生长期,7月中旬秋梢开始生长至下旬达到盛期,8月中下旬完成整个开花授粉期,9月上旬秋果开始成熟,到9月下旬达到成熟盛期,此时秋果的采摘也开始进行。柴达木枸杞各发育期时间详见表2-14。

表 2-14　柴达木枸杞各发育期平均日期表

发育期	年　份			历年平均值（天）
	2011	2012	2013	
芽开放期	5.80	5.60	5.70	5.70
展叶始期	5.14	5.14	5.15	5.15
展叶盛期	5.18	5.18	5.21	5.19
春梢生长始期	5.24	5.26	5.25	5.25
老眼枝开花始期	5.28	6.20	6.40	6.10
老眼枝开花盛期	6.10	6.12	6.12	6.12
老眼枝果实形成始期	6.24	6.26	6.26	6.26
老眼枝果实形成盛期	7.30	7.40	7.20	7.30
老眼枝果实成熟始期	7.14	7.14	7.12	7.14
老眼枝果实成熟盛期	7.27	7.28	7.26	7.27
春梢(夏果枝)现蕾盛期	6.20	6.22	6.22	6.22
春梢(夏果枝)开花始期	6.28	6.29	6.28	6.29
春梢(夏果枝)开花盛期	7.60	7.90	7.60	7.70
夏果形成始期	8.40	8.60	8.40	8.50
夏果形成盛期	8.16	8.18	8.14	8.16
夏果成熟始期	8.20	8.22	8.21	8.21
夏果成熟盛期	8.28	8.28	8.25	8.27
叶变色始期	8.30	8.31	8.27	8.30
叶变色盛期	9.20	9.22	9.26	9.23
秋梢生长始期	7.16	7.18	7.16	7.17
秋梢生长盛期	7.24	7.26	7.22	7.24
秋梢开花始期	8.18	8.20	8.20	8.20
秋梢开花盛期	8.31	9.20	8.29	8.31
秋果成熟始期	9.60	9.80	9.12	9.90
秋果成熟盛期	9.14	9.16	9.20	9.17
秋季落叶始期	9.17	9.19	9.22	9.20
秋季落叶盛期	11.80	11.80	11.80	11.80

2. 柴达木枸杞品比·青海农林科学院对青海柴达木地区枸杞产区引进的优良枸杞栽培品种,通过栽培品比试验,从果实性状和单株产量进行综合对比分析,筛选出适宜青海柴达木枸杞产区规模化发展的品种为宁杞1号和7号。

实验以宁杞1号、宁杞2号、宁杞3号、宁杞4

号、宁杞 5 号、宁杞 7 号和蒙杞 1 号为材料,采用果实性状对比、果实均匀度对比、结果密度对比、产量对比的方法得出结论:

果实性状分析结果表明,蒙杞 1 号、宁杞 7 号、宁杞 5 号、宁杞 4 号果形相对较大,宁杞 3 号、宁杞 2 号、宁杞 1 号果形相对较小;宁杞 5 号、宁杞 7 号、宁杞 1 号和宁杞 4 号果实相对均匀,商品率相对较高;宁杞 1 号、宁杞 7 号、宁杞 5 号、宁杞 4 号结果密度相对较大;宁杞 7 号、宁杞 1 号、宁杞 5 号和宁杞 4 号产量相对较高。

综合评价各品种,宁杞 1 号产量高,结果密度最大,相对于其他品种果实较小,但是果实均匀,商品率高,宁杞 7 号产量最高,结果密度大,果实大,均匀,商品率高,宁杞 1 号和宁杞 7 号适宜在青海枸杞产区大面积推广。蒙杞 1 号、宁杞 2 号和宁杞 3 号产量相对较低,不宜在青海柴达木枸杞产区推广。宁杞 4 号产量较高,结果密度较大,果实大,均匀,商品率高。但相对于宁杞 1 号和宁杞 7 号,尚有一定的劣势。宁杞 5 号产量较高,结果密度较大,果实大,均匀,商品率高。雄性不育无花粉,需配置授粉树,不能单独建园,生产园需放养蜜蜂,规模化种植管理成本较高,宁杞 4 号和宁杞 5 号不适宜在青海枸杞产区大面积推广(樊光辉,2012)。

3. 柴达木枸杞主栽品果实评价 · 李晨(2018)对柴达木 9 个枸杞主栽品种果实的内含物及性状特征的差异性进行综合评价,并对其进行系统聚类分析。综合评价排名前三位的为蒙杞 1 号、宁杞 5 号和宁杞 6 号,宁杞 4 号、宁杞 3 号和宁杞 2 号排名靠后。第一主成分得分由高到低为:蒙杞 1 号、宁杞 6 号、宁杞 5 号、青杞 1 号、宁杞 4 号、宁杞 7 号、宁杞 3 号、宁杞 1 号、宁杞 2 号。第二主成分得分由高到低为:青杞 1 号、宁杞 5 号、宁杞 7 号、宁杞 1 号、宁杞 6 号、宁杞 2 号、蒙杞 1 号、宁杞 3 号、宁杞 4 号。第三主成分得分由高到低是:宁杞 1 号、青杞 1 号、宁杞 4 号、蒙杞 1 号、宁杞 6 号、宁杞 3 号、宁杞 5 号、宁杞 7 号、宁杞 2 号。

9 个柴达木枸杞主栽品种分为五类。第一类包括宁杞 2 号、宁杞 3 号和宁杞 7 号,其特点是单果鲜干比较高,但多糖含量、总糖含量和甜菜碱含量较低;第二类包括青杞 1 号和宁杞 1 号,其特点是单株产量高,多糖含量和总黄酮含量较高,但干果百粒重较低;第三类包括蒙杞 1 号、宁杞 6 号,特点是总糖含量、甜菜碱含量和 VC 含量较高,单株产量和总酸含量较低;宁杞 4 号和宁杞 5 号分别单独成一类,宁杞 4 号的干果百粒重较大,干果果形指数、蛋白质含量和总氨基酸含量较低;宁杞 5 号的蛋白质含量和总氨基酸含量较高,总黄酮含量较低。聚类分析结果说明,9 个主栽品种当中,蒙杞 1 号、宁杞 6 号在总糖含量、甜菜碱含量、维生素 C 含量等内含物特征相近,在单株产量上表现也相近,可以聚为一类,其他各主栽品种也可根据其不同的品质特征、外观性状及单株产量分别聚类。9 个主栽的柴达木枸杞评价出综合品质排名靠前的是蒙杞 1 号、宁杞 5 号、宁杞 6 号,宁杞 4 号、宁杞 3 号和宁杞 2 号在柴达木地区表现出的综合品质性状不佳。通过主成分分析和聚类分析,可以更加明确各主栽品种的优势性状特征。这对今后根据不同类群的主栽品种果实的外观性状、内含物及产量特征作为育种目标性状的应用有很大帮助,也可用于果实的加工和生产,以便充分利用不同类群不同主栽品种的优势特点。

4. 柴达木枸杞适应性调研 · 为解决青海枸杞产区栽培品种杂乱而良莠不齐的问题,青海省农林科学院和海西州农科所等单位引进国内枸杞栽培品种进行区域栽培试验研究,筛选出了适宜于青海枸杞产区栽培的优良品种,同时通过辐射育种、杂交育种的方法选育出适宜柴达木地区栽培的枸杞新品种。通过对各品种栽培观察和研究,对枸杞各品种(系)综合评价如下:

宁杞 7 号产量最高,结果密度大,果实大,均匀,商品率高,适宜在青海枸杞产区大面积推广。

宁杞 1 号产量高,结果密度最大,相对于其他品种果实相对较小,但是果实均匀,商品率高,适宜在青海枸杞产区大面积推广。

柴杞 1 号丰产,果粒大,品质好,病虫害综合抗性高,管理简单,抗旱性强,适应范围广等综合优势。适宜在青海枸杞产区大面积推广。

青杞 1 号树势强健,丰产,稳产,果粒大,品质好,易制干,病虫害综合抗性高,管理简单,抗旱性强,适应范围广等综合优势,适宜在青海枸杞产区大面积推广。

宁杞 4 号产量较高,结果密度大,果实大,均匀,商品率高,但相对于宁杞 1 号和宁杞 7 号,还是有一定的劣势,在青海枸杞产区可适度推广。

蒙杞1号、宁杞2号和宁杞3号自交亲和性较差,产量相对较低,不宜在青海枸杞产区推广。

宁杞5号在配置好授粉树的前提下,产量较高,结果密度较大,鲜果果实大,均匀,商品率高,适于鲜食,但该产品种自交亲和性较低,必须配置授粉树,因此,不适宜在青海枸杞产区大面积推广,可以小规模栽培。

第四节　群落类型与生长结构

一、群落类型

(一)宁夏枸杞

枸杞是适应性很强的植物,具耐干旱、耐瘠薄、抗盐碱的特性。适生于地势高寒气候、昼夜温差大、日照时间长的温带大陆性干燥气候区。多生长于土层深厚、地下水位低的各类土壤中。由于本种对自然环境条件有较强的适应性,在我国西北及华北的广大干草原以及荒漠草原中的丘陵坡地、沟梁峁地、村旁断垣处常见自然分布。如有水、肥条件时,可在相似环境下进行引种栽培,人工培育经济林。我国宁夏枸杞主要自然分布区及引种栽培区的适应环境条件如表2-15。

表 2-15　夏枸杞主要自然分布区及引种栽培区的气候条件

分布		气温(℃)				年降水量(mm)	年蒸发量(mm)	无霜期(天)	全年日照(h)	野生或栽培
		1月	7月	年平均	年较差					
宁夏	银川	−9.1	23.3	8.5	32.4	205.2	1 626	164	3 019.5	⊕
	中宁	−7.5	23.3	9.0	30.8	228.1	2 050.6	164	2 956.4	⊕
	盐池	−9.0	22.1	7.5	31.1	335.3	2 171.1	163	2 886.7	+
甘肃	兰州	−7.3	22	8.9	29.3	331.5	1 577.7	166	2 725	+
	民勤	−10.1	23.2	7.7	33.3	109.5	2 651.6	182	3 001	⊕
	靖远	−8.0	22.5	8.7	30.5	251.4	1 829.7	164	2 663.1	+
	武都	2.7	24.7	14.5	22.0	467.4	1 526	252	1 920.9	+
青海	西宁	−8.6	17.2	5.6	25.8	371.2	1 621	130	2 792.6	⊕
	德令哈	−14.1	16.2	1.9	30.3	126.6	2 346.2	98	3 108.3	⊕
	香日德	−10.3	16.3	3.7	26.6	161	2 313.8	198	2 994.6	⊕
	兴海	−12.6	12.2	0.6	24.8	353	1 660.8	38	2 832.4	+
新疆	乌鲁木齐	−15.2	25.7	7.3	40.9	194.6	1 690.8	175	2 820.6	+
	哈密	−10.4	26.7	9.9	37.1	29.2	3 465.7	228	3 413.9	△
	和田	−5.4	25.3	12.1	30.5	32.1	2 509.8	227	2 713.8	+
陕西	西安	−0.8	26.8	13.3	27.6	584.4	1 302.4	209	2 164.9	+
	榆林	−9.9	23.2	7.9	33.1	451.2	1 861.4	154	2 986.5	⊕
内蒙古	呼和浩特	−13.7	21.8	5.7	35.5	414.7	1 843	129	2 976.8	△
	乌拉特前旗	−13.1	23.1	6.8	36.2	215.4	2 462.4	163	3 210.6	⊕
	二连浩特	−19	23	3.5	42	131.6	1 670	167	3 238.7	+
山西	太原	−6.5	23.4	9.4	29.9	494.5	1 851.6	171	2 641.9	△
	朔县	−10.3	21.9	6.9	32.1	474.9	2 059.8	159	2 898	△
	离石	−7.6	23.2	8.7	30.8	490.6	1 823.9	183	2 633.8	+
天津	静海	−5.1	26.3	11.8	31.4	564.9	1 879.3	227	2 791.4	△
河北	衡水	−4.5	27.2	12.6	31.7	504	2 201.8	213	2 658.9	△
山东	菏泽	−1.6	27.4	13.7	29	672.3	1 852.4	219	2 586.7	△

注:表中"+"为野生分布,"△"为栽培,"⊕"为野生和栽培均有。

宁夏枸杞野生种分布零散,纯群落少见,偶见小的枸杞灌丛片段作为干草原或荒漠被中的建群种出现,大多呈伴生种零星散布。在宁夏其植物群落大体有 3 种类型。

1. 铁杆蒿 + 枸杞 + 扁核木群落 · 在宁夏南部海拔 1 500～2 200 m 的山缘、丘陵坡地土壤为灰钙土或黑垆土。建群种为半灌木的铁杆蒿(*Artemisia gmelinii*)、扁核木(*Prinsepia uniflora*)、宁夏枸杞或枸杞(*L. chinense*)群落嵌镶其间。群落中的主要伴生植物为栉叶蒿(*Neopallasia pectinata*)蓬子菜(*Galium vern*)委陵菜(*Porenitilia* ssp.)等中生杂草类。

2. 短花针茅 + 马蔺 + 甘草群落 · 在卫宁平原和银川平原人类活动较频繁地带的灌淤土及灰钙土上,宁夏枸杞见零星分布。主要的伴生植物有禾本科的短花针茅(*Stipabreviflora*),甘青针茅(*S. przewalskyi*),鸢尾科的马蔺(*Iris lactea* var. *chinensis*)以及甘草(*Glycyrrhiza uralensis*);匍根骆驼蓬(*Peganum nigellastrum*)、柽柳(*Tamarix chinensis*)、碱地肤(*Kochia sieversiana*)等。

3. 红砂 + 木本猪毛菜 + 芨芨草群落 · 在贺兰山东北麓及鄂尔多斯台地与黄土高原交混地带的荒漠植被中,偶见枸杞灌丛作为建群种出现。该群落优势种为超旱生耐盐碱的矮小木本植物,如柽柳科的红砂(*Reaumuria soongorica*)和藜科的木本猪毛菜(*Salsolaar buscula*)等。主要伴生植物有禾本科植物芨芨草(*Achnatherum splenden*)、菊科阿尔泰狗娃花(*Heteropappus altaicus*)、列当科的肉苁蓉(*Cistanche* ssp.)、藜科的小果白刺(*Nitraria sibirica*)以及碱茅(*Puccinellia distans*)、冠芒草(*Pappophorum dracnystacnyum*)等(周荣汉,1993)。

在青海都兰马拉斯泰河流域的总加和巴隆一带,在山坡河谷、田边、盐碱地,分布有宁夏枸杞,乌龙沟宁夏枸杞野生群落约 230 m²。生长海拔在 2 811～2 992 m。周围通常伴生沙蒿,猪毛蒿,披针叶独行菜,刺儿菜,芨芨草,车前草,灰藜,柽柳,蒿草,齿叶白刺,裂叶凤毛菊,合头草,鹅绒萎陵菜,蒿子,苦苣菜,棘豆,藨草,沙棘,红花岩黄芪,中华紫菀木等野生植物。

(二)枸杞

枸杞(*L. chinense*)在我国分布十分广泛,东北、华北、华中、华南和西南均有野生,北方枸杞(*L. chinense* var. *potaninii*)是枸杞的变种,多野生于河北、山西、陕西、甘肃、青海、内蒙古、宁夏、新疆的山地阳坡和沟谷地。

野生枸杞零星分布,目前江苏的沿海滩涂面积位于全国首位,占列全国资源总量的四分之一。实地生态调查表明,江苏盐城地区沿海滩涂区域为枸杞植物适生区和自然分布区,尤以东台行政区域野生枸杞资源分布集中,蕴藏量大。多生长于路边、水沟旁、农田地埂、沟谷等处。生物学观察表明,该地区自然生长的枸杞群落多呈蔓生灌木状,高约 1 m,植株水平根很发达,直根弱,主枝数条粗壮,果枝细长,先端通常弯曲下盘,外皮淡灰黄色,刺状枝短而细,生于叶腋,叶互生或丛生于短枝上,叶片披针形或卵状长圆形。在当地农贸集市调查,可见群众采收有枸杞嫩叶食用或售卖,以及采挖根皮称地骨皮出卖和收购的情况(李柯妮,2015)。

东台的枸杞主要生长在乔木林中,如:银杏(*Ginkgo biloba*)、意大利杨(*Populus euramevicana* cv. Ⅰ - 214′)。伴生植物物多为草本,如益母草(*Leonurus artemisia*)、野老鹳草(*Geranium carolinianum*)、野胡萝卜(*Daucus carota*)、蒲公英(*Taraxacum mongolicum*)、风轮菜(*Clinopodium chinense*)、泽漆(*Euphorbia helioscopia*)、紫花地丁(*Viola philippica*)以及农田杂草等。枸杞主要生长区域气候特点是常年平均气温 14.6 ℃左右,无霜期 220 日,年降水量 1 050 mm,日照 2 200 h 左右,四季分明,雨量集中,雨热同季,冬冷夏热,春温多变,秋高气爽,日照充足;枸杞生长区域土壤主要是灰沙土、黄泥沙土、红沙土等。

宁夏枸杞于在宁夏全区普遍分布,生于荒地、山坡、路边、村庄附近。在同心下马关镇农田附近的河岸边沟壑丘陵、缓坡等地分布的野生枸杞呈团簇、零星、片段状。

同心野生枸杞分布地貌为河滩及冲沟交叉地带,土壤为粗骨质淡灰钙土,为重盐碱贫瘠土壤,土壤横断面明显可见块状盐硝类结晶。所处群落植被稀疏低矮,总覆盖率为 19%,以枸杞为优势种,株高

40～60 cm,分盖度 11%,平均灌幅 20×40 cm,2 株/m²。次优势种为栉叶蒿(*Neopallasia pectinata*)高 15～20 cm,分盖度 3%,2 株/m²;匍根骆驼蓬,高 13 cm,分盖度 2%,3 株/m²。群落还分布有多裂骆驼蓬,高 15 cm,分盖度 1%;猪毛蒿,高 25 cm,分盖度 1.5%;狗尾草,高 13 cm,分盖度<1%;独行菜,高 13 cm,分盖度<1%;藨草,高 8 cm,分盖度<1%;乳苣,株高 3 cm,分盖度<1%。

青海西宁地区,海东民和。乐都及黄南州同仁及海西州德令哈等地野生北方枸杞,北方枸杞生长的地区气候类型从高原半干旱到高原干旱气候类型,对水分含量的要求不十分严格,表现了极强的耐旱能力——北方枸杞。种群组成:北方枸杞、垂穗披碱草、披针叶黄华、箭叶旋花、野薄荷、黄花蒿、老鹳草、鹅绒萎陵菜、苦苣菜(朱秀苗,2008)。

(三)黑果枸杞

黑果枸杞产宁夏中宁、银川及以北的吴忠、平罗等地。生于盐碱荒地、盐渍化砂地、沟渠边上、路边、村舍等。其生长地不仅盐碱较重而且干旱或超干旱。在中宁清水河沿岸、石嘴山惠农的银石高速污灌南燕子墩村燕窝池路边,以及燕子墩村至黄渠桥黄渠村路边一带,有团簇、斑块化集中分布,并组成优势群落片断。

生境及群落组成:分布于石嘴山惠农区燕子墩村燕窝池路边立交桥下的黑果枸杞带状斑块,土壤类型为淡灰钙土、黄棉土,所处群落片断为黑果枸杞—圆头藜(*Chenopodium strictum*)+盐地碱蓬(*Suaeda salsa*)荒漠草原,总覆盖度 36%。群落优势种黑果枸杞高 40～80 cm,分盖度 18%,0.9 株/m²。次优势种圆头藜高 70 cm,分盖度 7%,0.1 株/m²;盐地碱蓬高 80 cm,分盖度 4%,0.15 株/m²。群落中还分布有碱蓬(*S. glauca*)高 40 cm,分盖度 1%,0.2 株/m²;藜(*Chvenopodwum album*)高 20 cm,分盖度 1.5%,0.6 株/m²;枸杞,高 70 cm,分盖度 1%,0.05 株/m²;幼苗臭椿(*Ailanthusaltissima*)高 53 cm,分盖度 2%,0.1 株/m²;狗尾草(*Setaria viridis*)高 28 cm,分盖度<1%;稗(*Echinochloa crusgalli*)高 32 cm,分盖度<1%。群落还伴生有细枝盐爪爪(*Kalidium cuspidatum*)、蒙古虫实(*Corispermum mongolicu*)、鹅绒藤(*Cynanchum chinense*)、腋花苋

(*Amaranthusroxburghiana*)等(刘王锁,2013)。

在青海,野生黑果枸杞分布于都兰、乌兰、格尔木、德令哈等地,生于盐碱地、盐化沙地、河湖沿岸、干河床和路旁,主要分布于海拔 2 756～2 822 m,周围通常伴生芦、唐古特白刺、柽柳、红枝枸杞、花花菜、黄果枸杞、裂叶凤毛菊、锁阳、菊草、蒲公英、盐爪爪、苦麻豆、猴头草等野生植物。

新疆焉耆盆地平原荒漠和低地草甸 2 类 8 个亚类草地类型约占盆地 80%,自然分布着黑果枸杞,并在农区广泛分布。群落结构平原荒漠化生长着蒿子、骆绒藜、芦苇、骆驼刺、狗尾草等;有的生长着膜果麻黄、多枝柽柳、昆仑沙拐枣、琵琶柴、猪毛菜、沙蒿等。低地草甸类生长着芦苇、小獐芽、骆驼刺、胀果甘草、多枝柽柳、盐爪爪、盐穗木、大花罗布麻、牛毛毡、藨草、胡杨等(何文革等,2015)。

黑果枸杞是石羊河下游的重要植被建群种之一,以甘肃民勤分布较多。民勤荒漠草地与内蒙古阿拉善荒漠相连,属温性草原化荒漠类草地,是在温带干旱气候条件下,由旱生、超旱生的小灌木、小半灌木或灌木为优势种,且混生有一定数量的强旱生多年生植物和一年生草本植物而形成的一类过渡性的草地类型,这类草地处于荒漠与草原的过渡地带。区域气候条件严酷、植被稀疏、种类少、质量差、产量低为其典型特点。主要植物种有黑果枸杞(*Lycium ruthenicum*)、白刺(*Nitraria tangutorum*)、盐爪爪(*Kalidium foliatum*)、小果白刺(*Nitraria sibirica*)、红砂(*Reamuria soongorica*)等,草本主要有田旋花(*Convol-vulus arvensis*)、藜(*Chenopodium album*)、白茎盐生草(*Halogeton arachnoideus*)、顶羽菊(*Acroptilon repens*)、碱蓬(*Suaeda glauca*)、骆驼蓬(*Peganum harmala*)、骆驼蒿(*Peganum nigellastrum*)、蒙古猪毛菜(*Salsola ikonnikovii*)等。土壤多为灰棕漠土或石膏灰棕漠土,土壤通体以灰色或棕色为主,土壤表层紧实,部分地区有沙化现象,剖面发育微弱。根据荒漠草地土壤和植被特点,荒漠草地类 2 型可分为砾质荒漠草地、覆沙荒漠草地、固定和半固定沙丘及流沙荒漠草地、盐生草地等四大类(郭春秀等,2017)。

(四)清水河枸杞

生境及群落组成:中宁大战场乡河漫滩地土壤为粗骨质淡灰钙土,为重盐碱贫瘠土壤。所处群落

植被较稀疏,总覆盖率为 23%,以清水河枸杞、红砂木本植物层片的优势种,株高 60～130 cm,分盖度 13%,平均灌幅概约 50×80 cm。次优势种以藜、中亚滨藜层片的草本植物,高 15～40 cm,分盖度 7%。群落还分布有芨芨草、猪毛蒿、狗尾草、独行菜、乳苣、砂蓝刺头、匍根骆驼蓬、稗等(刘王锁,2013)。

(五)截萼枸杞

本种产于宁夏中卫,生于沙质地、田边路旁。分布于我国山西、内蒙古、甘肃等地区。在中卫郊区河漫滩、村旁、沟渠边、农田田埂有零星分布。生境及群落组成:在中卫郊农田附近零星分布的截萼枸杞群落属于荒漠草原,与农田生态系统相互交错。群落优势种为红砂(*Reaumuria soongorica*),高 58 cm,分盖度 10%;刺儿菜(*Cirsium setorum*),高 19 cm,分盖度 1%;芦苇,高 90 cm,分盖度 9%。次优势种为白草,高 18 cm,分盖度 5%;匍根骆驼蓬,高 15 cm,分盖度 3%;截萼枸杞属于伴生种,零星有出现,高 157 cm,分盖度 1%。群落内还伴生有二色补血草(*Limonium bicolor*)、乳苣、虫实(*Corispermum* sp.)、鹅绒藤、独行菜、猪毛蒿、狗尾草、稗等(刘王锁,2013)。

(六)小叶黄果枸杞

小叶黄果枸杞是枸杞属的一个新种,分布面积较小,零散斑块化,呈群聚特征分布,原生境有较为严重的人为破坏痕迹,已经处于高度濒危状态。

生境及群落组成:宁夏鸣沙附近小叶黄果枸杞所处群落的植被类型为小叶黄果枸杞＋黑果枸杞-假球蒿(*Artemisia globoside*)草原化荒漠。优势种分别为小叶黄果枸杞、假球蒿、黑果枸杞、芨芨草(*Achnatherum splenden*),高度 75～120 cm,盖度 28%;次优势种为芦苇(*Phragmites australis*)、匍根骆驼蓬(*Peganum nigellastrum*)、碱蓬等,高度 18～85 cm,盖度 15%。除此之外,群落内还伴生有白草(*Polygala tenuifolia*)、乳苣(*Mulgedium tataricum*)、中亚滨藜(*Atriplex centralasiatica*)、猪毛蒿(*Artemisia scoparia*)、独行菜(*Lepidium apetalum*)、盐爪爪(*Kalidium* sp.)、羊角子草(*Cynanchum cathayense*)、狗尾草、砂蓝刺头(*Echinops gmelini*)、多裂骆驼蓬(*Peganum harmala* var. *multisecta*)、藜、黄花蒿(*Artemisia annua*)、柔毛蒿(*Apubescens*)、藜草(*Leymus secalinus*)、老芒麦

(*Elymus sibiricus*)(刘王锁,2013)等。

(七)黄果枸杞

生境及群落组成:黄果枸杞集中分布于中宁沙河桥坝堤边,地貌为河滩低凹地,土壤为夹有砾石的粗骨质淡灰钙土,为重盐碱贫瘠土壤。所处群落片断总覆盖率为 55%,以黄果枸杞为优势种,株高 70～180 cm,分盖度 45%,平均灌幅 120×110 cm;次优势种为黑果枸杞,株高 25～40 cm,分盖度 7%,冠幅 60×70 cm,群落还分布有红砂,株高 20～40 cm,分盖度为 2%;匍根骆驼蓬,株高 15 cm,分盖度<1%;乳苣,株高 3 cm,分盖度<1%;盐爪爪,株高 2 cm,分盖度<1%。河岸就近的植被为柽柳(*Tamarix chinensis*)＋红砂＋枸杞群落(王俭,2015)。

在青海,黄果枸杞(诺木洪)生于盐碱土和堆积沙梁土。主要分布于海拔 2 768～2 770 m,周围通常伴生唐古特白刺、芦苇、柽柳、红枝枸杞、黑果枸杞、花花菜、裂叶凤毛菊、锁阳、藜草、蒲公英、盐爪爪、苦麻豆、红花岩黄芪、披针叶独行菜、乌拉斯特杨、沙蒿等野生植物。

(八)密枝枸杞

该种为枸杞属宁夏枸杞的一个新变种。本种分布在宁夏中宁舟塔乡及清水河沿岸带,生于河岸潮湿的盐碱地、河漫滩上。生境及群落组成分布在中宁清水河沿岸盐碱地的密枝枸杞,所处群落土壤为粗骨质淡灰钙土,为重盐碱贫瘠土壤。群落总覆盖率为 33%,以紫杆柽柳(*Tamarix androssowii*)、密枝枸杞、宁夏枸杞为优势种,株高 75～126 cm,分盖度 24%,平均冠幅约 65 125 cm。次优势种为多裂骆驼蓬、白茎盐生草、盐爪爪(*Kalidium* sp.),高 15～30 cm,分盖度 5%。除此,群落还分布有虫实(*Corispermum* sp.)、碱蓬(*Suaeda* sp.)、二色补血草、独行菜、乳苣等(刘王锁,2013)。

二、生长结构

宁夏枸杞为多年生木本植物,野生状态下呈多分枝灌木状,在栽培和人工培育下可成小乔木状。作为经济植物,其最大的生长特性是早果性一般定植当年的夏秋之间,大多能开花结果。随着树冠扩大(分蘖果枝数增加)4～5 年即可进入开花结实旺期。见表 2-16。

表 2-16　宁夏枸杞树体生长情况及枸杞子产量比较表

产地	树龄	茎基直径（cm）	树高（cm）	冠幅（cm）	单株结果枝数	果实产量（kg）
宁夏中宁	1	1.10	50	35	15	0.75
	2	1.67	64	46	30	3
	3	2.70	91	83	44	18.4
	4	3.54	126	116	134	67.5
	5	4.32	133	127	209	131

宁夏枸杞一年中有两度生长和落叶。营养生长期达 7 个月之久：春季生长期 4～7 月；秋季生长期 8～10 月。即 3 月底至 4 月初，气温达 6 ℃以上时，冬芽开始萌动，4 月中旬后，放叶并进入新梢生长期；7～8 月之间的暑热期，叶片开始脱落，接着进入秋季生长期，10 月下旬气温下降到 10 ℃以下时，再度落叶并进入相对休眠期。

与其相对应，宁夏枸杞一年中也有两次开花结实：一般春夏花果期在 4 月底至 8 月初，长达 90～100 天（夏果期）；秋季花果期为 9 月上旬至 10 月下旬，仅有 50～60 天（秋果期）。其中 1～2 年龄幼树果期主要集中在秋果阶段，而 5 年生以上枸杞果期则以夏果期为主，3～4 年生枸杞树夏果期与秋果期产量则相近。

地下部根系活动与地上部萌芽生长，开花结实存在着相互依赖、相互制约的关系。早春根系先于地上部进入生长活动期，当根系生长第一高峰之后，地上部进入放叶、新梢生长期。夏果结实与成熟期，根系生长进入相对停滞期。秋季生长亦存在有相似周期变化。即宁夏枸杞一年中有两次生长活动周期现象（周荣汉，1993）。

宁夏枸杞在长期的栽培生产中，由于自然杂交和人工选择的结果，形成了 3 个枝型、3 个果类和 20 多个品种（曹有龙，2013）。

（一）分类系统的第一级——枝型

分类的主要依据是枸杞结果枝的生长习性和形状，分为硬条型、软条型、半软条型。

硬条型：枝长小于 40 cm，枝粗 0.23～0.26 cm，每枝节数 22～33 个，节间长 1.1～1.2 cm，枝条短而硬直，斜伸或平展。枝干针刺多。

软条型：枝长大于 60 cm，枝粗 0.29～0.33 cm，每枝节数 37～55 个，节间长 1.2～1.9 cm，枝条长而软，几近垂直。枝干针刺多少不一。

半软条型：枝长 40～60 cm，枝粗 0.26～0.32 cm，每枝节数 30～41 个，节间长 1.4～1.5 cm。枝条介于硬条型与软条型之间，长短中等，一般成弧垂，枝干针刺少。

（二）分类系统的第二级——果类

分类的主要依据是枸杞果实的形状、大小，即果实的特点。一般以果长与果径之比来表示，比值大则果长，比值小则果短，比值接近 1，果长与果径相近，则果近似圆形。因此，将比值大于 2 的划为长果类，小于 2 的为短果类，近于 1 的为圆果类。

长果类：果身长，纺锤状果身略带方棱，先端钝尖，果长为果径的 2～2.5 倍。

短果类：果身短，形似棒槌，先端钝尖或平顶，果长为果径的 1.5～2 倍。

圆果类：果身圆形或卵圆形，先端有短而钝的短尖，果长为果径的 1～1.5 倍。

（三）分类系统的第三级——品种

在区分枝型与果类的基础上，在每个类型中根据枸杞叶、枝、果的形状和颜色等性状区分品种。主要栽培种为宁夏枸杞（*L. barbarum*）。

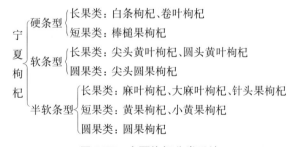

图 2-77　宁夏枸杞分类系统

第五节　枸杞资源综合利用

枸杞资源利用已有 2 000 多年历史。全世界约80 种，有药用记载的 16 种，其中以果实入药的有 8种，以叶入药有 11 种，以根入药 9 种，枸杞的果、根、叶、花都是传统的中药材（卢有媛，2019）（图 2-78）。枸杞果、叶在唐宋时代就有食用的历史，随着科技的发展，人们不断研究出以枸杞为原料的多功能性食品，该植物潜在的资源价值深受国内外学者重视，除传统的滋补肝肾、养精明目外，还有降血压、降血脂、降血糖、预防心血管疾病、抗氧化、抗疲劳、增强免疫力等保健功能（图 2-79）。

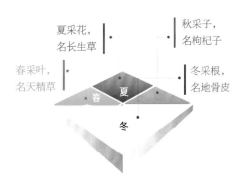

图 2-78　枸杞药用部位

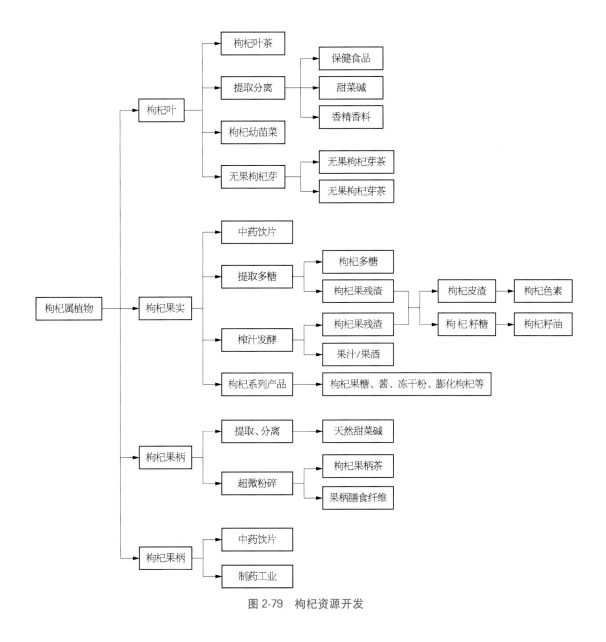

图 2-79　枸杞资源开发

一、果实（枸杞子）资源利用与产业化

（一）枸杞子药用

枸杞子药用品种资源多数为枸杞和宁夏枸杞。1977年版《中国药典》规定枸杞子基原为宁夏枸杞后，中医临床多用宁夏枸杞，枸杞多出口日本、韩国等国家以汉方应用。黑果枸杞、黄果枸杞、新疆枸杞、北方枸杞和云南枸杞多在民族医药中应用。土库曼枸杞分布于土库曼斯坦、塔吉克斯坦、伊朗、阿富汗等国，其果实也具有滋补肝肾、益精明目的功效。除配方使用外，在成方制剂中使用也很广泛，如杞菊地黄丸（片）、坤宝丸、右归丸、左归丸、明目地黄丸、软脉灵口服液、金花明目丸、降脂灵片、糖尿乐胶囊、参芪十一味颗粒、消渴灵片、五子衍宗丸、七宝美髯颗粒、石斛夜光丸、妇宁康片、补肾益脑丸、骨仙片、复明片、滋补生发片等70余种（卢有媛，2019）。

（二）枸杞子食用

枸杞子食用始载于唐代《食疗本草》其后《饮膳正要》《救荒本草》都有专节论述。枸杞中含有丰富的活性成分和营养成分，具有调节免疫、降血糖、降血脂、抗肿瘤、抗疲劳作用，其中的枸杞多糖是目前国内外开发的重点活性物质，类胡萝卜素中玉米黄素双棕榈酸酯含量达到30%以上，是预防白内障、延缓和治疗老年黄斑变性的有效物质。所含的甜菜碱等生物碱类物质在人体内可以起到甲基供应提作用，具有明确的抗脂肪肝作用。同时用枸杞提取天然色素应用前景更加广阔，在大健康产业快速发展中，枸杞在保健食品加工过程中是资源化利用程度较高的资源性物质，以其为原料的保健品有鲜枸杞颗粒、枸杞口含片、枸杞膏、枸杞汁、枸杞粉、杞圣胶囊、枸杞多糖鸡尾果冻、枸杞嚼片、枸杞果酒、枸杞决明子粥、枸杞子胶囊、枸杞啤酒、枸杞籽油、枸杞西洋参口服液、枸杞酵素等产品。

枸杞在提取制备多糖黄酮或榨取枸杞汁后产生大量皮渣，经水漂后可制备枸杞籽，枸杞籽可超临界CO_2萃取制备枸杞油用于保健食品生产。还可以皮渣做动物饲料。

（三）枸杞子潜在资源开发

枸杞多糖通过激活磷酸酯酶与张力蛋白同系物/蛋白激酶B/雷帕霉素哺乳动物靶标通路（PTEN/AKT/Mtor）有效抑制黑纹系统中α-突触素的异常聚集，缓解MPTP引起的黑纹系统衰退。因此，枸杞多糖可能是治疗帕金森病的候选药物。枸杞子类胡萝卜素提取物及其纳米乳液均可有效抑制HT-29结肠癌细胞增长，为枸杞子用于干预或抑制肿瘤提供了启示。此外，枸杞子中的玉米黄素和玉米黄素双棕榈酸酯通过抑制肝星状细胞（Ito cell）增殖、胶原合成和抑制库普弗细胞（Kupffer cell）某些生化功能发挥保肝活性，可作为肝脏保护剂开发或肝纤维化逆转修复的候选药物。有研究者从枸杞中分离出15个二咖啡亚精胺类成分，且枸杞子中含有的二咖啡亚精胺衍生物均可不同程度地改善果蝇短时学习记忆能力，提示该类资源性物质在延缓衰老、神经保护、抗阿尔兹海默症和抗氧化等方面具有潜在的资源产业化价值（卢有媛，2019）。

（四）枸杞果柄资源利用

枸杞果柄中甜菜碱的含量高于枸杞果实，锌、钒元素的含量也高。将枸杞果柄净制后制成极细粉，是一个保健性的食品纤维添加剂。亦可以单制成茶剂饮用。果柄也含有叶绿素，可解肝毒，对人胃腺癌细胞和宫颈癌细胞均有抑制作用。因此其果柄有开发前景，是一个有望成为保健食品、营养食品的新资源。

二、枸杞叶资源利用

（一）枸杞叶药食两用

梁代陶弘景《名医别录》有"冬采根，春夏采叶，秋采茎实，阴干"的记载，宋代《太平圣惠方·神仙服枸杞法》中有"春名天精，夏名枸杞，秋名地骨，冬名仙人杖，亦名西王母杖，以四时采服之，令人与天地齐寿"的记载。明代《本草蒙筌》："叶捣汁注目中，能除风痒去膜。若作茶啜喉内，亦解消渴强阴。诸毒烦闷善驱，面毒发热立却。叶上虫窠子收曝，可同干地黄作丸。不厌酒吞，甚益阳事。茎名仙人杖须识，皮肤骨节风能追。热毒兼消，疮肿可散。"在谟按条记载："本草款中，竹笋立死者，既名仙人杖。此枸杞苗茎，又名仙人杖。藏器《拾遗》篇内，一种菜类，亦名仙人杖。何并此三物而同立一名？古今方书，治疗或有用之，但金其名而未细注其物者，当考究精详，必得证治相合，遮不失于孟浪也"。说明枸杞叶是一味食药两用品种。明代兰茂《滇南本草》记载：

"枸杞尖作菜食,合鸡蛋炒吃,治少年妇人白带。"明代《救荒本草》记载:"春生苗,叶如石榴叶而软薄堪食,俗称为甜菜;其茎干高三、五尺,作丛;六月、七月生小红紫花;随便结红实,形微长如枣核……采叶炸熟,水淘净,油盐调食,作羹食亦可。"在按语条下记载:《农政》卷五十六云:"子本胜药,叶亦佳蔬。"明《本草纲目》记载:"补五劳七伤,壮心气,去皮肤骨节间风,消热毒,散疮肿。羊肉做羹,益人,甚除风、明目,坐饮代茶,止渴,消热烦,益阳事,解面毒,与乳酪相恶。汁注入目中,去风障赤膜昏痛。去上焦心肺客热,五劳七伤庶事衰弱,枸杞叶半斤切,粳米二合,日日食之良。火赫毒疮此患急防毒气入心腹,枸杞叶捣汁服。力差。肘后方。目涩有翳枸杞叶二两,车前叶二两,捣汁,以桑叶裹,悬阴地一夜。取汁点之,不过三五度,十便良方。"清代王昂《本草备要》记载:"枸杞叶,名天精草,苦甘而凉,清上焦心肺客热,代茶止消渴。"清代《本草逢原》记载:"枸杞之滋益,不冲在子,而根亦不止于退热也。苗叶微苦,亦能降火及清头目。"

枸杞叶在古代本草中有地仙苗、甜菜、枸杞尖、天精草、枸杞苗、枸杞菜等称谓,现代称枸杞叶、枸杞头等。味苦甘,性凉。《药性论》:"味甘平。"《千金·食治》:"味苦,平,涩,无毒。"功能主治与《本草纲目》记载一致。《日华子本草》:"除烦益智,补五劳七伤,壮心气,去皮肤骨节间风,消热毒,散疮肿。"《生草药性备要》:"明目,以肾亏,安胎宽中,退热,治妇人崩漏下血。"

非洲枸杞为非洲和西亚药用植物,叶用作消散剂、康复药。安纳枸杞为土耳其民族药,烤枝外用于皮肤病、红肿、变态过敏。夜香树枸杞为阿根廷药用植物,也用于疼痛、耳痛、黏膜炎、胃病。欧洲枸杞产于欧洲、地中海及亚洲西部,为巴勒斯坦地区民族药,叶外用治皮肤病感染、牙痛、洗眼,目前,少见国内有药用产品。

(二)枸杞叶基原

枸杞叶基原主要来源于枸杞(*Lycium chinense*)。分为枸杞细叶和嫩茎,品种有广州大叶枸杞和细叶枸杞,天精1号、2号、3号、4号,昌选1号,天津杞菜2号,甘枸杞1号、2号,上引枸杞,漳农枸杞等十几种。在宁夏其叶有用宁杞1号和野生枸杞培育出宁杞菜1号。菜用枸杞种质资源极其丰富,茶用资源少见于宁杞菜1号(李丁仁,2012;曹有龙等,2015)。

(三)枸杞叶产品开发

枸杞叶营养物质丰富,含碳水化合物40%,粗脂肪3%,粗纤维7%,粗蛋白质量14%,枸杞叶含胡萝卜素4.3 mg/100 g(陈振林,2005),含维生素C 30 mg/100 g,枸杞叶中硫胺素的含量是白菜的10倍(何进,1995;张华峰,2010)。黄酮化合物含量19.2 mg/g(雍晓静,2005),生物碱含量13.39 mg/g(马婷婷,2011),这些成分具有抗氧化、抗疲劳、降血脂、抗肿瘤等活性作用和营养作用,是保健食品的优质原料。

(1)枸杞叶保健菜:枸杞叶菜分枸杞叶菜,以枸杞叶为原料按红茶、绿茶加工方式制成;枸杞复合保健菜,由枸杞叶配其他食用药用植物,如人参、甘草、菊花、连翘、银杏叶等,枸杞茶叶饮料通过浸提枸杞叶、护色、调整成分制成饮料类产品(温立香,2014)。

(2)枸杞叶功能食品:根据枸杞叶效用,近年来以枸杞叶为食品添加剂,开发了降血糖、降血脂功能性食品,如枸杞菜挂面、枸杞菜馒头、枸杞叶奶汁、枸杞叶豆腐、枸杞叶面包等。

(3)枸杞叶护肤品:根据枸杞叶含黄酮的抗紫外线辐射作用和延缓衰老作用,以枸杞叶为原料提取总黄酮、多酚等物质,制成防紫外线护肤乳、护肤水来保护皮肤的系列产品。

(4)枸杞叶护牙产品:以枸杞叶为原料,通过乙醇提取,制成枸杞叶漱口液、高露洁漱口液、枸杞叶口香糖等以清新口腔、抗炎、清除牙菌斑系列产品。

三、枸杞花资源利用

(一)枸杞花药食两用

枸杞花始载于《本草纲目》。春天采叶名叫天精草,夏天采花名叫长生草,是上等的美食补品。枸杞花具有较高的抗氧化性,滋肾补气,润肺壮阳之效(李晓莺,2014)。枸杞花含丰富的多糖、花色素(程刘柯,2014;刘兰英,2010),具有一定的抗氧化作用(张欣,2012)。

(二)枸杞花保健饮料

李晓莺等(2014)研究了枸杞花、枸杞叶保健饮料,其工艺流程为:枸杞花、枸杞叶→挑选→称量→清洗→浸提→酶解→精滤→调配→罐装→密封→杀菌→冷却→成品。通过料液比、湿度、时间等工艺因素研究,得出最佳工艺。枸杞花、枸杞叶浸提液制备的最佳条件为料液比 1 g:50 mL,浸提时间 30 min,浸提温度 65 ℃,抗坏血酸 0.03% 和抗坏血酸钠 0.02% 混合使用,加入 0.03 g/L 蛋白酶和 0.03 g/L 果胶酶,调整口感加入白砂糖 15%、柠檬酸 0.25%,此时制备的枸杞花叶保健饮料口感最佳,在 93 ℃ 水浴 10 min,冷却后储存。该饮料最大限度地保留了枸杞花、枸杞叶的香气与营养成分,减少了沉淀,色泽黄明,澄清透明。

四、枸杞根(地骨皮)

本品是临床解虚热、降血糖的常用中药,性味甘寒,归肺、肝、肾经,主要功效为凉血除蒸、清肺降火,用于阴虚潮热,骨蒸盗汗、肺热咳嗽、咯血、衄血、内热消渴(《中国药典》2015 年版)。地骨皮分布于山西、河北、河南、浙江、江苏、宁夏、四川、甘肃、青海、陕西、内蒙古等地,以山西、河南产量较大。

(一) 枸杞根(地骨皮)药用历史考证

《神农本草经》收载枸杞又名地骨,列为上品,谓:"味苦寒,主五内邪气,热中消渴,周痹,久服坚筋骨,轻身不老。"《名医别录》记载:"枸杞根大寒,主治风湿,下胸胁气,客热头痛,补内伤,大劳,嘘吸,坚筋骨,强阴,利小肠。久服耐寒暑。"

枸杞的根皮称之为地骨皮药用首见于唐代《外台秘要》的山瘴痤方。《证类本草》云:"补疸,地骨,去骨热消渴。"《食疗本草》:"治金疮。"《本草别说》:"治满口齿有血。"

《圣济总录》中含地骨皮的汤方、散方被用于治五蒸,治时行、目暴肿痒痛,补疸,治风毒冲目虚热赤痛。《珍珠囊补遗药性赋》云:"地骨皮……其用有二,疗在表无定以风邪,主传尸有汗之骨蒸。"《雷公炮制药性解》云:"除热清肺,止渴解渴,凉血凉骨,利二便去骨用。"《外科精义》载:"主疸疮经年,以粗皮煎汤洗之,细末白穰别碾,掺之即差。"书中应效散"地骨皮不以多少,冬月自取,治气气瘘痔疮多年不效者"。

《本草纲目》:"去下焦肝肾虚热。"《本草汇言》云:"甘寒纯阴,主泻肾热,去细胞中伏火,治虚劳,止有汗之骨。"《本草述》云:"去下焦肝肾虚热,益精气,凉血坚筋骨,解有汗骨蒸肌热,疗消渴,泻胞中火,降肺中伏火,退热补正气(《汤液本草》),去肾家风(《药性论》)并治在表无定风邪及骨槽风。主治虚劳发热,往来寒热,诸见血症,鼻衄、咳嗽血、咳嗽、喘、消痹、中风、眩晕、痉痫、腰痛、行痹、脚气、水肿、虚烦、悸、健忘、小便不通、赤白红。"

总之,古代本草文献对地骨皮功效的记载主要包括:主热中消渴,去下焦肝肾虚热、除热清肺、止渴、凉血凉骨、周痹、补疸、目暴肿痒痛、利二便等。

(二) 枸杞根产品开发

由于枸杞根含丰富的生物碱类、有机酸类、黄酮蒽醌类、本丙素类化合物(马学琴,2008),具有较好的降血糖、解热镇痛、抗自由基、抑菌、调节血脂等活性作用,以地骨皮为原料开发的药品、保健品较多。

枸杞和宁夏枸杞根皮为地骨皮。北方枸杞、黄果枸杞、截萼枸杞、云南枸杞的根皮在不同地区或民族药应用,功效同地骨皮。灰色枸杞为南非、博茨瓦纳药用植物,根口服治胃痛,抽烟治疗头痛。肖氏枸杞为索马里、以色列药用植物,根煎剂口服治疗感冒,直接置患处治疗牙痛。现代研究显示,地骨皮具有调节血压、血糖、血脂以及解热等作用。地骨皮为现代成方制剂十味降糖颗粒、地骨皮降糖胶囊、养血退热丸等的主要组成药物。除药用外,地骨皮多用于辅助降血糖保健食品的开发。以地骨皮为主要原料制成的地骨皮露具有凉营血、解肌热的功能,常用于体虚骨蒸、虚热口渴等证的治疗。以地骨皮为主要原料开发的产品见表 2-17。

表 2-17　以地骨皮为原料开发的系列产品

产品名称	利用部位/物质	保健功能
地骨皮配方颗粒	根皮	凉血除蒸,清肺降火
地骨皮露	根皮	凉营血,解肌热
地骨皮茶	根皮	免疫调节
地骨皮口服液	根皮	降血压,降血糖,降血脂
地骨皮麻油	根皮	降血压,降血糖,降血脂
地骨皮含片	根皮	凉血除蒸,清肺降火

地骨皮中含有生物碱类、酰胺类、有机酸类、黄酮类等多种类型的资源性物质。枸杞根皮中的酚酸类为抑制促炎转录因子细胞核因子酉乙蛋白(NF-κB)的主要成分,脂肪酸类为作用于过氧化物酶增殖受体 γ(PPARγ)活性的主要成分。枸杞根皮中分离的糖苷类及木脂素酰胺类能够降低总胆固醇含量,发挥调节高血脂作用,表明该类物质具有研发为抗高血脂及其相关疾病药物的潜力。尚有报道,枸杞根皮提取物乙酸乙酯萃取部位可通过抗氧化、抗炎、抑制胃酸分泌和抗细胞凋亡起到胃保护作用,具有开发为相关药物保健品的资源化潜力。

(三)枸杞根(地骨皮)潜在资源开发

临床上用得最多的还是地骨皮与其他中药配伍使用。北京医院中医科主任医师米逸颖教授自拟咳嗽方:地骨皮、苏子、苏梗、桑白皮、生甘草、桔梗等配伍使用,此方具有清肺化瘀、下气平喘止咳之功效。如地骨皮 50 g,徐长卿 15 g 煎服治疗慢性荨麻疹、原疹、过敏性紫癜以及接触性皮炎。王少波等使用银柴胡、地骨皮、胡黄连、鳖甲、生地等,治疗外科手术后持续性发热,效果佳。临床上地骨皮还常用治疗更年期崩漏、月经不调、小儿长期低热等。

地骨皮在我国分布广泛,资源丰富,含有黄酮、蒽醌、香豆素、木质素、有机酸(马学琴等,2008)以及生物碱等多种活性物质。现代药理研究证明地骨皮具有降血糖、降血压、降血脂、抗菌消炎、镇痛以及免疫调节等作用。

作为一味传统中药,其临床应用历史已经相当久远。《证类本草》曰:"补疽;地骨,去骨热消渴。"《食疗本草》:"治金疮。"《本草别说》:"治满口齿有血。"《本草纲目》载:"去下焦肝肾虚热。"现代临床研究证明地骨皮可用于治疗功能性低热、糖尿病、牙痛、高血压、疮疡、慢性荨麻疹、原疹、过敏性紫癜、骨科手术后非感染性发热等病症。随着药理研究及临床应用的不断深入,地骨皮更广泛的药理作用被展现出来。如王迎昌等(2010)研究发现地骨皮醇提液对过氧化氢诱导的 HUVEC 细胞凋亡有不同程度的抑制作用,对血管内皮具有保护作用,这为研究糖尿病并发症治疗的新药提供了新的理论基础。尽管地骨皮的有效成分及临床应用研究已取得了一定成果,但其某些药理作用机制仍有待深入研究,为地骨皮资源的深层次开发及临床应用提供更加有利的科学依据。

第六节 枸杞资源保护

(1)宁夏回族自治区人民政府办公厅《关于加强枸杞质量监管保护及市场规范指导意见》(宁政颁发〔2014〕57 号)文件明确指出,加强宁夏枸杞品牌保护,突出地域性特征。加快制定宁夏枸杞品牌保护的法规和实施细则。依据国家地理标志产品保护规定,制定出台《宁夏枸杞产区保护条例》和《宁夏枸杞品牌强制性保护细则》,从宁夏枸杞产区环境整治、品种资源、产品质量、企业准入、历史文化等方面,明确保护重点和措施,依法依规推进品牌保护工作。

(2)加强宁夏枸杞国家地理标志产品保护的监督管理。按照国家《地理标志产品保护规定》和《宁夏枸杞地理标志保护产品专用标志管理办法》,保护宁夏枸杞地理标志产品,严格规范宁夏枸杞地理标志保护产品专用标志的使用和管理,由自治区质监局牵头,林业厅和工商局配合,对全区获准使用宁夏枸杞地理标志保护产品专用标志的企业进行严格清理核查,要求从事宁夏枸杞流通加工的企业必须在宁夏枸杞地理标志产品保护区有稳定或固定的生产基地,规范准入条件,对符合使用专用标志条件并严格执行国家和自治区地理标志产品保护规定的企业,授予宁夏枸杞地理标志产品保护专用标志准许使用牌。

(3)提升宁夏枸杞专卖店的对外形象。由自治区工商局牵头,林业厅和质监局配合,对全区范围内的所有宁夏枸杞(中宁枸杞)零售专卖店或连锁营销店,进行"四个统一"的规范(即"统一门牌标识、统一室内装修、统一产品包装、统一销售贴标产品")。对不按要求整改的店面，其营业执照不予年检。

（4）深入开展维权打假行动。自治区林业厅联合质监局、工商局等部门，在全区范围内对枸杞交易市场、枸杞流通加工企业、枸杞专营店，定期开展维权打假行动，清理整顿非法使用宁夏枸杞（中宁枸杞）品牌现象，对冒牌销往其他地区枸杞产品的行为，停业整顿并处以罚款，对长期销售"三无"产品的店面进行强制关停，切实维护宁夏枸杞（中宁枸杞）的品牌形象。

（5）《宁夏回族自治区枸杞产业促进条例》2015年11月通过并实施，明确了产地保护和品牌保护条款。《条例》第二十九条规定自治区加强枸杞品牌建设和保护，以品牌带动枸杞产业的发展。对被认定为中国驰名商标、自治区著名商标、自治区名牌产品的，以及获得国家地理标志产品保护、证明商标、集体商标的，县级以上人民政府应当予以保护。第三十条规定宁夏枸杞地理标志产品保护范围内种植的枸杞可以申请使用地理标志产品保护专用标志；宁夏枸杞核心产区种植的枸杞可以申请使用"中宁枸杞"证明商标；其他产区种植的枸杞应当注明产区名称。第三十一条规定获准使用宁夏枸杞地理标志产品保护专用标志和"中宁枸杞"证明商标的企业和个人，在其种植、生产的枸杞及其产品的标识、标签、说明书或者广告上应当注明产品保护专用标志和证明商标标识。第三十二条规定获准使用宁夏枸杞地理标志产品保护专用标志的企业和个人，不得擅自扩大产品保护专用标志确定的枸杞及其产品使用范围。规定任何单位和个人不得伪造、转让、出租、出借或者买卖宁夏枸杞地理标志产品保护专用标志，不得改变产品保护专用标志的表述方式、标识字体、图案或者颜色等。

（6）2015年青海省人民政府下发《关于加强野生黑果枸杞资源管理工作的指导意见》明确规定：加大监督检查力度。采摘期间，产区各级政府要建立联合执法检查工作机制，强化联合执法，严厉打击涉枪、涉爆违法犯罪活动，坚决查处打架斗殴、聚众赌博、乱采滥挖、破坏林区草原生态环境和基础设施、制假售假、哄抬物价等违法行为。加强野生黑果枸杞采摘、收购、加工、销售等环节的监督管理，规范野生黑果枸杞市场经营秩序。广泛动员群众进行监督，及时发现和打击非法采挖行为。

（7）同年，青海省十二届人大常委会第十九次会议审查批准了《海西蒙古族藏族自治州野生枸杞保护条例》（以下简称《条例》）。《条例》规定，每年的6月1日至7月31日为野生枸杞叶的采集期，8月1至10月31日为野生枸杞果的采集期，其余时间为禁采期。在禁采期采集野生枸杞果和叶的，没收采集的果和叶或违法所得，并处采集的果和叶价值或违法所得三倍以上五倍以下罚款。条例将于2015年7月1日起施行。

《条例》规定，盗挖、滥挖野生枸杞植株的，没收盗挖的植株或变卖所得；盗挖不足二十株的处植株价值五倍的罚款，二十株以上的处植株价值十倍的罚款；滥挖不足五十株的处植株价值三倍的罚款，五十株以上的处植株价值五倍的罚款，并责令支付补种盗挖株数十倍、滥挖株数五倍植株所需费用，由林业部门代为补种；构成犯罪的依法追究刑事责任。

（8）青海格尔木为保护生态环境，加大野生枸杞资源保护与管理，依据《中华人民共和国治安管理处罚法》《格尔木市野生黑果枸杞采摘管理暂行办法》和《格尔木市野生枸杞专项整治行动实施方案》等法规，人民政府组织开展保护野生枸杞资源活动专项行动，成立保护野生枸杞资源专项行动领导小组，格尔木市公安局、林业局和农牧局分别制定了切实可行的工作实施方案。专项行动重点目标是严查非法盗挖、非法买卖、非法开垦、非法外运、烧林焚草和破坏基础设施行为，对非法交易市场进行清理、取缔。

（9）新疆产区将"新疆枸杞"在《新疆维吾尔自治区野生植物名录》中列为二级保护野生植物。

（10）2017年12月，国家质量监督检验检疫总局相继通过了宁夏枸杞、中宁枸杞、柴达木枸杞、内蒙古先锋枸杞、甘肃靖远枸杞地理标志产品保护认证，保护区内生产者均可按照规定申请使用专用保护标志，传承保护其品质特色，使枸杞对外宣传展示靓丽名片，使消费者用得放心。

青海、宁夏是枸杞野生资源的主要分布区，宁夏采取围封保护措施有效保护了野生枸杞，青海诺木洪、格尔木、德令哈专门成立了保护野生资源的组织并有一套行之有效的方法。另外在银川、诺木洪都建立了枸杞种质资源圃来保护枸杞资源。

第七节　枸杞产业展望

一、产业分析

基于数据挖掘的枸杞研究热点分析文献,利用计算机检索中国知识资源总库(CNKI)2004年1月至2013年12月枸杞育种、种植、采收、加工、储存等领域相关文献,采用可视化统计软件Citespace 11进行关键词分析,获取高频关键词、高频关键词共现网络和高频词聚类图。结果共纳入文献759篇。枸杞育种方面高频关键词有"遗传多样性""雄性不育""its序列""愈伤组织""花药培养"等,种植方面高频关键词有"产量""品质""硬枝扦插""灌水量"等,采收和加工方面高频关键词有"枸杞采摘机""枸杞烘干窑""热风干燥""组合干燥"等,储存方面高频关键词有"农药残留""重金属""残留量""有机磷农药"等。枸杞储存高频关键词共现网络表明研究热点为农药残留、重金属的检测以及鲜果的储存方面,而枸杞储存高频词共现聚类图则提示聚类规模依次为"包装""保鲜""枸杞多糖"等。结论是枸杞种植的研究热点主要侧重于影响枸杞产量和品质的栽种技术;在采收和加工领域,代替传统手工采摘的采摘机设计、研发已成为关注热点,现代热风干燥已基本取代传统的晒干或烘干手段;在储存方面,有关保鲜技术的研究已引起关注。这一文献为枸杞产业今后发展思路提供了科学依据(郭栋等,2016)。

从发明专利视角使用《世界传统药物专利数据库》作为主要数据来源,分析专利申请信息表明,枸杞子开发目前处于快速发展初期,现有专利总量不足预计饱和值的10%,仍有巨大的发展空间。结合现有专利的布局情况,未来的开发可以从以下几个方面开展:

(1)强化现有技术:目前,专利申请最多的功效集中于全身保护或抗毒剂及治疗消化系统疾病、代谢疾病、神经系统疾病和免疫或过敏性疾病等,充分证实了枸杞子在这些方面的良好效果,结合酸甘化阴、甘腻滋填的用药思路开发更多适应不同病情的组方及相关技术。

(2)弥补技术空白:目前对于枸杞子功效的开发和利用仍存在不足,如《神农百草经》记载"周痹风湿,久服坚筋骨",而治疗骨骼疾病的药物(IPC分类号:A61P19/00)相关的专利申请却较少。抓住类似的专利申请空白,可以避免受太多已有专利申请的限制。

(3)扩大海外申请:中国大陆的专利族量和专利申请量均占了绝大部分,海外相关专利申请仍很匮乏。提高海外专利保护意识,合理申请海外专利,有助于把握国际市场,掌握国际市场的话语权。

(4)注重深度加工:枸杞子的开发程度还有待加深。目前,开发较多的是4~13味中药配方,然而单味药提取物,深加工制品等开发较少,应该予以重视(马运运等,2016)。

二、产业展望

根据以上两个方面的权威统计与分析,结合作者2015年5月至2018年11月调研各产区生产枸杞的情况,认为今后枸杞产业发展应从以下方面努力。

(1)加强种质保护:枸杞属种质资源,由于其生长环境贫瘠,生长、更新速度缓慢,加上无节制地采挖,分布区域日渐缩小,资源量锐减。目前,只有在人迹罕至的荒漠、戈壁尚见小群落生长,人类活动区只能在田埂地头、断墙残垣、房舍前后零星见到。在青海柴达木盆地才能见到红枸杞、黑枸杞野生林带。所以应尽快实施保护措施。仅以活体种质移栽于枸杞种质圃中的方法偏单一。枸杞种质资源应在青海柴达木、宁夏中宁建立国家级野生枸杞林自然保护区(原地保存),在建立的种质资源圃中建立种子保存、超低温原生质、细胞、组织、器官等保存、试管苗保存等多元化保护枸杞种质资源办法,对野生种、种质品种、近缘种进行征集、采集、互换,丰富其遗传基础,保全现有种质资源遗传变异范围或遗传信息完整性,防止遗传漂变或基因丢失。为培育出高产、优质、抗逆性强的枸杞品种并为其生物学理论研究提供丰富的种质资料。

（2）加强生物技术育种：强化科技力量和人才引进，加大科技投入与科技含量，培育实用生产型（富多糖）、高产优质型、抗病虫型、抗逆性强的品种，开展药用、食用、茶用、观赏、榨油、饲料等多元化种植生产。

（3）扩大有机种植："一带一路"倡议推进的步伐以及枸杞市场需求的强劲拉动，枸杞产业正处在鼎盛时期。目前枸杞产业有三大利好因素，一是高端市场需求强劲。以枸杞为原料的精深加工品成为近年来高端食品与保健品消费市场的新宠；二是国外市场空间广阔。枸杞逐渐得到国外消费者的认可，欧美、中亚新兴市场消费需求不断增加，国际出口总体呈现逐年递增趋势，仅 2016 年枸杞出口总量突破 1 万吨；三是面临良好的政策机遇。未来枸杞产业还可同时享受优势国家区域特色农业发展、退耕还林与生态建设、民族边疆地区稳定发展多项叠加优惠政策。所以，高端市场有较大的空间，应扩大绿色与有机生产规模，改变传统生产模式，发展农场型集约化种植开发模式，建立现代化枸杞经济产业区，并与名牌企业进行集团联合，生产开发高等级、高档次的枸杞系列品牌，占领市场。

（4）发展深加工产业，增加附加值：我国枸杞深加工产业化水平较低，目前约占总量 15％，85％的枸杞以干果形式低成本销售，技术含量不同，产品同质化较普遍，应投入资金、人才、科技力量加快开发新产品、新设备，使食药两用枸杞拓宽新的医疗保健领域，加快产品多元化发展，提升国内外竞争力。

第三章

枸杞生物学特征

宁夏枸杞及其栽培品种目前有 20 多个,种植和引种地区遍至西北、华北等地,这些地区自然条件、海拔、气候、温湿度等相差较大,各地种植的宁夏枸杞都表现出不同的生物学特征。在《中药志》《新编中药志》《中国植物志》中对宁夏枸杞形态特征都有详细描述,但由于种植技术的发展,栽培品种的差异、宁夏枸杞原植物的形态特征与这些著作中描述发生了一些变化。本章介绍国产枸杞生物形态特征、宁夏枸杞及其系列栽培品种生物形态的特征及鉴别、组织器官解剖学特征、生命周期、抗性生理等内容,以期为更好研究柴达木枸杞种质资源创新、新品种选育提供依据。

第一节　枸杞形态结构特征

一、枸杞形态学调查与聚类

袁海静(2013)研究了 33 份中国产枸杞种质资源形态学性状,结果表明,这些枸杞资源形态差异较大,遗传多样性程度较高;枸杞叶片形状、枝条硬度和颜色、果实颜色、花器等性状的演化,尤其是果实的色由黑色→红色→黄色演变,叶片形状由披针→条状披针→条状演变的趋势较为明显;宁夏黄果枸杞与中宁黑果枸杞的遗传距离较远,与宁夏枸杞栽培种宁杞 1 号、宁杞 2 号遗传距离较近,再次证明宁夏黄果枸杞是宁夏枸杞的 1 个变种;枸杞株高、冠幅、地径、自然株型、叶片形状、枝条硬度、叶面状态、果实颜色、花的形状等在枸杞遗传性状中起支配作用,可作为枸杞新品种选育的参考指标;中国枸杞种质资源可以分为 10 个类群,与 7 种 3 变种植物学分类结果相似。

(1) 性状间相关分析表明:①宁夏枸杞种质资源的株高与植株的东西冠幅、南北冠幅、地径、自然株型(由匍匐株型→自然半圆形株型演变)呈极显著正相关($p<0.01$)。株高与生长势、枝条硬度、叶片形状演化 1(条状→条状披针→披针),花形状变化(漏斗→筒状→直筒状)呈正相关,但没有达到显著水平($p>0.05$)。然而株高与果实颜色、叶片形状演化 2 等性状呈一定程度的负相关。虽然这种负相关没有达到显著水平,却表达出了随着不同种质资源的株高增加,果实的颜色由黑色→红色→黄色演变,叶片形状由椭圆→椭圆披针→条状演变的趋势,花的形状呈现由漏斗状向筒状方向演变趋势等信息。②东西冠幅与南北冠幅、地径、生长势、叶片形状 1 呈极显著正相关。这说明冠幅是枸杞的一个重要性状。③地径与自然株型、生长势呈极显著或显著正相关,与叶面状态呈显著负相关。这说明随着不同枸杞种质资源的地径增加,枸杞生长势增强,叶片状态由正卷向反卷状态演变趋势明显。④自然株型与枝条硬度、花的形状呈极显著正相关;与叶片形状演化 2 呈极显著负相关($R=-0.810^{**}$),这说明随着不同枸杞种质资源自然匍匐株型向自然半圆形演变,其叶片形状由椭圆向条状方向演变、花的形状由漏斗状向直筒状方向演变趋势极显著。⑤枸杞种质资源主干色泽与枝条硬度呈显著正相关,即枸杞不同种质资源主干色泽由浅演变深时,其枝条硬度由软变硬,说明主干色泽是枸杞种质资源主要性状之一。⑥枸杞种质资源的枝条硬度与叶片形状演化2呈极显著负相关,与花形状呈显著正相关。即随着枸杞不同种质资源枝条由软变硬时,叶片形状由椭圆向条状演变的趋势极显著:花的形状由漏斗状向直筒状方向演变的趋势显著。这说明枝条硬度也是枸杞种质资源主要性状之一。⑦叶片形状演化1与叶片形状演化2呈极显著正相关,与果实颜色呈显著负相关。这说明不同枸杞种质资源的叶片由条状→条状披针→披针演变的同时,叶片由条状→椭圆披针→椭圆演变亦非常明显;而果实的颜色演变,即由黑色→红色→黄色演变也明显。上述结果表明,株高、冠幅、地径、自然株型、花形状、主干色泽、枝条硬度、叶片形状演化八叶片形状演化2、果实颜

色等均为枸杞种质资源重要的形态学性状。

(2)性状主成分分析表明:第一主成分为株高因子。随着株高的增加,东西冠幅、地径等也增加,花形状呈现由漏斗状→筒状→直筒状演变的趋势。第二主成分为叶片形状因子,这说明随着叶片形状演变(条状→椭圆披针→椭圆),枝条硬度由软向硬演变、植株主干色泽由灰色向褐色演变的趋势。第三主成分为果实颜色因子,当果实的颜色由黑色→红色→黄色演化时,花颜色显示出由白色向紫色演化的趋势。第四主成分是植株生长势,随着种质资源的植株生长势的增强,叶片形状由披针→条状披针→条状方向演变的趋势。第五主要成分是叶面状态因子,这说明叶面由正卷→平展→反卷状态演化时,花颜色展现出由白色→紫色演化的趋势。

(3)聚类分析:将33份枸杞种质资源在上述5个主成分中的得分作为综合指标,进行聚类分析。结果表明,当欧式距离 $D^2 = 10.5$ 时,参试的33份枸杞种质资源可分为10类(表3-1)。

表 3-1　33 份枸杞种质资源聚类结果与性状特点汇总表

类群	种质名称	特　征
1	卷叶、88028、小麻叶、大麻叶、黑叶麻叶、88024/240	多数为宁夏传统的当家品种、长果类、产量较高、优质、适应性强
2	类黄叶、宁杞1号、北方、紫柄、白条、宁杞2号、柱筒、尖头圆果、黄叶、圆果、新疆	多为条状披针形叶。部分为长果类,且特级果、甲级果率高;部分为圆果类。果实中等、圆或卵圆形。高产、优质、适应性强
3	截萼	花萼裂片断裂成截头,综合产量性状居中
4	9001、红枝、中国、9601	老枝红褐色,综合产量性状居中
5	黄果变	条状叶,叶片平展,果味较甜,产量低
6	宁夏黄果	条状披针形叶,短果类,浆果小、果味甜,果实成熟后成黄色,产量低
7	黑果(杂)、中宁黑果	果实成熟后成紫黑色,果实产量低
8	青海黑果	果实成熟后成紫黑色,果实产量低
9	云南、美国、韩国、蔓生	果实产量低
10	白花	坐果率高,产量居中,果粒小,自交不亲和

本研究表明,株高、冠幅、地径、叶片形状、花颜色、生长势、叶面状态、果实颜色等性状在枸杞遗传性状中起支配作用,这些性状可作为枸杞种质资源创新、新品种选育选择的主要参考指标。

二、枸杞器官形态学特征与鉴别

安巍(2017)研究了宁夏枸杞系列栽培品种形态特征,并根据形态特征的不同点建立了系列品种的

生物形态检索表。

形态特征辨识的主要部位。枝：水分养分的输送结构；叶：养分的制造器官；花：植物的繁殖器官；果：植物的营养器官。

1. 株形·依据枸杞植株茎的生长特性，结合枸杞植株树体高度和枝条的生长方向表现出的姿态，植株分为以下 3 类。直立：主干明显，直立。丛生：主枝丛状分布，直立。匍匐：没有明显主枝，枝条匍匐生长。（图 3-1）

（主干直立）　　　　　　（直立丛生）　　　　　　（匍匐状）

图 3-1　枸杞株型

枝（株型）通常为具棘刺的灌木或亚灌木，从基部多分枝，枝条坚硬而斜升或柔弱而披散。有的种（如枸杞）在栽培条件下也常不能直立而需人工扶升；但宁夏枸杞在栽培和人工培育下可成小乔木，高可达 2 m，树干直径达 10～20 cm，而在野生状态下却为多分枝灌木。因此，在分种时体态只能作为辅助性状。枝条多为灰白色或黄褐色或棕褐，有种下分类的价值枝。（图 3-2、图 3-3）

（1）枝色：一年生枝表皮的颜色：灰白、黄褐、棕褐。

图 3-2　枸杞枝条表皮颜色

梢部纤细　　　　　　　　　　　　　梢部粗壮

枝条平直

枝条之字扭曲,梢部紫色条纹稀疏、密集

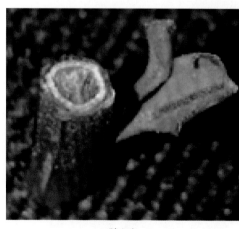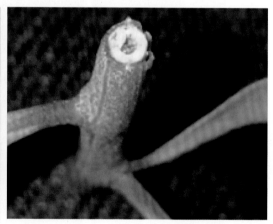

髓心空　　　　　　　　　　　　　　髓心密实

图3-3　枸杞枝型

（2）枝型：枝条的形态：梢部纤细、梢部粗壮、枝条平直、枝条之字扭曲，梢部紫色条纹稀疏、密集、髓心空、髓心密实。

2. 叶·条状圆柱形或扁平，全缘，有叶柄或近于无柄，叶形变异极大，条形、披针形、卵形、卵状菱形、长椭圆形，同一个种随着环境的不同有所变异，而且种间多有交叉。分种时要着重研究各个种叶形的变异式样，并考虑到它所处的环境。因此，叶形只能作为分类的参考性状。（图3-4～图3-9）

（1）叶片形状：果实成熟期，植株发育完全的叶片表现出的形态和特征：条状、窄披针形、宽披针

条状　窄披针形　宽披针形　椭圆披针形　卵圆形

图3-4　成熟枸杞叶片形状

形、椭圆披针形、卵圆形。

（2）叶着生方式：果实成熟期，植株发育完全的叶片在枝条上的排列方式对生、互生、簇生。

图3-5　枸杞叶着生方式

（3）叶面状：果实成熟期，植株发育完全的叶片的卷曲方向和程度：平展、波浪卷、槽形卷。

幼叶叶缘具波纹　　　　　　　　　　　　　幼叶叶缘不具波纹

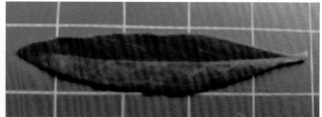

叶脉下陷\叶脉基部紫色深   叶脉平\叶脉基部紫色浅

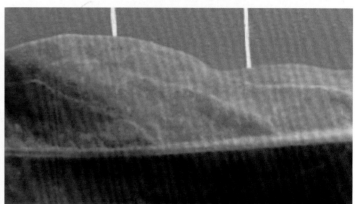

背部叶脉下陷   背部叶脉平

图3-6　枸杞叶面状态

（4）叶色：果实成熟期，植株发育完全的叶片正面的颜色：黄绿、绿色、深绿。

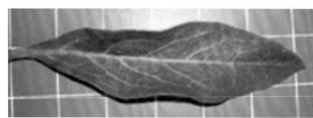

图3-7　枸杞叶片颜色

（5）叶尖形状：植株发育完全的叶片尖端表现出的形态和特征：急尖、渐尖、钝圆。

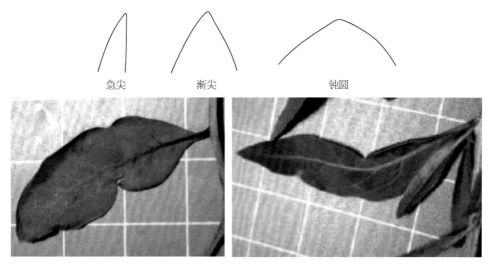

急尖　　　渐尖　　　　　钝圆

叶缘具缺刻

叶缘平整

图 3-8　枸杞叶尖及叶缘形状

（6）叶片大小：叶长：果实成熟期，植株发育完全最大叶片的叶基至叶尖的最大距离。叶宽：果实成熟期，植株发育完全最大叶片的宽度。叶厚：果实成熟期，植株发育完全最大叶片的中部厚度。叶柄长：果实成熟期，植株发育完全最大叶片的叶柄长度。

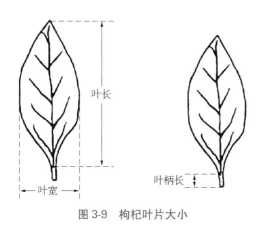

图 3-9　枸杞叶片大小

3. 花·花所显示的各种性状较为稳定，是分种的主要依据。花萼具有不等大的 2～5 萼齿或裂片，种内虽有变异但有一定的趋向可循，可作为一些种的鉴别性状，如宁夏枸杞多为 2 中裂，枸杞多为 3 中裂；花冠漏斗状、筒状或近钟状，筒部比檐部裂片短、近等长、稍长或者比裂片长 1～3 倍，裂片具耳或无耳，裂片有缘毛或无缘毛，缘毛密或疏等均是分种的重要性状；雄蕊着生于花冠筒的中部或中部之下、伸出或不伸出花冠裂片（平面观），花丝基部稍上处有一圈绒毛或无毛，若具绒毛时是否形成毛丛体等也是分种的依据（图 3-10～图 3-16）。

（1）花冠颜色：枸杞花朵盛开时呈现的颜色：白色、堇色、紫色、紫白色。

（2）花冠形状：在盛花期观察枸杞花冠的形状：筒状、漏斗状。

图 3-10　枸杞花冠颜色

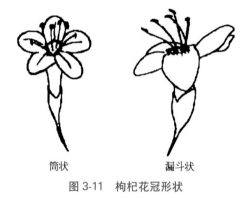

筒状　　　　　　　　漏斗状

图 3-11　枸杞花冠形状

（3）花着生方式：现蕾开花期，植株花朵在枝条上的排列方式：单生、簇生。

（4）花径：枸杞花朵盛开时花冠的最大直径。花冠筒长：枸杞花朵盛开时花冠筒的长度。

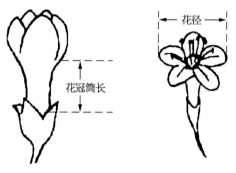

图 3-12　枸杞花径

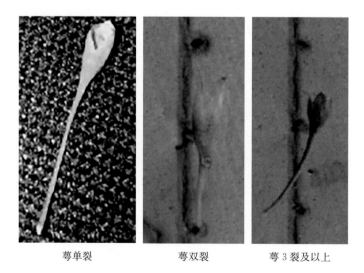

萼单裂　　　　　　萼双裂　　　　　萼 3 裂及以上

图 3-13　枸杞花萼分裂状态

雌蕊高于雄蕊　　　　　　　　　　　　雌蕊低于雄蕊或持平

图 3-14　枸杞雌雄蕊生长长度

花丝绒毛密封住喉部　　　　　　　　　　花丝绒毛稀封不住喉部

图 3-15　枸杞花丝绒毛生长密度

花冠筒喉部堇紫色　　　　　　　　　　　花冠筒喉部鹅黄色

花冠裂片外缘背部堇紫色　　　　　　　　花冠裂片外缘背部白色

图 3-16　枸杞花冠筒喉部颜色

4. 果 · 果实紫黑色、红色、黄色、白色、橙黄色；形状和大小变异较大；果实所含的种子数种间常有差异，从几枚到数十枚，可作为分种的依据。果形：枸杞果实成熟时期（果实完全成熟，呈现出该品种应有的底色，有色品种着色面积应占到着色面积的 3/4 以上。（图 3-17～图 3-21）

球形　　　　　　　卵圆形　　　　　　长矩圆形

图 3-17　枸杞果实形状

果顶平有乳突状　　　　　　果尖有果尖　　　　　　果尖无果尖

图 3-18　未成熟枸杞果实果尖形状

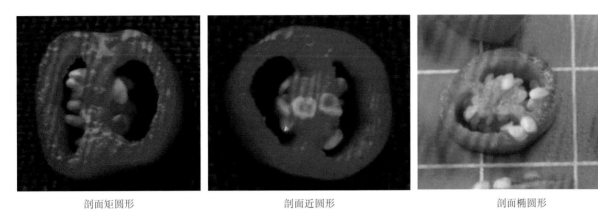

剖面矩圆形　　　　　　　　　剖面近圆形　　　　　　　　　剖面椭圆形

图 3-19　枸杞果实横切剖面

果形指数大于 3　　　　　果形指数小于 3 大于 2　　　　　果形指数小于 2

榴弹形：头大尾小　　　　　　　　　梭形：中间大两头小

图 3-20　成熟枸杞果形

果顶钝圆　　　　果顶急尖　　　　果顶平截　　　　果顶渐尖　　　　果顶圆

图 3-21　成熟枸杞果尖形状

5. 主要品种辨识检索

（1）枝条辨识检索（表 3-2）

表 3-2　主要品种枝条检索表

比较项	梢部			髓心密实	之字形扭曲	易分蘖	棘刺	
编号	浓堇紫色	叶披针形	纤细				无叶棘刺	有叶棘刺
宁杞 1 号	●	●	●	●				
宁杞 3 号		●	●	●		●		
宁杞 5 号		●	●	●		●	●	
宁杞 6 号		●						
宁杞 7 号			●	●				
宁杞 8 号		●	●	●				●
宁农杞 9 号	●	●	●	●	●			
宁杞菜 1 号	●	●				●		

1）梢部浓堇紫色
　2）梢部纤细
　　3）枝条平直 ················ 宁杞 1 号
　　3）枝条之字形扭曲 ········ 宁农杞 9 号
　2）梢部粗壮 ················ 宁杞菜 1 号
1）梢部淡堇紫色
　4）叶宽披针形 ············ 宁杞 7 号

4）窄披针形
5）具棘刺
　6）具无叶短棘刺 ··············· 宁杞 5 号
　7）具有叶长棘刺 ··············· 宁杞 8 号
5）无棘刺
　7）多分蘖 ····················· 宁杞 3 号
　7）少分蘖 ····················· 宁杞 6 号

（2）叶片检索（表3-3）

表3-3　主要栽培品种叶片检索表

比较项	叶缘	叶尖	复脉清晰	背部叶脉	背向卷曲	最宽处	叶脉下陷	U字形	成熟叶	叶缘	叶色深绿	幼叶基部复脉
编号	具波纹	尖	隆起	下陷		近中部	V字形		狭长披针形	具缺刻		复脉堇紫色
宁杞1号					●							
宁杞3号		●					●					
宁杞5号						●					●	
宁杞6号		●						●				
宁杞7号			●								●	
宁杞8号		●							●			
宁农杞9号		●									●	●
宁杞菜1号	●	●		●							●	

1）幼叶叶片具波纹 ………………… 宁杞菜1号
1）幼叶叶片不具波纹
　2）叶脉清晰凸起 ………………… 宁杞7号
　2）叶脉不隆起
　　3）基部复脉堇紫色 …………… 宁农杞9号
　　3）基部主脉堇紫色
　　　4）成熟叶片中脉V字形下陷 ………
　　　　…………………………… 宁杞3号

4）成熟叶片U字形下陷
5）横纵径比值3.6～4
　6）横纵径比值4以上 ……… 宁杞8号
　6）横纵径比值3.6以下 … 宁杞6号
5）叶平展或背翻
　7）最宽处近中部 ……… 宁杞5号
　7）最宽处近基部1/3处 … 宁杞1号

（3）花瓣检索（表3-4）

表3-4　主要栽培品种花辨识检索表

比较项	花丝绒毛	裂片维管	花冠外缘	雌蕊	花药	萼	花冠外缘	裂片与柱	喉部堇紫色	堇紫色融合	花冠外缘	檐部裂片
编号	封喉	1条	先退色	高于雄蕊	白无花粉	单裂	背瑾紫色	比值小于1/2			背堇紫色	向外背翻
宁杞1号												
宁杞3号									●	●		●
宁杞5号				●	●							
宁杞6号									●			
宁杞7号		●	●									
宁杞8号						●		●				
宁农杞9号						●	●				●	
宁杞菜1号	●											

1）花丝绒毛封喉 ………………… 宁杞菜1号
1）花丝绒毛不封喉
　2）萼单裂
　　3）花冠筒窄、萼片柱筒比值小于1/2 …
　　………………………………… 宁杞8号

3）花冠筒阔、萼片柱筒比值小于1/2 …
　………………………………… 农杞9号
2）萼双裂
　4）柱头高度超过花药且无花粉 … 宁杞5号
　4）柱头与花药持平或低于花药

5）花冠筒喉部董紫色

    6）董紫色融合 …………… 宁杞3号

    6）董紫色不融合 ………… 宁杞6号

5）花冠筒喉部鹅黄色

    7）裂片维管束1条 ……… 宁杞7号

    7）裂片维管束3条 ……… 宁杞1号

三、枸杞器官形态解剖学特征

（一）叶的解剖特征

宁夏枸杞叶的形态结构报道较多,其叶的结构表现出明显的旱生植物和盐生植物叶的共同特征。研究发现其叶肉质化,叶表有发达的角质膜,叶内栅栏组织、维管束及维管束鞘十分发达,叶细胞中有大量草酸钙砂晶,反映其体内细胞汁液浓度高,胞内有较低渗透势,从形态上看,具有抗旱耐盐的形态结构。

冯显逵等（1990）解剖枸杞叶结果发现:叶为等面叶,厚达329 μm,肉质,表皮细胞上具有发达的角质膜,角质膜加厚不整齐,呈纵条加厚,尤以叶缘及中肋更为明显;多叶肉由5~6层排列不太紧密、富含水分的栅栏薄壁组织细胞组成,栅栏薄壁细胞内叶绿体十分丰富,维管束埋在叶肉组织中部,在叶横切面上1 mm长度内可观察到8个维管束,且具有发达的维管束鞘;多气孔在叶的两面均有分布,远轴面较密,每平方毫米有气孔136个,气孔较大,约413 μm^2;此外,宁夏枸杞叶、茎、根及果实中常含有极微细略呈箭头形的草酸钙砂晶,有的薄壁细胞充满砂晶形成砂晶囊。在叶组织中砂晶主要分布在叶肉中部栅栏薄壁细胞中;在茎中主要分布在髓细胞中,另外,在髓细胞中也有少量砂晶分布;在根部沙晶散在或存在根皮薄壁细胞中;在果实中沙晶主要分布在中果皮薄壁细胞中。

从宁夏枸杞叶的解剖结构特征可看出,在叶表具有发达的角质膜,可减少体内水分的蒸腾,起着良好的保水抗旱作用;叶为等面叶,仅有栅栏组织而无海绵组织,也是一种抗旱的结构特征;维管束、维管束鞘也十分发达,这又保证了体内养分及水分矿物质的传递,这也是抗旱的结构特征;另外,宁夏枸杞栅栏薄壁组织细胞极大,起着良好的贮水作用,当土壤水分充足时,植物吸水后可将水贮藏于大型的栅栏薄壁细胞中,当干旱时又逐渐释放。因此,从结构来看,宁夏枸杞是一种喜湿又抗旱的植物。

章英才等（1999）研究宁夏枸杞、云南枸杞、截萼枸杞、黑果枸杞和新疆枸杞叶片结构。这5个种的叶片具有较一致的结构,但气孔类型和分布、气孔指数和气孔大小、气孔频率及叶表皮细胞角质膜厚度和叶片内部结构均存在较大差异。

1. 叶片的内部结构

（1）表皮细胞:从横切面观察,叶上、下表皮均由一层排列紧密的长方形或方形细胞组成。其中,宁夏枸杞、新疆枸杞、黑果枸杞的表皮细胞较大,而云南枸杞和截萼枸杞的表皮细胞明显较小,表皮细胞内均可见明显的细胞核,上下表皮细胞的切向壁（朝外壁）均具有,其他两种居中。这说明,对不同植物,普通的表皮细胞在大小和排列及角质膜厚度方面变化很大。

（2）气孔:5种枸杞的上下表皮均有气孔,同种上下表皮气孔数量也不相同,有的上表皮多,有的下表皮多,更精确的是反映在气孔指数和气孔频率两项指标。从气孔种间差异来看,黑果枸杞气孔数量较多而截萼枸杞气孔相对最少;从气孔位置来说,宁夏枸杞明显存在着气孔下陷的特点,云南枸杞气孔明显是上拱形气孔,而其他3种枸杞的气孔基本平行于其他表皮细胞;除此之外,黑果枸杞气孔的保卫细胞在横切面上略小于其他表皮细胞。

（3）孔下室:宁夏、云南、截萼枸杞和黑果枸杞具有明显较大的孔下室,而新疆枸杞的孔下室较小或无孔下室。

（4）叶肉:叶肉组织可明显地区分为栅栏组织和海绵组织,但对不同种类,其分化程度不同。栅栏组织细胞呈长柱状且垂直于上表皮,细胞排列紧密,含叶绿体较多,其中新疆枸杞是短柱状细胞,每个种的栅栏组织层数和厚度也不相同,其中,宁夏枸杞栅栏组织细胞层数较多,达3~5层。海绵组织细胞呈不规则形状且靠近下表皮,细胞间隙较大,叶绿体含量较少,其中,云南枸杞和新疆枸杞的海绵组织细胞排列较紧密,细胞间隙较小,并且5个种海绵组织细胞所占叶肉的比例也各不相同。值得注意的是,黑果枸杞上下表皮附近均分布着栅栏组织细胞,并且沿周边表皮细胞自成一圈,即"环栅型",栅栏组织内部有发达的贮水组织,由大型薄壁细胞构成。除黑果枸杞外,其他种的叶在栅栏组织和海绵组织交界附近均分布含晶细胞,含晶细胞内晶体含量和细胞体积各不相同。分析以上观察结果可以认为,5种枸杞在叶肉方面存在着一定的差异。

(5)叶脉:主要由木质部和韧皮部组成,木质部位于近轴面,韧皮部位于远轴面。侧脉维管束结构较简单,而主脉维管束结构较复杂和完整。主脉维管束周围主要是一些大型薄壁细胞和少量小型薄壁细胞组成的维管束鞘,这在各个种均有表现,这些薄壁细胞有些可延伸到上下表皮(黑果枸杞除外),而机械组织含量较少。维管束鞘内部主要是由木质部和韧皮部组成的维管束,有时还有形成层。木质部主要由多列导管和管胞组成,同时含木纤维,就导管和管胞的列数和每列细胞数来说,各个种的差异特别明显;韧皮部主要由筛管、伴胞组成,纤维数量极少。主脉维管束形状也有所不同,呈现出圆形或心形两种形状。

2. 叶表皮结构·表皮细胞,从叶表皮结构中观察,5个种的枸杞表皮细胞较大,排列紧密,细胞形状从多角形到不规则形不等,细胞中具有明显的细胞核;5个种的表皮细胞壁纹饰有平直、弯曲、浅波纹、深波纹几种,细胞壁具有角质膜加厚。因此,从叶表皮结构上也反映出种间在表皮细胞形状和表皮细胞垂周壁纹饰方面存在着一定的差异。

气孔叶表皮结构中除表皮细胞外,5种枸杞叶的上下表皮均有气孔的分布,但种间和种内的上下表皮气孔分布存在较大差异。从气孔指数和气孔频率来看,黑果枸杞上下表皮相对最大,而截萼枸杞相对较小,反映出黑果枸杞上下表皮气孔较多,而截萼枸杞上下表皮气孔较少,与叶横切面中所得结果基本吻合,而其他种的这两项指标也各有差异。从气孔类型的差异来看,新疆枸杞为不等细胞型气孔,而其他种均为不规则型气孔,云南枸杞下表皮的不等型气孔说明它是非正常类型,可能是气孔发育的早期类型而已。保卫细胞的长度和宽度直接决定了气孔大小,云南枸杞的气孔较大。除此之外,气孔周围细胞数目也各有差异,少则3个,如新疆枸杞,多则5~6个,如黑果枸杞,而宁夏、云南、截萼枸杞多为4~5个。5种枸杞的气孔较相同的特点是气孔保卫细胞均为肾形,细胞内含有大量叶绿体,同时具有明

显的细胞核,这说明了气孔在功能方面的一致性。就气孔而言,气孔类型、上下表皮的分布、气孔多少和大小以及与其他表皮细胞的位置及是否有孔下室等气孔特性往往是植物分类的重要依据。5种枸杞叶在这些方面均存在着一定的差异,因此,可将其作为鉴别这5种枸杞的途径之一。

植物叶的外部形态和内部结构不仅与植物种类有关,而且与植物的生态环境密切相关。生长于盐碱土荒地、沙地或路旁的黑果枸杞和宁夏枸杞,表现为叶表皮角质膜较厚、气孔密度较大、叶肉中栅栏组织增加等旱生植物叶的特点。不仅如此,为适应环境,黑果枸杞叶肉质化,具有较发达的贮水组织,而宁夏枸杞叶略带肉质且表现为气孔下陷,正因为黑果枸杞和宁夏枸杞叶具有旱生植物叶的特点,它们常可作为水土保持的灌木。观察结果表明,茄科枸杞属的5种植物叶在外部形态、叶片内部结构和叶表皮结构上均存在较大差异。因此,从叶肉和主脉的差异,结合叶外部形态特征,表皮细胞形状、大小和排列及角质膜厚度,气孔类型、分布、多少、大小、位置及孔下室等诸方面的特性,就可以在没有果实或不通过果实,而直接以营养器官的叶作为这5种枸杞分类的依据。当然,扫描电镜下的叶表皮微形态,如表皮角质膜纹饰、毛状体类型、气孔特征等亚显微结构特征理所当然是分类依据的另一方面,这些还有待于进一步研究。

兰州大学植物生理研究室通过中生环境和盐生环境生长的中宁枸杞(*Lycium barbarum*)叶进行显微和超微结构的研究,结果盐生环境生长的中宁枸杞叶叶绿体变化较多,叶绿体富含淀粉粒,而中生环境生长的中宁枸杞叶,叶绿体内外膜和类囊体正常,数量丰富,叶绿体中淀粉粒很少,细胞内细胞器丰富。通过对其叶进行的差异显著性检验结果表明,盐生环境生长的中宁枸杞叶片显著增厚,上下角质层显著地变薄,上表皮细胞变化不显著,栅栏细胞变化不显著,但栅栏组织层显著加厚,海绵组织层变化不显著。

对中生和盐生环境中宁枸杞叶肉细胞超微结构研究结果得出,盐地生长的叶绿体中含有较多的淀粉粒,叶绿体中脂质球数目多,是盐生植物的抗盐标志,一些研究也见到了淀粉粒,但并没有注意到它的功能。虽然盐生植物中淀粉粒的变化很少被人注

意,但在细胞和组织培养中,质体中淀粉粒的变化早已引起了人们的注意。当分生细胞变为薄壁细胞后,质体中有时会出现淀粉粒。Rennie 等在进行品种间或品种内原生质体融合时发现,融合原生质体培养 7 天后,当脂质球的数目和体积增加时,质体中的淀粉粒已经完全消失。Howarth 等愈伤组织细胞分化中发现,未分化的愈伤组织细胞含有大量的淀粉粒,而某些分化细胞含有少量的贮藏淀粉。淀粉是细胞的重要能源之一,生长在盐生环境中的植物,由于受到了盐分的影响,各细胞器在盐分的影响下可能难以充分发挥各自的功能,会使植物生长受阻,光合产物以淀粉形式累积下来,提供能量,保证植物很好生长,这也许是适应盐生环境的表现,可能是一种抗盐形式。

对盐生环境和中生环境中宁枸杞叶显微结构研究得出,盐生环境中宁枸杞叶片厚,肉质化,这与前人的研究结果相一致。有人研究发现,荒漠植物最普遍的特征是表皮细胞强烈增厚(特别是上表皮)。兰州大学植物生理研究室研究发现,盐生环境生长的中宁枸杞叶上表皮细胞显著增厚,而下表皮细胞变化不显著,这可能是由于上表皮直接暴露于阳光下,且本身又处在干旱、盐碱的环境中,通过增厚来减少水分散失,而下表皮背光,相对受的胁迫较轻,因而变化也就不明显。盐生环境并没有引起栅栏细胞的明显变化,但使栅栏组织层极显著地增厚了。海绵组织变化不明显,可能是海绵组织在叶片中所处的位置靠近下表皮,处在阴面,没有直接暴露于阳光下,水分不易散失,故受到的影响较小。生长在中生环境中的中宁枸杞叶其角质膜较薄,气孔平直,是典型的背腹叶,栅栏组织发育良好,胞间隙大,是典型的中生结构。

由以上可以看出,同一种植物生长在不同环境则表现出极其显著的形状差异。环境影响结构,结构与功能相适应,为适应其生长环境,植物会演化出各种各样的结构去适应其生长环境,从而达到结构与功能的统一(郑文菊等,1998)。

宁夏农科院对宁夏枸杞品种"宁杞 1 号"和"0105"新品系两个叶片进行解剖比较,结果表明,两个叶片的角质层厚度差异不显著,"0105"叶肉组织中栅栏细胞明显增长,细胞层数增加,海绵组织占比则比较小,"0105"气孔指数为 0.20,"宁杞 1 号"则为 0.17,从研究可知"0105"新品系叶的结构特征更有利于提高光和效率。(秦垦等,2006)。

(二) 花粉形态

花的形态特征:花单生或数朵簇生,花萼钟状,长 4~5 mm,通常 2 中裂,花冠漏斗状,紫堇色,筒部长 8~10 mm,合瓣花,顶端 5 浅裂,裂片长 5~6 mm。雄蕊 5 枚,花丝基部稍上处及花冠筒内部生一圈密绒毛;雌蕊 1 枚,上位子房,花柱和雄蕊由于花冠裂片平展而稍伸出花冠。

1. 枸杞属花粉形态电镜观察·花粉的外部形态是鉴定种与品种的重要依据之一。对其研究者较多,报道中国 6 种枸杞花粉形态,在光学显微镜和扫描电镜下进行研究。本属花粉均为长球形或近球形;极轴长 27~28.2 μm,赤道轴长 20.5~25.83 μm;多孔沟,外壁 2 层约等厚,表面雕纹呈条纹状或条纹一网状。根据花粉形状和萌发孔可分两组:黑果枸杞组和红果枸杞组。后者,从极面观纹饰可分条纹系(中国枸杞系)和条纹一网纹系(截果枸杞系),而赤道面的雕纹特征可作为划分种的依据之一(李楠等,1995)。

花粉分种检索法:

1) 花粉近球形 …… 黑果枸杞 L. ruthemcum

1) 花粉长球形 …………………………… 2)

  2) 赤道面条纹瘤块状,且近网状 ……………………………… 毛蕊枸杞 L. dasystemumm

  2) 赤道面雕纹为条纹状或条状一网状 ………………………………………………… 3)

    3) 条纹一网状 ………………………………………… 曲枝枸杞 L. flexicaule

    3) 条纹状 ………………………………… 4)

      4) 沟膜雕纹条纹状 ………………… 5)

      4) 沟膜雕纹条纹一网状 …………………… 中国枸杞 L. Chinense

        5) 条纹密集,条脊念珠状,饰间小孔密集 ……… 宁夏枸杞 L. barbarum

        5) 条纹较密,条脊不呈念珠状,饰间小孔稀疏 … 西北枸杞 L. polaninis

(1) 从观察花粉形状来看,明显可以分为两大类。黑果枸杞由于具有比较明显区别于其他 5 种的特征而独成一类。它的花粉近球形,极面观 3 裂,三角圆形，沟内物在沟中央部分明显隆起，呈半球形，条纹状雕纹极密。其他 5 种花粉均为长球形，极面观三裂圆形，沟内物不突起或不明显，沟狭长线形，雕纹呈条纹状或条纹—网状，稀疏或密集。因此，花粉形态可作为划分组（Section）的依据。

（2）对红果类枸杞来说，花粉极面上的雕纹特征，可考虑作为分系（Series）的依据。毛蕊枸杞的花粉极面雕纹呈条纹状，而其他 4 种均呈条纹—网状。所以，波雅尔柯娃将它们分为两个系：中国枸杞系（Ser. *Chinense* Pojark.）和截果枸杞系（Ser. *Truncata* Pojark.）是符合实际的。

（3）赤道面上的雕纹特征，可考虑作为分种的依据。曲枝枸杞花粉赤道面雕纹呈密集条纹—网状，且条纹曲折交错，明显区别于其他几种；而中国枸杞、宁夏枸杞和西北枸杞的花粉，其赤道面雕纹则呈条纹状，且近子午线排列，但它们的饰间小孔又都有区别：如中国枸杞花粉的饰间小孔圆形、细小，与西北枸杞的大而密的饰间小孔形成鲜明的对照，至于宁夏枸杞的花粉，以其条纹密集念珠状、饰间小孔细密而又别于以上种类。所以，根据花粉特征，结合植物形态特征进行分种是可行的（李楠等，1995）。

2. 宁夏枸杞 4 个品种花粉形态研究·曹有龙等（1997）报道了宁夏枸杞 3 个品种、1 个变种的花粉在扫描电镜下的形态特征。结果表明：供试花粉均为小花粉类型，椭圆形，或近球形，三孔沟，等极，表面有夹带二岐分叉的条状纹饰作纵向排列。具不同条状纹饰和条纹表面的不规则细横纹是供试花粉的区别点。花粉的大小和形状，在供试各品种之间也有不同程度的差异。但不同的枸杞品种，其条纹的细微形状及密度不一样，如大麻叶枸杞，其条带饰呈"υ"状，条纹较宽，条纹与条纹之间沟深，突起部分光滑，内孔位于"υ"型内侧底部；宁杞 1 号枸杞，条纹呈"Y"状，条纹较细，条纹与条纹之间沟浅，突起部分不光滑，内孔分布于整个花粉粒表面，密度大，除了有纵向排列的条纹外，还有斜向横纹，与纵纹相互交错；宁杞 2 号枸杞其条纹呈"ℐ"状，条纹较窄，条纹之间沟深，突起部分不光滑，密度大，内孔位于两条条纹之间，数量少；而黄果枸杞，多数条纹呈"∨"状，条纹较细而浅，突起部分不光滑，条纹与条纹之间的带宽，有纵纹和斜向横纹，内孔有圆形或扁

长形，无规则地分布于整个花粉粒表面。大麻叶、宁杞 1 号、2 号 3 个品种枸杞花粉在形态、大小、纹饰、沟孔等方面十分相似，而黄果枸杞花粉在大小、外壁纹饰细微结构等方面与其余 3 个品种存在着显著差异，这反映了与其余 3 个品种枸杞亲缘关系较远。说明枸杞花粉形态特征在划分品种与品种之间的关系方面，具有十分广泛的参考意义。

3. 13 份枸杞样花粉形态研究·宁夏农林科学院对枸杞属（*Lycium* L.）7 种 3 变种及 3 个种间杂交后代植株的花粉形态进行了扫描电子显微镜观察。并根据花粉形态建立了 7 种 3 变种的分类检索表。

（1）花粉粒长球形、近球形，$P/E \geqslant 2.0$。

（2）三孔萌发沟、孔膜不明显。

（3）外壁条状纹饰中部、近极部均整齐。

（4）纹饰较浅 ⋯⋯⋯⋯⋯⋯⋯⋯⋯⋯⋯⋯红枝枸杞（*L. dasystemum* var. *rubricaulium*）

（4）纹饰较深 ⋯⋯⋯⋯⋯⋯⋯⋯⋯⋯⋯⋯⋯⋯⋯柱筒枸杞（*L. cylindricum*）

（3）中部条状纹饰较整齐、近极部纹饰不规则 ⋯⋯⋯⋯⋯⋯⋯⋯⋯⋯⋯⋯⋯⋯⋯⋯黄果枸杞（*L. barbarum* var. *auranticarpum*）

（2）三孔萌发沟、孔膜外突、明显 ⋯⋯⋯⋯⋯⋯⋯⋯⋯⋯⋯⋯⋯ 中国枸杞（*L. chinense*）

（1）花粉粒长球形、近球形，$P/E < 2.0$。

（5）三孔萌发沟、孔膜不明显。

（6）纹饰表面无穿孔。

（7）外壁条状纹饰中部、近极部均整齐 ⋯⋯⋯⋯⋯⋯⋯⋯⋯⋯⋯⋯⋯黑果枸杞（*L. ruthenicum*）

（7）中部条状纹饰较整齐、近极部纹饰不规则 ⋯⋯⋯⋯⋯⋯⋯⋯⋯⋯⋯北方枸杞（*L. chinense*. var. *potaninii*）

（6）纹饰表面有穿孔，小而密。

（8）纹饰不整齐，条纹与条纹之间窄 ⋯⋯⋯⋯⋯ 云南枸杞（*L. yunnanense*）

（8）纹饰比较整齐，条纹与条纹之间比较宽 ⋯⋯⋯⋯⋯⋯ 宁夏枸杞（*L. barbarum*）

（5）三孔萌发沟、孔膜外突、明显；纹饰较整齐，表面有穿孔，穿孔小而密。

（9）三孔沟沟缘较整齐 …
…………………… 新疆枸杞(*L. dasystemum*)
（9）三孔沟沟缘不整齐 …
…………………… 截萼枸杞(*L. truncatum*)

萌发孔是孢粉系统发育上最重要的标志，萌发孔的进化是种子植物演化中的主要特征之一，而萌发孔的关键特征取决于萌发孔的数目、类型、形状和位置。萌发孔具有为花粉管萌发提供出口，随环境适度变化调节花粉粒大小的功能。枸杞属花粉的萌发孔虽有很高的一致性，但种间仍有细微差别。新疆枸杞和截萼枸杞的孔沟最深，而且较宽；北方枸杞、柱筒枸杞、宁夏枸杞、云南枸杞、中国枸杞次之，红枝枸杞、黄果枸杞的孔沟最浅；孔膜明显或外突的种有新疆枸杞、截萼枸杞、宁夏枸杞、中国枸杞。这些种间表现出的特异性对枸杞属的分类及花粉在育种上的应用是很有意义的（樊云芳，2008）。

4. 枸杞花粉超微结构研究·厦门大学生命科学学院研究人员用 JEM - 100CXⅡ透射电子显微镜对宁夏枸杞(*Lycium barbarum* L.)花粉发育过程做了超微结构观察。结果表明，在花粉母细胞细线和偶线期，核糖体数量减少、线粒体结构简化；之后核糖体数量逐渐回升，后期Ⅰ线粒体结构恢复正常。小孢子液泡化过程中核糖体再次减少，同时线粒体和质体结构简化；在早期二胞花粉中，核糖体数量增加、线粒体和质体结构再度分化。花粉母细胞和小孢子发育过程中都存在细胞质改组现象，且这两次细胞质改组与细胞功能的转变密切相关。在次生造孢细胞、花粉母细胞和小孢子后期都有液泡数量明显增加或体积增大的过程。前两次液泡的增加可能参与了其胼胝质壁的构建；而小孢子晚期中的大液泡则创造了一种极性为其不等分裂作好了生理和结构上的准备。

宁夏枸杞在花药发育过程中淀粉粒多糖和脂滴类物质分布的观察表明，枸杞花药发育过程中的多糖和脂类物质的积累具有一定的时、空规律：①在造孢细胞时期，药隔薄壁细胞中最先积累了许多淀粉粒，接着在花药壁的表皮和药室内壁细胞中也出现了许多淀粉粒。②在四分体时期，绒毡层细胞中开始积累脂滴物质并在小孢子晚期达到高峰。但绒毡层细胞中一直没有出现淀粉粒。③绒毡层细胞退

化后，其细胞中的脂滴流入药室中，同时二胞花粉中出现了脂滴，暗示着花粉吸收了绒毡层的脂类物质。④以后在二胞花粉中又出现了淀粉粒，呈现出淀粉粒和脂滴同时存在的现象。⑤花粉粒中除了储存淀粉粒以外还合成其他形式的多糖物质，包括纤维素性质的花粉内壁。枸杞花药中最先出现的营养物质是淀粉粒，但花粉粒中最先出现的营养物质是脂滴，然后才出现淀粉粒。因此体内运输的多糖物质在花药发育过程中就有一个转化过程：在花粉母细胞时期之前的花药中，营养物质是以淀粉粒的形式储存在药隔薄壁细胞中。在小孢子发育时期，随着邻近药壁细胞中的淀粉粒减少绒毡层细胞中开始出现脂滴，暗示着绒毡层细胞将糖类物质转化为脂类物质。绒毡层细胞退化后所含的脂滴流入药室中，为哺育花粉做好准备。在二胞花粉的大液泡消失后，脂滴出现在花粉细胞质中，表明此时花粉才开始积累营养物质，以后在花粉粒中又开始出现淀粉粒。在研究中，枸杞花粉粒中最早出现的储存物是脂滴，但后来也积累了一定数量的淀粉粒。对于这种既有脂滴又有淀粉粒的花粉类型，两种物质的积累和转化是一个复杂的现象。从逻辑上讲，花粉粒中后出现的淀粉粒可能是通过脂类物质转化的，意味着枸杞花粉可能具有将脂类物质转化成糖类物质的功能（徐青，2006）。

（三）胚胎形态特征

宁夏枸杞的胚胎发生属茄型，由顶细胞参与胚体的形成，基细胞仅形成六细胞胚柄。胚乳发育为细胞型，但也观察到少数核型胚乳的现象。初步探讨了核型胚乳与细胞型胚乳的关系。

早期胚胎发生属茄型，由合子第一次横分裂形成顶细胞发育成胚体，基细胞仅分裂 3 次形成六细胞胚柄。宁夏枸杞胚乳发育属细胞型，这也证实了（李文钿，1979）有关报道。但也有少数核型胚乳的例外情况，少数核型胚乳的出现很可能是一种返祖现象（田慧桥，1988）。

（四）果实发育过程及果实解剖结构

果实是枸杞的主要药用器官，它的形态发育过程和结构特征对枸杞产量的形态和枸杞有效成分的积累有直接影响。因此，成为解剖结构研究的主要对象。枸杞果实的发育过程从开花到成熟约 35 天。

根据花、子房、果实颜色的变化情况初步划分为 4 个时期,即果实形成期:自开花到花冠谢落,即开花、传粉、受精、坐果,约 5 天;此时花柱干枯,柱头黑色,子房绿白色明显膨大;果实青果期:子房由绿白色变为果粒露出花萼,继续伸长、肥大,至果粒出现色变为止,历时 17～20 天,此时果肉致密,种子与果肉紧贴不易剥离,种子白色,种皮不致密,胚乳充实;果实色变期:果实继续发育,果色变化为绿→黄绿→红黄→黄红色,果肉致密,内含物增多,叶绿体转化为有色体,种皮硬化,胚乳饱满,子叶幼胚形成,子叶微弯曲,稍不等长,历时 10～12 天;果实成熟期:果实一面肥大,一面成熟,成熟最显著的标志是果粒鲜红和明亮,当果色由黄红色变为鲜红色时,果粒横径迅速肥大,果面由不发亮变至发亮,果蒂疏松,果粒软化,甜度适宜时即为完熟。

宁夏枸杞果实为肉质浆果,是由上位子房两心皮发育形成的真果,胚珠着生在中轴胎座上。食用部分主要是果皮,胎座组织仅占小部分。果皮是由子房壁发育而来,分为外果皮、中果皮、内果皮。外果皮有一层紧密排列的长方形细胞构成,由心皮外侧的表皮发育而来,相当于果实外侧的果皮部分,外表具表皮毛。中果皮主要由多层薄壁细胞组成,细胞呈不规则形,细胞间隙大,当果实成熟时发育成多汁的果肉,是主要的营养物质贮存场所;另外,在中果皮的薄壁组织中,散生着多束双韧维管束。内果皮由一层长方形的细胞紧密排列而成。胚珠着生在肉质胎座上,枸杞果实为中轴胎座,两心皮构成两室子房,胚珠生于中央轴上。胎座主要由薄壁细胞组成,内部也有维管束,成对出现,一般有 2～3 对(田英等,2009;郑国琦等,2008)。

李文钿(1979)研究宁夏枸杞开花结果形态学特征,以 FAA 或纳瓦兴溶液固定样品,采取石蜡切片法,切制成花蕾、雄蕊、花柱、子房、种子果实观察显微特征。

种皮和果皮的发育,在球形原胚时期,珠被表皮细胞开始角质化,形成种皮,及至心形幼胚时期,角质化的程度已经很深,成熟种子种皮的表皮细胞的径向壁和内切向壁不断增厚。与种皮发育的同时,子房壁也发育为果肉和果皮,果肉由薄壁细胞组成,内含丰富的有色体。

自花至果外部形态与内部构造发育的相关性(李文钿,1979),见表 3-5。

表 3-5　花到果外部与内部形态结构

现蕾期		幼蕾期	开锭期			开花期	谢花期		青果期	色变期	红果期
前期	后期		冠露	冠现	冠弛		瓣枯	瓣落			
初生造孢	花粉母细胞形成	花粉母细胞减数分裂形成四分孢子,四分孢子脱出成为单核花粉粒	单核花粉粒分裂为双核花粉粒	双核花粉粒(早期)	双核花粉粒(中期)	双核花粉粒(晚期)传粉:花粉粒萌发为花粉管;花粉管在花柱中生长,生殖核分裂,形成二雄核					
组织出现	胚珠发生	大孢子母细胞形成	大孢子母细胞减数分裂形成 4 个大孢子	具作用的大孢子分裂为二核;胚囊、四核胚囊	八核胚;囊出现		双受精作用;初生胚乳核分裂	合子分裂;胚乳	球形原胚	心形幼胚;子叶幼胚	成熟弯胚

第二节　枸杞细胞学(核型分析)研究

经研究发现枸杞为二倍体植物,染色体数目大多为24,由于不同种源、不同观察时期等不确定因素的影响,对于核型研究的结果各有差异。在研究中发现中国枸杞($L.\ chinense$)染色体数目为24的二倍体,核型为1B型。栽培的大叶枸杞为染色体数目为48的四倍体,为2B核型。两者差异较大,推测四倍体的产生可能是由于长期营养繁殖的结果。赵东利(2000)报道了中宁宁夏枸杞($L.\ barbarum$)核型为IA,为较为原始的对称核型,为$2n=24$,偶见$2n=20,22$的情况,说明枸杞的体细胞有丝分裂存在非整倍性变异情况。

对枸杞属染色体较为全面的报道是何丽娟(2016)的研究,选取了我国甘肃、青海、新疆、内蒙古各地区以及从朝鲜引进的11份枸杞作为实验材料,运用常规压片法分析了其核型,并对进化趋势及亲缘关系做了进一步研究,结果为:①不同种类枸杞中,宁杞1号、朝鲜枸杞、北方枸杞、金果、玳瑁枸杞、清水河枸杞、诺木洪黑果枸杞的染色体核型公式分别为:$2n=2x=24=18\ \mathrm{m}+6\ \mathrm{sm}$、$2n=2x=24=14\ \mathrm{m}(2\mathrm{SAT})+10\ \mathrm{sm}$、$2n=2x=24=22\ \mathrm{m}+2\ \mathrm{sm}$、$2n=2x=24=14\ \mathrm{m}+10\ \mathrm{sm}$、$2n=2x=24=20\ \mathrm{m}(2\mathrm{SAT})+4\ \mathrm{sm}$、$2n=2x=24=14\ \mathrm{m}+10\ \mathrm{sm}$、$2n=2x=24=20\ \mathrm{m}(2\mathrm{SAT})+4\ \mathrm{sm}$,宁杞1号、清水河枸杞的核型类型为"2A"型,朝鲜枸杞的核型"2B"型,其他均为"1A"型。朝鲜枸杞、金果、清水河枸杞核型不对称系数较大,为较不对称类型,其他核型都比较对称。不同种类枸杞从进化到原始的顺序为朝鲜枸杞、清水河枸杞、金果、诺木洪黑果枸杞、玳瑁枸杞、宁杞1号、北方枸杞。金果诺木洪黑果枸杞、清水河枸杞亲缘关系较近,宁杞1号、北方枸杞、玳瑁枸杞亲缘关系较近,与朝鲜枸杞的亲缘关系都较远。②以不同种源黑果枸杞中,民勤黑果枸杞、玉门黑果枸杞、诺木洪黑果枸杞、白碱滩黑果枸杞、额济纳旗黑果枸杞的染色体核型公式分别为:$2n=2x=24=20\ \mathrm{m}+4\ \mathrm{sm}(2\mathrm{SAT})$、$2n=2x=24=18\ \mathrm{m}(2\mathrm{SAT})+6\ \mathrm{sm}$、$2n=2x=24=20\ \mathrm{m}(2\mathrm{SAT})+4\ \mathrm{sm}$、$2n=2x=24=18\ \mathrm{m}(2\mathrm{SAT})+6\ \mathrm{sm}$、$2n=2x=24=20\ \mathrm{m}+4\ \mathrm{sm}$,核型类型都为"1A"型。从进化到原始的顺序为:额济纳旗黑果枸杞＞诺木洪黑果枸杞＞白碱滩黑果枸杞＞玉门黑果枸杞＞民勤黑果枸杞。

第三节　枸杞树的生命周期

枸杞树从育苗、生长、开花结果、更新和衰老死亡的过程,叫做生命周期,也叫年龄时期。在生命的全过程中,存在着生长与结果、衰老与更新、地上部与地下部、整体与部分间等矛盾。其中,营养生长与生殖生长的矛盾,是贯穿在枸杞树生命周期的基本矛盾。

一、枸杞树的5个生命时期

按照枸杞树生长过程特点和规律,把它划分为以下5个时期。这5个时期或阶段中经历苗木繁育、营养生长、生殖生长直至衰老死亡的过程,其生命可达百年,有效产果年限30年左右(安巍,2010)。

(一) 苗期

苗期,也叫营养生长期。实生树从种子萌发开始,营养繁殖树从繁殖成活起,到第一次开花结果前为止,这个时期植株幼小,树冠和根系生长势都很强,地上部分多呈独干生长,分枝少,生长旺盛,根吸收面积迅速扩大,此期一般长达1～2年。若不加修剪,苗高可达1 m以上,根茎粗0.5～1.2 cm。这时应加强肥水管理,促进生长,培育壮苗,为早期丰产打好基础。(图3-22)

图 3-22　枸杞营养生长期(摄格尔木大格勒乡)

(二) 结果初期

结果初期也叫幼树期。从第 1 次开花结果开始到大量结果为止。一般枝条扦插苗从第一年后开始,实生苗从第 2 年后开始,至第 4 或第 5 年止,这时树冠和根系生长都很旺盛,根茎年增粗 0.5~1.0 cm。

生长势强,主干或主侧枝上不断生长出粗壮的徒长枝,骨干枝逐年形成并加强,结果枝增多,果大,产量迅速增加。在后期,每 667 m² 产果量达 80~300 kg,树冠基本形成。此时应加强肥水供应,防止病虫害,培养树形,短截与长放结合,为丰产打好基础。(图 3-23)

图 3-23　枸杞幼树期(摄诺木洪枸杞园基地)

（三）结果盛期

结果盛期也叫盛果期。一般栽后 5～6 年起至 20～25 年止。这时树冠达到最大，一般树高 1.6～1.7 m，根茎粗 5～13 cm。这是枸杞大量结果和产量达到最高的时期，每 667 m² 产量可达 150～450 kg，果实仍然较大。由于大量开花结果消耗树体养分较多，树体生长量逐渐减小，结果枝逐渐向外移，随后出现空膛。后期树冠下部大主枝开始出现衰老或死亡。这时在栽培上要加强肥水管理，防治病虫害，合理剪修，更新衰弱枝，利用徒长枝来弥补树冠的空缺，改善光照，以延长盛果期的年限。（图 3-24）

图 3-24　枸杞盛果期(摄于德令哈)

（四）结果后期

结果后期也叫盛果后期。是盛果期的延续，一般从栽后 20～25 年起至 35 年止。这时结果能力开始下降，果实变小，新梢生长减弱，生长量小。后期树冠下部主枝死亡增多，树冠出现较大空缺，顶部有不同程度裸露。这时在栽培上除加强肥水外，要重点截老枝，对徒长枝及时摘心，利用它发出侧枝，补充树冠。（图 3-25）

（五）衰老期

衰老期是结果后期的延续。大约在 35 年开始，树体生长和结果能力显著衰退，产量剧减，果实小，质量差，骨干枝和主枝大量死亡，结果枝较少，树冠残缺不全，冠幅大大缩小，根茎腐烂严重。因产量很低，已失去经济栽培价值，应进行全园更新。（图 3-25）

枸杞树的经济寿命很长，一般树体寿命能达 60～70 年，在较好的栽培条件下有的树在 100 年之久仍能结果。

枸杞树 5 个时期的进程同土壤、光照及栽培条件关系很大，如果栽培条件好，结果就早，结果初期期限短，盛果期长，衰老推迟。掌握树体生长发育规律，制定出先进的农业技术措施，就可促进枸杞树早结果、多结果、延长盛果期，取得更大的经济效益。

图 3-25　枸杞盛果后期(摄于新疆)

图 3-26　枸杞衰老期(摄于银川)

二、枸杞树的生活史

枸杞树一年的生命活动,随着一年四季气候转变,在外部形态和内部生理上都会发生有规律的周期性变化,这种变化称为年生活史或年周期变化。根据各器官外部形态变化特征,可把年周期大致分为最明显的两个时期,即生长期和休眠期(胡忠庆,2004)。

(一) 生长期

在生长期中,可观察到地下的根系生长和地上的枝梢生长。根系生长受土壤温度、水分和通气状况等条件影响,也受树体内营养状况及各个器官生长发育的制约。因此根系在一年中随季节和地上部分物候期变化而呈现有规律性的变化。但是根系生长没有一定的自然休眠期,只要能满足它的生长条件要求,它就可以周年生长不止,只是在不同时期,有生长强弱和生长量大小的差别。当环境条件不利时,根系就进入被迫休眠。

地上部分的生长从春季萌芽开始到冬季落叶止。在此期间进行萌芽、展叶、枝梢生长、花芽分化、开花、果实生长发育和成熟以及落叶休眠等活动过程。这些过程在枸杞树上反映出有先后交错衔接和相互重叠现象。在同一株树上,甚至在同一枝条上也会出现枝条生长、开花、结果和花芽分化等几个物候期重叠交错进行。因此研究其物候期,掌握其生长发育同环境的关系,就可以为制定切实可行的农业丰产措施提供科学依据。

枸杞物候期在一般情况下可以分为萌芽期、展叶期、新梢生长期、现蕾期、开花期、果熟期、落叶期和休眠期等。各物候期因品种和地区而不同,年平均气温高的地区比气温低的地区萌芽、开花、果熟等物候期一般来得早,而落叶和休眠期较短。

(二)休眠期

休眠期是从冬季落叶开始至翌年春季萌芽前为止的一段时期。在此期间枸杞叶片脱落,枝条成熟,冬芽老化,根系处于暂时停止生长状态。但枸杞树体内还在进行一系列的生理生化活动,如呼吸作用、蒸腾作用、根系的吸收与合成作用都在极微弱地进行。根据休眠期的生态表现及生理特性,又可把它分为自然休眠期和被迫休眠期。自然休眠期是枸杞固有的生物学特性,它要求一定的低温条件,否则是不会进行自然休眠的。在露地生长的枸杞苗,移栽到温室内能周年不落叶而连续生长。枸杞树的自然休眠期在11月份至翌年3月份。枸杞树进入自然休眠期的时间的长短,因地区、年份及品种、树龄等不同而异。冬季温度高时转入自然休眠期晚;秋后干旱缺水可促使它的自然休眠期提前。不同品种休眠期差异3～5天。同一品种因树龄不同,自然休眠期迟早也不一样,幼树比老树生活力强,生长占优势,进入休眠期比老树晚,解除休眠期也较早。同一株枸杞树的各器官、各部位进入休眠期迟早也不一,地上部比地下部早,衰弱枝比强壮枝早。而解除休眠期的时间则与进入休眠期的时期恰好相反,根最早打破休眠而进入生长。在枸杞树休眠期间给予适当的温、湿度条件,可打破休眠提早发芽生长。自然休眠完成后,如果气候条件不利于它萌芽生长,就会被迫继续休眠,这就是被迫休眠。(图3-27)

图3-27 枸杞休眠期(摄于乌兰)

三、枸杞的物候期

枸杞长期适应于一年中温度的寒暑节律性变化,从而形成与此相适应的植物发育节律周期性变化的起止日期称为物候期。枸杞树的物候期一般可以分为萌动期、萌芽期、展叶期、新梢生长期、现蕾期、开花期、果熟期、落叶期和休眠期(表3-6)。物候期是枸杞树对当地气候适应做出的反应。除年平均气温对枸杞物候期的迟早影响明显外,萌芽、展叶、落叶、休眠与≥5 ℃的有效积温关系密切,春梢生长、果熟与≥10 ℃有效积温关系密切。各物候期出现的时间因各地平均气温不同而有所变化(如表3-6)。一般情况下,年平均气温高的地区比低的地区萌芽、开花、果熟期等物候期要早,即落叶和休眠期要迟。枸杞在不同的地区各物候表现的迟早有一定差异(曹有龙,2013)。

表 3-6 枸杞在各地的物候期

气候与物气候	宁夏银川	甘肃临夏	新疆精河	宁夏中宁	内蒙古巴盟
年平均气温(℃)	9.0	7.6	7.4	9.5	6.5
初霜期(旬/月)	中/10	中/10	中/10	中/10	中/10
终霜期(旬/月)	中/4	中/5	中/5	中/5	中/5
全年日照时数(h)	2 972	2 762.5	4 444	2 961	3 202.5
≥10 ℃有效积温(℃)	3 349	2 937.3	3 609	3 321	2 800
萌芽期(旬/月)	上/4	中/4	上/4	上/4	中/4
展叶期(旬/月)	中/4	下/4	中/4	中/4	下/4
春梢生长期(旬/月)	下/4	上/5	下/4	下/4	上/5
现蕾期(旬/月)	下/4	上/5	上/5	下/4	上/5
开花初期(旬/月)	上/5	中/5	中/5	上/5	上/5
果熟期(旬/月)	中/6	上/7	下/6	中/6	上/7
落叶期(旬/月)	下/10	下/10	下/10	下/10	下/10
休眠期(旬/月)	上/11	上/11	上/11	上/11	上/11

经 10 年的观测,枸杞在宁夏银川地区的气候条件下,其营养生长和生殖生长的物候表现规律如表 3-7 和表 3-8。

表 3-7 枸杞营养生长物候期

时 间	气温(℃)	物候表现	特 征
4 月上旬	7.0	萌芽期	枝条上的芽鳞片展开,吐出绿色嫩芽
4 月中旬	13.0	展叶期	幼芽的芽苞有 5 个幼叶分离
4 月下旬至 6 月中旬	13~60	新梢萌芽	新梢萌发至枝条延长封顶生长期
8 月上旬	26	秋梢萌芽期	树冠上部枝条上的芽苞分离抽梢
8 月中旬至 9 月下旬	23~18	秋梢生长期	秋梢生长延长至封顶
10 月下旬至 11 月上旬	12~9	落叶期	枝条上的叶片半数脱落
11 月中旬至翌年 3 月中旬	≤−8	休眠期	叶片落完,根系停止活动

表 3-8 枸杞生殖生长物候期

时 间	气温(℃)	物候表现	特 征
4 月下旬至 6 月下旬	16~30	现蕾期	有 1/5 的结果枝出现花蕾
5 月上旬至 7 月上旬	18~32	开花期	有 1/5 的花蕾开花
5 月下旬至 7 月中旬	20~32	幼果期	有 1/5 的幼果露出花萼
6 月中旬至 8 月上旬	26~28	果熟期	有 1/5 的青果膨大转变为红色
8 月中旬至 9 月上旬	24~18	秋蕾开花期	有 1/5 的秋蕾开花
9 月中旬至 10 月中旬	18~12	秋果果熟期	有 1/5 的秋果成熟直至下霜

注:根据这一立地条件下枸杞植株受气候影响所表现的生长发育和生殖结果物候期,可以为及时正确地定制和实施田间管理技术措施提供依据。

第四节　枸杞生长发育特征

一、枸杞树器官与生长发育规律

枸杞树由地下根系和地上主干、主枝和侧枝组成,在上面着生芽、叶、花、果实和种子。枸杞根、茎、叶为营养器官,花、果、种子为生殖器官,两者相互制约并依存生长。

(一) 枸杞根系

通常包括主根、侧根和须根三部分。主根是由种子的胚芽发育而成,所以只有种子繁殖的实生植株才有主根。器官繁殖(枝条、叶片、根)的植株没有主根,只有侧根与须根,其根系来源于母体器官分生组织产生的不定根。因此,根据根系发生的来源,把枸杞的根系分为种子繁殖的实生根系和由器官繁殖的不定根系。实生根系的主根发达,分布深,抗旱能力强,阶段发育低。不定根系分布较浅,抗旱能力弱,阶段发育较高。

枸杞的根系骨架由主根和侧根构成,在主、侧根上着生细小须根。生长季节须根先端呈白色,可以把它分为 4 个不同的根区:①根冠区:位于根尖的最先端约 0.2 mm,是一个帽状的细胞群,罩在分生组织的前端。②分生组织区:在根冠之后,由薄壁细胞组成。薄壁细胞的分生能力很强,它沿着根轴方向延伸时,就形成了根的伸长生长。③细胞伸长区:位于分生组织区的后方,是根尖分生组织区细胞大量伸长生长的根区。④根毛区:位于细胞伸长区的后方,长约 1 mm。在这里密生许多白色的纤毛状突起物,就是根毛,是吸收土壤中水分和养分的主要器官,长约 0.3 mm,数量很大。

枸杞根系功能有三:①固定于支撑树体。②吸收土壤中的营养成分。③储藏养分。④合成有机物(李丁仁,2012)。

枸杞根系的生命周期变化与地上部分有着相似的特点,经历着发生、发展、衰老、更新与死亡的过程。枸杞定植后在伤口和根颈以下的粗根上首先发生新根,2~3 年内垂直生长旺盛,开始结果后即可到达最大深度。此后以水平伸展为主,同时在水平骨干根上再发生垂直根和斜生根,根系占有空间呈波浪式扩大,在结果盛期根系占有空间最大。总之,吸收根的死亡与更新在生命的初始阶段就已发生,随之,须根和低级次骨干根也发生更新现象。当枸杞进入结果后期或衰老期,高层次骨干根也会进行更新。随着年龄的增长,根系更新呈向中心方向进行,根系占有的空间也呈波浪式缩小,直至大量骨干根死亡。对于经济枸杞园来说,在盛果期以后,就要考虑整个枸杞园的更新,而无需等到衰老阶段(胡忠庆,2004)。

(二) 芽与枝叶的生长发育规律

1. 芽的发育·芽是枝、叶、花蕾等器官的原始体,由其萌发抽枝、长叶、现蕾等进行植株个体生长发育。枸杞的芽依其发育形态和着生部位的不同,有定芽与不定芽、叶芽和混合芽之分。定芽是在枝条上有明显的固定位置,如枝梢的顶芽和枝条节间庭的芽眼,侧枝多由定芽萌发而来,由侧枝上分生细侧枝上的定芽长叶现蕾,随着枝龄的增长,芽眼圆而突起,形似"鸡眼"。同一芽眼生叶现蕾或抽生新的侧枝,属于混合芽;只长叶片不现蕾的称叶芽。枝条基部有芽点,但既不发叶也不长枝,当修剪短截后,这些芽点才萌发新枝长出叶片,属于不定芽。枸杞根系中分布于浅土层的侧根,经过断根的根上也可由不定芽萌生根蘖苗。

枸杞芽的萌生力强,一年生的萌芽率达 76%,由发芽而形成枝条的成枝率为 6%~8%,当年生枝条上能连续萌发二次枝和三次枝。在同等气候条件下,幼龄植株比成龄植株萌芽早 5~7 天,同一植株,树冠上部枝条的萌芽期比树冠下部枝条的萌芽期早 3~5 天。

芽的特征包括 3 方面:

(1) 芽的异质性:枝条不同部位的芽体形成期,其营养状况、激素供应及外界环境条件不同,造成了它们在质量上的差异,称为芽的异质性。通常,枝条如能及时停长,顶芽质量最好。秋季形成的顶芽,时间晚,有机营养积累时间短,芽多不饱满,甚至顶芽尚未形成,由于温度降低,也会使其停止生长。腋芽的质量主要取决于该节叶片的大小和提供养分的能力,因为芽形成的养分和能量主要来自该节叶片,所以,枝条基部和先端芽的质量较差。高质量的芽在相同条件下萌发早,抽生的新梢健壮,生长势强。

(2)芽的早熟性和晚熟性:枸杞新梢上的芽当年就能大量萌发并可连续分枝,形成2次梢或3次梢,大多数枸杞品种都具有这种特性。有些枸杞品种的芽,一般情况下萌发缓慢,新梢也不能分枝,称为芽的晚熟性,云南枸杞具有晚熟性。具有早熟性芽的枸杞进入结果期早,且采收期长;晚熟性芽结果期较晚,主要以秋果为主。

(3)萌芽力与成枝力:枝条上的芽能抽生枝叶的能力叫萌芽力,以萌发芽占总芽数的百分比表示。萌发的芽可生长为长度不等的枝条,把抽生长枝的能力叫成枝力,以长枝占总萌发数的百分比表示。通常把大于15 cm的枝条作为长枝的标准,根据调查的目的和品种,可以提供或降低这一标准,但不应该小于5 cm,并应注明。

萌芽力与成枝力因品种而异,宁夏枸杞的萌芽力和成枝力较强,黑果枸杞的萌芽力和成枝力较弱。

2. 枝的长生长与粗生长·枝条多由定芽萌发伸长而形成,是构成枸杞主干、主枝和侧枝的原始体,是输送水分、养分和贮存养分的通道和器官。

(1)加长生长:枝条加长生长是通过顶端分生组织分裂和节间细胞的伸长实现的。随着枝条的伸长,进一步分化出侧生叶和芽,枝条形成表皮、皮层、木质部、韧皮部、形成层、髓和中柱鞘等各种组织。从芽的萌发到长成结果枝经过3个时期。①开始生长期,从萌芽至第一片真叶分离。此时期主要依赖上年贮藏的养分。从露绿到第一片真叶展开的时间长短,主要取决于气温的高低。晴朗高温,持续的时间短;阴雨低温,持续时间长。②旺盛期,此阶段枝条生长快,叶片的数量和面积增加也快,所需能量主要依靠当年叶片制造的养分。不同类型枝条旺盛期可以持续的时间不同,其中,短果枝持续的时间短,徒长枝持续的时间长。③缓慢生长期,由于外界条件的变化和果实、花芽、根系发育的影响,枝梢长至

一定时期后,细胞分裂和生长速度逐渐降低和停止,转入成熟阶段。

(2)加粗生长:树干、枝条的加粗都是形成层细胞分裂、分化增大的结果。枸杞植株解除休眠是从根茎开始,逐渐上移,但细胞分裂活动却首先在生长点开始,它所产生的生长素刺激了形成层细胞的分裂,所以加粗生长略晚于加长生长。初始的加粗生长依赖上年贮藏的养分,当叶面积达到最大面积的70%左右时,养分即可外运供加粗生长。所以,枝条上叶片的健壮程度和大小对加粗生长影响很大。在生产中,枸杞定干后,主干30 cm以下的芽可暂不抹去,有利于主干加粗。多年生枝的加粗生长则取决于该枝上的长梢数量和健壮程度。随着新梢的伸长,加粗生长也达到高峰,此时,加长生长停止,加粗生长也逐渐减弱。枸杞的加粗生长的停滞期比加长生长晚1个月左右。

(3)顶端优势:顶端优势是活跃的顶部分生组织、生长点或枝条对下部的腋芽或侧枝生长的抑制现象。枸杞植株有较强的顶端优势,表现为枝条上部的芽萌发后能形成新梢,愈向下生长势愈弱,最下部芽处于休眠状态。顶端枝条沿母枝枝轴延伸,愈向下枝条开张度愈大。如果除去先端生长点或延长枝,留下的最上部芽或枝仍沿原枝轴生长。

树冠层性是顶端优势和芽的异质性共同作用的结果。中心干上部的芽萌发为强壮的枝条,愈向下生长势愈弱;基部的芽多不萌发,随着树龄的增大,强枝愈强,弱枝愈弱,形成了树冠中的大枝呈层状结构,这就是层性。不同品种层性差异较大,宁夏枸杞层性明显,中国枸杞和云南枸杞层性不明显。

3. 叶的发育·叶片自叶原基出现后即开始发育。新形成的叶原基向生长点弯曲,随着芽的萌动逐渐增大、直立,其后逐渐离轴反折生长,在萌发过程中分化出叶柄、托叶和叶身。叶原基的表面有一层分生细胞,称原生表皮,最后长成表皮层,并逐渐分化出气孔。表皮下方的细胞分化为原生形成层和基本分生组织,它们可以分别衍生出形成层和叶肉。新梢基部和上部的叶片较小,中部叶片较大;幼树的叶片比成年树叶片大;树膛内的叶片比外围叶片大;短梢上的叶片比长梢上的叶片大,通常用树冠外部新梢中部的叶片作为该树的代表性叶片。

枸杞的叶片为单叶,新梢早期为单叶互生;后期

为三叶并生;多年生枝(极短枝)为5～8片叶簇生。枸杞叶片形状为披针形或椭圆披针形,全缘,叶片基部楔形,叶尖为渐尖或急尖,叶片主脉明显。总之,叶片形态特征是进行分类和识别品种的依据之一。枸杞叶片的叶面积开始增大很慢,以后迅速增大,当达到一定值后又逐渐变慢,呈现出 Logistic 曲线。不同种类、不同枝条、不同部位的叶片,从展叶至停止生长所需要的天数并不一样,宁夏枸杞约30日,中国枸杞20日左右。新梢基部和上部叶片停止生长早,叶面积小,中部晚,叶面积大。上部叶片主要受环境影响,基部受贮藏养分影响较大。

枸杞叶片生长初期,其净光合速率(Pn)往往为负值,此后随着叶片增长,Pn 逐渐增高,当叶面积达到最大时,Pn 最大,并维持一段时间。以后随着叶片的衰老和温度下降,Pn 也逐渐下降,直至落叶休眠。

叶面积指数是指单位面积上所有枸杞叶面积的总和与土地面积的比值。单位叶面积与树冠投影面积的比值,称为投影叶面积指数。枸杞叶面积指数为3～4较适合,指数太高,叶片过多相互遮挡,功能叶比率降低,果实品质下降。指数太低,光合产物合成量减少,产量降低。果实不但要求合理的叶片数量,也要求叶片在树冠中分布合理。一般接受直射光的树冠外围叶片具有较高的光合效率,所以,也可以用叶片曝光率表示叶片在树冠中的分布状况。

枸杞叶幕是指同一层骨干枝上全部叶片构成的具有一定形状和体积的集合体。不同的密度、整形方式和树龄,叶幕的形状和体积不同。适当的叶幕厚度和叶幕间距,是合理利用光能的基础。实践研究表明:主干疏层形的树冠第1、第2层叶幕厚度为20～30 cm,叶幕间距60 cm,叶幕外缘呈波浪形是较好的丰产结构。

(三) 枸杞花与果实的发育规律

1. 花的发育·枸杞一个花芽的分化,无论是上年形成的果枝,还是当年生果枝,在花芽的形成中都要经过生理分化、形态分化和性细胞分化三个阶段。形态分化按花器外部形态结构变化,一个单花芽的形态分化可分为五个时期:①花芽分化初期。老眼枝的冬芽在未萌动前的4月初,在叶原基基部有半球形小突起,这是花芽分化已开始的表现。②花萼

期。花原始体逐渐增大,顶部中央平,其周围下方一圈加厚,即萼片原始体,约在花原始体出现后2天出现。③花冠期。花原基继续增大,萼叶再伸长,在其内产生小突起,这是花瓣原始体,约在萼片出现后第3天出现。④雄蕊出现期。花冠原基出现后,在其内侧很快产生新的小突起,这是雄蕊原基,在花瓣原始体后第2天出现。⑤雌蕊出现期。雄蕊原基出现后,在其中央出现较大突起,这是雌蕊原基。雌蕊逐渐生长产生胚株,花柱伸长,到柱头头状,需6～8天。一个单花芽形态分化,受温度和枝条营养状况影响,自分化开始到完成约需10～12天。

花芽分化结束后,就能看到幼小的花蕾,从看到幼小花蕾到授粉结束要经过18～25天,按其外部形态变化可分为五个时期:①现蕾期。自叶腋产生绿色的幼小花蕾开始到蕾长2～3 mm,粗1～1.5 mm,现蕾期5～6天。②幼蕾期。花蕾长3～4 mm,粗2～3 mm,生长期约10～12天。③露冠期。自花萼开裂露出花冠到花冠松动前,生长期3天左右。④开花期。自花瓣松动开始到向外平展为止,花瓣紫红色,雄蕊伸出冠筒,多数高于雌蕊,花药裂开,花粉淡黄色,大量散落柱头,时间约2～5 h。⑤谢花期。花瓣颜色变淡,雄蕊干萎,柱头由绿色变为黑色,子房显著膨大,整个花冠干死脱落,为期2～3天。

一般在平均温度达到14 ℃以上时开始开花,16 ℃以上时进入盛花期,日夜开花,但70%以上的花在白天开。日照强时开花相对增多,在18 ℃以上时,上午开花数多。若日照弱时,一天内气温差异不大,则上、中、下午开花数差异不明显。枸杞是两性花,在当年生枝条上有1～5朵生于叶腋。老眼枝上有5～8朵簇生,老眼枝上同一芽眼上的花是外围花先开,中心花后开。在一年生枝条上低节位的花芽比高节位的先开,同一叶腋内,中间花先开,两侧花后开。

2. 果实的发育·枸杞花朵雌蕊受粉后,自子房开始膨大至果熟前都属果实发育期。一朵花在开放后1天内授粉受精率高,3天后柱头干萎,授粉不受精,未受精的花在4～5天后脱落。幼果在发育过程中体积不断增大,萼片宿存,整个生长过程从受精到果熟需28～35天。气温高,成熟快;气温低,成熟慢。颜色变化的顺序是绿白色→绿色→淡黄绿色→

黄绿色→橘黄色→橘红色→红色。从外部形态特征上看,其生长发育可分为三个时期:①青果期:雌蕊授粉后子房膨大成绿色幼果长出花萼到幼果变色前这一阶段。一般需 22～26 天,青果期的长短随气温而变,气温高则短,气温低则长。②变色期:幼果颜色发生变化的一段,果色由绿色变为淡绿→淡黄→橘黄色。幼胚已形成,种子白色,鲜果可溶性固形物含量达到 4.62％,时间 3～5 天。③果熟期:此时果实生长最快,幼果体积迅速膨大 1～2 倍,色泽鲜红,果肉变软,果实富有弹性,汁多,种子成熟黄白色,果萼易脱落,鲜果可溶性固形物含量 16.3％左右,时间 1～3 天。

枸杞幼果的发育在青果期,纵向生长快,横向生长慢,原因是枸杞果实细胞分生组织属于先端分生组织。到果熟期时,细胞迅速膨大,纵横径也随着迅速增大。一般认为在同一条件下,青果长的细胞分裂快,细胞数量多,容易长成大果。

影响果实生长发育的因素很多,主要有:①品种是影响枸杞果实生长发育的内因,果实发育的大小,主要受内部基因控制。②树体本身的营养积累程度,或者说某一类枝条的营养积累程度。昼夜温差大的地方,叶片营养物质积累多,果实偏大。一般情况是老眼枝叶片多,叶片大,叶片成熟度高,营养面积大,生产的果实大。七寸枝叶片长出的时间短,叶片小,叶片成熟度差,生产的果实要比老果枝生产的果实差。尤其是到枝条的末端表现更为明显。③果实成熟时,土壤水分状况。如果此时土壤水分充实,果实就能膨大。④光照条件。光照条件好的外部果比内膛果实大,气温高时生产的果实比气温低时生产的果实大。但温度太高时,果实表层温度比内部高,会使蒸腾作用加强,果实暂处于收缩状态。⑤肥力水平。枸杞是高耐肥作物,在有机肥保证的前提下,在不同生长季节施以足量的氮、磷、钾复合肥,就能生产出大个头的果实(胡忠庆,2004)。

(四) 各器官生长发育的相关性

植物的某一部分或者某一器官的生长发育常常影响另一部分器官的形成和生长发育,这种现象在植物生理学上称为相关性。枸杞栽培就是利用其相关性,处理好各器官间生长发育的相互关系。各器官平衡发展,生长良好,才可能得到较高的产量。枸杞树的各个器官之间相互依赖,相互制约。根系吸收水分就依赖叶片不断蒸腾,而叶片的蒸腾又受根的吸水量所制约。在青海 7～8 月份,花、果、枝叶生长旺盛时,争夺养分加剧,此时花、果、枝、叶生长发育都受到不同程度的抑制。对于同一条件下的同一品种,一般是枝多则叶多,叶多则光和产物多,光和产物多,为枝条、根系、花等分化及果实生长提供的养分就越多,形成花芽多,果多,枝条生长旺盛,根系发达。根系发达又利于枝叶生长,表现出良好的相互促进作用。要想经济合理地使用好肥料投入,生产出优质高产的枸杞果实,就必须搞清楚枸杞各器官的相互关系,尤其搞清楚以下两种关系。

1. 地下根系和地上枝叶、果实生长的相关性·根系与地上部关系很密切,原因是根系生长所需要的营养物质,主要由地上部的叶片光合作用制造,再通过枝干的韧皮部下运到根系。而地上部所需的水分、矿物元素,则由根系吸收供应。正是由于体内时刻都在进行着向上、向下的物质运动和交换,所以树体上下部之间时时刻刻都在相互影响,并保持一定范围内的动态平衡关系,也就是说,只有根深才能叶茂,树大才能根深。

根系和果实的关系最明显的特点是两者避开对养分的需求高峰。根系在第一次生长高峰时,树上无果实,根系生长转缓时,花芽不断形成,花果逐渐增多。7月下旬果实进入成熟期,根系进入生长低谷,一直到停止生长。当根系进入第二次生长高峰时,果枝上的果实进入生长尾声。根系第二次生长高峰转缓时,秋梢花果数量增多,以此缓和两者对养分需要的矛盾。当矛盾超出了树体自身调节能力时,就会表现出来。如在干旱瘠薄沙上,枸杞根系生长庞大,消耗养分多,因而削弱了地上部枝条和花果生长。相反在肥沃地上,枝条生长过旺,花果数量太多,地上部消耗养分多,根系就不发达。

根据枸杞根系和地上部的生长特点,制订栽培措施,加强肥水管理,为根系生长创造良好条件,就可增强树势,获得优质高产。

2. 枝叶及花果生长的相关性·枸杞枝叶生长和花芽分化果实发育之间的相互关系也很密切,虽然枝叶和花果的生理功能不同,但它们的形成和生长发育都需要光合作用的产物。由于花果所需要的营养物质是由叶片提供,因此,花果的生长发育是建立在叶片良好生长的基础上的。枝叶的发达与健壮是优质高产、稳产的前提。研究表明，在同一条件下同一品种，在一定范围内，随着结果枝节数和叶面积的增加，产量也增加，经相关性测定，枝条节数 $r=0.776$，叶面积 $R=0.898$，说明产量同枝条节数及叶面积呈正相关。但枝叶生长也需消耗大量养分，尤其是枝条，所以枝叶生长过弱，使营养物质积累少，运往花、果的养分不够，就会出现落花落果，或者果实生长发育不良，花少果小。反之开花结果多，消耗大量营养物质，也会削弱枝条生长，使树体生长弱，所以到花果期的 $7\sim8$ 月份，迫使枝条生长减慢或者停止生长。为了调节枝叶生长同花果生产的矛盾，在生产中必须注意修剪措施，控制枝叶生长过弱或过旺，加强水肥管理，促使器官间进行相互调节，增强树势，获得连年高产稳产（胡忠庆，2004）。

二、营养物质的合成与利用

（一）枸杞营养生长

根、茎、叶是植物体主要的吸收、合成和输导器官，称为营养器官。

1. 根的生长·植物的主根由胚发育而来。根的生理功能主要是固定植株，从土壤中吸收水分和养分，合成细胞分裂素、氨基酸。生长和吸收功能良好的根系是高产、稳产的基本保障。根的生长部位有顶端分生组织，也具有生长周期的特征。根也有顶端优势，主根的生长抑制侧根的生长，育苗移栽时切除主根可以促进侧根的生长。环境条件影响根的生长，根的生长具有向地性、向湿性、背光性和趋肥性。根生长受阻后，延长区减少、变粗，构造也发生变化，如维管束变小，表皮细胞数目和大小也改变，皮层细胞增多。土壤水分过少时，根生长缓慢，同时使根木质化；土壤水分过多时，通气不良，根短且侧根数增多。

2. 茎的生长·茎由胚芽发育而成，是植物体的营养器官，是绝大多数植物体地上部分的躯干。其上有芽、节和节间，并着生叶、花、果实，具有背地性，有输导、支持、贮藏和繁殖的功能。控制茎生长最重要的组织是顶端分生组织和近顶端分生组织。前者控制后者的活性，而后者的细胞分裂和伸长决定茎的生长速率。茎的节通常不伸长，节间伸长部位则

依植物种类而定，有均匀分布于节间的，有在节间中部的，也有在节间基部的。双子叶植物茎的增粗是形成层活动的结果，单子叶植物茎的增粗靠居间分生组织的活动。

3. 叶的生长·叶是植物的重要营养器官，一般为绿色扁平体，具有向光性。植物的叶有规律地着生于茎枝的节上，主要生理功能是进行光合作用、气体交换和蒸腾作用。叶生长发育的状况和叶面积大小对植物的生长发育及产量影响较大。植物叶片的大小随着植物的种类和品种不同差异较大，同时也受温、光、水、肥、气等外界条件的影响。单叶片自叶片定型至 $1/2$ 叶片发黄的时期，称叶片功能期。衡量植物叶面积大小常用叶面积指数表示，叶面积指数是指植物群体的总绿色叶面积与其所对应的土地面积之比。植物群体的叶面积指数随生长时间而变化。一般出苗时叶面积指数最小，随着植株的生长发育，叶面积指数增大，植物群体繁茂的时候叶面积指数达到最大。但当叶面积指数最大时，植物群体透光率最低，此后，部分叶片逐渐老化、变黄、脱落，叶面积指数变小。枸杞种类和品种以及外界环境条件的差异，是决定枸杞种植和产量的重要指标。研究表明，叶片斜向上伸展、株型紧凑的植物，最适叶面积指数较大；而叶片平展、株型松散的植物，最适叶面积指数较小（曹有龙，2013）。

（二）枸杞生殖发育

花、果实和种子是植物体主要的繁衍后代器官，称为繁殖器官。

1. 花的生长发育·植物经过适宜条件的成花诱导之后，产生成花反应，明显标志就是茎尖分生组织在形态上发生显著变化，从营养生长锥转变成生殖生长锥。经过花芽分化过程，逐步形成花器官。大多数植物的花芽分化都是从生长锥伸长开始的，在成花诱导下，逐步分化形成若干突起体，在原来叶原基的位置，分化形成原基、雄蕊原基和雌蕊原基。枸杞的花芽分化是在同一朵花内形成雌蕊和雄蕊，即为两性花，这类植物称为雌雄同花植物。

不同植物的开花龄期、开花季节、花期和单花的开放时间长短差异极大。多年生植物生长到一定时期才能开花，少数植物开花后死亡，多数植物一旦开花便每年都开花，直到枯萎死亡为止。花粉成熟后，

花粉借外力的作用从雄蕊的花药传到雌蕊柱头上的过程,称为传粉。传粉的方式主要分为自花传粉、异花传粉和常异花传粉。枸杞属于常异花传粉植物,是指异化传粉介于 5%～50% 的传粉方式。因为异花传粉时,由于雌、雄配子来自不同的植物体,分别在差异较大的环境中产生,遗传性的差异较大,由此结合而产生的后代具有较强的生命力和适应性。

2. 果实的生长发育·果实是由子房或与子房相连的附属花器官(花托、花萼、雄蕊、雌蕊等)发育而来。多数果实子房通过授粉、受精发育而来。果实生长过程一般也和营养生长一样呈"S"形曲线,表现为"慢—快—慢"的生长周期,如枸杞等。但一些核果类植物生长则呈双"S"形,在生长中期有一个缓慢期。果实在生长末期发生一系列特殊的质变,称为成熟。枸杞果实成熟时,呼吸作用和代谢发生变化,色、香、味也都发生变化,果肉也由脆变软。也有些植物果实成熟时没有显著变化。

3. 种子的生长发育·种子由子房内的胚珠发育而成。在自然成熟情况下,种子和果实的成熟过程同时进行。对于采收的未成熟果实,在贮藏期间用乙烯等人工催熟剂处理后,虽然果实可以发生成熟时的生化变化,但种子并不随之成熟。这表明种子和果实在成熟时各有其独立的生理生化变化规律,但相互之间也有影响。在种子形成初期,呼吸作用旺盛,因而有足够的能量供给种子的生长并满足有机物的转化和运输。随着种子的成熟,呼吸作用逐渐降低,代谢过程也逐渐减弱。在种子成熟期间,可溶性物质如糖类、氨基酸、无机盐等大量输入种子,称为合成贮藏物质的原料。多数药用植物的果实和种子的生长时间较短、速度较快,此时若营养不足或环境条件不适宜,都会影响其正常生长和发育。因此,以果实或种子为食用器官的植物,给予适宜的营养条件和环境条件,更有利于果实和种子的正常发育。

对于多年生植物而言,营养生长和生殖生长交错进行,而且不同年份的生殖器官发育也有重叠发生。营养生长是生殖发育的基础,生殖器官的数量和强度又影响营养生长。研究表明,随着结果数量的增加,营养生长对单株总重量影响较少,对茎和叶的干物质积累影响较大。营养生长和生殖发育是相互依赖、竞争和抑制的,在营养物质的分配上,生殖器官影响物质分配最显著,同一棵树不同生长时期,由于生殖器官发生早晚、发育质量和获得营养的范围差别,其花芽质量、坐果率和果实大小都不一样。在春天,枸杞多年生枝花芽分化和花芽质量优于新梢,且果实成熟期较早。同时,生殖器官之间也存在着竞争,过多的开花或结果,由于供给营养物质不足,常会引起落花落果,而降低产量。

三、枸杞树对自然环境的要求

(一) 温度

枸杞对温度要求不太严格,具有一定的耐寒性。在北纬 25～45°范围内,1 月份平均气温 −3.3～15.4 ℃,绝对最低气温 −25.5～41.5 ℃,年平均气温 4.4～12.7 ℃,7 月份平均气温 17.2～26.6 ℃,绝对最高气温 33.9～42.9 ℃,可以生存生产一定量的果实。但要达到既高产又优质的目的还必须考虑当地的气候条件,尤其注意以下两个温度指标:一是 ≥10 ℃ 的有效积温数;二是从展叶到落叶以前的日夜温差。有效积温高,生长周期长,容易获得高产。日夜温差小,呼吸、蒸腾强度大,有效积累偏少;日夜温差大,有效积累多,容易获得优质果实(表 3-9)。结果表明,凡是 ≥10 ℃ 有效积温高的地区,老眼果采果早,有效积温低采果时间越晚。枸杞是一种在一个生长季节多次生长,多次开花的作物,只有长的生长期,才能获得更多的开花结果时间,只有长的开花结果时间,才能生产出更多的果实(安巍,2010)。

表 3-9　各种气候条件对枸杞采果迟早的影响

地区 项目	青海 都兰	内蒙古 临河	河北 巨鹿	宁夏 中宁
平均气温(℃)	4.2	8.9	12.1	13.1
初霜期(旬/月)	中/10	上/10	下/10	中/10
终霜期(旬/月)	中/5	下/3	中/4	中/4
全日照时数(h)	3 078.3	3 057.4	2 773	2 972.9
≥10 ℃积温	2 009.8	3 447.1	4 496	3 349
生长期日夜温差(℃)	11.6	12.7	9.5	13.5
果熟期(旬/月)	下/7	下/6	下/5	中/6

（二）光照

枸杞是强阳光性树种，光照强弱和日照长短直接影响光合产物，影响枸杞树的生长发育。在生产中，被遮荫的枸杞树比在正常日照下的枸杞树生长弱，节间也长，发枝力弱，枝条寿命短，结果差，果实个头小，产量低。尤其树体大、冠幅厚的内膛枝因缺少直射光照，叶片薄，色泽淡，花果很少，也是落花落果的重点区域。实验表明树冠各部位因受光照强弱不一样，枝条坐果率也不一样，树冠顶部枝条坐果率比中部枝条坐果率高，这一结果基本和都兰枸杞种植基地调查结果一致（表3-10）。

表3-10　光照对坐果率的影响

树冠部位	树冠顶部	中层外围	中层内部	下层外围	南面	北面
相对光照（%）	98.7	1.6	32.4	54.8	85.4	64.3
坐果率（%）	78.0	76.0	56.8	67.8	72.4	71.5
鲜果平均单重（克）	0.583	0.581	0.514	0.539	0.583	0.567

光照还会对果实中可溶性固形物含量造成影响，据都兰枸杞种植基地调查，在同一株树上，树冠顶部光照充足，鲜果的可溶性固形物含量为17.18%，树冠中部光照弱，鲜果可溶性固形物只有14.55%。

由于光照对枸杞树生长发育影响大，所以在生产栽培中，要解决这个问题，最有力的措施是：①合理定植。②培养冠幅小，冠层薄的立体结果树形。充分利用土地、空间和光照，才能生产出优质高产的果实（安巍，2010）。

（三）水分

水是枸杞树体重要的组成成分，在枸杞成熟的浆果中水的含量达72%～83%。水在树体的新陈代谢中起着重要作用，它既是光合作用产物不可缺少的重要组成物质，又是各种物质的溶剂，在水的作用下根部吸收的无机盐正常运输到树冠各部分，把叶片制造的光合作用产物输送到根部，促使树体生长，根深叶茂，花多果大。枸杞的叶片结构是等面叶，正反两面的栅栏组织都很发达，这种组织的细胞间隙小，使叶面水分蒸发受到节制，相对地保持了更多树体水分，再加上枸杞根系特别发达，能伸向较

远的土层吸收水分，因而决定了枸杞耐旱能力强。野生枸杞在都兰乌龙沟降水量179.1 mm条件下能生长，在从不灌水的古老长城上也能生长，并能少量开花结果。但是栽培枸杞要获得优质高产，就必须有足够的土壤水分供应。枸杞栽培对水最适宜的要求是生长季节地下水在1.5 m以下，20～40 cm的土壤含水量15.27%～18.1%。地下水位过高，根系分布层水位过高，土壤通气条件差，影响根系正常的呼吸作用，根系生长和呼吸受阻，对地上部影响尤为明显。具体表现为树体生长势弱，叶片发灰，叶片变薄，发枝量少，枝条生长慢，花果少，果实也小。严重时落叶，落花，落果，整园死亡。

水对枸杞生长的影响，因发育阶段不同对水分的需要强烈程度也不同。枸杞对水分缺丰最敏感的阶段是果熟期，如果水分充足，果实膨大快，个头大；如果缺水，就会抑制树体和果实生长发育，使树体生长慢，果实小，严重时加重落花、落果。所以说在枸杞的管理上水的供应要做到科学合理，才能获得优质高产（安巍，2010）。

（四）土壤

土壤作为枸杞生存基础，供给其生长结实的营养和水分。枸杞对土壤的适应性很强，在一般土壤，如沙壤土、轻壤土、中壤土或黏土上都可以生长。在生产中要实现优质高产栽培，最理想的土壤类型是轻壤土和中壤土，尤其是灌淤沙壤土。在枸杞之乡青海诺木洪，产量高、质量好的几个栽培基地中，都是棕钙土、灰棕漠土、沙壤土，显碱性，pH 7.5～8.5之间。这类土壤通透性好，土壤元素含量丰富，养分含量高。如果土壤沙性过强，则会造成肥水保持差，容易干旱，枸杞生长不良。如果土壤过于黏重，如黏土和黏壤土，虽然养分含量较多，但容易板结，土壤通透性差，对枸杞根系呼吸及生长都不利，枝梢生长缓慢，花果少，果粒也小。在栽培中对待这类土壤必须进行改良，改良这类土壤的办法是向枸杞园增施猪粪、羊粪等有机肥，或者是增施柴草等有机物质。采取这种办法即增加了土壤有机质和肥力，更主要的是疏松了土壤，改善了土壤的通透性。这类土壤经若干年改良后就是生产优质枸杞的比较理想的土壤类型（安巍，2010）。

四、柴达木枸杞树对高原环境的适应需求

（一）温度

每年5月上旬至9月下旬是柴达木盆地东部地区枸杞的主要生长期，平均气温为12.5℃。其中，夏季6~8月平均气温约19℃，是枸杞生长发育的关键阶段，决定着后期果实的质量和产量。夏季平均气温偏高，会缩短枸杞生长期，利于赶在阴雨和降温前采摘和晾晒枸杞，保证枸杞果实的质量和产量。

柴达木枸杞耐寒力强，喜较凉气候，气温稳定在7℃左右种子即可萌芽，在<-3℃低温下幼苗依然可生长，在-25℃低温下植株不会产生冻害。同时，植株也较耐高温，在33.9~42.9℃下能继续生长。枸杞根部在8~14℃时生长最快，16~18℃时茎叶生长最适宜，开花最适宜温度为16~23℃，结果期最适宜温度为20~25℃。秋季气温降至10℃以下时，果实停止发育。柴达木盆地东部每年5~9月的温度完全适合枸杞生长发育需要，能满足枸杞生长喜凉的习性，是天然适宜发展枸杞产业的地区。（唐文惠，2019）

（二）光照

柴达木盆地东部地区光照资源丰富，枸杞整个生长发育期光照时数平均达1 560 h，充足的光照有利于枸杞植株健壮生长，同时亦能促进枸杞开花结果和果实着色。尤其枸杞生育后期，光照能促进枸杞糖分充分积累，且有利于采摘后晾晒。

柴达木枸杞喜光，生长发育期内光照不足时，一般不会结果或只结少量果实。种植枸杞必须选择向阳地块，充分的光照有利于提高枸杞植株光合作用，增强枝干寿命，使植株发育茂盛，开花多，结果率高。柴达木盆地东部地区在枸杞生长发育期内平均日照时数为1 560 h，完全满足枸杞喜光需要。

（三）水分

柴达木盆地东部地区属高原大陆性气候区，降水稀少，气候干旱，与枸杞生长发育不相适应；但柴达木盆地东部水资源丰富，诺木洪河水量足，通过引水灌溉可满足枸杞生长发育所需水分。

柴达木枸杞根系发达，既耐干旱，又对水分有一定要求。种植枸杞适宜选择较湿润的地方，如果积水过多易使枸杞根部泡坏，应发烂根、死株。土壤含水量在18%~22%，最适合枸杞生长。枸杞成熟时，必须在2~3天内全部采摘完毕；否则遇降雨，枸杞果实会裂开霉变。柴达木盆地东部地区虽干旱少雨，但灌溉水源充足，因而具有发展枸杞产业得天独厚的地理条件。（唐文惠，2019）

第五节　生态和生理学特征研究

一、栽培适宜性

宁夏枸杞为中生阳性灌木，原产于中国西北蒙新高原和部分青藏高原区域内，主要分布于河北、山西、内蒙古、甘肃、陕西、宁夏、新疆和青海等地区，野生种的中心分布区是在甘肃的河西走廊，青海的柴达木盆地，以及青海至山西黄河段两岸的黄土高原及山麓地带。宁夏枸杞生态环境以宁夏作为道地药材主产区为例，年太阳总辐射量135~150 kcal/cm²，年平均气温7~9℃，≥10℃积温2 500~3 000℃，平均日温差大于10℃，持续日照150~174天，海拔高度1 000~1 700 m，年降水量200~400 mm，无霜期140~159天。对土壤要求不严，土质以轻土壤为好；野生植株抗旱能力较强，栽培品种喜水浇、怕水涝，土壤含水量16%~20%最宜开花结实；耐盐耐碱性强，可在含盐量高达0.5%~2.0%、pH在7.6~9.5的土壤上正常生长，但土壤pH以不大于8.5为好。目前，宁夏枸杞的人工栽培主要在宁夏、内蒙古、新疆、河北、青海和甘肃为主要地区，其中宁夏和青海质量较佳，多数商家认为是其道地产区，目前中宁、柴达木、内蒙古先锋、甘肃靖远申请了原产地产品保护。

笔者利用3年的时间，对宁夏、青海、甘肃、内蒙古、新疆、山西、河北枸杞产业进行调研，访问种植户

近百名农户,从种植品种、质量、产量、销售情况进行综合分析,枸杞适宜性区是宁夏中宁和青海诺木洪两地。

1. 最适宜区·宁夏灌区中南部和北部的惠农、河套西北的杭锦后旗,毛乌素沙漠西缘,腾格里沙漠,河西走廊南部张掖东南至武威、民勤地区,新疆天山北麓,青海诺木洪、格尔木。地域环境:该地区枸杞生育期间≥10 ℃,活动积温为 3 000 ℃～3 600 ℃,可利用生长季节 190 天左右,降水量 100～240 mm。黑果病北疆很少,宁夏较少,河套西部略多。枸杞幼果期,北疆发生干热风较多,甘肃河西走廊南段、宁夏、河套西部发生较少,青海病虫害最少。枸杞品质:枸杞干果产量高,品质优,药用成分含量高。主要产区:该区域中现有宁夏、甘肃河西走廊、杭锦后旗、北疆石河子、青海诺木洪、新疆生产建设兵团 6 个枸杞产区。

2. 优质适宜区·青海德令哈、乌兰,内蒙古阿拉善盟,甘肃河西走廊西段和北疆西北沙漠边缘,南疆博斯腾湖周边,北疆东部沙漠边缘。地域环境:该地区枸杞生育期间≥10 ℃,活动积温为 2 900～4 100 ℃,热量充足,可利用生长季节 70～190 天,降雨量 100～250 mm。枸杞品质:枸杞鲜果产量高,含糖量较高,颗粒大。主要产区:青海格尔木、德令哈产区,新疆精河、生产建设兵团产区,陕北和内蒙古托克托种植区,与之毗邻的还有河套灌区的乌拉特前旗枸杞种植区。

3. 适宜区·宁夏山区长山头区以南至固原黑城以北地区、甘肃兰州以西、陕北和西北部地区。地域环境:该地区枸杞生育期间≥10 ℃,活动积温为 2 800～3 100 ℃,略欠缺,可利用生长季节 170～190 天,降水量 240～380 mm,枸杞幼果期基本无干热风。枸杞品质:品质一般,总糖和多糖偏低,黑果率较高。主要产区:目前该地区有宁夏山区、陕北和内蒙古托克托 3 个种植区,与之毗邻的还有河套灌区的乌拉特前旗枸杞种植区。

4. 次适宜区·甘肃陇东、陕北延安、山西中部、河北中部。地域环境:该地区枸杞生育期间≥10 ℃,活动积温为 3 200～3 600 ℃,热量充足,鲜果产量较高,可利用季节 90～210 天,降水量补足 380～520 mm。枸杞品质:产果量一般,品质一般。主要产区:除在陕北有零星种植外,河北的巨鹿和

辛集有小规模种植供应当地的药材市场。

从上面的分析可以看出,我国北方有一些枸杞最适宜区和适宜区正在大力发展枸杞产业,如河套西部的枸杞与宁夏枸杞在产量、质量上相差不大,基本处在同一个水平,根据取样资料对枸杞品质聚类分析也表明,青海枸杞和宁夏枸杞聚为一类,同为《中国药典》来源品种(见青海枸杞品质章节)。青海枸杞百粒重、含总糖多糖等均高于其他产区。内蒙古巴盟的枸杞质量总体良好,其多糖含量、百粒重、色泽等项指标均符合行业标准,青海、新疆的大果品质优,但是不同区域的环境条件决定了各地枸杞品质差距,而且优、劣势各不相同。

二、抗性生理研究

枸杞是一种耐盐生植物,同时也是一种药用植物。深入研究其抗盐机制,搞清其抗盐性及其与品质和产量的关系,可为宁夏枸杞规范化栽培提供理论基础。

1. 盐胁迫抑制枸杞光合作用的机制·对宁夏枸杞的抗盐性进行了系统研究,研究了不同浓度土壤盐胁迫下宁夏枸杞渗透调节、光合作用、抗氧化保护系统和糖代谢等生理性状的变化。结果显示:NaCl 胁迫下,宁夏枸杞渗透调节物质以无机离子为主,主要为 Na^+ 和 Cl^-,并随外界盐浓度的增加而增加,K^+ 则呈现下降的趋势,叶部积累的无机离子总量高于根部,枸杞根系质膜和液泡 H^+ - ATPase 活性逐渐增强,且液泡膜 H^+ - ATPase 活性高于质膜 H^+ - ATPase 活性。在等渗的 PEG 6000 处理下,有机溶质(甜菜碱、氨基酸、可溶性糖、有机酸)量明显增加。盐胁迫下叶片光合作用总体呈现下降的趋势,在土壤盐浓度小于 6 g/kg NaCl 胁迫范围时,光合作用光系统 Ⅱ(PSⅡ)的光化学活性保持较强的稳定性,净光合速率(Pn)的下降主要受气孔限制,在盐分大于 6 g/kg NaCl 时,Pn 下降的原因是非气孔限制因素引起的。外源甜菜碱对盐胁迫下枸杞叶片膜质过氧化具有较好的缓解作用。通过钌红标记定位电镜观察发现盐胁迫下枸杞叶片细胞壁表面糖蛋白层明显增厚,并且随 NaCl 增加而增厚、致密,当超过 9 g/kg NaCl 时,其细胞壁糖蛋白层开始疏松并大量的脱落。宁夏枸杞抗盐生理的研究为在大面积盐碱地上的合理种植提供了理论

依据。

利用不同盐浓度处理枸杞扦插苗,在生长的不同阶段分别测定叶片光合速率及其他生理指标,结果表明:盐处理后,Pn 下降,Gs 减小,Ls 先升高后降低,Ci 先降低后升高;叶片 Chl 含量降低,叶绿素荧光参数 F_m、F_v、F_m/F_o、F_v/F_o 和 F_v/F_m 均降低;可溶性糖和枸杞多糖含量增加。Ci 和 Ls 的变化说明 Pn 下降的原因短期内以气孔限制因素为主,长期则以非气孔限制因素为主,其他生理指标的变化及其和 Pn 间存在的显著相关性,表明盐胁迫下枸杞光合作用降低是多因素共同作用的结果。结果还表明,含盐量低于 0.5% 的土壤对枸杞光合作用影响不大,证明枸杞具有一定的耐盐性(惠红霞,2004)。

2. 盐胁迫下枸杞叶片细胞表面糖蛋白的变化· 利用细胞化学的方法,对经过不同浓度盐胁迫的枸杞细胞表面糖蛋白的动态变化进行了标记定位电镜观察。枸杞盐胁迫处理后发现,盐胁迫过程中枸杞细胞表面糖蛋白层明显增厚、致密。随着胁迫时间的延长则变薄、脱落、游离到细胞间隙中。细胞壁糖蛋白的积累是枸杞对盐胁迫反应的重要生化机制,在枸杞的耐盐生理活动中起着重要作用。

在受到盐胁迫后,为了适应盐渍环境,伸展蛋白合成比较旺盛,然后由单体聚合成多聚体,使细胞壁结构更加致密,以适应于盐渍环境;而枸杞叶片在0.3%盐胁迫时随着时间的延长未出现增厚致密的现象直到浓度达到 0.6%,并且时间延长才表现出明显的增厚致密现象。说明枸杞叶片对盐胁迫的反应不是很敏感,直到盐浓度达到 0.9% 时糖蛋白层才受到破坏。这一结果表明盐胁迫能够引起枸杞叶片细胞壁表面糖蛋白层的增厚,随着盐浓度的增加和胁迫时间的加长最终大部分糖蛋白层脱落、减少并变薄,这一变化规律也说明枸杞的耐盐性在细胞壁上得到了表现。分析其原因可能是,盐胁迫起到了一种由于环境因素的改变造成的一种诱导信号,促使合成糖蛋白基因的表达,大量合成新的糖蛋白在细胞壁表面的堆积,表现出糖蛋白层的增厚。新的糖蛋白合成与积累是基因表达调控的产物,它在枸杞的耐盐生理中可能起着重要的作用。也可能是一种对盐胁迫的保护性反应,使细胞的游离表面更加牢固,减轻对细胞的损伤(杨涓,2004)。

3. 盐胁迫对枸杞幼苗活性氧与保护酶影响· 毛桂莲等(2005)在不同盐浓度下,对枸杞幼苗叶片中的 H_2O_2 含量、O_2^- 产生速率及保护酶超氧化物歧化酶(SOD)、过氧化物酶(POD)、过氧化氢酶(CAT)的活性进行了测定。结果表明:随着盐浓度的升高,H_2O_2 含量和 O_2^- 产生速率呈上升趋势;保护酶 SOD、CAT 活性在盐浓度 0.3% 时与对照相比升高,随后下降,但其活性始终高于对照;随着胁迫时间的延长,H_2O_2 含量和 O_2^- 产生速率出现先升后降的趋势,保护酶 POD 活性呈现逐渐升高的趋势,SOD 和 CAT 活性下降。由此说明,保护酶是通过提高酶活性来增强保护功能的,同时也说明植物体内活性氧的清除需要整个防御系统包括一些酶促和非酶促物质的共同协调作用。

活性氧自由基伤害学说认为,在正常生理条件,植物体内产生的活性氧不足以使植物受到伤害,因为植物在长期进化过程中形成了一个完善的清除活性氧的防卫系统,使活性氧的产生与清除维持在一个动态平衡,活性氧的产生加快,而清除系统的功能降低,致使活性氧在体内积累,植物受到氧伤害。本实验的结果表明,随着盐浓度的升高,活性氧 H_2O_2 含量和 O_2^- 产生速率呈现不同水平的升高,并且 O_2^- 产生速率增加较明显,说明 H_2O_2 含量和 O_2^- 产生速率的增加与盐分胁迫密切相关;随着盐胁迫时间的延长,H_2O_2 含量和 O_2^- 产生速率逐渐增加,其中在 12 天时增加的幅度较大,到 16 天开始下降,这是由于各种保护酶(如 POD)活性随着盐胁迫时间的延长出现升高趋势,在一定程度上起到清除活性氧的作用。

保护酶 SOD,POD,CAT 在逆境胁迫中所起的作用已经得到很多证明,SOD 能以 O_2^- 为基质进行歧化反应,CAT 可以分解 H_2O_2 含量,POD 可解除细胞内自由基。本实验表明,在轻度胁迫时(0.3%),SOD,CAT 活性升高,随着盐浓度的升高,SOD,CAT 活性逐渐呈下降趋势。其中 SOD 酶活性虽然降低,但是其酶活性却始终高于对照,由此可以看出,保护酶是通过提高酶活性来增强保护功能的。随着时间的延长,SOD、CAT 酶活性下降,POD 活性随着时间的延长呈上升趋势,H_2O_2 含量和 O_2^- 产生速率在 16 天时下降,说明保护酶在一定程度上起到了清除活性氧的作用。但是即使这样,H_2O_2 含量和 O_2^- 的产生速率随着盐浓度的升高而升高,说明保护酶 SOD、POD、CAT 并没有完全有效地清除体内的活性氧,植物体内活性氧的产生与清除的动态平衡没有维持在良好水平,说明活性氧的清除需要整个防御系统包括一些酶促和非酶促物质的共同协调作用。

4. 盐分和水分胁迫对枸杞苗渗透调节效应·利用不同浓度 NaCl 和等渗 PEG 处理枸杞(*Lycium barbarum* L.)幼苗,15 天后测定叶片中主要有机溶质和无机离子的含量及叶片渗透势和渗透调节能力。结果表明,NaCl 处理的无机离子总含量急剧增加,其中 Na^+ 和 Cl^- 增加最多,占计算渗透势(COP)的 $53\%\sim71\%$,总无机离子占 COP 的 $90\%\sim93\%$。有机溶质总含量则稍有降低,占 COP 的 $7\%\sim10\%$。PEG 处理使有机溶质(甜菜碱,氨基酸,可溶性糖,有机酸)含量明显增加,尤其是可溶性糖和有机酸,其渗透势分别占 COP 的 8.18% 和 6.14%。不同处理的实测渗透势(MOP)均小于 COP,说明在这些条件下,还有其他渗透剂参与枸杞幼苗的渗透调节。同时,枸杞幼苗的渗透调节能力随外界盐度的增大而增加(郑国琦,2002)。

5. 盐地枸杞抗盐特性研究·甘肃农业大学分别测定了在重盐碱地上种植的一年生、三年生和四年生宁夏枸杞营养器官中脯氨酸、可溶性糖、丙二醛以及地上部叶绿素的含量。结果表明,脯氨酸和丙二醛含量较对照增加,可溶性糖在地上部无明显变化,而在根部大量积累,地上部叶绿素含量有所降低。上述生理指标在宁夏枸杞各营养器官中的含量有所差别,表现为脯氨酸和可溶性糖在根中含量最大,叶片次之,茎中最少,而丙二醛却与之相反,呈现一定的负相关性;生长年限不同,其各项生理指标也不相同。研究认为,枸杞具有较强的耐盐能力(王龙强,2004)。

6. 土壤水分下限对枸杞生理生长影响·为研究在秸秆覆盖条件下,不同土壤含水量下限对枸杞的生长和水分生理特征的影响,以宁杞 1 号为研究对象,设置不同的土壤水分下限控制值,分别定期测定各处理植株新梢生长量、株高和地径,测定叶片的持水力和光合作用日变化等生理指标。结果表明,土壤水分下限控制在田间最大持水量的 $60\%\sim70\%$ 有利于枸杞的生长,其新梢生长量、地径和株高增加普遍显著好于其他处理,枸杞的相对含水量、饱和亏与持水力、平均净光合速率等生理状况优于其他处理,有利于在干旱环境下保持正常生长,这为景电灌区枸杞的节水和栽培提供了参考(李岁成,2010)。

7. 旱胁迫对宁夏枸杞生理影响·宁夏生命大学科学院探究干旱胁迫对宁夏枸杞(*Lycium barbarum* L.)幼苗抗氧化保护酶活性的影响,为枸杞的节水灌溉提供理论依据。利用不同程度的干旱胁迫处理盆栽枸杞幼苗,分别在处理后第 1、3、6、12 天测定枸杞幼苗叶片的膜透性、可溶性蛋白含量、超氧化物歧化酶 SOD 活性、放氧速率及膜质过氧化产物 MDA 含量。结果宁夏枸杞具有较强的抗旱性,在干旱胁迫程度小于田间最大持水量 45% 的条件下,宁夏枸杞以上各项指标与对照相比差异不显著,而在干旱胁迫程度大于田间最大持水量 45% 的条件下,各项指标变化显著。结论是田间最大持水量 45% 是宁夏枸杞正常生长的临界值。当干旱胁迫程度低于该值时,宁夏枸杞能够正常生长,而当提高干旱胁迫程度时,宁夏枸杞生长受到一定程度的影响(郑国琦,2008)。

第六节　枸杞分子生物学研究

自 20 世纪 50 年代以来,作为生物学前沿学科的分子生物学对推动整个生命科学的发展起到了决定性作用,但关于枸杞分子生物学方面的研究才刚刚起步。目前开展的主要工作有枸杞基因组总 DNA 和 RNA 提取方法的建立,枸杞叶片和果实 cDNA 文库的构建,不同地区、不同枸杞品种的 RAPD 和 AFLP 分析方法的建立及优化,不同宁夏枸杞种质资源遗传多样性分析,枸杞有效成分类胡萝卜素合成酶基因——番茄红素 β-环化酶基因 LycB 和甜菜碱合成酶基因——甜菜碱醛脱氢酶基因 BADH 和胆碱单加氧酶基因 CMO 的克隆与表达分析以及转基因枸杞新品种的培育等。以上研究工作的开展，为将来克隆枸杞功能基因、构建枸杞的分子指纹图谱，以及进一步应用转基因技术培育枸杞新品种提供了很好的研究基础。

一、枸杞基因组总 DNA 和 RNA 提取

基因组 DNA 和 RNA 的提取通常用于构建基因组文库、Southern 杂交(包括 RFLP)及 PCR 分离基因等。利用基因组 DNA 较长的特性，可以将其与细胞器或质粒等小分子 DNA 分离。加入一定量的异丙醇或乙醇，基因组的大分子 DNA 即沉淀形成纤维状絮团漂浮其中，可用玻棒将其取出，而小分子 DNA 则只形成颗粒状沉淀附于壁上及底部，从而达到提取的目的。

(1) 枸杞基因组总 DNA 的提取李树华等(2005)用 SDS－Ⅰ、SDS－Ⅱ和 CTAB 3 种方法提取枸杞果实 DNA，SDS－Ⅰ和 CTAB 法提取的枸杞 DNA 纯度和得率都较低，SDS－Ⅱ提取的纯度为 $OD_{260}/OD_{280}=2.8$，说明含有较多的 RNA，$OD_{260}/OD_{230}=1.61$，得率 180.9 $\mu g/g$。孙晓东等(2003)用 CTAB 法提取枸杞果实 DNA，提取的 DNA 含量为 100 $\mu g/mL$，纯度值 $OD_{260}/OD_{280}=1.3$，虽未达到比值 1.8 的理想纯度，经 RAPD 法扩增后进行琼脂糖电泳分析表明对枸杞有 DNA 分子标记意义。张满效(2005)和魏玉清(2005)用改进的 CTAB 法提取了枸杞叶片的 DNA，用于 RAPD 分析。

(2) 枸杞基因组总 RNA 的提取，张爱香(2005)等采用异硫氰酸胍-酸酚-氯仿抽提的方法，从枸杞叶片中提取总 RNA，经甲醛凝胶变性电泳检测 RNA 未被降解，且可见 mRNA 弥散在 3 条带中间。$OD_{260}/OD_{280}=1.94$，说明 RNA 没有蛋白质污染；$OD_{260}/OD_{230}=2.12$，说明 RNA 没有异硫氰酸胍的污染，符合 mRNA 制备的要求。从 1 g 枸杞叶片中共获得 130 μg 总 RNA。抗艳红等采用 T R Izol 试剂提取枸杞叶片总 RNA，通过 1‰的琼脂糖凝胶电泳检测，可以观测到典型的 5S、18S 和 28S 条带。张爱香等(2005)采用异硫氰酸胍-酸酚-氯仿抽提的方法，从 1 g 枸杞果实中提取了总 RNA，经甲醛凝胶变性电泳后出现清晰的 3 条带，$OD_{260}/OD_{280}=$ 1.72，介于 1.7～2.0 之间，说明 RNA 未被降解，没有蛋白质的污染，$OD_{260}/OD_{230}=1.98$，接近 210，说明 RNA 没有异硫氰酸胍的污染，符合 mRNA 制备的要求。

二、枸杞叶片 RAPD 分析

张满效等(2005)用 RAPD 分析了不同盐碱环境中宁夏枸杞遗传物质的变化。从 34 个随机引物中筛选出电泳谱带清晰且多态性较好的 6 个引物进行扩增，共扩增出 187 个位点，引物扩增出的 DNA 片段大多在 200～2 000 bp 之间，其中有 35 个多态性位点，占总位点数的 18.72%。结果表明宁夏枸杞在生长发育过程中，为了适应环境，在代谢发生了变化后，其遗传物质 DNA 也发生了一定的变异。魏玉清等(2005)利用 RAPD 技术检测了宁夏不同地区种植的宁夏枸杞主栽品种和新育成的枸杞品系基因组 DNA 的多态性，并对其遗传背景进行了初步分析。从 400 条 10 碱基的随机引物中筛选出了 40 条适用于枸杞 RAPD 分析的引物，构建了主要推广品种宁杞 1 号的 RAPD 图谱；并选取了其中 9 种引物对 10 份参试材料进行了扩增，结果显示，宁夏不同地区主要栽培的枸杞品种遗传上没有明显的差异，但新品系大果枸杞 0105 号与宁杞 1 号在基因组上有差异(何军，2007)。

三、枸杞叶片和果实 cDNA 文库的构建

张爱香(2005)采用异硫氰酸胍-酸酚-氯仿法提取枸杞叶片和果实完整的总 RNA，用磁珠法分离 mRNA，用 Promega 公司的 cDNA 合成试剂盒合成双链 cD2NA，在 cDNA 末端连接上 EcoR Ⅰ 接头，并与 λExCell 载体连接后，用 Promega 公司的蛋白包装系统进行包装，在国内外首次获得滴度为 2.78×10^5 pfu/mL，重组效率为 88.1%的枸杞叶片 cDNA 文库和滴度为 8.4×10^4 pfu/mL，重组效率为 86.9%的枸杞果实 cDNA 文库。中国生物制品学杂志也报道采用 TR Izol 试剂提取枸杞叶片总 RNA，然后利用 PolyATtract mRNA 分离系统分离 mRNA，反转录合成第一链 cDNA 及第二链 cDNA，用 λ－ZAP 为载体，构建了滴度为 2×10^7 pfu/mL，重组率为 91%的枸杞叶片的 cDNA 文库(何军等，2007)。

四、枸杞叶片中功能基因的克隆

根据 GenBank 中的植物甜菜碱醛脱氢酶 (BADH) 基因的同源保守区设计简并引物，采用 RT-PCR 技术从枸杞中扩增出 BADH 基因的部分保守序列，并利用巢式 PCR、5'-RACE 和 3'-RACE 获得 BADH 基因的全长 cDNA。测序结果表明，BADH 全长为 1 869 bp，包含 1 512 bp 长的开放读码框 (ORF)，编码 1 个含 503 个氨基酸残基、分子量为 55.12 ku、等电点 (PI) 为 5.19，包括醛脱氢酶高度保守序列 VTLELGGKSP 和其后 287 bp 处与酶功能有关的 Cys 的假定蛋白质。mRNA 分析表明，BADH 基因在枸杞幼苗组织中受高盐胁迫和低温胁迫的上调诱导表达，表明该基因可能在植物抵御非生物胁迫中发挥重要作用 (田跃胜等, 2010)。

根据已报道植物二氢黄酮醇 4-还原酶 (dihydroflavonol 4-reductase, DFR) 基因 cDNA 序列的保守区域设计引物，对宁夏枸杞 (*Lycium barbarum*) DFR 基因进行克隆及序列分析。结果表明，宁夏枸杞 DFR 基因 cDNA 全长 1 140 个碱基，有一个 1 116 个核苷酸的开放阅读框，编码一个长 372 个氨基酸的蛋白质；氨基酸序列的聚类分析显示，宁夏枸杞 LbDFR1 与马铃薯、烟草、番茄等茄科植物的 DFR 亲缘关系较近，其中与马铃薯 DFR 亲缘关系最近，相似性为 92%；通过编码蛋白的三级结构预测，该蛋白为单体模式，具有酶学的生物特征；宁夏枸杞 LbDFR1 在宁夏枸杞的根、茎、叶等组织中广泛表达，为组成表达型基因 (樊云芳等, 2011)。

根据 GenBank 中的植物胆碱加氧酶 (CMO) 基因的同源保守区设计简并引物，采用 RT-PCR 技术从枸杞中扩增出 CMO 基因的保守序列，并利用巢式 PCR、5'-RACE 和 3'-RACE 获得全长 CMO。测序结果表明，CMO 全长 1 540 bp，包含 1 284 bp 长的开放读码框 (ORE)，编码 1 个含 427 氨基酸残基、分子量为 48.48 kDa、等电点 (*pl*) 为 5.97 的假定蛋白质。此序列 Genbank 登录号为 FJ514800。mRNA 分析表明，CMO 基因在枸杞幼苗组织中受高盐胁迫和低温胁迫的上调诱导表达，表明该基因可能在植物抵御非生物胁迫中发挥重要作用 (田跃胜等, 2010)。

学者们克隆枸杞 VDE 基因的全长 cDNA，通过对基因序列的生物信息学分析预测表达产物的结构特征和功能位点并验证其功能，为研究枸杞紫黄质循环的作用机制打下基础。利用 cDNA 末端快速扩增和 RT-PCR 方法克隆枸杞 VDE 基因全长 cDNA 序列，生物软件分析 VDE 的生物学信息。构建 VDE 基因的原核表达载体 pET-VDE，转化大肠后用 IPTG 诱导 VDE 过量表达；并构建体外反应体系对 VDE 表达蛋白酶功能进行验证。结果 LcVDE 基因的 ORF 长 1 413 bp，编码的蛋白由 470 个氨基酸组成，分子量为 53.61 kDa，等电点为 5.77。SDS-PAGE 电泳结果表明，枸杞 VDE 基因在大肠杆菌中得到了过量表达。克隆基因表达蛋白进行紫黄质的脱环氧化反应，吸收光谱和 HPLC 的分析结果表明，表达蛋白催化了紫黄质的脱环氧化反应。结论是克隆得到的 VDE 基因编码的蛋白具有紫黄质脱环氧化酶的功能与活性 (张旭强, 2014)。

以枸杞品种宁杞 1 号花药为材料，采用 RT-PCR 技术，分离了 R2R3 类 MYB 基因 LbMYB103 包含完整开放阅读框 (ORF) 的 cDNA 片段，碱基序列与已知基因 HQ415755 完全一致。运用 Gateway 技术构建 LbMYB103 基因植物过表达载体 pMDC83-LbMYB103，利用基因枪法将融合有绿色荧光蛋白 (GFP) 的过表达载体转入洋葱表皮细胞，将 LbMYB103 基因定位在细胞核。实时荧光定量 PCR 分析发现，LbMYB103 基因在花药中优势表达，果实中表达量较低，在根、茎和叶中均未检测到其转录本，推测 LbMYB103 基因可能在花药发育过程中起重要作用。通过根癌农杆菌介导法将 Pmdc83-LbMYB103 转入拟南芥 (Col-0)，经筛选获得 T1 代抗性再生植株 52 棵，PCR 鉴定有 41 棵阳性植株，收获 T1 代种子，经抗性筛选获得 T2 代抗性植株 29 棵，PCR 鉴定有 23 棵阳性植株。实时荧光定量 PCR 分析表明，LbMYB103 在拟南芥植株的基因组中正常表达。表型观察发现 T1 和 T2 代拟南芥花药发育异常，花发育迟缓，果荚短小无种子，进一步表明 LbMYB103 可能与植物的育性有关。该结果为进一步开展枸杞遗传转化、深入研究 LbMYB103 基因在枸杞花药发育过程中可能发挥的调控功能奠定了基础。

赵建华等 (2015) 以枸杞果实为试验材料，利用

RACE 技术克隆枸杞酸性转化酶基因 LbAI 的全长 cDNA 序列,应用生物信息学软件分析 LbAI 预期编码蛋白质特征;采用气相色谱法和实时荧光定量 PCR 技术,分析不同发育阶段枸杞果实及不同颜色成熟果实中可溶性糖含量及 LbAI 在果实中的相对表达量。结果显示,LbAI 的 cDNA 序列全长 2 252 bp,开放阅读框(ORF)长 1 920 bp,编码 642 个氨基酸,LbAI 编码的蛋白质相对分子量和等电点(pl)分别为 70 600 和 5.9,GenBank 登录号为 KM191309。进化树分析结果显示,枸杞与马铃薯和番茄的亲缘关系最近,相似性在 85% 以上。随着果实生长发育,枸杞果实中果糖和葡萄糖含量不断升高,而蔗糖呈现出降低趋势;不同颜色枸杞果实中糖含量差异较大,成熟红色和黄色果实中果糖和葡萄糖含量显著高于黑色果实,但蔗糖含量在黑色果实中最高,在红色果实中最低;LbAI 相对表达与果实中葡萄糖含量变化基本一致。表明 LbAI 基因在枸杞果实糖积累过程中具有重要的作用(郑蕊等,2015)。

五、转基因技术的应用

选用对蚜虫具有明显抗性的基因——雪花莲外源凝集素酶基因,用宁杞 1 号的幼叶、幼茎、幼根与携带质粒的农杆菌共培养后,将其转移到含有 6 - BA 0.5 mg/L+NAA 1 mg/L+60 mg/L 卡那霉素的 MS 培养基中诱导愈伤组织,10~15 天后将诱导产生的愈伤组织转移到含有 6 - BA 0.5 mg/L+NAA 0.01 mg/L+60 mg/L 卡那霉素的 MS 分化培养基中,培养 20~30 天,在侵染外植体的愈伤组织上出现小芽,当芽长到 1.5~2 cm 时将其切下转入 6 - BA 0.01 mg/L+NAA 0.2 mg/L+30 mg/L 卡那霉素的 MS 生根培养基中进一步筛选并使转化体生根,获得完整的抗蚜虫转基因枸杞。将获得的完整植株进行 PCR 分析检测,发现雪花莲外源凝集素酶基因已经整合到枸杞植株染色体上,片段大约在 500 bp,其转化率为 65.1%(罗青等,2016)。

为了阐明抗感枸杞与根腐病病原菌互作过程中苯丙烷代谢途径中关键酶和代谢产物的变化差异与抗病性的关系,以枸杞栽培品种宁夏枸杞 1 号(Ningqi Ⅰ)、宁枸杞 2 号(Ningqi Ⅱ)、国内野生种中国枸杞、宁夏枸杞,美洲引进野生种 L. brevipes、L. exsertum 等 6 种材料为参试材料,采用切根法接种

强致病菌尖镰孢菌后统计死亡率,以此筛选出抗病和感病材料,并测定 0~20 天内苯丙氨酸解氨酶(PAL)、肉桂酸羟化酶(C4H)、4-香豆酰-辅酶 A 连接酶(4CL)等苯丙烷代谢途径关键酶以及总酚和类黄酮等代谢产物的动态变化。结果表明,6 种参试材料接种枸杞根腐病强致病菌尖镰孢菌后,野生材料较栽培材料抗病性强,宁枸杞 1 号为感病材料,L. exsertum 抗根腐病能力最强;抗病材料 L. exsertum 苯丙烷代谢关键酶苯丙氨酸解氨酶、肉桂酸羟化酶、4-香豆酰-辅酶 A 连接酶活性显著高于宁枸杞 1 号,初步确定苯丙烷代谢中的苯丙氨酸解氨酶、肉桂酸羟化酶、4-香豆酰-辅酶 A 连接酶的活性和类黄酮的含量与枸杞材料抗根腐病呈正相关。因此,苯丙氨酸解氨酶、肉桂酸羟化酶、4-香豆酰-辅酶 A 连接酶活性和类黄酮含量,初步可以作为筛选抗枸杞尖镰孢菌根腐病的生化指标(李捷等,2016)。

六、枸杞分子标记技术应用

针对近年来宁夏枸杞(L. barbarum)栽培面积急速增长,从而导致枸杞的栽培品种混杂、退化等问题,研究运用 EST - SSR 分子标记技术,开发可用于鉴定宁夏地区 7 个宁夏枸杞栽培品种的 SSR 分子标记。结果表明,10 对引物能够准确、高效的鉴定宁夏枸杞的 7 个栽培品种。基于多重引物 PCR 理论,将这 10 对引物分成四组,在面对大批量鉴定的情况下,能够大幅减少鉴定时间成本和经济成本。运用 UPGMA 聚类分析,绘制宁夏枸杞七个栽培品种的聚类图。结果表明,“宁杞 1 号”和“宁杞 9 号”亲缘关系较近,在同一分支上;其他五个品种在另一分支上,其中“宁杞 4 号”与“宁杞 5 号”亲缘关系较近。本研究为未来绘制宁夏枸杞的遗传图谱和开发适用于宁夏枸杞的高通用性的 SSR 标记提供理论基础(李重等,2017)。

利用 rbcL-a 及 ITS 序列作为分子标记,对 14 个枸杞种或品种及 1 个伪品白刺进行了真伪鉴别及遗传关系分析。CTAB 法提取总 DNA,用通用引物对 rbcL-a 和 ITS 序列扩增、克隆、测序及分析,T 克隆解决部分样品 ITS 无法成功测序问题。rbcL-a 和 ITS 序列通用引物可在所有样品中成功扩增,rbcL-a 序列全长 643 bp,在 14 个枸杞种或品种中

完全一致,与白刺具有 45 bp(7%)的碱基变异。ITS 序列在 14 个枸杞种或品种中长度变异范围为 513~692 bp。采用 UPGMA 法构建系统树,可区分白刺与枸杞,黑果枸杞和宁夏枸杞各品种分别聚为两支,云南枸杞、韩国枸杞及黄果枸杞则聚在宁夏枸杞大分支内。rbcL - a 序列可有效进行枸杞真伪鉴别,ITS 序列可用于枸杞品种鉴定及遗传关系分析。此外,本研究首次揭示了枸杞品种及个体内的 ITS 多态性,发现在枸杞中存在 ITS 假基因这一现象,为未来利用 ITS 序列进行枸杞系统进化研究提供新的参考(陈金金等,2017)。

以 17 份中美枸杞材料为试材,采用 SSR 分子标记技术对其进行遗传多样性分析,探索中美枸杞的遗传多样性。结果表明,筛选的 20 对 SSR 引物扩增得到 46 个等位变异,平均每对引物扩增得到 2.3 个等位点,多态性比率达 75.44%,多态性信息含量变化范围在 0.114 2(SSR111)~ 0.829 1(SSR22),平均 0.377 2,说明中美枸杞的遗传多样性较低;聚类分析结果显示,在相似系数 0.600 处,所有供试材料被聚为一类;在相似系数 0.730 处,美国枸杞和中国枸杞分别独立聚类;在相似系数 0.825 处,兰山野生枸杞和国内其他枸杞分为 2 个类群;来自内蒙古和宁夏的枸杞也基本分组,但相似系数很高,说明所有供试材料遗传基础非常狭窄,聚类分析结果与供试材料区域来源有较好的一致性,同一栽培区域育成的品种在不同程度上聚为一类,不同品种间的亲缘关系与地区来源基本相对应(胡秉芬等,2016)。

采用 DNA - SRAP 分子标记技术和 NTSYS 类平均法对 29 份枸杞种质材料的亲缘关系进行了初步分析。结果表明,所用的 5 对引物共扩增出 19 条带,其中多态性条带为 14 条,多态性比率达 76.68%。聚类分析表明,以 0.74、0.83 和 0.91 的相似系数可将全部供试种质分为 3 种、5 种和 15 种类群。因此认为,在分子水平上,枸杞种质材料间的遗传多样性非常丰富;黑果枸杞与供试种质的遗传距离较远;SRAP 分子技术可应用于枸杞种质鉴定和亲缘关系分析(安巍等,2013)。

为明确 10 个枸杞品种在 DNA 分子水平上的遗传差异,利用 ISSR 分子标记技术对其多态性进行了分析。试验从 100 个 ISSP 引物中筛选出 8 个适宜引物,8 个引物共扩增出 90 条清晰可辨的条带,其中 44 条带具有多态性,多态性条带百分率为 48.9%,通过聚类分析,以阈值 0.41 为基准,把供试的 10 个材料划分为 2 个类群,宁杞 5 号和张成枸杞的遗传距离为 0.629 6,遗传关系最远。这将为枸杞的种质遗传多样性分析和杂交育种提供了初步理论依据(鲍红春,2014)。

探索在核酸分子水平上鉴别道地药材宁夏枸杞中不同的品种。从 50 条 ISSR 引物中筛选合适的引物对宁杞 1 号与雄性不育 2 个品种进行 PCR 扩增及电泳分析,寻找特征位点。结果 1 条 ISSR 引物扩增出较为明显的多态性特征条带,可用于宁杞 1 号与雄性不育的鉴别。结论是 ISSR - PCR 作为一种简便、可靠的分子标记方法,可用于枸杞的鉴别。

思彬彬等(2012)探索用 ISSR 分子标记方法在核酸分子水平上鉴别黑果枸杞与雄性不育枸杞。从 100 条 ISSR 引物中筛选合适的引物对黑果枸杞与雄性不育枸杞样品进行 PCR 扩增及电泳分析,寻找特征位点。结果有 4 条 ISSR 引物扩增出较为明显的多态性特征条带,可单独应用于黑果枸杞与雄性不育枸杞的鉴别。结论是 ISSR 作为一种简便、可靠的分子标记方法,可用于黑果枸杞与雄性不育枸杞的鉴别。

七、枸杞同工酶标记技术

利用 3 种同工酶标记进行枸杞的遗传多样性检测,选择出适合枸杞遗传多样性研究的同工酶遗传标记。利用聚丙烯酰胺凝胶电泳,检测枸杞属中宁夏枸杞和黑果枸杞过氧化物同工酶(PER)、酯酶同工酶(EST)及超氧化物歧化酶同工酶(SOD)的表达,对电泳结果进行数据分析。通过对宁夏枸杞和黑果枸杞 PER、EST 及 SOD 电泳检测显示,在 2 种枸杞中 EST 检测到 2 个基因位点,3 个等位基因,差异不显著;SOD 检测到 1 个基因位点且 2 种枸杞间无差异;PER 检测到 6 个基因位点,12 个等位基因,差异显著,遗传信息量丰富。选取 PER 作为枸杞遗传多样性指标,对其进行数据分析,得出宁夏枸杞等位基因平均数为 1.756,多态位点百分比为 60.0%,平均期望杂合度 0.080;黑果枸杞等位基因平均数为 1.787,多态位点百分比为 80.3%,平均期望杂合度 0.154。结论是在 3 种同工酶中，EST 和 SOD 携带的遗传信息有限，而 PER 所含信息丰富且差异显著，可作为枸杞同工酶遗传多样性标记。

通过对过氧化物同工酶数据分析可以看出，黑果枸杞的各指标均高于宁夏枸杞；酶谱条带亦显示，黑果枸杞遗传多样性水平高于宁夏枸杞。

第七节　柴达木枸杞生物学特性

柴达木盆地有野生宁夏枸杞、北方枸杞等，也有宁夏枸杞栽培引种品，约十几个品系，由于受柴达木盆地的自然条件和气候影响，柴达木枸杞表现出与其他产区不同的生物属性。

1. 宁杞 1 号在柴达木盆地生物表型特征·在正常管理条件下，当年生插条地颈粗度可达 0.8 cm 以上，株高可达 1 m 以上；1 龄树可发条 20 根左右，地颈粗度可达 1.5 cm 左右，与宁夏当地的生长量差异不大；成龄树 4 龄，多采用单 5 主干自然开心形树型，冠幅达 1.6 m 左右，地颈 4～5 cm 枝长均在 60 cm 以上，中间枝量较大，多针刺，针刺长 6 cm 左右多挂果。每年 7 月 15 日前后开始采果，9 月 25 日采果结束，采果期长大约 2 个月，每 15～20 天采果 1 次，全年采收 3～4 次。果实鲜干比 3.5～3.8，远低于宁夏的 4.5～5.0。在当地种植的"宁杞 1 号"物候期上不表现二度生长，不发秋梢，老眼枝花量大，老眼果占全年产量的 35% 左右，远高于宁夏的 15% 是全年产量的重要构成部分，当年新发枝条量较小，但完全可以实现红熟、膨大。以宁夏地区的生产经验，在确保单位面积留枝量的前提下，理论上讲在不收秋果的前提下夏果产量可达 350 kg/667 m² 以上（吴广生等，2008）。

2. 宁杞 1 号等 7 个种质资源表型研究·青海大学农林科学院为健康高效的促进青海枸杞产业的发展，通过有效的采样、合理的数学统计方法，分析研究了青海诺木洪地区 7 个枸杞栽培品种间的形态差异。结果表明：不同种间所测各项表型指标都存在不同程度的差异。其中，宁杞 1 号树势最强健；宁杞 2 号各项指标均小于宁杞 1 号；宁杞 3 号叶片厚度最小；宁杞 4 号节间距最大，树势最弱；宁杞 6 号树体小，叶片宽度小，鲜果较大；宁杞 7 号的叶片及鲜果均大于宁杞 1 号，但抽枝能力和枝刺密度小于宁杞 1 号；蒙杞 1 号的鲜果纵径最大，单果鲜重最

大。根据不同的生产要求，宁杞 1 号可用于生态造林，宁杞 7 号用于经济产业发展。

实验选择诺木洪枸杞种植地，选择宁杞 1 号、2 号、3 号、4 号、6 号、7 号、蒙杞 1 号为试验材料，采用 Excel 结合 DPS 数据处理软件进行分析，以树整体大小、叶形指标、果实指标为试验指标进行分析（尹孝萍等，2016）。

实验结果表明：枸杞的栽培品种果实、叶片等表型都较相似，种植户在鉴别上有一定的困难，导致品种混杂，果品不高。试验分别从树体、叶片、果实方面分析比较 7 个栽培品种。发现宁杞 1 号树体较大，节间距短，抽枝能力强，树势强健，枝刺密度大，结果密度大，产量高，与樊光辉的研究结果一致，即宁杞 1 号最适宜在青海推广。宁杞 2 号各项形态指标均显著小于宁杞 1 号。宁杞 3 号叶片较薄，其余指标与宁杞 1 号相似。宁杞 4 号枝刺密度最小，即节间距最大，故其二次抽枝能力较弱，二次新梢长度最短，树势较弱，且叶片最大最厚，鲜果广椭圆形。宁杞 6 号树体最小，叶片宽度远远小于宁杞 7 号，但宁杞 6 号鲜果较大。宁杞 7 号的叶片及鲜果均大于宁杞 1 号，但抽枝能力和枝刺密度小于宁杞 1 号。蒙杞 1 号的鲜果纵径是最大的，鲜单果矩卵形，单果鲜重也最大。

综合评价这 7 个枸杞栽培品种，所测各项表型指标都存在不同程度的差异。在实际生产应用过程中，根据以上结果可以快速地区分不同枸杞栽培品种，再根据气候、生态、环境等条件，结合表型性状进行综合选择，使经济生产达到最高效。

3. 枸杞种子表型研究·甘肃农业大学研究人员选取分布于青海柴达木盆地的 12 个枸杞自然群体，分别对其 4 个表型性状（种长、种宽、种子长宽比和千粒质量）进行统计分析，以便更好地选择并利用枸杞优良品种资源。结果表明：参试枸杞群体种子

千粒质量、种长、种宽在群体间差异极显著（$p<0.01$），种子长宽比差异显著（$p<0.05$），各性状在群体内差异不明显；各群体种子千粒质量间的差异达到了极显著水平，参试群体在其他各性状上均差异显著；不同性状变异系数最大的驯化"黑果枸杞"与变异系数最小的"咖啡枸杞"的变异系数相差 5 倍，表现出丰富的多样性；根据参试枸杞丰富的自然变异，可初步推断其与遗传变异之间的联系；聚类分析中，以相近系数为 12.5 将 0207 与"宁杞 1 号"分为 1 类，"红果枸杞"与"白果枸杞"分为第 2 类，其他参试群体分为第 3 类。说明枸杞种子表型是基因表达与所处环境交互作用的结果，与其他同类研究结果一致（何丽娟等，2016）

实验结论证明：参试枸杞群体种子千粒质量、种长、种宽在群体间差异极显著，种子长宽比差异显著，各性状在群体内差异呈现不同的变化。千粒质量在各群体种子之间有极显著的差异，说明群体间存在极为丰富的表型多样性，是由于各个群体所生长的生态环境不同，从而影响种子中干物质的积累所致。参试群体在其他各性状上的差异显著，多样性丰富。不同性状变异系数最大（14.5634）的驯化"黑果枸杞"（群体）与变异系数最小（2.8721）的"咖

啡枸杞"（群体Ⅺ）的变异系数相差 5 倍多，表现出相当丰富的多样性。聚类分析中，相近系数为 12.5 时，0207 号（群体Ⅰ）与"宁杞 1 号"（群体Ⅱ）代表了栽培品种，两者间遗传关系较近，其变异系数较大，与其他种源的遗传距离较大，而同属于栽培品种的"黄果人工枸杞"（群体Ⅳ）和驯化"黑果枸杞"（群体Ⅵ）则聚为第 3 类，说明遗传距离较大，群体间的差异是由遗传因子决定的；"0207 号"与"宁杞 1 号"分为一类，说明聚类分析可以作为植物表型多样性的一个重要方法。"红果枸杞"（群体Ⅶ）与"白果枸杞"（群体Ⅻ）的生境在海拔上相差 300 m，这种差值对于高海拔地区的植物生长影响很大，但此次研究将这 2 个群体分为第 2 类，说明两者遗传距离较近；"黄果枸杞"（群体Ⅲ）、驯化"黑果枸杞"（群体）、野生"黑果枸杞"（群体Ⅷ）与"黄果人工枸杞"（群体Ⅳ）、"蓝宝石枸杞"（群体Ⅴ）、"紫果枸杞"（群体Ⅸ）、"圆果黑枸杞"（群体Ⅹ）、"咖啡枸杞"（群体Ⅺ）分别来自不同的土壤和植被类型，将其分为第 3 类，说明它们相互之间遗传关系较近。其中，"0207 号"与"黄果枸杞"间相近程度最低，亲缘关系最远，"黄果人工枸杞"与"紫果枸杞"间相近程度最高，亲缘关系最近。

第八节　枸杞生物学基本特征

（1）中国枸杞 33 份种质资源按生物性特点可分为 10 大类：①小麻叶、大麻叶、黑叶麻叶、卷叶等枸杞为一类，多数为宁夏枸杞传统当家品种，长果类，产量较高，优质，适应性强。②宁杞 1 号、2 号、北方枸杞、白条枸杞、新疆枸杞、柴杞、类黄叶、柱筒、圆果枸杞多为条状披针形叶，部分为长果类，甲级和特级果率高；部分为圆果类，果实中等，圆或卵圆形，高产优质，适应性强。③截萼枸杞，花萼裂片断裂成截头，综合产量性状居中。④枸杞、红枝枸杞，老枝红褐色，综合产量性状居中。⑤黄果枸杞，条状叶，叶片平展，味甜，产量低。⑥宁杞黄果条状披针形叶、短果类、浆果小，果甜，产量低。⑦黑果杂、中宁黑果枸杞，紫黑色，果实产量低。⑧青海黑果枸杞，紫黑色，产量低。⑨云南、美国、韩国、蔓生枸杞果实

产量低。⑩白花枸杞坐果率高，产量居中，果粒小，自交不亲和。这些性状特点可作为枸杞种质资源创新、新品种选育选择的主要参考标准。

（2）枸杞生物形态特征鉴别：宁杞 1 号叶片背向卷曲。宁杞 3 号叶尖，叶脉下陷，V 字形。宁杞 5 号叶色深绿，叶背向卷曲。宁杞 6 号叶尖，U 字形。宁杞 7 号叶脉清晰隆起，叶缘具缺刻。宁杞 8 号叶尖，成熟叶狭长披针形。宁杞 3 号花瓣喉部堇紫色，檐部裂片向外背翻。宁杞 5 号雌蕊高于雄蕊，花药白无花粉。宁杞 7 号裂片维管 1 条，花冠外缘光滑褪色。宁杞 6 号同宁杞 3 号。宁杞 8 号萼单裂，花冠外缘背部堇紫色。宁农杞同于宁杞 8 号。宁杞菜 1 号花丝绒毛封喉，花冠外缘背部堇紫色。

（3）枸杞叶成分解剖学特征：枸杞植物叶表面

具有发达的角质膜,可减少体内水分的蒸腾,起保水抗旱作用。叶为等面叶,叶有栅栏组织而无海绵组织,也是抗旱结构的特征。维管束和维管束鞘十分发达,栅栏薄壁组织细胞极大,都有利于枸杞吸水,此结构证实了枸杞是一种喜湿又抗旱的植物。枸杞种不同,其叶面的气孔类型、分布、大小、气孔指数均存在较大的差异。

(4)枸杞花粉电镜观察:黑果枸杞花粉近球形,红果枸杞为长球形。其中枸杞赤道面条纹为条纹状或网状,宁夏枸杞条纹密集,条脊念珠状,饰间小孔密集,曲枝枸杞赤道面条纹为条纹状或条状或网状。赤道面的条纹特征可作为划分枸杞种的依据。

(5)枸杞果实解剖结构,枸杞外果皮有一层紧密排列的长方形细胞构成。中果皮主要由多层薄壁细胞组成,细胞间隙大,呈不规则形。果实成熟后发育成果肉,贮藏主要的营养物质,其内散生着双韧维管束。内果皮有一层长方形的细胞紧密排列而成。胚珠着生长肉质胎座上。枸杞果实为中轴胎座,两心皮构成两室子房,胚珠生长于中央轴上。胎座主要有薄壁细胞组成,内部也有维管束,成对出现,一般有2~3对。

(6)枸杞细胞核型分析发现,中国枸杞染色体数目为24的三倍体,核型为B型。大叶枸杞为染色体数为48的四倍体为2B型。中宁宁夏枸杞核型为1A,为较为原始的对称核型为 $2n = 24$,偶见 $2n = 20$,进化顺序为朝鲜枸杞>金果枸杞>黑果枸杞>玳瑁枸杞>宁杞1号>北方枸杞。

(7)枸杞树有5个生命周期,有苗期,结果初期、结果盛期、结果后期和衰老期。枸杞树的经济寿命很长,一般有60~70年,在较好的条件下,有的树100年树龄仍能结果。枸杞树生活史有生长期,休眠期。枸杞形成了与气候周期性变化的物候期,分为萌动,萌芽,展叶,新梢生长,现蕾,开花,结果,落叶,休眠等过程。

(8)宁杞1号在柴达木盆地生长和宁夏当地的生长量差异不大,但物候期上不表现二度生长,不发秋梢,老眼枝花量大,老眼果占全年产量35%左右,远高于宁夏产区15%,是全年产量的重要构成部分,发枝量较小,但可以实现红熟膨大。

(9)柴达木枸杞不同种间各表型指标存在一定差异。各品种果实、叶片都较相似,但宁杞1号树体较大、节间距短、抽枝能力强、枝刺密度大、结果密度大、产量高。宁杞2号各项形态指标均显著小于宁杞1号。宁杞3号叶片较薄,其余指标与宁杞1号相似。宁杞4号枝刺密度最小,即节间距最大,故其三次抽枝能力较弱。二次新梢长度最短,树势较弱。宁杞6号树体最小,叶片宽度远小于宁杞7号,但宁杞6号鲜果较大。宁杞7号叶片和鲜果均大于宁杞1号,但抽枝能力和枝刺密度小于宁杞1号。蒙杞1号的鲜果纵径最大,鲜果距卵形,单果鲜重也大。

第四章

枸杞生药学

枸杞子药材产地比较集中分布在青海至山西的黄河两岸黄土高原及山麓地带。商品名称有"西枸杞""血枸杞"或"津枸杞",还有新兴的"柴杞"。古代枸杞产地及应用范围较为稳定,而近60年来发生了较大变化,主产区宁夏以外的青海、甘肃栽培规模增长迅速,商品来源多元化。近几年来,栽培的枸杞子质量不稳定,农残超标问题急需解决,随之一些新的检测技术已普遍应用于质量检验之中。枸杞子生药质量控制成为中医临床安全有效的重要技术手段。

第一节 基原与检验项目

一、《中国药典》基原确定

本品为茄科植物宁夏枸杞(*Lycium barbarum* L.)的干燥成熟果实。夏秋两季果实呈红色时采收,热风烘干;除去果梗,或晾至皮皱后,晒干,除去果梗。枸杞从《中国药典》1963年版开始收载,分别收载于1963年版、1977年版、1985年版、1990年版、1995年版、2000年版、2005年版、2010年版、2015年版。

《中国药典》1963年版中规定枸杞子来源为:茄科植物宁夏枸杞(*Lycium barbarum* L.)或枸杞(*Lycium chinense* Mill.)的干燥成熟果实。1977年版开始,确定为:茄科植物宁夏枸杞(*Lycium barbarum* L.)的干燥成熟果实,以后历年各版均为宁夏枸杞一种来源。

加工方法,1963、1977、1985、1990年版药典加工方法为:夏、秋二季果实呈橙红色时采收,晒至皮皱后,再暴晒至外皮干硬、果肉柔软,除去果梗;1995年版药典修订为:夏、秋二季果实呈橙红色时采收,晒至皮皱后,再暴晒至外皮干硬、果肉柔软,除去果梗;或热风低温烘干,除去果梗。

二、《中国药典》检验标准提高

1. 性状·从《中国药典》1995年版开始增加枸杞子种子的性状描述为:种子多数,类肾形,扁而翘,长1.5～1.9 mm,宽1～1.7 mm,表面浅黄色或棕黄色。2000年版药典增加枸杞子种子的描述为:种子20～50粒,类肾形,扁而翘,长1.5～1.9 mm,宽1～1.7 mm,表面浅黄色或棕黄色。

2. 检验项目·1963年版和1977年版药典中枸杞子项下无检验项目;1985年版、1990年版和1995年版项下只有杂质检查项;2000年版药典中规定的检验项目有:TLC、杂质、水分、总灰分;2005年版药典中规定的检验项目有:显微鉴别、TLC、杂质、水分、总灰分、浸出物、枸杞多糖含量、甜菜碱含量;2010年版和2015年版药典中规定的检验项目有:显微鉴别、TLC、杂质、水分、总灰分、重金属及有害元素、浸出物、枸杞多糖含量、甜菜碱含量。

3. 功能与主治 · 1963 年版药典中规定枸杞子的功能主治为：滋肾，润肺，益肝，明目。1977 年版有治疗糖尿病的功效。1985 年版药典开始修订为：滋补肝肾，益精明目。用于虚劳精亏，腰膝酸痛，眩晕耳鸣，内热消渴，血虚萎黄，目昏不明。2010 年版和 2015 年版药典修订为：滋补肝肾，益精明目。用于虚劳精亏，腰膝酸痛，眩晕耳鸣，阳痿遗精，内热消渴，血虚萎黄，目昏不明。

4. 历版药典枸杞基原与检验项目变革 · 伴随科技水平和认知程度的逐步提高，历年的《中国药典》中对枸杞的基原和检验项目也在逐步进行调整和提升，相关变化情况见表 4-1。

表 4-1 历版《中国药典》枸杞基原与检验标准对比

中国药典	来源	性状	检验项目	性味与归经	功能与主治	用法与用量
1963 年版一部	茄科植物宁夏枸杞（L. barbarum）或枸杞（L. chinense）的干燥成熟果实。栽培或野生，主产于宁夏、甘肃、河北等地。夏、秋二季果实成熟时采收将果实摘下，除去果柄，置阴凉处晒至果皮起皱纹后，再暴晒至外皮干硬、果肉柔软即得。遇阴雨可用微火烘干	呈类椭圆形或纺锤形，两端较小，长 3～6 分，直径 2～3 分。外皮鲜红色或暗红色，具不规则皱纹，略有光泽，一端有白色的果柄痕迹，另一端有一小凸起。肉质，柔润，内有多数黄色种子，扁平似肾脏形。无臭，味甜微酸，嚼之唾液染成红黄色。以粒大、肉厚、种子少、色红、质柔软者为佳。粒小、肉薄、种子多、色灰红者质次	/	甘、平	滋肾，润肺，益肝，明目	一钱五分至三钱
1977 年版一部	茄科植物宁夏枸杞（L. barbarum）的干燥成熟果实。夏、秋二季果实呈橙红色时采收，晒至皮皱后，再暴晒至外皮干硬、果肉柔软，除去果梗	呈类纺锤形，略扁，长 6～18 mm，直径 3～8 mm。表面鲜红色或暗红色，顶端有小凸起状的花柱痕，基部有白色的果梗痕。果皮柔韧，皱缩；果肉肉质，柔润而有黏性，内含多数扁肾形种子。无臭，味甜、微酸。以粒大、色红、肉厚、质柔润、籽少、味甜者为佳	/	甘、平	滋补肝肾，益精明目。用于目昏，眩晕、耳鸣，腰膝酸软，糖尿病	6～12 g
1985 年版一部	茄科植物宁夏枸杞（L. barbarum）的干燥成熟果实。夏、秋二季果实呈橙红色时采收，晒至皮皱后，再暴晒至外皮干硬、果肉柔软，除去果梗	呈类纺锤形，略扁，长 6～18 mm，直径 3～8 mm。表面鲜红色或暗红色，顶端有小凸起状的花柱痕，基部有白色的果梗痕。果皮柔韧，皱缩；果肉肉质，柔润而有粘性，种子多数，扁肾形。无臭，味甜、微酸	杂质	甘、平。归肝、肾经	滋补肝肾，益精明目。用于虚劳精亏，腰膝酸痛，眩晕耳鸣，内热消渴，血虚萎黄，目昏不明	6～12 g
1990 年版一部	茄科植物宁夏枸杞（L. barbarum）的干燥成熟果实。夏、秋二季果实呈橙红色时采收，晒至皮皱后，再暴晒至外皮干硬、果肉柔软，除去果梗	呈类纺锤形，略扁，长 6～18 mm，直径 3～8 mm。表面鲜红色或暗红色，顶端有小凸起状的花柱痕，基部有白色的果梗痕。果皮柔韧，皱缩；果肉肉质，柔润而有粘性，种子多数，扁肾形。无臭，味甜、微酸	杂质	甘、平。归肝、肾经	滋补肝肾，益精明目。用于虚劳精亏，腰膝酸痛，眩晕耳鸣，内热消渴，血虚萎黄，目昏不明	6～12 g

（续表）

中国药典	来源	性状	检验项目	性味与归经	功能与主治	用法与用量
1995 年版一部	茄科植物宁夏枸杞（*L. barbarum*）的干燥成熟果实。夏、秋二季果实呈橙红色时采收，晒至皮皱后，再暴晒至外皮干硬、果肉柔软，除去果梗。或热风低温烘干，除去果梗	呈类纺锤形，略扁，长 6～21 mm，直径 3～10 mm。表面鲜红色或暗红色，顶端有小凸起状的花柱痕，基部有白色的果梗痕。果皮柔韧，皱缩；果肉肉质，柔润而有粘性，种子多数，类肾形，扁而翘，长 1.5～1.9 mm，宽 1～1.7 mm，表面浅黄色或棕黄色。无臭，味甜、微酸	杂质	甘、平。归肝、肾经	滋补肝肾，益精明目。用于虚劳精亏，腰膝酸痛，眩晕耳鸣，内热消渴，血虚萎黄，目昏不明	6～12 g
2000 年版一部	茄科植物宁夏枸杞（*L. barbarum*）的干燥成熟果实。夏、秋二季果实呈红色时采收，热风烘干，除去果梗。或晾至皮皱后，晒干，除去果梗	呈类纺锤形或椭圆形，长 6～20 mm，直径 3～10 mm。表面红色或暗红色，顶端有小凸起状的花柱痕，基部有白色的果梗痕。果皮柔韧，皱缩；果肉肉质，柔润。种子 20～50 粒，类肾形，扁而翘，长 1.5～1.9 mm，宽 1～1.7 mm，表面浅黄色或棕黄色。气微，味甜	TLC，杂质，水分，总灰分	甘、平。归肝、肾经	滋补肝肾，益精明目。用于虚劳精亏，腰膝酸痛，眩晕耳鸣，内热消渴，血虚萎黄，目昏不明	6～12 g
2005 年版一部	茄科植物宁夏枸杞（*L. barbarum*）的干燥成熟果实。夏、秋二季果实呈红色时采收，热风烘干，除去果梗。或晾至皮皱后，晒干，除去果梗	呈类纺锤形或椭圆形，长 6～20 mm，直径 3～10 mm。表面红色或暗红色，顶端有小突起状的花柱痕，基部有白色的果梗痕。果皮柔韧，皱缩；果肉肉质，柔润。种子 20～50 粒，类肾形，扁而翘，长 1.5～1.9 mm，宽 1～1.7 mm，表面浅黄色或棕黄色。气微，味甜	显微鉴别，TLC，水分（13.0%），总灰分（5.0%），浸出物（55.0%），枸杞多糖含量（1.8%），甜菜碱含量（1.30%）	甘、平。归肝、肾经	滋补肝肾，益精明目。用于虚劳精亏，腰膝酸痛，眩晕耳鸣，内热消渴，血虚萎黄，目昏不明	6～12 g
2010 年版一部	茄科植物宁夏枸杞（*L. barbarum*）的干燥成熟果实。夏、秋二季果实呈红色时采收，热风烘干，除去果梗。或晾至皮皱后，晒干，除去果梗	呈类椭圆形或纺锤形，长 6～20 mm，直径 3～10 mm。表面红色或暗红色，顶端有小突起状的花柱痕，基部有白色的果梗痕。果皮柔韧，皱缩；果肉肉质，柔润。种子 20～50 粒，类肾形，扁而翘，长 1.5～1.9 mm，宽 1～1.7 mm，表面浅黄色或棕黄色。气微，味甜	显微鉴别，TLC，水分（13.0%），总灰分（5.0%），金属及有害元素，浸出物（55.0%），枸杞多糖含量（1.8%），甜菜碱含量（0.30%）	甘、平。归肝、肾经	滋补肝肾，益精明目。用于虚劳精亏，腰膝酸痛，眩晕耳鸣，阳痿遗精，内热消渴，血虚萎黄，目昏不明	6～12 g
2015 年版一部	茄科植物宁夏枸杞（*L. barbarum*）的干燥成熟果实。夏、秋二季果实呈红色时采收，热风烘干，除去果梗。或晾至皮皱后，晒干，除去果梗	呈类纺锤形或椭圆形，长 6～20 mm，直径 3～10 mm。表面红色或暗红色，顶端有小突起状的花柱痕，基部有白色的果梗痕。果皮柔韧，皱缩；果肉肉质，柔润。种子 20～50 粒，类肾形，扁而翘，长 1.5～1.9 mm，宽 1～1.7 mm，表面浅黄色或棕黄色。气微，味甜	显微鉴别，TLC，水分（13.0%），总灰分（5.0%），金属及有害元素，浸出物（55.0%），枸杞多糖含量（1.8%），甜菜碱含量（0.30%）	甘、平。归肝、肾经	滋补肝肾，益精明目。用于虚劳精亏，腰膝酸痛，眩晕耳鸣，阳痿遗精，内热消渴，血虚萎黄，目昏不明	6～12 g

三、本草记载枸杞的基原变化

我国传统医药应用枸杞有两个种，即枸杞（*L. chinense*）和宁夏枸杞（*L. barbarum*），经考证，我国古代本草的枸杞图均为枸杞（*L. chinense*），叶卵形，花萼多数为 3 裂（路安民等，2003）。在现代中医药书籍中有权威的机构和专家编著的《中药材手册》（卫生部药政管理局，1959）、《中药志》（中国医学科学院药物研究所，1959）、《中药学》（成都中西学院，1978）、《中药鉴定学》张钦德，2005）、《中药大辞典》（南京中医大学，1977）、《全国中草药汇编》（全国中草药汇编组，1975）在枸杞基原项下收载为宁夏枸杞和枸杞两个种，《中国药典》1963 年版也收载了宁夏枸杞和枸杞两个种，《中国药典》1977 年版仅收载了宁夏枸杞一个种，至后，部分本草就枸杞基原均收载宁夏枸杞一个品种。《中药材手册》（卫生部药政局，1996）、《常用中药材鉴定大全》（张贵君等，1993）、《中草药资源学》（周荣汉，1993）、《新编中药志》二卷（肖培根，2002）也与药典收载一样，均以宁夏枸杞为枸杞药材来源。枸杞（*L. chinense*）退出枸杞药材基原，主要原因是 20 世纪 60 年代，宁夏和青海等地枸杞种植面积增加，枸杞野生资源量不断下降，由商品主流转变成次要，加之种植枸杞品质好，使宁夏枸杞（*L. barbarum*）成为枸杞子药材基原的唯一品种。但是枸杞（*L. chinense*）品种具有较高的药用、食用和保健价值，一直被日本、韩国等地按正品枸杞入药。两种药用枸杞的鉴别见表 4-2。

四、不同商品枸杞子基原

（1）西枸杞：为宁夏枸杞（*L. barbarum*）的干燥

表 4-2　中国两种药用枸杞的鉴别

项目	枸杞	宁夏枸杞
习性	多分枝灌木	灌木或栽培呈小乔木状
茎	弯曲或扶生	直立，栽培者树干茎 10～20 cm
叶	卵形、长椭圆形、卵状披针形	披针形、长椭圆状披针形
花萼	常常 3 中裂	常常 2 中裂
花冠	筒部短于裂片	筒部长于裂片
花冠裂片	有缘毛	无缘毛
种子	长约 3 mm	长约 2 mm
果味	甜而略带苦味	甘甜而无苦味
中国分布型	森林区	草原荒漠区

成熟果实。宁夏枸杞在长期的栽培过程中形成了 20 多个品种，主要在宁夏、甘肃、新疆、河北、青海等地人工栽培。其中性状比较稳定，分布较为普遍的有大麻叶、宁杞 1 号和宁杞 2 号，宁杞 7 号、宁杞 5 号，在各产区宁杞 1 号占 80％ 以上面积和产量份额。

（2）柴杞：与西枸杞同源。宁夏枸杞（*L. barbarum*）在青海柴达木地区和共和种植的品种主要有大麻叶、宁杞 1 号、宁杞 5 号、宁杞 7 号、柴杞 1 号、柴杞 2 号、柴杞 3 号、青杞 1 号、青杞 2 号。

柴杞系列和青杞 1 号、2 号比引种的宁杞 1 号、7 号还表现出高产、品质优、商品性好、抗病性强等品种特点。

（3）津枸杞或血枸杞：为枸杞（*L. chinense*）的干燥成熟果实。品种有血杞 1 号。

第二节　采收加工与商品规格

一、枸杞采收加工

宁夏及其他产区一般在 6 月中旬开始采春果，至 7 月上旬，紧接着与夏果采收期相接近直至采到 8 月中旬；秋果时期气温降低，8 月上旬萌发秋梢，下旬现蕾花，9 月中旬果熟，延续到 10 月中旬下霜为止，夏秋采收间隔 1 个月左右，采期为 3 个月左右。

（一）柴杞药材最佳采摘期

青海柴达木枸杞 7 月至 8 月中旬为夏果期，9 月中旬以后为秋果期。作为药材，一方面注重果实粒大，色泽好看外，主要看其含枸杞多糖等营养与活性成分含量。研究表明，柴达木枸杞果实在第二采摘期（9 月中下旬）品质最好，是枸杞药材最适宜的采摘时期（杨文君等，2012）。

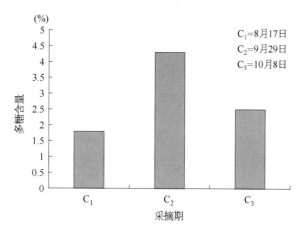

图 4-1 不同采摘期对柴达木枸杞多糖含量的影响

由图 4-1 可知，柴达木枸杞在 9 月底第二采摘期多糖含量最高，最适宜药用。由方差分析可得，三个采摘期之间的差异性表现都极为显著，$C_2 > C_3 > C_1$。这种情况在宁夏、甘肃等宁夏枸杞栽培区也表现出相同情况。第一采摘期和第三采摘期多用于食品加工。

（二）柴杞药材加工

摘下果实后，去掉果柄和杂质（要掌握三轻，即轻摘、轻放、轻拿，否则，果实受伤变成黑色，影响质量），置于席上放阴凉处摊开晾至果皮起皱，再移至太阳光下，晒至外皮干硬而果肉柔软即可。晒时不宜用手翻动，否则易变黑。如遇雨天可用文火烘干，置太阳棚内、地上晒照。

二、商品规格

（一）历史规格

贡果、盖枣王、正副枣王、枣杞、奎杞、津血杞。

（二）现行规格

1. 西枸杞·西枸杞系指宁夏、青海、甘肃、内蒙古、新疆等地的产品。具有粒大、糖质足、肉厚、籽少、味甜的特点。

一等干货。呈椭圆形或长卵形。果皮鲜红、紫红或红色，糖质多。质柔软滋润。味甜。每 50 g 在 370 粒以内。无油果、杂质、虫蛀、霉变。

二等干货。呈椭圆形或长卵形。果皮鲜红或紫红色，糖质多，质柔软滋润。每 50 g 在 580 粒以内。无油果、杂质、虫蛀、霉变。

三等干货。呈椭圆形或长卵形。果皮红褐色或淡红色，糖质较少。质柔、较滋润。味甜。每 50 g 在 900 粒以内。无油果、杂质、虫蛀、霉变。

四等干货。呈椭圆形或长卵形。果皮红褐色或淡红色，糖质少。味甜。每 50 g 在 1 100 粒以内。油果不超过 15%，无杂质、虫蛀、霉变。

五等干货，呈椭圆形或长卵形。色泽深浅不一，糖质少，味甜。每 50 g 在 1 100 粒以外，破子，油果不超过 30%，无杂质、虫蛀、霉变。

2. 柴枸杞·规格同西枸杞，多为一等、二等，呈长果形，果粒大，色泽红，籽少、肉厚，味甜胜过其他产区，属西枸杞系列。

3. 出口枸杞·分特级（贡果面）、甲级（贡果王）、乙级（贡果）、丙级（超王杞）4 个规格。青海枸杞多以特级甲级出口，占全国出口量 90% 以上。

4. 柴达木枸杞电子交易规格等级标准

（1）青海枸杞 180，筛选大个枸杞颗粒，每 50 g 不超过 190 粒，油籽重量占比不超过 2%。

（2）青海枸杞 220，筛选较大个枸杞颗粒，每 50 g 不超过 230 粒，油籽重量占比不超过 2%。

（3）青海枸杞 280，筛选中个枸杞颗粒，每 50 g 不超过 290 粒，油籽重量占比不超过 2%。

（4）青海枸杞 380，筛选中个或大个剩余的枸杞小颗粒，每 50 g 不超过 390 粒，油籽重量占比不超过 2%。

柴达木枸杞多为前三等。枸杞等级、柴杞商品电子不同交易规格见图 4-2 和图 4-3。

一等枸杞 　　　　　　　　　　　二等枸杞

三等枸杞 　　　　　　　　　　　四等枸杞

五等枸杞 　　　　　　　　　　　统货

图 4-2　枸杞等级

180 粒/50 g

280 粒/50 g

500 粒/50 g

图 4-3　柴杞商品电子交易不同规格

第三节　鉴　别

一、性状鉴别

呈长卵形或纺锤形,略扁,长 6～18 mm,直径 3～8 mm,中部略膨大。表面鲜红色或暗红色(陈久则变深),具有不规则皱纹,略带光泽。果实顶端有小突起状花柱痕,基部有稍小凹的白色果柄痕。横切面类圆形,果皮柔韧,果肉柔软滋润,中间由横隔分成 2 室,中轴胎座,着生扁肾形种子 20～50 粒。种子长 1.2～2 mm,宽 0.4～0.7 mm,黄色,有细微凹点,凹陷有明显的种脐,气无,味甜微酸。以粒大,色红,肉质,质柔润,籽少,味甜者为佳。

(一) 柴达木枸杞性状特征

果实粒大,单粒较重,色红泽,饱满,大小均匀,肉厚籽小且少,糖分多而甜,且不同品种枸杞性状不同,见图 4-4。

柴杞 1 号（诺木洪）　　　　　　　　　小尖椒红枸杞（诺木洪）

宁杞 7 号（诺木洪）　　　　　　　　　宁杞 7 号（德令哈）

宁杞 7 号（乌兰）　　　　　　　　　　宁杞 1 号（银川）

宁杞1号(甘肃)

宁杞1号(格尔木大格勒乡)

中华血杞(巨鹿)

图4-4　不同品种枸杞性状

（二）性状质量的经验鉴别研究

枸杞的质量,历代医家都以"味甜、肉厚、色红、个大"为佳品,缪细泉等,(1987)通过对不同商品等级枸杞子的千粒重、升粒数、每枚果实的种子数、水分、灰分、水溶性浸出物含量、总糖、还原糖、果糖、蔗糖、含醛基糖的测定,探讨鉴别枸杞质量等级划分的传统经验的科学性,运用传统鉴别经验与现代科学方法相结合,评价商品枸杞质量鉴别的方法。

1. 外观质量·外形:一等枸杞,果实椭圆形或纺锤形,略压扁,长1.5~2.0 cm,直径0.4~0.8 cm,表面鲜红色,有不规则皱纹,略具光泽,肉质柔润;一端有果柄痕;内含黄色种子多数,种子扁平,似肾形。无臭,味甜,嚼之唾液染成黄色。二等枸杞,外形与

一等枸杞基本相似,略扁偏长,长1.2~1.8 cm,直径0.3~0.6 cm,表面暗红色,无光泽,肉质柔润程度次于一等枸杞。

果实类中药的千粒重、升粒数和每枚果实的种子数可定量地表示其大小饱满程度,是比较客观的质量指标之一,见表4-3。

表4-3　枸杞果实比较

商品等级	千粒重 (g/千粒)	升粒数 (粒/L)	种子数 (粒/果实)
一	120	4 060	25
二	113	5 290	18

一等品枸杞千粒重比二等品大,升粒数少,符合枸杞子个大、饱满者优质的标准;但每枚果实的平均

种子数一等品比二等品多 28%，种子多意味着肉厚，同样表示了商品枸杞的质量。

2. 内在质量·水分、灰分、浸出物：水分、灰分、浸出物是药典规定的三项常规检查项目，是药材内在质量标准之一。表 4-4 是按药典法定测定一、二等商品枸杞的含量。

从表 4-4 可见，一、二等商品枸杞的水分均符合药典规定，但一等品的水分高于二等品；灰分、酸不溶性灰分都是一等品较低，显示一等品较优于二等品，水溶性浸出物一等品低于二等品约 13.38%。浸出物常作为中药质量指标之一，一等品水溶性浸出物低于二等品，意味着依据经验鉴定的一等品枸杞质量与实际质量有一定的差距。

糖含量测定："味甜"是商品枸杞等级划分的重要指标，为此缪细泉测定了枸杞的总糖、还原糖、果糖、蔗糖、含醛基糖的含量。结果见表 4-5。

表 4-4　枸杞水分、灰分及浸出物比较

商品等级	水分（%）	灰分（%）	酸不溶性灰分（%）	水溶性浸出物（%）
一	12.03	3.527	0.32	52.17
二	9.876	4.465	0.36	60.23

表 4-5　枸杞糖含量比较

	等级	第 1 次（%）	第 2 次（%）	第 3 次（%）	第 4 次（%）	平均（%）	统计结果
总糖	一	39.47	40.01	38.88	39.66	39.50	$p < 0.05$
	二	45.76	43.72	44.80	43.26	44.39	
还原糖	一	33.42	34.00	32.91	33.24	33.39	$p < 0.05$
	二	40.88	38.90	39.52	38.10	39.35	
果糖	一	7.244	7.241	7.281	7.228	7.249	$p < 0.05$
	二	4.674	4.690	4.502	4.536	4.601	
蔗糖	一	5.572	5.537	5.600	5.498	5.552	$p < 0.05$
	二	2.272	2.164	2.302	2.187	2.230	
含醛基糖	一	16.25	16.28	16.92	16.03	16.37	$p < 0.05$
	二	25.15	25.35	25.08	25.17	25.16	

从表 4-5 可见，总糖、还原糖、含醛基糖的含量一等品低于二等品，而甜味较明显的蔗糖、果糖含量一等高于二等，说明经验鉴别"味甜"可能仅与其蔗糖、果糖含量有关，而与总糖含量关系不明显。

传统经验认为，中药枸杞子以味甜、色红、个大、饱满、肉厚为佳。实验结果一等枸杞子千粒重大，升粒数少，水分含量较高。灰分低，与经验鉴别结果一致；蔗糖和果糖含量一等枸杞明显高于二等品，尤其是蔗糖味较甜，可能是一等枸杞味甜的主要因素。说明传统经验鉴别枸杞质量有一定依据；实验结果中二等枸杞子的水溶性浸出物含量高于一等枸杞，总糖、还原糖、含醛基糖含量亦显出同样的情况，说明传统经验指标与实际质量不相符，有一定的局限

性。由此，中药商品枸杞的质量标准除传统经验外，有必要增加水溶性浸出物含量和糖含量的测定。

（三）柴达木枸杞微性状鉴别

枸杞子性状鉴别主要通过百粒重、百粒长、百粒宽、果形指数、果实纵横径、色泽和气味等角度展开研究。通过对上述指标的研究分析，发现不同枸杞品种及同品种不同产地的枸杞子品质存在不同程度的差异（林楠等，2013）；发现柴达木 4 个品种枸杞子百粒质量、百粒长和百粒宽均存在显著差异，且这 3 个指标随采摘期的延后而减小，可见枸杞子的外观性状受采摘期的影响（杨文君等，2012）。对 6 个枸杞的栽培品种进行分析，其中蒙杞 1 号在百粒重、果形指数上均为最大，其干鲜果的纵横经最大，具有最佳的外观性状（张晓娟等，2015）。不同产地间宁夏

枸杞子的单粒重、果实纵径和横径差异较大（郑国琦等，2015）。

研究不同产地枸杞子微性状鉴别，得出其鉴别要点见表 4-6（张天天等，2016）。

表 4-6　不同产地枸杞子性状鉴别要点

	宁夏枸杞子	柴达木枸杞子	新疆枸杞子	瓜州枸杞子	河北枸杞子
果实颜色	紫红色	紫红色或暗红色	暗红色	暗红色	鲜红色，有"血枸杞"之称
果实形状	纺锤形或椭圆形	卵圆形或椭圆形	椭圆形或类球形	矩圆形或卵圆形	长纺锤形或椭圆形
果实大小	长 0.8~2.0 cm 直径 0.8~2.0 cm	长 1.5~2.0 cm 直径 0.5~0.8 cm	长 0.8~1.5 cm 直径 0.7~1.0 cm	长 0.8~1.5 cm 直径 0.5~0.7 cm	长 1.0~1.5 cm 直径约 0.5 cm
果实味道	甜	极甜	微甘而酸	甘甜	微苦微酸涩
种子颜色	棕黄色	淡黄色	棕黄色	棕黄色至黄色	黄白色
种子形状	多呈肾形	多呈肾形	多呈肾形	多呈肾形	扁圆形性或扁肾形
种子大小	长 1~2.5 mm 直径 1 mm	长 2 mm 左右 直径 1 mm	长 1~2 mm 直径 1 mm	长 2 mm 直径 1 mm	长 2.5~3 mm 直径 2 mm

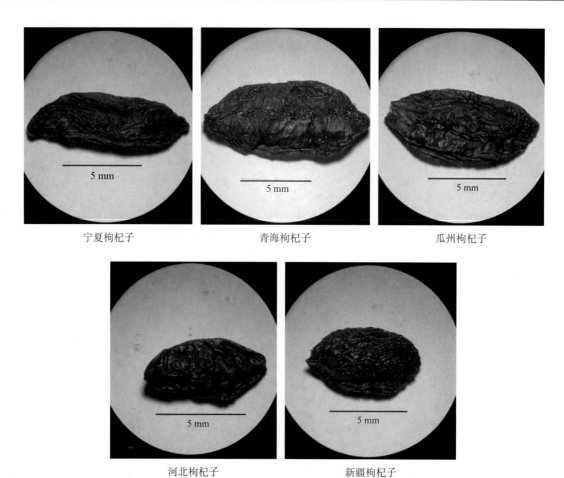

宁夏枸杞子　　　　　青海枸杞子　　　　　瓜州枸杞子

河北枸杞子　　　　　新疆枸杞子

图 4-5　不同产地枸杞的性状

不同产地枸杞子的性状鉴别要点主要有 4 点：①大小不同，就其长度而言，柴达木枸杞子最大，河北枸杞子最小。②形状不同，宁夏枸杞子呈纺锤形，新疆枸杞子偏于球形。③味道不同，柴达木枸杞子最甜,其他次之,而河北枸杞子偏于酸涩。④果实的颜色不同,宁夏枸杞子、柴达木枸杞子、新疆枸杞子和瓜州枸杞子呈紫红色或暗红色,河北枸杞子则呈鲜红色。

通过对上述鉴别要点综合得出宁夏枸杞子、柴达木枸杞子、新疆枸杞子、瓜州枸杞子和河北枸杞子性状鉴别特征检索表。

(1)果实紫红色

　(2)果实纺锤形,长 0.8～2.0 cm,直径 0.5～0.7 cm,微甜 ………………… 宁夏枸杞子

　　(3)果实卵圆形,长 1.5～2.5 cm,直径 0.5～1.0 cm,微极甜 ………… 柴达木枸杞子

　　　(4)果实类球形,长 0.8～1.5 cm,直径 0.7～1.0 cm,味微甘而酸 ………………………………… 新疆枸杞子

　　　　(5)果实矩圆形,长 0.8～1.5 cm,直径 0.5～0.7 cm,味甘甜 ……… 瓜州枸杞子

(1)果实鲜红色

　(6)果实长纺锤形,长 1.0～1.5 cm,直径 0.5 cm,味酸涩 ………… 河北枸杞子

不同产地枸杞子种子的微性状鉴别要点:柴达木枸杞子、新疆枸杞子、瓜州枸杞子均为宁夏枸杞(*L. barbarum*),微性状特征区别不大。与河北枸杞子的区别主要有:①大小不同,宁夏枸杞子种子直径约 1 mm,而河北枸杞子种子直径约 2 mm。②颜色不同,宁夏枸杞子种子呈棕黄色,河北枸杞子种子呈黄白色。③表面网眼形状不同,宁夏枸杞子种子表面网眼形状不规则,河北枸杞子种子表面网眼呈环形。④种脐的形状和位置不同,宁夏枸杞子的种脐呈圆形,位于中脊上,而河北枸杞子的种脐呈长圆形,位置稍偏向于种子的一侧。

对枸杞子的优劣、伪品的传统鉴别方法,主要是观察枸杞的形状、表面色泽、质地和气味等来综合对比和评价,也就是常说的“眼看、手摸、鼻闻、口尝”等方法。根据传统鉴别方法介绍宁夏枸杞夏果和秋果的一些基本特征,认为宁夏枸杞一年有夏季和秋季2 次结果,夏果色暗红,果大肉厚,有花柱痕和果梗痕,果期为 4 月底至 7 月;秋果色鲜红,果小肉薄,常见粒籽,黑果,果梗及萼片未脱落,果期是 9 月上旬至 10 月下旬,秋果占全年结果量的 40% 左右(严宜昌等人,2002)。《中药现代研究与临床应用》(阴建

等,1995)一书记述了玉米渠的研究成果,总结出枸杞子性状鉴别方法,并将该方法归纳为 4 点:深红为优,大红、淡红、黑红者差;椭圆形为优,尖椭圆形、钝椭圆形、小瘦长、粗瘦长者差;质地丰润为优,肉薄干燥者差;嚼之味甜纯正为优,兼有苦、酸、涩等味道者差。可见,我国在传统的枸杞性状鉴别方法上已达到较高水平。

(四)枸杞干果色泽与品质的相关性

龚嫒(2015)以枸杞干果色泽与化学成分的内在联系为研究对象,采用臭氧与紫外复合处理枸杞干果后运用不同的干燥方式对其干燥,测定不同处理方式下枸杞干果的色泽、化学成分含量,并应用皮尔逊相关系数法、逐步回归分析法进行分析。结果表明,相对于未经臭氧与紫外复合处理的枸杞干果,经臭氧与紫外复合处理后烘干使枸杞色泽变化差异较大,真空干燥的枸杞色泽在视觉上无明显差异;皮尔逊相关性表明水分、总灰分、总糖、蛋白质、多糖、脂肪、类胡萝卜素与枸杞色泽呈显著相关,再经逐步回归进一步分析表明水分、总灰分、脂肪、多糖、类胡萝卜素对枸杞色泽影响是极显著的。

二、显微鉴别

(一)果实横切面

(1)外果皮为 1 列扁平细胞,壁较厚,外被角质层,外缘细齿状突起。

(2)中果皮为 10 余列薄壁细胞,外侧 1～2 列细胞较小,中部细胞形状较大,有的细胞中含草酸钙砂晶,维管束双韧性,多数,散列。

(3)内果皮细胞 1 列,椭圆形,切向延长,排列成微波状。

(二)种子横切面(图 4-6、图 4-7)

(1)种皮表皮为 1 列石细胞,类长方形,侧壁及内壁呈 U 字形增厚。其下为 3～4 列被挤压的薄壁细胞,最内 1 层为扁长方形薄壁细胞,微木化。

(2)胚乳细胞多角形,内含脂肪油及颗粒状物质。

(3)胚根由多数多角细胞组成,细胞中充满内含物。

(4)子叶 2 片,半圆形对合,由多数薄壁细胞组成,其表皮细胞、栅栏组织及海绵组织均隐约可见。

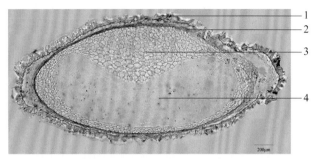

图 4-6　枸杞种子横切面显微图(中检院,康帅)

1.种皮表皮(石细胞);2.薄壁细胞;3.胚乳细胞;4.子叶细胞

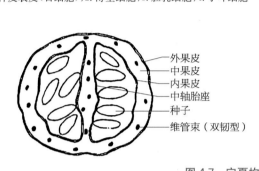

图 4-7　宁夏枸杞子(《新编中药志》)

横切面简图(×9 左)　横切面详图(×57 右)

(三) 粉末呈黄橙色或红棕色(图 4-8)

(1)种皮表皮石细胞成片,淡黄色。断面观呈类方形或扁方形,径向 $34\sim102\ \mu m$,切向 $42\sim94\ \mu m$,外壁薄,模糊不清,侧壁及内壁增厚,内壁稍弯曲,作瘤状突入胞腔;表面观呈不规则多角形或长多角形,直径 $37\sim117\mu m$,长至 $196\ \mu m$,垂周壁深波状或微波状弯曲;底面观呈类多角形,壁较平直,厚 $5\sim27\mu m$,层纹较清晰,孔沟不明显。

(2)果皮表皮细胞断面观呈类方形;表面观呈类多角形或长多角形,垂周壁稍增厚,平直或细波状弯曲,外平周壁表面有较细密平行的微波状角质条纹。果皮表皮细胞常与中果皮薄壁细胞相连结。

(3)中果皮薄壁细胞呈类多角形,壁薄,界限不甚分明,胞腔内含橙红色或棕色球形色素粒,并含砂晶。

(4)草酸钙砂晶充塞于中果皮薄壁细胞中。另有少数结晶呈棒状或方形,直径约 $1\ \mu m$。

(5)内胚乳细胞多角形,含橙黄色脂肪油滴及糊粉粒。

(四) 枸杞显微鉴别研究

在对枸杞子的内部结构进行解剖分析和研究的显微鉴别中,发现宁夏枸杞子横切面上外果皮为一列扁平细胞,壁较厚,外部被角质层;中果皮为大小

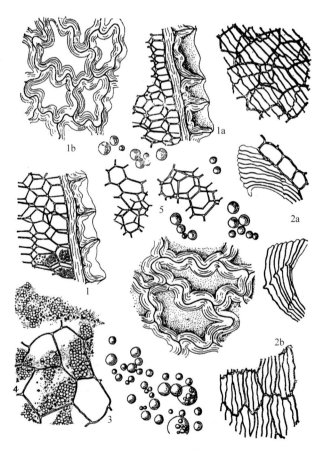

图 4-8　枸杞子粉末(《生药学》1987 版)

1.种皮石细胞(a.断面观　b.表面观);2.果皮表皮细胞(a.断面观 b.表面观);3.中果皮薄壁细胞;4.草酸钙砂晶;5.内胚乳细胞

不等的薄壁细胞(张雪琴等,2000);内果皮细胞一列呈椭圆形;种子横切面长卵形或椭圆形,最内一层为扁长方形薄壁细胞。对比分析中宁产枸杞子、宁夏枸杞子和河北枸杞子的种皮石细胞、果皮表皮细胞、中果皮薄壁细胞、草酸钙砂晶及内胚乳细胞间的差异,发现种皮石细胞中宁枸杞壁呈深波状弯曲,宁夏枸杞子壁最薄,呈微波状弯曲,河北枸杞子壁厚居中,细胞形状较小;果皮表皮细胞,中宁枸杞子和宁夏枸杞子的表皮细胞垂周壁呈细波状弯曲或平直,外周壁表面有细密平行的角质条纹,而河北枸杞子壁厚排列整齐,呈菱形,3者的主要差异在石细胞和果皮表皮细胞上,其他3项指标几无差别(林丽等,2000)。

(五)柴达木枸杞显微特征

青海省药品检验检测院和上海中医药大学合作研究了柴达木枸杞药材的显微特征(见图4-9)。

枸杞子-外果皮表皮细胞-10x-07

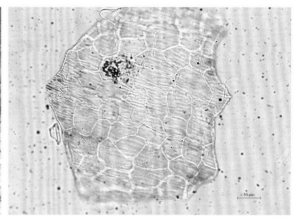

枸杞子-外果皮表皮细胞-20x-06

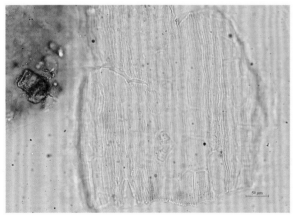

枸杞子-外果皮-外平周壁-20x-05

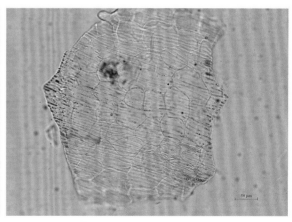

枸杞子-外果皮-外平周壁-20x-06

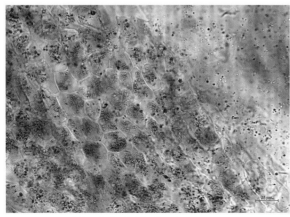

枸杞子-中果皮薄壁细胞-40x-03

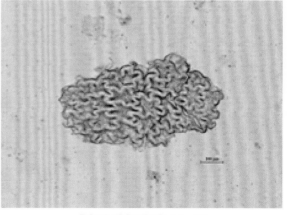

枸杞子-种皮石细胞-10x-03

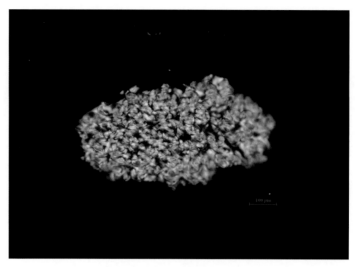

枸杞子-种皮石细胞-10x-03-p

图 4-9-A　宁夏产区枸杞显微

宁杞 1 号粉末显微(样品采集中宁舟塔乡,王水潮、张建美)

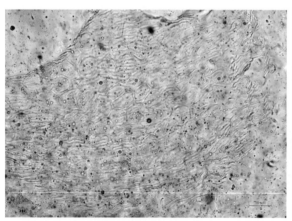

枸杞子-外果皮表皮细胞-20x

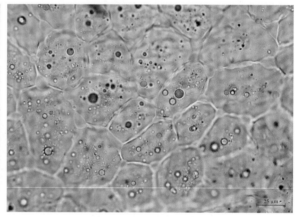

枸杞子-外果皮表皮细胞-40x

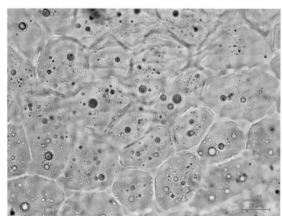

枸杞子-外果皮表皮细胞-40x-1

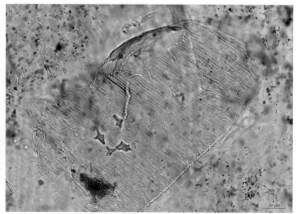

枸杞子-外果皮-外平周壁-20x

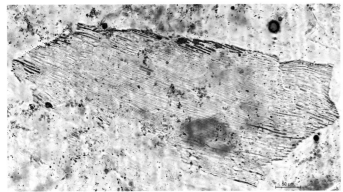

枸杞子-外果皮-外平周壁-20x-5

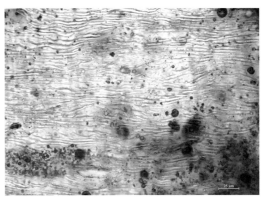

枸杞子-外果皮-外平周壁-40x-1

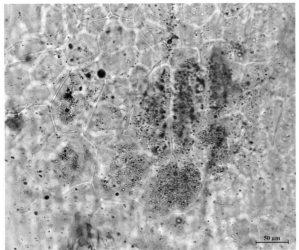

枸杞子-中果皮薄壁细胞-20x

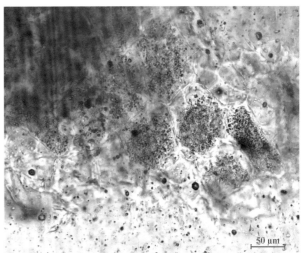

枸杞子-中果皮薄壁细胞-20x-4

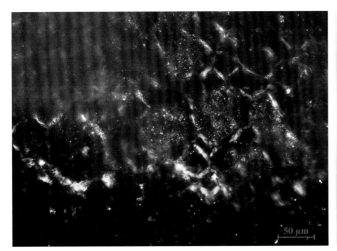

枸杞子-中果皮薄壁细胞-20x-4p(偏光镜拍摄)

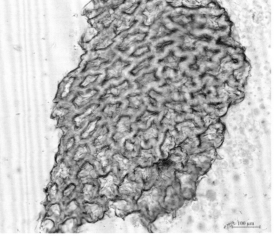

枸杞子-种皮石细胞-10x

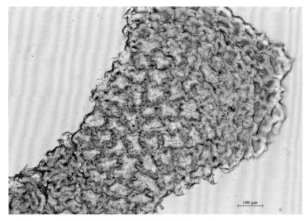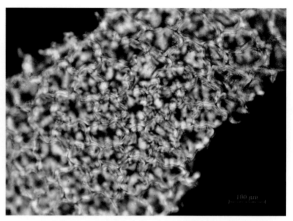

枸杞子种皮石细胞(10x−2)　　　　　　　枸杞子种皮石细胞(10x−2p)(偏光镜拍摄)

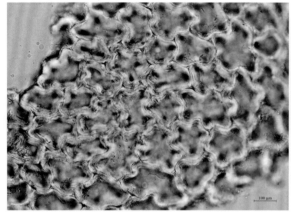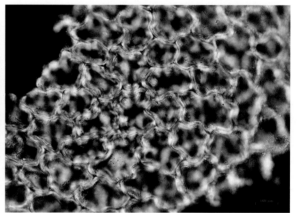

枸杞子种皮石细胞(10x−3)　　　　　　　枸杞子种皮石细胞(10x−3p)(偏光镜拍摄)

图 4-9-B　青海产区宁夏枸杞显微

(样品由王水潮、达洛嘉于青海海西采集)

　　以上显微图片为上海中医药大学崔亚军教授实验鉴定结果。宁夏产区枸杞与青海柴达木枸杞显微性状鉴别没有明显差异,两者显微特征相同,可为同一药材标准起草与质量控制。

(六) 柴达木枸杞与其他产区枸杞显微特征比较(图 4-10)

　　1. 仪器 · LEICA CM 1950 冰冻切片机、Nikon Eclipse 50i 光学显微镜。

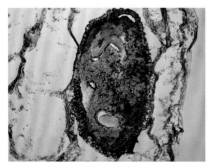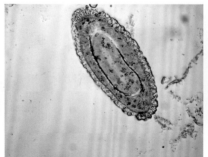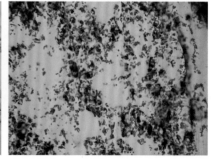

样品 1 号:宁杞 2 号,采集于 2016 年 7 月(甘肃)靖远五合乡白林村

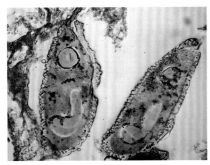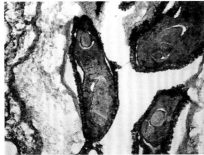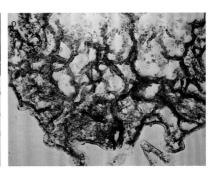

样品 2 号：宁杞 1 号，采集于 2016 年 8 月(内蒙古)乌拉特前旗乌拉山镇

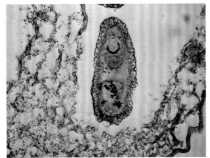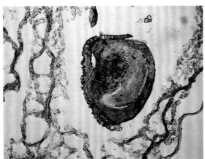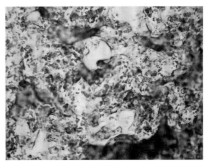

样品 3 号：宁杞 1 号，采集于 2016 年 8 月(新疆)精河托里镇二牧场

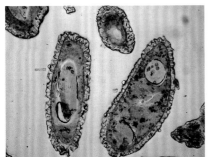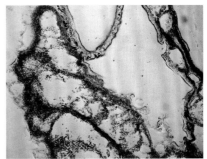

样品 4 号：宁杞 1 号，采集于 2016 年 7 月(宁夏)银川芦花台园林

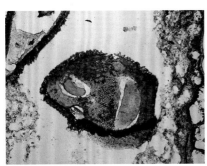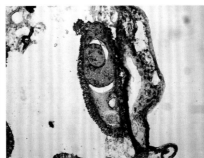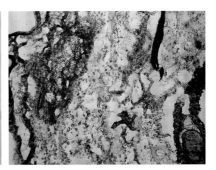

样品 5 号：宁杞 1 号，采集于 2017 年 9 月(宁夏)银川永宁镇

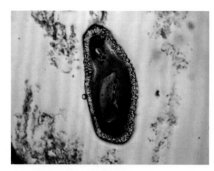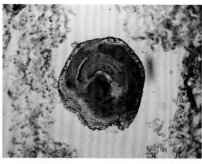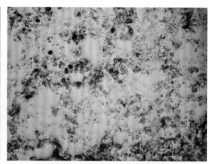

样品 6 号：宁杞 1 号，采集于 2016 年 9 月（青海）都兰香日德农场

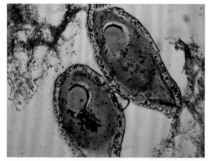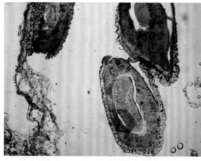

样品 7 号：宁杞 7 号，采集于 2017 年 8 月（青海）都兰诺木洪东南 5 km 处

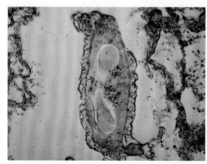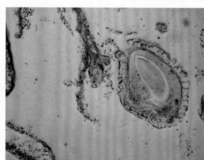

样品 8 号：宁杞 1 号，采集于 2017 年 8 月（青海）德令哈怀米他拉西台村

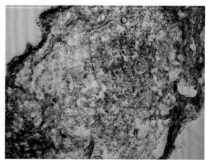

样品 9 号：宁杞 1 号，采集于 2017 年 8 月（青海）都兰诺木洪枸杞种植基地

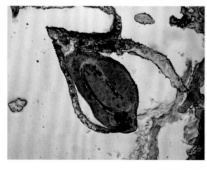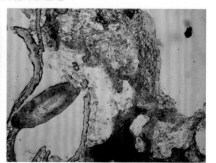

样品 10 号：宁杞 9 号，采集于 2016 年 8 月（青海）德令哈州农科所基地

图 4-10　柴达木与其他地区枸杞显微（样品由王水潮、张建美采集）

2. 果皮的结构

（1）外果皮的结构：外果皮由排列紧密的近似方形的细胞组成，随着果实的发育，这种方形细胞逐渐转变成沿横轴排列的长方形细胞，以适应果实体积的增大。外果皮上无气孔器的分布。

（2）中果皮的结构：中果皮主要是由含有大液泡的薄壁细胞和分布于其间的一些小型维管束组成。成熟果实的中果皮一般由一层细胞组成。

（3）内果皮的结构：内果皮由层细胞构成，在果实形成初期已明显的分化出两层长方形的细胞，以后随着果实的发育，内果皮细胞体积逐渐增大，但其增加的比例远不及中果皮薄壁组织细胞体积的增加。

3. 种子形态特征 · 枸杞种子倒卵状肾形或椭圆形，两面微隆起，或一面凹陷。种皮坚硬，表面淡黄褐色，密布略隆起的网纹。种子具胚乳，胚呈半圆形弯曲，子叶与胚根近等长，胚芽不明显，胚埋藏于白色胚乳中。千粒重约 1.0 g。（图 4-11）

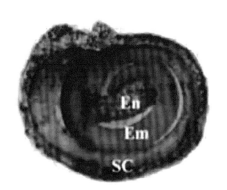

图 4-11　种子结构示意图

（Em—胚；En—胚乳；SC—种皮）

4. 果实外部形态特征 · 3 号样品体积最小，但果实个体大小最均匀，10 号体积最大，但果实个体大小不均匀。3、6、7、8 号样品的果实最为饱满。

5. 果实冰冻切片特征 · 8 号样品的果实结构最为稀疏、6 号样品的果实结构较为稀疏、7 号样品的果实结构紧致、10 号样品的果实颜色偏淡。

以上显微图片为青海师范大学生命科学学院，青藏高原药用动植物资源重点实验室，2017 年硕士研究生亢俊铧拍摄，结果表明：各产区枸杞显微观察基本类同。

三、薄层层析鉴别

取本品 0.5 g，加水 35 mL，加热煮沸 15 min，放冷，滤过，滤液用乙酸乙酯 15 mL 振摇提取，分取乙酸乙酯液，浓缩至 1 mL，作为供试品溶液。另取枸杞子对照药材 0.5 g，同法制成对照药材溶液。照薄层色谱法（中国药典通则 2015 版）试验，吸取上述两种溶液各 5 μL，分别点于同一硅胶 G 薄层板上，以乙酸乙酯-三氯甲烷-甲酸（3∶2∶1）为展开剂，展开，取出，晾干，置紫外光灯（365 nm）下检视。供试品色谱中，在与对照药材色谱相应的位置上，显相同颜色的荧光斑点。

四、指纹图谱

（一）DNA 指纹图谱

（1）红枸杞 DNA 指纹图谱鉴别：用于构建枸杞 DNA 指纹图谱的分子标记技术仅见于 RAPD 技术，这与人们对它的遗传背景了解不多有关。张艳波等（2001）收集了 6 种枸杞属植物，其中 2 个正品，4 个混淆品种，运用 RAPD 技术进行分析，获得了枸杞属不同品种的 DNA 指纹图谱，从而将它们准确区别。程可大（2000）等收集了 20 个台北市场商品枸杞，运用 RAPD 技术进行分析，获得了 2 个 DNA 指纹图谱类型，推测其中 15 个是正品枸杞，5 个混淆品。李军等（2002）对宁夏和内蒙古不同来源地的枸杞基因组 DNA 进行 RAPD 分析，获得了宁夏枸杞的 DNA 指纹图谱。结果表明，用 RAPD 技术可以从 DNA 分子水平对比出宁夏枸杞和内蒙古枸杞的差异；并指出 RAPD 技术更多地用作种间分子标记时差异明显，但种内的遗传多样性相对较小，分子标记差异不明显，能否代表性地作为宁夏枸杞准确标记尚有争议，有待于更深入的研究。张满效等（2005）对生长在不同盐碱环境中的宁夏枸杞干叶片的基因组 DNA 进行了 RAPD 分析，认为生长在不同盐碱环境中的幼嫩植株首先聚为一类，说明幼嫩植株在次生盐碱地中虽然积累大量的 DNA，但尚未发生差异；生长在原生盐碱地的成年植株与幼嫩植株相比遗传距离较小，但与次生盐碱地成年植株相比遗传距离较大,说明长期的盐碱胁迫能使宁夏枸杞的 DNA 发生变异;Shannon 多样性指数与 Nei's 多样性指数也较低,相似系数很高,说明生长在不同环境中的宁夏枸杞具有较近的遗传关系,同时 DNA 也发生了一定的变异以适应环境的变化。以上 RAPD 技术在枸杞研究方面由于受样品来源的限制,样品背景不详或难以确定,且取样范围狭窄,无标准对照样品,样品代表性和结果准确性受到质疑,有些 RAPD 指纹图谱的多态性位点相对较少,但其方法有借鉴之处。

针对这种状况,严奉坤等(2007)通过对我国不同地区的枸杞进行 RAPD 分析,发现我国不同地区的宁夏枸杞主栽品种宁杞 1 号的 RAPD 指纹图谱没有明显区别,而宁夏枸杞、新疆枸杞和河北枸杞之间指纹图谱差异明显,说明 RAPD 技术用于枸杞道地品种的确定及药材真伪的鉴定是有效的;魏玉清等(2007)运用 RAPD 技术对宁夏不同地区的宁夏枸杞主栽品种进行了 RAPD 指纹图谱分析。结果表明,宁夏不同地区的同一宁夏枸杞品种指纹图谱完全一致,宁夏枸杞主栽品种宁杞 1 号和新品系 0105(俗称大果枸杞,即宁杞 3 号)指纹图谱虽然有高度的同相似性,但可以进行区别,表明不同地区同一品种的质量差别不是由遗传因素造成的。

(2)柴达木 DNA 指纹图谱:赵孟良(2018)利用 ISSR 标记方法研究柴杞系列品种,结果均与宁夏枸杞遗传相似性来源一致,与王占林(2018)分析结论一致。青海柴杞 1~3 号、青杞 1 号、种植的宁杞 1 号、5 号、7 号均与宁夏枸杞亲缘关系相近,为枸杞品种鉴定和连锁图谱构建提供了科学依据,详见本书相关章节内容。

(二)化学指纹图谱

枸杞化学指纹图谱以高效液相色谱及红外光谱技术为主。

1. HPLC - DAD 方法鉴定甜菜碱和类胡萝卜素(聂国朝,2004;卢红梅,2005)

(1)样品提取

甜菜碱提取:取 1.2 g 干枸杞研碎,加入 50 mL 甲醇,在室温下超声震荡 30 min,3 000 rpm,离心 3 min,残渣用甲醇重复提取 3 次,减压浓缩,残余物用 12 mL 水溶解,备用。

类胡萝卜素提取:将枸杞子在 40 ℃干燥,取 10 g 枸杞子研磨成粉,将其与 1 g 碳酸镁(中和有机酸)放在锥形瓶中,加入 50 mL 四氢呋喃和甲醇的混合液(1∶1,v/v),匀浆 1 min 后,以 1 000 rpm 的速度离心 6 min,用四氢呋喃与甲醇的混合液冲洗锥形瓶和匀浆器 2 次,所得溶液再离心,将上层溶液转移至分液漏斗中,加入 50 mL 石油醚(沸程 30～60 ℃)和 50 mL 饱和氯化钠溶液,混合静置,将底层的四氢呋喃、甲醇、水相放入烧杯中,上层石油醚转移到 250 mL 蒸馏瓶中,再分别用 50 mL 石油醚萃取底层溶液 2 次,将上层石油醚在 35 ℃下减压蒸发干燥,用 15 mL 石油醚在超声下溶解残余物,再减压浓缩干燥,最后在超声下用二氯甲烷溶解残余物,定容至 5 mL,备用。

(2)样品 HPLC - DAD 分析

甜菜碱的分析:用 5 μm 料填充的 Zorbax 型 NH_2 相柱(250 mm×4.6 mm),流动相为水-乙腈(15∶85,v/v),流速为 1.0 mL/min,等度洗脱,温度为室温,紫外检测波长为 190～380 nm。

类胡萝卜素的分析:用 5 μm 料填充的 Hypersil 型 ODS 柱(250 mm×4.0 mm),流动相为乙腈-二氯甲烷(60∶40,v/v),流速为 1.0 mL/min,等度洗脱,温度为室温,紫外可见检测波长 360～780 nm。

甜菜碱指纹图谱分析:在检测波长 195nm 时的色谱图,保留时间 8 min 后进行分析,在 HPLC 保留时间 8 min 以前出来的物质差异较大,不同种的枸杞化学指纹图谱特征不一致。此法用于枸杞种属鉴定。

类胡萝卜素指纹图谱分析:按照提取类胡萝卜素的方法所得的提取液试样分析结果在检测波长为 456 nm 时的图谱,各种枸杞指纹图谱基本无差异。此法用于枸杞真伪鉴定。

2. HPLC 方法测定不同产地枸杞黄酮类物质·李小亭等(2012)基于指纹图谱与系统聚类分析方法对不同产地枸杞进行质量评价,利用高效液相色谱法(HPLC)建立 8 个不同产地枸杞的指纹图谱,使用相似度评价软件及 SPSS19.0 软件进项数据处理,对不同产地的枸杞样品进行分析。结果表明,不同产地枸杞的黄酮类物质指纹图谱具有专属性,其中中宁、青海、新疆 3 个产区的枸杞指纹图谱相似度较高,分别为 1、0.963、0.956,聚类分析也该将 3 个产地的枸杞聚在一起,青海、新疆产枸杞与中宁枸杞质量相似,可以作为枸杞药材新来源。HPLC 指纹图谱结合聚类分析法能够对枸杞的产地识别及质量评价提供参考。实验以地理标志产品中宁枸杞为参数,利用高效液相色谱法建立了不同产地枸杞的黄酮类物质指纹图谱,使用中药指纹图谱软件进行分析。结果表明,同一产地的样品之间相似度高,每个产地指纹图谱共有模式稳定可靠、专属性强。根据与中宁枸杞相似度的大小,将不同产地枸杞的质量分为四个等级。此外,利用系统聚类分析对指纹图谱得到的共有特征峰信息进行分析,结果表明同一产地和质量相近的枸杞在聚类时能够聚为一类。聚类分析的结果与相似度分析基本一致,为枸杞的产地识别和质量评价提供了新思路。分析结果发现青海、新疆产枸杞与中宁枸杞质量相似,均可作为《中国药典》收载枸杞药材的来源品种。

3. 红外光谱鉴别柴杞产地与质量·报道利用傅里叶变红外光谱(化学指纹图谱法)测定 45 个青海柴达木枸杞,建立柴杞产地鉴别模型(李仲,2016),报道利用 FTIR 分析 12 份柴杞样品,鉴别其主产地和非主产地(多杰扎西,2014)。

4. 红外指纹图谱鉴别中国 10 种枸杞·彭勇等(2004)用傅里叶变换红外光谱法(FTIR)无损快速鉴别了枸杞、北方枸杞、宁夏枸杞、新疆枸杞、云南枸杞、截萼枸杞、柱筒枸杞、黑果枸杞、红枝枸杞、黄果枸杞。结果表明,按其形态学分类的 7 种枸杞 3 变种枸杞与红外指纹图谱有一定的相关性,也有一些差异,这 10 种枸杞的红外光谱各自均有自己的特征吸收,方便鉴别,同时还表明化学组分有差异,为宏观质量控制提供了快速方法。

第四节 混淆品、伪品及鉴别要点

一、土枸杞

土枸杞为同属植物枸杞(*Lycium chinense* Mill.)的干燥成熟果实,主产于河北,为椭圆形或圆柱形的浆果,两端略尖,长 7～15 mm,直径 3～5 mm。表面红色至暗红色,具不规则的皱纹,无光泽,质柔软而略滋润。果实内藏种子 10～30 粒。种子形状与宁夏枸杞略同。显微特征与宁夏枸杞相似,其主要区别点为:种皮石细胞长约至 160 μm;果皮表皮细胞垂周壁有的呈连珠状,外平周壁表面的角质条纹稍粗而疏。果实中含甜菜碱、玉米黄质(zeaxanthin,$C_{40}H_{56}O_2$),酸浆红色素、脂肪油,另含多种游离氨基酸:赖氨酸、脯氨酸、丙氨酸、酪氨酸、谷氨酸、甘氨酸、谷酰胺、天冬氨酸、天冬酰胺和组氨酸等。其种子含大量 1α-甲基甾醇,主为钝叶醇(obtusifoliol)和禾木甾醇(gramisteiol),还有多种三萜 3β-元醇(triterpen 3β-monols),以环木菠萝烯醇(cycloartenol)和 4α-亚甲基环木菠萝烷醇(methylene cycloartenol)为多。该品种质量较差,一般不宜作枸杞子入药。

二、河北大枸杞

河北大枸杞为同属北方枸杞(*Lycium chinense* Mill. var. *potaninii* Pojank.)的干燥成熟果实,主产于河北。果实个大、肉薄、籽多、味微甜而酸苦。与宁夏枸杞的不同点为有一纵直划破痕,其色、形、味、质均与传统中医用药不同,不宜作枸杞入药。

三、甘枸杞

甘枸杞为同属植物土库曼枸杞(*Lycium turcomanicum* Turcz)、西北枸杞(*L. potaninii* Pojank.)、毛蕊枸杞(*Lycium dasystemum* Pojank.)的干燥成熟果实,主产于甘肃、新疆等地。其果实粒小,长不足 1 cm,直径 2～4 mm,表面暗红色、无光泽,质略柔软。气微,味甘而酸。质差,为地区习惯用药。

四、苦味枸杞的鉴别

表海静等(2017)报道宁夏野生苦味枸杞植株基本上有两种株型,一种较高些,株高约 120 cm,浆果也较大;一种较矮些,株高 35～40 cm,浆果较小。

叶片：野生苦味枸杞叶片比栽培枸杞宽大些，叶片呈条状、条状披针或椭圆披针状，叶柄较长。叶面光滑，叶片上分泌有白色物质，斑病少；果枝少刺，刺较长。

宁夏野生苦味枸杞开花、结果习性与栽培枸杞习性相同，每年集中开花、结果，成熟两次，分别于6月初、9月上旬开花，7月、10月上旬浆果成熟。

花器：宁夏野生苦味枸杞的花冠绝大多数为5裂，4裂、6裂、7裂、8裂花冠出现的频率较宁杞7号高。苦味枸杞雄蕊为4～8枚，大多数为5裂花冠、5枚雄蕊、雌蕊1枚。苦味枸杞"花联合"现象较多，即两或多花萼联合。花萼颜色有白色、紫蓝色、紫蓝与白色相间3种；花器的雄蕊花丝、雌蕊花柱均较长。如在宁夏西吉镇湖苦味枸杞树上，出现多花冠联合、形成多裂皇冠，而且其6枚雌蕊连体，子房12室。一般中国枸杞种质的花器呈钟状，雄蕊略比花冠长或短，花丝与花冠位于同一水平。而宁夏野生苦味枸杞花蕾的雄蕊花丝、雌蕊花柱呈弓曲状，开花后花丝、花柱伸出长度要比其他中国枸杞种质资源在长1～2倍，花丝与花冠明显不在同一水平上，而且还可见花柱上端的弓曲状。

果实：宁夏野生苦味枸杞浆果成熟时为鲜红色，果皮较栽培枸杞厚，果实形状有圆形、椭圆形、卵形、长圆柱形等，顶端短尖或平，不同植株之间果实性状差异较大。宁夏野生苦味枸杞浆果有一个明显的特点，浆果簇状着生在叶腋部，包括独立着生果和联合果。其中，双果现象较多。宁夏苦味枸杞浆果成熟时就可嗅到苦味，而宁夏栽培枸杞宁杞7号浆果成熟时便可嗅到一种清香味。按照成熟浆果苦味程度，宁夏野生苦果枸杞又分为全苦果和半苦果类型。所谓全苦果枸杞浆果没有任何甜味，半苦果枸杞的浆果为半甜、半苦味，苦中有细微的甜味。

种籽：宁夏野生苦味枸杞种籽与栽培枸杞宁杞7号种籽形状相同，种籽一端有一小尖，与茄科其他属、种的种子形状相似。宁夏野生全苦味枸杞、半苦味枸杞种子较为饱满，全苦味枸杞种籽直径平均为2.15 mm，半苦味枸杞种籽直径平均为0.25 mm，宁杞7号的只有1.65 mm，全苦味枸杞、半苦味枸杞种子直径分别比宁杞7号大30.3%、24.2%。宁夏野生苦味枸杞与半苦味枸杞种子的直径差别不大，只是半苦味枸杞种子表皮颜色黄底带有较多的褐斑，苦味枸杞种子表皮颜色黄底带有较淡的褐斑。研究认为，该种与中国枸杞其他种质资源及宁夏枸杞的栽培品种在遗传方面存在差异，但无法确定为新种或亚种，推测是宁夏枸杞（*L. barbarum*）的祖先可能具有螺旋状聚伞花序，即联合现象，可能是宁夏枸杞更为久远的物种。

五、枸杞子的混淆品黄芦木果实的鉴定

（一）植物形态鉴定

黄芦木为多年生落叶灌木，高2～3.5 m，枝有沟，灰黄色，老枝灰色，刺粗大，常3分叉稀单一，长8～20 mm，叶5～7片簇生，叶片长椭圆形、倒卵状椭圆形或卵形，长3～8 cm，宽2.5～5 cm，先端急尖或钝，基部渐狭下延成柄，边缘密生刺状细锯齿，叶下面有时被白粉，网脉明显。总状花序开展或下垂，花序长4～10 cm，有花10～25朵或稍多，花梗长5～10 cm，花淡黄色；小苞片2，三角形；萼片倒卵形，花瓣椭圆形，先端微缺，内面近基部有1对蜜腺；雄蕊6，花药瓣状开裂，子房卵圆形，内含2胚珠，柱头头状，扁圆形。浆果椭圆形，长约1～1.5 cm，直径6 mm，鲜红色，常被白粉，先端无宿存花柱，花期6～7月，果期8～9月，多有野生，现广泛栽培作为城市观赏绿化植物。

（二）性状

黄芦木果实为浆果，民间称为"酸醋溜"果实长卵形或椭圆形，长约1～1.5 cm，直径4～6 mm，鲜红色，基部常被白粉。干燥后，表面鲜红色或暗红色，无光泽，有不规则皱纹，顶端略圆，具宿存花柱，圆形，灰褐色。基部有褐色果柄痕，常残留有果柄，长5～7 mm，果皮柔韧，皱缩；果肉较厚，柔润而有粘性，果汁鲜红色，内有种子1～2枚。种子长椭圆形，棕黑色，长4～5 mm，直径约1 mm。质实，体轻，同体积只有枸杞的一半质量。气微，味酸、微甜，回味极苦。枸杞子与黄芦木果实性状特征见表4-7。

表 4-7　枸杞子与黄芦木果实性状特征比较(张建军,2019)

	枸　杞	黄　芦　木
形状	长卵形或椭圆形	长卵形或椭圆形
长度	0.6～2 cm	1～1.5 cm
直径	3～8 mm	4～6 cm
颜色	鲜红色或暗红色	鲜红色或暗红色
表皮	具不规则皱纹,有光泽	具有不规则皱纹,无光泽
顶端	略尖	略圆
花柱痕	点状,突起	圆形,突起,灰褐色
基部	具果柄痕,白色或黄白色	具有果柄痕,褐色,常带果柄
果皮	柔韧,皱缩	柔韧,皱缩
果实	厚,柔润而有黏性	较厚,柔润而有黏性,果汁鲜红色
种子	多数,扁肾形,棕黄色,长 1.5～2 mm,直径约 1 mm	1～2 枚,长椭圆形,棕黑色,长 4～5 mm,直径约 1 mm
质地	质实,体重	质实,体轻
味	味甜、微酸	味酸,微甜,回味极苦

第五节　枸杞鉴定方法研究进展

西北民族大学田晓静等(2015)系统总结了枸杞子鉴别研究进展。由于同名异物者多,从性状的百粒重、百粒长、果实纵横径存在的差异能够鉴别出真伪优劣。显微鉴别从种皮石细胞、果皮表皮细胞、中果皮薄壁细胞、草酸钙砂晶的差异上区别。田晓静等(2015)报道了通过测定相关成分含量来区别品种与道地优劣,特别是近年来光谱技术和生物技术的发展为枸杞真伪优劣鉴定提供了科学的手段。

一、枸杞成分的鉴定

通过测定与枸杞子品质相关的多糖、黄酮、类胡萝卜素、甜菜碱、微量元素、挥发性成分等生物活性成分的组成与含量,可以实现枸杞子品种和产地的区分,为掺伪品的检测奠定基础。

(一)枸杞多糖、黄酮等成分的鉴别

利用枸杞多糖、黄酮、类胡萝卜素、甜菜碱等活性成分判别的研究较多,主要集中在不同品种、产地、采摘期、等级等枸杞子中活性成分含量的差异性

研究上。其中,研究发现不同品种枸杞鲜果和干果中多糖和黄酮含量差异均显著;且枸杞品种和采摘期对其活性成分的含量有影响(杨文君等,2012);研究了不同地区不同品种的枸杞子糖的含量与组成,发现新疆精河种植的枸杞 Jingqi NO.1 果实中的葡萄糖、果糖和蔗糖均高于同一地区的 Ningqi NO.1,河北巨鹿枸杞子中 3 种糖的含量最低,对同一品种 Ningqi NO.1,不同产地枸杞子中枸杞多糖和总糖的含量差异显著(Zheng 等,2010)。采集枸杞子中黄酮类化合物提取液的指纹图谱实现了不同产地枸杞子的鉴别(李小亭等,2012);发现宁夏各大枸杞产区的枸杞子中总黄酮含量差异显著(董静洲等,2009)。此外,还发现不同产地枸杞子中主要类胡萝卜素的含量存在差异(曲云卿等,2015,孙波等,2012)。

通过枸杞多糖(刘万仓等,2011)、甜菜碱含量的差异可以实现不同产地枸杞子的区分(王欢等,2014,孙波等,2014)。叶玉娣采用超声法提取枸杞

子中的枸杞多糖，发现不同等级枸杞子中枸杞多糖差异显著（叶玉娣等，2009）。采用液相色谱法建立3种枸杞子中甜菜碱化学指纹图谱，可以实现枸杞的种属鉴定。通过活性成分组成和含量的分析，可为鉴别不同品质的枸杞子提供依据（聂国朝等，2004）。

（二）微量元素的鉴定

枸杞子中微量元素的组成和含量与其产地存在相关性（任永丽等，2012），利用电感耦合等离子体质谱仪和电感耦合等离子体发射光谱仪对枸杞子中11种微量元素进行测定，结合模式识别方法可实现青海不同地区枸杞子优劣的判别（杨仁明等，2012）；采用原子吸收分光光度法研究枸杞子中9种微量元素的差异，采用因子分析和聚类分析进行分析，分析结果表明，不同区域生产的枸杞子存在明显差别，聚类分析结果表明，微量元素综合指标存在的差别可实现枸杞子产地的归属判别。采用原子吸收光谱法测定枸杞子中8种矿物质元素的含量，主成分分析、判别分析和人工神经网络均能实现宁夏枸杞子和非宁夏枸杞子的区分（李瑞盈等，2013）；采用因子分析法对11个不同产地枸杞子中锌、铜、铁、锰和黄酮含量进行分析，建立了综合评价不同产地枸杞子质量的方法（李梅兰等，2010）。

（三）挥发性成分的鉴定

枸杞子的挥发油含量较高，挥发油中含有大量的酸类、酯类、酮醛类、芳香族化合物、烷烃类和醇类等成分。对枸杞子挥发物的鉴定研究，认为棕榈酸甲酯、(E)-6,10-二甲基-5,9-十一烷二烯-2-酮、4-乙烯基-2-甲氧基-苯酚和(E,E)-6,10,14-三甲基-5,9,13-十五三烯-2-酮是宁夏枸杞子(L. barbarum)挥发油的主要成分（李冬生等，2004），而以微波消解法辅助提取柴达木诺木洪枸杞子时，获得的香味成分更多（39种），且十六烷酸和9,12-十八碳二烯酸甲酯的相对含量更高（李德英等，2015）；对比分析了3种不同方法提取的宁夏枸杞挥发油化学成分的差异，其中水蒸气蒸馏法得到的挥发物主要是十六酸、二十八烷和二十四烷等烃类和脂肪酸，有机溶剂萃取法得到的挥发油成分主要是十六烷、二十四烷和二十五烷等烃类化合物，微波辅助水蒸气蒸馏得到的挥发油主要成分是十六

酸、肉豆蔻、乙酸乙酯和亚油酸等脂肪酸酯类（张成江等，2011）；鉴定枸杞子(L. chinense)的主要气味物质为棕榈酸，亚麻酸，3-甲硫基丁醛，甲基丁醛和呋喃甲醛；同品种和产地枸杞子挥发性成分组成和含量的差异可能与日照时间、强度、温度和海拔等自然环境因素有密切关系。目前尚未有关宁夏枸杞子与其他品种枸杞子挥发性成分差异情况的研究（Kim等，2009）。

二、分子生物技术鉴定

分子生物学方法在枸杞子产地、品种和品质等方面差异的研究较多。采用SDS-聚丙烯酰胺凝胶电泳定性鉴别枸杞子，其电泳图谱能显示不同产地和不同质量的相似性及区别性（张晓薇等，2011）。利用nrDNA ITS序列探讨了宁夏枸杞子资源的遗传多样性，采用聚类分析可将18份宁夏枸杞子以其亲缘关系与差异分为3大类（石志刚等，2008）。采用利用10对引物对10种枸杞子品种基因组DNA进行随机扩增，随机扩增微卫星多态性（RAMP）-PCR技术可以实现枸杞子品种DNA的指纹分析（梁海永等，2011）。研究了基于SCAR标记的快速区分宁夏枸杞子与其他种属枸杞子，以OPC-7为引物，宁夏枸杞子(L. barbarum)和北方枸杞子(L. barbarum var. potaninii)可扩增出片段长度为700和650的特异性片段。根据序列，2个引物集可以分别扩增宁夏枸杞子的1个特异性条带，但是北方枸杞子没有被检测到，可实现宁夏枸杞中掺假的检测（Sze等，2008）。利用以11种引物随机扩增得到随机扩增多态性DNA（RAPD）指纹数据，聚类分析可以将枸杞7种3变种——宁夏枸杞(L. barbarum)、云南枸杞(L. yunnanense)、截萼枸杞(L. truncatum)、果枸杞(L. ruthenicum)、柱筒枸杞(L. cylindricum)、新疆枸杞(L. dasystemum)、枸杞子(L. chinense)、北方枸杞(L. potaninii)、红枝枸杞(变种)(L. dasystemum Pojark. var. rubricaulium)、黄果枸杞(L. barbarum L. var. auranticarpum)的果实区分开（Xiao等，2005）。利用55种随机引物进行随机扩增，发现以其中10种引物获得的RAPD指纹数据可成功区分不同种枸杞（Zhang等，2001）。

三、快速检测鉴别法

目前，对枸杞子原产地鉴别和品质的快速检测

也有少量研究,主要的检测方法集中在红外光谱、近红外光谱、拉曼光谱法、机器视觉和电子舌技术等方面。

(一)光谱技术分析

枸杞子光谱吸收峰与其中所含的化学组分有一定的相关性。因此,利用红外光谱、近红外光谱和拉曼光谱法可实现快速、可靠和无损的枸杞子品种和产地的鉴别和区分。对枸杞品种的研究中,采用傅立叶变换红外光谱法对枸杞子粉末进行检测,用二阶导数谱和二维相关红外光谱技术进行分析,可以客观、快速地鉴别野生和栽培的枸杞子(姚霞等,2010);采用红外光谱法检测枸杞,经过二阶导数谱和二维相关红外光谱技术对红外光谱数据进行分析后,可将同属不同种的 8 种枸杞子很好地区分开。采用水平衰减全反射傅立叶变换红外光谱直接检测枸杞子,对光谱数据进行一维连续小波变化后,能放大样品间差别以有效鉴别枸杞子及其同属非正品(金文英等,2008)。在对枸杞子产地的判别中,利用枸杞子中多糖、氨基酸及矿物质含量上的差异,采用傅立叶红外光谱法结合归一化红外光谱图,实现了不同产地和不同品种枸杞子快速无损的鉴别和区分(吕海棠等,2012)。采用近红外光谱技术结合 SIMCA 模式识别方法建立了较稳健的枸杞子产地溯源模型,成功区分了 8 个不同产地的枸杞子(汤丽华等,2011)。对来自宁夏、新疆、青海和内蒙古的枸杞子进行近红外光谱分析,发现对原始数据预处理后所建立的判别模型能够实现枸杞子产地的区分(周海波等,2014);对多产地宁夏枸杞和其他地区枸杞子的近红外光谱进行距离判别分析和聚类分析,发现判别分析对样品的识别率达到 100%,聚类分析可将枸杞子分为宁夏枸杞子和非宁夏枸杞子 2 大类,判别正确率达到了 96.9%(许春瑾等,2014);利用枸杞子表面不同部位的近红外漫反射光谱,对比分析不同支持向量计算法的判别和预测效果,发现产地区分模型的稳定性和准确性均较好(杜敏等,2013);采用 12 种不同产地枸杞子进行红外光谱分析,采用聚类分析建立的产地判别模型能够快速区分青海不同产地的枸杞子(多杰扎西等,2014)。

(二)机器视觉和电子舌技术

为客观评价枸杞子的品质,电子感官评定作为数字化、客观化的评价方法逐步弥补感官评定的不足。其中,基于机器视觉的研究中,研究了以枸杞图像的特征识别产地的可行性,主成分分析法提取特征成分之后建立支持向量机模型可以正确识别 3 个不同产地的枸杞子(陈晓峰等,2013)。对枸杞子滋味的评价研究中,发现通过电子舌味觉指纹信息可以快速识别不同等级的宁夏枸杞子,弥补了传统感官评定不能精确量化和受主观因素影响的不足,这也是今后研究的重点(Tian 等,2015)。

第六节 检查方法

一、水分

水分不得过 13.0%(《中国药典》2015 版通则)。

董川(2017)对枸杞子水分测定中减压干燥法与蒸馏法进行比较,对五组枸杞子样品进行水分测定,实验认为减压干燥法应用广泛且无毒易操作,而蒸馏测定结果更高效,具有检验周期短、精密度高、操作简单等优势,按照食品安全国家标准方法中的蒸馏法测定枸杞水分含量更易于推广。

表 4-8　两种水分测定法比较

样品编号	减压干燥法		蒸馏法	
	水分含量(%)	RSD(%)	水分含量(%)	RSD(%)
A	4.06	7.1	6.06	0.8
B	7.77	4.9	7.48	0.3
C	6.72	8.5	8.54	0.6
D	5.38	3.3	7.62	2.2
E	5.38	4.3	7.34	1.8

数据来源:董川,*China Food Safety*,2017。

二、总灰分

总灰分不得过 5.0%（《中国药典》2015 版通则）。

三、浸出物

浸出物按水溶性浸出物测定法（《中国药典》2015 版通则项下的热浸法），不得少于 55.0%。

第七节　含　量　测　定

一、枸杞多糖

对照品溶液的制备：取无水葡萄糖对照品 25 mg，精密称定，置 250 mL 量瓶中，加水适量溶解，稀释至刻度，摇匀，即得（每 1 mL 中含无水葡萄糖 0.1 mg）。

标准曲线的制备：精密量取对照品溶液 0.2 mL、0.4 mL、0.6 mL、0.8 mL、1.0 mL，分别置具塞试管中，分别加水补至 2.0 mL，各精密加入 5% 苯酚溶液 1 mL，摇匀，迅速精密加入硫酸 5 mL，摇匀，放置 10 min，置 40 ℃ 水浴中保温 15 min，取出，迅速冷却至室温，以相应的试剂为空白，照紫外-可见分光光度法（通则 0401）在 490 nm 的波长处测定吸光度，以吸光度为纵坐标，浓度为横坐标，绘制标准曲线。

测定法：取本品粗粉约 0.5 g，精密称定，加乙醚 100 mL，加热回流 1 h，静置，放冷，小心弃去乙醚液，残渣置水浴上挥尽乙醚。加入 80% 乙醇 100 mL，加热回流 1 h，趁热滤过，滤渣与滤器用热 80% 乙醇 30 mL 分次洗涤，滤渣连同滤纸置烧瓶中，加水 150 mL，加热回流 2 h。趁热滤过，用少量热水洗涤滤器，合并滤液与洗液，放冷，移至 250 mL 容量瓶中，用水稀释至刻度，摇匀。精密量取 1 mL，置具塞试管中，加水 1.0 mL，照标准曲线的制备项下的方法，自"各精密加入 5% 苯酚溶液 1 mL"起，依法测定吸光度，从标准曲线上读出供试品溶液中含葡萄糖的重量（mg），计算，即得。

本品按干燥品计算，含枸杞多糖以葡萄糖（$C_6H_{12}O_6$）计，不得少于 1.8%。

二、甜菜碱

本品剪碎，取约 2 g，精密称定，加 80% 甲醇 50 mL，加热回流 1 h，放冷，滤过，用 80% 甲醇 30 mL 分次洗涤残渣和滤器，合并洗液与滤液，浓缩至 10 mL，用盐酸调节 pH 至 1，加入活性炭 1 g，加热煮沸，放冷，滤过，用水 15 mL 分次洗涤，合并洗液与滤液，加入新配制的 2.5% 硫氰酸铬铵溶液 20 mL，搅匀，10 ℃ 以下放置 3 h。用 G_4 垂熔漏斗滤过，沉淀用少量冰水洗涤，抽干，残渣加丙酮溶解，转移至 5 mL 容量瓶中，加丙酮至刻度，摇匀，作为供试品溶液。另取甜菜碱对照品适量，精密称定，加盐酸甲醇溶液（0.5→100）制成每 1 mL 含 4 mg 的溶液，作为对照品溶液。照薄层色谱法（通则 0502）试验，精密吸取供试品溶液 5 μL，对照品溶液 3 μL 与 6 μL，分别交叉点于同一硅胶 G 薄层板上，以丙酮-无水乙醇-盐酸（10：6：1）为展开剂，预饱和 30 min，展开，取出，挥干溶剂，立即喷以新配制的改良碘化铋钾试液，放置 1～3 h 至斑点清晰，照薄层色谱法（通则 0502）进行扫描，波长：$\lambda_S = 515$ nm，$\lambda_R = 590$ nm，测量供试品吸光度积分值与对照品吸光度积分值，计算，即得。

本品按干燥品计算，含甜菜碱（$C_5H_{11}NO_2$）不得少于 0.30%。

三、芦丁

色谱条件与系统适用性试验，以十八烷基硅烷键合硅胶为填充剂；以甲醇-0.3% 磷酸水（45：55）为流动相进行等度洗脱，检测波长为 257 nm，柱温为 25 ℃，流速 1.0 mL/min。

对照品溶液的制备：取芦丁对照品适量，精密称定，加甲醇制成每 1 mL 含芦丁 0.1 g 的溶液，即得。

供试品溶液的制备：取本品粉末约 2.0 g，精密称定，置具塞锥形瓶中，精密加入 60% 乙醇 25 mL，加热回流 120 min,趁热过滤,用少量 60% 乙醇洗涤滤器,合并滤液与洗液,回收溶剂后放冷,用少量水溶解,移至 10 mL 容量瓶中,用水稀释至刻度,摇匀,作为供试品溶液。

测定法:分别精密吸取对照品溶液与供试品溶液各 10 μL,注入液相色谱仪,测定,即得。

本品按干燥品计,含芦丁($C_{27}H_{30}O_{16}$)不得少于 0.25 mg/g。

四、类胡萝卜素

对照品溶液的制备:取 β-胡萝卜素对照品 2.5 mg,精密称定,置 25 mL 容量瓶中,加石油醚(60~90 ℃)适量溶解,稀释至刻度,摇匀,即得(每 1 mL 中含 β-胡萝卜素 0.1 mg)。

标准曲线的制备:精密量取对照品溶液 0.5 mL、1.0 mL、1.5 mL、2.0 mL、2.5 mL、3.0 mL,分别置于 25 mL 容量瓶中,分别加入石油醚适量,稀释至刻度,摇匀,以相应试剂为空白,照紫外-可见分光光度法,在 404 nm 的波长处测定吸光度值,以吸光度为纵坐标,浓度为横坐标,绘制标准曲线。

测定法:取本品粗粉约 0.5 g,精密称定,置具塞锥形瓶中,加石油醚和丙酮(3∶1)15 mL,于 45 ℃ 水浴中温浸提取 2 h,趁热过滤,用水振摇提取 3 次,每次 10 mL,分取石油醚液,加入一定量无水硫酸钠除水,过滤,滤液转移至 25 mL 容量瓶中,加石油醚定容至刻度,摇匀,即得。照标准曲线的制备项下的方法,依次测定吸光度,从标准曲线上读出供试品溶液中含类胡萝卜素的重量,计算,即得。

本品按干燥品计,含类胡萝卜素以 β-胡萝卜素($C_{40}H_{56}$)计,不得少于 0.10 mg/g。

柴达木枸杞各成分含量测定结果参见化学成分分析章节。

第八节　枸杞药材的安全性控制

一、二氧化硫残留控制

(一) SO₂ 对药材质量的影响

二氧化硫熏蒸枸杞,以消除发霉和"黑碳"现象是不法分子常用的手段,二氧化硫及其亚硫酸盐对生物体和枸杞药材都有毒害作用。

枸杞经二氧化硫熏蒸后,会与本身的物质成分结合,不仅会有 SO_2 及亚硫酸盐残留,也会改变药材本身的疗效,熏后的枸杞味酸,影响品质。

枸杞子含糖较多,极易吸潮、发霉和虫蛀,而且其成分的色质也极不稳定,容易变色。为使枸杞子外观颜色好看,不少商家利用硫黄对枸杞进行熏蒸,一是可杀死或抑制附在枸杞上的螨虫和虫卵,起防虫作用,二是杀死或抑制药材上的霉菌,起防霉、防腐作用,三是可使枸杞外观更好看,使枸杞看起来新鲜,起美容作用。最重要的是硫黄熏蒸后,枸杞可含较多水分,而外表不发霉,延长保存期,商家可获得更多利润。

熏蒸后的枸杞子会对人体产生一系列的不利影响。二氧化硫与枸杞子中的物质结合成亚硫酸盐,亚硫酸盐产生的亚硫酸具有一定的毒性,可与蛋白质的巯基进行可逆性结合反应,刺激消化道黏膜,出现恶心、呕吐、腹泻等症状,长期摄入则会对肝脏造成损害。此外这些二氧化硫超标食品还可影响人体对钙的吸收,破坏 B 族维生素,过量进食可引起急性中毒可出现眼、鼻黏膜刺激症状,严重时产生头疼挛、喉头水肿、支气管痉挛等,还可在人体内转化成一种致癌物质——亚硝胺。一些小作坊熏蒸药材的硫黄质量较差,含有较多的铅、汞等重金属,导致中药材、饮片残留砷、汞等有毒有害物质。如果食用量较大或长期食用,会引起慢性中毒。

(二)二氧化硫残留存在形态

针对枸杞含糖量高、易吸潮、色质不稳定、容易变色的问题,生产加工者常采用硫黄熏蒸的方法。熏蒸的目的主要是快速干燥、杀虫、防腐、防霉、增色、护色。

在熏蒸过程中,枸杞中的糖、蛋白质、色素、酶、维生素、醛、酮等与二氧化硫及亚硫酸盐发生作用,以游离态、结合态和不可逆结合态的形式残留在其中。3 种形态中,不可逆结合的亚硫酸盐不发生解离,不会对人体健康发生危害,而游离的亚硫酸根和可逆结合的亚硫酸盐就是通常情况下残留的二氧化硫或亚硫酸盐。

在 pH≤7 时,亚硫酸盐(HSO_3^-)较稳定;pH>7 时 HSO_3^- 转化为亚硫酸根,得到总亚硫酸盐,化学平衡式如下:

$$H_2SO_3 \Longleftrightarrow H^+ + HSO_3^-$$
$$HSO_3^- \Longleftrightarrow H^+ + SO_3^{2-}$$

在酸性条件下,亚硫酸盐转化为可挥发的 SO_2,SO_2 通过气体扩散膜后被碱液吸收转变为硫酸根离子,化学平衡式如下:

$$SO_3^{2-} + 2H^+ \longrightarrow H_2O + SO_2$$
$$SO_2 + H_2O_2 \longrightarrow 2H^+ + SO_4^{2-}$$

枸杞作为"药食两用"的品种,需要采用适当的方法将亚硫酸盐从基体中分离出来,经不同的处理方法测定游离态和可逆结合态的量(杨春霞等,2018)。

(三) 枸杞中二氧化硫含量测定方法

《中国药典》2015 年版枸杞子项下未收载 SO_2 残留项,但通则中有 SO_2 的测定方法,即酸碱滴定法、液相色谱法、离子色谱法,这三种方法均可用于枸杞中 SO_2 含量限度测定,以酸碱滴定法较优选。

《中国药典》2015 年版规定药材及饮片 SO_2 含量不得超过 150 mg/kg。许多国家制定了亚硫酸盐的使用规定(以下亚硫酸盐限制范围均以二氧化硫残留量计),我国农业部发布的绿色食品枸杞标准(NY/T1051 - 2006)对亚硫酸盐的限制是小于等于 50 mg/kg。卫生部食品添加剂使用卫生标准(GB1760 - 2007)关于亚硫酸盐在水果干类食品中的使用限制是小于等于 100 mg/kg;CAC(国际食品法典委员会)规定的亚硫酸盐在水果干类食品中的使用限制是小于等于 1 000 mg/kg。枸杞子含量应在安全值以内。

二、枸杞子的重金属残留控制

(一) 重金属的危害

从环境污染方面所说的重金属,实际上主要是指汞、镉、铅、铬、砷等金属或类金属,也指具有一定毒性的一般重金属,如铜、锌、镍、钴、锡等。由于工业活动的发展,导致在人类周围中的富集,通过大气、水、食品等进入人体,在人体某些器官内积累,造成慢性中毒,危害人体健康。

铅离子可因微生物甲基化作用而生成相应的甲基化合物,此类化合物多属毒性很强的挥发性物质,极易通过呼吸道进入体内。另外还可通过口腔、皮肤进入体内后,与人体某些酶的活性中心硫基(—SH)有着特别强的亲和力,金属离子极易取代硫基上的氢,从而使酶丧失生物活性,其破坏作用就在于使生物酶失去活性。还可以通过与酶的非活性部位相结合,从而改变活性部位的构象,或与起辅酶作用的金属离子置换,同样能使生物酶的活性减弱甚至丧失。

砷元素及其化合物广泛存在于环境中。砷对健康的危害是多方面的,可引发多器官的组织学和功能上的异常改变,严重者还可导致癌变。砷对人体的毒性作用与砷的化合物形式及其价态、砷暴露时间、砷摄入量、个体敏感性、健康状况、营养等因素有关。砷在体内的毒性作用主要是与细胞中的酶系统结合,使许多酶的生物作用失去活性而被抑制造成代谢障碍。长期摄入低剂量的砷经过十几年甚至几十年的体内蓄积才发病。砷慢性中毒主要表现在末梢神经炎和神经衰弱症候群的症状。目前,砷毒性的研究大多集中在细胞、蛋白质、DNA 等微观水平上进行。

汞是一种广泛存在于自然界的人体非必需元素。动物实验发现低浓度汞(甲基汞)可导致动物的神经行为发生变化,出现学习和记忆能力的下降。实验研究发现汞除了神经系统毒性,还具有肾脏、免疫、生殖及胚胎、肝脏等毒性,这些毒性一个主要的原因是汞(甲基汞)具有很强的亲巯基性,能够与体内众多富含巯基的膜蛋白相结合,影响蛋白功能,从而导致多系统发生毒性效应。此外汞接触可导致细胞内 Ca^{2+} 动态平衡破坏,细胞内 Ca^{2+} 浓度升高,基因表达异常,引起 DNA 损伤和修复障碍,还能诱导细胞的凋亡。

镉进入人体后,通过血液传输至全身,主要蓄积于肾、肝脏中;其次蓄积于甲状腺、脾和胰等器官中。研究表明,心、肝、肾、脑、血有一稳定的镉浓度,但镉对肝、肾功能的损害作用低于心功能的损害。镉急性中毒主要分布在肝和肾，但动物死亡原因不是肝、肾损害引起，而是由于心功能衰竭。镉能与蛋白质相互作用，镉与含羟基（—OH）、氨基（—NH）、巯基（—SH）的蛋白质分子结合，生成镉-蛋白质，能使许多酶系统受到抑制（甚至使酶失去生物活性）。镉还可以占据钙离子通道并进入细胞内，使细胞内钙稳态失衡，也可在进入细胞前与细胞表面的孤儿受体上的抗原决定簇胞外锌位点结合，干扰细胞钙代谢；镉通过与酶类巯基结合或替代作用，置换出细胞内酶类金属，降低机体抗氧化酶的活性，使机体清除自由基的能力下降，引起氧化损伤。还能影响细胞凋亡和增生的有关基因和蛋白质的表达。

铜是重要的必需微量元素，但应用不当，也易引起中毒反应。急性铜中毒的临床表现为急性胃肠炎，中毒者口中有金属味，流涎、恶心、呕吐、上腹痛、腹泻，有时可有呕血和黑便。口服大量铜盐后，牙齿、齿龈、舌苔蓝染或绿染，呕吐物呈蓝绿色、血红蛋白尿或血尿，尿少或尿闭，病情严重者可因肾衰而死亡；有些患者在中毒第 2～3 天出现黄疸。铜可与溶酶体的脂肪发生氧化作用，导致溶酶体膜的破裂，水解酶大量释放引起肝组织坏死；也可由红细胞溶血引起黄疸。铜的另一毒理表现是损伤红细胞引起溶血和贫血。通常铜进入体内后主要在肝脏中累积，一旦超过肝脏的处理水平时，铜即释放入血，过量的 Cu^{2+} 与—SH 结合后在红细胞中大量积集，引起酶系统的氧化失活，损伤红细胞，增加细胞膜的通透性，破坏其稳定性并使细胞质和细胞器易于受损，变性血红蛋白增加；另一方面，铜与血红蛋白结合形成 Heinz 小体，使细胞内葡萄糖 6-磷酸脱氢酶、谷胱甘肽还原酶失活，还原型谷胱甘肽减少，从而导致血红蛋白的自动氧化加剧，变性血红蛋白大量进入血液，最终导致溶血和贫血（覃仕杨等，2011）。

（二）重金属含量检测方法

随着工业化的大规模发展，环境污染日益严重，很多中药已由野生转变为种植，化肥与农药的不规范使用和中药饮片的不当炮制、加工，都可能造成中药或植物药中重金属残留超过允许水平，极大地影响中药质量。枸杞子即作为食品又作为药品，既能用于日常的保健，也用于中药的组方，使用人群和使用量较大，易造成重金属蓄积中毒。

重金属进入人体后不再以离子的形式存在，而是与体内有机成分结合成金属络合物或金属螯合物，从而对人体产生危害。机体内蛋白质、核酸能与重金属反应，维生素、激素等微量活性物质和磷酸、糖也能与重金属反应。由于产生化学反应使上述物质丧失或改变了原来的生理化学功能而产生病变。重金属对健康的危害包括慢性中毒、致癌作用、致畸作用、变态反应和对免疫功能的影响。

中药材中重金属主要来源于栽培地的土壤、空气和水，重金属污染的元素主要有汞、镉、铬、铅、铜、砷、氟等。

随着人们食品安全意识的提高，检测技术的改进，重金属对人类健康的影响已受到国内和国际上普遍的关注。世界卫生组织对食品中的砷、汞、铅、镉等有害重金属规定了最高残留限量，各国卫生部门也制定了各自的标准。

现有的重金属检测方法包括比色法，紫外分光光度法（UV），原子吸收光谱法（AAS），原子荧光光谱法（AFS），电感耦合等离子体光谱法（ICP-AES）、X 荧光光谱（XRF）、电感耦合等离子质谱法（ICP-MS）等。综合比较，ICP-MS 方法具有高灵敏度、极低的检出限（10^{-15}～10^{-12} 量级）、极宽的线性动态范围（8～9 个数量级）、谱线简单、干扰少、分析速度快的优点。

2015 版药典在重金属和有害元素控制方面，采用电感耦合等离子体质谱定中药中砷、汞、铅、镉、铜的含量；对药典一部所有中药注射剂及枸杞子、山楂、人参、党参等用药时间长、儿童常用的品种均增加了重金属和有害元素限度指标。《中国药典》2015 年版药典中对枸杞的重金属残留的规定：铅不得超过 5 μg/g；镉不得超过 300 ng/g；砷不得超过 2 μg/g；汞不得超过 200 ng/g；铜不得超过 20 μg/g。《药用植物及制剂外经贸绿色行业标准》中收载药用植物原料、饮片、提取物及其制剂等的质量，要求及检验方法等内容。我国目前对中药材农药残留、重金属的检测大多采用此标准作为参考，见表 4-9。国际标准见表 4-10。2014 年农业部发布的绿色食品枸杞标准规定：枸杞中的砷不得超过 1 mg/kg；铅不得超过 1 mg/kg；镉不得超过 0.3 mg/kg。

表 4-9　国内标准

项　目	铅（Pb）μg/g	镉（Cd）μg/g	汞（Hg）μg/g	铜（Cu）μg/g	砷（As）μg/g
2015 年药典标准	≤5	≤0.3	≤0.2	≤20	≤2
药用植物及制剂外经贸绿色行业标准	≤5	≤0.3	≤0.2	≤20	≤2
农业部绿色食品枸杞标准（2014）	≤1	≤0.3	—	≤10	≤1

表 4-10　国际标准

项目	铅（Pb）mg/kg	镉（Cd）mg/kg	汞（Hg）mg/kg	铜（Cu）mg/kg	砷（As）mg/kg
中国香港	≤5.0	≤0.3	≤0.2		≤2.0
新加坡	≤20	≤5	≤0.5	≤150	≤5
韩国	≤5	≤0.3	≤0.2		≤3
日本	≤20				≤2
美国	≤3～10		≤3		≤3
英国	食品≤1 草药≤5			≤20	食品≤1 草药≤5
法国	≤5	≤0.2	≤0.1		
德国	≤5	≤0.2	≤0.1		

三、枸杞子的农药残留控制

市场上大量的商品枸杞来自人工栽培。枸杞在生长过程中较易受到病虫的危害，为了降低病虫害，提高枸杞子的品质和产量，果农在枸杞的生长过程中使用农药。然而随着害虫、病菌抗药性的不断增强，农药的使用量也在不断增加，个别生产者还会误用滥用农药，这些施放的农药会残留在枸杞的果实中，人食用枸杞子后，也将这些农药吃入体内，对人体产生危害。这些危害包括致癌、致畸、慢性伤害及直接威胁人的生命等。

对枸杞使用的农药有各种类型：有机氯类、有机磷类、氨基甲酸酯类、烟碱类、拟除虫菊酯类等，部分农药具有高毒性和高残留，国家已经明令禁止使用，还有部分是被限制使用的农药和低毒性的农药。

现阶段，与枸杞中的农药残留相关的标准有《中国药典》、GB2763 - 2005（食品中农药最大残留限量）、NY/T1051 - 2014（绿色食品枸杞）、NY/T761 - 2008（蔬菜和水果中有机磷、有机氯、拟除虫菊酯和氨基甲酸酯类农药多残留的测定）、NY/T393 - 2000（绿色食品农药使用准则）等标准。

药品的农药残留标准与国外同类标准相比，中国药典仅规定了 3 个有机氯农药品种，而中国香港的中药材安全质量标准则规定了 9 项农药残留标准，韩国规定了 13 项农药残留标准，欧盟规定了 34 项农药残留标准，美国的农药残留标准与欧盟相近。《中国药典》中的枸杞子项下并没有收载对枸杞子的农药残留测定，针对其他药材的标准也仅仅局限在有限的几种农药残留的检测。

从食品的农药残留标准来看，中国食品农药残留标准有 807 项，而国际食品法典委员会有 3 338 项，欧盟有 14.5 万项，美国有 1 万多项，日本有 5 万多项。与发达国家相比，我国的食品对农药残留标准的研究和制定较为落后。随着全球经济一体化的不断加强，对残留限量指标的控制也日益严格。我们要积极应对，对策包括：一方面要加强对农药残留标准的研究与制定；另一方面，在生产上实行GAP（良好的农业种植规范）及推广生物防治与农药防治相结合，以减少农药的使用及残留。

农药残留的检测包括前处理技术和检验分析两个部分。前处理技术又包括：固相萃取（SPE）、固相微萃取（SPME）、液相微萃取（LPME）、基质固相分散萃取（MSODE）、QuECHERS法、超临界萃取（SFE）、微波辅助萃取（MAE）、免疫亲和色谱（IAC）等。检验分析包括毛细管电泳法（CE）、薄层色谱法（TLC）、高效液相色谱法（HPLC）、气相色谱法（GC）、色谱质谱（MS）联用法、直接光谱分析、免疫分析法（IA）等。根据不同的检测类型、成本、实验条件、灵敏度要求选择不同方法对农药残留进行检测。

美国即将把宁夏枸杞纳入美农作物分类表，一直以来，美国环保署未对枸杞等可兼作食品的中药材及其产品进行明确归类。美国食品药品管理局对其农药残留要求一律"不得检出"，这严重脱离了枸杞种植加工的实际。近年来，我国共有21批出口到美国的枸杞干果和其他枸杞产品，因为检出农药残留等问题枸杞子出口受到阻碍（覃仕扬，2011）。

四、5－HMF控制（麦拉德反应）

枸杞药材因含有糖类成分，在贮藏过程中容易发生"变色"现象，严重影响品质和疗效。引起变色的原因是糖类、多种氨基酸在一定温度下发生了麦拉德反应，以及糖类成分自身发生降解反应而生成了5-羟甲基糖醛（5－HMF）。该化合物对人体横纹肌和内脏有毒副作用。杨丽等（2014）研究，不同"变色"程度枸杞子中5－HMF含量不同，变色程度加重，其含量有升高趋势，外观颜色发黑的枸杞子中糖类成分发生麦拉德反应或降解反应的程度不同。据此，建立HPLC测定枸杞中5－HMF含量的方法，用于保证枸杞质量并为枸杞子安全性研究提供参考。

五、枸杞子中OTA污染检测

赭曲霉毒素（Ochratoxin）是一类结构相似的生物毒素，有OTA、OTB、OTC、OTD 4种化合物，其中OTA毒性最强、分布最广，污染最严重，国际癌症研究机构（IARC）将其确定为2B类致癌物。OTA的分子量为403.8，熔点169 ℃，为无色晶体，易溶于极性有机溶剂和稀碳酸氢钠溶液，微溶于水，在紫外光下OTA呈绿色荧光，最大吸收峰为333 nm。OTA由许多霉菌产生，主要有炭黑曲霉（*Aspergillum carbonarius*）、黑曲霉（*A. niger*）、棘孢曲霉（*A. aculea-tus*）、塔宾曲霉（*A. tubingensis*）和青霉（*Penicillium* spp.），这些微生物平时存在于种植园土壤及残叶上，其中一种或几种在果实期转为果栖微生物并产生毒素，积累在干果中或随果粒榨汁进入发酵过程。果酒、干果食品中OTA相当稳定，一般的烹调和加工方法只能部分破坏。OTA的污染在全球范围内都比较严重，不仅在粮谷类（主要是小麦、大麦、玉米和燕麦）、豆类、花生、动物饲料、葡萄、可可、咖啡豆等干果中发现OTA污染，而且在香料、茶叶、调味料、咖啡、巧克力、中草药、罐头食品、油、豆制品、啤酒、葡萄酒、葡萄汁等饮料中也已经检测到OTA，甚至在以粮食为饲料的动物体内及其肉、奶和奶制品等动物性食品中也常有OTA检出，通过食物链蓄积对人类健康构成威胁（刘海波等，2016）。

OTA于1965年首次从赭曲霉中分离出来，是由曲霉属和青霉属产生的有毒代谢产物，由一个氯化的二氢异香豆素衍生物通过一个肽键与$L-\beta$-苯丙氨酸的7-羟基相连而形成，因此对温度和水解作用表现极为稳定。研究表明，焙烤只能使OTA毒性减少20%，蒸煮对OTA毒性不具有破坏作用，温度达到100～200 ℃都不能完全分解。OTA广泛分布于自然界，果品中以干果、葡萄及其制品污染率最高，果酒和果醋、干果中OTA污染发生率可达50%～100%，含量分别为0.2～6.4 μg/L。另外，在被病原菌侵染的桃、樱桃、草莓、苹果和柑橘等水果中也发现有少量的OTA，且去除腐烂部位后仍可进一步侵染，含量为0.15～29.2 μg/L。

OTA具有强烈肾毒性、肝毒性和免疫毒性，并有致癌、致畸和致突变作用，在已发现的真菌毒素中，OTA被认为仅次于黄曲霉毒素而列为第2位。由于其毒性较高，JECFA建议其每天耐受摄入量为0.2～14（ng·bw/kg），EFSA建议其每天耐受摄入量为170.2～14（ng·bw/kg）。前人研究发现，巴尔干地方性肾炎（BEN）和尿路癌（UT）的发生可能与OTA摄入量有密切关系，患者血液中OTA的含量明显高于未感染人群，肾脏是OTA毒性作用的主要靶器官（李志霞等，2017）。

枸杞子是由宁夏枸杞鲜果干燥制成的干果，由于其鲜果为浆果、含水量高,且表皮有蜡质层覆盖。因此,制干时间较长,致使其易生霉变。采摘后的枸杞鲜果不经任何处理,1天后就会有霉菌生长,2天后霉变率为30%～40%,3天后则高达50%～80%。采用太阳能干燥装置干燥枸杞,其平均霉变率也在20%左右。在霉变过程中,炭黑曲霉、黑曲霉、塔宾曲霉和青霉这些产OTA的菌就有可能生长繁殖并产生OTA毒素。目前,枸杞产业不断壮大备受国内外人关注,有必要开展关于枸杞OTA污染检测,以保证质量。以采用有机溶剂或碳酸氢钠等溶液为提取液提取枸杞中的OTA,再用固相萃取柱(SPE)进一步净化,最后以高效液相色谱(HPLC)检测OTA,摸索出一种简便高效的测定宁夏枸杞中OTA含量的方法,为枸杞安全生产提供科学依据。限量标准:①0.5 μg/kg(推荐)。②国际标准10 μg/kg(Eu、南斯拉夫、伊朗)。③中国(健康指导值,每天干果PTDI=17 ng·bw/kg)低于指导值,无风险。

第九节 炮制与贮藏

一、炮制

(一) 传统方法

取原药材,除去杂质,摘除残留果梗。贮藏于木箱或硬纸箱内衬防潮油纸包装。本品极易虫蛀、发霉、泛油、变色,应密闭,置阴凉干燥处保存。要防潮、防闷热、防蛀。少量商品可晒干后每0.5～1 kg为1包,贮于石灰缸内,或置于缸内再喷以白酒,可防霉蛀;大宗商品可用氯化苦或磷化铝熏。如果有条件最好冷藏,应防鼠害。

(二) 炮制经验

1. **枸杞子**·取原材料、簸净杂质,摘去蒂和梗即可。

2. **炒枸杞子**(宋《圣惠方》)

(1) 单炒:在热锅中加入枸杞子,用微火炒至黄色稍有焦斑为度(苏州)。

(2) 菟丝子炒:枸杞子1斤(1斤=500 g),菟丝子2斤(上海)先将菟丝子炒热后,再加入枸杞子炒至黄色发胀时,筛去菟丝子即可。

3. **盐枸杞子**(明《普济方》)·枸杞子1斤,食盐1斤(浙江),先将食盐用微火炒热,再加入枸杞至黄色发胀时,筛去盐即可,功用本品为补阴药,滋补肾骨,益精明目。

(三) 炮制规范(曹辉等,2017)

1. **枸杞子**

(1) 成熟果实。夏、秋二季果实到红色时采收,热风烘干,除去果梗,或晾至皮皱后晒干,除去果梗(中国药典,2015版)。

(2) 除去蒂、茎杂质(广西,2007)。

(3) 除去杂质、果梗(吉林,1986)。

(4) 除去杂质、拣去果梗(四川,2002;重庆,2006)。

(5) 除去杂质(辽宁,1986;河南,2005;湖北,2009)。

(6) 除去杂质及果柄(宁夏,1997;江西,2008)。

(7) 枸杞子取原药材,除去杂质及残留果柄(安徽,2005)。

(8) 将原药除去残留果梗等杂质(上海,2008)。

(9) 取药材枸杞子,除去杂质(陕西,2007)。

(10) 取原药,除去残留果梗等杂质及霉黑者(浙江,2005)。

(11) 取原药材,除去果梗和蒂等杂质及霉黑者(湖南,2010)。

(12) 取原药材,除去杂质,摘去残留果梗(贵州,2005)。

(13) 取原药材,除去杂质(天津,2012)。

(14) 取原药材,除去杂质及残留果梗(北京,2008)。

(15) 取原药材,除去杂质及残留果柄(贵州,2005)。

(16) 取原药材,除去杂质及果柄(江苏,2002)。

(17) 取原药拣净杂质,即可(云南,1986)。

2. **炒枸杞子**·取枸杞子,用菟丝子拌炒至鼓起,筛去菟丝子(上海,2008)。

3. 盐枸杞子·取盐,置热锅翻动,炒至滑利,投入枸杞子,炒至表面鼓起时,取出,筛去盐,摊晾(浙江,2005)。

二、贮藏

(一) 传统贮藏

枸杞放在木柜中,置 18 ℃以下,干燥通风处、阴凉或冷冻通风处更好。

(二) 现代贮藏方法

低温冷藏条件下,采用聚乙烯铝箔复合膜袋密封包装,避光贮藏。不宜抽真空包装贮藏,抽真空易造成枸杞挤压皱缩,导致多糖外溢易"走油"。不易光照日晒,否则易导致脂溶性色素——类胡萝卜素含量降低。不易长时间放置,枸杞多糖贮存 3 个月降低 30%～50%,贮存 12 个月多糖会低于药典规定,甜菜碱降低 20%～30%,应加快流通周转速度,不宜用牛皮凝膜纸袋及聚乙烯塑料袋装枸杞,因其含有苯甲醛有毒有害物质。最适宜枸杞包装材料是聚乙烯铝箔复合膜袋。

(三) 走油与变色控制

传统认为中药"走油"常与药材中糖类、脂肪油等成分较多有关,枸杞子中富含多糖,对枸杞子"走油"前后枸杞多糖的含量变化进行研究表明,"走油"前后多糖含量差异较大,并呈现逐渐降低的趋势。贮藏 3 月外观出现"走油",此时多糖含量降低 30%～50%,贮藏 6 月降低程度逐渐平缓,贮藏 12 月时 51 批样品中的 25 批多糖含量已低于药典规定,故确定枸杞多糖是枸杞子"走油"的化学物质基础,其中对"走油"前后枸杞多糖组成及结构变化有待进一步研究(王晓宇,2012)。

传统认为中药"变色"多因药材中含有不稳定的色素类成分。枸杞子中色素类成分有酚酸类、脂溶性色素及水溶性色素等,王晓宇首次较系统地研究了枸杞子"变色"前后色素类成分的含量变化,其中水溶性色素以芦丁为代表,脂性色素以类胡萝卜素为代表,两者"变色"前后含量差异较大,均呈现降低趋势。贮藏 3 月外观开始出现"变色",此时芦丁含量降低 10%～30%,随后降低程度趋于平缓;贮藏 12 月时含量降低 30%～50%;类胡萝卜素含量贮藏 3 月时即降低 50%～70%,贮藏 12 月时含量降低 70%～90%,故确定芦丁、类胡萝卜素为枸杞子"变色"的特征性成分,其中对"变色"前后水溶性色素/脂溶性色素的比例变化有待进一步深入研究。

现行枸杞子质量标准及相关研究,缺乏专属性强的质量控制方法及评价模式,未将其贮藏过程的外观性状、化学成分等的变化特征性指标纳入饮片整体质量标准。

通过以上研究阐明了枸杞子"走油变色"的化学物质基础变化内涵;建立了色素类成分芦丁及类胡萝卜素的含量测定方法,并制定限量标准,规定芦丁含量不得少于 0.25 mg/g,类胡萝卜素含量以 β-胡萝卜素计,不得少于 0.10 mg/g。同时将甜菜碱的含量测定方法进一步准确化,由药典使用的薄层扫描法改为 HPLC 法;提高了枸杞子的质量标准,为枸杞子及其制剂的质量控制提供了依据。

第十节 枸杞的临床应用与规律分析

枸杞子的基原物种为宁夏枸杞的干燥成熟果实。近年来许多学者测试枸杞子主要活性成分含量,利用指纹图谱与系统聚类分析结果,评价认为该物种在宁夏产区与青海柴达木产区种植所得枸杞子药材质量为一类,同为《中国药典》枸杞药材重要来源。柴达木枸杞产量每年近 10 万吨以上,通过青海、宁夏集散地发往全国各地,绝大部分用于临床调配处方和制药企业作为中成药生产的原料,也有用于食品保健品产业中。

一、中医临床应用

枸杞子味甘性平,归肝、肾经;具有滋补肝肾,益精养血,明目消翳,润肺止咳的作用;主治肾虚骨痿,阳痿遗精,久不生育,早老早衰,须发早白,血虚萎黄,产后乳少,目暗不明,内外障眼,内热消渴,劳热骨蒸,虚劳咳嗽,干咳少痰等病症。需要注意的是,因枸杞能滋阴润燥,所以脾虚胃糜烂者不宜用。

现代研究分析枸杞子提取液中的有效成分,发现含有丰富的下列物质:枸杞多糖、单糖、甜菜碱、脂肪酸、蛋白质和多肽、维生素 B1、维生素 B2、维生素 C、18 种氨基酸(含 8 种必需氨基酸)以及钙、锌、镁、铁、锰、磷等微量元素。此外,据最新中国食物成分表记载,枸杞中胡萝卜素含量显著高于水果蔬菜,还含有维生素 E、维生素 D、磷脂及硒等成分。

药理学研究证实,枸杞子可调节机体免疫功能、能有效抑制肿瘤生长和细胞突变,具有延缓衰老、抗脂肪肝、调节血脂和血糖等方面的作用。因此,枸杞子对糖尿病、血脂异常症、肝功能异常、胃炎等都有一定的治疗作用。

(一) 枸杞药性

1. 性味归经甘平,入肝肾经,兼入肺圣。

2. 升降沉浮:其作用趋向多为升浮(《中药大辞典》)

3. 历代名医名著应用枸杞概念

(1)《纲目》:今考《本经》止云枸杞,不指是根、茎、叶、子;《别录》乃增根大寒、子微寒字,似以枸杞为苗;而甄氏《药性论》乃云枸杞甘平,子、叶皆同,似以枸杞为根;寇氏《衍义》又以枸杞为梗皮。皆是臆说。

按陶弘景言枸杞根实为服食家用;西河女子服枸杞法,根、茎、叶、花、实俱采用;《本经》所列气味主治,盖通根、苗、花、实而言,初无分别也,后世以枸杞子为滋补药,地骨皮为退热药,始分而二之。窃谓枸杞苗叶,味苦甘而气凉,根味甘淡气寒,子味甘气平,气味既殊,则功用当别,此后人发前人未到之处者也。

《保寿堂方》载地仙丹云:此药性平,常服能除邪热,明目轻身。春采枸杞叶,名天精草;夏采花,名长生草;秋采子,名枸杞子;冬采根,名地骨皮;并阴干,用无灰酒浸一夜,晒露四十九昼夜,待干为末,炼蜜丸,如弹子大。每早晚备用一丸,细嚼,以隔夜百沸汤下。此药采无刺味甜者,其有刺者服之无益。

(2)《本草经疏》:枸杞子,润而滋补,兼能退热,而专于补肾、润肺、生津、益气,为肝肾真阴不足、劳乏内热补益之要药。老人阴虚者十之七八,故服食家为益精明目之上品。昔人多谓其能生精益气,除阴虚内热明目者,盖热退则阴生,阴生则精血自长,肝开窍于目,黑水神光属肾,二脏之阴气增益,则目自明矣。枸杞虽为益阴除热之上药,若病脾胃薄弱,时时泄泻者勿入,须先治其脾胃,俟泄泻已止,乃可用之。即用,尚须同山药、莲肉、车前、茯苓相兼,则无润肠之患矣。

(3)《本草汇言》:俗云枸杞善能治目,非治目也,能壮精益神,神满精足,故治目有效。又言治风,非治风也,能补血生营,血足风灭,故治风有验也。世俗但知补气必用参、芪,补血必用归、地,补阳必用桂、附,补阴必用知、柏,降火必用芩、连,散湿必用苍、朴,祛风必用羌、独、防风,殊不知枸杞能使气可充,血可补,阳可生,阴可长,火可降,风湿可去,有十全之妙用焉。

(4)《本草通玄》:枸杞子,补肾益精,水旺则骨强,而消渴、目昏、腰疼膝痛无不愈矣。按枸杞平而不热,有补水制火之能,与地黄同功。

(5)《本草正》:枸杞,味重而纯,故能补阴,阴中有阳,故能补气。所以滋阴而不致阴衰,助阳而能使阳旺。虽谚云离家千里,勿食枸杞,不过谓其助阳耳,似亦未必然也。此物微助阳而无动性,故用之以助熟地最妙。其功则明耳目,添精固髓,健骨强筋,善补劳伤,尤止消渴,真阴虚而脐腹疼痛不止者,多用神效。

(6)《本草求真》:枸杞,甘寒性润。据书皆载祛风明目,强筋健骨,补精壮阳,然究因于肾水亏损,服此甘润,阴从阳长,水至风息,故能明目强筋,是明指为滋水之味,故书又载能治消渴。今人因见色赤,妄谓枸杞能补阳,其失远矣。岂有甘润气寒之品,而尚可言补阳耶?若以色赤为补阳,试以虚寒服此,不惟阳不能补,且更有滑脱泄泻之弊矣,可不慎欤。

(7)《重庆堂随笔》:枸杞子,《圣济》以一味治短气,余谓其专补以血,非他药所能及也。与元参、甘草同用名坎离丹,可以交通心肾。

(8)《中药大辞典》记载:枸杞滋肾,润肺,补肝,明目。治肝肾阴亏,腰膝酸软,头晕,目眩,目昏多泪,虚劳咳嗽,消渴,遗精。

(9)《宁夏枸杞研究》(白寿宁,1999)记述道:服用枸杞的老年人的免疫学、生理、生化学和遗传学机能状态的多项指标在向年轻化方向逆转。

（10）"十大名中药丛书"《枸杞子》（窦国祥，2009）中指出：枸杞子虽无人参之名望、虫草之尊贵，但无论男女老幼、贵贱贫富，识之者众，用之者众，是一味天赐的百姓良药。

（二）用药禁忌与配伍

1. 禁忌

（1）外邪实热，脾虚有湿及泄泻者忌服。

（2）《本草经疏》：脾胃薄弱，时时泄泻者勿入。

（3）《本草汇言》：脾胃有寒痰冷癖者勿入。

（4）《本经逢原》：元阳气衰，阴虚精滑之人慎用。

（5）《本草撮要》：得熟地良。

2. 配伍·

枸杞子甘平质润、入肝肾经，既能补肾以生精。可用治肝肾不足、头晕目眩、腰膝酸软、头发早白，又能养肝血而明目，可用治肝肾阴虚之两目干涩视力减退。

（1）枸杞子配熟地黄：枸杞子、熟地黄二药均入肝肾经，均能滋补阴血、补益肾骨。然枸杞子甘平质润，长于益精明目，熟地黄甘温质润，长于益精添髓。二药配用，益精生血，滋补肝肾之阴力增强，适用于治疗阴亏血少的头晕、耳鸣、舌红苔等证。

（2）枸杞子配黄精：枸杞子甘平质润，既能补肝肾以生精，又能养肝血以明目，黄精甘平质润，既能补肾益精，又能补脾益气，润肺生精。二药配用，滋补肝肾，补血添髓。适用于治疗肝肾不足所致的虚劳精亏等症。

（3）枸杞子配当归：枸杞子甘平质润，补益肝肾，滋阴益精；当归甘温质润，补血活血，二药配用，补肝肾，养益精。适用于治疗肝肾不足引起的腰膝酸痛，益精，且可乌须发。

（4）枸杞子配菊花：枸杞子甘平质润，补肝肾、益精明目，菊花味辛甘苦，芳香疏散，散风清热，清肝明目。二药配用，滋补肝肾，益精明目。适应于治疗肝肾精血不足，目失所养的眼目昏花。

（5）枸杞子配杜仲：枸杞子、杜仲二药同归肝肾经，均有补肝肾作用。然枸杞子性味甘平，长于补肝肾益精明目；杜仲味甘性温，长于补肝肾，强筋壮骨。二药配用，补肝肾，强筋骨。适用于治疗肝肾失养所致的腰膝酸软无力。

（6）枸杞子配知母：枸杞子甘平质润滋补肝肾，益精养血；知母干旱质润，生津润燥，滋肾降火。二药合用，养阴生精，滋肾降火。适用于治疗阴虚消渴，肾蒸痨热，遗精遗汗等症。

（7）枸杞子配沙参：枸杞子甘平质润，滋补肝肾之阴，益精明目；沙参甘苦微寒，养阴清肺，益胃生津。二药配用，金水相生，滋阴养血。适用于治疗肝肾阴虚所致的两目干涩，口干咽燥，舌红少津等症。

3. 临床新用

（1）治萎缩性胃炎：枸杞洗净，烘干打碎、分装每天 20 g，分 2 次于空腹时嚼服。2 个月为 1 疗程。治疗萎缩性胃炎可获良效。

（2）治肥胖症：枸杞每日 30 g 当茶冲饮，早、晚各 1 次，连用 4 个月后，体重可降至正常范围。

（3）治烫伤：用枸杞子 40 g，烘干研细末，麻油 120 g 加热至沸，离火倒入枸杞子粉拌匀，以消毒棉浸药油涂患处，局部包扎，隔 6 h 换药一次，治烫伤疗效显著。

（4）治高血脂：枸杞子与女贞子、红糖制成降脂冲剂，每天 2 次，6 周为 1 疗程，2 个疗程后，可降胆固醇、甘油三酯及 β—脂蛋白。

（5）治疗肿痛：枸杞子 15 g，烘脆研末，加凡士林 50 g 制成软膏，外涂患处，每天 1 次，疗效显著。

（6）治老年人夜间口干：每晚取枸杞子 30 g，洗净后，徐徐嚼服，服药 10 天后可获良效。

（7）治冻疮：用枸杞子 20 g，白芷 5 g，吴萸 5 g，分别烘脆研末，加入香脂适量，调成膏状，涂于患处，每隔 4～6 h，换药 1 次，治冻疮有良效。

（8）治妊娠恶阻：用枸杞子 50 g，黄芩 50 g，上药置于杯中，沸水冲之，汁水温时频频饮用，疗效显著。

（三）传统选方

（1）治肝肾不足、眼花、眩晕、耳鸣，或干涩眼病：熟地黄、山萸肉、茯苓、山药、丹皮、泽泻、枸杞子、菊花。炼蜜为丸。（《医级》杞菊地黄丸）

（2）治劳伤虚损：枸杞子三升，干地黄（切）一升，天门冬一升。上三物，细捣，曝令干，以绢罗之，蜜和作丸，大如弹丸，日二。（《古今录验方》枸杞丸）

（3）治肾经虚损眼目昏花，或云器遮睛：甘州枸杞子一斤。好酒润透，分作四分，四两用蜀椒一两炒,四两用小茴香一两炒,四两用芝麻一两炒,四两用川楝肉炒,拣出枸杞,加熟地黄、白茯苓各一两,为末,炼蜜丸,日服。(《瑞竹堂经验方》四神丸)

(4)补虚、长肌肉、益颜色、肥健人:枸杞子二升。清酒二升,溺碎,更添酒浸七日,漉去滓,任情饮之。(《延年方》枸杞子酒)

(5)治虚劳、下焦虚伤、微渴、便数:枸杞子一两,黄精一两半(挫),人参一两(去芦头),接心三分,当归一两,白芍药一两。捣筛为散。每服三钱,以水一中盏,入生姜半分,枣三枚,杨半分,煎至六分,去滓,食前温服。(《圣惠方》枸杞子散)

(6)安神养血、滋阴壮阳、益智、强筋骨、泽肌肤、驻颜色:枸杞子(去蒂)五升,圆眼肉五斤。上二味为一处,用新汲长流水五力一斤,以砂锅桑柴火慢慢熬之,渐渐加水煮至把圆无味,方去渣,再慢火熬成冒,取起,瓷罐收贮。不拘时频服二、三匙。(《摄生秘剖》把圆膏)

(7)治肝虚或当风眼泪:枸杞子二升。捣破,纳绢袋冲;置罐中,以酒一斗浸干,密封勿泄气,三七日。每日饮之,醒醒勿醉。(《圣离方》)

(8)治目亦生器:枸杞子捣汁,日点三、五次。(《肘后方》)

(9)治注夏虚病:枸杞子、五味子。研细,滚水泡封三日,代茶饮。(《摄生众妙方》)

(10)糖尿病:枸杞子,蒸熟嚼食,每次3g。对症状轻者有一定疗效。

(11)延年益寿:枸杞子延年益寿的方法很多,其中简便实用的如含嚼法:取枸杞子10粒,洗净后放入口中含化,约半小时后嚼烂咽下,每天3~4次。或用煮粥法:取枸杞子30g,粳米100g。先把粳米煮到六七成熟,再放入枸杞妇熬煮至粥稠即可。每天清晨和晚上空腹时吃粥一碗。当然,也可取适量枸杞子放入鸡、鸭一起炖汤服用。

(四)新选方

(1)妊娠呕吐:枸杞子、黄芩各50g。置带盖瓷缸内,以沸水冲浸,待温时频频饮服,喝完后可再用沸水冲,以愈为度。

(2)糖尿病:枸杞子30g,兔肉250g,加水适量,文火炖熟后加盐调味,取汤饮用。

(3)肥胖病:枸杞子30g,每天1剂,当茶冲浸,

频服,或早晚各1次。

(4)慢性萎缩性胃炎:选宁夏枸杞子洗净,烘干打碎分装,每天20g,分2次于空腹时嚼服,2个月为1个疗程。

(5)男性不育:枸杞子每晚15g,嚼碎咽下,连服1个月为1个疗程。一般服至精液常规转正常后再服1个疗程。

(6)老年人夜间口干:每晚睡前取枸杞子30g,用开水洗净后徐徐嚼服。服用10天后可见效。

(7)治褥疮:枸杞子50g,烘脆研末,麻油200g熬沸,待冷倒入枸杞子粉,加冰片0.5g搅匀,外敷疮面,每天1次。

(8)治冻疮:枸杞子20g,白芷5g,吴茱萸5g,分别烘脆研末,加香脂适量调成膏状,涂于患处,每隔4~6h涂1次,连用5天可愈。

(8)治疗疮痈疖:枸杞子15g,烘脆研末,加凡士林50g制成软膏,外涂患处,每天1次,一般3~5天可愈。

(9)治烫伤:枸杞子40g,烘脆研细末,麻油120g加热至沸,离火倒入枸杞子粉搅匀,以消毒药棉蘸浸药油涂于患处,局部包扎,每6h涂药1次,一般半小时痛减,5天痊愈。

(10)治慢性萎缩性胃炎:取枸杞子适量,将其洗净、烘干、打碎,每天取20g,分2次于空腹时服用,2个月为1个疗程。

(11)治疗慢性肝炎、肝硬化:动物实验证明,枸杞子有保护肝脏作用。枸杞子在肝脏功能正常的情况下,对肝脏的功能有促进作用,在肝脏受损的情况下对肝脏有保护作用。在肝脏再生的过程中,对其再生有促进作用,是由于枸杞子通过肝细胞的分裂增生而实现的。枸杞子的有效成分枸橼酸甜菜碱具有治疗慢性肝炎、肝硬化等肝脏疾病的作用。

二、枸杞在《中国药典》制剂中用药规律分析

目前,国家正式批准生产的中成药共计5 017种约5 500个规格剂型,其中处方中使用枸杞子的约280种,占中成药生产品种总数6%,国家现存医疗典籍中收录10万多处方,其中使用枸杞子的有数千个。本节分析《中国药典》成方制剂枸杞子用药规律。

《中国药典》2015年版一部中药中收载品种

2 598 个,其中药材和饮片 618 个,植物油脂和提取物 47 个,成方制剂和单味制剂 1 493 个。比 2010 版药典多收载 440 个,修订了 517 个,增修订内容主要有性状、鉴别、含量测定、原子吸收等项目,在药品的安全性、有效性和质量控制方面有了较大提升,特别在二氧化硫控制、农药残留、重金属与有害金属、黄曲霉毒素测定等方面有了更严格的要求。《中国药典》规定有性状、鉴别(粉末显微、薄层色谱)、检查(水分、总灰分、重金属与有害金属)、浸出物、含量测定(枸杞多糖、紫外分光光度法、甜菜碱、薄层色谱扫描法)、性味与归经、功能与主治、用法与用量、贮藏等 9 项质量控制指标。枸杞子无单味制剂收藏,在收载的 1 493 个成方制剂中用的药情况见表 4-11。

表 4-11 《中国药典》2015 年版(一部)含枸杞的成方制剂统计分析

序号	成方制剂名称	处方组成	枸杞相关信息(君臣佐使、处方用量、鉴别)	成方功效
1	糖尿乐胶囊	天花粉208.6 g,山药208.6 g,黄芪52 g,红参31.3 g,地黄52 g,枸杞子31.3 g等13味组成	臣药 处方用量 31.3 g 薄层色谱法以三氯甲烷-丙酮-甲酸(8:1:3)为展开剂鉴别枸杞子	益气养阴,生津止渴。用于气阴两虚所致的消渴病
2	强肾片	鹿茸,山药,山茱萸,熟地黄,枸杞子,丹参等14味组成	臣药	补肾填精,益气壮阳
3	滋补生发片	当归,地黄,菟丝子,枸杞子,侧柏叶,女贞子等15味组成	臣药 处方用量 45 g 薄层色谱法以甲苯-乙酸乙酯-甲酸(15:5:2)为展开剂鉴别枸杞子	滋补肝肾,益气养荣,活络生发。治脱发症
4	蛤蚧补肾胶囊	蛤蚧,淫羊藿,麻雀(干),当归,枸杞子,牛膝,锁阳等19味组成	臣药 处方用量 80 g 薄层色谱法以二氯甲烷-乙酸乙酯-甲酸(9:1:0.5)为展开剂鉴别枸杞子	壮阳益肾,填精补血。治真元不足之虚弱症
5	琥珀还睛丸	琥珀,菊花,青葙子,黄连,枸杞子,羚羊角粉等26味组成	佐药 处方用量 45 g 薄层色谱法以三氯甲烷-乙酸乙酯-甲酸(2:2:1)为展开剂鉴别枸杞子	补益肝肾,清热明目
6	添精补肾膏	党参,制远志,淫羊藿,茯苓,枸杞子等16味	佐药 处方用量 45 g	温肾助阳,补益精血,治肾亏之阳痿
7	康尔心胶囊	三七,人参,麦冬,丹参,枸杞子,何首乌,山楂	君药 处方用量 150 g 薄层色谱法以石油醚(30~60 ℃)-乙醚(1:6)为展开剂鉴别枸杞子	益气养阴,活血止痛,用于气阴两虚之冠心病
8	甜梦胶囊(口服液)	刺五加,黄精,党参,枸杞子,半夏等17味	臣药 处方用量 133 g 薄层色谱法以三氯甲烷-甲醇(15:1)为展开剂鉴别枸杞子	益气补肾,健脾和胃
9	调经促孕丸	鹿茸,淫羊藿,仙茅,菟丝子,枸杞子等18味	臣药 处方用量 10 g 薄层色谱法以三氯甲烷-乙酸乙酯-甲酸(3:1:0.1)为展开剂鉴别枸杞子	温肾健脾,活血调经
10	消渴灵片	地黄,五味子,麦冬,茯苓,枸杞子等11味	佐药 处方用量 104 g 薄层色谱法以石油醚(60~90 ℃)-乙酸乙酯-甲酸(2:3:1)为展开剂鉴别枸杞子	益气养阴,清热泻火

（续表）

序号	成方制剂名称	处方组成	枸杞相关信息 （君臣佐使、处方用量、鉴别）	成方功效
11	消渴平片	人参,黄连,天花粉,天冬,枸杞子等12味	君药 处方用量90 g	益气养阴,清热泻火
12	益肾灵颗粒	枸杞子,女贞子,附子(制),芡实,五味子等13味	君药 处方用量200 g	温阳补肾
13	脂康颗粒（胶囊）	决明子,枸杞子,桑葚,红花,山楂	臣药 处方用量462 g 薄层色谱法以乙酸乙酯-三氯甲烷-甲酸(3∶2∶1)为展开剂鉴别枸杞子	滋阴清肝,活血通络
14	健脑胶囊	当归,天竺黄,人参,枸杞子,原值等19味	使药 处方用量26.7 g 显微鉴别种皮石细胞表面观不规则多角形,壁厚,波状弯曲,层纹清晰(枸杞子);薄层色谱法以甲苯-乙酸乙酯-甲酸(6∶4∶0.2)为展开剂鉴别枸杞子	补肾健脑,养血安神
15	健脑安神片	黄精,淫羊藿,枸杞子,鹿茸,红参,大枣等16味		滋补强壮,镇静安神
16	健脑丸	当归,天竺黄,肉苁蓉,山药,琥珀,枸杞子等19味	使药 处方用量20 g 显微与薄层色谱法鉴别同健脑胶囊	补肾健脑,养血安神
17	蚕蛾公补片	雄蚕蛾,人参,熟地黄,炒白术,当归,枸杞子等12味	佐药 处方用量56.25 g	补肾壮阳,养血填精
18	活力苏口服液	制何首乌,淫羊藿,黄精,枸杞子,黄芪,丹参	佐药	益气补血,滋养肝肾
19	前列欣胶囊	炒桃仁,没药,丹参,赤芍,红花,枸杞子等14味	使药	活血化瘀,清热利湿
20	养阴降糖片	黄芪,党参,葛根,枸杞子,玄参等12味	臣药 处方用量110 g 薄层色谱法以石油醚(30～60 ℃)-甲酸乙酯-甲酸(20∶20∶0.1)为展开剂鉴别枸杞子	养阴益气,清热活血
21	复明片	羚羊角,木贼,菊花,车前子,人参,枸杞子等24味	佐药 处方用量40 g	滋补肝肾,养阴生津,清肝明目
22	骨仙片	熟地黄,枸杞子,女贞子,黑豆,菟丝子,骨碎补,仙茅,牛膝,防己	臣药 处方用量69 g 薄层色谱法以二氯甲烷-乙酸乙酯-甲酸(8∶0.5∶0.2)为展开剂鉴别枸杞子	补益肝肾,强壮筋骨,通络止痛
23	参茸固本片	当归,山药,茯苓,山茱萸,枸杞子,熟地黄等15味	臣药 处方用量45 g	补气养血
24	参芪十一味颗粒	人参,黄芪,当归,天麻,熟地黄,泽泻,决明子,鹿角,菟丝子,细辛,枸杞子	佐药 处方用量266 g 薄层色谱法以二氯甲烷-甲醇(40∶1)为展开剂鉴别枸杞子	补脾益气。治体虚、四肢无力症
25	参乌健脑胶囊	人参,党参,黄芪,山药,枸杞子等22味	臣药	补肾填精,益气养血,强身健脑

（续表）

序号	成方制剂名称	处方组成	枸杞相关信息 （君臣佐使、处方用量、鉴别）	成方功效
26	降脂灵颗粒（片）	制何首乌,枸杞子,黄精,山楂,决明子	君药 处方用量 369.8 g 薄层色谱法以乙酸乙酯-二氯甲烷-甲酸(6∶4∶1)为展开剂鉴别枸杞子	补肝益肾,养血明目。治高脂血症
27	金花明目丸	熟地黄,盐菟丝子,枸杞子,五味子,党参等 17 味	君药	补肝,益肾,明目。治白内障
28	固本统血颗粒	锁阳,菟丝子,肉桂,巴戟天,黄芪,山药,附子,枸杞子,党参,淫羊藿	佐药 薄层色谱法以石油醚(30～60 ℃)-甲酸乙酯-甲酸(20∶10∶0.1)为展开剂鉴别枸杞子	温肾健脾,填精益气。治紫斑、紫癜
29	明目地黄丸（浓缩丸）	熟地黄,酒萸肉,牡丹皮,山药,茯苓,泽泻,枸杞子等 12 味	佐药	滋肾,养肝,明目
30	国公酒	当归,羌活,防风,麦冬,枸杞子等 30 味	佐药	散风祛湿,舒筋活络。治痹症、半身不遂
31	肾宝合剂（糖浆）	蛇床子,川芎,红参,小茴香,枸杞子,白术等 22 味	佐药	温补肾阳,固精益气
32	肾炎舒片	苍术,茯苓,白茅根,防己,人参,黄精,菟丝子,枸杞子,金银花,蒲公英	佐药 薄层色谱法以三氯甲烷-丙酮-甲醇(6∶1∶1)为展开剂鉴别枸杞子	益肾健脾,利水消肿。治疗水肿
33	软脉灵口服液	熟地黄,五味子,枸杞子,牛膝,茯苓等 16 味	臣药	滋补肝肾,益气活血。用于冠心病、心肌炎等症
34	坤宝丸	酒女贞子,覆盆子,菟丝子,枸杞子,龟甲等 23 味	臣药	滋补肝肾,养血安神
35	阿胶补血膏（口服液）	阿胶,熟地黄,党参,黄芪,枸杞子,白术	佐药 处方用量 50 g 薄层色谱法以三氯甲烷-乙酸乙酯-甲酸(3∶1∶0.1)为展开剂鉴别枸杞子	补益气血,滋阴润肺。治虚劳咳嗽
36	补肾益脑片（丸）	鹿茸,红参,山药,茯苓,枸杞子等 16 味	臣药 处方用量 30 g 显微鉴别种皮石细胞表面观不规则多角形,壁厚,波状弯曲,层纹清晰(枸杞子)	补肾生精,益气养血
37	龟龄集	红参、鹿茸、海马、枸杞子、丁香、菟丝子等 20 味	臣药	强身补脑,固肾补气,增进食欲
38	龟鹿二仙膏	龟甲,鹿角,党参,枸杞子	佐药 处方用量 94 g 薄层色谱法以甲苯-乙酸乙酯-甲酸(9∶21∶0.5)为展开剂鉴别枸杞子	温肾益精,补气养血
39	利脑心胶囊	丹参,川芎,赤芍,红花,枸杞子等 15 味	佐药 薄层色谱法以三氯甲烷-乙酸乙酯-甲醇(2∶3∶1)为展开剂鉴别枸杞子	活血祛瘀,行气化痰,通络止痛。治冠心病,脑动脉硬化,心肌梗死等症

（续表）

序号	成方制剂名称	处方组成	枸杞相关信息（君臣佐使、处方用量、鉴别）	成方功效
40	杞菊地黄胶囊（片/丸/浓缩丸）	枸杞子,菊花,熟地黄,酒萸肉,牡丹皮,山药,茯苓,盐泽泻	佐药 处方用量 36.7 g 薄层色谱法以三氯甲烷-乙酸乙酯-甲酸(9∶3∶0.5)为展开剂鉴别枸杞子	滋肾养肝
41	如意定喘片	蛤蚧,蟾酥,黄芪,地龙,麻黄,党参,枸杞子等 21 味	佐药 处方用量 27 g	宣肺定喘,止咳化痰,益气养阴
42	安神宝颗粒	炒酸枣仁,枸杞子,藤合欢	臣药 薄层色谱法以石油醚(30~60 ℃)-甲酸乙酯-甲酸(20∶20∶0.1)为展开剂鉴别枸杞子	补肾益精,养心安神
43	全鹿丸	全鹿干,锁阳,党参,地黄,菟丝子,山药,枸杞子等 32 味	臣药 处方用量 40 g(盐水炒) 显微鉴别种皮石细胞表面观不规则多角形,壁厚,波状弯曲,层纹清晰(枸杞子)	补肾填精,健脾益气
44	孕康合剂（孕康口服液）	山药,续断,黄芪,当归,枸杞子等 23 味	佐药	健脾固肾,养血安胎。治疗先兆性、习惯性流产
45	右归丸	熟地黄,附片,肉桂,山药,酒萸肉,菟丝子,鹿角胶,枸杞子,当归,杜仲	佐药 处方用量 120 g 显微鉴别种皮石细胞淡黄色,壁波状弯曲,有时内含棕色物(枸杞子)	温补肾阳,填精止遗
46	石斛夜光丸	石斛,人参,山药,茯苓,五味子,枸杞子等 25 味	臣药 处方用量 45 g 显微鉴别种皮石细胞淡黄色,壁波状弯曲,有时内含棕色物(枸杞子)	滋阴补肾,清肝明目
47	古汉养生精口服液	人参,黄芪,金樱子,枸杞子,菟丝子等 11 味	臣药 薄层色谱法以石油醚(30~60 ℃)-甲酸乙酯-甲酸(20∶10∶0.1)为展开剂鉴别枸杞子	补气,滋肾,益精
48	心脑康片（胶囊）	丹参,何首乌,赤芍,枸杞子,葛根,川芎等 16 味	臣药 处方用量 30 g 薄层色谱法以二氯甲烷-乙酸乙酯-甲酸(2∶3∶1)为展开剂鉴别枸杞子	活血化瘀,通窍止痛
49	心脑欣丸（胶囊）	红景天,枸杞子,沙棘鲜浆	臣药 处方用量 1 000 g 薄层色谱法以甲苯-甲酸乙酯-甲酸(5∶12∶1.5)为展开剂鉴别枸杞子	益气活血
50	五子衍宗片（丸）	枸杞子,菟丝子,覆盆子,五味子,盐车前子	君药 处方用量 275 g 丸剂显微鉴别种皮石细胞表面观不规则多角形,壁厚,波状弯曲,层纹清晰(枸杞子)	补肾益精

（续表）

序号	成方制剂名称	处方组成	枸杞相关信息 （君臣佐使、处方用量、鉴别）	成方功效
51	小儿肺咳颗粒	人参、茯苓、白术、陈皮、枸杞子等22味	佐药 处方用量22 g 显微鉴别种皮石细胞,表面观呈不规则多角形,垂周壁呈深波状或微波状弯曲,层纹清晰(枸杞子);薄层色谱法以乙酸乙酯-三氯甲烷-甲酸(3∶3∶1)为展开剂鉴别枸杞子	健脾益肺,止咳平喘
52	山东阿胶膏	阿胶,党参,白术,黄芪,枸杞子,白芍,甘草	佐药	补益气血,润燥
53	七宝美髯颗粒	制何首乌,当归,补骨脂,枸杞子,菟丝子,茯苓,牛膝	臣药 处方用量32 g(酒蒸) 薄层色谱法以甲苯-乙酸乙酯-甲酸(15∶5∶2)为展开剂鉴别枸杞子	滋补肝肾
54	十一味参芪片(胶囊)	人参,黄芪,天麻,当归,枸杞子等11味	佐药 处方用量106 g	补脾益气

从表4-11分析,《中国药典》2015年版收载了含枸杞子的成方制剂54种71个规格,含枸杞的成方制剂多有补肾益气、壮阳、填精、养肝明目的效用。在成方制剂中,枸杞在五子衍宗片、杞菊地黄丸等少数处方中为君药,其成方制剂均有滋肾养肝、补肾益精的功效,与枸杞子功能与主治相一致,多数枸杞为臣药和佐药,具养阴、明目、滋阴补肾等协同作用。

三、枸杞在《中药成方制剂》中使用规律分析

中药成方制剂是中华人民共和国卫生部药品标准中成药国家标准,共21册,收录4 000余种中成药。它不仅规范了我国中成药生产的质量,也代表了当今中成药的临床用药主流。不仅总结了中医防治与药物应用规律,为临床用药提供了参考,也为新的中药开发提供处方来源和研究思路。《方药纵横》在构建方剂结构化数据库的基础上,借助中医传承辅助平台软件V2.0这一有力工具,对其收录的已经上市的中成药品种进行详实分析,从中成药主治用方规律和单味中药的配伍规律,横纵两个维度全新阐释中药成方制剂中常见疾病用药特点、药物组方规律,为常见疾病的中医治疗提供借鉴,并为新药研发前期药物筛选提供依据(杨洪军等,2014)。

该著作分析了28种疾病的中成药防治的用药规律,从中总结出枸杞在中药成方制剂中的使用规律。

（一）枸杞在《中药成方制剂》中分布与主治疾病

《中华人民共和国卫生部药品标准——中药成方制剂》(以下简称为《中药成方制剂》)是中药成方制剂的国家标准,共21册(中药共20册,藏药等民族药物1册),收录4 052种中成药,所收载的品种均基于临床应用广泛、品种来源明确、质量可控、安全有效。不仅规范了中成药的质量标准,也代表了临床使用的主流,对其进行研究,不仅为临床用药提供了丰富的参考资料,也为新药研发提供了临床依据和处方来源。

整理完成《中药成方制剂》4 052种中成药数据的前处理之后,双录双核导入"中医传承辅助平台"。对《中药成方制剂》药物基本情况调研,分为疾病和药物两大部分。

1. 疾病分布·其中涉及中医疾病类389种,排名前28位的如表4-12所示,确定疾病的种类,进而围绕疾病的方剂用药规律进行分析(频次≥100,疾病共28种)。

表 4-12 《中药成方制剂》中医疾病统计

中医疾病名称	频次	中医疾病名称	频次
咳嗽	437	喘病	141
痹病	405	胸痹	141
感冒	330	健忘	134
眩晕	320	腹痛	133
跌打损伤	234	腹胀	132
不寐	221	痛经	131
积滞	212	阳痿	128
腹泻	196	胁痛	125
心悸	175	带下病	116
月经失调	174	腰痛	114
喉痹	169	痢疾	110
胃痛	167	虚劳	110
遗精	163	头痛	109
耳鸣	143	急惊风	108

2. 药物分布·《中药成方制剂》中收载的 4 052 种中成药,共涉及 2 221 味中药,排名靠前的 87 味药物(频次≥100)如表 4-13 所示,确定分析的中药种类,以围绕中药的方剂用药规律分析。

表 4-13 《中药成方制剂》中药统计

	中药名称	频次		中药名称	频次
1	甘草	1 254	14	党参	384
2	当归	877	15	生地黄	357
3	茯苓	708	16	防风	341
4	陈皮	616	17	白芷	338
5	白术	532	18	红花	331
6	川芎	531	19	香附	331
7	黄芩	474	20	山药	328
8	白芍	467	21	人参	307
9	熟地黄	453	22	麦冬	292
10	黄芪	446	23	五味子	292
11	桔梗	405	24	肉桂	289
12	大黄	404	25	半夏	283
13	木香	401	26	乳香	262

（续表）

	中药名称	频次		中药名称	频次
27	牛膝	258	58	广藿香	146
28	麻黄	251	59	天麻	134
29	羌活	251	60	附子	133
30	丹参	250	61	琥珀	133
31	薄荷	247	62	荆芥	133
32	枸杞子	247	63	沉香	132
33	苦杏仁	246	64	知母	132
34	没药	239	65	威灵仙	131
35	赤芍	238	66	郁金	131
36	砂仁	235	67	槟榔	128
37	厚朴	232	68	僵蚕	128
38	黄连	232	69	木瓜	128
39	栀子	231	70	干姜	126
40	何首乌	220	71	桃仁	124
41	枳壳	218	72	补骨脂	123
42	苍术	217	73	肉苁蓉	121
43	柴胡	211	74	石菖蒲	114
44	牛黄	209	75	阿胶	113
45	三七	202	76	前胡	112
46	麝香	200	77	枳实	111
47	玄参	199	78	胆南星	110
48	金银花	198	79	莪术	110
49	薄荷脑	196	80	血竭	110
50	连翘	196	81	菊花	109
51	杜仲	193	82	乌药	109
52	菟丝子	191	83	全蝎	107
53	牡丹皮	183	84	女贞子	106
54	延胡索	182	85	豆蔻	104
55	桂枝	166	86	板蓝根	103
56	独活	159	87	水牛角	100
57	葛根	147			

3. 枸杞分布情况·从表中看,枸杞在≥100 频次的 87 种药物中排名 32 位,出现含枸杞方剂 247 个。枸杞在涉及排名 28 种主要疾病中,与心悸、胸

痹、不寐、健忘、眩晕、腰痛、遗精、阳痿、耳鸣、头痛、虚劳、月经失调、带下病 13 种治疗用药相关联。

（二）含枸杞成方制剂统计分析

1. 统计分析

（1）中医疾病：247 个含有枸杞子的成方制剂中，通过"频次统计"，包含主治疾病 89 种，其中使用频次较高（频次≥5）的有 28 种疾病，见表 4-14。

表 4-14　含枸杞子方剂中常用的主治疾病

中医疾病名称	频次	中医疾病名称	频次
遗精	79	带下病	9
阳痿	73	早衰症	9
眩晕	71	咳嗽	8
不寐	49	脱发症	7
耳鸣	47	血劳	7
健忘	46	崩漏	6
早泄	36	消渴	5
腰痛	36	盗汗	5
虚劳	30	不育	5
心悸	25	喘病	5
痹病	23	耳聋	5
视瞻昏渺	10	胸痹	5
不孕	10	惊悸	5
月经不调	9	性冷	5

其主治疾病主要涉及肾系、脑系、妇科及诸虚损类疾病，恰与《药性论》记载"能补益精诸不足，易颜色，变白，名目，安神，令人长寿。叶和羊肉作羹，益人，甚除风，明目"相吻合。

（2）常用药物频次分析：在 247 首方剂中，共涉及 466 味中药，使用频率较高（频次≥50）的 24 味药物，见表 4-15。

表 4-15　含枸杞子方剂中常用药物使用频次

中医疾病名称	频次	中医疾病名称	频次
枸杞子	247	黄芪	112
熟地黄	148	茯苓	104
当归	121	菟丝子	103

（续表）

中医疾病名称	频次	中医疾病名称	频次
山药	100	肉苁蓉	71
五味子	84	鹿茸	66
杜仲	78	白术	63
人参	77	补骨脂	63
甘草	75	麦冬	59
淫羊藿	74	白芍	53
牛膝	74	巴戟天	52
党参	74	远志	51
何首乌	71	生地黄	50

显示枸杞子常与补肾益精和补气血之品配伍使用，补肾药包括补肾阳药和补肾阴药。

（3）含枸杞子方剂证候分析：247 个方剂中，涉及 54 种证候，常用证候（频次≥10）如表 4-16 所示。

表 4-16　含枸杞子方剂证候统计

证候名称	频次	证候名称	频次
肝肾亏虚证	55	风寒湿凝滞筋骨证	21
肾精亏虚证	53	心神不宁证	20
肾阳虚证	53	精血亏虚证	17
气血两虚证	38	气阴两虚证	17
肾虚髓亏证	28	脾肾两虚证	13

由上述证型来看，枸杞子主要用于各种肾气亏虚类疾病，如肝肾亏虚、肾阳虚、肾精亏虚等，此外"肾主骨"还用于肢体经络病症，如风寒湿凝滞筋骨证。

2. 基于关联规则组方规律分析

（1）含枸杞子方剂的用药高频核心组合分析：用关联规则挖掘方法，将支持度设置为 30%（表示该数据出现的频次至少占总处方数的 30%），得到常用核心药物组合共 21 个，其中 2 味药的药对有 16 个，3 味药的药物组合 5 个，见表 4-17 和表 4-18。药物之间关联的"网络化展示"，见图 4-11。

表 4-17 含枸杞子方剂的用药高频核心组分分析(1)

(支持度≥30%,置信度≥0.9)

序号	药对药物模式	出现频度
1	熟地黄,枸杞子	146
2	当归,枸杞子	120
3	枸杞子,黄芪	110
4	茯苓,枸杞子	103
5	枸杞子,菟丝子	103
6	山药,枸杞子	96
7	熟地黄,当归	87
8	五味子,枸杞子	84
9	山药,熟地黄	84
10	熟地黄,茯苓	82
11	熟地黄,黄芪	79
12	杜仲,枸杞子	77
13	人参,枸杞子	77
14	甘草,枸杞子	74
15	枸杞子,党参	74
16	熟地黄,菟丝子	74

表 4-18 含枸杞子方剂的用药高频核心组分分析(2)

(支持度≥30%,置信度≥0.9)

序号	3味药药物模式	出现频度
1	熟地黄,当归,枸杞子	87
2	山药,熟地黄,枸杞子	85
3	熟地黄,茯苓,枸杞子	82
4	熟地黄,枸杞子,黄芪	79
5	熟地黄,枸杞子,菟丝子	74

图 4-12 可较全面地展示枸杞子的用药搭配,有补肾阳、补肾阴之品,还有益气、养血之品。

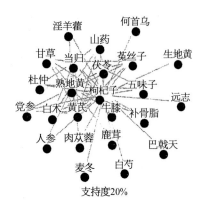

支持度20%

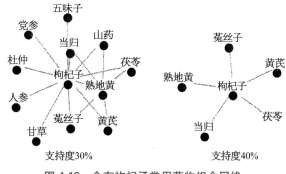

支持度30%　　　　支持度40%

图 4-12 含有枸杞子常用药物组合网络

(2) 含枸杞子方剂核心药物组合深度分析网络图

1) 枸杞子-当归(图 4-13)

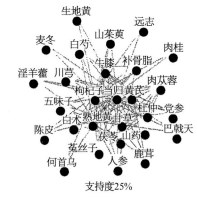

支持度25%

支持度35%　　　　支持度45%

图 4-13 含"枸杞子-当归"方剂常用药物组合网络

2) 枸杞子-熟地黄(图 4-14)

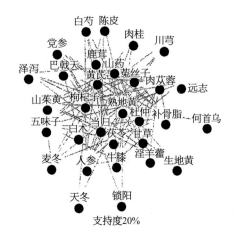

支持度20%

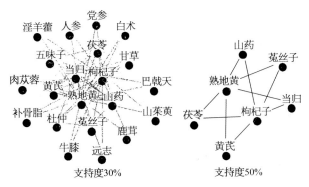

图 4-14 含"枸杞子-熟地黄"方剂常用药物组合网络

3）枸杞子-黄芪（图 4-15）

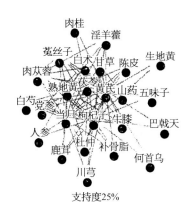

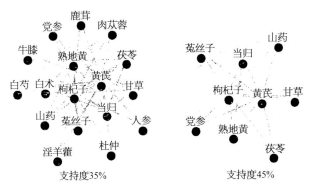

图 4-15 含"枸杞子-黄芪"方剂常用药物组合网络

3. 枸杞用药规律

枸杞子作为临床常用补肾阴药物，具有滋补肝肾、益精明目等作用，现代药理研究也证实了其提高免疫力、增强生殖功能、促进造血功能、抗氧化、延缓衰老等作用。故近年来本药多被运用于肾亏血虚诸症的治疗。

研究显示枸杞子的临床应用较为广泛，涵盖了 89 种中医疾病，其组成的方剂涉及 466 味中药，常与补肝肾、益气、养血药物联用，如熟地黄、黄芪、当归等。由此可见，枸杞子所涉及的中成药以补肝肾、益精血为主。

基础分析之后，将表 4-16、表 4-17 中所含枸杞子的核心药物组合，选取使用频次较高的"枸杞子-当归、枸杞子-熟地黄、枸杞子-黄芪"3 对组合进行深入分析，纵横比较分析药物组合的用药规律（见图 4-13 至图 4-15）。上述 3 组图显示，3 种支持度下，纵横比较，用药规律类似，均与补益肝肾、益气养血之品联用，这说明三者也常常相须使用，方能在治疗气血精俱虚的疾病中实现最佳功效。

（三）枸杞在《中药成方制剂》治疗疾病规律分析

选择《中药成方制剂》中收载的有主治病症的方剂，用中医传承辅助平台软件（V2.0）进行分析。有疾病名称，系统提取各疾病的方剂与组成药物数量，大于 10 频次的药物数量，含药对方剂，方剂组方的熵层次聚类分析（包括潜在的药物组合和新处方），这些方剂值得进一步临床验证，很有开发价值。

1. 枸杞在成方制剂中使用规律·含枸杞子成方在治疗各相关疾病使用规律见表 4-19。

表 4-19 枸杞在成方制剂中使用规律

疾病名称	系统提取的方剂数，涉及药物数，使用频次 10 以上药物数与方剂主要治疗症	枸杞在使用频次 10 以上药物中占据位数与使用频次	常见药对与使用频次	熵层次聚类分析	
				潜在药物组合	新组方
心悸	176 个，294 种，48 味，以心神不宁证多见	第 18 位/25 次		① 熟地黄-鹿茸-枸杞-山药 ② 淫羊藿-鹿茸-枸杞	① 砂仁、山药、杜仲、熟地黄、鹿茸、枸杞子 ② 女贞子、淫羊藿、黄精、鹿茸、枸杞子

（续表）

疾病名称	系统提取的方剂数，涉及药物数，使用频次 10 以上药物数与方剂主要治疗症	枸杞在使用频次 10 以上药物中占据位数与使用频次	常见药对与使用频次	熵层次聚类分析	
				潜在药物组合	新组方
不寐	220 个，334 种，58 味，以心神不宁证多见	第 10 位/49 次		补骨脂-淫羊藿-枸杞子	补骨脂、淫羊藿、枸杞子、黄精
健忘	134 个，261 种，48 味，以心神不宁证多见	第 6 位/46 次	枸杞子-熟地黄/28 次 枸杞子-五味子/24 次		
眩晕	320 个，457 种，67 味，以肝肾亏虚多见	（使用频次大于 15） 第 6 位/71 次	枸杞子-熟地黄/47 次 枸杞子-茯苓/39 次 枸杞子-山药/39 次 枸杞子-当归/37 次 枸杞子-山药-熟地黄/35 次 枸杞子-熟地黄-茯苓/33 次	枸杞子-肉苁蓉-菟丝子	金樱子、菟丝子、何首乌、枸杞子、肉苁蓉
腰痛	116 个，348 种，44 味，以肾阳虚证多见	第 4 位/36 次	枸杞子-熟地黄/27 次 枸杞子-山药/22 次 枸杞子-当归/22 次 枸杞子-茯苓/21 次 枸杞子-熟地黄-杜仲/21 次 枸杞子-熟地黄-山药/20 次 枸杞子-牛膝/18 次	茯苓-枸杞-肉苁蓉-熟地黄-山药（左归丸核心组成）	白术、陈皮、甘草、党参、白芍、茯苓、枸杞子、肉苁蓉、熟地黄、山药
遗精	144 个，259 种，61 味，以肾阳虚证多见	第 2 位/69 次	枸杞子-熟地黄/46 次 枸杞子-菟丝子/44 次 枸杞子-茯苓/36 次 枸杞子-当归/34 次 枸杞子-牛膝/32 次 枸杞子-五味子/32 次 枸杞子-淫羊藿/32 次 枸杞子-补骨脂/31 次 枸杞子-山药/31 次 枸杞子-肉苁蓉/31 次 枸杞子-熟地黄-茯苓/30 次 枸杞子-甘草/29 次	枸杞子-熟地黄（常见药对） 枸杞子-茯苓（常见药对）	熟地黄、枸杞子、山药、菟丝子、山茱萸、肉苁蓉
阳痿	128 个，255 种，58 味，以肾阳虚证多见	第 1 位/73 次	枸杞子-菟丝子/46 次 枸杞子-熟地黄/45 次 枸杞子-鹿茸/36 次 枸杞子-淫羊藿/36 次 枸杞子-山药/35 次 枸杞子-肉苁蓉/35 次 枸杞子-茯苓/33 次 枸杞子-补骨脂/32 次 枸杞子-杜仲/31 次 枸杞子-当归/30 次 枸杞子-巴戟天/29 次 枸杞子-熟地黄-当归/26 次 枸杞子-熟地黄-杜仲/26 次 枸杞子-熟地黄-巴戟天/26 次 枸杞子-肉苁蓉-菟丝子/26 次	五味子-茯苓-山药-枸杞子	狗鞭、海马、鹿茸、阳起石、五味子、茯苓、山药、枸杞子

（续表）

疾病名称	系统提取的方剂数，涉及药物数，使用频次 10 以上药物数与方剂主要治疗症	枸杞在使用频次 10 以上药物中占据位数与使用频次	常见药对与使用频次	熵层次聚类分析	
				潜在药物组合	新组方
耳鸣	143 个，299 种，48 味，以肝肾亏虚多见	第 5 位/47 次	枸杞子-熟地黄/34 次 枸杞子-茯苓/30 次 枸杞子-山药/29 次 枸杞子-当归/28 次 枸杞子-山药-熟地黄/28 次 枸杞子-熟地黄-茯苓/26 次 枸杞子-山药-熟地黄-茯苓/23 次 枸杞子-熟地黄-当归/22 次 枸杞子-牛膝/21 次		
虚劳	110 个，228 种，35 味，以气血两虚多见	第 9 位/30 次		菟丝子-枸杞子-补骨脂-牛膝	党参、属地、白术、甘草、菟丝子、枸杞子、补骨脂、牛膝

2. 枸杞子常用药对及组合分析

（1）腰痛病方剂中含熟地黄-枸杞子的方剂组方规律分析：在主治腰痛的方剂中，含有熟地黄-枸杞子的方剂有 27 首，涉及药物 153 味，支持度设计为"18"（70%）时，常用的药对和核心组合 13 个，见表 4-20，网络图见图 4-16。

表 4-20 腰痛方剂中含熟地黄-枸杞子方剂的常用药对及组合

序号	药对及组合	频次
1	熟地黄,枸杞子	27
2	熟地黄,杜仲	21
3	杜仲,枸杞子	21
4	熟地黄,杜仲,枸杞子	21
5	山药,熟地黄	20
6	山药,枸杞子	20
7	山药,熟地黄,枸杞子	20
8	熟地黄,当归	19
9	当归,枸杞子	19
10	熟地黄,当归,枸杞子	19
11	熟地黄,茯苓	18
12	茯苓,枸杞子	18
13	熟地黄,茯苓,枸杞子	18

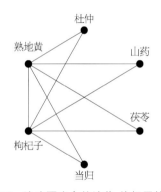

图 4-16 治疗腰痛含熟地黄-枸杞子的方剂常用药物组合网络图示（18，70%）

腰痛是以腰部疼痛为主要临床表现，肾虚是发病关键。治疗时，实者祛邪活络为要，虚者补肾壮腰为主。《中药成方制剂》中收录了 116 个主治腰痛的方剂，涉及药物 348 种，其中，最常用的前 15 味药物为：当归、熟地黄、菟丝子、枸杞子、牛膝、茯苓、杜仲、山药、肉苁蓉、甘草、补骨脂、黄芪、五味子、肉桂、白术，多为补肾之品，以性温、味甘、归肾经的药物为主。

常用的药对和药物组合中，以熟地黄-菟丝子、熟地黄-枸杞子、茯苓-当归、山药-熟地黄、牛膝-当归最为常见，这些组合是左归丸的核心组成，具有补肾的功效。通过软件集成的熵层次聚类方法，可以聚类获得能够组合成新方的潜在组合。有温补肾阳为主要功效的组合，如红参-韭菜子-鹿茸；有祛风活络为主要功效的组合，如白芷-独活-防风-海风藤；

还有清热燥湿为主要功效的组合,如黄芩-黄柏-黄连。这些在潜在组合通过进一步配伍后生成不同于已收集方剂的新方,值得临床参考并加以验证。主治腰痛的成方制剂中,含有当归的方剂有53首,涉及药物272味,是腰痛的成方制剂中应用最多的药物,常见的配伍药物有茯苓、牛膝、熟地黄、杜仲、白术等。而熟地黄配伍枸杞子是治疗腰痛最常用的药对组合,杜仲、山药、当归、茯苓是常用的配伍药物,进一步说明现有的成方制剂中,补肾是其主要治疗方法。

(2)遗精方剂中含熟地黄-枸杞子药对的方剂组方规律分析:在主治遗精的方剂中,含有熟地黄-枸杞子的方剂有46首,涉及药物197味,支持度设计为"28"(60%)时,常用的药对和核心组合13个,见表4-21,网络图见图4-17。

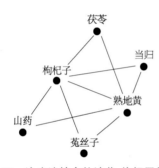

图4-17 治疗遗精含熟地黄-枸杞子的方剂
常用药物组合网络图示(28,60%)

表4-21 遗精方剂中含熟地黄-枸杞子方剂的常用药对及组合

序号	药对及组合	频次
1	熟地黄,枸杞子	46
2	熟地黄,茯苓	30
3	茯苓,枸杞子	30
4	熟地黄,茯苓,枸杞子	30
5	山药,熟地黄	28
6	山药,枸杞子	28
7	熟地黄,菟丝子	28
8	熟地黄,当归	28
9	枸杞子,菟丝子	28
10	当归,枸杞子	28
11	山药,熟地黄,枸杞子	28
12	熟地黄,枸杞子,菟丝子	28
13	熟地黄,当归,枸杞子	28

遗精的发病主要在于心、肝、肾,与心肾关系最为密切,多为心肾不交、阴虚火旺导致肾虚不藏,精关不固,故其治则为清心、调脾、益肾。《中药成方制剂》中收录了144个治疗遗精的方剂,涉及药物259种,其中,最常用的前15味药物为:熟地黄、枸杞子、菟丝子、茯苓、山药、淫羊藿、当归、五味子、鹿茸、人参、肉苁蓉、补骨脂、黄芪、甘草、山茱萸,多为补益脾肾之品,以性温、味甘、归肾经的药物为主。

常用的药对和药物组合中,以熟地黄-枸杞子、熟地黄-茯苓、枸杞子-菟丝子、山药-熟地黄、山药-茯苓、茯苓-枸杞子最为常见,这些组合多具有补益脾肾的功效,充分体现了调脾益肾的治疗原则。通过软件集成的熵层次聚类方法,可以聚类获得能够组合成新方的潜在组合。有补肾为主的,如蛤蚧-阳起石-海马-狗鞭;也有养心安神为主的,如远志-酸枣仁-龙骨。这些在潜在组合通过进一步配伍后生成不同于已收集方剂的新方,其价值需要进一步临床验证。

在主治遗精的方剂中,熟地黄的使用频率最高,有73首方剂,涉及药物221味,配伍药物中,以补肾药物为主,如菟丝子、枸杞子、山药、山茱萸、肉苁蓉等。熟地黄-枸杞子是主治遗精方剂中最常用的药对,有46首方剂,涉及药物197味,配伍药物有枸杞子、茯苓、山药等,为补肾方剂左归丸的核心组合。

(3)阳痿方剂中含枸杞子的方剂组方规律分析:在主治阳痿的方剂中,含有枸杞子的方剂73首,涉及药物210味,支持度设计为"29"(40%)时,常用的药对和核心组合20个,见表4-22,网络图见图4-18。

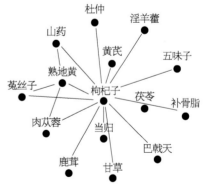

图4-18 治疗阳痿含枸杞子的方剂常用
药物组合网络图示(29,40%)

表 4-22 阳痿方剂中含枸杞子方剂的常用药对及组合

序号	药对及组合	频次
1	枸杞子,菟丝子	46
2	熟地黄,枸杞子	45
3	枸杞子,鹿茸	36
4	枸杞子,淫羊藿	36
5	山药,枸杞子	35
6	肉苁蓉,枸杞子	35
7	茯苓,枸杞子	33
8	五味子,枸杞子	32
9	补骨脂,枸杞子	32
10	熟地黄,菟丝子	31
11	杜仲,枸杞子	31
12	熟地黄,枸杞子,菟丝子	31
13	熟地黄,肉苁蓉	30
14	当归,枸杞子	30
15	熟地黄,肉苁蓉,枸杞子	30
16	山药,熟地黄	29
17	巴戟天,枸杞子	29
18	甘草,枸杞子	29
19	枸杞子,黄芪	29
20	山药,熟地黄,枸杞子	29

表 4-23 阳痿方剂中含枸杞子-菟丝子方剂的常用药对及组合

序号	药对及组合	频次
1	枸杞子,菟丝子	46
2	熟地黄,枸杞子	31
3	熟地黄,菟丝子	31
4	熟地黄,枸杞子,菟丝子	31
5	肉苁蓉,枸杞子	26
6	肉苁蓉,菟丝子	26
7	肉苁蓉,枸杞子,菟丝子	26
8	山药,枸杞子	25
9	山药,菟丝子	25
10	枸杞子,淫羊藿	25
11	菟丝子,淫羊藿	25
12	山药,枸杞子,菟丝子	25
13	枸杞子,菟丝子,淫羊藿	25
14	熟地黄,肉苁蓉	24
15	补骨脂,枸杞子	24
16	枸杞子,鹿茸	24
17	补骨脂,菟丝子	24
18	菟丝子,鹿茸	24
19	熟地黄,肉苁蓉,枸杞子	24
20	熟地黄,肉苁蓉,菟丝子	24
21	补骨脂,肉苁蓉,菟丝子	24
22	枸杞子,菟丝子,鹿茸	24
23	熟地黄,肉苁蓉,枸杞子,菟丝子	24
24	山药,熟地黄	23
25	五味子,枸杞子	23
26	五味子,菟丝子	23
27	山药,熟地黄,枸杞子	23
28	山药,熟地黄,菟丝子	23
29	五味子,枸杞子,菟丝子	23
30	山药,熟地黄,枸杞子,菟丝子	23

（4）阳痿方剂中含枸杞子-菟丝子的方剂组方规律分析:在主治阳痿的方剂中,含有枸杞子-菟丝子的方剂 46 首,涉及药物 182 味,支持度设计为"23"（50%）时,常用的药对和核心组合 30 个,见表4-23,网络图见图 4-19。

图 4-19 治疗阳痿含枸杞子-菟丝子的方剂
常用药物组合网络图示(23,50%)

阳痿的发生,多数与肾、心、肝、脾关系密切,有实证、虚证及虚实夹杂证,但以虚证居多,虚者宜补,实者宜泻。用药多以补为主,兼顾清利。《中药成方制剂》中收录了 128 个治疗阳痿的方剂,涉及药物 255 种,其中,最常用的前 15 味药物为:枸杞子、菟丝子、淫羊藿、熟地黄、鹿茸、肉苁蓉、当归、人参、山药、黄芪、甘草、补骨脂、茯苓、杜仲、五味子,多为补肾健脾之品,以性温、味甘、归肾经的药物为主。

常用的药对和药物组合中,以枸杞子-菟丝子、熟地黄-枸杞子、熟地黄-菟丝子、熟地黄-淫羊藿最为常见,这些组合多具有补肾填精的功效。通过软件集成的熵层次聚类方法,可以聚类获得能够组合成新方的潜在组合。多数为补肾的组合,如狗鞭-海马-鹿茸-阳起石、覆盆子-五味子-沙苑子等。这些在潜组合通过进一步配伍后生成不同于已收集方剂的新方,其价值需要进一步临床验证。

枸杞子具有补益肝肾、明目之功效,主治阳痿的成方制剂中,含有枸杞子的方剂有 73 首,涉及药物 210 味,是阳痿的成方制剂中应用最多的药物,菟丝子、熟地黄、鹿茸、淫羊藿、山药是常用的配伍药物。枸杞子配伍菟丝子,能补益肝肾,在治疗阳痿的成方制剂中,含有枸杞子-菟丝子药对的方剂 46 首,涉及药物 182 味,以枸杞子-菟丝子为基础,常见的配伍药物为熟地黄、肉苁蓉、山药、淫羊藿等,这些药物以补肾壮阳为主,进一步说明补肾是常用的治疗方法,但现有的成方制剂中,补益的方剂多,清利湿热的方剂较少,虽然湿热者偏少,仍是进一步开发的方向。

四、含枸杞中医经典方剂药学研究

近 30 年来,国内外医药学专家对中医经典方剂做了大量的科学实验研究,揭示了许多中医学的奥妙。如从基因领域探讨补肾方药的作用机制,除湿方药与水通道蛋白(AQP)的相关性等。本节主要总结含枸杞的经典方剂药学研究,主要汇总了从基因、分子、蛋白质、细胞及药理等领域取得的研究成果,探寻方药新的药理药效,拓宽读者对枸杞中医疗效方面新视野(张昱,2015)。

(一)五子衍宗丸

[方剂来源] 明代张时彻《摄生众妙方》卷十一子门。称为古今种子第一方。

[组成] 枸杞子、菟丝子各 240 g,北五味子 120 g,覆盆子 120 g,车前子 60 g。

[方解] 方中枸杞子、菟丝子、覆盆子补肾填精;五味子性涩收敛,专以涩精为用;车前子利水滋阴,其性润通,制其他滋补药之黏腻,使之补而不滞。综观全方,既可涩精液之外泄,又能补肾精之不足,

补涩同用,标本兼顾,共奏固肾涩精之功。

[功效] 添精补髓,疏利肾气。

[主治] 肾虚精少,阳痿早泄,遗精,精冷,余沥不清,久不生育。

[药学研究] 五子衍宗丸是古代补肾名方,具有补精填髓、种嗣衍宗之效,主治肾气不足、阳痿早衰、遗精、小溲余沥等症。现代中医古方今用,也有治疗慢性肾炎、慢性前列腺炎、腰痛、滑胎、更年期综合征的作用。近年来对于五子衍宗丸的药理研究日渐深入且如火如荼,为其已有功效提供了有利佐证,同时也对其机制有了详细的阐述。

(1)抗疲劳作用:五子衍宗丸由枸杞子、菟丝子、五味子、覆盆子和车前子组成,具有补肾益精、填精益髓的功效。在对小鼠体重灌胃给药,每日一次,连续给药七日后,观察小鼠负重游泳的时间,结果 2 g/kg、4 g/kg、6 g/kg 组分别延长了 10.6%、30.6%、41.37%(袁易,2008)。五子衍宗丸高剂量组与对照组相比较,常温游泳时间延长,且有显著性差异,0.6 g/kg、1.2 g/kg、2.4 g/kg 组的平均延长率分别达到 5.09%、5.97%、36.69%。上述结果表明,相对于对照组,五子衍宗丸能使给药组小鼠的游泳时间显著增加,具有抗疲劳的作用(金龙,2010)。

(2)提高精子数量与活力作用:五子衍宗丸对于男性生殖系统功能性衰退所致的疾病具有一定作用。男性不育症的主要表现为少精症、无精症以及精子活力低下,而雄激素能够维持性器官的发育,对于精子的生成和成熟过程具有重要的作用。雄激素的水平低下会影响精子的生成与成熟,并且使性器官的发育不良。五子衍宗丸能够升高未成年雄性大白鼠清睾丸酮,并能够提高其精子数量及精子活力。棉籽油的活性成分为棉酚,棉酚本身能够破坏睾丸生精上皮细胞进而阻止精子的生成。五子衍宗丸能使得棉籽油负荷大鼠精子数以及精子活力升高(李育浩,1992)。利用白消安造模,使得实验鼠基本上丧失生精功能。其整个睾丸组织萎缩变细,管腔内呈明显的空泡化、间质组织退化、细胞明显退化,仅能看到极少数散的在生精细胞和成熟精子发育旺盛,但间质组织发育欠佳,间质组织数目明显少(张树成,2009)。使用白消安诱导常规方法造模,获得无精子症动物模型。实验组灌胃给予五子衍宗丸纯

净水悬液,结果五子衍宗丸组比对照组具有明显促进生精能力恢复的作用,明显接近或达到正常对照组(魏刚,2012)。研究显示五子衍宗丸具有明显的促进无精子小鼠模型生殖能力恢复、提高精子质量的作用。

(3)提高雄性性功能的作用:实验发现在灌胃给以五子衍宗丸药液后,五子衍宗丸高剂量组大鼠的捕捉次数以及射精次数明显增加,与正常对照组比较有显著性差异,对于捕捉次数以及射精次数明显影响(金龙等,2012),通过将雄性小鼠悬空倒吊在20 cm深的水面上,强迫其抬头,一段时间后造成小鼠性功能障碍,进而研究五子衍宗丸对于小鼠性活力的作用。研究得出,五子衍宗丸能够显著增强小鼠性活力(张贵林,1998)。给予五子衍宗丸后,模型组和对照组相比,勃起潜伏期明显延长,五子衍宗丸各剂量组与模型组相比,能够明显提高去势大鼠阴茎对于外部刺激的兴奋性(葛争艳等,2010)。

(4)促进女性排卵的作用:排卵障碍是指女性不能排出正常的卵子。女性不能排卵的原因包括卵巢病变、内分泌紊乱等。研究认为,肾精不足是导致卵泡发育障碍的基本病机,补肾填精可用作促卵泡发育的主要治疗方法。通过调节肾-天癸-胞共轴,进而调节月经孕育生理功能(陆华等,1998)。在临床治疗中发现,五子衍宗丸具有促进卵泡发育功能,并且疗程显著。同时可以显著提高患者的雌雄激素水平,使得实验组在妊娠率上明显要好于对照组(孙青凤,2012)。

(5)调节神经内分泌系统功能:研究发现,五子衍宗丸能较好地改善老年人的脑功能。研究发现加五味子衍宗丸能够提高轻度认知障碍患者的记忆商、血液 SOD 活性,并且减少白细胞线粒体 DNA 缺失,降低血清 MDA 含量和 AchE 的水平。加五味子衍宗丸后对于记忆功能的指向记忆、图像自由回忆、无意义图像再认、人像特点联系回忆、联想学习五项记忆均有明显的提高。近年来,医学界研究认为线粒体 DNA(mtDNA)损伤是细胞衰老和死亡的分子基础。研究发现五子衍宗丸可明显减少老年大鼠 mtDNA 缺失率,提高脑呼吸链复合体酶活力、ATP 合含量,提高心呼吸链复合体酶Ⅳ活力,为五子衍宗丸抗衰老的作用机制提供了参考(王学美等,2004)。通过临床研究发现,五子衍宗汤对 Leber 遗传性视神经病变有较为理想的治疗效果(李成武等,2009)。

(6)调节泌尿系统的功能:老年人和小儿排尿异常,中医认为其病因大多是肾虚,膀胱气化失调。用五子衍宗丸治疗小儿遗尿症,67 例患者中,痊愈45 例(症状消失 1 年以上未复发者),显效(症状消失 6 个月至 1 年以上未复发者)16 例,无效(症状无改善者)6 例。五子衍宗丸用于治疗老年性癃闭症及小便失禁共计 14 例,效果颇为显著(龙礼华,1985)。

(7)增加机体免疫力的作用:五子衍宗丸高剂量组清指数 K 值明显增加,与正常对照组相比,具有显著性差异($p < 0.01$)。表明其可以增加机体对已有害刺激的抵抗能力(金龙等,2012)。对小鼠连续灌胃给药 7 天,处死后,解剖脾和胸腺,称重并计算脾和胸腺指数,得出五子衍宗丸水提物可明显提高小鼠的脾指数和胸腺指数,说明五子衍宗丸在一定程度上可以增强免疫功能(袁易等,2008)。对于五子衍宗丸增加免疫力做了详细的研究,发现五子衍宗丸对于网状内皮系统吞噬功能具有明显的激活增强作用,而对于正常小鼠细胞的免疫功能和体液免疫功能无明显的影响,对于环磷酰胺所致的小鼠外周血白细胞总数的减少以及体液免疫功能受抑制具有防治作用。五子衍宗丸两个剂量能明显提高免疫受抑制小鼠外周血 ANAE(+)淋巴细胞百分率,说明对于免疫受抑小鼠细胞免疫功能能具有明显的增强作用(李育浩等,1993)。

(8)其他作用:五子衍宗丸能够显著提高小鼠的应激能力,可以改善机体的能量供应,在一定程度上提高机体的生理功能。袁易等通过实验发现,五子衍宗丸的水提物对小鼠缺氧条件下平均存活时间的影响,与生理盐水对照组相比各实验组均有不同程度的提高,2 g/kg、4 g/kg、6 g/kg 剂量组平均延长存活时间分别为 20.8%、31.1%、34.9%。李育浩等通过实验得出,五子衍宗丸通过灌胃给药的途径,对正常小鼠的血糖无明显影响,但是能够抑制四氧嘧啶诱导的糖尿病小鼠血糖的升高,并能够防止糖尿病小鼠体重的减轻,对糖尿病小鼠能够改善其精神、毛色等,并有减少糖尿病小鼠死亡的趋势(黄桂芳,1991)。对于糖尿病合并高脂血症的大鼠,五子衍宗丸能显著降低其血中胆固醇的水平,对于甘油三酯也有降低作用,其作用好于优降糖组,但五子衍宗丸不能提高血清胰岛素的水平(陈淑英等,1992)。

报道用40%乙醇致小鼠胎儿宫内发育迟缓(IUGR)模型,以五子衍宗丸灌胃给药,结果发现平补肾方五子衍宗丸可通过对抗乙醇抑制孕鼠胎盘单胺氧化酶(MAO)活性,起到保护胎儿、保证胚胎正常发育的作用(徐凯霞,2012)。最新研究报道,胚胎发育期五子衍宗丸可显著提高宫内发育迟缓胎鼠干细胞RNA含量($p<0.15$)(徐凯霞,2013)。五子衍宗丸含药血液体外对活性氧造成的精子鞭毛质膜损伤具有一定的保护作用(宋焱鑫,2010)。

(二) 杞菊地黄丸

[方剂来源]　清代滑寿撰《麻疹全书》。

[组成]　枸杞子、菊花各9 g,熟地黄24 g,山萸肉、山药各12 g,泽泻、丹皮、茯苓各9 g。

[方解]　杞菊地黄丸由六味地黄丸加枸杞子、菊花而成。枸杞子甘平质润,入肺、肝、肾经,补肾益精,养肝明目;菊花辛、苦、甘、微寒,善清利头目,宣散肝经之热,平肝明目。熟地黄为滋阴补肾,填精益髓,为君药。山萸肉补养肝肾,并能涩精,取"肝肾同源"之意;山药补益脾阴,亦能固肾,共为臣药。三药配合,肾肝脾三阴并补,是为"三补",但熟地黄用量是山茱萸肉与山药之和,故仍以补肾为主。泽泻利湿而泄肾浊,并能减熟地黄之滋腻;茯苓淡渗脾湿,并助山药之健运,与泽泻共泄肾浊,助真阴得复其位;丹皮清泄虚热,并制山萸肉之温涩。三药称为"三泄"药,均为佐药。六味合用,三补三泻,其中补药用量重于"泻药",是以补为主;肝、脾、肾三阴并补,以补肾阴为主。八种药物配伍组合共同发挥滋阴、养肝、明目的作用,对肝肾阴虚同时伴有明显的头晕视物昏花等头、眼部疾患尤为有效。

[功效]　滋肾养肝。

[主治]　肝肾阳亏,眩晕耳鸣,羞明畏光,迎风流泪,视物昏花。

[药学研究]　现代中医临床研究认为,杞菊地黄丸对老年性白内障的发展有一定的抑制作用。杞菊地黄丸与利他林治疗(ADHD)注意缺陷多动障碍近期疗效相当,远期疗效优于利他林且不良反应少。杞菊地黄丸有较好的改善阴虚阳亢型原发性高血压

病患者免疫功能失衡状态及临床症状的作用。对原发性高血压合并糖尿病患者胰岛素抵抗有较好的疗效,中医证候改善明显,尤其对于辩证属于阴虚型的患者。现代中医用于治疗中心性视网膜炎,青光眼、老年性白内障、神经性乳头炎、脑震荡后遗症、高血压、慢性肝炎属肝肾阴虚者。近年来对杞菊地黄丸药学研究有以下几点:

(1) 抗动脉粥样硬化作用:杞菊地黄丸能降低高脂血症模型家兔血清总固醇、甘油三酯、低密度脂蛋白、(LDL-C)及极低密度脂蛋白胆固醇(VLDL-C)水平,促进主动脉粥样硬化斑块的消退,具有较好的调节血脂、消退主动脉粥样硬化斑块作用。何剑平等(2002)观察杞菊地黄丸对血管紧张素Ⅱ(Ang Ⅱ)诱导损伤的血管内皮细胞超微结构的影响。采用Ang Ⅱ诱导人脐静脉内皮细胞损伤为实验模型,电子显微镜观察细胞形态结构。结果显示,Ang Ⅱ损伤＋杞菊地黄丸血清组血管内皮细胞超微结构损伤程度明显低于Ang Ⅱ损伤组和Ang Ⅱ损伤＋空白血清组。提示杞菊地黄丸对高血压病血管内皮细胞损伤具有一定的保护作用(多芳芳等,2010)。

(2) 保护肝脏作用:本方高、中剂量(2 000 mg/kg及1 000 mg/kg)均能降低慢性乙醇性肝损伤模型大鼠血清过氧化脂质(LPO)水平,其作用与天然抗氧化剂维生素E作用相似。提示本方可预防血、肝过氧化脂质的升高,减少肝细胞的损害,具有保护肝脏的作用(梁奇等,2005)。

(3) 保护肾脏作用:本药能明显改善糖尿病模型大鼠一般情况,减少24 h尿蛋白、血肌酐、尿素氮,增强肾组织中SOD活性,降低肾组织中MDA水平。杞菊地黄汤高剂量组与模型组比较有显著性差异。提示本方能缓解糖尿病模型大鼠肾组织氧化应激状态,从而减轻糖尿病所引起的肾脏损伤(陈宇等,2011)。

(4) 保护视网膜作用:杞菊地黄汤可明显提高糖尿病模型大鼠血浆和视网膜内SOD及GSH-px活性,降低MDA水平,改善视网膜毛细血管病变。提示杞菊地黄丸可明显提高抗氧化酶活性,抑制醛糖还原酶激活,具有保护视网膜作用(唐国君,2012)。

（三）左归丸

[方剂来源]　明代张景岳《景岳全书》（新方八阵）。

[组成]　熟地黄 240 g，山药 120 g，枸杞 120 g，山茱萸 120 g，川牛膝 90 g，鹿角胶 120 g，龟甲胶 120 g，菟丝子 120 g。

[方解]　方中重用熟地滋肾填精，大补真阴，为君药。山茱萸养肝滋肾，涩精敛汗；山药补脾益阴，滋肾固精；枸杞补肾益精，养肝明目；龟、鹿二胶，为血肉有情之品，峻补精髓，龟甲胶偏于补阴，鹿角胶偏于补阳，在补阴之中配伍补阳药，取"阳中求阴"之义，均为臣药。菟丝子，川牛膝益肝肾，强腰膝，健筋骨，俱为佐药。诸药合用，共奏滋阴补肾，填精益髓之效。

[功效]　滋阴补肾，填精益髓。

[主治]　真阴不足证。头晕目眩，腰酸腿软，遗精滑泄，自汗盗汗，口燥舌干，舌红少苔，脉细（本方常用于阿尔茨海默病、更年期综合征、老年骨质疏松症、闭经、月经量少等属于肾阴不足，精髓亏虚者）。

[药学研究]　左归丸是阳中求阴的滋补肾阴的代表方。现代研究证实，左归丸对神经内分泌、免疫系统具有多途径多环节多靶点的整合调节作用。近10年来中医药学期刑发表左归丸可治疗肾虚所致的内、外、妇、儿等不同科疾病 50 余种。经总结药学研究，左归丸有益肾生髓，造血等多种功效（祁友松，2017）。

（1）益肾生髓作用：采用骨髓形成肝细胞动物模型（γ 射线致死剂量照射破坏雌性小鼠骨髓，受损的雌性小鼠接受雄性小鼠骨髓移植）。左归丸可使模型小鼠肝组织切片雄性性别决定基因（Sry 基因）和白蛋白 mRNA 双阳性细胞率显著升高。提示左归丸能促进骨髓形成肝细胞。本方含药血清还能够影响骨髓间质细胞向肝系细胞转化过程中的肝细胞标志物，从而提高骨髓间质向肝细胞的转化率，提示左归丸具有"益肾生髓成肝"作用。

（2）益肾主骨作用：左归丸Ⅰ号（全方）和左归丸Ⅱ号（全方减去龟鹿二胶）均能诱导骨髓源成体干细胞（ASC）向成骨细胞、软骨细胞、神经元细胞和神经胶质细胞方向分化。研究证明，诱导骨髓源 ASC 向神经元样细胞及神经胶质样细胞方向分化，左归丸Ⅰ号明显优于左归丸Ⅱ号，但左归丸Ⅱ号诱导骨髓源 ASC 向成骨样细胞及软骨样细胞方向分化的作用又显著优于左归丸Ⅰ号，提示左归丸具有生髓主骨作用。左归丸对糖皮质激素性大鼠骨质疏松生物力学有改善作用，能使实验大鼠骨矿含量、骨密度增加。其疗效可能与方中药物具有调整骨代谢，增强骨细胞活性，减少骨吸收，增加骨形成作用有关。表明中药左归丸对骨质疏松确有治疗作用。左归丸能使卵巢切除所致的骨质疏松模型大鼠胫骨骨小梁体积百分比（TBV%）显著增高，使骨小梁吸收表面百分比（TRS%）和骨小梁形成表面百分比（TFS%）显著降低，大鼠切除卵巢后，雌二醇（E2）含量大幅度降低，而 IL-1 和 IL-6 活性显著增高。左归丸对 E2 含量无显著影响，但能抑制 IL-1、IL-6 的活性和前列腺素 E2（PGE2）的分泌，从而达到治疗骨质疏松的作用。左归丸能使骨质疏松牙周炎模型大鼠的牙周炎症明显减轻，有牙槽骨新生，并可降低血清中碱性磷酸酶（ALP），升高 Ca^{2+}，降低磷（P），减轻牙周炎症状，抑制牙槽骨吸收，改善血清中骨代谢局部调节因子，促进颌骨骨量增加，改善牙槽骨结构。

（3）保护神经元作用：左归丸水提液浓度依赖性的逆转低钾所致的大鼠小脑颗粒神经元凋亡，这种逆转作用不能被胞外信号调节激酶（ERK）抑制剂 PD98059 所阻断。但可被上游激酶磷脂酰肌醇 3-激酶（P13-K）抑制剂 LY294002 阻断，提示左归丸水提液对低钾所致的大鼠小脑颗粒神经元凋亡有保护作用。采用流式细胞仪和 Western blot 检测细胞凋亡率和 Akt 信号通路变化。结果显示，左归丸可抑制谷氨酸单钠（MSG）的部分效应，抑制 MSG 大鼠神经细胞凋亡的机制可能与上调磷酸化 GSK-3β（Ser9）、磷酸化 FKHR（SER256）和 PTEN 的表达有关，左归丸药物血清均可诱导绝大多数胚胎神经干细胞（NSC）分化成神经元、星形胶质细胞和少突胶质细胞，促进 NSC 生长的效应显著，具有促进 NSC 生长和分化作用。

（4）造血作用：左归丸能明显升高骨髓抑制小鼠外周血的红细胞、血红蛋白、血小板、白细胞及骨髓有核细胞值，提高体外培养各系造血祖细胞的集落数、粒单系细胞集落生成单位、红系细胞集落生成单位和暴增型红细胞集落生成单位数，促进骨髓

G0/G1 期细胞向 S 期细胞以及 S 期细胞向 G2/M 期细胞的转化,从而导致 G2/M 期细胞比例和增殖指数明显升高,显著降低骨髓细胞的凋亡。左归丸通过促进 G0 期造血干细胞进入细胞周期,进行增殖,加速骨髓细胞修复受损的 DNA,通过 G1/S 和 S 期监测点,抑制造血细胞的凋亡等机制,从而促进损伤骨髓造血功能恢复。左归丸可明显升高环磷酰胺诱导小鼠白细胞减少模型的白细胞值,提高脾脏指数、脾集落形成单位(CFU-S)、血清粒细胞集落刺激因子(G-CSF),可拮抗环磷酰胺致白细胞降低,该作用可能与升高血清 G-CSF 活性有关。

(5) 调节免疫作用:新生期大鼠给予左旋谷氨酸单钠损害下丘脑弓状核(ARC),成年后大鼠除表现生长发育迟缓外,还可见到胸腺体积缩小、质量减轻,脾脏 T 淋巴细胞对 ConA 诱导的增殖反应减弱。左归丸能明显改善 MSG 大鼠胸腺与淋巴细胞增殖反应的异常。提示:①下丘脑弓状核参与细胞免疫功能的调节。②左归丸能明显改善 MSG2 大鼠胸腺与淋巴细胞增殖反应的异常。研究证实,免疫性卵巢早衰(POF)小鼠 CD4$^+$/CD8$^+$ 比例失衡,抗透明带抗体水平增加,免疫机制失衡。左归丸可调节 POF CD4$^+$/CD8$^+$ 平衡,抑制抗透明带抗体水平,对 POF 小鼠免疫功能有一定的改善作用。

(6) 调节内分泌功能:实验证明,MSG 大鼠血皮质醇(CORT)、促肾上腺皮质激素(ACTH)和下丘脑促肾上腺皮质激素释放激素(CRH)含量明显升高。左归丸可明显降低血 CORT、ACTH 和下丘脑 CRH 含量,可不同程度地减轻下丘脑-垂体-肾上腺轴(HPA)的功能亢进。提示 MSG 大鼠所表现的 HPA 轴功能亢进与肾阴虚有关,左归丸能有效地改善 HPA 轴的功能亢进。左归丸可提高阴虚模型雌性小鼠外周血中雌二醇(E2)的含量,增加卵巢质量及胸腺质量,但对其促卵泡生成素(FSH)的变化尚未见到明显影响,提示左归丸对雌性阴虚小鼠失衡的生殖内分泌功能具有一定的改善作用。

(7) 延缓衰老作用:左归丸和右归丸均能显著提高老年大鼠下丘脑谷氨酸受体(NMDAR1)和 γ-氨基丁酸受体蛋白表达水平。左归丸和右归丸可能通过调整下丘脑氨基酸类神经递质受体表达,使兴奋性氨基酸和抑制性氨基酸这两大类递质作用最终趋向平衡,从而有助于改善神经内分泌稳态调控,延缓机体衰老。左归丸可改变阿尔茨海默病模型小鼠的外观,使其游泳和学习记忆时间延长,使 SOD 升高,MDA 降低,抑制骨代谢,对衰老症状有明显的改善作用。

1) 改善记忆功能:老年性学习记忆减退的原因之一,与血浆糖皮质激素含量过高有关,大脑海马区域含有高表达的糖皮激素受体(GR)。采用高浓度皮质醇(CORT)损伤细胞制作的海马病理细胞膜性、左归丸或右归丸含鼠血清对 CORT 损伤的海马神经细胞活性、细胞皮质醇受体(GR)mRNA 表达变化均有不同程度地改善,具有延缓衰老、延缓记忆减退作用。左归丸、右归丸还能不同程度的提高自然衰老 SD 大鼠为动物模型的老年大鼠海马 DG、CA1 和 CA3 分区低下的脑源性神经营养因子(BDNF)mRNA 的表达,老年大鼠的学习记忆功能退化,与学习记忆相关的基因 BDNF 表达异常有关。左归丸与右归丸能通过提高 BDNF 基因的表达,进而改善老年大鼠的学习记忆功能。

2) 保护神经元:左归丸可抑制痴呆鼠海马神经元细胞的凋亡,其作用机制可能是通过提高过氧化氢酶(CAT)等抗氧化作用,抑制 MAO 活性,下降海马区域 TNF-α 蛋白含量,下调半胱氨酸天冬氨酸-3(caspase-3)mRNA 的表达而实现。左归丸还可显著减少慢性铝中度法塑造阿尔茨海默病(AD)模型大鼠的海马与皮质神经细胞凋亡数,中高剂量作用较强,具有抑制 AD 模型大鼠海马皮质与神经细胞凋亡的作用。

3) 延缓器官衰退:左归丸对去势大鼠子宫无明显影响,但可增加阴道皱襞数和阴道固有层血管数,可通过增加局部血液供给来延缓去势大鼠的阴道衰萎。左归丸可减缓小鼠卵巢早衰(POF),升高外周血卵泡刺激素(FSH)水平,提高体内雌二醇(E2)水平,抑制抗卵巢抗体产生,提高卵母细胞生长分化因子-9(GDF-9)mRNA 阳性细胞数,增加生长卵泡及成熟卵泡数,早期用药比后期用药作用显著,还可改善卵巢免疫性炎症的损伤,对免疫性卵巢早衰具有治疗作用。

4) 调节免疫功能:皮质醇致大鼠胸腺细胞功能退化模型,皮质醇显著抑制细胞增殖,细胞阻滞 G$_1$ 期,p16 表达显著升高,周期依赖性激酶 4(CDK4)、IL-2、IL-2Rα 蛋白表达降低。左归丸

可使 G_1 期细胞数减少,p16 表达降低,IL-2、IL-2Rα 蛋白表达升高。左归丸通过抑制 p16 表达,促进细胞增殖,延缓皮质醇致胸腺依赖性免疫功能退化的进程,具有延缓衰老作用。

胸腺衰老被认为是机体衰老的"指示灯"。自然衰老大鼠 HPA 轴功能慢性亢进,血皮质醇含量异常升高,异常含量的皮质醇能阻滞细胞周期于 G_1 期,抑制细胞增殖,推测也是引起胸腺萎缩、免疫功能减退、加速机体衰老的重要机制。IL-2 含量下降是胸腺细胞衰老的结果。IL-2 与高亲和力 IL-2R 的相互作用在免疫系统发育和调节淋巴细胞免疫中起着关键作用。IL-2R 的 α 亚单位即 CD25 分子,是 T 细胞中期活化的标志。P16 基因是近年发现的直接参与细胞生长增殖负调控的抑癌基因。P16 通过与细胞周期素 D1 以竞争方式结合 CDK4,抑制 CDK4 活性,使细胞停滞于 G_0 期或 G_1 期,而抑制细胞分裂、增殖。

(8) 抗病毒作用:应用 2.2.15 细胞株作为体外抗乙肝炎病毒(HBV)实验模型,浓度为 25 mg/mL、12.5 mg/mL、6.25 mg/mL、3.125 mg/mL 的左归丸提取液对 HBsAg、HBeAg 有明显抑制作用,各浓度间存在量效关系,对 HBsAg 的作用优于对 HBeAg 的作用,左归丸提取液对 2.2.15 细胞 HBV 标志物具有显著的抑制病毒作用。

(四) 归肾丸

[方剂来源]　明代张景岳《景岳全书·新方八阵》。

[组成]　熟地 250 g,山药、山茱萸肉、茯苓、枸杞、杜仲(盐水炒)、菟丝子(制)各 120 g,当归 90 g。

[方解]　方中枸杞子、山萸肉、熟地补肾养肝;菟丝子、杜仲补益肾气;山药、茯苓健脾调中,当归滋血调经。全方治肾而兼疗肝脾,经自规律,冲任得养。

[功效]　滋补肾阴。

[主治]　治肾阴不足,精衰血少,腰酸脚软,形容憔悴,阳痿遗精。

[药学研究]　现代临床应用研究表明,归肾丸加减不同组成方剂量,治疗月经过少,崩漏,多囊卵巢综合征(PCOS),卵巢早衰(POF),不孕症等有一定的疗效(王宝娟等,2011)。

归肾丸的实验研究多集中在延缓衰老方面(祁友松,2017)

(1) 延缓衰老作用:研究发现,归肾丸延缓衰老作用是:①抗卵巢早衰　归肾丸能降低卵巢功能早衰(POF)大鼠血清中黄体生成素(LH)水平,升高雌二醇(E2)含量,明显改善病理状态下大鼠卵巢的形态结构和功能,具有抗 POF、延缓衰老的作用。②抗氧化作用　归肾丸能显著提高衰老模型大鼠肝、脑组织中 SOD 活性,降低 MDA 水平,具有清除自由基、延缓衰老的作用。

(2) 抗炎作用:归肾丸治疗 35 例男性免疫性不育患者,观察治疗前后精浆 IL-6 水平及精子活动率、精子前向运动指标的变化。结果显示,治疗前患者精浆 IL-6 水平明显升高,归肾丸治疗后患者精浆 IL-6 的水平从(68.2±8.5)pg/mL 降至(42.9±5.9)pg/mL,与治疗前比较,差异有非常显著。提示归肾丸治疗男性免疫性不育症有效的作用机制可能与该药降低患者精浆 IL-6 水平有关。

(五) 右归丸

[方剂来源]　明代张景岳《景岳全书》。

[组成]　熟地黄 240 g,山药 120 g,山茱萸 90 g,枸杞子 90 g,菟丝子 120 g,鹿角胶 120 g,杜仲 120 g,肉桂 60 g,当归 90 g,附子 60~180 g。

[方解]　方中以附子、肉桂、鹿角胶为君药,填精补髓。臣以熟地黄、枸杞子、山茱萸、山药益肾、养肝补脾。佐以菟丝子滋阴,固精缩尿;杜仲补益肝肾,强筋壮骨。当归补血养肝。诸药配合,共奏温补肾阳,填精止遗之功。

[功效]　温补肾阳,填精益髓。

[主治]　肾阳不足,命门火衰症。年老或久病气衰神疲,畏寒肢冷,阳痿遗精,或阳衰无子,腰膝酸软,或饮食减少,大便不实,或小便自遗,舌淡苔白,脉沉而迟。

[药学研究]

(1) 温补肾阳作用:右归丸煎剂可使肾阳虚证模型兔的饮食逐渐增加,毛发逐渐恢复光泽,脱毛现象逐渐减少,精神好转,体重明显增加,皮温明显升高。同时,显著升高模型兔的皮质醇、总胆固醇、乳酸脱氢酶、总蛋白含量,显著降低血清三酰甘油、丙氨酸转氨酶、尿素氮、肌酐水平,具有温肾补阳,改善肾功能作用。还可明显增加肾阳虚模型大鼠卵巢颗粒细胞雌激素、孕酮分泌量,显著增加颗粒细胞内cAMP的浓度,上调凋亡抑制蛋白(Bcl-2)水平,发挥抑制凋亡的作用(薛莎等,2001)。右归丸的温补肾阳作用与直接促进颗粒细胞的分泌有关,其作用途径可能是通过激活颗粒细胞内腺苷酸环化酶而实现。

用36K鼠基因组陈列(mouse genome array)鼠脑基因芯片检测各组鼠脑基因。肾阳虚造模组小鼠共筛选出186个差异表达基因,其中上调基因150个,下调基因36个。右归丸组筛选出155个表达差异基因,其中上调基因64个,下调基因91个。上调的基因主要是与神经传递/信息转导、转录/翻译、激素、细胞周期和代谢相关的基因;下调基因主要是转录/翻译、神经传递/信息转导、炎症/免疫、代谢以及影响多巴胺生成限速酶有关的基因。造模组上调基因难而右归丸组下调基因主要与免疫、代谢以及影响多巴胺生成限速酶有关的基因。造模组上调基因难而右归丸组下调基因主要与炎症/免疫、神经传递/信号转导等相关基因;造模组下调基因与右归丸组上与上调基因主要与细胞周期/细胞结构、神经传递/信号转导、转录等有关。右归丸可使肾阳虚小鼠模型小调的激素及黑头素显著上调。促进细胞增殖,从而在基因水平上探讨了右归丸的药物作用机制,为补肾阳作用提供证据(杨裕华等,2008)。

(2)补益脾肾作用:右归丸可提高脾肾两虚模型大鼠的血清三碘甲腺原氨酸、甲状腺素、反式三碘甲腺原氨酸含量,可调节血浆环磷酸腺胺(cAMP)、环磷酸鸟苷(cGMP)含量及其比值,综合调整脾肾两虚大鼠血清中甲状腺轴激素含量和cAMP/cGMP比值,发挥补益脾肾的作用(陈津岩等,2009)。

(3)促性腺功能:右归丸能够促进雄激素致排卵障碍性不孕大鼠的卵泡生长发育及排出,促进黄体生成,降低病理性囊性卵泡数,增加血清雌二醇(E2)含量,降低胰岛素样生长因子1(IGF-1)水平,通过降低IGF-1和T,促进T转化为E2这一途径,从而促进卵泡生长发育及排出(方云芸等,2010)。右归丸、归肾丸均能明显增加肾虚模型大鼠的精子数量、精子活动力和精子存活率。两者虽无明显差别,但右归丸能明显减少精子畸形数,具有改善肾虚大鼠生殖功能作用(陶汉华等,2009)。肾阳

虚模型小鼠的血清睾酮明显降低,本方可显著提高血清睾酮含量,其作用明显优于归肾丸,具有促进性腺功能的作用(管华全,2010)。

(4)造血作用:右归丸中、高剂量均能明显升高骨髓抑制小鼠外周血红细胞(RBC)、血红蛋白(Hb)、骨髓单核细胞(BMC)数,高剂量对血小板(PLT)和白细胞(WBC)有明显升高。右归丸低、高剂量组均能促进骨髓G0/G1期细胞比例明显升高,增值指数也明显升高。中、低剂量组右归丸的骨髓细胞凋亡比例显著下降。通过促进骨髓细胞修复受损的DNA,加速通过G1/S和S期监测点,进行增值和分化,抑制造血细胞的凋亡,调节造血细胞增殖与凋亡之间的平衡等机制,从而促进损伤骨髓造血功能恢复(郑轶峰等,2009)。

(5)改善肾功能作用:肾脏主要调节水的部位在集合管,集合管水通道蛋白(AQP)表达的变化对于肾脏调节水代谢功能的作用至关重要。水通道蛋白2(AQP2)作为水通道蛋白家族的重要成员之一,主要分布于集合管主细胞官腔膜及细胞内囊泡中,AQP2表达与集合管处水重吸收量的调节密切相关。慢性肾衰竭模型大鼠血中尿素氮(BUN)、肌酐(Scr)含量升高,而肾组织中AQP2显著降低(于化新等,2009)。本方可降低慢性肾功能衰竭模型大鼠血中尿素氮、肌酐含量,显著提高肾组织中肾脏AQP2的表达,明显降低血清内皮素1(ET-1)与AngⅡ含量,改善肾脏功能作用(于化新等,2009)。

(6)调节骨钙作用:切除大鼠卵巢塑造Ⅰ型原发性骨质疏松模型,使模型血清CORT水平以及垂体ACTH阳性细胞数和染色面积均明显增高。右归丸组用药12周后血清CORT水平、垂体ACTH阳性细胞数和染色体面积均显著降低。该方可有效调节Ⅰ型原发性骨质疏松模型大鼠垂体-肾上腺轴的病理变化和功能状态,抑制雌激素水平降低后的异常骨吸收,具有调节骨钙的作用(罗汉文等,2006)。

(7)延缓衰老作用:衰老大鼠海马各分区的相关基因及脑源性神经营养因子(BDNF)mRNA表达均明显减弱,学习记忆功能退化。左归丸、右归丸能不同程度地提高老年大鼠海马各区分(DG、CA1和CA3)低下的BDNF mRNA的表达,具有改善老年大鼠学习记忆的功能。自然衰老雄性大鼠肾虚老模

型大鼠的神经内分泌调节紊乱,下丘脑-垂体-肾上腺轴(HPA)功能亢进。右归丸、左归丸均可显著增强高水平 CORT 损伤细胞制作原代培养的海马病理细胞模型大鼠的细胞活性,并上调细胞糖皮质激素受体(GR)mRNA 的表达,增加海马神经细胞活性,保护海马神经细胞(顾翠英等,2010)。右归丸可使肾虚衰老模型大鼠的下丘脑促皮质素释放激素(CRH)mRNA 和 CRH 的表达,显著降低血浆促肾上腺素(ACTH)及血清皮质醇(CORT)含量,调节 HAP 轴,使亢进的 HPA 轴功能得以改善,减轻对机体的危害而延缓衰老(姚建平等,2010)。

(8)保护胸腺细胞作用:糖皮质激素可抑制小鼠胸腺树突状细胞(CD11c$^+$ CD45$^+$)MHC - Ⅱ 类分子 I - Ad 表达,上调该群细胞 MHC - Ⅱ 类分子 H - 2Kd 的表达,下调相关黏附分子(ICAM - 1 及 LFA - 1)的转录。右归丸对激素诱导的 MHC - Ⅱ 分子下调和黏附分子转录水平下降有显著的抑制作用,对胸腺具有保护作用(周宪宾等,2008)。右归丸干预后小鼠胸腔细胞的抑制凋亡蛋白(Bcl - 2)mRNA 转录水平明显升高,促凋亡蛋白(Bax)的表达虽无明显改变,但 Bcl - 2/Bax 比值较激素处理小鼠明显增高,明显抑制激素诱导的胸腺细胞凋亡,其机制与逆转激素诱导的 Bcl - 2/Bax 表达失衡密切相关(郭钰琪等,2008)。

(9)促进神经康复因子作用:左归丸和右归丸可小调自身免疫性脑脊髓炎(EAE)模型大鼠脑、脊髓组织 γ 干扰素(IFN - γ)与基质金属蛋白酶-9(MMP - 9)表达,其中左归丸可下调急性期 MMP - 9 表达,右归丸可小调环节期 MMP - 9 表达来治疗 EAE,减轻 EAE 疾病程度(樊永平,2009)。左归丸和右归丸还显著增高髓硝碱性蛋白(MBP)及神经丝蛋白(NF200)表达。二方均可修复 EAE 大鼠神经髓硝和轴突的损伤,可能是枸杞促进神经康复的分子机制之一(王蕾等,2008)。左归丸与右归丸还显著提高老年大鼠下丘脑谷氨酸受体(NMDARI)、γ-氨基丁酸受体(GABA)蛋白表达水平,调节下丘脑氨基酸类神经递质受体表达,改善中枢神经系统功能(康湘萍等,2007)。

(10)改善甲状腺功能作用:右归丸可促进甲状腺功能减退模型大鼠甲状腺滤泡细胞 Bcl - 2 因子的表达,降低 Bax 因子的表达,恢复 Bcl - 2/Bax

的平衡状态,维持正常细胞凋亡程序,这可能是右归丸治疗甲减的作用机制之一(贾锡莲等,2007)。甲减模型大鼠的血清 SOD 活力明显下降,而甲状腺组织 SOD 性活明显升高。右归丸可以显著提升大鼠低下的血清 SOD 活性,随着甲状腺功能改善,甲状腺组织 SOD 活性恢复正常。葡糖糖转运蛋白家族中 GluT4 在机体组织细胞葡糖糖转运过程中的作用最为重要。Glu4 主要分布于骨骼肌。心肌,脂肪细胞,是胰岛素敏感的反应性葡糖糖转运体。甲减模型大鼠红色肌肉组织中的 GluT4mRNA 较正常升高 2.5 倍,蛋白质水平较正常升高 10 倍(贾锡莲等,2008)。右归丸上调甲减甲状腺功能减退症模型大鼠骨骼肌 GluT4mRNA 表达水平,促进骨骼肌对葡糖糖的转运,从而改善骨骼肌细胞的能量代谢,这可能是本方能有效治疗甲状腺功能减退症的作用机制之一(贾锡莲等,2006)。

(六)还少丹

[方剂来源] 宋代《杨氏家藏方》。

[组成] 干山药、半膝(酒浸一宿,干)各 45 g,山茱萸、白茯苓(去皮)五味子、肉苁蓉、石菖蒲、巴戟天(去心)、远志(去心)、杜仲(去粗皮,用生姜汁并酒合和,涂炙令热)、楮实、茴香各 30 g,枸杞子、熟地黄各 15 g,以药为末,炼蜜入枣肉为丸应用。

[方解] 肉苁蓉、巴戟天入肾经血分,茴香能入肾经气分,可同补命门相火之不足,火旺则土强而脾能健运矣。熟地黄、枸杞子为补水之药,水足则有以济水,而不亢不害矣。杜仲、牛膝补膝以助肾。白茯苓、干山药渗湿以助脾。山茱萸、五味子生肺液而固精。远志、石菖蒲通心气以交肾。滋肾补虚,充肌壮骨。大枣补气益血,润肺强脾。诸药合用,具有水火平调,脾肾双补之功。

[功效] 温肾补脾,养心安神。

[主治] 治虚损劳伤,脾肾虚寒,心血不足,腰膝酸软,失眠健忘,眩晕倦怠,小便浑浊,遗精阳痿,未老先衰,疲乏无力。

[药学研究]

(1)健脾安神作用:氢化可的松建立小鼠阳虚证模型,小鼠耐寒、耐疲劳能力下降。还少丹能明显延长模型小鼠低温游泳的存活时间,改善阳虚症状,提高对外界不良刺激的耐受力。慢性给予小剂量利血平使小鼠体内单胺类介质耗竭，导致交感神经功能偏低，副交感神经功能偏高，出现体温下降等类似的脾虚模型，还少丹能明显升高脾虚模型小鼠的体温，缓解脾虚症状。还可增加小鼠戊巴比妥钠阈下催眠剂量的睡眠小鼠数，增强小鼠学习记忆功能。实验结果显示，还少丹具有健脾安神作用（祁友松，2017）。

（2）延缓衰老作用：研究发现，大、小鼠脑、肝单氨氧化酶B（MAO-B）活性随年龄增加而增加。还少丹可明显降低老年模型大鼠脑MAO-B活性，降低衰老模型小鼠脑、肝组织中线粒体DNA的含量，增加胸腺和脾脏指数，提高血清白细胞介素2（IL-2）含量，增加T细胞活性，增加机体免疫活性。本方还可降低老年大鼠脑、肝组织中DNA含量，升高血清及肝组织中GSH-Px活性，降低MDA水平，对抗活性氧对肝细胞的损害。还少丹能降低老年大鼠血脂水平，提高高密度脂蛋白胆固醇与低密度脂蛋白胆固醇比值，提高抗动脉粥样硬化指数。综合研究结果，提示本药具有延缓衰老作用（祁友松，2017）。

（七）七宝美髯丹

[方剂来源]　明代李时珍《本草纲目》。

[组成]　赤、白何首乌各500g，赤、白茯苓各500g，牛膝250g，当归250g，枸杞子250g，菟丝子250g，补骨脂120g。

[方解]　方中何首乌能滋养肝肾，涩精固气；枸杞子、当归滋养肝血；菟丝子、牛膝补肾益精；补骨脂能补命门，暖丹田；茯苓健脾宁心，渗利湿浊。诸药合用，具有补益肝肾，乌发壮骨之功。

[功效]　补益肝肾，乌发壮骨。

[主治]　主治肝肾不足证。须发早白，脱发，牙齿动摇，腰膝酸软，梦遗滑脱，肾虚不育等。

[药学研究]　延缓衰老作用：观察七宝美髯丹延缓衰老作用，采用年龄与D-半乳糖造模双重因素所致衰老大鼠模型，检测模型大鼠血清SOD和GSH-Px活性明显降低，MDA值明显上升。七宝美髯丹能明显提高血清SOD和GSH-Px活性，但降低MDA值不显著。本药能明显增强由氢化可的松引起的肾阳虚模型大鼠红细胞内SOD活性，并明显减少脂质过氧化物形成，且存在剂量依赖关系（李

承哲等，2003）。还能明显提高衰老大鼠T细胞产生IL-2水平。研究发现，老年大鼠前额皮质和老年小鼠海马CA1区部分神经元超微结构中脂褐素含量多而且电子密度高，粗面内质网脱颗粒，胞浆聚集，核糖体与粗面内质网减少，神经元与线粒体平均密度降低，线粒体平均体积明显增加且肿胀，而且空泡化。海马CA1区突触后膜致密物质（PSD），活性区长度与突触界面曲率显著增大，突触间隙宽度显著变窄（许青媛等，1996）。七宝美髯丹对老年大鼠大脑额前叶皮质神经元超微结构神经元的染色质、核膜结构、粗面内质网、核糖体、脂褐素、线粒体和高尔基复合体均有明显改善作用，并显著减少衰老大鼠神经元脂褐素含量，通过多靶效应实现延缓衰老（瞿延辉等，2012）。

（八）赞育丹

[方剂来源]　明代《景岳全书》。

[组成]　熟地（蒸、捣）、白术（用冬术）各240g，当归、枸杞各180g，仙茅（酒蒸一日）、杜仲（酒炒）、山茱萸、淫羊藿（羊脂拌炒）、巴戟肉（甘草汤炒）、肉苁蓉（酒洗，去甲）、韭子（炒黄）各120g，蛇床子（微炒）、附子（制）、肉桂各60g。

[方解]　方中附子、肉桂、杜仲、仙茅、巴戟肉、淫羊藿、肉苁蓉、韭子、蛇床子温肾壮阳，补益命火；配熟地、当归、枸杞子山茱萸填精补血，"血中求阳"，制温阳药之辛燥之性；仅白术一味益气健脾，先天后天同补。诸药配伍，具有温壮肾阳，填精补血之功效。

[功效]　补肾壮阳，滋阴填精。

[主治]　主治命门火衰，精气虚冷，阳痿精衰，不能生育，阳痿之证。

[药学研究]　益肾填精作用：以腺嘌呤灌胃大鼠诱发睾丸细胞生精障碍，制造大鼠不育症模型，观察赞育丹给药后不育症模型大鼠的精子计数、睾丸形态学的改变。病理形态学观察，模型组大鼠部分曲细精管退化变性，生精细胞减少，管壁变薄，管腔变大，精子数目减少；高倍镜下可见部分生精细胞脱落，曲细精管萎缩，管壁层次缭乱，甚则曲细精管塌陷，支持细胞和精原细胞减少甚至消失。小剂量组曲细精管结构也有萎缩现象，但细胞层数较模型组增加，管壁较厚，结构较规则，生精细胞层数增多，腔

内较多精子;赞育丹高剂量组生精小管结构也有萎缩,管壁层次较清晰,少见曲细精管塌陷,精原细胞和支持细胞较模型组见多。提示赞育丹可增加睾丸生精障碍性不育大鼠精子数量;增加睾丸附睾重量;明显提高前列腺和精囊指数,提高性激素水平;使受损的睾丸组织明显改善。以高剂量促性腺激素释放激素(LRH)造成雄性大鼠生殖功能障碍模型,睾丸超微结构观察,模型组大鼠曲细精管界膜增厚,而界膜增厚又主要在于基膜和外非细胞层明显增厚,形成较多皱褶;可见生精细胞变性,精母细胞核膜破裂,核膜内面染色质局部缺失,间质中可见 Leydig 细胞滑面内质网(SER)明显扩张。赞育丹可抑制生殖功能障碍模型大鼠睾丸曲细精管界膜增厚,改善生殖细胞变性,减轻间质细胞 SER 扩张。提示赞育丹具有益肾填精,改善生殖功能作用(祁友松,2017)。

(九)龟鹿三仙胶

[方剂来源] 明代王三才辑《医便》。

[组成] 鹿角 5 000 g,龟甲 2 500 g,人参 450 g,枸杞子 900 g。

[方解] 方中鹿角温肾壮阳,益精补血;龟甲填精补髓,滋阴养血,二味为血肉有情之品,能峻补阴阳以生气血精髓,共为君药。人参补后天脾胃之中气,以增强化生气血之源,枸杞子益肝肾,补精血,以助龟、鹿之功,合为臣药。共奏阴阳并补,气血兼顾,益寿延年,生精种子之功。

[功效] 滋阴填精,益气壮阳。

[主治] 真元虚损,精血不足症。全身瘦削,阳痿遗精,两目昏花,腰膝酸软,久不孕育。

注:前三味袋盛,放长流水内浸三日,用铅坛一只,如无铅坛,底下放铅一大片亦可,将角并板放入坛内,用水浸高三至五寸,黄蜡三两封口,放大锅内,桑柴火煮七昼夜,煮时坛内一日添热水一次,勿冷沸起,锅内一日夜添水五次,候角酥取出,洗,滤净取滓,其滓即鹿角霜、龟甲霜也。将清汁另放,外用人参、枸杞子,用铜锅以水三十六碗,熬至药面无水,以新布绞取清汁,将滓石臼水捶捣细,用水二十四碗又熬如前,又滤又捣又熬,如此三次,以滓无味为度。将前龟、鹿汁并参、杞汁和入锅内,文火熬至滴水成珠不散,乃成胶也。候至初十日起,日晒夜露至十七日,七日夜满,采日精月华之气,如本月阴雨缺几日,下月补晒如数,放阴凉处风干。每服初一钱五分,十日加五分,加至三钱止,空心酒化下。常服乃可(现代用法:熬胶,初服每日 4.5 g,渐加至 9 g。空腹以酒少许送服)。

[药学研究]

(1)促骨髓造血作用:环磷酰胺致小鼠骨髓 CD34+造血干/祖细胞凋亡模型,龟鹿二仙胶可显著升高化疗小鼠的抗凋亡基因 Bcl - 2mRNA 表达,有效抑制化疗小鼠 CD34+造血干/祖细胞凋亡,具有促进骨髓造血作用,抑制化疗小鼠脾脏 T 淋巴细胞凋亡,减轻化疗后免疫功能受损。本方上调 Bcl - 2mRNA 表达、小调 caspase - 3mRNA 表达可能是其作用机制之一(林胜友等,2008)。

(2)促软骨细胞增殖作用:建立大鼠关节软骨细胞培养体制,通过 MTT 法筛选龟鹿二仙胶汤及其拆方最佳药效的药理血清。实验结果,鹿角二仙胶汤显著促进软骨细胞的增殖,全方药效优于拆方各组,具有促软骨细胞增殖作用(王和鸣等,2007)。本方刺激骨髓基质干细胞(BMSCS)增殖与药物含量度有关,低浓度龟鹿三仙胶汤可显著袭击 BMSCS 增殖,无论是 48 h,72 h 测验均为 15 倍药物浓度时具有显著地增殖作用,而更高浓度龟鹿二仙胶汤则表现为促进 BMSCS 增殖作用减弱(李文顺等,2009)。龟鹿二仙胶汤还能减少软骨表型化 BMSCS 凋亡的数量及程度,降低细胞凋亡率,具有显著延缓软骨表型化 BMSCS 凋亡作用(李文顺等,2009)。

(3)增强学习记忆功能:实验表明,老龄模型小鼠错误反应的潜伏期显著缩短,逃避反应的潜伏期显著延长,错误反应次数显著增加,SOD、GSH - Px 活力显著降低,MDA 含量显著增加。龟鹿二仙胶颗粒可使老龄小鼠错误反应的潜伏期显著延长,挑拨反应的潜伏期显著缩短,错误反应的次数显著减少,SOD、GSH - Px 活力显著提高,MDA 含量显著降低。龟鹿二仙胶颗粒对自然衰老小鼠具有增强抗氧化功能、增强学习记忆功能的作用(王树鹏等,2010)。

(十)一贯煎

[方剂来源]《续名医类案》。

[组成] 北沙参、麦冬、当归身各 9 g,生地黄

18～30 g,枸杞 9～18 g,川子 4.5 g(原书未注用量)。

[方解] 方中重用生地黄滋阴养血、补益肝肾为君。当归身、枸杞养血滋阴柔肝,北沙参、麦冬滋养肺胃,养阴生津,四药共为臣药。佐以川子疏肝泄热,理气止痛。诸药合用,滋阴养肝,肝气得舒,诸症可解。

[功效] 滋阴疏肝。

[主治] 肝肾阴虚,肝气郁滞证。胸脘胁痛,吞酸吐苦,咽干口燥,舌红少津,脉细弱或续弦,亦治疝气及聚。

[药学研究]

(1) 抗肝纤维化作用:一贯煎可显著降低 CCl_4 诱导小鼠肝纤维化模型血清丙氨酸转氨酶(ALT)、天冬氨酸转氨酶(AST)的活性,光镜观察肝组织病理损害程度明显减轻,具有保护肝细胞,减少肝损伤,抗肝纤维化的作用。抗肝纤维化作用机制与提高肝脏生物转化功能有关,表现为:①使精氨酸加压素 IA 受体 (AVPRIA)、CYP3A13、β 球蛋白(Beta-glo)等基因表达显著上调。②淋巴霉素 A (LTA)、MMP-23、RNA 结合基序蛋白 3(RBM3)、血小板反应蛋白 2(TSP2)、AP1γ 亚单位结合蛋白 1 (ABP1)等基因表达显著小调。③抑制肝细胞凋亡和肝库普弗细胞活化,减轻肝窦肉皮损伤与肝脏炎症反应,改善肝脏糖代谢及钠潴留等。④可明显增高肝硬化大鼠的差异蛋白酮/锌超氧化物歧化酶(Cu/ZnSOD)、DJ-1、谷胱甘肽 S-转移酶及醛酮还原酶 7.A2 表达,显著降低谷胱甘肽合成酶表达,使肝细胞脂肪变性较轻,完整的假小叶结构较少(王昆等,2006)。显著降低血清 ALT、AST、GCT 活性、TBIL 含量及肝细胞羟脯氨酸(Hyp)含量,抗氧化应激功能降低是 CCl_4 致大鼠肝硬化的重要病理环节,提高抗氧化应激功能相关蛋白的表达可能是一贯煎治疗大鼠肝硬化的主要效应机制(慕永平等,2007)。

(2) 保肝降酶作用:一贯煎可提高肝组织、红细胞及脑组织中 SOD 活性,降低 LPO 含量,清除自由基,减少脂质过氧化,使肝细胞免受损害。减轻肿瘤坏死因子 a(RNF-a)致肝炎大鼠模型肝细胞炎症反应,抑制肝细胞的凋亡、坏死,使小鼠体内 ALT 和 AST 水平显著下降,促进肝细胞凋亡抑制蛋白 I (clAP1)的表达,调节 TNF-a 信号通路相关蛋白的表达,从而有效减轻炎症反应,达到保肝、降酶的目

的(申定珠等,2010;刘文兰等,2010)。

(3) 保护胃黏膜作用:一贯煎能显著抑制无水乙醇所致的胃黏膜损伤,且随着所用剂量的加大损伤抑制率也增大。胃黏膜上皮细胞能合成和释放前列腺素(PG),PG 具有强烈的细胞保护作用,而非类固醇抗炎药(如吲哚美辛)可抑制 PG 合成。研究结果证实,预先肌注吲哚美辛 5 mg/kg 并不能抑制一贯煎的胃黏膜保护作用,提示一贯煎保护胃黏膜的作用机制可能与前列腺素的合成和释放无关(李林等,1998)。

五、枸杞在民族医药临床应用

枸杞子是藏医和蒙医常用药材,收载于《四部医典》和《晶珠本草》之中,藏医称旁加。《四部医典》附录品名为宁夏枸杞(L. barbarum),《中国藏药》来源为宁夏枸杞(L. barbarum)和枸杞(L. chinense)两种。藏医性味功效微甘、温。清心热,陈旧热,主治心热病、陈旧热病、妇科病。用量 9～15 g,入丸散剂。藏医古秘方二十五味鬼臼丸,由鬼臼、枸杞、光明盐等 25 味药组成,祛风镇痛,调经血。用于妇女血症、风症、子宫虫病,下肢关节疼痛,小腹上体疼痛,心烦血虚,月经不调等症。

枸杞蒙医称"朝您-哈日莫格",临床具有散"恶血",清热之功效;配方用于血郁宫中,血痞,闭经,心热,乳腺肿,陈热等疾病。疗效确切可靠,为古今医家所喜用。《中国药典》(历版)及《内蒙古药材标准》(1987 版)均收载了该药材。蒙药味甘,性轻、钝、软、平。清热化瘀。用量 3～5 g,入丸散剂。枸杞子祛心热治妇女病被藏医广为应用,医治肺病,并且随着藏医学传入蒙古地区,又被蒙医沿用至今。14 世纪,元代蒙古医学家饮膳太医忽思慧撰写的《饮膳正要》中有"枸杞(不以多少,采红熟者),用无灰酒浸之,冬六日,夏三日,于沙盆内研至烂细,然后以布袋绞取汁,与前浸酒一同慢火熬成膏,于净瓷器内封贮。重汤煮之,每服一匙头,入酥油少许,温酒调下,延年益寿,填精补髓以服鬓白变黑返老还童"。《饮膳正要》还记载了枸杞茶:枸杞五斗,水淘洗净,去浮麦,焙干,用白布筒净,去蒂萼黑色,选拣红熟者,先用雀舌茶展溲碾子,茶芽不用,次碾枸杞为细末。每日空心用匙头,入酥油搅匀,温酒调下,白汤亦可。忌与酪同食。加味枸杞气味丸由枸杞、沙棘、木香、

山奈、朴硝、肉桂、制硼砂组成,方中枸杞子味甘,性平、轻、钝、软,有清热、祛恶血之功效;沙棘味酸、涩,性温、燥、腻、固,有止咳祛痰,祛巴达干等功效;山奈味辛、苦、涩,性热、涩、锐、燥、轻,有祛巴达干赫依,清血,调理胃火之功效;木香味辛、苦,性温、腻、涩、轻,有祛巴达干,破痞,调节体素,收敛脓、痰、防糜烂,平气血相搏、止痛等功效。

本品治疗子宫内膜异位症。子宫内膜异位症临床主要表现为痛经,呈继发性并进行性加剧、月经异常、不孕和盆腔包块等,尽管是一种良性病变,子宫内膜异位症可引起不育和盆腔疼痛感,影响育龄女性的生活质量。近年来其发病率有日益增高的趋势。迄今为止,子宫内膜异位症的发病原因尚不清楚。Harada 等认为,子宫内膜异位症的发生可能跟腹腔的炎症环境以及一些细胞因子和生长因子的水平升高有关。枸杞是临床常用蒙药,大量的临床实践证明,枸杞子对子宫内膜异位症疗效可嘉。

本品在苗医、纳西药、土家药、朝药、彝药、德昂药、蒙药、维药、畲药都有广泛医用(贾敏如等,2016)。

第五章

枸杞药理学研究

枸杞药用历史悠久,我国的中医药学及民族医药学(藏、蒙、苗)典籍中对其功效早有记载,枸杞具有多种药用功效,被广泛运用于多种方剂中,用于治疗肝肾阴虚、遗精滑泻、内障目昏、须发早白、消渴等症,现代科学研究发现枸杞中化学成分类型多样,主要涉及生物碱类、黄酮类、萜类、多糖、类胡萝卜素衍生物等。许多学者在枸杞的化学成分、结构及功效评价方面做了许多卓有成效的工作,运用现代药理学对其传统功效做出了科学的解释和阐述。

大量药理实验及临床实验表明枸杞药理活性多样,主要包括抗氧化、肝肾保护、神经保护、对心脑血管的影响、抗肿瘤、抗炎、延缓衰老等。国内外学者对枸杞所含活性成分进行的深入细致的研究为枸杞应用于医药领域奠定了坚实的理论基础。

第一节 对呼吸系统与机体代谢水平的调节作用

一、抗缺氧作用

缺氧引起的肺血管收缩主要发生在肺动脉,尤其是中小动脉,长时间持续缺氧使肺动脉压长期处于较高水平,进而导致肺血管发生重构(Maignan M,2009)。通常,长期生活在海拔 2 500 m 以上的高原世居者或移居者对高原低氧环境逐渐失去习服,加之环境寒冷,机体的一系列功能、代谢和结构发生改变,进而表现出红细胞增生、肺血管收缩和重建及缺氧性肺动脉高压(国际高原医学会慢性高原病专家小组,2005;陈静等,2017)。将枸杞活性成分运用于抗缺氧方面的药理学研究已有报道,李晓莉等(1999)以存活时间、血红蛋白(Hb)含量、丙二醛(MDA)含量、SOD 活性为考察指标,通过灌胃枸杞子水提液研究小鼠在密闭缺氧环境下的耐受能力,实验发现在缺氧条件下,枸杞子水提液可以使小鼠血液中 Hb 含量出现代偿性增高,小鼠脑 MDA 含量随枸杞多糖剂量由低到高呈现出由低到高再到低的变化过程,血浆中 SOD 活性明显增强,由此可见,枸杞多糖在适宜剂量下可显著增强小白鼠的耐缺氧能力的同时,还可显著降低 Hb 的增高,这一研究对高原血红蛋白症的有效预防具有重要意义。

在考察了枸杞水提液可显著增强小鼠耐缺氧能力的基础上,李晓莉(2000)进一步研究了枸杞耐缺氧作用与成分的关系,对枸杞活性成分耐缺氧效应进行了探讨,通过考察灌胃枸杞多糖小鼠的密闭缺氧存活时间、脑组织丙二醛(MDA)含量、血浆总超氧化物歧化酶(SOD)活性 3 项指标,并与枸杞水提液灌胃效果进行了比较,结果显示,相比对照组,枸杞多糖使小鼠在密闭缺氧条件下的存活时间延长52.1%,明显高于最佳剂量枸杞水提液的 32.5%;小鼠血液中 Hb 含量的下降率也明显优于后期水提液,缺氧小鼠组织内 SOD 活性提高明显。盛伟等(2011)也对枸杞多糖具有的耐缺氧、抗疲劳作用进行了深入探讨,经过实验表明了枸杞多糖显著的抗缺氧、抗疲劳作用。

樊蓉芸(2018)将药食同源的青海柴达木枸杞应用于竞技体育高原训练实践中,结果表明世居平原运动员在青海高原训练期间出现 AMS(急性高山症)分值增加、SpO$_2$(血氧饱和度)和肺活量下降、反应时延长、体内脂肪量和体脂率下降等对高原环境与运动重叠缺氧的不适现象,而服用柴达木枸杞有助于减缓 AMS 发生率和症状、增加能量储备、增长 SpO$_2$ 和肺活量、缩短反应时、有助于提升平原运动员对高原低氧和高原训练的适应能力。目前,对于枸杞中发挥抗缺氧作用的活性成分研究工作主要从有效部位和活性成分两个方面展开,枸杞有效部位抗缺氧作用的药理学评价主要包括枸杞叶提取物、枸杞子提取物,发挥抗缺氧作用的实验研究则主要集中在枸杞多糖及盐酸甜菜碱等活性成分。

黄欣等(2007)将枸杞叶进行粗提取后观察枸杞叶提取物对小鼠耐缺氧作用的影响,将小鼠依体重随机分为对照组和青海枸杞叶提取物实验组,实验组小鼠每天分别以不同剂量的枸杞叶提取物水溶液灌胃,对照组小鼠则给予等体积的蒸馏水。连续灌胃 10 天,末次给予后 1 h 将各组小鼠分别放入盛有

5 g 钠石灰的 250 mg 广口瓶内(每瓶只放 1 只小鼠),用凡士林密闭瓶口。以小鼠在密闭广口瓶内存活时间为指标,比较各组耐缺氧时间。结果表明不同剂量的青海枸杞叶提取物均能不同程度的延长小鼠在密闭缺氧条件下的存活时间(表 5-1),3 个剂量组的存活时间与对照组比较,差异显著($p < 0.05$)。此外,该实验还测定了死亡小鼠心肌血浆中的超氧化物气化酶(SOD)活性和全脑、心脏中的丙二醛(MDA)含量(表 5-2),结果显示枸杞叶提取物清除活性氧效果明显且可不同程度的降低小鼠心肌 MDA 含量,可显著降低机体中脂质过氧化程度,从而有效减缓组织缺氧时的损伤。

表 5-1　青海枸杞叶提取物对小鼠密闭缺氧存活时间的影响($n = 15$, $\bar{x} \pm s$)

组别	剂量组 (mg/kg·d)	密闭缺氧存活时间 (min)
对照组	0	16.80±1.23
实验 I 组	50	28.08±2.81[*][#]
实验 II 组	100	25.83±2.51[*][#]
实验 III 组	200	22.17±4.37[*]

注:[*] 与对照组比较,$p < 0.05$;[#] 与 200 mg/kg·d 组比较,$p < 0.05$

表 5-2　青海枸杞叶提取物对小鼠血浆总 SOD 活性和组织的 MDA 含量的影响($n = 15$, $\bar{x} \pm s$)

组别	剂量 (mg/kg·d)	脑 MDA (mmol/mgprot)	心肌 MDA (mmol/mgprot)	血浆总 SOD (U/mL)
对照组	0	23.94±4.97	18.99±4.24	77.17±11.38
实验 I 组	50	22.71±2.30	14.43±3.76	137.43±37.51[*]
实验 II 组	100	25.25±4.26	17.69±2.21	127.86±24.53[*]
实验 III 组	200	20.96±1.06	16.05±2.74	113.75±38.64

注:[*] 与对照组比较,$p < 0.05$

研究者以灌胃方式,连续 21 天给小鼠饲喂枸杞原汁,分别采用负重游泳实验(小鼠在末次灌胃 4 h 后,需在两组中各取 10 只小鼠,并将其胃部系上重量为小鼠体重 1/10 的重物,放入到水深为 20 cm 的游泳箱中游泳,水温设置为 20 ℃左右。小鼠头部完全没入水中 8 s 无法浮出水面时记录负重游泳时间。)和抗缺氧实验方法(将所有小鼠放置在装有 7.5 g 钠石灰的广口瓶中,加盖密封。在密封后观察小鼠存活时间。)分析枸杞子对小鼠抗缺氧抗疲劳能

力的影响及其效果,结果表明,相比对照组,观察组小鼠的负重游泳时间以及耐缺氧时间均明显延长,差异均显著($p < 0.05$)。由此可见,枸杞子可明显提升小鼠的抗缺氧抗疲劳能力,有较高使用价值。

机体发生缺氧时,沉默接合型信息调节因子 2 同源蛋白 1(SIRT1)能够影响缺氧诱导因子 let(HIF - let)及基质金属蛋白酶 9(MMP - 9)的表达,而 HIF - 10 和 MMP - 9 在肺血管重建,肺动脉高压中起重要作用。SIRT1 可能在肺动脉平滑肌增殖、

肺动脉高压发生发展中发挥作用。所以,深入研究SIRT1与低氧性肺血管重建的关系及其在低氧性肺动脉高压性疾病的作用至关重要(Dioum E M,2009;Lim J H,2010;Nakamaru Y,2009;Lee S J,2012;Wu X,2012)。朱燕妮等(2016)监测了在缺氧条件下进行枸杞多糖(LPB)处理后的肺血管平滑肌细胞中沉默接合型信息调节因子2同源蛋白1(SIRT1)、基质金属蛋白酶9(MMP-9)及缺氧诱导因子1(HIF-lct)的表达。结果发现,缺氧条件下血管平滑肌细胞SIRT1mRNA和蛋白水平降低,MMP-9及HIF-10的mRNA和蛋白水平升高。缺氧条件下用枸杞多糖处理后,SIRT1的含量随枸杞多糖剂量的增加而增加,同时MMP-9、HIF-1的含量降低。从而可得出结论,枸杞多糖能有效增加缺氧肺血管平滑肌细胞SIRT1水平、降低MMP-9HIF-1的水平。所以,深入研究LBP对SIRT1、HIF-1α和MMP-9的调节作用可能对缓解肺血管重塑、肺动脉高压有一定的作用。

盐酸甜菜碱(betaine hydrochloride,BTH)是枸杞活性成分之一,目前已能化学合成,高允生等(2005)对受试小鼠腹腔注射BTH,通过耗氧量测定、小鼠常压脑缺氧实验、盐酸异丙肾上腺素(ISO)致小鼠心肌耗氧量增加实验、急性脑缺血实验等方式观察BTH的抗缺氧作用,实验结果显示,腹腔注射盐酸甜菜碱,能明显降低正常小鼠和异丙肾上腺素所致心肌缺氧小鼠的耗氧量,延长心肌缺氧小鼠的缺氧存活时间,延长失血性休克小鼠的心搏时间和离体鼠头的呼吸维持时间,增加张口呼吸次数。提示盐酸甜菜碱能降低小鼠心脏和脑组织的耗氧量,增强心肌和脑的耐缺氧能力,对心肌耗氧量增加、急性脑缺血和失血性休克小鼠的心脑功能具有保护作用。

二、抗疲劳作用

疲劳是机体复杂的生理生化变化的综合反应。

体力活动或剧烈运动时,机体主要靠糖原酵解来获得能量。当糖原被大量消耗而又得不到及时补充时,糖酵解产物乳酸过量堆积导致机体内环境失调和代谢过程紊乱,由此导致全身性疲劳的发生(卢耀环等,1996)。它是机体的一种防御反应,是机体组织和器官兴奋性下降而带来工作效率的降低。随着经济发展和社会竞争的日趋激烈,人们的生活节奏日益加快,工作压力日益提高,处于疲劳或过度疲劳等亚健康状态的人群比例不断上升,因此,开发具有抗疲劳作用的保健食品,具有重要的现实意义。枸杞是一种补益类天然名贵中药,且能药食两用,枸杞多糖的抗疲劳作用也已得到广泛论证(罗琼等,2000)。

血乳酸作为肌肉活动的主要代谢产物,是评价机体疲劳的重要标志物,其在体内的积累可影响肌肉的收缩功能和运动能力(金宏,2001)。在肾功能正常的情况下,血尿素氮是机体蛋白质代谢的重要标志之一。运动使血清尿素氮升高,说明运动使蛋白质的分解加速,而尿素氮的升高幅度可反映出机体利用蛋白质供能的程度。潘京一等(2003)采用清洁级ICR雄性小鼠对枸杞子提高小鼠运动耐力以及增强免疫的作用进行了研究。其中在抗疲劳试验中,通过测定游泳时间、肝糖原、血乳酸和血尿素氮等指标评价枸杞子的抗疲劳作用,由实验结论可知(表5-3～表5-6),枸杞子高剂量组负重游泳时间明显长于对照组,且差异具有显著性;高剂量组的肝糖元明显高于对照组,且差异具有显著性。表明枸杞子能增加机体肝糖元的储备;通过该实验还观察到枸杞子具有加快恢复运动后血乳酸到运动前水平的作用。此外,枸杞子中的多糖分解可能改善机体能量代谢,加速肝糖元之分解供能,减少蛋白质分解供能,从而降低了高剂量组的血尿素氮。证明了枸杞子的抗疲劳活性。

表5-3　枸杞子抗疲劳试验数据($\bar{x} \pm s$)

剂量组 (g/kg)	负重游泳时间（s）	肝糖原含量 (mg/100 g)	血尿素氮水平 (mmol/L)	血乳酸升高幅度 (mmol/L)	血乳酸消除幅度 (mmol/L)
0(对照组)	593±149	496±165	9.11±0.56	5.96±2.33	5.54±3.34
0.085(低剂量)	595±176	558±134	8.74±0.72	6.24±2.65	5.34±1.56

（续表）

剂量组 (g/kg)	负重游泳时间 (s)	肝糖原含量 (mg/100 g)	血尿素氮水平 (mmol/L)	血乳酸升高幅度 (mmol/L)	血乳酸消除幅度 (mmol/L)
0.17(中剂量)	672±187	586±162	8.77±0.65	6.75±2.73	5.23±3.10
0.5(高剂量)	871±186*	728±145*	6.65±1.19*	6.26±1.87	6.54±2.34*

注：* 与对照组比较，$p < 0.05$。

表 5-4　迟发型变态反应 DTH 和淋巴细胞转化试验

组别	动物数（只）	耳郭肿胀度（mg）	加与不加 ConA 的吸光度差值
对照组	10	7.6±2.0	0.042±0.025
低剂量	10	7.0±1.4	0.034±0.028
中剂量	10	7.4±1.6	0.068±0.820*
高剂量	10	11.2±2.8*	0.098±0.064*

注：* 与对照组比较，$p < 0.05$。

表 5-5　血清溶血素和溶血空斑实验

组别	动物数（只）	抗体积数	溶血空斑数（$\times 10^3$ 个/全脾）
对照组	10	86.4±30.2	107.20±12.60
低剂量	10	95.2±17.3	108.70±13.89
中剂量	10	118.4±21.9*	116.90±18.61*
高剂量	10	135.8±38.4*	124.40±22.22*

注：* 与对照组比较，$p < 0.05$。

表 5-6　碳廓清巨噬细胞吞噬指数和 NK 细胞活性测定

组别	动物数（只）	碳廓清吞噬指数	巨噬细胞吞噬指数	NK 细胞活性测定
对照组	10	4.95±0.46	0.28±0.06	21.04±1.56
低剂量	10	5.26±0.78	0.37±0.05	21.09±1.80
中剂量	10	5.62±1.36	0.48±0.11	34.51±2.45*
高剂量	10	6.89±0.89*	0.52±0.10*	60.73±2.70*

注：* 与对照组比较，$p < 0.05$。

　　彭晓东等（2000）采用脉冲式电流直接刺激蟾蜍离体腓肠肌作为疲劳及产生自由基的模型，研究了宁夏枸杞的有效成分枸杞多糖对一次性耗竭运动过程中离体肌肉的收缩幅度、收缩持续时间、肌肉中丙二醛（MDA）的产生和肌乳酸含量的影响，以中华大蟾蜍为实验对象，去除坐骨神经、分离腓肠肌，含糖任试液冲洗，去血污后，浸于任试液完成标本制作。通过肌肉收缩能力测定及 MDA、乳肌酸含量测定，由结果可知，6.4～25.6 mg/mL 枸杞多糖可使肌肉收缩持续时间下降，肌乳酸含量下降，对肌肉收缩幅度没有影响，对脂质过氧化的含量无明显影响，提示枸杞多糖对离体蟾蜍腓肠在电刺激条件下引发的收缩疲劳有促进作用。罗琼等（2000）将枸杞子烘干，氯仿-甲醇脱脂，再经浓缩、水提醇沉、葡聚糖凝胶柱分离等工序制备枸杞纯化多糖，将纯化的枸杞多糖灌入小鼠胃中，通过评价枸杞纯化多糖对小鼠肌糖原、肝糖原量效关系、小鼠血液乳酸脱氢酶（LDH）活力的量效关系及枸杞纯化多糖对小鼠血尿素氮含量的影响来考察枸杞纯化多糖的抗疲劳作用。结果表明：枸杞多糖能显著地增加小鼠肌糖原、肝糖原储备量，提高运动前后血液乳酸脱氢酶总活力；降低小鼠剧烈运动后血尿素氮增加量，加快运动后血尿素氮的清除速率，提示枸杞多糖对提高负荷运动的适应能力、抗疲劳和加速消除疲劳具有十分明显的作用。

血尿素氮是运动时物质代谢的产物，它是评价机体在体力负荷时承受能力的一项非常灵敏的指标。机体血尿素氮随劳动及运动负荷的增加而增加，机体对负荷适应能力越差，血尿素氮的增加就越明显。张雅莉等（2015）进一步通过药理学实验证实了枸杞通过改善肝糖原储备、降低血尿素氮水平、增加磷酸果糖激酶的活性等途径发挥缓解机体疲劳作用。研究显示 LBP 在 8.3～33.4 mg/（kg·bw）范围内可增加小鼠肝糖原储备量，提高肝脏供能水平；LBP 可减少血浆和肌细胞内液中谷氨酰胺、亮氨酸等多种氨基酸及其他含氮化合物的分解，进而减轻蛋白质的分解代谢，降低血尿素氮水平；LBP 还能增加磷酸果糖激酶的活性，调节肌肉 pH，延缓疲劳的发生。此外，在整个实验期，LBP 在缓解体力疲劳的同时，对小鼠的体质量并无影响，是理想的营养补充剂。因此，针对性地补充 LBP 减缓人体体力疲劳的发生是解决运动性疲劳的有效途径之一，也为枸杞进一步开发利用提供了思路。

第二节　增强免疫及抗氧化、延缓衰老作用

一、增强免疫功能作用

英国 Harman 于 1956 年率先提出自由基与机体衰老和疾病有关，接着在 1957 年发表了第一篇研究报告。自由基学说能比较清楚地解释机体衰老过程中出现的种种症状，如老年斑、皱纹及免疫力下降等。免疫功能下降学说作为衰老发生的重要学说之一，对于指导延缓衰老功效成分的探索研究奠定了理论基础（马历阳，2001）。研究表明，枸杞中的多糖类成分对机体的免疫功能有显著增强作用（许士凯等，2004）。主要表现在对非特异性免疫功能的影响和对特异性免疫功能的影响、抑制肿瘤细胞增生及有效抵抗免疫功能下降导致的衰老现象的发生等诸多方面。

枸杞对非特异性免疫功能的影响研究方面，黎雪如等（1998）发现 LBP 可明显地促进小鼠 NK 细胞活性，可解除部分或全部环磷酰胺对小鼠免疫抑制作用，可使注射环磷酰胺小鼠的白细胞恢复，能显著提高小鼠网状内皮细胞吞噬能力。LBP 可显著对抗环磷酰胺和 ^{60}Co 照射所致白细胞数降低，并且能提高小鼠腹腔巨噬细胞吞噬率及吞噬指数。LBP 还能增强血清溶血酶（LZM）活力，促进小鼠巨噬细胞内酶活性及 NO 的诱生。涂雪松（2007）对枸杞影响特异性免疫的功能进行综述，LBP 能提高小鼠特异性抗体的效价和细胞免疫功能，增加抗体生成细胞数。LBP 能明显促进刀豆球蛋白 A（ConA）活化的脾淋巴细胞 DNA 和蛋白质生物合成，增加白细胞介素-2（IL-2）的产生及活性。LBP 可增强 T 淋巴细胞介导的免疫反应及自然杀伤细胞的活性，适宜剂量的 LBP 对老年小鼠抑制性 T 细胞有明显调节作用，并可增强抑制性细胞的活性。枸杞对细胞因子 IL-2 和 IL-3 具有双向调节功能，并促进 IL-2R 的表达，诱导 IL-6、肿瘤坏死因子（TNF）的产生。LBP 在肿瘤免疫和内分泌调节网络中具有免疫增强功能。

多种植物多糖成分不仅为非特异性免疫增强剂，从而起到抗菌、抗病毒、抗肿瘤、抗辐射、延缓衰老的功能，而且有降血糖、降血压、降胆固醇、抗炎和抗血凝等生理活性，由于多糖无任何毒副作用，将有可能作为一种高效低毒药物跨入口服降糖药的行列，枸杞多糖作为枸杞子的主要活性成分，对免疫功能具有极重要的调节作用，在神经内分泌网络免疫中具有免疫增强功能。此外，红细胞免疫作为机体免疫系统组成之一，且通过王玲（2000）的实验表明，LBP 能对小鼠红细胞免疫功能有明显促进作用，可增强糖尿病小鼠的免疫功能，对糖尿病视网膜病变

患者的红细胞免疫功能具有一定的调节作用。此外，LBP 还可促进小鼠骨髓造血干细胞增殖，促使粒单系祖细胞向粒系分化，还可促进小鼠脾脏 T 淋巴细胞分泌集落刺激因子，提高小鼠血清集落刺激活性水平，从而有效发挥免疫作用（涂雪松，2007）。

二、抗肿瘤作用

枸杞发挥的免疫作用更大程度地体现在其含有的枸杞多糖所具有的抗肿瘤及提高血红蛋白携氧能力等方面，宋宪铭等（2011）通过实验证实，灌胃小鼠枸杞多糖 15 天后，枸杞多糖在 50 mg/kg、100 mg/kg、200 mg/kg 3 个剂量组均能提高抗体生成细胞数；在 100 mg/kg、200 mg/kg 2 个剂量组还能增加小鼠的半数溶血值；在 100 mg/kg、200 mg/kg 2 个剂量组的巨噬细胞吞噬鸡红细胞的吞噬率和吞噬指数与其对照组比较也显著增高；灌胃小鼠枸杞多糖 15 天后，50 mg/kg、100 mg/kg、200 mg/kg 3 个剂量组的足跖肿胀度与对照组比较均有统计学差异，说明枸杞多糖能显著增加小鼠足跖肿胀程度，这都表明，枸杞多糖对正常小鼠的细胞免疫、体液免疫以及巨噬细胞功能均有显著的增强作用。有研究表明，枸杞多糖主要作用于 T 淋巴细胞、CTL 细胞、NK 细胞及腹腔巨噬细胞，增强机体细胞免疫和免疫监视功能，从而发挥抗肿瘤和免疫调节作用（关文霞，2015）。枸杞多糖具有的抗肿瘤方面的药理作用陆续得到许多专家学者的研究证实。

马文宇等（2016）采用体外实验模型培养黑素瘤 A375 细胞，耗时两年观察枸杞多糖对人恶性黑素瘤 A375 细胞黏附与侵袭的影响，以不同浓度的枸杞多糖处理 A375 细胞，进行细胞黏附实验、细胞划痕实验以及细胞侵袭实验。通过观察不同浓度枸杞多糖对 A375 细胞附、迁移及侵袭的影响。结果不同浓度枸杞多糖组干预 A375 细胞 48 h 后，A375 细胞 OD 值比较，差异显著（$p < 0.05$）；不同浓度枸杞多糖组干预 A375 细胞 24 h 后，其与对应组 0 h 时划痕宽度比较，均变窄；不同浓度枸杞多糖组干预 A375 细胞 48 h 后，侵袭细胞数、侵袭力抑制率比较，差异显著（$p < 0.05$）；由实验可知，枸杞多糖能在一定程度上发挥了抑制人恶性黑素瘤 A375 细胞的黏附、迁移和侵袭的药理作用。

李小飞等（2017）通过对大鼠颅内接种 C6 脑胶

质瘤细胞，探讨枸杞多糖（LBP）联合替莫唑胺（TMZ）治疗对大鼠脑胶质瘤的作用机制。TMZ 组给予 TMZ 灌胃，LBP＋TMZ 组给予 TMZ 及 LBP 分别灌胃，空白对照组和模型组给予等量生理盐水。各组干预 28 天后测量肿瘤体积，采用酶联免疫吸附试验（ELISA）法检测血清白介素－17（IL－17）水平，R T－PCR 检测 Foxp3mRNA 相对表达量，流式细胞术检测 C6 脑胶质瘤组织 Th17、Treg 细胞比率。实验结果显示（表 5-7～表 5-8）：接种 C6 脑胶质瘤细胞大鼠经过治疗后，LBP＋TMZ 组的肿瘤体积显著小于 TMZ 组；LBP＋TMZ 组 IL－17 水平显著低于 TMZ 组；LBP＋TMZ 组 Foxp3 mRNA 相对表达量较模型组、TMZ 组显著降低；LBP＋TMZ 组 Treg 细胞比率较 TMZ 组减少；Th17/Treg 比值显著高于模型组和 TMZ 组。由此可见，枸杞多糖可有效调节免疫细胞 Th17、Treg 的表达。促进 Th17/Treg 平衡向 Th17 漂移，增强机体免疫，从而达到抑制大鼠 C6 脑胶质瘤的治疗作用。

表 5-7 LBP、TMZ 对大鼠脑胶质瘤体积的影响（$\bar{x} \pm s$）

组别	n	肿瘤体积(mm³)	抑瘤率(%)
模型组	9	103.5±8.4	
TMZ 组	10	62.6±7.1*	39.5
LPB＋TMZ 组	9	54.9±6.8*#	47.0

注：与模型组比较，* $p < 0.05$；与 TMZ 组比较，# $p < 0.05$。

表 5-8 LBP、TMZ 对 Foxp3 mRNA 相对表达量的影响（$\bar{x} \pm s$）

组别	Foxp3 mRNA 相对表达量	
	大鼠外周血细胞	C6 胶质瘤细胞
空白对照组	23±14	
模型组	31±16*	35±8
TMZ 组	28±12#	31±6#
LPB＋TMZ 组	28±14#	29±7#&

注：与空白对照组比较，* $p < 0.01$；与模型组比较，# $p < 0.01$，与 TMZ 组比较，& $p < 0.05$。

何彦丽（2005）早期采用 H_{22} 荷瘤小鼠，用枸杞多糖连续灌胃两周通过观察胸腺、肿瘤重量、计算胸腺指数及肿瘤生长抑制率；ELISA 双抗体夹心法检测各组血清中血管内皮细胞生长因子（VEGF）、转化生长因子 β1（TGF - β1）水平，旨在评价枸杞多糖对荷瘤机体免疫逃逸的干预作用，研究发现枸杞多糖可下调荷瘤小鼠血清及肿瘤组织中 VEGF 的表达，改善肿瘤机体的免疫逃逸状态，增强机体的抗肿瘤作用。李媛媛等（2016）在此基础上采用转基因自发乳腺癌 MMTV - PyMT 小鼠为乳腺癌模型探讨枸杞多糖对乳腺癌生长和转移的作用，通过腹腔注射 LBP，4 周后脱颈处死，肺 Bouin'S 溶液固定后观察肺表面转移结节数目，肿瘤组织固定包埋后免疫组化法检测肿瘤细胞增殖及血管密度。结果发现与对照组相比，LBP 组的肿瘤重量明显减轻，肿瘤体积也明显减小，LBP 组肺表面结节数目显著减少；此外，LBP 组肿瘤组织中细胞增殖数目及微血管密度明显比对照组少，由实验可知，枸杞多糖可通过抑制 MMTV - PyMT 小鼠乳腺癌的生长和转移，可有效抑制肿瘤细胞增殖和血管新生。

枸杞抗肿瘤药理活性的研究方面，王秀芸等（1997）用透析的方法从枸杞、槐籽、三七、白芍、茯苓、小牛胸腺、家蝇幼虫 7 种中药中获得小分子物质（分子量 12 000），系统地研究这些中药提取物对小鼠脾细胞杀伤活力的影响。结果发现枸杞、槐籽、家蝇幼虫的透外液不同程度地增强小鼠脾细胞杀伤活力。枸杞外液能抑制小鼠体内 S_{180} 的生长；手术后乳腺癌患者使用枸杞小分子注射，其外周血淋巴细胞的杀伤活力明显高于对照组。研究表明枸杞分子成分加热处理后，其有效性消失。董进文等（1997）从总体细胞水平进行了中药 LBP - GO 联合应用后的抗肿瘤实验研究。结果显示，能显著地改善荷瘤小鼠的一般情况，使腹水型（S_{180} 纤维肉瘤、U_{14} 小鼠宫颈癌）荷瘤小鼠的生命延长率达 41% 和 85%。显著地抑制了实体性肿瘤的生长，抑制率 72.99%、81.5%。体外试验研究提示，能显著地抑制人宫颈癌 Hela 细胞和人胃腺癌 MGC - 803 细胞的生长和繁殖，抑制肿瘤细胞克隆的形成。枸杞多糖对于淋巴癌的治疗方面，杜守英等（1995）以体外试验为主，在细胞水平上研究了枸杞子对不同淋巴细胞增殖的影响，并对其作用机制进行了初步探讨。张新生等（1997）的试验结果显示，LBP 可随剂量依赖性升高小鼠淋巴细胞内 CAMP 和 CGMP 的水平及脾淋巴细胞内 CGMP 的水平。为中医药治疗肿瘤提供了可靠的科学依据。

三、抗辐射作用

电离辐射广泛存在于自然界，一定剂量的射线可以对人体造成伤害。研究表明，中药类多糖对于机体受到辐射损伤能起到较好的恢复作用（刘树兴等，2016）。而枸杞多糖是从中草药枸杞中提取出来的一种高含糖类成分，因此，关素珍等（2019）采用 X 射线辐射损伤脊髓神经（SCN）细胞建立损伤模型，研究了枸杞多糖对 SCN 细胞的保护作用，应用不同剂量（0、2 Gy、6 Gy、10 Gy）X 射线辐照损伤后，采用四甲基噻唑蓝（MTT）法检测细胞存活率确定最佳辐射剂量，建立辐射损伤模型。用不同浓度（15、25、40 mg/L）LBP 对辐射损伤的 SCN 细胞进行干预后，分别采用 MTT 法检测细胞存活率以确定最适 LBP 干预剂量；用最佳辐射剂量和 LBP 干预后，采用 western blot 和免疫组化法检测自噬相关蛋白 LC3 Ⅱ/Ⅰ 的表达。结果发现，X 射线辐照后，SCN 细胞存活率在 2～10 Gy 范围内随着照射剂量的增加而逐渐降低，和正常对照组比较差异均具有统计学意义。MTT 实验结果显示，与辐射组相比，不同浓度 LBP 干预后 SCN 细胞存活率均明显升高（$p < 0.05$），故确定 10 Gy X 射线照射和 40 mg/L LBP 干预进行后续造模。免疫组化和 western blot 检测结果均显示，与正常对照组相比，辐射组细胞的自噬相关蛋白 LC3 Ⅱ/Ⅰ 表达明显升高（$p < 0.05$）；通过该研究可知，LBP 对体外培养的脊髓神经元辐射损伤具有保护作用，可能与 LBP 促进自噬相关蛋白 LC3 Ⅱ/Ⅰ 表达有关。

四、抗氧化、延缓衰老作用

自由基可使各种生物膜上的磷脂所含的不饱和脂肪酸氧化分解，引起心血管疾病、记忆力减退等老年性病变。在生物体内也存在着多种内源性防御自由基损伤的物质，如超氧化物歧化酶（SOD）和谷胱甘肽过氧化物酶（GSH - Px）是体内重要抗氧化酶，它们具有清除自由基和脂质过氧化物，保护细胞膜及大分子结构的生物学功能。据研究发现，老年人服用枸杞子后，根据血液情况可观察到机体功能状态的主要指标均有所改善，脑力与体力也有所增强。动物试验还发现，枸杞子提取液还能增强小鼠皮肤内 SOD 活性,增加皮肤中胶原蛋白量,并有效清除机体自由基、减少脂质过氧化物丙二醛的含量(陈立格,2015)。枸杞子还可阻碍脂肪褐素的沉积作用,有效抑制肝脏内过氧化脂质的形成,从而发挥抗氧化、延缓衰老作用(赵明宇,2018)。

药理学研究实验表明,枸杞所具有的抗氧化、延缓衰老作用与其所含的黄酮类、多糖类及胡萝卜素类活性物质密切相关:枸杞黄酮可阻断由 Fe^{2+} - Cys - His 导致的鼠肝线粒体的脂质过氧化,降低体系中丙二醛(MDA)氧化测量值,起着保护线粒体膜流动性的作用(莫仁楠,2016)。Gao 等(2015)对 HCAAs 单体化合物进行体外抗氧化活性评估,经 DPPH 自由基吸附体系以及抗坏血酸盐/Fe^{2+}、CCl_4/NADPH、CHP 诱发的过氧化试验,揭示分离出的单体成分具有很强的抗氧化活性。除此之外,黑果枸杞色素可使衰老模型组鼠中 SOD 活性增强,同时降低 MDA 含量,证实其对延缓衰老有积极作用(伍玉辉等,2015)。

王伟等(2015)利用高糖诱导损伤的人脐静脉内皮细胞探讨宁夏枸杞总黄酮的抗氧化作用,通过对细胞存活率、SOD 活性、乳酸脱氢酶(LDH)、一氧化氮合酶(NOS)活性及丙二醛(MDA)含量等的测定,结果发现,与高糖损伤模型组比较,枸杞黄酮保护组 MDA 含量下降,LDH 活性下降,SOD 活性增高,NOS 的生成量及活性明显增高,由实验说明枸杞总黄酮可以改善氧化应激损伤引起的细胞膜通透性增加,增强细胞的抗脂质氧化能力,抵抗氧化应激损伤,维持细胞膜结构和功能的完整性;NO 生成量及 NOS 活性的明显增强进一步提示了枸杞总黄酮可通过调节 NO 生成量来保护内皮细胞免受氧化应激损伤。

汪琢等(2015)优化枸杞多糖提取工艺的同时对其体外抗氧化活性进行了评价,通过抗脂质过氧化能力的测定以及对超氧阴离子自由基清除作用的测定表明了枸杞多糖具有一定的抗氧化活性;丁协刚等(2016)探讨了枸杞多糖(LBP)促海绵体神经(cavernous nerves,CN)钳夹损伤后再生中发挥的氧化应激作用,通过建立大鼠双侧 CN 钳夹损伤的模型,应用 LBP 灌胃处理后,检测不同时间段血清丙二醛含量、超氧化物歧化酶含量和谷胱甘肽过氧化物酶活性来反应机体的氧化应激水平的变化规律,在术后第 1、2 周和第 4 周,LPB 组超氧化物歧化酶和谷胱甘肽过氧化物酶活性明显增强;术后 12 周数据显示,应用 LPB 可通过减轻 CN 钳夹损伤后早期的氧化应激水平来促进 CN 损伤后的神经再生。此过程中,枸杞多糖的氧化应激发挥了重要作用。

罗青等(2015)通过对比枸杞与其他果蔬(表 5-9)中类胡萝卜素含量发现枸杞含有丰富的类胡萝卜素,DPPH 自由基清除作用、总抗氧化能力等体外抗氧化实验表明(表 5-10)枸杞在 28 份供试材料中,总类胡萝卜素含量高,则抗氧化活性较高,但抗氧化活性指标不同,抗氧化作用大小排列次序有较大差异。整体而言,较其他常见的天然果蔬材料,红果枸杞干果总类胡萝卜素含量和抗氧化活性都较高,是开发功能性食品较好的资源,但不同种类果蔬材料中类胡萝卜素的组成及其构效关系有待进一步研究。

表 5-9 不同果蔬类胡萝卜素含量($n=3$)

果蔬种类	类胡萝卜素含量/(mg/100 g·FW)	枸杞中的含量与其他相比的倍数关系
金丝蜜柚果肉	0.47±0.03	190.76
甘蔗	0.37±0.09	242.53
菠萝果肉	0.51±0.10	175.31
甜瓜果肉	0.52±0.11	171.64
金丝蜜柚果皮	0.64±0.12	139.59
甜瓜皮	0.69±0.19	129.48
菠萝皮	0.77±0.15	116.95
太阳果	1.45±0.98	62.14
赣南脐橙果肉	1.55±0.59	57.77
赣南脐橙果皮	2.06±0.94	43.61
彩黄椒	12.53±1.23	7.174
胡萝卜	16.77±2.03	5.359
甜糯玉米	19.57±3.46	4.59
黄果枸杞	20.36±4.06	4.41
长南瓜	20.66±4.27	4.35
柿子	21.15±4.26	4.25
木瓜	24.78±5.06	3.62
彩红椒	42.97±6.08	2.09
小米椒	50.59±4.29	1.77
西红柿	26.48±3.77	3.39
宁杞 1 号	89.91±8.41	1.00

表 5-10　不同果蔬类胡萝卜素体外抗氧化活性($n=3$)

样品名称	DPPH 自由基清除作用 (维生素 C 当量　μg/100 g)	ABTS⁺ 自由基清除作用 (维生素 C 当量　μg/100 g)	FRAP 值 (维生素 C 当量　μg/100 g)
枸杞(鲜)	385.41±46.97	22.75±3.14	332.39±29.74
黄果枸杞 1(鲜)	137.73±39.82	12.80±1.12	262.17±26.25
小米椒(鲜)	354.99±43.76	105.42±10.02	852.05±24.16
柚子皮(鲜)	828.61±75.71	21.05±7.06	127.96±24.19
柚子肉(鲜)	448.41±49.82	16.19±2.26	148.77±25.01
玉米(鲜)	396.27±44.91	43.55±4.01	285.58±28.19
长南瓜(鲜)	413.65±43.76	40.61±6.02	1 206.30±57.91
黄果枸杞 2(鲜)	113.84±43.59	24.33±4.06	1 788.39±81.78
宁农杞 2 号(干)	1 219.52±29.76	263.23±21.05	2 070.32±56.31
09191 号(干)	1 429.53±33.56	255.69±23.14	1 903.87±85.29
宁农杞 1 号(干)	1 762.66±32.52	324.29±19.42	3 308.36±86.29
宁杞 1 号(干)	777.77±51.24	742.88±21.47	2 965.04±36.46
黄果枸杞(干)	973.30±58.09	76.21±9.02	925.92±76.06
黑果枸杞(干)	441.73±46.62	56.99±8.19	426.55±49.56

第三节　保肝明目作用

一、养肝、护肝作用

　　肝脏是人体食物吸收和转移的主要场所,但易受到药物的刺激损伤。研究发现,枸杞具有养肝护肝功效,其主要功效成分为枸杞多糖(18.50%)、甜菜碱(0.08%～2.24%)、胡萝卜素(0.173%)、绿原酸(0.023 7%)等(杨永利,2015)。宋育林等(2002)通过制作酒精性脂肪肝大鼠模型,发现模型组大鼠均出现了肝脂肪变性或酒精性肝炎。电镜下可观察到部分肝细胞内线粒体肿胀或空泡变性且肝血窦内出现了异常增生的胶原纤维。而 LBP 组肝脏组织形态学得到了明显改善,表明枸杞多糖(LBP)对酒精性肝损伤和化学性肝损伤都具有保护作用。古赛等(2007)也进一步用药理学实验验证了枸杞多糖对酒精性肝损伤的治疗作用,他们通过给大鼠灌胃乙醇饮料,建立酒精性肝病大鼠模型,连续给乙醇 25w 后,对 LBP 高剂量组和低剂量组,在电子显微镜下

对其组织形态变化进行了对比,高剂量组具有显著性差异,表现出较好的效果。作用机制可能是由于 LBP 调节了肝组织细胞内线粒体的形态、延缓了炎症坏死程度和肝细胞的脂肪变性,因此发挥了对酒精性肝损伤的保护作用。此外,魏芬芬等(2019)以枸杞多糖灌胃酒精性肝损伤模型小鼠,最后一次灌胃 16 h 后处死小鼠,取血清和肾脏检测血清中葡萄糖(GLU)、尿素氮(BUN)和肌酐(CREA)浓度及肾脏中超氧化物歧化酶(SOD)、谷胱甘肽(GSH)和丙二醛(MDA)浓度,同时测定了肾脏中肿瘤杀伤因子-α(TNF-α)、白细胞介素-1β(IL-1β)浓度。结果发现,与模型组相比,枸杞多糖中剂量组小鼠体质量增加,各剂量组肾脏指数均降低,中、高剂量组小鼠血清 GLU 浓度降低,高剂量组 BUN 浓度和 CREA 浓度降低,而 SOD 活力升高,各剂量组 GSH 浓度升高,MDA 浓度下降,各剂量组 TNF-α浓度降低,高剂量组 IL-β浓度与模型组相比降低。由

检测结果可知,枸杞多糖对于乙醇诱导的小鼠酒精性肾脏损伤具有一定的保护作用。其作用机制可能是通过增强机体的抗氧化能力、减少自由基的产生、减轻炎症反应等方面发挥作用。

枸杞多糖的保肝护肝作用不仅体现在其对肝脏疾病的治疗方面,在预防肝脏病变方面其作用同样显著,实验研究发现,LBP 能抑制 CYP2EI 基因及蛋白表达,降低血清丙氨酸氨基转移酶(ALT)、门冬氨酸氨基转移(AST)、谷氨酰转氨酶(Y‑GT)含量,提高谷胱甘肽过氧化物酶(GSH‑PX)、SOD 活性,减少 MDA 产生,可明显改善和预防乙醇所致大鼠肝脏脂肪病变(古赛等,2007)。邢雁霞等(2011)研究发现 LBP 能有效地降低四氯化碳引起的小鼠血清中总胆红素、NO 的含量,并能降低血清中白介素‑6(IL‑6)及白介素‑8(IL‑8)的水平,同时,LBP还有助于平衡机体内的丙二醛含量,提高机体的能量储备功能,主要作用机制可能是由于 LBP 具有解毒功效,可促进干细胞蛋白质的合成以及肝细胞功能的恢复,对四氯化碳引起的肝损伤有一定的预防保护作用。

另外,于程远等(2013)对 LBP 作用不同时间和不同浓度的人肝癌 HepG2 细胞观察发现,LBP 能破坏 HepG2 细胞膜结构、抑制肿瘤生长与增殖。李军凯等(2015)通过临床试验探讨枸杞多糖对原发性肝癌患者血清中甲胎蛋白(AFP)、人肝癌抗原(PHCA)、血管内皮生长因子(VEGF)及结缔组织生长因子(CTGF)水平的影响。选取原发性肝癌患者 84 例为研究对象,根据治疗方案分组,对照组给予肝动脉化疗栓塞术(TACE)治疗,实验组在对照组基础上给予枸杞多糖治疗,对两组患者治疗前后血清中 VEGF、CTGF 及 PHCA 水平进行检测,比较临床疗效,结果发现,干预后,实验组 AFP 及PHCA 水平显著低于对照组;实验组患者 VEGF 和CTGF 下降幅度显著明显高于对照组;实验组治疗有效率显著高于对照组,与同期对照组比较,实验组生存率较高,不良反应发生率较低,由此可见,枸杞多糖能够降低原发性肝癌患者的血清 AFP、PHCA、VEG 以及 CTGF 水平,提高原发性肝癌治疗效果。

有研究报道,枸杞多糖在肝癌中也具有抑制肿瘤细胞增殖及促进凋亡作用(ceccarini MR,2016)。

肿瘤血管的形成是肿瘤生长、转移及肿瘤细胞吸取营养的基础,血管内皮生长因子(VEGF)在肿瘤血管生成中发挥关键作用(Chen Z,2015)。VEGF 在肝癌组织中呈显著高表达(张大红等,2011),VEGF基因沉默可抑制肝癌细胞 HepG2 的迁移和侵袭的能力(宋向芹等,2012)。枸杞多糖可使肝癌细胞中VEGF 蛋白的表达下降(张芙蓉,2010),为进一步明确 VEGF 在肝癌细胞中的表达及其与肝癌细胞迁移侵袭的关系。张多强等(2019)拟以肝癌细胞SMMC‑7721 为研究对象,检测枸杞多糖处理的SMMC‑7721 细胞的增殖、迁移和侵袭,观察沉默因子 VEGF 和过表达 VEGF 对 SMMC‑7721 细胞迁移、侵袭的影响,结果表明,LBP(100、200、400 μg/mL)处理可抑制 SMMC‑7721 细胞的增殖、迁移和侵袭,并抑制兔抗人多克隆抗体 MMP‑2、MMP‑9 和兔抗人多克隆抗体 VEGF 表达;沉默VEGF 可降低 SMMC‑7721 细胞迁移、侵袭相关蛋白 MMP‑2 和 MMP‑9 水平,过表达 VEGF 可逆转 LBP 对 SMMC‑7721 细胞迁移和侵袭相关蛋白MMP‑2 和 MMP‑9 水平的抑制作用。其机制可能与直接抑制 VEGF 有关。

从枸杞中分离得到的甜菜碱,是一种季铵型生物碱,因其促进脂肪代谢,可抑制脂肪肝。同时,可降低化学性和酒精性肝损伤所致受损细胞释放的山梨醇脱氢酶和谷丙转氨酶水平,发挥保护肝脏的作用(杨永利,2015)。田旭东等(2015)通过观察甜菜碱对大鼠酒精性肝病模型的保护性作用并探讨其作用机制。证明甜菜提取物甜菜碱对大鼠酒精性肝病模型有较好的保护性作用,其作用机制可能与其纠正甲硫氨酸循环异常和转硫基作用异常有关。为进一步研究甜菜碱治疗酒精性肝病提供实验和理论支持、提供药理学及毒理学研究资料,为甜菜碱的临床应用提供一定的试验基础。

枸杞中含有多种类胡萝卜素,包括游离态类胡萝卜素和酯化形式的类胡萝卜素。枸杞中酯化形式的类胡萝卜素可被水解形成游离态的类胡萝卜素,易于人体吸收,从而快速发挥其活性功能。枸杞具有保肝护肝功效,主要是由于枸杞中活性成分可调节肝内脂质代谢及脂质合成,改善了肝脏代谢功能(Chan,H.C.,2007)。也有研究表明,枸杞对化学性物质所致的肝脏损伤保护作用机制可能与其抗氧化作用和调节细胞色素基因及蛋白表达等有密切关系(Zhang,M.,2005)。

二、明目作用

中医学有云:肝开窍于目,肝肾之精足则目有所养。研究表明,枸杞多糖与类胡萝卜素化合物作为枸杞中明目的主要功效成分(Amagase,H.,2011),对创伤性视神经损伤、糖尿病所致的视网膜病变及视网膜神经节细胞氧化应激损伤等具有明显的保护和抑制作用,枸杞在眼科疾病的研究应用也进一步推动了中药多环节、多靶点的药理作用研究工作(文静,2016)。

创伤性视神经损伤(traumatic optic neuropathy,TON)是眼科急诊最常见的致盲性眼病,在颅脑闭合性损伤患者中占 $0.5\% \sim 5\%$(Warner N,2010),因其病程进展迅速,视力下降多为不可逆,早期发现、积极治疗显得至关重要。胡璟等(2017)对 LPB 具有的视神经损伤保护作用进行了药理学评价,以左眼视神经损伤大鼠为模型,对不同剂量下 LPB 对大鼠视神经损伤后视神经修复的能力及对视网膜中 SOD 活性和 MDA 含量的影响进行观察,结果发现(表 5-11):经过为期 3 个月的枸杞多糖灌胃后,与正常对照组相比,LBP 低剂量组、高剂量组大鼠视神经轴索及髓鞘等出现一定的形态学改变,但明显轻于损伤组。高剂量组视神经形态学类似于正常对照组,明显优于低剂量组。损伤组、枸杞多糖低剂量组和枸杞多糖高剂量组 SOD 含量均低于正常组,MDA 均高于正常组(p 均<0.05);枸杞多糖低剂量组和高剂量组中 SOD 的含量均高于损伤组,MDA 均低于损伤组(p 均<0.05);枸杞多糖高剂量组 SOD 的含量高于低剂量组,MDA 含量低于低剂量组(p 均<0.05)。由此推测,LBP 可以减缓视网膜神经节细胞轴索脱髓鞘,促进视网膜神经节细胞轴索的修复,保护视网膜神经节细胞,且随着 LBP 浓度的升高,视网膜神经节细胞轴索的丢失数量减少,视网膜神经节细胞存活率提高,这从形态学的角度证实了枸杞多糖对视神经损伤有修复作用。

表 5-11 枸杞多糖对视神经损伤大鼠视网膜中 SOD 和 MDA 的影响($\bar{x} \pm s$)

分组	n	SOD/U·(mg prot)$^{-1}$	MDA/U·(mg prot)$^{-1}$
正常组	6	78.26±9.43	5.42±2.25
损伤组	6	23.99±7.55*	47.84±13.80*
枸杞多糖低剂量	6	41.15±9.64#	31.75±9.15#
枸杞多糖高剂量	6	64.97±10.37#	17.47±6.44#&

注:与损伤组相比,#p<0.05;与低剂量组相比,&p<0.05。

糖尿病视网膜病变是 2 型糖尿病患者常见的微血管并发症,也是临床上常见的致盲原因(Hampton BM,2015;Fujii S,2015)。目前,关于糖尿病视网膜病变机制的研究认为,高糖环境所致视网膜神经节细胞凋亡和损伤与视网膜病变的发生密切相关(Wan TT,2015)。马小飞(2017)通过研究,分析了枸杞多糖对高糖所致视网膜神经节细胞凋亡、基因表达及延迟整流钾电流的影响,通过膜片钳技术记录高糖环境下视网膜神经节细胞钾离子所负载的电流情况可知(表 5-12):高糖组细胞的半数最大激活电压($V_{1/2}$)显著低于对照组,钾电流幅度(IK)、最大电导(Gmax)显著高于对照组。这就说明高糖环境能够促进视网膜神经节细胞中钾离子外

表 5-12 各组间细胞中延迟整流钾电流的比较($\bar{x} \pm s$)

组别	n	干预时间(h)	IK	$V_{1/2}$	Gmax
对照组	5	24	56.75±7.75	22.31±3.09	0.42±0.06
		48	58.33±6.92	22.93±2.78	0.44±0.05
高糖组	5	24	81.32±9.62*	12.48±1.74*	0.72±0.09*
		48	85.37±9.91*	10.97±1.35*	0.76±0.08*
LPB组	5	24	66.53±7.85&	17.63±1.94&	0.61±0.06&
		48	59.57±6.39&	19.78±2.34&	0.54±0.08&

注:与对照组比较,*p<0.05;与高糖组比较,&p<0.05。

流、增加外向的钾电流，进一步分析 LBP 对细胞内外钾离子分布及钾离子所负载电流的影响可知：LBP 组细胞的 $V_{1/2}$ 显著高于高糖组，IK、Gmax 显著低于高糖组，这就说明 LBP 能够抑制高糖所致视网膜神经节细胞中钾离子的外流。从而延缓 2 型糖尿病引起的视网膜病变。

王继红等（2010）观察了枸杞多糖（LPB）对血-视网膜屏障渗漏的影响，通过大数尾静脉注射链脲佐菌素（STZ）建立糖尿病大鼠模型，分别用 LPB 灌胃 4、8、12 周后处死，用免疫组织化学染色及灰度值、Western blotting 及检测各组大鼠视网膜 Occludin 的表达情况；用伊凡思蓝方法检测视网膜血管渗透性，结果发现，免疫组织化学分析证实视网膜 Occludin 主要表达在视网膜神经纤维层、神经节细胞层、内网状层及内颗粒层上。Western blotting 分析证明随着糖尿病视网膜病变的发生发展，STZ 诱导的糖尿病大鼠视网膜 Occludin 表达量显著减少。遣模后 4 周、8 周和 12 周大鼠视网膜血管渗透性增加，LBP 组伊凡思蓝含量较对照组明显改善。实验表明（表 5-13～表 5-15），STZ 诱导的 DM 大鼠 Occludin 表达量减少，LBP 可显著抑制这种改变，改善 DM 大鼠血-视网膜屏障的渗漏。对视网膜屏障起到有效的保护作用。

表 5-13　各组大鼠血糖变化（$\bar{x} \pm s$，mmol/L）

组别	例数	3 日	4 周	8 周	12 周
CON 组	21	4.6±1.34	4.6±0.87	4.5±2.61	4.6±1.34
DM 组	21	27.1±5.74*	27.2±3.93*	26.1±5.74*	26.3±6.43*
LPB 组	21	27.9±5.61*	11.8±3.61*	15.5±3.96*#	16.8±4.03*#

注：与同期 CON 组相比，* $p<0.01$；与同期 DM 组相比，# $p<0.01$。

表 5-14　Occludin 免疫组化灰度值的结果（$\bar{x} \pm s$）

组别	4 周	8 周	12 周
CON	148.68±2.84	145.24±1.59	143.70±2.29
DM	152.54±3.77	167.62±6.64*	173.18±3.78*
LPB	151.37±1.88	150.81±6.39	153.02±3.59*#

注：与 CON 组比较，* $p<0.01$；与 DM 组比较，# $p<0.01$。

表 5-15　各组大鼠 EB 渗透量（$\bar{x} \pm s$，μg/g，$n=12$）

组别	n	4 周	8 周	12 周
CON 组	6	12.34±4.3	12.76±2.11	12.45±4.40
DM 组	6	26.23±2.00*	29.78±1.78*	34.08±3.03*
LPB 组	6	13.27±0.77#	18.01±1.77*#	25.05±1.50*#

注：与同期 CON 组相比，* $p<0.01$；与同期 DM 组相比，# $p<0.01$。

年龄相关性黄斑变性（AMD）是导致老年人视力低下的主要诱因，目前，其病因及发病机制尚未完全明确，已知影响因素中，光损伤和氧化损伤是重要的危险因素（李娜等，2016）。赵芳芳等（2018）对不同浓度枸杞多糖（LBP）作用于兔视网膜色素上皮（RPE）细胞光诱导损伤的保护机制及其可能的信号传导途径进行了研究，利用 MTT 比色法对光照 6 h、12 h、18 h、24 h 的兔 RPE 细胞 OD 值进行检测并计算细胞存活率；采用透射电镜（TEM）观察光照后细胞形态的变化；筛选最佳光照时间，建立兔

RPE 细胞光损伤模型，于光照结束后随即加入高、中、低浓度的 LBP 溶液于培养箱中继续培养 6 h、12 h、18 h、24 h 进行相应指标检测，通过蛋白免疫印迹（westernblot）法分别检测 cyt-c、caspase-9、caspase-3 蛋白分子表达量变化。结果发现，与正常组比较，光照 6 h、12 h、18 h、24 h 兔 RPE 细胞 OD 值及存活率明显下降，且具有时效性，即随时间延长存活率呈下降趋势；TEM 观察光损伤组细胞形态，光照 18 h 细胞体积较缩小，细胞膜表面绒毛减少，粗面内质网肿胀及色素颗粒较正常组减少，胞浆中空泡增多，染色质凝集固缩，凋亡小体大量出现；Western Blot 检测：筛选光照 18 h 建立光损伤模型，光照停止后光损伤组兔 RPE 细胞内细胞色素 C（cyt-c）、caspase-9、caspase-3 蛋白表达显著高于同时相内正常组细胞，且 LBP 有效抑制了同时相内兔 RPE 细胞内细胞色素 C（cyt-c）、caspase-9、caspase-3 蛋白的表达。这些结果提示了光照可导致 RPE 细胞凋亡，且随时间延长损伤越明显，而 LBP 对兔 RPE 细胞的光损伤凋亡有一定的保护作用，这一保护作用可能与线粒体介导的细胞凋亡通路有着密切的联系。

李贞等（2017）通过体外实验对枸杞多糖作用于视网膜神经节细胞（RGC）发挥氧化应激损伤的保护作用进行了研究，以 200 μmol/L H$_2$O$_2$ 溶液造成氧化应激损伤模型；加入不同浓度的枸杞多糖进行干预，最终选用 40 mg/L 枸杞多糖进行保护。采用四甲基偶氮唑盐（MTT）法和 AnnexinV-FITC 法检测细胞存活率及凋亡率。MTT 结果显示，LBP 干预后细胞存活率较对照组细胞存活率明显升高，差异有统计学意义，AnnexinV-FITC 检测结果显示，LBP 组细胞凋亡率较正常对照组明显下降，且差异显著。实验结果表明，H$_2$O$_2$ 能够诱导 RGC－5 细胞发生凋亡，LBP 则可以抑制 H$_2$O$_2$ 对 RGC－5 造成的损伤，减少细胞凋亡，从而发挥视网膜神经保护作用。但是 LBP 能否作为一种临床可用的预防视网膜神经节细胞凋亡的治疗方法，还有待进一步研究。

第四节　对血液及心脑血管的影响

一、对血糖、血脂的影响

随着人们物质生活和精神生活的不断充裕，高脂高糖食物的摄入也成为常态，长期的饮食不节导致人体血糖血脂不断上升，进而引发糖尿病、动脉粥样硬化等各类疾病，临床主要表现为血糖和血脂的异常增高。从西医角度来看，糖尿病是由胰岛素分泌相对或绝对不足导致的代谢紊乱综合征，可通过西药进行治疗，但西药同时带来许多不良反应，给患者造成不必要的损伤（赵丹丹等，2013）。从中医角度来看，糖尿病属于"消渴"范围，病机为阴虚燥热，阴虚为本，燥热为标，病久兼瘀，使用中药治疗具有良好的临床疗效，且不会带来严重的不良反应。其中枸杞就有生津止渴之功效。具有补肾益精、生津止渴、补血安神等多种活性。枸杞在降血糖血脂方面的活性已得到广泛的药理学实验研究和论证。

丁园（2015）通过药理学实验探索了枸杞多糖（LBP）对 2 型糖尿病大鼠血糖、血脂的影响作用，通过喂养高糖高脂饲料及腹腔注射链脲佐菌素制备 2 型糖尿病大鼠模型。按随机数字表法分为四组分别灌胃给予不同剂量的 LBP 干预，干预 4 周后，检测大鼠血清中空腹胰岛素（FINS）、糖化血红蛋白（HbA1c）、空腹血糖（FBG）、总胆固醇（TC）、低密度脂蛋白（LDL－C）和高密度脂蛋白（HDL－C）水平（表 5-16～表 5-17）。结果发现，与未干预组相比，LPB 组大鼠的 FBG 和 HbA1c 水平明显下降，FINS 水平显著升高，TC 和 LDL－C 水平均明显下降，HDL－C 水平显著升高。产生这种效果的原因可能是 LBP 可以改善胰岛细胞的形态及功能，同时修复受损的胰岛细胞并促进新的胰岛细胞生成（唐华丽等，2013）；另外 LBP 可以通过提高机体的抗氧化能力，增强机体清除氧化产物的能力，降低自由基对于胰岛 β-细胞的损伤（蔡慧珍等，2013）；从基因层面看，LBP 能够通过上调胰岛素 mRNA 的表达，从而改善 2 型糖尿病大鼠的胰岛素功能（刘峰等，2013）。此外，不同剂量的 LBP 组大鼠血清中的 TC 和

LDL－C 含量明显低于未干预组，HDL－C 含量显著高于未干预组，各血脂指标水平均与 LBP 的剂量存在相关性。其原因可能是：LBP 可以通过其抗氧化作用、调节细胞内钙离子的平衡及抑制细胞凋亡等途径，改善 2 型糖尿病大鼠血脂情况，从而可以防止动脉粥样硬化等并发症的发生（卫裴等，2012）。综上所述，LBP 可以通过保护胰岛 β 细胞、抗氧化等作用降低 2 型糖尿病大鼠的血糖和血脂水平，可进一步防止 2 型糖尿病并发症的产生，为临床治疗 2 型糖尿病提供了新的治疗方案。

表 5-16　LBP 对 2 型糖尿病大鼠血糖的影响（$\bar{x} \pm s$）

组别	LBP 剂量（mg/kg）	FBG（mmol/L）	FINS（μIU/mL）	HbAlc（μmol/L）
对照组	0	4.73±0.31[*]	11.92±2.04[*]	1.25±0.12
未干预组	0	13.46±2.82	4.89±0.81	2.98±0.15
低剂量组	100	9.77±1.03[*]	6.38±1.12[*]	2.17±0.31[*]
中剂量组	200	8.21±0.92[*a]	8.03±1.07[*a]	1.86±0.22[*a]
高剂量组	400	5.39±0.41[*ab]	9.58±1.31[*ab]	1.53±0.12[*ab]

注：经两两比较[*] 表示与未干预组比较，$p<0.05$；[a] 表示与低剂量组比较，$p<0.05$；[b] 表示与中剂量组比较，$p<0.05$

表 5-17　LBP 对 2 型糖尿病大鼠血脂的影响（$\bar{x} \pm s$）

组别	LBP 剂量（mg/kg）	TC（mmol/L）	LDL－C（mmol/L）	HDL－C（mmol/L）
对照组	0	2.15±0.28[*]	0.92±0.06[*]	1.36±0.22
未干预组	0	4.51±1.15	1.87±0.41	0.67±0.16
低剂量组	100	3.77±1.03[*]	1.41±0.32[*]	1.04±0.28[*]
中剂量组	200	3.01±0.42[*a]	1.13±0.27[*a]	1.16±0.23[*a]
高剂量组	400	2.54±0.11[*ab]	9.58±1.31[*ab]	1.23±0.17[*ab]

注：[*] 表示与未干预组比较，$p<0.05$；[a] 表示与低剂量组比较，$p<0.05$；[b] 表示与中剂量组比较，$p<0.05$。

糖尿病（2 型）患者普遍存在脂代谢紊乱，主要表现为血 TG 和游离脂肪酸（FFA）水平升高。脂代谢紊乱不仅是构成胰岛素抵抗的组分，也是引起 β 细胞功能紊乱的因素之一。侯庆宁等（2009）通过观察枸杞多糖对 2 型糖尿病大鼠血糖、血脂及 TNF－α 水平影响的实验研究发现，与正常对照组比较，LBP 能明显降低 2 型糖尿病大鼠血清 TC 水平，改善糖尿病脂代谢紊乱及胰岛素抵抗，并对糖尿病并发症有一定的防治作用；枸杞多糖（LBP）具有降血脂作用，但目前机制尚不明确（宋育林等，2007）。刘萍等（2008）以枸杞多糖干预 2 型糖尿病大鼠模型 12 周后观察大鼠血糖血脂的变化情况，实验结果显示：剂量不同的 LPB 对甘油三酯影响也存在差异，不排除 LPB 剂量问题影响其调脂作用，小剂量 LPB 可能通过显著调节血糖水平而间接影响血脂代谢，使血脂轻微改善。

有研究表明，枸杞多糖长期干预的降血糖作用接近于阳性对照组罗格列酮（宗灿华等，2008），蔡慧珍等（2012）利用枸杞多糖干预 2 型糖尿病患者 3 个月后发现糖尿病患者空腹血糖明显降低。夏惠等（2016）针对枸杞多糖对 2 型糖尿病的作用，对 LPB 的降血糖降血脂作用机制进行了概括综述，推测 LPB 降糖作用可能与上调糖尿病葡萄糖激酶、丙酮酸激酶表达，抑制肝糖原生成有关，还可能与上调葡萄糖转运蛋白 4 表达有关。此外，LPB 在肠道内抑制葡萄糖吸收，提高细胞对葡萄糖的摄取能力也是其发挥降糖作用的一个方面；对降血脂作用的研究中降脂效果与 LPB 剂量有很大关联，需更多更加全面的研究论证其机制。

近年来黄酮类化合物作为天然产物发挥调节免疫功能、降血糖、降血脂、抗氧化等功能备受关注（廖国玲等，2013）。有关宁夏枸杞生物活性及指纹图谱等大量研究表明,宁夏枸杞黄酮类化合物生物活性较广,宁夏地区专家已经证实了枸杞总黄酮在抗氧化方面的生物活性(黄文波,2006)。基于上述成熟条件,加强枸杞黄酮化合物在对抗细胞氧化应激损伤分子机制方面的研发,指导对心脑血管疾病的治疗具有非常重要的启发和补充。因此,王伟等(2017)运用链脲佐菌素(STZ)建立关于2型糖尿病大鼠的病理模型,研究枸杞总黄酮提取物(TFLB)对其血管内皮细胞作用的分子机制,干预组大鼠以不同浓度 TFLB 灌胃4周。采用 ELISA 法测定大鼠血清血管性血友病因子(vWF)、可溶性血栓调节蛋白(sTM)、可溶性血管内皮细胞蛋白C受体(sEPCR)变化情况,摘取胸主动脉组织做 HE 染色,观察 TFLB 对 DM 大鼠血管内皮的保护作用。结果 TFLB 干预后,与模型组相比较,血管内皮功能相关因子 vWF、sTM、sEPCR 的水平均有所下调(表5-18～表5-19),差异显著;随着 TFLB 剂量的升高,干预组大鼠主动脉内膜增厚程度明显减轻,山峦样突起逐渐减少,外膜未见明显损伤,血管形态排列趋于规整(图5-1)。结果提示,枸杞黄酮化合物可以改善高血糖对血管内皮细胞的损伤,调节血管损伤相关因子含量的改变,延缓糖尿病并发症的进展程度,起到保护心血管系统作用。但总黄酮的成分很多,需后续进一步作深入的研究证实,为研究新型治疗糖尿病疾病中药材提供理论依据。

表5-18 各组大鼠 GLU 水平比较($\bar{x} \pm s$, mmol/L, $n = 8$)

组别	灌胃前	灌胃中（2周）	灌胃后（4周）
正常对照组	5.86±0.83	5.36±0.67	6.01±0.89
DM 模型组	16.80±2.36[a]	24.80±1.26[a]	27.80±2.24[a]
TFLB 低剂量组	16.70±3.75	24.90±1.65	26.00±0.69
TFLB 中剂量组	16.30±1.35	24.10±1.75	25.40±2.15
TFLB 高剂量组	16.00±3.48	23.77±1.79	24.30±0.49[b]

注:[a]: $p < 0.05$,与正常对照组比较;[b]: $p < 0.05$,与 DM 模型组比较

表5-19 各组大鼠血清 sTM、sEPCR、vWF 水平比较($\bar{x} \pm s$, $n = 8$)

组别	sTM (ng/mL)	sEPCR (ng/mL)	vWF (IU/mL)
正常对照组	13.090±0.752	2 394.380±104.769	0.585±0.055
DM 模型组	16.650±0.865[a]	3 772.500±206.502[a]	0.743±0.020[a]
TFLB 低剂量组	16.650±1.508	3 482.920±114.905[b]	0.698±0.041
TFLB 中剂量组	15.260±1.209[b]	3 198.840±109.130[b]	0.673±0.034[b]
TFLB 高剂量组	13.900±1.910[b]	2 696.250±406.458[b]	0.632±0.015[b]

注:[a]: $p < 0.05$,与正常对照组比较;[b]: $p < 0.05$,与 DM 模型组比较

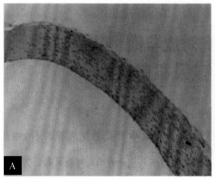
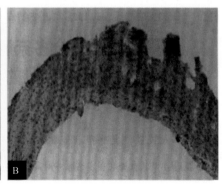

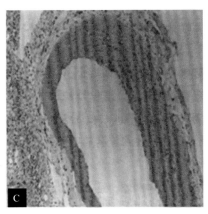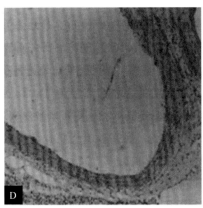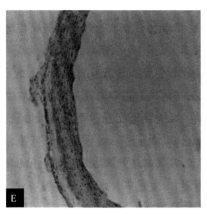

图 5-1　各组主动脉 HE 染色横切面(HE×100)

A：正常对照组；B：DM 模型组；C：TFLB 低剂量组；D：TFLB 中剂量组；E：TFLB 高剂量组

二、对血压的影响

血管紧张素转化酶(ACE)，在肾素-血管紧张素系统中主要参与升压过程，具有调控血压的重要作用。ACE 抑制肽有助于对血管紧张素转化酶作用，促进对高血压的调控(周晶等，2009)。因人工合成的药物肽有毒副作用，而天然 ACE 抑制肽既可降低其毒副作用，又可借助天然食物的载体来使用，故越来越被人们广泛关注。也逐渐成为一种降低高血压的新途径。陶瑶等(2019)对枸杞血管紧张素转换酶(ACE)化学合成多肽对自发性高血压大鼠(SHR)的降压效果及机制进行了研究和探讨，将 SHR 大鼠 30 只分成模型对照、阳性对照(10 mg/kg 卡托普利)、枸杞 ACE 化学合成多肽低(5 mg/kg)、中(10 mg/kg)、高(20 mg/kg)剂量组 5 组；另以 Wistar-Kyoto(WKY)大鼠 6 只为正常对照组。正常对照组和模型对照组给予相应剂量的生理盐水。适应性喂养 1 周后开始一次性给药及连续灌胃 8 周长期给药处理，实验期间大鼠自由进食饮水，每周定时在灌胃后 2 h 测量血压，实验结束后腹腔静脉采血并摘取心脏和肾脏组织，酶联免疫吸附法测定血浆和肾脏组织中 Ang-(1～7)Ang Ⅱ、ACE、ACE2 水平。结果发现，干预后，与正常对照组相比，SHR 大鼠收缩压(SBP)与舒张压(DBP)均显著升高($p < 0.05$)；与模型对照组相比较，第 6、8 周阳性对照组、低、中、高剂量组 SHR 大鼠 DBP 明显降低($p < 0.05$)；实验期间随着灌胃时间的延长 SBP 有降低趋势，与正常对照组相比，SHR 大鼠血浆和肾脏组织中 Ang-(1～7)浓度均显著降低(均 $p < 0.05$)；ACE 浓度均显著升高($p < 0.05$)；与模型对照组相比，枸杞 ACE 化学合成多肽可以显著降低 ACE 浓度($p < 0.05$)，增加 ACE2 浓度，由此可见，枸杞 ACE 化学合成多肽对 SHR 大鼠有一定的降压作用，可能是通过 ACE-Ang Ⅱ-AT1R 和 ACE2-Ang-(1～7)-Mas-R 通路的平衡发挥降压作用。

三、对造血系统修复的促进作用

造血干细胞在造血系统修复中起重要作用，是各种血细胞的来源，同时其自我更新能维持造血干细胞的数量，以及造血系统的稳定状态(Chen J，2000；Mandal PK，2011；Pietras EM，2011)。研究认为，枸杞含有多糖、核黄素、烟酸等化学成分，具有较强的生理活性，可以促进骨髓细胞增殖，刺激造血系统，促进白细胞增高。石桂英等(2015)对 4.5 Gy 照射后的小鼠饲喂添加了枸杞的饲料，同时设置对照组，1 个月后，处死小鼠，应用流式细胞仪分析外周血、脾脏、胸腺及骨髓中各种血细胞。结果发现，枸杞饲料组小鼠，外周血细胞总数及 B 细胞增多，骨髓细胞总数减少，骨髓前体 B 细胞及未成熟 B 细胞增多，造血干、祖细胞均显著减少。这说明枸杞也促进骨髓造血干细胞的动员。同时，枸杞饲料组骨髓长期造血干细胞、短期造血干细胞及多潜能祖细胞均显著减少，而淋系及髓系共同祖细胞显著增多，表明枸杞促进造血干细胞的分化。通过该研究发现，枸杞在辐射损伤后造血系统的修复中起重要作用。枸杞可以动员骨髓造血干细胞进入外周血，同时促进其分化为各系造血祖细胞，并促进成熟 B 细胞进入血液，加快辐射损伤后成熟血细胞水平的恢复,提高机体免疫功能。

随着我国人口老龄化的加剧,脑血管病的发生率逐年增加,脑出血是脑血管病中最严重的一种,目前,外科手术治疗与内科药物治疗仍然是脑出血的重要救治手段,因此,寻找合适的药物进行脑出血的早期预防也同样不能忽视。霍国进等(2016)探讨了枸杞多糖(LPB)对脑出血模型大鼠继发性脑损伤的影响,术前15天分别以低、中、高剂量组给与灌胃,灌胃结束后采用自体血尾状核注射法制作大鼠脑出血模型,并进行神经功能评分(表5-20),评分结束后取脑部,检测各组大鼠脑组织水肿体积、脑含水量、SOD活性及MDA含量,由检测结果可知,与模型组比较,LPB各组大鼠神经功能评分仅部分时点减低,脑组织水肿体积减小,脑含水量降低,SOD活性增高,MDA含量降低,上述指标与模型组比较差异显著,由此可见,预防性应用枸杞多糖能够减轻脑出血后继发性脑损伤,枸杞多糖对脑出血后脑组织具有一定的保护作用,对预防脑出血具有重要意义。

表5-20 大鼠脑出血后不同时点神经功能评分($\bar{x} \pm s$, $n = 15$)

组别	脑出血后时间点				
	4 h	8 h	12 h	24 h	48 h
假手术组	2.1±0.6	1.5±0.5	1.3±0.6	0.7±0.6	0.5±0.5
模型组	2.7±0.5[#]	2.6±0.5[#]	2.6±0.6[#]	2.4±0.5[#]	2.3±0.5[#]
LPB 低剂量组	2.6±0.5	2.6±0.5	2.4±0.5	2.3±0.6	2.0±0.5
LPB 中剂量组	2.7±0.5	2.4±0.5	2.3±0.5[*]	2.1±0.6[*]	1.8±0.6[*]
LPB 高剂量组	2.6±0.5	2.5±0.5	2.2±0.4[*]	1.9±0.6[*]	1.8±0.7[*]
尼莫地平组	2.6±0.5	2.5±0.5	2.4±0.5	2.1±0.6[*]	1.8±0.6[*]

注:与同时点假手术组比较[#] $p < 0.05$;[b] 与同时点模型组比较[*] $p < 0.05$

葛建彬等(2016)探讨了枸杞多糖对缺血再灌脑损伤小鼠的保护作用及其可能的机制。通过颈总动脉栓线造成大脑中动脉缺血,缺血2h后将栓线拔出以实现大脑中动脉血流再灌注,形成小鼠短暂性大脑中动脉阻塞模型,观察不同浓度LBP对小鼠脑梗死范围,脑含水量,神经症状的影响,通过检测缺血大脑皮质NOX4蛋白的表达,脑组织中ROS的生成,缺血侧脑组织匀浆SOD活力,GSH-Px活力,及MDA含量等指标得出结论:LBP对缺血再灌注小鼠神经症状有明显的改善作用,能明显降低脑梗死范围和脑含水量;小鼠缺血再灌后,缺血侧大脑皮质NOX4蛋白水平明显增高,LBP能显著降低NOX4蛋白水平;LBP能显著降低缺血再灌后ROS的生成并能升高SOD和GSH-Px活力,降低MDA含量。由结论可知,LBP对缺血再灌注小鼠脑损伤有明显保护作用,该作用可能与其抑制脑缺血再灌注引起的氧化应激损伤有关。可见,枸杞作为药食两用的浆果,合理服用能有效预防脑缺血及其引起的氧化应激损伤等疾病。

第五节 肾组织保护和润肠通便作用

一、对肾组织的保护作用

糖尿病性肾病(DN)是糖尿病引起的严重和危害性最大的一种慢性并发症,亦是糖尿病患者致死的主要原因之一。肾脏肥大,肾小球滤过功能异常和微量蛋白尿是本症的主要特点(周强等,2011)。西医药尚无安全有效的治疗手段。而中医药可从整体水平对DN进行综合调理,因此,研究开发高效低毒的治疗DN的药物,对于延长患者的寿命,提高生活质量具有重大的意义。

研究表明,血糖持续升高可激活 p38MAPK 的信号转导通路,导致 DN 的发生、发展。过氧化物酶体增殖物激活受体(PPAR)-γ 与 DN 的发病有密切的关系,上调 PPAR-γ 蛋白水平可明显改善 DN 小鼠肾脏的损伤(Gao D,2012)。赵蕊等(2017)应用 2 型糖尿病小鼠模型,通过检测枸杞多糖(LBP)对 2 型糖尿病小鼠肾组织中的 PPAR-γ 和 p38MAPK 表达的影响,观察了 LBP 对 2 型糖尿病小鼠肾脏的保护作用,实验结果显示(表 5-21～表 5-22,图 5-2～图 5-3),PPAR-γ 蛋白在正常组小鼠肾组织中呈现功能性表达,但是 PPAR-γ 蛋白的表达在 2 型糖尿病性肾病小鼠却明显降低,实验经 LBP 和罗格列酮灌胃给药 4 周后,小鼠肾脏病理形态学异常得到改善,且与模型组小鼠相比,肾组织 PPAR-γ 蛋白表达增加,

这提示 LBP 可能发挥了 PPAR-γ 的特异性配体作用,通过与 PPAR-γ 结合,进而影响了与胰岛素效应相关的某些基因的表达,最终改善 2 型糖尿病小鼠的肾功能;此外,在 DN 的发展过程中,炎症相关信号通路- p38 丝裂原活化蛋白激酶通路与肾组织损伤密切相关。研究显示,持续高血糖能激活 p38MAPK 通路,进而发挥其相应的生物学功能,试验研究结果显示,给予 LBP 和罗格列酮灌胃 4 周后,2 型糖尿病小鼠肾组织的 p38MAPK 表达显著减少。由此可见,LBP 对持续高血糖引起的肾组织 p38MAPK 活性增加表现出明显的抑制作用。通过实验可知,LBP 对 2 型糖尿病小鼠损伤的肾脏具有改善作用,其机制可能与 LBP 抑制 p38MAPK 蛋白表达水平,激活 2 型糖尿病小鼠肾组织 PPAR-γ 密切相关。

表 5-21　LBP 对 2 型糖尿病小鼠肾功能的影响

组别	尿氮素 (mmol/L)	尿微量白蛋白 (mg/24 h)	血肌酐 (mmol/L)	肾重/体重 (%)
正常对照	3.81 ± 0.23	5.83 ± 2.15	33.26 ± 7.11	4.75 ± 0.23
模型对照	$11.49 \pm 0.61^*$	$16.18 \pm 4.72^*$	$46.18 \pm 8.03^*$	$9.72 \pm 1.06^*$
LBP	$6.56 \pm 0.32^{\#\&}$	$8.25 \pm 1.04^{\#\&}$	$34.46 \pm 9.22^\&$	$4.52 \pm 0.61^\&$
罗格列酮	$6.43 \pm 0.36^{\#\&}$	$8.61 \pm 1.07^{\#\&}$	$32.28 \pm 10.35^\&$	$4.79 \pm 0.63^\&$

注:与正常对照组比较,$^\#\ p < 0.05$,$^*\ p < 0.01$;与模型对照组比较,$p < 0.05$,$^\&\ p < 0.01$

表 5-22　LBP 对 2 型糖尿病小鼠肾组织 PPAR-γ 表达的影响

组别	PPAR-γ	组别	PPAR-γ
正常对照	10.7(10～11)	LBP	8.9(8～9)$^{\#\&}$
模型对照	4.9(4～5)*	罗格列酮	8.7(8～9)$^{\#\&}$

注:与正常对照组比较,$^\#\ p < 0.05$,$^*\ p < 0.01$;与模型对照组比较,$p < 0.05$,$^\&\ p < 0.01$

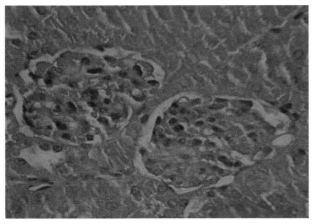

正常对照组

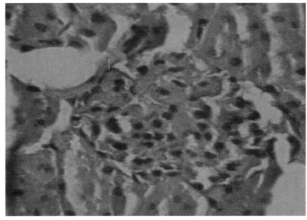

模型对照组

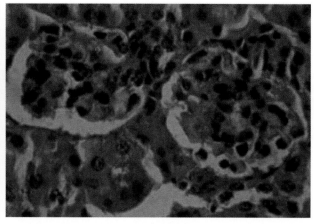

LPB组

罗格列酮组

图5-2 肾组织形态学变化(HE×400)

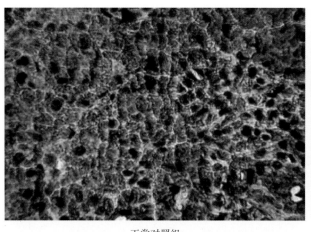

正常对照组

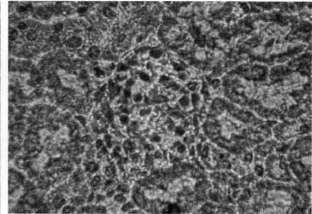

模型对照组

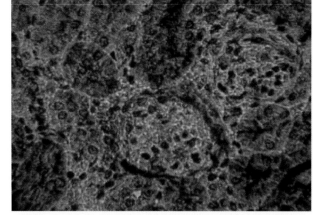

LPB组

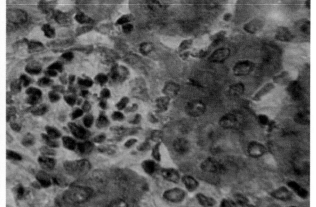

罗格列酮组

图5-3 PPAR-γ蛋白在各组小鼠肾脏中的表达(×400)

氧化应激反应是糖尿病肾病的重要发病机制之一,人体多种疾病与氧化应激反应有一定的关系,而糖尿病肾病与氧化应激的研究也受到人们的重视,糖尿病引起的肾小球内高压、高滤过和高灌注血流动力学异常,以及人体内代谢内环境紊乱,导致损伤氧自由基产生增多,抗氧化活性下降从而表现出氧化应激的状态(Evans JL，2002)。研究表明枸杞多糖(LPB)能够清除自由基,对缺氧损伤的神经元具有显著的保护作用,能有效提高组织抗氧化能力,降低脂质过氧化水平,减少氧化应激带来机体组织损伤(蒋万志等,2010;龚海英等,2009)。赵岩(2016)探讨了枸杞多糖对糖尿病大鼠早期肾组织的保护作用,实验结果显示,枸杞多糖能降低糖尿病大鼠早期肾脏系数和血清尿素氮、肌酐水平,升高血清及肾组织 SOD、过氧化氢酶(CAT)、谷胱甘肽过氧化物酶(GSH-PX)活性和降低 MDA 水平。因此,枸杞多糖具有减轻糖尿病大鼠早期肾组织损伤,降低其氧化应激的作用,此作用有助于枸杞有效成分的开发利用,对糖尿病肾病防治起到积极的预防和治疗作用。

杨文博等(2012)通过建立小鼠 2 型糖尿病肾损伤模型,对枸杞籽油发挥 2 型糖尿病肾脏损伤的干预作用进行了研究。实验设正常对照组、糖尿病肾损伤模型组、二甲双胍治疗组、枸杞籽油两个剂量治疗组。给药 5 周后检测各组小鼠给药后的血糖、尿糖、24 h 尿量、24 h 尿蛋白含量、肾质量指数、肾小球面积、肾脏白介素-8 含量、肾脏病理变化。通过实验可知。枸杞籽油各剂量组与糖尿病模型组比较,可降低 2 型糖尿病模型小鼠的血糖、尿糖、24 h 尿量和尿蛋白定量、肾质量指数、肾小球面积、肾脏白介素-8 含量,肾脏病变得到明显改变(表 5-23～表 5-26)。可见,枸杞籽油可使糖尿病小鼠的蛋白尿程度减轻,肾小球滤过率显著降低,尿糖下降,表明枸杞籽油能抑制糖尿病小鼠肾脏高灌注等损害。通过该研究,为枸杞籽油应用于糖尿病及糖尿病肾损伤的治疗提供了一定的实验依据。

表 5-23　枸杞籽油对小鼠血糖的影响($\bar{x} \pm s$, $n = 10$)

组别	剂量 (mg/10 g)	给药前血糖值 (mmol/L)	给药后血糖值 (mmol/L)
正常组	—	6.40±0.95	5.95±0.93
模型组	—	27.40±4.53[#]	22.00±7.93[#]
二甲双胍组	3.0	28.40±3.17	12.50±5.11[**]
枸杞油组	0.05	28.90±3.40	13.90±7.78[*]
	0.1	29.30±4.91	11.00±3.17[**]

注：与模型组相比较,[*] $p<0.05$,[**] $p<0.01$;与正常组比较[#] $p<0.01$

表 5-24　枸杞籽油对小鼠尿糖、24 h 尿量及 24 h 尿蛋白定量的影响($\bar{x} \pm s$, $n = 10$)

组别	剂量 (mg/10 g)	尿糖 (mg/dL)	24 h 尿量 (mL)	24 h 尿蛋白定量 (mg/24 h)
正常组	—	83.3±28.9	1.20±0.20	2.20±0.16
模型组	—	1 000.0±0.0[#]	4.17±1.61[#]	9.13±0.86[#]
二甲双胍组	3.0	433.3±314.1[**]	1.73±0.15[*]	5.50±0.17[**]
枸杞油组	0.05	750.0±288.7	4.00±2.11	6.84±0.34[**]
	0.1	90.0±22.4[**]	1.57±0.31[*]	4.50±0.11[**]

注：与模型组相比较,[*] $p<0.05$,[**] $p<0.01$;与正常组比较[#] $p<0.01$。

表 5-25　枸杞籽油对小鼠肾质量指数、肾小球面积的影响($\bar{x} \pm s$, $n = 10$)

组别	剂量 (mg/10 g)	肾质量/体质量 (g/kg)	肾小球面积 (μm²)
正常组	—	14.5±1.98	3 399.2±169.5
模型组	—	21.3±2.57[#]	4 470.8±623.5[#]

（续表）

组别	剂量（mg/10 g）	肾质量/体质量（g/kg）	肾小球面积（μm²）
二甲双胍组	3.0	17.0±2.37**	3 650.4±239.2**
枸杞油组	0.05	17.9±2.59*	3 685.4±208.3**
	0.1	16.4±3.36**	3 505.4±303.1**

注：与模型组相比较，* $p < 0.05$，** $p < 0.01$；与正常组比较# $p < 0.01$。

表 5-26　枸杞籽油对小鼠肾脏白介素-8的
影响（$\bar{x} \pm s$, $n = 10$）

组别	剂量(mg/10 g)	IL-8含量（mmol/L）
正常组	—	0.304±0.170
模型组	—	0.841±0.286#
二甲双胍组	0.025	0.446±0.150**
枸杞油组	0.05	0.403±0.123**
	0.1	0.343±0.220**

注：与模型组相比较，** $p < 0.01$；与正常组比较# $p < 0.01$。

二、润肠通便作用

枸杞叶的药用最开始记载于汉代的《神农本草经》，将其列为上品，传统中医认为枸杞叶苦、甘、性凉，具有除风、补益筋骨、去虚劳、明目等功效。无果枸杞芽的许多营养元素和生物活性物质都高于枸杞果和普通的枸杞叶，儿茶素含量是绿茶的2.08倍，其中维生素 E 及黄酮类、粗纤维及硒等微量元素的含量也高于绿茶。有安神、调血脂、血压及促进肠道蠕动的功能。关于润肠通便茶改善便秘的研究，国内文献多有报道，邱红等通过研究宁夏无果枸杞芽茶对高血脂患者血脂水平及抗氧化功能的影响发现，枸杞芽茶中含有的茶多酚可与肠道内胆固醇形成不溶复合物，减少膳食中胆固醇的吸收，增加排泄（邱红等，2015）；李解等（2015）对雅安藏茶和低聚木糖复配物润肠通便作用进行了研究；肖木金等（2010）运用肠清肠润茶对49例中老年人便秘状况进行改善，结果疗效显著。孙向平等（2017）通过观察宁夏无果枸杞芽茶对银川社区中老年人慢性习惯性便秘的影响，对宁夏无果枸杞芽茶改善银川社区中老年人便秘的可能机制进行了探讨，实验抽取银川社区中老年慢性习惯性便秘患者90例，在知情同意的前提下，分为无果枸杞芽茶组、轻泻药治疗组和对照组。治疗1周后及治疗结束后3周，对3组患者用药前后大便肛门梗阻感、大便不尽感、大便费力程度、大便频率、每次大便时间、粪便性状等便秘症状进行评分，通过比较便秘症状积分，评价无果枸杞芽茶对慢性习惯性便秘的影响。由实验结果可知，与对照组及与治疗前比较，无果枸杞芽茶组和轻泻药治疗组患者在用药1周后，症状积分较治疗前均有显著降低；无果枸杞芽茶组总有效率为90%；无果枸杞芽茶组在大便费力程度、大便频率、每次大便时间、粪便性状方面的积分改善优于轻泻药治疗组。治疗结束后3周随访，无果枸杞芽茶组痊愈4例，显效12例，有效11例，无效3例，总有效率为90%；轻泻药物治疗组痊愈2例，显效7例，有效15例，无效6例，总有效率为80%（表5-27～表5-29）。由此可见，无果枸杞芽茶可改善中老年人慢性习惯性便秘。枸杞芽茶的润肠通便作用也为枸杞系列产品开发提供了思路。

表 5-27　3组慢性习惯性便秘患者一般情况比较（$\bar{x} \pm s$）

组别	男/女	年龄（岁）	病程（年）
无果枸杞芽茶组	15/15	55±3.7	3.2±2.4
轻泄药物组	16/14	54±4.1	3.5±3.1
对照组	17/13	56±3.6	3.0±2.1

表 5-28 3 组患者治疗前后便秘情况积分比较($\bar{x} \pm s$)

组别	n	大便频率	每次排便所需时间	大便性状	大便费力程度	大便不尽感	大便梗阻感
对照组	30						
治疗前		2.36±0.54	2.34±0.53	2.57±0.43	2.5±0.55	1.8±0.62	1.6±0.55
治疗后		2.06±0.474	2.0±0.61	2.0±0.53	2.1±0.55	1.3±0.64	1.2±0.57
p		>0.05	>0.05	>0.05	>0.05	>0.05	>0.05
轻泄药物组	30						
治疗前		2.28±0.65	2.4±0.52	2.47±0.53	2.3±0.45	1.7±0.72	1.5±0.65
治疗后		0.95±0.63	1.16±0.65	1.1±0.43	1.2±1.55	0.9±0.42	0.6±0.56
p		<0.05	<0.05	<0.05	<0.05	<0.05	<0.05
无果枸杞芽茶组	30						
治疗前		2.37±0.63	2.35±0.48	2.38±0.68	2.63±0.56	1.72±0.76	1.65±0.78
治疗后		0.83±0.51	0.37±0.56	0.38±0.66	0.53±0.46	0.72±0.56	0.8±0.56
p		<0.05	<0.05	<0.05	<0.05	<0.05	<0.05

表 5-29 无果枸杞芽茶组、轻泻药物组治疗 1 周及 3 周后的疗效比较

组别	n	治愈 (%)	显效 (%)	有效 (%)	无效 (%)	总有效 (%)
治疗 1 周						
无果枸杞芽茶组	30	6(20)	12(40)	10(33)	2(7)	28(93)
轻泄药物组	30	5(17)	11(37)	10(33)	4(13)	26(87)
治疗结束后 3 周						
无果枸杞芽茶组	30	4(13)	12(40)	11(37)	3(10)	27(90)
轻泄药物组	30	2(7)	7(23)	15(50)	6(20)	24(80)

第六节 对生殖系统的影响

《黄帝内经》曰："丈夫二八,肾气盛,天癸至,精气溢泻,阴阳和,故能有子。"肾为先天之本,肾藏精,肾所藏为生殖之精、先天之精。脾胃为后天之本,主水谷之精,为后天之精,两者互相充养,即"先天生后天,后天养先天"。所以在治疗上采用补益脾肾之法治疗男性不育,取得了较好的疗效。枸杞子味甘,性平,能平补肝肾,作为药物,常用于治疗精血不足,腰膝酸软,肝肾虚损,肾虚精亏等(王院星等,2009)。近年来的研究证明,枸杞中含多种营养成分和微量

元素,枸杞多糖是枸杞的主要有效成分。枸杞子中含有维生素 B_1、B_2、C、氨基酸、钙、磷、铁等多种成分,具有补肾、保肝、保护及促进生殖系统的功能。

临床及实验文献报道单味中药枸杞子及其主要活性成分枸杞多糖(LPB)能很好地提高精子质量和数量,其药理基础包括:①直接调节生殖功能,机制可能是通过抗氧化作用及调节下丘脑-垂体-性腺轴实现的。②通过免疫调节,改善生殖能力,枸杞子中的一些微量元素以及枸杞子中含有的 LBP 都是促进

免疫功能的有效成分。其中 LBP 可以激活 T 淋巴细胞和 B 淋巴细胞,以增强细胞免疫为主,同时也能增强体液免疫功能。LBP 对 T 淋巴细胞具有选择性免疫效应,具有免疫及生物双向调节作用。LBP 还能够对抗环磷酰胺(CY)对脾脏和胸腺造成的免疫损伤,对 CY 所诱发的 NK 细胞杀伤活性的降低和免疫功能低下反应具有回复作用,使总 T 细胞,TH、TH/Ts 及淋巴细胞转化率回复正常或接近正常对照水平,说明 LBP 具有正向免疫调节作用(张俊慧等,2008)。

由于生精细胞中促凋亡蛋白 bax 与抗凋亡蛋白 bcl - w 的比例是精原细胞、精母细胞、支持细胞发生凋亡的决定性因素(王一飞,2005),因此,黄宗轩等(2012)采用腹腔注射环磷酰胺制作少精症小鼠模型,以 LBP 水溶液灌胃治疗的方法给药 35 天后处

死,通过电化学发光法测定血清性激素睾酮(T)、促黄体生成激素(LH)、促卵泡生长激素(FSH)的含量;测定各组睾丸及附睾的脏器系数;显微镜下检查精子密度;HE 染色光镜观察睾丸病理改变;免疫组化检测各组小鼠睾丸生精细胞凋亡相关蛋白 bcl - w、bax 表达的情况并用图像分析系统进行分析,结果发现:与模型组相比,LBP 治疗组 FSH、LH 水平下降,T 水平上升;睾丸及附睾脏器系数增大;精子密度升高;曲细精管生精上皮层次、生精细胞数增加;生精细胞 bax 与 bcl - w 表达 IOD 值之比降低。实验结果表明(表 5-30~表 5-34,图 5-4~图 5-6),LPB 可能通过调整睾酮水平,调控生精细胞凋亡等途径来促进精子发生,减少精子程序性死亡,从而发挥治疗少精症的作用。

表 5-30　各组小鼠血清 FSH、LH、T 水平比较($\bar{x} \pm s$)

组别	n	FSH (IU/L)	LH (IU/L)	T（ρ_B/（ng·L））
空白组	10	4.99±0.08[*]	11.27±0.24[*]	5.23±0.23[*]
模型组	10	5.73±0.27	11.24±0.32	3.96±0.12
低剂量治疗组	10	4.96±0.85[*]	11.25±0.20[*]	5.43±0.30[*]
中剂量治疗组	10	4.99±0.94[*]	11.25±0.28[*]	5.36±0.34[*]
高剂量治疗组	10	4.96±0.79[*]	11.36±0.36[*]	5.27±0.25[*]

注:[*] 与模型组相比较,$p < 0.01$。

表 5-31　各组小鼠睾丸湿重与睾丸脏器指数测定结果($\bar{x} \pm s$)

组别	n	睾丸湿重 (m/mg)	睾丸脏器指数 (m/mg)
空白组	10	0.27±0.12[*]	6.61±0.30[*]
模型组	10	0.21±0.01	5.70±0.24
低剂量治疗组	10	0.27±0.20[*]	6.42±0.24[*]
中剂量治疗组	10	0.27±0.13[*]	6.41±0.18[*]
高剂量治疗组	10	0.27±0.13[*]	6.43±0.15[*]

注:[*] 与模型组比较,$p < 0.01$。

表 5-32　各组小鼠精子密度变化结果($\bar{x} \pm s$)

组别	n	精子密度 （×10⁹/L）	组别	n	精子密度 （×10⁹/L）
空白组	10	4.65±0.15[*]	中剂量治疗组	10	4.66±0.14[*]
模型组	10	2.25±0.94	高剂量治疗组	10	4.71±0.08[*]
低剂量治疗组	10	4.68±0.14[*]			

注:[*] 与模型组比较,$p < 0.01$。

表 5-33　各组小鼠睾丸组织病理学改变情况($\bar{x} \pm s$)

组别	n	生精上皮层数	生精细胞数目（个）
空白组	10	8.50±0.53*	773.90±56.81*
模型组	10	3.90±0.74	264.80±53.61
低剂量治疗组	10	8.70±0.48*	786.00±52.15*
中剂量治疗组	10	8.60±0.52*	780.20±51.83*
高剂量治疗组	10	8.70±0.48*	788.60±35.60*

注：*与模型组比较，$p < 0.01$。

表 5-34　各组小鼠睾丸组织病理学改变情况($\bar{x} \pm s$)

组别	n	bax（IOD）	bcl-w（IOD）	bax/bcl-w
空白组	10	137.02±18.52*	203.76±12.46*	0.70±0.05*
模型组	10	187.76±9.15	176.15±9.48	1.08±0.05
低剂量治疗组	10	116.04±7.31*#	274.70±15.24*#	0.42±0.01*#
中剂量治疗组	10	118.18±7.93*#	272.29±19.62*#	0.43±0.01*#
高剂量治疗组	10	116.21±6.98*#	266.38±19.64*#	0.44±0.01*#

注：*与模型组比较，$p < 0.01$；#与空白组比较，$p < 0.01$。

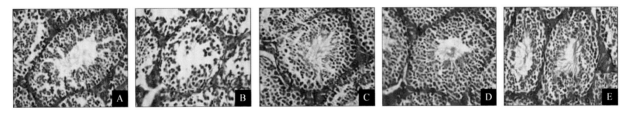

图 5-4　各组小鼠睾丸组织病理学改变(HE×400)

A. 空白组；B. 模型组；C. 低剂量组；D. 中剂量组；E. 高剂量组

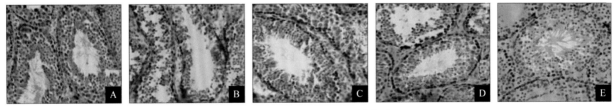

图 5-5　各组小鼠睾丸组织中 bax 阳性表达(SP×400)

A. 空白组；B. 模型组；C. 低剂量组；D. 中剂量组；E. 高剂量组

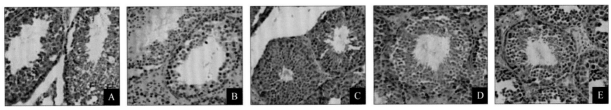

图 5-6　各组小鼠睾丸组织中 bcl-w 阳性表达(SP×400)

A. 空白组；B. 模型组；C. 低剂量组；D. 中剂量组；E. 高剂量组

精子发生过程的一个重要条件就是曲细精管中要保持足量的睾酮水平,实验表明(黄宗轩等,2012)LPB 治疗组的血清 T 水平较模型组水平明显升高,FSH 由垂体前叶分泌,主要作用于支持细胞,促进支持细胞分泌雄激素结合蛋白(ABP),保证了曲细精管内的高水平雄性激素水平,FSH 还有启动和加速精原细胞分裂的作用(D Antony Jeyaraj,2003)。垂体前叶分泌的另外一种重要激素 LH 作用于睾丸间质细胞,促使其合成和释放 T,从而为生精过程提供了足量的雄激素(Nelly Pitteloud,2009)。目前少精症的发病原因及机制尚未阐明,白杨等(2008)证明 C-kit 的表达与精原细胞分化有直接关系,C-kit 是精原细胞走向分化的标志,其表达的减少会导致男性的少精症。所以刘心昕等(2016)通过对少精症模型大鼠采取 LPB 水溶液灌胃治疗的方式探究枸杞多糖(LBP)对少精症大鼠模型生精功能改善的

机制,给药第 30 天处死,摘眼球采血,离心取血浆,用化学发光法测定促卵泡激素(FSH)、促黄体生成素(LH)、睾酮(T)含量。同时计算睾丸指数和 C-kit mRNA 的表达。结果发现:与对照组比较,模型组 T、LH 水平均显著升高,FSH 水平显著降低。模型组睾丸重量及睾丸指数显著低于对照组;与模型组相比,低、中、高剂量组睾丸重量及指数均增加,模型组与对照组相比 C-kit mRNA 表达下降;治疗组比模型组 C-kit mRNA 表达升高,高剂量组升高最明显。结果显示(表 5-35～表 5-36)枸杞多糖可以显著提高少精症大鼠血清中 T、FSH、LH 的含量,且使其睾丸指数增加,并促进 C-kit mRNA 表达。这一结果证实了枸杞多糖确实有改善少精症大鼠生精功能的作用,并增加其促性腺激素释放激素、睾酮、促性腺激素的释放,其机制可能与促进大鼠睾丸中 C-kit mRNA 表达有关。

表 5-35　各组大鼠血清 T、FSH、LH 的含量($\bar{x}\pm s$)

组别	n	T (ng/ml)	FSH (mIU/ml)	LH (mIU/ml)
对照组	10	0.18±0.11	1.27±0.21	2.19±0.36
模型组	10	0.27±0.24*	0.97±0.38*	3.22±0.79*
低剂量组	10	0.25±0.14#	1.17±0.67&	3.58±0.61#
中剂量组	10	0.26±0.83#	1.37±0.28&	3.78±0.35#
高剂量组	10	0.27±0.87#	1.39±0.42&	3.79±0.84#

注:与对照组比较,* $p<0.05$,# $p<0.01$;与模型组比较,& $p<0.01$。

表 5-36　各组大鼠睾丸重量、睾丸指数的比较($\bar{x}\pm s$)

组别	n	睾丸重量 (g)	大鼠体重 (g)	睾丸指数
对照组	10	2.670±0.324	400±20	6.675×10^{-3}
模型组	10	1.881±0.291*	400±20	4.703×10^{-3}*
低剂量组	10	2.213±0.683#	400±20	5.533×10^{-3}#
中剂量组	10	2.521±0.374#	400±20	5.303×10^{-3}#
高剂量组	10	2.768±0.533#	400±20	6.920×10^{-3}#

注:与对照组比较,* $p<0.01$;与模型组比较,# $p<0.01$。

睾丸支持细胞(SCs)在曲细精管中,各级生精细胞镶嵌在支持细胞上,SCs 为生精细胞提供支架。同时,SCs 能够分泌类固醇类、激素类、调节蛋白类、生长因子类、旁分泌因子、转运蛋白类等为生精细胞分化成熟提供稳定的环境及必需的能量物质,保证

精子正常有序的发生。文献报道,SCs 在雄性小鼠出生后 10 天不再增殖(刘红云等,2006)。在雄性大鼠出生 15 天后不再增殖(于利,2008),在男性出生 10 岁之后停止增殖(Stefanio S,1998),其数量处于恒定状态。同时 SCs 的数量决定着精子的数量,其

功能又决定着精子的质量。所以不难看出,SCs 在男性生殖系统中重要的作用。南亚昀等(2015)以 8～9 日龄的大鼠为实验对象采用两步酶消化法获取原代大鼠睾丸支持细胞,加入不同质量浓度的枸杞多糖,采用 MTF 比色法、直接细胞计数及 CFSE 荧光标记观察了枸杞多糖对体外培养的大鼠睾丸支持细胞的增殖作用,结果发现,与对照组相比.经枸杞多糖处理后的睾丸支持细胞数量明显增多,并呈剂量依赖性。根据目前的实验结果推断其作用方式如下:①增加细胞营养。枸杞多糖含有微量元素、氨基酸及多种单糖,对体外培养的支持细胞进行营养供给。②抗氧化。枸杞多糖具有抗氧化的作用(陈智松等,2000),支持细胞在体外培养过程中可能会受到氧自由基的损伤,枸杞多糖可能通过清除细胞体外培养环境中的氧自由基,保持细胞的增殖能力。③抑制细胞凋亡,延缓细胞衰老。本实验已明确枸杞多糖对体外培养的 SCs 的增殖作用,下一步将通过实验证实其作用机制。由此可见,枸杞多糖确实有改善少精症大鼠生精功能的作用,并增加其促性腺激素释放激素、睾酮、促性腺激素的释放,具有补肾、保肝、保护及促进生殖系统的功能。

枸杞作为药食同源的养生佳品,一直以来是中医用来治疗肝肾阴亏等男性性功能病症的首选方剂,对枸杞补肾、提高睾酮和性功能研究主要是以枸杞提取物枸杞多糖为主,直接采用枸杞子或枸杞果汁研究较少,徐国琴等(2016)通过招募 30～70 岁成年男性共 40 人,通过口服枸杞原汁,观察了枸杞汁对成年男性血清睾酮及性功能的影响,研究结果表明(表 5-37～表 5-38):30～65 岁成年男性饮用 32 天枸杞汁后,血睾酮出现极显著性升高现象,而皮质醇有所下降,血睾酮/皮质醇比值也显著性的提高,尤其是 41～65 岁组血清睾酮浓度及睾酮/皮质醇比值升高。由此可见,成年男性饮用枸杞汁可以促进睾丸分泌睾酮,对增强男性性功能有一定的作用,同时可以维持身体功能状况的正常,尤其对 40 岁以上的中老年人效果更加明显。结合前人研究推测,枸杞汁促进睾酮水平提高作用主要来自枸杞多糖(LBP)和其他多种营养物质特别是与睾酮合成有关的微量元素 Zn 等含量有关,并通过下丘脑—垂体—性腺轴功能起作用,改善睾丸间质细胞分泌睾酮的功能,对男性促性腺功能的调节具有增强和保护作用。

表 5-37 受试对象基本情况

年龄（岁）	n	身高（cm）	体质量（kg）	BMI
30～40	18	172.76±4.85	75.82±8.78	25.37±2.46
41～65	22	169.90±5.70	65.79±8.53	22.85±3.20
30～65	40	171.22±5.45	70.53±9.92	24.0 ±3.11

表 5-38 饮用枸杞汁对成年男性血清激素指标变化的影响

组别	睾酮（nmol/L）	皮质醇（nmol/L）	睾酮/皮质醇
30～65 岁(总)			
饮用前	32.86±5.21	269.19±64.23	0.12±0.04
饮用后	38.09±6.86[b]	251.75±60.11	0.15±0.03[a]
30～40 岁			
饮用前	34.05±4.38	273.81±60.66	0.14±0.03
饮用后	39.62±6.14[a]	268.62±74.33	0.16±0.03[a]
41～65 岁			
饮用前	31.70±5.63	248.67±51.45	0.11±0.05
饮用后	36.65±7.38[b]	240.32±59.99	0.14±0.03[b]

注:[a] $p<0.05$ vs 饮用前;[b] $p<0.01$ vs 饮用前。

枸杞在我国分布广泛,应用历史悠久,尤其宁夏枸杞在我国宁夏地区已形成大规模种植,对枸杞的进一步研究有着深刻的现实意义。目前对于枸杞的研究主要集中在宁夏枸杞(*L. barbarum*)和枸杞(*L. chinense*)而对于其他枸杞属植物比如黑果枸杞(*L. ruthenicum*)则研究较少。药理活性方面,较侧重于总提取物、多糖、黄酮等主要功效成分,对枸杞脂溶性化学成分的药理活性研究较少。此外,对于枸杞的药理学活性研究多停留于有效性,对于作用机制研究较少,还不够深入。若能对以上薄弱环节进行深入的药理学研究,可以更好地指导枸杞市场及其中医临床应用。

第六章

枸杞化学成分研究

4 000多年以来,枸杞在亚洲国家被用作一种传统的中药和功能食品,广泛用于泡酒、泡茶、泡水、煲汤、煮粥等,成为世界公认的药食兼用的名贵资源,更为国内外学者所瞩目。枸杞的化学成分是枸杞食用和药用的物质基础,现代研究表明,枸杞主要含多糖、生物碱类、类胡萝卜素、氨基酸、黄酮和酚酸类等成分,具有多种生物活性,包括抗氧化、抗肿瘤、消炎、保肝、抗微生物及辐射保护活性等。

枸杞(*L. barbarum*),属茄科多年生落叶灌木,枸杞植物的果实为枸杞子。柴达木枸杞主产于柴达木盆地,果实大、颗粒饱满、色泽艳丽、产量高、品质好。本章节详细介绍了枸杞的主要化学成分,枸杞活性成分的提取与分离方法,国内外枸杞的研究现状,青海柴达木枸杞的研究现状,以及本项目组对不同产区柴达木枸杞的有效性指标及安全性指标的检测方法与结果。

第一节　枸杞的主要化学成分

一、糖类

枸杞中糖的种类、含量及比例是决定品质和价值的关键因素,糖类物质中枸杞多糖和总糖公认是枸杞子中最重要的有效成分,《中国药典》(2015年版)和GB/T8672-2014都规定了枸杞多糖的含量限度。

多糖是自然界最多的有机化合物,是重要的生物高分子化合物。多糖是所有生命有机体的重要组成成分与维持生命所必须的结构材料,它来自高等植物、动物细胞膜、微生物细胞壁中的天然大分子物质,参与了细胞生命的各种活动,参与能量的储存和传递,也作为细胞骨架材料和参与细胞识别等多种生命功能活动。近年来引起分子生物学家的普遍关注,希望从细胞表面密布的糖缀合物糖链的识别作用和调控作用中发现分化细胞的合理立体配置机制、组织的形成机制、组织之间的相互调控机制、细胞表面和其之间的信息传递机制等。多糖与蛋白质、脂类形成的糖蛋白、脂多糖在细胞的识别、分泌及在蛋白质的加工和转移等方面起着不容忽视的作用。多糖的研究不仅涉及生命现象中众多深奥理论的基础问题,而且也有非常广泛的应用。有的多糖因其特殊的生物活性,且无副作用而被作为临床用药或疫苗,有的多糖因其特殊的理化性质(如粘性、亲水性等)而应用在食品、轻纺、石油工业等领域。

枸杞总糖和多糖影响着枸杞的品质,总糖是枸杞甜味的重要来源,多糖是主要活性成分,糖分越高,品质越好。果实内糖分是枸杞中类胡萝卜素、酸及其他营养成分物质合成的基础原料,但含量过多时,枸杞容易板结,影响长期保存。

（一）总糖

枸杞中含有丰富的糖类物质，主要包括单糖（葡萄糖和果糖）、寡糖（麦芽糖、蔗糖和低聚四糖）、多糖。枸杞总糖主要由葡萄糖、果糖、蔗糖和低聚四糖等组成（苏雪玲等，2015）。

研究表明，对青海产枸杞利用水提法，醇沉淀脱蛋白质和多糖，再经大孔树脂分离得到枸杞低聚糖，经 ESI-MS 分析测定低聚糖平均分子量分别为666.4 和 504.3。利用核磁共振对其结构进行鉴定，它们的结构分别为果糖 $\alpha(2\rightarrow4)$、葡萄糖 $\beta(1\rightarrow2)$、葡萄糖 $\alpha(4\rightarrow2)$、半乳糖 $\beta(1\rightarrow6)$、葡糖糖 $\alpha(1\rightarrow2)$ 和果糖（徐鹏等，2009）。

（二）多糖

枸杞多糖（枸杞多糖）属于蛋白多糖，存在有官能团如—OH，C—O—C，C＝O，—NH$_2$ 等，其糖苷键存在 β-型糖苷键和 α-型的吡喃糖和呋喃糖。多糖为杂多糖，至少含 8 种以上单糖（何晋浙等，2008）（图 6-1）。研究表明枸杞多糖重均分子量（M_w）为 1.524×10^5，数均分子量（M_N）为 1.306×10^5，分子量分散系数 d（M_w M_N）为 1.167，枸杞多糖的分子量分布较均一（李丹丹等，2013）。

枸杞多糖的单糖组成：枸杞多糖中含有阿拉伯糖（ara），鼠李糖（rha），木糖（xyl），甘露糖（man），半乳糖（gal）和葡萄糖（glc）6 种单糖，其含量比为 5.59∶45.57∶4.07∶1.85∶7.83∶35.07，由此可见枸杞多糖主要以阿拉伯糖和半乳糖为主。何晋浙等研究单糖还有岩藻糖等 8 种以上。

糖苷键类型和糖环构型：糖苷键构型决定多糖的形状、化学和物理性质等。对枸杞子水溶性粗多糖进行了分离提纯和化学构造研究，将经纤维素层

析柱分离出的多糖组分-阿拉伯聚糖进行分析，得出此阿拉伯聚糖含有少量的半乳糖醛酸，甲基化和NMR 发现阿拉伯糖为呋喃糖环，其异头位移分别为 H5、26，C110.3（非还原末端以及 O-5 结合Ara），H5、10，C108.2（O-3 结合）以及 H5、16，C108.2（O-3,5 结合），推测其主链由 O-5 结合的阿拉伯糖构成（李丹丹等，2013）。

糖肽链的连接方式和糖残基连接顺序：β-消去反应是用来区别糖链和肽链连接性质的反应。与肽链中丝氨酸或苏氨酸羟基相连的单糖或糖链可在温和的稀碱条件下被水解下来，发生消除反应而生成不饱和氨基酸，造成 240 nm 处的吸光度增加。而与天冬酰胺相连的 N-型连键糖链则无此现象。张民等利用此原理对枸杞多糖-4 进行紫外光谱扫描发现经 240 nm 处的吸光度有一定的增加，表明枸杞多糖-4 含有 O-型肽链连接。高碘酸氧化反应结果显示枸杞多糖-4 中不具有连二羟基结构和连三羟基结构的单糖残基、具有连二羟基结构的单糖残基，以及具有连三羟基结构的单糖残基之比为 57.0∶16.2∶1，因此推测出半乳糖醛酸残基主要以 $1\rightarrow3$ 连接为主（李丹丹等，2013）。

最新研究报道，借助 ESI-MS 技术，发现经凝胶色谱纯化后的枸杞多糖 LbGp1 是一种具有高度分支结构的复杂多糖，骨架由重复的 $\rightarrow6$)galp(1$\rightarrow$单位组成，并在 O-3 位发生由(1$\rightarrow3$)连接-galp、(1$\rightarrow4$)连接-galp、(1$\rightarrow2$)-连接-araf、(1$\rightarrow3$)连接-araf 及 arabinose 组成的分支取代。借助HPAEC-PAD、NMR 并整合其他技术，对纯化后的酸性枸杞多糖进行结构分析，得到了较为详细的多糖链连接信息，发现枸杞多糖是由重复的 $\rightarrow4$-

1-O-(9Z，12Z，15Z-octadecatrienoyl)-2-O-(9Z，12Z，15Z-octadecatrienoyl)-3-O-β-D-galactopyranosylglycerol

1-O-(9Z，12Z，15Z-octadecatrienoyl)-2-O-(9Z，12Z，15Z-octadecatrienoyl)-3-O-β-D-半乳糖丙三醇

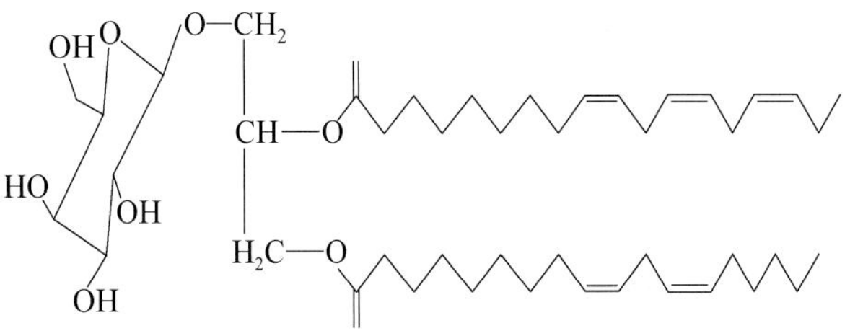

1-O -(9Z, 12Z-octadecatrienoyl)-2-O -(9Z, 12Z, 15Z-octadeca-trienoyl)-3-O -β-D-galactopyranosylglycerol

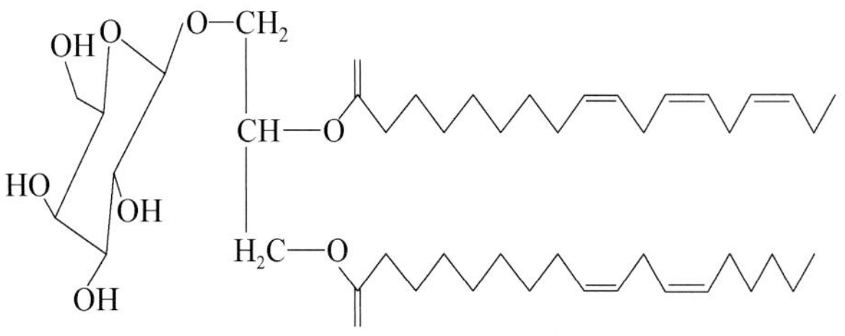

1-O -(9Z, 12Z-octadecatrienoyl)-2-O -(9Z, 12Z, 15Z-octadeca-trienoyl)-3-O -β-D -半乳糖丙三醇

图 6-1　枸杞中部分多糖的分子式和结构式(如克亚·加帕尔等,2013)

α - galp A -(1→单位形成骨架,部分区域由→4 - α - galp A -(1→和→2 - α - rhap -(1→交替连接,在部分→2 - α - rhap -(1→的 C - 4 位点,存在由→4 - β - galp -(1→,→3 - β - galp -(→or→5 - α - araf -(1→形成的分支,而在部分→3 - β - galp -(1→的 C - 6 位上,又由末端-α - araf、末端-α - galp 或→3 - β - araf -(1→形成二级分支(张芳等,2017)。

二、生物碱类

枸杞子中富含生物碱,在枸杞子果实、叶、根中均有分布,种类多样,其中甜菜碱被《中国药典》2015年版载入作为枸杞子质量判断标准。甜菜碱是一种季铵型水溶性生物碱,易溶于水和甲醇,常温下极易吸湿潮解,可用于对抗高同型半胱氨酸综合征,是抗肿瘤、降血脂、护肝的活性成分(表 6-1)。

表 6-1　枸杞植物中含生物碱表(侯学谦等,2016)

编号	化 合 物 名 称
1,2～4	calystegine A$_3$, A$_5$～A$_7$
5～9	calystegine B$_1$～B$_5$
10～12	calystegine C$_1$, C$_2$, N$_1$
13,14	N-methyl-calystegine B$_2$, C$_1$
15	阿托品
16	莨菪碱
17	东莨菪碱
18	fagomine
19	6-deoxy fagomine
20	4-[formyl-5-(hydroxymethy1)-1H-pyrrol-1-y1] butanoic acid
21	4-[formyl-5-(methoxymethy1)-1H-pyrrol-1-y1] butanoic acid
22	4-[formyl-5-(methoxymethy1)-1H-pyrrol-1-y1] butanoate
23	methyl 2-[2-formyl-5-(methoxymethy1)-1H-pyrrol-1-y1] propanoate
24	methyl 2-[2-formyl-5-(methoxymethy1)-1H-pyrrol-1-y1]-3-(4-hydroxyphenyl)propanoate
25	dimethyl 2-[2-formyl-5-(methoxymethy1)-1H pyrrol-l-yl] butanedioate
26	dimethyl 2-[2-formyl-5-(methoxymethy1)-1H-pyrrol-1-y1] pentanedioate
27,28	alkaloid Ⅰ～Ⅱ

（续表）

编号	化 合 物 名 称
29，30	N^{α}-顺(反)肉桂酰组胺
31，32	N^{α}-顺(反)式肉桂酰-N_1-甲基组胺
33～35	lycii-alkaloid-(i，iii，iv)
36	N-monocinnamoyl putrescine
37	dihydro-N-caffeoyltyramine
38，39	trans-cis-N-caffeoyltyramine
40	N-trans-feruloyltyramine
41	N-E-coumaroyhyramine
42	trans-N-feruloyloctopamine
43	lyciumide A
44	N-cis-feruloyltyramine
45	(E)-2-[4,5-dihydroxy-2-{3-[2-(4-hydroxy-phenyl)ethylamino}-3-oxopmpyl]phenyl]-3-(4-hydroxy-3,5-dimethoxyphenyl)-N-[2-(4-hydroxyphenyl)ethyl]prop-2-enamide
46	(E)-N-(4-acetamidobutyl)-2-[4,5-dihydroxy-2-{3-[2-(4-hydroxyphenyl)ethylamino]-3-oxopropyl}phenyl]-3-(4-hydroxy-3,5-dimethoxyphenyl)pmp-2-enamide
47	(E)-N-(4-acetamidobutyl)-2-[4,5-dihydroxy-2-{3-[2-(4'hydmxyphenyl)ethylarnino]-3-oxopropyl}phenyl]-3-(4-hydroxy-3-methoxyphenyl)pmp-2-enamide
48	(1S，2R)-3-N-(4-aeetamidobutyl)-1-(3,4-dihy-droxyphenyl)-7-hydmxy-2-N-[2-(4-hydmxyphenyl)ethyl]-6,8-dimethoxy-1,2-dihydronaphthalene-2,3-dicarboxamide
49	1-(3,4-dihydroxyphenyl)-7-hydmxy-2-N,3-N-bis-[2-(4-hydroxyphenyl)ethyl]-6,8-dimethoxy-1,2-dihydro-naphthalene-2,3-dicarboxamide
50，52，53	lyciumamide A～C
51	N-feruloyhyraminedimer
54，55	(Z/E)-3-{(2,3-trans)-2-(4-hydroxy-3-methoxyphenyl)-3-hydroxymethyl-2,3-dihydrobenzo[b][1,4]dioxin-6-yl}-N-(4-hydmxyphenethyl)-acrylamide
56，57	(2,3-trans)-3-(3-hydroxy-5methoxyphenyl)-N-(4-hydroxyphenethyl)-7-{(E/Z)-3-[(4-hydroxyphen-ethyl)amino]-3ox-oprop-1-en-1-yl}-2,3-dihydrobenzo[1,4]dioxine-2-carboxamide
58，59	kukoamine A～B
60	N_1-caffeoyl-N_3-dihydrocaffeoyl spermidine
61	lyriumspermidine A
62	烟酰胺
63	2-furylcarbinol-(5'-11)-1,3-cyclopentadiene-[5,4-c]-1H-cinnoline
64	甜菜碱

（一）托品类生物碱

（1）打碗花精类：打碗花精是一类降莨菪碱类化合物,此类成分主要存在于一些可食用的蔬菜植物中。Asano Naoki 等 1997 年从枸杞(*L. chinense* M.)的根中发现了这类化合物(图 6-2)。

1 2 3 4 5

6 7 8 9 10

11 12 13 14

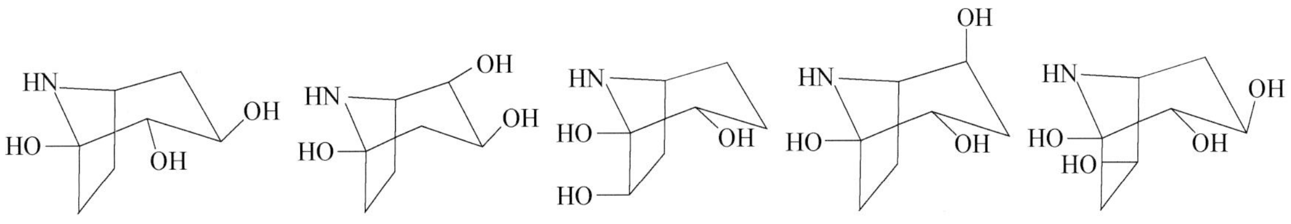

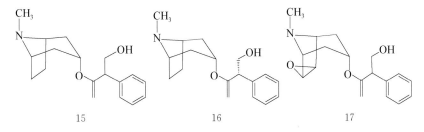

图 6-2 Asano Naoki 从枸杞根中发现的化合物

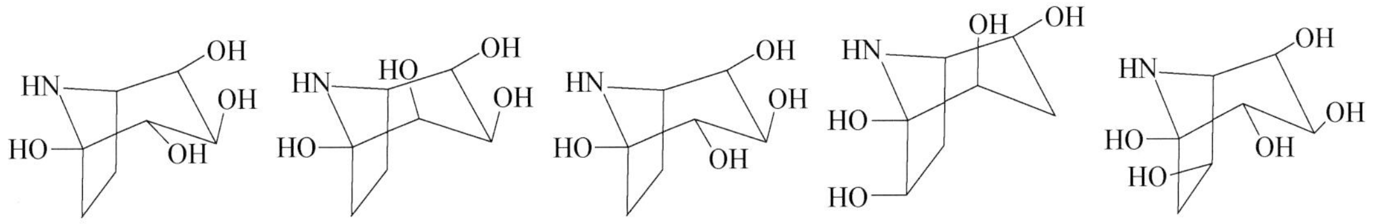

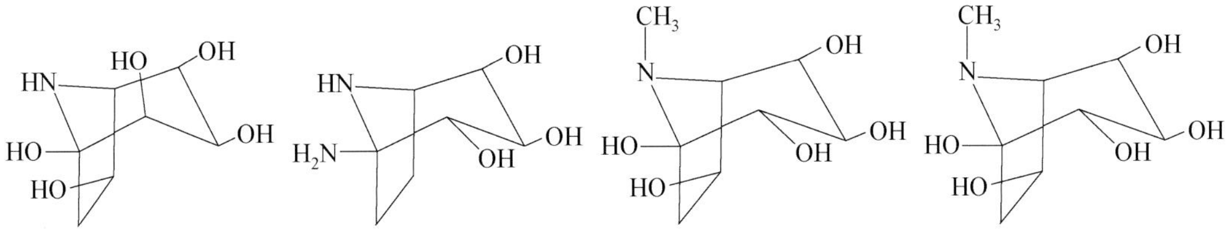

（2）托品类：此类生物碱主要分布在茄科莨菪属植物，枸杞属植物也发现了这类化合物。托品类生物碱在枸杞中的含量不超过 19 ppb，远远低于致毒含量（图 6-3）。

15 16 17

图 6-3 枸杞中发现的托品类生物碱

（二）哌啶类生物碱

此类生物碱为六元环胺，环上多含羟基。Asano Naoki 等在分离降莨菪碱时分到 2 个哌啶碱（18、19）（图 6-4）。

18 19

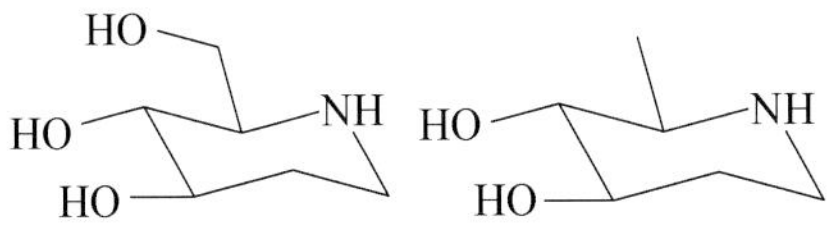

图 6-4 Asano Naoki 等分离得到的 2 个哌啶碱

（三）吡咯类生物碱

此类生物碱（20～28）主要分布在枸杞果实中，具有肝保护活性。化合物 20，21 的肝保护活性与水飞蓟宾相近（图 6-5）。

（四）咪唑类生物碱

这类化合物以香豆酰组胺为主，1990 年阿根廷人从当地产 *Lycium cestroides* 中首次分离得到 4 个此类成分（29～32）（图 6-6）。

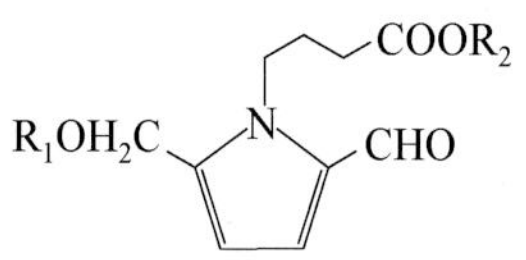

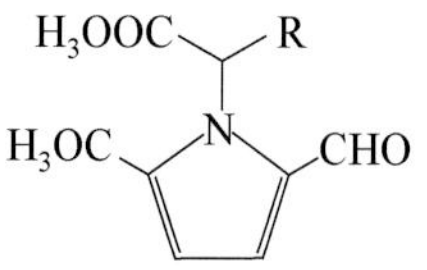

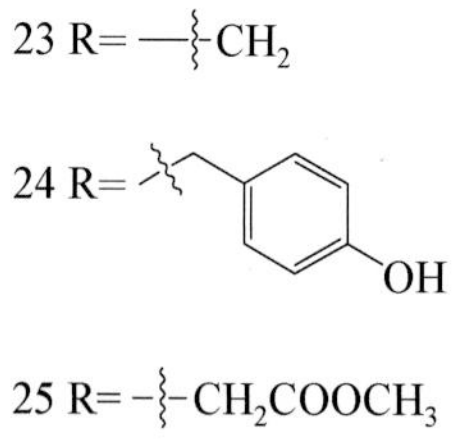

20 R₁ = H R₂ = H

21 R₁ = CH₃ R₃ = H

22 R₁ = CH₃ R₂ = CH₃

23 R= —CH₂

24 R= —CH₂— OH

25 R= —CH₂COOCH₃

26 R= —CH₂CH₂COOCH₃

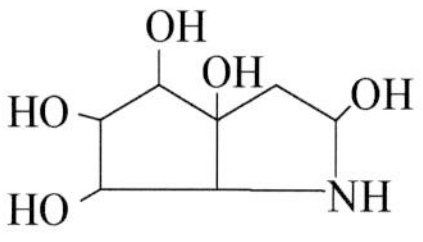

27 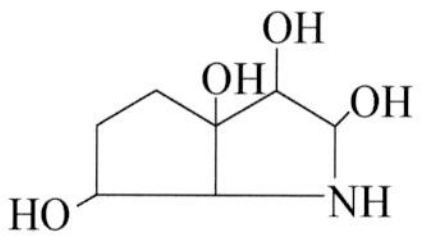 28

图 6-5 枸杞果实中的吡咯类生物碱

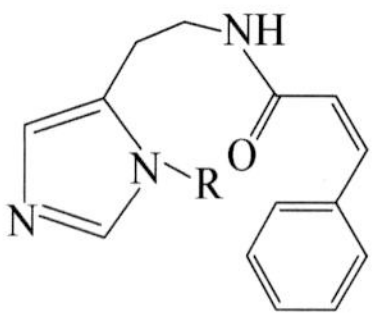

29 R=H

31 R=CH₃

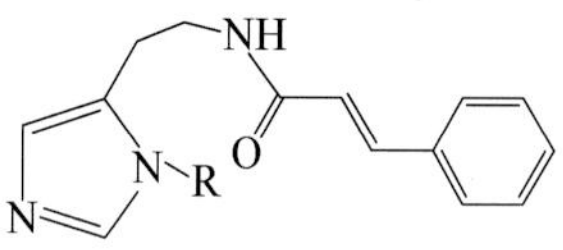

30 R=H

32 R=CH₃

图 6-6 4 种咪唑类生物碱

（五）咔啉类生物碱

此类化合物在枸杞中不常见，*L. chinense* 根皮

分离到 3 种此类化合物（33～35）（图 6-7）。

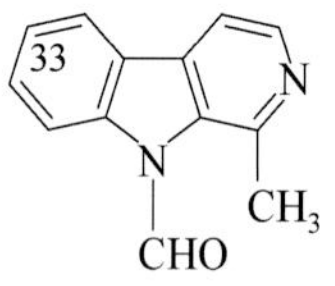

33 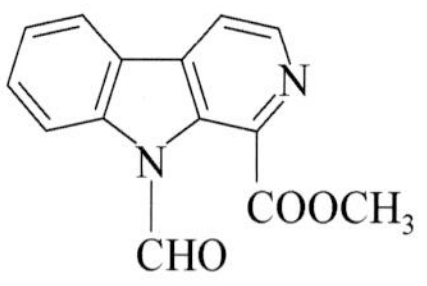 34 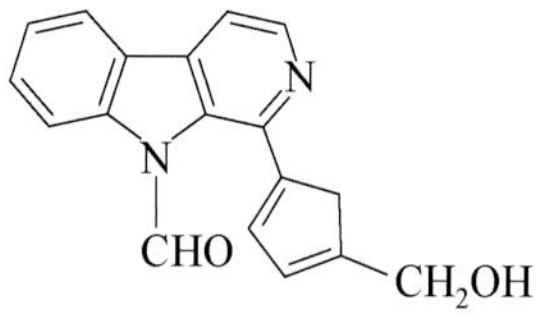 35

图 6-7 3 种咔啉类生物碱

（六）酰胺类生物碱

酰胺类生物碱是枸杞中研究最多、数量最多的

一类生物碱（36～57）。这类化合物抗氧化活性显著（图 6-8）。

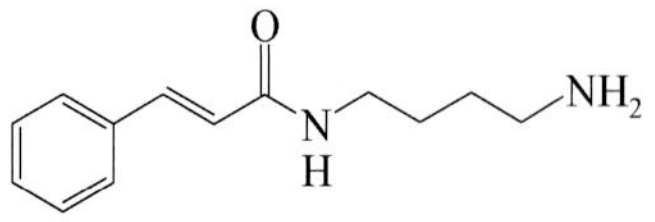

36 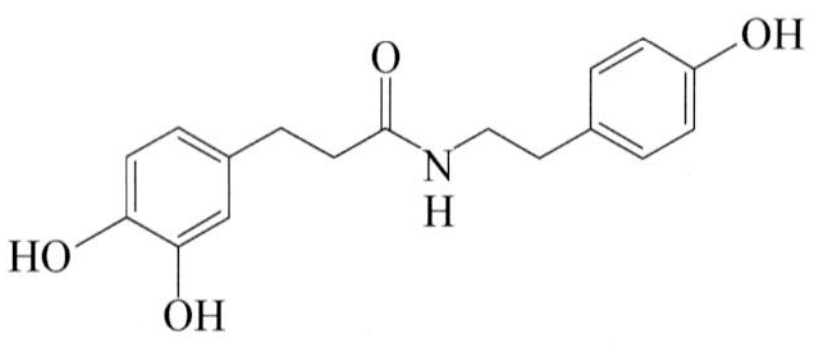 37

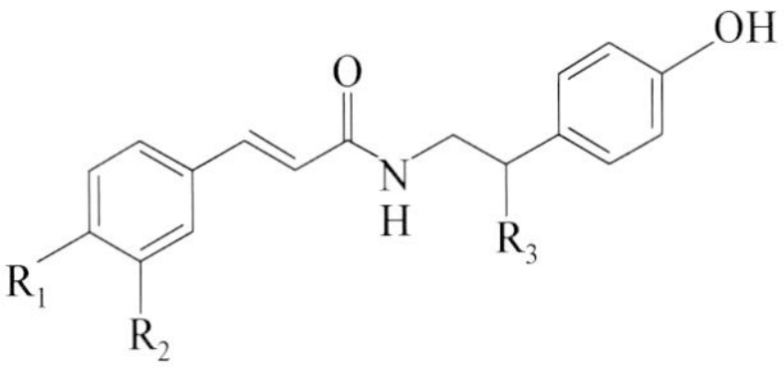

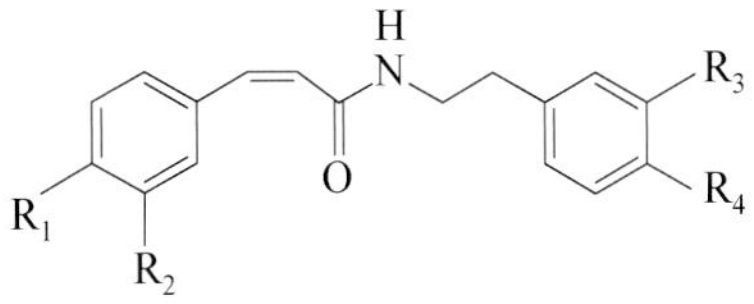

38 R₁＝R₂＝OH R₃＝H
40 R₁＝OH R₂＝OCH₃ R₃＝H
42 R₁＝OCH₃ R₂＝R₃＝OH

39 R₁＝R₂＝R₄＝OH R₃＝H
41 R₁＝OH R₂＝R₃＝H
43 R₁＝OCH₃ R₂＝H

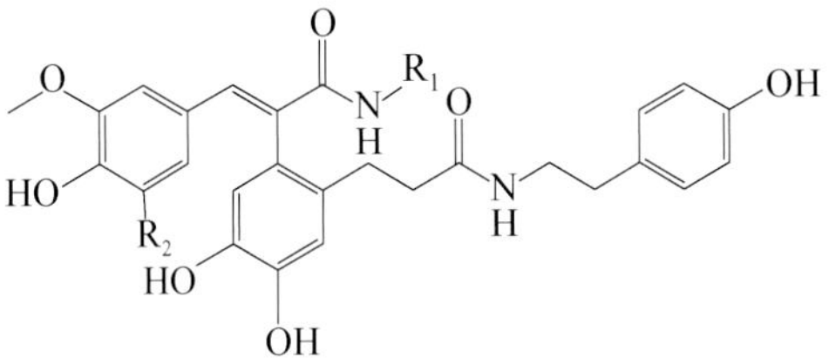

45 R₁＝ ... R₂ = OCH3
46 R₁＝ ... R₂ = OCH3
47 R₁＝ ... R₂ = H

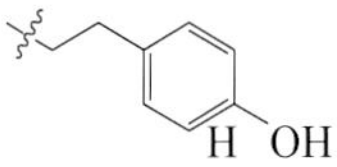

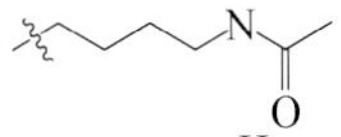

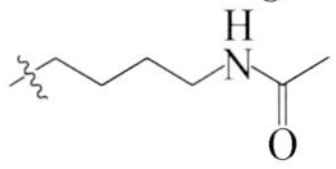

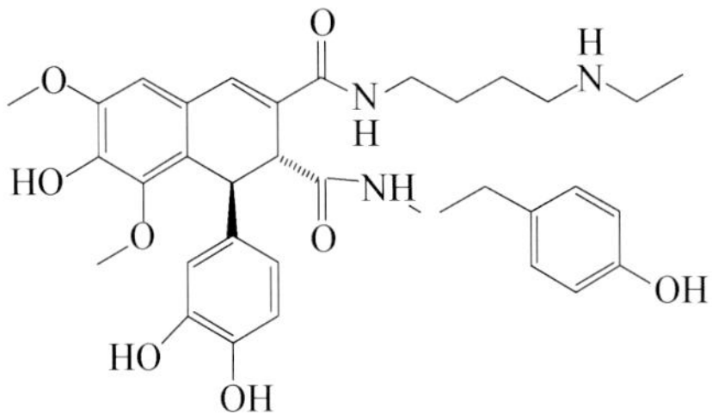

44

48

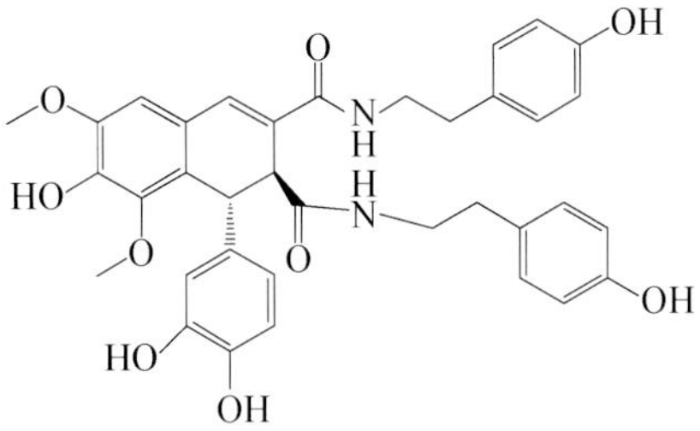

49

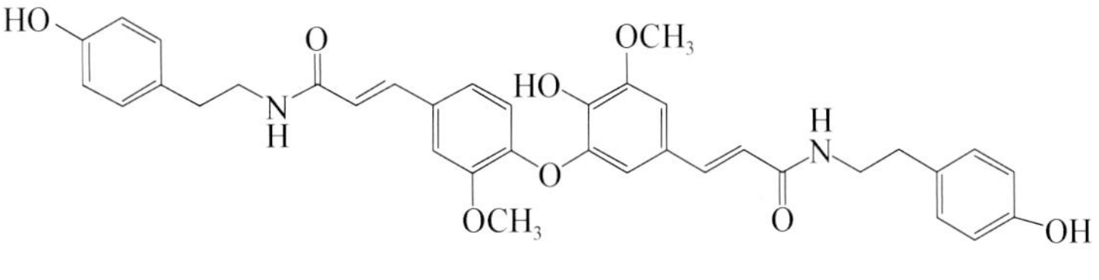

50

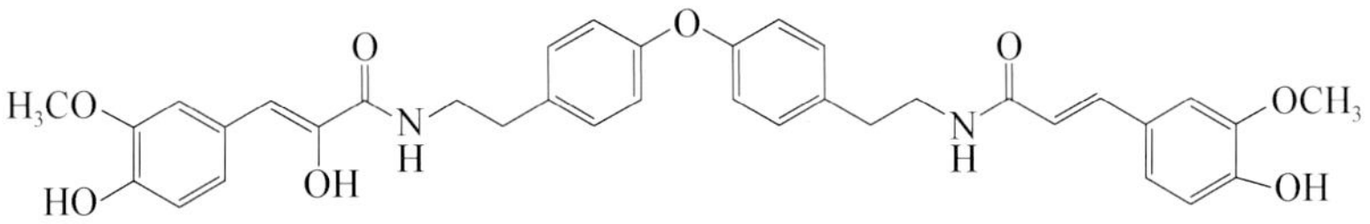

51

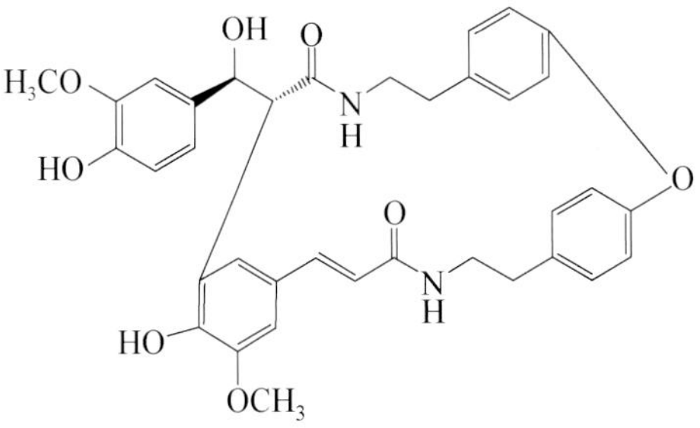

52

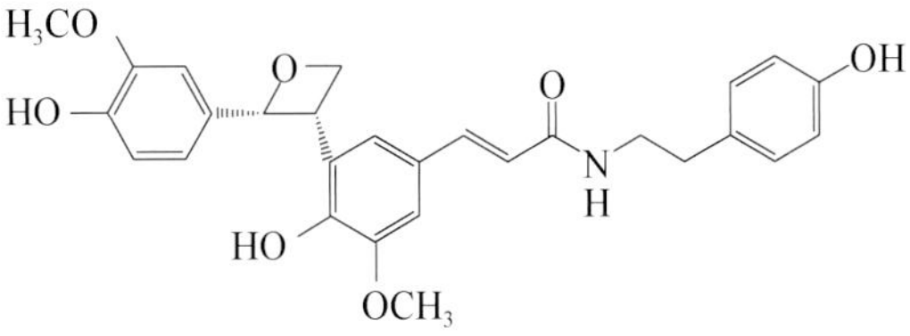

53

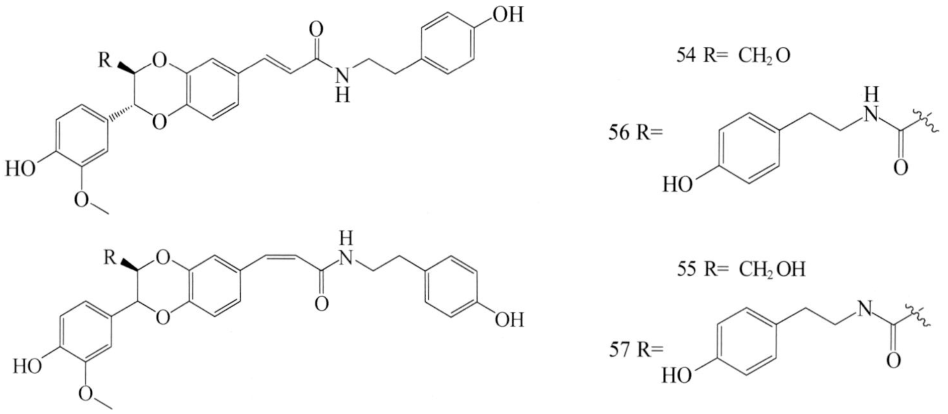

54 R= CH₂O

56 R=

55 R= CH₂OH

57 R=

图 6-8 枸杞中的酰胺类生物碱

（七）精胺类生物碱

日本最早从 *L. chinense* 的根皮中分出这类化合物 kukoamine A（58），kukoamine B（59）。另外

两个亚精胺化合物（60、61）则是从 *L. ruthenicum* 中分到（图 6-9）。

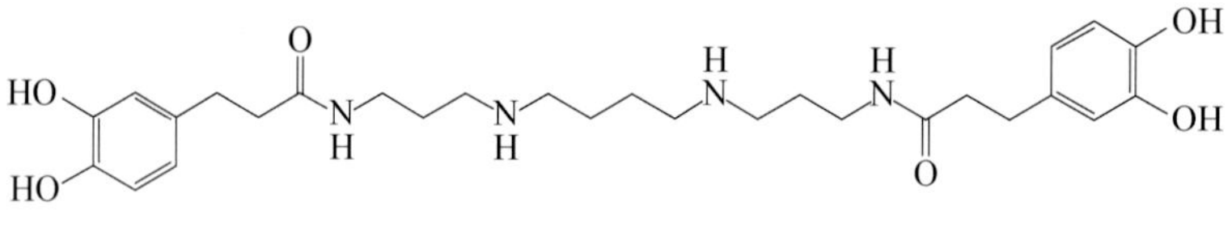

58

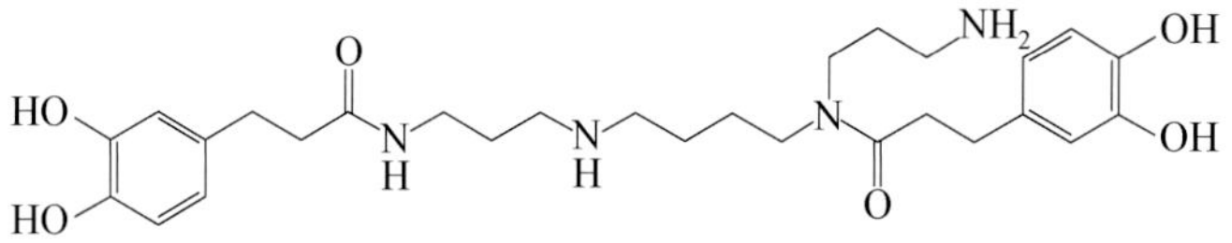

59

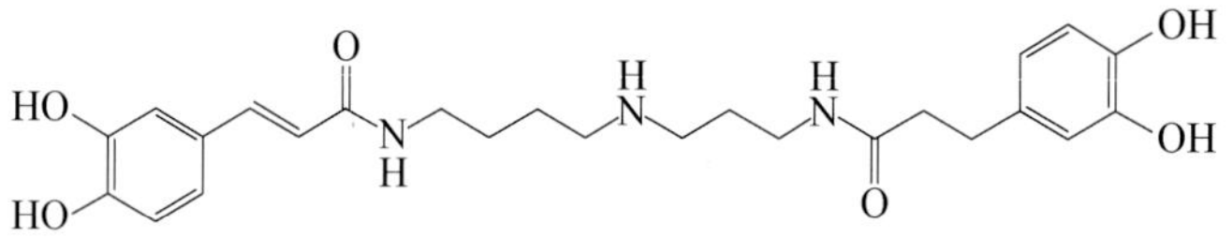

60

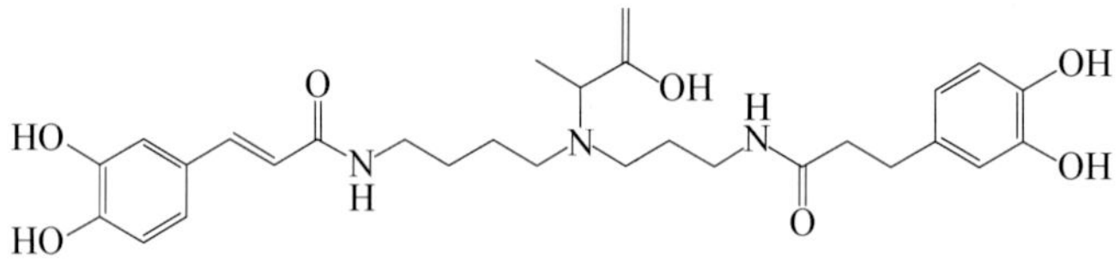

61

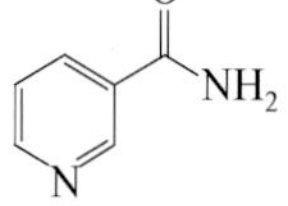

62 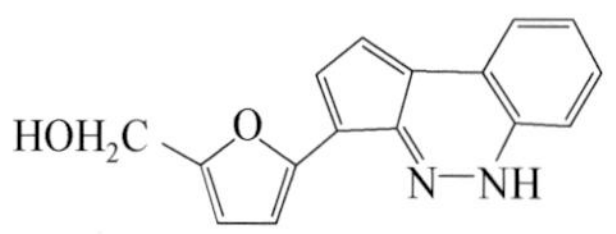 63 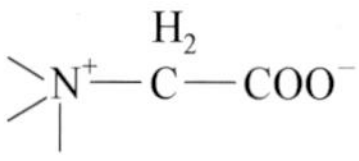 64

图 6-9 枸杞中的精胺类生物碱

（八）甜菜碱及其他类生物碱

从枸杞属植物中还分离到其他生物碱（62～

64）。其中，甜菜碱（64）被《中国药典》2015 年版载入作为判断枸杞质量标准。目前，也被广泛用于化

工制药、种植养殖及食品添加等。

三、类胡萝卜素

枸杞果实的橙红色由类胡萝卜素呈色,含量仅占干果的 0.03%～0.5%。经皂化和未皂化的枸杞提取物中共含有 11 种游离类胡萝卜素和 7 种类胡萝卜素酯。游离类胡萝卜素包括 β-胡萝卜素、β-隐黄质和玉米黄质。类胡萝卜素脂肪酸酯主要是玉米黄质双棕榈酸酯、玉米黄质单棕榈酸酯和 β-隐黄质棕榈酸酯。其中主要的类胡萝卜素是以酯化形式存在的玉米黄质,占总类胡萝卜素的 1/3～1/2(如克亚·加帕尔等,2013)。

类胡萝卜素按分子组成可分为含氧类胡萝卜素和非含氧类胡萝卜素。

(一)含氧类胡萝卜素

含氧类胡萝卜素包括叶黄素类和类胡萝卜素酯,是枸杞中含量占绝对优势的类胡萝卜素,主要为类胡萝卜素酯(玉米黄质双棕榈酸酯、玉米黄质单棕榈酸酯和隐黄质棕榈酸酯等)、玉米黄素(玉米黄质)及隐黄素(隐黄质)等。含氧类胡萝卜素化合物分子在共轭多烯烃链上,含有氧或者是在多烯烃链上加氧的衍生物。含氧类胡萝卜素因含有氧而具有比较

强的极性,故在极性稍强的有机试剂中溶解度较大,能溶于甲醇和乙醇,不溶于水。

(二)非含氧类胡萝卜素

枸杞中非含氧类胡萝卜素又被称为胡萝卜素(carotene)或类胡萝卜素碳氢化合物,主要为 β-胡萝卜素及其异构体类化合物。其主要结构是共轭多烯烃,两头或一头环构化,有多种同分异构体。并且易溶于石油醚,难溶于甲醇和乙醇,不溶于水。此外,在中文中"叶黄素"对应于两个不同的英文概念,即 lutein 与 xanthophyll,在查阅国外文献时常常造成混淆或误用。对相关文献与资料进行分析比较,lutein 应译为"叶黄素",而 xanthophyll 则译为"叶黄素类"比较合适。

类胡萝卜素按分子组成可分为类胡萝卜素酯和游离类胡萝卜素。

(三)类胡萝卜素酯

枸杞中类胡萝卜素主要以酯化的形式存在,主要包括玉米黄质双棕榈酸酯、玉米黄质单棕榈酸酯、隐黄质棕榈酸酯、玉米黄素单肉豆蔻酸酯、堇菜黄素双棕榈酸酯、玉米黄呋喃素双棕榈酸酯、花药黄素双棕榈酸酯等(图 6-10)。其中,含量最多的是玉米黄质双棕榈酸酯,占总量的 1/3～1/2,甚至更高。枸

堇浆黄素双棕榈酸酯:$C_{72}H_{116}O_6$

玉米黄二呋喃素双棕榈酸酯:$C_{72}H_{116}O_6$

玉米黄素单肉豆蔻酸/双棕榈酸酯:$C_{70}H_{112}O_4$

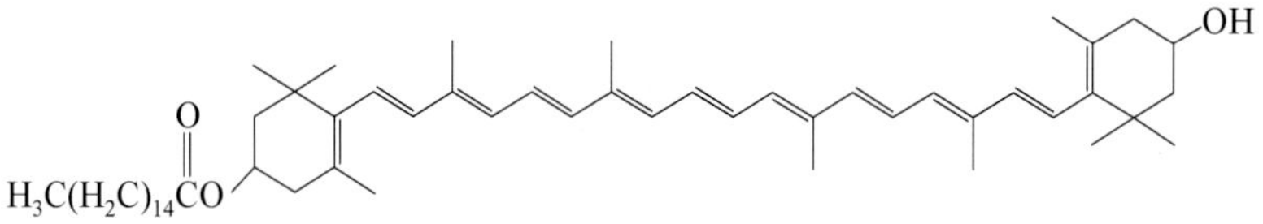

玉米黄素单棕榈酸酯：$C_{56}H_{86}O_3$

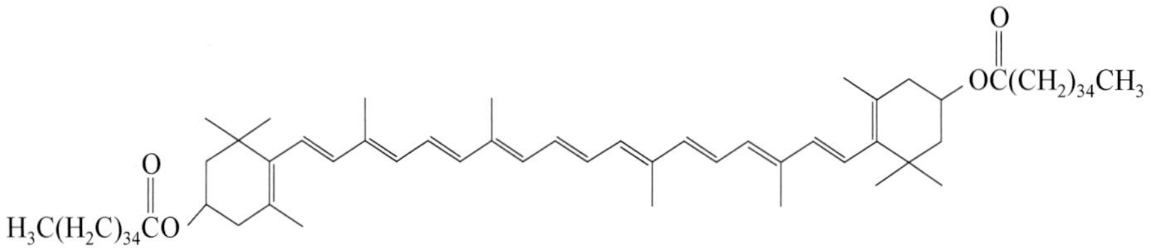

玉米黄素双棕榈酸酯：$C_{72}H_{116}O_4$

图 6-10 枸杞中几种主要的类胡萝卜素酯的分子式和结构式

杞中完全酯化的类胡萝卜素酯,极性较弱,故在石油醚、正己烷等弱极性有机试剂中溶解度较大。

(四) 游离类胡萝卜素

枸杞中游离类胡萝卜素包括玉米黄素、β-隐黄素、β-胡萝卜素及其异构体等(图 6-11)。游离类胡萝卜素在枸杞中的含量远不如类胡萝卜素酯高,但其生物活性往往更高。一般来说,枸杞中胡萝卜素酯可经过皂化反应提取,转化为对应的游离态类胡萝卜素。以枸杞中含量最高的玉米黄质为例,皂化后的玉米黄质总量来源包括:玉米黄质双棕榈酸酯、玉米黄质单棕榈酸酯、游离的玉米黄质及其异构体等。此外,游离类胡萝卜素往往具有多种顺反异构体,其生理活性也不同。玉米黄质顺反异构体共 4 种分别为 9-,9-顺、13-,13-顺、15-,15-顺、全反式-玉米黄质。β-胡萝卜素顺反异构体最多,共 7 种包括 15-顺、13-顺、9,15-双顺、9,13-双顺、全反式-、13,15-双顺-、9-顺-和 9,13'-双顺-β-胡萝卜素。β-隐黄素共计 2 种即 9-,9-顺和全反式 β-隐黄素。

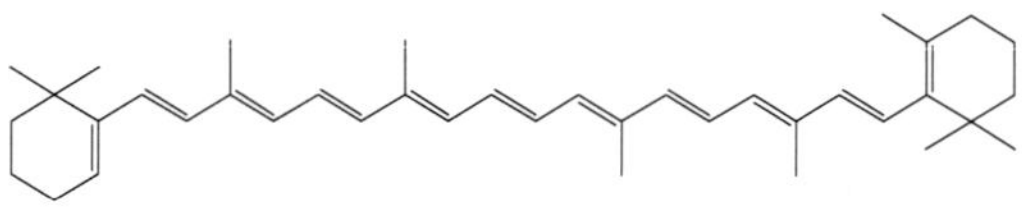

β-胡萝卜素：$C_{40}H_{56}O_2$

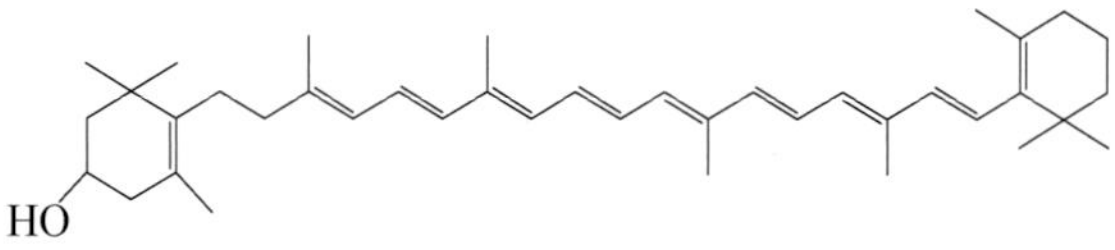

β-隐黄素：$C_{40}H_{56}O$

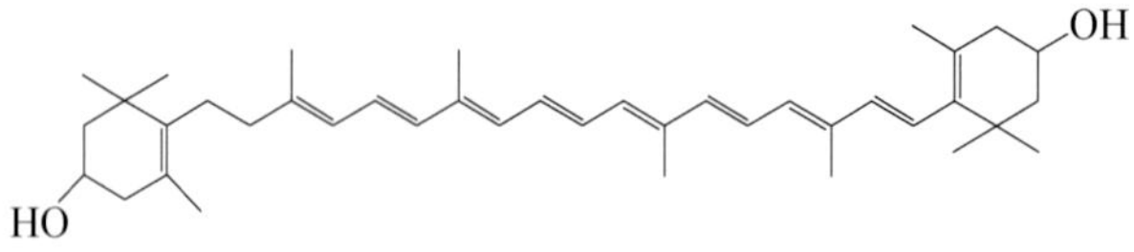

叶黄素：$C_{40}H_{56}O_2$

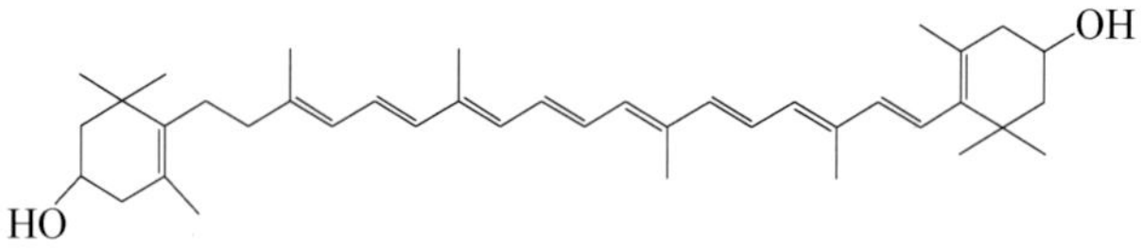

玉米黄素：$C_{40}H_{56}O_2$

图 6-11 枸杞中几种主要的游离类胡萝卜素的分子式和结构式

四、枸杞多酚

(一) 黄酮类

黄酮类 (flavonoids) 是以黄酮类化合物 (flavonoids) 又称生物类黄酮、黄酮体、黄碱素,以 C_6-C_3-C_6 母核为基础,属植物次级代谢产物。它具有多种生物活性,不仅具有扩张冠状动脉、降低血胆固醇及抗菌消炎等作用,而且还具有抗氧化及止咳平喘之功效。枸杞黄酮类成分主要为芦丁、异鼠李素糖苷和山柰酚芸香糖苷等(图 6-12、表 6-2)(侯学谦等,2016)。

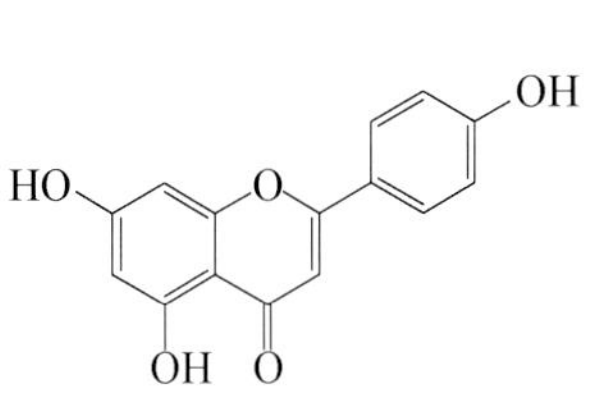

图 6-12 枸杞中的黄酮及其苷类

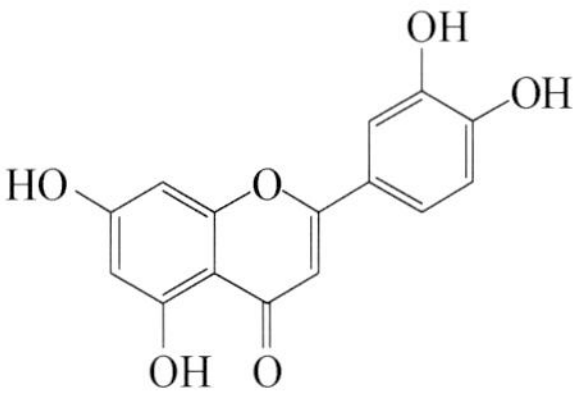

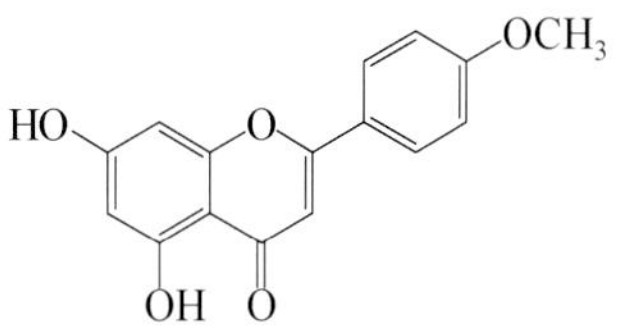

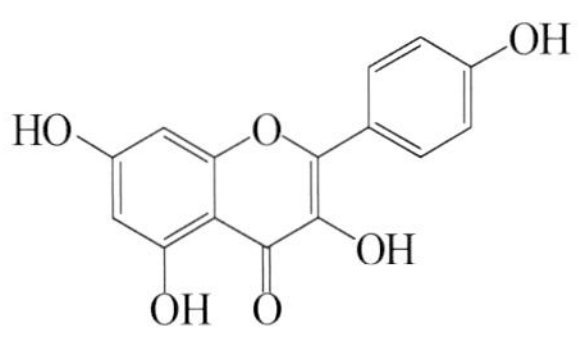

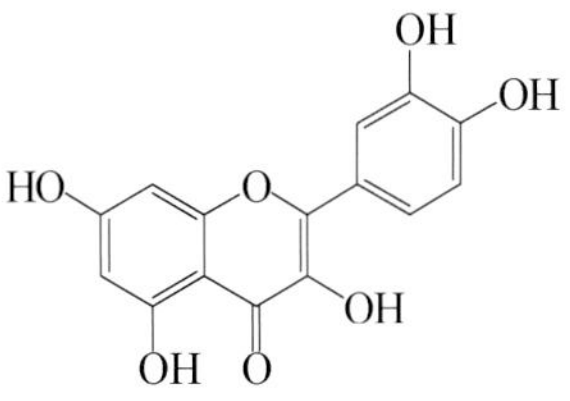

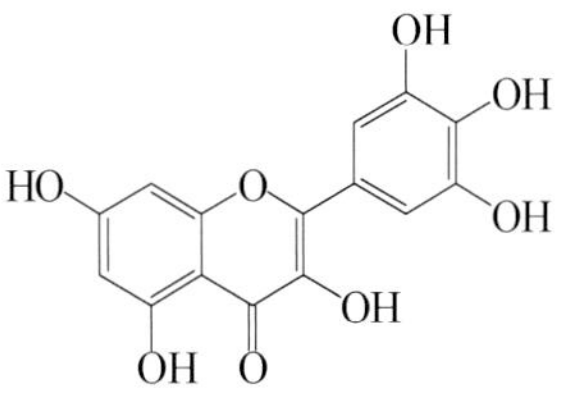

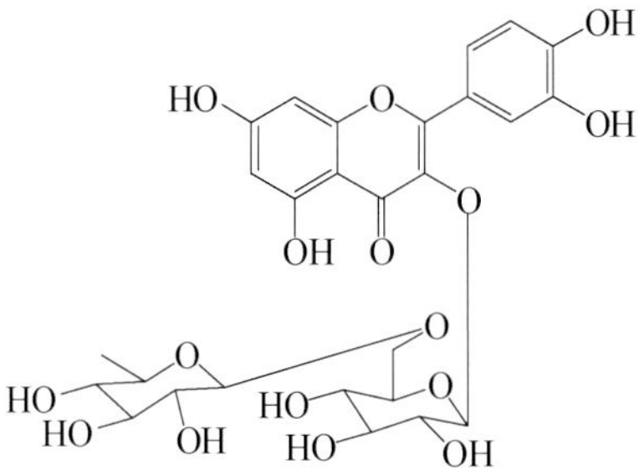

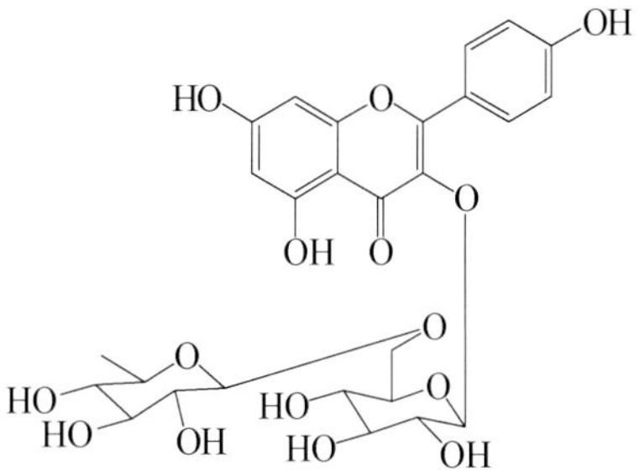

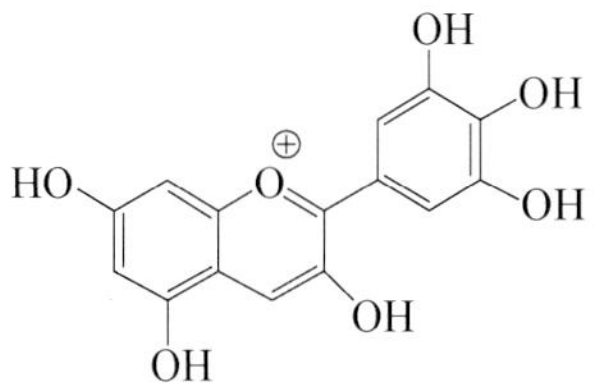

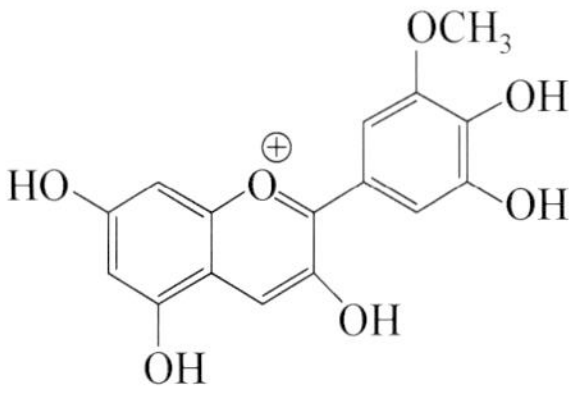

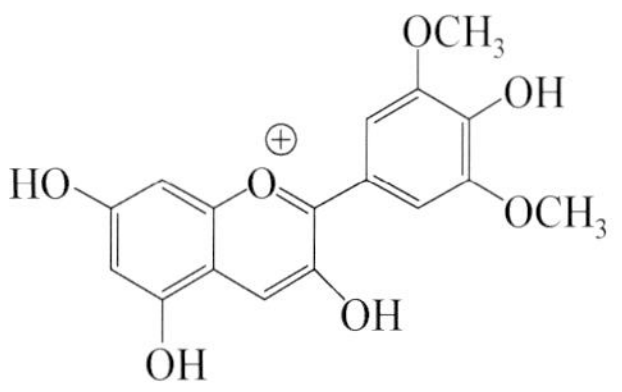

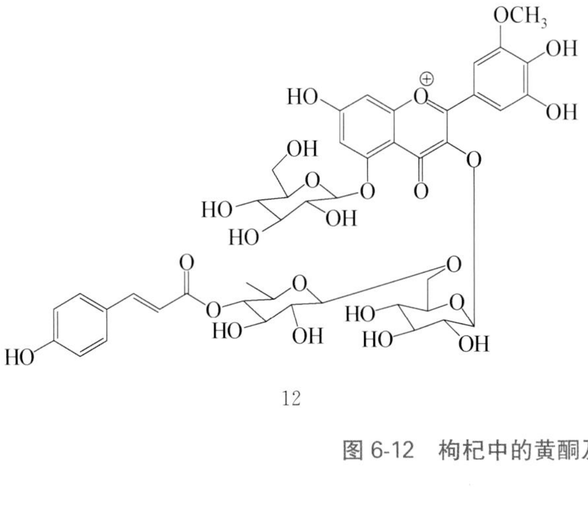

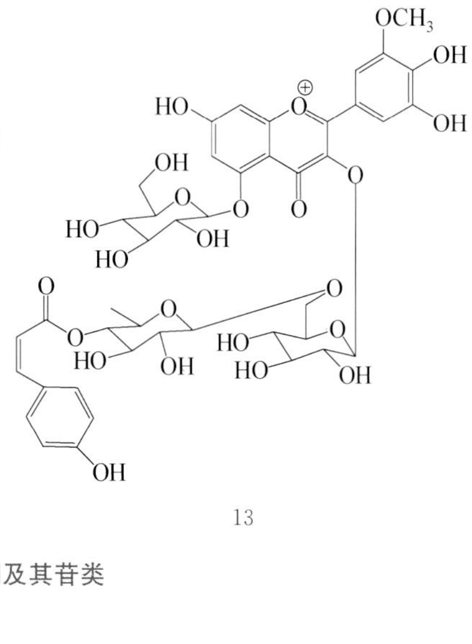

表 6-2 枸杞中黄酮类成分

编号	化合物名称
1	芹菜素
2	木犀草素
3	4'-O-甲基芹菜素
4	山奈酚
5	槲皮素
6	杨梅素
7	芦丁
8	山奈酚-3-O-芸香糖苷
9	飞燕草素
10	牵牛花素
11	锦葵花素
12	petunidin-3-O-rutinoside(trans-p-coumaroyl)-5-O-glucoside
13	petunidin-3-O-rutinoside(cis-p-coumaroyl)-5-O-glucoside

1. 黄酮及其苷类· 3 个黄酮(1~3),3 个黄酮醇(4~6)和 2 个黄酮苷(7、8)从 L. chinense 或 L. barbarum 的叶、果实中分离得到。

2. 花青素及其苷类· 从 L. ruthenicum 中共分离到 3 种花青素(9~11),2 种花青素苷(12~13)。

(二) 多酚

1. 羟基肉桂酸类· 羟基肉桂酸(Hydroxycinnamic acid, HCAs),是一类含有酚羟基苯环的有机酸,具有增强人体免疫力、预防肠道疾病、减肥和情绪改善等作用。

枸杞子中 HCAs 主要为肉桂酸衍生物和苯甲酸衍生物等。其中前者包括:绿原酸(chlorogenic acid)、阿魏酸(ferulic acid)、p-香豆酸(p-coumaric acid)、咖啡酸(caffeic acid)等,通常以奎尼酸酯结合的形式与水溶性缩合鞣质共存;而没食子酸(gallic acid)、对羟基苯甲酸(p-hydroxybenzoic acid)、原儿茶酸(protocatechuic acid)等苯甲酸衍生物,则一般以儿茶素酯的方式存在。

目前,国内外学者对枸杞子中 HCAs 的质量研究多涉及化合物定性、多组分定量测定方面。王晓宇等(2012)以绿原酸为对照品建立标准曲线,采用经典 Folin-酚显色剂比色法测定了枸杞子中总

HCAs 的含量,达 4.41%。陈晨等建立 SPE-HPLC 法在短时间内同时测定了黑果枸杞汁中咖啡酸、绿原酸、原儿茶素、丁香酸、没食子酸和儿茶素等 6 种 HCAs 成分的含量。国外学者以宁夏枸杞 L. barbarum 果实为研究对象,采用 LC-qTOF-MS/MS 方法进行分析,表明咖啡酸衍生物、咖啡奎尼酸衍生物和香豆酸衍生物为宁夏枸杞主要 HCAs 成分。

2. 羟基肉桂酸胺类· 羟基肉桂酸酰胺(hydroxycinnamic acid amines, HCAAs),即为 HCAs(p-香豆酸,咖啡酸,阿魏酸等)与色胺(tryptamine)、酪胺(tyrosamine)等氨基酸胺类成分以酰胺键结合而形成。此类化合物最初发现于枸杞 L. chinense 地下根皮部分,最新研究表明在枸杞果实中也存在一定量的 HCAAs 活性多酚成分,但对其研究仅涉及在宁夏枸杞子单体化合物的分离纯化与结构鉴定。基于此,今后可有针对性的在此方面进行一些指纹图谱、药理和药动学方面的探究。

Gao 等首次从宁夏枸杞 L. barbarum 果实中分离鉴定了 7 个 HCAAs 类成分,其中包括结构新颖的 2 个二聚体 lyciumamide A、lyciumamide B 和 1 个单体化合物 lyciumamide C。随后,研究者又从宁夏枸杞果实中分离得到一个新的 N-feruloyltyramine 二聚物,并采用 NMR 技术对其结构进行了鉴定。

研究表明,从枸杞中分离鉴定出 6 个酚酸类成分:原二茶酸、二氢异阿魏酸、咖啡酸、顺式对羟基肉桂酸、反式对羟基肉桂酸、反式肉桂酸。其中二氢异阿魏酸和顺式对羟基肉桂酸是 2013 年首次在枸杞属植物中分离得到(冯美玲等,2013)。

除以上四大类活性化合物外,枸杞中还含有脑苷脂、香豆素类、β-谷甾醇、木脂素等小分子化合物,其中木脂素 lyciumin 是从 L. chinense 中分到并被确定了其立体结构。冯美玲等从枸杞中分离出了 3 个香豆素成分:莨菪亭、异莨菪亭、七叶内脂。其中后 2 种是 2013 年首次从枸杞属植物中分离得到。

其他成分包括谷氨酰胆甾-5,22-二烯-3β 胺,天门冬素,甾醇,胆甾-7-烯醇;菜油;胆甾烷醇;24-亚甲基胆固醇,胆甾-5 烯-3β 醇,24-甲基胆甾-5 烯-3β 醇、24-乙基胆甾-5、22-二烯-3β 醇,

24-乙基胆甾-5 烯-3β 醇,24-亚乙基胆甾-5 烯-3β 醇等(白雪梅等,2005)。

五、氨基酸

枸杞果实中含氨基酸营养成分种类多,含量高(马建军等,2009;王彦芳等,2012;王益民等,2014;吴华玉等,2013;杨春霞,2017;A. Bendich 等,1990),对人体营养价值较大,是构成人体的最基本物质之一,也是生物代谢的物质基础,据研究报道枸杞中含 17～19 种氨基酸,有天门冬氨酸、苏氨酸、丝氨酸、谷氨酸、甘氨酸、丙氨酸、胱氨酸、缬氨酸、甲硫氨酸、异亮氨酸、亮氨酸、酪氨酸、苯丙氨酸、赖氨酸、组氨酸、精氨酸、色氨酸、脯氨酸等。

1. 分类·氨基酸:含有氨基(—NH2)和羧基(—COOH),并且氨基和羧基都直接连接在一个—CH—结构上的一类有机化合物的通称。生物功能大分子蛋白质的基本组成单位,是构成动物营养所需蛋白质的基本物质。

氨基酸的分类可分为:必需氨基酸和非必需氨基酸

(1) 必需氨基酸(essential amino acid):指人(或其他脊椎动物)自己不能合成,需要从食物中获得的氨基酸。它们是赖氨酸、色氨酸、苯丙氨酸、甲硫氨酸、苏氨酸、异亮氨酸、亮氨酸、缬氨酸、组氨酸。

(2) 非必需氨基酸(nonessential amino acid):指人(或其他脊椎动物)自己能由简单的前体合成,不需要从食物中获得的氨基酸。根据其化学性质分类分为:非极性氨基酸和极性氨基酸。

(3) 非极性氨基酸:甘氨酸、丙氨酸、缬氨酸、亮氨酸、异亮氨酸、苯丙氨酸、脯氨酸。

(4) 极性氨基酸:①极性中性氨基酸有色氨酸、酪氨酸、丝氨酸、半胱氨酸、蛋氨酸(甲硫氨酸)、天冬酰胺、谷氨酰胺、苏氨酸。②酸性氨基酸有天冬氨酸、谷氨酸。③碱性氨基酸有赖氨酸、精氨酸、组氨酸。其中属于芳香族氨基酸的有色氨酸、酪氨酸、苯丙氨酸,属于亚氨基酸的有脯氨酸,含硫氨基酸包括半胱氨酸、甲硫氨酸。

2. 牛磺酸·牛磺酸是一种含硫的 β-氨基酸,它是一种含硫的非蛋白质结构的氨基酸,且氨基酸在 β 位,与普通氨基酸有本质区别,具有很强的生物活性,1827 年首次从牛胆种分离获得,因而又称为牛胆素(A. Bendich 等,1990),被广泛作为保健食品和医药产品的原料。

自 Hayes 等(K. C. Hayes,1975)发现幼猫缺乏牛磺酸能导致失明后,才确定了牛磺酸在营养学的地位。机体中牛磺酸的来源、分布与合成人体牛磺酸的主要来源有 3 个途径:①通过胎盘从母体中获得。②从母乳中获得。③自身合成。牛磺酸在体内主要分布于中枢神经系统、视网膜、肝脏、骨骼肌和心脏等组织(PD Pion,1987),新生大鼠的大脑及小脑中牛磺酸含量非常高。Gaull(F. Franconi,1995)发现生长发育中动物大脑中牛磺酸含量明显高于成年动物大脑中该物质的含量,成年动物大脑中牛磺酸的含量仅为新生动物的 1/3(DK Rassin,1978)。

目前人们公认的经半胱氨酸进而转化为牛磺酸的合成途径有 4 条:①半胱亚磺酸脱羧酶途经,中枢神经以该途径为主。②磺基丙氨酸脱羧酶途径。③半胱氨脱氢酶途径。④二亚砜途径。牛磺酸作为人体条件性必需营养素,在多种系统中起着重要的作用(陈玉珍,1994)。对保护肝脏(汤健等,1993;JA Sturman,1975)、新生儿神经系统发育(JA Sturman,1995)、增强心肌收缩力(Lehmann,1995)、促进大脑发育(JH Kramer,1981;韩晓滨等,1988;龚丽芬等,2003)都有生物活性。

近年来随着对牛磺酸生理作用、营养价值的深入研究,其应用越来越广(陈玉珍等,1994)。它在动物体内含量较高,但在大多数植物中却未发现,但在我国传统的名贵中药材枸杞中的含量却相对丰富,占其所含游离氨基酸的第二位(陈绥清等,1991)。枸杞中牛磺酸在动物体内主要通过半胱磺酸脱氢酶(CSAD)的作用,而成人、幼儿体内此酶的活性均较鼠类低 3 个数量级,因此人类主要依靠摄取食物中的牛磺酸来满足机体的需要。牛磺酸是婴幼儿生长发育过程中的必需氨基酸,而且枸杞中含量较高(杨涓等,2005),利用其研发婴幼儿食品前景广阔。

六、多肽

肽是由 1 个氨基酸分子的氨基和另一个氨基酸分子的羧基脱去 1 分子水,形成肽键而相互连接的。

由 2 分子氨基酸组成的肽称为二肽,由 3 分子氨基酸组成的肽称为三肽,以此类推。多肽包括氨基酸生物合成蛋白过程中的中间体和由部分氨基酸缩合成的游离肽。随着肽类化合物微量分离、纯化、结构测定以及人工合成技术的改进,近年来陆续发现许多具有重要药理生理活性的肽类化合物。1993 年在枸杞根皮中提取分离得到多肽物质。Yahara 等(1993)从 *L. chinense* 的根皮中分到环肽类化合物(图 6-13)。

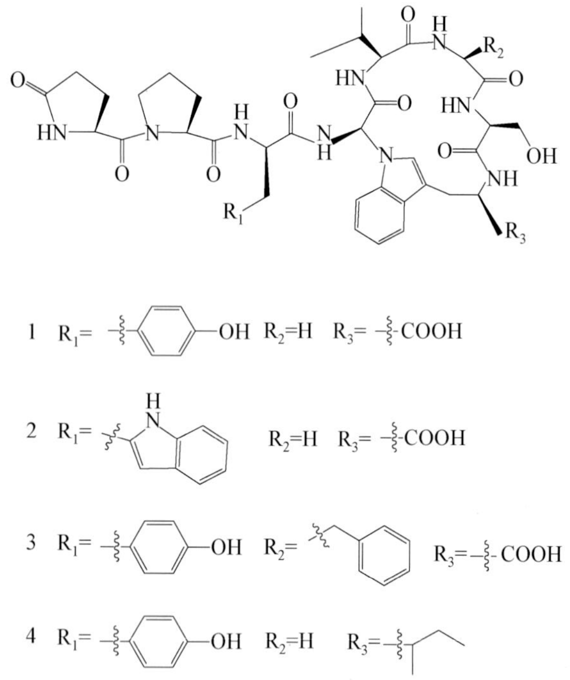

1 R$_1$= —〈〉—OH R$_2$=H R$_3$= —COOH

2 R$_1$= 〈〉 R$_2$=H R$_3$= —COOH

3 R$_1$= —〈〉—OH R$_2$= —〈〉 R$_3$= —COOH

4 R$_1$= —〈〉—OH R$_2$=H R$_3$= —

图 6-13 枸杞根皮中分离到的环肽类化合物

七、蛋白质

在 18 世纪,Antoine François Fourcroy 和其他一些研究者发现蛋白质是一类独特的生物分子。蛋白质是组成人体一切细胞、组织的重要成分。机体所有重要的组成部分都需要有蛋白质的参与。一般说,蛋白质约占人体全部质量的 18%,最重要的还是其与生命现象有关。

蛋白质(protein)是生命的物质基础,是有机大分子,是构成细胞的基本有机物,是生命活动的主要承担者。没有蛋白质就没有生命。氨基酸是蛋白质的基本组成单位。它是与生命及与各种形式的生命活动紧密联系在一起的物质。机体中的每一个细胞

和所有重要组成部分都有蛋白质参与。蛋白质占人体重量的 16%～20%,即一个 60 kg 重的成年人其体内约有蛋白质 9.6～12 kg。人体内蛋白质的种类很多,性质、功能各异,但都是由 20 多种氨基酸(Amino acid)按不同比例组合而成的,并在体内不断进行代谢与更新。

采用盐浴法提取枸杞中蛋白质,并对蛋白质溶液进行了浓缩,后用 SDS - PAGE 电泳对其进行分离和分子量计算,初步鉴定出 7 种蛋白质。其中分子量为 63 096 Da、51 286 Da、33 884 Da 的蛋白质提取范围较大,而且用 pH 为 6.0 的 PB 缓冲液提取并用饱和度为 80% 的 $(NH_4)_2SO_4$ 盐析时蛋白提取效果最好(李一婧等,2011)。

研究报道枸杞籽油中分离蛋白成分文献,采用碱提酸沉办法分离蛋白质制得的分离蛋白呈淡乳黄色粉末,黏性较大,易吸潮,有淡淡的苦味和蛋白的香味,其组成成分有蛋白、水、单宁、残油物,分离蛋白得率为 85.67%。可以看出,枸杞籽蛋白的水分含量偏高,这可能是枸杞籽分离蛋白结构松散,易吸潮。蛋白灰分较低,抗营养因子单宁去除率高,残油含量正常(吴华玉等,2013)。

分离蛋白含有人体必需的 8 种氨基酸,EAA 占总氨基酸的 38.23%。对比大豆分离蛋白、莲子水溶蛋白和菜籽粕贮藏球蛋白的氨基酸组成可以看出,枸杞籽分离蛋白的氨基酸组成和含量与菜籽粕贮藏球蛋白较为接近。枸杞籽分离蛋白的氨基酸组成较平衡,只有蛋氨酸和胱氨酸含量较低,其他氨基酸比例都很合适。谷氨酸和天冬氨酸含量很高,特别是谷氨酸含量达到 9.38 mg/100 mg,这 2 种物质对人的脑神经发育和增强记忆具有良好的作用。亮氨酸和精氨酸等功能性氨基酸含量也相对较高,这说明芳香族氨基酸与含硫氨基酸同样含量丰富。亮氨酸、异亮氨酸、缬氨酸等支链氨基酸含量丰富,这对运动员骨骼肌的能量供应,肌肉合成以及延缓中枢疲劳均有极大的帮助。

与 FAO/WHO 必需氨基酸模式相比,蛋氨酸为其第一限制氨基酸,整体氨基酸组成均略低于FAO/WHO 模式,但比例较平衡,具有一定的营养价值,可以考虑进一步加工制作成为食用蛋白,作为营养食品或加工食品的配料。

传统碱提酸沉法提取的枸杞籽分离蛋白其溶解

性基本呈"V"型。在 pH 2~8 之间枸杞籽的蛋白都有一定的溶解性,在等电点 pH 4.5 时其溶解性最低,在 pH 7.5 处溶解性最大,达到 85%,吸油性 3.94%,吸水性 2.998%,乳化性 40.8%,乳化稳定性 52.5%,起泡性 30%,枸杞蛋白具有良好的功能特性。

枸杞籽分离蛋白的 SDS - PAGE 电泳图谱显示,枸杞籽分离蛋白条带分布均匀,出现了 6 条分布均匀的亚基条带,其分子量主要分布在 17 ~ 55 kDa。枸杞籽分离蛋白电泳图谱主要分为 2 个集中区域,上方区域有分子量分别为 48 kDa、35 kDa、32 kDa 的 3 个主带;下方区域出现 3 条主带,根据迁移率计算分子量约为 20.4 kDa、19 kDa、18.5 kDa。其中分子量为 48 kDa 的蛋白组分比较单一,分子量为 35 kDa、32 kDa 的蛋白含量比较高。

八、有机酸与脂肪酸

(一) 有机酸

有机酸是指一些具有酸性的有机化合物。最常见的有机酸是羧酸,其酸性源于羧基(—COOH)。磺酸(—SO₃H)、亚磺酸(RSOOH)、硫羧酸(RCOSH)等也属于有机酸。有机酸可与醇反应生成酯。羧基是羧酸的官能团,除甲酸(H—COOH)外,羧酸可看做是羟分子中的氢原子被羧基取代后的衍生物。可用通式 R(Ar)—COOH 表示。羧酸在自然界中常以游离状态或以盐、酯的形式广泛存在。有机酸在中草药的叶、根、特别是果实中广泛分布,苹果酸、草酸、维生素 C 等具有显著的生物活性。

枸杞果实生长发育过程中,苹果酸、草酸、柠檬酸等总酸在花期 27 日达到最高值,总酸含量由低升高,27 日后有下降趋势,苹果酸、柠檬酸、草酸这几个主要成分是枸杞中主要的有机酸(冯美等,2005)。

采用反相高效液相色谱仪法测定枸杞中有机酸的含量,共检出了草酸、酒石酸、苹果酸、抗坏血酸、乳酸、乙酸、柠檬酸 7 种有机酸(表 6-3),以柠檬酸、乙酸、苹果酸为主(董秀丽等,2010)。

表 6-3　枸杞中各种有机酸种类

序号	中文化学名	分子式	英文化学名
1	柠檬酸(枸橼酸) 2-羟基丙三羧酸	$HOOCCH_2C(OH)(COOH)—CH_2(COOH)$	citric acid
2	酒石酸(二羟丁二酸)	$HOOCCH(OH)CH(OH)·COOH$	tartaric acid
3	苹果酸(羟基丁二酸)	$HOOCCH(OH)CH_2COOH$	malic acid
4	草酸(乙二酸)	$HOOCCOOH$	oxalic acid
5	乙酸	CH_3CH_2COOH	acetic acid
6	乳酸	$CH_3CH(OH)COOH$	lactic acid
7	抗坏血酸	$C_8H_8O_6$	ascorbie acid

(二) 脂肪酸

脂肪酸是指一端含有一个羧基的长的脂肪族碳氢链有机物,在有充足氧供给情况下,可氧化分解为 CO_2 和 H_2O,释放大量热量,脂肪酸是机体主要能量来源之一。

脂肪酸是由碳、氢、氧三种元素组成的一类化合物,是中性脂肪、磷脂和糖脂的主要成分。脂肪酸根据碳链长度的不同又可将其分为短链脂肪酸(short chain fatty acids,SCFA),其碳链上的碳原子数小于 6,也称作挥发性脂肪酸(volatile fatty acids,VFA);中链脂肪酸(midchain fatty acids,MCFA),指碳链上碳原子数为 6~12 的脂肪酸,主要成分是辛酸(C_8)和癸酸(C_{10});长链脂肪酸(longchain fatty acids,LCFA),其碳链上碳原子数大于 12。

一般食物所含的脂肪酸大多是长链脂肪酸。脂肪酸根据碳氢链饱和与不饱和的不同可分为三类,即:饱和脂肪酸(saturated fatty acids,SFA),碳氢上没有不饱和键;单不饱和脂肪酸(monounsaturated fatty acids，MUFA），其碳氢链有一个不饱和键；多不饱和脂肪（polyunsaturated fatty acids，PUFA），其碳氢链有 2 个或 2 个以上不饱和键。富含单不饱和脂肪酸和多不饱和脂肪酸组成的脂肪在室温下呈液态，大多为植物油，如花生油、玉米油、豆油、坚果油（即阿甘油）、菜子油等。以饱和脂肪酸为主组成的脂肪在室温下呈固态，多为动物脂肪，如牛油、羊油、猪油等。但也有例外，如深海鱼油虽然是动物脂肪，但它富含多不饱和脂肪酸，如 20 碳 5 烯酸（EPA）和 22 碳 6 烯酸（DHA），因而在室温下呈液态。

采用超临界 CO_2 萃取法提取青海柴达木枸杞籽油，用质谱分析数据并与宁夏枸杞油做了对比，柴达木枸杞籽油中含有 8 种脂肪酸：α-亚麻酸、γ-亚麻酸、棕榈油酸、亚油酸、软脂酸、油酸、硬脂酸、花生烯酸，其中不饱和脂肪酸占 89.01%，其中亚油酸（C_{18-2}）与油酸（C_{18-1}）含量最高，分别为 63.05% 和 21.13%。不同产区枸杞籽中都含有大量的不饱和脂肪酸，主要为亚油酸（C_{18-2}）和油酸（C_{18-1}）。宁夏枸杞籽油中含有 6 种脂肪酸，柴达木枸杞籽比宁夏枸杞籽多检出 α-亚麻酸（C_{18-3}）和软脂酸两种脂肪酸（李国梁等，2010）。

经研究北方枸杞籽油中脂肪酸，鉴定出有 11 种脂肪酸（表 6-4）（杨绪启等，1997）。

表 6-4　北方枸杞籽油的脂肪酸组成

序号	脂肪酸名称	碳数及不饱和度
1	肉豆蔻酸	C_{14}，0
2	棕榈酸	C_{16}，0
3	棕榈油酸	C_{16}，1
4	硬脂酸	C_{18}，0
5	油酸	C_{18}，1
6	亚油酸	C_{18}，2
7	γ-亚麻酸	C_{18}，$3n-6$
8	α-亚麻酸	C_{18}，$3n-3$
9	花生酸	C_{20}，0
10	二十碳一烯酸	C_{20}，1
11	山嵛酸	C_{22}，0

有研究报道了枸杞子脂肪酸成分的分析文献，检定出枸杞中含脂肪酸 21 种（表 6-5）（沈宏林等，2009）。

表 6-5　枸杞中的 21 种脂肪酸

序号	化合物	分子式
1	丁酸甲酯 methyl-n-butyrate	$C_5H_{10}O_2$
2	琥珀酸二甲酯 dimethyl succinate	$C_6H_{10}O_4$
3	柠檬酸三甲酯 trimethyl citrate	$C_9H_{14}O_7$
4	十一酸甲酯 methylunde canoate	$C_{12}H_{24}O_2$
5	月桂酸甲酯 methyldode canoate	$C_{13}H_{26}O_2$
6	十三酸甲酯 methyltride canoate	$C_{14}H_{28}O_2$
7	反亚油酸甲酯 linolelaidic methyl ester	$C_{19}H_{34}O_2$
8	9-十六烯酸甲酯 9-hexadec methyl enoate	$C_{17}H_{32}O_2$
9	棕榈酸甲酯 methylpalmitate	$C_{17}H_{34}O_2$
10	十七酸甲酯 methylmargarate	$C_{18}H_{36}O_2$
11	9,12,16-十八烷三烯酸甲酯 9,12,16-octadecatrienoic acid methyl ester	$C_{19}H_{32}O_2$
12	亚油酸甲酯 methyl linolelaidate	$C_{19}H_{34}O_2$
13	油酸甲酯 methyloleate	$C_{19}H_{36}O_2$
14	10-十八碳烯酸甲酯 10-octadecenoic acid methyl ester	$C_{19}H_{36}O_2$
15	硬脂酸甲酯 methyl stearate	$C_{19}H_{38}O_2$
16	花生酸甲酯 methyl eicosanoate	$C_{21}H_{42}O_2$
17	二十一烷酸甲酯 methyl heneicosanoate	$C_{22}H_{44}O_2$
18	二十二酸甲酯 methyl docosanoate	$C_{23}H_{46}O_2$
19	二十三碳酸甲酯 methyl tricosanoate	$C_{24}H_{48}O_2$
20	木蜡酸甲酯 methyl lignocerate	$C_{25}H_{50}O_2$
21	角鲨烯 squalene	$C_{30}H_{50}$

九、微量元素

人体是由 60 多种元素所组成。根据元素在人体内的含量不同，可分为宏量元素和微量元素两大类。凡是占人体总重量的万分之一以上的元素，如碳、氢、氧、氮、钙、磷、镁、钠等，称为常量元素；凡是占人体总重量的万分之一以下的元素,如铁、锌、铜、锰、铬、硒、钼、钴、氟等,称为微量元素(铁又称半微量元素)。微量元素在人体内的含量真是微乎其微,如锌只占人体总重量的百万分之三十三,铁也只有百万分之六十。

微量元素虽然在人体内的含量不多,但与人的生存和健康息息相关,对人的生命起至关重要的作用。它们的摄入过量、不足、不平衡或缺乏都会不同程度地引起人体生理的异常或发生疾病。微量元素最突出的作用是与生命活力密切相关。值得注意的是这些微量元素通常情况下必须直接或间接由土壤供给,但大部分人往往不能通过饮食获得足够的微量元素。根据科学研究,到目前为止,已被确认与人体健康和生命有关的必需微量元素有 18 种,即有铁、铜、锌、钴、锰、铬、硒、碘、镍、氟、钼、钒、锡、硅、锶、硼、铷、砷等。世界卫生组织公布的被认为是人体必需的微量元素有 14 种。每种微量元素都有其特殊的生理功能。尽管它们在人体内含量极小,但它们对维持人体中的一些决定性的新陈代谢却是十分必要的。一旦缺少了这些必需的微量元素,人体就会出现疾病,甚至危及生命。目前,比较明确的是约 30% 的疾病直接是微量元素缺乏或不平衡所致。如缺锌可引起口、眼、肛门或外阴部红肿、丘疹、湿疹。又如铁是构成血红蛋白的主要成分之一,缺铁可引起缺铁性贫血。国外曾有报道:机体内含铁、铜、锌总量减少,均可减弱免疫机制(抵抗疾病力量),降低抗病能力,助长细菌感染,而且感染后的死亡率亦较高。微量元素在抗病、防癌、延年益寿等方面都还起着非常重要的作用。

微量元素在人体内的生理功能主要有:①协助宏量元素输送,如含铁的血红蛋白有输氧功能。②是体能各种酶的组成成分和激活体,已知体内千余种酶大都含有一个或多个微量金属元素。③参与激素作用,调节重要生理功能,如碘参与甲状腺素的合成。④一些微量元素可影响核酸代谢,核酸是遗传信息载体。它含有浓度相当高的微量元素,如铬、钴、铜、锌、镍、钒等,这些元素对核酸的结构、功能和 DNA 的复制都有影响。

枸杞中报道含有约 10 种以上微量元素,含 19 中矿质元素,而且锌、铁、铜、锰等有益元素含量较高于其他药材。检出矿质元素有 K、Na、S、P、Mg、Ca、Si、Al、Fe、Zn、B、Cu、Mn、Se、Ph、Sr、Ti、Ba、Cr。其中人体常量元素有 K、Na、S、P、Mg、Ca 等;人体微量元素有: Fe、Zn、B、Cu、Mn、Se、Sr、Cr 等(杨学东等,2006;曾琦斐,2011;魏永生等,2012)。

第二节　枸杞活性成分提取与分离

枸杞自古以来都是一种医家常用中草药,更是一种营养丰富的保健品。近年来,已经从枸杞中提起分离得到多糖、生物碱、酰胺类、多肽类、黄酮及其苷类、蒽醌类、香豆素类、木脂类、有机酸类、类胡萝卜素类共计 200 多种化合物(房想等,2015)。本节主要介绍主要活性成分与分离技术。

一、枸杞多糖

(一)提取技术

1. 溶剂浸提法·浸提法的原理根据植物中各种成分的溶解性,选用对所需成分溶解度大而对其他成分溶解度小的溶剂,将所需成分从药材组织中溶解出来的一种方法,其作用原理是溶剂穿透药材原料的细胞膜,溶解可溶性物质,形成细胞内外浓度差,将其渗出细胞膜,达到提取目的。

水提醇沉淀法。水提醇沉淀法是大规模提取枸杞多糖较常用的方法,但是该方法中料液比、浸提温度、浸提时间、浸提次数等物理参数对提取得率都有很大的影响。对现有研究成果中主要影响因素进行归纳总结(田晓静等,2017),结果见表 6-6,枸杞原料的预处理方法基本都是采用低温烘干后粉碎,不同之处在于对粉碎的颗粒度要求,大多文献并未给出颗粒度。

枸杞多糖水提方法最佳工艺参数(任奕,2015)见表 6-7。

表 6-6　浸提法提取参数对比分析

原料	预处理方法	料液比 （m∶v）	提取温度 （℃）	提取时间 （h）	提取次数 （次）	优化方法	得率 （%）
干枸杞	粉碎	1∶27	81	2.5	1	Box-behnken 实验	5.03
宁夏枸杞	粉碎	1∶35	90	3	2	单因素、正交试验	18.56
枸杞子	捣碎浸泡过夜	1∶15	热水	2	3	单因素、正交试验	36.993
宁夏枸杞		1∶26	87	7	1	响应面法	8.2
宁夏枸杞	粉碎,40 目	1∶10	90	3.5	3	单因素、正交试验	3.5
精河枸杞	粉碎,60 目	1∶20	80	3	3	单因素、正交试验	＞2.59
枸杞子	粉碎	1∶30	75	3	1	单因素、正交试验	1.15
枸杞子	干燥	1∶15～30	50～60	4	2		7.87
新鲜枸杞	干燥,粉碎	1∶20	70	4	3	正交试验	4.51
干枸杞		1∶15	90	3	1	正交试验	4.001
枸杞子		1∶10	90	4	3		2.96

表 6-7　枸杞多糖水浸提研究的工艺参数

年份	原料	提取工艺方法
2010	宁夏枸杞	利用 $L_9(3^4)$ 正交设计试验得到的最佳工艺为：提取温度 50 ℃,料水比 1∶30,提取时间 2 h,枸杞多糖提取率 4.88%,平均回收率 97.97%
2014	干枸杞	热水提取法提取枸杞多糖的最佳条件：料液比 1∶27,提取温度 81 ℃,提取时间 2.5 h,得率可达 5.03%
2009	宁夏枸杞	碱性乙醇溶液提取最佳工艺条件：料液比 50∶1,乙醇体积分数 8%,pH 10.5,于 70 ℃条件下浸提 6.5 h,枸杞多糖得率最高可达 29.19%,比传统水体法高 9.51%
2010	宁夏枸杞	碱液提取枸杞多糖的最佳工艺条件：料液比 70∶1,pH 10,温度 65 ℃,浸提时间 3.5 h;影响碱液提取枸杞多糖的因素依次为：浸提温度＞pH＞料液比＞浸提时间,枸杞器多糖得率 7.46%,比传统水提工艺提高 1.59%
2010	宁夏枸杞（水煮醇沉）	水煮醇沉最佳工艺条件：料液比 1∶35,温度 90 ℃,pH 11,浸提时间 3 h,提取率 18.56%,其中 3 倍体积 95% 乙醇沉淀 6 h

对枸杞传统提取工艺的研究发现,与自然酸碱度提取条件相比,碱性条件更有利于获得枸杞多糖,可有效提高枸杞多糖的得率,碱法提取是在传统水提取枸杞多糖工艺基础上加碱,可以破坏植物细胞壁及细胞膜的完整性使其通透性提高,此外枸杞多糖为酸性杂多糖,易溶解于略呈碱性的水溶液,从而使枸杞多糖的渗透率增加,达到提高其得率的目的（表 6-8）。

表 6-8　酸碱性提取条件对枸杞多糖得率的影响

酸碱性条件	作者	方　法	结　果
自然酸碱度条件	王月圆等,2010 许程剑等,2012 寿鸿飞等,2015	粉碎过 40 目和 60 目筛;料液比 1∶10～35,常用 1∶10～20;提取温度 70～90 ℃之间;提取时间 2～7 h,3～4 h 较多;提取次数 1～3 次,随着提取次数升高,得率也提高	枸杞多糖得率差异较大,范围为 1.14%～18.56%,较多集中在 5% 上下,仅寿鸿飞等研究高达 36.99%

（续表）

酸碱性条件	作者	方 法	结 果
碱性条件	胡仲秋等,2008	料液比 1：70、pH 为 10、65 ℃下浸提 3.5 h。在此研究的基础上,改用细胞通透性较强的碱性稀乙醇溶液作为提取剂,最佳料液比 1：50,乙醇体积分数 8%、pH 10.5、70 ℃下浸提 6.5 h	条件：枸杞多糖得率高达 7.46%。优化后条件：枸杞多糖得率最高达 29.19%（胡仲秋等,2009）。此外已有报道表明,反复冻溶液会改变枸杞多糖的溶出率
碱法提取	任奕,2015	研究水提、超声和微波辅助提取枸杞多糖的实验中,3 种方法的最佳条件中提取时的 pH 均处于 8～10 之间	结果碱性环境中枸杞多糖得率最高。碱提法虽能大幅提高多糖提取率,但在碱作用下枸杞还原糖发生美拉德反应,使提取液颜色加深,且随着碱液浓度的增加而加深
碱法提取	赵永红,2008	通过正交试验确定了其最佳提取方案,即浸提温度为 90 ℃,溶媒量为 50 倍,浸提次数为 1 次,浸提时间为 2 h,得率为 0.94%;其中乙醇沉淀枸杞多糖的最佳方案是在枸杞多糖浓缩液中加入 4 倍的 80%乙醇,同时加 5%NaCl	能使枸杞多糖最大限度地沉淀

2. 微波辅助提取法 · 微波辅助法提取技术,又称微波萃取,是颇具发展潜力的一种新的萃取技术,是微波和传统溶剂提取法相结合在一起的一种提取方法。依据溶剂极性不同,它可以透过溶剂,使物料直接被加热,其热量传递和质量传递是一致的。

利用电磁波的作用提取枸杞中枸杞多糖的方法也得到广泛应用,且料液比、浸提温度、浸提时间、浸提次数及功率都对提取率有很大的影响,总结了微波提取情况(田晓静等,2017),见表 6-9,原料枸杞子的预处理方法大都采用烘干后粉碎,仅郑玲利等研究中采用剪碎(郑玲利等,2016)。上述研究中大多未对样品粉碎程度进行要求,也有研究中要求样品颗粒度达到 60 目和 40～60 目(邱志敏等,2012;史高峰等,2011);微波辅助提取枸杞多糖时料液比范围较大,1：30～1：10 及 26：1～10：1 均有采用;提取次多为 2 次;微波法提取的提取温度较集中,在 50～120 ℃之间,较多采用 90 ℃;提取时间各文献中差异较大,从 1.8～120 min 不等,总体较浸提法用时短,多在 1 h 内,可避免长时间高温引起的热不稳定物质的分解破坏(刘迎迎等,2015);在参数优化方法上,以单因素和正交试验为主,辅以响应面法。在上述条件下,枸杞多糖的得糖率差异较大,在 6.57%～19.10%之间,相对于传统的热水浸提法有明显提高;且微波辅助提取法用时更短,效率更高。

表 6-9 微波法辅助提取参数对比分析

原料	预处理方法	料液比 (m：v)	提取温度 (℃)	提取时间 (min)	提取次数 (次)	微波功率 (W)	优化方法	得率 (%)
中宁枸杞	干燥粉碎,60 目	26：1		1.8	2	300	响应面	9.57
宁夏枸杞	烘干、粉碎	25：1	120	24	2	300	正交试验	6.574
枸杞渣	烘干粉碎,40～60 目	1：12	90	40	2	500	正交试验	7.51
枸杞子	烘干、粉碎	1：30	50	3	2	540	正交试验	19.1
宁夏枸杞	干燥、剪碎	1：10	90	5	1	320	响应面	10.14
枸杞子	干燥、粉碎	1：10	90	120	1	600	单因素、正交试验	12.23
精河枸杞	烘干、粉碎	1：20	85	45	1	200	单因素、正交试验	7.22

莫晓宁等(2019)使用相应面法对提取工艺进行优化得最佳提取条件为微波功率300 W,微波时间1.8 min,液料比为26:1,提取率高达9.57%(w/w),一般的微波法提取率在6.574%～19.1%。这样既减少了操作难度,又节省了时间、材料和能耗,更增加了提取率,并发现抗氧化活性与水提法相当,不会破坏抗氧化活性。

利用微波消解-火焰原子吸收光谱法测定枸杞多糖铁配合物中铁含量。采用微波消解法处理枸杞多糖铁配合物,用硝酸-过氧化氢(6:1,φ)混合溶液作为消解剂进行微波消解,火焰原子吸收光谱法测定了枸杞多糖铁配合物中铁含量。元素检出限(3S/N)为0.010 8 mg/L,回收率在96.5%～104.9%之间,相对标准偏差($n=10$)为4.98%。测得的枸杞多糖铁配合物中的铁含量为36.71 mg/g(齐昭京等,2015)。

3. 超声波辅助法 · 超声波萃取的原理:超声波萃取中药材的优越性,是基于超声波的特殊物理性质。主要通过压电换能器产生的快速机械振动波来减少目标萃取物与样品基体之间的作用力从而实现固-液萃取分离。

超声波萃取的特点:适用于中药材有效成分的萃取,是中药制药彻底改变传统的水煮醇沉萃取方法的新方法、新工艺。与水煮、醇沉工艺相比超声波萃取具有如下突出特点:①无需高温。在40～50 ℃水温F超声波强化萃取,无水煮高温,不破坏中药材中某些具有热不稳定易水解或氧化特性的药效成分。超声波能促使植物细胞地破壁提高中药的疗效。②常压萃取安全性好操作简单易行维护保养方便。③萃取效率高。超声波强化萃取20～40 min即可获最佳提取率,萃取时间仅为水煮、醇沉法的1/3或更少。萃取充分萃取量是传统方法的2倍以上。据统计超声波在65～70 ℃工作效率非常高。

而温度在65 ℃内中草药植物的有效成分基本没有受到破坏。加入超声波后,在65 ℃条件下,植物有效成分提取时间约40 min。而蒸煮法的蒸煮时间往往需要2～3 h,是超声波提取时间的3倍以上时间。每罐提取3次基本上可提取有效成分的90%以上。④具有广谱性。适用性广绝大多数的中药材各类成分均可超声萃取。⑤超声波萃取对溶剂和目标萃取物的性质(如极性)关系不大。因此可供选择的萃取溶剂种类多、目标萃取物范围广泛。⑥减少能耗。由于超声萃取无需加热或加热温度低,萃取时间短,因此大大降低能耗。⑦药材原料处理量大,成倍或数倍提高,且杂质少,有效成分易于分离、净化。⑧萃取工艺成本低,综合经济效益显著。

利用超声波的空化效应、热效应和机械作用使枸杞子细胞壁及整个生物体的破裂在瞬间完成,能显著提高提取效率(张昌军等,2007),且以其提取时间短、效率高、能耗低、杂质少、有效成分易于分离纯化(张元等,2015)等优点广泛应用于大规模生产中。超声波辅助提取时,料液比、提取温度、提取时间、提取次数物理参数对提取率都有很大的影响,对研究成果中的上述因素进行归纳总结(田晓静等,2017),结果见表6-10,超声辅助提取法提取枸杞多糖的原料预处理与前2种方法一样,均是干燥后粉碎,且大多对粉碎后颗粒度大小未做明确要求;提取温度相对较集中,在60～90 ℃,与浸提法接近;提取时料液比在1:14～1:50之间波动,较多选择1:20～1:30;由于超声的辅助,提取时间比浸提法显著缩短,在15～50 min之间,且多集中在30 min左右;试验优化也是采用的单因素、正交试验相结合,也有部分研究采用响应面、均匀设计等试验方法;现有报道中超声功率大多在60～250 W之间,而200 W相对常用。在上述条件下,多糖得率在4.28%～14.48%之间波动,高于浸提法,却低于微波辅助提取法。

表6-10 超声波法辅助提取参数对比分析

原料	预处理方法	料液比(m:v)	提取温度(℃)	提取时间(min)	超声功率(w)	优化方法	得率(%)
枸杞	干燥	1:14		15		正交试验	8.94(蔡宇,2010)
枸杞子		1:20	60	30		单因素、正交试验	7.44(陈吉生等,2009)
宁夏枸杞	烘干粉碎,60目	1:30	60	40		正交试验	14.48(孟良玉等,2009)
枸杞子	破碎	1:30	室温	20		单因素、正交试验	10(孙汉文等,2009)

（续表）

原料	预处理方法	料液比 （m：v）	提取温度 （℃）	提取时间 （min）	超声功率 （w）	优化方法	得率（%）
野生枸杞	粉碎	1：25.4		16.5	249.5	Box-Behnken 试验	5.318(李文谦等,2011)
新鲜枸杞	烘干后粉碎	1：50	90	15	60	单因素、正交试验	4.28(韩秋菊等,2013)
枸杞	冻干后粉碎	1：30	70	50	200	单因素、正交试验	5.02(刘腾子等,2014)
枸杞	烘干后粉碎	1：20		40	100	正交试验	4.724(吕凤娇等,2011)
无籽枸杞	烘干、粉碎	1：21	63	27	200	均匀设计	5.16(郝继伟,2011)
黑果枸杞	粉碎后过60目	1：30	73	29	198	响应曲面法	12.91(陈亮等,2015)
宁夏枸杞	烘干、粉碎	1：20	70	20		响应曲面法	(杨新生等,2016)

研究报道了超声波辅助复合酶提取枸杞多糖工艺，以枸杞为试验材料，研究了超声波辅助复合酶（脂肪酶/蛋白酶/纤维素酶/果胶酶＝1：1：1：1）提取枸杞多糖的工艺条件。以枸杞多糖得率为评价指标，通过正交试验确定了最佳提取条件为料液比1：40（g：mL），提取温度50 ℃，超声时间50 min，复合酶添加量0.5%。在此最佳条件下，枸杞多糖平均得率为58.91%（王杉杉等,2015）。

（1）各单因素对枸杞多糖提取效果的影响

1）料液比对提取效果的影响：不同料液比条件下的枸杞多糖得率结果，如图6-14所示。

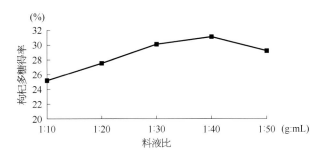

图6-14　料液比对枸杞多糖得率的影响

从图6-14可以看出，当料液比<1：40（g：mL）时，枸杞多糖得率随着料液比的升高而升高，可能是当料液比较低时，溶液黏稠度较大，超声波处理时，不易形成空化现象；当料液比为1：40（g：mL）时，枸杞多糖得率达到31.13%；之后随着料液比的升高反而会使枸杞多糖得率降低，可能是随着溶剂用量的增大，溶液中底物与酶的质量浓度也随之下降，有效反应碰撞减少。因此，选择料液比1：40（g：mL）最佳。

2）提取温度对提取效果的影响：不同提取温度条件下的枸杞多糖得率结果，如图6-15所示。从图6-15可以看出，枸杞多糖得率随着温度的升高而升高；当温度为55 ℃时，枸杞多糖得率达到42.621%；之后随着温度继续升高，枸杞多糖得率显著降低。温度影响酶的活性，适当的升高温度可以提高酶的活性，提高枸杞多糖得率，但当温度过高时，酶结构发生变化，活性急速下降，而使枸杞多糖得率降低。因此，选择提取温度为55 ℃最佳。

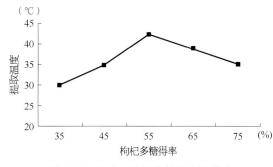

图6-15　温度对枸杞多糖得率的影响

3）超声时间对提取效果的影响：不同超声时间条件下的枸杞多糖得率结果如图6-16所示。

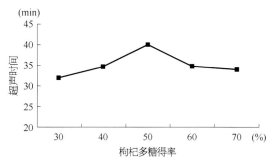

图6-16　超声时间对枸杞多糖得率的影响

从图 6-16 可以看出,超声时间<50 min 时,枸杞多糖随着超声时间的延长而增大;超声时间为 50 min 时,枸杞多糖得率 39.742%;当>50 min 时,枸杞多糖得率反而下降,可能因为超声时间较长,超声波提供的能量过高,此条件下多糖结构遭到破坏,得率降低。因此,选择超声时间为 50 min。

4) 复合酶添加量对提取效果的影响:不同复合酶添加量条件下的枸杞多糖得率结果如图 6-16 所示。

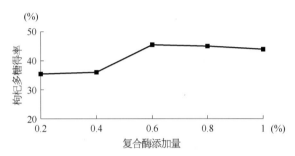

图 6-17　复合酶添加量对枸杞多糖得率的影响

由图 6-17 可以看出,枸杞多糖得率随着酶添加量的增加而增大;当酶添加量为 0.6% 时,枸杞多糖得率达到 45.362%;当酶添加量>0.65 时,随着酶添加量的增大而变得缓慢,可能因为此时酶用量在底物质量浓度一定时达到饱和。因此,选择复合酶添加量为 0.6%。

(2) 提取枸杞多糖的最佳工艺确定:在单因素试验的基础上,以多糖得率为评价指标,对料液比、超声时间、提取温度、复合酶添加量进行 $L_9(3^4)$ 正交试验,试验结果与分析见表 6-11,方差分析见表 6-12。

表 6-11　枸杞多糖提取条件优化正交试验结果与分析

试验号	A	B	C	D	多糖得率(%)
1	1	1	1	1	45.901
2	1	2	2	2	40.742
3	1	3	3	3	34.121
4	2	1	2	3	52.372
5	2	2	3	1	48.181
6	2	3	1	2	39.885
7	3	1	3	2	44.528
8	3	2	1	3	37.646

(续表)

试验号	A	B	C	D	多糖得率(%)
9	3	3	2	1	41.015
k_1	40.225	47.600	41.144	45.032	
k_2	46.813	42.190	44.710	41.718	
k_3	41.063	38.340	42.227	41.380	
极差 R	6.558	9.26	3.566	3.652	

表 6-12　正交实验结果方差分析

方差来源	偏差平方和	自由度	F 比	$F_{0.05}$临界值	显著性
料液比(A)	76.719	2	1.223	4.460	
提取温度(B)	129.840	2	2.070	4.460	
超声时间(C)	19.916	2	0.317	4.460	
复合酶添加量(D)	24.439	2	0.390	4.460	
误差	250.91	8			

由表 6-12 可知,各因素影响枸杞多糖得率得主次关系顺序为提取温度(B)>料液比(A)>复合酶添加量(D)>超声时间(C)。最佳工艺条件为 $A_2B_1C_2D$,即料液比为 1∶40(g∶mL),提取温度 50 ℃,超声时间 50 min,复合酶添加量 0.5%。并在此最优提取条件下进行验证试验,枸杞多糖得率达到 58.91%,高于正交试验表中最大多糖得率 52.37%,故可以认为该组合为超声波辅助热水浸提法提取枸杞多糖的最佳提取工艺。由表 6-12 可知,各因素对结果影响均不显著。

(3) 结论:单因素试验结果表明,宁夏枸杞多糖的提取受料液比,提取温度,超声时间,复合酶添加量 4 个因素影响较大,且各因素水平数据之间存在一定的梯度差。正交试验结果表明,枸杞多糖最佳提取工艺条件为料液比 1∶40(g∶mL),浸提温度 50 ℃,超声时间 50 min,复合酶添加量 0.5%。在此最佳条件下,枸杞多糖平均得率为 58.91%。利用超声辅助复合酶法提取枸杞多糖具有节约时间、能耗低、提取效率高等优点,可为大规模工业化生产枸杞多糖提供理论依据。

选择对超声水提工艺有影响的主要因素为溶剂用量、提取时间、超声功率、提取次数,按照四因素三

水平进行 $L_9(3^4)$ 正交试验得知,各因素对枸杞多糖的提取工艺影响的主次顺序为料液比＞提取时间＞超声功率＞提取次数。其中,料液比对提取工艺有显著性影响。该研究目的是优选枸杞多糖的最佳提取工艺。采用正交设计法对提取工艺进行研究;应用 D-半乳糖连续注射,造成实验性衰老小鼠模型,通过测定血液丙二醛(MDA)、谷胱甘肽过氧化物酶(GSH-PX)和过氧化氢酶(CAT)的含量及超氧化物歧化酶(SOD)的活力和皮肤中 SOD、MDA 及羟脯氨酸(Hyp)的水平来检测枸杞多糖延缓衰老的能力。结果:通过正交设计确定的枸杞多糖的最佳提取方案为料液比为 1:30,提取 2 次。一次 90 min,功率为 100 kHz。研究显示,枸杞多糖可提高小鼠血液中 SOD、CAT、GSH-px 水平,降低 MDA 值;可提高小鼠皮肤 SOD 活力,降低皮肤 MDA 含量,提高 Hyp 含量。本研究建立的提取方法简单、易行,枸杞多糖的提出率高。枸杞多糖具有抗 D-半乳糖所致小鼠衰老的作用(刘杰等,2016)。

4. 酶法提取·酶法提取主要采用酶破坏细胞壁结构,减少溶剂阻力。大多数中药为植物性草药,植物性中药材中的有效成分多存在于植物细胞的细胞质中。在中药提取过程中,溶剂需要克服来自细胞壁及细胞间质的传导阻力。细胞壁是由纤维素、半纤维素、果胶质等物质构成的致密结构,选用合适的酶(如纤维素酶、半纤维素酶、果胶酶)对中药材进行预处理,能分解细胞壁的纤维素、半纤维素及果胶等物质,从而破坏细胞壁的结构,产生局部的坍塌、溶解、疏松,减少溶剂提取时来自细胞壁和细胞间质的阻力,加快有效成分溶出细胞的速率,提高提取效率,缩短提取时间。而且,在中药提取中酶可作用于目标产物,改善目标产物的理化性质,提高其在提取溶剂中的溶解度,减少溶剂的用量,降低成本;也可改善目标产物的生理生化功能,从而提高其效用。

酶法提取枸杞多糖时,酶的种类及用量、料液比、酶解时间、酶解温度、pH 等因素对其得率均有影响。田晓静(2017)对现有研究成果中上述因素进行归纳总结,结果见表 6-13。对枸杞原料的预处理方法基本都是采用烘干后粉碎,不同之处在于粉碎的颗粒度要求上,大多文献并未给出颗粒度,仅少数研究中要求颗粒度分别是 80 目和 80～100 目(梁敏等,2010;邹东恢等,2011),有的研究中采用浸泡后打浆(吴素萍等,2007);料液比在 1:10～45 之间,但是较常用的 1:10～20。为保证酶活性最强,酶解温度集中在 40～60 ℃之间,这是与前面几种方法差异最大的地方;提取时间在 20～160 min 之间;在酶的选择上有单一酶也有选择复合酶的,选用的角度主要是木瓜蛋白酶、纤维素酶和果胶酶,用量大多控制在 0.45% 上下,但也有酶用量达到 3%(陈忱等,2013)。在上述条件下,枸杞多糖的得率差异较大,在 2.95%～23.68% 之间波动。酶解法虽然多糖得率有所提高,但为保持酶活性对其温度和 pH 的控制上有较高要求,且成本相对较高。

表 6-13　酶法提取参数对比分析

原料	预处理方法	料液比(m:v)	酶解温度(℃)	pH	酶解及用量(%)	优化方法	得率(%)
枸杞子	烘干、粉碎	1:20	59.7	5.0	纤维素酶,2.0 木瓜蛋白酶,1.0	Box-Behnken 试验设计	6.81
枸杞	烘干、粉碎	1:10	51	4.5	蛋白酶:纤维素酶:果胶酶＝1:1:0.32	响应面法	13.96
新鲜枸杞	烘干粉碎,80 目	3:35	45	7.0	木瓜蛋白酶,0.3	正交试验	14.9
宁夏枸杞	浸泡打浆	/	50	5.0	纤维素酶,0.5	单因素、正交试验	11.2
枸杞	冻干粉碎	1:45	55	3.5	果胶酶,0.4	单因素、正交试验	7.4
青海枸杞	粉碎	1:20	50		木瓜蛋白酶,0.5	单因素、正交试验	2.949 8
新鲜枸杞	干燥后粉碎 80～100 目	1:25	55	6.0	纤维素酶:木瓜蛋白酶＝2:1,0.4	正交试验	16.5
宁夏枸杞	烘干后粉碎	1:10	50	4.5	纤维素酶,0.45	单因素、正交试验	23.68

任奕报道酶法辅助提取工艺,总结了最佳工艺的参数在枸杞多糖的酶法提取中,常用的酶有纤维素酶、木瓜蛋白酶、果胶酶、复合蛋白酶等。酶法提取枸杞多糖的最佳工艺参数见表6-14。

表6-14 酶解提取枸杞多糖的工艺参数

年份	酶	提取工艺方法
2010	木瓜蛋白酶	加酶量0.3%,酶解反应的pH 7.0,温度45℃,反应时间2 h,多糖提取率14.9%
2013	纤维素酶	微波功率450 W,微波处理时间6 min,物料为80目,液料比25:1,酶用量1.5%,酶解温度50℃,酶解时间60 min,酶解体系pH 4.8,多糖得率为13.2%
2014	果胶酶	pH 3.5,液料比1:45,温度55℃,时间2 h,多糖提取率7.40%
2015	复合酶(脂肪酶/蛋白酶/纤维素酶/果胶酶=1:1:1:1)	料液比1:40,提取温度50℃,超声时间50 min,复合酶添加量0.5%,多糖平均得率为58.91%

莫晓宁等(2019)使用响应面优化酶法提取枸杞多糖,用淀粉酶解枸杞多糖,用单因素实验和正交实验检测影响提取的因素,最后用软件确定优化条件。选取范围是酶解温度25～75℃,时间50～140 min,酶浓度0.3%～0.6%,在此条件下,酶解法对枸杞多糖的提取率预测值为13%左右。

5. 反复冻融法·冻法是采用反复冻融与融化时由于细胞形成了冰晶及剩余液体中盐浓度的增高可以使细胞破裂,这种方法简单方便,但要注意那些温度变化敏感的蛋白质不宜用此法。其原理是将待破碎的细胞冷却至-15～-20℃,然后放于室温或45℃迅速融化,如此反复冻融多次,在细胞内形成米粒使剩余细胞液的盐浓度增高而引起细胞溶胀破碎以达提取目的。

报道了此法提取枸杞多糖工艺,通过对解冻温度、冻结时间、冻融次数、冻结温度进行单因素试验及正交试验,验证反复冻融法对枸杞多糖的提取效果影响。当温度低于45℃时,枸杞多糖的溶出率随温度的升高而升高,当温度高于45℃时,枸杞多糖的溶出率却降低;随着冻融次数的增多,枸杞多糖的

溶出率逐渐增大,但超过3次以后溶出率提升并不明显;随着冻结时间的增长,枸杞多糖的溶出率逐渐增大,当冻结时间超过3 h后,枸杞多糖溶出率趋于平稳,无明显变化;随着冻结温度的降低,枸杞多糖的融出率逐渐增大,当冻结温度低于-24℃后,枸杞多糖融出率趋于平稳,无明显变化。反复冻融法提取枸杞多糖的最佳工艺组合为:解冻温度45℃,冻融次数4次,冻结时间3 h,冻结温度-28℃(温梓辰等,2016)。

(1) 解冻温度对枸杞多糖溶出率的影响:共设5种解冻温度处理,分别为30℃、45℃、60℃、75℃、90℃,在冻结时间1 h、冻结温度-20℃,冻融1次的情况下实验,测得枸杞多糖溶出率,结果见图6-18。由图6-18可知,解冻温度对枸杞多糖的溶出率影响较为显著。当温度低于45℃时,枸杞多糖的溶出率随温度的升高而升高,当温度高于45℃时,枸杞多糖的溶出率却降低了。分析认为过高温度易使枸杞多糖降解,而温度不够又会导致细胞壁破裂不充分,可溶性多糖溶出率降低。

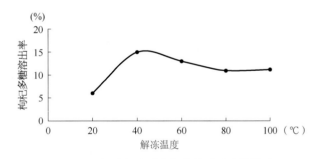

图6-18 解冻温度对枸杞多糖溶出率的影响

(2) 冻融次数对枸杞多糖溶出率的影响:共设5种冻融次数处理,分别为1、2、3、4、5次,在冻结时间1 h,冻结温度-20℃,解冻温度30℃的情况下实验,测得枸杞多糖溶出率,结果见图6-19。由图

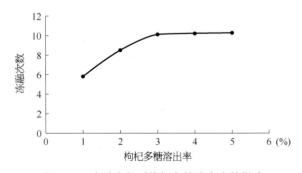

图6-19 冻融次数对枸杞多糖溶出率的影响

6-19 可知,随着冻融次数的增多,枸杞多糖的溶出率逐渐增大,但超过 3 次以后溶出率提升并不明显,分析认为,枸杞细胞结构经过 3 次冻融后基本被破坏,故对溶出率无明显影响。

(3)冻结时间对枸杞多糖溶出率的影响:共设 6 种冻结时间处理,分别为 1、2、3、4、5、6 h,在冻结温度−20 ℃,解冻温度 30 ℃,冻融 1 次的情况下实验,测得枸杞多糖溶出率,结果如图 6-20。由图 6-20 可知,随着冻结时间的增长,枸杞多糖的溶出率逐渐增大。当冻结时间超过 3 h 后,枸杞多糖溶出率趋于平稳,无明显变化。分析认为,冻结 3 h 以上后,细胞内冰晶增长趋于饱和,故对枸杞多糖溶出率无明显影响。

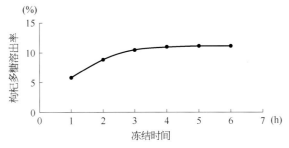

图 6-20　冻结时间对枸杞多糖溶出率的影响

(4)冻结温度对枸杞多糖溶出率的影响:共设 6 种冻结温度处理,分别为−20 ℃、−22 ℃、−24 ℃、−26 ℃、−28 ℃、−30 ℃,在冻结时间 1 h,解冻温度 30 ℃,冻融 1 次的情况下实验,测得枸杞多糖溶出率,结果如图 6-21。由图 6-21 可知,随着冻结温度的降低,枸杞多糖的融出率逐渐增大。当冻结温度低于−24 ℃后,枸杞多糖融出率趋于平稳,无明显变化。分析认为,冻结温度低于−24 ℃后,冰晶形成在细胞内部的比值达到最大,无法对细胞壁的

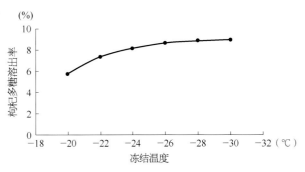

图 6-21　冻结温度对枸杞多糖溶出率的影响

破坏做更多贡献,故枸杞多糖融出率趋于平稳。

(5)正交实验考察反复冻融法对枸杞多糖最佳溶出工艺条件的影响:设计以解冻温度、冻融次数、冻结时间、冻结温度为考察因素,以枸杞多糖的溶出率为考察目标的 $L_9(4^3)$ 正交试验,因素水平见表 6-15。经过试验,结果见表 6-16。

表 6-15　正交实验因素水平

序号	A 解冻温度（℃）	B 冻融次数（次）	C 冻结时间（h）	C 冻结温度（℃）
1	30	2	2	−20
2	45	3	3	−24
3	60	4	4	−28

表 6-16　正交试验结果

试验号	A	B	C	D	可溶性多糖溶出率（%）
1	1	1	1	1	8.967
2	1	2	2	2	10.700
3	1	3	3	3	11.343
4	2	1	2	3	16.570
5	2	2	3	1	15.574
6	2	3	1	2	15.621
7	3	1	3	2	13.491
8	3	2	1	3	13.552
9	3	3	2	1	13.563
k_1	10.337	13.009	12.713	12.701	
k_2	15.922	13.275	13.611	13.271	
k_3	13.535	13.509	13.469	13.822	
R	5.585	0.500	0.898	1.121	

以表 6-17 的方差分析为依据,选取冻结时间作为误差估计项,研究结果表明,解冻温度对枸杞多糖融出率有显著影响。由表 6-15 可知,各因素对枸杞多糖融出率的影响是不同的,4 个因素对枸杞多糖融出率的影响大小顺序依次为:A＞D＞C＞B。经过极差分析发现,反复冻融法提取枸杞多糖的最佳工艺组合为 $A_2B_3C_2D_3$,即:解冻温度 45 ℃,冻融次数 4 次,冻结时间 3 h,冻结温度−28 ℃时,枸杞多糖融出率较高。在该工艺下做验证试验,得到 3 组

表 6-17　方差分析

因素	偏差平方和(SSD)	自由度(DOP)	F 比	F 临界值
解冻温度	47.118	2	33.728	19.000
冻融次数	0.375	2	0.268	19.000
冻结时间	1.397	2	1.000	19.000
冻结温度	1.883	2	1.348	19.000
误差	1.400	2		

数据：15.653%、15.644%、15.655%，验证的平均值为 15.651%。

（6）结论

1）各因素对枸杞多糖溶出率的影响顺序为：解冻温度>冻结温度>冻结时间>冻融次数。

2）分析认为，解冻温度直接影响枸杞多糖的结构完整性，故解冻温度为主要影响因素。冻结温度虽然不会破坏枸杞多糖的结构，但直接影响冰晶的大小；冻结时间决定冰晶的数量，但低温冻结生成的小冰晶对细胞壁破坏贡献低，数量不足以弥补大小带来的差距；冻融次数虽然越多越好，但多次冻融耗费时间，贡献小，得不偿失。

3）反复冻融法提取枸杞多糖的最佳工艺组合是：解冻温度 45 ℃，冻融次数 4 次，冻结时间 3 h，冻结温度-28 ℃，在该条件下，枸杞多糖融出率可达到 15.651%。

6. 酵母发酵法·利用酵母在生长代谢过程中消耗单糖和多糖等寡糖，除去浸提液中小分子糖类，以达到提取纯化多糖的目的。采用水浸提法提取枸杞多糖，应用正交实验设计法对工艺进行了优化，从而确定了其最佳工艺条件，即在 65 ℃下，料水比 1∶9，浸泡 48 h；在枸杞浸泡液中添加酵母菌，利用酵母在生长过程中消耗单糖及双糖等寡糖来提高枸杞多糖的纯度，以达到纯化枸杞多糖的目的（曹丽春等，2007）。

7. 超临界 CO_2 萃取·超临界 CO_2 萃取分离过程的原理是利用超临界 CO_2 对某些特殊天然产物具有特殊溶解作用，利用超临界 CO_2 的溶解能力与其密度的关系，即利用压力和温度对超临界 CO_2 溶解能力的影响而进行的。

在超临界状态下，将超临界 CO_2 与待分离的物质接触，使其有选择性地把极性大小、沸点高低和分子量大小不同的成分依次萃取出来。当然，对应各压力范围所得到的萃取物不可能是单一的，但可以控制条件得到最佳比例的混合成分，然后借助减压、升温的方法使超临界流体变成普通气体，被萃取物质则完全或基本析出，从而达到分离提纯的目的，所以超临界流体 CO_2 萃取过程是由萃取和分离组合而成的。

其特点：①萃取速度比液体萃取高，特别适合于固态物质的分离提取。②在接近常温的条件下操作，能耗低于一般精馏法，适合于热敏性物质和易氧化物质的分离。③传热速率快，温度易于控制。④适合于挥发性物质的分离。

超临界 CO_2 提取枸杞多糖生产工艺。采用该工艺生产枸杞多糖的特点是，超临界 CO_2 萃取脱脂除蜡彻底，水溶出率高，经脱盐后不易返潮结块，经四级超滤处理，分离效果良好，产品纯度高，多糖含量>60%，反渗透浓缩能耗低，生产效率高，低温粉碎防止了产品的结块和热劣化。经 100 次以上的实验研究，工艺技术参数趋于稳定，操作简便，产品质量可靠，中试完成后，容易实现工业化、规模化生产（潘泰安等，2002）。

枸杞多糖超临界流体萃取，水溶提取、超滤、浓缩、冷冻干燥的工艺路线（图 6-22），尤其对超滤中各技术条件和指标进行了深入细致的研究，取得了进展，使枸杞多糖提取率为 60%～78%，含量达 20%～30%。多次超滤后枸杞多糖含量大于 60%，且可溶性好，具生物性，并解决了膜的衰减和抗污染问题（潘泰安，2002）。

8. 亚临界水提取法·亚临界水提取是一种崭新的提取方法，这种方法通过改变温度和压力，维持亚临界温度下的液态水形式，但使水的极性在较大范围内变化，从而使其能在一个较宽的范围对不同极性的组分具有良好的溶解性，并且可以通过改变温度而实现对样品中的各种成分的连续萃取。近年来，亚临界水提取法在枸杞多糖的提取中也有探索性应用。如采用亚临界水提取法在 110 ℃、5 MPa 条件下，枸杞多糖的提取效率比传统热水浸提法提高 30%左右。尤其是采用超声辅助的亚临界水提取法后，提取效率可提高 1 倍以上。但是，亚临界水提取对多种不同极性的组分具有良好的释放作用，

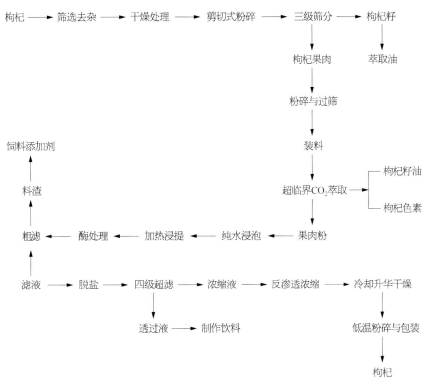

图 6-22　超临界 CO_2 提取枸杞多糖工艺

因此获得的粗多糖中各种杂质的比例也有升高,需要后期进一步纯化去除(张芳等,2017)。

9. 高压脉冲电场提取技术·高压脉冲电场提取技术是目前公认的世界上研究最热门、最先进的新兴提取技术之一,目前在天然活性物质包括多糖分子的提取中正逐步推广使用。它利用脉冲电场产生磁场,细胞壁和细胞膜在脉冲磁场和脉冲电场交替作用下瞬间发生破坏,使细胞组分流出。与传统的提取法比较而言,高压脉冲电场提取技术操作时间短、有效成分提取率高、试剂损耗低,为高压脉冲电场在中药的开发和利用方面奠定了基础。高压脉冲电场提取技术在枸杞多糖提取中的应用也有零星报道,但还没有与其他提取方法的对比数据(张芳等,2017)。

采用高压脉冲电场破壁方法,对影响枸杞多糖提取率(Y)的 pH(X_1)、电场强度(X_2)、脉冲频率(X_3)、温度(X_4)、液料比(X_5)5 个主要因素进行单因素和多因素分析。用 SAS 9.1 统计软件对星点设计方案的结果进行完全二次响应曲面的回归模型的拟合与模型的岭嵴分析。结果表明:当 $X_1 =$ 8.98,$X_2 = 20.49\ \text{kV/cm}$,$X_3 = 10\ 520\ \text{Hz}$,$X_4 =$ 61.76 ℃,$X_5 = 9.43:1(\text{mL/g})$ 时,枸杞多糖提取率($Y_{\max}$)最高,为 13.26%。在此基础上通过效应面法预测得出工业提取的工艺范围:$X_1 = 8.50 \sim$ 9.00,$X_2 = 15.00 \sim 25.00\ \text{kV/cm}$,$X_3 = 10\ 000 \sim$ 11 000 Hz,$X_4 = 20 \sim 40$ ℃,$X_5 = 9:1 \sim 10:$ $1(\text{mL/g})$ (蔡光华等,2012)。

除了以上 9 种常用的方法外,枸杞多糖提取方法还有:微波-纤维素酶法、超声-微波协同萃取法等。如利用微波-纤维素酶法考察了枸杞多糖的提取工艺,通过单因素实验确定了最佳工艺条件为:微波功率 450 W,微波处理时间 6 min,物料为 80目,液料比 25:1(mL/g),纤维素酶用量 1.5%,酶解温度 50 ℃,酶解时间 60 min,酶解体系 pH 4.8,在此工艺条件下,枸杞多糖得率为 13.2%(王启为等,2013)。比较研究了超声-微波协同萃取法、常规水浴提取法、微波提取法、超声波提取法 4 种方法在枸杞多糖提取上的效果,结果发现:以枸杞多糖得率为标准,提取效果为:超声-微波协同萃取法>常规水浴提取法>微波提取法>超声波提取法,超声-

微波协同萃取法提取黑果枸杞多糖效果好（白红进等，2007）。

（二）提取方法比较

1. 碱液提取法

（1）工艺流程图（图6-23）（谢靖欢等，2016）。

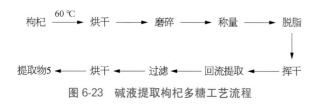

图6-23 碱液提取枸杞多糖工艺流程

（2）多糖提取率：碱液法提取枸杞多糖的得率可达7.46%。

（3）优点：实验操作步骤简单，材料、仪器较易满足。且提取率比传统水提工艺有所提高。

（4）缺点：碱液法获得的枸杞多糖纯度不高，同时，提取率相对比较低下，满足不了大规模工业要求。

2. 浸泡提取法

（1）工艺流程图见图6-24。

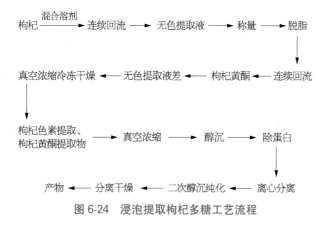

图6-24 浸泡提取枸杞多糖工艺流程

（2）多糖提取率：此种方法的枸杞多糖浸膏得率13.56%，浸膏中总多糖含量达55.35%。

（3）优点：采用的设备简单，容易普及，同时操作方便，多糖得率也比较高，发展前景较为广阔。

（4）缺点：操作时间过长，并需要反复操作，能耗较高，不经济。

3. 热水浸提法

（1）工艺流程图（图6-25）。

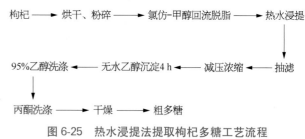

图6-25 热水浸提法提取枸杞多糖工艺流程

（2）多糖得率：采用苯酚硫酸比色法测定枸杞多糖粗品中的多糖含量。枸杞多糖提取率：最佳的提取工艺，枸杞多糖得率为1.62%。

（3）优点：实验条件温和，设备要求简单，操作方便，容易普及。

（4）缺点：热效率较低，升温较慢，提取时间较长，多糖得率低，不太适合工业化生产。

4. 高压脉冲电场提取法

（1）工艺流程（图6-26）。

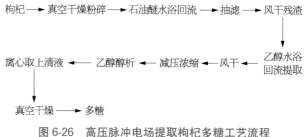

图6-26 高压脉冲电场提取枸杞多糖工艺流程

（2）多糖得率：枸杞多糖提取率为13.26%。

（3）优点：相较传统的提取工艺，本工艺能够在较短时间内完成，且耗能少，试剂损耗低，提取率较高，应引起重视。高压脉冲电场在食品加工、天然产物提取等领域中已有广泛的应用，其设备适用于工业化连续生产，颇具良好的商业化前景。

（4）该工艺耗能较高，流程较为复杂，要求条件较高，需要做图像进行比较分析。

5. 超声波提取法

（1）工艺流程（图6-27）。

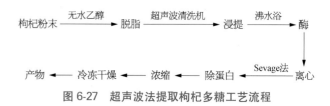

图6-27 超声波法提取枸杞多糖工艺流程

（2）多糖得率：超声波法提取法下提取枸杞多糖的提取率为40%。

（3）优点：超声法提取是利用超声波对细胞组织的破坏作用来提高多糖浸出率，具有快速、安全、简便、成本低，多糖提取率高，成分不被破坏等优点。

（4）缺点：当超声时间过长时，枸杞多糖得率反而下降，因为超声时间较长，超声波提供的能量过高，此条件下多糖结构遭到破坏，得率降低。

6. 纤维素酶提取法

（1）工艺流程图（图6-28）。

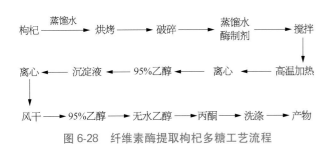

图6-28　纤维素酶提取枸杞多糖工艺流程

（2）多糖提取率：纤维素酶提取法下提取枸杞粗多糖的得率为30%。

（3）优点：纤维素酶提取法提取具有较大的优势：反应条件平缓，由于在无机条件下进行酶法实验，所以产物的稳定程度，纯度，活性，都比较高，没有污染，该实验从而解决了溶剂浸提法溶剂难以回收、消耗量大等缺点，同时多糖提取率高。

（4）缺点：纤维素酶提取法提取周期较长，需要消耗大量时间，而且纯度较高的活性酶价格很高，从而提高了生产成本。

比较以上6种枸杞多糖提取方法，超声波提取的多糖得率较高，所以超声工艺方法为最佳方法。

（三）纯化技术

枸杞多糖里面往往含大量的糖蛋白质、色素、溶剂残留杂质，故需要对其进行除蛋白和脱色，再进行纯化处理。

1. 常用的脱蛋白方法

（1）Sevage法：Sevag法是去除游离蛋白的有效方法。在粗多糖溶液中加入氯仿-正丁醇混合溶液进行充分振摇，将游离蛋白变性成为不溶性物质，经离心分离去除，可达到去除的目的。操作方法如下：取粗多糖溶液4 mL，氯仿-正丁醇（预先配制成体积比为4:1混合液）溶液1 mL，置于具塞试管

中，充分振摇30 min后，经离心机离心1 min，然后将水相与氯仿相分开。将水相再加入相当于其体积1/4的氯仿-正丁醇溶液，重复上述过程，共计重复3次。多糖溶液体积较大时也可以采用分液漏斗，人工进行剧烈振荡后直接分离，注意振荡强度与分离效率关系很大。操作过程中蛋白质多出现在两相界面处。Sevag法较为温和，对多糖的结构影响不大，但效率较低，往往重复5次以上才能达到理想效果。

（2）三氯乙酸法：三氯乙酸沉淀蛋白原理：①在酸性条件下与蛋白质形成不溶性盐。②作为蛋白质变性剂使蛋白质构象发生改变，暴露出较多的疏水性基团，使之聚集沉淀。③随着蛋白质分子量的增大，其结构复杂性与致密性越大，TCA可能渗入分子内部而使之较难被完全除去，在电泳前样品加热处理时可能使蛋白质结构发生酸水解而形成碎片，而且随时间的延长这一作用愈加明显。④电泳图谱显示，BSA，HAS单体谱带有较明显的展宽现象，这可能是由于TCA的结合，使SDS与蛋白质的结合量产生偏差，从而造成蛋白质所带电荷的不均一性，造成迁移率的不一致。

三氯乙酸沉淀蛋白方法：

1）加1/4体积的TCA＋DOC于蛋白质组分（置1.5 mL聚丙烯微量离心管中），至TCA的终浓度为20%（w/v）。震荡混合。

2）冰上解育20～30 min。

3）微型离心机，室温离心15 min。沉淀物如可见，为黏稠的带黄褐色的胶状物。用一精细的巴氏吸管吸出上清。努力除去尽可能多的上清。如取100 μl样品进行沉淀，沉淀物将是可见的。

4）加3倍体积原样品体积的丙酮（室温）。样品在室温下静置约10 min，使TCA＋DOC溶于丙酮。

5）室温离心15 min。其时，沉淀物的大小和物理特性类似于灰尘。约10 μg或更多一点的蛋白质即可看见。有时，会得到白色的盐类（如KCl等）沉淀物。用极精细的巴氏吸管移去上清。沉淀物置冰上干燥10 min（敞开1.5 mL离心管的盖）。干燥的沉淀物可长时间（＞1个月）地保存于－20 ℃。

（3）胰蛋白酶法。

（4）十六烷基三甲基溴化铵法。

2. 常用的脱色方法

（1）活性炭吸附：吸附是发生在固-液（气）两相界面上的一种复杂的表面现象，它是一种非均相过程。大多数的吸附过程是可逆的，液相或气相内的分子或原子转移到固相表面，是固相表面的物质浓度增高，这种现象就成为吸附。在吸附过程中，被吸附到固体表面上的物质称为吸附质，吸附质的固体物质称为吸附剂。

活性炭是一种主要由含碳材料制成的外观呈黑色，内部孔隙结构发达、比表面积大、吸附能力强的一类微晶质碳素材料。活性炭材料中有大量肉眼看不见的微孔。活性炭主成分除了碳元素以外还有氧、氮、氢等元素及灰分。常见的活性炭由颗粒状、粉状两种。

活性炭吸附的作用产生于两个方面：一方面是由于活性炭内部分子在各个方面受着同等大小力而在表面的分子则受到不平衡的力，这就使其他分子吸附于其表面上，此过程为物理吸附；另一方面是由于活性炭与被吸附物质之间的化学作用，此过程为化学吸附。活性炭的吸附是上述两种吸附综合作用的结果。

当活性炭在溶解中吸附速度和解析速度相等时，即单位时间内活性炭吸附的数量等于解吸的数量时，被吸附物质在溶液中的浓度和在活性炭表面的浓度均不再变化，而达到了平衡，此时的动态平衡称为活性炭吸附平衡。活性炭的吸附能力以吸附量 q 表示。

$$q = \frac{V(C_0 - C)}{M} = \frac{X}{M}$$

式中：q 活性炭吸附量，即单体积重量的吸附剂所吸附的物质量（g/g）；V 污水体积（L）；C_0，C 分别为吸附前原水及吸附平衡时污水中的物质浓度（g/L）；X 被吸附物质量（g）；M 活性炭投加量（g）。

（2）过氧化氢脱色：过氧化氢是一种氧化能力较强的物质，在通常情况下，由于其自身的弱电离作用而呈弱酸性，在其受到加热时分解释放出氧气，特别是在碱性条件下，能够更加剧烈，氧化能力也更强。其分解反应方程式为：

$$2H_2O_2 == 2H_2O + O_2 \uparrow$$

该反应产生的游离氧，使色素得到氧化，分解。

达到脱色的目的。

（3）离子交换脱色：离子交换脱色（ion exchange decoloration）离子交换树脂除具有离子交换功能外还有良好的脱色作用。脱色作用实质上是利用树脂中固定离子的电荷吸附作用。因大多数色素为阴离子物质或弱极性物质，故而可用离子交换树脂吸除色素具有很强的脱色作用，可作为优良的脱色剂，用于葡萄糖、蔗糖、甜菜糖的脱色。与活性炭相比，离子交换树脂脱色具有可反复使用、使用周期长、使用方便、产品损耗少等优点。

3. 常用纯化方法

（1）透析和膜分离法：透析法是利用小分子物质在溶液中可通过半透膜，而大分子物质不能通过半透膜的性质，达到分离的方法。例如分离和纯化皂苷、蛋白质、多肽、多糖等物质时，可用透析法以除去无机盐、单糖、双糖等杂质。反之也可将大分子的杂质留在半透膜内，而将小分子的物质通过半透膜进入膜外溶液中，而加以分离精制。透析是否成功与透析膜的规格关系极大。透析膜的膜孔有大有小，要根据欲分离成分的具体情况而选择。透析膜有动物性膜、火棉胶膜、羊皮纸膜（硫酸纸膜）、蛋白质胶膜、玻璃纸膜等。通常多用市售的玻璃纸或动物性半透膜扎成袋状，外面用尼龙网袋加以保护，小心加入欲透析的样品溶液，悬挂在清水容器中。经常更换清水使透析膜内外溶液的浓度差加大，必要时适当加热，并加以搅拌，以利透析速度加快。为了加快透析速度，还可应用电透析法，即在半透膜旁边纯溶剂两端放置二个电极，接通电路，则透析膜中的带有正电荷的成分如无机阳离子、生物碱等向阴极移动，而带负电荷的成分如无机阴离子、有机酸等则向阳极移动，中性化合物及高分子化合物则留在透析膜中。透析是否完全，须取透析膜内溶液进行定性反应检查。

膜分离技术（membrane separation technique）是利用天然或人工合成的膜，以外界能量或化学位差为推动力，对双组分或多组分的溶质和溶剂进行分离、分级、提纯或富集的方法。对于生物大分子，一般可以通过透析法进行浓缩和精制。透析法是一种根据溶液中分子的大小和形态，在微米（μm）数量级下选择性过滤的技术。在常压下，选择性地使溶剂和小分子物质通过透析膜，大分子不能通过，以达到分离纯化的目的，从本质上讲它是一种溶液相的分子筛作用。按照孔径大小，可将透析膜分为：微滤膜（0.025～14 μm）；超滤膜（0.001～0.02 μm）；反渗透膜（0.000 1～0.001 μm）；纳米膜（约 2 nm）。用分级沉淀法或吸附法得到的蛋白质或酶等生物大分子，常含有无机盐或其他小分子杂质。在酶的分离过程中，由于无机盐的存在常对离子交换有很大的影响，精制药用酶时必须除去无机盐，此时常用透析法进行脱盐。

此外，采用膜分离技术生产中药注射剂和大输液可以明显缩短生产周期，简化生产工艺。有效地去除鞣质、蛋白质、淀粉和树脂等大分子物质及其微粒、亚微粒和絮凝物等。除此之外，膜分离技术还可以用于提取中药有效成分、口服液、药酒和其他制剂。

（2）凝胶过滤法：凝胶过滤法分离物质的原理：凝胶过滤法（gel filtration）也叫凝胶渗透色谱（gel permeation chromatography）、分子筛过滤（molecular sieve filtration）或排阻色谱（exclusion chromatography），系利用分子筛分离物质的一种方法。其中所用载体，如葡聚糖凝胶，是在水中不溶、但可膨胀的球形颗粒，具有三维空间的网状结构。当在水中充分膨胀后装入色谱柱中，加入样品混合物，用同一溶剂洗脱时，由于凝胶网孔半径的限制，大分子将不能渗入凝胶颗粒内部（即被排阻在凝胶粒子外部），故在颗粒间隙移动，并随溶剂一起从柱底先行流出；小分子因可自由渗入并扩散到凝胶颗粒内部，故通过色谱柱时阻力增大、流速变缓，将较晚流出。样品混合物中各个成分因分子大小各异，渗入至凝胶颗粒内部的程度也不尽相同，故在经历一段时间流动并达到动态平衡后，即按分子由大到小的顺序先后流出并得到分离。

凝胶的种类和性质：商品凝胶的种类很多，常用的有葡聚糖凝胶（sephadex）以及羟丙基葡聚糖凝胶（sephadex LH‐20）。

Sephadex LH‐20 只适于水中应用，且不同规格适合分离不同分子量的物质。Sephadex LH‐20 为 Sephadex G‐25 经羟丙基化处理后得到的产物，除保留有 Sephadex G‐25 原有的分子筛特性，可按分子量大小分离物质外，在由极性与非极性溶剂组成的混合溶剂中常常起到反相分配色谱的效果，适

用于不同类型有机物的分离，在中药化学成分的分离中得到了越来越广泛的应用。

（3）色谱层析法：色谱法，又称层析法。根据其分离原理，有吸附色谱、分配色谱、离子交换色谱与排阻色谱等。

吸附色谱是利用吸附剂对被分离物质的吸附能力不同，常用的吸附剂有氧化铝、硅胶、聚酰胺等有吸附活性的物质。

分配色谱是利用被分离物质在两相中分配系数不同，以使组分分离。其中一相为液体，涂布或使之键合在固体载体上，称固定相；另一相为液体或气体，称流动相用的载体有硅胶、硅藻土、硅镁型吸附剂与纤维素粉等。

离子交换色谱是利用被分离物质在离子交换树脂上的离子交换能力不同而使组分分离。常用的有不同离子强度的阳、阴离子为交换树脂，流动相一般为水或含有有机溶剂的缓冲液。

排阻色谱又称凝胶色谱或凝胶渗透色谱，是利用被分离物质分子量大小的不同和在填料上渗透程度的不同，以使组分分离。常用的填料有分子筛、葡聚糖凝胶、微孔聚合物、微孔硅胶或玻璃珠等，可根据载体和试样的性质，选用水或有机溶剂为流动相。

色谱法的分离方法，有柱色谱法、纸色谱法、薄层色谱法、气相色谱法、高效液相色谱法等。色谱所用溶剂应与试样不起化学反应，并应用纯度较高的溶剂。色谱柱温度，除气相色谱法或另有规定外，系指在室温下操作。

分离后各成分的检出，应采用各单体中规定的方法。通常用柱色谱、纸色谱或薄层色谱分离有色物质时，可根据其色带进行区分，对有些无色物质，可在 245～365 nm 的紫外灯下检视。纸色谱或薄层色谱也可喷以显色剂使之显色，薄层色谱还可用加有荧光物质的薄层硅胶，采用荧光猝灭法检视；用纸色谱法进行定量测定时，可将色谱斑点部分剪下或挖取，用溶剂溶出该成分，再用分光光度法或比色法测定，也可用色谱扫描仪直接在纸或薄层板上测出，也可用色谱扫描仪直接以纸或薄层板上测出。柱色谱、气相色谱和高效液相色谱可直接接于色谱柱出口处的各种检测器检测。

（4）大孔吸附树脂法：大孔吸附树脂（macfofeticulaf resin）是 20 世纪 60 年代末发展起来的一类

有机大孔吸附树脂，一般为白色球形颗粒状，通常分为非极性和极性两类。大孔吸附树脂在中草药化学成分的提取分离、复方中药制剂的纯化和制备等方面均显示出独特的作用，它具有传统分离纯化方法无法比拟的优势：操作简便，树脂再生容易；可重复操作，产品质量稳定，收率恒定；既能选择性吸附，又便于溶媒洗脱，且不受无机盐干扰；一般不用有机溶媒，既保持传统的中医理论用药特色，又最大限度地保留了其有效成分。因此，采用大孔树脂吸附分离、纯化中药提取液已越来越受到人们的重视，在中药制剂领域中也被用来进行单味中药的提取、分离或者复方制剂的纯化和制备。

大孔吸附树脂的吸附原理：大孔吸附树脂具有选择性吸附和分子筛的功能。它的吸附性是由范德华引力或产生氢键的结果，分子筛的功能是由其本身的多孔性网状结构决定的。

枸杞多糖分离提纯研究报道较多，采用酶法去除枸杞多糖蛋白，以 pH、温度、酶解时间、酶用量为影响因素，以脱蛋白率为考察指标，优化枸杞多糖酶法脱蛋白工艺条件为：pH 6，温度 45 ℃，酶解时间 0.5 h，酶用量 3.5%，多糖损失率最低为 10.53%，脱蛋白率为 78.56%，优于 Sevag 法（任奕等，2015）。

大量研究表明，过氧化氢脱色效果不错，但会引起糖分子氧化变质；活性炭脱色不破坏多糖结构，但会造成多糖大量损失；DATE -纤维素是目前最常用的脱色方法。通过离子交换柱不仅可达到脱色目的，而且能够分离多糖。许程剑等采用单因素试验确定大孔树脂型号。研究影响枸杞多糖脱色的 3 个因素，确定枸杞多糖溶液脱色的最佳条件。糖溶液脱色试验中，AB -8 大孔树脂的脱色效果最好：温度是影响多糖溶液脱色的主要因素，其次为料液比和脱色时间；最佳脱色条件为温度 60 ℃，料液比 1∶7，脱色时间 3 h。

目前，国内学者对于枸杞多糖的纯化已做了大量的研究，均取得了较好的效果。苟春林、田丽梅等采用 DEAE 纤维素分离和葡聚糖凝胶柱色谱纯化枸杞多糖。江磊等采用 D101 大孔树脂和 DEAE - 52 阴离子交换柱对枸杞叶粗多糖进行纯化。纯化后多糖含量提升为 92.5%。李丹丹采用超滤膜法分离枸杞多糖的水解物，得到 4 个分子量段的水解物，然后再采用 DEAE - 52 阴离子柱对 Mw < 3 kD 部分水解物进行了纯化。

枸杞多糖精品提纯方式，在实验提取用于测定多糖中单糖成分，结果含 6 种单糖（朱彩平等，2005），其过程工艺如下：

1) 脱蛋白多糖的制备：取多糖粗品，加蒸馏水充分溶解，用 Sevage 法脱蛋白，离心，取上清液对流水透析 48 h，再对蒸馏水透析 24 h，无水乙醇沉淀，抽率得沉淀，真空冷冻干燥，即得脱蛋白多糖。

2) 多糖精品的制备：取适量脱蛋白的多糖，加蒸馏水充分溶解，上 Sephadex G - 75 凝胶色谱柱，用蒸馏水洗脱，4.5 mL/管自动分步收集，苯酚—硫酸法检测，合并主峰收集管液，60 ℃ 真空浓缩，冷冻干燥得精制的枸杞多糖。

李丹丹等（2013）研究了多糖纯化先进手段、研究认为天然多糖结构组成复杂，糖链长度、侧链连接方式、分子所带静电荷量等都使多糖分子产生差异，因此为得到较为均一的多糖，一般通过纤维素阴离子交换柱层析法得到电荷特征不同的多糖成分。张民等把粗枸杞多糖溶于蒸馏水后通过 Cellulose DE - 52 色谱柱，依次用蒸馏水、不同浓度的 NaCl 溶液进行梯度洗脱，最后得到枸杞多糖- 1～枸杞多糖- 6 6 种组分。也可通过凝胶柱层析法得到分子量较为均一的多糖成分。罗琼等采用 Sephacryl S - 300 柱，纯化获得含量较多的一个组分枸杞多糖- X 进行试验。

江南大学食品学院徐鹏报道了枸杞低聚糖提取分离方法，其工艺流程如下。

1) 枸杞低聚糖的提取：取枸杞 10 kg，加水 10 L，65 ℃ 浸泡 30 min，软化后取出打浆，将浆液移入 50 L 的提取罐中，再加水 30 L，70 ℃ 提取 2 h，抽滤，将滤渣再加入 40 L，70 ℃ 提取 2 h，抽滤。将 2 次的滤液合并，浓缩至适当浓度。将浓缩液加入 3 倍于浓缩液体积的 95% 乙醇，放入 4 ℃ 的冰箱，静置 24 h 后取出，离心，上清液浓缩后进行第 2 次乙醇沉淀，离心取上清液浓缩至无乙醇，得枸杞低聚糖和单糖的浓缩液。

2) 枸杞低聚糖的粗分：将枸杞低聚糖的浓缩液在中性条件下上大孔树脂柱（AB - 8，1 500 mm × 100 mm），调节柱流速约 20 mL/min，用去离子水洗脱，500 mL 收集 1 次，以硫酸-苯酚法测定糖的含量,将含糖部分合并浓缩到 1 000 mL。并对其进行 HPLC 测定,以分析低聚糖的组成。

3）枸杞低聚糖的纯化

① 离子交换层析分离分 5 次,每次取 200 ml 经大孔树脂粗分的样品,加水适当稀释后上 DEAE - 5PW(30)离子交换柱(1 000 mm×50 mm),依次用蒸馏水、0.05、0.1 mol/L NaCl 溶液洗脱,流速为 10 mL/min,每管收集 20 mL。用硫酸-苯酚法检测,并绘制洗脱曲线。根据实验结果将水洗部分分成了 A、B、C 3 个部分。其中以 B、C 为研究对象。

② 凝胶层析分离:取 B 样品 50 mL 上 HW - 55F 凝胶柱(1 000 mm×50 mm),用蒸馏水洗脱,流速为 2 mL/min,每管收集 20 mL。用硫酸-苯酚法检测,反复上样后合并得到组分 I,分别浓缩到适当浓度。

取 C 样品 50 mL 上 HW - 55F 凝胶柱(1 000 mm×50 mm),用蒸馏水洗脱,流速为 2 mL/min,每管收集 20 mL。用苯酚-硫酸法检测,反复上样后合并得到组分 II,分别浓缩到适当浓度。

最终纯化组分 I、组分 II 分别上 HW - 40F 凝胶柱(1 500 mm×3.5 mm)进行纯化,用蒸馏水洗脱,流速为 10 ml/min,每管收集 10 mL。用硫酸-苯酚法检测,反复上柱层析后得到 2 个纯组分 I、II。

对得到的 2 个纯组分进行质谱测定,结果为果糖 α(2→4)葡萄糖 β(1→3)葡萄糖 α(4→2)果糖和半乳糖 β(1→6)葡萄糖 α(1→2)果糖。

王玲等(1996)研究枸杞多糖分离纯化方法,按蛋白酶法和 Sevag 法除蛋白质。取 R-枸杞多糖粗多糖干粉 6 g 按蛋白酶法和 Sevag 法除蛋白质。取 R-枸杞多糖粗多糖干粉 6 g 溶于 120 mL 蒸馏水中,用 Na_2CO_3 调 PH 至 7.8,加胰蛋白酶 0.15～0.3 g,甲苯 2 ml,39 ℃ 保温 72 h,加入 Sevag 试剂 100 ml,剧烈振摇片刻,样品中的蛋白质与混合液形成凝胶,然后 4 ℃ 10 000 rpm 离心 30 min,去除蛋白层,取水层再如上述操作至去蛋白完全。透析后,透析液减压浓缩至小体积,加入 3～5 倍 95% 乙醇沉淀,得枸杞多糖,得率为 71%。将 D-枸杞多糖 900 mg 溶于磷酸盐缓冲液中,用 Sephadex G - 50 柱层析分离纯化,硫酸蒽酮法跟踪检测,获得两个峰,枸杞多糖(分子量＞1 万)和枸杞多糖(分子量＜1 万),分别清水透析 48 h,浓缩后,用 95% 乙醇沉淀,得枸杞多

糖 3.96 mg、枸杞多糖 760 mg,得率分别为 0.44%、84%。枸杞多糖和枸杞多糖各 1 g 分别溶于硼酸缓冲液 15 mL 中,用 DEAE - DE32 柱层析进一步纯化,再经浓缩沉淀后相继用无水乙醇、丙酮、乙醚洗涤,真空冷冻干燥,得枸杞多糖干粉,得率分别是 50%、70%。

为了检验纯度,王玲等人建立了蛋白质核酸含量测定方法,用紫外吸收光谱法,PAGE 电泳法和 Brandford 法测蛋白质含量,均于 5 μg/mL 未见其吸收峰,说明纯化方法科学。

采用超滤法纯化多糖。为了使分离后的多糖在化学组成、聚合度、分子形状等方面表现出均一性,得到单一的多糖组分还需要进行纯化过程。通常采用分级沉淀法、离子交换层析法、凝胶柱层析法及超滤等其他一些方法(张民等,2013)。

采用超滤法对枸杞多糖进行分级并对其理化性质进行了研究,结果表明,采用超滤法可实现枸杞多糖的分级分离,得到分子量大小分别为 $2.03×10^6$ U、$3.62×10^6$ U、$3.10×10^4$ U 的多糖组分(张民等,2013)。

枸杞糖杂质去除方法。枸杞粗多糖依次用石油醚、丙酮回流脱脂后,溶于蒸馏水中,加热到 90 ℃ 溶解成含粗多糖 5% 的溶液,采用 Sevage 法脱蛋白。脱蛋白多糖液浓缩,加 4 倍体积的 95% 乙醇醇析,经离心(3 000 r/min, 10 min)后多糖沉淀依次用无水乙醇、丙酮、无水乙醚各 5 ml 分别洗涤 2 次,真空干燥至恒重得枸杞多糖样品(郝继伟,2011)。

枸杞多糖三氯乙酸纯化方法,先用 10% 三氯乙酸去除蛋白质沉淀,浓缩,再用 95% 乙醇、无水乙醇、丙酮、乙醚进行多次洗涤,直至溶液颜色由黄色近无色。于 60 ℃ 干燥,得粗多糖,将粗多糖热水溶解,脱脂棉过滤,弃去沉淀,进一步重复上述洗涤过程直至颜色近为无色,干燥,得到枸杞多糖(杨新生等,2016)。

采用 Sevag 法脱蛋白质测定枸杞多糖结构及其单糖组分,按枸杞多糖水溶液 20% 体积加入 Sevag 试剂($CHCl_3$:正丁醇＝3:1),置水浴振荡器振荡 12 h,使蛋白质充分沉淀,离心(3 000 r/min)分离,去除蛋白质,倾出上清液,流水透析 48 h,得纯枸杞多糖,测定其属于蛋白多糖(何晋浙等,2008)。

二、甜菜碱

甜菜碱属季胺类生物碱,植物中的甜菜碱有 12 种,最简单也是最早发现和研究最多的是甘氨酸甜菜碱(glycinbetaine,简称甜菜碱)。枸杞对脂质代谢或脂肪肝的作用主要由甜菜碱所引起,它在体内起到甲基供应的作用。甜菜碱是枸杞果实、叶、柄中主要的生物碱之一,它具有明目、抗脂肪肝、保护肾脏的作用。据文献报道,甜菜碱衍生物治疗动脉硬化、脂肪肝变性、消化不良、神经症等有一定效果。

(一) 提取

甜菜碱的结晶呈鳞状或棱状,易吸潮,热至310 ℃ 左右分解,味甜。极易溶于水,易溶于甲醇,溶于乙醇,难溶于乙醚,经浓氢氧化钾溶液的分解反应,能生成三甲胺,并释放出三甲胺。利用这些物理性质,提取方法大多可概括为水提和醇提两种,即溶于水或甲醇、乙醇溶剂,甜菜碱的溶解性很好,在乙醇溶液中,平均提取率为 99.8%,且与乙醇的浓度无关,在不同的乙醇溶液中均具有良好的贮藏稳定性。但由于不同物质含有的其他物质各不相同,故对水和醇的选择各不相同,醇浓度也有所不同。

1. 溶剂浸提法·研究水提和醇提枸杞,计算浸膏量和甜菜碱含量,共选择了 7 种提取方法(杨东辉等,1997)。

(1) 浸膏 A:取枸杞子 250 g,用水煎煮 3 次,加水量分别为 6、5、4 倍,煮沸时间分别为 1 h、1 h、0.5 h,放冷后合并滤液,中速滤纸过滤,得滤液,减压浓缩到稠膏,再减压干燥即得浸膏 A(157 g)。

(2) 浸膏 B:取枸杞子 250 g,用水煎煮 2 次(方法同浸膏 A),放冷后合并滤液,减压浓缩至与原药材比为 1∶1,用石灰粉调 pH 12,然后加入 95% 乙醇调至含醇量为 80%,静置 12 h 以上,中速滤纸过滤得滤液,减压浓缩至稠膏,再减压干燥即得浸膏 B(94 g)。

(3) 浸膏 C:取枸杞子 250 g,用水煎煮 3 次(方法同浸膏 A),用石灰粉调 pH 12,然后加入 2 mol/L H₂SO₄ 调至 pH 为 6,静置 12 h 以上,中速滤纸过滤,得滤液,减压浓缩至稠膏,再减压干燥即得浸膏 C(155 g)。

(4) 浸膏 D:取枸杞子 250 g,用 95% 乙醇回流提取 3 次,放冷后合并滤液,中速滤纸过滤,得滤液,减压浓缩至稠膏,再减压干燥即得浸膏 D(107 g)。

(5) 浸膏 E:取枸杞子 250 g,用 95% 乙醇回流提取 3 次,合并滤液,减压浓缩至与原药材比为 1∶1,用石灰粉调 pH 为 7,静止 12 h 以上,中速滤纸过滤,得滤液,减压浓缩至稠膏,再减压干燥即得浸膏 E(92 g)。

(6) 浸膏 F:取枸杞子 250 g,用 95% 乙醇回流提取 3 次,合并滤液,减压浓缩至与原药材比为 1∶1,用过量石灰粉调 pH 为 7~8,静止 12 h 以上,中速滤纸过滤,得滤液,减压浓缩至稠膏,再减压干燥即得浸膏 F(20 g)。

(7) 浸膏 G:取枸杞子 250 g,用 95% 乙醇回流提取 3 次,合并滤液,减压浓缩至与原药材比 1∶1,用石灰粉调 pH 7,再用 2 mol/L H₂SO₄ 调 pH 6,静止 12 h 以上,中速滤纸过滤,得滤液,减压浓缩至稠膏,再减压干燥即得浸膏 G(80 g)。

对以上 7 种方法所提的浸膏,利用薄层扫描法测定甜菜碱含量,结果见表 6-18。

表 6-18　浸膏甜菜碱含量

样品	测得量 (μg)	相对含量 g/g	相对含量 %	RSD (%)
浸膏 A	26.78	0.053 6	5.36	0.96
浸膏 B	40.27	0.008 5	8.05	0.10
浸膏 C	17.01	0.034 0	3.40	0.96
浸膏 D	17.50	0.035 0	3.50	0.98
浸膏 E	13.93	0.027 9	2.79	0.11
浸膏 F	51.75	0.103 5	10.35	0.11
浸膏 G	12.75	0.025 5	2.55	0.99

注:测得甜菜碱回收率为 96.70%,RSD=1.74%,n=3。

从表 6-19 得知,水提法出膏率较大,醇提法出膏率降低。从甜菜碱含量来看,水提法含量亦较高,而醇提法含量降低很多。因此,在这 2 类提取方法中,我们优先选择水提法。水提法中又分为 3 种方法,从得膏率来看,水提与水提-石硫法出膏率均很大,而水提-石醇法出膏率则相对降低近一半。从甜菜碱含量来看,水提与水提-石醇法含量较高,而水提-石硫法含量降低较多。从对比分析中,可以看出:水提-石醇法应为枸杞子浸膏的较佳提取工艺(李炜等,2006),用水煎煮制成浸膏,石灰粉调 pH 12,然后加 95% 乙醇再制成浸膏。它既克服了枸杞子出膏率大的问题,又保证了有效成分甜菜碱的含量。

表 6-19 不同提取方法出膏率与甜菜碱含量

样品	提取方法	出膏率 (%)	甜菜碱含量 (%)	
			浸膏	药材
浸膏 A	水提法	62.8	5.36	3.37
浸膏 B	水提-石醇法	37.6	8.05	3.03
浸膏 C	水提-石硫法	62.0	3.40	2.11
浸膏 D	醇提法	42.8	3.50	1.50
浸膏 E	醇提-石灰粉法	36.8	2.79	1.03
浸膏 F	醇提-过量石灰粉法	8.0	10.35	0.83
浸膏 G	醇提-石硫法	32.0	2.55	0.82

用《农业行业标准》中的冷水浸法提取枸杞中甜菜碱工艺优化条件文献(郝凤霞等,2014),其方法如下:

1) 提取方法:枸杞样品用蒸馏水于室温下放置 3 h,搅拌、混匀、抽滤、弃残渣。用浓盐酸调节 pH 为 1.0 左右,抽滤,冰箱冷藏,加入雷氏盐溶液,在冷藏,离心,残渣加 99% 乙醚摇匀,离心,残渣加 70% 丙酮,既得测试样品。

2) 甜菜碱提取单因素考察

料液比:按上述提取方法,以中宁枸杞为试验材料,分别选择不同的料液比 1 g:10 mL、1 g:20 mL、1 g:40 mL、1 g:60 mL、1 g:80 mL 做浸提试验,根据试验所得数据,以提取率为纵坐标、料液比为横坐标作图,结果见图 6-29。由图 6-29 看出,

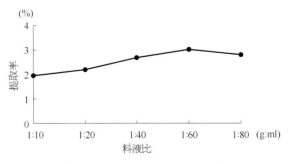

图 6-29 不同料液比的提取率

随着料液比的增大,甜菜碱的提取率逐渐增加;当料液比达到 1 g:60 mL 时,提取率开始下降,因此选择提取料液比 1 g:60 mL。

提取时间:按上述提取方法,在确定了 1 g:60 mL 的料液比前提下,分别选择不同的浸取时间 0.5 h、1 h、2 h、3 h、4 h 做浸提试验,根据得到的数据,以提取率为纵坐标、时间为横坐标作图,结果见图 6-29。由图 6-29 可见,随着提取时间的增加,枸杞中甜菜碱的提取率逐渐增加;当提取时间达到 2 h 时,提取率开始下降,且提取时间为 1 h、2 h 时的枸杞甜菜碱提取率差别不大,因此选择提取时间 2 h。

络合剂量:按照上述提取方法,在确定了提取料液比和提取时间的情况下,分别选择提取剂与络合剂的体积比 1:1、1:2.5、1:5、1:7.5 做浸取试验,根据试验所得数据,以提取率为纵坐标、络合剂的量为横坐标作图,随着络合剂雷氏盐的量不断增加,甜菜碱提取率也逐渐上升,当提取液与络合剂的体积比达到 1:5 时,提取率仍在增加,但是与从 1:2.5 到 1:5 的增加幅度相比,1:5 至 1:7.5 的增幅在减小,因此选择提取液与络合剂的比值 1:5。

络合时间:根据上述提取方法,在确定了料液比、提取时间和络合剂量的前提下,分别选择不同的络合时间 0.5 h、1 h、1.5 h、2 h、2.5 h 做浸提试验,根据试验所得数据,以提取率为纵坐标、络合时间为横坐标作图,结果见图 6-30。由图 6-30 看出:随着络合时间的增加,枸杞甜菜碱提取率逐渐增加;当络合时间达到 2 h 时提取率达到最大值,随后又开始下降,因此选择的络合时间为 2 h。

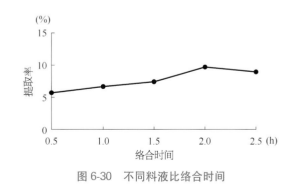

图 6-30 不同料液比络合时间

综合比较试验采用优化后的《农业行业标准》中的相关提取工艺对宁夏、甘肃、青海 3 个不同产地的枸杞进行提取,即以 1 g:60 mL 的料液比静置提取

2 h,以 1：5 的络合剂同时络合 2 h 后显色,用紫外一可见分光光度计在 523 nm 处测定吸光度,计算 3 种不同产地枸杞中甜菜碱的含量,结果不同产地枸杞中的甜菜碱存在一定的差异,其中甘肃枸杞中甜菜碱含量最高,为 9.26％；其次是青海枸杞,为 8.73％；最少的是宁夏中宁枸杞,为 8.71％。

提取甜菜碱时采用《农业行业标准》中的"蒸馏水冷浸法"和《中华人民共和国药典》中的"80％乙醇热回流法",比较这两种方法的甜菜碱得率发现,采用《农业行业标准》的方法,甜菜碱得率为 3.35％,而采用《中华人民共和国药典》的方法,甜菜碱得率 3.13％,且蒸馏水冷浸法比 80％乙醇热回流法提取方法安全、简单易操作,成本低,因此选用《农业行业标准》作为提取甜菜碱的方法。

不同地区枸杞中的甜菜碱含量不同,可能与枸杞生长地域、环境、湿度、日照等生态环境因素有关,如枸杞作为中成药配伍使用时,应严格控制和规范枸杞产地、采摘期等,使中成药中枸杞的甜菜碱和多糖等指标符合《中国药典》(2015 年版)规定。

有研究报道枸杞甜菜碱含量的 HPLC - ELSD 测定方法,考察不同溶剂甲醇、水、30％乙醇、70％乙醇和95％乙醇的提取效果,结果显示,以上述溶剂进行提取所得样品的甜菜碱含量按大小依次为：30％乙醇＞水＞甲醇＞70％乙醇＞95％乙醇,其中以 30％乙醇进行提取所得样品的甜菜碱色谱峰面积比用甲醇提取时高约 8％,提取效果明显,但该溶剂与水均存在提取后难滤过的问题,故选择甲醇为提取溶剂。对提取次数进行考察后发现,第 3 次提取到的甜菜碱含量仅为前 2 次总和的 2.9％,故认为 2 次即可提取完全。此外,还研究了不同提取方法(回流和超声)和不同提取时间(超声 30 min、40 min、50 min、60 min 和回流 30 min、60 min、120 min)等因素对提取效率的影响。综合各项因素,最终确定以甲醇为溶剂,回流提取共 2 次,每次 40 min 为最佳提取工艺(刘灵卓等,2012)。

《中国药典》2015 版甜菜碱提取方法。取本品剪碎,取约 2 g,精密称定,加 80％甲醇 50 mL,加热回流 1 h,放冷,滤过,用 80％甲醇 30 mL 分次洗涤残渣和滤器,合并洗液与滤液,浓缩至 10 mL,用盐酸调节 pH 至 1,加入活性炭 1 g,加热煮沸,放冷,滤过,用水 15 mL 分次洗涤,合并洗液与滤液,加入新

配制的 2.5％硫氰酸铬铵溶液 20 mL,搅匀,10 ℃以下放置 3 h。用 G4 垂熔漏斗滤过,沉淀用少量冰水洗涤,抽干,残渣加丙酮溶解,转移至 5 mL 量瓶中,加丙酮至刻度,摇匀,作为测试品溶液。目前,绝大多数实验方法测定枸杞中甜菜碱含量,都采用 80％甲醇提取方法(刘灵卓等,2012；高欢等,2017；姚少威等,2005)。

碱化双向萃取的方法。枸杞子碎片或粗粉置于 250 mL 碘量瓶中,加少许 Ba(OH)₂ 固体和一定毫升数的 Ba(OH)₂ 饱和溶液,密塞,用磁力搅拌器搅拌萃溶 15～20 min。吸取苯-氯仿混合液 50 mL,加入碘量瓶中,密塞,用磁力搅拌 30 min,静置分层。取上层有机相离心 20 min,离心液移入碘量瓶中,加入活性炭适量,褪色 20 min,过滤,滤液待测甜菜碱含量备用(张立木等,2005)。

2. 微波辅助法·微波法提取枸杞叶中甜菜碱的最佳工艺,考察工艺参数对枸杞叶中甜菜碱提取率的影响。以甜菜碱提取率为指标,通过 $L_9(3^4)$ 正交实验与方差分析优选出枸杞叶中甜菜碱最佳提取工艺条件。结果表明,最佳工艺为固液比为(g：mL) 1：10,20 min,微波功率 200 W。枸杞叶中甜菜碱最佳提取率平均值可高达 4.48％。该工艺简单、稳定、可行(党军等,2011)。

3. 溶剂萃取法·以青海不同产区枸杞为研究对象,使用美国戴安公司 ASE350 快速溶剂萃取仪来提取枸杞子中的甜菜碱。取本品剪碎,取约 2 g,精密称定,与硅藻土拌匀后填装入仪器配备的 34 mL 不锈钢萃取池中。在 80 ℃条件下用 80％甲醇溶液静置提取 15 min,循环提取 1 次。将提取液浓缩至 10 mL,用盐酸调节 pH 至 1,加入活性炭 1 g,加热煮沸,放冷,滤过,用水 15 mL 分次洗涤,合并洗液与滤液,加入新配制的 2.5％雷氏盐溶液 20 mL,搅匀,10 ℃以下放置 3 h。用 G_1 垂熔漏斗滤过,沉淀用少量冰水洗涤,抽干,残渣加丙酮溶解,转移至 5 mL 量瓶中,加丙酮稀释至刻度,摇匀,作为测定青海产枸杞中甜菜碱供试品溶液(谭亮等,2014)。

4. 超声波辅助法·超声波提取甜菜碱,其方法：称取枸杞样品粉末约 3 g,精密称定(准确至 0.001 g),置于具塞三角瓶中,加入 80 mL 水,超声提取 30 min,过滤至 100 mL 容量瓶中,静置 10 min,定容至刻度,摇匀。取 2 mL 滤液于离心管中,加入

2 mL Sevag 试剂(三氯甲烷-正丁醇,4∶1,v/v),剧烈振荡使其充分混合,在 9 000 r/min 转速条件下离心 5 min,弃去中间变性蛋白层和下层有机层,上层水相继续重复上述操作直至水相与有机相中间无变性蛋白出现为止。移取上层清液,过 0.45 μm 滤膜采用离子色谱法测定黑枸杞中甜菜碱含量,结果青海格尔木黑枸杞含量为 9.44 mg/g(耿丹丹等,2015)。

(二) 分离与纯化

1. 薄层层析法·该法以涂布于支持板上的支持物作为固定相,以合适的溶剂作为流动相,对混合样品进行分离、鉴定和定量的一种色谱分离技术。对于甜菜碱的分析,薄层板多选用 0.5% 羧甲基纤维素钠为粘合剂的硅胶 G 预制板;展开剂可多样,如丙酮-无水乙醇-盐酸(10∶6∶1)、甲醇-水(1∶1)等;显色剂为改良碘化铋试剂。用此法,杨东辉等从 7 种提取法的枸杞浸膏中分离出甜菜碱(杨东辉等,1997)。

目前,《中国药典》(2015 版)中枸杞甜菜碱分离纯化采用薄层色谱扫描法,该法具有灵敏、选择性好、显色方便等优点,但层析过程易出现拖尾,从而影响分离效果和方法的重现性。对中国药典枸杞中甜菜碱含量测定方法做了改进研究,药典法采用展开剂是丙酮-无水乙醇-盐酸(10∶6∶1),但操作中发现,展开过程中展开剂分层,且前沿呈锯齿状分裂。重复操作后得出的仍是如前所述的结果。因此,柴发永认为展开剂系统中使用无机酸,在上述比例下,无机酸与有机溶剂不能很好地混溶,用作展开剂不合适。药典法对显色的规定是"立即喷以新配制的改良碘化铋钾试液,显色后,放置 1~3 h 至斑点清晰"。很少见在喷显色剂后放置如此长的时间。《中国药典》(2015 版)中用薄层扫描法测定含量有 13 种药材,直接显色(不用显色剂或喷显色剂后立即显色)有山豆根等 5 味;在紫外光灯下显色有两面针;加热后显色有女贞子等 6 味;只有枸杞子是喷显色剂后,放置 1~3 h。并且在按药典显色剂重复操作后发现,无论是"放置 1~3 h"还是加热,斑点很不清晰(柴发永等,2009)。

在供试品溶液的制备过程中发现:加热回流后的滤过,可能杂质多,速度慢,考虑改为抽滤;而在后面的用 G₄垂熔漏斗滤过,没有必要,故改用滤纸滤过。另外,在薄层展开前,未按药典测定方法预饱和30 min,发现效果也很好。

2. 离子交换法·该方法是利用离子交换剂上的可交换离子与周围介质中被分离的各种离子间的亲和力不同,经过交换平衡达到分离目的的一种柱色谱法。该法灵敏度高、重复性好、选择性好、分析速度快,是目前最常用的方法之一。

离子交换法提取甜菜碱的报道较多,用 200 mL 体积的强酸性苯乙烯系〈732 型〉阳离子交换树脂柱和 200 mL 的强碱性阴离子交换树脂〈717 型〉柱配合,以 300 mL 的氨水洗脱,流出液用活性炭柱脱色,分离出纯度较高的甜菜碱。

据资料报道,高效液相色谱法(HPLC)测定枸杞子中枸杞中甜菜碱的含量,分离纯化方法较多,采用不同种类的色谱柱如磺酸基键合硅胶的阳离子交换剂(SCX)为填充剂的色谱柱(甄录旭等,2007;黄薷等,2010)、将甜菜碱制成衍生物后使用 ODS 色谱柱(姚少威,2005)、或氨基柱(廖国玲等,2007;李向阳,2007)、ODS – C₁₈ 色谱柱直接测定(蔡清宇等,2007;王样根等,2008)。

选择高效液相法蒸发光散射检测器检测,考虑阳离子交换色谱柱使用盐溶液,降低检测器的灵敏度;氨基柱在酸水系统中自身不稳定;ODS – C₁₈ 色谱柱使用水为流动相,对保留时间无调节性。参考《中国药典》(2015 年版)中盐酸水苏碱的测定方法,使用丙基酰胺键合硅胶色谱柱,建立枸杞子中甜菜碱的含量测定方法。本试验使用 Venusil HILIC 丙基酰胺亲水作用液相色谱柱,运用提取、沉淀二步简单的前处理制备供试品,采用常规的含挥发性有机酸的流动相,进行 ELSD 检测器测定,达到了测定枸杞子中甜菜碱含量的目的(高欢等,2017)。

三、类胡萝卜素

枸杞子中的类胡萝卜素具有多种生物活性功能,多年来一直是国内外的研究热点。其中,国外对枸杞中类胡萝卜素的研究较早。1930 年德国 Zechmeister 和 Cholnoky 从 L. halimifolium 果实中分离出酸浆果红素(phasalien),经鉴定该化合物为玉米黄质(zeaxanthin)的软脂酸(palmiticacid)酯。1952 年 Goodwin 在其所著的《类胡萝卜素的比较生物化学》一书中首次记述了枸杞中含有大量的玉米黄素(zeaxanthin),1968 年 Keiji Harashima 从日本枸杞中分离得到纯的玉米黄素结晶,但该化合物不是以游离形式,而是以酸浆果红素得形式存在于果实中。中国对枸杞中类胡萝卜素的研究较晚,1986年齐宗韶用柱层析法从宁夏枸杞中分离出胡萝卜素、一羟叶黄素和二羟叶黄素,并测定了其含量。1998年彭光华、李忠等利用薄层色谱法和高压液相色谱等方法,通过对枸杞籽中类胡萝卜素种类和结构进行研究,发现枸杞籽中类胡萝卜素有10种,其中单体有β-胡萝卜素、玉米黄素,酯化的类胡萝卜素主要是玉米黄素的酯类化合物,占枸杞类胡萝卜素总量的77.5%(马文平等,2007)。

枸杞色素是存在于枸杞浆果中各种呈色物质的总称,主要是由类胡萝卜素和类胡萝卜素酯组成的混合物。类胡萝卜素是一类脂溶性色素,几乎不溶于水;易氧化不稳定。胡萝卜素是枸杞的主要生理活性成分之一。类胡萝卜素化合物的主要生理功能见表6-20。

表6-20 类胡萝卜素化合物的主要生理功能

功能	类胡萝卜素化合物
V_A原活性	β-胡萝卜素、β-隐黄质
抗氧化性	所有胡萝卜素化合物
细胞传递	β-胡萝卜素、隐黄质
免疫功能促进剂	β-胡萝卜素
UV皮肤保护剂	β-胡萝卜素
黄褐斑保护作用	玉米黄质

类胡萝卜素是一种聚异戊二烯分子,其分子的每一端都含一己烯环,现已发现600多种,其颜色取决于结构中"扩展的共轭双键系统(extend system of conjugated double bonds)"。高度不饱和的共轭双键系统产生一系列复杂的紫外可见光谱(300~500 nm)可以形成多种结晶体,晶体颜色有橘红、红色、紫罗甚至黑色,这取决晶体的形状和大小。晶体熔点高达130~220 ℃,它们不溶于水,微溶于植物油,易溶于含氯的有机溶剂。晶体对空气中的氧敏感,必须被保存在惰性气体或真空中。悬浮或溶解于植物油可以增加类胡萝卜素的稳定性,当有维生素E等抗氧化剂存在时,稳定效果更佳(黄丽等,2012)。

枸杞色素受外界条件影响极不稳定,因素有以下7种:①时间的影响。常温避光条件下,枸杞色素有较好的稳定性,存放近一个月,溶液仍保持澄清透明,随着时间的延长,颜色和吸光度值变化不大(李宏燕等,2013)。②光照的影响。枸杞色素不耐光,日光对枸杞色素明显的破坏作用,而避光保存时枸杞色素的变化较小(王孝荣等,2013)。光照可能加速了枸杞色素的氧化,使其生成环氧化合物,因此应避光生产和贮藏。③温度的影响。枸杞色素对热不稳定,在高温热处理条件下含量会明显降低。高温可能会使枸杞色素降解加快,色素结构被破坏,或发生从反式向顺式的转化。短时间内,50 ℃时枸杞色素较稳定,低于85 ℃时热稳定性良好,95 ℃加热1 h时色素损失不大;在95 ℃加热2 h时,色素结构被破坏,含量明显下降(李紫薇等,2009)。④pH的影响。枸杞色素在酸性较强的环境下降解率较大,在强碱性的环境中稳定性较差,而弱酸性及中性偏碱的环境对枸杞色素的稳定性影响相对较小,降解率较低(任顺成等,2009)。但也有研究表明,枸杞色素在pH为7至14溶液中较稳定,并且碱对枸杞色素有一定的护色作用(李国银等,2009)。⑤金属离子对稳定性的影响。Fe^{3+}、Na^+、Mg^{2+}、Ca^{2+}、Zn^{2+}等金属离子可能会影响色素的稳定性。研究表明,枸杞色素在K^+、Na^+、Ca^{2+}、Al^{3+}存在时降解幅度不大,这些离子对色素稳定性基本无影响。Cu^{2+}对枸杞色素的稳定性有显著的影响,色素含量下降得很快。Fe^{3+}使枸杞溶液由橙红透明变为暗橙色,可能Fe^{3+}对枸杞色素发生氧化作用从而导致了色素保存率明显降低(张春兰,2008)。总之,部分金属离子可能起催化剂作用,能加快枸杞色素的降解速度,应避免枸杞色素接触含这些金属离子的溶液和容器。⑥氧化还原剂对稳定性的影响。溶液中枸杞色素吸光度随着H_2O_2浓度升高而下降,表明强氧化剂可能会缓慢氧化枸杞色素,应避免其与氧化剂接触。维生素C为还原剂,不仅不影响枸杞色素的稳定性,反而起保护作用。维生素C可能通过捕获过氧化自由基方式阻断类胡萝卜素过氧自由基的生成,另外,维生素C的还原性降低了溶液中分子氧的浓度,使类胡萝卜素过氧自由基生成量减少,阻止或减少了类胡萝卜素的氧化(李紫薇等,2009;高向阳等,2010)。⑦防腐剂对稳定性的影响。研究苯甲酸钠和山梨酸钾对枸杞色素的影响。发现在可使用的浓度范围内,它们对枸杞色素稳定性影响不大,其浓度的变化对色素保存率影响亦不大,表明在应用中可不考虑这些防腐剂对枸杞色素的影响(张春兰,2008)。

(一) 提取

枸杞色素提取是有选择性的将枸杞色素溶解至溶剂中的过程。影响枸杞色素提取效果的因素主要包括溶剂种类、提取时间、提取温度、提取次数和料液比等。提取时间延长,提取率会增高,但时间过久会使枸杞色素降解的量增加,含量反而会下降。提取温度升高,溶剂的渗透性会增强,有利于枸杞色素的溶出,但温度过高会促使溶剂挥发,并破坏色素结构。提取次数增加,能提高提取率,但提取次数过多会增大提取液体积,增加后续生产的工作量。在最佳条件下提取能提高枸杞色素产量,提升枸杞色素质量,优化提取条件的方法主要包括正交试验法、均匀设计法和响应面法等。

1. **有机溶剂提取法** · 有机溶剂提取法是根据原料中各种成分在有机溶剂中的溶解性,选用对杂质溶解度小,对活性成分溶解度大的有机溶剂,将有效成分从药材组织内溶解出来的方法。类胡萝卜素是一类具有多不饱和双键的烃类或它们的含氧衍生物。有机溶剂提取类胡萝卜素是最常用的提取方法。在有机溶剂提取方法中,原料的特性、所含类胡萝卜素的性质以及不同的试剂组合对提取的效果均有不同的影响。

对枸杞中类胡萝卜素类成分进行了提取方法、提取溶剂及正交实验等系统性研究,并测定枸杞中类胡萝卜素清除DPPH的能力。以 β-胡萝卜素为对照品,采用正交实验方法研究了溶剂比例、提取时间、提取次数、固液比等对枸杞中类胡萝卜素提取得率的影响。以清除DPPH自由基为指标测定了枸杞中类胡萝卜素的清除自由基能力。结果表明,最佳提取工艺为:水浴加热回流50℃提取3次,每次1 h,提取剂为石油醚:丙酮(7:3)。枸杞中类胡萝卜素对DPPH的清除率 IC_{50} 为37.2 $\mu g/mL$。枸杞中的类胡萝卜素具有较好的抗氧化能力(孙波等,2014)。

以过40目筛的枸杞果肉粉末为原料,用石油醚与丙酮的混合溶剂提取脂溶性色素。采用正交旋转试验设计优化提取参数,建立正交旋转回归设计模型。该方法最终优化得到最佳条件为:浸提时间2.2 h,温度30.9℃、浸提料液比1:7.16,石油醚:丙酮的体积比为5.43:1,此时脂溶性枸杞色素吸光度值最大为0.695(钟智敏等,2011)。

以乙醇为溶剂,提取枸杞中色素,分析色素得率和色素溶液的特征吸收波长,在此基础上研究枸杞色素的稳定性。研究结果表明提取所得枸杞色素得率为49.1%,以无水乙醇为参比,枸杞色素的特征吸收波长为395 nm;枸杞色素对温度、时间、pH、$AlCl_3$ 溶液、自然光照等具有较好的稳定性,可作为食品、医药、保健品及饮料等生产行业的色素添加剂(李宏燕等,2013)。

通过 Box-Behnken 试验设计研究提取时间、料液比及浸提温度对枸杞色素浸提效果的影响,建立各影响因素的回归方程,并通过响应面分析法优化,得到了枸杞色素的最佳浸提条件:料液比为1:9、温度为38℃、时间为2.5 h。进一步研究光照、温度、酸、碱、金属离子对枸杞色素稳定性的影响。结果表明:对日光不稳定,避光保存较稳定,在高温下不稳定,在碱性环境中较稳定,对金属离子如 Fe^{3+},Fe^{2+},Cu^{2+} 等不稳定,而 K^+,Na^+ 对其影响较小(王孝荣等,2013)。

以制汁、制酒后的枸杞残渣为原料,通过有机溶剂进行提取,得到枸杞色素粗品。试验结果表明,最佳提取溶剂乙酸乙酯,55℃下提取1 h,提取3次可得最大提取率6.9%。用氧化镁柱层析对粗品进行纯化,用石油醚能有效洗脱粗品中的脂溶性杂质,再用石油醚-丙酮(体积比10:1)为洗脱液可有效洗脱得到类胡萝卜素,采用薄层色谱法(TLC法)、高效液相法(HPLC法)测定,β-胡萝卜素、类胡萝卜素的纯度可达78%。研究得出以下结论:①由枸杞色素提取液的紫外可见光谱图可见,其最大吸收峰在449 nm处,符合类胡萝卜素的特征吸收峰(450 nm)。表明枸杞色素中含有类胡萝卜素。其有2个肩峰在476 nm、211 nm处,表明枸杞色素提取液中含有其他物质,还需进一步纯化。②本研究用乙酸乙酯为提取剂,55℃提取1 h,提取3次可得最大提取率约7%,经过液相色谱和柱层析法得出,所得枸杞色素油树脂中 β-胡萝卜含量为407 $\mu g/g$,类胡萝卜素总量35.80 mg/g。③用氧化镁柱层析,以石油醚-丙酮(体积比10:1)为洗脱液,可得到含量为78%的类胡萝卜素的高纯度产品,此法工艺简单,纯化效果好(冯作山等,2004)。

2. 皂化提取 · 提取物中如包含各种游离脂肪酸及大量脂肪酸甘油酯等非水溶性成分,会影响产品纯度及色素释放,用皂化法处理枸杞可除去其中脂肪酸甘油酯及游离脂肪酸等脂类,有利于枸杞色素的提取和纯度的提高。

有报道研究了皂化处理、溶剂提取工艺,对NaOH、NH_4OH及浓度、酸中和起泡pH值、乙酸乙酯和乙醚配比选择、料液比、提取温度与时间等提取条件,选取4个主要因素进行了水平实验,考察各因素对色素提取率的影响,结果表明,各因素影响强度依次为温度>碱及浓度>时间>起泡pH,在枸杞色素提取工艺:枸杞干果→冷冻→研磨→弱碱皂化→酸中和起泡→离心分离→乙醇处理→离心分离→溶剂提取→低温结晶→过滤→干燥→枸杞色素中,最佳提取条件为0.7 mol/L的Na_2CO_3皂化30 min,0.5 mol/L稀硫酸中和起泡pH为7.5,离心后无水乙醇浸泡10 min,离心后用乙酸乙酯的乙醚溶液浸提,料液比1∶10,浸提温度40℃,时间3 h(杨莉等,2007)。

研究皂化工艺对枸杞皮渣中类胡萝卜素提取效果优化,采用超声波辅助皂化法提取枸杞皮渣中类胡萝卜素,以类胡萝卜素的提取量为评价指标,在单因素试验的基础上,采用Box-Behnken试验设计和响应面法分析考察了4个因素对类胡萝卜素提取量的影响,并优化了皂化工艺。结果表明:类胡萝卜素的最优皂化工艺条件参数:KOH浓度1.8 mol/L、皂化温度40.7℃、皂化时间1 h、超声波功率205 w在该条件下,实际获取的类胡萝卜素提取量为129.121 mg/g,与预测值128.99 mg/g的相对误差为0.79%,说明该模型拟合度好,优化后得到的皂化工艺准确、可靠(王星等,2014)。

采用单因素试验和正交试验,以提取物中色素含量为考察指标,对枸杞色素提取过程中的皂化处理进行研究。结果表明,各因素的影响程度依次为:皂化温度>NaOH质量分数>皂化液与枸杞干果果肉的比例(液料比)>皂化时间。确定了枸杞皂化处理的最佳条件:皂化温度40℃,NaOH质量分数1.0%,液料比4∶1,皂化时间40 min(李国银等,2009)。

3. 超声波辅助法 · 超声波辅助法是利用超声振动的方法使溶剂快速进入固体物质中,将其中所含目的物质等溶出,制得多成分混合提取液。超声提取法操作方便,提取安全、无需加热,使一种有效增加提取产率,缩短提取时间的常用方法。

史高峰等(2012)用正交试验法优化了提取枸杞色素的提取工艺,最终确定石油醚和氯仿混合液为浸提溶剂,提取的最佳工艺为:超声波提取功率为160 W,固液比1∶8,温度为55℃,提取次数2次,每次40 min。该工艺可实现枸杞浸膏得率3.20%以上。

研究了以超声波法辅助提取枸杞色素,最佳工艺条件为:以石油醚为提取溶剂,超声波作用时间25 min,超声波功率为80 w,提取温度为40℃、料液比为1∶6(g/mL),所得枸杞色素粗产品的提取率为97.68%。方法简便易行,提取时间短,提取率较高,整个过程对环境污染少。

从枸杞鲜果中提取类胡萝卜素的超声提取工艺优化研究,采用超声波技术对宁杞7号枸杞鲜果中类胡萝卜素提取工艺进行了研究,考察了提取溶剂、料液比、提取时间、超声功率、超声频率对提取效果的影响,确定提取溶剂为四氢呋喃,各因子对提取效果影响顺序为:超声功率>提取时间>料液比>超声频率,最佳提取条件为:超声功率300 w,料液比1∶15(g/mL),提取时间50 min,超声频率60 Hz。光稳定性研究表明色素对日光不稳定,对室内散射光较稳定(曹有龙等,2014)。

研究响应面分析法优化枸杞皮渣中色素的超声波辅助提取工艺,以枸杞皮渣为研究对象,利用超声波提取,用色素提取率为衡量提取工艺的指标。在单因素实验的基础上,选取提取时间、提取温度、料液比(g/ml)、提取剂(乙醇)浓度为自变量,色素得率为响应值,利用Box-Behnken中心组合设计原理和响应面分析法,研究各自变量及其交互作用对得率的影响,模拟得到二次多项式回归方程的预测模型,在超声波功率为150 W的条件下,确定最佳提取条件为乙醇浓度97%、提取温度67℃、料液比1∶32,提取时间37 min。在此工艺条件下,色素得率为7.632%,与理论预测值7.861%相比,其相对误差约为2.91%。说明通过响应面优化后得出的方程具有一定的实践指导意义(余昆等,2013)。

对超声波浸取提取枸杞中类胡萝卜素的方法进行优化。方法根据正交试验的设计原理,采用三因素三水平的正交试验设计,考察提取时间、料液比和粉碎度对枸杞类胡萝卜素提取的影响。对各影响因素实验结果进行统计学分析后,确定超声波提取枸杞类胡萝卜素工艺组合为最佳试验条件,即提取时间 30 min,料液比 1∶15,粒度小于 40 目。该超声波浸取法简单、提取收益高,适用于枸杞类胡萝卜素的提取(赵锡兰等,2010)。

4. 微波辅助提取法 · 微波辅助提取法是利用高频电磁波穿透使细胞破裂从而使细胞内的有效成分快速溶出的一种技术。微波具有穿透力强,有效破裂植物细胞壁,加热效率高,耗能低,操作简单,省时等特点。近年来在天然产物成分提取领域得到很大的发展和应用。

采用微波辅助法提取枸杞红色素,通过单因素和正交实验确定萃取的工艺条件。最佳工艺条件为:将干燥好的枸杞粉碎到 40～80 目,采用 0.1 mol/L HCl 与 95％乙醇的混合溶液(2∶3,v/v)的作为提取剂、料液比为 1∶10、微波功率 400 W 浸提 30 s。该方法的提取率为 16.86％,与传统的溶剂浸提法相比有较大优势,时间大大缩短,效率明显提高。

李金梅等(2012)以 80％工业乙醇为溶剂,采用微波辅助萃取法提取枸杞粉中的色素,色素得率为 17.14％。

有机溶剂微波萃取枸杞中的类胡萝卜素。单因素实验表明,微波萃取枸杞色素的最佳单因素依次为石油醚-丙酮(体积比 1∶1)的混合溶剂,微波火力中火,萃取时间 20 s,料液比为 1∶3,萃取 3 次。正交实验结果表明,微波萃取枸杞色素的最佳工艺条件为:用石油醚-丙酮体积分数 $\varphi=1∶1$ 的混合溶剂浸提,料液比为 1∶4,在微波中火下萃取 20 s,反复 3 次。在此条件下,枸杞中类胡萝卜素含量可达 14.23 mg/L(陶能国等,2008)。

采用微波辅助提取了枸杞中 β-胡萝卜素,筛选了提取 β-胡萝卜素的溶剂,考察了微波萃取功率、提取时间、固液比、提取温度对 β-胡萝卜素提取率的影响。在单因素试验基础上,通过正交试验优化了提取工艺。结果表明,微波提取 β-胡萝卜素的最佳工艺参数为:微波功率 100 w,时间 80 s,温度为 25 ℃,固液比为 1∶15,在此条件下,β-胡萝卜素的提取率为 0.55％(陈磊等,2012)。

5. 索氏提取法 · 索氏提取法以索氏提取器为工具,利用虹吸和溶剂回流原理,不断用纯溶剂萃取固体原料中的脂溶性成分,萃取效率较高。萃取前应先将经粉碎的固体物质放在滤纸套内,再放置于萃取室中。加热烧瓶中溶剂至沸腾,蒸汽会通过导气管上升,并冷凝为液体滴入提取器。当提取器中液面超过虹吸管最高处时,发生虹吸现象,溶剂回流入烧瓶,萃取出溶于溶剂的物质。如此反复利用溶剂回流和虹吸作用,固体原料中的可溶物富集到烧瓶中。

李紫薇取产地为新疆的成熟枸杞,蒸馏水浸泡 10 h 后去籽,粉碎后过 60 目筛,以石油醚为溶剂,固料比 1∶23,85 ℃采用索氏提取法提取,3 h 后水浴蒸干,即制得脂溶性枸杞色素。

6. 超临界流体萃取 · β-胡萝卜素是脂溶性物质,在超临界 CO_2 中有一定溶解度,原料中有其他有机组分共存时则溶解度更大。对超临界 CO_2 萃取枸杞中类胡萝卜素的条件进行了研究,发现以异丙醇为提取剂的最优提取工艺条件为:pH 3,温度 50 ℃,时间 2 h。试验证明,超临界 CO_2 萃取类胡萝卜素的效果要优于溶剂提取的效果(张业辉等,2006)。

采用超临界 CO_2 萃取技术,以枸杞籽油为载体,提取率达到 51.5％,萃取物中 β-胡萝卜素含量达到 64％。提取的 β-胡萝卜素可作药物原料(白寿宁,2000)。

7. AES 法 · 快速溶剂萃取(ASE)是指在密闭容器内于高温(50～200 ℃)和高压(500～3 000 psi)条件下,在短时间内,用有机溶剂提取固体或半固体样品的一种新型样品前处理方法。与超声、微波、回流、超临界萃取等成熟方法相比,ASE 有萃取溶剂用量少、提取时间短、萃取效率高、操作简单方便、安全和自动化程度高等优点。

以柴达木盆地枸杞子为对象,研究枸杞子中 β-胡萝卜素的最佳提取工艺。以 β-胡萝卜素的含量为指标,通过高效液相色谱法测定其含量,考察了超声、溶剂浸提、快速溶剂萃取(ASE)三种提取方法对 β-胡萝卜素提取效果的影响,通过单因素试验和正交试验优化 ASE 的提取条件。结果是 ASE 在提取效果上明显优于其他两种方法,影响枸杞子中 β-胡萝卜素提取效果的各因素主次顺序为:提取次数＞提取溶剂＞提取时间＞称样量。ASE 的最佳提取工艺为:称样 0.8 g,以石油醚∶丙酮(1∶2)作为提取溶剂,提取 20 min,循环 2 次,在该条件下,得出枸杞子中 β-胡萝卜素的总含量为 208.17 μg/g。该方法简单、快捷、高效,适用于枸杞子中 β-胡萝卜素的提取(曹静亚等,2013)。

(二) 分离

枸杞色素分离纯化方法的研究较少,色素产品的纯度不高,仅适用功能性食品生产,尚不能直接用于医药生产。在已报道的纯化方法中,高效液相色谱法、薄层色谱法、固相萃取-高效液相色谱法通常仅用于小规模枸杞色素样品的纯化和检测,吸附层析法和凝胶层析法虽然可放大,但方法单一,无法得到纯度较高的枸杞色素。分离纯化枸杞色素方法的研究,以提升枸杞色素纯度,使其适用于医药保健品生产,充分发挥生理活性作用。

1. 薄层色谱法·用薄层色谱法,经展开剂石油醚-丙酮(10∶1,体积比)展开,分离效果较好,可以根据极性的不同将枸杞色素分为清晰的 6 点,运用薄层色谱法分离、鉴定了枸杞子中的 3 种游离类胡萝卜素——β-胡萝卜素、羟基类的 β-隐黄质、玉米黄质及 3 种类胡萝卜素酯。

运用薄层色谱法分离、鉴定了枸杞子中的 3 种游离类胡萝卜素及 3 种胡萝卜素酯,并结合气相色谱对构成类胡萝卜素酯的脂肪酸进行了分析(彭先华等,1998)。其方法如下。

(1) 枸杞子类胡萝卜素提取与纯化:称取一定量的枸杞子,粉碎,置于研钵中,加入石油醚-丙酮(1∶1 v/v)混合溶液提取,直至提取液无色,合并提取液,倾入分液漏斗中,分次加入少量蒸馏水洗去丙酮和其他杂质,将含类胡萝卜素的石油醚层真空浓缩,上氧化镁柱纯化,以石油醚洗去非类胡萝卜素的脂溶性杂质,然后以石油醚-丙酮(10∶1 v/v)洗脱类胡萝卜素,供薄层分析用。

(2) 类胡萝卜素提取液的完全皂化:取(1)中洗脱液 5 mL 置于试管中,加入 2 mL 10%甲醇氢氧化钾溶液,充入氮气密封,置于暗处冷皂化 2 h 后取出,把皂化液倾入分液漏斗中,加入少量蒸馏水洗去甲醇和其他杂质,取石油醚层备用。

(3) 薄层板的制备:称取硅胶 G,加入蒸馏水,调匀,用涂布器涂层,分析性薄层厚 0.25 mm,制备性薄层厚 0.50 mm,晾干后 110℃下活化 2 h,备用。

(4) 展开:将点样后的薄层板置于石油醚-丙酮混合液(100∶5 v/v)饱和的层析缸内,于暗处展开。观察黄色斑点位置并计算各点的 Rs 值。

结果枸杞子类胡萝卜素与 3 种标准类胡萝卜素在薄层板上被完全分开,确认为玉米黄素、β-隐黄素和 β-胡萝卜素。(皂化消失为类胡萝卜素脂肪酸脂)。

枸杞子中的类胡萝卜素在硅胶 G 薄层上分离时,由于不同类胡萝卜素的末端基团的不同,因此具有不同的色谱行为。β-隐黄素、玉米黄素和玉米黄素单棕榈酸酯均含有游离羟基,它们与硅胶 G 中硅醇结合较紧,展开速度较慢,它们的 Rf 值的差异由所含的游离羟基数和分子链长共同决定,而 β-胡萝卜素、β-隐黄素棕榈酸酯和玉米黄素双棕榈酸酯不含游离羟基,展开速度快,它们的 Rf 值的差异仅由分子链长决定。薄层色谱可快速、简便地对枸杞子中的类胡萝卜素进行定性分析和分析性制备,结合薄层扫描还可定量分析枸杞子中的类胡萝卜素。

2. 真空液相色谱法·采用真空液相色谱(VLC)法,快速、简易、高效地分离、纯化了枸杞子中类胡萝卜素及其脂肪酸酯;采用薄层色谱法,对比了氧化镁和硅胶两种吸附剂的分离、纯化效果。结果表明,依次用氧化镁和硅胶为吸附剂进行的两次真空柱色谱分离,可有效去除脂溶性杂质并分离类胡萝卜素各组分,是类胡萝卜素分离、纯化的可靠方法(李赫等,2006)。

(1) 方法

1) 主要仪器和试剂:氧化镁为 200 目的中性氧化镁;硅胶为 G_{60};预制硅胶板;β-胡萝卜素(德国 Merk);玉米黄素(法国 Extrasynthese);玉米黄素双棕榈酸酯(实验室制备);其他试剂均为国产分析纯。

2) 样品处理:称取一定的枸杞子,粉碎,置于研钵中,用蒸馏水洗,离心弃去上清液,加适量抗氧化剂 0.01%二丁基羟基甲苯(BHT),以石油醚-丙酮(2∶1)混合溶液浸提至无色,合并提取液,倾入分液漏斗中,分次加入少量蒸馏水洗去水溶性杂质,真空浓缩含类胡萝卜素的石油醚层,收集浓缩液低温贮藏待用。

3) 真空色谱柱的制备:在一玻璃短柱中干法加入吸附剂,轻轻敲击柱壁,使吸附剂在重力的作用下沉降,然后打开三通阀抽真空,并用一橡皮塞压紧,直至吸附剂变得坚硬,放气后,快速向吸附剂表面加入石油醚,当石油醚流经全部柱体后将柱抽干,即可上样(干法上样)。

4) 类胡萝卜素的纯化:分别以活化氧化镁和硅胶为固定相比较除杂质的效果,将样品的浓缩液吸附于少量固定相中。当以氧化镁为固定相时,依次用石油醚:丙酮=100:3 及 100:15 混合液洗脱,得无色的洗脱液 1 和全部色素 2;以硅胶为吸附剂时,依次用石油醚及石油醚:丙酮=100:15 混合液洗脱得到无色的洗脱液 3 和全部色素的洗脱液 4;将各组分分别收集并浓缩,用薄层色谱法(TLC)评价不同填料的纯化效果,薄层层析展开剂为石油醚:丙酮=100:3.5。

类胡萝卜素的分离:将经过氧化镁纯化的类胡萝卜素以干法上样到装填好硅胶真空色谱柱上,配制不同极性的石油醚-丙酮溶液洗脱,极性由小到大分别为 100:0.1;100:0.2;100:0.4;100:1;100:1.4;100:2;100:3;100:6;100:15(石油醚-丙酮),观察并收集不同谱带的洗脱液,每次收集 50 ml,合并同一谱带的洗脱液,真空浓缩待薄层色谱检测。

类胡萝卜素纯度检测:高效液相色谱法检测分离后的类胡萝卜素纯度,高效液相色谱仪 SPD-MIOAVP,检测器为二极管阵列检测器(PAD),日本岛津公司;色谱条件:色谱柱为 Diamonsil™ C$_{18}$(迪马公司产品,5 μm, 250 mm×4.6 mm),流动相:甲醇:乙腈:二氯甲烷:正己烷(15:40:20:20),柱温 25 ℃,流速 1 mL/min,等度洗脱,450 nm 波长检测。

(2) 结果

1) VIE 法分离枸杞子中类胡萝卜素:以硅胶为吸附剂,梯度改变洗脱剂极性,VIE 法分离枸杞子中类胡萝卜素,收集各组分,得到 9 组洗脱液(见表 6-21),以石油醚:丙酮=100:3.5 为展开剂薄层色谱检测,发现部分组分纯度较高。这说明以硅胶为固定相的 VIE 柱色谱具有相当好的分离效果,与制备薄层色谱相当。由于真空柱色谱可以在短时间内分离大量样品,当需要分离制备天然产物中的微量成分时,它更具优越性。

表 6-21　VLC柱法分离类胡萝卜素得到的组分

组分	流动相(石油醚:丙酮, v/v)	主要成分
A	100:0.1	β-胡萝卜素(β-carotenoid)
B	100:0.2	—
C	100:0.4	玉米黄素双棕榈酸酯(zeaxanthin dipalmitate)
D	100:1.0	
E	100:1.4	
F	100:2.0	
G	100:3.0	
H	100:6.0	—
I	100:15.0	玉米黄素(zeaxanthin)

2) 氧化镁作为真空柱色谱的固定相是理想的类胡萝卜素纯化介质,采用氧化镁和硅胶为吸附剂进行两次真空柱色谱分离,有效去除了枸杞子中的脂溶性杂质并将类胡萝卜素各组分有效分离。

3) 采用 VLC 柱法,使整个分离纯化过程简单、快速、高效,特别适于实验室中制备天然产物中的大量类胡萝卜素样品及液质联用分析等操作的前处理。

3. 高效液相色谱法

(1) 反相高效液相色谱法(RP-IIPLC):枸杞中的游离类胡萝卜素主要是 β-胡萝卜素、羟基类的 β-隐黄质、玉米黄质。分离这组分所用的流动相多是极性相对较强的溶剂如甲醇、乙腈等,配以少量的弱极性溶剂如二氯甲烷、乙酸乙酯等。枸杞色素中完全酯化的类胡萝卜素难溶于甲醇、乙腈溶剂中,所以适宜的流动相需提高弱极性溶剂的比例。

采用非水反相液相色谱法测定了枸杞子中 β-胡萝卜素的含量,结果表明不同产地及品种的枸杞子中类胡萝卜素的组成相同,均由 10 种主要类胡萝卜素组成(李忠等,1998)。

(2) 固相萃取-高效液相色谱法:采用固相萃取法提取枸杞中的类胡萝卜素,可让类胡萝卜提取液不经皂化直接用于分析,可避免因皂化而引起的类胡萝卜素分解或异构化,测定结果更能反映样品中类胡萝卜素的真实信息,固相萃取-高效液相色谱法易实现操作自动化,便于批量处理,使样品操作更为简便快速。

固相萃取富集和预分离,高效液相色谱测定枸杞中的类胡萝卜素的方法。枸杞中的类胡萝卜素用 WaterXterra™RP$_{18}$ 固相萃取小柱预分离,以 WaterXterra™RP$_{18}$(3.9×150 mm,5 μm)液相色谱柱为固定,甲醇-四氢呋喃(4:1)为流动相分离,用二极管矩阵检测器检测,检测波长为 450 nm。方法标准回收率为 95%～103%。用该方法测定了几种枸杞样品中的类胡萝卜素(杨亚玲等,2004)。

HPLC 法检测枸杞中类胡萝卜素的研究进展,并对分离纯化做了小结(郑晓冬等,2015)。

(3)色谱柱:由于枸杞中的类胡萝卜素及其酯类化合物的种类较多,各组分极性差别大。所以,已报道的 HPLC 条件对类胡萝卜素酯的分离效果不够理想。目前,主要采用以 C$_{18}$ 硅胶键合材料的反相液相色谱柱(或进行特殊修饰和添加特定基团),来分离检测。MA 等采用 Diamonsil™ C$_{18}$ 色谱柱成功的分离了玉米黄质、β-胡萝卜素及酯化胡萝卜素等。董学畅等采用超纯 RX - SIL 硅胶色谱柱 ZORBAXStableBound 对 9 种类胡萝卜素进行了良好的分析测定。其他几种 C$_{18}$ 硅胶键合的特定网络结构的色谱柱如 WatersXterra™RP$_{18}$ 液相色谱柱以及 Diamonsil™ 反相 ODS - C$_{18}$ 色谱柱均可用于类胡萝卜素的分析检测。

此外,对于类胡萝卜素中分子量较大或异构体的分析时也采用 C$_{30}$ 色谱柱。自然界中叶黄素与玉米黄素总是相伴而生,在多数玉米黄素存在的生物中会同时发现叶黄素。C$_{30}$ - HPLC 对二者的分离可使米黄素的测定结果更加准确,如专门开发用来分析类胡萝卜素的 YMCCarotenoidS - 5。C30 色谱柱还可分辨极性和非极性的胡萝卜几何构体,常常被用来 β-胡萝卜素异构体分离研究,如日本 YMC 公司的 YMCC30 与 Waters 公司的聚合 C$_{30}$ 色谱柱

(4)流动相:目前,国标方法中 GB/T5009 规定使用的流动相为甲醇:乙腈=90:10,流速为 1.2 mL/min,检测器波长为 448 nm,对 β-胡萝卜素检出限为 5 mg/kg。该方法适用范围较广,但是仅测定了 β-胡萝卜素一种物质,对于枸杞中胡萝卜素酯的检测并不是很适用。采用多种流动相组合,来分离枸杞中多种的类胡萝卜素可取得不错的效果。如甲醇- MTBE -水(50:45:5)为流动相、检测波长为 455 nm、流速为 1 mL/min 的色谱条件下,β-胡萝卜素熔融样品中至少有 8 种物质在 10 min 内

得到显著分离。还有以甲醇-乙腈-二氯甲烷-正己烷,以及以流动相 A:乙腈-甲醇和流动相、B:甲基叔丁基醚,分别获得了较好的结果。甲醇与四氢呋喃作为流动相也可对枸杞中的玉米黄素、β-胡萝卜素等多种胡萝卜素进行检测加,回收率为 95.0%～103.0%,精密度为 1.9%～2.6%,结果令人满意。

4. 大孔吸附树脂法·利用大孔吸附树脂也可以将枸杞中的各色素进行分离纯化。报道黑果枸杞色素的粗提液经 X25 大孔吸附树脂进行色素分离,回收率达到 97.78%,制取的色素产品卜观呈紫红色,色价为 36.7(李进等,2005)。

四、多酚与黄酮类

多酚类化合物是指植物中一组化学物质统称,因含有多个酚基团而得名。多酚类化合物可作为优良抗氧化剂资源,在整个植物界,含有多酚或酚类化合物及其衍生物达 6 500 种以上,这些都是植物代谢过程中次生副产物,存在于许多普通水果、蔬菜中,是人们每天从食物中摄取数量最多抗氧化物质。

多酚类化合物除呈有良好抗氧化功能外,还具有强化血管壁、促进肠胃消化、降血脂、增强人体免疫力、防动脉硬化、血栓形成,及利尿、降血压、抑制细菌与肿瘤细胞生长等作用。

枸杞子多酚(fructus lycii polyphenols,FLP),又称枸杞子单宁或枸杞子鞣质,是枸杞子中多酚类物质的总称。按基本母核结构进行划分,主要包括类黄酮和非黄酮两种类型(莫仁楠等,2016)。类黄酮主要包括花色苷(anthocyanin),黄酮(flavonoids),原花青素(oligimersprocyanidolic,OPC)等;另一类非黄酮主要有羟基肉桂酸(hydroxycinnamicacid,HCAs)、羟基肉桂酰胺(hydroxycinnamieacidamines,HCAAs)等。

(一)多酚提取分离

采用溶剂提取多酚:枸杞干果→去离子水浸泡→打浆→80 ℃,80% 乙醇提取二次→滤过→上柱→不同梯度醇洗→合并滤液→减压浓缩→枸杞多酚提取物(黄丽等,2012)。

采用 Folin-Ciocalteu 比色法测定枸杞子中总酚酸的含量。研究考察了多酚提取工艺:以绿原酸作为对照品,以 Folin-Ciocalteu 试剂为显色剂,检测波长

为 761 nm。结果：浓度为 0.003 18~0.021 2 mg/ml 时与吸光度呈良好线性关系，测定方法的平均回收率为 100.85%，相对标准偏差（RSD）为 0.71%（王晓宇等，2012）。

采用高效液相色谱法-二极管阵列检测器-质谱电喷雾电离模式（HPLC - DAD - ESI - MS）光谱法可测定枸杞果实中的酚酸和黄酮类化合物。用 Vydac C_{18} 柱一共分离出 52 个酚酸和黄酮类化合物。15 种明确的化合物中，槲皮素 rhamnoDI -己糖苷的质量分数最高（438.6 $\mu g/g$），然后依次为槲皮素- 3 - O -芸香糖苷（281.3 $\mu g/g$），二咖啡酰奎尼酸异构体（250.1 $\mu g/g$），绿原酸（237.0 $\mu g/g$），槲皮素- DI - (rhamno，己糖苷)（117.5 $\mu g/g$），槲皮素- DI - (rhamno)己糖苷（116.8 $\mu g/g$），芸香糖苷（97.7$\mu g/g$），香草酸（22.8 $\mu g/g$）（如克亚·加帕尔等，2013）。

索有瑞（2012）的《青海生态经济林浆果资源研究与开发》一书第十三章介绍了酚酸类物质枸杞绿原酸的提取工艺，干燥枸杞粉碎，以水为溶剂，采用超声波辅助法，经过 3 次提取，合并滤液，经过浓缩、干燥，得到枸杞多糖粗粉；对提取枸杞多糖后的残渣，以适宜浓度的乙醇为溶剂，超声波辅助法提取枸杞中绿原酸，大孔树脂柱层析对所提取绿原酸进行分离纯化，高效液相色谱法对枸杞中绿原酸进行分析。

（二）黄酮提取

1. 超声提取法·超声波能对媒质产生机械振动和空化作用，枸杞粉末细胞壁在其物理作用下破碎，强化了黄酮类化合物的提取。超声波振动产生并传递强大的能量，使媒质的运动加速继而结构发生变化，促使枸杞中的黄酮类化合物进入提取溶剂中。同时超声波还具有许多次级效应，加快了提取物的溶解及扩散速度。

吴韶梅等分别以回流提取法和超声提取法提取宁夏枸杞中的黄酮类物质，以提取液总黄酮含量为指标，通过正交试验优选提取条件，并将不同方法所得提取物对油脂的抗氧化作用进行比较，结果表明超声提取法对总黄酮的提取量高于回流提取法，且超声提取物对油脂的抗氧化作用也较强，超声提取法更有利于枸杞总黄酮的提取及抗氧化活性的保持。

超声提取法有效提高了目标成分得率，是黄酮含量由传统的乙醇回流提取的 0.57% 提高到 1.02%，而且时间短，节约能源，有快速高效特点（吴韶梅等，2013；张自萍等，2006）。

为了提高枸杞中黄酮类化合物的提取率，研究者利用响应面法优化超声波提取枸杞黄酮的工艺条件。在单因素实验的基础上选取液固比、超声温度、超声时间三个因素，应用中心组合试验建立数学模型，以枸杞黄酮得率为响应值进行响应面分析。超声波提取枸杞黄酮的最佳工艺条件为：液固比 1：31 g/mL，超声温度 71 ℃，超声时间 42 min，在此条件下枸杞黄酮得率为 0.99%（刘敦华等，2010）。

超声波强化提高枸杞中黄酮化合物的提取效果，通过超声波细胞粉碎仪 IDE 强化作用，对枸杞中黄酮类化合物进行提取研究，少通过单因素试验和正交试验得出，超声波提取枸杞中黄酮类化合物的最佳工艺条件为：80%乙醇，液料比 50 mL/g，超声波工作/间歇时间 3 s/1 s，超声波功率 500 W 提取时间 50 min，在此条件下提取率达到 89.87%。超声波法提取枸杞黄酮类化合物时间短、能耗低，且提取工作在室温下进行，可避免高温对提取成分的影响（贾韶千等，2009）。

总之，超声波提取设备简单，操作方便，而且提取时间短、产率高、产物易分离，在枸杞中黄酮类化合物的提取方面优势明显，也是近年来枸杞中黄酮类化合物提取领域的研究热点。超声波提取技术稳定性及重复性好，此外，超声波还具有一定的杀菌作用，同时其絮凝作用使得浸出液易澄清过滤，有利于后期产品的精制纯化，工业化应用潜力巨大。

2. 微波提取法·微波辐射过程产生的高频电磁波能够穿透萃取介质，到达物质的内部，由于吸收微波能，细胞内迅速升温，细胞壁压力增大膨胀破裂，细胞内有效成分流出，溶解到提取剂中，通过进一步过滤和分离，即得到萃取物质。此外，微波所产生的电磁场加速被萃取成分向萃取剂界面扩散速率，此法提取时间短、提取率高，是强化固液提取过程颇具发展潜力的一项新型辅助提取技术。微波提取技术可以节省大量的提取剂，大幅度的缩短操作时间。

通过正交试验，确定了微波提取的枸杞中总黄酮的最佳工艺条件，并与传统回流法对照，提取时间从 2 h 缩短为 4 min，经 F -检验法检验，测定结果没有显著性差异，可借鉴于其他中草药中有效成分的提取(高岐等,2013)。

以枸杞叶为原料,黄酮得率为指标,研究微波辅助提取枸杞叶总黄酮的最佳提取工艺条件。依次考察料液比、乙醇浓度、微波时间、预浸时间以及提取级数对黄酮得率的影响,在此基础上采用响应面分析法建立枸杞叶总黄酮提取参数的回归模型,并优化提取条件。结果得出,微波辅助提取枸杞叶总黄酮的最佳工艺条件为:料液比1:70,乙醇浓度70%,预浸时间60 min,微波时间7 min,提取级数3次,在此条件下黄酮得率为23.76%(范艳丽等,2013)。

微波辅助提取技术一般只需数分钟就能达到其他提取技术的提取效果,具有萃取时间短、产率高、能耗低、溶剂用量少等优点,使其在各个领域广泛应用。但微波升温迅速、较难控制,容易破坏多糖分子结构,造成一定程度的分解失活,影响到产品质量,如何更好地调控时间及温度的平衡显得非常重要。

3. **溶剂浸提法** · 溶剂浸提法应用于枸杞中黄酮类化合物的提取,首先得考虑选择浸提效果好的溶剂,一般都遵循相似相溶原则。黄酮类化合物属极性大分子化合物,能溶于水、甲醇及乙醇等极性溶剂中研究表明乙醇用于枸杞中黄酮类化合物的提取效果最好,而且安全功能好,有利于枸杞中黄酮类化合物后期的纯化及应用。

以乙醇作为浸提溶剂从枸杞中提取黄酮类化合物。设定浸提时间、浸提温度、料液比和乙醇浓度为主要影响因素。通过单因素考察和正交设计研究从而得出提取总黄酮的最优条件:乙醇的浓度为75%,料液比为1:16 mL,在70 ℃的条件下浸提2.5 h(韩荣生等,2011)。

枸杞中黄酮化合物提取工艺,以乙醇为浸提溶剂从枸杞中提取黄酮类化合物,研究了乙醇浓度、浸提时间、浸提温度及料液比等因素对提取效果的影响。经研究,确定了枸杞中黄酮类化合物的最佳提取条件为:浸提温度70 ℃,浸提时间2.5 h,料液比1:16,乙醇浓度75%,此条件下黄酮提取率可达0.946%(孙令明等,2008)。

利用乙醇提取枸杞中类黄酮,比较常温提取法、加热浸提法、微波提取法、超声波提取法的提取效果,结果表明料液比1:10,温度90 ℃,提取2 h可以得到较多的类黄酮(孙芝杨等,2008)。其方法:

以枸杞叶为原料,用95%乙醇分被采取常温浸提法、加热浸提法、微波法和超声波法提取黄酮化合物,选芦丁为标准物,1% AlCl$_3$-甲醇溶剂为显色剂,在418 nm下进行紫外检测,按提取率(%)=$\frac{\text{提取液浓度} \times \text{体积}}{\text{物料重量}} \times 100$ 计算,结果料液比1:10、90 ℃。提取2 h可以得到较多类黄酮(李强,2016;徐向荣等,1998)。

4. **酶解法** · 溶剂提取是传统提取方法,具有操作简单,不需特殊设备,成本低等优点。但此法提取率低且费时,而且提取物纯度差,因此有逐渐被淘汰的趋势。

酶法提取是根据植物细胞壁的构成,利用酶反应所具有高度专一性的特点,选择相应的酶,将细胞壁的组成成分水解或降解,破坏细胞壁结构,使有效成分溶出从而达到提取目的。酶解法提取环境温和、操作简单,同时还能够有效的保护提取成分,可用于枸杞中黄酮类化合物的工业化提取。酶法提取枸杞黄酮类化合物的应用起步较晚,但高效的提取效果及低能耗等优点使得其推广较快,备受关注。常用的酶有蛋白酶、纤维素酶、果胶酶等,酶解法和其他提取方法联用能够更好地提高提取率。

选择青海产枸杞以果胶酶对枸杞预处理后再用溶剂乙醇提取其中总黄酮,分别考察了酶用量、酶解pH、酶解温度、酶解时间以及溶剂乙醇的浓度对枸杞总黄酮的提取率影响,确定了枸杞中总黄酮的最佳提取条件:果胶酶的质量浓度0.02 L,酶解pH 3.5,酶解温度40 ℃,酶解时间1.5 h,乙醇浓度40%,此条件下总黄酮的提取率达到1.06%(韩爱霞等,2009)。

酶解法提取工艺简单、条件温和、节能环保,还可以保护提取物有效组分,提高目标产物的药用价值。

5. **磁场强化萃取法** · 磁场强化萃取技术是借助外加磁场以强化工分离过程的一种新技术,被称为"绿色分离技术"。磁场能作用在物质上可以改变其微观结构和内聚能,从而影响物质的物理化学性质,如表面张力减小、扩散系数增加、溶解度增大、渗透压提高等,从而加速萃取过程。同时对反应的速率也存在影响,可以强化萃取、离子交换、吸附、絮凝等过程。

通过采用外加恒定磁场溶剂浸提法提取枸杞黄酮,研究磁化处理的关键影响因素,在单因素实验基础上,通过正交试验优化磁场处理的条件。结果表明,在磁感应强度 640 mT、磁化时间 40 min、磁化温度 65 ℃、浸提回流时间 60 min 的条件下,枸杞黄酮的提取率达到 290.81 mg/100 g(周芸等,2012)。

6. 高压均质提取法·高压均质提取法是指利用柱塞泵将被分离物保持在一定的压力条件下,液料高速流过一个狭窄的缝隙时而受到强大的剪切力,同时还有液料与金属环接触产生的碰撞力以及由于静压骤降和骤升而产生的孔爆发力等综合力的作用,使原料中不透明、粒径较大的悬浊液转化成稳定细小的悬浊液的过程。高压均质提取法可以将样品中的组成结构破碎到纳米级,利于目标成分的溶出,大大提高了样品的提取率。同时,操作时温度较低,因此对样品的破坏力较小,可以保持样品原有的性质。因此,该方法将在天然性成分的提取方面展现越来越重要的作用。

考察了高压均质提取柴达木枸杞叶有效成分的最佳工艺及对有效成分进行了纯化,发现高压均质提取柴达木枸杞叶总黄酮的最佳工艺条件为 80% 乙醇、料液比 1∶10、均质压力 60 MPa、提取时间 30 m,在该条件下,提取物中芦丁提取率为 10.53%,总黄酮提取率为 32.61%(刘增根等,2011)。

(三) 黄酮类化合物分离与纯化

1. 大孔吸附树脂吸附分离法·大孔吸附树脂(Macroporous Adsorption Resin,MAR)是由功能单体、交联剂等可聚合成分与致孔剂、分散剂等添加剂经悬浮或反相悬浮聚合制备而成的一类球状的多孔高分子吸附分离材料,其内部存在大大小小、形状各异、相互贯通的孔穴,即使在干燥状态下,其内部均具有较高的孔隙率,且存在大孔结构。MAR 不同于离子交换树脂,其本身不含可交换性功能基,它的吸附性主要依靠范德华力(包含色散力、定向力和诱导力等)和氢键的作用,同时,网状结构和很高的比表面积又赋予其良好的吸附功能和筛分功能,因此,MAR 是一类不同于离子交换树脂的、集吸附和筛分功能为一体的分离型功能高分子材料。

目前,MAR 主用于皂苷类、黄酮及其苷类、蒽醌及其苷类、酚酸类、色素类及生物碱类等的分离纯化。利用 MAR 分离纯化中草药中的有效成分,有以下几点优势:首先,由于 MAR 独特的吸附性和筛分性,利用 MAR 分离纯化了多种单味中草药的有效成分,这为其他中草药的提取研究奠定了基础;其次,不断有新的 MAR 问世,这为中草药有效成分的分离富集提供了可供选择的保障。胡晓莲等通过优选 MAR,并考察其工艺参数,筛选合适的吸附树脂 DA－201,最佳的工艺条件为上样量 10 柱床体积(BV)、上样液浓度 15 mg/mL、上样液流速 1 BV/h、上样液 pH＝3,解吸洗脱剂乙醇浓度为 40%、乙醇用量 8%,富集纯化总黄酮得率 75.85%,总黄酮纯度 35.70%。

通过比较 11 种 MAR 的静态吸附解吸功能,筛选出适合纯化柴达木枸杞总黄酮的树脂类型 HPIMO;并进行动态吸附解吸试验,利用单因素和响应面法优化 MAR 纯化柴达木枸杞总黄酮,得到的最佳工艺条为:以 16.0 mL pH 为 4.0 的柴达木枸杞总黄酮粗提液上柱,流速 1.0 mL/min,充分吸附后用 3 BV 去离子水洗柱,然后用 23.0 mL 80% 乙醇溶液以流速 1.0 mL/min 进行解吸,枸杞黄酮的平均回收率为 89.92%,含量为 27.62%,约为纯化前总黄酮含量的 5 倍。

采用大孔吸附树脂和聚酰胺色谱,分离枸杞中黄酮类物质,发挥两者合用的优势,提高了黄酮的纯度,最终将富集物中总黄酮含量从 27.6% 提高到 42.8%(高凯等,2014)。

利用大孔吸附树脂与聚酰胺色谱联用对枸杞子总黄酮进行富集纯化,通过对纯化工艺影响因素的考察,确定了最佳工艺流程,即:将醇提液脱脂后得到的黄酮粗提液以 0.5 mL/min 的流速通过 D101 大孔吸附树脂柱吸附,水洗后,50% 乙醇洗脱,收集洗脱液;洗脱液浓缩后以 0.5 mL/min 流速通过聚酰胺柱,水洗后,用 20% 乙醇冲洗除去杂质,再用 50% 乙醇进行洗脱收集,合并洗脱液,浓缩蒸干,即为总黄酮组分。

2. 高效液相色谱法·高效液相色谱法(high performance liquid chromatography,HPLC)又称"高压液相色谱",以液体为流动相,采用高压输液系统,将具有不同极性的单一溶剂或不同比例的混合溶剂缓冲液等流动相泵入装有固定相的色谱柱,在柱内各成分被分离后,进入检测器进行检测,从而实现对试样的分析。HPLC 具有高压、高效、高速、高灵敏度及应用范围广的特点。

对宁夏枸杞果实黄酮提取液进行色谱柱分离,

检测波长为 259 nm,流动相 A 为 1.0% 乙酸,流动相 B 为甲醇,流速为 1.0 mL/min;并对我国宁夏枸杞六大产区的枸杞果实总黄酮提取液进行了 HPLC 分离和 HPLC 指纹图谱比较(董静洲等,2009)。

以 10 个宁夏不同产地的宁夏枸杞主栽品种"宁杞 1 号"样品建立枸杞黄酮类化合物指纹图谱共有模式,采用"中药色谱指纹图谱相似度评价系统"软件进行数据处理,对 15 个不同来源的枸杞样品进行了分析(张自萍等,2008)。

(四)原花青素提取

从黑枸杞和红枸杞中提取原花青素做含量测定,通过单因素实验和正交实验得到从黑果枸杞、枸杞中提取原花青素的最佳条件为:提取温度为 50 ℃,料液比为 1∶10,提取溶剂为甲醇,超声处理 1 h。用分光光度法测定了原花青素的含量,经方法学考察,此法线性关系、精密度、稳定性和重复性均良好,表明此法适用于植物中原花青素的含量测定(孙楠等,2013)。

第三节　柴达木枸杞化学成分检测与分析

一、国外柴达木枸杞成分研究

枸杞是一种对健康有益的中药灌木,在亚洲被用作药物的来源。通过研究发现,枸杞的 β-环胡萝卜素羟化酶(LcCHXB)的全长 cDNA 和克隆编码八氢番茄红素合酶(LcPSY)的部分长度 cDNA,八氢番茄红素去饱和酶(LcPDS),β-胡萝卜素去饱和酶(LcZDS),番茄红素 β-环化酶(LcLCYB),番茄红素环化酶(LcLCYE),ε 环胡萝卜素羟化酶(LcCHXE),玉米黄质环氧酶(LcZEP),类胡萝卜素裂解双加氧酶(LcCCD1)和 9-顺环氧类胡萝卜素双加氧酶(LcNCED)被得到鉴定,花和果实中的类胡萝卜素合成表达水平也很高,相反,在根和茎中的类胡萝卜素生物合成基因表达较弱,仅含有少量的类胡萝卜素。LcLCYE 转录水平在叶中非常高,并与该植物组织中叶黄素的丰度相关。在成熟期间,黄芩果实中的叶黄素和玉米黄质的水平显著增加,随之 β-隐黄素水平的也升高。与绿色果实相比,红色果实中的 LcPSY,LcPDS,LcZDS,LcLCYB 和 LcCHXE 显示出高度表达,总类胡萝卜素含量明显较高。枸杞的叶和红色果实中的总类胡萝卜素含量很高(Zhao S,2014)。

使用高效分子排阻色谱法联合多角激光光散射及示差折光检测技术,分别测定从青海,宁夏,内蒙古,新疆,甘肃等不同地区收集的 50 批枸杞果中的水溶性多糖及其他组分的分子量和含量。结果表明,从中国不同地区收集的宁夏枸杞中多糖的高效分子排阻色谱的色谱图分布和分子量相似。此外,各个地区枸杞中的粗多糖中多糖组分的平均含量也相似。然而,从宁夏和青海收集的宁夏枸杞中多糖之间存在明显差异。从宁夏收集的宁夏枸杞中的多糖总含量的平均值明显高于青海收集的。这些结果可能有助于国内生产的枸杞多糖的合理使用,有利于提高其生产质量控制。此结果也表明,HPSEC-MALLS-RID 联合使用测定折光指数增量法可以作为用于自然资源及其他产品中多糖质量评价的常规方法(Wu DT,2016)。

首次发现 4 种青藏高原土著药用植物果实中水溶性多糖 HRWP,LBWP,LRWP 和 NTWP 具有抗疲劳作用。可以通过修饰几种脂质氧化酶活性来改变甘油三酯的代谢活动和保护微粒膜。此外,证明 LBWP 和 NTWP 比 HRWP 和 LRWP 更有效,可用于抗疲劳和抗氧化功能的保健品中(Ni W,2013)。

枸杞果实含有功能性成分如类胡萝卜素、黄酮和多糖,因此对慢性疾病如老年性黄斑变性具有预防作用,在保健食品行业中被广泛应用。采用高性能的液相色谱二极管阵列检测质谱和大气压化学电离(APCI)连用方法进行定性和定量分析枸杞果实中的类胡萝卜素。干燥枸杞进行不皂化萃取和皂化萃取。梯度流动相为二氯甲烷 C_{30} 柱(100%)和甲醇-乙腈-水(81∶14∶5,$v/v/v$)共有 11 个类胡萝卜素和类胡萝卜素酯从 7 种未皂化枸杞提取物在 51 min 和 41 min 分别分离得到。用气相色谱法测定类胡萝卜素酯的脂肪酸组成。测得玉米黄素二棕棕酸酯(1 143.7 μg/g)含量最高,其次是 β 隐黄素和它的两个异构体(32.9~68.5 μg/g),玉米黄素单棕榈酸酯及其两种同分异构体(11.3~62.8 μg/g)、全反式 β-胡萝卜素(23.7μg/g)和全反式玉米黄质(1.4 μg/g)(Inbaraj BS,2008)。

对 3 种常见中药当归、枸杞和茯苓的抗氧化作用能力进行了评估。结果表明,3 种中药的水提物表现出抗氧化作用,并与浓度具有一定关系。所有结果显示以上样品对大鼠肝组织匀浆中的 FeCl₂-维 C 模型具有抗氧化作用,抗氧化能力强弱顺序为 LB>AS>PC。结果显示超氧化物阴离子清除率范围为 28.8%~82.2%不等,抗氧化能力由 38.0%~84.5%不等。各提取物中,枸杞提取物表现出最低的 IC_{50}(0.77~2.55 mg/mL)。本研究得出枸杞提取物具有最强的抑制大鼠肝匀浆中丙二醛形成和超氧化物阴离子清除和抗氧化的能力。这些结果同时还表明枸杞提日常膳食中补充抗氧化剂的良好来源(Wu SJ,2004)。

甜菜碱是枸杞中一种主要水溶性成分。尽管有关于甜菜碱对肝脂肪变性的保护作用的报道,但内在的作用机制尚不清楚。有学者使用二型糖尿病小鼠(db/db)和肝癌细胞(HepG2)来测试甜菜碱介导的免于肝脂肪变性保护的机制。发现 db/db 小鼠肝脏脂质积累和增加,这与脂质转录因子有关,包括叉头框 O1(FoxO1)和过氧化物酶体增殖物激活 γ 受体(PPARγ)激活有关,而灌喂甜菜碱后这些特性都有所逆转。进一步研究甜菜碱改善肝脂肪变性是否是通过抑制 FoxO1/PPARγHepG2 细胞信号传导,发现结合过氧化物酶体增殖物激活 γ 受体上的腺病毒介导的 FoxO1 的 mRNA 表达显著增加,靶基因(包括 FAS 和 ACC)的表达水平也有所增加,甜菜碱处理后都可以逆转这些特性。此外,在之前的诱导肝脂肪变性中,甜菜碱抑制 FoxO1 与 PPARγ 启动子的结合和 HepG2 细胞中 PPARγ 转录活性。我们得出结论,甜菜碱可以改善肝脂肪变性,可以通过抑制部分 FoxO1 与 PPARγ 的结合及其脂肪生成下游信号级联(Kim DH,2016)。

从枸杞中分离出九种新的苯丙酯类化合物,一种新的香豆素和 43 种已知的多酚。它们的结构通过光谱分析,化学方法和 NMR 数据的对比来确定。多酚是一种重要的天然产物,在枸杞中含量较丰富。从枸杞中鉴定出的 53 种多酚,包括 28 种苯丙素类,4 种香豆素,8 种木酚素,5 种类黄酮,3 种异黄酮,2 种绿原酸衍生物和 3 种其他成分。而枸杞中的木质素和异黄酮为首次报道。22 个已知的多酚物首次从枸杞属中分离。本研究提出了枸杞多酚的系统研究,包括其生物活性。所有这些化合物显示出氧化自由基吸收能力,并且一些化合物显示出 DPPH 自由基清除活性。还有一种化合物具有乙酰胆碱酯酶抑制活性。枸杞中新发现的多酚及它们的生物活性研究结果为枸杞功效的认识提供了有利的科学依据(Zhou ZQ,2017)。

二、国内柴达木枸杞成分研究

(一) 枸杞多糖

枸杞多糖研究对比见表 6-22。

表 6-22　枸杞多糖研究对比

作者	样品来源	实验方法	结果
汪焕林等,2013	①青海格尔木大格勒乡。②宁夏中宁	多糖的测定方法采用苯酚、硫酸比色法:精确称取 105 ℃干燥至恒重的无水葡萄糖 50 mg,加入 100 mL 的容量瓶中用纯水溶解至刻度。分别取用上述标准液 1 mL、2 mL、3 mL、4 mL、5 mL 于 50 mL 容量瓶中,加水稀释至刻度,然后各取 1 mL 于 10 mL 比色皿中,分别加入 5%的苯酚溶液 1 mL,摇匀后加入 8 mL 浓硫酸,摇荡,在沸水浴中加热 15 min 后冷却至室温。以纯水作空白对比,在最佳吸收波长处测吸光度值 A,绘制相应的曲线。精确称取枸杞样品 20 g,均分为 4 份,以设定的料液比、温度、酶质量分数及提取时间,进行提取。蒸发浓缩至 20 mL 左右,加 4 倍量 95%乙醇沉淀,吸取清液,测定多糖的含量和提取率	以最佳工艺条件提取的格尔木产枸杞多糖得率平均为 2.949 8%,宁夏中宁产枸杞多糖得率为 2.190 0%

（续表）

作者	样品来源	实验方法	结果
曹静亚等，2014	柴达木栽培和野生枸杞子	超高效液相-蒸发光散射（UPLC－ELSD）法测定鼠李糖、木糖、果糖、葡萄糖和蔗糖的方法。以 ACQUITY UPLC BEH Amide 柱为分析柱，乙腈和水（各含 0.2% TEA）作为流动相，流速为 0.15 mL/min，柱温为 45℃，ELSD 为检测器，漂移管温度为 50℃，N2 流量为 40 psi。研究发现，枸杞子中的水溶性糖主要为果糖和葡萄糖，两种糖的检测限分别为 0.86 μg/mL 和 0.64 μg/mL；平均回收率分别为 91.8%（$RSD=1.66\%$）和 89.6%（$RSD=2.55\%$）。该方法操作简单、效率高、重现性好、结果准确可靠，适用于枸杞子中水溶性糖的含量测定	通过对青海柴达木栽培和野生枸杞子中水溶性糖含量的比较，发现栽培枸杞子中果糖和葡萄糖含量整齐度远优于野生枸杞子；而不同地区、不同品种野生枸杞子中果糖和葡萄糖含量差异很大，这一研究对于柴达木地区野生枸杞子的选择性开发利用提供了一定的理论依据
王占林，2018	青海	采用紫外分光光度法，以葡萄糖为标准品，制备标准曲线。枸杞多糖的制备：取经干燥处理的枸杞子 100 g，用氯仿：甲醇（2:1）60℃下回流脱脂 2 次，滤出溶剂，残渣挥干溶剂后置锥形瓶中加入 10 倍体积 85% 乙醇超声提取 2 次，每 30 min，过滤，待残渣中的乙醇挥干后，加水适量超声提取 2 次过滤，滤液浓缩至原体积的 1/3，最后用 4 倍体积的 95% 乙醇沉淀，放置 24 h，抽滤，所得固形物先后以 95% 乙醇、无水乙醇和丙酮依次洗涤，真空干燥，得枸杞多糖粗粉	研究表明多糖是枸杞的活性成分之一，也是评价枸杞质量优劣的重要指标，从单个枸杞产区来看，青海各地区之间测得的多糖结果差距并不明显，青海产枸杞多糖含量为 5.38%～6.79%
李国梁等，2009	青海柴达木	采用紫外分光光度法，以葡萄糖为标准品绘制标准曲线，采用微波协助提取法提取枸杞多糖	柴达木枸杞多糖含量平均值为 8.33%。结果显示柴达木枸杞中多糖的含量较高，说明柴达木枸杞具有很高的药用价值
张磊等，2012	①青海。②宁夏。③内蒙古。④甘肃。⑤新疆。⑥河北	采用中华人民共和国国家标准 GB/T186722－2002 中附录 B 测定方法	青海和宁夏地区种植的枸杞含量最高

（二）黄酮

枸杞黄酮研究对比见表 6-23。

表 6-23　黄酮研究对比

作者	样品来源	实验方法	结果
李红英等，2007	①青海。②宁夏。③河北。	紫外分光光度法测定总黄酮含量	不同产地枸杞子中黄酮含量的趋势为：宁夏平多头闸＜河北＜新疆精河＜宁夏惠农＜宁夏固原原洲高羊村，宁夏贺兰山东麓，宁夏中宁＜青海，宁夏银川枸杞＜宁夏同心。青海产枸杞黄酮含量相对居高
李红英等，2007	青海	采用分光光度法测定青海产红枸杞、黑枸杞原花青素含量。采用香草醛-盐酸法显色，比较两种枸杞原花青素含量	测定样品中原花青素的含量，测得红枸杞平均含量为 0.48%

（续表）

作者	样品来源	实验方法	结果
王占林,2018	青海	采用紫外分光光度法。以芦丁为标准品,制备芦丁标准曲线,测定枸杞总黄酮含量	研究表明黄酮是枸杞的活性成分之一,也是评价枸杞质量优劣的重要指标,青海产枸杞黄酮含量最高为1.34%,最低为0.96%。结合文献我们可以得到结论,青海各个地区所产枸杞优于宁夏枸杞
李国梁等,2009	青海柴达木	采用紫外分光光度法,以芦丁为标准品绘制标准曲线,测定总黄酮	柴达木枸杞总黄酮含量平均值为1.05%。结果显示柴达木枸杞中总黄酮含量较高,说明柴达木枸杞具有很高的药用价值

（三）甜菜碱

枸杞甜菜碱研究对比见表6-24。

表6-24 甜菜碱研究对比

作者	样品来源	实验方法	结果
郝凤霞等,2014	①青海。②甘肃。③宁夏中宁。	利用UV2450紫外-可见分光光度计,以中国药典枸杞甜菜碱含量测定为基础,根据《农业行业标准》中的相应方法提取枸杞中的甜菜碱,通过单因素试验优化其主要工艺条件,如料液比、提取时间、络合剂加入量、络合时间等。甜菜碱提取的最佳工艺条件为:料液比1 g∶60 mL,提取时间2 h,提取液与络合剂的比为1∶5,络合时间2 h	在此条件下,3种不同地区枸杞中的甜菜碱含量由大到小排序为:甘肃枸杞(9.26%)＞青海枸杞(8.73%)＞宁夏中宁枸杞(8.71%)
谭亮等,2014	①青海。②新疆。③宁夏中宁。	通过对枸杞子样品提取、脱色时间等前处理条件的优化,建立不同来源枸杞子中甜菜碱含量测定的双波长薄层扫描法(TLCS法)。使用快速溶剂萃取仪(ASE350)用80%甲醇提取出枸杞子中的甜菜碱,经活性炭脱色、雷氏盐沉淀、丙酮溶解沉淀,采用改进的薄层扫描法在检测波长为530 nm,参比波长为625 nm条件下对枸杞子中的甜菜碱进行含量测定。得到清晰的薄层色谱斑点,无干扰;甜菜碱点样量在3.84～38.40 μg范围内线性关系良好,$r=0.9995$;平均加样回收率为98.30%,$RSD=2.55\%(n=9)$	①不同产地红果枸杞子中甜菜碱含量依次为宁夏＞青海＞甘肃＞内蒙古＞新疆,但也有部分青海样品中甜菜碱含量低于甘肃样品。②同产地枸杞子不同种之间甜菜碱含量依次为红果枸杞＞黑果枸杞＞黄果枸杞。③同产地枸杞子不同野生和栽培样品中甜菜碱含量野生＞栽培
刘增根等,2012	青海柴达木盆地各产区	采用反相高效液相色谱法测定柴达木枸杞和黑果枸杞中甜菜碱的含量。以乙腈∶水(83∶17,v/v)为流动相,Hypersil NH₂(250 mm×4.6 mm,5 μm)为色谱柱,流速0.7 mL/min,检测波长195 nm,柱温30 ℃,外标法定量。结果表明,甜菜碱线性范围为2.94～29.40 μg($r=0.9987$),枸杞和黑果枸杞的平均回收率($n=5$)分别为98.57%和99.07%	不同产地的枸杞中甜菜碱含量存在差异,察汗乌苏镇的枸杞甜菜碱含量较高,达到2.19%
张磊等,2012	①青海。②宁夏。③内蒙古。④甘肃。⑤新疆。⑥河北	《中国药典》一部	青海和河北地区种植的枸杞中甜菜碱含量最高

（四）类胡萝卜素

枸杞类胡萝卜素研究对比见表6-25。

表 6-25　类胡萝卜素研究对比

作者	样品来源	实验方法	结果
张蕊等，2013	①青海柴达木。②宁夏中宁。③新疆精河。④河北巨鹿。⑤内蒙古杭锦后旗。	应用可见光分光法，根据朗伯-比尔定律测定并计算萃取物中总类胡萝卜素含量。然后，用 C_{30} - HPLC 测定样品中类胡萝卜素酯的相对峰面积。最终，对样品进行完全皂化水解，用 C_{30} - HPLC 测定皂化物中的玉米黄素组分的相对峰面积。根据样品中总类胡萝卜素含量，采用峰面积归一法计算样品中玉米黄素组分的绝对含量	UV - VIS 法测定枸杞中总类胡萝卜素含量：青海柴达木 0.147%、宁夏中宁 0.140%、新疆精河 0.097%、河北巨鹿 0.013%、内蒙古杭锦后旗 0.120%
曹静亚等，2013	青海柴达木	快速溶剂萃取法提取青海枸杞中的 β-胡萝卜素并用 HPLC 测定的方法	9 批样品 β-胡萝卜素含量范围为 101.40～176.79 $\mu g/g$
杨仁明等，2012	青海不同产区	HPLC 测定法	12 个不同产区枸杞的类胡萝卜素含量测定结果范围为 66.54～176.10 mg/100 g

(五) 氨基酸

枸杞氨基酸研究对比见表 6-26。

表 6-26　氨基酸研究对比

作者	样品来源	实验方法	结果
杨仁明等，2012	青海不同产区	以 2 -[2 -(7H -苯并[a, g]咔唑)-乙基氯甲酸酯]（DBCEC - CI）为衍生试剂采用氨柱前衍生-高效液相色谱荧光检测法（HPLC - FLD）对氨基酸的含量进行了测定	通过本实验方法对青海不同地区所产枸杞的一般营养成分、氨基酸、多糖和黄酮进行了含量测定，通过分析结果可以发现青海地区的枸杞是低脂肪、高蛋白、高纤维、高总糖、氨基酸组成合理、高多糖和高黄酮的药食两用性资源。通过结果分析表明柴达木枸杞具有重要的开发利用价值
李国梁等，2009	青海柴达木	采用 L - 8900 全自动氨基酸分析仪测定总氨基酸含量	柴达木枸杞中含有人体所需的 17 种氨基酸，其中人体必需氨基酸和半必需氨基酸（组氨酸）含量较高，占氨基酸总量的 24.48%。作为枸杞中最主要活性成分枸杞多糖中人体必需氨基酸和半必需氨基酸（组氨酸）占氨基酸总量的 42.76%
王占林，2018	青海	采用柱前衍生-高效液相色谱荧光检测法（HPLC - FLD）对氨基酸的含量进行了测定，经回归方程换算，得到青海不同地区的枸杞氨基酸种类及含量	青海不同地区产枸杞的氨基酸种类丰富，含有 18 种不同氨基酸，其中苯丙氨酸含量最高，缬氨酸含量最低，各地区枸杞中不同氨基酸含量和氨基酸总量存在差异，12 个青海产地枸杞中人体所必需的 8 种氨基酸比列普遍较高。青海枸杞中人体必需氨基酸种类齐全，总量丰富，营养价值较高

(六) 脂肪酸

以青海西宁郊区野生北方枸杞为样品，用索氏提取法提取油脂，用石油醚-乙醚（$v/v＝4∶3$）溶解，碱液振荡进行气相色谱分析，测得北方枸杞籽油的脂肪酸组成及相对含量百分比分别为：肉豆蔻酸 0.06%、棕榈酸 7.38%、棕榈油酸 0.26%、硬脂酸

3.75%、油酸 15.90%、亚油酸 66.89%、γ-亚麻酸 3.27%、α-亚麻酸 0.91%、花生四烯酸 0.45%、二十碳一烯酸 0.10%。(杨绪启等,2004)。

利用荧光衍生试剂 1,2-苯并-3,4-二氢咔唑-9-乙基对甲苯磺酸酯(BDETS)作为脂肪酸柱前衍生化试剂,采用 HPLC-APCI-MS 法测定枸杞籽油中脂肪酸的含量。测得枸杞籽油中各种脂肪酸的百分含量分别为:γ-亚麻酸 1.08%、α-亚麻酸 2.82%、棕榈油酸 0.49%、亚油酸 63.5%、棕榈酸 7.34%、油酸 21.13%、硬脂酸 3.51%、花生酸 0.57%(王占林主编,2018)。

(七) 挥发油

以青海柴达木诺木洪枸杞为样品,提取及分析挥发油成分。对青海柴达木诺木洪枸杞挥发油使用微波消解仪进行提取,并用气相色谱质谱联用仪(GC/MS)对其挥发油成分进行了定性和半定量的分析。从试验结果可以看出,枸杞的挥发油含量较高,枸杞挥发油中含有大量的酸类、酯类、酮类、醇类和烷烃类等成分。微波消解法以微波处理时间为 20 s 时,枸杞挥发油中共鉴定出 39 种成分,相对含量占 98.35%。其中酸类 5 种,相对含量占 23.09%;烷烃类 17 种,相对含量占 27.08%;醇类 1 种,相对含量占 0.15%;酮类 2 种,相对含量占 0.65%;酯类 12 种,相对含量占 42.77%;其他 2 种,相对含量占 4.61%。与李冬生等用水蒸气蒸馏萃取法提取枸杞挥发油的报道相比,由于采用了不同的提取方法,也可能是枸杞产地不同,该试验分析鉴定出的香味成分较多。尤其是十六烷酸和 9,12-十八碳二烯酸甲酯相对含量较高,这些挥发性成分在其总挥发油的风味物质中承担重要的作用。(李德英等,2015)。

(八) 维生素

采用高效液相色谱(HPLC)法对青海产白刺、枸杞、沙棘果粉中的 7 种水溶性维生素进行分析测定。结果表明:一次提取、分离可测定 7 种水溶性维生素的含量,加标回收率在 88.0%~113.4%之间,相对标准偏差在 1.1%~9.0%之间;3 种果粉的维生素 C、维生素 B_1、维生素 B_2 含量差异显著,维生素 C 含量高低顺序为沙棘果粉>白刺果粉>枸杞果粉,沙棘、白刺果粉维生素 C 含量丰富,分别高达(18 266.4±201.1)mg/kg、(1 468.5±24.6)mg/kg;维生素 B_1 含量高低顺序为枸杞果粉>白刺果粉>沙棘果粉;维生素 B_2 含量高低顺序为白刺果粉>枸杞果粉,而沙棘果粉未检出维生素 B_2;维生素 B_6、维生素 B_{12}、烟酸、叶酸均未检出(张凤枰等,2010)。

(九) 微量元素

采用 AA2630 型原子吸收分光光度计对柴达木枸杞子中微量元素进行测定,结果青海枸杞子中含有 Zn、Cu、Mn、Pb、As、Fe、Se 等 7 种微量元素,除 Pb、As 为毒性元素外,其他均为必需微量元素,对人体具有重要生理作用。其中 Zn 为 18.65 $\mu g/g$、Cu 为 15.62 $\mu g/g$、Mn 为 6.24 $\mu g/g$、Pb 为 1.03 $\mu g/g$、As 为 0.24 $\mu g/g$、Fe 为 19.68 $\mu g/g$、Se 为 2.15 $\mu g/g$。枸杞中含有丰富的 Fe,Fe 是血红蛋白的主要组分,具有运输 O_2 和 CO_2 的功能,缺 Fe 容易引起贫血,因而枸杞具有促进造血的功能;枸杞中 Zn 的含量相对较高,Zn 是碳酸酐酶、DNA 聚合酶等几十种酶的必需成分,并与近百种酶的活性有关,Zn 在维持胰岛素的结构和功能方面具有重要作用,因而枸杞具有降血糖和降血脂的功能;枸杞能有效预防心血管疾病,可能与枸杞中含有丰富的 Se 有关;枸杞在防治肿瘤方面具有一定的作用,这与枸杞中含有 Fe、Se、Zn、Cu、Mn 等微量元素有关,Fe、Se 等对胃肠道癌有拮抗作用,Zn 对食管癌、肺癌有拮抗作用,Cu、Mn 等能抑制机体组织癌变(曾琦斐,2011)。

采用 ICP-MS 法和 ICP-AES 法对青海不同产区枸杞的微量元素进行测定,并采用主成分分析对不同产地枸杞品质进行综合分析,为柴达木枸杞子的开发和利用提供了理论基础和科学依据。结果 12 个青海不同产区的枸杞中测得的必需微量元素中以 Fe、Zn、Cu 和 Mn 含量较高。同时,从重金属含量来看,Pb、As、Hg、Cd 和 Cr 这 5 种元素低于枸杞子的国家药典标准,12 个地区的枸杞是安全的(王占林,2018)。

三、柴达木枸杞成分检测

(一) 材料与仪器

1. 材料·对课题开展过程中收集的 30 批次样品进行多项化学指标的测定,测定样品的详细信息来源见表 6-27,共计 30 批次样品,其中甘肃、内蒙古、

表 6-27　30 批枸杞来源信息汇总

序号	采样地	名称	采样地详细地址	海拔（m）
1	甘肃	宁杞 9 号	白银景泰草窝滩乡	1 636
2	甘肃	宁杞 5 号	靖远五合乡白林村	1 700
3	内蒙古	宁杞 1 号	乌拉特前旗乌拉山镇	1 500
4	内蒙古	宁杞 1 号	乌拉特前旗乌拉山镇	1 500
5	新疆	精杞 1 号	精河托里镇二牧场	509
6	新疆	宁杞 9 号	精河托里镇八大队	509
7	宁夏	宁杞 1 号	银川永宁闽宁镇	1 100
8	宁夏	宁杞 1 号	吴忠红寺堡大河九支	1 100
9	宁夏	宁杞 1 号	中宁舟塔乡田滩七队	1 186
10	宁夏	宁杞 1 号	银川新枸杞种业有限公司	
11	青海	宁杞 1 号有机 380 粒/500 g	诺木洪枸杞园区翔宇公司	2 850
12	青海	宁杞 1 号有机 230 粒/500 g	诺木洪枸杞园区翔宇公司	2 850
13	青海	宁杞 1 号有机 180 粒/500 g	诺木洪枸杞园区翔宇公司	2 850
14	青海	宁杞 1 号有机 120 粒/500 g	诺木洪枸杞园区翔宇公司	2 850
15	青海	宁杞 1 号	格尔木大格勒乡	2 780
16	青海	宁杞 1 号	格尔木郭勒德镇河西二连	3 800
17	青海	宁杞 1 号	海西州大柴旦	2 900
18	青海	宁杞 1 号	德令哈怀头他拉西台村	2 980
19	青海	宁杞 1 号	德令哈尕海	2 980
20	青海	宁杞 1 号	德令哈农场五大队	2 980
21	青海	宁杞 1 号	共和龙羊乡阿工亥村	
22	青海	宁杞 1 号	乌兰柯柯镇塞纳村	2 960
23	青海	宁杞 1 号	都兰香日德农场	2 800
24	青海	宁杞 1 号	都兰诺木洪	2 790
25	青海	宁杞 1 号	都兰诺木洪枸杞种植基地	2 780
26	青海	宁杞 1 号（有机）	诺木洪农场基地	2 850
27	青海	宁杞 1 号	诺木洪一大队	2 780
28	青海	宁农杞 1 号（二茬）	诺木洪二队	2 790
29	青海	宁杞 7 号（二茬）	诺木洪绿色大队	2 790
30	青海	宁杞 1 号（二茬）	都兰诺木洪绿色大队	2 790

新疆各选择 2 批次，宁夏选择 4 批次，青海选择 20 批次。

牛磺酸对照品（中国食品药品检定研究院，批号 111616 - 201609）、芦丁对照品（中国食品药品检定研究院，批号 100080 - 201611）、无水葡萄糖对照品（中国食品药品检定研究院，批号 110833 - 201707）、

β-胡萝卜素标准品（月旭科技股份有限公司，批号 100445 - 201802）、甜菜碱对照品（中国食品药品检定研究院，批号 110894 - 201604）、绿原酸对照品（中国食品药品检定研究院，批号 110753 - 201817）、咖啡酸对照品（中国食品药品检定研究院，批号 110885 - 201703）、表儿茶素对照品（中国食品药品检定研究

院,批号 1110878 - 201703)、阿魏酸对照品(中国食品药品检定研究院,批号 110773 - 201614)、铅镉砷汞铜混合标准溶液(中国食品药品检定研究院,批号 610014 - 201701);硒标准溶液(国家标准物质中心,批号 GSB04 - 1751 - 2004)、汞标准溶液(国家钢铁材料测试中心,批号 GSBG62069 - 90);Mg、Li、Ce、Tl、Co、Y 质谱调谐液(1 μg/L,安捷伦公司);732 强酸性阳离子交换树脂,试剂均为分析纯。

2. 仪器 · METTLER 224S 电子天平、METTLER XP204 型电子天平(梅特勒-托利多);HH - 4 数显恒温水浴锅、101A - 1E 电热鼓风干燥箱,THERMO 高速冷冻离心机 XIR 型、SHIMADU UV - 2600 紫外可见分光光度计、SHIMADU UV - 2800s 紫外可见分光光度计、岛津 PC - 9301 薄层扫描仪、安捷伦 7700 型电感耦合等离子体质谱仪、戴安 ICS - 3000 离子色谱仪、安捷伦 1260 高效液相色谱仪、岛津 LC - 20A 高效液相色谱仪、安捷伦 7890B - 7010 气质联用仪、Milestone 超级微波化学平台及酸纯化器、磁力搅拌器、YY12 - SG 恒温水浴锅、索氏提取器。

(二) 化学成分检测

1. 浸出物 · 取枸杞样品 2 g,精密称定,置 150 mL 的锥形瓶中,加入 50 mL 蒸馏水,密塞,称定重量,静置 1 h 后,连接回流冷凝管,水浴加热至微沸,并保持微沸 1 h,放冷后,取下锥形瓶,密塞,再次称重,用蒸馏水补足减失的重量,摇匀,定量滤纸过滤,精密量取滤液 10 mL,置已干燥至恒重的蒸发皿中,在水浴锅上蒸干后,于 105 ℃烘箱中干燥 3 h,置干燥器中冷却 30 min,迅速精密称定重量,计算枸杞样品中浸出物的含量(%)。30 批枸杞浸出物的含量详见结果汇总表 6-4,数据比较见图 6-31。

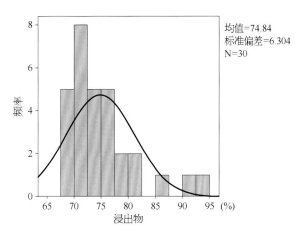

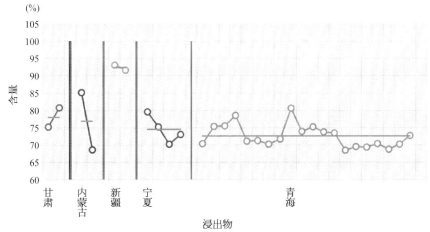

（横线为每个产区样品的平均值）

图 6-31 五产区样品中浸出物测定结果比较

2. 牛磺酸

(1) 标准曲线制作：取牛磺酸对照品，真空干燥 12 h 后，配制成约 1.0 mg/mL 的牛磺酸标准溶液，分别取 0、1 mL、2 mL、4 mL、6 mL、8 mL、10 mL，加水定容至 10 mL 摇匀，加入 5 mL 显色剂，置于 100 ℃ 水浴中加热 15 min，并立即于冰水浴中迅速冷却，在 400 nm 波长下测定吸光度，根据牛磺酸浓度，绘制标准曲线，得回归方程为 $y = 0.532\ 4x + 0.000\ 3$，$r = 0.999\ 9$；测定原始数据见下表 6-28、图 6-32。

表 6-28　牛磺酸标准曲线测定数据

牛磺酸（mg/mL）	0.141 05	0.282 1	0.564 2	0.846 3	1.128 4	1.410 5
吸光度 A	0.076 1	0.150 2	0.302 4	0.450 3	0.597 2	0.753 9

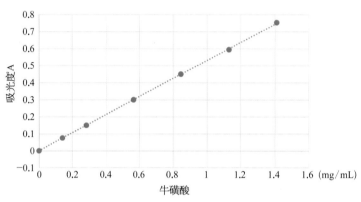

图 6-32　牛磺酸测定标准曲线

(2) 样品溶液测定：称取已粉碎并低温(50 ℃)烘干至恒重的枸杞粉末 1.0 g，精密称重，加入 0.4 mol/L 的高氯酸溶液 20 mL，用磁力搅拌器搅拌 15 min，高速冷冻离心机中离心 5 min(10 000 r/min，4 ℃)，收集上清液，沉淀物用 0.4 mol/L 高氯酸 5 mL 洗脱一次，再离心 5 min(10 000 r/min，4 ℃)，收集上清液，合并提取液，定容至 25 mL；精密吸取上述溶液 10 mL 置于已经活化的 732 强酸性阳离子交换柱上(内径 1.0 cm、高 2.0 cm)，用蒸馏水洗脱，每次 5 mL，共 3 次，收集溶液并定容至 25 mL，精密吸取上述溶液 10 mL 加入 5 mL 显色剂(1.0 mol/L 的醋酸钠溶液 10 mL 加入 0.4 mL 乙酰丙酮，再加入 1 mL 甲醛)，于 100 ℃ 水浴中加热 15 min，迅速冷却，在 400 nm 波长下测定吸光度，根据标准曲线，计算样品中牛磺酸含量(杨涓，2005；黄丽丹，2016)。30 批枸杞牛磺酸的含量详见图 6-33。

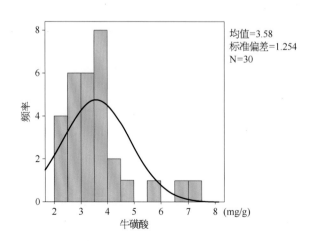

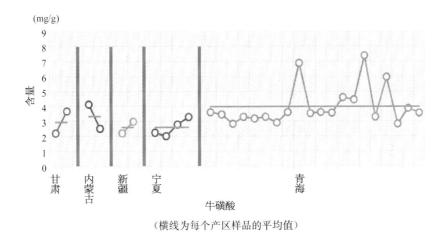

（横线为每个产区样品的平均值）

图 6-33　五产区样品中牛磺酸测定结果比较

3. β-胡萝卜素

（1）标准曲线的确定：取 β-胡萝卜素对照品，真空干燥 12 h 后，称取约 50 mg，精密称定，用少量二氯甲烷溶解后，用石油醚：丙酮（4∶1）溶液溶解并定容至 25 mL，制成 1.942 mg/mL 的 β-胡萝卜素标准储备溶液（陈晓红，2016；康迎春，2014）。分别取前述 β-胡萝卜素标准储备溶液 0、2 mL、3 mL、4 mL、5 mL、6 mL，加石油醚：丙酮（4∶1）溶液定容至 10 ml 摇匀，得系列标准溶液，于 450 nm 波长下测定吸光度，根据 β-胡萝卜素浓度，绘制标准曲线，得回归方程式为 $y = 0.346\,6x - 0.025\,4$，$r = 0.998\,3$，β-胡萝卜素测定原始数据见表 6-29、图 6-34。

表 6-29　β-胡萝卜素标准曲线测定数据

β-胡萝卜素（mg/mL）	0.155 36	0.233 04	0.310 72	0.388 4	0.466 08
吸光度 A	0.028 71	0.052 28	0.083 78	0.114 82	0.132 12

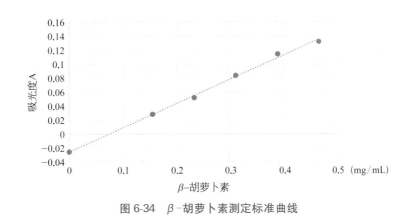

图 6-34　β-胡萝卜素测定标准曲线

（2）样品溶液测定：称取枸杞粉末 1 g 左右，精密称重，按 1∶15 的料液比加入 15 mL 的石油醚：丙酮（4∶1）溶液，室温下超声提取 3 次，过滤合并滤液，定容至 35 mL，于 450 nm 下测定吸光度，根据标准曲线，计算样品中 β-胡萝卜素的含量（周林宗，2013；张志宁，2005；梁军，2014）。30 批枸杞中 β-胡萝卜素含量详见结果汇总表 6-4、图 6-35。

4. 枸杞多糖

（1）多糖对照品溶液的制备：取无水葡萄糖对照品 25 mg，精密称定，置 250 mL 量瓶中，加水适量溶解，稀释至刻度，摇匀，即得（每 1 mL 含无水葡萄糖 0.1 mg）。精密量取前述对照品储备溶液 0.2 mL、

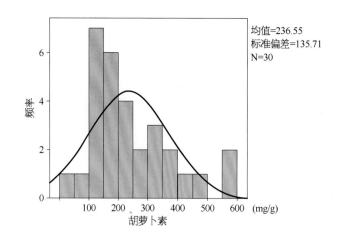

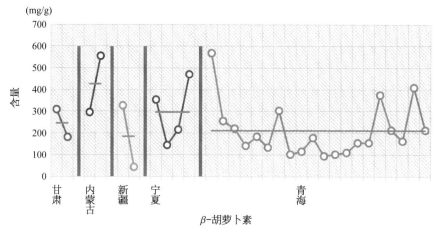

（横线为每个产区样品的平均值）

图 6-35　五产区样品中 β-胡萝卜素测定结果比较

0.4 mL、0.6 mL、0.8 mL、1.0 mL,分别置具塞试管中,分别加水补至 2.0 mL,各精密加入 5% 苯酚溶液 1 mL,摇匀,迅速精密加入硫酸 5 mL,摇匀,放置 10 min,置 40 ℃ 水浴中保温 15 min,取出,迅速冷却至室温,以相应的试剂为空白,照紫外-可见分光光度法在 490 nm 的波长处测定吸光度,以吸光度为横坐标,浓度为纵坐标,绘制标准曲线为 $C = 1.371\,00A - 0.318\,28$, $r = 0.998\,1$,见图 6-36。

仪器属性
仪器型号：UV2800固定比色架可变

测定方式：Abs
狭缝：1.8 nm

波长
波长值：490.0 nm

校准曲线
校准曲线名：枸杞多糖标准曲线
校准曲线类型：待定系数法
校准曲线线性：直线
校准曲线单位：mg/ml

分析记录
样品名：枸杞多糖曲线
稀释倍数：1.00
分析员：Administrator

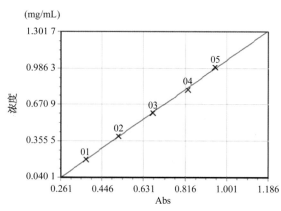

方程：*Conc=1.371 00*Abs-0.318 28*
相关系数：*(R*R)=0.998 1*

图 6-36　枸杞多糖标准曲线测定

（2）供试品的制备：取本品粗粉约 0.5 g，精密称定，加乙醚 100 mL，加热回流 1 h，静置，放冷，小心弃去乙醚液，残渣置水浴上挥尽乙醚。加入 80% 乙醇 100 mL，加热回流 1 h，趁热滤过，滤渣与滤器用热 80% 乙醇 30 mL 分次洗涤，滤渣连同滤纸置烧瓶中，加水 150 mL，加热回流 2 h。趁热滤过，用少量热水洗涤滤器，合并滤液与洗液，放冷，移至

250 mL 量瓶中，用水稀释至刻度，摇匀，精密量取 1 mL，置具塞试管中，加水 1.0 mL，照标准曲线的制备项下的方法，自"各精密加入 5% 苯酚溶液 1 mL"起，依法测定吸光度，从标准曲线上读出供试品溶液中含葡萄糖的重量（mg），计算，即得。30 批枸杞中多糖含量详见结果汇总表 6-4、图 6-37。

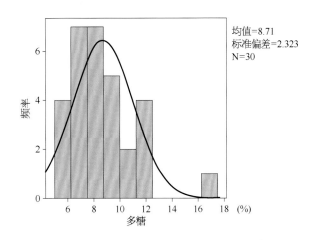

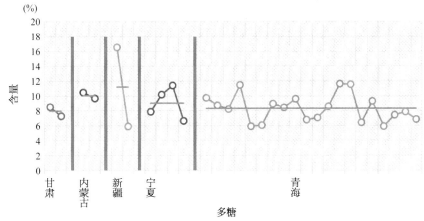

（横线为每个产区样品的平均值）

图 6-37　五产区样品枸杞多糖测定结果比较

5. 总黄酮

（1）标准曲线的制备：精密称取 120 ℃干燥至恒重的芦丁对照品为 5.0 mg，加 85% 乙醇溶解定容至 25 mL 容量瓶中，摇匀制成 0.2 mg/mL 的对照品溶液，分别取该溶液 0，0.2 mL，0.5 mL，1.0 mL，2.0 mL，3.0 mL，4.0 mL 于 10 mL 容量瓶中，加 5% 亚硝酸钠 0.4 mL 放置 6 min，加 10% 硝酸铝 0.4 mL，放 6 min，再加 4% 氢氧化钠 4 mL 加水至刻度摇匀放置 15 min，在 510 nm 处测定其吸光度

值；以吸光度值为横坐标样品浓度为纵坐标绘制标准曲线计算得标准回归方程 $C = 2.184\ 20A - 0.002\ 30$，$r = 0.998\ 9$，见图 6-38。

（2）供试品的制备：精密称取研碎的枸杞子 0.200 g 置索氏提取器中用石油醚（60～90 ℃）50 mL 水浴回流脱脂 4 h，将残渣挥干溶剂后置圆底烧瓶中加 85% 乙醇 15 mL，回流提取 2 次，每次 3 h，滤过并用少量 85% 乙醇多次洗涤滤渣，合并提取液并转入 50 mL 容量瓶中，以 85% 乙醇定容，即得待测枸杞

仪器属性
仪器型号：UV2800固定比色架可变?

测定方式：Abs
狭缝：1.8 nm

波长
波长值：510.0 nm

校准曲线
校准曲线名：枸杞总黄酮标准曲线
校准曲线类型：待定系数法
校准曲线线性：直线
校准曲线单位：mg/ml

分析记录
样品名：枸杞多糖曲线
稀释倍数：1.00
分析员：Administrator

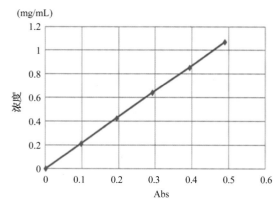

方程：*Conc=2.184 20Abs+0.002 30*
相关系数：*(R*R)=0.998 9*

图 6-38 总黄酮标准曲线测定

总黄酮的宁夏枸杞供试品液。精密吸取黄酮供试品置于 10 mL 比色皿中,按上述方法显色,测定 A 值,计算出样品中总黄酮含量(张自萍,2006;董静洲,2009)。30 批枸杞中总黄酮含量详见结果汇总图 6-39。

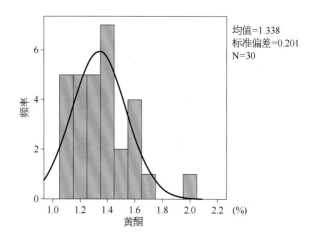

均值=1.338
标准偏差=0.201
N=30

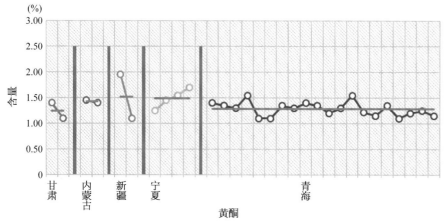

(横线为每个产区样品的平均值)

图 6-39 5 个产区样品总黄酮测定结果比较

6. 甜菜碱

（1）对照品的制备：甜菜碱对照品适量，精密称定，加盐酸甲醇溶液（0.5→100）制成每 1 mL 含 4 mg 的溶液，作为对照品溶液。

（2）供试品的制备：取本品剪碎，取约 2 g，精密称定，加 80％甲醇 50 mL，加热回流 1 h，放冷，滤过，用 80％甲醇 30 mL 分次洗涤残渣和滤器，合并洗液与滤液，浓缩至 10 mL，用盐酸调节 pH 至 1，加入活性炭 1 g，加热煮沸，放冷，滤过，用水 15 mL 分次洗涤，合并洗液与滤液，加入新配制的 2.5％硫氰酸铬铵溶液 20 mL，搅匀，10 ℃ 以下放置 3 h。用 G_4 垂熔漏斗滤过，沉淀用少量冰水洗涤，抽干，残渣加丙酮溶解，转移至 5 mL 量瓶中，加丙酮至刻度，摇匀，作为供试品溶液。

（3）测定法：照薄层色谱法（《中国药典》2015 年版四部通则 0502）试验，精密吸取供试品溶液 5 μl、对照品溶液 3 μl 与 6 μl，分别交叉点于同一硅胶 G 薄层板上，以丙酮-无水乙醇-盐酸（10：6：1）为展开剂，预饱和 30 min，展开，取出，挥干溶剂，立即喷以新配制的改良碘化铋钾试液，放置 1～3 h 至斑点清晰，照薄层色谱法（《中国药典》2015 年版四部通则 0502）进行扫描，波长：$\lambda_S = 515$ nm，$\lambda_R = 590$ nm，测量供试品吸光度积分值与对照品吸光度积分值计算，即得。30 批枸杞中总黄酮含量详见结果汇总图 6-40、表 6-30。

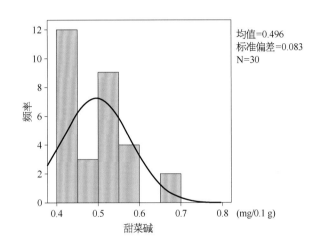

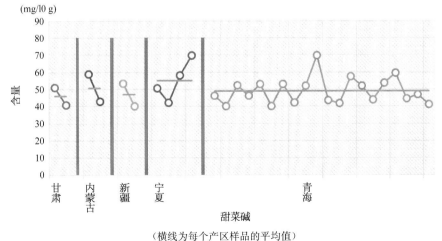

（横线为每个产区样品的平均值）

图 6-40　5 个产区样品甜菜碱测定结果比较

表 6-30　30 批次样品测定结果汇总表

序号	名　称	浸出物含量 (%)	牛磺酸 (mg/g)	β-胡萝卜素 (mg/g)	多糖 (%)	黄酮 (%)	甜菜碱 (%)
1	宁杞 9 号	75.30	2.20	308.830 0	8.54	1.4	0.511
2	宁杞 5 号	80.83	3.68	181.392 5	7.32	1.1	0.409
3	宁杞 1 号	85.25	4.14	294.987 4	10.44	1.45	0.587
4	宁杞 1 号	68.65	2.51	556.366 2	9.69	1.4	0.429
5	精杞 1 号	93.08	2.20	327.208 7	16.55	1.95	0.534
6	宁杞 9 号	91.72	2.98	43.330 7	5.89	1.1	0.402
7	宁杞 1 号	79.71	2.24	354.595 5	7.89	1.25	0.507
8	宁杞 1 号	75.30	2.01	143.940 9	10.16	1.45	0.420
9	宁杞 1 号	70.28	2.78	215.402 3	11.44	1.55	0.580
10	宁杞 1 号	73.10	3.29	470.363 3	6.61	1.7	0.699
11	宁杞 1 号有机(380 粒/500 g)	70.39	3.59	567.711 4	9.78	1.4	0.461
12	宁杞 1 号有机(230 粒/500 g)	75.36	3.45	256.961 3	8.73	1.35	0.400
13	宁杞 1 号有机(180 粒/500 g)	75.58	2.83	222.373 5	8.21	1.3	0.525
14	宁杞 1 号有机(120 粒/500 g)	78.65	3.28	141.067 5	11.48	1.55	0.464
15	宁杞 1 号	71.21	3.15	184.368 6	5.94	1.1	0.530
16	宁杞 1 号	71.31	3.27	135.007 4	6.05	1.1	0.402
17	宁杞 1 号	70.29	2.91	304.086 1	8.94	1.35	0.531
18	宁杞 1 号	71.82	3.61	101.367 9	8.42	1.3	0.420
19	宁杞 1 号	80.70	6.89	114.938 3	9.60	1.4	0.521
20	宁杞 1 号	74.02	3.50	179.069 6	6.81	1.15	0.699
21	宁杞 1 号	75.31	3.59	93.851 5	7.07	1.2	0.436
22	宁杞 1 号	73.75	3.54	102.325 0	8.63	1.3	0.418
23	宁杞 1 号	73.50	4.59	109.941 2	11.63	1.55	0.576
24	宁杞 1 号	68.56	4.43	155.158 1	11.56	1.55	0.521
25	宁杞 1 号	69.58	7.40	155.817 8	6.44	1.15	0.438
26	宁杞 1 号(有机)	69.38	3.28	376.483 9	9.29	1.35	0.538
27	宁杞 1 号	70.56	5.94	213.378 7	5.95	1.1	0.594
28	宁农杞 1 号(二茬)	68.90	2.82	162.907 0	7.40	1.2	0.445
29	宁杞 7 号(二茬)	70.27	3.86	409.651 4	7.89	1.25	0.469
30	宁杞 1 号(二茬)	72.82	3.54	213.524 3	6.87	1.15	0.411

7. 4 种酚酸

(1) 方法: 采用 MG - C18(4.6 * 250 mm)色谱柱, 流动相为甲醇-0.5% 冰醋酸梯度洗脱, 检测波长 280 nm, 按绿原酸峰计, 理论塔板数不得低于 6 000。

(2) 对照品溶液: 取绿原酸、咖啡酸、表儿茶素

和阿魏酸 4 种对照品各约 20 mg, 精密称定, 置于 50 mL 的容量瓶中, 加甲醇溶解并定容至刻度, 制成每 1 mL 约含 400 μg 的对照品储备溶液; 另精密吸取上述对照品储备溶液各 5.0 mL, 置于 20 mL 容量瓶, 加甲醇溶解并定容至刻度, 混匀, 制成每 1 mL

约含 100 μg 的混合对照品溶液。同法制得系列标准溶液即可（刘海彬，2015；刘少静，2016；黄丽，2012）。4 种酚酸对照品测定色谱图及标准曲线图分别见下图 6-41、图 6-42。

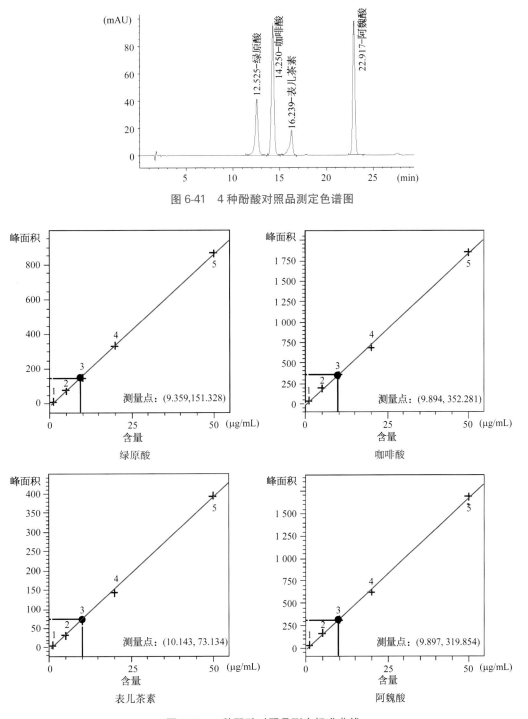

图 6-41　4 种酚酸对照品测定色谱图

图 6-42　4 种酚酸对照品测定标准曲线

（3）供试品溶液：称样品 2～3 g，精密称定，置于 50 mL 离心管，加水 5 mL，过夜，加 15 mL 60% 乙醇溶液，均质，超声 10 min，用 60% 乙醇溶液定容至 30 mL，加 10 mL 石油醚脱脂，振荡 2 min，3 000 r/min 离心 5 min，取下清液过 0.45 μm 滤膜过滤，即可。样品中 4 种酚酸测定的色谱图见图 6-43。

测定结果 30 批枸杞中 4 种酚酸测定结果见下表 6-31、图 6-44。

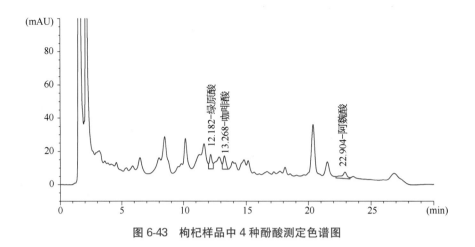

图 6-43 枸杞样品中 4 种酚酸测定色谱图

表 6-31 30 批枸杞中 4 种酚酸含量测定结果汇总

编号	绿原酸（mg/kg）	咖啡酸（mg/kg）	表儿茶素（mg/kg）	阿魏酸（mg/kg）	4 种酚酸总和（mg/kg）
1	12.44	0.00	0.00	32.20	44.63
2	10.97	26.89	0.00	55.83	93.69
3	27.17	0.00	0.00	29.39	56.57
4	18.17	0.00	0.00	31.45	49.62
5	13.00	19.91	0.00	50.27	83.18
6	7.69	0.00	0.00	31.80	39.49
7	125.91	0.00	0.00	52.42	178.33
8	131.16	0.00	0.00	38.29	169.45
9	60.45	0.00	0.00	42.70	103.15
10	182.10	0.00	0.00	37.20	219.30
11	143.07	0.00	0.00	34.55	177.62
12	120.62	0.00	0.00	35.67	156.29
13	114.18	94.69	0.00	41.12	250.00
14	85.29	59.08	0.00	24.06	168.43
15	138.41	60.78	0.00	72.62	271.82
16	108.07	71.74	0.00	84.13	263.94
17	107.26	40.00	0.00	31.31	178.57
18	109.45	93.28	0.00	49.86	252.59
19	116.76	66.90	0.00	75.57	259.23
20	149.24	99.36	0.00	39.36	287.96
21	102.25	76.68	0.00	59.01	237.95
22	89.57	56.10	0.00	52.42	198.09
23	97.63	110.10	0.00	93.40	301.13
24	84.00	81.83	0.00	95.90	261.72
25	96.34	75.80	0.00	47.13	219.27
26	105.16	79.86	0.00	28.40	213.42
27	508.91	0.00	0.00	208.28	717.19
28	82.80	70.07	0.00	63.26	216.12
29	110.68	75.97	0.00	47.41	234.06
30	83.61	64.35	0.00	42.97	190.94

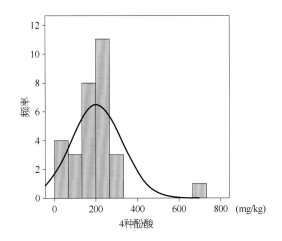

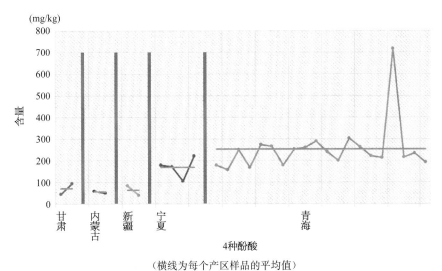

（横线为每个产区样品的平均值）

图 6-44　五产区样品中 4 种酚酸测定结果比较

8. 硒

（1）方法：按照《食品中多元素的测定》GB5009.268-2016 第一法电感耦合等离子体质谱法进行检测，代表性测定图谱见图 6-45 为硒元素测定标准工作曲线图。

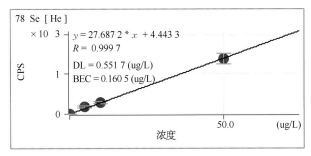

图 6-45　硒 se 测定标准工作曲线

（2）测定结果：30 批枸杞中硒元素含量详见结　果汇总表 6-32 及图 6-46。

表 6-32　30 批次样品中硒测定结果汇总

地区	甘肃		内蒙古		新疆		宁夏			
序号	1	2	3	4	5	6	7	8	9	10
Se（mg/kg）	<0.01	<0.01	0.015 5	0.011 7	<0.01	<0.01	0.045 1	0.046 8	0.029 9	0.018 3
地区	青海									
序号	11	12	13	14	15	16	17	18	19	20
Se（mg/kg）	0.016 5	<0.01	0.010 7	<0.01	0.027 9	0.033 8	0.014 7	<0.01	0.024 6	0.024 4
地区	青海									
序号	21	22	23	24	25	26	27	28	29	30
Se（mg/kg）	0.010 6	<0.01	0.045 8	0.044 2	0.015 3	0.016 5	0.012 1	<0.01	0.010 5	0.017 9

注：本方法中硒元素含量测定的定量限为 0.01 mg/kg。

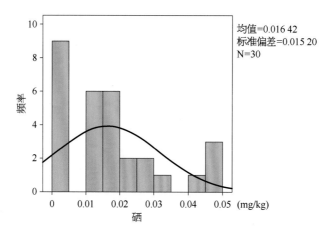

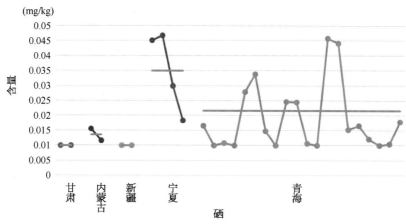

（横线为每个产区样品的平均值）

图 6-46　五产区样品中硒含量测定结果比较

9. 安全性指标

（1）亚硝酸盐

1）方法：按照《食品中亚硝酸盐与硝酸盐的测

定 GB5009.33 - 2016 第一法离子色谱法进行检测，代表性图谱如图 6-47。

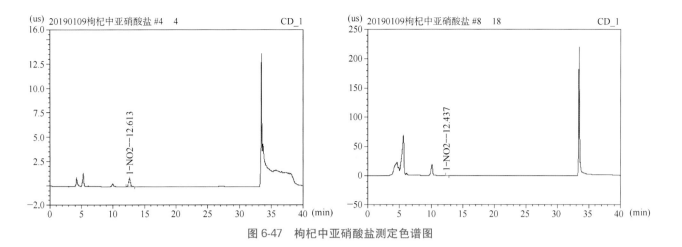

图 6-47　枸杞中亚硝酸盐测定色谱图

2）测定结果：30 批枸杞中亚硝酸盐含量（以 NO$_2$ 计）均＜0.2 mg/kg（方法定量浓度）。

（2）铅、镉、砷、汞、铜

1）方法：按照《食品中多元素的测定》GB5009.268-2016 第一法电感耦合等离子体质谱发进行检测，代表性图谱如图 6-48。

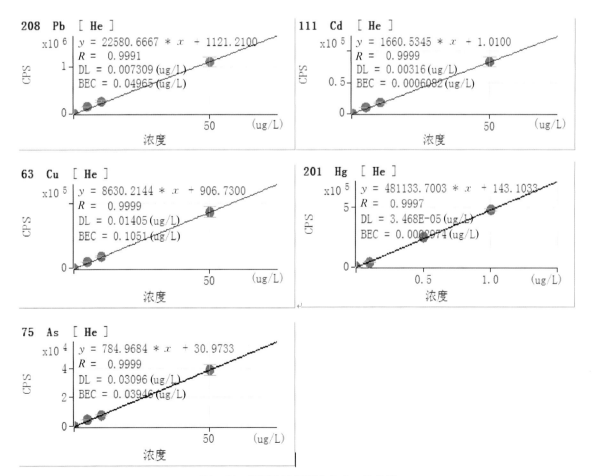

图 6-48　铅镉砷汞铜测定标准工作曲线

2）测定结果：30 批枸杞中铅镉砷汞铜的含量详见结果汇总表 6-33。五种元素测定中，汞含量均低于方法定量限（0.001 mg/kg），其余四种元素的测定结果比较见图 6-49。

表 6-33　30 批次样品中 5 种金属元素测定结果汇总

地区	序号	Pb (mg/kg)	Cd (mg/kg)	As (mg/kg)	Hg (mg/kg)	Cu (mg/kg)
甘肃	1	0.034 7	0.027 6	<0.002	<0.001	3.42
	2	<0.02	0.020 3	0.024 8	<0.001	3.02
内蒙古	3	<0.02	0.029 1	<0.002	<0.001	4.05
	4	0.059 0	0.034 9	0.033 8	<0.001	8.62
新疆	5	0.086 1	0.037 0	0.003 4	<0.001	6.05
	6	0.056 3	0.023 9	<0.002	<0.001	3.52
宁夏	7	0.057 7	0.022 4	0.005 3	<0.001	9.68
	8	0.058 5	0.024 6	0.016 8	<0.001	10.8
	9	0.043 4	0.043 4	0.012 5	<0.001	10.5
	10	0.066 0	0.046 7	0.020 6	<0.001	4.79
青海	11	0.030 2	0.113	0.007 1	<0.001	4.63
	12	0.042 5	0.080 6	0.024 0	<0.001	11.3
	13	0.039 8	0.022 8	0.017 3	<0.001	10.9
	14	<0.02	0.028 1	0.018 0	<0.001	3.72
	15	0.177	0.082 3	0.052 3	<0.001	5.35
	16	0.378	0.085 8	0.043 8	<0.001	7.41
	17	0.068 0	0.043 6	0.031 6	<0.001	5.35
	18	0.031 6	0.076 2	0.016 5	<0.001	8.65
	19	0.033 5	0.060 0	0.005 4	<0.001	7.35
	20	0.020 4	0.038 0	0.010 5	<0.001	6.84
	21	0.046 1	0.044 8	0.029 4	<0.001	6.13
	22	0.025 2	0.041 9	0.031 7	<0.001	6.61
	23	0.066 2	0.041 0	0.036 8	<0.001	5.89
	24	0.131	0.033 9	0.104	<0.001	5.73
	25	0.137	0.062 4	0.105	<0.001	5.80
	26	<0.02	0.027 1	<0.002	<0.001	3.78
	27	0.021 6	0.036 1	<0.002	<0.001	4.51
	28	0.021 4	0.031 9	<0.002	<0.001	4.65
	29	<0.02	0.048 0	<0.002	<0.001	5.76
	30	0.045 8	0.053 4	0.021 6	<0.001	7.35

注：本方法中铅测定的定量限为 0.02 mg/kg，砷测定的定量限为 0.002 mg/kg，汞测定的定量限为 0.001 mg/kg。

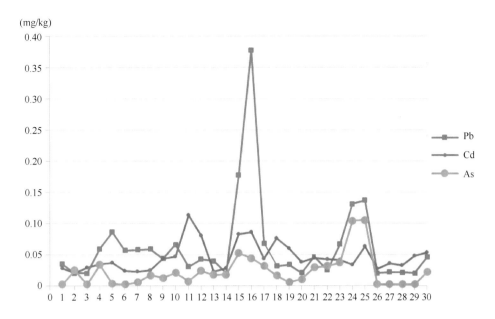

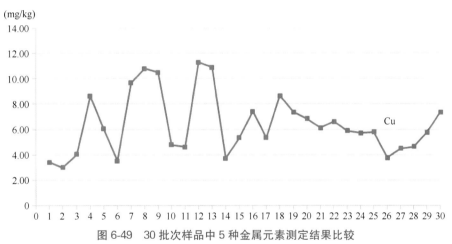

图 6-49　30 批次样品中 5 种金属元素测定结果比较

（3）488 种农药残留测定

1）方法：参照《桑枝、金银花、枸杞子和荷叶中 488 种农药及相关化学品残留量的测定》GB23200.10-2016 气相色谱-质谱法进行测定（李莉，2006）。

2）对照品溶液：待测定的 488 种农药残留对照品详细信息见表 6-34。

3）样品溶液：取预先经冷藏处理的枸杞子剪碎，称取 5.0 g，精密称定，置于 50 mL 的离心管中，加入 20 mL 冰乙腈，置于摇床上摇 30 min，加入 2 g NaCl，置于摇床上摇 30 min，进行固相萃取柱萃取

流程：①在 10 mL 的 Cleaner TPH 柱中倒入约 1 mL 高的马弗炉烧过的无水硫酸钠粉末；乙腈：甲苯＝3：1 预洗脱一次。②将上清液过 10 mL 的 Cleaner TPH 柱（5 mL/次，过 2 次），收集滤液。③用乙腈：甲苯＝3：1，进行洗脱，5 mL/次，共 4 次，合并滤液，进行旋蒸，蒸至近干时用丙酮溶解并至定容 1 mL，加入 35 μL 的内标溶液环氧七氯，用 0.22 μm 微孔滤膜过滤，置于进样瓶中，待气质分析。488 种农药残留测定的代表性图谱见图 6-50。

4）测定结果：30 批样品中 488 种农药残留的检出情况见表 6-34。

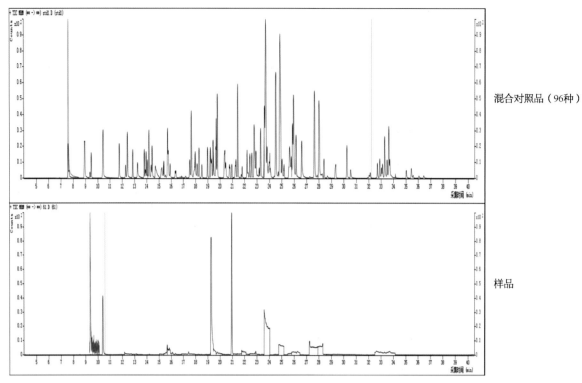

混合对照品（96种）

样品

图 6-50　488 种农药残留测定 GC‑MS 图谱

表 6-34　488 种农药残留的检出及方法定量限汇

SPE GC/MSMS 检测列表		方法：GB23200.10‑2016		
编号	采样地址	检出农残	结果	定量限（mg/kg）
1	白银景泰草窝滩乡	—	未检出	
2	靖远五合乡白林村	高效氯氟氰菊酯	0.072 52	0.025
3	乌拉特前旗乌拉山镇	—	未检出	
4	乌拉特前旗乌拉山镇	氯菊酯	0.055 48	0.05
5	精河托里镇二牧场	—	未检出	
6	精河托里镇八大队	—	未检出	
7	银川永宁闽宁镇	哒螨灵	0.029 72	0.025
		高效氯氟氰菊酯	0.147 48	0.025
8	吴忠红寺堡大河九支	乙霉威	<0.15	0.15
		毒死蜱	0.175 28	0.025
9	中宁舟塔乡田滩七队	S-氰戊菊酯	0.135 52	0.1
10	银川新枸杞种业有限公司	—	未检出	
11	诺木洪枸杞园区翔宇公司基地	—	未检出	
12	诺木洪枸杞园区翔宇公司基地	—	未检出	
13	诺木洪枸杞园区翔宇公司基地	—	未检出	
14	诺木洪枸杞园区翔宇公司基地	—	未检出	

(续表)

编号	采样地址	检出农残	结果	定量限(mg/kg)
15	格尔木大格勒乡	乙霉威	<0.15	0.15
16	格尔木郭勒德镇河西二连	高效氯氟氰菊酯	0.166 9	0.025
		毒死蜱	0.575 1	0.025
17	海西州大柴旦	哒螨灵	0.034 36	0.025
		高效氯氟氰菊酯	0.281 52	0.025
18	德令哈怀头他拉西台村	—	未检出	
19	德令哈尕海	高效氯氟氰菊酯	0.063 2	0.025
		合成麝香	0.080 28	0.025
20	德令哈农场五大队	—	未检出	
21	共和龙羊乡阿工亥村	—	未检出	
22	乌兰柯柯镇塞纳村	—	未检出	
23	都兰香日德农场	—	未检出	
24	都兰诺木洪	—	未检出	
25	都兰诺木洪枸杞种植基地	高效氯氟氰菊酯	0.146 2	0.025
		哒螨灵	0.120 9	0.025
		毒死蜱	0.073 27	0.025
26	诺木洪农场基地	—	未检出	
27	诺木洪一大队	—	未检出	
28	诺木洪二队	—	未检出	
29	诺木洪绿色大队	—	未检出	
30	都兰诺木洪绿色大队	高效氯氟氰菊酯	0.112 32	0.025

488种农药定量限度（mg/kg）

（1）草毒死；二丙烯草胺（0.05）

（2）烯丙酰草胺；二氯丙烯（0.05）

（3）土菌（0.075）

（4）氯甲硫（0.05）

（5）苯胺（0.025）

（6）环草特；环草敌（0.025）

（7）联苯二胺（0.025）

（8）杀虫脒（0.025）

（9）丁氟消草；乙丁烯氟灵（0.1）

（10）甲拌磷（0.025）

（123）特丁净（0.05）

（124）丙硫特普（0.05）

（125）杀草丹（0.05）

（126）三氯杀螨（0.05）

（127）异丙甲草（0.025）

（128）嘧啶磷（0.05）

（129）抑菌灵/苯氟磺胺（1.2）

（130）烯虫酯（0.1）

（131）溴硫磷（0.05）

（132）乙氧呋草黄（0.05）

（245）炔螨特（0.05）

（246）灭锈胺（0.025）

（247）吡氟酰（0.025）

（248）咯菌腈（0.025）

（249）喹螨醚（0.025）

（250）苯醚菊（0.025）

（251）烯禾啶（1.8）

（252）莎稗磷（0.05）

（253）氟丙菊酯（0.05）

（254）高效氯氟氰菊酯（0.025）

（367）戊菌隆（0.1）

（368）甲基内吸磷（0.1）

（369）二溴磷（0.4）

（370）菲（0.025）

（371）唑螨酯（0.2）

（372）丁基嘧啶磷（0.05）

（373）茉莉酮；茉莉酸诱导体（0.1）

（374）苯锈啶（0.05）

（375）氯硝胺（0.05）

（376）咯喹酮（0.025）

（续表）

488 种农药定量限度（mg/kg）

（11）甲基乙拌磷(0.025)	（133）异丙乐灵；异乐灵(0.05)	（255）苯噻酰草胺(0.075)	（377）炔苯酰草胺(0.05)
（12）五氯硝基苯(0.05)	（134）敌稗(0.05)	（256）氯菊酯(0.05)	（378）抗蚜威(0.05)
（13）莠去津-脱乙基,二丁基阿特拉津(0.025)	（135）育畜磷(0.15)	（257）哒螨灵(0.025)	（379）溴丁酰草胺(0.025)
（14）异恶草酮(0.025)	（136）异柳磷(0.05)	（258）乙羧氟草醚(0.3)	（380）灭草环(0.1)
（15）二嗪磷(0.025)	（137）硫丹(0.15)	（259）联苯三唑醇(0.075)	（381）禾草畏；戊草丹(0.05)
（16）地虫硫磷(0.025)	（138）毒虫畏(0.075)	（260）醚菊酯(0.025)	（382）特草灵(0.05)
（17）乙嘧硫磷(0.025)	（139）甲苯氟磺胺(0.6)	（261）噻草酮(2.4)	（383）甲呋酰胺(0.05)
（18）胺丙畏(0.025)	（140）顺-氯丹(α)(0.05)	（262）顺式氯氰菊酯(0.05)	（384）活化酯/阿拉酸式苯-S-甲基(0.05)
（19）仲丁通(0.025)	（141）丁草胺(0.05)	（263）氟氰戊菊酯(0.05)	（385）呋草黄(0.05)
（20）炔丙烯草胺(0.025)	（142）乙菌利(0.05)	（264）氟氰戊菊酯(0.05)	（386）精甲霜灵(0.05)
（21）除线磷(0.025)	（143）p,p'-滴滴伊(0.025)	（265）S-氰戊菊酯(0.1)	（387）马拉氧磷(0.4)
（22）兹克威(0.075)	（144）碘硫磷(0.05)	（266）苯醚甲环唑(0.15)	（388）磷胺(0.2)
（23）乐果(0.1)	（145）杀虫畏(0.075)	（267）苯醚甲环唑(0.15)	（389）氯酞酸甲酯(0.05)
（24）敌乐胺；氨基乙氟灵(0.1)	（146）氯溴隆(0.6)	（268）丙炔氟草胺(0.05)	（390）硅氟唑(0.05)
（25）艾氏剂(0.05)	（147）丙溴磷(0.15)	（269）氟烯草酸(0.05)	（391）特草定/特草净(0.05)
（26）皮蝇硫磷；皮蝇磷(0.05)	（148）噻嗪酮(0.05)	（270）甲氟磷(0.075)	（392）噻草定(0.05)
（27）扑草净(0.025)	（149）己唑醇(0.15)	（271）乙拌磷亚砜(0.05)	（393）甲基毒虫畏(0.05)
（28）环丙津(0.025)	（150）2,4'-滴滴滴；o,p'-滴滴滴(0.025)	（272）五氯苯(0.025)	（394）草乃敌；双苯酰草胺(0.05)
（29）乙烯菌核利(0.025)	（151）杀螨酯(0.05)	（273）鼠立死(0.025)	（395）烯丙菊酯(0.1)
（30）β-六六六(0.025)	（152）氟咯草酮(0.05)	（274）4-溴-3,5-二甲苯基-N-甲基氨基甲酸酯(0.05)	（396）灭藻醌(0.1)
（31）甲霜灵(0.075)	（153）异狄氏剂(0.3)	（275）燕麦酯(0.025)	（397）稻瘟酰胺,氰菌胺(0.05)
（32）甲基对硫磷(0.1)	（154）多效唑(0.075)	（276）虫线磷(0.025)	（398）呋霜灵(0.05)
（33）毒死蜱(0.025)	（155）o,p'-滴滴涕(0.05)	（277）2,3,5,6-四氯苯胺(0.025)	（399）除草定(0.05)
（34）δ-六六六(0.05)	（156）盖草津（甲氧丙净）(0.075)	（278）磷酸三丁酯(0.05)	（400）啶氧菌酯(0.05)
（35）倍硫磷(0.025)	（157）丙酯杀螨醇(0.025)	（279）2,3,4,5-四氯甲氧基苯(0.025)	（401）抑草磷；丁胺磷(0.025)
（36）马拉硫磷(0.1)	（158）麦草氟甲酯(0.025)	（280）五氯甲氧基苯(0.025)	（402）灭梭威砜(0.8)

（续表）

488 种农药定量限度 （mg/kg）			
（37）乙基对氧磷（0.8）	（159）除草醚（0.15）	（281）牧草胺（0.05）	（403）苯噻硫氰（0.4）
（38）杀螟硫磷（0.05）	（160）乙氧氟草醚（0.1）	（282）甲基苯噻隆（0.25）	（404）（E）－苯氧菌胺（0.1）
（39）三唑酮（0.05）	（161）虫螨磷（0.075）	（283）西玛通（0.05）	（405）抑霉唑（0.1）
（40）利谷隆（0.1）	（162）麦草氟异丙酯（0.025）	（284）莠去通（0.025）	（406）稻瘟灵（0.05）
（41）二甲戊灵（0.1）	（163）硫丹-1；α-硫丹（0.15）	（285）七氟菊酯（0.025）	（407）环氟菌胺（0.4）
（42）氯杀螨；杀螨醚（0.05）	（164）三硫磷（0.05）	（286）溴烯杀（0.025）	（408）噁唑磷（0.2）
（43）乙基溴硫磷（0.025）	（165）p，p′-滴滴涕（0.05）	（287）草达津（0.025）	（409）喹氧灵（0.025）
（44）喹恶磷，喹硫磷（0.025）	（166）苯霜灵（0.025）	（288）环莠隆（0.075）	（410）肟菌酯（0.1）
（45）反-氯丹（γ）（0.025）	（167）敌瘟磷（0.05）	（289）2,4,4′-三氯联苯（0.025）	（411）脱苯甲基亚胺唑（0.1）
（46）稻丰散（0.05）	（168）三唑磷（0.075）	（290）2,4,5-三氯联苯（0.025）	（412）氟虫腈（0.2）
（47）吡唑草胺（0.075）	（169）苯腈磷（0.025）	（291）2,3,4,5-四氯苯胺（0.05）	（413）氟环唑（0.2）
（48）丙硫磷（0.025）	（170）氯杀螨砜（0.05）	（292）合成麝香；葵子麝香（0.025）	（414）稗草丹（0.05）
（49）氯芴素（0.075）	（171）硫丹硫酸酯（0.075）	（293）二甲苯麝香（0.025）	（415）吡草醚（0.05）
（50）腐霉利（0.025）	（172）溴螨酯（0.05）	（294）五氯苯胺（0.025）	（416）噻吩草胺；噻吩甲氯（0.05）
（51）狄氏剂（0.05）	（173）新燕灵（0.075）	（295）叠氮津（0.2）	（417）烯草酮（0.1）
（52）杀扑磷（0.05）	（174）甲氰菊酯（0.05）	（296）丁咪酰胺（0.125）	（418）吡唑解草酯；吡咯二酸二乙酯（0.075）
（53）敌草胺（0.075）	（175）苯硫磷（0.1）	（297）另丁津（0.025）	（419）乙螨唑（0.15）
（54）氰草津（0.075）	（176）环嗪酮（0.075）	（298）2,2′,5,5′-四氯联苯（0.025）	（420）氟环唑-2（0.2）
（55）恶草酮；恶草灵；农思它（0.025）	（177）溴苯磷（0.05）	（299）苄草丹（0.025）	（421）伐灭磷（0.1）
（56）苯线磷（0.075）	（178）甲羧除草醚（0.05）	（300）二甲酚草胺/二甲吩草胺（0.025）	（422）吡丙醚（0.05）
（57）杀螨氯硫（0.025）	（179）伏杀硫磷（0.05）	（301）4-溴-3,5-二甲苯基-N-甲基氨基甲酸酯（0.05）	（423）异菌脲（0.1）
（58）磺嘧菌灵；乙嘧酚磺酸酯（0.025）	（180）保棉磷（0.15）	（302）庚酰草胺（0.05）	（424）呋酰胺（0.075）
（59）氟酰胺（0.025）	（181）氯苯嘧啶醇（0.05）	（303）碳氯灵（0.025）	（425）哌草磷（0.075）
（60）萎锈灵（0.6）	（182）益棉磷（0.05）	（304）八氯苯乙烯（0.025）	（426）氯甲酰草胺（0.025）

（续表）

488 种农药定量限度（mg/kg）

（61）p，p′-滴滴滴(0.025)	（183）氟氯氰菊酯(0.3)	（305）异艾氏剂(0.025)	（427）咪唑菌酮(0.025)
（62）乙硫磷(0.05)	（184）咪鲜胺(0.15)	（306）丁嗪草酮(0.05)	（428）三甲苯草酮(0.2)
（63）乙环唑(0.075)	（185）蝇毒磷(0.15)	（307）毒壤磷(0.025)	（429）吡唑硫磷(0.2)
（64）甲丙硫磷，硫丙磷(0.05)	（186）氟胺氰菊酯(0.3)	（308）氯酞酸二甲酯(0.025)	（430）螺螨酯(0.2)
（65）乙环唑(0.075)	（187）敌敌畏(0.15)	（309）4,4′-二氯二苯甲酮(0.025)	（431）呋草酮(0.05)
（66）腈菌唑(0.025)	（188）联苯(0.025)	（310）酞菌酯(0.05)	（432）环酯草醚(0.025)
（67）丰索磷(0.05)	（189）霜霉威(0.075)	（311）麝香酮(0.025)	（433）氟硅菊酯(0.025)
（68）禾草灵(0.025)	（190）灭草敌(0.025)	（312）吡咪唑(0.025)	（434）嘧螨醚(0.05)
（69）丙环唑(0.075)	（191）3,5-二氯苯胺(0.025)	（313）嘧菌环胺(0.025)	（435）氟丙嘧草酯；英拜除草剂(0.025)
（70）丙环唑(0.075)	（192）虫螨畏(0.025)	（314）麦穗灵(0.125)	（436）氟啶草酮(0.05)
（71）联苯菊酯(0.025)	（193）禾草敌(0.025)	（315）异氯磷(0.125)	（437）咪草酸(0.075)
（72）灭蚁灵(0.025)	（194）邻苯基苯酚(0.025)	（316）2甲4氯丁氧乙基酯(0.025)	（438）苯磺隆(0.025)
（73）丁硫克百威(0.075)	（195）四氢邻苯二甲酰亚胺(0.075)	（317）2,2′,4,5,5′-五氯联苯(0.025)	（439）乙硫甲威(0.25)
（74）氟苯嘧啶醇(0.05)	（196）仲丁威(0.05)	（318）水胺硫磷(0.05)	（440）二氧威(0.2)
（75）麦锈灵(0.075)	（197）氟草胺；乙丁氟灵(0.025)	（319）甲拌磷砜(0.025)	（441）避蚊酯/邻苯二甲酸二甲酯(0.1)
（76）甲氧滴滴涕(0.2)	（198）氟铃脲(0.15)	（320）杀螨醇(0.025)	（442）4-氯苯氧乙酸(0.012 6)
（77）噁霜灵(0.025)	（199）扑灭通(0.075)	（321）反式-九氯(0.025)	（443）邻苯二甲酰亚胺(0.05)
（78）戊唑醇(0.075)	（200）野麦畏(0.05)	（322）脱叶磷(0.05)	（444）避蚊胺(0.02)
（79）胺菊酯(0.05)	（201）嘧霉胺(0.05)	（323）氟咯草酮(0.05)	（445）2,4-滴(0.5)
（80）氟草敏(0.025)	（202）林丹(0.05)	（324）溴苯烯磷(0.025)	（446）甲萘威(0.075)
（81）哒嗪硫磷(0.025)	（203）乙拌磷(0.025)	（325）乙滴涕；乙滴滴(0.025)	（447）硫线磷(0.1)
（82）三氯杀螨砜(0.025)	（204）阿特拉津/莠去津(0.025)	（326）2,3,4,4′,5-五氯联苯(0.025)	（448）螺环菌胺/螺恶茂胺(0.05)
（83）顺式-氯菊脂(0.025)	（205）异稻瘟净(0.075)	（327）地胺磷(0.005)	（449）百治磷(0.2)
（84）吡嘧磷（吡菌磷）；定菌磷(0.05)	（206）七氯(0.075)	（328）4,4′-二溴二苯甲酮(0.025)	（450）2,4,5-涕(0.5)
（85）反-氯菊酯(0.025)	（207）氯唑磷(0.05)	（329）粉唑醇(0.05)	（451）3-苯基苯酚(0.15)
（86）氯氰菊酯(0.075)	（208）三氯杀虫酯(0.05)	（330）2,2′,4,4′,5,5′-六氯联苯(0.025)	（452）拌种胺(0.075)
（87）氰戊菊酯(0.1)	（209）氯乙氟灵(0.1)	（331）苄氯三唑醇(0.1)	（453）螺环菌胺(0.05)
（88）氰戊菊酯(0.1)	（210）四氟苯菊酯(0.025)	（332）乙拌磷砜(0.05)	（454）丁酰肼(0.2)

（续表）

488 种农药定量限度（mg/kg）

（89）溴氰菊酯(0.15)	（211）丁苯吗啉(0.025)	（333）噻螨酮(0.2)	（455）sobutylazine(0.05)
（90）茵草敌(0.075)	（212）甲基立枯磷(0.025)	（334）2,2′,3,4,4′,5-六氯联苯(0.025)	（456）八氯二丙醚(0.5)
（91）丁草敌(0.075)	（213）异丙草胺(0.025)	（335）环丙唑醇/环丙唑(0.025)	（457）八氯二丙醚(0.5)
（92）敌草腈(0.005)	（214）溴谷隆(0.15)	（336）苄呋菊酯(0.4)	（458）十二环吗啉(0.075)
（93）克草猛；克草敌(0.075)	（215）莠灭净(0.075)	（337）苄呋菊酯(0.4)	（459）甜菜安(0.5)
（94）氯草定；三氯甲基吡啶(0.075)	（216）西草净(0.05)	（338）邻苯二甲酸丁苄酯钛酸甲苯基丁酯(0.025)	（460）氧皮蝇磷(0.1)
（95）速灭磷(0.05)	（217）嗪草酮(0.075)	（339）炔草酸(0.05)	（461）枯莠隆(0.2)
（96）氯苯甲醚（地茂散）(0.025)	（218）噻节因(0.075)	（340）倍硫磷亚砜(0.1)	（462）仲丁灵(0.1)
（97）四氯硝基苯(0.05)	（219）异丙净(0.025)	（341）三氟苯唑(0.025)	（463）异戊乙净(0.025)
（98）庚烯磷(0.075)	（220）安硫磷(0.05)	（342）氯氟吡氧乙酸异辛酯(0.025)	（464）啶斑肟-1(0.2)
（99）灭线磷(0.075)	（221）乙霉威(0.15)	（343）倍硫磷砜(0.1)	（465）缬霉威(0.1)
（100）六氯苯(0.025)	（222）哌草丹(0.05)	（344）苯嗪草酮(0.25)	（466）氧环唑；戊环唑；阿扎康唑(0.1)
（101）毒草胺(0.075)	（223）生物烯丙菊酯(0.1)	（345）三苯基磷酸酯(0.025)	（467）缬霉威(0.1)
（102）燕麦敌(0.05)	（224）生物烯丙菊酯(0.1)	（346）2,2′,3,4,4′,5,5′-七氯联苯(0.025)	（468）苯虫醚(0.05)
（103）氟乐灵(0.05)	（225）分螨酯(0.025)	（347）吡螨胺(0.025)	（469）苯虫醚-2(0.05)
（104）反式-燕麦敌(0.05)	（226）2,4′-滴滴伊(0.025)	（348）解毒喹；解草酯(0.025)	（470）苯甲醚(0.5)
（105）氯苯胺灵(0.05)	（227）草乃敌；双苯酰草胺(0.025)	（349）环草定(0.25)	（471）虫螨腈(0.2)
（106）治螟磷(0.025)	（228）戊菌唑(0.075)	（350）糠菌唑(0.05)	（472）生物苄呋菊酯(0.05)
（107）草克死(0.05)	（229）四氟醚唑(0.075)	（351）糠菌唑(0.05)	（473）双苯噁唑酸(0.05)
（108）α-六六六(0.025)	（230）灭蚜磷(0.1)	（352）甲磺乐灵(0.25)	（474）唑酮草酯(0.05)
（109）特丁硫磷(0.05)	（231）丙虫磷(0.05)	（353）苯线磷亚砜(0.8)	（475）氯吡嘧磺隆(0.5)
（110）环丙氟灵(0.1)	（232）氟节胺(0.05)	（354）苯线磷砜(0.1)	（476）三环唑(0.15)
（111）敌噁磷（二噁硫磷）(0.1)	（233）三唑醇(0.075)	（355）拌种咯(0.1)	（477）环酰菌胺(0.5)
（112）扑灭津(0.025)	（234）三唑醇 B(0.075)	（356）氟喹唑(0.025)	（478）螺甲螨酯(0.25)
（113）氯炔灵(0.05)	（235）丙草胺(0.05)	（357）腈苯唑(0.05)	（479）联苯肼酯(0.2)
（114）氯硝胺(0.05)	（236）醚菌酯(0.025)	（358）麝香(0.025)	（480）异狄氏剂酮(0.4)
（115）特丁津(0.025)	（237）吡氟禾草灵(0.025)	（359）残杀威(0.05)	（481）精高效氨氟氰菊酯(0.02)

（续表）

488 种农药定量限度（mg/kg）			
（116）绿谷隆（0.1）	（238）氟啶脲（0.075）	（360）灭除威；二甲威（0.05）	（482）metoconazole（0.1）
（117）氟虫脲（0.075）	（239）乙酯杀螨醇（0.025）	（361）异丙威（0.05）	（483）氰氟草酯（0.05）
（118）甲基毒死蜱（0.025）	（240）氟硅唑（0.075）	（362）苊烯（0.025）	（484）精高效氨氟氰菊酯-2（0.02）
（119）敌草净（0.025）	（241）三氟硝草醚（0.025）	（363）特草灵（0.05）	（485）苄螨醚（0.05）
（120）二甲草胺（0.075）	（242）烯唑醇（0.075）	（364）氯氧磷（0.05）	（486）啶虫脒（0.1）
（121）甲草胺（0.075）	（243）增效醚（0.025）	（365）异丙威（0.05）	（487）啶酰菌胺（0.1）
（122）甲基嘧啶磷（0.025）	（244）恶唑隆（0.1）	（366）丁噻隆（0.1）	（488）烯酰吗啉（0.05）

（4）黄曲霉毒素 B_1 测定

1）方法：根据《食品中黄曲霉毒素 B 族和 G 族的测定》GB5009.22 - 2016 第三法进行测定，激发光波长 360 发射 nm，发射光波长：440 nm，柱温 30 ℃，流动相为甲醇：水（1∶1）。

2）样品制备：称取 5.00 g 样品，精密称定，加入 20 mL 84％乙腈溶液，涡旋混匀，超声 20 min，在 6 000 r/min 下离心 10 min，取 4 ml 上清液，加入 46 mL 1‰吐温- 20，混匀过免疫亲和柱，用 2×1 mL 甲醇洗脱，50 ℃下氮吹近干，用流动相定容至 1 mL，涡旋溶解过 0.22 μm 滤膜过滤，待测。

黄曲霉毒素 B_1 测定的标准品谱图及工作曲线详见图 6-51。

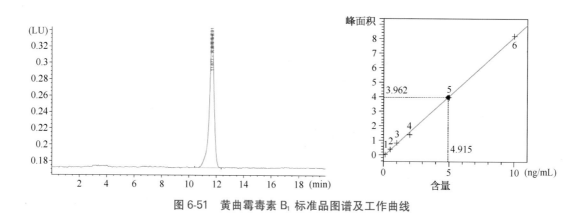

图 6-51　黄曲霉毒素 B_1 标准品图谱及工作曲线

3）测定结果：30 批次样品中黄曲霉毒素 B_1 的测定结果均<0.1 μg/kg，经验证本方法的检出限为 0.03 μg/kg，定量限为 0.1 μg/kg。

（三）结果分析

1. 有效性指标分析·对枸杞样品中上述 8 种有效性组分测定结果进行统计分析（spss 统计软件 22.0 版）：

（1）30 批次样品中每个指标的测定结果呈现近似正态分布，包括均值等信息的描述统计，结果见下表 6-35。

针对青海产枸杞而言，在研究的 8 项测定指标

表 6-35　各测定指标的描述性统计量

项目	均值	标准差	n
浸出物	74.839 3	6.303 96	30
多糖	8.707 3	2.323 43	30
牛磺酸	3.583 3	1.254 49	30
胡萝卜素	236.546 9	135.709 64	30
黄酮	1.338 0	0.201 1	30
甜菜碱	0.495 90	0.082 657	30
四种酚酸	203.125 00	123.671 525	30
硒	0.016 420 7	0.015 203 20	30

中 β-胡萝卜素、枸杞多糖、总黄酮、甜菜碱及硒元素含量等 5 个指标结果均位于数据正态分布图中 90% 的概率区间,将其余 4 个产区样品的上述项目测定结果 10 批次与青海产样品结果 20 批次进行独立样本 t 检验,两组分类样品的上述 5 项指标测定结果均不存在显著性差异。以枸杞多糖含量为例进行统计说明,先对拆分后的两组数据(其余产区、青海产区)进行正态分布检查,两组数据均呈现正态分布(其余产区 $p = 0.924$、青海产区 $p = 0.976$),然后进行两组数据的独立样本 t 检验,统计结果分别见下表 6-36、表 6-37,结果两组数据方差为齐性,$p = 0.220 > 0.05$,可认为两组数据之间不存在显著性差异。说明青海产枸杞在这五项指标组分的含量方面与其余产区的样品有着较高的一致性。此研究结论与之前多位学者对枸杞的研究结论一致(Ding-Tao Wu,2015;吴有锋,2017;陈开娟,2011;金哲峰,2014)。

表 6-36　不同产区枸杞多糖组统计量

	产区代码	n	均值	标准差	均值的标准误差
枸杞多糖	青海产区	20	8.334 5	1.831 9	0.409 6
	其余产区	10	9.453 0	3.063 2	0.968 6

表 6-37　不同产区枸杞多糖的独立样本 t 检验结果

		方差方程的 Levene 检验		均值方程的 t 检验						
		F	Sig.	t	df	Sig.(双侧)	均值差值	标准误差值	差分的 95% 置信区间 下限	差分的 95% 置信区间 上限
枸杞多糖	假设方差相等	1.772	0.194	1.255	28	0.220	1.118 50	0.891 0	−0.706 76	2.943 7
	假设方差不相等			1.063	12.320	0.308	1.118	1.051 7	−1.166 4	3.403 4

(2)另外 3 个指标中,青海产枸杞水溶性浸出物测定结果平均值为最低,为 72.6%,其余 4 个产品样品测定平均值为 79.3%,均高于《中国药典》(2015 年版)一部中枸杞项下限量(55.0%),详见下表 6-38,将其余 4 个产区样品测定结果与青海产样品结果进行独立样本 t 检验,两组分类样品的测定结果存在统计学差异($p = 0.035 < 0.05$),说明青海产枸杞中水溶性浸出物含量低于其余 4 个产区的样品含量,结果见表 6-39。

表 6-38　两组产区枸杞中浸出物测定统计表

	产区代码	n	均值	标准差	均值的标准误
浸出物	青海产区	20	72.598 0	3.274 8	0.732 2
	其余产区	10	79.322 0	8.480 5	2.681 7

表 6-39　不同产区枸杞中浸出物的独立样本 t 检验结果

		方差方程的 Levene 检验		均值方程的 t 检验						
		F	Sig.	t	df	Sig.(双侧)	均值差值	标准误差值	差分的 95% 置信区间 下限	差分的 95% 置信区间 上限
浸出物	假设方差相等	12.914	0.001	3.149	28	0.004	6.724 0	2.135 2	2.350 2	11.097 7
	假设方差不相等			2.419	10.365	0.035	6.724 0	2.779 9	0.559 2	12.888 7

经同样分析,青海产枸杞中牛磺酸和4种酚酸的含量显著高于其余4个产区样品中该组分含量,平均值分别为3.97 mg/g、0.252 8 mg/g。经分析,认为这两个指标含量较高与青海产区独有的生态因子相关,如较高的昼夜温差、较长的日照时间、较强的紫外线照射等(hou Z Q,2016;马宝龙,2011)。

(3)对全部测定指标进行多因素相关分析,考察组分之间有无一定的影响关系,分析结果见下表6-40,8个指标中,浸出物含量与4种酚酸含量存在着显著的负相关,对于青海产枸杞而言,其浸出物含量相对低一点,但其4种酚酸含量显著较高;枸杞多糖含量、牛磺酸含量与总黄酮含量有着显著正相关,即枸杞多糖、牛磺酸含量较高样品其总黄酮含量也较高。

表6-40　多因素相关性分析

		浸出物	多糖	牛磺酸	胡萝卜素	黄酮	甜菜碱	四种酚酸	硒
浸出物	Pearson 相关性	1	0.310	−0.151	−0.189	0.252	−0.030	−0.408*	−0.254
	显著性(双侧)		0.096	0.426	0.316	0.180	0.875	0.025	0.175
多糖	Pearson 相关性	0.310	1	−0.195	0.163	0.858**	0.122	−0.329	0.078
	显著性(双侧)	0.096		0.301	0.389	0.000	0.522	0.076	0.683
牛磺酸	Pearson 相关性	−0.151	−0.195	1	−0.270	−0.218	0.089	0.503**	0.070
	显著性(双侧)	0.426	0.301		0.149	0.247	0.640	0.005	0.713
胡萝卜素	Pearson 相关性	−0.189	0.163	−0.270	1	0.321	0.235	−0.208	−0.040
	显著性(双侧)	0.316	0.389	0.149		0.084	0.212	0.269	0.832
黄酮	Pearson 相关性	0.252	0.858**	−0.218	0.321	1	0.356	−0.300	0.083
	显著性(双侧)	0.180	0.000	0.247	0.084		0.053	0.107	0.664
甜菜碱	Pearson 相关性	−0.030	0.122	0.089	0.235	0.356	1	0.295	0.295
	显著性(双侧)	0.875	0.522	0.640	0.212	0.053		0.113	0.113
四种酚酸	Pearson 相关性	−0.408*	−0.329	0.503**	−0.208	−0.300	0.295	1	0.219
	显著性(双侧)	0.025	0.076	0.005	0.269	0.107	0.113		0.246
硒	Pearson 相关性	−0.254	0.078	0.070	−0.040	0.083	0.295	0.219	1
	显著性(双侧)	0.175	0.683	0.713	0.832	0.664	0.113	0.246	

注:*. 在0.05水平(双侧)上显著相关。**. 在0.01水平(双侧)上显著相关。c. 列表 $n=30$。

(4)为考察青海产柴达木枸杞和其余4个产区的样品在综合测定指标之间有无进一步差异,对30批次样品测定结果进行了系统聚类分析,结果未能合理进行聚类,类间距离较近。

(5)同时本研究中还对同一来源,不同大小的青海产柴达木枸杞样品进行了各指标的横向比对分析,结果揭示仅有水溶性浸出物的含量随着颗粒的增大而逐渐增高,其余7个指标无明显规律。这就说明,早年间在商品规格中的"粒大色红者佳"的认识有一定的科学基础,但是随着对枸杞化学物质基础研究进一步加深和现代分析技术的发展,这种认识也面临着一种挑战。

2. 安全性指标分析·在所测安全性指标中,亚硝酸盐、黄曲霉毒素B1、汞残留量的测定结果均小于所采用方法的检出限,即为未检出,说明各产区样品在此几项指标所对应的环节方面安全性较高;铅镉砷铜4种元素的含量测定结果也均远小于《中国药典》2015版枸杞项下限度要求,表明这几种元素在枸杞中的残留量也处于安全区间;

488种农药残留指标参照最新食品中农药残留测定的方法,较为全面覆盖了目前市场上所能涉及的农药残留指标,测定结果如图6-52,从检出批次分

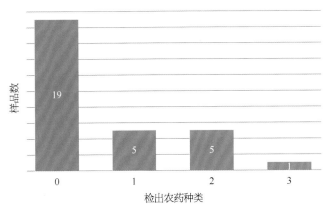

图6-52 30批样品中农药检出情况分析图

析,30批样品中,19个样品中未检出488种农药残留,5批次样品中检出了1种农药,检出率为16.7%,5批次样品中检出了2种农药,检出率为16.7%,1批样品中检出3种农药,检出率为3.3%,总体农药批次检出率为36.7%;从检出农药残留品种方面分析,488种农药中,实际检出农药为7种,分别为高效氯氟氰菊酯、氯菊酯、哒螨灵、毒死蜱、乙霉威、S-氰戊菊酯及合成麝香,农药品种的检出率为1.4%;农药残留测定的结果表明,五产区的样品中在此部分指标方面均存在一定的安全隐患,亟需进一步规范种植行为。

3. 综合分析·综合分析本研究中有效性和安全性两部分指标的测定结果,不同产区(青海、新疆、宁夏、内蒙古、甘肃)枸杞样品中上述8项指标的测定结果基本不存在显著性差异,表明青海产枸杞与其余地区产的宁夏枸杞基本拥有同样的品质,可以广泛地用于保健食品和药品行业,无需差异化对待。

第七章

柴达木枸杞生境分析

第一节 自然条件与资源

一、地理特点

青海西北干旱区就是柴达木盆地。广义的柴达木盆地应该包括盆地西北部的阿尔金山和青海北部的祁连山西部,还应该包括青海湖南部的茶卡盆地和共和县所在的共和盆地。之所以把这些地方划到柴达木盆地中,主要是因为它们都处于干旱区,降雨稀少,因而呈现出一片荒漠景观。

柴达木盆地位于青海西北部,地处北纬 35°10′~39°20′,东经 90°5′~99°45′。西北部以阿尔金山山脉为界,与新疆相隔;北部和东北部以祁连山北支为界,与甘肃河西走廊相邻;东侧以青海南山为界,与环湖高寒灌丛、高寒草甸草原地区接壤;东南侧因盆地干燥气候经鄂拉山与乌拉山之间谷地向东影响而延伸到共和盆地西北部的沙珠玉;南面以雄伟高耸的昆仑山为界,仰望青南高原西部高寒草原地区。盆地东西长约 800 km,南北最宽处约 250 km,面积约为 20 万 km²,是我国三大内陆盆地之一。柴达木盆地横卧于三条高达 4 000 m 以上的高山之间的山间凹陷地带,周围山势巍峨,雪峰林立,白雪皑皑,终年不化,并养育着现代冰川。地势自周围山麓向盆地中央倾斜。西北部海拔 3 000 m 左右,第三纪地层在西伯利亚-蒙古高压反气旋辐射场干燥风的强烈侵蚀下,形成风蚀残丘和大面积流动的新月形沙

丘;盆地中央海拔 2 600 m,发源于昆仑山北坡和祁连山南坡的众多河流,入盆地中央,成为大面积的沼泽地带;东部平均海拔 3 000 m 左右,由于西风强度减弱和东南季风、西南季风影响有所增加,降水大于西部,故地面覆盖着较厚的洪积层。沿盆地四周向中央形成有规律的环带式分布。在高、中山山前地带,具有狭长的一条戈壁带,主要由第四纪洪积物与冲积物组成,地表布满卵石,向盆地中央逐渐变细,唯北部和西北部受强烈干燥风前锋的袭击,具有大小不等的新月形流动沙丘,而在戈壁带以内分布着半固定沙丘;中央为大面积沼泽地和盐地。南部的昆仑山北坡,被干燥的西风剥蚀为石质山地,而北部祁连山南坡为干燥西风的背部,山地剥蚀较轻。

二、地质构造

盆地基底为前寒武纪结晶变质岩系。地势由西北向东南微倾,海拔自 3 000 m 渐降至 2 600 m 左右。地貌呈同心环状分布,自边缘至中心。洪积砾石形地(戈壁)、冲积—洪积粉砂质平原、湖积—冲积粉砂黏土质平原、湖溯积淤泥盐土平原有规律地依次递变。地势低洼处盐湖与沼泽广布。

盆地西北部戈壁带内缘,比高百米以下的垅岗丘陵成群成束。盆地东南沉降剧烈,冲积与湖积平

原广阔,主要湖泊如南、北霍鲁逊湖和达布逊湖等分布于此。柴达木河、素林郭勒河与格尔木河等下游沿岸及湖泊周围分布有大片沼泽。

盆地东北部因有一系列变质岩系低山断块隆起,在盆地与祁连山脉间形成次一级小型山间盆地,自西而东有花海子,大、小柴旦,德令哈与乌兰等盆地。

三、水资源

刘永宏(2009)研究柴达木盆地受新构造运动的影响,被相对分割成9个小盆地,进而形成了相应的水系。纵观盆地内河网分布的特征为:多雨的东南部与东北部水系发育,河网密集;干旱少雨的西北部则河流稀疏,中部出现大面积的无径流地区。据统计盆地内有大小河流79条,其中常年性河流32条,其上游与冰川、冻土有着渊源关系,向下游汇集于盆地腹地的湖泊。据统计盆地内有大小湖泊49个(其中1 km²以上者42个)总面积约2 000 km²,除山间湖泊和过境湖泊(如可鲁可湖)外,大部分为咸水湖。

1. 水资源量·地表水资源量。采用水利部门的数据,盆地内地表水资源量为44.1×10^8 m³,不同频率资源量为:丰水年($\rho = 20\%$)为52.49×10^8 m³,平水年($\rho = 50\%$)为43.78×10^8 m³,偏枯年($\rho = 75\%$)为37.54×10^8 m³,枯水年($\rho = 95\%$)为29.65×10^8 m³。

2. 地下水资源量·主要参考地矿系统以均衡法计算的数据,全盆地地下水总量为38.97×10^8 m³/年,山区地下水资源量33.34×10^8 m³/年,平原区地下水资源量37.16×10^8 m³/年。两者重复量为31.53×10^8 m³/年。

3. 水资源总量·经计算盆地内自产水资源51.96×10^8 m³/年,从新疆入境水量2.87×10^8 m³/年,盆地内水资源总量为54.83×10^8 m³/年。

四、气候资源

柴达木盆地属高原大陆性气候,以干旱为主要特点。其特点表现在光照充足,日照强烈,冬寒夏凉,暖季短暂,冷季漫长,春季多大风和沙暴;雨量偏少,雨热同季,干湿季分明。年降水量自东南部的200 mm递减到西北部的15 mm,年均相对湿度为30%~40%,最小可低于5%。盆地年均温在5 ℃以下,气温变化剧烈,绝对年温差可达60 ℃以上,日温差也常在30 ℃左右,夏季夜间可降至0 ℃以下。风力强盛,年8级以上大风日数可达25~75日,西部甚至可出现40 m/s的强风,风力蚀积强烈。

1. 气候变化·1961—2006年,中国气温增幅为每10年0.1~0.2 ℃,而青海高原为每10年0.33 ℃。其中,柴达木盆地更是高达每10年0.4 ℃。由此,柴达木盆地已成为青海高原乃至全国范围内增温最显著的区域。在气温升高的同时,柴达木盆地降水量也在持续增多。柴达木盆地大部分地区从1998年以来降水量持续增加,增加趋势明显大于青海其他地区。1998—2008年,柴达木盆地各地年平均降水量在13.5~95.5 mm之间,与历年平均值相比,大部分地区降水量增加幅度均在10%以上。全球气候变暖给柴达木盆地带来的显著影响,使它成为整个青藏高原气候变化最为敏感和显著的地区。种种迹象表明,柴达木盆地气候由暖干化向暖湿化转型。

2. 灾害性天气·2011年3月17日,受新疆东移冷空气影响,凌晨1时33分至2时28分,青海柴达木盆地的格尔木出现灾害性沙尘天气,最大风速每秒达26.3 m。这也是柴达木盆地40年来出现的最大风速的沙尘天气,给当地群众的生产生活带来了影响。当时沙尘经过时,最大能见度不足1 m。大风沙尘天气过后,格尔木上空飘起了雪花。据气象部门介绍,由于沙尘和降雪天气致使格尔木降温幅度达8 ℃左右。

五、生物环境

1. 植被情况·柴达木盆地自然景观为干旱荒漠,主要为盐化荒漠土和石膏荒漠土。后者主要分布于盆地西部,草甸土、沼泽土一般均有盐渍化现象。植被稀疏,种类单纯,总共不足200种,以具有高度抗旱能力的灌木、半灌木和草本为主,盐生植物较多。植被结构简单,约有60%的群丛系由一个或几个种组成。在山麓洪积扇和冲积-洪积平原上以勃氏麻黄、梭梭和红砂灌木所组成的荒漠植被群落为主;在盐性沼泽及盐湖、河流沿岸,莎草科植物密生形成草丘,其中占优势的有深紫针蔺、丝鹿草与黑苔草等盐生植被;盐湖与沼泽外围以芦苇与赖草为主。

2. **动物分布**·柴达木盆地动物区系具有蒙新区向青藏区过渡的特征。野生动物主要有野骆驼、野驴、野牦牛、黄羊、青羊、旱獭、狼、马熊、獐、獾等。由于垦殖和捕猎，野生动物大为减少，有的濒于绝迹。

3. **沙漠植物**·青海采取多种手段，加快生态治理步伐，柴达木盆地的绿洲面积不断扩大，据卫星遥感监测显示，柴达木盆地沙区风蚀荒漠化程度趋缓。近几年荒漠化面积明显减少，土地荒漠化面积较2000年以前缩减2.7%。随着植被生态的好转，柴达木盆地的野生动物数量也大幅增加。2000年以来，柴达木盆地内实施退耕还林22.7万亩，枸杞造林和其他人工造林152万亩，封沙、封山育林168万亩；国家重点公益林生态效益补偿面积已扩大到865.66万亩。

4. **药用植物**

(1) 储存量：初步统计表明，盆地有各类药用植物61科447种(含栽培53个种)，其中藻菌类植物2科2种、真菌植物3科3种、地衣类植物3科3种、苔藓类植物1科1种、蕨类植物2科3种；裸子植物3科8种、双子叶种子植物37科383种、单子叶种子植物10科44种。药用植物种类最多的是菊科88种，其次是豆科29种、十字花科28种、藜科20种、玄参科19种、毛茛科18种、禾本科、龙胆科各16种，蔷薇科14种，蓼科13种，百合科、虎耳草科各12种，以上各科285种，占全部种数的63.7%，在药用植物区系组成中居主导地位。

(2) 药用植物的区系成分：柴达木盆地是一古老陆地，在第三纪中期以前就基本上具有同现代相类似的气候，广大的盆地没有发现后期冰迹。在那个时期与同纬度的地中海区域植物通过中亚的干燥盐积化土壤的渠道发生着密切联系，至今仍遗留有许多古老的地中海植物区系成分并占盆地的主导地位。典型的有黑果枸杞(*L. ruthenicum*)、罗布麻(*Apocynum venetum*)、锁阳(*Cynomorium songaricum*)、白刺(*Nitraria tangutorum*)、麻黄(*Ephedra equisetina*)、枸杞(*L. chinensis*)等。这些种类至今在中亚、新疆、甘肃河西走廊和宁夏西部等地仍有着广泛的分布。

(3) 药用植物的分布

柴达木盆地由盆底和四周盆缘山脉组成其中四周山地海拔3 500~6 000 m，面积13.6万km²；盆底海拔2 600 m以上，面积约12万km²。盆地的地形、海拔以及土壤类型等的差异使之关系密切的植物类型发生着规律性的变化，即药用植物的分布表现出明显的区域性特点。

(4) 药用植物的特点：蕴藏量大、种类少且分布集中。药用植物种类相对少、分布集中的主要原因是柴达木盆地严酷自然环境的限制所造成的。种类多集于高山草甸灌丛和戈壁绿洲中，盆地主要于盐湖外缘平原细土带内并呈环状向心状分布。尽管种类少，但种类的单味蕴藏量却很大，如盆地内罗布麻是青海的唯一产区，蕴藏量达5×10^7 kg，且95%以上集中分布于格尔木市郭勒木德乡；被誉为"北国樱桃"，并可谓"三刺"之冠的白刺味甜可口、维生素含量高，其蕴藏量更高达32×10^7 kg；质量上乘的柴达木枸杞，不但含糖高、粒大色红、肉厚味正，而且也已规模生产。另外，麻黄、锁阳、秦艽、蒲黄、黑果枸杞等均有很大的蕴藏量(刘海青等，1998)。

第二节　柴达木枸杞生长环境

一、柴达木枸杞产区生态环境

柴达木盆地位于"世界屋脊""地球第三极"、世界四大超净区之一的青藏高原东北隅。自然环境表现出四大特征：①气候相对寒冷。②人类活动极少，对自然生态影响小。③生态环境保持原始状态。④无大规模资源开发和工业污染。这里圣洁如银的雪山、碧蓝如洗的天空和白云，清澈剔透的湖泊、河流，生机的草原与南极、北冰洋、阿尔卑斯山脉相比堪称世界一流净区。被联合国教科文卫组织誉为世界四大无公害超净区之一。在柴达木盆地的都兰、诺木洪、格尔木、大柴旦、德令哈、乌兰等地大规模种植枸杞,这些产区气温低、昼夜温差大、日照长、辐射强,方圆 300 km² 无污染源。这种独特的气候类型,使枸杞病虫害极轻,农药使用量和使用频次少,是枸杞生长的天然绝佳生态区。柴达木枸杞生长环境与全国其他枸杞产区相比,有以下特点:①温度适中,具有寒冷、干旱、富日照、多风的显著盆地特征。②光照资源丰富,柴达木盆地每日光照时间长达 10 h,昼夜温差 12 ℃。③水分足够,在柴达木枸杞主产区地域广阔,集中产区主要利用诺木洪河、巴音郭勒河、格尔木河、香日德河等河流的地表水进行农田灌溉。这些生长环境,有利于枸杞强喜光的特点。据调研,同一品种在宁夏或全国其他主产区栽培,果品有一定的变化,柴达木盆地环境更适合枸杞植物的

生长发育和活性物质积累。柴达木盆地海拔高,气候干旱,空气相对湿度低,人口密度小,生态环境洁净,水源、土壤无污染、无农药和重金属残留等因素,使柴达木枸杞品质达到了国际同行业最高标准。当然,柴达木每年低温冻害,秋季连续降雨、大风、干热风、沙尘等灾害性天气也会给柴达木枸杞产业带来一定危害,每年造成约 15% 的经济损失。

二、柴达木枸杞产区气象数据调研

近几年来,作者走访全国和青海枸杞各产区有关气象、土壤、农业、林业等部门,调查并收集了部分气象因子数据(表 7-1～表 7-6)。

表 7-1　青海枸杞主产区平均气温

产区	1月(℃)	2月(℃)	3月(℃)	4月(℃)	5月(℃)	6月(℃)	7月(℃)	8月(℃)	9月(℃)	10月(℃)	11月(℃)	12月(℃)	年(℃)
都兰	−10.5	−7.8	1.3	5.4	9.6	14.1	16.8	17.7	9.1	4.7	−2.5	−6	4.2
诺木洪	−8.9	−5.7	4.8	8.7	13	17.8	19.7	19.9	11.5	6.2	−1.4	−5.3	6.6
德令哈	−11.2	−8.1	1.5	7.4	11.6	16.1	19.1	19.3	10.6	5.3	−2.4	−6.2	5.2
格尔木	−7.5	−4.7	4.2	8.6	12.9	18	19.8	19.5	12.7	6.4	−0.9	−4.4	7
乌兰	−11.1	−7.9	1.3	6.8	11.1	15.3	18.4	18.6	9.7	5.2	−2.6	−7.3	4.7

表 7-2　青海枸杞主产区日照时数

产区	1月(0.1 h)	2月(0.1 h)	3月(0.1 h)	4月(0.1 h)	5月(0.1 h)	6月(0.1 h)	7月(0.1 h)	8月(0.1 h)	9月(0.1 h)	10月(0.1 h)	11月(0.1 h)	12月(0.1 h)	年(0.1 h)
都兰	218.8	226.3	255.8	277.4	242	281.9	256.9	252.7	205.4	261	232.3	220	2 930.5
诺木洪	230.8	238.9	299	301.9	256.6	286.9	255.1	243.8	210	240.1	220.2	219.7	3 003
德令哈	207.5	237	272.6	271.6	260	256.3	260.1	226	228.9	255.1	233.9	207.4	2 916.4
格尔木	221	235	274.7	273	254.9	301	277.5	256.1	237.4	254.4	210	199.6	2 994.6
乌兰	242.3	250.5	278.9	274.6	273.8	296.7	279	270.5	223.7	260.1	233	225	3 108.2

表 7-3　青海枸杞主产区各地历年日平均气温稳定通过各界限温度初、终期、积温(2016 年)

界限温度	≥0 ℃				≥5 ℃				≥10 ℃				≥15 ℃				≥20 ℃			
产区	初日	终日	初终间日数	积温	初日	终日	初终间日数	积温	初日	终日	初终间日数	积温	初日	终日	初终间日数	积温	初日	终日	初终间日数	积温
都兰	3.25	10.27	207	233.9	4.24	10.2	160	2 116.1	6.3	9.16	95	1 544.2	7.26	8.28	31	585.1	8.7	8.9	3	64.5
诺木洪	3.4	11.6	236	3 037.5	4.18	10.22	178	2 704.9	4.28	10.3	144	2 424.6	6.3	8.31	86	1 686.2	8.3	8.9	7	155.4
德令哈	3.13	10.27	217	2 722.7	4.18	10.08	163	2 413.8	5.31	9.18	97	1 750	6.12	8.31	74	1 438.2	8.3	8.8	6	137.2
格尔木	2.28	11.6	241	3 032.6	3.26	10.23	199	2 912	5.23	10.3	122	2 148.7	6.3	8.31	89	1 727.5	8.3	8.9	7	159.1
乌兰	3.12	10.27	218	2 593	4.18	10.22	174	2 379.3	6.3	9.16	95	1 655	6.13	8.28	1	1 341.7	8.13	8.22	10	211.5

表 7-4　青海枸杞主产区年降水量

产区	1月(mm)	2月(mm)	3月(mm)	4月(mm)	5月(mm)	6月(mm)	7月(mm)	8月(mm)	9月(mm)	10月(mm)	11月(mm)	12月(mm)	年(mm)
都兰	6.4	2	5.7	17.6	30.3	39.5	40	24	23.1		4.6	5.8	199
诺木洪	0.6		0.1	0.5		5.5	7	8.3	2.3	1.4		1.2	26.8
德令哈	0.7	1	9.6	5.9	27.8	22.6	34.6	107.1	15.7			1.4	226.4
格尔木	2.2			0.4	2	4.2	6.9	26	0.4	0.7	1.6	2	46.4
乌兰	0.2		5.4	7.5	55.7	48.3	25	135.5	33	0.9		0.8	312.3

表 7-5　青海枸杞主产区四季降水量

产区	春			夏			秋			冬		
	时段(月旬)	降水总量(mm)	旬平均降水量(mm)	时段(月旬)	降水总量(mm)	旬平均降水量(mm)	时段(月旬)	降水总量(mm)	旬平均降水量(mm)	时段(月旬)	降水总量(mm)	旬平均降水量(mm)
	4月中旬至6月中旬			6月下旬至8月上旬			8月中旬至10月上旬			10月中旬至4月上旬		
都兰		79.4			50.3			44.8			49.2	
诺木洪		6			7.9			9.6			13.8	
德令哈		48.5			49.1			108			20.7	
格尔木		6.6			6.9			25.4			9.5	
乌兰		100.7			85.6			114			19.6	

表 7-6　青海枸杞主产区四季平均气温(2016 年 4 月 1 日至 2017 年 4 月 10 日)

产区	春		夏		秋		冬	
	时段(月旬)	平均气温(℃)	时段(月旬)	平均气温(℃)	时段(月旬)	平均气温(℃)	时段(月旬)	平均气温(℃)
	4月1日至6月20日		6月21日至8月10日		8月11日至10月10日		10月11日至4月10日	
都兰		9.3		16.7		10.6		−2.9
诺木洪		12.8		19.6		12.7		−1.5
德令哈		12.9		19.7		13.1		−1
格尔木		11.3		19.1		11.5		−2.5
乌兰		10.7		18.1		11.1		−3.1

第三节　柴达木枸杞气象因子分析

柴达木枸杞生长受到多种生态因子的综合影响,有直接参与其生物生理过程的光照、温度、水分、土壤的直接因子,其中温度、水分、日照、气流等称之气象因子。也有影响直接因子而对生物作用的,如海拔、坡向、经纬度等间接因子,它们对枸杞生物的作用不亚于直接因子。多种生态因素形成了一个整体,对枸杞植物的生长和发育起到综合作用。

一、柴达木气候变化趋势

柴达木盆地属高原大陆性气候,以干旱为主要特点。李有宏等(2013)选用柴达木盆地的6个代表站分别是格尔木、德令哈、都兰、大柴旦、冷湖、茫崖,选取的资料是1961—2012年的气温、降水、日照等资料,采用统计分析、滑动平均分析等方法对柴达木盆地近50年来的气候变化特征进行分析,经与多年平均进行比较分析得出柴达木盆地的气候明显变湿变暖。气候变暖已引起人们的普遍关注,青海高原气温变化趋势与同期全国气温变化趋势基本一致,但有自身的特点,特别是柴达木盆地,近50年来气候增暖显著,气温上升幅度高于青海高原平均水平。最新气象研究表明,柴达木盆地气候正在由暖干化向暖湿化转型,也是整个青藏高原气候变化最为敏感和显著的地区。

柴达木盆地年平均气温为3.4℃。从20世纪60年代以来,柴达木盆地气温呈持续上升态势,进入21世纪后升幅最为明显,并达到年代平均气温最高值,夏、冬两季增温高于春秋两季。近50年来,该地区年气温上升平均倾向率达0.5℃/10年,其中冬、秋两季增温趋势最明显,其倾向率分别达0.71℃/10年和0.54℃/10年;春季气温变化倾向率最小,只有0.34℃/10年。从20世纪60年代到21世纪前十年的各年代间平均气温从60年代的2.3℃,到21世纪前十年的4.5℃,升幅达到2.2℃。

柴达木盆地平均年降水量为95.8mm,总体分布为东南部多,西北部少,自东南部的200mm(都兰202.6mm)递减到西北部的不足20mm(冷湖17.1mm)。柴达木盆地各检测站点的年降水量均呈现出增多趋势,其平均年降水量变化倾向率为8.6mm/10年。这主要表现在夏季年降水量增多趋势明显(占增量的七成多)。20世纪60、70年代降水量以偏少为主(平均年降水量为81.5mm和89.1mm);80年代降水偏多,呈上升趋势(平均年降水量为101.6mm);进入90年代后,又呈偏少趋势(平均年降水量为92.0mm);进入21世纪后升幅最为明显,并达到年代平均最多值(平均年降水量达

119.6mm),为有记录以来历史上最高。

柴达木盆地6个代表站52年平均日照时数,最多是冷湖站为3436.3h(为全国极值),最少的是都兰站为3055.6h,即西北多,东南少,这种分布与年降水量的空间分布刚好相反。柴达木盆地日照时数近50年来呈现出减少趋势,变化倾向率为−41h/10年(与年降水量增多成负相关)。其代表站是冷湖站,日照时数呈减少趋势更加明显,变化倾向率达−83h/10年,在21世纪的前几年冷湖站的日照时数是有记录以来的最少值。

近50年来,柴达木盆地年平均气温呈持续上升状态,近20年升幅最为明显;年降水量呈现出增多趋势,这主要表现在夏季年降水量增多趋势明显;日照时数呈现出减少趋势,与年降水量增多成明显负相关。

二、柴达木枸杞适宜性气候资源区划

李海凤等(2016)利用柴达木盆地及周边22个气象检测站气象资料和1:50万地理信息资料,采用多元逐步回归分析法建立了柴达木盆地枸杞种植气候区划因子与地理信息的回归模型,利用GIS技术平台插值运算实现了气象资料的空间连续性分布;通过对适宜枸杞种植气象因子分析,确定了枸杞种植气候区划指标阈值;运用GIS技术对柴达木枸杞种植气候资源进行区划。柴达木盆地枸杞种植区划分为最适宜、适宜、可种植、不可种植4个区,该盆地31.4%的地区适宜种植枸杞,包括都兰西北部、格尔木中北部的大格勒乡、郭勒木德和乌图美仁乡,还有茫崖东北和冷湖南缘少部分地区;在适宜区有灌溉条件的地方,扩大枸杞种植面积;在可种植区可适当种植枸杞,以优化农业产业结构,但不可盲目扩大种植面积。柴达木盆地南面、北面和西北面属高海拔山脉区,水资源缺少,不适宜种植枸杞。该研究为进一步科学优化农业产业结构和合理布局枸杞种植提供参考依据。

研究气象数据为青海西部地区1981—2010年22个自动站气象观测资料,主要气象要素数据包括年、月平均气温和日照时数,以及统计得到的≥0℃积温和≥5℃积温。基础地理数据资料包括青海县级行政边界图、1:50万青海DEM(数字高程模型)数据,属性数据包括青海各县市气象台站的经度、纬

度、海拔高度等。

选用多元线性回归分析方法将气候要素与经度、纬度、海拔高度等地理参数进行相关分析,然后建立多元回归模型,分析区域内的气候资源分布情况,式中,Y_i 是第 i 个气象要素,C_j 是系数,X_j 是第 j 个地理参数。应用 ArcGIS9.3 软件的空间分析模块平台,对建立的要素回归模型与高程资料做插值运算(插值方法为克里格法),推算出气象要素资源分布图;根据确定的枸杞种植气候资源区划指标阈值对各要素分布图进行计算,制作出枸杞种植气候资源区划图。

(一)区划指标阈值的确定

1. 热量条件·枸杞喜冷凉气候,耐寒力很强。当 5 月初气温达 5 ℃以上时,枸杞树春芽开始萌动,花芽开始分化;5 月中下旬气温≥10 ℃时开始展叶,春梢生长,≥15 ℃时生长加速。6 月气温≥16 ℃时开始开花,17～22 ℃开花最适宜。果实生长发育要求温度在 16 ℃以上,20～25 ℃最适宜,7 月果实成长期平均气温对枸杞果实影响较大。刘静等研究指出,枸杞叶片周围环境温度达 30 ℃,气温达 27 ℃时是光合作用和蒸腾作用受到抑制的临界指标。柴达木盆地平均最高气温在 26 ℃左右,高温对枸杞叶片的光合作用影响不大。枸杞全生育期≥5 ℃积温最适宜为 1 600 ℃·d,≥5 ℃积温在 1 600～2 500 ℃·d,枸杞一般能获得正常产量;≥5 ℃积温在 1 600 ℃·日以下时,热量不足引起枸杞减产,所以热量资源对枸杞生长发育影响最大。

2. 日照条件·枸杞全生育期最适日照时数为 1 600 h 左右,在 1 500～1 800 h 日照不是限制枸杞产量的因素,低于 1 500 h 时全生育期日数短、积温少,使枸杞减产;高于 1 800 h 时,与高温相伴,加速了夏果发育,延长了夏眠期,产量也会有所下降。柴达木盆地枸杞全生育期日照时数为 1 460～1 840 h,年日照时数为 2 900～3 350 h,所以光照对柴达木盆地枸杞种植是充足的,枸杞种植区划中可不考虑日照因子。

3. 水分条件·经测定,枸杞叶片的气孔导度普遍低,只有春小麦的 1/3。因此,枸杞的耐旱能力很强,野生种在年降水量不足 250 mm 的干旱、半干旱区仍能正常生长、开花、结实。柴达木盆地枸杞全生

育期间的降水量为 13.8～340.0 mm,所以当地枸杞种植以灌溉为主,降水因子对枸杞生长发育影响不大,枸杞种植区划中可排除降水因子。

4. 区划指标阈值的确定·根据对柴达木盆地各气候因素的分析,可将≥5 ℃期间的日数和积温作为枸杞种植并有两季收成的指标,选取≥5 ℃积温代表枸杞全年可利用热量资源,≥5 ℃积温日数代表枸杞可利用生长季作为主要指标。枸杞耐寒不耐热,温度是柴达木枸杞分布的一个限制因子,选取7 月平均气温作为枸杞种植的指标,7 月平均气温代表枸杞果实形成阶段热量条件。结合柴达木盆地枸杞种植观测资料,将柴达木盆地枸杞种植划分为 4 个种植气候区,各区具体要素区划指标阈值如表 7-7 所示。

表 7-7　柴达木枸杞适合种植区气候分区指标

种植区	≥5 ℃ 积温（℃）	7 月平均 气温（℃）	≥5 ℃积温 日数（日）
最适宜种植区	≥2 500	≥18	≥180
适宜种植区	2 000～2 500	≥16	160～180
可种植区	1 600～2 200	≥14	140～160
不可种植区	<1 600	<14	<140

(二)气候资源分布

1. 空间模型·利用青海西部地区 22 个气象站 1981—2010 年气象资料,对 7 月平均气温(T)、≥5 ℃积温(T)、≥5 ℃积温日数(D)与纬(φ)、经度(λ)、海拔高度(h)进行多元线性回归,建立空间模型。由表 7-8 可知,各指标要素多元回归方程的拟合度均在 0.95 以上,模型均通过了 $\alpha=0.01$ 的显著性检验,表 7-8 表明分析模型对于样本观测点拟合良好。

表 7-8　指标要素多元回归方程

要素	多元回归模式	拟合度	F 检验
7 月平均气温	$T=112.068-0.008h-0.905\varphi-0.409\lambda$	0.950	0
≥5 ℃积温	$T=22\,157.432-1.679h-222.944\varphi-70.882\lambda$	0.952	0
≥5 ℃积温日数	$T=110.857-0.008h-0.993\varphi-0.377\lambda$	0.961	0

2. 要素分布图 · 对上述所建各要素模型在ArcGIS软件平台上与柴达木地区经纬度、海拔高度的高程资料进行插值运算,得到空间分辨率为500 m×500 m的柴达木盆地的气象要素资源分布图。从图7-1中可以看出,7月平均气温最高达19 ℃左右,实测7月平均气温最高为18.7 ℃。根据近30年气象观测资料统计,格尔木7月平均气温15~19 ℃,可见分布图与实测值是比较相符的。柴达木盆地≥5 ℃积温最高为2 700 ℃·d左右,分布在格尔木中北部和都兰西北部,如实测统计资料≥5 ℃积温格尔木为2 633 ℃·d,诺木洪为2 562 ℃·d,与分布图数据相符。从各要素分布看出,7月平均气温、≥5 ℃积温和积温日数的分布情况相同,均是格尔木中北部、都兰县西北部、德令哈南部、茫崖和冷湖,

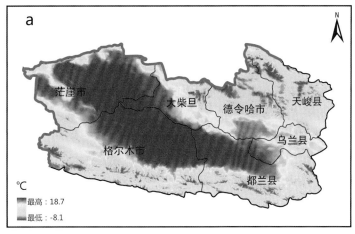

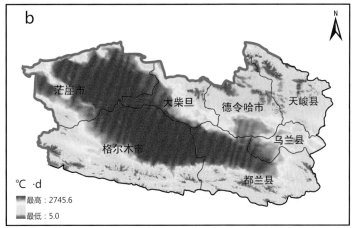

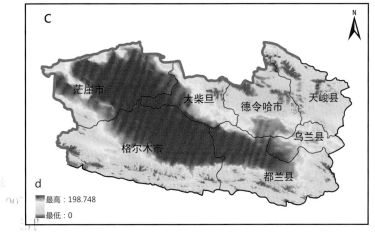

图7-1 柴达木地区7月平均气温(a)、≥5 ℃积温(b)和积温日数(c)分布

大部分地区≥5℃积温高、积温日数长,7月平均气温高;柴达木盆地东北部、南部地区是高海拔的山脉区,也是各要素的低值区。

(三)枸杞种植气候资源区划

根据枸杞种植区划阈值,在 ArcGIS 软件平台上进行计算分析,制作出柴达木枸杞种植气候资源区划图,将柴达木盆地枸杞种植划分为最适宜、适宜、可种植和不可种植 4 个区。

1. 最适宜种植区·包括都兰西北部的宗加镇,格尔木中北部的大格勒乡、郭勒木德和乌图美仁乡,茫崖东北和冷湖南缘少部分地区。该种植区≥5℃天数为 180 天以上,≥5℃积温为 2 500 ℃·d 以上,7 月平均气温为 18 ℃以上,保证了枸杞两季成熟对热量和温度的需求。≥5℃期间的降水量为 30~100 mm、日照时数 1 600~1 800 h,光照充足,降水量少,利于枸杞晒干,霉菌少。该地区占柴达木地区总面积的 16.3%。

2. 适宜种植区·包括都兰南中部香日德镇、格尔木中西部少部分地区、德令哈柯鲁柯镇部分地区、冷湖和茫崖中部等地。该种植区≥5℃天数为 160~180 天,≥5℃积温为 2 000~2 500 ℃·d,7 月平均气温为 16~18 ℃,该区的热量资源比最适宜区少,秋季温度能保证枸杞秋季成熟期的需求。≥5℃期间的降水量 20~140 mm、日照时数 1 500~1 900 h,降水量少,光照充足,但枸杞种植面积小,产量也较最适宜区低。气候条件适合枸杞生长,可作为枸杞种植的推广区域。该地区占柴达木地区总面积的 15.1%。

3. 可种植区·包括格尔木、茫崖、大柴旦中部和德令哈、乌兰的少部分地区,≥5℃天数为 140~160 天,≥5℃积温为 1 600~2 200 ℃·d,7 月平均气温为 14~16 ℃,该区域的部分热量条件逊于前两区;≥5℃期间日照时数 1 500~1 700 h,茫崖、大柴旦的降水量在 30 mm 左右,都兰、德令哈降水达 200 mm 左右,部分地区也能保证枸杞秋季成熟期的生长,但产量和面积远低于前两区。该地区占柴达木地区总面积的 5.4%。不适合作为枸杞大面积种植推广的区域。

4. 不可种植区·柴达木盆地南面是昆仑山脉,北面是祁连山脉,西北是阿尔金山脉,东为日月山,

为封闭的内陆盆地。柴达木盆地南面、北面和西北面属高海拔山脉区,水资源缺少,该种植区海拔较高、年平均气温低,≥5℃天数低于 140 天,≥5℃积温为 1 600 ℃·d 以下,地理和气候条件均不利于枸杞生长。该地区占柴达木地区总面积的 63.2%。

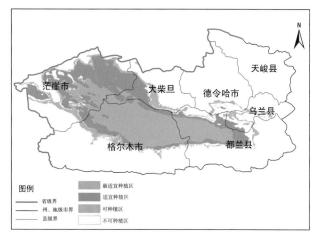

图 7-2 柴达木盆地枸杞种植气候区划示意图

三、柴达木枸杞气象服务指标分析

柴达木地区枸杞,4 月底 5 月初开始萌动,5 月上旬枸杞芽开始开放,5 月中旬为展叶期,枸杞老眼枝果实形成达普期,7 月下旬老眼枝果实达到成熟期,第一批果实采摘开始。枸杞在 7 月上旬达到春梢开花普期,8 月下旬夏果成熟,第二批果实采摘开始。8 月下旬秋梢开花并达到普期,9 月中下旬秋果开始成熟,到月底达到成熟普期,此时秋果的采摘也开始进行,并同时进入秋季落花期,至 10 月底或 11 月上旬落花,结束其一年的生长,其生长周期约 180 日左右。雷玉红等(2019)利用柴达木枸杞生长期的气象资料,从热量、光照和土壤水分对枸杞生长的影响,研究并总结出了枸杞生长发育的适宜气象服务指标与霜冻防害指标,为枸杞种植合理利用气象资源,防治气象灾害提供了科技支撑。枸杞生长发育与年内气温的高低、与枸杞发育期的迟早有明确的直接联系,柴达木地区稳定通过 5 ℃的初日平均日期为 4 月 12 日,此时枸杞已进入发芽萌动期,根据诺木洪站 2011—2017 年观测气象资料分析,枸杞全生育期需≥0 ℃积温达 2 700 ℃;≥5 ℃积温达 2 550 ℃以上时枸杞发育期正常生长。

柴达木地区全年≥0 ℃的积温达到 2 900 ℃以

上,而枸杞生长期(4~9月)≥0℃的积温达到2 600.0℃以上,占全年≥0℃积温的90%以上,热量资源特别丰富,积温有利于枸杞生长、矿物质及碳水化合物的形成,温度对枸杞的生长非常有利。枸杞在整个生长季内呈无限花序,多次开花,多次结果,只有长的生长期,才获得更多的开花结果时间,只有长的开花结果时间,才能生长出更多的果实。

(一)枸杞生长发育与日照

枸杞是强阳光性树种,光照强弱和日照长短直接影响光合产物,进而影响枸杞树的生长发育,相关性显著。根据诺木洪气象站7年日照资料分析,枸杞整个发育期需要1 614.7 h的日照,也就是全生育期在1 600 h以上的日照时数能满足枸杞基本需求。在老眼枝开花期—老眼枝果实成熟期平均日照时数为519.9 h,盛果从开花期—夏果成熟期平均日照时数为485.9 h,日照的长短决定了果实的数量和质量,总体来看,老眼枝果也就是第一批果实数量较多,颗粒较大一些;夏果数量也多,但个头比不上老眼枝果;到秋果稍差一点,数量和质量都比不上老眼枝果和夏果,如果遇气候原因造成的发育期推迟,秋果有时会收不到果实。

(二)枸杞生长发育与水分条件

枸杞根系发达,耐旱力强,不同生育期对水分的要求不同。春季为枸杞营养生长期,现蕾到开花期水分要充足,果实膨大期,如果缺水会影响树体和果实生长发育,果实小,落花落果加重。果实成熟期则有适当控制水分,枸杞成熟期较短,成熟后2~3日内必须采摘,否则成熟的果实遇到阴雨天气容易开裂,晾干后枸杞品质差,经济价值低,同时降水偏多,枸杞易得黑果病和根腐病,对产量和果实质量造成影响。诺木洪地区全年降水量47.4 mm,年蒸发量为2 050.7 mm,经过前期的果实生长,枸杞树损失了大量养分,秋季需补充水分。依据本地区的气候条件,自然降水不能满足枸杞生长对水分的需求,必须通过灌溉方式解决水分补结,灌水是促进干旱区农业生产的重要手段。枸杞生长主要消耗土壤中水分,土壤水分因灌水次数的不同存在比较明显的差异,且灌水前后土壤含水量的变化幅度比较大,根据2011—2017年枸杞生育期间0~20 cm、30~50 cm土壤相对湿度变化和观测资料综合分析可以看出:

枸杞整个生育期内灌水次数如果控制在5~7次之间,近地层土壤相对湿度保持在50%~80%之间,将利于保证枸杞的正常土壤水分需求,并且有利于由于温度突变引起的低温冷害、霜冻等气象灾害造成的危害及损失。

(三)柴达木地区枸杞发育期指标确定

枸杞要完成整个生长发育过程需要一定的气象条件做保障,但每一个发育阶段由于自身生物特征的不同,所需求的气象条件也有所不同。分析主要发育期所处的发育时段其气象条件影响,确定出枸杞生长发育期的适宜指标。

1. 芽开放期·柴达木地区枸杞4月下旬5月初进入芽开放期,4月下旬日平均气温达到5℃以上时冬芽萌动。当≥0℃积温达379.2℃、≥5℃积温达225.2℃时正常发育。而其最适宜气温为10.5~12.4℃之间、最适日照时数为9.0~10.2 h之间、最适土壤相对湿度为50%~80%;日平均气温低于5℃时影响冬芽萌动,此间要完成修剪、清园及田地平整工作。

2. 展叶期·柴达木地区枸杞5月上中旬为展叶期阶段。≥0℃积温达453.9℃、5℃积温达299.9℃时正常发育,而其最适宜气温为11.7~15.0℃、最适日照时数为8.7~10.4 h、最适土壤相对湿度为50%~80%;冬灌充足,有利于枸杞展叶。根据田间土壤墒情及早灌溉头遍水,促进展叶。

3. 老眼枝开花期·6月上旬为老眼枝开花期阶段,≥0℃积温达719.5℃、≥5℃积温达565.5℃是正常发育,而其最适宜气温为14.7~17.9℃之间、最适日照对数为8.2~10.4 h之间、最适土壤相对湿度为60%~90%。最低气温在0℃以下时新枝条叶片、老眼枝花可能受冻。如果受冻,冻后要加强水肥管理。

4. 老眼枝果实形成期·6月中下旬是老眼枝果实形成阶段。≥0℃积温达1 016.8℃、≥5℃积温达862.8℃时老眼枝果实正常形成,而其最适宜气温为16.0~19.1℃、最适日照时数为7.6~10.4 h、土壤相对湿度50%~80%时最适宜。日照时间长有利于开花、结果。

5. 春梢开花期·6月下旬至7月上旬为枸杞春梢开花阶段。此阶段≥0℃积温达1 157.2、

≥5℃积温达1 003.2℃时春梢正常开花,而其最适宜气温为16.5～19.1℃、最适日照时数为7.6～10.3 h、土壤相对湿度为55%～80%时最适宜。日平均气温13.8℃以上时有利于开花,但是,日最高气温超过25℃时不利开花授粉,落花率增高。

6. 老眼枝果实成熟期·7月中旬是枸杞老眼枝果实成熟阶段。≥0℃积温达1 433.1℃、≥5℃积温达1 279.1℃时老眼枝果实正常成熟。而其最适宜气温为17.8～21.9℃、最适日照数为8.8～10.8 h、土壤相对湿度为50%～80%时最适宜。如若出现连阴雨、连续高温天气容易诱发黑果病,不利于果实生长和成熟,降低枸杞产量和品质。

7. 夏果形成期·8月上中旬是枸杞夏果形成期。此阶段≥0℃积温达1 726.8℃、≥5℃积温达1 588.8℃时夏果正常形成。而其最适宜气温这17.3～20.4℃最适日照时数为8.4～10.4 h、最适土壤相对湿度为55%～82%。日照时间长有利于果实发育,如若出现连续阴雨,日照时间短,光照强度减低,不利于幼果生长。

8. 秋梢开花期·8月下旬是秋果开花期。≥0℃积温达2 000.4℃、4℃、≥5℃积温达1 862.4℃时秋梢正常开花。而其最适宜气温为16.8～19.0℃之间、最适日照时数为8.6～10.4 h、最适土壤相对湿度为50%～80%。此阶段日平均气温15℃以上,以上时段有利于开花,日最高气温超过27℃时不利开花授粉,落花率增高。

9. 盛夏成熟期·8月上中旬是枸杞夏果成熟阶段。此阶段≥0℃积温达2 061.7℃、≥5℃积温达1 923.07℃是夏果正常成熟。而其最适宜气温为16.8～18.8℃、最适日照时数为8.4～10.3 h、最适土壤相对湿度为50%～70%。日照强、日照时间长有利于果实生长,晴天有利于采收和晾晒。风力大、风日多容易造成落果。

10. 秋果成熟期·9月中上旬是秋果成熟期,此阶段≥0℃积温达2 472.6℃、≥5℃积温达2 345.9时秋果正常成熟。而其最适宜气温为11.6～14.7℃之间、最适日照时数为7.6～9.1 h之间、最适土壤相对湿度为55%～75%。出现连续阴雨天,日照时间段,光照强度降低,不利于果实生长和成熟。

经上述分析,得出了柴达木枸杞全生育期适宜气象指标(表7-9)。

表7-9 柴达木地区枸杞各发育期气象要素适宜指标值

气象因素	适宜温度（℃）	≥0℃积温（℃）	≥5℃积温（℃）	适宜日照（h）	适宜土壤水分（%）
芽开放	10.5～124	379.2	225.2	9.0～10.2	55～80
展叶期	11.7～15.0	453.9	299.9	8.7～10.4	50～80
老眼枝开花期	14.7～17.9	719.5	565.5	8.2～10.4	60～90
老眼枝果实形成期	16.0～19.1	1 016.8	862.8	7.6～10.4	50～80
春梢开花期	16.5～19.1	1 157.2	1 003.2	7.6～10.3	55～80
老眼枝果实成熟期	17.8～21.9	1 433.1	1 279.1	8.8～10.8	50～80
夏果形成期	17.3～20.4	1 726.8	1 588.8	8.4～10.3	55～82
秋梢开花期	16.8～19.0	2 000.4	1 862.4	8.4～10.4	50～80
夏果成熟期	16.6～18.8	2 061.7	1 923.7	8.4～10.3	50～70
秋果成熟期	11.6～14.7	2 472.6	2 345.9	7.6～9.1	55～75

注:表中数据来源于雷玉红(2019)。

(四)确定柴达木盆地枸杞霜冻气象灾害风险的指标

1. 柴达木盆地枸杞霜冻灾害时空分布特征分析。霜冻是柴达木地区的主要气象灾害之一。青海霜冻灾害5月发生频率最高,占发生总次数的38%,其次为8月,占发生总次数的19%,4月和10月份占发生总次数的4%～18%。而柴达木盆地种植区霜冻灾害主要集中在柴达木盆地德令哈、格尔木、都兰和乌兰等地,晚霜冻的出现比较分散,从5月上旬至6月时有发生,但主要集中在5月中下旬;早霜冻主要集中于8月下旬至10月上旬,最早出现在8月上旬,8月下旬是高发时段。

2. 柴达木地区霜冻的气象灾害风险指标确定。柴达木盆地晚霜冻主要一般发生在5月下旬至6月上旬,早霜冻一般发生在8月下旬至9月中下旬。5～6月枸杞正处芽开放期、展叶期、春梢生长期、老眼枝开花期;9月为秋果成熟期,同时为第二批枸杞果实采摘期。在这两个时间段发生霜冻时,对正在生长发育的作物造成伤害,并且推迟生长发育的时间,缩短了整个生长过程,从而导致枸杞减产和品质的大幅下降。特别是9月初夏果未采摘完,秋果正处于发育成熟期,早霜冻对枸杞产量影响较大,严重者直接经济损失可能高达30%以上。

霜冻的灾害等级指标。通过对柴达木地区近几年各地出现霜冻(16次)的情况分析,霜冻发生及强度与日最低气温、地面最低温度、平均风速、云量、最小相对湿度、前日20 s至次日07 s变湿幅度这些气象要素有关,且以辐射霜冻为主,气地温差和最低地面湿度反映明显。

晚霜冻重霜冻出现时,日最低气温为0～1.0℃,地面最低气温在−6.7℃以下,平均风速1.4 m/s,基本无云量,最小相对湿度只有4%,前日20 s至次日07 s的降温幅度达13.5℃以上;晚霜冻中霜冻出现时,最低气温接近0℃,风度较小,地面最低气温达−5.9℃以下,有少量的云,最小相对湿度7%～19%,前日20 s至次日07 s的降温幅度达10.3℃以上;晚霜冻轻霜冻出现时,最低气温为3.0℃左右,地面最低气温达−0.1～−6.5℃,风速较小,并且至少有6成以上的云量,最小相对湿度6%～21%,前日20 s至次日07 s的降湿幅度达5.8℃以上。

早霜冻重霜冻出现时,日最低气温达0.6～1.0℃,地面最低气温达−4.3℃以下,平均风速1.3 m/s,有微量的云,最小相对湿度18%,前日20 s至次日07 s的降温幅度达8.7℃以上;早霜冻中霜冻出现时,最低气温达1.5～3.5℃,风速较小,地面最低气温达−1.2～2.6℃之间,有六成以上的云量,最小相对湿度18%～26%,前日20 s至次日07 s的降湿幅度达6.8℃以上,2017年9月27日虽然气温较高,但全天无云量,当地面最低温度降到0℃以

下时就易发生霜冻危害;早霜冻轻霜冻出现时,最低气温达2～3℃,地面最低气温达−1.6～2.2℃之间,风速较小,并且至少有8成以上的云量,最小相对湿度38%左右,前日20 s至次日07 s的降温幅度达5℃以上。

霜冻迟早和无霜期长短都给柴杞造成很大损失,终霜冻太晚对老眼枝花蕾和果实造成影响,初蕾霜冻早,秋果不能全部收获,影响产量和品质。综合上述,得出霜冻灾害可能出现的等级指标。霜冻的应对措施:灌溉法、烟熏法、喷药剂防霜冻、遮盖法。

四、德令哈产区气象条件分析

马季芳(2014)分析1971—2012年德令哈41年的气温、降水以及气温日较差的变化趋势。樊光秀(2011)利用德令哈地区1973—2008年气象观察资料,采取统计分析方法,分析了德令哈地区气象。

(一)太阳辐射及光照

德令哈地区太阳辐射年总量6 318 MJ/m²(2008—2010年资料),在枸杞生长期间(4～9月)总辐射量最多,达到3 920 MJ/m²;占年总辐射量的62%;年日照时数达3 081.6 h,日照百分率达70%;辐射及光照条件满足枸杞生长。枸杞生长期平均日照时数每日可达9～10 h,尤其在枸杞开花～成熟阶段(7～8月)日照需求关键期,该地区的日照时数每日平均10 h以上,利于枸杞开花、结实进行光合作用。据中国科学院西北高原生物研究院测试中心检测结果显示,德令哈地区枸杞的总糖含量及维生素B_2、维生素C含量高于"宁夏中卫",由此可见德令哈地区辐射强、光照充沛,光能资源丰富,气候条件满足枸杞生长的植物特性,利于枸杞糖分及各种维生素的积累。

(二)温度

通过分析得知,德令哈地区气温有增加趋势,地区气温升温倾向率为0.48℃/10年。年平均气温43℃,极端最高气温为34.7℃,极端最低气温为−27.9℃,低温满足枸杞安全越冬的温度需求;最热月出现在7月,月平均气温为16.5℃,气温有利于枸杞糖分和氨基酸的积累;最冷月出现在1月,平均气温为−10.4℃;年昼夜温差达到12.5℃,有利

于枸杞碳水化合物及维生素的积累。通过枸杞种植的试验分析,4月份枸杞萌芽、长叶,新梢开始生长,老枝开始开花,此时德令哈地区的平均气温在5~10℃之间,热量条件满足枸杞生长的需求;德令哈地区5~9月的平均气温达到14.0℃,尤其7~8月平均气温达到16℃以上,温度变化对枸杞产量和品质影响较大,温度较高有利于枸杞的成熟、采收和晾晒。德令哈地区全年≥0℃的积温达到2000℃以上,而枸杞整个生育期间(4~9月)≥0℃的积温达到1928℃,占全年≥0℃积温的90%以上,热量资源特别丰富,积温有利于枸杞生长、矿物质及碳水化合物的形成,温度对枸杞的生长非常有利。

另外,通过德令哈地区气象观测资料统计分析得到:4月出现<0℃、<-2℃、<-4℃、<-6℃低温的频率分别为19%、18%、15%、9%;5月份、9月份出现<0℃低温的频率为9%,6~8月出现低温的频率极小。5月是德令哈地区霜冻危害高峰期,容易受到霜冻的影响,应加强枸杞田间管理工作。

(三) 降水

德令哈地区年降水量达到200 mm,且降水时间集中在夏季,在枸杞整个生长期(4~9月)降水量占年降水量的84%;6~7月德令哈降水量达到高峰值,枸杞生长后期(6~8月)的降水量占全生育期降水量的71%;降水最大值出现在7月份,降水量达到58.4 mm;此时枸杞处在开花结果盛期,也是需水关键期。

降水时间分布对枸杞的生长非常有利,9月开始降水逐步减少。德令哈地区降水的变化规律与枸杞生长的需水规律相一致,且雨热同季。在德令哈地区枸杞生长的各个阶段降水量充足,降水有利于枸杞的生长发育。

总之,德令哈地区年总辐射强、光照充足,光照条件完全满足枸杞生长发育;温度、降水量的年内分布与枸杞生长发育要求相一致,雨热同季利于枸杞的开花、结实和成熟;土质以沙壤土为主,适宜枸杞种植;土壤盐碱性虽强,但枸杞仍能生长成熟,因此在德令哈地区适宜枸杞种植。

五、格尔木产区气象条件分析

雒维萍等(2012)根据格尔木市农业科学研究所2010—2011年枸杞作物科技示范户种植园观测资料以及对应的气象资料,对该地枸杞种植的气象条件和自然环境条件进行对比分析,得出适宜枸杞种植的气象条件和范围,并根据适宜性分析制定和调整相应的栽培技术要点。

发育期资料采用格尔木市农业科学研究所2010—2011年枸杞作物在郭勒木德镇新庄村推广种植的97.1 hm² 10户科技示范户种植园观测资料,品种为宁杞1号,枸杞为3年生成树,发育期对应的气象资料采用同期格尔木气象站气象观测资料。经过一整年的气象观测和发育期同步对比(见表7-10),得出格尔木枸杞全生育期平均气温为12.4℃,≥0℃积温为2597.7℃,平均日较差为10.7℃,累计降水量为80.2 mm,平均相对湿度为32.8%,日照时数为1467.6 h。

表7-10　格尔木2010年枸杞发育期及气象条件

要素	发育期	日平均气温 (℃)	≥0℃积温 (℃)	极端最高 (℃)	极端最低 (℃)	平均日较差 (℃)	平均相对湿度 (%)	最小相对湿度 (%)	累积降水量 (mm)	累积降水日数 (日)	累积日照时数 (h)
芽开放期	04-25	1.8	1.8	9.0	4.2	4.8	13	7			11.8
展叶始期	05-06	10.2	134.4	17.1	3.7	13.4	22	12			132.1
展叶盛期	05-13	12.2	224.6	18.5	7.9	10.6	37	17			205.8
开花始期	06-08	11.5	543.1	18.6	4.9	13.7	54	25	37.8	14	375.7
开花盛期	06-27	17.5	863.1	24.0	14.1	9.9	43	28	42.1	21	541.9
果实形成	07-15	21.7	1164.0	28.8	17.5	11.3	35	17	54.6	34	637.6
果实成熟始期	07-16	21.1	1185.1	26.3	13.6	12.7	30	17	54.9	35	644.5
果实成熟盛期	08-24	17.9	2003.4	27.5	7.7	19.8	24	10	68.0	46	1043.9

（续表）

要素	发育期	日平均气温（℃）	≥0℃积温（℃）	极端最高（℃）	极端最低（℃）	平均日较差（℃）	平均相对湿度（%）	最小相对湿度（%）	累积降水量（mm）	累积降水日数（日）	累积日照时数（h）
叶变色始期	09-24	10.2	2 490.8	14.9	6.3	8.6	61	33	79.0	53	1 323.3
叶变色盛期	09-30	10.7	2 560.2	14.6	6.9	7.7	34	22	80.2	55	1 362.5
秋季落叶始	10-04	8.1	2 595.9	12.5	3.7	8.8	28	17	80.2	55	1 396.9
秋季落叶盛	10-12	1.8	1.8	9.0	4.2	4.8	13	7			1 467.6
全生期	170（天）	12.4	297.7	18.5	7.8	10.7	32.8	17.7	80.2	55	1 407.7

（一）热量条件

格尔木地区枸杞从春季萌芽到秋季落叶整个生长季日平均气温在 1.8～21.7℃。春季气温回升到 10℃左右时，枸杞树开始展叶，春叶生长 10 日后抽春梢，同时老眼枝现蕾。春季气温回升快且温度高，枸杞树萌芽早，枝条生长好，整个生育期热量条件充足，有利于秋果形成。栽培过程中 5 月中下旬第一次剪修枝条，如果春季气温低，老眼枝生长迟缓，着果量小，一般修剪较重，促使夏枝早发多发。5 月中下旬新梢开始现蕾，老眼枝陆续开花，温度高，夏果果枝生长迅速，积累养分多，整个树体长势好。6 月中旬夏果果枝开花，老眼枝进入幼果期。这一阶段气温高，老眼枝幼果着果量大，且果粒大，生产中 6 月中旬剪修徒长枝时，老眼枝剪修量少，而夏果果枝剪修多，夏果坐果量少，影响夏果产量，所以这一时期果农剪枝技术对产量影响也较大。

格尔木枸杞生育期 6 月份平均气温为 17.5℃，≥0℃积温为 863.1℃。6 月下旬进入枸杞树、枝、花、果旺盛生长期，边开花边结果，果实成熟一批采摘一批，如果遇到高温天气，容易引起枝条徒长，消耗养分过多，落花落果增加；同时营养生长和生殖生长时间缩短，果实变小，缩短了干物质积累时间，粒重降低，这一时期是枸杞产量形成的重要时期，平均气温为 21.7℃，平均最高气温 28.8℃，平均最低气温 17.5℃，平均日较差 12.3℃，≥0℃积温为 2 003.4℃。经过多次采摘，8 月下旬夏果采摘基本结束，进入枸杞休果期，开始秋季营养生长，此间气温高秋枝萌发早，秋梢生长良好，有利于秋果形成。8 月平均气温为 17.9℃，≥0℃积温为 1 240.3℃。秋季降温快，霜冻来得早，常影响枸杞果实正常发育和成熟，秋果

产量和质量均较小，一般不进行采摘。10 月进入落叶期，越冬开始。

（二）水分条件

枸杞根系发达，耐旱力强，不同生育期对水分的要求不同。春季为枸杞营养生长期，现蕾到开花期水分要充足，果实膨大期如果缺水会影响树体和果实生长发育，果实小，且加重落花落果。果实成熟期则要适当控制水分，枸杞成熟期极短，成熟后 2～3 日内必须采摘，否则红熟的果实遇到阴雨天气容易开裂，晾干后枸杞品质差，经济价值低，从而影响产量；同时降水偏多，枸杞易得霜霉病和黑果病，从而降低产量并影响果实质量。田间长期积水，通气不好，会影响根系植株的生长。格尔木地区 2010 年枸杞全生育期降水量为 80.2 mm，蒸发量为 2 160.7 mm，降水偏少且季节分布不均匀。经过前期的果实生长，枸杞树损失了大量养分，秋季需要补充水分。依据该地区的气候条件，自然降水不能满足枸杞生长对水分的要求，所以采用灌溉方式解决补给矛盾。

（三）光照条件

格尔木地区枸杞全生育期日照时数为 1 467.6 h，日照百分率 69%，光能资源丰富，可满足枸杞生长发育需要。但降水与日照相互制约，在枸杞果熟盛期，晴朗的天气有利于果实成长及着色，如 7～8 月阴雨天偏多，日照受到极大影响，不利于果实着色而影响其品质，同时不利于及时晾干，最终影响产量。

六、诺木洪产区气象条件分析

祁贵明等（2009）利用 20 年的气象观测数据，得出诺木洪枸杞整个生育期平均气温为 12.5℃，≥0℃积温为 2 427.4℃，平均日较差为 14.8℃，累

计降水量为 42.6 mm，平均相对湿度为 34%，日照时数为 1 557.6 h。

（一）热量条件

分析诺木洪产区枸杞生育气温变化得知，枸杞从春季萌芽到秋季落叶整个生长季日平均气温在 7.3~18.4 ℃ 之间。春季气温回升到 10 ℃ 左右时，枸杞树开始萌芽，5 月中旬展叶，春叶生长 10 日后抽春梢，同时老枝现蕾。春季气温回升快且温度高，枸杞树萌芽早，枝条生长好，整个生育期热量条件充足，有利于秋果形成。生产中 5 月中下旬第一次剪修枝条，如果春季气温低，老枝生长迟缓，着果量小，一般修剪较重，促使了夏枝早发多发。5 月中下旬新梢开始现蕾，老枝陆续开花，温度高，夏果果枝生长迅速，积累养分多，整个树体长势好。6 月中旬夏果果枝开花，老枝进入幼果期。这一阶段气温高，老枝幼果着果量大，且果粒大，生产中 6 月中旬剪修徒长枝时，老枝剪修量少，而夏果果枝剪修多，夏果坐果量少，影响夏果产量，所以这一时期果农剪枝技术对产量影响也较大。诺木洪枸杞生育期累积积温变化是 6 月份平均气温为 15.0 ℃，≥0 ℃ 积温为 450 ℃。6 月下旬进入枸杞树、枝、花、果旺盛生长期，边开花边结果，果实成熟一批采摘一批，如果遇到高温天气，容易引起枝条徒长，消耗养分过多，落花落果增加；同时营养生长和生殖生长时间缩短，果实变小，缩短了干物质积累时间，粒重降低，这一时期是枸杞产量形成的重要时期，平均气温 22.7 ℃，平均最高气温 29.3 ℃，平均最低气温 18.3 ℃，平均日较差 14.5 ℃，≥0 ℃ 积温为 1 449.7 ℃。经过多次采摘，8 月下旬夏果采摘基本结束，进入枸杞休果期，开始秋季营养生长，此间气温高秋枝萌发早，秋梢生长良好，有利于秋果形成。8 月份平均气温为 16.2 ℃，≥0 ℃ 积温为 502.2 ℃。本地秋季降温快，霜冻来得早，常影响枸杞果实正常发育和成熟，秋果产量和质量均较小，一般不进行采摘。10 月进入落叶期，越冬开始。

（二）水分条件

果实成熟期则要适当控制水分，枸杞成熟期极短，成熟后 2~3 日内必须采摘，否则红熟的果实遇到阴雨天气容易开裂，晾干后枸杞品质很差，经济价值低，一般不采摘；同时降水偏多，枸杞易得霜霉病和黑果病，从而降低产量并影响果实质量。田间长期积水，通气不好，会影响根系植株的生长。诺木洪地区枸杞全生育期降水量为 42.6 mm，年蒸发量为 2 050.7 mm，降水偏少且季节分布不均匀。经过前期的果实生长，枸杞树损失了大量养分，秋季需要补充水分。依据本地区的气候条件，自然降水不能满足枸杞生长对水分的要求，所以应采用灌溉方式解决补给矛盾。

（三）光照条件

枸杞是强阳性树种，诺木洪地区枸杞全生育期日照时数为 1 557.6 h，日照百分率 68%，光能资源丰富，可满足枸杞生长发育需要。但降水与日照相互制约，在枸杞果熟盛期，晴朗的天气有利于果实成长及着色，如果阴雨天偏多，日照偏少，不利于果实着色而影响其品质，同时不利于及时晾干，最终影响产量。

（四）枸杞生育期对气象条件变化的响应分析

从近 20 多年诺木洪枸杞果实成熟期发育特征及其对温度变化的响应趋势可以看出，发育期的变化与温度变化存在一致性。两者之间随年代变化的相关系数分别为 -0.375 和 0.163，表明在枸杞成熟期多年温度变化幅度不大，成熟期所经历的时间变化也不大。盛花期历年温度变化和开花期变化比较可以看出，两者变化趋势一致，温度变化幅度较发育期大，相关系数为 0.409。说明开花期对气候变暖有一定的响应，即随着气候变暖变化幅度较大。

（五）诺木洪枸杞气象灾害分析

1. 诺木洪枸杞霜冻气象灾害·诺木洪历年各强度初、终霜冻日和无霜期的变化很大，0 ℃ 终霜冻日最早 4 月 27 日，最晚 6 月 11 日，相差 45 天；初霜冻日最早 8 月 6 日，最晚是 10 月 9 日，相差 64 天；无霜冻期最大相差 70 天左右。根据《青海省气象灾害标准》（以下简称 DB63/T372 - 2001）规定的霜冻气象指标分析，1985—2005 年 21 年中发生 2 次重度霜冻灾害对诺木洪枸杞产生严重影响。即 1988 年 5 月 14 日正值展叶始期—展叶盛期和 1990 年 5 月 14 日展叶盛期—开花始期间，对枸杞发育造成阻碍，导致发育期滞后。

2. 诺木洪枸杞高温、干热风气象灾害·满足日最高气温≥30 ℃,14 时相对湿度≤30% 以及 14 时风速≥3 m/s 的干热风气象条件的日数。1961—2005 年间日最高气温≥30 ℃的天数共计 71 天,平均每年 1.6 天。柴达木盆地干热风气象灾害天数呈现明显的区域性,即盆地西南缘以及南缘为干热风灾害的易发区,属于重灾区;诺木洪最为严重区域之一,占全区所有统计干热风灾害日数的 22.7%。20 世纪 80 年代较少,比六七十年代低 3~7 天。90 年代诺木洪干热风灾害天数较 80 年代有所增加,2001—2005 年干热风灾害发生日数已与历年平均值日数相当。盆地干热风灾害分布在每年 7 月下旬、8 月上旬,正值枸杞发育果实成熟期。近年来,盆地西南部干热风灾害的高温≥33 ℃的天数呈增加趋势,干热风发生的概率大大增加,小灶火 2000—2004 年的 5 年就发生 1 次重干热风灾害。

枸杞在老枝果熟期和新梢幼果期,高温、晴天、日照强烈和大的风速对枸杞产量有明显的负影响,而适当的降水、相对较高的湿度反而有助于枸杞产量的提高。表明枸杞易受干热风天气的不利影响。幼果生长期不耐高温,会缩短幼果生长时间,加速成熟,加重植株营养供应负担,果实变小,产量降低。降水量增大、湿度增大有助于缓解晴天、高温和大风对枸杞的不利影响,对产量有正影响。与高温相伴加速了夏果发育,延长了夏眠期,产量也会有所下降。

七、共和盆地产区气象条件分析

王倬等(2015)利用 2011 年沙珠玉地区枸杞生长发育观测资料以及同期气象观测资料,分析了不同生育时段各气象条件,对种植枸杞的气象要素进行了分析,并对沙珠玉地区和德令哈地区的气象条件进行对比。结果表明,枸杞整个生育期(4~9 月)≥0 ℃、≥5 ℃、≥10 ℃的积温分别达 2 255.0、2 225.2、1 859.3 ℃·d,分别占全年≥0 ℃、≥5 ℃、≥10 ℃积温的 89.8%、93.5%、96.3%,热量条件基本满足枸杞生长的需求;沙珠玉地区降水的变化规律与枸杞生长的需水规律一致,且雨热同季;枸杞生长期平均日照时数每天可达 8~9 h,光照条件满足枸杞生长;德令哈地区热量条件较沙珠玉地区好,沙珠玉地区降水量显著优于德令哈地区,沙珠玉地区日照时数较德令哈地区略显不足,沙珠玉地区气温日较差明显大于德令哈地区。

(一) 气象数据调研

气象资料取自共和县沙珠玉自动气象站 2010—2011 年逐日数据。枸杞发育期资料为 2011 年沙珠玉治沙站观测的枸杞种植试验地资料。

枸杞树在一年的生长过程中可分为生长期和休眠期,生长期包括萌芽期、展叶期、新梢生长期、现蕾期、开花期、果熟期、落叶期。

2011 年沙珠玉枸杞物候观测:沙珠玉地区枸杞萌芽期始于 4 月 26 日,5 月 18 日开始展叶,现蕾期为 6 月 15 日,开花始期在 6 月 24 日,果实成熟期在 8 月 23 日至 9 月 18 日,10 月 9 日为叶变色期。

(二) 枸杞不同生育时段气象条件分析

1. 冬眠期(上年 11 月至当年 3 月)·由表 7-11 可见,沙珠玉枸杞冬眠期平均气温为-6.8 ℃,以 1 月份最寒冷,其次是 12 月份。降水量在冬眠期仅为 11.4 mm,日照时数充足,为 718.8 h,平均相对湿度 31%,平均最高气温为 5.8 ℃,平均最低气温则为

表 7-11 2010 年 11 月至 2011 年 3 月沙珠玉地区枸杞冬眠期气象要素值

月份	平均气温 (℃)	降水量 (mm)	日照时数 (h)	相对湿度 (%)	平均最高 气温 (℃)	平均最低 气温 (℃)	≤0 ℃积温 (℃·日)
11	-4.7	2.3	246.8	33	7.0	-14.0	-141.9
12	-10.7	1.1	243.8	30	9.9	-20.3	-333.1
1	-11.7	1.3	230.7	31	-1.6	-20.1	-363.0
2	-4.4	2.0	219.5	31	6.7	-13.9	-122.4
3	-2.5	4.7	268.6	30	7.2	-11.1	-87.8
平均或合计	-6.8	11.4	718.8	31	5.8	-15.9	-1 048.2

−15.9 ℃,冬眠期≤0 ℃积温为−1 048.2 ℃·d。11 月份枸杞落叶进入冬眠期,如果降水量大、温度低则落叶快。上年 11 月至当年 3 月份枸杞处于冬眠期,生理活动微弱,各种因子影响不显著,但经过 1 月份的严寒后,枸杞末梢枝条保水性下降,2、3 月的刮风天气也易造成枝条抽干,会影响到 4 月份发枝。

2. 萌芽期·从表 7-12 可见,枸杞萌芽期平均气温达 8.1 ℃,降水量为 47.5 mm,日照时数为 445.3 h,相对湿度较冬眠期增大,为 43%;平均最高气温达 16.8 ℃,平均最低气温为 0 ℃,≥0 ℃积温为 406.0 ℃·d。进入 4 月上旬以后,枸杞树液开始流动,枝条表皮逐渐转绿,但此时期也是该地风沙天气频发的时期,在一定程度上加速了枸杞枝干的水分散失,会损伤新芽。如果此时期降水量增多,将有助于枸杞减少枝条抽干,对增加枸杞产量有利。

表 7-12　2011 年沙珠玉地区枸杞萌芽期气象要素值

时间	平均气温 (℃)	降水量 (mm)	日照时数 (h)	相对湿度 (%)	平均最高 气温（℃）	平均最低 气温（℃）	≤0 ℃积温 (℃·日)
4 月上旬	3.1	7.7	81.3	48	11.4	−4.2	30.0
4 月中旬	6.9	12.4	91.2	40	15.9	−1.6	69.0
4 月下旬	9.3	3.1	91.8	41	18.1	0	93.0
5 月上旬	11.3	18.2	94.2	37	20.0	3.0	113.0
5 月中旬	10.1	6.1	86.8	51	18.5	2.8	101.0

3. 展叶期·沙珠玉地区枸杞从 5 月下旬开始进入展叶期,展叶期间的平均气温为 11.3 ℃,降水量达 74.2 mm,日照时数为 213.4 h,相对湿度为 59%,平均最高气温达 19.5 ℃,平均最低气温为 6.1 ℃,≥0 ℃积温为 338.0 ℃·d(表 7-13)。5 月下旬的降水有利于枸杞新梢萌生,但 5 月下旬是沙珠玉春夏转型期,气温波动大,<0 ℃、<−2 ℃的最低气温出现频率分别为 5%和 3%,在一定程度上影响枸杞生长。但展叶期间的温度高、降水多有利于枸杞产量的增加。

表 7-13　2011 年沙珠玉地区枸杞展叶期气象要素值

时间	平均气温 (℃)	降水量 (mm)	日照时数 (h)	相对湿度 (%)	平均最高 气温（℃）	平均最低 气温（℃）	≤0 ℃积温 (℃·日)
5 月下旬	9.1	25.1	62.6	65	16.4	3.9	91.0
6 月上旬	12.7	22.0	80.5	53	20.3	6.1	127.0
6 月中旬	12.0	27.1	70.3	58	21.7	8.3	120.0
平均或合计	11.3	74.2	213.4	59	19.5	6.1	338.0

4. 开花期·6 月下旬至 8 月上旬是沙珠玉地区枸杞的开花期。由表 7-14 可见,枸杞开花期间的平均气温为 14.9 ℃,由于该时期逐渐进入雨季,降水量增多,降水量达 110.4 mm,日照时数为 405.7 h,相对湿度也增至 60%,平均最高气温为 23.4 ℃,平均最低气温为 7.7 ℃,≥0 ℃积温为 763.4 ℃·d。枸杞开花、幼果期需要相对较低的温度条件,以延长营养生长和生殖生长的时间,分化更多的花蕾,获得较高的产量。故该时期的温度条件非常适宜枸杞开花。

5. 果实成熟期·沙珠玉地区枸杞果实成熟期为 8 月中旬至 9 月中旬,其间平均气温为 13.0 ℃,降水量依然较多,为 110.5 mm,日照时数为 289.6 h,相对湿度为 67%,平均最高气温达 21.0 ℃,平均最低气温为 7.1 ℃,≥0 ℃积温为 534.1 ℃·d(表 7-15)。该时期如遇较高的温度、晴天、日照强烈,对增加枸杞产量有利。

表 7-14 2011 年沙珠玉地区枸杞开花期气象要素值

时间	平均气温 (℃)	降水量 (mm)	日照时数 (h)	相对湿度 (%)	平均最高 气温 (℃)	平均最低 气温 (℃)	≤0 ℃积温 (℃·日)
6 月下旬	14.2	67.0	77.8	62	22.1	8.0	142.0
7 月上旬	14.8	27.9	55.4	68	21.8	10.0	148.0
7 月中旬	14.0	6.6	86.6	61	21.9	6.5	140.0
7 月下旬	16.4	8.5	94.7	57	26.1	8.2	180.4
8 月上旬	15.3	0.4	91.2	52	25.0	5.7	153.0
平均或合计	14.9	110.4	405.7	60	23.4	7.7	763.4

表 7-15 2011 年沙珠玉地区枸杞果实成熟期气象要素值

时间	平均气温 (℃)	降水量 (mm)	日照时数 (h)	相对湿度 (%)	平均最高 气温 (℃)	平均最低 气温 (℃)	≤0 ℃积温 (℃·日)
8 月中旬	16.4	51.1	58.1	69	23.8	11.5	164.0
8 月下旬	13.1	4.6	104.4	61	23.1	4.9	144.1
9 月上旬	12.7	52.5	60.8	72	19.1	8.2	127.0
9 月中旬	9.9	2.3	66.3	65	18.1	3.7	99.0
平均或合计	13.0	110.5	289.6	67	21.0	7.1	534.1

(三) 沙珠玉地区种植枸杞的气象要素分析

1. 温度·沙珠玉地区年平均气温 2.4 ℃,年极端最高气温 33.7 ℃,年极端最低气温－33.5 ℃,枸杞具有一定的耐寒性,冬季休眠时期耐寒能力很强,在－41.5 ℃的绝对低温条件下能安全越冬,因此低温满足枸杞安全越冬的温度需求。从表 7-16 可知,沙珠玉地区最热月出现在 7、8 月,月平均气温为 15.0 ℃,气温有利于枸杞糖分和氨基酸的积累;最冷月出现在

1 月,平均气温为－11.7 ℃,年昼夜温差达 16.4 ℃,温差大,有利于枸杞碳水化合物及维生素的积累。

4 月份枸杞萌芽、长叶、新梢开始生长,此时沙珠玉地区的平均气温在 6.0 ℃以上,热量条件基本满足枸杞生长的需求;沙珠玉地区 5～9 月的平均气温达 13.5 ℃,尤其 7～8 月平均气温达 15.0 ℃以上,温度变化对枸杞产量和品质影响较大,温度较高有利于枸杞的成熟、采收和晾晒。

表 7-16 2011 年沙珠玉地区平均气象要素值

月份	平均气温 (℃)	降水量 (mm)	相对湿度 (%)	平均最高 气温 (℃)	平均最低 气温 (℃)	日较差 (℃)
1	－11.7	1.3	31	－1.6	－20.1	18.5
2	－4.4	2.0	31	6.7	－13.9	20.6
3	－2.5	4.7	30	7.2	－11.1	18.3
4	6.4	23.2	43	15.2	－2.0	17.2
5	10.2	49.4	51	18.3	3.1	15.2
6	14.0	116.1	58	21.3	7.4	13.9
7	15.0	45.8	62	23.1	8.2	14.9
8	15.1	56.9	61	24.1	7.5	16.6
9	10.9	57.4	67	17.9	5.5	12.4

从表7-17可以看出,沙珠玉地区全年≥0 ℃、≥5 ℃、≥10 ℃的积温分别达3 238.7、3 150.9、2 751.0 ℃·d以上,而枸杞整个生育期(4～9月)≥0 ℃、≥5 ℃、≥10 ℃的积温分别达2 255.0、2 225.2、1 859.3 ℃·日,分别占全年≥0 ℃、≥5 ℃、≥10 ℃积温的89.8%、93.5%、96.3%,热量资源特别丰富,积温有利于枸杞生长、矿物质及碳水化合物的形成,温度对枸杞的生长非常有利。

表7-17　2011年沙珠玉地区作物生长季和全年≥0 ℃、≥5 ℃、≥10 ℃积温

项目	全年积温(℃·日)	生长季	
		积温(℃·日)	所占百分比(%)
≥0 ℃积温	3 238.7	2 255.0	89.8
≥5 ℃积温	3 150.9	2 225.2	93.5
≥10 ℃积温	2 751.0	1 859.3	96.3

从表7-18可以看出,沙珠玉地区4月份出现<0 ℃、<-2 ℃、<-4 ℃、<-6 ℃低温的频率分别为19%、16%、9%、5%;5、9月份出现<0 ℃低温的频率分别为5%、3%,<-2 ℃低温的频率均为2%;6～8月不出现低温天气。5月份是沙珠玉地区霜冻危害时期,容易受到霜冻的侵袭,应加强枸杞田间管理工作。

表7-18　2010—2011年沙珠玉地区作物生长季期间<0 ℃低温出现频率

等级	4月	5月	6月	7月	8月	9月
<0 ℃	19	5	0	0	0	3
<-2 ℃	16	2	0	0	0	2
<-4 ℃	9	0	0	0	0	0
<-6 ℃	5	0	0	0	0	0

2. 降水·沙珠玉地区年降水量达326.9 mm,且降水时间集中在夏季,在枸杞整个生长期(4～9月)降水量为323.0 mm,占全年降水量的98.8%;枸杞生长后期(6～8月)沙珠玉降水量达到高峰值,该期降水量占全年降水量的68.7%;降水量最大值出现在6月份,降水量达116.1 mm,此时枸杞处在开花结果盛期,也是需水关键期,降水的时间分布对

枸杞的生长非常有利,9月份开始降水逐步减少。由此看出,沙珠玉地区降水的变化规律与枸杞生长的需水规律相一致,且雨热同季。据研究,灌溉条件下,如果枸杞全生育期降水量在100～170 mm,气象产量不受降水量的影响;降水量<100 mm,对枸杞产量有不利影响;当降水量达240～300 mm或以上,特别是夏果采摘期间,虽然生理上提高了产量,但因果实裂口黑果病严重,丰产不丰收。

3. 日照·沙珠玉地区年日照时数达2 925.8 h,日照百分率为67%。枸杞生长期(4～9月)日照时数为1 490.7 h,占全年日照时数的51.0%;枸杞生长后期(6～8月)沙珠玉日照时数为753.0 h,占年日照时数的25.7%。可见光照条件满足枸杞生长。枸杞生长期平均日照时数可达8～9 h/天,尤其在枸杞开花—成熟阶段(7～8月)日照需求关键期,该地区的日照时数平均9 h/天以上,有利于枸杞开花、结实进行光合作用。据研究,枸杞全生育期最适日照时数为1 640 h,日照不是限制枸杞产量的因素,低于1 500 h时,全生育期日数短积温少,使枸杞减产;高于1 800 h时,与高温相伴,加速了夏果发育,延长了夏眠期,产量也会有所下降。

4. 土壤质地·枸杞对土壤的适应性很强,在一般的土壤如沙壤土、轻壤土、中壤土或黏土中均可以生长。轻壤土透水性强,土质疏松,通气性好,更适应于枸杞生长。如果土壤沙性过强,也会使土壤保水能力下降,容易干旱,造成枸杞生长不良。沙珠玉地区土壤为栗钙土和风沙土,所以在沙珠玉地区种植枸杞,土壤肥力和土壤质地对枸杞种植有一定的有利条件。

(四)沙珠玉与德令哈地区种植枸杞的气象条件对比

1. 气温·从表7-19可以看出,除2、4月平均气温沙珠玉地区较德令哈地区分别偏高2.0、0.4 ℃外,其他月份平均气温沙珠玉地区均偏低于德令哈地区,其中1、3、5、6、7、8、9月分别偏低1.3 ℃、2.4 ℃、1.3 ℃、0.2 ℃、1.5 ℃、1.2 ℃、0.5 ℃。可见热量条件相比,德令哈地区较沙珠玉地区好。

2. 降水·由表7-19可见,1～3月沙珠玉地区明显少于德令哈地区,4～9月沙珠玉地区降水量明

显多于德令哈地区,4~9月沙珠玉地区降水量为348.8 mm,而德令哈地区为174.6 mm,两者相差174.2 mm,偏多49.9%。降水量而言,沙珠玉地区显著优于德令哈地区。

3. 日照时数·表7-19显示,1~3月日照时数两地基本一致,沙珠玉地区为714.1 h,德令哈地区为709.2 h,两者仅相差4.9 h。4~9月枸杞生长期,沙珠玉地区日照时数为1 490.7 h,德令哈地区为1 625.5 h,德令哈地区较沙珠玉地区偏多134.8 h,偏多8.3%,说明在枸杞生长期间沙珠玉地区日照

时数较德令哈地区略显不足,但能够满足枸杞生长发育的需求。

4. 气温日较差·从表7-25可看出,除9月两地气温日较差基本一致外,1~8月两地气温日较差以沙珠玉地区为大,差值在1.9~7.9℃,其中1~3月份差值分别为6.3℃、7.9℃、5.4℃,4~8月差值依次是2.7℃、2.2℃、1.9℃、3.0℃、4.4℃。可见,沙珠玉地区气温日较差明显大于德令哈地区,对于枸杞的碳水化合物及维生素的积累更加有利。

表7-19 2011年沙珠玉与德令哈两地各气象要素值

月份	气温（℃）		降水（mm）		日照时数（h）		气温日较差（℃）	
	沙珠玉	德令哈	沙珠玉	德令哈	沙珠玉	德令哈	沙珠玉	德令哈
1	−11.7	−10.4	1.3	6.4	234.0	225.8	18.5	12.2
2	−4.4	−6.4	2.0	3.4	224.8	225.5	20.6	12.7
3	−2.5	−0.1	4.7	6.9	255.3	257.9	18.3	12.2
4	6.4	6.0	23.2	6.6	258.8	274.1	17.2	14.5
5	10.2	11.5	49.4	20.1	261.8	292.3	15.2	13.0
6	14.0	14.2	116.1	36.7	245.6	259.3	13.9	12.0
7	15.0	16.5	45.8	58.4	249.7	268.8	14.9	11.9
8	15.1	16.3	56.9	29.4	257.7	274.5	16.6	12.2
9	10.9	11.4	57.4	23.4	217.1	256.5	12.4	12.1

总之,沙珠玉地区枸杞萌芽期始于4月26日,5月18日开始展叶,现蕾期为6月15日,开花始期在6月24日,果实成熟期在8月23日至9月18日,10月9日进入叶变色期。

分析2011年枸杞种植的试验发现,4月份枸杞萌芽、长叶、新梢开始生长,此时沙珠玉地区的平均气温在6.0℃以上,沙珠玉地区5~9月份的平均气温达13.5℃,尤其7~8月平均气温达15.0℃以上,沙珠玉地区全年≥0℃、≥5℃、≥10℃的积温分别达3 238.7、3 150.9、2 751.0℃·日,而枸杞整个生育期(4~9月)≥0℃、≥5℃、≥10℃的积温分别达2 255.0、2 225.2、1 859.3℃·d,分别占全年≥0℃、≥5℃、≥10℃积温的89.8%、93.5%、96.3%,热量条件基本满足枸杞生长的需求。

沙珠玉地区年降水量达326.9 mm,且降水时

间集中在夏季,在枸杞整个生长期(4~9月)降水量为323.0 mm,占全年降水量的98.8%;枸杞生长后期(6~8月)沙珠玉降水量达到高峰值,该期降水量占全年降水量的68.7%;降水量最大值出现在6月,降水量达116.1 mm,此时枸杞处在开花结果盛期,也是需水关键期,降水的时间分布对枸杞的生长非常有利,9月开始降水逐步减少。由此可见,沙珠玉地区降水的变化规律与枸杞生长的需水规律相一致,且雨热同季。

沙珠玉地区年日照时数达2 925.8 h,日照百分率为67%。枸杞生长期(4~9月)日照时数为1 490.7 h,占全年日照时数的51.0%;枸杞生长后期(6~8月)沙珠玉日照时数为753.0 h,占年日照时数的25.7%。可见光照条件满足枸杞生长。枸杞生长期平均日照时数可达8~9 h/天,尤其在枸杞开花—成熟阶段(7~8月)日照需求关键期,该地区

的日照时数平均 9 h/天以上,有利于枸杞开花、结实进行光合作用。

沙珠玉地区和德令哈地区相比,热量条件德令哈地区较沙珠玉地区好;降水量沙珠玉地区显著优于德令哈地区;日照时数较德令哈地区略显不足,但能满足枸杞生长发育的需求;气温日较差明显大于德令哈地区,对于枸杞的碳水化合物及维生素的积累更加有利。

第四节　柴达木枸杞生态因子分析

本节生态因子分析主要包括土壤、海拔、环境、水分、大气以及农药等人为因素的影响等。

一、柴达木枸杞土壤养分评价

(一) 土壤养分测定

李月梅等(2013)选择青海海西蒙古族藏族自治州的德令哈、都兰、格尔木和乌兰各枸杞主产区土壤类型和肥力具有代表性的种植园,采集耕层混合土壤样品,土壤样品均采用常规分析方法进行测定,测定指标主要包括:pH、有机质、全氮、全磷、全钾、碱解氮、速效磷、速效钾和全盐。

(二) 土壤养分分级标准

参照全国第二次土壤普查时的青海土壤养分分级标准及海西州土壤养分分级标准,将研究区域内的枸杞园土壤肥力各评价因子划分为 5 个等级(表7-20)。

表 7-20　枸杞园土壤肥力及障碍因子分级标准

等级	有机质 (g/kg)	碱解氮 (mg/kg)	速效磷 (mg/kg)	速效钾 (mg/kg)	全盐 (g/kg)	pH
极高	>30	>200	>40	>200	>50	>8.5
高	20~30	150~200	20~40	150~200	15~50	8~8.5
中	10~20	100~150	10~20	100~150	10~15	7.5~8
低	6~10	50~100	5~10	50~100	5~10	7~7.5
极低	<6	<50	<5	<50	<5	<7

(三) 土壤养分分析

表 7-21 为柴达木盆地 182 个具有代表性的枸杞种植区耕层养分含量状况。比较不同地点的养分含量可以看出,全地区枸杞园土壤有机质平均含量为 11.18 g/kg,其中乌兰有机质含量等级属高水平,平均含量大于 20 g/kg;其次为德令哈,为中等水平,平均含量为 12.76 g/kg;都兰和格尔木均处于低水平,平均含量不足 10 g/kg。全地区枸杞园土壤碱解氮平均含量为 157 mg/kg,乌兰、德令哈两地碱解氮含量均较高,为高水平区,平均含量分别为 199 mg/kg、196 mg/kg;格尔木为中等水平区,都兰碱解氮平均含量全地区最低,仅为 87 mg/kg。

比较不同地点速效磷含量发现,德令哈、都兰、格尔木和乌兰均属高水平,全地区速效磷含量平均为 23 mg/kg。分析速效钾含量表明,德令哈、乌兰土壤速效钾含量均处于极高水平,格尔木为高水平,都兰速效钾含量为全地区最低,仅为 121 mg/kg。柴达木盆地由于土壤母质的影响,为青海主要盐碱土分布区域。调查数据显示,全地区枸杞种植区土壤 pH 平均为 8.4,属高水平;土壤全盐含量平均为 6.22 g/kg,属低水平,样点间变异较大。综合分析结果表明,柴达木盆地枸杞种植区中乌兰土壤肥力水平最佳,其次为德令哈和格尔木,都兰县土壤肥力水平差。

表 7-21　柴达木盆地枸杞种植区耕层土壤养分及障碍因子状况分析

地点	样本数	有机质 (g/kg)	碱解氮 (mg/kg)	速效磷 (mg/kg)	速效钾 (mg/kg)	全盐 (g/kg)	pH
德令哈	81	12.76±7.32	199±205	23±27	220±112	7.26±8.403	8.24±0.27
都兰	54	7.31±4.73	87±103	21±25	121±108	3.34±11.20	8.57±0.42
格尔木	31	8.22±4.26	145±194	29±34	191±144	8.55±13.67	8.53±0.30
乌兰	16	21.93±8.01	96±35	25±27	265±80	5.60±10.92	8.31±0.30
全区域平均	182	11.18±7.51	157±191	23±28	189±123	6.22±10.62	8.40±0.36
第二次土壤普查数据		12.1	52	10	166	1～5	8.4

1. 土壤有机质 · 有机质是表征土壤肥力和土壤质量的重要指示因子。依据土壤有机质含量分级标准(表)将德令哈、都兰、格尔木和乌兰4个种植区的有机质进行分类。从图 7-3 可以看出,德令哈有机质含量介于低—中等水平的样点占绝大多数,占该地调查点总数的70.4%;有机质分布在高水平的样点数占 13.6%;处于极低水平的样点也有一定比例,占 12.3%。都兰有机质分布在极低水平的样点数比例偏大,占该地总样点数的 48.1%;在中等水平的样点数占 27.8%;低水平的样点数占 22.2%;高水平的样点数最少,仅占 1.9%;都兰有机质含量在极高水平的样点则没有分布。格尔木有机质含量全部在中等以下水平,其中居于低水平的样点分布最多,占该地总样点数的 41.9%;分布在极低水平和中等水平的样点比例均较大,都占 29%。乌兰大部分样点分布在高水平一级,占该地总样点数的 50.0%;其次为极高水平和中等水平,分别占 18.8% 和 18.7%;分布在低水平的样点数较少,占 12.5%。说明柴达木盆地 4 个枸杞种植区中土壤有机质分布不均衡,除乌兰土壤有机质较为丰富外,德令哈、格尔木和都兰在枸杞生产中应增施有机肥,以促进地力培肥,提高土壤生产力。

2. 碱解氮 · 第二次全国土壤普查时,柴达木盆地土壤碱解氮含量平均为 52 mg/kg。在此次调查中,碱解氮平均含量提升到 157 mg/kg。从(图 7-4)看出,德令哈碱解氮含量集中在极高水平,占该地调查点总数的 30.9%;分布在高、中、低和极低水平的样点数分别占 14.8%、17.3%、21.0% 和 16%。都兰碱解氮含量绝大部分分布在极低水平,占该地总样点数的 59.3%;其次为低水平和极高水平,均占 14.8%;中等水平和高水平的比例较低,均只占 5.6%。格尔木碱解氮含量亦有较大比例集在极低水平,占该地总样点数的 48.4%;其次为极高和低水平,分别占 22.6% 和 19.4%;分布在高水平和中等水平的样点较少,分别占 6.5% 和 3.2%。乌兰有 62.5% 的样点分布在低水平,其次为中等水平,占 25.0%,分布在高水平和极低水平的均占总样点数的 6.3%。说明 4 个枸杞种植区土壤碱解氮分布差异较大,德令哈土壤中作物可利用的氮素含量较为充足,生产中应适度控制氮素投入,在大水漫灌方式

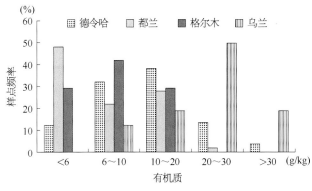

图 7-3　不同分级土壤有机质频率分布

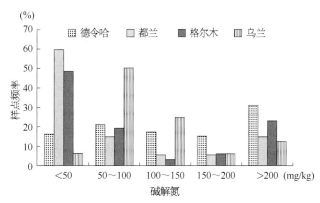

图 7-4　不同分级土壤碱解氮频率分布

下极易造成氮素淋失,造成环境污染;格尔木土壤氮素虽有一定贮量,但随着枸杞生长应补充适量氮素以满足植株生长需求;都兰和乌兰属土壤氮素极度缺乏地区,应随着生育期的推进适时适量增施氮素,消除枸杞生长的限制因子,提高枸杞产量。

3. 速效磷·土壤速效磷含量极易受到施肥水平影响而有所变化,第二次土壤普查时,柴达木盆地土壤速效磷含量平均为 10 mg/kg。在此次调查中,速效磷平均含量提升到 23 mg/kg(图 7-5)。除乌兰以外,格尔木、都兰和德令哈三地均有一定比例的样点土壤速效磷处于极低水平,其比例分别为 32.3%、25.9%、21.0%。德令哈土壤速效磷在极低~极高水平均有分布,其比例在 17.2%~24.7% 范围内变化。都兰则在极低—中等水平分布较为集中,其比例均大于 20%,而在高、极高水平分布相对较少,分别为 11.1% 和 16.7%。乌兰土壤速效磷集中分布在中等—低水平,占总量的 62.5%,其次为高水平,占 25.0%,极高水平也有一定分布,占 12.5%。格尔木速效磷极低水平和极高水平均占有相当比例,等级分布极不均衡。说明在柴达木盆地磷肥过量与缺乏现象同时存在,磷肥施用时应根据土壤测试结果合理施肥,速效磷含量在高水平以上的,须控制磷肥用量;处于中等以下水平的,应据枸杞需肥特性施用磷肥。当地土壤多属石灰性土壤,易产生磷素固定,施用时宜结合滴灌系统少量多次施用,以提高磷肥利用效率。

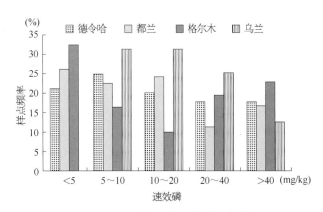

图 7-5　不同分级土壤速效磷频率分布

4. 速效钾·由于受柴达木盆地成土母质中含钾矿物的影响,盆地农业土壤多富含钾素,速效钾平均含量 166 mg/kg,在生产中几乎不施用钾肥。由

此次调查结果(图 7-6)可知,德令哈土壤速效钾集中分布在极高水平和高水平,分别占该地总样点数的 50.6% 和 25.9%,中、低水平有少量分布,无极低水平样点分布。都兰土壤速效钾在各水平均有不同程度分布,其中在低—中等水平分布较为集中,其比例分别为 29.6% 和 25.9%。格尔木速效钾主要分布于低、高、极高水平,其所占比例均在 25% 以上。乌兰土壤速效钾全部分布在中等—极高水平,其中极高水平占 75.0%。与第二次土壤普查相比,仅有都兰土壤中速效钾呈下降趋势,德令哈、乌兰和格尔木呈增加态势。

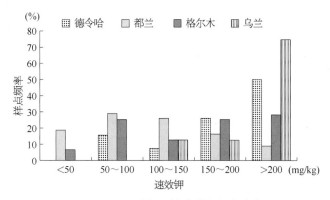

图 7-6　不同分级土壤速效钾频率分布

5. 盐分·在特定的干旱气候条件下,土壤受母质、地形、水文地质等条件的综合影响,柴达木盆地土壤普遍含有易溶性盐类,与自然土壤相比,农业土壤盐分含量较低,但在局部地区仍成为影响作物生长的限制因子。由(图 7-7)可知,德令哈、都兰、格尔木和乌兰 4 个枸杞种植区全盐含量集中分布在极低水平,其占各地区总点数的比例分别为 61.7%、94.4%、74.2% 和 81.3%。但仍有相当比例的样点盐分水平较高,其中德令哈和格尔木分别有 16% 左右的样点分布在高水平,乌兰有 6.3% 的样点分布在高水平。此次调查中盐分含量最高值出现在都兰,为 79 g/kg,格尔木盐分最高值为 51 g/kg,乌兰和德令哈则分别为 42 g/kg 和 38 g/kg。黄震华等和王强等的研究均表明,枸杞生长受土壤含盐量的影响明显,含盐量小于 7 g/kg 范围内,枸杞可正常生长发育;但在 9~12 g/kg 范围内,枸杞生物产量呈急剧下降趋势,当土壤含盐量≥9 g/kg 时,枸杞生长将会受到严重的抑制或导致死亡。此次调查中柴达木盆地 16.3% 的样点盐分超过 9 g/kg 的临界值,

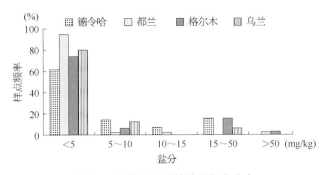

图 7-7　不同分级土壤盐分频率分布

不利于枸杞生长。

6. pH·本项目采集和测定的 184 个土样的 pH 变幅为 7.6～9.6,平均 pH 为 8.4。按划分标准,柴达木盆地 pH 主要分布在中等、高、极高 3 个水平,分别占总样点数的 15.3％、46.7％和 38.0％。其中德令哈 63.8％的样点分布在高水平,18.8％的样点分布在极高水平;都兰达到极高水平的样点数占 57.4％,其次为高水平的样点比例为 31.5％;格尔木达到极高水平的样点数占 58.1％,其次为高水平的样点比例为 38.7％;乌兰分布于高水平的 pH 样点数占 50.0％,极高水平的样点数占 37.5％(详见图 7-8)。说明目前柴达木区土壤呈碱性反应,部分土壤甚至呈强碱性反应。枸杞具有一定的耐盐碱能力,在 pH 8.5～9.5 的灰钙土和荒漠土上也能正常生长发育,但土壤酸碱度过大会对养分有效性产生影响,枸杞施肥时应注意采用生理酸性肥料,以免加剧土壤碱化趋势。

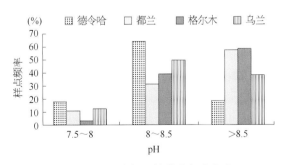

图 7-8　不同分级土壤盐分频率分布

7. 各产区土壤情况评价·通过比较不同养分指标分级状况和样点频率分布可知,乌兰县各养分

指标均较为丰富,枸杞施肥时应注重肥料平衡施用,灌溉时监测土壤盐分动态,防止土壤次生盐渍化;德令哈市枸杞园土壤有机质多属中等偏下水平,生产中应增施有机肥,以提高土壤有机质含量,部分枸杞园土壤中盐分含量较高,应监测灌溉前后盐分变化趋势;格尔木土壤中有机质全部处于中等偏下水平,大部分枸杞中有效氮素较低,其盐分含量为该区域最高,严重影响枸杞生长发育,生产中应增施有机肥和氮肥,合理灌溉以减轻盐分危害;都兰县除速效磷外其他养分指标均处于低水平,唯有盐分含量全区最低,枸杞园生产中应增施有机、无机肥,提高土壤有效态养分库储量。综合分析柴达木盆地枸杞园各养分指标及限制因子后认为,乌兰县和德令哈土壤肥力水平较佳,格尔木市和都兰县土壤肥力水平相对较差。

二、海拔对枸杞影响分析

高海拔、低温、长日照有益于枸杞质量。海拔对枸杞果实质量、大小、籽占果实比例及多糖含量的影响均较明显,百粒质量、果实纵径及枸杞多糖随着产地海拔高度的升高而增大,籽占果实比例在一定程度上随着海拔高度的升高而减小。

枸杞百粒质量与海拔高度和年日照时数呈正相关,枸杞果实纵径同样与海拔高度呈正相关,说明海拔对枸杞品质影响相对较大。在一定范围内,海拔越高的产区,百粒质量越重,果粒越大,多糖含量越高,品质越好。

三、人为因子对枸杞栽培影响

柴达木枸杞地处"四大超净区"之一的青藏高原腹地,光照时间在 2 530～3 200 h,年太阳辐射达 660～725 J/cm²,温度差、降水少、病虫害发生相对其他产区较轻。且产区远离工厂矿区,大气、水源和土壤污染相对较轻,非常适应于绿色、有机枸杞生产。近年有机枸杞种植面积和产量大,列全国首位,为柴达木枸杞品牌创优提供了有力支撑。但目前也存在少量的不规范使用农药、化肥、非法添加的人为影响因素。

第五节 柴达木枸杞风险评估

枸杞安全风险点存在于资源环境、种植环节和加工贮运环节,具体可以细分为土壤重金属质量、灌溉水重金属、种苗、肥料农药污染及加工环节污染等,种植环节和加工环节如果出现污染问题,是可以调整改良,是可逆的。在资源环境条件中,尤其是土壤重金属,如果出现超标,则难修复甚至是不可逆的,将直接影响到产品质量安全,使产品质量信息系统建立失去价值,是安全风险评估的重点。同时,由于种植环节的农药、肥料、灌溉水等农田施入物对土壤重金属的影响,以及灌溉水淋漓、农田干物质产出等因素也存在影响,所以对土壤重金属质量状态要动态认识,也是安全风险评估的难点。

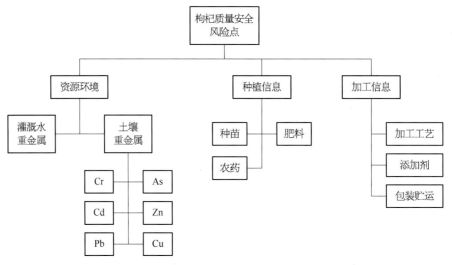

图 7-9 枸杞质量安全风险点

一、土壤 As 检测与评价

(一)土壤砷(As)对柴达木枸杞质量影响评价及环境风险预测

肖明等(2014)选择柴达木盆地诺木洪农场 3 种类型农田进行 20 cm 表层土壤砷(As)含量检测。第 1 种为新开垦原生地,第 2 种为 20 年耕种地,第 3 种为 50 年耕种地,检测 As 含量分别为 16.29 mg/kg、14.90 mg/kg、14.04 mg/kg。3 种土壤 As 含量均达到无公害食品标准(25 mg/kg)和绿色食品标准(20 mg/kg)。多年耕种并没有造成农田表层土壤 As 积累。农田灌溉用河水中未检出 As。生产中使用的 22 种农药、肥料均检测到 As,其中 15 种杀虫剂、杀真菌剂、除草剂、植物激素等,每年输入土壤 As 4 513.59 mg/hm²,7 种肥料每年输入土壤 As 258 015.24 mg/hm²。施肥是土壤中 As 输入的重要来源,最主要的输入源是磷酸二铵,占到 50%;其次为复合肥、鸡粪和有机肥。每年随作物输出 As 总量为 4 380 mg/hm²。模拟田间灌溉,进行土壤柱淋漓试验,农田 20 cm 表层土壤每年随灌溉淋漓输出 As 为 245 230.65 mg/hm²,这与随着肥料、农药输入量几乎相等。表层土壤 As 处在一个输入、输出相对稳定的动态平衡状态。从土壤中输出的 As,随灌溉水输入到水系统中,继而造成水系统 As 的积累,最终将影响到地区农业的可持续发展。

柴达木盆地枸杞种植面积已近 2 万 hm²,是我国出口有机枸杞的重要基地。为了更好地维护和保障枸杞种植这一地区优势产业的可持续发展,当地政府提出了发展绿色枸杞、有机枸杞的产业目标。在这目标下,资源环境条件是否达到要求,以及保护性利用资源环境,是实现这一目标的先决条件。认识绿洲农业重金属的迁移富集规律,尤其认识肥料、农药以及灌溉用地下水携带 As 进入农业生态系统乃至食物链的规律,能够为地区 As 影响下的农产品质量安全评价、生态环境风险预测及农业可持续生产影响奠定研究基础。

肖明等(2014)采集的土壤样品,挑除其中的石块、草根及其他植物残体,在通风处自然风干,磨细,过 100 目筛。电感耦合等离子体发射光谱法进行 As 全量检测,实验分 5 部分进行:

(1)土壤 As 含量统计、空间分布分析及质量评价。

(2)灌溉水、农药、肥料每年带入土壤 As 量统计。

(3)每年土壤 As 输出量估算。

(4)土壤 20 cm 表层每年输入、输出量差。

(5)土壤中 As 对枸杞质量影响评价。

实验结论为:

柴达木盆地诺木洪农场原生地表层土壤 As 含量平均值低于无公害标准和绿色标准限值,原生土壤质量清洁,As 含量达到安全水平。20 年耕种地和 50 年耕种地表层土壤 As 含量平均值低于无公害标准和绿色标准限值,质量安全。原生地表层土壤 As 含量分布在土壤背景值的 0~225.6% 之间,处在一个比较宽且不均匀的分布状态,而且有一定数量的超标样点;20 年地和 50 年地表层土壤 As 含量分布分别处在土壤背景值的 107.1%~146.2%、98.5%~156.8% 之间,分布明显比原生地变窄,趋于均匀,没有超标样点。将 2 块多年种植地与原生地比较,土壤 As 分布趋于均匀,同时并没有呈现积累,说明经过多年耕种,土壤 As 含量在变化,但这种变化处在一种输出、输入相对平衡的状态。

该地区主要灌溉水源诺木洪河水没有检测到 As,说明灌溉不是农田土壤 As 的输入路径。在枸杞种植业中,每年有大约 263 g/hm² 重金属 As 随肥料、农药输入到农田土壤中,其中所有农药携带量不到 1%,99% 是由肥料携带的,可以看出农艺措施中施肥是农田 As 的主要输入途径,这与前人研究的城区土壤污染途径有很大不同,与城郊污染途径相一致。由于荒漠盆地气候和沙壤土质地,诺木洪农场农田灌溉水量很大,导致土壤 As 随水淋溶量

很大,经模拟估算,每年有约 245 g/hm As 随水输出土壤,再加上随作物产出的输出部分,每年有约 250 g/hm As 从表层土壤中输出,与肥料输入量相当。农田表层土壤 As 含量处在一个输入、输出相对稳定的动态平衡状态,从而可以解释诺木洪农场农田经过 20 年、50 年大肥大水耕作后,土壤 As 没有增加,反而由原来的不均匀分布趋于均匀分布状态,甚至有所减少。

现阶段,虽然农事活动并没有造成诺木洪农场农田表层土壤的 As 积累,但整个地区生态系统 As 的输入是绝对的。由于作物产品带出的 As 量非常小,不足以与输入量相平衡,所以整个地区生态系统仍然处在 As 的输入远大于输出的不平衡状态,表层土壤的 As 含量动态平衡只是局部的、阶段性平衡。诺木洪农场随肥料输入到土壤的 As,其相当数量最终进入到水系统中。值得注意的是,这几年随着地区枸杞种植业的发展,该地区又有大面积荒漠土地被开垦为农田,依靠诺木洪河灌溉用水已经不足。打机井利用地下水已经成为该地区另一种灌溉水源,由地下水中固有的 As 含量以及农业造成的水系统 As 积累问题,将最终威胁到该地区农业的可持续发展。

柴达木盆地诺木洪农场原生土壤 As 平均含量处在一个清洁水平,生产的枸杞 As 质量安全。在枸杞种植农艺灌溉、肥料、农药影响下,农田土壤 As 含量处在一个输入、输出量相对一致的动态平衡状态,农田土壤没有 As 积累,生产的枸杞 As 质量安全。现阶段,虽然农事活动并没有造成诺木洪农场农田表层土壤的 As 积累,但整个地区生态系统 As 的输入是绝对的,其相当数量最终进入到水系统中,造成水系统 As 积累。水系统的 As 积累问题,将最终威胁到该地区农业的可持续发展。

(二)灌溉对枸杞田土壤砷空间变异及评价

肖明等(2014)研究灌溉农业对土壤砷的影响因素及影响程度,在枸杞种植前及后 1~3 年内,定点检测土壤表层(0~20 cm)砷含量,研究其含量及分布变化,并对变化原因和结果进行分析评价。结果表明,原生地土壤砷质量分数为 0~26.4 mg/kg,变异系数为 0.47,有 45.5% 的样点超过绿色标准

（≤20 mg/kg）。种植1～3年后与原生地比较，表层土壤砷含量最低值增加，最高值降低，平均质量分数为15.50～15.88 mg/kg，随着种植年限增加趋于稳定，样点超过绿色标准率呈下降趋势。GIS空间分布图显示，原生地土壤砷含量高点出现在研究区西北端，低点出现在东南端，整体分布有多层次落差。随着种植年限的增加，原生地的最高和最低分布区域逐渐消失，空间分布层次落差范围逐渐缩小，但仍然保留着原生土壤西北端高、东南端低的固有分布特征。调查统计枸杞种植期间每年有约250 g/hm²土壤砷净输入，然而其实际测定的平均值并没有增加，说明存在其他路径的输出如砷的向下迁移。

分析原因，研究区能够影响As的农艺措施包括施肥、喷药、耕翻以及灌溉。其中施肥方法是土壤表层20 cm穴施，农药施用方法是喷施。施肥、施药只会带来地表土壤As的增加，并不影响其迁移；生产管理中，由于枸杞是多年生灌木，初期定苗后就不再有大的翻耕，每年只有1～2次中耕，深度8 cm左右，肖明（2014）研究采样点之间间距为100 m×50 m，中耕带来的地表土壤As纵向、横向迁移影响可以忽略不计。参考HollyAM、何薪的研究，在干旱、高pH地区，灌溉创造的水环境条件会促进土壤中矿物解吸、溶解As，从而释放As到地下水中。诺木洪地区属于干旱、高pH土壤环境，原生土地开垦为绿洲农业后，一年中有8～10次大水灌溉会阶段性创造农田土壤的水环境，从而促进了农田土壤As的解吸、迁移。

柴达木枸杞田土壤As评价：

（1）柴达木盆地诺木洪农场一块新开荒田地，从开荒到种植枸杞1～3年间，土壤As平均质量分数在15.50～16.29 mg/kg之间，低于绿色食品标准，其中部分样点超标，说明局部地块达不到绿色标准。

（2）柴达木灌溉农业影响着农田土壤As的含量和分布状态，影响的结果是表层土壤As保持了输入、输出的相对平衡，平均含量稳定；影响的另个结果是导致了土壤As空间分布的明显变化，突出表现在表层土壤As含量范围最低值增加，最高值降低，极差缩小，离散度减小，空间分布向均值方向发展。

（3）绿洲灌溉农业为诺木洪农田土壤带来了As的净输入，但并没有在农田表层土壤造成As积累，说明土壤As存在其他的输出途径，就这部分As的去向，有必要进行深入研究。

二、土壤重金属检测与风险评估

王奂仑（2018）分析评价青海枸杞种植区土壤重金属富集状况及潜在环境风险，采集青海红枸杞无公害种植区的表层土壤，用电感耦合等离子光谱-质谱法测定重金属元素Cd、Cr、Hg、Pb、As的含量，用单因子污染指数法和Hakanson潜在生态危害指数法分析土壤质量现状及潜在环境风险。

随着枸杞种植集约化进程的快速发展，农业活动对种植土壤环境质量的影响越来越大，在种植过程中农药、化肥的长期施用易使土壤环境重金属污染风险增加。土壤重金属具有潜在性、长期性和不可逆性等特点，重金属不仅会影响土壤的环境质量，还会降低农作物的产量和农产品质量安全，甚至威胁生态系统和人类的健康。目前，关于枸杞的研究大多聚焦于不同种植地区间果实重金属含量的比较研究等方面，而有关青海枸杞土壤重金属方面的研究报道较少。青海是我国绿色枸杞主要产地之一，处于枸杞产业发展的初级阶段，适时对土壤质量做出合理的评价和进行潜在风险评估，及时掌握土壤环境质量状况，可为枸杞种植耕地资源的保护、产业提质增效和进一步推动绿色生产提供现实可靠的技术支撑，王奂仑以青海枸杞主产区土壤为背景，分析种植土壤中镉、铬、汞、铅、砷5种重金属的含量水平及富集程度，分析枸杞农田土壤重金属污染现状和潜在环境风险水平，为青海无公害枸杞的生产、新型农田区域模式的建设及土地资源的高效利用提供理论参考。

本研究总体情况评估：

对青海枸杞种植土壤50份样品中5种元素进行含量分析表明，Cd、Hg和Pb 3种元素的含量值略高于土壤自然背景值，Cd、Hg、As和Pb元素在该区域表层土壤中有一定的累积；Hg元素属于中等强度变异，具有较强的空间变异性且受外界干扰影响较大；其余4种元素相对不易受外界环境影响，且空间变异不明显；Cr元素在土壤中积累较少。4个样区土壤样品中Cr、Hg、As元素间含量差异不显著，都兰土壤样品Cd、Pb元素的含量显著低于其他样区。实测值与绿色食品产地环境质量标准二级限量值进行比较,所有样品中元素含量值均低于标准限量值,4个样区种植土壤质量处于安全水平。

土壤样品各元素污染指数大小依次为Cd>As>Pb>Cr>Hg,其中Cd的单项污染指数呈轻度污染,As元素属警戒级别,属其余3种元素均属安全级别。重金属污染物潜在环境风险指数表明,Cd、Hg和Pb元素属中等污染水平,且为主要生态风险因子,产地环境总体处于轻微风险水平,由此判定样区土壤尚未受到影响。

土壤中重金属主要来自含重金属的灌溉水、农用化学物质、有机肥料、磷肥等的大量施用以及大气污染颗粒的沉降等。以往研究中对土壤重金属的评价主要集中在蔬菜和农作物,对于枸杞土壤研究鲜少。王奂仑(2018)研究表明,区域内种植土壤主要受人为活动干扰为主,农资投入品的使用是影响土壤重金属富集的重要原因;调查发现枸杞种植生产过程中普遍存在大量施肥现象,不同产区田间管理模式差异较大,导致个别样品重金属Cd含量值超出限量标准值。

三、农药残留(人为因子)风险评估

乔浩(2017)对采自柴达木地区的枸杞进行农药残留检测,用%ADI和%ARfD进行农药残留慢性膳食摄入风险评估和急性膳食摄入风险评估,借鉴英国兽药残留委员会兽药残留风险排序矩阵进行农药和样品风险排序。结果显示,150个样品中有96个样品检测出了农药残留,检出了27种农药,其慢性膳食摄入风险和急性膳食摄入风险均很低。根据农药残留风险得分,检出的27种农药可分为3类,即高风险农药1种、中风险农药10种、低风险农药16种。据风险指数排序结果,150个枸杞样品均为低或极低风险。结果表明,柴达木地区枸杞农药残留检出率为64%,哒螨灵超标率最高达到了9.3%。柴达木地区枸杞农药残留慢性膳食摄入风险和急性膳食摄入风险均很低。柴达木枸杞应重点关注哒螨灵和毒死蜱农药残留。枸杞是病虫害种类较多、发生较为严重的作物之一,严重的病虫害所引发的枸杞品质、安全与生产之间的矛盾突出,不仅影响枸杞的出口品质,还事关青海的经济效益,如何确保枸杞产业的健康快速发展成为亟待解决的问题。

乔浩(2017)采集的枸杞干样均来源于柴达木地区,大部分采样于一些规模较大的企业或者农户,还有一小部分来源于零散农户,采样点均匀、分散。所采集的样品均经过烘干处理及消毒、灭菌等过程,这些因素均会影响农药的最终残留水平,因此市场销售的枸杞中农药残留水平会更低,安全水平更高。

在风险排序中,由于我国浆果类水果中的农药最大残留限量标准不够完善,因此采用欧盟制定的浆果类农药最大残留限量标准,此标准还没有具体应用到枸杞这种特有水果,仅将它归于小型浆果类。关于枸杞中农药残留最大限量标准我国国标只涉及吡虫啉和氯氰菊酯两种农药,行业标准涉及多菌灵等15种农药的最大残留限量。枸杞不仅作为我国特有高原生物资源,而且是青海重点发展的十大特色支柱产业之一,相关农业部门应尽快制定特色农产品农药残留最大限量标准,特别是小宗作物品种最大限量标准的制定,以促进我国枸杞产业的健康可持续发展。

虽然采集的柴达木地区枸杞农药多菌灵、哒螨灵、吡虫啉样品部分超标,但经过膳食风险评估和枸杞的后处理,消费者在使用这些枸杞干果后不会有危险,可放心食用。

评估结论:在检测的150个柴达木地区枸杞样品中,96个样品检出27种农药残留,占比为64%。有32个样品个别农药残留超过国家限定的小型浆果类的农药残留限量值,其中哒螨灵超标样品数最高为14个,达到9.3%;柴达木地区枸杞的慢性膳食摄入风险均很低,为0~0.156%,平均仅为0.02%,远小于100%;急性膳食摄入风险评估中,除了克螨特、螺螨酯、哒螨灵、乙螨唑、四螨嗪、己唑醇、灭幼脲、溴螨酯、氯菊酯、五氯硝基苯、乙烯菌核利等11种农药无法计算外,多菌灵、烯酰吗啉、三唑酮、三唑醇、毒死蜱、氟硅唑、丙环唑、噻虫嗪、腈菌唑、二甲戊灵、啶虫脒、吡虫啉、双甲脒、虫螨腈、氯氰菊酯、苯醚甲环唑等16种农药的膳食摄入风险为0.0038%~3.7136%,平均值为0.9776%,远小于100%,说明多菌灵等16种农药的急性膳食摄入风险是完全可以接受的;以农药残留风险得分对检出的多菌灵等27种农药进行风险排序后,毒死蜱的农药残留风险最高,应重点关注。以风险指数法对150个枸杞样品进行风险排序,风险低的样品占2%,极低风险样品占到了98%。

第六节　柴达木枸杞气候品质

王紫文（2018）采用诺木洪气象资料和农气资料，对位于柴达木盆地腹地都兰县诺木洪镇的枸杞开展气候品质认证研究。确定光照、气温、降水等气象要素以及田间管理、农田环境、受灾情况等对枸杞品质优劣影响的评判指标，并运用模糊矩阵法建立基于气象要素和枸杞生育期的因素集、评判集、权重集和关系矩阵，将枸杞气候品质认证结果划分为特优、优、良、一般4个等级。并认证2017年5月至7月的第一茬枸杞品质为特优。开展青海柴达木枸杞气候品质认证，不仅可以促进气象为三农服务更精细化、科学化，为枸杞产业发展提供气象服务支撑，还可为青海柴达木枸杞赋予更具特色的地域属性与道地属性。

一、枸杞气候品质评价方法

（一）农业气象资料

本次认证使用的气象资料有：1981年1月1日至2017年7月31日，诺木洪气象站逐日气象数据；2011—2017年枸杞农业气象资料。

（二）评判方法

利用模糊综合评判法分析枸杞气候品质认证情况。模糊理论的研究最早始于模糊（逻辑）数学，模糊数学（或称模糊集合与系统）是美国科学家LAZadeh于1965年提出的，它是一门定量描述、处理模糊性问题的理论和方法的学科。模糊综合评断主要有：

（1）建立因素集。

（2）建立评判集。

（3）建立权重集。

（4）建立因素集与评判集的模糊关系矩阵。

（5）模糊综合评判。

1. 建立因素集．设与被评价事物相关的因素有n个，记作$U = \{u_1, u_2, \cdots, u_n\}$，称$U$为因素集，其中$u_i(i = 1, 2, \cdots, n)$，代表评价因素。

2. 建立评判集．$V = \{V_1, V_2, \cdots, V_n\}$，评判集是由评判因素得到相应评价所组成的集合，其中$V_j(j = 1, 2, \cdots, m)$代表评判结果。

3. 建立权重集．各因素对事物的影响程度不同，从而用权重来衡量各因素的重要程度。$A = \{a_1, a_2, \cdots, a_n\}$并对各系数量纲进行归一化处理。

4. 建立因素集与评判集的模糊关系矩阵．对每一个因素建立评判集，构成因素集与评判集之间模糊关系矩阵R，常表示为：

$$R = \begin{Bmatrix} r_{11} & r_{12} & \cdots & r_{1m} \\ r_{21} & r_{22} & \cdots & r_{2m} \\ \cdots & \cdots & \vdots & \cdots \\ r_{n1} & r_{n2} & \cdots & r_{nm} \end{Bmatrix}$$

5. 模糊综合评判

$$B = A \cdot R = \{a_1, a_2, \cdots, a_n\} \begin{Bmatrix} r_{11} & r_{12} & \cdots & r_{1m} \\ r_{21} & r_{22} & \cdots & r_{2m} \\ \cdots & \cdots & \vdots & \cdots \\ r_{n1} & r_{n2} & \cdots & r_{nm} \end{Bmatrix}$$

$$= \{b_1, b_2, \cdots, b_m\}$$

其中，b_i为第i中评判在评判总体中所占的地位。最后根据隶属度最大原则做出综合评判。

二、诺木洪枸杞气候品质认证

（一）确定因素集

根据诺木洪枸杞生育期特性，第一茬分为5个生育阶段。$U = \{u_1, u_2, u_3, u_4, u_5\}$，其中，$u_1$为芽开放期（5月上旬）至展叶期（5月中旬），$u_2$为展叶期至老眼枝开花期（6月上旬），$u_3$为老眼枝开花期至老眼枝果实形成期（6月下旬），$u_4$为老眼枝果实形成期至果实成熟期（7月下旬），$u_5$为第一茬全生育期（5月上旬至7月下旬）。

（二）确定评判集

依据气象条件、管理方式与周围环境对枸杞的品质影响优劣程度，将其划分为特优、优、良、一般4

个等级。即：$V = \{v_1, v_2, v_3, v_4\}$。

（三）单因素评判

影响枸杞的气象元素主要考虑为：气温（T）、日照时数（S）、气温日较差（Tr）、$\geqslant 7\,℃$有效积温（T_7）、$20\sim 40\,cm$地温（D）、开花期、果实形成期至成熟期增加最大风速（V_m）、早霜冻出现日数（DM）、日降水量大于 2 mm 日数（DR）、日最高气温大于 $32\,℃$日数（DT）、果实形成期至成熟期增加干热风（DHW）。其他因素主要考虑：田间管理（M）和环境因素（E）。

1. 平均气温适宜度分析·以评估年各生育时期离气候态偏离状态的情况进行等级划分。气候态为 1981—2010 年气候资料。各生育期的时段为 2011—2016 年平均生育期时段。

诺木洪正常年份气温能满足枸杞各发育阶段的生长需求,建立平均气温适宜度:

特优：$0.9T_0 \leqslant T \leqslant 1.1T_0$。

优：$0.8T_0 \leqslant T < 0.9T_0$ 或 $1.1T_0 < T \leqslant 1.2T_0$。

良：$0.7T_0 \leqslant T < 0.8T_0$ 或 $1.2T_0 < T \leqslant 1.3T_0$。

一般：$T < 0.7T_0$ 或 $T > 1.3T_0$。

其中：T 为评估年某生育阶段的平均气温（℃）；T_0 为该生育阶段对应的平均气温气候态（℃）。

2. 日照时数适宜度分析·太阳辐射强,日照时间长是诺木洪地区的最主要气候特点。诺木洪正常年份的日照时数能满足枸杞各发育阶段的生长发育需求,且长日照有利于枸杞进行光合作用,对枸杞果实着色等生理过程非常有益,建立日照时数适宜度:

特优：$S \geqslant 0.9S_0$。

优：$0.8S_0 \leqslant S < 0.9S_0$。

良：$0.7S_0 \leqslant S < 0.8S_0$。

一般：$S < 0.7S_0$。

其中：S 为评估年某生育阶段的日照时数（h）；S_0 为该生育阶段对应的日照时数气候态（h）。

3. 气温日较差适宜度分析

诺木洪地处大陆深处的沙漠戈壁,气候干燥,气温日较差大,这种气候特点有利于枸杞干物质累积,对其口味影响较大。诺木洪正常年份枸杞各发育阶段的日较差能满足其生长发育,也造就了该地区枸

杞口味香甜。

建立气温日较差适宜度:

特优：$Tr \geqslant 0.9Tr_0$。

优：$0.8Tr_0 \leqslant Tr < 0.9Tr_0$。

良：$0.7Tr_0 \leqslant Tr < 0.8Tr_0$。

一般：$Tr < 0.7Tr_0$。

其中：Tr 为评估年某生育阶段的平均气温日较差（℃）；Tr_0 为该生育阶段对应的平均气温日较差气候态（℃）。

4. $\geqslant 7\,℃$有效积温适宜性分析·诺木洪正常年份$\geqslant 7\,℃$有效积温基本能满足枸杞各发育阶段的生长需求,且较高的有效积温利于枸杞延长生长期,对枸杞干物质累积和作花作果有利。

建立$\geqslant 7\,℃$有效积温适宜度:

特优：$T_7 \geqslant 0.9T_{70}$。

优：$0.8Tr_0 \leqslant T_7 < 0.9T_{70}$。

良：$0.7Tr_0 \leqslant T_7 < 0.8T_{70}$。

一般：$T_7 < 0.7T_{70}$。

其中：T_7 为评估年某生育阶段$\geqslant 7\,℃$有效积温（℃·天）；T_{70} 为该生育阶段对应的$\geqslant 7\,℃$有效积温气候态（℃·天）。

5. $20\sim 40\,cm$地温适宜性分析·诺木洪正常年份$20\sim 40\,cm$地温基本能满足枸杞各发育阶段的生长需求,且较高的地温有利于延长枸杞生长期,对枸杞生长发育有利,但过高的地温容易引起严重的病虫灾害。

建立 $20\sim 40\,cm$ 地温适宜度:

特优：$0.9D_0 \leqslant D \leqslant 1.1D_0$。

优：$0.8D_0 \leqslant D < 0.9D_0$ 或 $1.1D_0 < D \leqslant 1.2D_0$。

良：$0.7D_0 \leqslant D < 0.8D_0$ 或 $1.2D_0 < D \leqslant 1.3D_0$。

一般：$D < 0.7D_0$ 或 $1.3D_0 < D$。

其中：D 为评估年某生育阶段的 $20\sim 40\,cm$ 平均地温（℃）；D_0 为该生育阶段对应的 $20\sim 40\,cm$ 平均地温气候态（℃）。

6. 最大风速适宜度分析·开花期,果实形成期至成熟期,大风天气易造成花果脱落,果实品相受影响。分析诺木洪正常年份开花期—果实形成期—果实成熟期内平均日最高风速,以此为基准,将各阶段内的风速极大值与其对比,建立最大风速适宜度:

特优：$V \leqslant V_0$。

优：$V_0 < V \leqslant 1.1 V_0$。

良：$1.1 V_0 < V \leqslant 1.2 V_0$。

一般：$1.2 V_0 < V \leqslant 1.3 V_0$。

其中：V 为评估年某生育阶段内的风速极大值（m/s）；V_0 为该生育阶段内平均日最高风速（m/s）。

7. 早霜冻分析·在枸杞果实形成期至成熟期内，早霜冻灾害易造成枸杞果实干枯、萎蔫、掉落，并对着色和干物质累积等生理过程也会造成严重影响。

建立早霜冻对枸杞影响的分析模型：

特优：$DM = 0$。

优：$DM = 1$。

良：$DM = 2$。

一般：$DM \geqslant 3$。

其中：DM 为某生育阶段内出现早霜冻灾害天数（天），早霜冻评估指标为：当日最低气温 $\leqslant 2\ ℃$ 时，记某日出现早霜冻。

8. 降水不利天气分析·枸杞开花期至果实形成期至成熟阶段，出现 $\geqslant 2\ mm$ 降水天气时，降水伴随阴天易造成枸杞果实着色受阻、花脱落等不利影响。

以此建立降水对枸杞气候品质的评估模型：

特优：$DR = 0$。

良：$DR = 1$。

一般：$DR > 1$。

其中，DR 为某生育阶段内出现 $\geqslant 2\ mm$ 降水的天数（天）。

9. 高温日数分析·枸杞开花至果实形成至成熟阶段，高温天气易对其花、果实造成不利影响，如高温逼熟、果实干枯、着色受阻、干物质累积缓慢甚至停滞等。

以此建立高温对枸杞气候品质影响模型：

特优：$DT = 0$。

优：$DT = 1$ 或 2。

良：$DT = 3$ 或 4。

一般：$DT \geqslant 5$。

其中，DT 为某阶段出现日最高气温 $\geqslant 32\ ℃$ 的天数（天）。

10. 田间管理评判·枸杞田间管理措施对枸杞果实气候品质有较大的影响。田间管理措施包括：农艺措施、施肥量、肥料种类、施肥次数、除草剂、除虫剂种类和使用次数。

以此建立田间管理对枸杞气候品质影响的评估模型：

特优：合理施有机肥，除草剂、除虫剂为环保易分解低毒性，且使用次数少于 1 次，农艺措施得当。

优：较合理施有机肥，除草剂、除虫剂为环保易分解低毒性，且使用次数少于 1 次，农艺措施较得当。

良：较合理施肥，除草剂、除虫剂为环保易分解低毒性，且使用次数少于 2 次，农艺措施较得当。

一般：施肥不合理，除草剂、除虫剂为非环保有机产品，且使用次数不少于 1 次。

11. 环境因素评判·枸杞种植地环境对枸杞气候品质影响较大，种植地与周围环境是否遭受污染为重要的评估指标，环境因素评估地为种植基地以及基地 1 km 范围之内的水环境，500 m 之内的土壤环境，2 km 之内的大气环境。

建立环境因素对枸杞气候品质影响的评估模型：

特优：水环境达灌溉用水标准，土壤无重金属污染、无固废污染，大气环境无污染。

优：水环境达灌溉用水标准，土壤无重金属污染、无固废污染，大气环境较好。

良：水环境达灌溉用水标准，土壤无重金属污染、轻度固废污染，大气有轻度污染。

一般：水环境达灌溉用水标准，土壤无重金属污染、轻度以上固废垃圾，轻度以上大气污染。

（四）确定指标集权重向量

根据枸杞各生育期对品质影响的大小不同，由专家打分法确定权重系数 $A = \{0.05, 0.05, 0.3, 0.4, 0.2\}$。

（五）模糊综合评判

计算综合隶属度 $B = A \cdot R$。

三、诺木洪枸杞气候品质认证实例

现以 2017 年诺木洪地区第一茬枸杞气候品质认证为应用个例，说明认证情况。

（一）芽开放期各要素评判

1. 平均气温适宜度分析·诺木洪枸杞芽开放

期气温多年平均值为 11.3 ℃,2017 年诺木洪芽开放期平均气温为 12.0 ℃,根据判定标准(10.2~12.4 ℃为特优),2017 年等级为特优。

2. 日照适宜性分析·诺木洪枸杞芽开放期日照时数多年平均值为 54.1 h,2017 年诺木洪芽开放期日照时数为 61.4 h,根据判定标准(大于 48.7 h 为特优),2017 年等级为特优。

3. 气温日较差适宜性分析·诺木洪枸杞芽开放期气温日较差多年平均值为 15.1 ℃,2017 年诺木洪芽开放期日较差为 15.0 ℃,根据判定标准(大于 13.6 ℃为特优),2017 年等级为特优。

4. ≥7 ℃有效积温适宜性分析·诺木洪枸杞芽开放期≥7 ℃有效积温多年平均值为 26.7 ℃·d,2017 年诺木洪芽开放期≥7 ℃有效积温为 30.2 ℃·天,根据判定标准(大于 24.0 ℃·d 为特优),2017 年等级为特优。

5. 地温适宜性分析·诺木洪枸杞芽开放期地温多年平均值为 15.0 ℃,2017 年诺木洪芽开放期地温为 14.6 ℃,根据偏离平均状态范围的判定标准(13.5~16.5 ℃为特优),2017 年等级为特优。

(二) 展叶期各要素评判

1. 平均气温适宜度分析·诺木洪枸杞展叶期气温多年平均值为 13.5 ℃,2017 年诺木洪展叶期平均气温为 14.1 ℃,根据判定标准(12.2~14.9 ℃为特优),2017 年等级为特优。

2. 日照适宜性分析·诺木洪枸杞展叶期日照时数多年平均值为 194.9 h,2017 年诺木洪展叶期日照时数为 168.7 h,根据判定标准(155.9~175.4 h 为优),2017 年等级为优。

3. 气温日较差适宜性分析·诺木洪枸杞展叶期气温日较差多年平均值为 15.2 ℃,2017 年诺木洪展叶期日较差为 15.7 ℃,根据判定标准(大于 13.7 ℃为特优),2017 年等级为特优。

4. ≥7 ℃有效积温适宜性分析·诺木洪枸杞展叶期≥7 ℃有效积温多年平均值为 130 ℃·d,2017 年诺木洪展叶期≥7 ℃有效积温为 141.1 ℃·d,根据判定标准(大于 117.0 ℃·d 为特优),2017 年等级为特优。

5. 地温适宜性分析·诺木洪枸杞展叶期地温多年平均值为 16.6 ℃,2017 年诺木洪展叶期地温

为 16.5 ℃,根据判定标准(14.9~18.3 ℃为特优),2017 年等级为特优。

(三) 老眼枝开花期各要素评判

1. 平均气温适宜度分析·诺木洪枸杞老眼枝开花期气温多年平均值为 15.5 ℃,2017 年诺木洪老眼枝开花期平均气温为 15.6 ℃,根据判定标准(14.0~17.1 ℃为特优),2017 年等级为特优。

2. 日照适宜性分析·诺木洪枸杞老眼枝开花期日照时数多年平均值为 173.0 h,2017 年诺木洪老眼枝开花期日照时数为 153.5 h,根据判定标准(138.4~155.7 h 为优),2017 年等级为优。

3. 气温日较差适宜性分析·诺木洪枸杞老眼枝开花期气温日较差多年平均值为 14.3 ℃,2017 年诺木洪老眼枝开花期日较差为 14.8 ℃,根据判定标准(大于 12.9 ℃为特优),2017 年等级为特优。

4. ≥7 ℃有效积温适宜性分析·诺木洪枸杞老眼枝开花期≥7 ℃有效积温多年平均值为 162.1 ℃·日,2017 年诺木洪老眼枝开花期≥7 ℃有效积温为 163.9 ℃·日,根据判定标准(大于 145.9 ℃·日为特优),2017 年等级为特优。

5. 地温适宜性分析·诺木洪枸杞老眼枝开花期地温多年平均值为 19.2 ℃,2017 年诺木洪老眼枝开花期地温为 18.1 ℃,根据判定标准(17.3~21.1 ℃为特优),2017 年等级为特优。

6. 最大风速适宜性分析·开花期大风天气易造成枸杞花脱落,诺木洪枸杞老眼枝开花期最大风速多年平均值为 10.2 m/s,2017 年诺木洪老眼枝开花期最大风速为 6.1 m/s,根据判定标准(≤10.2 m/s 为特优),2017 年等级为特优。

7. 降水不利因素分析·开花期出现日降水量大于 2 mm 时,对枸杞花的生长发育、授粉等生理过程将造成不利影响,2017 年诺木洪老眼枝开花期日降水量大于 2 mm 的天数为 0,根据判定标准(期间未出现日降水量大于 2 mm 时为特优),2017 年等级为特优。

8. 高温日数适宜度分析·开花期出现最高气温≥32 ℃时,对枸杞花的生长发育、授粉等生理过程将造成不利影响,2017 年诺木洪老眼枝开花期最高气温≥32 ℃的日数为 0,根据判定标准(期间未出现最高气温≥32 ℃时为特优),2017 年等级为特优。

(四)老眼枝果实形成期各要素评判

1. 平均气温适宜度分析·诺木洪枸杞老眼枝果实形成期气温多年平均值为 17.5 ℃,2017 年诺木洪老眼枝果实形成期平均气温为 19.9 ℃,根据判定标准(19.3～21.0 ℃为优),2017 年等级为优。

2. 日照适宜性分析·诺木洪枸杞老眼枝果实形成期日照时数多年平均值为 257.5 h,2017 年诺木洪老眼枝果实形成期日照时数为 263.5 h,根据判定标准(≥231.8 h 为特优),2017 年等级为特优。

3. 气温日较差适宜性分析·诺木洪枸杞老眼枝果实形成期气温日较差多年平均值为 14.4 ℃,2017 年诺木洪老眼枝果实形成期日较差为 15.8 ℃,根据判定标准(大于 13.0 ℃为特优),2017 年等级为特优。

4. ≥7 ℃有效积温适宜性分析·诺木洪枸杞老眼枝果实形成期≥7 ℃有效积温多年平均值为 304.7 ℃·d,2017 年诺木洪老眼枝果实形成期≥7 ℃有效积温为 374.1 ℃·d,根据判定标准(大于 274.2 ℃·d 为特优),2017 年等级为特优。

5. 地温适宜性分析·诺木洪枸杞老眼枝果实形成期地温多年平均值为 21.9 ℃,2017 年诺木洪老眼枝果实形成期地温为 22.2 ℃,根据判定标准(19.7～24.1 ℃为特优),2017 年等级为特优。

6. 最大风速适宜性分析·果实形成至成熟期,大风天气易造成果实脱落等影响,诺木洪枸杞老眼枝果实形成期最大风速多年平均值为 10.2 m/s,2017 年诺木洪老眼枝果实形成期最大风速为 5.3 m/s,根据判定标准(≤10.2 m/s 为特优),2017 年等级为特优。

7. 降水不利因素分析·老眼枝果实形成期出现日降水量大于 2 mm 时,对枸杞果实成熟、授粉等生理过程将造成不利影响,2017 年诺木洪老眼枝果实形成期日降水量大于 2 mm 的日数为 1 天,根据判定标准(日降水量大于 2 mm 的日数等于 1 天为良),2017 年等级为良。

8. 高温日数分析·老眼枝果实形成期出现最高气温≥32 ℃时,对枸杞果实成熟、授粉等生理过程将造成不利影响,2017 年诺木洪老眼枝果实形成期最高气温≥32 ℃的天数为 4 天,根据判定标准(最高气温≥32 ℃天数 DT,2＜DT≤4 时为良),

2017 年等级为良。

9. 早霜冻分析·果实形成期出现的霜冻灾害极易造成果实干枯、脱落,对果实着色、糖分累积等生理过程造成不利影响,2017 年诺木洪老眼枝果实形成期未出现最低气温小于 0 ℃的气象条件,根据判定标准(期间未出现日最低气温≤0 ℃日数时为特优),2017 年等级为特优。

(五)第一茬全生育期各要素评判

1. 平均气温适宜度分析·诺木洪枸杞第一茬全生育期气温多年平均值为 15.4 ℃,2017 年诺木洪第一茬全生育平均气温为 16.6 ℃,根据判定标准(13.9～16.9 ℃为特优),2017 年等级为特优。

2. 日照适宜性分析·诺木洪枸杞第一茬全生育日照时数多年平均值为 679.5 h,2017 年诺木洪第一茬全生育日照时数为 647.1 h,根据判定标准(≥611.6 h 为特优),2017 年等级为特优。

3. 气温日较差适宜性分析·诺木洪枸杞第一茬全生育气温日较差多年平均值为 14.6 ℃,2017 年诺木洪第一茬全生育日较差为 15.4 ℃,根据判定标准(大于 13.1 ℃为特优),2017 年等级为特优。

4. ≥7 ℃有效积温适宜性分析·诺木洪枸杞第一茬全生育≥7 ℃有效积温多年平均值为 623.5 ℃·d,2017 年诺木洪第一茬全生育≥7 ℃有效积温为 709.3 ℃·d,根据判定标准(大于 561.2 ℃·d 为特优),2017 年等级为特优。

5. 地温适宜性分析·诺木洪枸杞第一茬全生育地温多年平均值为 19.2 ℃,2017 年诺木洪第一茬全生育地温为 19.0 ℃,根据判定标准(17.3～21.1 ℃为特优),2017 年等级为特优。

6. 田间管理分析·枸杞田间管理对枸杞品质影响较大,不同的施肥、农艺的植保措施对枸杞果实的果型、着色、糖分等品质有影响,2017 年诺木洪枸杞种植地管理措施得当,施肥量适中,有机肥对农田生态环境影响较小,使用除草剂、除虫剂合理,农艺措施得当,根据判定标准(施适量有机肥,合理环保的易分解低毒性除草剂,除虫剂,农艺措施得当),2017 年等级为特优。

7. 环境因素分析·枸杞农田周围环境为农田 1 km 范围之内的水环境,500 m 之内的土壤环境,2 km 之内的大气环境,周围环境是否有污染状况对枸杞品质有较大影响。2017 年诺木洪枸杞种植地农田水环境、土壤环境、大气环境均优良，根据判定标准（农田周围水环境达到灌溉用水标准，土壤无重金属污染、无固废污染，大气环境优良，2 km 范围内无高污染排放企业为特优），2017 年等级为特优。

（六）2017 年第一茬枸杞气候品质模糊综合评价

根据 2017 年诺木洪地区种植地枸杞的 5 个生长发育阶段各要素评判，得到 2017 年诺木洪种植地枸杞生长发育的气候评价向量矩阵：

$$R = \begin{Bmatrix} 1 & 0 & 0 & 0 \\ 1 & 0 & 0 & 0 \\ 1 & 0 & 0 & 0 \\ 0.7 & 0.1 & 0.2 & 0 \\ 1 & 0 & 0 & 0 \end{Bmatrix}$$

$$A = \{0.05，0.05，0.3，0.4，0.2\};$$
$$B = A \cdot R = \{0.87，0.04，0.09，0\}。$$

由此分别得出有 87%、4%、9%、0 认证诺木洪该种植地枸杞气候品质认证等级为特优、优、良、一般，按照隶属度最大原则得出评价结论：2017 年诺木洪该种植地第一茬枸杞气候品质认证获得"特优"等级。

王紫文（2018）根据诺木洪枸杞生长发育期间气象条件与历史气象条件对比，根据偏离枸杞生育期内正常气象条件的程度，评定气象条件对枸杞品质的影响优劣，结合农田管理和种植地环境等参数，设置认证指标，建立认证模型，进行气候品质认证工作，能有效快捷的提升枸杞及农产品品牌知名度和市场竞争力，为气候品质认证工作的初期推广等奠定了基础，也是气象更好地为枸杞及农产品服务提供了科技支撑。

第七节　柴达木枸杞生境评价

（1）柴达木盆地处于北纬 $35°10′\sim39°20′$，东经 $90°5′\sim99°45′$，有着丰富的光照资源、水资源和生物环境资源，属世界四大超净区之一，气候偏冷，人类活动少，生态环境保持原始状态，又无工业污染，盆地东部及边缘的共和沙珠玉地区都是枸杞的天然生态适生区。在柴达木盆地种植枸杞具有无可比拟的独特优势。

（2）柴达木枸杞与其他产区相比，有温度适中、光照时间长、昼夜温差大、辐射强、产区方圆无污染、水分充足等自然生境特征。也有低温冻害、风沙灾害等不利的自然情况。总体生长环境更适宜枸杞生长发育和活性成分积累。海拔较高，温湿度低，土壤无污染，农残和重金属残留较小，枸杞优果率达到国家标准占比高。

（3）枸杞在柴达木盆地最适宜种植区在都兰西北部的宗加镇、格尔木中北部的大格勒乡、郭勒木德和乌图美仁乡，茫崖东北和冷湖南缘少部分地区。适宜种植区在都兰香日德、格尔木中西部、德令哈柯鲁柯、冷湖和茫崖中部。可种植区在格尔木、茫崖、德令哈、乌兰的少部分地区。不可种植区在昆仑山脉、祁连山脉和西北阿尔金山脉缺水、高海拔、气温偏冷地区。

（4）柴达木枸杞种植区土壤 As 和重金属经实验评估符合有机枸杞生产条件。柴达木枸杞生境风险评估结论：柴达木盆地诺木洪农场原生土壤 As 平均含量处在一个清洁水平上，生产的枸杞 As 质量安全。柴达木地区枸杞农药残留慢性膳食，急性膳食摄入风险均衡，是完全可以接受的，农药的最高残留量均远小于安全界限。柴达木枸杞应重点关注哒螨灵和毒死蜱农药残留。

（5）柴达木枸杞气象品质标准以确定光照、气温、降水等气象要素以及田间管理、农田环境、受灾情况等对其品质优劣影响为判断指标，将枸杞品质确定为特优、优、良、一般 4 个等级。经气候品质认证，诺木洪第一茬枸杞为特优等级，为柴达木枸杞赋予了特色的地域属性和道地属性。

第八章

柴达木枸杞栽培新技术

枸杞栽培包括选种、育苗、建园、修剪、采收、制干以及土壤、肥料、水分、大气、光照、温度、湿度、病虫害、微生物等各个环节的基本理论、知识和技术。在枸杞栽培中，必须遵守自然规律，依据社会、生态、经济等条件，使以上环节能够相互协调配套，实现枸杞生产稳定、优质、高效、安全、可控。

柴达木枸杞栽培具有以下特点：一是道地性。古代中药本草认为"甘州者为真"，"陕西极边生者……甘美异于他处"等等。现代本草认为枸杞以"宁夏、青海质量最佳，产量亦大"（卫生部药政管理局，1959）。枸杞以产于宁夏、河北、青海、甘肃等地质量最好（成都中医学院，1978）。这些都是枸杞这一特色植物资源在西北地区广泛种植而成为乡土树种的主要依据之一。随着人工栽培的实践，证明枸杞是一种广适性强的耐盐植物，被选择为改良盐碱地和沙荒地的先锋树种。从20世纪60年代开始，枸杞栽培品种多样化发展，已逐渐从宁夏向外延伸到内蒙古、青海、新疆等12个地区。柴达木枸杞因高原气候、海拔高度、日照长、温差大等资源，种植的

枸杞果实色红、粒大、味甜、品质优良。二是种植资源丰富。目前，人工种植仅限于宁夏枸杞和少量的北方枸杞，对于其他一些种质资源尚未开展人工驯化与栽培。柴达木盆地存在许多特殊性的野生枸杞资源，如黑果枸杞、黄果枸杞等；还有许多抗病、抗虫的资源。因此，加速野生型资源的评价研究与核心种质的挖掘，对于枸杞资源可持续性利用有着积极的现实意义。三是栽培类型多样性。如果将枸杞按照小乔木进行栽培，有丰产栽培也有篱架栽培。菜用茶用枸杞按照丛状灌木进行栽培。四是开花结果连续性。枸杞是无限花序的连续花果植物，表现为夏、秋产果，且营养生长与生殖生长同步进行，使枸杞栽培技术错综复杂，既要满足旺盛的营养生长，还要促进生殖生长。另外，枸杞栽培还表现出经济生产长期性、早果性等特性。随着人民群众生活水平不断提高，枸杞是人们强身健体食药两用的供品，在国内外市场需求呈现逐年递增态势。因此在栽培过程中，必须根据市场需求，选择栽培品种，调整栽培技术，生产合格优质的枸杞产品。

第一节　柴达木枸杞育种技术与研究

一、我国枸杞育种历程

多年来，国内对枸杞的研究较为系统，宁夏更是以其特殊的地域优势和研发条件，聚集了全国有实力的科技研发人才。宁夏枸杞品种和种植技术在全

国处于领先水平。作为枸杞原产地，宁夏有着悠久的枸杞栽培种植历史，在枸杞品种选育和栽培等方面积累了丰富的经验。近年来，随着青海、新疆各大产区迅速发展，丰富了枸杞选育品种与种植经验，各方面都已取得显著进展，主要表现在："六五"期间宁

夏、甘肃、青海、河北开始对枸杞野生种质资源进行全面普查，初步摸清了我国种质资源的分布区域，开展了植物分类学研究。"七五"期间重点进行了种质资源的收集、保存及优良种质的筛选，筛选出了优良种质"大麻叶"枸杞并在青海、甘肃、新疆、内蒙古各大产区进行推广种植。"八五"期间，通过近20年的调查、整理、收集保存枸杞种7种3变种及品种（系），先后选育出"宁杞1号""宁杞2号"枸杞新品种，并开展国家科技成果推广项目"枸杞新品种及配套栽培技术示范推广"。北方枸杞从宁夏引种，于河北培育出"中华血杞"。

"九五"期间宁夏枸杞工作者完成了国家重点科技攻关项目"枸杞规范化种植技术（GAP）研究"，枸杞作为首批中药材规范化种植（GAP）研究的道地药材，率先制定出了《宁夏枸杞质量规范（GAP）》《宁夏枸杞标准生产操作规程（SOP）》，成为全国同行业的参照范本。该研究获得了国家九五重点科技攻关优秀成果奖和自治区科技进步三等奖，同时列入国家重点科技成果推广计划在枸杞产区进行推广示范。在新疆、内蒙古、青海、甘肃已大面积引进宁夏枸杞新品种进行种植。

"十五"期间宁夏枸杞工作者完成了国家重点科技攻关项目"枸杞种质资源评价及良种繁育研究"，进行了枸杞种质资源植物学性状、农业性状、经济性状、品质性状抗逆性、繁殖功能、遗传功能及遗传多样性方面的研究。国家批复实施了"国家中药材产业种植基地建设""中药现代化基地建设配套技术示范推广""宁夏枸杞新品种与深加工技术开发"以及自治区重大科技攻关项目"枸杞新品种的选育及配套技术研究与应用""重点道地中药材开发技术研究"等研发项目。解决了一批制约枸杞产业发展的关键技术（如枸杞规范化种植技术、枸杞新品种等）；初步建立起产学研相结合的、多学科参与的中药材开发利用研究技术团队；搭建起政府引导、多方参与的研究、开发、建设运行机制；成立了中药材开发的自治区领导小组和专家顾问组；建立了7个中药材规范化种植示范基地。新疆产区成功从大麻叶、小麻叶枸杞优选培育出精杞1号和2号。内蒙古产区从宁杞1号中优选培育出蒙杞1号。华中农业大学将美国野生枸杞在武汉引种成功。同时在宁夏也培育了宁杞3号、4号，菜杞1号新品种。

"十一五"和"十二五"期间，通过宁夏回族自治区科技攻关项目、林业行业专项等支持，先后选育出鲜食枸杞"宁杞6号"，枸杞品种"宁杞7号""宁杞5号"等一些优良新品种，并进行示范推广。河北科技师范学院培育出了菜用枸杞昌选1号、天精1号。武汉从内蒙古种植的宁杞1号种植地采用自然变异优选培育出"中科绿川1号"枸杞。"十二五"期间，青海枸杞产业迅速发展。青海省农林科学院、青海省林业技术推广总站、青海诺木洪农场等单位开展完成的青海省科技攻关项目"柴达木地区枸杞新品种培育"、青海省1020科技支撑项目"青海高原枸杞良种选育及快繁技术研究与示范"、国家星火计划重点项目"柴达木枸杞良种选育与育种平台建设"和"柴达木枸杞良种繁育技术体系建设"等项目，重点在枸杞种质资源评价、育种平台建设、种苗繁育等方面开展研究，建设完成了青海枸杞种质资源圃，确定了枸杞主栽品种，审定了"青杞1号""诺黑（种源）"等枸杞良种，研究形成了枸杞扦插育苗技术、组培育苗技术、水培育苗技术等枸杞种苗繁育技术，其中"青海高原枸杞良种选育及快繁技术研究与示范"项目评价认为达到国际先进水平。海西州农科所等单位完成的"枸杞新品种柴杞1号的选育"等项目通过多年努力，成功培育出"柴杞1号""柴杞2号""柴杞3号"枸杞新品种。

同时，随着分子生物学技术的发展，国内外在利用分子生物学技术对种质资源优势基因的挖掘、评价利用和功能基因的定位与克隆研究方面做了积极的探索，取得了良好进展（乔枫，2017）。

二、我国枸杞育种技术

枸杞育种目前主要采用自然变异选优、杂交育种、诱变育种、航天育种和分子育种等5种途径，取得了一些突出的科研成果（安巍等，2009）。

（一）自然变异选优

宁夏作为枸杞的道地产区，在悠久的种植历史过程中，经自然选择和人工选择先后筛选出大麻叶、小麻叶、黑叶枸杞、白条枸杞、卷叶枸杞、黄叶枸杞等十多个农家栽培品种。钟鉎元等（1988）采用单株选优法，从大麻叶枸杞中相继选育出"宁杞1号""宁杞2号"2个新品种，并迅速在全国范围内得到大面积推广,为枸杞产业的发展提供了良种;胡忠庆(2005)也从大麻叶枸杞群体中选育出了"宁杞4号",1～4年平均产干果 231.3 kg/67 m²,并在中宁等枸杞产区推广种植;雷志荣(2005)经单株选优选育出"蒙杞1号",鲜果千粒重 1 679.8 g 通过内蒙古农作物品种审定委员会审定。

(二)杂交育种

杂交育种的运用历史较长,也是最为常规的育种手段。宁夏枸杞杂交育种始于20世纪70年代初,90年代后期取得了突出性成就。研究人员首次用野生枸杞与栽培枸杞进行杂交育种,使枸杞种间杂交获得成功,培育出菜用枸杞新品种"宁杞菜1号",可广泛地应用到蔬菜生产领域,拓展了枸杞资源的利用,突破了以往仅利用枸杞果实的局限。用宁杞1号枸杞与四倍体枸杞杂交授粉,培育出三倍体无籽枸杞。以枸杞、番茄为亲本进行属间远缘杂交育种试验,获得了大量的杂交株系,打破了物种间的界限,将异属植物的性状转入枸杞品种,表明某些茄科植物不同属间进行杂交是可行的。

(三)诱变育种

研究人员利用秋水仙碱十二甲基亚砜化学诱变处理枸杞发芽种子,均获得四倍体植株。研究人员用秋水仙素处理枸杞茎尖组织,获得12株加倍苗(包括嵌合体),其中3株为同源四倍体苗($2n = 4x = 48$),9株是嵌合体苗。研究者用1.5%、1.0% NaCl 对枸杞无菌苗下胚轴诱导产生的胚性愈伤组织进行诱导培养,选出了耐 1.0% NaCl 的抗盐变异体再生植株。研究人员利用 Co-γ 射线对宁杞1号枸杞胚性愈伤组织物理诱导,并以枸杞根腐病病菌尖孢镰刀菌的粗毒素成功筛选出抗病变异体的再生植株。

(四)航天育种

航天育种是利用太空的特殊环境如空间宇宙射线、微重力、高真空、微磁场等因素,对农作物种子的诱变作用来产生变异,再返回地面选育新种质、新材料和培育新品种。航天育种与常规育种相比,具有变异类型多、变异频率高等特点。2003年11月利用我国第18颗返回式卫星搭载宁夏枸杞种子,获得了大量的枸杞航天苗,通过对群体遗传性状调查,航天诱变苗发芽率比对照提高 10.6%,生长势、株高、

地径、发枝数现蕾率上均优于对照,尤其是在果实形态、结果期、生长量、叶片形态与对照之间存在差异明显。

(五)组织培养

侯典云等(2014)为探索中华枸杞(*L. chinense* var. *chinense*)叶片离体再生技术通过设置不同消毒时间梯度,研究了 0.1% 升汞溶液对中华枸杞叶片的消毒效果。结果表明,用 0.1% 升汞溶液消毒叶片 8 min,污染率最低是中华枸杞叶片的最佳消毒时间。基本培养基中添加 1.0 mg/L 6-BA+0.2 mg/L 2,4-D 是诱导愈伤组织的最佳激素浓度配比;基本培养基中添加 1.0 mg/L 6-BA+0.1 mg/L NAA 是诱导愈伤组织分化的最佳激素浓度配比;基本培养基中添加 0.2 mg/L IAA+0.6 mg/L NAA 是诱导从生芽生根的适宜激素浓度配比。利用组织培养技术可有效实现中华枸杞叶片离体再生和快速繁殖,为其工厂化育苗和优良品种的选育奠定了基础。

马彦军(2016)以黄果枸杞(*Lycium barbarum* var. *auranticarpum*)水培的嫩枝为外植体研究不同种类植物生长调节物质对黄果枸杞组织培养各阶段产生的影响,建立黄果枸杞离体快繁技术体系。结果表明,嫩枝较佳消毒灭菌方法为 0.1% 升汞漫浸,泡 3 min 适合嫩茎段腋芽诱导与生长的培养基为 MS,诱导率可达 87.5%,增殖培养基为 MS+6-BA 0.5 mg/L+NAA 0.2 mg/L,增殖系数可达 3.95;生根培养基为 1/2 MS+IBA 0.1 mg/L+NAA 0.3 mg/L,生根率为 92.5%,诱导生根的组培苗在实验室内打开瓶口进行炼苗在温室内移栽到装有基质为泥炭土、珍珠岩及蛭石比例为 2:1:1 的适宜育苗钵中,成活率可达 85% 以上。

(六)生物技术育种

生物技术是 20 世纪中叶兴起的一项高新技术,为枸杞育种开辟了全新的道路,突破了长期得不到解决的技术难点,取得了重大突破,显示了巨大的生命力和广阔的发展前景。目前通过生物技术育种,培育了枸杞单倍体植株、单倍体花粉植株、四倍体和非整倍体的再生植株、抗蚜虫枸杞植株等。

在枸杞育种中,还存在枸杞资源收集评价工作落后的问题,资源保持方式单一,仅以活体植株保存,没有种子、花粉、营养体保存,育种中实用生产型

品种偏少,作者建议应重点围绕高产、优质、抗病虫、抗逆性开展育种工作,使枸杞产业持续稳定健康发展。

三、柴达木枸杞育种技术

自20世纪70年代开始,通过优良种质遴选出了"大麻叶",在青海都兰县诺木洪推广种植。随着枸杞研究工作的逐渐加强,采用单株选优、杂交育种、航天育种、生物技术育种等多种手段,宁夏陆续选育出了宁杞1号、宁杞2号、宁杞3号、宁杞4号、宁杞5号、蒙杞1号、三倍体无籽枸杞和菜用枸杞等多个新品种,并在青海引种以及在生产中发挥重要作用。青海枸杞产业起步较晚,但发展迅速,种植面积每年以数千公顷的速度递进。由于枸杞良种等相关研究和支撑技术未能及时跟递,从而引发许多急需要解决的矛盾和问题。在青海枸杞产业发展初期,国内几乎所有枸杞栽培品种(系)都通过不同方式被引进栽培。由于缺乏规范种苗引进渠道,所引进的种苗纯度低、质量差、品种杂乱,其中掺杂有大量未经人工育种的野生品种,不少品种不适宜青海高原地区特殊的生态气候条件。因缺乏适宜品种,在很大程度上制约了青海枸杞产业的发展和升级。优良品种是全产业链的源头,源头如果出现问题,将会影响全产业链后续环节的健康发展。为了青海枸杞产业的走向可持续发展之路,必须从源头工程抓起。任刚等(2012,2013,2014)通过多年努力,成功培育出"柴杞1号""柴杞2号"和"柴杞3号"枸杞新品种,王占林(2018)通过种源选择实验,选育出"诺黑(种源)"黑果枸杞良种。王占林、樊光辉等(2017)在青海枸杞主产区开展了区域试验,对每个种质资源进行系统的主要农品及品种性状等的品比和综合评价,选出了适宜在青海枸杞产区栽培的优良品种。王占林、樊光辉等(2012,2017)充分利用杂交、辐射、化学诱变、航天等育种手段,培养出了"青杞1号""青杞2号"和"青黑杞1号"等枸杞新品种系,并获得了多个优良无性系(王占林,2018)。

(一)自然优选

樊光辉等(2012),依托青海现有的枸杞栽培品种资源,以自然优选为育种手段,以大果高产型为选育目标,通过大量的田间观测筛选出优良植株;通过优良植株果实性状和单株产量的测定评价,筛选出9株优良株系;通过优良株系评比和同工酶酶谱对比分析,筛选出1031和1162两个自然变异优良株系。实验通过:①宁杞1号优良植株果实性状的测定与评价。②宁杞1号优良植株单株产量测定与评价。③宁杞3号、4号优良株系选育。④优良株系评比,最后在青海枸杞主产区栽培4年的宁杞1号、宁杞3号和宁杞4号大田中,通过田间观测和优良植株果实性状、单株产量的测定与评价,结合优良株系评比,筛选出表现良好的9株优良株系,即1031、1026、1024、1027、1006、1022、1009、1034和1162株系。对表现良好的9株优良株系通过同工酶酶谱对比分析,发生变异的株系是1031、1027和1162,结合各株系间差异性对比,表现最好的是1031和1162。因此,结论为1031和1162株系可以初步确定为自然变异优良株系。

(二)杂交育种

樊光辉等(2009)通过杂交试验,确立了同地和异地花粉采集最佳方式和枸杞杂交最佳授粉期;并以丰产性和地方特色性以及提高抗性为杂交育种目标,通过9组杂交组合,制取枸杞F代种子9份,共2031粒,并已获得F代植株1546株,其中8株植株性状有明显变异。试验材料与设计丰产性亲本资源选择。

宁杞1号、宁杞4号(大麻叶优系)地方特色性兼高抗性亲本资源:野生黑果枸杞;高抗性亲本资源:野生北方枸杞。父本为格尔木野生的黑果枸杞,母本分别为格尔木和西宁人工栽植的宁杞1号。试验分父母本同地和父母本异地花粉采集试验。

以丰产性和地方特色性以及提高抗性为杂交育种目标,分别以丰产性品系和地方特色性品系互为父母本组合进行杂交;丰产性品系和高抗性品系亲本互为父母本组合进行杂交,制取F代种。

通过9组杂交组合制取F代种子9份,共2031粒。2008—2009年对F代种子进行育苗,培育1546株植株。通过株性初步鉴定,黑果枸杞♂×宁杞1号♀组合杂交所得的F_1代植株中,有8株植株性状有明显变异。

通过比较试验,确立了同地和异地花粉采集最佳方式。通过对比试验,确立了枸杞杂交最佳授粉期。以丰产性和地方特色性以及提高抗性为杂交育种目标，通过 9 组杂交组合，制取枸杞 F 代种子 2 031 粒，初步筛选出了 8 株性状变异明显的代植株，为选育青海自主知识产权的特色枸杞新品种奠定了一定的前期研究基础。

（三）辐射诱变育种

辐射诱变育种是获得新种质资源和选育新品种的有效途径之一，具有突变率高、突变谱宽、后代性状稳定、育种周期短等优点，易于创造新的资源材料与类型，且方法简便，可在短时间内改变植物的某一性状。为了尽快选育青海枸杞优良新品种，樊光辉（2014）利用青海枸杞主产区现有的栽培品种资源，对"宁杞 1 号"种子经过钴源辐射处理，培育实生苗，以大果高产型为选育目标，通过 6 年的试验研究，成功选育出枸杞优良新品系"1036"。

辐射处理：2008 年 5 月份对"宁杞 1 号"枸杞种子在北京大学化学与分子工程学院应用化学系钴源室进行辐射处理，设 2 种辐射剂量率，各 4 种辐射剂量，以未经辐射种子为对照（CK），每处理种子样本数 1 000 粒，每处理 2 次重复。6 月 10 至 14 日将经过辐射处理的种子在青海省农林科学院试验基地做容器播种育苗试验，种子用 1‰的五氯硝基苯消毒 1 h，用清水漫种 14 h，然后置于室内催芽处理，有部分种子萌动时开始播种，播深 0.5～0.8 cm，3～4 粒/穴。实验采取：①不同辐射剂量对"宁杞 1 号"种子出苗率的影响。②不同辐射剂量对"宁杞 1 号"幼苗生长量的影响。③不同辐射剂量对幼苗抵抗力的影响。

最后进行辐射育种选优。将通过不同剂量率辐射处理的幼苗整体参加优选，用没有经过辐射的枸杞幼苗作对照，以营养生长作为苗期优选指标，超过平均高度 100% 以上的幼苗初选为优株。按以上选育指标初选出 140 株优株，2009 年定植到诺木洪试验地。2011 年开始挂果，以果实性状和单株产量为主要测定目标，选出性状良好的 7 株，并初步定名为"1035""1036""1037""1038""1039""1040""1041"，并以试验地内的"宁杞 1 号"作对照。得出结果辐射育种所选择的"1035""10362""10372""1038""1039""10402""10412"与试验地内的"宁杞 1 号"相比，纵径、横径和单果重均高于"宁杞 1 号"。具有明显优

势的是"1036""1041""1039""1037"和"1038"。从单株产量上看"1036"和"1038"具有更明显的优势。综上，初步将"1036"和"1038"定为优良株系。通过对宁杞 1 号种子进行钴源辐射处理，培育实生苗，成功选育出了优良新品系"1036"。经调研咨询樊光辉教授，该新品系经过栽培实验，各项指标稳定后申请了新品系，确定为"青杞 1 号"。

（四）分子育种

乔枫等（2017）为研究枸杞苯丙氨酸解氨酶基因 LCPAI 在干旱和盐逆境中的作用，采用 RT－PCR 和 RACE 方法克隆了 LCPAL 基因（Genbank No. KX781247）。该基因 cDNA 长度为 2 544 bp，含有 2 163 bp 的完整开放阅读框，编码 720 个氨基酸。蛋白序列分析表明，其包含典型的 PAL 酶活性中心序列（GTITASGDI. VPLSYIA），与其他植物的 PAL 蛋白有很高的同源性。系统进化树表明，枸杞 LCPAL 与茄科植物的 PAL 蛋白聚为一类，说明两者的亲缘关系较近。利用实时荧光定量 PCR 方法检测发现，LCPAL 基因在枸杞的叶中表达量最高，果实中表达量最少。在聚乙二醇（PEG）、氯化钠（NaCl）胁迫下诱导表达，但表达模式不同。研究结果推测从枸杞中克隆获得苯丙氨酸解氨酶（LCPAL）是典型的 PAL. 家族成员，在枸杞各组织发育过程中具有重要功能，且在枸杞抗干旱和抗盐逆境过程中也起一定作用。

党少飞等（2016）以柴达木诺木洪枸杞为对象，利用 Illumina Hiseq2500 高通量测序技术对枸杞大麻叶品种进行简化基因组测序，对得到的序列利用生物信息学手段进行拼接后查找 SSR。结果表明，共获得 14 733 个重复单元长度为 2～6 碱基的微卫星重复序列。其中 3 碱基重复的微卫星单元最为丰富，共 9 799 个，占 66.5%；其次是 2 碱基重复类型（4 042 个）和 4 碱基重复类型（519 个），分别占重复序列总数的 27.4% 和 3.5%；另外 5 碱基重复 281 个，6 碱基重复 92 个，分别占重复序列总数的 1.9% 和 0.6%。通过分析发现 3 碱基重复类型丰度最高，优势序列为 GTT/CAA、ACA、ATC；而 6 碱基重复丰度最低，其优势序列为 TGTGTA、CATATA、AGCACC；在枸杞基因组微卫星序列中，A 和 T 碱基含量相对较丰富。分析还发现，当枸杞基因组重

复次数增加时,微卫星的丰度呈现出下降的趋势。随着基序长度的增加,下降的趋势越快,这意味着枸杞基因组中重复单元较短的微卫星变异速率比重复单元较长的微卫星变异速率快。

总之,通过本次枸杞基因组 SSR 的统计发现,短重复单元类型的 SSR 比长重复单元类型的多态性更加丰富。同时也证明,在枸杞品种多态性鉴定中,利用短重复单元微卫星作为标记具有更高的效率。

第二节 柴达木枸杞育苗技术与研究

一、我国枸杞育苗技术

我国枸杞育苗技术分有性繁殖与无性繁殖。

(一) 有性繁殖

有性繁殖:称种子育苗。其优点是在短期内可以培育出大量苗木来满足生产需求,成本较低。但缺点是苗木变异性极大,母树优良性状难以保持,结果品质差。一般分制取种子、水播或旱播方法进行育苗。

(二) 无性繁殖

1. 硬枝扦插育苗·分插条采集、插穗处理、扦插技术、苗圃地选择、施肥等步骤完成。一般在春季 3 月底至 4 月上旬进行(胡忠庆,2004)。

2. 嫩枝扦插育苗·分整地作畦、种条的采集及处理、扦插时间和方法、育苗地管理、病虫害防治等步骤完成。一般在 6 月下旬进行(李丁仁,2012)。

3. 根蘖育苗·枸杞根在土壤管理中被机械切断后,很容易由不定芽萌发长成新植株,生长成根蘖苗。由于根蘖苗是母树根系形成的,它能保持母树的优良性状,在生产上利用根蘖苗,既不需要另设苗圃专门培育,又无费工费时的育苗环节,并且出苗早,生长快,当年可培育出大规格的苗木,从母树根上断离挖取后就可栽植,成活率高。此法简易,在生产上普遍采用(李丁仁,2012)。

4. 埋根育苗·露天埋根在 3 月下旬至 4 月上旬,温室埋根在 9 月下旬至 10 月下旬。多数是在 3 月下旬苗圃起苗时,将挖起粗度在 0.3～0.6 cm 的侧根收集起来,剪 8～10 cm 长,用 15 mg/kg α-萘乙酸浸泡下部 3 cm,24 h 后按 40 cm 行距开 8～10 cm 深的育苗沟,把浸药后的根段斜放在一边沟壁上,株距 10 cm,然后填土踏实,根上端露出地面约 0.5 cm。可按硬枝扦插育苗管理。这种埋根容易成活,不过因根条来源少,不适应生产上大量用苗的需要。另外,挖根比剪枝难,是其采用不普遍的原因(李丁仁,2012)。

5. 压条育苗·枸杞是较容易生根的树种,把它的枝条与母体不分离的状态下埋入土里,可生根,然后把它同母树分开就成为新植株。

在春、夏季选树冠下部匍匐地面枝,刻伤后埋在树冠下方约 10 cm 深的压条沟里,填湿润土壤,踏实,并保持埋条部位土壤经常湿润,约经 1 月可生根(李丁仁,2012)。

6. 组培育苗·这是一种运用现代生物工程技术繁殖枸杞苗木技术,它是利用枸杞树体的某一器官接种到培养基上,经过无菌培养可以得到完整的植株。这种方法繁殖系数特别高,只需 1 个芽或 1 片嫩叶进行工厂化生产,一年就可繁殖近万株小苗,这是大规模生产苗木的理想方法,但该方法成本高,应用少(李丁仁,2012)。

二、柴达木枸杞育苗技术

枸杞可采用扦插育苗、播种育苗、组织培养等方式繁育苗木。枸杞经济林栽培苗木一般选用优良品种,多采用扦插育苗的方式,以保持品种的优良特性。下面主要介绍采穗圃建设和扦插育苗技术。

(一) 采穗圃建设

采穗圃生产的穗条生长健壮,粗细适中,发根率较高,遗传品质有保证;且采穗圃的集约管理方式可提高产量、降低成本。为保证在生产中提供优质枸杞繁殖材料,有必要建立良种繁育采穗圃。

1. 采穗圃的建立·枸杞采穗圃宜选在气候适

宜、土壤肥沃、地势平坦、便于排灌、交通方便的地方,一般尽可能设在苗圃或附近。

采穗圃不需隔离,按品种、品系或无性系分区,使同一个品种、品系或无性系栽在一个小区里。采穗圃营建面积根据需要确定,一般按苗圃育苗面积的 1/10 设置。

2. 采穗树培育 · 枸杞采穗树需要灌丛式栽培,栽植株行距为 0.5 m×1.0 m, 1.5 m×1.5 m。

一年生根桩定植后,当萌条高达 10 cm 时进行定条、去弱留壮。一般栽植当年只留 3～5 个萌条。第 3 年留 5～10 个萌条。采穗圃一般 4～5 年更新一次,把老树根桩连根挖除,另建新圃;也可将采穗圃通过密度调整改造为栽培园。

合理施肥对保证采穗圃提供大量优质穗条,特别是提高插穗的发根率十分重要。建圃前,圃地深耕后施足厩肥,生长阶段每年追肥 2～3 次,以氮磷肥为主,最后一次追肥不迟于 8 月上旬,以促进枝条木质化。由于采穗树每年萌芽抽条,并大量采条,容易发生病虫害,每年需要喷洒波尔多液和有针对性的杀虫剂,及时处理枯枝残叶。

3. 建立技术档案 · 详细记录采穗圃的基本情况,包括区划图,优良品种的名称、来源和性状,采取的经营措施,种条品质和产量的变化情况等。

(二) 硬枝扦插育苗

硬枝扦插材料容易采集,技术易学,操作简便,成本较低,且能保持母本的优良性状,是一种行之有效的枸杞繁育方法。

1. 育苗地选择 · 育苗地要求地势平坦,易于管理,排灌方便不积水,地下水位在 1.5 m 以下,土壤含盐量在 0.5% 以下,pH 在 7.8 以下,呈中性或微碱性,土壤熟化程度高,较肥沃的沙壤土或壤土。

2. 整地与土壤处理 · 育苗前一年秋季进行平整和深翻,深翻深度 20～30 cm,清除杂草、树根、石块等。结合深翻整地进行土壤施肥,施腐熟的有机肥 133～200 kg/亩。

春季施 50% 辛硫磷 0.7～1.0 L/亩, 50% 多菌灵可湿性粉剂 0.7～1.0 L/亩,根据土壤情况适量施入尿素和磷肥(量要少,也可不施),均匀撒入地表后浅耕。

深翻平整后做床,采用高床、平床或高垄。平床规格为宽 2.0～4.0 m,长度一般为 6～10 m。高床规格为床面高于地面 20 cm,床面宽约 80～120 cm,步道宽 40 cm,长度一般为 4～6 m。高垄垄宽 25～30 cm,垄高 20 cm,垄距 40 cm,长度依地块确定。

3. 种条采集及储藏 · 种条采集时间可秋季采集,也可春季采集。春季采集在 3～4 月份,枸杞萌芽前进行;秋季种条采集在 10～11 月份进行。建立采穗圃采条效果更好,采集时选择品种优良、单株产量高、果粒大而均匀、无病虫害、无机械损伤、树型紧凑的中幼龄植株上采集。采集直径为 0.6～1.0 cm,一至二年生木质化营养枝条,也可以选用同样规格的徒长枝,枝条要求髓部充实,芽眼明显。

秋季采集的种条需进行沙藏处理。沙藏处理时选择背风向阳、排水良好处挖深 80～100 cm 的沟,先在沟底铺一层湿沙,种条喷洒 1 000 倍液多菌灵液消毒,将成捆的种条与湿沙分层埋在沟内,放至距地面约 20 cm 处,用沙填平,再覆土成脊状,中间插草把或竹把通气。

4. 插穗的制取及处理 · 扦插前将种条剪成直径 0.4～0.8 cm,长 15 cm 左右的插穗。插穗上切口距饱满芽 1.0 cm 处平切,下切口在距第 1 个芽 0.5 cm 处,剪成马蹄形,50～100 个为一捆。

沙藏催芽处理:春季扦插前 15～20 日,要对插穗进行催芽处理。沙藏处理时选择背风向阳、排水良好处挖深 80～100 cm 的沟,先在沟底铺一层湿沙,插穗喷洒 1 000 倍液多菌灵液消毒,将成捆的插穗倒置与湿沙分层埋在沟内,放至距地面约 20 cm 处,用沙填平,再覆土成脊状,中间插草把或竹把通气。

栽植前对插穗基部采用适当浓度的生根剂进行处理。可选用 GGR6♯ 植物生长调节剂,配置成 100～150 mg/kg 的浓度,将插穗下端 3～5 cm 浸入药液 10～12 h 后及时进行扦插。

5. 扦插 · 扦插育苗时间一般在 4 月中下旬。平床采用 5 cm×30 cm 或 10 cm×30 cm 株行距,高床采用 5 cm×20 cm 或 10 cm×20 cm 株行距,高垄每垄插两行,株距 10 cm(每亩扦插株数控制在 2～4 万株为宜)。把已处理好的插穗下端轻轻直插床内,地上部分留 1～2 cm(外露 1～2 个饱满芽)。为提高地温和土壤保墒,促进生根发芽,扦插后最好覆盖地膜,并使插穗地上部分露出地膜,地膜外侧覆土压实。也可先覆膜,再扦插,但要注意扦插时不要使地膜包住插穗基部。

6. 苗期管理

(1)水分管理:扦插后立即灌透水。枸杞插穗属于皮部和愈伤混合生根型,含水量过高,容易发生烂皮现象,在插穗生根期间一般不宜灌溉。插穗萌芽后幼苗生长至15~20 cm(此时插穗已生根)时灌第一次水,苗木生长期(6~9月份)根据墒情适时灌溉,灌溉时避免积水,入冬前要灌一次冬水。

(2)破膜放苗:硬枝扦插如采用地膜覆盖,扦插后对膜下苗要及时进行破膜放苗,以免烧苗,放苗时间选择在阴雨天或下午18时或19时以后。

(3)松土除草:扦插后对未覆膜的育苗地要及时松土除草,减少土壤水分蒸发,增强土壤通透性,促进新根萌生。除草要做到除早、除小、除净。

(4)追肥:6~7月份,当苗木生长高达20 cm以上时,结合灌溉适量追肥2次。每次施尿素10 kg/亩、磷酸二铵10 kg/亩,在灌水前结合除草进行撒施,提高土壤养分供给,促进幼苗生长。

(5)修剪:苗高25~35 cm时,选留一根健壮枝做主干,剪除其余萌生的枝条。苗高60 cm时剪顶,减缓高生长,强化粗生长,促进苗木主干木质化,提高越冬能力,并促发侧枝,培养第一层结果枝。

(6)病虫害防治:枸杞扦插苗生长快,长势旺,苗期易发生枸杞瘿螨、枸杞蚜虫、负泥虫等虫害,主要采用化学药剂防治。一般采用高效低毒生物制剂除虫菊素500~800倍液,10%吡虫啉1 000~1 500倍液或3.0%啶虫脒1 000~2 000倍液进行叶面喷施。种植过密,通风不良情况下易发生白粉病。病害盛发时,可交替喷15%粉锈宁1 000倍液、2%抗霉菌素水剂200倍液、10%多抗霉素1 000~1 500倍液等。一般在5~6月份进行第一次防治,根据病虫发生情况在整个发育期防治2~5次。苗木生长期,每隔20日交替用敌百虫800倍液或40%毒杀蜱乳剂1 500倍液或辛硫磷800倍液沿扦插行浇施,及时杀死土壤中的蛴螬幼虫。

(7)苗木出圃:于第2年4月中下旬春季土壤解冻后起苗。

(三)嫩枝扦插育苗

嫩枝扦插育苗具有繁殖速度快,苗木纯度高等优点,但育苗条件和技术要求较高,操作过程比较复杂。影响嫩枝扦插成败的环境因子有温度、湿度、光照、基质含水等诸多因素,这些因素既可单方面影响扦插成活率,也彼此协作影响扦插成活率。扦插时气温要控制在15~25 ℃,基质温度比气温高3~5 ℃,空气湿度在90%左右;基质湿度即最大持水量在50%~80%,扦插后必须用塑料膜扣棚,用80%遮阳网遮阳。嫩枝扦插时间,在每年6~9月份均可进行。

1. 土壤处理与做床·扦插前对温室育苗地进行施肥和土壤消菌、杀虫处理,基质一般选用砂壤土,在使用之前要过筛消毒,以保证基质均匀无毒。施腐熟有机肥130~200 kg/亩,尿素5 kg/亩,磷酸二铵10 kg/亩,并撒施辛硫磷颗粒剂1.0 kg/亩。

将处理好的育苗地整平后,做高床,床高8~10 cm,宽80~120 cm,步道宽40 cm,苗床长度可根据温室大小来确定,床面整平后床面覆3 cm厚细河沙。扦插前2~3日,进行基质灭菌,喷施50%多菌灵或百菌清800~1 000倍液或2%~3%高锰酸钾溶液消毒,并浇透水。

2. 穗条采集·6~8月在枸杞优良母树上采取生长旺盛、无病虫害、半木质化的嫩枝进行采集。穗条采集应选择在阴天或上午10时前、傍晚时分。

3. 插穗制取·剪取插穗应在室内或背阴处进行。插穗长8~10 cm,直径0.3~0.5 cm,上切口平剪,下切口剪为马蹄型,上下切口离叶芽距离为0.5~1.0 cm,剪口平滑,防止裂皮,并摘去下部2/3叶片,保留2~3个上部叶片,大叶片剪去1/3~1/2,按50根一捆捆好立即进行催根处理。如插穗短时内不能处理,应置于阴凉处喷水保湿,但时间不宜过长。

4. 插穗催根处理·使用生根药剂处理插穗,具有发根快、生根多、根系发育好、幼苗生长快等特点,能显著提高枸杞扦插成活率。

一般采用GGR、吲哚丁酸、萘乙酸等生根促进剂。GGR使用浓度100~200 mg/kg,吲哚丁酸使用浓度50~100 mg/kg,萘乙酸使用浓度50~150 mg/kg。将插穗下端2~3 cm浸泡在生根药剂中,浸泡时间

为 $2\sim 3$ h。也可将浓度 1 000 mg/kg GGR，或浓度 500 mg/kg 萘乙酸（NAA）和 500 mg/公斤吲哚乙酸（IAA）混合溶液，或将浓度 250 mg/kg 萘乙酸（NAA）和浓度 250 mg/kg 吲哚乙酸（IAA）配置成混合溶液，用滑石粉调成糊状，将插穗下端 $1\sim 2$ cm 处速蘸后及时扦插。

5. 扦插·嫩枝扦插时间应选择早晚或选择在阴天进行。扦插株行距为 5 cm×10 cm 或 5 cm×15 cm，扦插深度 $2\sim 2.5$ cm，并用沙土将孔隙填满压实。边插边喷水或每隔数分钟利用喷雾设备进行喷雾，要使插穗始终保持湿润新鲜状态。嫩枝扦插后喷洒 0.1% 的多菌灵、百菌清或高锰酸钾等溶液进行灭菌。

6. 苗期管理

（1）水分管理：嫩枝离开母体后，由于呼吸和蒸腾作用消耗水分较多，需要补充大量的水分，扦插初期的水分管理是嫩枝扦插能否成功的关键。

如有全光自动喷雾装置，苗床扦插完后，需要按全光喷雾扦插育苗的技术要求进行喷雾，室内湿度保持在 $80\%\sim 90\%$，使叶片表面始终保持一层水膜。

如没有全光自动喷雾装置，扦插后应立即喷 1 次透水，并设遮阳网，插穗生根期间，早晚各喷水 1 次，午间高温时段增喷 $2\sim 3$ 次水降温。经常注意观察，原则上保持苗床温度处于 $22\sim 28$ ℃ 范围，在不影响插穗失水情况下，尽可能少喷雾，利于生根，减少病害。幼苗管护 15 天左右有新叶发出。

（2）病虫害防治：嫩枝扦插时一般处于高温季节，频繁喷水湿度较大，插穗易受细菌的侵入，使插穗易受病害，容易腐烂，影响扦插成活。生根期间每 $7\sim 10$ 日交替喷施 0.1% 的多菌灵、百菌清或高锰酸钾溶液进行灭菌。苗木生长期，每隔 20 日交替用敌百虫 800 倍液或 40% 毒杀蜱乳剂 1 500 倍液或辛硫磷 800 倍液沿扦插行浇施，及时杀死土壤中的蛴螬幼虫。

（3）松土除草：松土除草 $3\sim 4$ 次/年，深 $3\sim 5$ cm。由于嫩枝扦插苗密度大，除草时要小心操作，以防损伤幼苗。第一次除草在幼苗高度达 10 cm 以上时进行。

（4）修剪：苗高生长至 $25\sim 35$ cm 时，选一健壮枝作主干，抹除其余萌生的侧芽。苗高 60 cm 时剪顶，强化粗生长，促发侧枝。

（四）组织育苗技术

植物组织培养技术作为一种基本的试验技术和基础的研究手段，显示出巨大的应用潜力，被广泛应用于植物学、遗传学、育种学、栽培学、解剖学和病理学等各个领域。生产栽培中的枸杞一般通过无性繁殖，如扦插和根繁殖，保持母本性状的稳定性，而组织培养作为一种无性快速繁殖技术，为优良株系的繁殖和推广起到了重要作用。特别是对于枸杞新品种，因受繁殖材料等因素限制，采用植物组织培养的方式进行快速繁育，是一种极为有效的途径。

有研究以"青杞 1 号"作为实验材料，对植物组织培养过程中外植体处理、继代繁殖和生根诱导等基本步骤的培养条件、培养基成分优化等方面进行研究，探索主要影响因素与培养效果的关系，以期归纳出枸杞组织培养育苗的整套培养基配方和高校培养流程，为枸杞种苗生产走上工厂化、产业化之路提供科学和技术依据（王占林，2018）。

（1）不同外植体处理对组培苗污染率和诱导率的影响。最佳取材季节为 $5\sim 6$ 月，此时，植株幼嫩新梢生长旺盛，有利于愈伤组织诱导；$HgCl_2$ 最佳浓度为 0.10 mg/L，$HgCl_2$ 最佳消毒时间为 10 min，在杀死细菌的同时，对外植体影响较轻。

（2）愈伤组织诱导最佳激素配比为 MS＋6 - BA 0.7 mg/L＋NAA 0.7 mg/L。诱导的愈伤组织在后面的试验中表现出具有高度再分化能力和旺盛的自我增值能力。愈伤组织增殖最佳激素配比为 MS＋6 - BA 1.0 mg/L＋IBA 0.8 mg/L＋NAA 0.2 mg/L。接入增殖培养基 15 日后达到增殖高峰期，1 个月后愈伤组织体积增长了 5 cm³ 左右，并保持了较高的分化能力。

（3）愈伤组织分化最佳激素配比为 MS＋KT 1.3 mg/L＋NAA 0.02 mg/L。接入第 6 日开始有叶原基形成，在第 9 天后大量形成叶原基，在第 20 日时分化率达到 86.7%，并且芽长势旺盛。

（4）不定芽诱导最佳激素配比为 MS＋6 - BA 0.8 mg/L＋NAA 0.05 mg/L。芽的诱导率较高，为 86.7%，平均芽长达到 5.8 cm，新芽长势旺盛，生长较快。

（5）生根培养最佳激素配比为 1/2 MS＋IBA 0.3 mg/L＋NAA 0.3 mg/L。初生根时间较短，仅有一周时间，并且生根率达到了 88.3%，根系和茎叶长势旺盛。

（五）水培育苗技术

枸杞无性繁殖方式很多，水培育苗是一种新颖的扦插育苗方法。较其他育苗方法来说，其生根速度快，激素调控易掌握，外部环境可控，是一种理想的育苗方法。

青海大学农林科学院研究人员以枸杞茎段为繁殖材料，基于水培技术进行枸杞扦插研究，研究适宜诱导枸杞插穗水培生根的最佳环境条件、生长调节剂类型和浓度、营养液配方，为枸杞集约化、工厂化育苗提供依据。从 3 种不同激素处理枸杞插穗试验可以看出，NAA 处理插穗的各项指标要优于 IBA 和 2,4-D，其中用 NAA 50 mg/L 处理枸杞插穗，其长势和各项生理指标达到了最佳状态，抗逆性最强。用激素处理枸杞插穗的生根率及各项生理指标明显比清水处理枸杞插穗的各项指标好。枸杞不同部位插穗处理试验，用 3 种不同激素处理后枸杞茎尖、中断的各项指标好。特别是茎尖部位的生理指标达到了最佳状态。从添加有霍格兰营养液的研究来看，不论是形态指标还是生理指标都统一表现出：50% 浓度的营养液为处理枸杞插穗生根后期的最佳浓度。

叶绿素含量的测定实验结果得到：同一浓度条件下，茎尖和中断的 Chla、Chib 和 Chla＋b 高于老段，不同激素条件下，NAA 处理枸杞插穗的各项指标要优于 IBA 和 2,4-D。叶绿素含量是植物进行光合作用的物质基础，叶绿素含量的高低影响植物的光合作用，从而影响植物对有机物的积累；枸杞水培过程中，激素和营养液浓度以及枸杞不同部位插穗影响枸杞的叶绿素含量，从而影响枸杞的光合作用；Chla/Chib 值越小，枸杞的耐光性就越强，越适合温室水培。

丙二醛含量的测定实验结果表明，不同激素条件下 NAA200 mg/L 丙二醛含量要比其他水平下的高，IBA 和 2,4-D 清水对照的丙二醛含量比其他水平高。丙二醛是膜脂过氧化的最终产物，其含量的测定可以了解膜脂氧化伤害的程度，当浓度过高或过低时都不利于枸杞的生长。

可溶性糖含量测定的实验结果表明，对于不同枸杞插穗条件下 NAA 和 2,4-D 茎尖部位比其他部位可溶性糖含量高，IBA 中断比其他部位可溶性糖含量高。可溶性糖是植物体内重要的有机物质，是与植物体内有机物的转化有密切关系的一项生理指标。从营养液实验结果看出，50% 浓度营养液水培条件有利于枸杞对可溶性糖的积累。

根系活力的实验结果表明，NAA 和 2,4-D 处理枸杞茎尖部位比其他部位根活力高，IBA 处理中段比其他部位根活力高。植物靠根对养分和水分进行吸收，根系活力的大小对植物养分和水分的吸收有着至关重要的作用。对于营养液而言，浓度过高和过低都抑制植物的根系活力，不利于植物对养分和水分的吸收（王占林，2018）。

（六）柴达木枸杞育苗研究

1. 柴达木"青杞 1 号"组织培养 · 为了总结出适应青海气候条件、繁育快速、适合生产上应用的枸杞组织培养技术，加速优良株系的繁殖和推广，安焕霞等（2014，2015）通过国家星火计划重大项目"柴达木枸杞产业升级关键技术开发与示范"（2012GA870001）、青海省科技支撑计划项目"青海高原枸杞良种培育及快繁技术研究与示范"（2012-N-137）和青海省财政林业科技推广示范资金项目"青海枸杞新品种'青杞 1 号'组培扩繁技术研究"，以"青杞 1 号"为实验材料，对植物组织培养过程中外植体处理、继代繁殖、生根诱导等基本步骤的培养条件、培养基成分优化等方面进行研究，探索主要影响因素与培养效果的关系，以期归纳出组织培养条件下，青海枸杞快速繁殖的整套培养基配方和高效培养流程，为枸杞生产走上工厂化、产业化之路提供技术依据。

试验用量基本培养基 MS 使用了细胞分裂素和生长素。试验选取健康无病虫害的健康"青杞 1 号"植株，选择尚未木质化、带有隐芽的"青杞 1 号"鲜嫩枝条，从茎尖向下选择约 20 个叶片处作为标记，从标记处剪取枝条，并于 13:00 采集材料，带回实验室将采集的嫩枝剪去叶片，用毛刷蘸洗衣粉溶液轻轻刷洗后，浸泡 25～30 min，再用流水冲洗 2 h，然后切成 2.0～2.5 cm 长茎段（含 2～3 个腋芽），在超级工作台上用75%乙醇消毒30 s,无菌水冲洗2遍,再用0.1 mg/L HgCl₂消毒10 min,最后用无菌水冲洗5次以上。每处理50瓶,每瓶接种1个外植体,选用叶片作为愈伤组织的诱导材料。选择生长状况旺盛无污染的组培苗,适量剪取组培苗上2片叶片,作为叶片愈伤组织诱导材料(从"青杞1号"植株上剪取的叶片经过消毒处理,不仅受伤害较大,且易污染)。选用细胞分裂素6-BA与生长素NAA进行叶片愈伤组织诱导,每处理20瓶,每瓶接种2个叶片,重复3次。再经过愈伤组织分化、不定芽诱导、生根培养,采用EXCEL2003对正交实验数据进行统计处理,采用SPSS 17.0统计软件进行统计分析。

结论为不同外植体处理对组培苗污染率和诱导率的影响,最佳取材季节为5月、6月,此时,植株幼嫩新梢生长旺盛,有毒物质积累少;HgCl₂最佳浓度0.10 mg/L HgCl₂最佳消毒时间为10 min,在杀死细菌的同时,对外植体几乎没有伤害。叶片诱导愈伤组织最佳激素配比为MS+6-BA 0.7 mg/L+NAA 0.7 mg/L,诱导的愈伤组织在后面的试验中表现出具有高度再分化能力和旺盛的自我增殖能力。

愈伤组织增殖最佳激素配比为MS+6-BA 1.0 mg/L+IBA 0.8 mg/L+NAA 0.2 mg/L,接入增殖培养基15日后达到增殖高峰期,一个月后愈伤组织体积增长了5 cm³左右,并保持了较高的分化能力。

愈伤组织分化最佳激素配比为MS+KT 1.3 mg/L+NAA 0.02 mg/L,接入第6日开始有叶原基形成,在第9日后大量形成叶原基,在第20日时分化率达到86.7%,并且芽长势旺盛。

诱导不定芽最佳激素配比为MS+6-BA 0.8 mg/L+NAA 0.05 mg/L,芽的诱导率较高,为86.7%,平均芽长达到了5.83 cm,新芽长势旺盛,生长较快。

生根培养最佳激素配比为12 MS+IBA 0.3 mg/L+NAA 0.3 mg/L,初生根时间较短,仅有一周时间,并且生根率达到了88.39%,根系和茎叶长势旺盛。

2. GGR7号对宁杞1号成苗影响・郑贞贞等(2011)为优化宁杞1号嫩枝扦插技术,以清水为对照,研究50 mg/L、100 mg/L、150 mg/L、200 mg/L

GGR7号对宁杞1号插条成活率、平均根数、平均根长、平均根粗、平均新枝数、平均新枝长、根构型及生根部位的影响。GGR7号可提高宁杞1号枝条的生根速度、成活率、新枝长度、降低根粗。GGR7号可抑制宁杞1号插条多生根,而随着处理浓度的升高,抑制作用逐渐解除。高浓度(≥150 mg/L)GGR7号可促进宁杞1号愈伤组织生根。GGR7号对宁杞1号新梢数和生根数的影响不明显。GGR7号处理宁杞1号的最适浓度为150 mg/L。

实验选择在青海省农林科学院林业所的日光温室大棚内。采用嫩枝扦插繁殖,2010年6月17日做苗床,苗床土壤比例为森林土:耕作土=1:5,苗床规格为70 cm×6 m×15 cm,土壤用硫酸亚铁400 g消毒。6月18日采集当年生半木质化宁杞1号枝条,剪成1~2个节长,插穗长10 cm左右,除去下部叶片,保留3~4个上部叶片,叶片剪去1/3~1/2,每45根扎成小捆。5个处理,3次重复,剪好后分别浸泡在50 mg/L、100 mg/L、150 mg/L、200 mg/L GGR7号溶液中,以清水为对照,浸泡高度至插条基部1/3处,浸泡时间为2 h。然后按行株距5 cm×10 cm定点扦插,扦插深度约为3 cm,挂牌,扦插结束后立即浇透水。扦插后在温室内搭设遮阳网,使自然透光率保持在70%左右,相对湿度保持在80%以上,温度保持在25~30 ℃。试验时间为6月17日至9月16日。从7月2日开始每隔7天测量插条高生长量和成活数。9月16日,测量成活宁杞1号枝条的根系和新枝生长数据。根构型研究参照《苹果根系研究》。数据采用Excel和SPSS 17.0进行统计分析。

该试验结果表明,植物生长剂GGR7号可提高宁杞1号的成活率;当GGR7号浓度为50~150 mg/L时,随着处理浓度的升高,成活率逐渐上升,浓度为150 mg/L时达到最高值,之后随着浓度的升高成活率开始下降。适当高浓度(≤150 mg/L)GGR7号能促进宁杞1号新生枝条生长,但浓度过高(≥200 mg/L)会抑制其生长。GGR7号对宁杞1号根长的影响不大,这可能是由于插条扦插时间过长,导致GGR7号对根系的影响开始弱,使得根长趋于一致而造成的误差。GGR7号能抑制宁杞1号根变粗。GGR7号能抑制宁杞1号插条多生根,而随着处理浓度的升高,抑制作用逐渐解除。适当高浓度(≥150 mg/L)

GGR7 号能促进愈伤组织生根。GGR7 号对宁杞 1 号的新梢数和生根数的影响不大。综合上述分析，150 mg/L GGR7 号处理下，宁杞 1 号插条的成活率、新梢长和根长都达到最大值，表明 150 mg/L 是 GGR7 号处理宁杞 1 号的最适浓度。

3. 不同激素对青杞 1 号生长影响·安焕霞等（2015）以枸杞品种青杞 1 号叶片为外植体，比较不同激素浓度和配比对叶片愈伤组织诱导、愈伤组织生长的影响。实验为防止材料污染现象发生而影响试验结果，本试验从无菌组培苗（由柴达木枸杞产业升级关键技术开发与示范项目提供）上采集叶片。采用：①培养条件：主要是温度和照度，温度均为（23±1）℃，光照时间 16 h/天，照度 1 000～1 600 lx。另外 MS 培养基为基本培养基，并添加蔗糖 30 g/L、琼脂 6.0 g/L，调节 pH 为 5.8～6.0，在容量为 150 mL 的三角瓶中装入 50 mL，在手提式高压灭菌锅中，于 121 ℃灭菌 23 min。②激素配制：1 mg/mL NAA、IBA、6 - BA 的配制：称取 0.1 g 药粉，加 1 mL 蒸馏水，滴入 0.1 mol/L NaOH 反复摇晃，再滴入 NaOH，一直到药物全部溶解，然后用 100 mL 容量瓶加水定容，盖塞后摇匀。1 mg/mL KT 的配制称取 0.1 g 药粉，加 2～3 ml 蒸馏水，滴入 0.1 mol/L NaOH 反复摇晃，再滴入 NaOH，一直到药物全部溶解，然后用 100 ml 容量瓶加水定容，盖塞后摇匀。③实验采取叶片愈伤组织诱导，愈伤组织增殖与愈伤组织分化进行结果分析。结果表明，诱导叶片产生愈伤组织最佳的激素浓度与配比是 0.7 mg/L NAA＋0.7 mg/L 6 - BA；对愈伤组织增殖效果最好的激素浓度与配比是 1.0 mg/L 6 - BA＋0.8 mg/L IBA＋0.2 pg/L NAA；对愈伤组织分化效果最好的激素浓度与配比是 1.3 mg/L KT＋0.02 mg/L NAA。

4. 宁杞 7 号硬枝扦插研究·王桂兰（2014）采用不同扦插基质、不同植物生长调节剂及同一植物生长调节剂- ABT 的不同浸泡时间，观察宁杞 7 号硬枝扦插成活率的影响，结果表明以上层东北泥炭＋下层净河沙＝2∶1 的扦插基质生根效果最好，成活率达 86.7%。在不同植物生长调节剂与浸泡时间对插穗生根效果的影响中，以 ABT 生根粉生根效果较好，浸泡时间宜采用 4～5 h，成活率分别达 88.3%和 81.7%。

实验用宁杞 7 号插穗（粗度 0.5～1.0 cm）来源于国家枸杞工程技术研究中心引进的无病虫害健壮植株。插穗生根剂采用 1 000 mg/L ABT（艾比蒂）生根粉，100 mg/L 双吉尔- CGR 和 100 mg/L IBA。扦插基质采用 6 种基质：A. 园土；B. 黑土；C. 东北泥炭；D. 净河沙；E. 东北泥炭＋净河沙＝1∶1；F. 上层东北泥炭＋下层净河沙＝2∶1。基质扦插前用 0.5%高锰酸钾进行消毒。实验从不同扦插基质对插穗生根效果的影响；不同植物生长调节剂对插穗生根效果的影响以及植物生长调节剂不同浸泡时间对插穗生根效果的影响这三个方面研究宁杞 7 号成活情况。得出以下结论：

（1）不同扦插基质对插穗生根效果的影响：不同扦插基质对插穗生根的影响显著，以上层东北泥炭＋下层净河沙＝2∶1 的扦插基质生根效果最好，成活率达 86.7%。

（2）不同植物生长调节剂对插穗生根效果的影响：在不同植物生长调节剂对插穗生根效果的影响中，哚丁酸（IBA）、CCR、ABT 生根粉 3 种植物生长调节剂处理中成活率最高的是 ABT 生根粉，成活率达 81.7%，CCR 成活率最低为 48.3%。

（3）植物生长调节剂- ABT 生根粉不同浸泡时间对插穗生根效果的影响在植物生长调节剂- ABT 生根粉不同浸泡时间对插穗生根效果的影响中，以浸泡 4 h 和 5 h 处理对插穗成活率影响较大，成活率分别达 81.7%和 88.3%，速蘸成活率较低为 51.7%。因此，宁杞 7 号硬枝扦插采用上层东北泥炭＋下层净河沙＝2∶1，插穗用 100 mg/L ABT 生根粉浸泡 4～5 h 易于生根成活。

（七）柴达木枸杞育苗规程

随着枸杞产业发展，种植面积扩大，育苗需求量与日俱增，为满足市场需求，柴达木地区科技人员和生产一线人员总结了一套育苗技术与经验，形成了柴达木枸杞育苗系列规程（详见附录一、附录二、附录三）。

第三节　柴达木枸杞丰产栽培技术

丰产栽培技术主要内容包括良种选择、苗木定植、整形修剪、水肥管理、病虫害防治技术等。

一、枸杞适宜栽培条件

枸杞栽培的主要范围为柴达木盆地、共和盆地和黄河谷地有灌溉条件的地区，以柴达木地区的诺木洪、大格勒、怀头他拉等地为枸杞经济林栽培的最适宜地区，生产的枸杞质量好，产量高。年均气温 4 ℃以上，＞10 ℃有效积温 1 500 ℃以上，一年内日均气温稳定通过 0 ℃的天数 215 天以上、年日照时数大于 3 000 h 的气候条件下适宜枸杞经济林栽培。

枸杞栽培选择土层深厚、土壤疏松、有排灌条件的灰棕漠土、风沙土、棕钙土、灰钙土、栗钙土土地。一般要求有效活土层 30 cm 以上，土层深度 1.0 m 以上，地下水位 1.5 m 以下，pH 8.0 以下。

二、良种选择及苗木要求

青海高原生长期短、有效积温低，枸杞栽培品种应选择早熟品种为宜，枸杞苗木应选择抗性强、产品优、产量高的良种壮苗。

（一）良种选择

在枸杞生产中，枸杞种苗应采用无性繁殖的一至二年生苗木，确保苗木品种的纯正。柴达木地区适栽优良品种宁杞 1 号和宁杞 7 号等。宁杞 1 号、宁杞 7 号和柴杞 1 号，2012 年已通过青海省林木品种审定委员会的良种审（认）定，并发布公告，在枸杞产业发展中可作为林木良种使用，并在规定的适宜种植范围内推广。

（二）苗木要求

1. 起苗要求·出圃前一周左右灌一次起苗水。起苗时防止机械损伤，尽量保持根系完整。起苗时沿扦插行方向挖深 30～40 cm 的沟，顺沟起挖。

2. 苗木分级·枸杞苗木分级标准按表 8-1 质量分级标准执行。出圃时选用Ⅰ、Ⅱ级苗，严防等外苗出圃造林。

表 8-1　枸杞苗木质量分级标准

树种名称	苗木种类	苗龄	苗木等级						综合控制指标	Ⅰ、Ⅱ级苗百分率（%）
			Ⅰ级苗			Ⅱ级苗				
			地径＞(cm)	苗高＞(cm)	根幅＞(cm)	地径(cm)	苗高(cm)	根幅(cm)		
枸杞	扦插苗	1	0.5	50	15	0.4～0.5	40～50	10～15	无病虫害、无机械损伤	75

3. 包装运输与假植

（1）包装运输：运输距离较远的枸杞苗木，起苗后根系沾泥浆，每 50 株为一捆，根系套保湿袋后，装入草袋等包装材料。外挂标签，并附苗木检疫证书和苗木生产许可证。随包装随运输，尽可能减少运输时间。

（2）假植：选择土壤湿度较大、排水良好、背风向阳的地方，挖深、宽各 40～60 cm 的沟，将分级好的苗木去包装解捆，单株倾斜排列于假植沟内，用湿土埋根，做到疏摆、深埋、分层压实。有条件的地方，苗木可窖藏，用湿土埋压根部。

三、整地与施基肥

在枸杞定植前一年秋季实行全面整地，依地块平整土地，深耕并耙耱。结合整地施足基肥。基肥以有机肥为主。施基肥依栽植方式和密度可采用按穴施、带施，也可全面施肥。低密度栽植基地采用大穴培肥，株施腐熟的有机肥 3～5 kg，施肥时将肥料与表土混匀回填;高密度栽植基地要全面施肥,施肥量为施腐熟有机肥 133～200 kg/亩,将肥料全园均施后深翻;宽带栽植,采用带状施肥,施腐熟有机肥 200～267 kg/亩。依灌水方式把地块分为 0.5～1.0 亩的小区,做好隔水埂,灌足冬水。

四、定植

枸杞于土壤解冻至萌芽前,即 4 月中下旬开始栽植,最迟不得延至苗木发芽。

枸杞种植密度决定着枸杞林未来产量的高低,尤其对前期产量影响更大,合理的栽植密度尤为重要。如地块较小,且主要以人工方式作业,一般采用 1.5 m×2.0 m 或 1.0 m×2.5 m、1.0 m×2.0 m 的栽植株行距,栽植密度为 222～333 株/亩;地块较大,采用机械化或半机械化耕作,适宜采用带状栽植,株行距 1.0 m×3.0 m,栽植密度为 222 株/亩。

栽植方法采用穴植法。春季土壤解冻后,按规定的株行距,挖长、宽、深各 50 cm 的栽植穴。将苗木放入穴中央,扶正苗木,填湿表土,提苗、踏实,再填土至苗木根径处,踏实覆土,栽植完毕及时灌水。苗木定植后立即定干,定干高度 50～60 cm。

五、松土除草

枸杞园结合除草每年翻耕 2～3 次。春季土壤解冻后,浅翻土壤 10～15 cm,不仅可以充分曝晒土壤,消灭杂草,而且能起到保墒和提高土温的作用。每年 5～8 月中耕除草 2～3 次,深度 5～10 cm。第 1 次在 5 月下旬,第 2 次在 6 月下旬,第三次在 7 月份完成。为了增加和补充土壤肥力,在枸杞栽植行间可种植箭舌豌豆等绿肥,秋季栽植带内深翻 30～40 cm,将箭舌豌豆翻压在土壤内。根盘范围内,适当浅翻,减少对根系的损伤。通过翻耕疏松土壤,增加活土层,消灭杂草。

六、后期施肥

施肥以有机肥为主,辅以无机肥。

枸杞栽植后每年 9 月下旬至 10 月中旬灌冬水前,在 5 月初春梢萌发前施基肥。基肥施肥量根据树冠大小、长势强弱,土壤肥力状况等来定,一般株施腐熟的有机肥 3～5 kg,但要根据实际情况调整,大树比小树多施,弱树比旺树多施,贫瘠地比肥沃地多施。在枸杞生长和结果期间需增施速效无机肥,一般株施二铵 0.45 kg,尿素 0.09 kg,以弥补秋施有机肥的不足,可采用土壤追施和叶面追施两种方法。

(1) 土壤追施:4 月下旬至 5 月初,春梢萌发,追施磷酸二铵复合肥 20～30 kg/亩;7～8 月 2 次追施尿素 20～30 kg/亩。追肥时在树冠外缘开沟 20～30 cm 深、宽 30 cm 的环形沟,或在树冠外缘开深 20～30 cm 的对称沟。将定量的肥料施入沟内,与土拌匀后封沟灌水。

(2) 叶面追施:从 5 月下旬至 9 月中旬,根据枸杞各生长发育期对养分的需求,适时进行叶面喷施。叶面肥可采用 0.5%尿素和 0.5%磷酸二氢钾混合肥液。

七、灌溉

枸杞栽培区干旱少雨,枸杞生长需水必须靠适时灌溉解决。枸杞对水要求较高,水分管理要视树龄,栽植密度、土壤类型、地下水位的高低及各发育期的生长状况确定灌溉次数和灌溉量。枸杞林灌溉要做到浅灌、勤灌、适时灌,全年灌溉 5～7 次。水源充足的地方可全面灌溉,在缺水地区可进行沟灌、滴灌、喷灌。

(1) 1～3 年生幼林:土壤解冻后灌第 1 次春水,生长期每 20 天灌溉一次,11 月初灌冬水。

(2) 3 年以上成年树林:土壤解冻后灌第 1 次春水;发芽生长至初果采果前每 15～20 天灌水一次;每次采果后灌 1 次,采果期气温高,灌水宜在早晚进行;11 月初灌冬水。灌水量春水、冬水用量较大,其他各次灌溉以浅灌为宜,不能大水漫灌,否则会提高地下水位或长期积水,影响枸杞生长。

八、整形修剪

枸杞整形修剪是提高枸杞经济林经营效益的重要技术措施,以实现早产、丰产、稳产为修剪目标。枸杞树势旺盛,枝条生长快,整形修剪一般不过分强求形状,应因树修剪,随枝造形。枸杞修剪有多种适用树形,但整形修剪原则基本相同,只是各树形的主枝量和层次不同。生产中多选用半圆形,密植园也可选用长圆锥形、疏散分层形,稀植林则宜选用半圆形。

九、病虫害防治

在长期生产实践中,枸杞生产者和科研人员总结出了青海产区主要病虫害种类及其控制技术,为枸杞生产提供了一套科学性强,符合青海柴达木实际的病虫害防控技术体系。

十、枸杞林鸟、畜危害及预防

鸟对枸杞的危害主要是啄食成熟的果实,降低枸杞的产量和品质。其中以麻雀的危害最严重,成群的麻雀大量啄食枸杞果实可造成减产,而且被啄食的浆果基本不能采收,即使采收回来,晾干后也不成形,颜色发黑,成为等外品。防止鸟害主要采取惊吓、拉网、驱赶的方法,同时要加强管理,以减少危害。

牲畜危害主要是践踏园地,啃食嫩枝,折损老枝,特别是枸杞树枝节多,针刺多,若羊群进入枸杞园,树枝常常勾挂羊毛,对枸杞生长不利。防治方法主要是加强管理,严禁畜群进入枸杞园。

第四节 柴达木枸杞篱架栽培创新技术

根据青海柴达木盆地的自然条件,要提高枸杞果实产量与质量,必须从高寒气候条件影响产量的实际出发,创新枸杞种植栽培思路。柴达木枸杞从花芽形成到果实成熟时间周期长,加上高原风沙频发,严重影响果枝组向空间伸展,枸杞产量与质量受到影响。为有效推动柴达木枸杞产业提质增效,樊光辉等人研究了枸杞栽培篱架技术。该技术2016年获国家知识产权局实用新型专利证书,解决了高原干旱区频发的风沙危害和高寒气候条件对枸杞生产所带来的负面影响,解决了制约青海枸杞果实质量提升和产量提高的核心问题,如频发的风沙危害,导致大部分枸杞植株向主风向倾斜,结果枝组也随之倒向一侧,结果后大量结果枝匍匐在表面,使果实沉落在泥土糜烂变质,严重影响到产品质量和产量,以及高原高寒气候条件下,花芽分化时间较晚,从花芽分化到果实成熟周期较长,生产的枸杞果实虽然具有独特的优势,有效成分含量高、果实大、质量上乘,但果实成熟期晚,采摘次数少,影响总产量。篱架枸杞栽培解决了这些瓶颈问题。

针对频发的风沙危害和高寒气候条件,要解决枸杞果实质量提升和产量提高的技术难题,必须改变思路,提升栽培技术创新能力,打破现有的栽培管理模式。这一技术专利解决了枸杞受风沙危害的问题,有效提高枸杞植株抗风能力和通风透光性,显著提高了枸杞的生长指标,降低了生产成本,提高生产效益。该成果达到了国内领先水平(王占林,2018)。

一、篱架栽培技术试验

(一)篱架栽培模式构建与效率分析

通过采用篱架设施为枸杞植株搭建辅助支撑架,提高结果主枝骨架高度,培养抵御风沙危害的枸杞立体结果枝组。同时,通过增施有机肥、水肥一体化、病虫草害生物防控和机械采收等关键技术的综合配套,形成立体结果、水分高效利用、化肥农药减量增效和果实采收降低劳动成本的创新生产模式。

该实验通过宁杞1号和宁杞7号种苗定值、篱架材料选取、树性指标统计分析、对结果枝影响分析、果实产量分析、篱架条件下病虫害防控效率对比分析以及劳动率对比分析,得出以下结论(王占林,2018)。

(1)筛选出枸杞篱架搭建的材料:以节能减排、降低成本和高效合理为出发点,采用相关材料搭建篱架设施,结合枸杞质量和产量以及抵御风沙的能力,筛选出篱架搭建的材料。采用角钢制作支柱,从内向外斜顶柱加强端头立柱的坚固性,采用12♯冷拔钢丝作为支撑层材料,绑缚材料采用防紫外线的黑色尼龙扎带。

(2)筛选出不同枸杞栽培品种篱架支撑层高度的合理配置模式:生长势中的枸杞品种篱架支撑层采用60 cm、105 cm和150 cm的模式,生长旺盛的枸杞品种篱架支撑层采用70 cm、110 cm和150 cm的模式。

(3)得出了枸杞篱架栽培对树性指标的影响效

应：篱架栽培条件下树高187.1 cm,树冠半径80.5 cm,结果枝90.9枝;普通栽培条件下树高86.6 cm,树冠半径75.3 cm,结果枝67.6枝,增幅分比为树高116.05%,树冠半径6.9%,结果枝33.14%。

(4)篱架栽培条件下,枸杞结果枝分布空间为1.27 m³,普通栽培条件下为0.60 m³,增幅112.02%。篱架栽培条件下,结果枝长可达到74.16 cm,而普通栽培条件下结果枝长57.81 cm,增幅为28.28%。

(5)篱架栽培条件下,匍匐在地表的枸杞结果枝为2个,匍匐率2.28%,从每个单株看,匍匐于地表的结果枝最多的为4个,最小为0,匍匐率分别为4.12%和0。普通栽培条件下,匍匐于地表的结果枝为44个,匍匐率66.97%;从每个单株看,匍匐于地表的结果枝最多达90个,最小也有25个,匍匐率分别为80.43%和45.12%。

(6)篱架栽培条件下,枸杞结果枝梢距地表高度为56.57 cm,最大值为66.79 cm,最小值为49.14 cm,普通栽培条件下,结果枝梢距地表高度为2.91 cm。根据试验地调查,篱架栽培条件下,单株干净果6 499.2 g,糜烂果29.2 g,糜烂率0.45%,按3 333柱/hm²计。产量以干净果计,鲜果产量达21 642.3 kg/hm²,损失以糜烂果计,鲜果损失为97.2 kg/hm²。普通栽培条件下,单株干净果4 838.0 g,糜烂果1 128 g,糜烂率23.62%,按3 333柱/hm²计,产量以干净果计,鲜果产量达16 110.6 kg/hm²,损失以糜烂果计,鲜果损失为3 765.3 kg/hm²。以干净果为总产量计,引用篱架栽培技术后增产为34.34%,如果将糜烂果也纳入总产量中,引用篱架栽培技术后增产9.43%。

(7)篱架栽培条件下,枸杞地喷洒农药劳动效率为0.41 hm²/h,药剂量为235.75 kg/hm²,普通栽培条件下,枸杞地喷洒农药劳动效率为0.36 hm²/h,药剂量为266.7 kg/hm²。通过引用篱架栽培技术,喷洒农药劳动效率提高16.18%,节约喷施药剂14.27%。

(8)篱架栽培条件下,枸杞采摘效率为9.92 kg/h,日采摘量为99.24 kg,采摘收入为297.72元/(人·天);普通栽培条件下,采摘率为9.00 kg/h,日采摘量为90.01 kg,采摘收入270.03元/(人·天)。通过篱架栽培技术的引用,采摘效率提高10.25%,采摘工人增加收入为27.68元/天。

(9)篱架栽培条件下,枸杞树修剪效率为22.28柱/h,日修剪按10 h计,修剪株数为222.83株/(人·天),修剪费按1.50元/株计,工人收入为334.25元/(人·天),10株枸杞所产生的废弃枝为5 075 g;普通栽培条件下,枸杞树修剪效率为16.75株/h,日修剪按10 h计,修剪株数为167.53株/(人·天),修剪费按1.50元/株计,工人收入为251.30元/(人·天),10株枸杞所产生的废弃枝为6 085 g。通过枸杞篱架栽培技术的引用,整修修剪效率提高37.75%,人增加收入94.85元/天,废弃枝减少19.9%。

(二)柴达木有机枸杞篱架栽培管理技术试验

吴振山等(2016)通过对柴达木地区枸杞有机栽培管理技术研究结果表明,篱架栽培技术、田间管理技术以及病虫害生物防治技术是获得枸杞高产稳产的根本保证;中密度和低密度的枸杞园产量高,尤其是低密度的枸杞园,效益最好。密度管理和控制是提高枸杞产量品质的核心;实验选择宁杞7号苗木,以符合枸杞生长的空气、水质、沙壤或中壤土为园地,进行田地优化管理。

1. 篱架栽培技术试验·采用篱架栽培设施,结合抗风沙结果主枝骨架和立体结果枝组培养等技术是枸杞提质增效的新技术。

(1)篱架设施材料与结构。考虑支撑立柱的稳固性和成本,地头两端采用水泥预制立柱,中间选用直径在10~15 cm的木棒,水泥预制立柱高200 cm、长宽各10 cm,内置2根直径8 mm以上钢筋,木棒和角钢高按苗木实际高度而定。支撑立柱栽植以栽植行为基准线,深度均为50 cm,采用水泥商砼浇筑,间距10 m,支撑钢丝绳穿眼孔,高度从地表起预留成50 cm。支撑立柱固定后,采用8♯钢丝绳搭设支撑架层,每根立柱预留穿眼孔,将钢丝绳穿过穿眼孔,利用紧线设备将钢丝绳拉紧。

(2)结果主枝骨架培养。种苗定植后,按照第一层篱架钢丝绳高度定干,定干高度低于钢丝绳高度15 cm,有针对性地沿钢丝绳平行方向培养2个结果主枝,采取抹芽、重剪等技术,复壮结果主枝,并将结果主枝绑缚在钢丝绳上,绑缚方法以牵制住结果主枝方位即可,不可绑缚过紧,避免后期结果主枝加粗后绑缚带造成拘束影响。同时在结果主枝上选留 2 个背上枝(每个结果主枝选留 1 个),并加以复壮,为第二层结果主枝的培养打好基础。第二层培养方法与第一层基本相近,只是结果主枝加倍,变成 4 个结果主枝,向内的 2 个短截,向外的 2 个适当甩放,加大结果枝组培养的空间宽度,与相邻的植株要协调,结果后不能相互影响。同时在结果主枝上选留 4 个背上枝(每个结果主枝选留 2 个),并加以复壮,为第三层结果主枝的培养打好基础。第三层培养方法基本相同,不同之处是要收顶,培养高度超过 160 cm,将影响果实的采摘和田间管理,关键技术环节是及时清除背上枝,达到封顶的效果。

(3)立体结果枝组织培养。三层结果主枝培养需要 3 年,一年培养一层,第一、二年重点复壮结果主枝骨架和结果主枝枝组,将选留的结果主枝骨架枝上的背下枝全部清除,选留的背上枝培养下一层骨架枝,其余背上枝根据空间需要选留,被选留的短截,短截高度 15~20 cm,侧枝根据空间选留,10~15 cm 间距交互选留,并及时短截。第三年培养第三层,同时,通过封顶、短截等措施,整体调整、平衡树势,最终培养成篱架支撑的"一面墙"式立体结果枝组。第四年以后,按照结果期正常的栽培技术进行管理,在休眠期修剪中,及时清除徒长枝和不合理的新生枝,及时更换不合理的绑缚材料;维护好立体结果枝组骨架的基本结构,抵御风沙危害,实现增产的总体目标。

(4)幼龄期主干和结果主枝骨架复壮技术。第一层结果主枝是培养立体结果主枝的基础,结果后结果枝组会受果实重力下沉,定干高度过低,大部分果实与地表接触,造成严重浪费;定干高度过高,结果后植株抵御风沙危害的能力下降。以定干高度为 50 cm 为标准,结合后期主干和结果主枝骨架复壮技术,筛选适宜的定干高度。在第一层结果主枝上培养第二层结果主枝,除结果主枝保持正常生长外,结合抹芽和萌生新枝疏剪技术,清除结果主枝和主干上萌发的所有新芽和新枝,引导养分全部提供给主干和结果主枝的生长发育,起到复壮效果。经过前 2 年的培养,基本形成健壮的主干和结果主枝基本骨架,为后期结果枝组的培养提供抵御风沙能力较强的支撑架。第三年,为复壮主干和结果主枝,适量留一部分结果新枝,清除多余的新生枝。选留的结果枝结合抹芽、摘心、短截、拉枝等技术,培育二级

结果枝组,摘除大量花芽,引导养分集中供给结果枝组,复壮结果枝组,基本形成抵御风沙能力较强的立体结果枝组骨架。第四年以后按照正常的栽培技术进行管理,在休眠期修剪中,及时清除主干和基部的萌蘖弱条,及时清除结果主枝上抽生的多余的幼条,维护好立体结果枝组骨架的基本结构,实现抗风沙增产值的目标。

2. 不同树龄及密度林产量分析·不同树龄不同密度的产量差异大。从二年生至七年生,枸杞产量逐步增加。三年生以前的差异不大,六年生和七年生时明显看出以中密度和低密度的枸杞园产量高,尤其是低密度的枸杞园产量,效益最好。因此,采取科学的栽培管理技术是提高枸杞产量品质,获得良好经济效益的关键。

3. 实验结论

(1)篱架栽培、整形修剪以及病虫害生物防治技术是枸杞获得高产稳产的根本保证。

(2)密度管理和控制是提高枸杞产量品质的核心。试验结果表明,以中密度和低密度的枸杞园产量高,尤其是低密度的枸杞园产量高、效益好。因此,采取科学的栽培管理技术是提高枸杞产量品质,获得良好经济效益的关键(吴振山,2016)。

二、篱架栽培的技术优势

篱架栽培技术对提升柴达木枸杞产量和质量具有重要意义,这一技术创新是柴达木枸杞栽培史上一次重要革新,与普通栽培方法相比具有重大优势。

(1)提升了柴杞植株的抗风能力,解决了旱枝倒伏问题。

(2)提高了结果主枝高度,提高结果枝梢离地高度,解决了果实腐烂问题。

(3)培养多层结果枝组,增加结果枝数量,延伸结果枝空间,实现主体结果,比普通栽培方法增产 34% 以上。

(4)提高通风透光性,减少病虫害的发生。

(5)提高全株果实的均匀度,提高商品率。

(6)降低了田间管理劳动成本,喷洒农药劳动效率提高 16%,节约药剂 14%,整形修剪效率提高 30%。

(7)提高了果实采摘效率,比普通栽培采摘效率提高 10% 以上,采摘人员每天多收入 27 元以上。

三、篱架枸杞栽培技术规程

篱架栽培技术是柴达木枸杞种植实践中总结得出的经验,是一种实用新型栽培技术。经有关单位试验,总结出其技术规程(见附录四)。本规程对枸杞质量产量有重大作用。

第五节 柴达木枸杞病虫害防控技术

随着枸杞在青海的种植面积不断扩大,枸杞病虫害呈上升趋势,天然枸杞林和人工栽培林均遭受病虫害的严重侵害。如发生在天然林的(枸杞绢蛾)枸杞树有虫株率超过 50%,树叶毁损率 90% 以上,受害枸杞树几乎无枸杞果产出;发生在栽培枸杞林的害虫棉蚜,在每年 7~9 月发生,在枸杞产区短期内暴发成灾,对枸杞鲜果造成毁灭性损害,很难用化学药剂降低其种群数量及危害。每年可使该地区枸杞果减产 1/4~1/3 左右,严重时减产 4/5。棉蚜不仅降低枸杞产量,其分泌的蜜露将成熟的枸杞果粘在一起,难采摘、难加工。成品枸杞果变黑,其品质和商品价值严重降低。仅 2011 年棉蚜造成果农直接经济损失超过 5 亿元人民币。病虫害已严重威胁枸杞天然原始林生存以及枸杞栽培区生产,给当地枸杞林造成了一定的经济损失。据报道,柴达木盆地枸杞病害有 4 种(根腐病、白粉病、流胶病和黑果病),害虫有 4 种(枸杞蚜虫、枸杞木虱、枸杞负泥虫和枸杞螨)。摸清青海枸杞林病虫害种类和主要病虫害发生规律,明确本地枸杞病虫害的重点防治对象,是当地枸杞生产及枸杞生态林保护亟待解决的问题。

一、柴达木枸杞病虫害调查

严林(2017)于 2009—2016 年调查了青海天然枸杞林和栽培枸杞林病虫害及其天敌昆虫种类和主要病虫害发生规律。在当地枸杞林有害虫 34 种,病害 7 种,天敌昆虫 32 种。对栽培红果枸杞生产造成较大影响的病害有:枸杞白粉病、根腐病、干热风害和霜冻害。34 种枸杞害虫隶属于节肢动物 2 纲 7 目 18 科;栽培红枸杞的主要害虫有棉蚜、白枸瘤螨、枸杞木虱、枸杞绢娥;天然枸杞林重要病虫有枸杞绢蛾;白枸瘤螨和枸杞白粉爽。黑果枸杞主要病虫有 2 种,枸杞瘤瘿螨和枸杞白粉病。枸杞干果(黑果枸杞和红果枸杞)的重要仓储害虫是印度谷斑螟。枸杞蚜虫类的主要天敌昆虫为瓢虫类和丽草蛉,枸杞瘿螨类的主要天敌昆虫是枸杞瘿螨姬小蜂,枸杞木虱的优势天敌为莱曼氏蚁。

(一)调查地点

枸杞病虫害全面普查样地设置在青海天然枸杞林和栽培枸杞林分布区,共设 31 个调查点,栽培枸杞林调查样点的树龄 1~15 年,树高 0.7~1.7 m,树冠幅 0.5~2.0 m,株距×行距为(1.0~1.5)m×(2.0~3.0)m。天然枸杞林树高 0.3~3.0 m,树冠幅 0.3~3.5 m。栽培枸杞林的主要树种是宁夏枸杞、宁杞 1 号,其次是宁杞 7 号,还有少量宁杞 2 号、宁杞 3 号、宁杞 4 号、宁杞 5 号、柴杞 1 号、蒙杞 1 号、北方枸杞、新疆枸杞、黑果枸杞和红枝枸杞。天然枸杞林的主要树种因地区有差异,柴达木各地(都兰、格尔木、德令哈)天然枸杞林中分布最多的是宁夏枸杞,其次是黑果枸杞,还分布少量的新疆枸杞。西宁周围地区天然枸杞林中分布最多的是北方枸杞,少量为宁夏枸杞。调查样地的地理位置范围北纬 36°13′53.7″~36°22′59.4″,东经 95°42′36.9″~101°44′38.0″,海拔 2 336~3 199 m。

枸杞主要病虫害发生规律定点调查以诺木洪基地为主,以都兰芋芋农场和巴隆、德令哈平原村、青海大学等定点调查样地为辅。

(二)研究方法

1. 全面普查·采取网捕、手捉、挖土、灯诱相结合的方法采集昆虫标本。

2. 定点调查·在基地枸杞园里随机选择 20 株枸杞树,每株树在东、西、南、北、中 5 个方位,每个方位固定选 1 个枝条(或花穗、果实)作为调查对象。于每年萌芽期、抽梢期、开花期、坐果期、果实采收期进行调查,每 10 日调查 1 次,观察和记录枸杞受害部位和危害程度。

（三）害虫种类

目前青海枸杞林害虫共有 34 种,隶属昆虫纲 6 目 17 科共 29 种,蛛形纲 1 目 1 科 5 种,详见表8-2。在柴达木盆地区域,发生栽培枸杞(宁夏枸杞各品种)的主要害虫是棉蚜(*Aphis gossypii*)、白枸杞瘤瘿螨(*Aceria pallida*),次要害虫是枸杞木虱(*Paratrioza sinica*)、枸杞负泥虫(*Lemna decernpunctata*)、印度裸蓟马(*Psilothrips indicus*)和甜菜象(*Bothynoderes* sp.)。发生在天然枸杞林(宁夏枸杞、新疆枸杞、红枝枸杞)的主要害虫是枸杞绢蛾(*Scythris buski*)、白枸杞瘤瘿螨和枸杞木虱,次要害虫是枸杞伊麦蛾Ⅰ(*Lseopsis erichi*)和戈壁宽头盲蝽(*Sthenaropsis gobius*)。在青海海南藏族自治州共和县及西宁地区,栽培枸杞(宁夏枸杞"宁杞 1 号"和"宁杞 7 号")的主要害虫是白枸杞瘤瘿螨枸杞实蝇(*Neoceratitis asiatica*)和枸杞木虱。天然枸杞林(北方枸杞、宁夏枸杞)的主要害虫是白枸杞瘤瘿螨和枸杞木虱。黑果枸杞的主要害虫为枸杞瘤瘿螨(*Aceria* sp.)。枸杞干果(黑果枸杞和红果枸杞)的重要仓储害虫是印度谷斑螟(*Plodia interpunctella*)。

表 8-2　青海枸杞林害虫名录

序号	害虫名称	寄主类型为部位	发生程度	为害期	分布区域
1	华北蝼蛄(单刺蝼蛄)	天然枸杞根部	＋	6～9 月	青海枸杞产区
2	棉蚜	天然枸杞和栽培枸杞嫩枝梢、叶片、花、果实	＋＋＋＋	6～9 月	中国所有枸杞产区
3	桃蚜	天然枸杞嫩枝梢、叶片、花、果实	＋＋	7～8 月	中国所有枸杞产区
4	马铃薯长管蚜	栽培枸杞叶片	＋	6～7 月	诺木洪、西宁
5	枸杞木虱	天然枸杞和栽培枸杞叶片	＋＋＋＋	5～9 月	中国所有枸杞产区
6	异色蝽	栽培枸杞叶片	＋	7～8 月	青海诺木洪、都兰、格尔木
7	新疆菜蝽	天然枸杞和栽培枸杞叶片	＋	7～8 月	青海都兰、德令哈、格尔木
8	牧草盲蝽	天然枸杞和栽培枸杞叶片	＋＋	6～9 月	青海都兰、诺木洪
9	戈壁宽头盲蝽	天然枸杞叶片	＋＋＋	7～8 月	青海都兰、格尔木、诺木洪,内蒙古,甘肃,宁夏
10	戈壁琵甲	天然枸杞根部	＋	5～10 月	青海都兰
11	达氏琵甲	天然枸杞根部	＋	5～10 月	青海都兰
12	枸杞负泥虫	天然枸杞和栽培枸杞幼树的叶片	＋＋＋	5～9 月	中国所有枸杞产区
13	枸杞龟甲	天然枸杞和栽培枸杞叶片	＋＋	6～9 月	青海西宁、乌兰,宁夏
14	里叶甲	栽培枸杞叶片	＋	6～7 月	青海都兰
15	大绿叶甲	栽培枸杞叶片	＋	6～7 月	青海德令哈
16	胫突萤叶甲	栽培枸杞叶片	＋	7～8 月	青海德令哈
17	红斑郭公甲	栽培枸杞叶片	＋	7～8 月	青海都兰
18	甜菜象	栽培枸杞叶片、根部	＋＋＋	5～7 月	青海都兰
19	银灰毛足象	栽培枸杞叶片、根部	＋	7～8 月	青海诺木洪
20	巴隆小爪象	栽培枸杞叶片、根部	＋	7～8 月	青海都兰、德令哈
21	都兰钝额斑螟	天然枸杞叶片	＋	7～8 月	青海都兰、诺木洪、格尔木
22	印度谷斑螟	储藏的黑枸杞和红枸杞干果	＋＋＋	5～10 月	中国枸杞产区

（续表）

序号	害虫名称	寄主类型为部位	发生程度	为害期	分布区域
23	灰斑台毒蛾	天然枸杞叶片	＋＋	7～8月	青海都兰、诺木洪、格尔木、德令哈
24	枸杞伊麦蛾	天然枸杞叶片	＋＋＋	6～8月	青海都兰、诺木洪、格尔木、德令哈，宁夏
25	枸杞绢蛾	天然枸杞和栽培枸杞叶片	＋＋＋＋	6～8月	青海都兰、诺木洪、格尔木、共和，宁夏
26	枸杞实蝇	栽培杞花、果实	＋＋＋＋	7～10月	青海共和，宁夏，内蒙古
27	潜叶蝇	栽培枸杞叶片	＋＋	8～9月	青海都兰、共和、西宁
28	红印蚁	栽培枸杞花蕾、果实	＋	6～7月	青海共和，宁夏，新疆，内蒙古
29	印度裸蓟马	栽培枸杞叶片、花	＋＋＋	4～10月	青海都兰、格尔木
30	白枸杞瘤瘿螨	栽培枸杞叶片、花蕾、枝条	＋＋＋＋	5～8月	中国所有枸杞产区
31	拟大瘤瘿螨	天然枸杞和栽培枸杞叶片、花蕾、枝干	＋＋	5～8月	青海都兰、德令哈、西宁，宁夏
32	拟华氏瘤瘿螨	天然枸杞叶片	＋	5～8月	青海都兰，宁夏
33	枸杞刺皮瘿螨	栽培枸杞叶片	＋＋	6～8月	青海都兰、西宁，宁夏
34	枸杞瘤瘿螨	黑果枸杞叶片	＋＋	6～8月	青海都兰

注：＋，表示零星发生；＋＋，表示轻度危害；＋＋＋，表示中度危害；＋＋＋＋，表示重度危害。

（四）病害种类

枸杞病害有7种，按侵染部位分，叶片病害4种，果实病害3种，根部病害1种，茎干、枝干病害1种，花病害2种；按病原分，生物病害5种，生理性病害2种。详见表8-3。青海栽培枸杞林主要病害是枸杞白粉病，次要病害是根腐病、叶斑病。干热风害是柴达木盆地南部（都兰、诺木洪、格尔木）的局部地区重要的生理性病害。发生时，瞬间出现大面积枸杞花、果、叶严重受害，该病危害后枸杞当年绝收。霜冻病是盆地北部的德令哈地区的重要生理性病害，在8月份

表8-3　青海枸杞林病害名录

序号	病害名称	寄主类型为部位	发生程度	危害期	分布区域
1	枸杞白粉病	天然红果枸杞、栽培红果枸杞、天然黑果枸杞和栽培黑果枸杞叶片	＋＋＋＋	7～9月	中国所有枸杞产区
2	枸杞根腐病	栽培枸杞根部、根颈部	＋＋＋	7～8月	青海德令哈、都兰、格尔木、诺木洪，宁夏，内蒙古
3	枸杞黑果病	栽培枸杞果实	＋＋＋	8～9月	新疆，青海德令哈，宁夏，甘肃，内蒙古
4	枸杞流胶病	栽培枸杞茎干	＋＋	4～6月	青海诺木洪，宁夏，内蒙古，新疆
5	枸杞叶斑病	栽培枸杞叶部	＋＋	5～7月	青海枸杞产区
6	干热风害	栽培枸杞叶片、花、果实	＋＋＋＋	7～8月	青海都兰，甘肃
7	冻害	栽培枸杞叶片、果实	＋＋＋	6,8,9月	青海德令哈

注：＋，＋＋，＋＋＋，＋＋＋＋，分别表示零星发生，轻度危害，中度危害，重度危害。

可以出现大面积霜冻病害，对生产危害较重，受害枸杞秋果绝收。黑果枸杞主要病害仅 1 种，为枸杞白粉病。

（五）天敌昆虫

采集到枸杞天敌昆虫 32 种，隶属昆虫纲 6 目 14 科共 29 种，蛛形纲 1 目 2 科 3 种，详见表 8-4。枸杞害虫的优势天敌昆虫种类为多异瓢虫（*Hippodamia variegata*）、丽草蛉（*Chrysopa formosa*）、枸杞瘿螨姬小蜂（*Enderus* sp.）、莱曼氏蚁（*Formica lemani*），次优势天敌昆虫种类是七星瓢虫（*Coccinella septem punctata*）、戈壁宽头盲蝽（*Stheenaropsts gobius*）、黄蜻（*Pantala flavescens*）和藏山螅（*Mesopodagrion tibetanus*）。枸杞蚜虫类的主要天敌昆虫为瓢虫类和丽草蛉，枸杞螨类的主要天敌昆虫是枸杞瘿螨姬小蜂，枸杞木虱的优势天敌为莱曼氏蚁。

表 8-4　青海枸杞林害虫天敌名单

序号	天敌昆虫名称	枸杞林类型，捕食或寄生对象	发生程度	分布区域
1	藏山螅	栽培枸杞地，多种害虫	+++	都兰、格尔木、共和、德令哈、诺木洪
2	黄面蜓	栽培枸杞地，多种害虫	+	西宁
3	黄蜻	天然枸杞，多种害虫	+++	诺木洪、德令哈、都兰、格尔木、乌兰、共和
4	天蓝蜻	天然枸杞，多种害虫	+	德令哈
5	灰蜻	天然枸杞，多种害虫	+	都兰
6	小斑蜻	天然枸杞，多种害虫	+	都兰
7	牧草盲蝽	栽培枸杞、天然枸杞，蚜虫若虫	++	青海都兰、诺木洪
8	戈壁宽头盲蝽	天然枸杞，木虱卵	+++	青海都兰、格尔木、诺木洪，内蒙古、甘肃、宁夏
9	边步甲	栽培枸杞，多种害虫	+	诺木洪
10	姬蝽	栽培枸杞，多种害虫	++	诺木洪、共和
11	虎甲	天然枸杞，多种害虫	+	诺木洪
12	细胫步甲	天然枸杞，多种害虫	+	诺木洪
13	宽步甲	天然枸杞，多种害虫	+	格尔木
14	二沟步甲	天然枸杞，多种害虫	++	都兰、德令哈
15	多异瓢虫	栽培枸杞，蚜虫类	++++	都兰、诺木洪、格尔木、西宁
16	七星瓢虫	天然枸杞、栽培枸杞，蚜虫类	+++	诺木洪、格尔木、都兰、德令哈
17	横斑瓢虫	天然枸杞、栽培枸杞，蚜虫类	++	德令哈、都兰、诺木洪
18	二星瓢虫	天然枸杞、栽培枸杞，蚜虫类	+++	西宁、德令哈、格尔木
19	丽草蛉	天然枸杞、栽培枸杞，蚜虫类	++++	都兰、德令哈、诺木洪、格尔木、乌兰
20	斜斑鼓额食蚜蝇	天然枸杞，蚜虫类	+	格尔木
21	凹带优食蚜蝇	天然枸杞、栽培枸杞，蚜虫类	++	德令哈、格尔木、西宁
22	大灰优食蚜蝇	栽培枸杞，蚜虫类	++	诺木洪、格尔木
23	拟瘦姬蜂	栽培枸杞，多种害虫	++	都兰、诺木洪
24	耗姬蜂	天然枸杞，鳞翅目害虫	+	都兰
25	枸杞瘿螨姬小蜂	天然枸杞和栽培枸杞，枸杞瘿螨类	++++	青海，内蒙古，宁夏

（续表）

序号	天敌昆虫名称	枸杞林类型，捕食或寄生对象	发生程度	分布区域
26	广双瘤蚜茧蜂	栽培枸杞，棉蚜	++	诺木洪
27	蚜茧蜂	栽培枸杞，棉蚜	++	青海诺木洪，新疆精河
28	麦蛾茧蜂	黑枸杞和红枸杞储藏的干果，印度谷斑螟虫	++	青海，新疆，宁夏
29	莱曼氏蚁	天然枸杞，栽培枸杞，木虱类	++++	都兰、德令哈、诺木洪
30	布兰狼蛛	天然枸杞，多种害虫	+	都兰
31	大眼白舞蛛	天然枸杞，多种害虫	+	都兰
32	白色蟹蛛	天然枸杞，栽培枸杞，蚜虫类	++	都兰、德令哈、诺木洪、格尔木、乌兰

注：+，++，+++，++++分别表示零星出现，多地出现，数量少，出现数量中等，出现数量较多。

（六）柴达木枸杞病虫害危害特点

1. **枸杞害虫种类** · 优势害虫种类因枸杞林类型、寄主种类、分布地区不同而有差异。

（1）不同地区枸杞林害虫优势种不同。经过8年的调查，青海枸杞害虫种类有34种，隶属昆虫纲6目17科共29种，蛛形纲1目1科5种。青海枸杞害虫的种类数与我国其他枸杞产区的害虫种类数比较接近。害虫种类组成不同，特别是优势种不同。内蒙古枸杞害虫有32种，主要有枸杞蚜虫、枸杞木虱、枸杞瘿螨、枸杞负泥虫、枸杞卷梢蛾等。宁夏枸杞害虫有38种，主要有枸杞瘿螨、枸杞刺皮瘿螨、枸杞木虱、枸杞红瘿蚊、枸杞蚜虫和枸杞实蝇。新疆精河枸杞的主要害虫有枸杞瘿螨、枸杞锈螨、枸杞木虱、枸杞红瘿蚊、枸杞负泥虫、枸杞跳甲、枸杞蚜虫。甘肃枸杞的主要害虫有枸杞蚜虫、枸杞木虱、枸杞瘿螨和枸杞红瘿蚊。青海枸杞林的主要害虫独特，是棉蚜、白枸杞瘤瘿螨和枸杞绢蛾。与其他枸杞产区不同的是，枸杞绢蛾仅为青海枸杞林的主要害虫。甘肃、宁夏、内蒙古和新疆等地枸杞林的主要害虫种群较相似，个别优势害虫有变化。不同地区枸杞主要害虫的变化可能与生境不同有关，青海与甘肃、宁夏、内蒙古、新疆的气候环境差异较大，青海"一高三低"（高海拔、低气压、低氧、低温）的气候环境有利于那些适应于这类环境条件的害虫发生，所以其优势种有别于低海拔地区。

（2）不同枸杞林类型害虫优势种不同。大多数文献资料主要报道了对栽培枸杞田枸杞害虫的调查结果，几乎没有关于天然枸杞林病虫害的报道。严林（2017）研究对栽培枸杞林和天然枸杞林害虫进行了调查研究。结果显示，栽培枸杞林与天然枸杞林的优势害虫种类有所不同。青海栽培枸杞林的优势害虫是棉蚜、白枸杞瘤瘿螨；天然枸杞林的优势害虫是枸杞绢蛾、白枸杞瘤瘿螨和枸杞木虱。显然，人为管理措施不仅改变枸杞林害虫成分而且是害虫成灾的重要影响因素。棉蚜在青海天然枸杞林发生密度较小，但是在青海柴达木地区的栽培枸杞田是危害最为严重的害虫。在枸杞害虫防治中，科学使用农业管理措施可有效控制当地害虫的发生。

（3）不同种类枸杞病虫害种类不同。严林（2017）首次就不同种类枸杞寄主的病虫害进行了调查。结果显示，分布面积最大的宁夏枸杞的病虫害种类最多，分布面积最小的黑果枸杞病虫害种类最少，仅有2种。导致不同种类枸杞病虫害发生种类数有差异的原因有待探讨。

2. **枸杞病害种类** · 青海枸杞病害7种，其中生物性病害5种，与甘肃、宁夏、内蒙古、新疆、吉林洮南市枸杞林的主要病害种类基本相同，但青海枸杞根腐病的病原菌与其他地区不同，研究发现锐顶镰刀菌（*Fusarum acuminatum*）是青海枸杞根腐病重要的致病菌之一，为首次发现的新的枸杞根腐病病原物。2种枸杞生理性病害（干热风害和霜冻害），其他地区未有发生，这是西部荒漠地区和高原地区特殊的气候条件产生的特有病害。

3. **天敌种类** · 内蒙古枸杞害虫天敌昆虫调查有17种，优势种是枸杞木虱啮小蜂蜂（*Tetrastichus*

sp.)、普通瑟姬小蜂（*Cirrospilus pictus*）、负泥虫姬蜂（*Letrasicphagus ja ponicus*）、异色瓢虫和二星瓢虫。宁夏枸杞害虫天敌昆虫有 23 种,优势种为多异瓢虫、中华草蛉（*Chrysopa sinica*）、凹带食蚜蝇（*Metasyrphus nitens*）、木虱啮小蜂、蚜小蜂科、姬小蜂科和三突豹蛛（*Misumenops tricuspidatus*）。北京枸杞害虫天敌昆虫有 17 种。青海枸杞害虫的天敌昆虫种类有 32 种,优势天敌昆虫是多异瓢虫、丽草蛉、枸杞瘿螨姬小蜂、莱曼氏蚁。青海天敌昆虫种类数多于上述地区与本次调查不仅涉及栽培枸杞林还包括天然枸杞林有关。由于天然林没有受化学农药扰动,天敌数量和种类均较多。青海的优势天敌昆虫种类,除异色瓢虫与内蒙古、宁夏相同外,其他种类均不相同。反映了不同地理环境条件的差异导致枸杞昆虫的群落结构组成不同,优势昆虫种类相异。

4. **主要病虫害发生规律**·青海病虫害发生期比其他枸杞产区的病虫害发生期短。青海病虫害始发期约在 4 月底至 5 月初,10 月进入越冬期。因此,害虫发生的代数少于其他地区。枸杞绢蛾是一种枸杞新害虫。迄今为止,未见该害虫的生物学资料,进一步研究探讨发生规律,对该害虫防治具有重要意义。

二、柴达木枸杞各种虫害防治

枸杞的害虫主要有枸杞蚜虫、瘿螨、负泥虫、木虱、锈螨等。害虫危害较为严重,特别是枸杞瘿螨和蚜虫危害严重。在枸杞生长季节有 3 个明显的关键时期。

（1）害虫始发期虫源的控制。4 月下旬,花叶开始萌发,枸杞瘿螨、锈螨、枸杞木虱开始活动,枸杞蚜虫卵也开始孵化,该期是消灭土壤越冬虫源的关键时期。

（2）5 月下旬至 6 月初害虫盛发期的防治。5 月下旬后绝大部分枸杞害虫进入繁殖盛期,即出现第一个危害高峰期。整个生长季节枸杞害虫能得到有效控制,关键在于该期防治工作成效。这一时期防治重点是枸杞蚜虫,枸杞瘿螨和锈螨。

（3）秋果期病虫害的防治。8 月上中旬枸杞害虫又进入繁殖盛期,出现第二个危害高峰期,此期防治的重点是枸杞蚜虫和锈螨。

农耕及营林措施:早春土壤浅耕,秋季深翻,结合灌溉杀死土壤层越冬虫体,可有效降低虫口密度。合理施肥不仅可以改善枸杞的营养条件,加速虫伤部位愈合,提高枸杞的抗虫能力。减少枸杞氮肥的施用量,能恶化刺吸性害虫的营养,抑制瘿螨、蚜虫等害虫的发生和繁殖速度。施用有机肥一定要充分腐熟,减少由于施肥而带入虫卵和病菌。及时清理树上的病果,修剪下来的残、枯、病虫枝及园地周围的枯草落叶集中烧毁,消灭病虫源。

物理防治:充分利用害虫的群居性、假死性、趋光性等特点,用人工扑杀法、阻隔法、诱杀法等方法防治虫害。

天敌保护:营造有利于天敌生存的环境条件,选择对天敌杀伤力弱的农药,减少对天敌的伤害。利用寄生性、捕食性天敌昆虫及病原微生物,调节害虫种群密度,将其种群数量控制在危害水平以下。

化学防治:充分利用植物源类、微生物类、矿物类农药进行防治。在病虫害爆发期选用低毒、低残留的化学药剂进行应急控制。

（一）枸杞蚜虫

凡是有枸杞栽培的地区均有枸杞蚜虫的危害,枸杞蚜虫危害期长、繁殖快,是枸杞生产中重点防治的害虫之一。

1. **形态特征**·枸杞蚜虫属蚜科,又称绿蜜、蜜虫。枸杞蚜虫属不完全变态,有卵、幼虫和成虫三种形态。有翅蚜,体长约 1.9 mm,头、触角、中后胸黑色,复眼黑红色,前胸绿色,腹部深绿色,尾片黄色,上生弯毛 4 根。无翅蚜,体带黄色至深绿色,长 1.5～1.9 mm,尾片上生弯毛 4～6 根(图 8-1)。

2. **生活习性**·当春季枸杞枝条萌发时,卵孵化为干母,孤雌胎生,第 1 代成虫繁殖 2～3 代后出现翅蚜在田间繁殖扩散。以 5 月中旬至 8 月中旬蚜虫密度最大,6 月至 7 月份为危害高峰期,10 月上旬产生性蚜进行交配产卵,10 月中旬为产卵盛期(安沙舟,2001)。

蚜虫繁殖能力强,还可产生有翅蚜,在不同作物、不同设施间和地区间迁飞,传播快。蚜虫繁殖的最适温度在 18～24 ℃,25 ℃以上抑制发育,空气湿度高于 75％不利于繁殖。因此,在较干燥季节危害更重。蚜虫对黄色、橙色有很强的趋向性。但银灰

图 8-1 枸杞蚜虫(蚜卵)

色有忌避蚜虫的作用。

3. 危害症状·枸杞蚜虫常群集在嫩梢、幼果、花蕾等汁液比较多的幼嫩部位吸取汁液进行危害,造成受害部位枝梢扭曲、停止生长,受害花蕾脱落、受害幼果成熟时不能正常膨大。严重时枸杞植株叶片全部被蚜虫分泌物覆盖,表面起油发亮,影响植株光合作用,造成植株大量落叶、落果及树势衰落,大幅度减产。

4. 最佳防治期·最佳防治期是无翅胎生期。5月中旬至8月中旬蚜虫密度最大,6月至7月份为危害高峰期,10月上旬产生性蚜,进行交配产卵,10月中旬为产卵盛期。

5. 综合防治方法

(1)预防方法

1)营林措施:建园前深耕深翻,彻底清理杞园,

进行土壤消毒,地膜覆盖;由于枸杞蚜虫越冬卵产在枝条的缝隙之中,在生产季节又常群集在枝条嫩梢为害,尤其是在有翅蚜未出现之前,蚜虫集中在枝条嫩梢,及时将修剪后的嫩梢、枝条和枸杞园干枯的杂草集中带出园外烧毁,减少越冬基数,提高防治成效。

2)水肥措施:合理灌溉和施肥,主要施用有机肥,增施磷钾肥,适当控制灌水次数,使枸杞树体壮而不旺,提高树体的抗虫能力。蚜虫喜氮,因此不宜施用过多的氮肥,既可防止蚜虫爆发,又能防止枸杞徒长。

3)合理间作:韭菜散发的气味对蚜虫有趋避作用,与韭菜进行间作可以降低蚜虫密度。

4)建立病虫害预测预报体系。

(2)控制方法

1)使用黄色粘虫板诱杀(注意及时更换)。

2）挂银灰色塑料条。

3）辣椒加水浸泡一昼夜,过滤后进行喷洒。

4）保护蚜虫天敌,如瓢虫、草蛉等,将蚜虫数量控制在不造成为害的范围内。

5）合理选用农药:选用高效低毒的化学、生物农药进行防治,在生产中结合防治枸杞锈螨和瘿螨进行混合防治。主要使用75%艾美乐8 000～10 000倍液,2.5%功夫2 000～3 000倍液,10%吡虫啉1 000～1 500倍液;1.3%苦参碱水剂1 500倍液、0.5%藜芦碱可溶性液剂2 250倍液处理,对枸杞蚜虫的有效控制期在7天左右。3.4%苦参素800～1 200倍液。在使用这些药剂时,要坚持轮换用药,严格控制使用浓度以减缓抗性,提高防治效果。

(二) 枸杞木虱

1. 形态特征·属于同翅目木虱科,又称猪嘴蜜、黄疸,是枸杞主要害虫之一。主要以卵、若虫、成虫三种形式。成虫体长3.75 mm,翅展6 mm,形如小蝉,全体黄褐至黑褐色具橙黄色斑纹。复眼大,赤褐色。触角基节、末节黑色,余黄色;末节尖端有毛。额前具乳头状颊突1对。前胸背板黄褐色至黑褐色,小盾片黄褐色。前、中足腿节黑褐色,余黄色,后足腿节略带黑色,余为黄色,胫节末端内侧具黑刺2个,外侧1个。腹部背面褐色,近基部具1蜡白色横带,十分醒目,是识别该虫重要特征之一。端部黄色,余褐色。翅透明,脉纹简单,黄褐色。卵长0.3 mm,长椭圆形,橙黄色,具1细如丝的柄,固着在叶上,酷似草蛉蚜卵。橙黄色,柄短,密布在叶上有别于草蛉始卵。若虫扁平,固着在叶上,如似介壳虫。末龄若虫体长3 mm,宽1.5 mm。初孵时黄色,背部有褐斑2对,有的可见红色眼点,体缘具白缨毛。若虫长大,翅芽显露,覆盖在身体前半部(图8-2)。

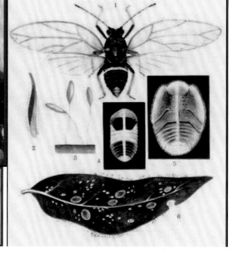

图8-2　枸杞木虱危害

2. 生活习性·枸杞木虱以成虫在树冠、土缝、树皮下、落叶下、枯草中越冬。翌年气温高于5 ℃时,开始出蛰危害。一般在4月下旬出蛰活动,出蛰后的成虫在枸杞未萌芽前不产卵,只吸吮果枝树液补充营养,常静伏于下部枝条的向阳处,天冷时不活动。枸杞萌芽后,开始产卵,孵化后的若虫从卵的上端顶破卵壳,顺着卵柄爬到叶片上危害,若虫全部附着在叶片上吮吸叶片汁液,成虫羽化后继续产卵危害,一年发生2代。

3. 危害症状·在枸杞生产中,木虱主要以若虫和成虫对枸杞侵染并造成危害,木虱成虫和若虫都以刺吸食口器刺入枸杞嫩梢,叶片表皮组织吸取汁液造成树势衰弱,早期出现落叶,严重时成虫和若虫对老叶、新叶、枝条全部危害,造成整个树势严重衰弱,叶色变褐,叶片干死,光合作用下降,大幅减产。二年生的幼树表现尤为明显。

4. 最佳防治期·枸杞木虱是枸杞所有害虫中出蛰最早的害虫,一般出蛰盛期在每年的3月下旬至4月上旬,大量危害时,枸杞未展叶,紧紧抓住这一防治时期,备选农药进行防治。

5. 综合防治方法

（1）预防方法

1）在成虫越冬期破坏其越冬场所，清洁枸杞园。将园内、田埂、渠埂上的落叶、杂草集中带出园外烧毁。枸杞木虱主要在树冠下土缝中、落叶下、枯草中越冬，每年3月上旬集中清除枸杞园内落叶、枯草，可减少越冬成虫数量。

2）秋末冬初或4月中旬前灌水翻土，消灭越冬成虫。

3）保护天敌，如枸杞木虱小蜂、瓢虫、中华草蛉等，也可购买商品化的天敌释放于枸杞园。

（2）控制方法

1）虫害爆发时，使用印楝素等植物源农药或石硫合剂、硫黄胶悬剂等矿物源农药进行控制。

2）黄、蓝色粘虫板诱杀（木虱对土黄色敏感，可以选择土黄色涂有杀虫剂的黄板诱杀）。

3）合理选用农药。早春萌芽期喷施扑虱蚜、艾美乐、吡虫啉、阿克泰等药剂就能达到控制木虱的目的，也可采用1.8%益犁克虱5 000～6 000倍液，1.8%阿维菌素3 000倍液，28%蛾虱净乳油喷雾防治。

（三）枸杞瘿螨

1. 形态特征·属于蜱螨目，瘿螨科。危害部位呈现黑色虫瘿，内有数量不等的瘿螨幼虫。成虫长0.18 mm，橙色至黄色，长圆锥形，头胸部宽短、尾部渐细长，口器下倾向前，腹部有细环纹，背腹面环纹数一致，约53个。腹部前端背面有刚毛1对，腹侧刚毛4对，腹端刚毛1对，较长，其内侧有短附毛1对。足两对，爪钩羽状（图8-3）。

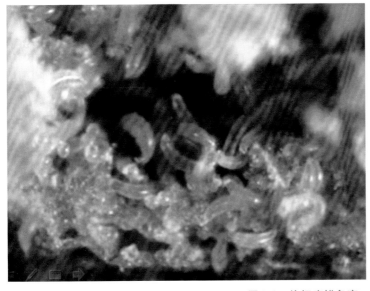

图8-3　枸杞瘿螨危害

2. 生活习性·以老熟雌成螨在一至二年生枝条的芽鳞内或枝条缝隙内越冬，翌春枸杞展叶时出蛰移至新叶上产卵。刚孵化的幼螨即钻入枸杞幼嫩组织内刺激组织异常增生逐渐形成瘿瘤，5月上中旬起迅速增大，下旬瘿瘤内的成螨陆续爬出，形成危害（第一个高峰期），此后大量落叶，螨口下降。8月上旬起形成第二个小高峰期。其他时间成螨极少。气温低于5℃时成螨开始转入芽鳞内或枝条缝隙内越冬（曹有龙，2013）。

3. 危害症状·枸杞瘿螨体态很小，能够直接看到的只是它的危害症状。螨体似胡萝卜中的红萝卜型。枸杞瘿螨危害枸杞叶片、嫩梢、花蕾、幼果、花瓣，被害部位变成蓝黑色痣状虫瘿，并使组织向上隆起，严重时幼虫虫瘿面积占整个叶片的 $1/4 \sim 1/3$，嫩梢畸形弯曲，停止生长，花蕾不能正常开花结果。剖开黑色虫瘿观察发现，虫瘿内叶片组织疏松、坏死、呈海绵状。

4. 发生规律·枸杞瘿螨是以老熟雌成螨在枸杞当年生枝条及二年生枝条的越冬芽、鳞片及枝条缝隙内越冬，翌年4月中下旬枸杞枝条展叶时，成螨从越冬场所迁移到叶片上产卵，孵化后若螨钻入枸杞叶片造成虫瘿。5月中下旬春七寸枝新梢进入速生阶段，老眼叶片上的瘿螨从虫瘿内爬出，爬行到七寸枝梢上危害，从此时起至6月中旬是第一次繁殖危害盛期。8月中下旬秋梢开始生长，瘿螨又从七寸枝叶片转移到秋七寸枝梢叶片危害，9月达到第二次危害高峰。10月中下旬进入休眠。

5. 最佳防治期·枸杞冬芽萌发前是防治瘿螨的最佳时期。由于枸杞蚜虫、木虱等害虫是枸杞瘿螨传播的媒介。因此，在生产中消灭蚜虫和木虱在一定程度上就可以达到控制瘿螨的效果。

6. 综合防治技术

（1）预防方法

1）新建枸杞园，要严格检疫，选择无病虫害优质壮苗；种植前进行土壤消毒、深耕深翻。

2）发芽前结合其他病虫害防控（例如锈螨），喷洒3 Be的石硫合剂或45％的晶体石硫合剂1次或45％～50％的硫黄胶悬剂。

3）合理施肥灌溉（因为瘿螨喜氮，所以少施氮肥，增施有机肥），增强树势，提高植株抗逆性。

（2）控制方法

1）零星发生时，结合整形修剪，及时剪除发病枝叶，集中深埋。

2）保护天敌，主要天敌有七星瓢虫、植绥螨等。

3）使用石硫合剂、硫黄胶悬剂等矿物源农药。

4）合理选用农药 1.3% 苦参碱水剂、4% 鱼藤酮乳油、赛德Ⅰ号 0.5% 藜芦碱可溶性液剂、0.5% 阿维菌素可湿性粉剂四种药剂均可用于防治枸杞瘿螨。4% 鱼藤酮乳油 750 倍液，0.5% 阿维菌素可湿性粉剂 3 500 倍液，可延长持效期。以上药剂可轮换使用防治枸杞瘿螨。

（四）枸杞锈螨

1. 形态特征与危害症状·枸杞锈螨体态很小，主要分布在叶片背面基部主脉两侧，自若螨开始将口针刺入叶片，吸吮叶片汁液，使叶片营养条件恶化，光合作用降低，叶片变硬、变厚、变脆、弹力减弱，叶片颜色变为铁锈色。严重时整树老叶、新叶被害叶片表皮细胞坏死，叶片失绿，叶面变成铁锈色，失去光合能力，全部提前脱落，只有枝没有叶。影响果实发育及产量，继而出现大量落花、落果，一般可造成 60% 左右减产（图 8-4）。

2. 发生规律·枸杞锈螨以成螨在枝条芽眼处群集越冬。春季4月上旬枸杞萌芽，成螨开始出蛰，迁移到叶片上进行危害，4月下旬产卵，卵发育为原雌，以原雌进行繁殖。在锈叶脱落前成螨和若螨转移到枝条芽眼处越夏。秋季新叶出现后，成螨和幼螨又转移到新叶危害并繁殖后代，10月中下旬气温降到10℃左右，成螨从叶面爬到枝条芽眼处群聚越冬。枸杞锈螨从卵发育到成螨，完成一个世代平均为12日，枸杞锈螨一年有两个繁殖高峰，即6～7月的大高峰和8～9月的小高峰（曹有龙，2013）。

3. 最佳防治期·锈螨的控制，按照抓两头和防中间原则进行。抓两头：一是春季出蛰时期，4月中下旬至5月初防治；二是抓10月中下旬迁移入蛰时期防治。防中间是：主要防好繁殖高峰6月初之前和8月中旬越夏出蛰转移期。

4. 综合防治技术

（1）营林防治：营林措施对减轻枸杞锈螨发生有明显的作用。在休眠期对病残枝疏剪，对果枝的短截修剪；增施有机肥，合理搭配磷、钾肥，增强树

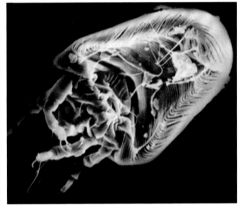

图 8-4　枸杞锈螨危害

势,提高树体抗螨能力。

（2）化学防治:10 月中下旬越冬前用 3～5 Be 度石硫合剂;4 月中下旬,出蛰期用 50% 溴螨酯乳油 4 000 倍或红白螨锈清 2 000～2 500 倍进行防治。生产季节选 45%～50% 硫黄胶悬剂 120～150 倍或 20% 双甲脒 2 000～3 000 倍或哒螨灵 2 000～2 500 倍喷雾防治。

（五）枸杞负泥虫

1. **形态特征**·枸杞负泥虫又称十点叶甲,卵黄色,一般有 10 多粒呈"V"形排列于叶背面;成虫体长 5.6 mm,全体头胸狭长,鞘翅（翅膀）宽长,很像小天牛。触角黑色,粗短有力如棍棒,复眼硕大突出于两侧。头及前胸背板黑色,有强烈闪金反光,并有细刻点密布。前胸背板长圆筒形,两侧中央溢如,背面中央近后缘处有 1 凹陷。鞘翅（翅膀）黄褐色,有粗大刻点纵列,一般有黑点 10 个,故亦名十点叶甲,但亦有 2 个、4 个、6 个、8 个或全无黑点者。足黄色,唯基节、转节、腿节的两端及爪黑色（图 8-5）。

卵:橙黄色,长圆形。

幼虫:体长 7 mm,灰黄色,头黑色有强烈反光,前胸背板黑色,中间分离,胴部各节背面有 2 横列细毛。胸足 3 对,腹部各节的腹面有吸盘 1 对,以使身体紧贴叶面。

蛹:体长 5 mm,淡黄色,腹部有刺毛两根。

2. **生活习性**·每年 7～9 月间,在枸杞树上各期虫态可同时发现。成虫、幼虫均为害叶片。成虫常栖息于叶片上,卵产于叶面或叶背排成人字形。幼虫背负自己的排泄物,故称负泥虫。

3. **危害症状**·负泥虫成虫、若虫均以咀嚼式口器取食枝条上部的幼嫩叶片、成虫常栖息在枝叶处,幼虫常被自己的分泌物所覆盖,呈黑泥状,故称"负泥虫"。被害叶片在边缘形成大缺刻或叶面成孔洞,危害严重时全叶叶肉被吃光,只剩下叶脉,严重影响枸杞的生长和产量。幼虫老熟后入土吐白丝黏和土粒结成土茧,化蛹其内。

4. **发生规律**·负泥虫常栖息于野生枸杞或杂草中,以成虫飞翔到栽培枸杞树上啃食叶片嫩梢,以

图 8-5　枸杞负泥虫危害

"V"形产卵于叶背,一般 8～10 天卵孵化为幼虫,开始大量危害。负泥虫一年均发生 3 代,以成虫在田间隐蔽处越冬,春七寸枝生长后开始危害,6～7月份危害最严重,10月初,末代成虫羽化,10月底进入越冬(李锋,2012)。

5. 最佳防治期·负泥虫以成虫在田间隐蔽处越冬,春七寸枝生长后开始危害,6～7 月危害最严重,10月初,末代成虫羽化,10月底开始越冬。

6. 综合防治技术·枸杞负泥虫幼虫体壁薄不耐药,相对容易防治。

(1)预防方法

1)清洁枸杞园,尤其是田边、路边的枸杞根蘖苗、杂草,每年春季要彻底清除一次,对减少负泥虫数量有显著作用。

(2)在3月下旬用40%石硫合剂晶体100倍对树冠、地面、田边、地埂、杂草进行全面喷雾,有明显降低病菌、虫卵越冬基数的作用。

(2)控制方法

1)5月中旬,始开花,果枝现蕾。负泥虫出现,喷施硫黄胶悬剂。

2)10月中下旬,负泥虫开始入土越冬,喷施植物源农药。

3)保护蜻蜓、草蛉等天敌。

4)药物防治:一般选择中毒和低毒化学农药

在幼虫期进行防治,如用20%杀灭菊酯2 000~2 500倍液、2.5%敌杀死3 000倍液。

(六)枸杞红瘿蚊

1. 形态特征

成虫:体长2~2.5 mm,黑红色,生有黑色微毛。触角16节,黑色,串珠状,镶有较多而长的毛,有1~2道环纹围绕,雄虫触角较长,各节膨大,略呈长圆形,无细颈。复眼黑色,顶部愈合。下颚须4节。翅面密布微毛,外缘及后缘有较密的黑色长毛。胸部背面及腹部各节生有黑毛。各足第1跗节最短,第2跗节最长,其余3节依次渐短,端部爪钩1对,每爪为大小2齿(图8-6)。

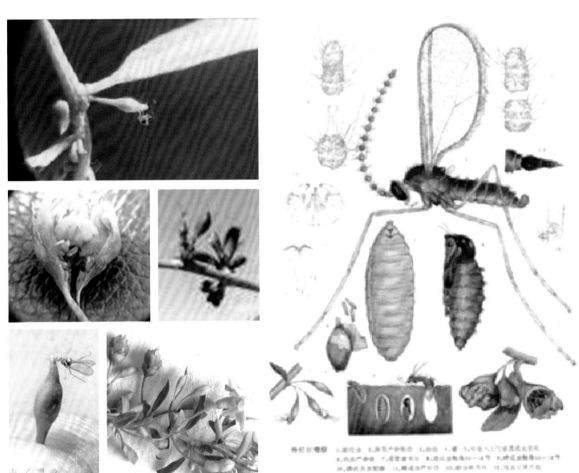

图8-6 枸杞红瘿蚊危害

卵:长圆形,近无色透明,常十多粒一起,产于幼蕾顶端内。

幼虫:初孵化时白色,成长后为淡橘红色小蛆,体扁圆。腹节两侧各有1微突,上生1短刚毛。体表面微小突起花纹。胸骨叉黑褐色,与腹节愈合不

能分离。

蛹:黑红色,头顶有2尖突,后有淡色刚毛,两侧各有1个突起。

2. 生活习性·每年约发生2代,以老熟幼虫在土中作土茧越冬。次年春化蛹,约5月间成虫羽化,

羽化时蛹壳拖出土表外,此时枸杞幼蕾正陆续出现,成虫用较长的产卵管从幼蕾端部插入,产卵于直径为 1.5～2 mm 的幼蕾内,每蕾中可产 10 余粒;幼虫孵化后,钻蛀到子房基部周围,蛀蚀正在发育的子房,形成虫瘿,每瘿中有红色幼虫十余条。在 6 月上旬至 6 月下旬造成枸杞夏果大批损失。幼虫在第 1 次为害后于 6 月上旬开始脱果入土化蛹。幼虫入土较快,约 1 min 即可钻入土中,入土深约 1 cm。7 月下旬到 8 月中旬成虫有陆续羽化,危害秋季花蕾,形成全年第 2 次为害高峰。约于 9 月份末代幼虫老熟,即入土越冬(李锋,2012)。

3. **危害症状** · 枸杞红瘿蚊专门危害枸杞的幼蕾,能使枸杞减产 40%～60%,被红瘿蚊产卵的幼蕾、卵孵化后红缨蚊的幼虫开始咬食幼蕾的内部组织,被咬食后的幼蕾逐渐呈畸形特征。被危害的幼蕾逐渐变圆、横向生长发育、基部圆平、端部有时扭曲呈尖形,整个幼蕾表面油亮、花蕾肿胀呈虫瘿。后期花被变厚、不规则、不能开花,最后逐渐腐败,颜色变成橘红色,有时流脓水,直到干枯脱落。

4. **最佳防治期** · 红瘿蚊以老熟的幼虫在树冠下的土壤中进行越冬,只要将越冬老熟幼虫消灭彻底,就控制了红瘿蚊的源头,全年不会发生大的红瘿蚊危害。

5. **防治方法**

(1) 预防方法

1) 每年 3 月中下旬树液开始流动时,树冠喷施石硫合剂,防治越冬虫卵。

2) 每年春季清园,清除杂草、枯枝落叶、集中深埋。秋季进行园地土壤深翻和结合冬灌,可翻压部分越冬幼虫。

3) 春季枸杞展叶、现蕾,平均气温 >7 ℃,田间树冠下覆盖地膜(覆膜时间:枸杞红瘿蚊越冬待羽化成虫出土时覆膜,成虫羽化结束时撤膜;必要时,作为补救措施覆膜期也可推迟,推迟时间最多 1 个月为宜,但应在 6 月上中旬枸杞老结果枝条采摘前撤膜)。

4) 及时摘除病果、病枝。

(2) 控制方法

1) 黄板、糖醋液、性诱剂诱杀。

2) 凡枸杞老果枝畸形果率在 30%～50% 之间,防治前摘除虫果;凡老果枝畸形果率在 50%～80%

之间,防治前剪去虫枝,并将虫果和虫枝作深埋处理。

3) 面积爆发时使用印楝素等植物源农药;使用 BT 等生物农药。

(七) 印度谷螟

印度谷螟属于鳞翅目螟蛾科,是枸杞贮藏期的主要害虫。

1. **危害症状** · 干燥的枸杞果实,如果在受潮或包装袋口包扎不严的情况下,印度谷螟容易将其卵产于枸杞表面。孵化后,幼虫以枸杞果肉为食物,被害枸杞果实果肉被吃光,仅剩下果皮和种子及红色粉末状的排泄物,丧失商品经济价值。

2. **防治措施**

(1) 在贮藏过程中要保持枸杞干燥、防止吸潮,在果实制干过程中要使干果水分含量小于 13%。

(2) 在枸杞贮藏过程中,要尽可能保证储藏仓库的低湿条件,并安装必要的低湿制冷设备。

(3) 在枸杞库房悬挂具有一定光强度的灯具,创造不利于成虫活动的光线条件。

(八) 枸杞实蝇

1. **形态特征**

成虫:体长 4.5～5.0 mm,翅展 8.0～10.0 mm。头橙黄色,颜面白色,复眼翠绿色,映有黑纹,宛如翠玉。两眼间有 "Π" 形纹,单眼 3 个。口器橙黄色。触角橙黄色,触角芒褐色,上有微毛。头部毛须齐全。胸背面漆黑色,有强光,中部有 2 纵白纹与两侧的 2 短横白纹相接成 "北" 字形纹,上有白毛。白纹有时不明显。小盾片背面蜡白色其周缘及后方黑色。翅透明,有深褐色斑纹 4 条,1 条沿前缘,其余 3 条由此分出斜伸达翅缘。亚前缘脉的尖端转向前缘成直角,这是此科昆虫(实蝇)的特征之一。在此直角内方有一圆圈,这是此虫与类似种区别之处。足黄色,爪黑色,腹部中宽后尖,呈倒圆锥形,背面有 3 条白色横纹,前条及中条中央有时中断。雌虫腹端有产卵管突出,扁圆如鸭嘴,雄虫腹端尖(图 8-7)。

卵:白色,长椭圆形。

幼虫:体长 5～6 mm,圆锥形,前端尖大,后端粗大。口钩黑色,前气门扇形,后气门位于末端,上有呼吸裂孔 6 个两排。

蛹:长 4.0～5.0 mm,宽 1.8～2.0 mm,椭圆形,一端略尖,淡黄以至赤褐色。

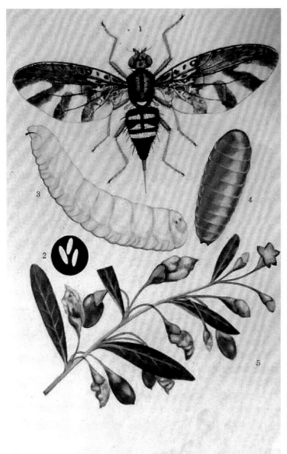

图 8-7　枸杞实蝇危害

2. 生活习性 · 一年发生 2～3 代，以蛹在土内约 5～10 cm 处过冬。来年 5 月 10 日稍后枸杞现蕾时，成虫羽化，下旬成虫大量出土，产卵于幼果皮内。一般每果只产一卵，约数日后幼虫孵出，食害果肉。6 月下旬至 7 月上旬幼虫生长成熟即由果内钻出，触首尾弯曲弹跳落地，约在 3～6 cm 深处入土化蛹。在 7 月中下旬，大量羽化成二代成虫，8 月下旬至 9 月上旬为第 3 代成虫盛期，第 3 代幼虫即在土内化蛹蛰伏越冬（也有第 1 及第 2 代幼虫化蛹后即蛰伏的）。成虫性情温和，静止时常以翅上下扇动如鸟飞，在清晨可用瓶子捕捉。幼虫食害果肉，被害果外显白斑，称为蛆果。此种蛆果无经济价值（李锋，2012）。

3. 防治方法

（1）预防方法

1）剪除被害果枝或采摘被害幼蕾。发生重、面积大的枸杞园，可采取剪去被害的老眼枝果枝；发生重、面积小的枸杞园可采取摘除症状明显的危害幼蕾，对降低第一代虫口基数效果明显。

2）枸杞现蕾时进行覆膜，抑制成虫羽化出土。

（2）控制方法

1）有成虫的时候可以在清晨用捕捉网或瓶子捕捉成虫。

2）用植物源的印楝素等农药控制幼虫。

3）黄板诱杀成虫、糖醋液诱杀成虫。

4）用生物源的白僵菌、BT 等进行控制。

5）5 月份采用辛硫磷 0.5 kg 拌细土 10 kg 均匀撒在地表，浅耙 10 cm，树冠下用钉齿耙作业，杀死初羽化成虫。

（九）枸杞蓟马

1. 形态特征 · 成虫：体长 1.5 mm，黄褐色。头前尖突。集眼黄绿色，单眼区圆形，单眼暗色。触角 8 节，黄色，第 2 节膨大而色深，第六节最长，7～8 节微小，3～7 节有角状和叉状感觉器，各节有微毛和稀疏长毛。前胸横方形，近后侧角区有大小各 1

个灰绿色圆点。翅黄白色,中间有 2 条纵脉,上有稀疏短刺毛,前缘有较长的刺毛,均匀排列,后缘毛深色坡长,两相交错排列,翅近内侧有 1 隐约可见的深色横纹。腹部黄褐色,背中央淡绿色,腹端尖,雌虫第六腹节腹面有下弯而深色的产卵管,到达第十节的下方。若虫深黄色,背线淡色,体长约 1 mm。复眼红色。前胸背面两侧各有一群褐色小点,中胸两侧、后胸前侧角和中间两侧各有一个小褐点。第二腹节前缘左右各有一褐斑,第 3 节两侧、第 5、第 6 节和第 8 节两侧各有 1 红斑,第 7 节两侧各两个红斑。

2. 危害特点·枸杞蓟马以成虫、若虫锉吸枸杞叶片、果实,常在叶背面或果实背光的一侧危害。在叶背面危害,造成细微的白色斑驳,排泄的粪便为黑褐色污点,密布叶背,被害叶略呈纵向反卷,形成早期落叶、脱落,严重影响树势;果实被害后常失去光泽,表面形成磨砂状,粗糙有斑痕,果形萎缩,甚至造成落果。

3. 发生规律·每年代数不详,约以成虫在土内或枯叶下等隐藏处过冬。次年春季枸杞展叶后即活动危害,5 月份以前的枸杞蓟马种群基本处于较低水平发生,危害较轻,6～7 月害情最重。6 月上旬种群开始发生危害,至 6 月下旬、7 月上旬出现第 1 个危害高峰,7 月中旬种群数量有所下降,至 7 月下旬、8 月上旬种群又出现第 2 个危害高峰,8 月份种群基本处于较低水平发生,9 月上旬种群又出现增长,但总体水平低于 7 月下旬和 8 月上旬的两个高峰。进入 10 月份后,种群数量一直呈下降趋势。

4. 综合防治·化学农药的广泛使用杀灭了枸杞蓟马的天敌,使天敌的自然控制能力降低。枸杞蓟马综合防治中,应主要采用物理防治、天然环保型投入品防治和树体保健农业调控措施方法,尽量不使用农药防治措施。

(1) 农业调控措施

清理园地:枸杞蓟马有以成虫在枯叶落果的皱痕等隐藏处越冬的习性。秋季枸杞采摘结束和春季枸杞修剪时,清除田间枯叶、落果及杂草,在田园外集中焚烧,降低虫源。

水肥管理:加强肥水管理,适时灌水施肥,加强管理,促进枸杞生长旺盛,提高植株抗害能力,减轻危害损失。

土壤耕作:秋冬季节越冬成虫出蛰活动前,结合田间管理,进行松土、灌溉,破坏枸杞蓟马越冬环境,以消灭越冬虫口。

灌头水:春季枸杞萌芽前,结合施肥及时灌头水,是防治枸杞蓟马的有效措施。每次灌水后形成的 0.3～0.5 cm 厚的板结层能在一定程度上阻止枸杞蓟马出土危害。灌水前应进行平地。灌水时防止漏灌、坚持冬灌,均能有效降低虫口基数。

深耕灭虫:秋末冬初,在土壤封冻之前或早春,将田土深翻 20～30 cm。通过耕地将它们翻到地面,使成虫或蛹暴露在地面上被冻死或被禽鸟啄食。

(2) 物理防治

1) 粘虫板诱粘防治:在 5～9 月底,利用蓟马对颜色的趋性,在枸杞田间放置粘虫板,对枸杞蓟马进行诱杀,可起到物理防治作用。

粘虫板悬挂时期:8 月下旬以五点法先在枸杞园对角线式悬挂 5 块指示性粘虫板,待 6 月上旬后发现任何一张粘虫板上面有枸杞蓟马时,枸杞蓟马即开始出现危害,种群数量开始上升。此期为悬挂防治时期,进行全园悬挂,直至 10 月下旬枸杞蓟马种群进入越冬期结束。

粘虫板悬挂数量:株行距 1 m×1.8 m 和 1 m×2 m 的枸杞园,每亩悬挂 80 块;1 m×2.2 m 和 1.2 m×2.4 m 的枸杞园,每亩悬挂 70 块;1 m×3 m 以上栽植密度的枸杞园,每亩悬挂 60 块。

不同树龄的粘虫板规格:2 龄的幼龄枸杞园,粘虫板规格为(长×宽)为 20 cm×30 cm;3～4 龄的幼龄枸杞园,粘虫板规格(长×宽)为 25 cm×40 cm;5 龄以上的成龄枸杞园,粘虫板规格(长×宽)为 30 cm×40 cm。

粘虫板悬挂方向:为达到最佳的控制效果,将粘虫板南北向悬挂于枸杞园。

粘虫板悬挂布局:粘虫板在枸杞园采用棋盘式分布。

粘虫板的更新:在风沙大而频繁的种植区,粘虫板被风沙覆盖后失去黏性,或被雨水冲蚀浸泡后,应更新处理黏性表面。反复使用后日晒、老化、卷曲的粘虫板,应回收集中处理。

2) 地膜覆盖物理防治:结合枸杞红瘿蚊地膜覆盖物理防治,适当延长覆膜时期,将越冬代枸杞蓟马封闭于膜下,起到降低越冬后虫口基数的作用。

（3）生物天敌控制：充分利用各种综合技术，保护和利用田间自然天敌，充分发挥天敌的自然控制作用。

（4）化学农药防治：由于枸杞蓟马世代重叠、繁育能力强、繁殖周期短、种群数量上升快、成虫习性活跃、善飞能跳，可借自然力迁移扩散。往往枸杞叶、花、果被蓟马侵害并产生可视症状后，才能发现其存在和危害。蓟马虫体形小，其卵、蛹及成虫隐藏性强，常藏匿于枸杞幼嫩部位，农药很难触及，成虫怕强光，多在背光处集中危害；阴天、早晨、傍晚和夜间在枸杞表面活动，常规农药难以触杀到所有的虫体。枸杞蓟马还对多种化学农药产生了较强的抗药性。因此，枸杞蓟马化学防治难度极大。

树冠喷雾防治：在 5 月下旬至 7 月下旬选用 40％乙酰甲胺磷乳油 1 000 倍液、1.8％虫螨克 1 000 倍液、50％辛硫磷乳油 1 000 倍液、4.5％高效氯氰菊酯 1 000 倍液、3％啶虫脒乳油 2 000 倍液、48％毒死蜱乳油 800～1 200 倍液、10％吡虫啉可湿性粉剂 1 500～2 000 倍液、5％锐劲特（氟虫氰）悬浮剂 1 500 倍液、40％乐果乳剂 1 000 倍液、2.5％保得乳油（高效氟氯氰菊酯）2 000～2 500 倍液、44％速凯乳油 1 000 倍液、5％蚜虱净（施可净——硝基亚甲基类内吸杀虫剂）2 000 倍液、1.8 爱福丁乳油 2 000 倍液进行树冠喷雾防治；或选用 5％美除（5％虱螨脲）乳油 1 000 倍＋25％阿克泰（噻虫嗪）可湿性粉剂 5 000 倍在 6 条内连续喷施两次，防治效果好。

以上药剂交替喷施，可提高药效，防止蓟马产生抗药性。喷雾防治作业应在黄昏和傍晚活跃性最弱的下午 6 时后，注意喷均匀、细雾。田间喷雾时喷头应斜向上喷施药液，嫩叶叶背和果实尤其要喷到，如喷药后 4 h 降雨，须重新喷 1 次，以提高防治效果。蓟马危害严重的田块，不宜增加浓度来提高防效，而应增加喷药次数达到最佳防效。早春和深秋可以加大防治频次，枸杞采果期减少防治次数。

地面农药封闭防治：春季枸杞萌芽前，用 10 kg 甲胺磷拌 100 kg 细沙土，撒施在树冠下，并覆盖一层薄土。

4 月中旬至 5 月，结合枸杞红瘿蚊地面封闭农药防治，采用毒死蜱、辛硫磷等杀虫剂拌湿土，撒施于园中树冠下，以药膜封闭地面，阻止枸杞蓟马出土。具体方法是：每亩用 40％毒死蜱或 40％神农宝乳油 1.5 kg 拌土 150 kg，撒施均匀后进行灌水封闭，或用 40％辛硫磷乳油 2 kg 拌土 150 kg，闷 2 h 后撒施均匀。也可每亩用 5 kg 的 1.5％辛硫磷颗粒剂或 2 kg 的 14％毒死蜱颗粒剂拌湿土 150 kg 均匀撒入土中。还可随灌水将 40％毒死蜱或 40％神农宝乳油或 40％辛硫磷乳油冲施入田间土壤中。

在灌冬水时，每亩冲施 40％毒死蜱乳油 1 kg 或 40％辛硫磷乳油 1 kg，杀灭越冬代枸杞蓟马成虫，以防来年枸杞蓟马大发生（李锋，2012）。

（十）枸杞蛀果蛾

1. **形态特征**·成虫：淡褐色的小蛾子，体长 5 mm（至翅端）。头顶鳞片淡灰褐色，由外向内或向后覆盖头顶；颜面鳞片较大，黄白色，左右向内紧密平覆。喙基宽，端尖，前面覆有白鳞；下唇须颇长，弯向上方，超过头顶，第二节粗，鳞片蓬松向前，上面和内侧黄白色。复眼绿褐色。触角丝状，长度超过前翅中部，基节上面灰褐色，下部淡色，鞭部各节黑白相间，分节明显。前翅狭长，肉褐色，布有浓淡不一、大小不同的黑斑，前缘 4 个，深淡相间排列，中室 2 个小黑斑，外缘及翅端亦有 1 黑斑，一般较显著，缘毛黄白色，前缘端部较短，外缘颇长，候翅灰色，夹有褐色鳞片。幼虫：粉红色，体长 7 mm。头及胸足黑褐色。前盾片黑褐色，由淡色中线分为 2 个三角形。中胸背面中线色淡，两侧红色；后胸淡色，前后缘有红纹。腹部背面有 5 条红色纵纹，从第一腹节前缘直延伸到腹部第九节。臀片三角形，无色或淡黄色。蛹赤褐色，长 5 mm。触角及翅芽端达腹部第六节的后缘。体侧密布微刺，背面光滑，腹端肛门两侧各有 5 根小刺钩，背面有 1 黑色小突起，两侧共有小刺钩 6 根，横列一排。

2. **危害特点**·枸杞蛀果蛾，俗称钻心虫。以幼虫蛀食危害枸杞嫩梢、幼蕾、花器及果实，造成花、蕾脱落，嫩叶、嫩梢生长畸形或枯萎。果实受害时，被害果实表面正常、新鲜无病症，但内部被蛀成虫道，易脱落，暴晒后变成黑色霉果，品质下降。幼虫老熟时在被害果蒂或幼茎上咬一小孔爬出，寻找树干皮缝等处结茧化蛹，常数个重叠一起，枸杞嫩枝、幼茎和果实上有明显的蛀孔，是典型的危害症状。也钻蛀新梢，粘缀嫩枝新叶，食生长点，使新梢枯萎。有一部分幼虫会随采摘的枸杞果实带到晒场，故稍长的用具及墙缝等处,也可能是其化蛹的次要场所。

3. 发生规律·枸杞蛀果蛾成虫飞翔敏捷,呈折曲线飞舞于株间,息落后即转藏于叶背,能在枸杞园间迁飞扩散。幼虫活泼,能前后爬行或吐丝下坠。一年发生3~4代。越冬代成虫于4月上旬出现,4月中下旬此代幼虫蛀害枸杞的七寸枝或粘缀嫩梢危害;5月中下旬第1代成虫出现,6月此代幼虫蛀果危害期;7月上旬出现第2代成虫,7月下旬至8月上中旬为此代幼虫蛀果期,是全年危害枸杞果最严重的时期;8月底9月初第3代成虫羽化,此代幼虫主要危害秋果及花蕾,10月中下旬可能以幼虫在树干皮缝处结茧越冬(李锋,2012)。

4. 综合防治

(1)农业调控措施

清理园地:根据枸杞蛀果蛾以幼虫在树干皮缝处结茧越冬的习性,于秋季枸杞采摘结束和春季枸杞修剪时,清除田间枯枝、落叶,在田园外集中焚烧后还田,以降低越冬虫口基数,减少虫源,减轻危害程度。

水肥管理:加强肥水管理,适时灌水施肥,加强管理,促进枸杞生长旺盛,提高植株抗害能力,减轻危害损失。

修剪措施:冬季刮除树干皮缝中的越冬幼虫,春季剪除第1代幼虫危害的枝梢,消灭其中幼虫。枸杞蛀果蛾幼虫活动期的4月中下旬、6月、7月下旬、8月上中旬采用人工采摘虫果、摘除受害嫩枝方法,捕杀危害中的幼虫,降低危害率,减少田间虫数。

(2)物理防治

灯光诱捕:枸杞蛀果蛾成虫活动期在5月中下旬、7月上旬、8月下旬至9月上旬。在田间悬挂太阳能杀虫灯,于夜间诱捕成虫,减少田间虫数。

人工诱集:幼虫越冬的10月中下旬,在树干上捆绑稻草、麦秸,诱使幼虫在其上结茧,到冬季将稻草、麦秸取下,在田间集中焚烧处理,即起到对枸杞蛀果蛾的防治,又兼有施肥作用。

(3)生物(天敌)防治

天敌保护:保护宝华和利用黄蜂、螳螂等枸杞蛀果蛾天敌,在天敌活动期的5~6月不能喷施杀虫剂。

信息素诱捕:枸杞蛀果蛾成虫活动期的5月中下旬、7月上旬、8月下旬至9月上旬,结合太阳能杀虫灯的诱捕器作用,在田间网捕成虫,挑出雌成虫,将雌成虫放入预先制作的诱捕器中,利用雌成虫分泌的雌性信息素诱捕雄成虫,减少田间虫数。

(4)化学防治

树冠喷雾防治:第1代幼虫危害盛期的4月中下旬,用90%敌百虫晶体800~1 000倍、1.8%阿维菌素6 000倍、2.5%溴氰菊酯乳油3 000倍或20%杀灭菊酯乳油2 000倍液喷雾,杀死枝梢部幼虫,控制第一代危害,减少第2代至第3代的发生量。

树干给药防治,同上。

(5)生物农药和有机认证农药防治。

(十一)枸杞卷梢蛾

1. 生态特征·成虫:为紫褐色的小蛾子,体长6 mm(至翅端),体色紫褐色。触角丝状,长及腹端,黑白相间,分节明显。头顶鳞片的中部黑褐色,由外向内覆盖。复眼黑色。唇须颇长,向前弯向上方,超过头顶,第1节短小,淡色;第2节粗壮,其上方和内侧淡褐色,下方有2纵列灰褐色大鳞片,深淡相间,向前方张开成一条纵沟;第3节瘦尖,下段的上侧和内侧白色,余为黑色。前翅狭长,紫褐色,有光泽,翅面颜色较深,深色鳞片较多,缘毛颇长,深灰色;后翅更为狭尖,灰褐色,缘毛颇长,灰色。腹部背面灰褐色,腹侧布有黑色鳞片,腹面黄白色。足黄白色,外侧及跗节密布黑色鳞片,前足细小,无距,中足次之,有端距1对,后足粗长,胫节后方有密而长的鳞毛,并有中距和端距各1对,外距短,内距长,上有黑色鳞片。幼虫体长9 mm,灰黄色。头黑褐色,腹部灰黄色。前胸和中胸紫褐色,前盾板黑色,有淡色中线。后胸的后缘环绕一条紫褐色色带,背线、亚背线、气门上线、气门下线紫褐色。臀板灰褐色,由中间淡色分为两半。蛹赤褐色,长4 mm,翅芽及触角长达腹部第五节,体侧密生微粒,背面有微小点刻,腹端刺钩与蛀果蛾同。茧长圆形,白色丝质,结于被害处。

2. 危害特点·以幼虫粘缀新梢叶片潜伏其中危害,也蛀害花蕾。幼虫缀卷嫩梢,啃食新叶片和生长点,被害嫩梢叶片卷曲、丝状物粘连、不舒展,并蛀食花器和幼蕾,性情活泼,一经触动即翻转弹跳吐丝下坠。

3. 发生规律·一年发生3~4代,以老熟幼虫在枝条上的枯叶中越冬。次年5月间春枝生长时，出现成虫。卵产在嫩梢叶片上，6月上旬第1代幼虫粘缀新梢叶片潜伏其中危害生长点，在生产上这一代害虫危害症状明显。6月中下旬出现第2代成虫，7月下旬出现第3代成虫，以后还可繁殖第四代（李锋，2012）。

4. 综合防治

（1）农业调控措施

清理园地：根据枸杞卷梢蛾以老熟幼虫在枝条上的枯叶中越冬的习性，于秋季枸杞采摘结束和春季枸杞修剪时，清除田间枯枝、落叶，在田园外集中焚烧后还田，以降低越冬蛹基数，减少春季虫源量，减少危害程度。

水肥管理：加强肥水管理，适时灌水施肥，加强管理，促进枸杞生长旺盛，提高植株抗害能力，减轻危害损失。

修剪措施：若5月中下旬，见到粘缀新梢较多时，夏季修剪时疏除粘缀新梢。通过修剪，清除第一代幼虫危害的枝梢，消灭其中幼虫。尤其卷梢蛾幼虫活动期的6月上旬、7月上旬、8月上中旬采用人工采摘虫果、摘除受害嫩枝的方法，捕杀危害中的幼虫，降低危害率，减少田间虫数。

（2）物理防治

灯光诱捕：枸杞卷梢蛾成虫活动期的5月上旬、6月中下旬、7月下旬，在田间悬挂太阳能杀虫灯，于夜间诱捕成虫，减少田间虫数。

人工诱集：幼虫越冬前的9月中下旬，在树干上捆绑稻草、麦秸，诱使幼虫在其上结茧，至冬季将稻草、麦秸取下，在田间集中焚烧处理，起到对枸杞卷梢蛾的防治作用。

（3）生物（天敌）防治

天敌保护：保护和利用黄蜂、螳螂等枸杞卷梢蛾天敌。

信息素诱捕：枸杞卷梢蛾成虫活动期的5月上旬、6月中旬、7月下旬，结合太阳能杀虫灯的诱捕作用，在田间网捕成虫，挑出雌成虫，将雌成虫放入预先制作的诱捕器中，利用雌成虫分泌的雌性信息素诱捕成虫，减少田间虫口。

（4）化学农药防治

树冠喷雾防治：幼虫发生期结合枸杞蛀果蛾、蚜虫、瘿螨等害虫的防治，喷洒胃毒剂和触杀剂，毒杀幼虫。用90%敌百虫晶体800～1 000倍、1.8%阿维菌素6 000倍、40%毒死蜱800倍、2.5%溴氰菊酯乳油3 000倍、4.5%高效氯氰菊酯3 000倍或20%杀灭菊酯乳油2 000倍液喷雾，杀死枝梢部幼虫。

（十二）棉蚜

棉蚜常群集嫩梢、花蕾、幼果等汁液较多的幼嫩部位吸取汁液为害，造成受害枝梢曲缩，生长停滞，受害叶片枯黄脱落，受害花蕾脱落，受害幼果成熟时不能正常膨大，或成熟红果分泌较多糖蜜难以采摘和加工，还引起枸杞干果品质严重下降，常使枸杞果产量下降1/3～4/5，因此，棉蚜是引起枸杞产区枸杞果产值下降的最重要害虫。

该害虫1年发生10～15代，以滞育卵在枸杞树皮缝隙、芽眼内和杂草上越冬，翌年4月中下旬开始孵化，干母爬到枸杞寄主的嫩叶部位定居，5月孤雌胎生蚜开始繁殖，2代后出现有翅蚜，迁飞扩散到其他枸杞树上为害。6月下旬至9月虫数密度最大。9月份棉蚜又转移为害秋梢，虫数密度迅速下降。第1个高峰期在6月下旬至7月，第2个高峰期在8月中旬至9月。防治上应重点防治6月棉蚜的第一个高峰，5月初防治一次，6月中旬防治一次，可有效控制该害虫的发生（严林，2017）。

（十三）白枸杞瘤螨

白枸杞瘤瘿螨为害枸杞的叶片、花蕾、幼果、嫩茎、花瓣及花柄，花蕾被害后不能开花结果，叶面不平整，被害部分组织隆起，受害严重的叶片有虫瘿5～10个连成一片，变成蓝黑色痣状，严重时引起枸杞脱果落叶，整株树木长势衰弱，严重影响枸杞的产量和质量。该害虫对枸杞的危害仅次于棉蚜。

该虫一年发生9～13代，以成螨滞育越冬，越冬场所多为枸杞芽鳞裂缝或土表枯枝落叶。翌年5月初，越冬成螨随枸杞出叶芽时开始活动，展叶时侵入植物组织内产卵繁殖，枸杞叶片形成虫瘿，5月中下旬扩散至新梢为害，6～7月为害最重，8月中下旬转移至秋梢为害，9～10月成虫扩散至越冬场所。可在春季4月开园时进行重点防治。

（十四）枸杞绢蛾

在植株上主要分布在嫩梢枝条及叶梗处，从定居处潜叶为害，使叶片大部分形成污点样虫道。属

"外向型"潜叶为害,仅在取食时停留在虫道中;若不取食或者干扰少,吐丝缀网而居。幼虫活泼,受扰时左右扭动弹跳,吐丝下坠。成虫白天活跃于寄主附近。枸杞绢蛾是柴达木天然枸杞林发生十分严重的食叶性害虫,严重威胁我国荒漠地区野生枸杞资源的安全。

在青海枸杞绢蛾一年发生1代。大多数以蛹在枸杞附近的土壤中做蛹室、结白色质密的丝茧越冬,或少数在受害叶片上结白色丝茧越冬。6月上旬越冬蛹开始羽化为成虫,散产白色卵在枸杞叶片上,6月下旬出现1龄幼虫,幼虫取食枸杞叶片表皮下的叶肉。以7~8月为害最为严重,造成全树叶片枯黄、落叶,8月中下旬老龄幼虫开始化蛹进入越冬场所。在为害重的枸杞林,7月进行1次防治,效果较好(严林,2017)。

三、柴达木枸杞主要病害与气象灾害防治

柴达木枸杞病害多种,危害最为严重的有枸杞黑果病、枸杞根腐病和枸杞白粉病。另外,干热风害与冻害较其他产区严重。

(一)枸杞黑果病

枸杞黑果病是真菌病害,又名炭疽病,主要危害果实,可侵染嫩枝、叶和花。降雨量多、空气湿度大时容易发生枸杞黑果病,每年黑果病的发生造成枸杞减产比较严重。

1. 发生症状·叶片受害,叶尖或叶缘出现半圆形的褐色斑,后扩大变黑,潮湿条件下病斑呈湿腐状。枸杞青果染病后,开始出现小黑点或黑斑或黑色网状纹。阴雨天病斑迅速扩大,使全果变黑,并长出橘红色的分子孢堆。晴天病斑发展慢,病斑变黑,未发病部位变为红色。花患病后,首先花瓣出现黑斑,轻者花冠脱落后能结果,重者子房干瘪,不能结实。花蕾患病后,初期出现小黑点式黑斑,严重时黑雷,不能开放。枝和叶患病后出现小黑斑(图8-8)。

图8-8 枸杞黑果病

2. 发病规律·病原菌在树上病果和地面病残果上越冬,也可以分生孢子在黑果表面越冬。主要通过风和雨水传到附近健康的花、果、蕾等部位,侵染寄主进行危害,温度对发病起促进作用。潜伏4~7日后病发,呈现大雨大高峰、小雨小高峰的发病规律。除此之外还与小气候有关,靠近麦田、沟渠等水源处或灌水多而勤的杞园易发病。生长季均可发病,田间可不断发生再侵染。

枸杞自5月上旬的初果期至10月中旬的末果期均可受到该病的侵染。初期(5~6月)日平均气温17℃以上,相对湿度60%左右,每月有2~3次降雨,田间可发病;盛期(7~9月)日平均气温17.8~28.5℃,旬降雨在4日以上,连续两旬的平均湿度在80%以上,发病率猛增;后期(10月至初霜期)旬平均气温9.2~14.6℃,田间只要有一日以上降雨日,病害仍会有较重的发生。

3. 防治技术

（1）预防方法

1）秋后清除树上残留的病果，在枸杞园行间进行秋翻地，将园地表面病果压到土壤中，消灭病源。春季结合修剪清园，把病残枝、叶、果带出园外烧毁。

2）深翻园地，增施腐熟的有机肥；适当修剪、除去过密的枝条，保持良好的通风透光性。

3）雨季前再次清理园区。雨前和雨后及时喷施波尔多液 100 倍液，0.2％高锰酸钾 1 000 倍液，或在雨后及时喷施杀菌剂对防治黑果病均有明显效果。

4）平衡施肥，促进树体健壮。多施有机肥，配施磷钾肥，少施氮肥，以免枝条徒长，组织不充实，降低抗病力。

（2）防治时间：7～8 月。

（3）控制方法：发病初期喷洒 1∶1∶160～200 的波尔多液 1～2 次（间隔 10 天）；5％大蒜素可溶性液剂＋有机植保天然芸苔素＋有机植保高钾型水溶肥料进行喷雾。发病后，果实出现褐色的病斑。结果期用 1∶1∶100 波尔多液喷施，雨后立即喷 50％退菌特可湿性粉剂 600 倍液。

注意天气预报，有连续阴雨天 2 天以上时，提前喷洒百菌特 800 倍液，雨天过后，再喷洒一遍。

（二）枸杞根腐病

1. 发生症状·主要为害根茎部和根部。病株外观表现为叶片发黄、萎垂。挖起病株剖检根、茎部，可见患部变褐至黑褐色，有的皮层腐烂、脱落、露出木质部。根茎内部维管束亦变褐。潮湿时患部表面有时出现白色至粉红色霉病征。常表现为半边树冠发病，半边枯萎或仅一枝条发病和枯萎。也表现为整树发病，叶尖开始变黄，逐渐枯焦，向上反卷，病部以上全部脱落。

2. 发病规律·枸杞根腐病是真菌引起的病害，主要由土壤中的镰刀菌浸染后导致枸杞树体根茎部腐烂，树体患染后最先表现为树梢上部的叶片反卷，颜色变黄，然后扩散到树冠下部的叶片，同时上部的叶片明显脱落，形成上部光秃。有时表现为半边树冠发病或半边枯萎，或者一两个枝条发病或枯萎。6 月中下旬发生，7～8 月严重。

3. 防治技术

（1）预防方法

1）选择抗性品种，改善耕作条件，精心耕作，避免耕作时损伤根茎部位，减少对枸杞的伤害，避免造成伤口易受病菌侵入。发现病株及时拔除，并在周围撒施石灰。

2）加强枸杞园地平整，及时排出田间积水，尽量减少根茎部位积水发生。

3）配方施肥，增施磷钾肥。增施有机肥，增强树势，增加树体的抗病能力。提倡施用腐熟有机肥，避免施用未充分腐熟的土杂肥。

（2）防治时间：7～8 月。

（3）控制方法

1）发现病株及时挖去，补栽健株，并在病穴施入石灰消毒，必要时换入新土。

2）对初发病的植株采用草木灰对根际土壤进行覆盖，起到杀菌、消毒的作用。

3）药剂防治：5％大蒜素可溶性液剂＋天然芸苔素＋促长增绿型水溶肥料。用 50％甲基托布津 1 000～1 500 倍液或 50％多菌灵 1 000～1 500 倍液浇灌根部。

（三）枸杞白粉病

1. 发生症状·主要危害枸杞幼嫩的新梢和叶片。受害后，叶片表面覆盖一层白色的粉状物，叶片变薄，皱缩，边缘向上反卷，逐渐青干。严重时将危及花和幼果。发病时，叶面和叶背有明显的白色粉状霉层出现。受害叶片发生皱缩、卷曲和变形，发病严重时，整株树叶呈白色，叶片发黄坏死、提早脱落，导致枸杞生长势下降（图 8-9）。

2. 发生规律·病菌以闭囊壳在病组织及病枝梢的冬芽中越冬，次年开花及幼果期，子囊孢子借风雨传播侵染发病；生长季病叶上产生大量分生孢子不断引起再侵染。干燥比多雨时发病严重，昼夜温差大时此病害易发生和流行。6 月底 7 月初时开始发病，7 月下旬至 9 月上旬发病严重。此病的流行和气候条件有关，春季温暖干旱的气候，有利于病害的前期发生和流行。夏季多雨湿度大，秋季少雨干旱，有利于后期发病。

3. 防治技术

（1）清除枸杞园内的枯枝落叶，尤其是田边、路

图 8-9　枸杞白粉病

边的枸杞根蘖苗、杂草,每年春季彻底清除一次,消除病源。早春结合修剪,剪除病枝,及时清理出园。

（2）夏季对树体及时进行抹芽修剪,抽去多余徒长枝。

（3）药物防治:70%施蓝得可湿性粉剂600倍液和杜邦福星40 g/L乳油800～1 000倍液喷雾,有较显著的防效,对枸杞无药害产生,使用安全,是防治枸杞白粉病有效的杀菌剂品种。两种药可轮换施用,减少病害抗药性的产生。

（四）枸杞流胶

主要发生在35～60 cm的树干上。一般夏季初发病时,树干皮层开裂,泌流出泡沫状的半黄色胶液,有脏臭味,吸引苍蝇、金龟子等爬在液体上吸食。临秋停止流胶,树干被害处树皮似火烧,而且呈焦黑皮层和木质部分离的样子,使植株部分干枯,严重时全株死亡。常发生在夏季(图 8-10)。

图 8-10　枸杞流胶

防治技术

（1）田间作业及修剪时防止碰伤树皮。

（2）发现有轻度流胶时，将流胶部位用刮刀刮除干净，用"天然芸苔素"涂刷消毒伤口，再用 200 倍的创可涂抹伤口。

（五）枸杞灰斑病

该病主要危害叶片，也危害果实。叶表面病斑呈圆形或近圆形，中心部灰白色，边缘褐色；叶背面多生有淡黑色的霉状物。及病原菌的子实体。果实染病也出现类似病斑，造成落果。

高温多雨季节，空气湿润、土壤湿度大有利于该病的发生。种植过密，土壤缺肥，植株势衰弱时发病更加严重。

防治技术

（1）秋季落叶后及时清洁杞园，清除病叶和病果，集中深埋或烧毁，以减少菌源；增施磷、钾肥，增强抗病力。

（2）药剂防治：粉锈宁 800～1 000 倍液喷雾。

（六）其他

1. 干热风害·干热风可造成枸杞生理性病害。当满足日最高气温≥30 ℃，14:00 相对湿度≤30%，14:00 风速≥3 m/s 的气象条件即发生干热风害。干热风引起田间大面积出现一致性症状，整株受害，初发生时叶片绿枯状，红果烫伤状（红色油渍状），几日后叶片发黄，叶、花、果大量脱落。枸杞受干热风危害后，由于落叶落花落果严重，树势衰退，当年几乎绝收。当地气象部门应及时预报干热风灾害性天气发生的时间或区间，枸杞田及时灌水可减轻或预防干热风的危害。

2. 霜冻害·霜冻是柴达木盆地生产季节的主要气象灾害，可造成枸杞生理性病害。当气温达到 0 ℃或低于 0 ℃时枸杞发生霜冻害。霜冻害发生区域性明显，在青海德令哈地区发生严重。6 月主要危害叶片，霜冻后引起叶片出现大面积条形叶斑，大量落叶。8～9 月出现霜冻后果严重，田间出现大面积一致性病状，叶片受害不重，个别出现油渍状，受害最重的是花果，大多数幼果呈黑色（该病鉴别症状），红果油渍状，大量落花落果，秋果几乎绝收。该病症状常与黑果病的区别是，黑果病发生较轻，常零星发生，并且多数发生在红果上，绿色幼果很少出现，发病初红果上只出现小黑点，随着红果长大，变黑面积逐渐扩大至整颗红果，而霜冻后红果少有黑色，仅为红色油渍状。在霜冻发生严重地区，采用铺地膜或地布、膜下滴灌等田间管理方式，可有效防止该病发生（图 8-11）（严林，2017）。

四、柴达木枸杞病虫害统防统治

青海德令哈林业部门在枸杞产业区设立相应的喷防队伍，根据病虫害测报主要病虫害发生的种类、虫态、严重程度、兼顾次要病虫害，制定统一的防治方案。做到统一药剂、统一浓度、统一器械、统一人员、统一喷防治（由于病虫害零散防治易发生迁飞、感染，影响持效期），达到生产出优质安全可控的无公害枸杞产品的目的。此期各种病、虫、螨，除 3 月下旬有少量的木虱出蛰外，各种害虫螨都在入蛰状态，全部生活在越冬场所。综合防治的目的就是减少出蛰害虫的基数（其美格，2012）。

图 8-11　枸杞冻害

图 8-12　枸杞青霉病害

（一）病虫害蛰伏期（2～3月）的综合防治

（1）狠抓修剪措施。在 2 月底至 3 月上旬把修剪下来的各种枝条，振落下的残留病虫果，园中杂草及埂边荫蘖苗带出园外，集中烧毁。此项措施对降低枸杞蚜虫、枸杞瘿螨、锈螨出蛰基数效果很好，对降低其他病虫害也有明显效果。

（2）在 3 月下旬用 28％强力清园剂 15 000 倍或 40％石硫合剂晶体 100 倍，或熬制的石硫合剂 30 倍＋40％毒死蜱如油 1 000 倍液对树冠、地面、田边、边埂、杂草进行全面喷雾，有明显降低病菌、虫卵越冬基数的作用。

（二）病虫害初发期（4～5月）的综合防治

4～5 月份过去萌芽、长叶，新梢开始进入生长活性期，根据各种害虫的种类、发生期不同、为害部位、方式不同，采取相应的防治措施。

（1）4 月中旬至 5 月及时对二次枝进行摘心处理，以防蚜虫前期在嫩梢大量繁殖为害。

（2）4 月中旬，枸杞地面封闭工作。用 5 kg/667 m² 的 1.5％辛硫磷颗粒剂或 2 kg/667 m² 的 14％毒死蜱颗粒剂拌湿土 150 kg 均匀撒入土中。

（3）在 4～5 月底利用木虱对黄色光的趋性，每 667 m² 放置 40 cm×60 cm 大小的黄色纸板 4～5 块，板上涂高氯菊酯或益梨克虱机油对木虱成虫进行诱杀。

（4）采用 4.5％高氯菊酯 1 500 倍＋1.8％益梨克虱 3 000 倍＋34％速螨酮 2 000 倍液或 0.5％赛得 1 500 倍＋20％托尔螨净 2 500 倍液进行喷雾，防止蚜虫、木虱、螨类等害虫。

（5）枸杞红瘿蚊，可用树冠喷施 30％阿尔发特 2 500～3 000 倍液喷洒防治。

（三）病虫害多发期（6～7月）综合防治

此期枸杞处在生长结果旺盛期，各种病虫害种类多，需注意虫螨、黑果病的防治，兼顾蛀果蛾、菜青虫、金龟子、负泥虫、盲蝽等的综合防治。

（1）加强作物复合肥，合理控氮，增磷钾肥。补充微量元素肥料，增强树体的抗病虫能力，控制枸杞徒长枝条旺长，降低枸杞园湿度，降低病虫害的大发生。

（2）强化夏季修剪。在 5 月中旬至 6 月中旬，根据枸杞优质高产的要求，整出良好的树形，保持结果枝条均匀适中，合理负载，及时清除徒长枝，短截二次枝，改善树体营养状况和通风透光条件，减轻病虫大量繁殖为害。

（3）在枸杞采收期利用灌水之机，进行树冠泼浇，或高温时喷施氨态肥或渗透剂，以起到杀死和冲刷蚜虫的作用。

（4）利用蚜虫对白色光的趋势，每667 m² 放置40 cm×60 cm 大小的白色纸板4～5块，板上涂吡虫啉或啶虫脒机油。对其他害虫。如螨类、黑果病，采用3％啶虫脒2 500倍＋20％红尔螨2 000倍＋1.5％噻酶酮600倍，或0.3％苦参素1 000倍＋20％螨死净2 000～3 000倍液，或70％艾美乐30 000

倍＋20％红敌2 000倍。以瘿螨为主兼治其他害虫，用20％哒螨灵1 500倍＋BT 1 000倍＋10％吡虫啉1 500倍＋代森锰锌600倍。以木虱为主兼治其他害虫，采用4.5％高氯菊酯1 500倍＋1.8％益梨克虱3 000倍＋34％速螨酮2 000倍＋苗壮壮1 200倍，均可达到良好的防效，且持效期长（其美格，2012）。

五、柴达木枸杞病虫害防控作业年历

见表8-5。

表8-5　枸杞病虫害综合防控技术规程（作业年历）

月份	节气	旬	物候期与防控对象	综合防控措施	备注
1月	小寒（5～7日）	上旬	休眠期：越冬蚜卵、木虱成虫、病菌孢子	（1）护园：保护枸杞园，防止牲畜羊只入园啃食枝条。 （2）敲打：敲打枸杞园树体、枝条，振荡枝条上残叶、残果，虫卵病菌孢子和越冬成虫及灰尘，增加枸杞枝条的呼吸及对光热的吸收能力	本技术方案适用于有机、绿色和无公害给我生产，但需要专业人员以不同时期各种害虫生物学、生态学的调查指导为基础。为确保本技术方案的实施效果，需要对现有机械的作业时间与运行方式进行适宜调整
	大寒（20～21日）	中旬			
		下旬			
2月	立春（3～5日）	上旬	休眠期	（1）冬剪：以清基、剪顶、清膛、修围、截底为顺序和方法，完整整形和修剪，以均衡树势，调节树条生长和结果的关系，改善生长期通风透光，抑制病虫。 （2）清理：捡拾修剪下来的弃枝集中烧毁，并清扫干净。 （3）拆除并集中烧毁上年秋季枸杞树干上人工捆绑的草环、瓦楞纸等越冬诱集设施灭杀虫害	
	雨水（18～20日）	中旬			
		下旬			
3月	惊蛰（5～7日）	上旬	休眠期		
	春分（20～21日）	中旬	根系活动期	春季清园：30％清园剂、（45％晶体石硫合剂或熬制23～30 Be石硫合剂5°）	
		下旬	树液流动枝条回软期：木虱及蚜虫等其他越冬虫卵	（1）清理地面：集中清除枯枝落叶、病虫残枝、杂草，焚烧后还田。 （2）春季清园：30％清园剂、（45％晶体石硫合剂或熬制23～30 Be石硫合剂5°），每隔5～7天1次，连喷2次	
4月	清明（4～6日）	上旬	芽磷开裂吐绿期：木虱、蚜虫、锈螨、瘿螨、毛跳甲、红瘿蚊	（1）田间覆盖麦秸，麦秸保持水土，抑制杂草萌生。土壤金属含量高的田秸秆下放养蚯蚓。 （2）喷施：印楝素＋印楝油＋藜芦碱＋除虫菊素＋苦皮藤素＋桉叶素	
	谷雨（19～21日）	中旬	萌芽展叶现蕾期：蓟马、蛀果蛾、根粉蚧、血斑龟甲	（1）抗旱、预防冻害和冻害补救。 （2）防治红瘿蚊：①地膜覆盖，4月5日覆膜至5月15日撒膜。②田间灌水＋地面冲盖黏土。 （3）喷施：苦参碱＋印楝素＋印楝油＋碧护＋藜芦碱；地表喷洒生物除草剂除草	黄色加重显示区域为重点防控期
		下旬	七寸枝抽梢期		

（续表）

月份	节气	旬	物候期与防控对象	综合防控措施	备注
5月	立夏（5～7日）	上旬	七寸枝生长老眼枝现蕾：枸杞龟象、负泥虫、实蝇；枸杞流胶病	（1）夏季修剪：抹芽、油条摘心，剪除根部、主干和树冠的徒长枝，疏剪和断截强壮枝。做到小、早、彻底，防治蚜虫和瘿螨。 （2）行内（间）种三叶草、万寿菊（昆仑雪菊）豌豆、辣椒、大葱、胡麻等，培育生物多样性和生态调控。 （3）喷施：印楝素＋除虫菊酯＋藜芦碱＋碧护＋叶面肥＋苦皮藤素＋桉叶素＋蛇床子素＋荧光假单胞杆菌＋枯草芽孢杆菌＋橘皮精油	防控对象按时间的进度仅标出了新增的病虫种类。随树龄增长，每亩喷雾量应相应增加。喷雾前需二次稀释并搅匀。混配的需现混现用
	小满（20～22日）	中旬	七寸枝现蕾老眼枝开花期：红缘天牛。枸杞干粉蚧；枸杞根腐病、白粉病	（1）天敌防控：枸杞田间投放人工饲养捕食螨天敌。秸秆覆盖下饲喂蚯蚓，净化活化土壤。 （2）枸杞田间安置太阳能杀虫灯防治鳞翅目、鞘翅目成虫；安置超声波发射器干扰害虫。 （3）促花，促果。 （4）喷施：印楝素＋印楝油＋苦皮藤素＋藜芦碱＋除虫菊酯＋苦参碱＋多黏芽孢杆菌＋苏云金芽孢杆菌；地表喷洒生物除草剂除草	
		下旬	七寸枝开花老眼枝幼果期：卷梢蛾、红斑芫菁；炭疽病	枸杞树冠泼浇水或机械喷雾器喷水	
6月	芒种（5～7日）	上旬	七寸枝花果老眼枝果熟前期：红斑郭公虫、阔胸金龟、黑绒金龟、华北大黑金龟	（1）夏季修剪：继续夏剪，抽去树干基部，主干、树冠上部徒长枝，防止养分消耗，抑制蚜、螨繁衍。枸杞树冠泼浇水或喷水（视情况5～7天1次）。同时采取保花、保果措施。 （2）天敌控制：投放瓢虫卵卡80～150卡/亩，每隔7～10天投放一次，共2～3次。 （3）于5月下旬至6月上旬田间悬挂蓝色和黄色黏卡防治枸杞蓟马至越冬期。 （4）喷施：藜芦碱＋印楝素＋印楝油＋苗蒿素＋碧护＋叶面肥＋桉叶素＋蛇床子素＋枯草芽孢杆菌＋木霉菌	2龄至5龄以上枸杞园粘卡长×宽宜分别选20 cm×30 cm，25 cm×40 cm，30 cm×40 cm的规格
		中旬	七寸枝幼果老眼果熟期：防控对象：枸杞跳甲	（1）田间安置超声波驱鸟器驱鸟。 （2）喷施：桉叶素＋蛇床子素＋除虫菊酯＋川楝素＋百部碱＋印楝素＋印楝油＋苦参碱＋苏云金芽孢杆菌＋白僵菌＋植物激活蛋白	此方案作为框架性共性技术，具有普遍适用性，在选用药剂时，在专业人员指导下，可根据不同枸杞产区的气候、生产管理水平的差异性，不同时期不同基地害虫的种类，种群结构及发生程度等，对防控措施和作业时间进行动态调整
	夏至（21～22日）	下旬	老眼枝果熟期：防控对象：枸杞龟甲、枸杞绢蛾、枸杞草蛉	（1）枸杞采摘晾晒中防止二次污染（硫黄、工业碱、焦亚硫酸钠、灰尘）。树冠泼浇水或喷水。对于枸杞实蝇、红瘿蚊等危害习性特殊的害虫，必要时需通过有效的鲜果采摘进行配合防控。鲜果采摘时，要求及时彻底，一次性将田间的病果、害果、畸形果等采净根除，集中焚烧处理。 （2）天敌防控：投放瓢虫卵卡80～150卡/亩，每隔7～10天投放一次，共2～3次。 （3）夏季修剪：对树冠上部有蚜虫和瘿螨的徒长枝及时摘心封顶，促发二次枝成花结果。 （4）喷施：川楝素＋苦参碱＋藜芦碱＋除虫菊酯＋印楝素＋印楝油＋百部碱＋蜡蚧轮枝菌	

（续表）

月份	节气	旬	物候期与防控对象	综合防控措施	备注
7月	小暑（6～8日）	上旬	果熟期：枸杞黑盲蝽、云斑金龟子；流胶病、根腐病、白粉病、炭疽病	（1）树冠泼浇水或喷水。采取措施增强树势、促进生长。 （2）秋前修剪：夏果采摘结束后，清除树膛内的细、弱、病虫枝及着地枝，刺激促发秋果枝。 （3）喷施：除虫菊酯＋印楝素＋苦参碱＋藜芦碱＋宁南霉素	枸杞病虫种类多，防控难度大，应避免依赖药剂防控的思想，宜采用农艺、物理、生态等综合防控。遇阵风、大风、降雨时，需停止喷雾作业。宜在无风阴天喷药
		中旬			
	大暑（22～24日）	下旬			
8月	立秋（7～9日）	上旬		树冠泼浇水或喷水	
		中旬	秋梢生长期；防控对象同上	（1）树冠泼浇水或喷水。采取措施促进树体生长。 （2）喷施：除虫菊酯＋印楝素＋苦参碱＋橘皮精油＋藜芦碱＋百部碱＋氨基寡糖素。	
	处暑（22～24日）	下旬	秋梢现蕾期	喷施：碧护＋叶面肥＋EM菌剂＋印楝素＋印楝油＋宁南霉素＋枯草芽孢杆菌＋蛇床子素	
9月	白露（7～9日）	上旬	秋梢幼果期		
		中旬	秋果成熟期	病虫观察监测。适时开展枸杞人工捆绑草环、瓦楞纸等越冬诱集设施，诱杀害虫	
	秋分（22～24日）	下旬	秋果成熟期；枸杞灰斑病	喷施：苦参碱＋川楝素＋橘皮精油＋宁南霉素＋枯草芽孢杆菌＋蛇床子素	
10月	寒露（8～9日）	上旬	落叶期：各种害虫准备越冬休眠。旨在减少越冬害虫基数，降低翌年春季虫口		
		中旬			
	霜降（23～24日）	下旬		喷施：30％清园剂、（45％晶体石硫合剂或熬制23～30 Be石硫合剂5°），每隔5～7天1次，连喷2次	
11月	立冬（7～8日）	上旬	休眠期	冬季管护：加强成龄、幼龄和苗圃地冬季管护，特别要防止牲畜、羊只入园啃食、踩踏	
		中旬			
	小雪（22～23日）	下旬			

六、病虫害综合防治技术规程

在柴达木枸杞生产中，总结出了适合本地区的病虫害防控经验，上升为技术规程（详见附录五）。

第六节　柴达木枸杞整形修剪技术

整形修剪技术是枸杞栽培管理的一项重要技术措施。柴达木枸杞整形修剪具有丰富的经验，在半圆型、伞形、自然开心性、疏散分层性（二、三层）、篱架栽培模式下整形修剪取得了良好进展，但也存在盲目套用宁夏模式、技术人员少、忽视幼龄树形培育和缺少标准化管理等问题。

一、整形修剪的目的

整形修剪使柴达木枸杞树具有牢固的树冠骨架和合理的冠型结构，为以后的生长结果、耕作管理和丰产打好基础。通过截、剪、留、疏、拉等方法培养和维护通风透光良好、枝条分布均匀、树冠大而圆满的丰产树形，调节生长与结果的关系，达到早结果早丰产稳产，提高果实质量的目的，也可以通过修剪，除去病、虫枝、减少病虫害，达到提高商品率的目的。

二、整形修剪树形选择

枸杞有多重树形，如长圆锥形、半圆形、三层楼、一把伞和疏散分层等形状，先分别简述如下。

1. 长圆锥形·长圆锥形树形类似于果树的纺锤体；枸杞各产区种植宁夏枸杞多采用此树形，也是密集栽培的主要树形。

2. 一把伞形·它是由"三层楼"树形演变而来，一般在进入盛果期后，主干有较高部位的裸露，而树冠上部却仍保留较发达的主侧枝。因结果枝全部集中在树冠上部，树形像伞状，故名"一把伞"。

3. 三层楼形·有 12～15 个主枝，分三层着生在中央领导干上，因树冠层次分明，故得名"三层楼"。修剪时应注意三层间的距离要层次分明。

4. 自然半圆形（圆头形）·根据枸杞自然生长的特点，经分层修剪，吸收一把伞和三层楼的优点，把主要时间和整形工作放在基层上，保证基层主侧枝强壮，骨架稳固，在培养第一层的基础上放顶，自定干后的前 3 年培养基层，5 年内完成第二层。又可细分为自然半圆形和开心半圆形两种。

5. 疏散分层形·这种树形是把第一层基础打牢固，在中心干上留 15～20 cm 的徒长枝 2～3 个，待稳固后再在中心干上留 15～20 cm 的徒长枝，采取多次选留的办法，主枝比较分散，侧枝容量多，结果面积大。

三、柴达木枸杞整形修剪

通常采取剪、截、留、扭梢、摘心、抹芽等措施实现整形修剪工作，针刺枝、冠层病枝、虫枝、残枝和结果枝组上过密的细弱枝、树冠下层三年生（包括三年生）以上的老结果枝（特征是枝条的芽眼明显凸起，枝条皮色呈灰褐色）以及树膛内三年生以上的老短果枝（特征同老结果枝）予以修剪，减少树体养分的无意消耗。

截：交错短截树冠中、上层分布的中间枝和强壮结果枝，对上层的中间枝从该枝条的 1/2 处短截，冠层、树膛内横穿、斜生的枝条从不影响树形和旁边枝条生长出短截。

留：按照"去旧留新，下层去弱留强，上层去强留弱"的原则，选留冠层结果枝组上着生的分布均匀的一年生至二年生的健壮结果枝，从而达到调整生长、结果平衡的目的。

扭梢：在生长期内对树冠上旺盛生长的直立或斜生的枝条从基部 5～6 cm 处轻轻扭转，伤裂木质部和韧皮部，改变枝条的生长方向，抑制枝条强势生长，利于成花结果。

摘心：生长季节摘取新梢的顶部，促发二次枝结果。

抹芽：生长季节剪除或抹去主干部位萌发的新芽，防止枝条徒长，消耗养分。

1. 整形修剪·王占林（2018）等人研究标准栽

培技术的集成与示范,介绍整形修剪的技术。

（1）树形

1）半圆形:树高 1.6～1.8 m,冠幅 1.5 cm,分二层一顶,第一层主干高 40～50 cm,主枝 3 个枝 4 个,第二层主枝 2～3 个。层间距 50～60 cm,呈上稀下密,上小下大,上短下长。

2）长圆锥形:树高 1.6～1.8 m 左右,冠幅 1.2 m,有明显的中央领导干,小主枝着生在中心干上分 4～5 层,每层 4～5 个小主枝。

3）疏散分层形:树高 1.6～1.8 m 左右,冠幅 1.5 m 左右,主干 40～50 cm,没有明显的中央领导干,主枝 5～7 个。

（2）幼树整形:一至三年生幼龄期枸杞主要任务是整形,修剪时选留强壮枝条培养树冠骨架,扩大树冠,培养结果枝组,增加结果枝。在主干高 60 cm 左右剪顶定干并除去主干高 40 cm 以下的侧枝,主干 40～70 cm 间选留生长不同方向的侧枝 3～5 个,于 20～30 cm 处短截培养树冠骨干枝。等骨干枝发出分枝后,在期两侧各选 1～2 个分枝做一级大侧枝。同时利用主干上部的直立徒长,在其高出树冠 20 cm 时摘心培养成第 2 层中心干,在其上端培养第 2 层主枝,在主枝 15 cm 处摘心,形成第 2 层树冠。

这时第 2 年、第 3 年部分植株已开始挂果。修剪时选留和短截中间枝以促发结果枝,扩大充实树冠,同时剪除树冠上部和主干其他部位所抽生的徒长枝。

（3）成年树修剪:4～14 年生为枸杞经济林主要产果期。修剪的主要目的是为调整生长与结果的关系,做到平衡树势,控制冠顶优势,更新结果枝组,控高补空,主次分明,合理搭配。同时对树冠下层的结果枝要逐年剪旧留新,剪弱留强。对树冠中下部生长势强的中间枝和结果枝实行交错短截,促发二、三次结果枝,充实树冠。

春季修剪:4～5 月对秋冬季修剪的不足进行补充修剪,并除去越冬后风干的枝条。

夏季修剪:5 月下旬至 8 月上旬,主要是徒长枝的修剪,对树冠结果枝少、树冠高度不够、秃顶、偏冠及有缺空的树林利用徒长枝,多次打顶促进枝条萌发,有效增加枝级,形成新的结果枝组,保持夏秋正常开花结果。对生长在树冠顶部、根径和主干周围无用的徒长枝予以清除。

秋冬季修剪:9 月中旬至第 2 年 3 月,保持树冠枝条上下通顺,疏密分布均匀,树冠圆满。剪除主干基部和树冠顶部的徒长枝。在冠顶去强枝留弱枝,中层短截中间枝,下层多留结果枝,枝组去弱留壮枝,冠下回截着地枝,利用徒长枝短截补空。

（4）老年树修剪:15 年后,枸杞林的经济价值急速降低,对于立地条件较好的经济林来说,应重新建园。对于部分生态环境条件较脆弱地区的生态经济林,可以继续采果利用,修剪方法同盛果期树的修剪,注重重剪复壮。

2. 半圆形修剪·侯志恒（2010）研究的高产圆形修剪技术,总结了枸杞半圆形二层树形修剪技术。枸杞树形分一把伞形、半圆形树形、圆柱形树形和自然树形。其中半圆形树形又分半圆二层树形和半圆三层树形两种。半圆树形和圆柱树形是我国枸杞产业典型的高产树形,生产中主要推广应用半圆形树形。原因是该树形抗风害能力强,高产特点明显,产量高,高度合适。一般每 667 m² 枸杞干果 250～350 kg,最高可达 610 kg。一般每 677 m² 纯收入 7 800～9 000 元之间,最高可达 12 000 元以上。

（1）培养半圆形树形顺序:第一年定干剪顶,第二、三年培养基层,第四年放顶成形。成形植株高 1.5 m 左右,基本分上下两层,下层幅冠 1.6 m,上层幅冠 1.3 m,呈下大上小,每株结果枝数量在 150～200 条,单株产干果量 0.75～1 kg。

（2）定干修枝:定植苗木萌发后,将主干基茎以上 0.3 m 以内的萌芽全部抹掉,主干 0.3 m 以上留作分枝带。分枝选生长不同方向并由一定间距侧芽和侧枝 4～5 条,作为第 1 层结果骨干枝培育,株高于 0.5 m 处剪顶,以促进侧枝生长。

（3）培养基层:第 2 年 5 月在上年选留的侧枝中选向上直立侧枝 1～2 个,培养修剪为第 2 层结果主干,层间距离保持 0.35～0.4 m,待直立向上的主干生长至 0.5 m 时,抹去或修剪层间距以内所有芽和幼枝并保留 0.15～0.2 m 分枝带后剪顶,以促进分枝带的分枝生长,并适时保留不同方向生长的侧枝 4～5 个,于生长至 0.25～0.3 m 处短截,促进结果枝生长。第 3 年主要是控制徒长枝的抽生,仿照前一年的方法选留和短截中间枝,促发结果枝,扩大和充实基层树冠。

（4）放顶成型：第四年在上年选留的侧枝中或抽生的徒长枝或直立的中间枝，作为放顶成型的主枝，于第 2 层结果层间距离保留 0.15～0.20 m，并及时抹去内所有芽和侧枝，放顶分枝带预留 0.2 m处短截，以促进不同方向侧枝生长，至 0.2 m 时剪顶。一般保留侧枝 4～5 个，呈放射状。待生长至0.25 m 时短截，以促进各个不同方向生长侧枝、结果枝萌芽。同时下层结果层进行剪旧留新，交错短截，促发新枝，增加结果枝。此时，各结果层互不遮光，层次分明，树冠骨架成型稳固，上小下大的半圆已成树形，幼龄树形整形工作基本完成。

另外，发枝不均匀植株的整形，要因树留枝，随枝作形。

3. 按树龄整形修剪 · 李莉娟（2011）研究按树龄整形修剪技术，总结了无公害综合配套修剪技术。

（1）幼龄期（1～4 年）枸杞管理技术

1）定干修枝：定植苗木萌发后，将主干基茎以上 0.3 m 以内的萌芽全部抹掉，主干 0.3 m 以上留作分支带。分支带选留生长不同方向并有一定间距侧芽或侧枝 4～5 条，作为第 1 层结果骨干枝培育，株高（主干）于 0.5 m 处剪顶，以促进侧枝生长。

2）夏季修剪：6～7 月份幼苗生长量大，此时要抓紧时间修剪，以促使植株按人为培育的半圆形树冠发展。首先剪除主干分枝带以下枝条和侧芽，分枝带内仍保留选定的侧枝 4～5 条，并将所留侧枝于0.2 m 处短截，促其萌发二次枝。同时对所留侧枝选 2 条向上生长的壮枝于 0.2～0.3 m 处短截，促其结果萌发生长，尽快形成小树冠。定植第 1 年的植株高度控制在 0.7 m 左右，树冠幅在 0.5 m 左右，短截修剪后，秋季萌发 2 次枝即可结果。短截的目的是壮侧枝、促早果。

秋季修剪：于 9 月下旬至 10 月上旬进行，主要是剪除植株冠层以下所萌发的无用徒长枝，以减少无益消耗，保证冠层结果枝安全越冬。

（2）成龄期（5 年以上）股权管理技术

1）整形修剪：于枸杞休眠期（一般在 2～3 月份）进行。方法采用树冠总枝量剪、截、留 1/3 的修剪方法。①剪：剪除植株根茎、主干、膛内、冠顶着生的无用徒长枝，冠层内病虫残枝。约占总枝量的1/3。②截：交错短截树冠中上部的中间枝和强壮结果枝。一般中间枝从该枝条的 1/2 处短截，强壮

结果枝留该枝条的 2/3，以促其萌芽新的结果枝。③留：留冠层中分布均匀的 1～2 年生健壮结果枝，同时注意树冠的偏冠补正和冠层补空。补正利用徒长枝，补空利用中间枝。

2）夏季修剪：5～7 月份进行，主要是控制徒长，减少无益消耗，促进营养生长向生殖生长转化。①抹芽剪枝。5 月初将植株根茎、膛内、主干、顶部（补正和补空的芽或枝除外）所萌发的新芽全部抹去，同时剪去干枯枝。②剪除徒长枝。6～7 月份要及时剪去无用徒长枝，树冠中上部抽生的中间枝和结果枝打顶，以促进二次枝结秋果。

3）秋季修剪：采完秋果后于 10 月上旬将主干、主枝、膛内、冠层顶部萌发的徒长枝剪除，以降低消耗和确保安全越冬（李莉娟，2011；侯志恒，2010）。

4. 按年限整形修剪 · 李旭青（2012）借鉴前人经验并总结栽培实践经验，总结出柴达木地区特殊气候条件下枸杞按年限整形修剪经验，修剪技术要领，按年限阐述。

第 1 年定干，定干高度随苗木大小不同而异，粗壮苗一般定干高 60 cm，细弱苗在第 2 年定干太低，发出的结果枝搭在地上，花果受损坏，耕作不便。若定干太高，重心不稳，树冠易倾斜，会影响枝条分布、树冠面积及产量。一般在栽植当年离地面高 50～60 cm 处剪顶定干。定干当年在剪口下 10～15 cm范围内发出的新枝中（若主干上原有侧枝也可以利用），选 4～5 个在主干周围分布均匀的强壮枝作第一层主枝，于 10～20 cm 处短截，使它分枝。同时还可在主干上部选留 3～4 个小枝不短截，成为临时结果枝，有利于边整形边结果。等主枝发出分枝后，在其两侧各选 1～2 个分枝作一级大侧枝，并于 10 cm处摘心或短截。

第二年春，若上年各主发的分枝在当年尚未短截，则第二年应在各主枝两侧各选 1～2 个分枝留10 cm 左右进行短截，使其发分枝，培养成结果枝，开花结果。同时对第 1 年在主干上留的临时结果枝若太弱或过密，可以疏除。第 2 年因树势增强会在第 1 年选留的主枝背部发的中可各选一个作主枝的延长枝，并于 10～20 cm 处短截。当延长枝发出分枝后，同样在其两侧各选 1～2 枝于 10 cm 左右处摘心，使其再发分枝，培养成结果枝组。主干上部若发出直立枝，选一枝高于树冠面 10～20 cm 处短截培

养成为中心干,待发出分枝时选留 4～5 个分枝作第二层主枝。若此主枝长势强,可在 10～20 cm 长处摘心,促其发出分枝组成树冠。对于影响主枝生长的枝条,可以采用掌或拉色方法,把各枝均匀排开,以便发枝构成圆满树冠。生长过密的弱枝和交叉枝等应剪除。

第 3 至第 5 年仿照第 2 年的方法,对徒长枝进行摘心利用,逐年扩大,充实树冠。若中心干上端发出直立徒长枝,则选留三枝高于树冠面 10～20 cm 处摘心(短截)。若中心干上端不发徒长枝时,可在上层主枝或期延长枝上,高树冠中心轴 15～20 cm 范围内选 1～3 个直立徒长枝,也在高于树冠面 10～20 cm 处摘心(短截),发出侧枝,增高树冠。

经过 4～5 年整形修剪,一般树高达 1.5 m 左右,冠径 1.5 m 左右,根径粗 5～6 cm,一个 4～5 层的树冠骨架基本形成。但是,如果肥水不足,栽培管理条件差,树体生长弱,则不能如期发枝或发枝较弱,那么树冠的形成时间就会推迟。若主干上部不能长出直立的徒长枝,就会形成无中心干的树形。

5. 篱架栽培整形修剪·樊光辉、王占林(2018)等研究篱架栽培整形修剪技术,并发明篱架栽培专利,其修剪主要是培养多层结构枝条,延伸结果枝空间实现立体结果,抗风和通风透光性好,提高枸杞产量与质量。

(1) 种苗栽培:株行距 1 m×3 m,以篱架行为基准线栽植。

(2) 结果枝组织培养:种苗栽培后定干,定干高度 50 cm。6 月份沿篱架方向选留两个结果枝,8 月份绑缚在第 1 层支撑绳上,垂直方向选留 2 个结果主枝短截。其余结果枝全部消除。结合休眠期修剪,绑缚的两个结果主枝清除背下枝,选留一个背上枝培养第 2 层结果主枝,其余清除,侧枝疏剪并短截。垂直方向选留两个结果主枝短截,清除背上、下枝、侧枝疏剪并短剪。

四、柴达木枸杞栽培整形修剪规程

该技术规程可培养牢固的树冠骨,提高产量,是目前枸杞田间管理中一项必需的技术措施(详见附录六)。

第七节　柴达木枸杞土肥水一体化新技术

一、土肥管理

2010 年以来,为解决柴达木枸杞栽培技术中水资源匮乏,利用率偏低以及科学施肥等问题,青海省科技厅组织科研单位进行《枸杞水溶性滴灌肥开发与示范》《高效节水集成与示范推广》等课题研究,水肥耦合技术及装备研发取得了阶段性结果,这些技术节水节肥效果显著,有利于柴达木枸杞发展和产量品质提升。枸杞具有喜肥水、喜温、喜阳光、耐盐碱、抗旱抗寒、怕积水、适宜沙壤土栽植的特性,枸杞树寿命很长,栽植后可存活 30～40 年,管理的好坏将直接影响枸杞生长结果。因此,要认真抓好土肥水管理,为枸杞生长创造良好条件。

(一) 土壤管理

1. 翻晒园地·枸杞园的翻晒一般一年 2 次。依据柴达木盆地的气候特点,春季一般在 4 月下旬至 5 月上旬进行,此期以浅翻为主,深度控制在 10～15 cm,以达到疏松土壤,切断土壤毛细管,保墒增温,促进根系延伸,芽的萌发和树体地上部分生长,杀除部分杂草和害虫的目的。秋季翻晒,一般在 10 月下旬进行,翻晒深度要比春季深些,一般为 20～25 cm,树冠下要浅翻,以防伤根,此期深翻,不但能达到疏松土壤,增强通气性,促进枸杞根系和地上部分生长的作用,还能为封冻前灌冬水做好准备。

2. 中耕除草·枸杞定植后幼树长势较弱,株行间空隙大,杂草极易滋生,中耕除草尤为重要。一般采用人工浅耕灭草、小型农机具浅耕灭草和施用除草剂等多种办法来控制草害,大约每年要进行 2 次中耕除草工作。另外在定植后的 1～2 年,枸杞树冠小、行间空地大的园地内,可间种低矮的洋葱、大葱、胡萝卜等作物,来减少地表裸露,抑制杂草蔓延。

（二）施肥

枸杞在生长过程中,枝叶生长、花芽分化、花蕾和果实生长等物侯期是重叠的,所需养分多,供肥期限长。如果养分供应不足,不仅会影响当年产量,还会直接影响树体养分积累和第 2 年生长结果,因此要特别重视肥料的施用。

1. 施肥种类和时期·施肥种类分基肥和追肥。基肥以农家肥为主,化肥为辅。农家肥主要有羊板粪、油渣、人粪尿等。基肥施肥时期可安排在春季整理园地结合中耕除草时进行。施基肥时可配合施一部分速效肥如尿素磷酸二铵。追肥以速效化肥为主,一般在 5 月下旬枸杞新枝叶生长期追第一次肥,主要用尿素,配合适量磷肥。6～7 月是一年中大量新枝生长、花蕾形成期,需要有充足的氮、磷、钾肥,因此应每月各追一次。另外,为了更好地保花保果和提高产量,在整个花果期喷 1～2 次叶面肥。

2. 施肥量·根据树龄大小确定基肥施肥量,一般二年生枸杞每株施羊板粪 5 kg,油渣 1 kg,磷酸二铵 0.2 kg;三年生每株施羊板粪 10 kg,油渣 1.5 kg,磷酸酸二铵 0.3 kg,随着树龄增大,施肥量也要加大。追肥可按每次每株追施尿素 0.1～0.3 kg 进行。进入开花结果盛期时,用 0.5% 尿素利 0.3% 磷酸二氢钾水浸液叶面喷雾。

3. 施肥方法

（1）施基肥的方法

1）环状沟施:在树冠边缘下方或距树干 40 cm 的地方挖深 30 cm、宽 40 cm 的环状施肥沟,将肥料施入沟内。

2）月牙状沟施:在树冠边缘下方,挖月牙状肥沟,沟深 30 cm、宽 40 cm,待第 2 年施肥时沟的位置换至另一半。

3）穴状施肥:在树冠边缘下方挖穴,深 20～30 cm,进行穴施。条状沟施在对冠边缘两侧各挖条施肥沟,深 30 cm、宽 40 cm,第 2 年沟的位置换至另外两侧。

（2）追肥的方法

1）根部追肥:一般采用穴施或沟施。在树冠边缘下方挖 2～3 个穴,或在树冠边缘下方开挖 10 cm 的施肥沟,把速效性肥料施入,再盖土,施肥后接着浇水。

2）叶面追肥:将叶面肥配成一定浓度的水浸液,在阴天或晴天上午 10 时以前或下午 5 时以后进行,中午不要喷,以减少叶面蒸发,便于叶面吸收。

（三）浇水

一般大树比小树需水量大,沙土比壤土需水量大。夏季是花果盛期,气温高,需水量和浇水次数比春、秋季多。4 月下旬根据土壤墒情适时浇水。但水量要小。采果期是主要用水时期,一般每采 1～2 次果后浇水 1 次。采果后期即进入 10 月下旬,至 11 月份后,要及时浇冬水。枸杞不耐涝,浇水应以浇透浇匀为原则,做到不积水,以避免枸杞积水烂根的现象发生。

二、水肥一体化技术应用研究

（一）特点

水肥一体化技术是将灌溉与施肥融为一体的农业新技术。

通过可拉管道系统供水、供肥,使水肥相融后,通过管道和滴头形成滴灌、均匀、定时、定量,浸作物根系发育生长区域,使主要根系土壤始终保持疏松和适宜的含水量,同时根据不同作物的需肥特点、土壤环境和养分含量状况、作物不同生长期需水、需肥规律进行不同生育期的需求设计,把水分、养分定时定量,按比例直接提供给作物。

该项技术适用于有井、水库、蓄水池等固定水源,且水质好、符合灌溉要求,并已建设或有条件建设微灌设施的区域推广应用。主要适用于设施农业栽培、果园栽培和棉花等大田经济作物栽培,以及经济效益较好的其他作物。

应用效果:

（1）灌溉施肥的肥效快,提高养分利用率,比常规施肥节省肥料。

（2）降低了因过量施肥而造成的水体污染问题。

（3）达到作物产量和品质均良好的目标。

1）枸杞对水分的消耗基本呈现为盛果期＞盛花期＞营养生长期＞秋果生长期。

2）枸杞整个生育期,滴灌的水分生产率最高,其次为沟灌,漫灌最低。

（二）最佳组合

水肥一体化技术作为目前世界上公认的提高水分-肥料利用率的最佳技术，无疑在青海具有广阔的应用前景。为探索水肥一体化技术在柴达木地区的应用效果，王磊（2015）选择柴达木盆地特色作物（枸杞）作为研究对象，进行了对比试验，以期得到最利于节水、节肥和增产的灌水下限和施肥量，为水肥一体化技术在柴达木枸杞的应用以及枸杞的水肥一体化灌溉制度的确定提供理论依据。研究组试验于2014年4月～10月在青海海西州都兰巴隆滩芊芊农场栽植3年"宁杞1号"田进行，海拔3 041 m左右，年均气温3.8℃，年均降水量213.4 mm，土壤为沙壤土，肥力偏低，环刀法测得容重为1.51 g/cm³，室内测定田间持水量为19.03%试验设灌溉水平（W）与施肥量（F）2个因素，各3个水平；设土壤水分控制下限为W1（70%），W2（55%）和W3（40%），控制滴头下方土壤含水率高于土壤水分下限，达到水分下限时进行灌溉，灌至田间持水量的95%时停止灌溉；施肥水平的确定以当地漫灌下的枸杞施肥量（CK）为对照，设为高肥F_3。70%施肥量，设为中肥F_2。50%施肥量，设为低肥F_1。试验采用二因素随机区组设计，9个处理，3次重复，共27个小区。另设大田漫灌为对照小区，每个试验小区栽植5行枸杞，每行15株，枸杞株行距为1 m×2 m，小区长为15 m，宽为10 m，面积为150 m²。通过观测，土壤含水量：用PR2土壤剖面水分速测仪测量土壤体积含水率，作物生长季内每十日对土壤含水量进行一次观测，降雨前、降雨后、灌水前、灌水后、生育阶段转变时，加测土壤含水量。观测深度从地表起止主要根系活动层，每隔10 cm观测一层。观测生长状况：每个试验小区两边除最外面1行（第1、第5）外，中间所有行（2～4）选定10株具有代表性的植株（每个处理3个重复，即30株枸杞），采用定株挂牌编号的方式。调查项目包括地径高度、叶面积、冠幅等指标。观测枸杞产量：从第一次收获开始，对每个小区30株枸杞的果实进行产量调查，包括鲜果产量、干果产量、百粒果重等。最后进行数据处理。

通过对比试验，初步探讨了水肥一体化技术对于枸杞产量的影响以及节水节肥的效果。试验结果表明，水肥一体化技术的灌溉次数比漫灌多2～3倍，体现了少量多次的原则。不同灌水下限和施肥量对于枸杞生长和产量呈现不同的影响。施肥量为低肥F_1时，W_1相比较于W_2、W_3，提高枸杞株高、茎粗、产量效果一般；而施肥量为中肥F_2时，W_1可显著提高枸杞株高、茎粗和产量；施肥量为高肥F_3时，抑制减缓了枸杞的生长，枸杞产量相比于F_1、F_2降低，增加灌水量可减少高肥量带来的不利影响。因此，合理的水、肥配比才能发挥出最大的增产效果。综合考虑，处理W_1F_2为最佳水肥组合，最有利于节水节肥增产的土壤水分控制下限和施肥量。

刘得俊等（2016）在柴达木盆地巴隆地区枸杞田进行实验，施肥设计、灌水设计、采用Excel 2010对数据进行处理，旨在探讨科学、高效的柴达木枸杞施肥、灌溉模式。以三年生红枸杞为试材，研究了不同水肥组合对柴达木地区枸杞产量的影响。结果灌水量对枸杞产量的影响大于施肥量，但是过多的施肥量和灌溉量并不利于枸杞产量的增加，中肥（607.50 kg/hm²）和中水灌溉施肥（5 010 m³/hm²）组合为该试验水肥调控的最佳组合，可取得较高的枸杞产量。为柴达木地区枸杞高产栽培提供科学依据。

研究中利用二元二次多项式建立枸杞水肥生产函数，探讨枸杞产量与灌水量和施肥量的关系。结果表明，柴达木巴隆地区枸杞产量的影响主次为灌水量、施肥量，即水肥两因素交互作用都表现为正效应，即只有水肥配施才能保证枸杞的产量。水肥生产函数中二次项系数为负，说明过多的施肥量和灌溉量不利于枸杞产量的增加。将灌水量和施肥量因子分开，进行单因子枸杞产量回归关系研究，可以看出不同施肥处理组合对枸杞产量的影响关系与对宁夏地区和德令哈地区的研究结论一致。不同施肥条件对枸杞产量存在着明显的差异。随着施肥量的增加，枸杞的鲜果产量和干果产量先增加后下降。不同水分处理条件下枸杞生长量表现不同，随着灌水量的增加，枸杞的产量增加，达到一定值后随着灌水量的增加枸杞产量反而降低，这与宁夏等地的研究成果相似。

合理的灌溉量、施肥量与作物产量有着密切的关系。大量研究表明，在旱地条件下随着灌水量的增加，肥料的生产效率提高，而随着施肥量的增加，水分利用效率亦相应提高。刘得俊通过水肥生产函数最大值求解，得出在取得枸杞最大产量1 136.85 kg/hm²时，施肥量和灌水量分别为

607.50 kg/hm² 和 5 010 m³/hm²，仅从产量角度评价，以中肥和中水施肥灌溉组合为该试验水肥调控的最佳组合，可取得较高的枸杞产量。

三、生态绿肥施用技术

青海都兰县林业局马顺虎等（2014）以毛苕子（*Vicia villosa*）、枸杞品种宁杞 7 号为材料，研究了毛苕子腐解的绿肥对枸杞种植土壤养分及枸杞生长的影响。结果表明，种植绿肥及翻压绿肥对枸杞的营养生长有一定的促进效果，毛苕子 165 kg/hm² 可显著提高二年生枸杞的成活率，其株高、新枝数和新枝长均有显著增加。

第八节　柴达木枸杞农残降解技术

一、农药分类

农药系指用于防治、消灭或者控制危害农业、林业的病、虫、草和其他有害生物以及有目的地调节植物、昆虫生长的化学合成的或者来源于生物、其他天然物质的一种物质或者几种物质的混合物及其制剂的总称。我国是农药生产和使用大国，农药使用量居世界首位，每年达 80～100 万吨；年产量达 40 多万吨（有效成分），居世界第二位。农药的种类和品种很多，截至 2009 年 11 月，各国注册的农药化合物已有 2 800 多种，其中商品化应用的有 1 300 余种。通常，为了研究和使用的方便，从以下角度对农药进行分类（图 8-13）（郑红军，2009）。

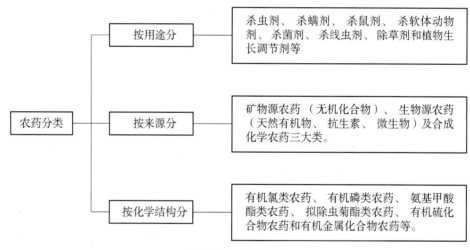

图 8-13　农药分类

由病虫危害所引发的枸杞果实品质、产量、安全性与产品经济效益之间的矛盾越来越突出。为了保证产量、降低成本、增加经济效益，有些种植户大量施用市售未经按标准检测的安全农药，导致生产所得的枸杞产品的安全性很难达到国内外市场的要求。那些为了保证枸杞品质却未施用大量农药的种植户，枸杞产量则大幅下降，最终不能提高经济效益（樊光辉，2009）。

二、防治枸杞虫害的常用农药使用方法

国家全面禁止生产、消费和使用农药产品六六六、滴滴涕等达 34 种，禁止在蔬菜、果树、茶叶、中药使用的农药有 16 个品种，经调查研制了以下适合青海产区使用的枸杞害虫防治剂型（表8-6、表 8-7）。

表 8-6　防治枸杞虫害的农药使用方法

药剂种类	通用名	剂型及含量	稀释倍数	使用时期	使用次数	安全间隔期（天）	防治对象
矿物农药	石硫合剂	45%晶体	250倍	封园	1~2	—	蚜虫、木虱、瘿螨
化学农药	毒死蜱	48%乳油	800倍		1	7	
	辛硫磷	5%颗粒剂	2~3 kg/亩	土壤处理	2	7	红瘿蚊、木虱、瘿螨
	毒·辛	5%颗粒剂	2~3 kg/亩		2	7	
	吡虫啉	2.5%可湿性粉剂	2 000倍	采果期前期及采果期	2	7	蚜虫、木虱、负泥虫
	吡蚜酮	25%可湿性粉剂	2 000倍		1	7	
	高效氯氰菊酯	4.5%乳油	2 500倍		1	7	
	乙基多杀菌素	6%悬浮剂	4 000倍		4	4	蓟马
	哒螨酮	20%可湿性粉剂	1 500倍		3	7	木虱、瘿螨
	阿维菌素	1.8%乳油	3 000倍		3	7	
	乙螨唑	11%悬浮剂	1 000倍		1	7	
	双甲脒	20%乳油	1 000倍		1	7	
	啶虫脒	3%乳油	3 000倍	采果前期	1	21	蚜虫、木虱、负泥虫
	顺式氯氰菊酯	3%乳油	1 500倍		1	21	
	高效氯氰菊酯	2.5%微乳剂	1 500倍		1	21	
	哒螨酯	5%悬浮剂	2 000倍		1	21	木虱、瘿螨
	四螨嗪	10%可湿性粉剂	1 000倍		1	21	
	噻螨酮	5%可湿性粉剂	2 000倍		1	21	
生物农药	藜芦碱	0.2%可溶性洗液	800倍	采果期前期及采果期	2	—	蚜虫、负泥虫、瘿螨、蓟马、木虱
	印楝素	0.5%乳油	2 000倍		2	—	
	鱼藤酮	1%乳油	600倍		2	—	
	冬青·松节油	50%乳油	800倍		2	—	
	烟碱·苦参碱	1.2%乳油	1 000倍		2	—	
	除虫菊素	1.5%乳油	1 500倍		2	4	
	斑蝥素	0.01%水剂	800倍		2	—	
	蛇床子素	0.4%乳油	2 000倍		2	—	
	苦参碱	0.6%可溶性洗剂	1 000倍		2	—	
	小檗碱	0.2%可溶性洗剂	1 000倍		2	—	

表 8-7 防治枸杞病虫害农药使用方法

病害种类	防治时期	药剂名称	剂型及含量	稀释倍数	使用次数	安全间隔期（天）	防治方法
炭疽病	5 月下旬至 10 月上旬阴雨天之前 1～2 天及雨后 6 h 内	醚菌酯	50 水分散粒剂	3 000 倍	2	7	发病初期每隔 10 天左右防治 1 次，连续防治 2～3 次
		嘧菌酯	25％悬浮剂	1 500 倍	1	14	
		氟硅唑	40％乳油	8 000 倍	2	7	
		苯醚甲环唑	25％悬浮剂	1 500 倍	1	14	
		多菌灵	50 可湿性粉剂	1 000 倍	1	21	
		百菌清	75％可湿性粉剂	1 000 倍	1	14	
		石硫合剂	45％结晶	250 倍	2	7	
		代森锰锌	80％可湿性粉剂	1 000 倍	2	14	
白粉病	7～9 月	三唑酮	25％可湿性粉剂	1 000 倍	2	7	
		嘧菌酯	25％悬浮剂	1 500 倍	1	14	
		多菌灵	50％可湿性粉剂	1 000 倍	1	21	
		丙环唑	25％乳油	5 000 倍	2	14	
		甲基硫菌灵	70％可湿性粉剂	800 倍	1	21	
		硫黄	50％悬浮剂	300 倍	2	7	
根腐病	根茎处有轻微脱皮丙斑	石硫合剂	45％结晶	250 倍	2	7	灌根，5 L～10 L/株，从 5 月份开始，每月 1 次，共 2～3 次
		代森锰锌	80％可湿性粉剂	1 000 倍	2	14	
		多菌灵	50％可湿性粉剂	1 000 倍	1	21	
流胶病	枝、干皮层破裂	石硫合剂	45％结晶	250 倍	2	7	将胶液刮净，用药剂涂抹伤口，7 天 1 次，涂抹 3～5 次
		多菌灵	50％可湿性粉剂	1 000 倍	1	21	
		甲基托布津	50％悬浮剂	200 倍	3	21	
		百菌清	75％可湿性粉剂	1 000 倍	1	21	

三、枸杞各种农药检测方法

王晓菁等（2007）建立了高效液相色谱法分析枸杞中吡虫啉、阿维菌素残留量的方法。样品采用酸性乙腈溶液提取，以高效液相色谱法分离检测，面积外标法定量分析，吡虫啉标准曲线的线性系数为 0.999，阿维菌素为 0.995，线性范围为 10～10 000 g/L。枸杞中吡虫啉平均回收率 92％～110％，最小检测浓度 0.047 μg/kg，阿维菌素平均回收率 86.0％～98.0％，最小检测浓度 0.33 μg/kg。该分析方法具有良好的重现性，定量结果的相对标准偏差均小于 10％，可满足检测分析要求。

实验采用 QUECHERS 前处理技术，以高效液相色谱法测定枸杞中吡虫啉和阿维菌素残留量，方法简单，结果稳定及准确，适宜且能满足枸杞中吡虫啉、阿维菌素农药残留同时检测分析的要求。从分析结果可知，枸杞中吡虫啉残留量检出，而阿维菌素未检出，说明不同产区对农药使用的倾向性有很大差异。因此，用王晓菁的提取方法，同时检测枸杞中这两种农药残留量，既节约成本又可全面监测枸杞的质量安全。

张艳等（2016），通过田间施药试验，枸杞鲜果经脱蜡后自然晾晒和烘干处理，研究不同制干方式对枸杞中吡虫啉和氯氰菊酯残留量的影响及膳食暴露评估。结果表明，吡虫啉和氯氰菊酯在推荐施药剂量下，不同施药次数，自然晾晒和烘干处理对枸杞中两种农药的残留量均有降解效果，可降解 10％～70％。对鲜枸杞和干枸杞中吡虫啉和氯氰菊酯残留的慢性膳食摄入风险和急性膳食摄入风险评估的结果表明,两种农药 ADI 和 ARD 均小于 1%,远小于 1 009%,其残留膳食摄入风险极低,建议在制定残留限量标准时可适当放宽。

林童等(2015)建立超高效液相色谱-串联质谱法(UPLC-MS/MS)测定枸杞中吡虫啉、甲基硫菌灵、啶虫脒、多菌灵、嘧菌酯 5 种农药残留量。样品经乙腈提取,C1g 固相萃取小柱净化,以甲醇+0.1% 甲酸水溶液为流动相,采用梯度洗脱在 ACQUITY UPLC BEH C_{18} 柱上分离。结果表明,在添加水平为 0.001~0.1 mg/kg 时,吡虫啉、甲基硫菌灵、啶虫脒、多菌灵、嘧菌酯的回收率在 82.15%~102.819% 之间,相对标准偏差为 1.89%~5.02%,符合农药残留分析要求。该方法前处理操作简单,净化效果好,检测灵敏度高,适用于枸杞中吡虫啉、甲基硫菌灵、啶虫脒、多菌灵、嘧菌酯等的残留检测。

何笑荣等(2006)建立毛细管气相色谱法同时测定枸杞及其制剂中有机氯农药六六六、滴滴涕、五氯硝基苯等 9 个组分残留。方法采用 SE-54 弹性石英毛细管(0.32 mm×30 m,25 μm)色谱柱,进样口温度为 230 ℃;检测器温度 300 ℃。不分流进样,程序升温,电子捕获检测器,高纯度氮气为载气,外标法定量。结果 9 种有机氯农药在 1~100 g/L 内线性关系良好。枸杞子及其制剂中 9 种有机氯农药的加样回收率为 86.8%~108.8%,相对标准偏差为 2.24%~7.02%。各种农药的最低检出限范围为 0.02~0.15 μg/L。结论该方法操作简便、快速、灵敏、准确,适于批量样品的测定。

张艳等(2005)建立了用配有氮磷检测器 (NPD)的气相色谱仪测定枸杞中敌敌畏、氧化乐果、久效磷、乐果、马拉硫磷、对硫磷、克百威、抗蚜威 8 种农药残留量的方法。试样用乙腈提取,加氯化钠,使水相与有机相分层,取一定量有机相浓缩、定容。采用外标法定量。该方法的检出限为 0.001 6~0.021 mg/kg,8 种农药的添加回收率为 83.3%~116%,测定的相对标准偏差为 1.239%~13.8%。方法简便、准确。

张艳等(2011)建立了同时测定枸杞中涕灭威亚砜、涕涕灭威砜、灭多威、3-羟基克百威、涕灭威、克百威、抗蚜威、甲萘威等 8 种氨基甲酸酯类农药残留的液相色谱-串联质谱(LC-MS/MS)检测方法。

枸杞样品经乙腈提取,Carbon/NH_2 小柱净化,C_{18} 柱分离后,在电喷雾正离子化模式下,于三重四极杆质谱仪上以多反应监测方式测定。结果表明,8 种农药在 20~500 μg/L 之间线性关系良好,且 $r^2 \geqslant$ 0.99;8 种农药的方法检出限(S/N=3)为 0.01~5 μg/kg。对枸杞样品分别进行 0.02 mg/kg、0.05 mg/kg、0.1 mg/kg 3 个水平的加标回收试验,平均回收率分别为 77.7%~98.6%、85.0%~103.8% 和 76.8%~102.2%;相对标准偏差分别为 2.48%~9.98%、4.14%~10.40% 和 8.33%~18.80%。该方法快速、准确、灵敏,适合对枸杞中涕灭威亚砜等 8 种氨基甲酸酯类农药残留的同时分析。

林祥群等(2016)建立了气相色谱-质谱法检测枸杞中 28 种农药残留的分析方法。样品经乙腈提取,CARB/NH_2 固相萃取柱净化,DB-17MS(30 m× 0.25 mm×0.25 μm)色谱柱分离,选择离子监测模式(SIM)检测,外标法定量。结果表明,28 种农药在 0.01~5.00 μg/mL 范围内呈良好线性($r^2>$ 0.99),方法检出限为 0.008~0.085 μg/g,定量限为 0.027~0.280 μg/g,加标回收率为 71.0%~106.0%,相对标准偏差为 0.96%~12.30%。本研究建立了枸杞中 28 种农药多残留的气相色谱-质谱联用检测方法,包括 11 种有机磷杀虫剂、1 种有机硫杀虫剂、1 种有机氮杀虫剂、3 种有机氯杀虫剂、7 种拟除虫菊酯类杀虫剂、4 种含氮杀菌剂、1 种除草剂。该方法灵敏度高、定性定量准确,可满足枸杞样品中多农药残留的检测要求。

方翠芬等(2016)建立枸杞子中 23 种农药残留量的 GC-MS/MS 测定方法,并对不同来源的 12 批枸杞子中农药残留量进行测定。方法:样品经乙酸乙酯提取浓缩后,采用 GC-MS/MS 方法在程序升温条件下分离,质谱多反应监测(MRM)模式下测定,内标法定量。结果:23 种农药化合物质量浓度在 0.64~954 ng/mL 范围内线性关系良好($r^2>$ 0.998),三水平添加回收率在 70%~120% 范围内,重复性 RSD 均小于 10%;各农药检测限均不超过 0.01 mg/kg,满足农药残留分析要求。12 批枸杞中 10 批样品检出农药残留,含量范围为 0.01~0.76 mg/kg。结论:该方法经方法学验证,可用于枸杞子中农药残留量的控制。

四、柴达木枸杞农残降解新技术

农药残留降解的方法主要有生物降解、化学降解、光化学降解、超声波降解、洗涤剂降解、电离辐射降解等，近年来臭氧在农残降解方面的应用得到重视。臭氧具有强氧化性，可与蔬菜、水果中残留的有机农药发生反应，强氧化剂或自由基的强氧化作用将农药分子的双键断开，苯环开环，破坏其分子结构，生成相应的酸、醇、胺或其氧化物等小分子化合物，这些小分子化合物大多无毒，溶于水，可被洗涤除去，且臭氧在水中可短时间内自行分解，没有二次污染。

有机磷和有机氯农药作为主要的杀虫剂，由于其快速高效的杀虫特点被枸杞农户广泛使用，因此长期以来枸杞中有机磷和有机氯农药残留超标也成了亟待解决的问题。据相关研究表明，碱对有机磷和有机氯农药也有一定的降解作用。因此，王占林（2018）将臭氧处理和碱处理这两种成本相对低廉的方法进行对比，观察其对枸杞中八种常见有机磷农药残留和有机氯残留的降解效果。在枸杞产业相关工艺技术研究中，枸杞农残降解方法研究鲜见报道，利用臭氧与碱水降解农残不但绿色环保，而且成本低廉，适宜柴达木枸杞实现工业化连续生产，值得推广。

有机磷降解实验结果表明，通过对比清水、碱水和臭氧水分别处理载药枸杞 5 min、10 min 和 15 min 的方法，对残留的敌敌畏、乐果、马拉硫磷和三唑磷这 4 种有机磷农药降解效果进行了研究。从实验结果可以看出，3 种处理方法对以上 4 种有机磷农药残留均有一定的降解效果，对于水溶性相对较好的农药，如三唑磷，清水处理可降解 80% 以上；碱处理与清水处理相比，对 4 种有机磷农药的降解率均有不同程度的提高，其中敌敌畏、乐果提高最为明显，最高达 98.68%、81.81%；臭氧对四种有机磷农药的降解与清水处理相比，也有不同程度的提高，其中敌敌畏最为明显，达 97.83%；碱处理与臭氧处理法相比，对马拉硫磷和三唑磷降解效果差别不大，而碱处理对敌敌畏、乐果降解效果更好。对于同一处理方法的不同处理时间，适当延长时间有利于农药的降解。

在实际农残降解过程中，应当充分考虑残留农药的性质。对于以上 4 种有机磷农药的降解，可以考虑将清水处理法、碱处理法、臭氧处理法结合起来，以达到最佳降解效果。有机氯降解实验结果表明，臭氧、臭氧和活性炭处理对 4 种有机氯农药（毒死蜱、三唑酮、腐霉利、哒螨灵）均有较强的降解作用。经臭氧和活性炭处理后的哒螨灵农药降解率显著性 p 为 0.005，效果极显著；而毒死蜱、三唑酮和腐霉利降解率显著性 p 均 $<$ 0.05，效果显著。3 种不同的处理方法时间越长，其农药降解率越高。臭氧和活性炭处理方法对 4 种农药去除效果的影响次序为哒螨灵＞毒死蜱＞腐霉利＞三唑酮。臭氧可通过臭氧机制备，十分简便，分解产物为 O_2。该种方法快速、绿色安全，易于鲜果枸杞采摘、分级、清洁生产线链接，可实现规模化生产的应用。

第九章

柴达木枸杞道地优质性评价

第一节　道地药材历史发展概况

道地药材的生产与研究,始于20世纪50、60年代,1958年由谢宗万发表《论"道地药材"与"就地取材"》为起点,医药行业开始了中国道地药材加工生产。

1985—1988年,四川省中药研究所在国内培养了专门以中药材道地性为研究方向的研究生,并获得了首个有关道地药材的国家自然科学基金项目"川产道地药材形成及其资源合理利用与保护的研究"。

1986年,国家中医药管理局首次确立了"中药道地药材研究"课题。1988年,道地药材研究项目首次获得国家自然科学基金项目资助。

1989年胡世林主编的中国第一部论述道地药材的专著——《中国道地药材》由黑龙江科学技术出版社出版。"总论"部分介绍了道地药材的概念、形成与发展、传统集散地、栽培与养殖、产地加工与贮藏等专题进行论述;"各论"部分介绍了按近代道地药材川广云贵、南北浙怀的用药习惯分区。介绍药材159种,附彩照240幅,插图146幅,重点论述了道地药材总体特性、地域性和科学性。

1989年10月26—29日,在山东泰安召开首届全国道地药材学术研讨会与展览会,代表们就道地药材的概念、历史沿革、栽培生产、临床应用、科研思路与方法进行了探讨。

1990年谢宗万发表《论道地药材》,结合历代本草论述,概括出"道地药材"的含义:"在一特定自然条件、生态环境的地域内所产的药材,且生产较为集中,栽培技术、采收加工也都有一定的讲究,以致较同种药材在其他地区所产者品质佳、疗效好、为世所公认而久负盛名者称之。"同年,郑金生1990年在中药材第6期、第7期发表《"道地药材"的形成与发展》,结合本草与史料,从先秦时期、秦汉统一后、魏晋南北朝时期到唐宋明清时期较为全面地论述了道地药材的发展历史,并分析了道地药材的影响因素。

1995年肖小河等发表《中国道地药材研究概论》,总结了20世纪80年代以来至20世纪90年代中期道地药材的研究进展,提出了道地药材的形成模式与研究模式。同年,胡世林发表《现代道地论概要》,提出现代道地论的观点,并指出"种内由于环境引起的品质变化有时大于种间"。

2011年江苏大学药学院韩邦兴等发表了《中国道地药材研究进展》,介绍了近年来道地药材研究与创新的系列成果,质量评价与鉴定新技术等内容。

2016年黄璐琦等发表《"道地药材"的生物学探讨》,从生物学的角度对道地药材进行阐述,认为"道"的形成应是基因型与环境之间相互作用的产物,"道"是指生物学上的"居群"。

在国家的大力支持下,道地药材研究在质量评价与鉴定技术、形成机制、可持续利用理论与实践等方面都相继取得了一系列进展。大量道地药材的专著也相继问世,如《中国道地药材原色图说》(2000年)、《道地药和地方标准药原色图谱》(2002),共20余部著作。研究领域有现代研究如生药鉴定中的DNA分子鉴定,化学指纹图谱和三维定量分析,基于数理的 3S 技术等,另有传统文献与政策法规方面的研究。

近年来,我国中药材生产已成为世界生产规模最大,体系最完整的中药材生产体系,2016 年常用的药材有 600 多种,300 多种人工种养,中药材种植面积 3 000 多万亩,已形成了东北与华北、江南与华南、西南、西北等 4 个道地中药材优势产区。分关药、北药、怀药、浙药、江南药、川药、云贵药、广药、西药、藏药十大类。2017—2019 年中药产业快速发展,增速高达 14.5%,中药材种植面积近 1 亿亩。中药材种植成为产业扶贫和大宗农产品供给改革的方式之一,据调研道地药材生产也出现了不平衡现象,盲目引种和扩充生产影响了道地药材产区,导致药材虽然有大产量,但质量下降,尤其对价值高的药材受利益驱动引种多。市场上劣药驱逐良药,影响了药材道地性,也生成了生产资源浪费。以"有序、有效、安全"为方针,优化全国道地药材生产任重道远。

第二节　道地药材理论研究

道地药材相关论文多从理化的角度探讨较多,谷素云(2007)以道地药材的形成和变迁因素为研究目的,侧重地理、历史、人文、社会等方面因素对中药材变迁的影响研究,为药材的道地性研究提供了更为科学的方法。向兰(2000)从 9 个方面介绍了道地药材的研究方法。

一、道地药材概念

"道地药材"一词,始见于明代汤显祖《牡丹亭》中好"道地药材"一语。此所谓道地,乃真正、真实而言。

现代"道地论"的研究,从生物多样性的角度提出了狭义的"中药材道地性":"同一物种由于生态环境差别极大或因物种的性别、年龄、栽培、生理病理、生长阶段或因加工技术使得该物种所形成的药材质量发生了真伪优劣的变化。"把道地性的成因归为:产地不同、野生与栽培、养殖的区别、性别不同、生产阶段不同、加工技术水平的影响 6 个方面(胡世林,1998)。谢宗万(1997)从道地药材的成因角度认为:"道地药材是指在一定自然条件、生态环境的地域内所产的药材,且生产较为集中,栽培技术、采收加工也都有一定的讲究,以致较同种药材在其他地区所产者品质较佳、疗效好,为世人所公认而久负盛名者称之道地药材。"

"道地药材"的内涵是复杂和多元的。首先,它是一个质量性概念,"道地药材"代表的是品质优良、功效卓著的药材;其次,它是一个地理性概念,"道地药材"是指出于特定产区的中药材;其三,它是一个历史性概念,由于环境变化与产地的扩大,道地产区有可能发生变化而迁移;其四,它是一个种质性概念,种质是影响药材质量的决定性因素,由于不同产地环境条件的差异,同一物种可能会形成不同的种质,在长期的生产过程中,人们也可能通过定向选育而形成不同的种质;其五,它是一个技术性概念,每一种"道地药材"均有一整套独具特色的种植、采收、加工技术,从而影响和决定着药材的质量。

"道地药材"的生物内涵是同种异地,即同一物种因其具有一定的空间结构,能在不同的地点上形成大大小小的群体单元,其中如果某一群体产生质优效佳的药材,即为道地药材,而这一地点则被称为药材的"道地产地"。这个同一物种在不同地点上形成的群体单元,在生物学上就称为"居群"。因此,"道"在生物学上就是指某一物种的特定居群,这里的"特定"不是由研究者根据研究目的的方便划定的,而是由一定的土壤、光热及阴湿等生境所决定的,有着比较稳定的边界,是一个比较稳定的"地方居群",是在特定的空间和时间里生活着的自然的或人为的同种个体群。

笔者认为道地药材定义应以中医药法为准,道地中药材,是指经过中医临床长期应用优选出来的,产在特定地域,与其他地区所产同种中药材相比,其品质和疗效更好,且质量稳定,具有较高知名度的中药材。

"道地"与"地道"的关系,为什么称道地药材而不叫地道药材?首先"道"是唐代相当于现代中国的三南三北六大区或省级的行政区划,"地"是"道"以下的具体产地,所以不能颠倒地域层次;第二,道地药材的概念古已有之。最早见于东汉《神农本草经》:"药有……采治(造)时月,生熟,土地所出。"梁代陶弘景在《本草经集注》中提出:"诸药所生,皆有境界。"唐代孙思邈《备急千金要方》云:"古之医者……,用药必依土地,所以治十得九。"唐代苏敬《新修本草》序曰:"动植形生,因方舛性。离其本土,则质同而效异。"宋代寇宗奭《本草衍义》云:"凡用药必择,土地之所宜者,则药力具,用之有据。"说明用药必须注意产地,道地药材和产地有一定的关系,使用道地药材才能保证疗效,道地药材如移植外地,虽品种相同而疗效可能会有改变。"地道"的提法出现较晚,初见于清代汪昂《本草备要》:"药品稍近遐者,必详其地道形色。"这里,"地道"与"道地"含义完全一样。道地药材是规范的称谓,精炼而准确地表述了质量、药效优于一般药材,是地域、时空、人文的集合概念,两者可以通用。

二、道地药材形成

"道地药材"概念的形成虽至明代《牡丹亭》中才出现,但中医注重药材来源产地以保证质量和疗效的历史却源远流长。我国不同地区有着丰富的药材资源,且各自形成了适宜不同中药材生长的"道地"产区。综合分析、归纳古今文献,我国"道地"药材的形成有以下几个因素。

(一)自然地理条件

我国土地面积,居世界第三位,比俄罗斯和加拿大小一些,气候环境复杂,地跨寒温带、温带、亚热带和热带,俄罗斯和加拿大只有寒带和寒温带。所以,我国有许多适应各种气候生长的植物。同时,我国地理环境也很丰富,有森林、草原、荒漠、湖泊等,适合多种不同的植物生长。丰富的物质资源和地理条件决定了我国可以产出大量的"道地药材"。如附

子,《新修本草》云:"附子,乌头,并汉蜀道锦州,尤州者佳。"

1. **气候条件** · 据报道,各地中药青蒿(黄花蒿)中青蒿素含量高低不等,生长在北方的青蒿,青蒿素含量远较生长在南方四川、广东等地的低。因此中药材的质量与产地的各种生态条件有密切的关系。只有在特定的地区才能生产优质药材。党参中板桥党(湖北恩施)和庙党(四川巫山)的多糖含量明显高于潞党(山西黎城)及甘肃云南党参,以凤党参(陕西凤县)最低。表明同一物种的不同居群,由于生长的生态气候条件的差异,从而引起品质和产量的差异(诸国本,1990)。

2. **土壤因素** · 不同的地理条件,土壤质量不同,土壤内含有的营养元素和微量元素等也不尽相同,这就势必会影响中药材的质量。不同的气候条件,具备不同的温度、湿度等,也会不同程度地影响药材的生长,从而影响药物的质量。有学者指出,生态地理环境因素是影响药材"道地"性的最关键因素,它包括温度、经纬度、海拔、光照、水分、土壤、气候、水文、成土母岩的岩性等,其中水分、温度、光照、土壤成分是直接影响因子,而地形、成土是间接影响因子(向兰,2000)。在道地与非道地产区的同一种药材,其性状往往差异很大。如"多伦赤芍"(*Paeonia lactiflora* Pall.)药材的性状为:条长,用手搓之外皮易破而脱落(俗称"糟皮"),质硬而脆,易断,断面显粉性(俗称"粉碴"),而非道地产区赤芍却不具备"糟皮粉碴"的特征。

3. **其他因素** · 除气候、土壤外,其他环境因素如海拔、经纬度等对道地药材的形成影响也很明显。如当归适宜的生长环境在海拔 1 900～3 000 m,年平均日照 1 500 h 左右。而甘肃岷县地区海拔符合此要求,所以甘肃岷县当归的挥发油含量较高,为 0.65%;云南丽江当归的挥发油含量为 0.59%;四川产当归的挥发油含量为 0.29%(张萃蓉,1995)。这些均与地区的海拔、经纬度等自然环境不无关系。

(二)生物学原理

道地药材的形成有其历史条件、地理条件和生长的生境因子(土壤、气候)及人为因子等,其形成模式有生境主导型、种质主导型、技术主导型、传媒主导型以及各种多因子关联决定型,但与生物这一本

质相关的模式只有前两种，其形成原理可解释为"道"所具有的有效成分含量高，临床疗效好等特征，是不同产地同一药材的不同表现。这种表现的差异正同于进化生物学中的"变异"，是由自身的遗传本质基因型所决定的，受一定的生境条件影响。从生物学上说，"道"的形成应是基因型与生境之间相互作用的产物，可用公式表示，表型：基因型＋生境饰变所谓表型，指"道"可被观察到的结构和功能特性的总和，包括药材性状、组织结构、有效成分含量及疗效等。这里的生境饰变(environmental modification)，是指由生境引起的表型的任何不同遗传的变化。基因有产生某一特定表型的潜力，但不是决定着这一表型的必然实现，而是决定着一系列的可能性，究竟其中哪一个可能性得到实现，要看生境而定。因为，器官的生长和性状的表现，都必须依靠来源于周围生境的物质，在合适的生境中产生"道"所具有的特别表型特征。反之，在其他生境中该基因的这种调控则可能发生"弥散"(penetrant)，出现一种不确立性，比如生长在东北三省、苏、皖、浙、鄂的一叶揪[*Securillega suffruticosa*(Pall.) Rehd.]含有左旋一叶揪碱(lsecurinine)，生长在北京近郊县的多为右旋(*D*-securinine)，承德附近 6 个县一叶揪碱具有左、右两种旋光性。生物类药材的同一基因在不同的外界生境条件下，有着不同的表型，称为表型可塑性(phenotyic plasticity)。表型可塑性，说明为什么不同产地的同一种药材质量和疗效有着差别。与可塑性相关的另一个概念是耐受性，即是指生物对极端生境的耐受能力，或者指生物所生存的生境因素范围。"道地产区"常被认为是这一生境范围内最适宜植物生长的地方，即该物种的某居群在某生境下表现出最大的适应性。应该清楚地认识到，决定药材疗效的物质基础是有效成分，有些有效成分在正常条件下没有或很少，只有当受到外界刺激(如干旱、严寒、伤害)时才会产生，这类物质属异常二次成分，被称为保护素(phytoalexin)，而这种对生物残酷的生境是处于这一生物的分布区的边缘，可见"道地产区"不仅在药材分布区的密度中心，也有可能在边缘，如甘草、大黄、枸杞、防风等药材的道地产区，这在实际应用上的意义就在于提示了建立道地药材生产基地时不能只考虑适合药材生长的区域。

当一个药材种具有较广的分布区时，它的各个不同地区的居群往往具有不同的基因型，或称地方性特化基因型(local specialized genotype)，而这些基因型是由于不同的生态或地理条件长期选择作用塑造而成，是产生"道"的遗传本质。可以说，"道"是对一特殊的界限明确的一套生境条件的基因型反应的产物，属"药材"的"生态型"。相同的生境条件，可产生同样的和基本相似的生态型，因而生态型可以是多地起源，这也是为什么药材也可以有多个"道地产区"的原因所在(黄璐琦，2017)。

（三）栽培与加工技术

随着临床应用需求的不断增加，野生药材数量已经远远不能满足需要。所以优良的栽培技术是药材道地性形成的重要原因之一。得天独厚的自然条件和丰富的药物资源，也不能够无穷尽的采集，野生药材总有消失的一天，如果要一直维持道地药材的数量，必须要以成熟的农业技术为基础，培育出更多、更好的药材。

1. 栽培技术·成熟的农业技术首先是栽培技术，以农桑著称于世的中华民族为培育道地药材积累了大量的生产实践经验。很多道地药材，如四川的川芎、黄连，东北的人参，云南的三七，甘肃的当归，浙江的浙贝母、杭白菊、河南怀庆府的地黄等，都具有悠久的栽培和药用历史，在长期的实践中积累了丰富的生产经验，形成了一整套成熟的栽培技术，在留种、播种、移栽、嫁接、剪枝、施肥、病虫害防治等环节有着约定俗成的操作规程，这些规程在控制与稳定药材质量方面发挥了重要作用。可见，栽培育种技术必将对道地药材的生产发挥越来越大的作用(王丽，2006)。

2. 采收时间的选择·药材临床疗效的发挥源于活性成分的积累。在药用植物生长发育过程中，其体内活性成分的含量不是固定不变的，因此在药用部位活性成分含量最高时进行采收，是确保药材质量的重要措施之一。如甘草，甘草中的甘草酸是其主要的有效成分，生长一年的为 5.99%，生长 4 年的为 10.52%，3、4 年者含量较之生长一年者几乎高出一倍。又有报道从黄连有效成分小檗碱含量测定看，不同商品规格黄连的小檗碱含量大有差异，证明五年生＞六年生＞四年生，临床疗效也以五年生为最佳。可见，采集季节和时间对药材的质量亦有较大影响(朱传根,2000)。

3. 产地加工炮制技术·产地加工炮制技术也是道地药材形成的人为因素之一。几乎每种道地药材都有其独特的产地加工方法。以芍药为例,杭芍起土后,先用沙土创去外皮(故杭芍的表面呈棕红色),再放入水中煮透,然后每枝捆在竹片上晒干,以防弯曲;川芍则是先刮去外皮,立即放在"种子水"(即白芍须根捣碎,加入玉米粉、豌豆粉混合液)中浸泡,这样可保持白芍色泽鲜艳、质坚明亮,之后再进行煮透;亳芍则是先煮透后刮皮。由于杭芍、川芍、亳芍的栽培技术、生长年限和产地加工方法的不同,故杭芍根条粗大、挺直、表面棕红色;川芍较细短、表面粉白色、质坚、明亮;亳芍类似川芍,但表面很粗糙。延胡索采后及时蒸、煮、晒干,否则会变成空皮而失效。

(四)以中医药理论为指导

中医药学是中华民族的独特理论体系,作为一个有机整体,中药的使用必然离不开中医理论的支撑,否则将难以发挥其应有的作用。没有祖国传统医学的理论,也不可能有中药的产生与发展。道地药材是经过长期医疗实践证明质量好、临床疗效高的药材。如果仅仅有中药,而没有在中医理论指导下应用,那么它只是一个简单的植物,谈不上是药材,更谈不上是"道地药材"。同一种植物或动物有的在世界各地广泛分布,在中医理论指导下应用可能具有独特功效,而对于其他民族或地区则作用不同,或不入药或仅作单验方或草药流行于民间(王厄舟,1998)。

三、道地药材确定

"道地"药材作为质优纯真药材的专用名词,指历史悠久、产地适宜、品种优良、产量宏丰、炮制讲究、疗效突出并带有地域特点的药材。所以,评价一种药材是否为"道地"药材,要同时具备以下条件。

(一)品种

药材的品种如同人类的基因,是决定它的道地性的最根本因素。药材质量的好坏与其品种有直接关系。优良品种是形成道地药材的内在因素,它控制着生物体内有效成分的合成。中药有效成分含量的多少直接决定着中药质量的优劣。道地药材由于

长期适应特定自然地理环境条件,原物种在长期的变异和分化过程中形成了具有遗传稳定的生态型,且品质各异,差异很大。如附子有南瓜叶、花叶子、丝瓜叶等7个品种类型;浙贝的宽叶、狭叶、竹叶型等;地黄的金状元、白状元等(唐明华,1999)。生态型不同,质量有所不同。例如大黄,供药用的有蓼科植物掌叶大黄($Rheum\ Palmatum$ L.)、药用大黄($R.\ officinale$ Baill.)和唐古特大黄($R.\ tanguticum$ Maxim. er Barf)3个品种,根茎含蒽醌衍生物类成分,其中的大黄酸,番泻苷等能泻下抗菌。唐古特大黄含大黄酸最多,高出药用大黄和掌叶大黄2~8倍,可视为道地药材的优良品种。而与三者亲缘关系相近的一些种类如藏边大黄($R.\ emodi$ Wall.)、河套大黄($R.\ hotaoense$ C. Ycheng et C. T. kao)、华北大黄($R.\ franzenbachii$ Mun.)及天山大黄($R.\ wittrochii$ Lundstr.)因不含或仅含微量大黄酸和番泻苷,泻下作用很弱,故不作大黄用(金世元,2001)。另外,郁金香植物也有多种,以原植物为姜黄,产于四川双流的黄丝郁金香质量最好(李隆云,1996)。可见,不同品种药材有效成分种类及其含量有很大的差别,直接影响药材质量。品种是衡量药材是否"道地"的一个重要因素。

(二)质量

"道地药材"最重要的本质是品性优良,评价药材质量的指标主要有以下几项指标。

1. 物理指标·物理指标主要是指药材的外观性状,包括大小、质地、颜色、断面、整齐度和整体形状等,这也是传统评价药材质量的指标。例如四川绵阳、三台产的川麦冬与浙江余姚浒山产的杭麦冬相比,不仅块根短小,中央木心细弱不易抽出,皮薄嫩,而且味微甘,嚼之黏性差。再如广藿香质地坚实,不易折断,茎中为海绵状的白色髓,而土藿香质地较轻脆,横断面呈方形,四角有棱脊,皮部菲薄,木部环状,四角处发达,髓部白色,占茎的大部分、中空(温枫,2001;韩俊生,2004)。

2. 化学指标·化学指标主要是指有效成分或活性成分,以及有害物质如化学农药、有毒元素的含量等。如市场常见的大黄品种为掌叶大黄、药用大黄、唐古特大黄三个药典收录品种以及亲缘关系较近的藏边大黄、河套大黄、华北大黄及天山大黄等。

以青海西宁大黄和甘肃凉州大黄为道地,原植物来源是掌叶大黄、药用大黄和唐古特大黄。

3. **药效指标**·药效指标是鉴定和评价药材品质的最高和最终标准。同一品种的药材,由于种种原因,质量也可能有差异。比如种子的好坏、农民的栽培技术、采摘的时间以及采摘以后的加工炮制都有可能影响药材的质量。只有质量好的才能叫做道地药材。如,焦东海、胡世林(1990)等对比了甘肃礼县所产的道地掌叶大黄和市售非道地大黄(产地混杂,正品与非正品并存)治疗胃、十二指肠出血的疗效,结果显示,"道地"大黄对大量出血的止血有效率明显高于非道地大黄($p < 0.05$),说明药材是否"道地",疗效上有明显的差别。

(三)产地

所谓"道地"药材,原本就是指某地生产的药材,后来才引申为质优的代名词。《本草衍义》说:"凡用药必择,土所宜者,则药力俱……"《本草蒙筌》论出产择地土称:"凡诸草木,昆虫,各有相宜地产,气味功力,自异寻常……是亦一方地土出方药也……殊不知一种之药,远近虽生,亦有可相代用者,亦有不可代用者。可代用者,以功力缓、紧略殊,倘倍加犹足去病;不可代者,因气味纯、驳大异,若妄饵反致损人。"均说明产地是确定药材道地性的一个重要因素。天然药材的分布和生产,离不开自然条件。我国自然地理状况十分复杂,水土气候、日照、生物分布等生态环境各有不同,甚至差别很大。因而天然中药材的生产也有一定的地域性,且产地与产量、质量有着密切的关系。古代医学家经过长期使用、观察和比较发现,即便是分布较广的药材,也由于自然条件的不同,其质量优劣也不一样,并逐步形成了"道地药材"的概念。如四川的黄连、川芎、附子,江苏的薄荷、苍术,广东的砂仁,东北的人参、细辛,云南的茯苓,河南的地黄,山东的阿胶等。

(四)疗效

道地药材的确定,与药材产地、品种、质量等多种因素有关,而临床疗效则是其关键因素。道地药材是在医家长期的生产和用药实践中形成的,并不是一成不变的。道地之所以成为道地,首先是在临床应用中有确切和稳定的疗效,其次才和产地联系在一起,成为"道地"药材。品种改变,产地变更,采集季节不当等都会影响药材质量,最终影响临床疗效。疗效是鉴定和评价道地药材品质的最终标准。只有疗效好的药材才能是道地药材。众所周知,同仁堂出产的中成药在海内外享有盛誉,其信誉的由来之一正在于同仁堂重视所使用药材的质量,具有稳定的疗效。品味虽贵必不减物力,不怕价钱贵,不惜重金,唯重道地质量。大黄必用西宁或凉州产的,白芷必用杭州产的,白芍必用浙江产的,当归必用甘肃产的,唯独重视的是品质和疗效。

药材的品种、质量、产地、疗效是衡量药材是否"道地"的四大因素,"道地"药材必须同时满足上述四项指标。而品种、产地并不是一成不变的,随着时代的变迁,"道地"产地也在不断发生变化。质量是评价药材是否"道地"的内在指标,不论道地产地如何变迁,总是在向优质药材产地发展。所以,质量上乘是衡量药材是否道地的不变指标。而质量的好坏又是靠临床疗效来衡量的。而疗效是"道地"药材确定的终极指标,也是最重要的因素。

四、道地药材继承

"道地"药材是我国中医药工作者的实践结晶,其中,有些道地药材一直得以继承,有些则发生变迁。

(一)古今一脉相承

有很多中药,它们的道地产区从古至今都没有改变。根据产区的不同分为两类:一类是在中国普遍都有生长的,比如青蒿,中国产的青蒿比美国产的青蒿质量好,青蒿素的含量是美国青蒿的10倍;另一种情况是在中国的某些地区生产的质量最好,如当归和附子,古今都认为陇西和四川的质量最佳。古今都认为当归"道地"产地甘肃,亘古未变。附子现在公认的"道地"产地是四川江油,也与古代记载相符,可见,以上两药材的道地产地从古至今一直在延续和继承(胡世林,1989)。

(二)各家学说并存

部分药材有两种或两种以上道地,不分伯仲,同时并存。例如白芷,《名医别录》载产河东(今山西夏县)。明代官修《本草品汇精要》以"泽州吴地为道地",清末陈仁山提出"产四川为正"。目前,白芷道地处于"祁、禹、川、杭不分上下"的多中心状态,就是兼容并蓄的发展结果。类似的还有川、杭白芍。有些药材道地产地一直得以继承,一方面由于该产地自然地理气候条件适合该种药材的生长,另外,该地区的人们经历了长期的种植,积累了大量的有关栽培、采收和产地加工的经验,使得该"道地产区"的药材质量一直维持最优,并且有足够的资源供给,充分保证了药材的临床疗效;另一方面,由于各家学说同时并存,不分伯仲,产生了多种"道地"药材同时并存的现象。由于不同产区的药材在质量和疗效上仍然存在差别,只是由于长期以来各地区用药习惯不同导致现在这种多种"道地"药材同时并存的现象得以继承。

五、道地药材变迁

道地药材是祖国医学在长期实践过程中总结出来的对药材质量控制的判别标准,既是绝对的,又是相对的。其绝对性体现在道地产区的药材质量好、疗效佳;而相对性在于由于自然条件的变化和社会历史的发展,其道地产区也有所改变。具体有下列几种情况:①自然地理条件改变。②自然资源减少。③发现新的道地药材产地。④道地品种改变。⑤临床选择变化。⑥产区结构变化。⑦战乱的社会因素。⑧著者的知识结构等。综上所述,道地药材产地的形成和变更是十分复杂的,常常不只是单一因素起作用的,而是受诸多人文、社会、环境等因素共同影响,"道地"药材的形成经历了漫长的历史变迁过程。

六、道地药材知识产权保护

(一)中医药法保护

《中医药法》第二十三条规定,国家建立道地中药材评价体系,支持道地中药材品种选育,扶持道地中药材生产基地建设,加强道地中药材生产基地生态环境保护,鼓励采取地理标志产品保护等措施保护道地中药材。

道地中药材,是指经过中医临床长期应用优选出来的,产在特定地域,与其他地区所产同种中药材相比,品质和疗效更好,且质量稳定,具有较高知名度的中药材。一是强调品种优良;二是适宜的采收时间与生长环境;三是良好的中医疗效,在法律面前受到保护。

(二)地理标志保护

我国关于地理标志的保护职能,因保护侧重点不同而由不同部门分别行使。商标局依据《中华人民共和国商标法》对注册为证明商标或集体商标的地理标志进行管理,侧重保护地理标志的商标属性;国家质量监督检验检疫总局依据《地理标志产品保护规定》,对符合要求的产品实行地理标志保护,侧重产品的保护;农业部依据《农产品地理标志管理办法》,对符合要求的农产品进行保护。对于并存的关于地理标志的保护方式,有人认为商标保护属于法律保护,产品保护属于行政许可保护;也有人认为是对地理标志的交叉保护,并且认为注册部门的不同必然导致两种保护的冲突。事实上,这两种不同的保护方式其侧重点是完全不同的,商标法对地理标志的保护是一种商标保护,地理标志本身不是商标,必须依照法律注册为集体商标或证明商标。商标法对地理标志的保护关注申请人的主体资格,商标的申请、审查、核准、续展、转让等一系列的程序是否符合法律规定。而地理标志产品保护以及农产品地理标志保护侧重的是保护产品本身,注重的是对产品质量的监督管理。所以,符合地理标志保护的道地药材完全可以分别申请注册商标和地理标志产品保护,获得双重保护。需要注意的是,商标保护是有期限的,有效期 10 年,可以无限次续展,每次续展的有效期均为 10 年。而地理标志产品保护则没有时间限制,《农产品地理标志管理办法》第 13 条第 1 款明确规定农产品地理标志等级证书长期有效。《保护规定》没有规定地理标志产品专用标志的使用期限,仅规定生产者,未按相应标准和管理规范组织生产的,或者在 2 年内未在受保护的地理标志产品上使用专用标志的,国家质检总局将注销其地理标志产品专用标志使用注册登记,停止其使用地理标志产品专用标志并对外公告,也即意味着不存在上述注销专用标志的情况下,地理标志产品专用标志可以长期使用。

七、道地药材品质研究

道地药材是在一定的生态地理环境下形成的质优、效佳、量多的药材。对药材道地性的认识历代医家多有论述,对药材道地性的研究一直是诸多学者的兴趣所在。中药要在 21 世纪实现现代化,必须以质优效佳的道地药材为保障和依托。因此,加强药材道地性的研究是一项十分重要和迫切的任务。

药材道地性的研究是一项系统工程,这与影响道地药材形成的诸多因素是密不可分的,开展对药材道地性的研究应从多方面入手(向兰等,2000)。

(1)以本草及历代方志为依据。

(2)道地和非道地药材的研究比较。

(3)从基因水平研究道地药材。

(4)生态因子对道地药材的影响。

(5)重视栽培技术的研究。

(6)道地药材时间域研究。

(7)炮制方法对道地药材的影响。

(8)中医药理论指导下研究道地药材。

(9)道地药材生物学"群居"研究。

第三节　道地药材示范基地

为加快推进中药材生产规范化、标准化、规模化与品牌化,规范道地药材生产和管理,全面提升道地药材质量,中国中药协会开展优质道地药材示范基地建设工作。

优基药材示范基地标准已经建立,分基础条件、生产技术体系、质量管理体系、生产管理体系、质量追溯体系、品牌建设与市场维护六大部分。其核心内容有:①申报药材道地性:依据历史文献考证该基地药材道地性的历史和证据资料及现代科学技术手段对药材道地性的科学内涵。包括药用历史与文化(药用历史、文化故事、产业现状等)、当地种植或养殖历史、现代技术评价(品质、应用、效果、市场占比、行业评价等)。②物种鉴定:示范基地生产的药用植物,应经权威部门的有关专家准确鉴定其物种(包括亚种、变种或品种),并符合传统道地药材与有关法定标准(如《中国药典》等)规定要求。③药材优质性:道地药材的优质性应体现在其特有品质,建立明确的、易区别、可检测的体现道地药材品质特征的质量标准。从三方面进行评价:一是化学指标即内在品质,主要是指有效成分或活性成分的多少;二是物理指标即药材的外观性状,如色泽(整体外观与断面)、质地、大小、整齐度、形状等;三是安全性指标,主要是指有害物质如化学农药、有毒金属元素的含量等。产地环境、药材外观、药材质量(目标成分、农残、重金属等)符合国家相关标准,并取得相应第三方评价(科研院所、第三方检测机构、应用药企等)。近几年中国中药协会中药材种植养殖专业委员会评出 90 多家 70 多个品种"优质道地药材示范基地。"其中甘肃玉门、青海诺木洪、宁夏中宁等地都建设了枸杞子优质道地药材示范基地。

第四节　柴达木枸杞道地性成因

柴达木枸杞道地性的形成是一个复杂的历史过程,影响因素有祖国医学传统理论指导下的临床实践,青藏高原独特的生态地理因素,栽培历史和技术,枸杞优良品质及加工等。目前普遍认为枸杞宁夏品质最优,但近五十多年来在新疆、青海、甘肃等产区种植,其果实较宁夏枸杞更大而饱满,中医临床用量越来越大,且枸杞总糖含量高于宁夏产区,对宁夏枸杞构成冲击。宁夏枸杞由于不同产区环境条件差异和种植技术的变化,在青海柴达木表现较好的生物性和药材质量,导致道地产区变化与迁移。青海柴达木枸杞道地性较为突出。

一、历史背景

(一)地方志与史料考证

青海是枸杞原产地,见于《山海经》《史记》《荀子》《北史》中"禹出西羌""禹学于西王国""导河积石""唯食鱼及苏子""大禹之后于杞"等记载。

枸杞历史源远流长,最早见于殷商时代的甲骨文中,这一点从 20 世纪 70 年代陕西岐山周原等地陆续出土的大批先周及西周早期的甲骨卜辞中可以得到印证,也可以与《诗经》中的一些内容互证。《说文解字》记载"杞,枸杞也,从木己声"。甲骨卜辞中有"田""作大田"的记载,还有"黍、稷、麦、稻、杞"等农作物的丰歉记载。据周兴华考证,枸杞种植、食用至少有 4 000 年历史(周兴华,2009),说明夏禹时代人们就认识枸杞了,这个时期,甲骨卜辞关于杞记载较多,"王其田亡灾,在杞……王其步自杞,亡灾"等等。反映了帝王对枸杞的心态,对枸杞树的崇拜,这一时期,大禹族人以枸杞树为图腾(周兴华,2009)。司马迁《史记·六国年表》记载"禹出西羌"。在《周本纪》记载"大禹之后于杞"。战国荀况《荀子·大略》记载:"禹学于西王国"。据史学家考证,大禹在西羌地域勃兴,活动于牧羊人所居的地方;另据一些学者、专家多年实地考察认为,距今 3 000~5 000 年前,在昆仑山、祁连山两大山脉相夹的广阔地带,有一个大牧业国叫西王母国,即王母娘娘国,国都在天峻一带。由此考证,大禹活动的地域在甘肃、青海、新疆昆仑山脉、宁夏一带。据《史记·夏本纪》载:"导河积石,至于龙门。"反映了大禹沿黄河采用"堙"法治水,其积石山即指循化、民和一带。综上所述,青海便是大禹族人生息、繁衍和发祥的宝地,这里盛产枸杞,才有了甲骨文中的卜辞,有了以杞作为姓氏、地名、国名和大禹族群以枸杞树为图腾,膜拜而礼之的记载。

关于夏禹是羌人,兴于西部青海,在《青海通史》中有详细记载。关于夏禹,《史记·六国年表》云:"禹兴于西羌。"《路史·后纪·夏后氏》言禹为"西夷之人"。《潜夫论·五德志》称夏禹为"戎禹"。此外,《新语·术事》《后汉书·戴叔鸾传》等均记载"大禹出于西羌"。有专家认为,黄帝系氏羌,其中包括禹,亦出自西羌,"禹稷伯夷者,向所视为创造华族文化者也;今日探讨之结果,乃无一不出于戎""禹之来由,虽不可详,而有兴于西羌之说……甚疑禹本为羌族传说中的人物,羌为西戎,是以古有戎禹之称"。古籍中还有两处概括性记载,一是《太平御览》所载的"伯禹夏后氏,姒姓也,生于石纽……长于西羌,西羌夷(人)也"。二是《吴越春秋·越王无余外传》所说禹"产于高密,家与西羌,地曰石纽"。据考证,所谓"石纽",即在今四川阿坝茂文的石鼓乡。"高密",是对密人国的敬称,"密人"为"女人"的谐音,密人国即女人国,就是历史上青藏高原东部今果洛、阿坝一带的女人国。

传说中的大禹治水,导川凿山,是自西而东循着黄河走势进行的。《史记·夏本纪》云:"浮于积石,至于龙门,西河,会于渭汭。"积石当指积石山,据《集解》引孔安国曰:"积石山在金城西南,河所经也。"颜师古曰:"积石河在金城河关县,西南羌中。"其地在今甘肃、青海接境处。禹导河积石,治服洪水,三苗得以有安身之处,故《禹贡》曰:"三危既宅,三苗丕叙。"禹带领以西部羌人为主体的水利大军东进中原,历尽千难万险,终于完成治水大业。其中有一部分羌人因佐禹治水有功而留居内地,被封为许多羌姓国,如吕国、申国在今河南南阳西北,许国在今许昌东。以后姜姓之国散布于河南、山东以及关内、陇西等地区。姜姓成为三代时期的大姓,并发挥着重大的作用(崔永红,2017)。

关于古代羌人有文字记录始于商代。甲骨文中有大量关于"羌"和"羌方"的记载,他们与商族和商王朝有着密切的关系。

"羌"在甲骨文中是一个象形文字,《说文·羊部》云:"羌,西戎牧羊人也。从人,从羊;羊亦声。"应劭《风俗通》亦说:"羌,本西戎卑贱者也,主牧羊。故'羌'字从羊、人,因以为号。"可见羌即"牧羊人"的意思,是以其游牧生产的职业为其族号的。

枸杞的原生地在"西羌",在昆仑,也就是柴达木盆地,还有一史料证实。390 年前后,有一个叫乙弗的部落从辽东率部向西迁徙,穿越祁连山,占据了青海湖,建立了乙弗无敌国。其疆域东以日月山为界,西达橡皮山,北及祁连山,南至黄河,隔河与吐谷浑为邻,包括了今青海的共和、海北州、海西州天峻及乌兰县。《北史》载:"吐谷浑北有乙弗无敌国,国有屈海(青海湖),周迴千余里,众有万落,风俗与吐谷浑同,然不识五谷,唯食鱼及苏子。苏子状若中国枸杞子,或赤或黑。"食鱼及苏子就是青海湟鱼、黑枸杞、红枸杞、沙棘之类浆果。至今柴达木的蒙古族和藏族同胞祖祖辈辈都有将黑枸杞、红枸杞、沙棘晒干打粉,煮茶泡水,掺入糌粑食用的习惯。

乙弗人也是三刺果最早的开发利用者。在今柴达木盆地、共和盆地中生长着大片的白刺、黑刺、枸杞，一望无际，这就是今日的三刺灌木丛。每年夏季，则花满枝头，香飘百里；到了秋季，果实累累，重重叠叠；其色如珍珠，如玛瑙，如宝石，润洁晶莹。每一丛树就是一坐果实的山。三刺果富含多种维生素，氨基酸。乙弗人采集果实可以鲜吃，也可晒干磨成粉。无论哪种吃法，其味酸酸甜甜，对人极有好处。乙弗人的这一发现，意义重大。至今柴达木的蒙古族、藏族还有在糌粑中加添三刺粉的习俗。而柴达木的三刺系列产品、药品则享誉中外，追本求源乙弗人是三刺开发利用的先行者（程起骏，2009）。

对青海古代记载枸杞分布和食用的历史，在《青海通史》（崔永红，2017）也有记载：如北魏和平元年（460 年）六月，魏遣征西大将军阳平、王新成等击吐谷浑拾寅，一次即"获杂畜三十余万"。吐谷浑国所属的乙弗部（又称乙弗无敌国）驻牧于青海湖周围，众有万落，风俗与吐谷浑同。然不识五谷，唯食鱼与苏子。苏子状若枸杞子，或赤或黑。乙弗部以渔猎采集所获作为重要生活来源，说明在一千年前柴达木盆地分布枸杞并有古代青海人食用枸杞的习惯。这一习惯事实也被 19 世纪俄罗斯著名探险家普尔热瓦尔斯基在 1872 年考察柴达木盆地时，在其考察报告《走向罗布泊》中记述，他沿着都兰香日德、巴隆、宗加、格尔木一线西行，是将柴达木介绍给世界的第一人。

《青海省志》（奚凤群，2015）记载："枸杞是海西重要药材之一，闻名中外的宁夏枸杞的老家，就在柴达木盆地。枸杞枝高 2 米多，开粉红色、紫红色或紫黑色花，浆果卵圆形，红色，栽培容易。其根、茎、叶、花、果都是药材……主要分布在都兰、德令哈、格尔木一带，其中，诺木洪的枸杞以味甜而著名。"

据《都兰县志》记载：1971—1972 年，诺木洪林业管理站种植枸杞树 3 公顷，共 5 000 株品种为宁夏中宁枸杞，其粒大、味甘、肉多，有很高的药用价值。据考，20 世纪 70 年代，毛泽东主席会见外宾时赠送的礼品是青海枸杞。综合而论，海西枸杞发展大体可以分为三个阶段，即：2001 年以前，海西枸杞处于缓慢低水平发展阶段。海西枸杞仅仅作为国有农场人工造林的结果出现，栽培面积少，管理粗放，品种原始，产量少，效益低。以诺木洪农场为例，1985—1990 年年均枸杞产量仅 2 000 kg，直到 1994 年才开始引进新的枸杞品种。

2001—2007 年，海西枸杞初步产业化发展阶段。受国家退耕还林政策刺激，枸杞产业逐渐得到重视，龙头产业化企业开始引进宁杞号品种以及新的栽培管理技术，开启规模化、集约化种植。2007 年年底，全州人工种植枸杞面积达 1.43 万亩，产量约 2 000 吨，且枸杞品质上乘，合计产值 3 600 余万元。

2008 年至今，海西枸杞快速发展阶段。海西州把枸杞产业发展列为加大农业结构调整，加快农牧民增收，推动防治沙及生态农业建设的重点工程之一，在德令哈、格尔木、都兰、乌兰等地大规模种植枸杞；2009 年，青海发布《关于促进枸杞加工产业、发展意见的通知》，明确提出按照扶持绿色产业、发展绿色经济要求，以市场为导向，优化枸杞加工产业布局，建设规模化种植、标准化生产、规范化管理的枸杞种植基地；以培育枸杞加工龙头企业为依托，推进新技术的应用和科技进步，提升枸杞加工产业的综合实力；2011 年初，青海诺木洪农场枸杞产业园建设总体规划通过专家论证评审，6 月青海省农牧厅批复同意《青海诺木洪枸杞产业园区建设总体规划》，并定为省级特色产业示范园区。海西枸杞从此进入快速现代化发展阶段，种植面积、产能、产值以及深加工技术迅速扩大。截至 2012 年年底，全州枸杞种植面积达到 29.01 万亩，80% 枸杞达到了无公害产品标准，90% 柴达木枸杞达到特级以上。全州已认证枸杞绿色食品 2 个，认证面积 10 万亩；认证有机产品 2 个，认证面积 4 万亩。柴达木枸杞地理标志已登记公示。

《青海药史》（郭鹏举等，1999）记载：1982 年国务院中药大普查，确定的 363 种重点品种，青海调查出 151 种，其中就包括了柴达木枸杞。柴达木盆地引种栽培中宁枸杞 20 多年，所产枸杞经化验证实品质优良，被称为"柴杞"已行销国内外市场；青海柴达木唯大宗野生和家种的药材枸杞子有较大的发展前景。1958 年 8 月 1 日，朱德同志视察青海，在参观青海建设成就展览时，一眼看到枸杞，兴奋地说"柴达木还有这东西，可以治糖尿病……"

（二）民族药古典佐证

古代青海产枸杞还可以从藏医药《晶珠本草》中

佐证。《晶珠本草》载:"枸杞子清心热,治妇科病。让钧多吉说:'枸杞子治心脏病。'《图鉴》中说:'枸杞子叶细,灌木,果实紫红色,味甘。功效清旧热。'如上所述,枸杞子叶细,树皮灰色丛生,灌木,枝很多,果实紫红色,大小如豆粒。本品分为黑白两种,俗称灰枸杞和黑枸杞。将此认作是察尔奈卜(张枝枸子)和且相巴(西藏忍冬),是错误的。"

《晶珠本草》是藏药学的集大成之作。其作者帝玛尔·丹增彭措生于青川藏交界的达江,8岁即入格孜日寺院当童僧,接受名师指导和刻苦训练。他学习勤奋,知识渊博,具有多方面的才能,特别精通藏医药学及天文历算学。由于其早负盛名,卓尔不群,被人以不守寺规等莫须有罪名逐出寺院,一时流落到德格拉托行医。随后又受到拉托王的妒恨将他驱逐出拉托地区,并将他多年撰写的藏医药文稿或焚烧或抛入大河。于是,丹增彭措长期辗转异乡,足迹遍及四川西部、西藏东部、青海、云南西部广大地区,也到过印度。经20多年的潜心研究,于1743年著成《晶珠本草》。书中收载的药物,大都是青藏高原特有的植物、动物和矿物,其中枸杞的用法与中医药用法不同,证实其收载的枸杞品种就产于青海柴达木或海南共和一带。

(三) 古本草考

《神农本草经》最早记载枸杞"味苦寒,主五内邪气,热中,消渴,周痹。久服坚筋骨,轻身不老",但无植物产地及形态描述。唐代孙思邈在《千金翼方》中云:"甘州者(今甘肃)为真,叶厚大者是。大体出河西诸郡(唐时多指甘肃、青海两地黄河以西的地区),其次江池间圩埂上者。"表明枸杞在甘肃、青海有分布。宋代陈直《寿亲养老新书》:"凡枸杞生西河郡(汾州,属冀宁路)谷中及甘州(路)者,其味迥过于葡萄。今兰州西去(邺)[鄯]城(西宁州),灵州(宁夏路属),九原(丰州,属大同路),并大根,茎尤大。"意思是说生长在今山西汾阳、介休、孝义地区的枸杞,味道过葡萄,而从兰州向西去,在西宁、宁夏、丰州地方的枸杞,其根茎尤显壮大,药效自然更佳。明代《本草纲目》将宁夏枸杞列为上品,称"全国入药杞子,皆宁产也",并总结"古者枸杞、地骨皮取常山者为上,其他丘陵阪岸者可用,后世惟取陕西者良,而又以甘州者为绝品。今陕西之兰州(与现在的兰州所处位

置差不多)、灵州(今宁夏灵武西南)、九原(今包头西)以西,枸杞并是大树,其叶厚、根粗;河西(今青海西北部)及甘州者,其子圆如樱桃,暴干紧小,少核,干亦红润汁美,味如葡萄,可作果食,异于他处者。大抵以河西者为上也。"民国以后枸杞分布范围开始扩大,主产于宁夏、甘肃、青海、新疆等地的沙区,而陕西北部、西藏、山西、内蒙古、云南、川北、华北北部也有所分布。我国历代枸杞资源分布情况绘制如图9-1所示。

从以上历史记述可以看出,枸杞产地古今有变,早期以常山为佳,后有河北、山西、青海、甘肃等处有之的记载,枸杞产于青海始载于唐宋本草中。

(四) 枸杞与"柴杞"道地性渊源

纵观道地药材的发展历史,最终的确立当在明代(黄璐琦,2016),从第一章本草考证及本章枸杞产地可知,枸杞的产地由常山(河北)、堂色(江苏)、甘州、茂山(四川)、宁安(宁夏)变化。明代,"道地"一词在《普济方》《证治准绳》《神农本草经疏》《丹台玉案》等医学书籍中多次出现,并成为明代官修本草《本草品汇精要》中的药物产地标注;至明末,"道地药材"一词正式出现,如见于杂剧《牡丹亭》,足见其影响之广泛。

不仅是"道地药材"这一传统的出现,明代还正式形成了多种道地药材的品种,仅以《本草蒙荃·总论·出产泽地土》中所言为例即有数种:"济州半夏,华阴细辛,银下柴胡,甘肃枸杞;茅山玄胡素、苍术,怀庆干山药、地黄;歙白术,绵黄耆,上党参,交趾桂。每擅名因地,故以地冠名。地胜药灵,视斯益信。"说明历史上道地枸杞是甘肃枸杞,并非宁夏枸杞(黄璐琦,2016)。

到明末清初枸杞的种植技术没有太大创新,但种植规模逐步扩大。据明人方以智在《物理小识》中记载"惠安堡(疑为宁安堡,即今宁夏中宁)枸杞遍野,秋实最盛",至清代乾隆年间,"宁安(今宁夏中宁县)一带,家种杞园。各地入药甘枸杞,皆宁产也"。医家全部用人工栽培品,野生枸杞逐步退出医药市场,宁夏枸杞才发展成道地药材。

中医药用正品枸杞资源有宁夏枸杞(*L. barbarum*)和枸杞(*L. chinese*)两种,均产于青海,宁夏枸杞的野生自然分布主要集中在青海至山西黄

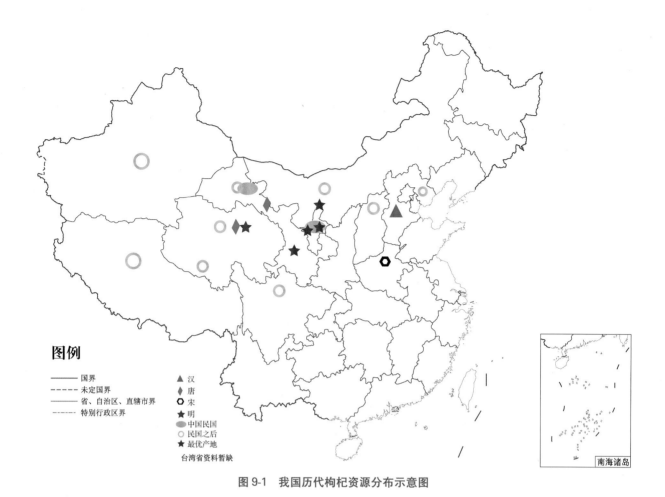

图例

——— 国界
- - - 未定国界
——— 省、自治区、直辖市界
- - - 特别行政区界

▲ 汉
◆ 唐
⬡ 宋
★ 明
⬤ 中国民国
○ 民国之后
★ 最优产地

台湾省资料暂缺

南海诸岛

图 9-1　我国历代枸杞资源分布示意图

河段两岸的黄土高原及山麓,青海的柴达木盆地以及甘肃的河西走廊。常生于海拔 2 000~3 000 m 的山坡、河岸、盐碱地、沙荒和干旱地区。河北、内蒙古、陕西、山西等地的北部及甘肃、宁夏、青海、新疆等地区有栽培。该种的变种——黄果枸杞(*L. barbarum* var. *auranticarpum*)仅分布于宁夏银川地区,多长在田边和宅旁。

枸杞分布于我国东北、河北、山西、陕西、甘肃的南部及西南、华中、华南和华东各地区。常生于干旱的山坡、荒地、丘陵地、盐碱地、路旁及村边宅旁。该种的变种——北方枸杞(*L. Chinese* var. *potaninii*)分布于我国河北、山西、陕西等地。北部、甘肃西部、青海东部、内蒙古、宁夏和新疆,多长在山地阳坡和沟谷地。

柴达木盆地是青海枸杞主要种植区域,自 20 世纪初柴达木地区开始大规模引进枸杞以来,其种植面积逐渐扩大。青海省人民政府对发展枸杞产业高度重视,将其列入加大农业结构调整,加快农牧民增收,推动防沙治沙及生态农业建设的重点工程之一。

在一系列优惠政策推动下,枸杞已成为当地优势特色产业。目前,柴达木地区内的格尔木、德令哈、都兰和乌兰已形成四大枸杞种植基地,并逐步形成青海最大的枸杞产业带(李月梅,2015)。

在《中药材手册》《全国中草药汇编》《中药大辞典》《中国植物志》中都记载了宁夏枸杞和枸杞分布于青海。《中药学》记载:"以产于宁夏、河北、青海、甘肃等地的枸杞质量最好。"1978 年编写的《中药学》是研究中药的基本理论和临床应用的学科书籍,该著作认为青海产枸杞质量最好,具有权威性。《中药材手册》也有青海栽培枸杞"质量佳,产量亦大"的权威定论,该著作是 1959 年卫生部药政管理局编写,总结了历代药工人员的鉴别经验,并反映了当时全国用药的实际情况,偏重于真伪优劣鉴别,就有青海产枸杞的质量好,产量也大的定论,具有实践性的科学论断。邹寒雁主编(1993)《青海高原本草概要》收载了宁夏枸杞、北方枸杞、黑果枸杞。其中宁夏枸杞主产柴达木盆地,又称"柴枸",在海南、海东等地亦有栽培。《青海植物志》记载宁夏枸杞产玉树、尖扎、兴海、共和、贵南、西宁、循化、乐都、民和。生于山坡、河谷、水边、田边，海拔 1 900～3 450 m。《青海经济植物志》记载宁夏枸杞产青海都兰、乌兰、兴海、贵南、西宁、民和、循化、尖扎、同仁等。海西栽培较多，生于海拔 1 890～3 200 m 的河岸、灌丛、山坡、荒地等处。《青海种子植物名录》记载：枸杞（L. chinese）分布于柴达木、祁连、尖扎、乌兰、大通、民和、化隆等。《青海地道地产药材》（郭鹏举，1996）在青海道地药材 23 种中，将枸杞列入其中。记载："宁夏枸杞多为栽培，分布于柴达木的都兰县及格尔木、乌兰、兴海、贵南等县，以柴达木地区产量最高、质量最优，俗称'柴枸杞'。"

2017 年底，柴达木枸杞种植约 70 万亩，成为全国第二大产区。行内人士认为，柴达木枸杞的六大特点足以让市场与产业不断壮大。一是柴达木枸杞产业在海拔 3 000 m 的盆地山腰，气候干旱，空气湿度低，导致昆虫难以生存，种植过程中受到的病虫害少，产品品质便有了保证。二是生产环境中没有工业污染，生态环境洁净，产品无农药和重金属残留，生产的有机枸杞自然能达到国家行业最高标准。三是枸杞中的活性成分高。这得益于柴达木盆地光照时间长，昼夜温差大，丰富而独特的光、热、水、土资源，使得种植出的枸杞所含人体需要的营养物质和具有调节生理功能的生物活性成分高。四是多糖含量高。相比其他产区，它更加适应晾晒干果和制造浓缩汁。可以有效改善人体新陈代谢，调节内分泌，提高免疫力，加速肝脏解毒和受损肝细胞修复和延缓衰老。五是因为柴达木地区的土壤中含有丰富的化学元素，使得所种植的枸杞中黄酮含量较其他产区高 30% 左右。六是药用价值高。据中国科学院西北高原生物研究所和西北农业大学化验分析显示，柴达木盆地枸杞药用有效成分超过了国内所有同类药材，地质优势使得同品种的枸杞在柴达木地区栽培，品质会变得上乘。

因有上述特色，柴达木枸杞近 20 年来发展迅速，品牌与声誉不断提升。

1983 年，"诺木洪枸杞"获国家外贸部优质产品荣誉证书，被誉为"柴杞"。

1994 年，"诺木洪枸杞"获农业部农产品博览会金奖。

2011 年，青海省人民政府授予"柴达木"商标为青海著名商标；柴达木枸杞基地被上海大世界吉尼斯总部评为"海拔最高的连片种植基地"。

2012 年，青海诺木洪农场"柴达木"牌和"诺木洪"牌枸杞参加"中国绿色食品 2012 年上海博览会"荣获畅销产品奖。

2013 年，被授予"全国高寒区枸杞种植产品知名品牌创建示范区"称号。

2013 年，柴达木枸杞又称柴杞，获国家农产品地理标志产品。

2014 年，青海诺木洪农场 6.8 万亩枸杞基地被批准为"全国绿色食品原料标准化生产基地"；青海诺木洪农场参加"第十五届中国绿色食品博览会""柴达木枸杞"牌枸杞荣获金奖。

2015 年，诺木洪防洪防沙治沙林场（农场）被中国经济林协会授予"中国枸杞之乡"称号，成为全国第 5 家被命名的"中国枸杞之乡"。

2015 年，"青海康普""遥远地方"国际有机枸杞基地被中药协会认定为"优质道地药材（枸杞子）示范基地"。

2017 年，青海 20 家企业有机枸杞认证通过中国有机枸杞认证面积 5.6 万亩，通过欧盟认证面积 8.1 万亩，成为全国有机认证面积最大地区。

2018 年，柴杞入选中欧地理标志产品，柴杞销往欧盟各成员将受到法律保护，国际知名度和品牌竞争力大大提高。

综上论述，枸杞道地性发展轨迹如图 9-2（王孝涛，2017）。

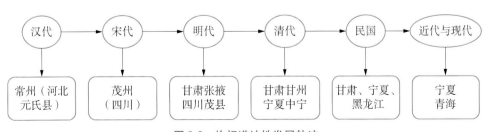

图 9-2 枸杞道地性发展轨迹

由此确认，由于枸杞产区环境条件的差异，种植技术的发展，种植于柴达木盆地的枸杞发展为道地药材。青海柴达木枸杞道地性确立时间应为 20 世纪 40 年代至 50 年代。有柴杞称誉应为 20 世纪 70 年代至 80 年代。

二、道地性形成原因

道地药材在一特定自然条件、生态环境的地域内形成。从生物学角度来看，道地药材是物种受特定生长环境的影响，在长期生态适应过程中所形成的具有稳定的遗传性质量特征的个体群类型。在遗传生态学领域，对同种植物的不同个体群之间的变异和分化已做了大量系统的研究。不同的气候生态型，由于温度、光、湿度等气候因子的对比关系不同，使植物的生长发育、开花、休眠以及其他器官的外部形态和内部结构都发生深刻的变化，致使药材品质产生差异。

20 世纪 60 年代在柴达木盆地开始种植驯化野生枸杞，1978 年经种植驯化成功的枸杞面积达上千亩。从 2002 年通过培育的枸杞，在青藏高原柴达木盆地独特的光热条件下，地理环境特殊，使得枸杞含糖量及微量元素逐年提高，品质优于宁夏本土产品，果体也较宁夏本土产品大。经多年栽培后，青海培育枸杞产量高、株体矮、结果密度大、果实大、均匀、易于采摘，具有良好的适应性。青海柴达木盆地枸杞保持了其原生态品质，具有优质的品种遗传特性。青海柴达木盆地枸杞在柴达木地区的表现为该树种树冠较开张，老眼枝花量极少，发枝力强，经生产实践和区域栽培实验研究，柴达木盆地枸杞产区适宜栽培的优良品种，适应在青海枸杞产区大面积推广。

青海柴达木盆地光照时间长，昼夜温差 12 ℃，并拥有丰富而独特的光、热、水、土资源，种植出的枸杞所含人体需要的营养物质和具有调节生理功能的生物活性成分高，优质大果可占 70％以上。柴达木宁夏枸杞的多糖含量相比其他产区而言含量居中，总糖最高，较适宜晾晒干果和制造浓缩汁，黄酮含量较其他产区高 30％左右，是国内优质的枸杞之一。同时，由于枸杞产区海拔 2 800 m 左右，气候干旱，空气相对湿度低，枸杞等植物的病虫害相对较少。没有工业污染，人口密度小，生态环境洁净，水源、土壤无污染、无农药和重金属残留，所种植枸杞质量、药效均最佳。

（一）生态因子影响

特殊气候造就了青海枸杞的品质优势，刘俭（2012）等研究柴达木盆地土壤与宁夏的黄河灌区无特殊之处，并无太大差异，柴达木枸杞品质优势多源于其他气象因子。

1. 特殊气候影响·青海枸杞粒大且甜，源自其特殊的光热资源与特殊的气候。枸杞属强阳性植物，在适宜温度下，日照强度越强生长越好，花量越大坐果率越高，果粒越大。诸多研究结果表明，枸杞开花最适宜温度为 17～22 ℃，果实发育最适宜温度 20～25 ℃，生育期低的空气湿度有利于降低病虫害的发生。花果期适宜温度是果实膨大的关键。

以年平均温度最高、无霜期最长的诺木洪地区为例，该地区历史年平均降水 28 mm，阴雨天极少，枸杞主要生育期 6～9 月份，晴天日照强度 10 万 lx 以上，枸杞花果期 6～9 月中 7 月的最高温度 23.9 ℃，最低温度 11.8 ℃，空气湿度 35％，最适于枸杞的生长。远优于宁夏地区枸杞主要花果期的最高温度 27.3 ℃，最低温度 16.5 ℃，照度 8 万～9 万 lx，空气湿度 60％（表 9-1～表 9-3）。

表 9-1　诺木洪与银川逐月温度比较

地区	项目	1月	2月	3月	4月	5月	6月	7月	8月	9月	10月	11月	12月
诺木洪	平均最低温度（℃）	−15.4	−12.4	−7.0	−2.0	2.7	6.2	8.9	8.2	3.7	−2.3	−9.6	−13.9
	平均最高温度（℃）	−2.7	−2.0	5.1	10.8	15.5	18.5	21.3	21.0	16.1	10.0	2.8	−1.3
银川	平均最低温度（℃）	−14.3	−10.8	−3.4	3.5	9.9	14.7	17.7	16.3	10.4	3.3	−3.5	−11.0
	平均最高温度（℃）	−1.2	2.9	10.2	18.4	24.4	27.8	29.3	27.5	22.7	16.6	7.2	0.0

表 9-2　不同地区土壤肥力调查

项目	宁夏同心	宁夏惠农	宁夏中宁	青海诺木洪	项目	宁夏同心	宁夏惠农	宁夏中宁	青海诺木洪
全量氮(g/kg)	0.58	0.94	1.22	0.80	Na^+ (g/kg)	0.36	0.83	0.05	0.08
全量磷(g/kg)	1.00	0.90	1.68	0.84	全盐(g/kg)	1.84	3.08	0.74	0.55
全量钾(g/kg)	16.6	18.5	18.6	17.4	CO_3^{2-} (g/kg)	0	0	0	0
速效氮(mg/kg)	46	129	108	57	HCO_3^- (g/kg)	0.21	0.20	0.21	0.24
速效磷(mg/kg)	40.1	31.9	80.2	35.9	Cl^- (g/kg)	0.14	0.68	0.07	0.12
速效钾(mg/kg)	208	320	382	105	SO_4^{2-} (g/kg)	1.06	1.60	0.24	0.04
pH	7.70	7.60	7.60	7.88	Ca^{2+} (g/kg)	0.14	0.16	0.07	0.06
K^+ (g/kg)	0.05	0.08	0.05	0.01	Mg^{2+} (g/kg)	0.04	0.12	0.03	0.02

表 9-3　不同产区水质调查

地区	pH	电导率(Ms/cm)	全盐(mg/L)	CO_3^{2-}(mg/L)	HCO_3^-(mg/L)	Cl^-(mg/L)	SO_4^{2-}(mg/L)	Ca^{2+}(mg/L)	Mg^{2+}(mg/L)	K^+(mg/L)	Na^+(mg/L)	有效硼(mg/L)
宁夏清水河水	8.56	10.21	7 854	23	229	1 616	3 613	368	314	36	1 708	1.83
宁夏黄河水	8.33	1.24	954	8	191	126	211	91	45	17	141	0.48
青海诺木洪河水	7.80	0.554	426	0	184	106	77	65	15	4	65	0.31

2. 辐射与温差影响·强辐射与大温差造就了青海枸杞的"大"且"甜"。在适宜条件下,植物体的最主要组成部分碳水化合物的合成多少主要取决于太阳的辐射强度和日照时间,较大的昼夜温差有利于能量物质的积累。10 万 lx 以上的照度,6～9 月份 15 h/日左右的光照时间,10 ℃以上的昼夜温差为青海枸杞的粒大打下了坚实的能量物质基础,在造就大果粒的同时还造就了果粒的味甜。据测定,青海枸杞干果含糖量高达 60% 左右,与同样辐射强度和昼夜温差的新疆地区含糖量接近。

3. 最适温度影响·花果低温造就了青海枸杞的"大"和"长"。枸杞果实属于高温变色型浆果,果实成熟变色期如温度过高会加速枸杞成熟速度,减少枸杞果实的纵横径比值,因此果实成熟变色期温度过高会加速枸杞成熟速度,在夏季温度较高的地区通常果实会前大后小,高温期的枸杞会小且圆。这一特点在夏季高温、枸杞一年发育 2 次的宁夏、新疆等产区表现得尤为突出。通常宁夏枸杞在花果期温度较低的 6 月底 7 月初果粒较大,而后随着气温

的升高越来越小,越来越短圆。而青海柴达木地区夏无酷暑、关键生育期的气温又正好是枸杞花果发育的最佳温度,较低温度使青海枸杞在青果发育期和变色期不被温度干扰,比宁夏等传统产区有较长的发育期,因此以诺木洪为代表的柴达木地区所生产的枸杞在与新疆枸杞接近含糖量的前提下,可以在生育期产生超大的果粒并拥有与宁夏枸杞相似的长型果型。

4. 最适湿度影响·"降水少、湿度低"造就了青海枸杞的"再大"。枸杞在红熟后果柄疏导组织并不与果实迅速产生离层,果实红熟后 20 天左右处于鲜活状态,依然可以为果实输送水和养分,红熟后 2 次灌水可显著增大果粒大小与单果重。以诺木洪为代表的柴达木枸杞关键生育期(采果期)温度低、湿度小、自然降水少,树体及鲜果病虫害少,鲜果红熟后留树 20～30 天果实无霉变,较长的采果间隔期,完全允许红熟期 2 次灌水,通过 2 次灌水可以实现果实红熟后的"再次"膨大。

5. 特殊气候造就了青海枸杞的价格优势·枸

杞干果的商品价格主要取决于枸杞的商品等级率，果粒越大、平均单果重越重，市场价格就越高。青海诺木洪枸杞在国内平均单果重量最为重。截至目前，以种植宁杞1号为例，诺木洪平均单果重1.19 g左右，远高于宁杞1号的0.68 g左右，鲜干比4.0以内，远小于宁夏中宁的4.5～4.8；1～4龄的头两批干果混等粒数为190～230粒/50 g，远优于宁夏中宁地区的300～350粒/50 g，甘肃靖远地区的260～290粒/50 g，在全国范围内独占鳌头。果粒的显著增大，使青海枸杞的干果售价在宁夏枸杞价格的基础上每千克提高了7元以上。同时，鲜干比小，降低了采收费用。

6. 强光照，降低了生产成本·斤果斤肥是枸杞的正常施肥水平。在强辐射下，青海枸杞的光合产物——糖，较宁夏地区提高了15%以上，这部分产量无需用肥料的投入去换取，枸杞用肥每千克肥料均价在4元左右，太阳光照为青海枸杞每千克干果省下了0.6元。

7. 无霜期合适，节约了劳动成本·以诺木洪为代表的青海柴达木地区无霜期90～115天，正好适合枸杞当年生1次枝及1次枝强壮枝短截所发2次枝能生产的所有果实红熟与膨大的无霜期要求。与宁夏地区不同的是，柴达木地区枸杞单位面积年均产量与宁夏相近，均为60 kg/hm² 左右；但与宁夏等产区不同的是，柴达木地区枸杞通常夏眠之后发秋梢，必须开展秋季修剪工作。与宁夏产区相比，青海柴达木地区每年只需进行1次夏季修剪，每亩可节省修剪用工2个以上，节省开支约200元，每千克节省开支约0.5元。

8. 柴达木枸杞种植热量资源有利于"柴杞"数量扩大与质量提升

(1) 柴杞全生育期最优大于5℃，积温为2640℃。柴达木盆地≥5℃，积温从分布图上看最高在2700℃左右，分布在格尔木中北部、都兰县西北部、德令哈南部、茫崖和冷湖大部分地区，这些区域柴枸生长全年可利用热量满足所需，是枸杞生长热量资源最适宜的地区。

(2) 柴达木盆地平均气温大于5℃期间活动积温，代表枸杞全年可利用热量资源；7月平均气温分布代表枸杞果实形成阶段热量条件；作为分析枸杞种植适宜度的气象热量因子，从柴达木盆地大于

5℃积温和7月平均气温最高达19℃左右，高值分布在格尔木中北部、都兰县西北部、德令哈南部、茫崖和冷湖等地区。这些地区对枸杞生长热量满足所需，枸杞一般能获得正常产量，是最适宜枸杞种植的地区。

9. 高海拔条件有益于枸杞质量·高海拔、低温、长日照有益于枸杞质量。海拔对枸杞果实质量、大小、籽占果实比例及多糖含量的影响均较明显，百粒质量、果实纵径及枸杞多糖随着产地海拔高度的升高而增大，籽占果实比例在一定程度上随着海拔高度的升高而减少。

枸杞百粒质量与海拔高度和年日照时数呈正相关，枸杞果实总径同样与海拔高度呈正相关。说明海拔对枸杞品质影响相对较大，在一定范围内，海拔越高的产区，其百粒质量越重、果粒越大、籽占果粒越大、籽占果实比越小、多糖含量越高，品质越好。

(二) 枸杞多糖与土壤气象的量化关系

张晓煜等（2003）在枸杞主产区宁夏、青海柴达木等地采样化验资料、田间试验资料及土壤化验资料和逐日气象资料，分析影响枸杞多糖形成的主要气象和土壤因子，结果表明，土壤因子比气象因子对枸杞多糖含量的影响大，其中全磷是影响枸杞多糖含量的最主要的因子，其次为枸杞开花至果熟期的降水日数和平均日较差。

张晓煜等（2005）在宁夏、青海等6个地区枸杞采样分析枸杞总糖与土壤养分和气象因素的定量关系，结果表明枸杞总糖受气象和土壤环境因子共同影响，其中土壤水解氮、速效钾、pH和有机质是影响枸杞总糖含量的主要因子。气象因子中果实形成期最高气温、最低气温、日照时数、降水量和全生育积温均与枸杞总糖含量关系密切，且气象因子较土壤因子对枸杞总糖含量影响显著。

(三) 黄酮胡萝卜与高原紫外辐射量化关系

王占林（2018）对"青杞1号"进行紫外胁迫后的转录组进行分析。通过从对紫外辐射和正常生长的植株叶片的转录组测定，分析在紫外辐射条件下转录组水平上阐明光照、水分和紫外辐射等环境因子对枸杞中次生代谢产物——黄酮合成途径的主要调节作用；研究出黄酮代谢途径中这些环境胁迫因子

不同时有表达差异的基因,为青海高原地区枸杞中次生代谢物质的含量提供理论依据,为枸杞在栽培中人工调节提高目标次生代谢产物的生物合成效率和含量提供理论指导。

在紫外辐射胁迫下,枸杞提高八氢番茄素合成酶的表达,促进体内八氢番茄红素的合成。所以在青海高原强紫外辐射条件下的枸杞内含量高,这个研究结果可以直接说明高原地区枸杞具有较高的药用品质,尤其是由八氢番茄红素起主要作用的抑制肿瘤细胞等疾病方面具有较高功效。

同时在受到紫外辐射影响的情况下,枸杞自身会通过调节脱落酸的合成,而木质素的合成和黄酮的合成途径存在着一定的竞争关系。研究显示,紫外辐射条件下,木质素的合成因为 CCoAOMT 的下调而受到影响,这对与木质素合成竞争的黄酮合成途径提供了有利条件。研究结果表明,紫外辐射条件虽然不能直接提高枸杞内的黄酮含量,但是通过抑制木质素的合成途径间接促进了黄酮的合成,从而提高了枸杞内黄酮的含量。

综上所述,青海高原环境条件下枸杞在受到强紫外线辐射时,体内类胡萝卜素的合成(以八氢番茄红素为主)是直接提高,而黄酮的合成则是通过抑制木质素的合成来提高。无论是直接影响还是间接促进,在青海柴达木高原环境条件下,枸杞在紫外辐射胁迫时其黄酮及类胡萝卜素含量都能被提高。

(四)枸杞灰分含量与土壤和气象量化影响

张晓煜等(2004)以宁夏、青海等 6 地区枸杞和田间土壤为试验资料,分析了影响枸杞灰分含量的土壤和气象因子,并建立了相应的关系模式。结果表明,枸杞灰分含量的变异系数为 15% 左右,枸杞灰分含量主要由品种因素决定,环境因子对灰分含量有重要作用。影响枸杞灰分含量的环境因子主要有果实形成期平均相对湿度、日较差和开花到成熟期降水日数、土壤全钾含量等。果实形成相对湿度是影响枸杞灰分含量的最主要的因子,枸杞灰分含量随这一时期平均相对湿度的增大呈指数型增加,降水日数是影响 CMA 灰分含量的关键因子;随着枸杞开花到成熟期降水日数的增加,CMA 灰分含量呈对数型增加。柴达木盆地枸杞果实形成期相对湿度较低,灰分含量均小于《中国药典》规定,枸杞品质较好。

总之,青海处于世界"四大超净区"之一的青藏高原,这里有优质的枸杞种质资源,独特的自然条件是枸杞的最佳适生区,特殊的温湿度降低了病虫害、农业污染,几乎不存在大气、水资源、土壤污染,是世界公认的"世界无公害超净区域",是发展有机、绿色等高品质枸杞的最优势产区。

第五节　柴达木枸杞道地性鉴定

基原鉴定、性状鉴定、显微鉴定和理化鉴定是中药鉴定特别是品种真伪鉴别的四大经典方法,柴达木枸杞生药学鉴定已专章叙述(见第四章)。柴达木枸杞道地性实质是一个品质概念,用药典方法往往力不从心,得益于柴达木盆地的独特气候条件和土壤条件,从性状上只能鉴别出"柴杞"色红粒大、籽少、特优级比例高、肉厚、大小均匀等优良外观。近年来,国内学者也对其道地性创新或移植有了一些鉴定方法,用来评价柴达木枸杞。

一、DNA 分子遗传标记技术

现代分子生物学技术的 DNA 分子遗传标记法,为从居群和分子水平上揭示柴达木枸杞道地性的生物学实质提供了可能,该技术具有快速、微量、特异性强的特点。赵孟良(2018)以青海柴杞 1 号、2 号、3 号(含宁夏枸杞的种植与野生品种)和黑枸杞、宁夏枸杞 1 号和黄果枸杞,内蒙古长辣椒为材料,为建立枸杞 ISSR - PCR 反应体系,通过单因子优化实验和 $L_{16}(4^5)$ 正交实验设计相关参数进行了优化,其最优体系为 20 μl 含 Mg^{2+} 2.0 mmol/L、引物 0.6 $\mu mol/L$、TaqDNA 聚合酶 0.75 U、模板 DNA60 ng。对优化体系进行了稳定性检测,并从 100 条 ISSR 引物中筛选出 12 条,对 7 份枸杞资源进行了 PCR 扩增。实验结果表明,12 条 ISSR 引物对 7 份枸杞种植资源共扩增出 132 个条带,其中多态性条带共 123 条,比率为 93.2%;7 份枸杞资源遗传距离分布在 2.57～8.39,其中长辣椒与黑枸杞遗传关系最远;平均有效等位基因数为 1.715 6,平均 Neis 指数为 0.588 8。ISSR 标记可用于枸杞遗传多样性研究。本研究利用该标记方法对 7 种枸杞品种(系)进行鉴别、分析。实验首选对选用的 100 条通用 ISSR 引物进行筛选和鉴别,12 条较好的引物最终被筛选出,共扩增出 132 个条带,多态性条带 123 个,比率 93.2%,扩增条带数分布在 6～15 条。从聚类图可以看出,7 份枸杞种质资源按遗传相近性所划分出的群组与按来源所划分的一致,在阈值为 0.69 处可将 7 份材料划分为 4 类,其中黑枸杞、长辣椒均单独聚为一类,柴杞 2 号与柴杞 3 号聚为一类,而柴杞 1 号与宁杞 1 号、黄枸杞聚为一类,说明柴杞 1 号与宁杞 1 号和黄枸杞亲缘关系较近,这也印证了柴杞 1 号是从宁杞 1 号中筛选出的优异单株的事实;遗传距离分析结果表明长辣椒与黑枸杞亲缘关系最远,可作为今后育种的两个优良材料加以开发。

本研究利用 ISSR 标记方法对青海 7 种枸杞品种(系)进行鉴别分析,结果 7 份青海柴达木枸杞种植资源接遗传相似性所划分的群组与来源划分一致,在阈值为 0.69 处,柴杞 1 号与宁杞 1 号需为同源,柴杞 2 号和 3 号与青海野生枸杞宁夏枸杞序为同源,这也印证了柴杞 1 号、2 号、3 号是从宁杞 1 号,野生宁夏枸杞中选育出来的事实,柴杞 1 号、2 号、3 号皆与宁夏枸杞同源。

本研究利用优化好的 ISSR 反应体系开展为品种的鉴定创建了思路,对解决目前柴达木枸杞品牌杂乱,同名异物,形成统一品质的柴达木枸杞品牌提供了科学鉴定与评价方法。

王占林(2018)选择青海主要栽培品种宁杞 1 号、宁杞 5 号、宁杞 7 号、青杞 1 号等 20 个生长于诺木洪枸杞种植资源圃的样品,利用北京天根生化科技有限公司的天根植物基因组试剂盒 DP305 进行 DNA 提取,进行遗传评级分析,结果青海栽培的宁杞 1～7 号,青杞 1 号所有栽培品种与宁夏枸杞同在一枝进化树上,这表明所有的栽培品种都是基于宁夏枸杞培育而来,它们在遗传上是同源。宁杞 1 号、2 号和青杞 1 号被分为一小支,说明它们亲缘关系相近。

利用 NTSYS. pc Version 软件对 12 种常见栽培枸杞进行聚类分析,以遗传进行距离值 0.87 为基准可将其分为五个类别,第一类包括宁杞 1 号、宁杞 2 号、宁杞 3 号、宁杞 4 号和宁杞 5 号;第二类包括宁杞 7 号、宁杞 6 号和中科吕川 1 号;第三类包括蒙杞 1 号;第四类包括宁农杞 1 号和宁菜杞 1 号;第五类包括大麻叶;其中在 12 份枸杞种质资源中,宁杞 1 号和宁杞 2 号之间的遗传距离最小,为 0.968,表明宁杞 1 号与 2 号之间的亲缘关系最为相近宁杞 1 号与大麻叶枸杞的遗传距离最大,为 0.74,说明它们的亲缘关系相对最远。根据枸杞类群划分,可以更加科学合理地选择亲本,为枸杞新品种培育工作提供理论依据。

从实验得出,1～5 号(宁杞 1 号、宁杞 2 号、宁杞 3 号、宁杞 4 号和宁杞 5 号)聚在同一枝上,说明这 5 个品种的亲缘关系最近。从实际工作中我们也了解到,宁杞 1 号、宁杞 2 号、宁杞 3 号、宁杞 4 号和宁杞 5 号品种培育中,其亲本来源非常接近。另外,宁杞 1～5 号品种在表型上也比较接近,和其他品种有较大的区别。而 7 号(宁杞 7 号)、6 号(宁杞 6 号)和 12 号(中科吕川 1 号)聚在同一枝上,表明这三个品种亲缘关系非常接近,但又和宁杞 1～5 号不聚在一枝上,说明品种与宁杞 1 号、宁杞 2 号、宁杞 3 号、宁杞 4 号和宁杞 5 号亲缘关系存在一定的距离。

从实验得出 8 号(宁农杞 1 号)和 9 号(宁菜杞 1 号)具有较近的亲缘关系,并且与 11 号(大麻叶)关系较近,表明它们与大麻叶这个较原始的种分化比较早。

从遗传相似系数方面来看,11 号(大麻叶)与 9 号(宁菜杞 1 号)的遗传相似系数为 0.77,而与其他宁夏枸杞之间的遗传距离为 0.75,从我们对枸杞品种之间的表型了解来看,大麻叶跟 11 号(大麻叶)和 9 号(宁菜杞 1 号)的也存在明显差异。

宁杞 1 号、宁杞 2 号、宁杞 3 号、宁杞 4 号、宁杞 5 号各品种之间的亲缘关系最为相近,与大麻叶距离较远,是因为大麻叶枸杞是一个比较原始的品种,在经过长期不断的人工育种过程,淘汰了自然变异种不利于人工生产类型,从而使宁夏枸杞各品种之间基因型类似。

从分析结果可知,本试验中的 12 个枸杞品种被划分为五个类群,其中宁杞 1 号和宁杞 2 号在物种亲缘关系上表现最为相近,而宁杞 1 号与大麻叶枸杞之间则是最远,宁夏枸杞各品种之间的亲缘关系最为相近,可能由于宁夏枸杞在经过连续的人工培育之后,保留了对人类实际生产有利的自然变异类型,而淘汰了变异中产生的不利类型。但是由于宁夏枸杞占据了目前栽培品种大部分的市场地位,从育种角度来讲,多引起其他枸杞种质资源材料有利于提高枸杞物种基因库的丰富度,这将在预防枸杞品种退化方面有极其重要的意义。同时本试验研究能够为今后枸杞品种的鉴定和连锁图谱构建等方面提供科学依据(王占林,2018)。

利用 SSR 和 SNP 标记对青海枸杞种质资源进行遗传评价,由于选择的分子标记自身的优点和基于高通量测序技术,结果较以前的 RAPD 和 ITS 等标记具有较高的分辨率。

根据结果可以认为,黑果枸杞(白果类型)不是一个单独的种,而是黑果枸杞的颜色突变植株。野生的枸杞资源则显示出较丰富的遗传多样性,但是栽培品种的遗传资源较野生的资源少。从结果来看,宁夏枸杞位于所有栽培品种的根部,也就意味着青海现有的栽培品种都是来自宁夏枸杞,并且相互之间具有很近的亲缘关系,也就是说现有的青海枸杞栽培品种的遗传背景和来源比较狭窄。这是因为在长期的人工选择过程中,由于在产量、果形、单粒重以及不具有抗病性的品种品系选择过程中慢慢被淘汰。从枸杞产业的长远发展来看,为了有效阻止由于人为选择和育种带来的遗传资源稀少以及长期的人工定向培养造成的整个枸杞种质减少的倾向,青海甚至我国的枸杞应该适时引进新的枸杞种质资源以丰富枸杞的遗传资源库。

二、化学指纹图谱鉴定

中药指纹图谱技术涉及众多方法,包括薄层扫描(TLCS)、高效液相色谱(HPLC)、红外光谱(IR)、核磁共振(NMR)和 X 射线衍射光谱法以及各种色谱光谱联用分析技术。近年来中药指纹图谱广泛应用于枸杞等药材道地性研究中。河北大学李瑞盈(2013)对宁夏中宁、青海、新疆、内蒙古、陕西、河北、吉林 7 个地区生产的枸杞为研究对象,分别利用近红外光谱、高效液相色谱、原子吸收光谱法从不同

角度提取枸杞样品成分信息并结合各种化学计量方法,进行宁夏枸杞产地识别检测,均达到较好结果,为枸杞地理标志产品的鉴别及质量控制提供了技术支持。

(一) 红外光谱技术识别柴杞产地

李仲等(2016)采用傅里叶变红外光谱,测定了45 个来自青海柴达木不同产地的枸杞样品的红外光谱。研究中选用 45 个不同产地的枸杞样品,分别采自青海的 3 个地区。其中青海格尔木大格勒乡、诺木洪农场以及宁夏中宁等地的枸杞质量优良,列为 1 类产地;德令哈、都兰、乌兰等地枸杞质量较好,列为 2 类产地;枸杞粉和经化学品处理的伪劣枸杞,列为 3 类产地。

青海格尔木市与诺木洪农场等 1 类产地,位于柴达木盆地南缘,两地位置靠近,气候、海拔、土壤等生长环境相似,因而产品质量相似,且品质优化好。诺木洪农场枸杞园区有相当于一部分产地引种宁杞 1 号、2 号、7 号,自然与宁夏中卫枸杞相似,因而宁夏中卫的枸杞与格尔木和诺木洪农场枸杞同属就容易理解了。而其余的以青海德令哈、乌兰和都兰等的 2 类产地,位于柴达木盆地东北缘,与柴达木盆地南缘的大格勒乡、诺木洪自然生长条件存在较大的不同,品质也就不同,它们归于一类。值得指出的是,黑心商贩常用化学品,如 Na_2SO_3 处理伪劣枸杞或枸杞粉(一种用作原料的枸杞制品,制粉时使用化学添加剂),显示化学组成更为复杂,已与纯天然绿色枸杞有较大的不同,自然归于另类。

刘明地等(2015,2014)采用傅里叶变换红外光谱(FTIR)对不同枸杞样品产地进行鉴别。实验中所用到的 18 个不同产地的枸杞样品大部分枸杞样品采自青海主产地柴达木(海西)地区,属于青海枸杞。为了让实验有横向对比,使实验结果更具有说服力,也采集了包括宁夏、甘肃及新疆等地的枸杞样品作为比较。所有枸杞样品经鉴定确认样品均为茄科枸杞属植物宁夏枸杞(*L. barbarum*)和枸杞(*L. chinense*)多年生落叶灌木的干燥成熟果实。实验结果:枸杞的主要化学成分为糖类、氨基酸类、脂肪和脂肪酸类、生物碱类、维生素类、醇酮类以及微量元素等。在 3 400 cm^{-1}(3 354,3 342 cm^{-1})左右均有吸收,此吸收峰为—OH 伸缩振动吸收峰以

及枸杞体内含氮化合物分子中 N—H 键伸缩振动吸收峰的叠加,峰型的高低不同说明了此处的特征物质的含量不同;2 900 cm^{-1}(2 926.01 cm^{-1})左右的吸收峰为饱和 C—H 键的吸收峰,主要来自枸杞体内的糖蛋白、枸杞多糖、脂肪酸等化学成分;1 631.78 cm^{-1},1 400 cm^{-1} 左右的吸收为氨基酸多肽类肽键中 C—N 键的伸缩振动吸收峰,由于枸杞中富含枸杞糖蛋白,故这两处吸收峰较强;1 145～1 030 cm^{-1} 左右的吸收峰主要是枸杞糖蛋白、低聚糖等分子中 C—O 键的伸缩振动吸收峰,故这些峰为强峰;900 cm^{-1} 以下的吸收峰处于红外光谱的指纹区,850～770 cm^{-1} 处都有小尖峰,在 630～520 cm^{-1} 处都有弱的吸收峰,与基准物 CaCO$_3$、KH$_2$PO$_4$ 等无机盐谱图比较,说明有微量元素的存在。18 个不同产地的枸杞样品明显地聚为三类:其中1、3、4、9、17、18 聚为一类,以青海枸杞主产地格尔木大格勒乡(4 号)、诺木洪地区(9、17、18 号)的产品为主,另还含甘肃瓜州(1 号)、宁夏中宁(3 号)产品;2、5、7、8、10、11、12、13、16 聚为一类,其中青海德令哈(5、12 号)与青海乌兰地区(7、8 号)聚为一类,而新疆库尔勒(2 号)与青海德令哈(13 号)以及青海都兰(10、11、16 号),6、14、15 聚为一类。

聚类分析的结果与主成分分析点聚图分类情况基本一致,相互印证。表明枸杞红外光谱的聚类分析模型是稳定的。其实聚类分析的结果是随着样品相似度量度欧氏距离的变化而变化的,欧氏距离远则分类粗糙,涵盖面广;欧氏距离近则分类细腻。若采用欧氏距离为 40 以上的聚类结果,这时就将 18 种不同产地枸杞分成两类。即 1、3、4、9、17、18 号为一类,代表青海格尔木大格勒乡、诺木洪地区及宁夏(中宁)等枸杞主产地,而另一类则代表非主产地。青海枸杞主产于海西州柴达木盆地,位于柴达木盆地南侧的格尔木大格勒乡与诺木洪、都兰等地区,位置十分靠近,因而产品质量相似,品质优良,而位于柴达木盆地北侧的德令哈、乌兰等地与柴达木盆地南侧的大格勒乡、诺木洪等地相比,在降雨量、日照时间、土壤营养等因素都存在较大的差异,品质自然也就不同。

综上所述,剔除非青海枸杞样品(1 号、2 号、3 号),青海枸杞的产地就很清楚了,主要分为柴达木盆地北侧的北线产地和柴达木盆地南侧的南线产地。图 9-3 为青海枸杞产地的南北线分布示意图。青海枸杞(柴枸杞)的实际情况与主成分分析结果、聚类分析结果完全一致,这说明在青海枸杞(柴枸杞)产地鉴别上可以用主成分分析和聚类分析来鉴别。

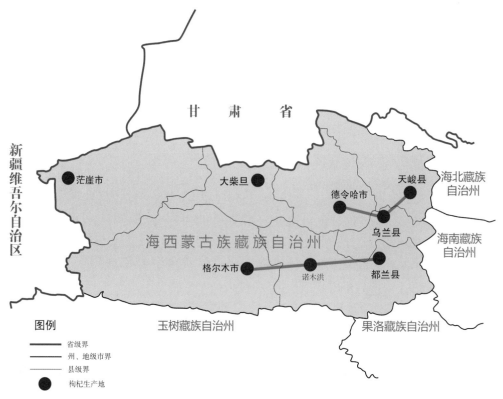

图 9-3　青海枸杞的南、北线产地示意图

多杰扎西等（2014）采用傅立叶变换红外光谱（FTIR）对枸杞样品产地模式进行鉴别。用常规预处理方法和小波变换法对红外光谱原始数据进行了预处理，利用聚类分析对已预处理后的红外光谱数据进行分析。聚类分析将 12 份样品聚为枸杞主产地和非主产地两大类。12 个枸杞样品可分为两类：1、2、3、7、11、12 聚为一类，即以青海枸杞主产地格尔木大格勒乡（3、7 号）和诺木洪地区（1、11、12 号）的产品为主，另含宁夏中宁（2 号）产品；其余产地聚为一类，即以青海德令哈地区（4、8、10 号）、乌兰地区（5、6 号）及都兰（9 号）的产品为主。这 2 类的划分容易解析，格尔木大格勒乡与诺木洪地区位于柴达木盆地以南，两地位置十分靠近，因而产品质量相似，品质优良，宁夏中宁枸杞本是枸杞主产地产品，格尔木大格勒乡和诺木洪与其聚为一类，恰好说明格尔木大格勒乡和诺木洪是青海枸杞的主产地。其余的以青海德令哈、乌兰等为代表的产地，位于柴达木盆地以北，气候、土壤等生长环境与柴达木盆地以南的大格勒乡、诺木洪自然存在较大的不同，品质也就不同，应是青海枸杞的非主产地。这样的聚类结果与实际情况完全一致，因而可用于枸杞产地的鉴别。

（二）青海枸杞黄酮指纹图谱聚类分析

李小亭等（2012）利用指纹图谱与系统聚类分析方法对不同产地枸杞进行质量评价。利用高效液相色谱法（HPLC）建立 8 个不同产地枸杞的指纹图谱，使用相似度评价软件及 SPSS 19.0 软件进行数据处理，对不同产地的枸杞样品进行分析。结果表明，不同产地枸杞的黄酮类物质指纹图谱具有专属性，其中中宁、青海、新疆 3 个产地的枸杞指纹图谱相似度较高，分别为 1、0.963、0.956，聚类分析也将该 3 个产地的枸杞聚在一起。青海、新疆产枸杞与中宁枸杞质量相似，可以作为枸杞药材新来源。HPLC 指纹图谱结合聚类分析法能够对枸杞的产地识别及质量评价提供参考。

三、类胡萝卜素的鉴定与聚类分析

曲云卿等（2015）采用分光光度法、高效液相色谱法测定新疆精河、甘肃白银、宁夏南梁、宁夏中宁、宁夏惠农、内蒙古乌拉特前旗先锋镇、宁夏固原、青海柴达木等 8 个产地的枸杞干果中类胡萝卜素、玉米黄素、β-胡萝卜素、玉米黄素双棕榈酸酯的含量。结果表明，利用高效液相色谱法检测枸杞中 3 种主要类胡萝卜素的含量快捷、方便，可以在 20 min 内对 3 种类胡萝卜素定性、定量。青海枸杞的类胡萝卜素、玉米黄素、β-胡萝卜素、玉米黄素双棕榈酸酯含量最高。聚类分析将 8 个产地的枸杞分成了两大类，中宁、固原、青海的枸杞为一大类，其他产地的枸杞为一大类。

类胡萝卜素是枸杞中的重要活性成分之一，具有抗氧化的作用。不同产地枸杞中类胡萝卜的含量差异很大，含量由高到低依次为：青海＞中宁＞固原＞内蒙古＞南梁＞新疆＞甘肃＞惠农。青海枸杞的类胡萝卜素含量最高，可达 2.10 mg/g，惠农枸杞的类胡萝卜素含量最低，为 0.41 mg/g，两者之间相差 5 倍。由此可知，不同产地枸杞中类胡萝卜素的含量差异显著。类胡萝卜素是枸杞的主要色素，其含量直接影响枸杞的颜色，从而间接影响枸杞的感官品质。

不同产地的枸杞中 β-胡萝卜素含量最高的是青海产的，含量为 18.61 $\mu g/g$，而枸杞是自然界中 β-胡萝卜素含量最高的物质之一，青海产枸杞可以作为 β-胡萝卜的天然来源之一。不同产地枸杞中玉米黄素含量最高的也是青海产的枸杞，含量为 179.81 $\mu g/g$。枸杞中玉米黄素和 β-胡萝卜素可以合成玉米黄素双棕榈酸酯，而且具有重要的生理活性，其含量是评价枸杞品质的一项重要指标。从这个角度来说，青海产的枸杞是最好的。

综上，对青海、宁夏、新疆产枸杞，从主成分分析、微量元素、β-胡萝卜素和黄酮一系列聚类分析表明，青海产枸杞与宁夏中宁枸杞质量相似，是《中国药典》枸杞子药材的重要来源。

四、微量元素的对应聚类分析

任永丽、董海峰（2012）对青海和宁夏枸杞子中的微量元素进行对应聚类分析，从而深入了解样品的品质与其微量元素组成和样品来源的相互关系。选取青海和宁夏 11 个不同产地枸杞子中 Zn、Cu、Fe、Mn 4 种微量元素含量的最近测定结果及锌铜比（Zn/Cu）组成原始测量数据矩阵，采用对应聚类分析的方法对青海和宁夏两地枸杞子中微量元素的分布特征进行分析研究。结果宁夏中宁、中卫、平罗、石嘴山、黑城地以及青海河湟谷地、青海格尔木的枸杞品质主要与 Zn、Mn 2 个微量元素相关;Zn/Cu 对青海都兰产枸杞品质影响较大;Fe 对宁夏银川产枸杞品质影响较大;Cu 对宁夏某枸杞研究所和青海诺木洪产枸杞品质影响较大。该研究得到了不同产地枸杞子的品质与其微量元素之间的相关关系,为进一步研究不同产地枸杞子资源的开发栽培、采收加工及进一步开发利用提供了可靠的理论依据。

五、生物效价检测

在现代中药质量控制的基础上,道地优质药材和生物效价检测的中药质量评价与控制方法和指标,即中药品质的生物评价和控制,对于来源近同、形态、生药性状及化学成分高度相似的道地与非道地药材鉴别是很好的评价手段。目前建立起的热力学评价方法用于道地性与质量评价研究。楚笑辉(2011)报道了不同商品等级枸杞子的抗氧化活性比较及其生物效价检测,结果发现一等商品规格的枸杞子自由基清除率最小,4 号等级最大,同等的商品规格等级自由基清除率大小不同,揭示出枸杞指标成分不等于活性成分,又不等于药效成分,枸杞子商品规格等级(果粒大小规定)与自由基清除率大小无准确相对关系。枸杞子道地商品规格等级需科学完善。黄欣等(2008)研究了柴达木枸杞叶中总黄酮对运动提高机体抗氧化能力的促进作用,选择 60 只雄性健康小鼠,随机分为安静对照组、递增游泳训练组、递增游泳训练+TFL 组,每组 20 只。递增游泳训练组,递增游泳训练+TFL 组进行 4 周的低氧递增游泳训练。递增游泳训练+TFL 组在训练期间每天以青海枸杞叶提取物溶液灌胃。4 周后记录小鼠力竭游泳时间和腓肠肌丙二醛含量、超氧化物歧化酶、谷胱甘肽过氧化物酶活性。结果:①递增游泳训练组小鼠力竭游泳时间显著短于递增游泳训练+TFL 组($p < 0.05$)。②腓肠肌丙二醛含量递增游泳训练组显著高于递增游泳训练+TFL 组($p < 0.05$)。③腓肠肌超氧化物歧化酶、谷胱甘肽氧化物酶活性递增游泳训练+TFL 组($p < 0.05$)。结论:枸杞黄酮 TFL 具有提高小鼠运动耐力及清除活性氧的作用。

马文宇(2016)研究青海枸杞多糖对人黑素瘤(malignant melanoma,MM)A375 细胞增殖与凋亡的影响。用传统水提法配制枸杞多糖粉末,体外模型培养 A375 细胞,分别用 0(即对照组)、5 mg/ml、10 mg/ml、15 mg/ml 浓度的枸杞多糖处理 A375 细胞后,倒置显微镜观察细胞形态,CCK - 8 法检测各细胞的吸光度值、计算出相应的增殖抑制率,以及流式细胞仪检测 Annexin V - PI 染色后细胞凋亡率、Fluo4 AM 检测细胞内钙离子浓度变化。结果与对照组比较,各给药组的 A375 细胞形态发生变化;增殖抑制率、凋亡率、细胞内钙离子浓度均随枸杞多糖浓度的增高逐渐增高,且与对照组比较差异有统计学意义($p < 0.05$)。青海枸杞多糖能够抑制人黑素瘤 A375 细胞的增殖,促进其凋亡。

六、成分特征

杨仁明(2012)比较青海不同地区枸杞的品质,采用国际和文献方法对青海不同地区的枸杞一般营养成分含量测定,并以 2 -[2 -(7H -二苯并[a, g]咪唑)-乙基]氯甲酸酯(DBCEC - CI)为衍生剂采用氨柱前衍生-高效液相色谱荧光检测法(HPLC - FLD)对氨基酸含量进行测定,同时也对其多糖和黄酮含量进行了测定。结果表明青海地区枸杞的营养丰富,氨基酸种类齐全,组成合理,多糖和黄酮含量较高,具有开发利用价值。实验结果见表 9-4 和表 9-5。

表 9-4　青海不同地区枸杞果实主要营养成分比较

样品	灰分 (%)	粗脂肪 (%)	粗纤维 (%)	粗蛋白 (%)	总糖 (%)	类胡罗素 (mg/100 g)
1	3.56 ± 0.05	0.71 ± 0.02	7.42 ± 0.13	12.26 ± 0.14	38.19 ± 0.05	167.00 ± 1.63
2	5.06 ± 0.05	0.55 ± 0.03	3.68 ± 0.04	14.55 ± 0.25	41.16 ± 0.05	90.64 ± 0.70
3	3.89 ± 0.03	0.53 ± 0.03	6.69 ± 0.07	12.15 ± 0.10	44.00 ± 0.05	67.10 ± 0.29
4	3.41 ± 0.05	0.75 ± 0.02	4.72 ± 0.19	11.85 ± 0.05	40.53 ± 0.10	143.25 ± 0.77

（续表）

样品	灰分 （%）	粗脂肪 （%）	粗纤维 （%）	粗蛋白 （%）	总糖 （%）	类胡罗素 （mg/100 g）
5	4.07±0.08	0.41±0.02	4.67±0.05	11.85±0.08	37.88±0.03	122.46±1.65
6	4.00±0.04	0.52±0.03	4.53±0.04	13.21±0.05	40.17±0.05	176.10±2.08
7	4.12±0.04	0.69±0.02	5.36±0.08	14.50±0.03	41.48±0.11	146.08±1.38
8	6.29±0.08	0.33±0.07	5.32±0.09	10.30±0.07	40.98±0.04	66.54±2.22
9	3.21±0.06	0.60±0.02	3.31±0.03	11.56±0.06	43.86±0.06	97.19±1.68
10	3.93±0.03	0.58±0.02	4.71±0.08	12.62±0.04	39.23±0.02	162.07±1.65
11	3.67±0.03	0.51±0.06	4.85±0.07	11.74±0.09	42.81±0.15	150.22±1.02
12	3.30±0.04	0.44±0.02	5.10±0.07	12.30±0.08	46.02±0.17	91.13±0.82

表 9-5　青海不同产地枸杞果实主要活性成分比较

样品	多糖（%）	总黄酮（%）
1	4.73±0.15	1.05±0.02
2	5.06±0.08	0.94±0.02
3	5.22±0.09	0.83±0.02
4	4.84±0.05	0.87±0.02
5	5.07±0.07	0.86±0.02
6	4.61±0.02	1.00±0.04
7	5.62±0.03	1.10±0.05
8	5.34±0.02	0.86±0.01
9	4.59±0.07	1.09±0.02
10	4.71±0.12	1.11±0.02
11	4.35±0.06	1.05±0.04
12	5.16±0.06	1.04±0.06

营养成分含量分析结果：不同产地柴达木枸杞的主要营养成分分析存在一定的差异，这是由于柴达木枸杞生长的海拔高度、水文地理和土壤等条件有差别。在各种成分中，从灰分来看，青海地区各枸杞样品的灰分含量比较高，除 8 号样品外，其含量都低于 6% 的枸杞国家标准，灰分含量高意味着其无机元素总量高，无机元素在人体生命活动中有重要的生理和病理意义，许多元素参与各种酶的组成，对促进机体新陈代谢、增强免疫力、防止疾病的发生有重要作用；青海不同地区枸杞的脂肪含量比较低，说明柴达木枸杞是一种低脂肪的药食两用资源；各个地区的枸杞果实含有较高的粗纤维成分，粗纤维含量高表明

枸杞能提供的膳食纤维也比较高，而膳食纤维可以预防和治疗动脉硬化、冠心病等心血管疾病，高纤维食品对于维持血糖正常平衡都起着重要作用，枸杞也可以作为很好的膳食纤维的来源；粗蛋白和总糖含量比较高，也表明青海枸杞能提供更多的氨基酸，也能提供更多的能量；类胡萝卜素是异戊二烯类化合物，具有重要生理功能，被视为维生素 A 源，也可以通过猝灭自由基和其前体单线态氧来起到防治肿瘤的作用，各地区的枸杞类胡萝卜素的含量很高。综上说明青海地区枸杞营养种类齐全，营养丰富。

活性成分含量分析结果：据报道，枸杞多糖具有抗肿瘤、抗氧化等多种生理功能，具有很高的药用价值，也是国家药典中枸杞子鉴定的一个特征性成分。青海地区的枸杞多糖的含量普遍比较高，远远大于国家标准（3%）和药典（1.8%）规定的标准，具有开发价值；黄酮含量从 0.83%～1.11%，存在一定的差异，大部分枸杞黄酮含量大于或者接近 1%，其中 3 号（都兰小夏滩村）枸杞含量最低，10 号（德令哈克鲁克基地）枸杞含量最高。

氨基酸综合评价：青海不同地区的枸杞氨基酸种类很丰富，含有 18 种不同的氨基酸，其中苯丙氨酸的含量最高，缬氨酸的含量最低，各地区枸杞氨基酸含量和总量存在差异，12 个产地的枸杞含有人体所必需的 8 种氨基酸比例普遍较高，根据 FAO/WHO 标准规定，有 9 个地区的枸杞 E/T 值超过 FAO/WHO 标准规定的 40%。E/NE 均大于或接近 FAO/WHO 标准规定的 60%。综上所述，大部分柴达木枸杞中人体必需氨基酸种类齐全，总量丰

富,营养价值较高。

评价蛋白质需要对蛋白质的含量、氨基酸的种类和必需氨基酸的组成这几项指标综合考虑。比较必需氨基酸的组成及 FAO/WHO 模式中必需氨基酸的组成。为更好地阐述 12 个不同地区的枸杞的营养价值,采用了非生物学指标对其蛋白质进行营养评价。主要包括必需氨基酸组成与鲜味氨基酸组成。

从食品营养学角度来看,评价食品的营养,蛋白质的质量十分重要。蛋白质的营养价值在很大程度上取决于它们为体内合成含氮化合物所提供必需氨基酸的含量。按 FAO/WHO 标准计算各氨基酸同总氨基酸的比值,FAO/WHO 制定蛋白质评价的氨基酸标准模式进行比较。从必需氨基酸组成分析中可以看出 12 种枸杞中的必需氨基酸组成并不平衡,缬氨酸为 12 种枸杞的第一限制性氨基酸,除了缬氨酸外,其余的必需氨基酸的比例均接近或甚至超量。WHO/FAO 标准模式,说明 12 个地区必需氨基酸配比比较合理,有较高的食用价值。鲜味氨基酸有谷氨酸、天门冬氨酸、精氨酸、丙氨酸和甘氨酸五种氨基酸组成,其中谷氨酸的鲜味最强。从该实验可以看出,12 个产地枸杞的鲜味氨基酸可以看出,各产地的鲜味氨基酸的比例都比较高,都接近或者超过 30,含量非常丰富,说明青海地区枸杞不仅可作为药用资源,大都可以作为口味鲜美的食用资源(杨仁明,2012)。

杨仁明(2012)通过对青海不同地区所产枸杞的一般营养成分、氨基酸、多糖和黄酮进行了含量测定,通过分析结果可以发现青海地区的枸杞是低脂肪、高蛋白、高纤维、高总糖、氨基酸组成合理、高多糖和高黄酮的药食两用性资源。通过结果分析表明柴达木枸杞道地成分特征明显,具有重要的开发利用价值。

李静(2019)采集宁夏、青海、甘肃、新疆和内蒙古等地 13 个有宁夏枸杞种植的县区获取枸杞子样品 71 批,测定样品中枸杞多糖、蛋白质、维生素和柚皮苷 4 种成分含量高低,利用 SPSS,ArcGIS 等对枸杞子品质进行区划研究。基于枸杞多糖与生态环境因子之间的关系模型,生态环境数据,利用 ArcGIS 空间计算功能,估算全国各地枸杞多糖含量,结果新疆(精河)、青海(乌兰、都兰等)、甘肃(榆中、山丹)、宁夏(中宁、同心)、内蒙古五原都是枸杞多糖含量相对较高的区域。基于柚子皮苷的枸杞子区划研究、宁夏(永宁、中宁)、青海(乌兰)、内蒙古

(五原)都是柚皮苷含量相对较高的区域。本研究还得出宁夏枸杞主要种植在中温带和暖温带等,《中国植物志》等文献资料中多记录在西北和中南部,没有记载东北地区人工种植宁夏枸杞,但本研究发现辽宁和吉林也有宁夏枸杞的少量种植,并得到全国第四次中药资源普查专家的求实验证。

七、柴达木枸杞富硒

青海省地质矿产勘查开发局第五地质矿产勘查院开展的"都兰县绿州农业生态地球化学评价"项目取得重要成果——首次在柴达木盆地诺木洪地区发现大面积富硒土壤区域,这是该院继在青海东部地区发现大面积富硒土壤区域后的又一重大发现。

据调研,该项目由青海省国土资源厅立项,工作区位于柴达木盆地东南部,行政上大部分属都兰管辖,东北部小面积地区属乌兰县,总工作面积为 15 228 km²。项目工作周期为 2015 年 3 月至 2017 年 3 月,主要工作区有 3 个,分别为察汗乌苏镇-夏日哈、香日德和诺木洪。施工中,项目组通过对 5 000 余件样品的土壤、水体、名特优农产品等进行高精度测试,获得了大量数据,取得了阶段性成果。在柴达木盆地诺木洪地区首次发现富硒土壤 417 km²,其中农耕区 32.5 km²(约合 48 750 亩);调查发现柴达木盆地富硒、富锗枸杞,富硒白刺果;柴达木枸杞绿色无污染,富含 Se、Ge、Sr、Cu、Zn、Mn、Mo、等微量元素。据项目负责人沈骁介绍:"在柴达木盆地发现的 417 km² 富硒土壤内硒平均含量达 0.47 mg,最大值为 2.8 mg。富硒土壤中农业耕作区为 32.5 km²,农耕富硒区土壤均值为 0.37 mg,最大值为 1.3 mg。随着工作的进一步开展,富硒土壤面积将进一步增加。对比在青海东部发现的富硒土壤资源,柴达木盆地发现的富硒土壤硒元素含量略高。"同时,项目组初步查明香日德粮食高产区独特的地质地球化学条件,为香日德特色农产品科学布局规划、特色农产品的原产地保护和品质(品牌)的提升提供了依据。

(一)富硒产品标准

富硒农产品,是指在含硒的土壤环境中生产的农产品或是农作物在用作生物工程技术制造的富硒环境中产出的农产品,其硒含量在国家标准规定的

最高限量范围内,人们食用后能够实现补硒、增进身体健康为目的的食品。其技术指标是:①富硒水果。每千克含硒 $10\sim50~\mu g$。②富硒蔬菜。每千克含硒 $10\sim100~\mu g$。③富硒粮食及其制品。每千克含硒 $100\sim300~\mu g$。④富硒油料及其制品。每千克含硒 $100\sim300~\mu g$。⑤富硒禽蛋。每千克含硒 $250\sim500~\mu g$。硒,元素符号 Se,半金属,氧族元素,是地球表面含量稀少,分布很不均匀,人体必需的一种微量元素。专家推荐:成年人每天补充硒 $200\sim250~\mu g$ 为佳。慢性病、肿瘤、肝病患者应在最高摄入量范围内就高补充富硒元素。富硒农产品有效提高人体免疫力,保护血管,促进生长,抗肿瘤。

(二) 柴达木枸杞富硒

魏永生等(2013)采用 HNO_3/H_2O_2 湿法微波消解制样,利用全谱直读电感耦合等离子原子发射光谱法(ICP-OES),全面详细地分析测定了青海红果枸杞子中的矿质元素,共检出 K、Na、S、P、Mg、Ca、Si、Al、Fe、Zn、B、Cu、Mn、Se、Pb、Sr、Ti、Ba、Cr 等 19 种矿质元素。分析结果相对标准偏差 RSD 值在 $2.41\%\sim10.1\%$ 之间,其中 10 种元素在 5% 以内。枸杞子中所含人体常量元素 K、Na、S、P、Mg、Ca 等的质量分数分别为 0.96%、0.25%、0.22%、0.19%、0.08% 和 0.077%;微量元素 Fe、Zn、B、Cu、Mn、Se、Sr、Cr 等的含量分别为 5.97 mg/100 g、1.34 mg/100 g、1.09 mg/100 g、0.88 mg/100 g、0.57 mg/100 g、0.52 mg/100 g、0.33 mg/100 g、0.055 mg/100 g。此外,还含有 9.35 mg/100 g 的 Al 和 0.45 mg/100 g 的 Pb。

曾琦斐(2011)测定了青海枸杞子中锌、铜、锰、铅、砷、铁、硒等微量元素的含量。结果表明,青海枸杞子中含锌 18.65 $\mu g/g$,铜 15.62 $\mu g/g$,锰 6.24 $\mu g/g$,铅 1.03 $\mu g/g$,砷 0.24 $\mu g/g$,铁 19.68 $\mu g/g$,硒 2.15 $\mu g/g$,人体必需微量元素含量丰富,是枸杞具有极为重要的保健、防病、治病功能的重要原因之一。

李红英等(2007)研究结果,青海枸杞中含 Se 较丰富,平均含量达到 0.143 $\mu g/g$,富硒枸杞对提高人体免疫力、预防心血管疾病及类肿瘤有作用。该研究还得出结论,青海枸杞比宁夏、新疆、河北产区枸杞含量高,这一研究与中科院西北高原生物研究所研究结论一致。

第六节　种植技术是柴达木枸杞道地的保证

道地性的形成与成熟的种植与加工技术直接相关,生产技术主导型也是道地药材形成的主要模式之一。种植与加工技术对道地药材形成与发展的影响甚至比环境因素和生态因素更重要,特别是对于规模栽培中药材来说,开展道地药材的种植和加工技术的科学合理性和规范性研究,对道地药材规范化生产提供依据和保障。如药材的采收与加工对药材质量问题影响较大。采收时间不同,产地加工方法不同,药材质量也有所差异。在道地药材形成过程中,产区不断总结加工经验,并根据中医药实践不断改进,形成了保证药材质量的传统加工技术。这种多年形成的加工技术运用到药材加工中,提高了药材质量,促进了道地药材的发展。作为中国枸杞"新贵"柴杞近几年可谓声名鹊起,成为青海荒漠戈壁主要的建群植物,抗逆性强、萌生能力强、耐干旱盐碱。具有极高的生态学价值,青海种植面积位居全国第二,产值已达到 60 亿元,出口创汇 1 500 多万元,成为中国有机枸杞主要出口地。目前成为全国枸杞第二大产区,枸杞规范化、规模化、科学化种植与发展都源于先进的技术和严格的标准,在优良品种选育、种植管理、采收加工等方面形成了一套成熟的标准体系。

一、良种选育与育种平台

青海农科院王占林(2018)通过"柴达木枸杞良种选育与育种平台建设""柴达木地区枸杞新品种育种"和"青海高原枸杞良种选育及快繁技术研究与示范"等项目重点在枸杞种质资源评价、育种平台建设和良种培育等方面开展了研究。项目通过对野生及栽培枸杞种质资源的表型、有效物质含量测定,结合分子标记技术,开展了枸杞种质资源的综合评价,建设完成了青海枸杞种植资源圃;通过主要农业及品种性状等的系统性的综合评价,确立了青海高原枸杞主栽品种:有宁杞1号、7号、5号,通过开展枸杞杂交育种、选择育种、化学育种和航天育种等多种途径育种,培育审定了"青杞1号""青杞2号"和"青黑杞1号"等枸杞良种,海西州农科所审定了柴杞1号、2号、3号等良种。

二、良种繁育技术体系

通过"柴达木枸杞良种繁育技术体系建设""青海枸杞新品'青杞1号'组培扩繁技术研究与示范"等项目,研究完善了枸杞扦插育种技术、培养育种技术和水培育苗技术等枸杞种苗繁育技术,建立了青海枸杞良种快繁技术体系。在都兰、德令哈和西宁等地研究建立了良种采穗圃、枸杞硬枝扦插育苗、嫩枝扦插育苗和组织培养育苗实验示范基地,制定了《枸杞扦插育苗技术规程》《枸杞组织育苗技术规程》,苗木生产实现了良种化、工厂化、集约化和规模化,有效促进了青海枸杞种苗产业的发展。

三、规范化栽培技术示范

通过"柴达木地区枸杞良种选育及规范化栽培技术研究与示范""柴达木枸杞栽培技术推广与示范"和"柴达木地区枸杞经济林基地建设技术示范"等项目,开展枸杞主要有害生物调查与防治、节水灌溉等研究,形成了枸杞无公害栽培、有机栽培系列技术方案,建立了示范栽培基地;"枸杞篱架栽培技术研究"项目提出了枸杞篱架栽培的新思路和技术方案,研究制定了《有机枸杞栽培技术规范》《有机枸杞种植基地建设技术规范》和《枸杞篱架栽培技术规程》等,建立了"宁杞1号""宁杞7号"和"青杞1号"等品种的示范栽培基地,多家有机枸杞产品通过了欧盟和日本的有机认证。

据笔者在青海出入境检验检疫局调研,青海枸杞有机认证试点工作已顺利完成,青海共有18家单位参与枸杞有机认证试点公司通过出色农业规范(GAP)认证,占青海有机认证试点公司的90%,其间,16家公司获得枸杞有机认证,占青海全部试点公司的80%,全国参与试点的39家公司中共有25家公司获得枸杞有机认证,青海就有16家,占比达64%,青海有机枸杞认证面积和产量全国第一。

四、技术标准建设

近几年来,除国际和行业标准外,青海制定并实施的标准《有机枸杞种植基地建设技术规范》《青海枸杞病虫害综合防治技术规程》有50多个。天然、有机、绿色是青海道地枸杞的发展方向。

五、柴达木枸杞道地优质基地

(1)青海柴达木枸杞基地符合中药材GAP的约有3万亩,由柴达木药业有限公司申报并获得国家食品药品监督管理局认证。

(2)青海柴达木枸杞道地药材示范基地,经国家级专家组严格审查,完全符合中国道地药材基地建设标准,青海康普生物有限公司"遥远地方"有机枸杞基地成为中国唯一的优质道地药材(枸杞子)认证基地,面积约1万亩(图9-4)。

图9-4 柴达木道地药材基地所获证书

第七节 柴达木枸杞道地药材属性

一、物质属性

（1）青海分布枸杞有黑果枸杞、宁夏枸杞、北方枸杞、新疆枸杞、红枝枸杞、黄果枸杞。每种枸杞生长分布已在前章介绍。青海产枸杞品种大多分布范围广，无明显道地产区，唯宁夏枸杞最适宜北方产区。作为柴达木枸杞道地药材只有宁夏枸杞（*Lycium barbarum* L.）一种，*Lycium* 是枸杞属名，*barbarum* 是用地名确定的种名，原意是"北非的"，1959 年《中药志》传译为"宁夏枸杞"，1963 年版药典和以后的药典及教科书都传译为"宁夏"枸杞，L. 是瑞典植物学家林奈的缩写人名，该植物种发现于1753 年，叫宁夏枸杞并完全科学界定意义，本品在青海、甘肃、新疆均有分布。其品系包括了宁杞 1 号、2 号、3 号、4 号、5 号、7 号，柴杞 1 号、2 号、3 号、青杞 1 号、2 号。其中 1 号、7 号、5 号形成道地药材主流。柴杞与青杞是柴达木枸杞具有自主知识产权的新品种。

（2）产于柴达木盆地及边缘的共和，介于 90°16′～99°16′E，35°00′～39°20′N 之间，海拔 2 700～3 100 m。南面至昆仑山脉，北面至祁连山脉，西北至阿尔金山脉，东为日月山，为封闭的内地盆地。面积区域约为25 万平方千米。此范围种植的枸杞皆属所列，主要种植在都兰，诺木洪，格尔木，德令哈，乌兰县区域，也包括共和盆地\共和县区域。

（3）柴达木枸杞产于高海拔，较其他区具有低温、洁净的优势，产区属于第三高极和世界四大超净区，所以，种植的枸杞具有较好的内在品质和外观颜值。

二、商品属性

（1）柴达木枸杞在 20 世纪 40 年代就有种植，野生与种植形成枸杞药材商品，属青海道地药材十大系列中秦药系列，属于西枸杞范畴。据《青海地道药材》记载，70 年代，枸杞种植有 350 亩，1955—1985 年，青海道地药材年平均收购 392 万千克，其中枸杞年收购量 1.8 万～1.9 万千克，90%～95%供给国内、国际市场。

1984 年，青海产枸杞已成为青海省医保公司进出口主要产品（郭鹏举等，1999），见表 9-6。

表 9-6 青海省医保公司药材加工厂历年加工业总产值利税表（单位：万元）

项目	1986	1987	1988	1989	1990	1991	1992	1993	1994	1995	1996
虫草	1.86	1.13	1.3	2.25	2.47	4.14	16.6	9.452	8.453	8.77	7.83
大黄	128.64	118.65	/	19.92	/	79	79.6	33	136.3	30.04	12.22
甘草	163.14	133.34	48	112.44	129	82	157	119.9	137.1	/	19.8
枸杞	30.91	40.76	55.53	32.65	8.22	68.22	355.7	193.9	73.38	105.34	79.39
		28.03	1.998	1.3	23.57	14.6	26.73	5.7	1.7	/	/
贝母 2.57				1.996	0.577	3.12	/	2.57	0.99	1.01	/
羌活 2.12				1.16	1.145	2.14	/	2.12	1.5	/	/
麻黄 17.4					2	/	6	17.4	10.5	/	10.1
党参					2.3	/	27.3	94.3	165.06	86.02	45.23
雪莲花				2	/	0.546	2.47	/	/	/	/

（续表）

项目	1986	1987	1988	1989	1990	1991	1992	1993	1994	1995	1996
猪苓							1.92	/	3.8	4.12	/
红花								21.4	39.4	18.98	/
当归										30.66	18.47
锁阳								2	/	/	/
工业总产值	3.58	300.5	310.4	301	360.1	725.4	2 945.9	1 191.8	248.5	283.291	
利税	9.4	47	51	70	110	157	220	8 806	36	159	－89

（2）柴达木枸杞在《中药志》《中药材手册》称西枸杞，分五个商品规格，也有历史规格（见枸杞生药学章节）。按西枸杞商品规格分类，柴达木枸杞64％以上为一等或二等。历史规格多为贡果和盖枣王。

（3）柴达木枸杞的商品属性在《青海地道产地药材》记载：柴达木枸杞分家种与野生2类7个等级（图9-5）。家种一等：色鲜红，无破粒、油粒。每100 g 900粒以内。二等：色鲜红或淡红色，无破粒、油粒，每100 g 1 200粒以内。三等：色鲜红、淡红色或紫红色，无破粒。每100 g 1 500粒以内。等外品：粒大小不分，间有破粒。

一等枸杞　　　　　　二等枸杞　　　　　　三等枸杞

四等枸杞　　　　　　五等枸杞　　　　　　统货

图9-5　柴达木枸杞等级标准

野生一等：个大、色红或淡红色，无破粒。二等：色红或稍有黑红色，无破粒。三等：大小不分，色黑色，稍有破粒。

均以粒大、色红、肉厚、粒少、糖分多、味甜者为佳。一般认为家种者质优，野生者质次。

（4）柴达木枸杞电子交易规格等级标准见图9-6（龙兴超，2017）。

1）青海枸杞180，筛选大个枸杞颗粒，每50 g

| 180 枚/50 g | 280 枚/50 g | 500 枚/50 g |

图 9-6　柴达木枸杞电子交易规格等级标准

不超过 190 粒,油籽重量占比不超过 2%。

2) 青海枸杞 220,筛选较大个枸杞颗粒,每 50 g 不超过 230 粒,油籽重量占比不超过 2%。

3) 青海枸杞 280,筛选中个枸杞颗粒,每 50 g 不超过 290 粒,油籽重量占比不超过 2%。

4) 青海枸杞 380,筛选中个或大个剩下的枸杞小颗粒,每 50 g 不超过 390 粒,油籽重量占比不超过 2%。

柴达木枸杞多为前三等。

(5) 出口等级,见表 9-7。

表 9-7　出口枸杞等级标准

项目	特等	甲等	乙等	丙等
色泽和形状	果皮鲜红、紫红或红色,呈椭圆形或长形	果皮鲜红或紫红色,呈椭圆形或长形	果皮红褐或淡红色,呈椭圆形或长形	果皮红褐或淡红色,呈椭圆形或长形
水分(%)	≤13.0	≤13.0	≤13.0	≤13.0
总糖(%)	≤39.8	39.8~30.9	30.9~24.8	≤24.8
蛋白质(%)	≤14.9	14.9~16.6	16.6~18.3	≤18.3
脂肪(%)	≤6.9	6.9~8.9	8.9~10.5	≤10.5
灰分(%)	≤3.2	3.2~3.5	3.5~4.2	≤4.2
百粒重(g)	≤13.3	13.3~9.0	9.0~5.4	≤5.4
粒度(粒/50 g)	≤370 粒	≤580 粒	≤900 粒	≤1 100 粒

柴达木枸杞多以特级甲级出口,占全国出口量 90%以上。

(6) 按 GB/T18672－2014 分等级,柴达木枸杞 60%产量达到特优,80%产量达到特级。

近年来,通过推进标准化生产、产业化经营和国际化营销等方式,枸杞产业已成为青海增产增收、改善生态环境和塑造绿色生物资源的优势产业。据调研,枸杞统货价格每千克为 26~50 元,有机红枸杞统货每千克 52~90 元,人工种植黑枸杞统货每千克达到 300～400 元,野生黑枸杞统货每千克达到

500~800 元。产值共计 30.49 亿元。去年,在全国枸杞产能过剩的背景下,青海农业部门通过政府搭台、行业协助、企业主推的方式,枸杞销售状况有一定回暖。青海有机枸杞出口 350 吨,普通枸杞出口 100 吨,通过宁夏出口 425 吨。绝大部分以干果形式从青海和宁夏市场销往国内中医药市场。柴达木枸杞几年来多次被北京同仁堂、云南白药、无限极制药等知名商家采购使用于产品中。其余通过鲜果销售、鲜果精深加工、干果精深加工、干果销售等方式,借助超市等渠道进行销售,进入医药保健和食用市场。

据笔者调研,青海枸杞产业发展品牌建设还需持续加强,还面临加工转化率低、销售价格偏低等诸多问题。青海出台关于加快推进枸杞产业发展的相关政策,从标准化生产、精深加工、宣传推介、产品销售等方面出真招、出实招,确保枸杞产业健康持续发展。同时,已形成的各级枸杞协会、有机绿色枸杞联盟和产业园管委会,积极参加国内外各种展销会、推介会、贸易洽谈会和商品交易会,建立"中国柴达木枸杞交易市场",形成销售、展示、仓储、物流配送、线上交易、期货贸易为一体的全国性市场,形成线下网点布局,线上宣传推介助推的良性态势,全力提升枸杞产业。

(7)现在市售枸杞子规格主要按产地划分,分为宁夏产、内蒙古产、青海产、河北产、新疆产等,各产地规格再按果实大小、色泽分等。其中青海产的特级枸杞子个大味甜,价格略高于宁夏枸杞子,新疆产枸杞子果实形状多呈圆形,与宁夏枸杞子性状不同(李京生,2012)。

三、生物属性

柴达木枸杞生物居群有天然枸杞林和栽培枸杞林。

(1)枸杞是组成柴达木荒漠植被的主要植物:从植物区系分析,宁夏枸杞(*L. barbarum*)是一个草原荒漠区分布种(路安民,2003)。从柴达木盆地植物区系的古老性分析,柴达木盆地植物种类较少。其中典型的有白刺(*Nitraria schoberi*)、长毛白刺(*N. roborowskii*)、黑果枸杞(*L. ruthenicum*)以及寄生植物锁阳(*Cynomorium songaricum*)等。

另外,组成荒漠植被的主要植物如梭梭(*Haloxylon ammodendron*)、白刺、唐古特白刺(*N. tangutorum*)、长毛白刺、驼绒藜(*Ceratoides latens*)、短穗柽柳(*Tamarix laxa*)、长穗柽柳(*T. elongata*)、合头草(*Sympegma regelii*)、金色补血草(*Limonium aureum*)、沙拐枣(*C. sp.*)、大花罗布麻(*Poacynum hendersonii*)、黑海盐爪爪(*Kalidium caspicum*)、细枝盐爪爪(*K. gracile*)、盐爪爪(*K. foliatum*)、木本猪毛菜(*Salsola arbuscula*)、枸杞等,均广布于中亚、新疆、河西走廊和宁夏西部,这些植物在柴达木盆地各种植物群落类型中,分别起着主次不同的作用(周兴民,1986)。

20世纪70年代始,科学家研究青海植被,就得出了枸杞(宁夏枸杞、中华枸杞、黑果枸杞)是组成柴达木盆地荒漠植被的主要植物,也是青海中医、藏药药用植物和油料作物的结论(周兴民,1986)。

(2)柴达木盆地野生枸杞林——种质资源库:柴达木盆地是枸杞自然分布中心区之一,种质资源多样,都兰马拉斯泰河流域的宗加和巴隆一带有枸杞和梭梭混生灌木疏林分布,是我国也是世界最大的天然枸杞林,乌龙沟天然原始枸杞群落面积达3 400亩,青海分布的3种2个变种枸杞集中在此。这些珍贵的天然枸杞种质,为新品种培育提供了丰富的种质资源,笔者2014—2017年在柴达木盆地考察枸杞资源,从当地枸杞种植技术人员调查得知,这些树型造型各异,长势奇特的枸杞树有几百年、上千年历史。从自然的角度说,植物生长的寿命不可能超过千年,但从森林资源自然演替的这个角度说,枸杞在诺木洪乌龙沟有不止千年,可能上万年甚至几十个世纪的历史。更让人惊奇的是枸杞树本应该生长在戈壁滩上,四周应该是为荒漠,但这片野生枸杞园林却被茵茵绿草围在中央,与人们印象里的枸杞树的生存环境大不相同。

(3)柴达木枸杞植物生物学特征前文已介绍。其植物光合速率大,表现出中午12时和下午16时双峰型,叶片蒸腾速率亦呈双峰型,加之18 ℃关键温度,柴达木枸杞生长颗粒大,肉质肥厚饱满,质柔软,多糖质、色泽艳丽,味道甘甜,籽少,大小均匀,无油粒和破粒,虫蛀霉变现象少,以粒大肉厚籽少者为上。

(4)从枸杞生态适宜性评价和目前研究结果可看出,柴达木枸杞道地性属生态主导型,气象因子和土壤因子是其形成模式的主导因子。

四、中医属性

(1)柴达木枸杞的物质属性、商品属性、生物学特点决定了柴达木枸杞优良品质,按国标和行业标准,均达到了国际同行业的最高标准。

(2)柴达木枸杞性味甘平,归肝肾经,具有滋补肝肾,益精明目功效,主治虚劳精亏,腰膝酸痛,眩晕耳鸣,内热消渴,血虚萎黄,目昏不明等症。枸杞子亦为扶正固本,生精补髓、滋阴补肾、益气安神、强身健体、延缓衰老之良药,对慢性肝炎、中心性视网膜炎、视神经萎缩等疗效显著;对抗肿瘤、保肝、降压以及老年人器官衰退的老化疾病都有很强的改善作用。作为滋补强壮剂治疗肾虚诸症及肝肾疾病疗效甚佳,能显著提高人体中血浆睾酮素含量,达到强身之功效。现代医学研究表明,枸杞对体外肿瘤细胞有明显的抑制作用,可用于防止肿瘤细胞的扩散和增强人体的免疫功能。枸杞子是常用的营养滋补佳品,在民间常用其煮粥、熬膏、泡酒或同其他药物、食物一起服用。枸杞子自古就是滋补养人的上品,有延衰抗老的功效,所以又名"却老子"。枸杞中的维生素 C 含量比橙子高,β-胡萝卜素含量比胡萝卜高,铁含量比牛排还高。更吸引人的是,枸杞所起到的壮阳功能令人喜出望外。枸杞作为药食两用的进补佳品,有多种食用方法。枸杞一年四季皆可服用,夏季宜泡茶,以下午泡饮为佳,可以改善体质,利于睡眠。需要注意的是,枸杞泡茶不宜与绿茶搭配,适合与贡菊、金银花、胖大海和冰糖一起泡饮,用眼过

度的电脑族尤其适合。冬季枸杞宜煮粥,它可以和各种粥品搭配,枸杞炖羊肉也是很适合冬天食用的。家常炒菜加入枸杞后口感颇佳,如枸杞炒蘑菇就是一道色香味俱佳的素菜。枸杞玉米羹鲜香可口,色泽美观。对于女性而言,常吃枸杞还可以起到美白养颜的功效。

(3)柴达木枸杞疗效好质量好、青海枸杞质量好见于《中药材手册》:"宁夏、甘肃及青海等地栽培者品质最佳,产量亦大。"《中药学》记载:"宁夏、青海质量最好……"《青海地道地产药材》:"青海枸杞颗粒大、色红、肉厚、含糖量高、味甜,质量可与宁夏枸杞媲美,俗称柴杞。"疗效取决于活性因子含量,实验证明枸杞多糖是枸杞药效的基础物质,枸杞多糖和总糖含量高是质量好的关键因素。青海枸杞的用量增长较快,每年约有 5 万吨枸杞进入宁夏和全国医药市场销售,"柴杞"品牌知名度深受医药界青睐。

第八节 柴达木枸杞优质道地性评价

一、枸杞品质评价方法

枸杞 1988 年被国家卫生部确定为食药两用品种,是一味著名的中药材、高级滋补品和保健食品,具有较高的药用价值和商品价值。所以,判断其品质优劣,不仅要根据个大小、肉厚薄、色泽红艳与味道甜度,更需要的是有效成分含量。张晓煜(2004)等构建了枸杞品质综合评价体系,由药用品质即枸杞对人体营养、保健、防治疾病的作用和商品品质即百粒重、果长、色泽、坏果率等综合评价枸杞。在药用品质中,枸杞多糖、氨基酸是枸杞的重要药用成分,另外灰分是枸杞干果充分燃烧后留下的物质,其含量越小品质较好,灰分数值也是衡量质量的一个重要指标。根据枸杞品质构成各影响因子的相互关系和隶属关系,建立了枸杞子品质综合评价 8 大因子,即药用品质(氨基酸、多糖、总糖、灰分)和商品品质(百粒重、果长、坏果率、色泽),按照枸杞多糖>百粒重>坏果率>氨基酸>总糖>色泽>果长>灰分的顺序,规定权重系数进行数学处理,便可评价枸杞综合品质的优劣。

张波等(2014)提出"糖碱比"评价枸杞优劣办法,认为枸杞的营养成分基本由两种物质组成,即总糖和甜菜碱,这两种物质含量的多少及其平衡配比关系是决定枸杞品种的重要因素。根据总糖与甜菜碱的比值,将枸杞品质划分为 3 个不同的品质区域,即高碱低糖区(糖碱比<30)、中碱中糖区(糖碱比为 30~60)、低碱高糖区(糖碱比>60)。虽然这种方法可粗略划分其品质区域,但并未通过系统的反复论证,不能说明问题本质,同时缺乏科学、可控、统一的枸杞品质评价标准判定枸杞品质的优势,对于枸杞药用价值的研究仅限于单个活性物质的考量上,未系统的对枸杞内部主要活性成分适宜比例进行研究,无法较准确判断枸杞各品种的适地性及品质优劣。所以,评价枸杞品质以药用和商品品质 8 大因子为主要考核指标。

二、柴达木枸杞品质评价与分析

(一)商品品质

1. 百粒重、横径、纵径 · 选择北方地区普遍种植的宁杞 1 号品种果实,同时兼顾取样的代表性和

覆盖面,选择树龄接近的枸杞树,分别于 2011 年 6 月至 9 月中旬(第一茬)成熟果实进行实验比对。

不同产地宁夏枸杞果实商品品质的比较:枸杞果实百粒质量是枸杞商品等级划分的主要参考指标。从表 9-8 中可以看出:6 个主要产区宁夏枸杞果实的百粒质量以青海地区最高,达每 100 粒 22.68 g,极显著地高于其他产区;其次为甘肃和新疆,百粒质量最低的为河北产区;呈现出青海>甘肃>新疆>宁夏>内蒙古>河北的变化趋势(图 9-7)。果实横径的测量结果表明(见图 9-8),6 个产区产枸杞果实横径存在极显著差异,其中以新疆产枸杞果实横径最大,达 0.54 cm;其次为青海,为 0.51 cm,且两者显著高于其他产区产枸杞果实的横径。宁夏和河北产枸杞果实横径相对最低,均为 0.46 cm,6 个地区产枸杞果实横径总体呈现出新疆>青海>内蒙古>甘肃>宁夏>河北的变化趋势。果实纵径测定的结果表明(见图 9-9),青海和甘肃产枸杞果实纵径显著大于其他 4 个产区,果实纵径分别为 1.81 cm 和 1.69 cm,而新疆、内蒙古、宁夏和河北的果实纵径差异不显著。

表 9-8 不同产区宁夏枸杞果实质量比较

产区	每百粒质量(g)	横径(cm)	纵径(cm)
宁夏	14.55[bcBC]	0.46[cB]	1.40[bC]
内蒙古	14.09[bcBC]	0.49[bcAB]	1.48[bBC]
河北	10.29[cC]	0.46[cB]	1.33[bC]
新疆	14.89[bBC]	0.53[aA]	1.37[bC]
甘肃	16.82[bB]	0.48[bcAB]	1.69[aAB]
青海	22.68[aA]	0.51[abAB]	1.81[aA]

注:数据来源张磊(2012)。

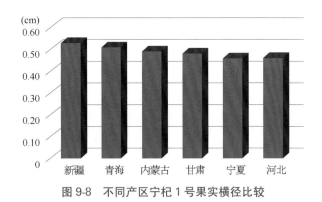

图 9-8 不同产区宁杞 1 号果实横径比较

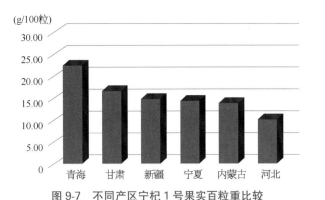

图 9-7 不同产区宁杞 1 号果实百粒重比较

图 9-9 不同产区宁杞 1 号果实纵径比较

表 9-9 同种宁夏枸杞在不同产区的外观品质

品种	产区	百粒重(g)	横径(mm)	纵径(mm)	果形指数
宁杞 1 号	宁夏同心	17.05	6.34	15.54	2.51
	青海诺木洪	36.52	7.38	18.41	2.51
	新疆乌苏	24.80	6.52	12.63	1.96
宁杞 5 号	宁夏同心	30.59	8.68	18.19	2.18
	青海诺木洪	25.66	7.03	17.52	2.50
	新疆乌苏	31.78	7.36	15.34	2.13
宁杞 7 号	宁夏同心	19.17	6.65	15.22	2.31
	青海诺木洪	33.34	8.71	21.23	2.45
	新疆乌苏	25.53	7.81	13.36	1.72

从表 9-9 可以看出,枸杞果实的百粒重表现为青海"宁杞 1 号""宁杞 7 号"显著高于其他 2 个产区,分别为 36.52 g 和 33.34 g;果实横纵径也表现为青海"宁杞 1 号""宁杞 7 号"显著高于宁夏和新疆。果形指数表现为宁夏和青海"宁杞 1 号""宁杞 7 号"显著高于新疆。对于"宁杞 5 号"而言,其枸杞百粒重表现为宁夏和新疆显著高于青海;枸杞横纵径表现为宁夏显著高于新疆;果形指数表现为 3 个产区间差异不显著。通过对 3 个产区的宁夏枸杞外观品质测定发现,青海"宁杞 1 号""宁杞 7 号"在百粒重、大小方面表现最好(张波等,2014)。

2. 色泽与坏果率·枸杞的"色"是传统衡量其内在质量的标志之一,杨丽等(2015)等将色度学引入枸杞评价领域。采用电子感官分析方法(分光测色仪)测量不同"变色"程度枸杞子粉末及脂溶性、水溶性色素提取液颜色;采用紫外-可见分光光度法测定枸杞子脂溶性色素类胡萝卜素含量;采用 HPLC 测定枸杞子中水溶性色素芦丁含量。结果显示:随感官评定枸杞子外观颜色加深,分光测色仪测定粉末明亮度、偏红、偏黄程度均呈降低趋势;枸杞子药材粉末颜色与水溶性色素提取液颜色呈强相关,且与内在色素代表成分类胡萝卜素、芦丁含量均呈强相关。结论是采用分光测色仪客观量化枸杞子外观颜色的方法具有可行性;枸杞子粉末颜色与相关色素类代表成分含量具有相关性,表明用外观颜色评价其内在品质具有一定科学性。作者比较青海枸杞与其他产区枸杞,结果青海枸杞色泽鲜红,比宁夏枸杞颜值高而美观,更有市场卖相和优势。

坏果率极易受气象条件影响,相对湿度、平均气温和累计降水量都影响坏果率,一般大的降水量、高的空气湿度和病虫害影响都会造成枸杞坏果率增加。青海的气象条件是枸杞最适生态区域,较其他产区有一定优势,坏果率低,品质好。

(二) 药用品质

活性成分·枸杞中活性成分主要为多糖、总糖、甜菜碱、胡萝卜素。张波等(2014)对 3 个产区的每个宁夏枸杞品种干果进行多糖、甜菜碱、胡萝卜素含量测定,重复 3 次,取平均值。多糖含量参照中华人民共和国国家标准 GB/T18672 - 2002 中附录 B 方法测定。甜菜碱含量参照《中华人民共和国药典》中甜菜碱的测定方法检测。胡萝卜素含量参照 GB/T5009.83 - 2003 测定,分析仪器为 TU - 1810 紫外分光光度计(北京普析通用仪器有限责任公司)。总糖含量参照中华人民共和国国家标准 GB/T18672 - 2002 附录 B - 枸杞总糖方法测定。浸出物参照《中华人民共和国药典》水溶性浸出物测定法项下的热浸法测定。结果见图 9-10～图 9-14。

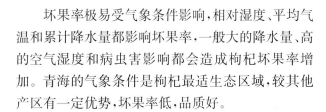

图 9-10 宁夏枸杞不同产区胡萝卜素含量

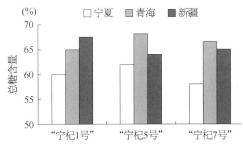

图 9-11 宁夏枸杞不同产区总糖含量

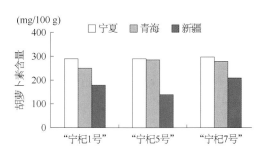

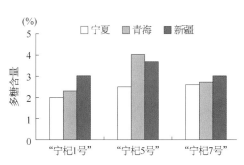

图 9-12 宁夏枸杞不同产区多糖含量

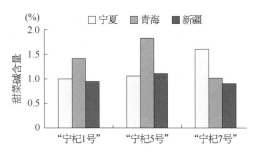

图 9-13　宁夏枸杞不同产区甜菜碱含量

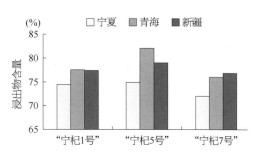

图 9-14　宁夏枸杞不同产区浸出物含量

上图表明,3 个产区枸杞的主要活性成分存在明显的差异。宁夏、青海、新疆 3 个产区宁夏枸杞胡萝卜素含量均以宁夏产区最高,新疆产区最低,三者差异显著。不同产区的"宁杞 1 号"多糖、总糖含量依次为:新疆＞青海＞宁夏,甜菜碱含量以青海产区最高,浸出物含量差异不显著。"宁杞 5 号"在不同产区多糖、总糖、甜菜碱、浸出物含量依次为:青海＞新疆＞宁夏。"宁杞 7 号"在不同产区多糖、浸出物含量依次为:新疆＞青海＞宁夏。甜菜碱含量以宁夏产区最高,浸出物含量差异不显著。总糖含量依次为:青海＞新疆＞宁夏。综合分析,青海产区活性成分含量有优势。

国家枸杞工程技术研究中心利用枸杞主成分分析建立综合评价模型进行品质综合评价,其结果表明,新疆、宁夏、青海产区枸杞品质存在差异,通过对枸杞多糖、甜菜碱、胡萝卜素主成分分析,累计方差贡献率为 91.71%,主成分综合评价结果表明,青海产区宁杞 1 号、5 号和宁夏 7 号果实品质较好(张波等,2014)。

中国科学院西北高原生物研究所索有瑞研究表明(索有瑞等,2012),枸杞中的多糖、β-胡萝卜素、甜菜碱、黄酮都是枸杞重要的活性成分,含量的高低直接与枸杞的药用效果和保健功效有着密切的关系,是评价枸杞药用价值和营养作用的重要指标。4 种活性成分的检测结果见表 9-10。

枸杞多糖是存在于枸杞中的一种水溶性多糖。该多糖系蛋白多糖,由阿拉伯糖、葡萄糖、半乳糖、甘露糖、木糖、鼠李糖 6 种单糖成分组成。已有的研究结果表明,枸杞多糖是枸杞子调节免疫、延缓衰老的主要活性成分,可改善老年人易疲劳、食欲不振和视力模糊等症状,并具有降血脂、抗脂肪肝、延缓衰老等作用。因此多糖含量越高,枸杞的药用价值越大。

表 9-10　枸杞中活性成分的含量

产地	多糖 (%)	β-胡萝卜素 (mg/kg)	甜菜碱 (%)	总黄酮 (mg/g)
新疆精河	10.61	8.18	0.54	2.87
内蒙古乌拉特	8.67	18.03	0.77	3.31
宁夏固原	9.51	7.59	0.84	2.70
宁夏中宁	11.39	3.04	0.76	4.41
甘肃靖远	13.19	5.47	0.98	2.82
青海大格勒	13.58	4.78	1.23	3.84
青海德令哈	12.61	6.34	0.92	3.68
青海诺木洪	13.32	9.26	1.12	4.30

各产地枸杞多糖在 8.67%～13.58%,均高于香菇及黑木耳中多糖的含量。枸杞中多糖含量由高到低为青海大格勒＞青海诺木洪＞甘肃靖远＞青海德令哈＞宁夏中宁＞新疆精河＞宁夏固原＞内蒙古乌拉特。

和其他类胡萝卜素一样,β-胡萝卜素是一种抗氧化物。食用富含 β-胡萝卜素的食物可以防止身体接触一种称为自由基的破坏分子。通过一个氧化的过程,自由基会对细胞造成伤害。长此以往,将有可能导致人体患上各种各样的慢性疾病。研究表明,从日常饮食中摄入足量的 β-胡萝卜素可能减少患上心脏病和癌症两种慢性疾病的危险。枸杞中 β-胡萝卜素的总量在 3.04～18.03 mg/kg,其中内蒙古乌拉特地区枸杞 β-胡萝卜素含量最高,为 18.03 mg/kg。各产地枸杞 β-胡萝卜素含量排列顺序为内蒙古乌拉特前旗＞青海诺木洪＞新疆精河＞宁夏固原＞青海德令哈＞甘肃靖远＞青海大格勒＞宁夏中宁。除了内蒙古乌拉特的枸杞之外,青海诺木洪地区枸杞 β-胡萝卜素含量也较高。

枸杞对脂质代谢或抗脂肪肝的作用,主要是由于其中含有甜菜碱,后者在体内起甲基供应体的作用。此外枸杞中的甜菜碱具有降压、抗肿瘤、抗溃疡及治疗胃炎、促进伤口愈合等作用。枸杞中甜菜碱的总量在 0.54%～1.23%,其中青海大格勒地区的含量最高为 1.23%。各产地枸杞甜菜碱总含量排列顺序为青海大格勒＞青海诺木洪＞甘肃靖远＞青海德令哈＞宁夏固原＞内蒙古乌拉特前旗＞宁夏中宁＞新疆精河。

各产地枸杞中总黄酮的含量由高到低的排序为宁夏中宁＞宁夏固原＞青海大格勒＞甘肃靖远＞内蒙古乌拉特前旗＞青海德令哈＞新疆精河＞青海诺木洪。平均值为 3.49 mg/g,青海诺木洪地区的枸杞和青海德令哈地区的枸杞的黄酮含量低于平均值,青海大格勒地区的枸杞高于平均值。

营养成分分析:索有瑞等研究表明枸杞中的必需氨基酸占总氨基酸的比例高于植物大豆,其营养极其丰富见表 9-11。

表 9-11 枸杞常规成分含量

产地	水分（%）	灰分（%）	蛋白质（%）	除水后的蛋白质（%）
新疆精河	5.89	5.54	9.46	10.05
内蒙古乌拉特	6.08	4.49	10.55	11.23
宁夏固原	4.58	4.76	11.22	11.76
宁夏中宁	5.09	4.92	10.72	11.29
甘肃靖远	4.83	4.87	11.04	11.60
青海大格勒	6.64	4.15	11.18	11.98
青海德令哈	7.35	4.59	10.76	11.61
青海诺木洪	7.67	4.80	10.86	11.76

蛋白质属于高分子化合物,难以通过生物膜而被吸收。同时,异体蛋白质直接进入人体也会引起过敏反应。因此,食物蛋白质必须经过消化、水解为氨基酸后,才能被人体吸收和利用;可见人体摄取蛋白质实质上就是蛋白质在人体内分解成各种氨基酸,分解后的游离氨基酸根据人体各部分的需要按一定的配比重新组合,组成人体蛋白质,补充到身体各部位。因此,食物蛋白质营养价值的优劣,主要取决于所含必需氨基酸(essential amino acid,EAA)的种类、数量和组成比例。试验结果表明,各产地的枸杞均含有 7 种必需氨基酸。且必需氨基酸占总氨基酸的百分比在 37.14%～50.75%之间。而高氮植物大豆必需氨基酸占总氨基酸的百分比也仅有 33.59%。因此,枸杞中必需氨基酸种类齐全,营养更加丰富。

氨基酸测定结果见表 9-12。17 种氨基酸总量

表 9-12 枸杞中 17 种氨基酸的含量

	种类	新疆精河	内蒙古乌拉特	宁夏固原	宁夏中宁	甘肃靖远	青海大格勒	青海德令哈	青海诺木洪
必需氨基酸	苏氨酸（%）	1.14	0.51	0.54	1.05	0.53	1.23	1.29	1.62
	缬氨酸（%）	0.23	0.23	0.20	0.16	0.29	0.11	0.15	0.12
	亮氨酸（%）	0.79	1.19	1.04	0.54	0.75	0.73	0.41	1.10
	异亮氨酸（%）	0.21	0.40	0.16	0.36	0.20	0.30	0.37	0.26
	苯丙氨酸（%）	1.11	1.13	0.98	1.26	1.39	1.25	1.15	1.01
	赖氨酸（%）	0.07	0.03	0.04	0.01	0.02	0.04	0.07	0.02
	甲硫氨酸（%）	0.25	0.29	0.05	0.14	0.04	0.02	0.09	0.36

（续表）

种类		新疆 精河	内蒙古 乌拉特	宁夏 固原	宁夏 中宁	甘肃 靖远	青海 大格勒	青海 德令哈	青海 诺木洪
非必需 氨基酸	天冬酰胺(%)	1.12	1.30	1.58	1.18	1.72	1.32	1.35	1.12
	丝氨酸(%)	0.74	0.71	1.03	0.55	0.91	0.77	1.14	0.84
	谷氨酸(%)	0.65	0.75	0.64	0.67	0.56	0.80	0.63	1.09
	甘氨酸(%)	0.24	0.14	0.03	0.10	0.03	0.16	0.03	0.12
	组氨酸(%)	0.49	0.35	0.12	0.09	0.19	0.09	0.05	0.17
	精氨酸(%)	0.33	0.26	0.15	0.16	0.04	0.07	0.05	0.28
	丙氨酸(%)	0.50	0.46	0.23	0.36	0.23	0.13	0.14	0.23
	脯氨酸(%)	0.23	0.24	0.26	0.25	0.25	0.21	0.13	0.3
	半胱氨酸(%)	0.07	0.08	0.30	0.06	0.42	0.06	0.04	0.06
	酪氨酸(%)	0.28	0.44	0.75	0.23	0.81	0.10	0.08	0.20
	T	8.46	8.51	8.08	7.16	8.37	7.37	7.17	8.84
	E	3.81	3.77	3.00	3.51	3.22	3.68	3.53	4.48
	E/T	45.05	44.36	37.12	49.06	38.42	49.86	49.26	50.75

注：T 为氨基酸总量；E 为必需氨基酸总量；E/T 为必需氨基酸占总氨基酸百分比。

为 7.16%～8.84%，各产地枸杞必需氨基酸总量排列顺序为青海诺木洪＞新疆精河＞内蒙古乌拉特＞青海大格勒＞青海德令哈＞宁夏中宁＞甘肃靖远＞宁夏固原。其必需氨基酸占总氨基酸的百分比在 37.14%～50.75% 之间，青海地区均高于其他地区。

必需氨基酸在人体中的存在，不仅提供了合成蛋白质的重要原料，而且对于促进生长，进行正常代谢，维持生命提供了物质基础。各产地枸杞中，必需氨基酸相对含量较高，具有较高的营养价值，这也是人们认为枸杞具有一定医疗保健功效的原因之一。青海柴达木地区枸杞中必需氨基酸占总氨基酸的百

分比最高均在 49% 以上，因此营养价值更高。

钙对所有生物体都是必需的，它既是生物体内重要的结构组织成分，又作为生理作用离子参与调节细胞的多种生理过程。钙是构成人体骨骼和牙齿的主要成分，在维持人体循环、呼吸、神经、内分泌、消化、血液循环、肌肉组织、骨骼组织、泌尿、免疫等系统的正常生理功能中有着重要的调节作用，青海地区枸杞中钙含量也较其他地区高。

青海地区的枸杞 K 含量较高，而 Na 含量较低，高钾低钠对人体心血管有好处，更利于人的健康（索有瑞等，2012），见表 9-13。

表 9-13 枸杞中矿物质元素的含量

产地	Cu (mg/kg)	Zn (mg/kg)	Fe (mg/kg)	Mn (mg/kg)	Ca (mg/kg)	Mg (mg/kg)	Na (mg/kg)	K (mg/kg)
新疆精河	9.92	13.37	88.32	5.11	828.9	729.6	272.0	14 307
内蒙古乌拉特	9.55	13.70	205.7	5.62	779.8	787.3	206.8	11 980
宁夏固原	7.24	12.63	113.0	6.13	777.1	803.7	251.9	12 751
宁夏中宁	11.17	14.20	114.2	4.57	989.2	749.4	178.0	16 211
甘肃靖远	7.82	12.46	134.8	5.48	882.9	779.5	175.3	12 740
青海德令哈	8.36	13.26	126.0	8.05	1 019	633.1	129.2	14 565
青海大格勒	8.02	13.12	107.7	7.12	1 174	698.4	150.2	15 320
青海诺木洪	8.89	13.47	163.4	6.59	903.2	602.0	135.4	13 367

三、柴达木枸杞品质评价结论

柴达木枸杞品质表现在果实籽粒大、单果重、色泽好的外观上和内在的黄酮、多糖、营养成分都比较高。这两方面体现了柴达木枸杞的核心价值。这与张晓煜(2004)对全国枸杞品质进行综合评价结果一致,柴达木枸杞商品形状优,成分丰富,在全国等级排前。枸杞品质在青海。按照全球 GB/T18672 - 2014、《中国药典》和国务院商业部和卫生部颁布枸杞等级标准"贡果 18～200 粒/50 g、枸杞王 220 粒/50 g、特优 280 粒/50 g、特级 370 粒/50 g、甲级 580 粒/50 g,大小均匀,无干籽、油粒、杂质、虫蛀、霉变等颗粒"检验,青海优质大果可占 70% 以上,相同品种枸杞在青海地区种植,品质多为上乘。

第九节　柴达木枸杞道地性元素汇总

柴达木枸杞源远流长,历史悠久,其道地表现特征:

(1)品种:柴达木枸杞形成道地品质,品种是宁夏枸杞(*L. barbarum*),品系包括宁杞 1 号,5 号,7 号,柴杞 1 号,其他品系从规模数量上还不具道地优质性。以宁杞 1 号产量高,结果密度最大,果实大小均匀为特征。以宁杞 7 号结果密度大,果实大,均匀、产量高为特点。1 号和 7 号商品率高,是柴达木枸杞种植面积最大品系,构成了"柴杞"地道大宗药材。柴杞 2 号、3 号、青杞 1 号、2 号是柴杞新品种。经 DNA 指纹图谱研究,这些主要栽培品种与宁杞 1 号和野生宁夏枸杞同源即为同一生物基因,构成了柴达木枸杞道地性的物种基因与质量。

(2)产域:柴达木枸杞道地产域是柴达木盆地及边缘共和适栽区域。介于 $90°16'～99°16'E$,$35°00'～39°20'N$ 之间,海拔约 2 700～3 100 m 之间。分野生和种植两个种群,主要在香日德、都兰附近、诺木洪、格尔木、德令哈、乌兰区域。构成了柴达木枸杞道地产地。诺木洪连片种植获得世界基尼斯"海拔最高的连片种植基地"著称。产域内被称为"世界四大超净区""第三极",至今分布着世界唯一的野生宁夏枸杞品种的林带和群落,产区内诺木洪和格尔大格勒是柴达木枸杞道地的核心区域。犹如宁夏枸杞在中宁之说,柴达木枸杞道地主产区是诺木洪和格尔木大格勒地域。

(3)成分:柴达木枸杞活性成分和营养成分由于受独特的自然环境影响,普遍较其他产区含量较高,柴达木枸杞含人体必需氨基酸占总氨基酸比例均大于大豆含量。柴达木枸杞成分特征为高总糖、高多糖和高黄酮、高蛋白、高纤维、氨基酸组成合理,含脂肪较低且富硒的药食两用性资源。构成了柴达木枸杞道地品质。

(4)商品:按目前商品规格标准划分,柴达木枸杞质量上乘。按历史规格柴达木枸杞多为贡果和盖枣王,少有枣杞、奎杞;按西枸杞多为一、二等干货,少有四、五等干货;按国家枸杞标准多为家种一、二等。按电子交易规格等级多为柴达木枸杞 180 和柴达木枸杞 220,也有柴达木枸杞 280,少有柴达木枸杞 380;按出口等级多为特级甲级出口,少有丙级。按 GB/T18672 - 2014,柴杞 60%～70% 产量为特优级。商品多以颗粒大,均匀,肉质肥厚饱满、色泽美观,味甜,籽少,无油粒和破粒,少见虫蛀霉变,得到医药行家和消费者称赞。

(5)效佳:柴达木枸杞疗效明显,其滋补肝肾,益精明目,治疗虚劳肾亏、腰膝酸软、眩晕耳鸣、内热消渴、血虚萎黄、目昏不明等症深受现代中医界认可。青海柴达木盆地产枸杞称柴杞,其"质量佳,产量亦大"很受医药家称道。收载于《中药学》《中药材手册》等科教工具书中。1984 年列为食药两用物质,经 30 多年研究与实践,该品种是一种营养滋补佳品,具有抗氧化、延缓衰老、保肝、降血压等疗效。柴杞活性成分含量高,且富硒,含高锰,医疗和保健用于心血管疾病,预防冠心病和胃癌,增强人体免疫功能具有很高的效用。柴达木枸杞子对体外肿瘤细胞有明显的抑制作用,欧美市场对枸杞热衷程度逐年升高。

(6)栽培技术先进:柴达木枸杞生产已有 60 多年历史,生产中创立创新了一整套种植技术,部分技术达到了国际先进国内领先水平。在育种方面开展了选择、杂交育种、化学育种、辐射和航天育种平台，新研制了青杞 1 号、2 号、柴杞 1 号、2 号、3 号新品种。在良种繁育技术方面开展了硬枝、嫩枝、组织培养育苗技术。在种植方面创新了丰产栽培技术和篱架栽培技术，适宜于柴达木盆地环境条件，达到了高产稳定的目的。创新病虫害防治和农药化肥与节水技术，使柴达木枸杞产量不断提升，有机种植创全国第一的规模。枸杞生产共出台了三十余质量标准与规范性技术标准。

（7）柴达木枸杞系高海拔大宗道地优质重要药材，因药兴食，亦是天然绿色有机的保健品重要食用原料。除此以外，对青海乃至全国生态屏障保护有重大价值。

以上品质特征构成了柴达木枸杞道地优质核心价值。

第十章

柴达木优质枸杞生产与质量管理

柴达木盆地是全世界最适宜生产绿色有机枸杞的地区，丰富的水土及光照资源、纯净的自然环境赋予了柴达木枸杞独特的品质。有机、绿色、无公害是枸杞产品的优势所在，也是适应市场的必然要求。多年来，柴杞产业立足柴达木盆地独特的土壤、气候等地域优势，以绿色为主，坚持有机种植，不断强化枸杞品种优良化、生产规模化和产品品牌化，建立了"柴达木枸杞绿色产业示范基地""柴达木绿色食品保健品出口基地""全国高寒区枸杞种植产业知名品牌创建示范区""国家级出口枸杞质量安全示范区"等，已经形成富有特色的枸杞产业。目前，青海特色经济林达到 370 万亩，其中枸杞 70 万亩，有机枸杞认证面积达到 12 万亩，有机枸杞基地 30 多万亩，欧盟认证的有机枸杞种植达 8.1 万亩，绿色认证达到 15 万亩以上，成为全国最大的有机枸杞生产基地。柴达木枸杞标准化生产对其品质提升、品牌创建和生产方式的改变发挥了积极的推动作用。

第一节 枸杞种植历史与现状

一、枸杞种植历史

我国枸杞种植历史约有 1500 年历史，其食药两用枸杞植物资源经历了野生利用时期、人工驯化时期、集约种植时期和现代标准化生产时期四大阶段。公元前 16 世纪人们就重视枸杞这一植物，在《山海经》《诗经》《神农本草经》可得佐证。

我国劳动人民自唐代就开始驯化种植野生枸杞，可在唐代孙思邈《千金翼方》的枸杞种法中得到证实。唐代郭橐驼《种树书》记录了枸杞扦插繁殖技术。唐代陆龟蒙《杞菊赋》中称："春苗恣肥日，得以采撷之，以供左右杯案。及夏五月，枝叶老梗气味苦涩……"宋朝吴怿在《种艺必用》中介绍了枸杞种植法："秋冬间收子，于水盆中接取，曝干。春，熟地做畦，畦中去土五寸，勾作垄之中覆草稕，如臂长，与畦等，即以泥涂草稕上。以枸杞子布于泥上，即以细土盖，令遍。又以烂牛粪一重，土一重，令畦平。待苗出，水浇之，堪吃便剪。兼可以插种。"元代《农桑辑要》指出三月可以进行苗木移栽，同时提到在三伏天进行压条繁殖，植株生长得特别茂盛。到了明代枸杞种植发展迅速，集中在宁夏中宁一带，各地入药多取宁夏产品，明清时期大面积大规模种植。20 世纪 60 年代至今，枸杞进入集约化标准种植。引入农业机械化、引入科技新技术高质量生产。枸杞种植从育种、育苗、建园、修剪、水肥管理、病虫害防治、到采收加工已经形成了枸杞技术体系。

枸杞的生产技术随着市场的要求不断改进，经历了 1999—2003 年的无公害生产、2002—2008 年的绿色生产和 2008 年至今有机枸杞生产质量提升阶段与历程（曹有龙，2013）。纵观枸杞栽培历史，可以看出我国枸杞栽培历史悠久,资源丰富,同时枸杞栽培技术已经有了较高的水平。枸杞种植技术形成于隋唐,种植兴起于此。宋、元时期种植技术得到改进与延续,明、清时期种植规模逐步扩大,医药市场枸杞绝大部分是人工栽培的产品,野生枸杞已经退出医药市场(杨新才,2006),其人工种植早于先秦,兴盛于唐、宋,规模形成于明、清,发展于当代。

二、种植规模与行情趋势

枸杞种植产业占全球枸杞资源分布的主导地位,不仅种质资源丰富,而且面积存量第一。除了我国以外,只有北美和朝鲜零星分布着野生资源。目前在日本秋田、静冈有人工栽培,在韩国东南地区忠南道等地人工种植枸杞,日本和韩国人工种植均为中国枸杞(*L. chinese*)的变种。在全世界枸杞产业发展上,我国是主要的枸杞栽培区和产业开发区。枸杞栽培分为西北引种栽培区,包括宁夏、内蒙古、甘肃、青海、新疆以及山西、陕西北部地区;华北引种栽培区,包括河北、天津、山东、河南北部地区。近几年各地区种植枸杞产业列为当地区域性经济跨越发展的突破点,种植面积以年平均30%以上的速度递增,产量以20%的速度增加,出口量以50%左右的速度扩大。截至2018年12月,全国枸杞种植面积已达到240万亩,干果产量42万吨,价值约200亿元。

表10-1反映了(截至2017年底)全国枸杞生产概况。

2018年底,宁夏产枸杞仍在全国位居第一,占列45%的份额,中宁是全国枸杞产业的标向。青海柴达木地域广阔,种植面积增长最快,产能接近宁夏产区,但由于品牌宣传不够,话语权较小。

2010年之前枸杞子都处于30元(单位:kg,下同)以下的价格。种植面积相对保持平稳。自2011年开始,徘徊多年的枸杞子价格有了抬升,短期内突破40元大关。从2011年以后就有不少地方陆续开始跟种。2012年枸杞的种植面积翻倍增加,且种植的枸杞子到2017年基本到了盛果期。

图例

—— 国界
------- 未定国界
—— 省、自治区、直辖市界
------- 特别行政区界
▧ 枸杞主产区

南海诸岛

图10-1 中国枸杞主产区示意图

表 10-1　我国 1987—2017 年枸杞种植面积和产量概况

年份	面积（万亩）	产量（万吨）	年份	面积（万亩）	产量（万吨）	年份	面积（万亩）	产量（万吨）
1987	5.35	0.31	1997	16.39	0.61	2007	150	12
1988	5.96	0.30	1998	19.52	0.80	2008		
1989	6.53	0.27	1999	28.13	1.12	2009	210	12.8
1990	5.54	0.23	2000	37.57	2.75	2010	215	13.3
1991	5.54	0.18	2001	59.07	4.10	2011	215	14.7
1992	6.83	0.22	2002	85.07	7.66	2012		
1993	7.96	0.32	2003	91.99	8.49	2013	183	24
1994	11.84	0.41	2004	60.24	3.71	2014	216	23
1995	13.76	0.54	2005	99.78	10.50	2015	220	30
1996	14.93	0.59	2006	116.49	13.23	2016	230	35
						2018	235	40

据宁夏大学生命科学学院、甘肃农业大学等多方研究数据综合结论，枸杞子的甜度与海拔和温差成正比。种植海拔影响着枸杞商品质量和市场销售量。

据图 10-2 分析，甘肃白银平均海拔 2 000～2 312 m；青海海西州平均海拔 2 800～3 000 m；宁夏中卫平均海拔 1 100～2 500 m；内蒙古巴彦淖尔平均海拔 1 000～1 800 m；新疆精河平均海拔 1 000 m 以下；河北巨鹿平均海拔 100 m 以下。气候条件对枸杞子的外观性状及质量影响不同，海拔对枸杞子的大小、籽占果实比例及多糖含量的影响是较为显著的。果实重量、果实大小、含糖量随着海拔高度的升高而增大，籽占果实比例在一定程度上随着海拔的升高而降低。青海柴达木枸杞颗粒大、糖分足、籽占果实比例最低；宁夏枸杞抗氧化作用较强；新疆枸杞口感最

佳，当水果食用者居多；河北枸杞糖分最低，主供出口于韩国、日本、东南亚国家。

曾有一段时期产区及市场行情持续下滑，近期行情基本平稳。但因枸杞子的质量差异，很容易形成产区掺和现象，宁夏枸杞价格略高，标准 280 粒宁夏货售价在 52 元，380 粒售价在 33 元；甘肃与青海产 150 粒货售价在 45 元，280 粒货售价在 30 元，380 粒货售价在 16～17 元之间。

所以，产区及市场将其他产区的枸杞子掺到宁夏枸杞出售的情况较为普遍。每年青海、新疆、甘肃、内蒙古产区产新时，大量宁夏商家也会赶赴产区采购货源，长此以往次产区枸杞商家也会提出解决思路，而申请国家地理标志产品就是路径之一。至 2017 年底，中宁枸杞，柴达木枸杞，先锋枸杞，靖远枸杞取得了地标产品认证，枸杞质量得到了身份象征与认可（图 10-3）。

三、各产区种植概况

（一）宁夏产区

宁夏是我国枸杞的传统主产区，目前栽培面积 95 万亩，总产量 18 万吨，产值 80 亿元。种植面积与产量占列全国 45% 以上份额。

宁夏种植枸杞历史悠久，早在明弘治十四年（1501 年）中宁枸杞就被列为贡品上贡朝廷。枸杞产业是政府特色产业与主导产业，引领全国。优势

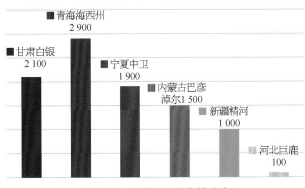

图 10-2　各产区平均海拔分布

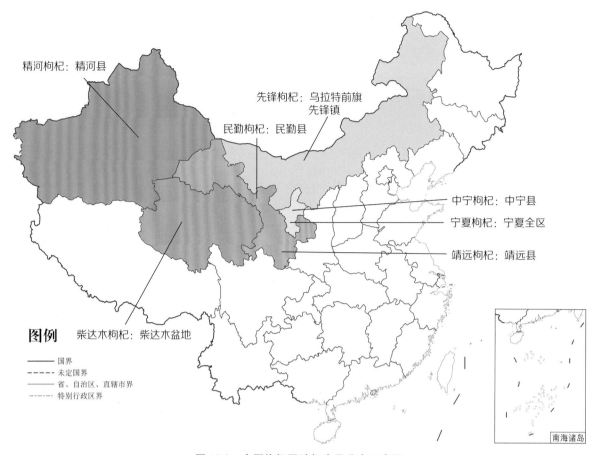

图 10-3　全国枸杞子地标产品分布示意图

平台有国家级枸杞工程技术研究中心,国家枸杞产业技术创新战略联盟,农业部枸杞产品质量监督检测中心,宁夏农林科学院枸杞病虫害防治中心等。这些平台为宁夏枸杞产业发展提供了技术支撑和保障。宁夏是全国枸杞出口大省,出口至全球 30 多个国家和地区,主要是中国香港、美国和荷兰。2015年宁夏出口枸杞及其制品价值 5 634 万美元,枸杞出口量位居全国第一位,占全国一半以上。

宁夏枸杞居于全国领先水平,种植面积大,农艺技术高。前几年由于金融危机以及枸杞产品安全性等原因,价格出现很大下滑现象,许多农户更新品种,迎接经济复苏。2010 年受全国农产品价格上涨的行情,枸杞价格攀升,与 2009 年同比接近翻番,2011 年 7 月份新果刚上市通货收购价格就达 50～60 元/kg,新一轮枸杞种植热已经悄然兴起,2014—2015 年行情上升,2017 年趋于稳定。

(二)青海产区

青海是我国枸杞生物多样性发源地之一,野生枸杞资源丰富,产区位于世界"四大超净区"之一的柴达木盆地,方圆 300～400 km 无污染。由于独特的气候条件,使得枸杞病虫害种类与发生程度均较其他地区为轻,加之青海各级政府对发展枸杞种植的农户采取各种优惠政策,无偿提供种苗、免费提供肥料、提供补助金等政策的实施,大大激发了农户种植枸杞的积极性。一方面利用退耕还林地发展枸杞,另一方面利用大面积荒滩地种植枸杞,枸杞种植面积每年以万亩的速度递增。青海目前已成为我国第二大枸杞种植区,尽管目前多数枸杞园尚在幼龄,但产量和面积逐年增加,青海枸杞在我国枸杞产业中的地位越来越重要。截至 2018 年年底,种植面积达到 71 万亩,"十三五"后预计种植面积达到 76 万亩。青海枸杞种植主要集中于柴达木盆地,都兰、格尔木、德令哈、乌兰、共和盆地等。

2016 年国家认监委先后批准 39 家企业列入国家有机产品认证试点范围,其中青海 20 家枸杞企业入选认证试点资格,占全国试点企业的 51.2%,后经认证机构终审,青海 16 家企业获得枸杞有机认证,核定有机枸杞认证面积达 5.67 万亩,有机枸杞鲜果产量达 1.2 万吨。2016 年青海的枸杞出口量达到 702.3 吨,其中有机枸杞占 90%,成为全世界有机枸杞重要基地。

(三)新疆产区

新疆是我国枸杞种植最北区域,也是我国枸杞主要产区之一。种植面积约 30 万亩,以宁杞 1 号、精杞 1 号、2 号为主。主要产地精河县种植面积 17.2 万亩,干果总产量 2.5 万吨,产值 6 亿元。在乌苏、沙湾,阿勒泰福海也有小面积种植。新疆枸杞从品种上选用圆果系列优良品种,打造出口基地,精河县 7.5 万亩枸杞获批国家级出口食品农产品质量安全示范区,2017 年 6 月,欧盟正式发布公告,"精河枸杞"被纳入首批 100 个与欧盟地理标志保护产品交换中的农产品,标志着"精河枸杞"成为中国正式与欧盟互认的地理标志产品。目前新疆盛果期枸杞以精河县为主,其他地区均以幼龄园为主,新疆枸杞产量取决于精河县的枸杞产量,价格也受精河县枸杞的影响。新疆地域广阔,发展枸杞产业受土地资源的限制较小,气候干燥少雨,日照充足,昼夜温差较大,非常有利于发展枸杞产业,对未来我国枸杞产业的影响将逐渐加大。

(四)内蒙古产区

内蒙古是我国重要的枸杞生产基地之一,全区现有枸杞面积 10 万亩,年产枸杞干果 1.62 万吨,平均亩产 162 公斤,主要以生产枸杞干果为主,栽培品种主要以宁杞 1 号、2 号为主,占 86%。蒙杞 1 号、蒙杞 2 号和 0901 等枸杞新品种占 14%。

内蒙古从东到西广泛分布野生枸杞,是我国枸杞发展适栽区,尤其是内蒙古河套地区,光照充足,昼夜温差大,黄河灌溉配套设施完善,盐碱地成块建制,为枸杞生长提供了优越的自然环境,现已形成乌拉特前旗前山地区枸杞为主的主导产业,2013 年被中国经济林协会命名为"中国枸杞之乡"。

内蒙古枸杞栽培从 20 世纪 60 年代开始,至今已有 50 多年历史,早期以大麻叶枸杞为主,20 世纪 80 年代从宁夏逐步引入宁杞 1 号及宁杞 2 号,主要在巴彦淖尔乌拉特前旗栽培,以后逐步扩展到临河、土右旗及托克托栽培,2000 年全区枸杞栽培面积达到 20 多万亩的最高纪录。由于 2004 年枸杞销售价格降到每千克 12～15 元,导致杞农经济效益急速下

滑,造成砍树现象,枸杞栽培面积逐步下降到 8 万亩左右,近年来随着枸杞价格的快速增长,内蒙古枸杞栽培面积稳定到现在的 10 万亩左右。

内蒙古现有枸杞面积约 10 万亩,其中乌拉特前旗 7 万亩,托克托县 1 万亩,杭锦后旗沙海镇 2 万亩,年产枸杞干果 1.62 万吨,产值 4.5 亿元,主要以枸杞干果销往欧洲、东南亚国家及宁夏和南方地区。其中乌拉特前旗先锋镇为最大的枸杞种植基地,户均 6 亩,年产枸杞干果 1.3 万吨,产值近 4 亿元,枸杞已成为当地重要的支柱产业。先锋镇引入了小型自动烘干设备,已有 200 多户安装了设备,极大提高了枸杞制干速度,降低了制干损耗,提升了枸杞干果品质。在枸杞产业化方面,基本形成了枸杞专业合作社加农户的产业链条,创立了"扶祥"牌和"吕布红"牌商标,初步形成了内蒙古枸杞品牌。2011 年,华融扶祥农贸专业合作社"扶祥"牌枸杞通过中国绿色食品认证中心的绿色食品 A 级认证,产品可直销欧洲及中国台湾等地,同年,枸杞产品在第二届国际林产品博览会暨第四届中国义乌国际森林产品博览会上荣获金奖;2012 年,在第十届内蒙古国际农业博览会参展,受到广大消费者一致认可。

(五)甘肃产区

甘肃也是我国枸杞传统产区。目前栽培面积约 16 万亩,老产区主要集中在景泰和靖远,靖远约种植有 7.8 万亩。近年来由于人力资源紧张,采摘枸杞费时费力,尽管地方政府号召以枸杞作为退耕还林的首选种植树种,但枸杞发展仍处于停滞状态。受枸杞市场的影响,近年来瓜州地区掀起了枸杞种植热潮,种植面积约 5 333 hm²,基本为幼龄园,并且每年以万亩的速度递增。该产区的不断扩大对今后我国枸杞产业的发展也将起到积极的推动作用。

(六)河北产区

河北也是一个较为传统的枸杞种植产区。1949 年前枸杞种植区集中在静海(1961 年 6 月划归天津)和青县,所产枸杞史称"津枸杞"。20 世纪 60 年代后期,枸杞产区逐步向巨鹿、衡水、石家庄地区转移,其中巨鹿被称为"河北枸杞之乡"。目前,主栽枸杞品种为北方枸杞和宁杞 1 号,另外还有少量的枸杞($L.\ chinense$)。由于北方枸杞枝条较软,当地采取人工搭架的方式栽培。当地无霜期较长,一年有

两季生产。干果产品流向本地药材市场，加工产品主要有枸杞饮料和枸杞晶冲剂。目前栽培面积约11万亩，主要集中于邢台巨鹿约6.5万亩，石家庄辛集和秦皇岛青龙有4.5万亩。和其他枸杞主产区相比，该产区因降雨偏多，空气潮湿，容易发生病虫害，采果期恰逢雨季，不利于采收加工，且枸杞与棉花、金银花等间作，病虫害发生严重，多数种植的不是宁夏枸杞，多为韩国枸杞，所产枸杞无论从价格还是品质，均无法与西北干旱区的枸杞相比。枸杞种植处于农民自发种植状态。近年因金银花价格暴涨，大面积枸杞被砍伐改种金银花，枸杞栽培面积急剧下降。

（七）其他产区

西藏是我国种植枸杞海拔最高，气温最冷的区域。在西藏堆龙德庆、曲水和卡风子引种宁夏枸杞成功，第一期种植200亩，计划5 000亩。西藏日照时间长，太阳辐射强，昼夜温差大，能够获得枸杞果叶的高产。产于西藏曲水的枸杞颗粒大而饱满，肉质肥厚而核小，色泽艳丽味甘，有效成分含量远远超过闻名国内外的宁夏枸杞。西藏自治区食品药品检验所检验报告表明，西藏枸杞中枸杞多糖含量是《中国药典》标准的3.33倍；甜菜碱含量是该标准的4.47倍。西藏枸杞含糖量达50%以上，比宁夏枸杞高10个百分点，枸杞黄酮、枸杞多糖和氨基酸的含量比宁夏枸杞高50%以上。

山西是我国枸杞传统产区之一，在山西朔州枸杞种植面积达到5 100亩，其中人工种植4 275亩，扶持发展日光温室育苗大棚20个，建成千亩以上枸杞栽培示范基地1个，百亩枸杞村3个，打造枸杞种植和加工公司2个，形成了种植、初加工的产业雏形。

湖北种植宁夏枸杞始于20世纪80年代，主要集中在湖北麻城，种植品种以宁杞1号为主，兼有当地选育的8832、杂8732、87004、87069等品系。产品有枸杞汁、枸杞口服液、枸杞醋、枸杞酒等。

四、存在的问题

（1）各地产区普遍积累了有效的技术和经验，但枸杞果实发育中花粉直感现象突出，杂交不亲和，落花率较多，造成产量较低。

（2）各地产区主要采用硬枝和嫩枝扦插技术，虽保持了母本的优良性，早产高产，但缺少完整的谱系记录，遗传基础不清。优良种质特性难以通过品种间杂交而被遗传利用。

（3）各地产区病虫害不断增多，多以化学防治为主，农残超标现象多发。也有盲目施肥现象。

（4）各地产区缺少高产、大果型、抗性强的枸杞品种。

第二节　柴达木枸杞种植历史与现状

一、产业发展历程

青海大学科研人员研究柴达木枸杞种植产业，将柴达木枸杞产业发展历史分为4个阶段：集群起源阶段（20世纪60年代初至2000年）；集群萌芽阶段（2000—2008年）；集群成长阶段（2008—2013年）；集群初成熟阶段（2013年至今），每个阶段特点如下（赵司楠，2018）：

（一）起源期：诺木洪农场（20世纪60年代至2000年）

青海枸杞种植史可以追溯到20世纪60年代，起源于诺木洪农场。农场通过对野生枸杞的驯化，开辟了青海人工种植枸杞的历史，1994年起，该农场引进了新疆枸杞和宁夏枸杞。青海枸杞的第一个品牌商标"柴达木枸杞"是诺木洪农场于1997年成功申请的。起源期主要表现形式为诺木洪农场自主培育、自发研究，逐渐扩大种植面积，为产业形成提供种质资源。该时期农民以春小麦、大豆、马铃薯等粮食作物为主进行种植，并未种植枸杞。枸杞经济效应及生态效应仅受到农场内部重视，政府部门尚未重视枸杞产业的发展。

（二）萌芽期：退耕还林政策（2000—2008年）

2000年起，青海实施了退耕还林工程，林业部门在农牧产业发展方面提出了新的战略方向。于2000年首次在德令哈平原村塔弯克里地区种植4500亩。柴达木枸杞产业随着政策的实施,种植面积逐渐增加,不少企业在种植区周围开始集聚。海西州有关枸杞种植、加工、销售的企业总共有12家。企业数量的增加并没有带来技术方面大的革新,枸杞产品同质化较为严重,产品品类贫乏,产品附加值极低。枸杞产品定位以食品、中药材为主,渗透的行业范围小。企业只是依赖于土地资源而形成了地理上、空间上的集聚。企业之间交集较少,不管是从企业关联度还是分工协作关系方面,均处于离散状态。

(三)成长期:种植规模激增、深加工起步建设(2008—2013年)

青海省政府《关于枸杞加工产业发展的意见》成为枸杞产业的快速发展的起点。由于柴达木枸杞种植起步晚,产业发展诸多问题亟待解决,该意见的提出加快了枸杞产业集群的发展。该阶段企业数量迅速增加,2013年增加到50余家,种植面积达到30.3万亩,产业链条由"种植—销售"延伸到"种子培育—种植—深加工产品研发—加工—销售",使枸杞加工转化率达到13%。企业的成长与农户紧密连接,形成企业优质枸杞的供应商;建立"柴达木枸杞网""青海枸杞门户"等电商营销平台,扩大了销售和消费范围。

(四)集群初成熟期:荣获"柴杞地理标志"(2013年至今)

柴达木枸杞产业集群初步迈向成熟期,枸杞出口贸易量达到总量的90%以上,出口创汇突破4000万元,枸杞总产值达到22.56亿元。"柴达木枸杞"荣获国家地理标志保护产品,发展态势良好。

2区5基地(产业园区和种植基地)生产格局与"龙头企业＋基地＋农户"的产业一体化经营格局逐渐完善。企业布局规划仍需引导,产业链延伸所致的新兴业态,如旅游业、博物馆、餐饮文化业等仍需进一步规划发展,产业融资渠道有待加强。

二、产业现状

(一)栽培品种

20世纪60年代,青海都兰诺木洪就开始驯化野生枸杞,在当地有小规模栽培。70年代后期,从宁夏引种宁夏枸杞($L. barbarum$)的大麻叶品种宁杞1号,以后陆续有宁杞2号、宁杞3号、宁杞4号、宁杞5号、宁杞7号、蒙杞1号引种。2010年以来,成功培育了具有本地特色和自主知识产权的柴杞1号、2号、3号和青杞1号、青杞2号。在青海柴达木地区生产试验,其生产质量和数量比宁杞1号增产15%,推广前景广阔。以上种植品种中宁杞1号栽培面积最大。

(二)栽培规模发展

在柴达木种植枸杞约有60年历史,2000年以后政府高度重视,2013年至今高速发展,2016年种植面积43万亩,2017年达到70万亩,年份产值产量见图10-4~图10-6。

2013年底,全国枸杞种植面积186万亩,青海33万亩。

2015年底,全国枸杞种植213.9万亩,青海43.9万亩,青海产值25亿,全国产值110亿元。

2018年底,全国种植枸杞236万亩,青海70万亩,青海产值60亿,全国产值150亿元。

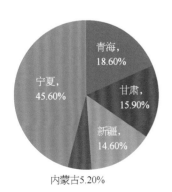

图10-4 2013年中国枸杞生产分布面积比

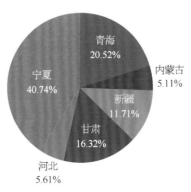

图10-5 2015年中国枸杞生产分布面积比

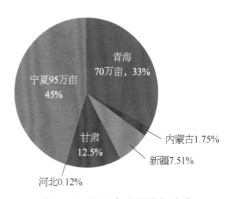

图10-6 2016年中国枸杞生产分布面积比

第三节　枸杞栽培的相关标准

随着柴达木枸杞产业飞速发展，完善质量标准体系至关重要。特别是柴达木盆地，特殊的气候与环境，是生产有机枸杞的最适地域。青海枸杞已成为出口量居全国第一的产区，所以，有机枸杞产品必须符合国际标准、国家标准、行业与地方标准。

一、枸杞标准现状

我国目前有枸杞现行标准 114 项，其中现行国家标准 8 项，现行行业标准 13 项，地方标准共 93 项。枸杞标准以地方标准为主，行业标准其次，国家标准较少（滕园园，2019）。农业标准化特征就是区域化，同样的农业技术在不同地区效果不同。因此，地方标准发展也有差异，全国枸杞地方标准以宁夏、

青海、新疆产区处在全国前外。见表 10-6、图 10-7 和图 10-8。

表 10-2　不同年份枸杞标准的数量（项）

		2013—2017 年	2013 年以前
国家标准		3	5
行业标准		10	3
地方标准	宁夏	34	18
	青海	7	9
	新疆	1	16
	甘肃	2	2
	内蒙古	3	0

注：数据源自滕园园（2019）。

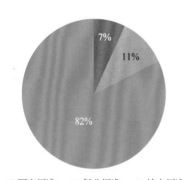

图 10-7　枸杞现行国家标准、行业标准、
地方标准占比

■ 国家标准　■ 行业标准　■ 地方标准

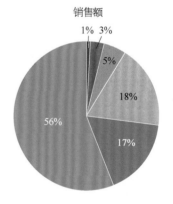

销售额

图 10-8　各地区现行地方标准占比

■ 广西　■ 内蒙古　■ 甘肃　■ 新疆　■ 青海　■ 宁夏

注：数据来源中国标准化研究院国家标准馆及各地区标准化信息平台，数据截至 2017 年。

二、柴达木枸杞种植标准

（一）国际标准

（1）IFOAM《基本标准》。

（2）《联合国有机食品生产、加工、标识和市场导则》。

（3）欧盟有机农业条例 Eu092/91。

（4）美国有机农业条例 NOP。

（5）日本有机农业标准 JAS。

（二）国内标准

国内枸杞法规与标准见表 10-3。

表 10-3 国内枸杞法规与标准

类别	序号	标准号	名称	执行时间与有效期
国家法律	1		中华人民共和国农业法	2013 年 1 月 1 日
	2		中华人民共和国产品质量法	2009 年 8 月 27 日
	3		中华人民共和国种子法	2000 年 7 月 8 日
	4		中华人民共和国农业技术推广法	1993 年 7 月
	5		中华人民共和国食品安全法	2015 年 10 月 1 日
行政法规	1		中华人民共和国食品安全法实施条例	2009 年 7 月 8 日
	2		中华人民共和国农药管理条例	2008 年 1 月 8 日
	3		中华人民共和国基本农田保护条例	1999 年 12 月 27 日
	4		农业转基因生物安全管理条例	2001 年 5 月 23 日
地方法规与政策	1	青海省人大会 19 次	野生枸杞保护条例	2016 年 7 月 1 日
	2	青海海西州政府	关于加强枸杞产品质量安全管理的通告	2015 年 5 月 23 日
	3	省政府	关于促进枸杞产业发展的意见	2009 年 12 月
	4	青政办[2011]271 号	青海省枸杞产业发展规划	2011 年 11 月
	5		青海省十二五生物医药产业发展规划	2011 年 12 月
	6	青政办[2011]305 号	青海对外贸易指导意见	2012 年 8 月
	7	青政办[2015]18 号	青海省关于加快林产业发展的实施意见	2016 年 2 月
	8	青政办[2017]16 号	青海省关于加快有机枸杞产业发展的实施意见	2017 年 3 月
国家标准	1	GB/T19742	地理标志产品——宁夏枸杞	2008 年
	2	GB/T19116	枸杞栽培技术规程	2003 年
	3	GB/T18672－2014	枸杞	2014 年 10 月 27 日
	4	中华人民共和国药典（2015 版）	枸杞子	2015 年 1 月 1 日
	5	GB/T20014.5－2013	良好农业规范第 5 部分（水果和蔬菜）控点	2014 年 6 月 22 日
	6	GB/T18524	枸杞干、葡萄干辐射杀虫工艺	2001 年
	7	GB/T23200.10－2016	食品安全国家标准 桑枝、金银花、枸杞子和荷叶中 488 种农药及相关化学品残留量的测定 气相色谱-质谱法	2016 年
	8	GB/T23200.11－2016	食品安全国家标准荔枝、金银花、枸杞子和荷叶中 413 种农药及相关化学品残留量的测定液相色谱-质谱法	2016 年
行业标准	1	NY/T1051	绿色食品 枸杞及枸杞制品	2014 年
	2	NY/T5248	无公害食品 枸杞生产技术规程	2004 年
	3	NY/T393－2013	绿色食品 农药使用准则	2000 年
	4	农办质 2015.4 号	无公害农产品 枸杞监测目录	2015 年
	5	NY/T2528	植物新品种特异性一致性试验	2013 年
	6	NY/T0878	进出口枸杞检验规程	2000 年
	7	NY/T1464－19	农药田间药效试验准则,枸杞杂草	2007 年
	8	NY/T2966	枸杞干燥技术规范	2016 年
	9	NY/T7947	枸杞中甜菜碱含量	2016 年
	10	SN/T4065－2014	出口植物性中药材中富马酸单甲酯和富马酸二甲残留量的测定 液相色谱法	2014 年

（续表）

类别	序号	标准号	名称	执行时间与有效期
行业标准	11	SN/T4061－2014	出口辐照植物性中药材鉴定方法-热释光法	2014 年
	12	SN/T4062－2014	出口植物性中药材中稀土元素的测定方法	2014 年
	13	SN/T4063－2014	出口植物性中药材中汞含量的测定-直接进样冷原子吸收光谱法	2014 年
	14	SN/T4064－2014	出口植物性中药材中多种元素的测定方法	2014 年
	15	SN/T4265－2015	出口植物源食品中粗多糖的测定苯酚-硫酸法	2015 年
	16	SN/T4261－2015	出口中药材中苯并能残留量的测定	2015 年
地方标准	1	DB63/T1420－2015	有机枸杞种植基地建设技术规范	2015 年
	2	DB63/T1424－2015	有机枸杞栽培技术规范	2015 年
	3	DB63/T916－2010	枸杞丰产栽培技术规范	2010 年
	4	DB63/T917－2010	枸杞病虫害综合防治技术规程	2010 年
	5	DB63/T829－2009	柴达木地区枸杞生态经济林基地建设技术规程	2009 年
	6	DB63/T858－2009	柴达木地区枸杞栽培技术规程	2009 年
	7	DB63/T830－2009	柴达木地区枸杞无性繁殖技术规程	2009 年
	8	DB63/T1449－2015	枸杞扦插育苗技术规程	2015
	9	DB63/T1730－2018	枸杞组织培养育苗技术规程	2018
	10	DB63/T1720－2018	枸杞篱架栽培技术规程	2018
	11	DB63/T1133－2012	柴达木绿色枸杞质量生产控制规范	2012
	12	DB63/T830－2009	柴达木地区农业气象观测规范	2018
	13	DB63/T830－2009	柴杞1号扦插育苗及造林技术规范	2015
	14	DB63/T1759－2019	地理标志产品,柴达木枸杞	2019

柴达木枸杞生产全程控制 50 多项（周永锋，2017）。国际标准有 5 项，国内标准 6 项，行业标准 15 项，青海地方标准 20 多项，标准的主要内容呈对种植生产中的控制。

柴达木枸杞初步建成了围绕整个产业链条的标准体系，建立了涵盖国家标准、行业标准的枸杞产业发展标准体系，涉及柴达木枸杞基地、品种、育苗、种植、有害生物防控、田间管理、采摘、储存、加工、检测等，促进了枸杞按标生产，实施标准化生产管理。

三、现行技术标准的主要问题

一是标准体系乏统一规划，内容类同较多，如 DB63/T19116－2003 与柴达木 DB63/T858－2009 和宁夏 DB64/T9400－2013 等栽培技术和病虫害防治技术内容基本一致。需要统一规划，统一设计建立标准。二是结构不合理，栽培与施肥技术标准多，病虫害防治技术标准少；苗木标准、产地环境标准多为地方或地区标准。三是部分标准缺失，如苗木调运检疫、枸杞整形修剪技术标准和产品加工技术标准缺失。

柴达木枸杞还应建立产前苗木检验检疫，贮运和种质资源标准；建立枸杞生产产地环境标准，枸杞整形修剪等标准；建立产后枸杞鲜果冷藏、输运，保鲜标准，干果等级规格和柴达木地理标志保护产品国家标准；建立枸杞汁、枸杞酒、枸杞油等系列产品标准。

四、柴达木枸杞标准化种植技术规程

柴达木枸杞种植技术第 8 章已做过专门叙述，其栽培种植遵循《柴达木地区枸杞栽培技术规程》《柴达木枸杞生态经济基地建设技术规程》《柴杞栽培技术规程》《柴杞1号、2号、3号种植规范》这些技术标准(见附录九至附录十五)。柴达木枸杞地理标志标准见附录十六。

本书介绍了50多种有关柴达木枸杞栽培的技术规程,是对枸杞栽培过程中气候条件、土壤条件、空气和水分、栽培中各环节的基本要求,是确保柴达木枸杞栽培的通用准则。50多种规范各具重点,有对枸杞栽培中农药和肥料的使用技术要求,有对枸杞适宜栽培区域的选择要求等:是目前柴达木枸杞种植生产必须严格遵守的基本种植技术规范。

第四节 枸杞质量塔式结构与联系

枸杞作为食药两用产品,受到了各层次消费者青睐,但种植技术也存在参差不齐的局面,有机、绿色、无公害等构成为塔式质量结构(图10-9)。

图10-9　食品安全信息认证金字塔

注:目前我国有机食品占全部食品的市场份额不到0.1%,远远低于2%的世界平均水平。

第五节 有机枸杞的生产

一、有机枸杞与无公害、绿色枸杞的联系

(一) 无公害枸杞

无公害枸杞指产地环境、生产过程和产品质量符合一定的标准和规范要求,并经有资格的认证机构认证,获得使用认证标志的枸杞产品。其核心是控制枸杞产品的卫生指标,即农药、重金属、硝酸盐、有害生物(包括有害微生物、寄生虫卵等)等多种对人体有害的物质残留量,限定在《食品卫生标准》安全阈值范围以内。无公害枸杞标准化生产是枸杞生产最基本的要求,也是政府规定的强制性枸杞产品生产要求。

(1)无公害农产品标志由农业部和国家认监委联合制定并发布,是加施于获得全国统一无公害农产品认证的产品或产品包装上的明显标志(图10-10)。

图10-10　无公害农产品标志

印制在包装、标签、广告、说明书上的无公害农产品标志图案,不能作为无公害农产品标志使用。

（2）该标志的使用涉及政府对无公害农产品质量的保证和对生产者、经营者及消费者合法权益的维护,是国家有关部门对无公害农产品进行有效监督和管理的重要手段。因此,要求所有获证产品以"无公害农产品"称谓进入市场流通,均需在产品或产品包装上加贴标志。

（3）标志除采用多种传统静态防伪技术外,还具有防伪数码查询功能的动态防伪技术。因此,使用该标志是无公害农产品高度防伪的重要措施。

（二）绿色枸杞

绿色食品枸杞是随着市场的需要种植户自愿发展生产的比无公害要求更严格的一种形式。发展绿色食品枸杞的前提条件是枸杞生产首先实现无公害标准化生产,才能申请生产枸杞的绿色食品认证。无污染、安全、优质营养是绿色枸杞食品的典型特征。无污染是指在绿色食品的生产中,通过严密监测、控制,防范农药的残留、放射性物质、重金属及有害细菌等对食品生产各个环节的污染,以确保绿色食品枸杞的质量。绿色食品的生产又可分为 AA 级和 A 级,这 2 种标志都要经过专门认证机构的认可后才能使用。AA 级绿色产品指生产过程中不使用任何有害化学合成物质,按特定操作规程生产、加工,产品质量及包装经检测符合特定的标准。AA 级绿色食品接近国际有机产品。A 级强调生产过程限量使用限定的化学合成物质。

绿色食品标示图形由三部分构成:上方的太阳、下方的叶片和蓓蕾。标志图形为正圆形,意为保护、安全(图 10-11)。整个图形描绘了一幅明媚阳光照耀下的和谐生机,告诉人们绿色食品是出自纯净、良好生态环境的安全、无污染食品,能给人们带来蓬勃的生命力。绿色食品标志还提醒人们要保护环境和防止污染,通过改善人与环境的关系,创造自然界新的和谐。绿色食品标志管理的手段包括技术手段和法律手段。技术手段是指按照绿色食品标准体系对绿色食品产地环境、生产过程及产品质量进行认证,只有符合绿色食品标准的企业和产品才能使用绿色食品标志商标。法律手段是指对使用绿色食品标志的企业和产品实行商标管理。绿色食品标志商

标已由中国绿色食品发展中心在国家工商行政管理局注册,专用权受《中华人民共和国商标法》保护。

图 10-11　绿色食品标志图

（三）有机枸杞

有机枸杞生产是涵盖于有机农业体系中的一种枸杞的生产方式。有机枸杞作为有机农业产品的一种,是国际上通用的称谓。

美国有机枸杞的定义：在生产中完全或基本不用人工合成的肥料、农药、生长调节剂和畜禽饲料添加剂的生产体系,在这一体系中,在最大的可行范围内尽可能地采用作物轮作、作物毡秆、畜禽粪肥、豆科作物、绿肥、农场以外的有机废弃物和生物防治病虫害的方法来保持土壤生产力和耕性,供给作物营养并防治病虫和杂草的一种农业。或采用有机饲料满足畜禽营养需求的养殖业。

中国台湾有机枸杞的定义：用自然资源、注重生态体系平衡、不用化学合成农药和肥料而施行有机栽培的农业。

中国大陆有机枸杞的定义为：在生产中遵照有机农业的标准,在生产中不采用基因工程获得的生物及其产品,不使用任何化学合成农药、化肥、生长调节剂等物质,遵循自然和生态学原理,协调种植业和养殖业的平衡,采用一系列可持续发展的农业技术来维持稳定的枸杞生产体系的一种农业生产方式。

1. 特点

（1）因为生产过程中不使用化学农药和化肥,因此农残检测能够符合各国要求,有助于国内有机枸杞产品出口国际市场。

（2）枸杞对土壤环境具有改良效果,能够防治土壤荒漠化,具有保护和改善人类赖以生存的环境的作用。

（3）有机枸杞种植操作过程具有科学的可持续性,提高了土壤肥力,防治各种侵蚀、防止污染。

（4）有机枸杞种植因为减少农机等设备的使用，为农民提供了更多的劳动就业机会。

（5）社会效益、生态效益、经济效益最大化。

2. 标志

（1）获得有机产品认证的，应当在获证产品或者产品的最小销售包装上，加施中国有机产品认证标志。在转换期内生产的产品，只能以常规产品销售，不得使用有机产品认证标志及相关文字说明。

（2）标志含义：形似地球、象征和谐、安全，圆形中的"中国有机产品"字样为中英文结合方式，即表示中国有机产品与世界同行，也有利于国内外消费者识别；标示中间类似种子图形代表生命萌发之际的勃勃生机，象征有机产品是从种子开始全过程认证，同时昭示有机产品就如同刚刚萌生的种子，正在中国大地上茁壮成长；种子图形周围圆润自如的线条象征环形的道路，与种子图形合并构成汉字"中"，体现出有机产品植根中国，有机之路越走越宽广。同时，处于平面的环形又是英文字母"C"的变体，种子形状也是"O"的变形，意为"China Organic"（图 10-12）。

图 10-12 有机食品认证标志

（四）无公害枸杞、绿色枸杞和有机枸杞三者之间的联系

（1）无公害枸杞、绿色枸杞、有机枸杞、农产品都是安全食品，安全是这三类食品突出的共性。

（2）它们在种植、收获、加工生产、贮藏及运输过程中均采用无污染的工艺技术，实行从土地到食药的全程质量控制。

（3）广义的无公害枸杞农产品包括有机农产品、自然食品、生态食品、绿色食品、无污染食品等。

（4）有机枸杞食品在生产加工过程中绝对禁止使用农药、化肥、激素等人工合成物质，并且不允许使用基因工程技术；其他枸杞食品则允许有限使用这些物质，并且不禁止使用基因工程技术。

（5）三者的区别在于生产加工的依据标准不

同;认证机构和标志不同;产量也有差别。

二、我国有机枸杞生产历程

(一)国际有机农业发展历程

20世纪初思想启蒙——1909年,美国农业部土地管理局局长、土壤学家金,在考察中国农业后,于1911年写成《四千年的农民》。

20世纪20年代提出理念——现代有机农业起源与20世纪20年代的德国和瑞士,这在当时是对刚刚起步的石油农业而产生的一种生态环保理念。1924年提出生物动力学农业,1931年英国《农业盛典》。1940年瑞士人提出生物农业。

20世纪40年代开始实践——世界上最早有机农庄是美国罗代尔先生20世纪40年代建立的"罗代尔"农场,1942年出版《有机农艺与农业》。日本的福田冈正从50年代开始自然农业的实践,提出了"无耕起、无肥料、无除草、无农药"理念。

70年代起发达国家大力推广——1972年全球性非政府组织国际有机农业运动联盟(IFOAM)在法国成立。1991年6月24日颁布《欧共体有机农业条例2092/91》。1997年3月美国通过《有机农业标准》(第一稿)。

(二)中国有机农业发展历程

中国的传统农业就是有机农业,现代有机农业起始于20世纪80年代开展的生态农业。1990年荷兰SKAL有机认证机构,在我国茶园和茶叶加工厂进行了中国境内的首次有机认证检查。

1994年成立了国家环保总局有机食品发展中心。2001年6月,环保总局第10号令发布了《有机食品认证管理办法》。2001年11月,成立国家有机食品认可委员会,同年12月以行业标准形式发布了《有机食品技术规范》。2004年5月国家有机食品认可工作并入国家认监委统一管理。2005年4月发布了《有机产品国家标准》。2005年6月国家认监委发布了《有机产品认证实施规则》。

有机枸杞生产概况:从20世纪80年代至今,有机农业始终保持高速发展,即使在近年来世界经济不景气的大环境下,仍能保持一定增长。据瑞士有机农业研究所统计,至2013年全世界有机农业生产国家已达到170多个,获得有机认证的土地面积4 310万公顷,占全球农业生产总面积的0.98%。我国2015年底有机生产面积达到737万公顷,全国获得有机认证证书13 827张,青海获得343张。

我国有机枸杞认证,始于2003年7月,南京普朗克科贸有限公司获得首张枸杞子认证书。2004年12月,甘肃庆阳获得首张宁夏枸杞认证证书。2011年5月青海康普生物科技有限公司在诺木洪获得了青海首张有机认证证书。随后,枸杞有机认证快速发展起来,认证种类有枸杞子,面积占到83.4%;地骨皮占到9.8%;枸杞茶占到2.2%;枸杞汁占到4.5%;枸杞菜0.2%,主要在宁夏、青海、甘肃、广东等15个地区。

据Kiwa BCS China统计,2014年认证的总面积为5 500公顷,其中有机1 250多公顷,有机枸杞产量约为2 000吨。2015年青海通过德国BCS、CERES、法国ECOCERT认证机构认证的有机枸杞生产企业有8家,认证面积达542.7 hm²,占青海种植面积10.85%。2011年由于生产环境等许多复杂原因,中国枸杞认证曾一度停止。2016年全国率先在青海、宁夏等地进行有机枸杞试点生产与认证。截至2017年6月,青海共有18家企业参加枸杞有机认证试点并通过良好农业种植规范(GAP)认证,占青海全部试点企业的90%。其中,16家企业获得枸杞有机认证证书。就全国范围来看,全国参与试点的39家企业中有25家企业获得枸杞有机认证证书,青海16家,占64%。青海枸杞有机认证试点工作的成功已是不争的事实,有机枸杞认证面积近10万亩,获得有机认证的企业有:青海大漠红枸杞有限公司、青海红杞枸杞科技有限公司、青海佳禾生物工程有限公司、格尔木亿林枸杞科技开发有限公司、青海康普生物科技股份有限公司、海西万盛吉生物科技有限公司、青海启源生物科技开发有限公司、青海圣烽生物技术开发有限公司、青海昆仑河枸杞有限公司、青海沃福百瑞枸杞科技有限公司、青海万里红绿色生态开发有限公司、青海翔宇农业科技有限公司、都兰如田枸杞综合开发有限公司、都兰丰海枸杞有限责任公司、都兰林晟防沙治沙有限责任公司、都兰绿源防沙治沙科技开发有限责任公司等,有机枸杞产量全国排名第一。

中国人的吃饱问题已得到解决,国民的消费观念不断发生变化,日益注重食品的质量,尤其关注食品安全。尤其是 2006 年以来,瘦肉精、苏丹红鸭蛋、问题大米、激素豆芽、人造红枣、三聚氰胺奶粉、三聚氰胺鸡蛋等食品安全危机事件频频曝光,使用无污染的安全、优质、营养的绿色食品日益成为人们安全消费的必然选择,绿色食品将会在国民食品消费中占越来越大的比重。

预计在今后 10 年,我国的有机食品占国内食品市场比例有望达到 0.3%~0.5%,将成为美国、欧盟和日本之后的第四大有机农产品消费市场。随之发展的有机枸杞将成为世界第一。

三、柴达木有机枸杞生产历程

青海的枸杞认证同步于我国其他地区。2011 年以后,有几家企业获得了有机产品认证证书,2011 年 5 月青海康普生物科技股份有限公司获得了首张青海有机枸杞认证书。在 2012 年,国内宁夏等产区以有机枸杞的名义出口的枸杞在美国、欧盟国家被强制退货,给国家声誉造成了严重不良影响。经多数专家综合论证评估认为,当时枸杞实现有机生产难度过大,多数企业难以实现,因此将枸杞从《有机产品认证目录》中删除,有机枸杞生产暂时终止,而国内消费市场对高品质枸杞的需求不减反增,高品质枸杞的需求持续增加,供给侧结构性改革迫在眉睫。2015 年,青海认准柴达木枸杞发展高端产品方向,制定了有机枸杞标准以引领规范行业。为顺应消费者对高品质枸杞的需求,2016 年国家认监委对青海、宁夏、甘肃等地重新启动有机枸杞试点认证工作,三地区 39 家企业参与。

2017 年青海省人民政府办公厅下发《关于加快有机枸杞产业发展的实施意见》,提出把青海建成全国最大的有机枸杞种植基地和精深加工、出口基地。到 2020 年柴达木、共和盆地建成人工枸杞基地 70 万亩,其中标准化有机基地 30 万亩,标准化示范基地 10 万亩,有机枸杞干果年产量达到 15 万吨以上,实现产值 100 亿元以上的发展目标;部署了加快基地建设、推出标准化生产、实施品牌战略、促进市场建设等八项重点任务。

近年来,青海海西州把发展枸杞产业作为强农富民的重大工程,先后建立"柴达木枸杞绿色产业示范基地""国家级出口枸杞质量安全示范区",通过政策驱动、科技推动、市场拉动、龙头带动、社会联动等有效措施,"小枸杞"已形成"大产业"。青海共有 18 家企业参加枸杞有机认证试点并通过良好农业规范(GAP)认证,有机枸杞认证面积和产量全国第一。每年欧盟认证的有机枸杞出口额也位列中国首位。

据青海省林业厅统计数字显示,2017 年青海枸杞产值达 34.54 亿元,带动周边农户收入 3.1 万元。枸杞产品扩展到枸杞浓缩汁、枸杞籽油、枸杞蜜、枸杞芽茶叶、枸杞健康酒等 50 余种,拥有千年滋补历史的枸杞已形成"大产业"。

2018 年 11 月,柴达木枸杞选入中欧地标互认产品名单,成为全国 35 个中欧地标互认农产品之一。中欧地理标志合作与保护协定是根据产品知名度、出口情况、经济效益、质量技术要求等原则对拟纳入协议的地理标志保护产品协商,中欧双方根据各自立法将对方的地理标志名称、清单对外公示。同时这些产品还将享受与欧盟地理标志保护产品同样的专门保护,不仅会保护地理标志的中文名称,还将保护翻译成为多个成员的官方语言名称,若出现假冒和侵权,将受欧盟会的地理标志专门法律保护,更大程度提高产品国际知名度,为枸杞产业发展注入品牌核心竞争力,使柴杞产业步伐在全球迈进了一大步。

2018 年,青海省林业厅印发《青海省有机枸杞标准化基地认定管理办法》,管理办法分总则、管理、认定条件、认定程序、认定结果、基地监管、奖罚、认定监督、附则共九章三十五条,目的是促进青海枸杞产业差异化有机高端发展。截至 2018 年元月 10 日,青海省林业厅委托中国检验认证集团青海分公司认定青海枸杞品牌有机枸杞标准化基地 17.4 万亩,涉及 31 家企业。这一项目推进了青海枸杞有机品牌的战略实施,使生态有机、高原绿色、健康养生的枸杞生产理念更加深入人心。到 2018 年底,青海颁布实施有机枸杞基地建设技术规范和栽培技术规范等多个标准,形成了青海有机枸杞产业优势与支撑。

第六节　柴达木枸杞有机种植技术

近年来,青海和柴达木地区对有机枸杞的栽培种植十分重视,不仅在有机枸杞的栽培种植方面取得长足进步,而且制定了青海有机枸杞质量标准(详见附录七和附录八)。德国色瑞期认证有限公司和青海都兰巴隆乡结合青海柴达木盆地种植枸杞实际情况编写了《有机枸杞种植与加工技术规范》并进行推广。在此,就柴达木地区的有机枸杞种植技术进行简要介绍。

一、种植基地条件

有机枸杞生产基地的选择应严格按照有机农业的生产要求,并把握以下原则:

(一)自然条件

自然条件直接影响枸杞植株的生长、发育及内在生理活动和果实产品产量和品质。影响枸杞生长的自然环境条件有温度、光照、水分、土壤等。

1. 温度·同丰产枸杞种植技术温度条款。

2. 光照·枸杞是强阳光性树种,光照强弱和日照长短直接影响光合作用的强弱,从而影响枸杞植株的生长发育。生产实践证明,枸杞栽种区年日照时数在 2 600 h 以上,日照百分率在 63% 以上时,能生产出优质高产的有机枸杞。

3. 水分·水分是枸杞植株生存和发育的必备条件。枸杞栽培对水量适宜的要求是:生长季节地下水位在 1.5 m 以下,20~40 cm 的土层含水量为 15%~18%。因此在枸杞园的建设上,首先考虑的是园地是否排灌畅通。

根据有机产品标准关于水质的要求,有机枸杞灌溉水质在确定符合 GB5048 规定,能够从事有机枸杞生产的前提下,方可进行有机枸杞基地规划建设。

4. 土壤·同丰产枸杞种植技术条款。

(二)环境评价条件

有机枸杞基地建设,在建园之初,除了考虑自然环境条件外,还需考虑园地周边的环境条件,如大气、灌溉水、土壤是否被污染,并能够长期维持。确保各环境因子完全符合下列要求,即土壤环境质量符合 GB15618－1995 二级标准,农田灌溉水水质符合 GB5048 的规定,环境空气质量符合 GB3095－1996 二级标准和 GB9137 规定,枸杞清洗及饮用水符合 GB5749 地下水卫生二级标准。

有机生产基地应该远离城市、工矿区、交通主干线、工业污染源、生活垃圾场等。

(三)其他条件

1. 人力、技术条件·枸杞是劳动密集型产业,尤其是采收时需要充足的人力资源来保障采收的及时和运输、制干等工作。人力、技术资源是建园前首先要认真调查考虑的问题。

枸杞的有机栽培在生产的各个环节都要严格按照有机农业种植管理的各项技术要求和标准执行,因此有机枸杞栽培对各项技术的要求比较高,生产种植者不仅要详细掌握各种质量要求和技术标准,并且具备较好地执行有机种植的土壤培肥和改良技术,有机枸杞病虫草害控制技术,有机枸杞加工仓储技术,才能生产出优质高产的有机枸杞。

2. 物资供应准备·有机枸杞生产涉及的生产物质主要包括:有机枸杞的种苗来源及数量,有机生产专用机械及器具,有机肥料来源及数量,病虫草害控制所需要的各种可以使用的农药供应厂家选择及数量,利用天敌技术防治病虫草害应使用天敌的种类及数量,有机枸杞产品加工贮藏后续物质储备等。

3. 市场销售网络·有机枸杞是区别于常规枸杞的一种全新产品。有机枸杞产品消费市场存在两部分,一个是国内消费市场,主要集中于国内经济比较发达的城市,另一个是国际消费市场,这个市场是有机枸杞产品的主导市场。因此生产企业要围绕这两个市场逐步建立起自己的有机枸杞市场销售网络。

4. 产品仓储条件·有机枸杞贮存主要包括有

机枸杞加工、贮藏车间或者厂房的建立地点、环境条件要符合有机产品的相关要求。根据贮藏量的多少分别建立其相应大小独立的贮藏车间或厂房。有机枸杞原料库和有机成品库及包装好的有机终端产品贮藏在不同的库房，并且室内相关设施齐全，保证有机枸杞不受污染。

二、园地规划

有机枸杞园地的规划要根据园地所处的环境条件和地理位置从以下几个方面予以重点考虑和规划。

（一）园地中有机种植小区的规划

通常在一个有机枸杞种植区中，为了便于生产技术操作管理和不同品种之间的区别，建议以300~500亩设立一个小区，一个园区可以同时平行有若干个这样的小区。每个小区之间用林网将其有规划地进行区分。这样做一是将农田林网建设融入有机园区的建设中，起到很好的防风固沙作用；二是便于园区有计划地实施生产技术管理措施。

（二）有机种植小区中沟渠路配套

在一个300~500亩的小区中，应根据园地的大小及地形特点，将其分成宽度为40 m左右的若干个条田，每2个条田之间分别设定一条农渠和一条农沟，农渠和农沟分别用于相邻两地条之间的灌水和排水，农渠开口于支渠终于支沟，农沟直接和支沟相连，保证排水畅通。道路设置可以与渠道、沟坝、防护林设置相结合进行。在排水沟两侧平整出4~6 m宽的位置作为机械车辆的作业道，该作业道应高出地面20 cm以上。支渠支沟边缘两侧同样平整出4~6 m地作业道。整个园区地作业道路相互连通。

（三）防护林体系建设

防护林带能够防风固沙和改善有机枸杞园区的环境条件，所以在风沙频繁的枸杞生产区域要重视防护林带的建设。防风林带的建设又必须与有机种植园区的沟、渠、路等设施结合起来。主林带一般与主风向垂直，副林带与主林带垂直。在林带树种的选择上应选择适应性强、直立、抗风性强、与枸杞树种没有共同病虫害的树种。同时为了增加植物多样性，保护枸杞虫害的各种天敌，副林带尽量可选择乔木、灌木相结合的林带。

（四）缓冲带的设置

按照有机标准平行生产的要求，如果园区的有机生产区域有可能受到邻近的常规生产区域的污染，则在有机与常规生产区之间应该设置缓冲带或物理障碍物，保证有机生产不受污染和邻近地块禁用物质漂移。有机枸杞生产园区四周缓冲带的设置一般可根据常规作物与枸杞树体高度对比而定，高度相近的，有机枸杞缓冲带的宽度设置应大于9 m，常规作物高于枸杞的，缓冲带的宽度设置要大于12 m。一般情况下有机枸杞缓冲带的设置通常考虑15 m为宜。缓冲带的建设最好与农田林网建设规划相结合，充分发挥林网即可用于防风固沙，又可作为有机枸杞基地的缓冲带，一举两得。

三、种苗选择

有机枸杞园区建设对有机枸杞品种和种苗的科学合理选择是十分重要的，品种和种苗选择是否合理，对园区的发展和园区将产生的经济效益具有重要的基础性作用，就目前而言枸杞的品种较多，产量质量及适应能力也各不相同，对于有机枸杞生产而言通常应选择产量高、果粒大、质量优、抗性强的非转基因品种，才能取得较好的经济效益。

（一）有机枸杞品种选择需要考虑的因素

种植有机枸杞要根据本地区的实际情况来选择品种，应重点考虑以下几个因素：

（1）所选择的品种要适应本地区的土壤、气候条件、有较强的抗性，最好该品种在本地区有4~5年以上的栽培年限，有较好的抗性和产量。

（2）要考虑到从事有机枸杞生产的种植管理层对该品种的认知程度。只有了解和掌握有机枸杞品种的相关习性，才能在生产实践中更好地开展工作。

（3）与枸杞行业中的专家学者进行交流，认真听取他们对品种选择上的意见。

（二）有机枸杞种苗的选择

为了保证枸杞最终的产量，有机枸杞种苗应选择抗性强、产品优、产量高的品种，如"宁杞1号"。定植后发现有不好的树种应及时更换。

1. 有机枸杞种苗的选择·在有机枸杞生产中有机枸杞种苗应采用无性繁殖的方法，不能采用播种繁育，禁止使用基因工程技术，在繁育过程中要保证苗木未经禁用物质的方法处理。目前有机枸杞生产处于初始阶段,市场上无法或很难获得有机枸杞种苗,因此有机枸杞生产所使用种苗的繁育,是在保证未经使用过禁用物质方法处理的常规种苗。或者采取由常规种植向有机转换的方法,经过认证机构审核,完成有机转换过程后,直接进入有机枸杞生产种植。

2. 苗木分级·按照国家标准将苗木分成三级。分级主要指标有苗高和粗度两项,并且苗木地径只要在 0.7 cm 以上为一级,见表 10-4。

表 10-4 枸杞苗木分级标准

级别	苗高 (cm)	地径粗 (cm)	侧根数 (条)	根长 (cm)
一级	50 以上	0.7 以上	5 以上	20 以上
二级	40～50	0.6～0.7	4～5	15～20
三级	40 以上	0.4～0.6	2～3	15～20

3. 苗木包装、运输·运输距离较远的有机枸杞苗木要进行根系泥浆处理(水质、泥土符合国家规定),每 50 根一捆,用无害化材料包装。外挂标签,写明苗木的品种、规格、数量、出圃时间,具备苗木产地证、合格证、检疫证。运输的车辆在装运苗木前用清水冲洗干净,进行消毒、杀菌等。

(三)栽植密度和方式

1. 栽植密度·枸杞是劳动密集型产业,因此有机枸杞园的栽植密度应以提高机械作业程度、提高果园采光能力、便于病虫害防治为前提。从目前普遍采用模式有 2 种,一种是株、行距分别为 1 m×3 m 的机械作业园模式,这种模式每亩栽植 220 株,模式最大限度地提高了机械作业程度;第 2 种是株行距分别为 1 m×2 m 的人工密植园模式,这种模式每亩栽植 330 株,适合与人力资源较充足、园区规模比较小的园区种植。两种模式在相同管理条件下,前期人工密植园增产幅度较大,而机械园模式则在后期增产幅度较大。

2. 栽植方法·栽植时间:根据当地的气候条件来定。春季栽植则应在土壤解冻后,苗木发芽前的 3 月下旬至 4 月中旬进行。秋季栽植则应在栽后接着灌水 2～3 次,可以提高成活率。

3. 栽植技术:定好栽植点,在点的位置挖栽植坑。坑的规格为 40 cm×40 cm×40 cm。栽植时每坑内放 2～3 kg 的有机肥,掺土拌匀,然后放入枸杞苗,扶立,填土踏实。

四、整形修剪

参照 DB63/T829－2009 执行,详见附录六。

五、有机枸杞土壤培肥管理

有机枸杞生产作为有机农业的一种,在生产过程中严禁使用任何化学合成的化肥、生长调节剂,对土壤施以足够数量的有机肥和必要的适用改良物质,以维持土壤的肥力和土壤微生物的活性。土壤培肥就是通过一定的措施,培育营养齐全,转换成能力强,供应肥水保持稳定,水、肥、气热因子互相协调的土壤。

土壤培肥是抑制土壤肥力下降,防止污染的有力措施。在有机枸杞种植过程中,土壤肥力的维持是通过有机质的循环来实现的。通过土壤中的微生物和其他土壤生物活性,使有机肥的营养元素有利于枸杞的吸收。

(一)有机枸杞土壤培肥和改良措施

1. 增施腐熟的有机肥·施用腐熟有机肥的主要效果是改良土壤、增加土壤有机质和提高盐基离子代换量,从而增加土壤保肥能力。腐熟有机肥还可以向枸杞提供较为齐全的营养元素。

2. 客土改良·即针对不同土壤特点,粘沙相掺,取长补短,将原来枸杞园过沙或过粘的土壤调剂成黏性适宜的土壤,能有效地协调耕层土壤的水、肥、气、热状况。

3. 利用行间进行物间作、套种·有机枸杞生产套种就是充分利用行间空地,按照一定的株行距和占地宽窄比,既可以达到间作、套种的经济效益,同时又可以培肥地力,改良土壤,利于有机枸杞的持续增产。间作套种以不良影响枸杞树生长为原则,间作范围的大小随着树冠的增大而减小,一般间作作物为矮秆作物,豆科作物,间作作物应距离枸杞树冠 0.5 m 以上。

4. 因土施肥、调节土壤养分·土壤有砂土、砂壤土、壤土、黏壤土、黏土之分。沙质土壤有机质含量少、保肥能力差、养分缺乏，应增施有机肥料。黏质土壤保肥能力强，养分转化慢，宜用热性有机肥作为基肥。新开垦的荒地，应多施有机肥，同时配合施用速效物质肥料。而壤土是药用植物栽培理想的土壤。

5. **增施矿物质肥料** · 通过增施天然矿物质肥料或物理方法获得的磷、钾、镁矿粉、硼酸盐、微量元素等肥料及改良剂，用以补充营养元素，调节土壤结构和酸碱度。

（二）有机肥的种类

1. **农家有机肥** · 指就地取材、就地使用的各种有机肥料。主要包括堆肥、沤肥、厩肥、沼气肥、绿肥、作物秸秆肥、泥肥、饼肥。

2. **商品有机肥** · 商品有机肥包括纯有机肥料及有机矿物质肥料两种。它们是经过相关认证机构或者部门认证后可以在农业种植等领域使用的一类肥料。有机枸杞生产土壤培肥改良技术中，除广泛利用各种允许使用的物质进行堆积、发酵筹集大量有机肥外，商品有机肥也为有机枸杞生产提供货源条件。

（三）有机枸杞生产施肥量计算方法

有机枸杞生产施肥主要是有机肥和矿物肥的使用，不同来源的有机肥有效成分差别很大，因此施肥时在有机肥的种类、施肥量和施肥时间上要充分考虑这些因素，有针对性地选择不同有机肥进行配方施肥，营养诊断施肥。同时为了保证土壤肥力不断提高，在满足当季枸杞生产所需养分的同时，尽量多施一些肥料做到用地、养地相结合。

有机枸杞的施肥指标一般以产量指标施肥。每生产 100 kg 枸杞干果施纯氮 20~25 kg，五氧化二磷 10~15 kg，氯化钾 8~10 kg。

六、有机枸杞病虫害防治

有机枸杞病虫害防治要完全按有机农业病虫害控制要求执行。有机枸杞病虫害控制过程严禁使用任何人工合成的农药、除草剂、生长调节剂等物质，强调尽可能依靠作物轮作、抗病虫害品种选择和综合利用其他非化学手段控制枸杞病虫害发生。它要求从事有机枸杞种植的人员要从枸杞作物病虫害等生态系统出发，综合应用各种农业的、生物的、物理的防治措施，创造不利于病虫害发生和有利于病虫

害天敌繁衍和生物多样化，利用天敌控制病虫害技术，减少枸杞生产中各类病虫害侵蚀所造成的危害损失，逐步达到持续、稳定增产的目的。

1. **有机农产品生产中禁止的农药**

（1）化学合成的杀虫剂、杀菌剂、杀线虫剂、杀鼠剂、熏蒸剂、除草剂、植物生长调节剂等。还包括化学合成的抗生素、制造农药的有机溶剂、表面活性剂、用作种子包衣的塑料聚合体等。

（2）基因工程有机体，包括基因工程微生物和其他生物及其产品。

（3）其他禁用的含有高毒的阿维菌素、烟碱、矿物源农药砷、冰晶石、石油（用作除草剂）等。

2. **有机农业可供使用的生物农药**

（1）植物源农药：大黄素甲醚。

（2）活性微生物源农药：枯草芽孢杆菌、蜡阶轮枝菌。拮抗菌剂、木霉（哈茨木霉、绿色木霉）、寡雄腐霉、酵母（隐球酵母、假丝酵母）等。

（3）农用抗生素：农抗 120、宁南霉素、华光霉素、浏阳霉素、多杀霉素等。

（4）植物源农药：大黄素甲醚、藜芦碱、天然除虫菊素、鱼藤酮、苦皮藤素等。

（5）矿质源农业：柴油、机油、硫制剂和铜制剂。

3. **有机枸杞的虫害**（见第八章）

4. **有机枸杞病害**（见第八章）

5. **农业防治措施** · 农业防治：优先采用农业防治技术措施，通过加强有机枸杞树体的栽培管理，中耕除草，清洁园区等一系列农业措施起到综合防治病虫害的作用。

有机枸杞生产中，各种农事操作始终贯穿于枸杞生产之中，在操作过程中有目的地改变某些环境因子，能达到趋利避害的作用。实际上操作本身就是防治手段，既经济又具有较长的控制效果，还可以最大限度地减少外来物质的输入。因此农业防治措施的基础地位不可动摇。农业防治措施主要包括：

（1）有机枸杞园地的整地：可直接将地面或浅土中的害虫深埋而使之不能出土，或将途中的害虫翻出地面暴露在不利于害虫存活的环境中。

（2）适时灌溉，改变害虫环境条件。

（3）及时修剪：剪除枸杞树体上的病虫害枝条，减少枸杞园病虫害密度。

（4）田间清园：包含及时清除田间杂草，切断

病虫害的食物来源和及时清除修剪下来的枸杞枯枝、落叶、病果，以及田间及沟边杂草，对防治枸杞病虫害具有重要作用。

6. 物理防治措施·物理防治：由于有机枸杞不得使用有机农业禁止的投入物质，因而物理方法应用在有机枸杞病虫害的天敌进行防治。

（1）利用害虫的趋光性，进行色彩、灯光诱杀。

（2）地面覆盖控制措施

7. 生物防治措施·生物防治措施：利用枸杞病虫害的天敌进行防治。

枸杞害虫的天敌防治：包括在田间释放害虫天敌。

（1）瓢虫类：瓢虫、龟纹瓢虫、十三星瓢虫、多星瓢虫，可以取食对象枸杞蚜虫。

（2）草蛉类：以蚜虫、红蜘蛛的卵和幼虫为捕食对象。

（3）食蚜蝇类：是蚜虫的天敌。

（4）扑食螨：是枸杞瘿螨和锈螨的重要天敌之一。

（5）各种昆虫病源。

8. 农药（植物源、生物源、矿物源农药）防治措施·利用植物源、微生物源农药及矿物源药剂进行防治，受环境影响小，见效快，可以在短期内达到理想的防治效果，特别适合于害虫盛发期、早春及接近

落叶休眠期控制害虫的种群数量。

（1）植物源、微生物源农药

1）植物源农药：植物源农药是把具有活性植物的特定部位加工后或提取植物的有效成分制成制剂应用的具有杀虫、杀菌效果的天然物质。目前我国商品化生产的植物源农药有除虫菊酯、苦参碱、茴蒿素、川楝素、大蒜、烟碱等几十个品种。

2）微生物源农药：微生物源农药利用微生物本身及其代谢产物开发制剂，防止害虫。主要包括微生物杀虫剂、微生物杀菌剂和微生物除草剂，常用的有农抗120、浏阳霉素、春雷霉素等。

（2）矿物源农药

1）晶体石硫合剂和石硫合剂：是一种既能杀菌又能杀虫、杀螨的无机制剂。

2）硫悬浮剂：能防治枸杞白粉病、叶螨、锈螨、瘿螨，连续长期使用不产生抗药性。

3）矿物油乳剂：商品药剂有蚧螨灵乳剂和机油乳剂。防止对象为枸杞蚜虫、叶螨、叶蝉、木虱等。

4）无机硫制剂：是国内外使用量最大的杀菌剂之一，也可用于粉虱、叶螨的防治。

5）波尔多液：是一种保护性的杀菌剂，有效成分是碱式碳酸铜。

6）木灰石和硝石灰：用于防治枸杞根腐病、防治蚜虫。

第七节　柴达木绿色枸杞种植技术

一、绿色枸杞生产特点

绿色枸杞是指产自优良生态环境，按照绿色食品标准生产，实行全程质量控制并获得食品标志使用权的安全、优质枸杞及相关产品。

绿色枸杞具有3个显著特征：一是强调产品出自最佳生态环境。从原料产地的生态环境入手，通过对原料产地及周围的生态环境因子严格监测，判定其是否具备生产绿色枸杞的基础条件，而不是简单禁止生产过程中化学物质的使用。二是枸杞生产加工实行全程质量控制，实行"从土地到餐桌"全程质量控制，而不是简单对最终产品的有害成分含量

和卫生指标进行测定。三是对绿色枸杞实行标志管理，是技术与法律有机结合的组织和管理行为。

二、青海绿色枸杞生产情况

据青海省海西州枸杞协会全称统计，截至2018年底，青海绿色枸杞认证基地面积约50万亩，集中分布在诺木洪。

绿色枸杞在青海积极推进，通过建基地、扩规模，绿色枸杞生产得到重视。在枸杞主产区，海西州人民政府加强枸杞产品质量安全管理，强化政府市场监管和公共服务职能，制定了《柴达木绿色枸杞生产技术规程》和《柴达木绿色枸杞生产质量控制规

范》等标准,发布《海西州人民政府关于加强枸杞子质量安全管理的通告》,要求 2015 年起全面禁止使用"焦亚硫酸钠"食品添加剂。对农药、化肥使用进行监管,建立枸杞产品生产记录,对进入枸杞交易市场的枸杞产品必须进行质量安全检测,凭证销售;鼓励和支持发展绿色食品枸杞生产。格尔木市人民政府与青海进出口检验检疫局签署共建枸杞出口质量安全示范区的合作协议,通过部门合作,对当地枸杞生产出口备案企业的质量安全监管,跟踪国际市场对枸杞产品农药残留、生物毒素和微生物监测的严格要求,定期到田间地头查看用药记录,实行动态监管,从田间地头到生产车间实行无缝隙严密监管,提高本地产品的国内外市场竞争力。

为进一步加强枸杞产品质量安全管理,保障枸杞产品质量安全,切实规范绿色枸杞种植、生产、加工及销售等环节,确保枸杞产业健康、快速、协调、持续发展。依据《中华人民共和国农产品质量安全法》《中华人民共和国食品安全法》等有关法律法规规定,青海省海西州人民政府对种植绿色枸杞提出要求:

(1)种植生产枸杞产品,应当严格遵守有关法律法规的规定及《柴达木绿色枸杞生产技术规程》和《柴达木绿色枸杞生产质量控制规范》等标准,2015年起全面禁止使用"焦亚硫酸钠"食品添加剂。提倡枸杞种植、生产企业(合作社)、种植大户使用枸杞产业协会推荐的农药、化肥等投入品,鼓励和支持发展绿色食品枸杞生产。

(2)枸杞种植生产全程禁止使用无机砷杀虫剂、有机砷杀虫剂、有机锡杀菌剂、有机汞杀菌剂、氟制剂、有机氯杀虫剂、氰化物、卤代烷熏蒸杀虫剂、有机磷杀虫剂、有机磷杀菌剂、氨基甲酸酯杀虫剂、拟除虫菊酯类杀虫剂、二甲基醚类杀虫螨剂、取代苯杀虫杀菌剂、抗生素类杀虫剂、植物生长调节剂及二醚类除草剂。

(3)农药、化肥等投入品经营单位和个人必须建立经销台账。工商、农牧部门联合建立农资登记、准入准出制度,形成农资经营企业、商户先在农牧部门申请备案,核准后再由工商部门注册发证的准入机制,对已办理登记注册的企业和经营户,由农牧、工商部门对所经销的农业投入品进行重新核准和备案。

(4)枸杞种植生产企业、合作社、种植大户应当严格按照规定填写《柴达木枸杞标准化生产手册》,建立枸杞产品生产记录,如实记载使用农业投入品的名称、来源、用法、用量和使用、停用的日期,病虫害的发生和防治情况,收货日期等。枸杞种植生产记录应当保存两年,禁止伪造种植生产记录。

(5)枸杞交易市场的枸杞产品必须经质量安全检测机构进行检测,经检测合格,发放检测合格证,销售者凭证销售;经检测不合格的,应当要求销售者立即停止销售,并向农牧、食药、工商等有关部门报告。

(6)枸杞产品销售企业对其销售的枸杞产品,应当建立健全进货检查验收制度。经查验不符合质量安全标准的不得销售。

三、绿色枸杞种植条件

郭荣(2009)研究了绿色食品枸杞种植过程中空气、水质、土壤、关键总控制技术,该技术在青海、新疆等各地得到实践与提高。

(1)产地环境标准:绿色食品枸杞原料产地环境条件应符合《绿色食品 产地环境技术条件》(NY/T391-2000)的要求。产地应选择在无污染和生态条件良好的地区,远离工矿区和公路铁路干线,避开工业和城市污染源的影响,并具有可持续生产能力。

(2)环境空气质量要求:在有大量工厂排放出来未加处理的废气的地区,有许多有机染料燃烧排出有害气体的地区以及经过空气质量监测各项污染物含量超过表 10-5 所列浓度值的地区,不能建设或作为绿色食品枸杞基地。未超过表 10-5 所列污染物浓度值的地区,建设绿色食品枸杞基地最好远离机动车辆多的道路 100 m 以外。

表 10-5 空气中各项污染物的指标(标准状态)

项目	浓度限值	
	日平均	1 h 平均
总悬浮颗粒物(TSP)(mg/m³)	≤0.30	—
二氧化硫(SO₂)(mg/m³)	≤0.15	≤0.50
氮氧化物(NOₓ)(mg/m³)	≤0.10	≤0.15
氟化物(F)(μg/m³)	≤7	≤20
[μg/(dm²·d)]	≤1.8(挂片法)	—

（3）农田灌溉水质要求：如果灌溉水受工业排放未加处理的废水、废渣污染，或因大量使用化肥和农药污染的水，有害物质会引起枸杞树生长不良而减产，因此产业污染度有一定的指标，见表10-6。

污染物质会在枸杞果实、叶片中富积，通过食物链转移到人体，造成危害。绿色食品枸杞原料基地灌溉水中各项污染物含量不应超过表10-6所列的浓度值。

表 10-6　农田灌溉水中各项污染物的指标

项目	浓度限值
pH	5.5~8.5
总汞(mg/L)	≤0.001
总镉(mg/L)	≤0.005
总砷(mg/L)	≤0.05
总铅(mg/L)	≤0.1
六价铬(mg/L)	≤0.1
氟化物(mg/L)	≤2.0

（4）土壤环境质量要求：一般枸杞生长要求土壤疏松肥沃，有机质含量0.5%以上，土层深厚，活土层在30 cm以上，地下水位1.2 m以下，土壤含盐量0.5%以下，质地为轻壤、中壤或沙壤。在建设绿色食品枸杞原料基地时不能选择距离污染源比较近的地区，土壤中的各项污染物含量不应超过表10-7所列的限值（郭荣，2009）。

表 10-7　土壤中各项污染物的指标(mg/kg)

项目	浓度限值		
pH	<6.5	6.5~7.5	>7.5
镉(mg/kg)	≤0.30	≤0.30	≤0.40
汞(mg/kg)	≤0.25	≤0.30	≤0.35
砷(mg/kg)	≤25	≤20	≤20
铅(mg/kg)	≤50	≤50	≤50
铬(mg/kg)	≤120	≤120	≤120
铜(mg/kg)	≤50	≤60	≤60

四、高海拔绿色枸杞种植技术

在柴达木盆地高海拔区种植绿色枸杞有天然的有利条件，病虫害较全国其他产区较低。除空气、土壤、水质、化肥农药符合绿色标准以外，枸杞的种植技术按照柴达木枸杞丰产栽培技术、柴达木枸杞篱架栽培技术进行种植管理。

五、肥料的使用和管理

枸杞一年3次开花结果。为维护其枝、叶正常生长，促进开花结果，需要在一定量有机肥保证的前提下，在不同生长季节施以适量的氮、磷、钾复合肥。使用肥料既有安全问题，又有质量问题。不合理的施肥或者过量施肥会对环境造成不利影响，也会造成农产品品质下降。有机肥中含有大量病菌、毒素和寄生虫卵，如果未经腐熟而直接施用，会污染作物，易传染疾病。施用化肥不当，可能造成肥害。过多地使用某种营养元素，不仅会对枸杞产生毒害，还会妨碍枸杞对其他营养元素的吸收，引起缺素症。科学合理的施肥应该是因地、因土制宜，进行测土配方，推进全营养的平衡施肥。

在绿色枸杞生产中，肥料的使用必须遵守《绿色食品枸杞肥料使用准则》（NY/T394－2000）。有机肥需经高温堆沤发酵或无害化处理后才能施用；禁止使用医院的粪便垃圾、污泥和含有有害物质的工业垃圾；禁止使用未经无害化处理的城市垃圾和未腐熟的人粪尿及未经腐熟的饼肥；禁止使用硝态氮肥。按照NY/T394－2000的要求，绿色食品枸杞原料种植允许使用表10-8中的肥料（郭荣，2009）。

表 10-8　绿色食品枸杞原料种植允许使用的肥料

肥料分类	肥料名称
农家肥料	堆肥、沤肥、厩肥、沼气肥、绿肥、作物秸秆肥泥肥、饼肥等
商品肥料	商品有机肥、腐殖酸类肥、微生物肥、有机复合肥、无机(矿质)肥、叶面肥等
其他肥料	不含有害物质的食品、纺织工业的有机副产品，以及骨粉、骨胶废渣、氨基酸残渣、家禽家畜加工废料、糖厂废料等有机料制成的肥料

六、病虫害防治与控制

枸杞苗床主要虫害为蚜虫、瘿螨和木虱。枸杞园主要病虫害是蚜虫、木虱、瘿螨、锈螨、红瘿蚊、负泥虫、石蝇、黑果病(炭疽病)等(郭荣,2009;孟艳,2016)。

绿色食品生产对植保要求很高,实用农药进行防治时,必须遵循《绿色食品 农药使用准则》(NY/T394 – 2000)。

病虫害防治原则为:以防为主,综合防治。优先采取农业措施、物理防治、生物防治,严禁使用剧毒、高毒、高残留或致癌、致畸、致突变农药以及其混配农药;严禁使用植物生长调节剂;严禁使用基因工程品种(产品)及制剂;严禁使用高毒高残留农药防治储藏期病虫害,允许使用中等毒性的化学农药;每种有机合成农药在一个作物的生长期内只允许使用一次(其中菊酯类农药在作物生长期只允许使用1次)。

1. 农业防治方法·加强中耕锄草,深翻晒土;2～3月中旬修剪,清洁枸杞园及周围,将枯枝烂叶、病虫枝、杂草集中烧毁,减少出蛰害虫基数;强化夏季修剪,改善树体营养状况和通风透光条件,减轻病虫害大量繁殖危害;6～7月是枸杞生长旺盛期,增施有机肥、生物复合肥,合理控氮,增磷钾肥,补充微量元素肥料,增强树体抗病能力,减轻喜氮病虫害如蚜虫、瘿螨因食料充足,而加速繁殖危害。

2. 物理防治方法·采用灯光、色彩诱杀害虫,如用银灰膜避蚜或黄板(柱)诱杀蚜虫、木虱。

3. 生物防治方法·保护天敌,创造有利于天敌繁衍生长的环境条件。投放寄生性、捕食性天敌,如赤眼蜂、兔纹瓢虫、中华草青蛉、七星瓢虫、捕食螨等;用昆虫性外激素诱杀或干扰成虫交配等。

4. 药剂防治

(1) 禁止使用的农药:禁止使用剧毒、高毒、高残留或致癌、致畸、致突变农药的药剂;禁止使用植物生长调节剂;禁止使用无机砷杀虫剂、有机砷杀菌剂、有机锡杀菌剂、有机汞杀菌剂、有机杂环类、氟制剂、有机氯杀螨剂、卤代烷类熏蒸杀虫剂、有机磷杀虫剂、氨基甲酸酯杀虫剂、二甲基甲醚类杀虫杀螨剂、取代苯杀虫杀菌剂、阿维菌素或含阿维菌素类农药、快螨特、有机合成植物生长调节剂、2,4 – D类化合物,二苯醚类除草剂及农业部2002年第199号公告,国家发展和改革委员会、农业部、国家工商行政管理总局、国家质监监督检验检疫总局、国家环境保护总局、国家安全生产监督管理总局2008年第1号公告,农业部第747号公告和农牧渔业部、卫生部1982年6月发布的《农药安全使用规定》中禁用的农药。

(2) 限制使用中等毒性的药剂:在绿色食品枸杞原料种植过程中,允许有限度地使用表10-9中的中等毒性农药,并严格遵守安全间隔期所要求的天数,将农药残留量降到最大允许范围,达到安全标准,不会对人体健康造成危害。

表 10-9 绿色食品枸杞原料种植限制使用农药

农药名称	用药量 有效成分 (mg/kg)	安全 间隔期 (日)	防治对象
烟碱	400～500	15	蚜虫、木虱、负泥虫、实蝇
抗蚜威	167～250	11	蚜虫、木虱、负泥虫、实蝇
毒死蜱	200～300	10	蚜虫、木虱、瘿螨、锈螨、红瘿蚊、负泥虫、实蝇
溴氰菊酯	10～12.5	10	蚜虫、木虱等

(3) 允许使用低毒及生物源农药、矿物源农药:在绿色食品枸杞原料种植过程中,允许使用表10-10

表 10-10 绿色食品枸杞原料种植允许使用农药

农药名称	用药量 有效成分 (mg/kg)	安全 间隔期 (天)	主要防治对象
苦参碱	20～30	7	蚜虫、螨类
吡虫啉	20～30	7	蚜虫、木虱
辛硫磷	200～400	7	蚜虫、红瘿蚊、实蝇等
四螨嗪	83.3～100	5～7	蚜虫、木虱、瘿螨、锈螨、红瘿蚊、负泥虫、实蝇
啶虫脒	12～15	10	蚜虫、木虱、瘿螨、锈螨、红瘿蚊、负泥虫、实蝇
吡·氯氰	25～33.3	7	蚜虫、木虱、负泥虫、红瘿蚊
硫黄	1 125～2 250	5～7	蚜虫、木虱、螨类、黑果病
石硫合剂	1 500～2 250	15	蚜虫、木虱、螨类、黑果病、白粉病等
百菌清	900～1 000	10	黑果病
代森锰锌	1 000～1 333	10	黑果病

中的低毒农药防治病虫害。

（4）科学合理地使用农药：枸杞病虫害史代重叠、代数多（如蚜虫一年繁殖近 20 代），完全用生物和农业措施防治一时还难以做到。因此，使用高效、安全、低毒、经济的农药是控制病虫和实现绿色生产，降低成本的重要任务。特别要严格执行农药使用"安全间隔期"的规定，这对绿色枸杞生产尤为重要，因为枸杞采摘期 6～8 天就采一茬。因此必须做到枸杞病虫防治科学、合理，安全使用农药。

1）对症选择农药：由于枸杞病虫害种类较多，各虫类对农药的反应各不相同，针对防治对象选用对症农药十分重要。首先要明确防治对象，然后选用适宜的农药种类，如杀虫剂中胃毒剂对咀嚼式口器害虫有效，对刺吸式害虫无效。枸杞蚜虫、枸杞木虱、螨类均属刺吸式口器，应选择内吸性强，有熏蒸触杀作用的农药。

2）找准最佳防治期和剂量：选择适宜的虫态和药量是用药的关键，在害虫的生活史中，卵和蛹由于处于休眠或活动很弱、比较隐蔽的场所，对农药不敏感。而害虫的成虫和幼虫（若虫）要进行取食和迁移，虫体暴露，易被杀死。成虫的活动性强，因此低龄幼虫期和害虫发生早期是最佳的防治期。

3）轮换和混合用药：事实表明，一个地区长期单用一种农药，就会使病虫产生抗药性。克服和延缓抗药性的有效办法之一就是轮换交替使用农药。使用越好的药剂，每年使用的次数越要少。混合用药要遵循下列原则：无不良反应；有增效作用；有兼治作用；不增加毒性；不产生药害；不提高成本。

4）安全使用农药：大家知道，农药制剂一般属于毒剂，对防治对象有毒，对其他生物或强或弱也存在一定毒性，严格控制"安全隔离期"是降低毒力的核心。因为农药在使用后经过光、温度、微生物等因素作用，可进行降解、分解和挥发，表现出短期内对防治对象有毒，对其他生物无毒害影响。

（2）综合防治管理：枸杞病虫害普遍存在虫体小、史代多，生活史重叠和危害严重的共性，还存在出入蛰时期不同，发育周期长短不一，危害的部位、方式不同等特点，给枸杞病虫害防治造成了一定的难度。在绿色食品枸杞原料种植过程中，同一时期发生两种以上害虫或同一害虫的不同虫态同时存在时，要相互兼顾，做到病虫、虫虫综合防治。可以参考表 10-11 进行。

表 10-11　主要病虫害综合防治

物候期	主要防治对象及指标	防治措施
萌芽期	越冬蚜虫、木虱、瘿螨、锈螨成虫或虫卵	清园，将枯枝烂叶、杂草等集中烧毁，翻晒春园，树体喷石硫合剂
展叶至现蕾初期	蚜虫：100 枝条平均每枝有成虫 5 只，木虱 3 只；瘿螨：老眼枝叶片平均每叶片有虫瘿 3 个；红瘿蚊、实蝇：幼蕾危害率达 1% 以上	农业防治、生物防治、物理防治，药剂防治采用地面封闭，乐果粉树上喷施，吡虫啉＋四螨嗪或吡·氯氰＋四螨嗪
果熟期（采收期）	蚜虫、木虱、负泥虫、实蝇、瘿螨、锈螨、红瘿蚊；黑果病（炭疽病），日平均气温 17 ℃以上，旬降雨超过 48 h，雨后喷药防治黑果病	农业防治、生物防治、物理防治，药剂防治采用吡虫啉＋硫黄，或乐果＋四螨嗪＋百菌清，或吡虫啉＋百菌清或烟碱或吡·氯氰＋啶虫脒或苦参碱
采果期	木虱、螨类、蚜虫	农业防治、生物防治、物理防治，药剂防治采用乐果或乐果＋硫黄或烟碱或吡虫啉＋四螨嗪

七、绿色枸杞质量标准

柴达木枸杞标准注重产地环境、生产过程及产品质量控制，生产过程遵照绿色枸杞质量标准 NY/T1051。

第八节　枸杞无公害种植技术

一、无公害枸杞定义与特点

无公害枸杞是指产地环境符合无公害农产品的生态环境质量,生产过程符合规定的农产品质量标准和规范,有毒有害物质残留量控制在安全质量允许的范围内,安全质量指标符合《无公害农产品(食品)标准》并经专门机构认定,许可使用无公害农产品标识的枸杞及其产品。

特点是这类枸杞产品生产过程中允许限量、限时间地使用人工合成的安全的化学农药、肥料,它符合国家食品卫生标准,比绿色标准稍宽,保证人们对枸杞质量安全最基本的需要,是普通食品达到基本的市场准入条件。是菜篮子和米袋子产品满足大众消费所需,也是政府推动的公益性认证。

二、青海无公害枸杞种植情况

2001 年以来,农业部启动"无公害食品行动计划",出台《无公害农产品管理办法》,青海柴达木盆地、共和盆地无公害种植枸杞面积 40 多万亩。青海有柴达木药业等 30 多家从事枸杞种植与深加工企业获得了 HACCP、GAP 和 GMP,ISO9001 体系认证与无公害产品认证。

三、无公害枸杞栽培技术

参照 DB63/T858 - 2009、GB/T19116 - 2003、DB63/2010 执行。

四、病虫害防治(参照 DB63/T917 - 2010 执行)

(一)综合防治技术

1. 防治原则·坚持"防"字当先,综合防治,创造无公害生产的生态环境,维持生态平衡的环保方针。综合防治应采取预防为主的方针,搞好苗圃环境卫生,做到圃内无杂草。加强肥水管理,促进苗木生长,增强抗逆性。田间病虫害枝叶要及时清除烧毁处理。药物防治应正确选用品种、浓度和使用方法,以期达到最佳效果。

2. 物理防治·春剪时及时将修剪下的残、枯、病、虫及园地周围的枯枝落叶,集中于园外烧毁,控制病虫害源头;早春结合翻地,撒施毒土(300 倍辛硫磷),灌水封闭,杀灭土层中的越冬病虫体。

3. 化学药剂防治·枸杞病虫害的防治要突出休眠期防治,重点在生长前期防治,采摘期尽量避免少用药,用安全、长控、高效农药。以敌杀死、辛硫酸、来福灵等农药替代氧化乐果等农药。

(二)青海枸杞全年病虫害防治措施

全年 3 月、4 月、10 月、11 月为农业防治时期。主要农事操作内容为清洁田园、深翻田园。目的是减少病虫害种群基数和发生次数。此时段是枸杞田间防治控制的必备农事。操作内容和标准见下表10-12。

表 10-12　农业防治措施

农药防治	标准
田中杂草清除	基本无杂草
田埂杂草清除	基本无杂草
非采果期病虫残枝处理	集中焚烧
农田防护林带杂草清除	基本无杂草
清理枸杞田落叶	100%

五月新种植的枸杞园第一次出现和防治对象是负泥虫,三年以上第一次出现的是螨类。萌芽初期可见到负泥虫在地面、树体和叶面上出现,宗加、巴隆两地区可见到有排列整齐的卵。此时期为枸杞抽枝展叶初期,为枸杞非采果期。可选用生产农药使用准则(NY/T393 - 2000)"5.2"款规定农药进行树体和地面封控。三年以上的应以防治螨类为主。

六月防治对象和主防顺序是瘿螨、锈螨、红蜘蛛和蚜虫。螨类防治要点是前期预防,在螨类成虫出蛰后,叶片变形前进行施药防治和防控,防螨是六月份必备的内容之一,也是防治螨类的关键时期。其他害虫视情况选用生产资料类农药(见枸杞病虫害防治时间表10-19)。

七月防治对象和主防顺序是蚜虫、螨类、红蜘蛛,病害为黑果病、根腐病、白粉病。七月是枸杞蚜虫的易发期和高发期。黑果病与连阴雨天有关,根腐病与浇水多有关,白粉病的始发时间在此月。

八月防治对象和主防顺序是蚜虫、螨类、红蜘蛛,病害为黑果病、根腐病、飞粉病。八月份蚜虫、白粉病普遍盛发期和易发期。蚜虫和螨类的防治和预防是本月的必备内容之一。

九月防治对象和主防顺序是红蜘蛛,病害为黑果病和白粉病。九月份是青海诺木洪地区枸杞种植期采果的最后一个月,蚜虫易发。采果结束后应选用农药使用准则(NY/T393-2000)"5.2"款规定可使用的农药对枸杞田封控一次。

十月为全年农业防治的初始月份,应抓紧时间翻园和清洁田园,将杂草病虫残枝全部集中焚烧,控制螨类和其他害虫入土基数,各个阶段的主要病虫害防治见表10-13。

表 10-13　主要病虫害防治时间表

防治时间	主要病虫害	防治药物
3～4 月	铲除病虫源	防治方法:清洁田园、春季修剪、控高疏枝、清除病虫残枝。
5 月	负泥虫螨类	防虫类药物:苦参碱、盐碱、鱼藤酮、除虫菊素、印楝素、枯皮藤素、楝素、藜芦碱、茼蒿素。 防螨类药物:苦参碱水剂 1 号和 2 号、烟碱、印楝素
6 月	蚜虫红蜘蛛 螨类 黑果病	防虫药物类:苦参碱、盐碱、鱼藤酮、除虫菊素、印楝素、枯皮藤素、楝素、藜芦碱、茼蒿素。 防螨类药物:苦参碱水剂 1 号和 2 号、烟碱、印楝素、枯皮藤素。 防病类药物:链霉素、氨基寡糖素、宁南霉素、多抗霉素、嘧啶核苷类抗生素、木霉素
7 月	蚜虫 红蜘蛛 黑果病 白粉病	防虫药物类:苦参碱、盐碱、鱼藤酮、除虫菊素、印楝素、枯皮藤素、楝素、藜芦碱、茼蒿素。 防病类药物:链霉素、氨基寡糖素、宁南霉素、多抗霉素、嘧啶核苷类抗生素、木霉素
8 月	蚜虫 红蜘蛛 黑果病 白粉病	防虫药物类:苦参碱、盐碱、鱼藤酮、除虫菊素、印楝素、枯皮藤素、楝素、藜芦碱、茼蒿素。 防病类药物:链霉素、氨基寡糖素、宁南霉素、多抗霉素、嘧啶核苷类抗生素、木霉素
9 月	蚜虫 红蜘蛛	防虫药物类:苦参碱、盐碱、鱼藤酮、除虫菊素、印楝素、枯皮藤素、楝素、藜芦碱、茼蒿素
10～12 月	铲除越冬病虫源	防治方法:清洁田园、冬季修剪清除病虫残枝。

五、培肥与其他措施

枸杞为连续花果,需肥持续且量大,需基肥、追肥、喷肥相结合。①基肥。9～10 月施入,成龄枸杞每株施入油渣 3～5 kg,有机肥 10～15 kg,氮磷复合肥 100～150 g。在树冠外缘开沟 0.4 m×0.2 m×0.4 m 施肥并封沟。②追肥。4～5 月初,在枸杞抽梢期灌头水前,树冠外缘开对称小沟,每株施入尿素 150 g 封沟。第二次在 6 月上旬施入氮磷钾复合肥每株 150～200 g,方法同上。第三次 7 月上旬即进入盛果期,以同样方法每株施入复合肥 150～200 g。③喷肥。5 月下旬树冠喷施 0.5％尿素溶液,6 月中旬喷施 0.3％磷酸二氢钾溶液,7 月中旬再喷施磷酸二氢钾或"喷施宝"1 次,以补充植株大量结果时需肥不足。④植物生长调节剂应用。在保证供肥条件下,使用植物调节剂能有效降低枸杞落花落果的比例。一般枸杞生理花果脱落率在 15％～35％,在 5 月中旬至 6 月下旬连续 3 次应用"益果灵"、多效唑等调节剂,可有效降低花果脱落率,提高产量 20％以上。

其他措施:①灌水管理。"头水大、二水满、三水缓一缓、四水五水看天气。"采果期间勤而浅,土壤含水量保持在 18% 为宜。②中耕管理。生育期内 3~4 次,3 月下旬至 4 月初浅耕 1 次,以利提高地温,5~7 月每月各 1 次,松土灭草。③翻园管理。9 月深翻 1 次,行间距 0.2~0.25 m,树冠下 0.10~0.15 m,注意不要伤根。④采收。初果期 7~10 天采 1 次,盛果期 5 天采 1 次,末果期 7 天采 1 次。

六、无公害食品和枸杞标准主要指标

1. 感官指标·感官指标应符合表 10-14 的规定。

表 10-14　感官指标

项　目	指　标
形状	类纺锤形略扁
色泽	果皮红或枣红色
杂质	无
滋味、气味	具有枸杞应有的滋味、气味

2. 理化指标·干果水分≤13.0%。

3. 安全指标·安全指标应符合表 10-15 的规定。

表 10-15　安全指标

项目	指标 (mg/kg)		项目	指标 (mg/kg)	
	干果	鲜果		干果	鲜果
铅(以 Pb 计)	≤2.0	≤0.2	溴氰菊酯(deltamethrin)	≤0.1	≤0.1
敌敌畏(dichlorvos)	≤0.2	≤0.2	毒死蜱(chlorpyrifos)	≤1	≤1
乐果(dimethoate)	≤1.0	≤1.0			

注:根据《中华人民共和国农药管理条例》,剧毒、高毒农药不得用于蔬菜、瓜果、茶叶和中草药材。

第九节　枸杞良好农业规范认证

一、良好农业规范(GAP)概况

根据联合国粮农组织的定义,良好农业规范(GAP)是应用现有的知识来处理农场生产和生产后的环境、经济和社会可持续性,从而获得安全而健康的实物和非食用农产品,其基本原则包含 4 个方面,分别是:食品安全、员工福利、动物福利和环境保护。

良好农业规范概念自提出以来,逐步受到各国政府、食品加工业、食品零售业、种植和养殖业以及消费者的关注和重视,并通过官方和行业规范的形式在世界范围内得以建立和发展。欧盟、美国、加拿大、澳大利亚、瑞士、爱尔兰、新西兰、智利、日本、新加坡、泰国、中国、肯尼亚、赞比亚等相继制定了 GAP 标准。在初级农产品生产领域,GAP 已经成为全球范围普遍接受的质量控制手段。其中,发展较为迅速的是由欧洲零售商发起并建立的全球良好农业规范(GLOBALGAP)认证制度。

中国良好农业规范(China GAP)认证制度自建立以来,也逐渐获得了国内各级政府、农业生产者、零售商和消费者的信赖,获得了一定程度的发展。但是,我国特殊的生产格局使其推广艰难,尤其是小农经济的广泛存在阻碍着良好农业规范的推广,加之受到缺乏追溯体系,缺乏农用化学品的正确使用和控制技术,缺乏合格供应商评价方法、评价规范与评价体系等因素限制,致使良好农业规范在我国发展较为缓慢。

良好农业规范从田间到餐桌实施全程质量控制,会使生态环境得到很好的保护,提高产品质量,协调"环境-资源-食品-健康-发展"的相互关系,实现农业的可持续发展,对促进经济、社会和生态的共同发展具有重要意义,也符合《中共中央国务院关于加快推进生态文明建设的意见》的可持续、绿色、低碳的发展要求。

GAP 认证已成功进入欧洲零售市场及国际市场的通行证,我国也正在积极推动 China GAP 与 GLOBALGAP 的互认工作。为推进我国 GAP 发展,加强与国际相关组织交流,促进农产品出口,国家认监委积极推动 ChinaGAP 与 GLOBALGAP 互认工作。先后与 EurepGAP 签署了《中华人民共和国国家认证认可监督管理委员会和 EurepGAP/FoodPLUS 技术合作备忘录》和《中国良好农业规范 (ChinaGAP) 认证体系与 EurepGAP 认证体系基准性比较问题谅解备忘录》《中国国家认证认可监督管理委员会与 GLOBALGAP 技术合作备忘录》,使良好农业规范一级认证等同于 GLOBALGAP 认证。互认工作正式完成后,ChinaGAP 认证结果将得到国际组织和国际零售商的承认。我国 GAP 认证结果的国际互认,对促进我国农产品扩大出口具有积极作用,将提升国内认证机构的国际知名度,有效降低企业认证成本,提升中国农产品国际品牌知名度和认可度。

随着我国消费者收入水平的分化,消费者对农产品的质量也出现了分化的需求消费差异。尤其是频发的国内食品安全事件,促使那些收入水平高、安全意识强的消费者愈来愈注重食品安全,购买有机食品、GAP 认证食品,从而形成了对 GAP 等认证产品的巨大市场需求,为中国实施良好农业规范提供了极为有利的条件。

二、我国良好农业规范认证面临的问题

我国良好农业规范认证面临的问题包括:我国农业生产单元规模小,较为分散;生产者、加工者与销售商分离,未形成互动的产业链;小农经济小管理成本高、认知水平低、诚信环境差,公司对小农经济的带动作用不乐观;消费者对 GAP 认证产品的认知程度低,GAP 认证产品难以有高回报,且难以享受到 GAP 认证的政府补贴;流通体制、财政补贴机制和政府监管协调机制尚不健全;我国人口众多,地域差别较大,如何实施良好农业规范认证标准体系是必须研究和解决的问题。

三、柴达木枸杞 GAP 认证现状

据 2018 年 12 月青海省检验检疫局通报以及作者调研,青海有 18 家企业生产枸杞通过了良好农业规范 (GAP) 和有机认证,总面积达 71 275 亩。青海成为全国最大的 (GAP) 和有机枸杞生产区。

良好农业规范认证标志,见图 10-13。

图 10-13　良好农业规范认证书

第十节 柴达木药用枸杞 GAP 生产

枸杞是食药两用品,在重视食用枸杞栽培技术的同时,更应重视枸杞的药用栽培技术。"药材好,药才好",这是中药生产行业中的一句名言。因为中药材是中药饮片、中成药生产的基础原料,实施中药材 GAP,对中药材生产全过程进行有效的质量控制,是保证中药材质量稳定、可控,保障中医临床用药安全有效的重要措施,有利于中药资源保护和持续利用,促进中药材种植的规模化、规范化和产业化发展。枸杞是中医常用于滋补肝肾,益精明目的重要药物,其功效被历代医家和食疗学家所推崇,枸杞 GAP 任重道远。

一、中药材 GAP 主要内容

中药材 GAP 是对中药材生产种植中各主要环节提出的要求。在 GAP 中,对条文执行严格程度的用词是:"宜"或"不宜""应"或"不应""不得""必须"或"严禁"等,表达清楚、严谨、准确。GAP 在国际上已有先例,如 1992 年日本厚生省药物局编撰的《药用植物栽培与品质评价》和 1997 年欧共体《药用植物和芳香植物生产管理规范》等。《中药材生产质量管理规范(试行)》是国家药品监督管理局 2002 年 4 月 17 日颁布,2002 年 6 月 1 日起施行的。本规范共分 10 章 57 条,其主要内容,见表 10-20。2016 年 2 月 3 日,国务院取消了 GAP 认证。原国家食品药品监督管理总局对 GAP 将实行备案管理,会同有关部门积极推进实施 GAP 制度,制定完善相关配套政策措施,促进中药材规范化、规模化、产业化发展。

二、柴达木药用枸杞 GAP 现状

2005 年,青海省食品药品监督管理局确认了青海柴达木高科技药业有限公司中藏药材(枸杞) GAP 种植示范基地。该基地位于德令哈柴达木特色农牧开发公司东 80 m 处,面积约 3 万亩。另在格尔木郭勒乡由青海康普生物科技股份有限公司建成了符合 GAP 条件的道地优质药材(枸杞)基地,面积 1 万多亩。青海药用枸杞 GAP 种植与认证面积共约 4 万亩。

第十一节 柴达木枸杞生产机械化技术

柴达木枸杞栽培产业规模不断扩大,已成为青海地区名副其实的"金蛋子",是当地农牧民增收的重要途径。然目前枸杞生产仍基本以人工劳动为主,属劳动密集型产业,农机农艺结合不紧密,机械化生产严重缺乏,造成劳动力短缺和用工难、用工荒现象时有发生,致使生产成本居高不下,严重制约产业发展,造成柴达木枸杞竞争力和抵御市场风险的能力不高。为破解这一难题,青海农机部门联合科研单位与企业,在枸杞专用农机研发方面,推出了施肥,打药、锄草、采摘等环节部分使用农具。2018 年 6 月曾在海西州德令哈展示了履带自走式旋耕机、低空低量遥控施药无人机、多功能施肥机、行株间自动割草机、自走式全方位喷杆喷雾机、新兴刀片式枝条还田机等。据试验数据推算,如果将这些机械用于枸杞生产平均劳动用工成本将节省 70%。柴达木枸杞逐步向全过程机械化产业化的快速发展轨道。

一、枸杞田间作业大棚王

枸杞省工栽培田间作业大棚王见图 10-14。

(1)设备用途:性能先进的直接连式拖拉机,适用于田间、大棚、园林的耕地、施肥、碎土、喷雾等田间管理。

(2)突出特点:装有牙嵌式差速锁,提高了整机的性能;设置液压输出接口,可直接与自卸挂车连接;根据不同用户的要求,可采用单作用或双作用离合器;可选择(3+1)×2 六档或(4+1)×2(5+1)×2 八挡变速箱,八挡变速箱可选装爬行挡;动力输出可单选、也可双选;固定或可调式轮距。

图 10-14 省工栽培田间作业大棚王

二、螺旋双行开沟器

螺旋双行开沟器见图 10-15。

图 10-15 螺旋双行开沟器

（1）设备用途：用于农业施肥、栽树、灌水等之前的开沟做畦作业。

（2）突出特点：整机刚性好，受力平衡，开沟性能好，抛洒土距远，开沟深度可调节；双面设计，可以进行双行开沟作业，作业效率高；结构紧凑，机型重量适中，操作轻便灵活。

（3）测试性能：作业效率 5～8 亩/h（12 人的劳动量）；配套动力 30～50 马力；开沟深度 10～40 cm（深浅自如）；开沟的宽度 40～50 cm。

三、温棚专用二铧犁

温棚专用二铧犁见图 10-16。

（1）设备用途：温棚专用犁地翻地。

（2）突出特点：犁架优化设计，结构简单，易于调节，小巧实用，方便温棚作业，动力需求小，加快了耕作速度，省油、省时；灵活性高，可方便地调节犁铧

图 10-16 温棚专用二铧犁

的深度和宽窄，适用于不同硬度土壤的耕作；耕作笔直、均匀，耕后地表平整，地头空行少，碎土覆盖土性能好。

（3）测试性能：生产效率 15～20 亩/h；配套动力 30～50 马力；犁地平均深度 35～45 cm。

四、多功能圆盘耙

多功能圆盘耙见图 10-17。

图 10-17 多功能圆盘耙

（1）设备用途：用于农田耕后碎土、播前整地、疏松土壤以及轻质土壤的灭茬作业。

（2）突出特点：以成组的凹面圆盘为工作部件，耙片刃口平面同地面垂直并与机组前进方向有一可调节的偏角；作业时在拖拉机牵引力和土壤反作用力作用下耙片滚动前进，耙片刃口切入土中，切断草根和作物残茬，并使土垡沿耙片凹面上升一定高度后翻转下落；作业时能将地表的肥料、农药等表层土壤混合。

（3）测试性能：生产效率 15～20 亩/h；配套动力

30～50 马力;耕深 20～25 cm;偏角可调节度 30～35°。

五、枸杞树下铲园机

新型智能枸杞树下铲园机见图 10-18。

图 10-18　新型智能枸杞树下铲园机

（1）设备用途：进行枸杞树下铲草、中耕、松土作业。

（2）突出特点：设备优化设计,自动化程度高,便捷实用,方便枸杞田间作业;灵活性高,有宽度伸缩结构,可根据实际需求自动调节机械与树木根部距离,通过旋耕方式深入根部有效除草、松土;双面旋转设备设计,可双行作业,而且旋耕刀切土碎土能力强,提高了作业效率。

（3）测试性能：生产效率 10～12 亩/h;配套动力 30～50 马力;旋耕深度 15～20 cm;旋耕可调节幅度 45°。

六、实用偏向旋耕机

实用偏向旋耕机见图 10-19。

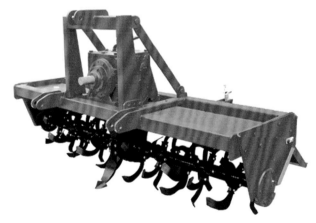

图 10-19　实用偏向旋耕机

（1）设备用途：果园低矮植物根部旋耕作业。

（2）突出特点：偏置的旋刀组碎土切土能力强,对根部地面进行松土、施肥、除草一次性作业。

（3）测试性能：生产效率 10～12 亩/h;配套动力 30～50 马力;旋耕平均深度 15～20 cm。

七、枸杞可升降折叠式双翼植保机械

新型高效可升降折叠式双翼防风枸杞专用植保机械见图 10-20。

图 10-20　新型高效可升降折叠式双翼防风枸杞专用植保机械

（1）设备用途：枸杞病虫害防治。

（2）突出特点：利用可升降折叠式防风翼及立体式喷药系统能够有效防止吹风对喷药的影响,提高喷药安全性及药剂使用效率;采用立体式喷头设计,喷药方向更加全面,有上、下方向喷药喷头、左、右喷药喷头、前、后喷药喷头,喷药效果更加优良;通过使用液压系统,降低了机械燃油成本和农药成本,同时还能节水。

（3）测试性能：省药效果增强 20%;病虫害防治提高 10%;生产效率 120～160 亩/日（普通机械 80～100 亩/日）;省水 50%（10 亩地只需要 1 000 L水,普通打药设施 10 亩地需要 2 000 L 水）。

八、枸杞干湿厩肥可变量施肥机械

新型高效干湿厩肥可变量施肥机械见图 10-21。

（1）设备用途：田间干湿农家肥施肥作业。

（2）突出特点：爪式螺旋搅拌粉碎设备进行厩肥的搅拌和粉碎效果更佳,提高厩肥的均匀度;通过传送带,将厩肥传输到下肥口,很大程度上减轻传送装置和厩肥的利用率,减少损耗浪费;通过调节传送

图 10-21 新型高效干湿厩肥可变量施肥机械

带转速来控制下肥量,可以根据不同植物、不同时节的营养需求合理施肥,有效提高厩肥的利用率;四向可调节深浅犁可调节犁和土壤的深浅以及下肥口与植株根部距离,促进土壤对肥料的吸收。

（3）测试性能:作业效率 10～12 亩/ h(8 人的劳动量);配套动力 30～50 马力;施肥效率提高程度 10%;施肥均匀度提高 30%;施肥间距可伸缩调节度 25 cm;施肥平均深度为 30～35 cm(农艺要求 25～35 cm)。

九、枸杞双向可变量追肥机械

精准双向可变量枸杞专用追肥机械见图 10-22。

图 10-22 精准双向可变量枸杞专用追肥机械

（1）设备用途:枸杞双行追肥。

（2）突出特点:利用双绞龙可调施肥装置,能够有效调节设备和枸杞树之间的距离,解决低矮植物施肥难以调节、肥料浪费的难题,施肥效果更佳;利用可变量播肥设备和大量溶肥料箱,可根据植物特性和肥料需求,合理控制下肥量,保证施肥均匀度,节省人工成本;双向开沟器设置,节约时间,提高效率。

（3）测试性能:作业效率 10～12 亩/ h(8 人的劳动量);配套动力 30～50 马力;施肥效率提高程度 10%;开沟施肥深度 50 cm;下肥量控制范围 25～125 kg;施肥均匀度提高度 20%;施肥间距可伸缩调节度 30 cm。

十、枸杞采收机

宁夏枸杞研究所与农业部南京机械研究所合作,分析了枸杞果柄脱落力、果叶脱落力、枝条折断力、底盘离地高度、接地比压等参数,设计并完成 60 马力的隧道式、变频率、漩涡气流厂组合型自走式枸杞采收机实验样机生产(图 10-23),目前在宁夏、青海等地进行测试。

图 10-23 枸杞采收机

第十二节 宁杞 1 号品种技术示范

宁杞 1 号品种技术示范见表 10-16。

表 10-16　宁杞 1 号栽培技术管理历

月份	物候期	作业项目	技术要点	操 作 方 法
2 月至 3 月中旬	休眠期	整形修剪	整理树形，枝条更新	因树修剪，随枝做形；树冠修剪总枝量剪，截，留各三分之一：剪顶选长枝，截，短截中间枝；冠顶选弱枝、膛内留短枝；去老换新枝，密处疏弱枝；短截着生枝、去掉针洞枝；留好结果枝、树冠分层次
		清理园地	仔细清园，杀灭虫源	使用清园工具仔细清理枸杞园内修剪后的残枝、枯枝、病虫枝，连同园周围沟渠、路边的杂草枸杞叶中间集中同园外一并沤肥或在空旷地统一烧毁段
3 月下旬	树液流动	预防病虫害	选用枸杞保护剂药物喷洒园地，杀灭病原菌和羽化越冬害虫	用 40%石硫合剂 100 倍液加 40%毒死蜱 1 000 倍液，全园连同地边、水渠喷洒封闭或用 3%乐果粉每 667 m² 田块喷粉 1.5 kg、全园封闭
		园地地上浅耕	破土保墒，增温灭草	株行间用农机耙地，株间及树冠下深 10 cm 左右，不要碰伤枸杞株体
		硬枝扦插育苗	育苗地耙糖保墒，剪截插穗，生根剂处理，在苗地点打孔或开沟扦插	在良种苗树上剪取 0.5 cm 左右的枝条，截成 15～18 cm 的插穗，生根剂浸泡插穗下端至髓心浸透。随即插入沟或打孔的土内，地表露 1～2 cm，浇适量水后封沟踏实再覆盖细土或覆盖地膜，之后进入苗圃管理
4 月上旬	芽鳞裂开至萌芽	建园苗木及幼龄园缺株补植	按规划设计建园，选择一级，二级苗木栽植，大面积种植株行距 1 m×3 m；小面积种植株行距 1 m×2 m，缺株补植要选择一级苗木	按设计株行距定点挖穴，规格为 30 cm×30 cm×40 cm（长×宽×深）.坑穴内施入有机肥 2 kg 与土拌匀。苗木用生根剂蘸根后放入坑穴内栽植，株行对齐。一提二踏三覆上后浇水再填土略高于地面。1 m×2 m 株苗每 667 m² 地块栽苗 222 株；栽植后建立该枸杞园的技术档案
4 月中旬	发芽至展叶	病虫害预测预报及防治	测报病虫害的疫情，虫情发生于消长，防治结合合早治小	选用高效、低毒、低残留的杀虫、杀螨剂和生物农药，矿物农药，如苦参碱、硫悬浮剂等无公害农药，按说明书全枸杞园喷洒 2 遍，防止蚜虫、螨虫、木虱等害虫；喷药时均匀、细致，注意不同农药品种的交替使用
		抹芽剪干枝	抹除植株根茎、主干、主枝上萌发的无用萌芽，剪除冠层干枯枝	顺植株根茎自下而上，由里向外抹除主干和主枝上的萌芽，在冠层留下向外生长的萌芽，沿树冠剪除干枯枝或枝条桔尖
4 月下旬	新枝抽生及老枝现蕾	追肥灌头水	灌头水前、地上施催条肥、促进春发早、齐，壮	灌头水前一天、干树冠外缘地面开环形沟深 10～15 cm，成龄枸杞树施入 N、P 复合肥 0.5 kg，幼龄树减半，拌土封沟，灌水，每 667 m² 田块进水量 60～70 m³
	新枝生长期	中耕除草	疏松土壤，清除杂草	枸杞园行间深 15 cm，株间及树冠下 10 cm 左右，注意不碰伤树干，保护根茎
5 月上旬		修剪	剪除徒长枝，打顶直立中间枝，冠层空缺处留枝补空	剪除植株根茎、主干、主枝着生长的徒长枝，将树冠中、上部萌生的直立中间枝打顶，促发侧枝，对冠层空缺处发生的枝条于空缺的三分之一处短截，促发枝补空

（续表）

月份	物候期	作业项目	技术要点	操作方法
5月中旬	新枝现蕾及老枝开花	防虫喷药装置灭虫诱杀板	对危害枸杞的蚜虫、木虱、瘿蚊等害虫进入重点防治期，连续喷药两遍，注意要喷洒叶背面和农药的交替使用	适用吡虫啉类和低毒辛硫磷、苦参素、硫黄悬浮剂、阿维菌素、毒死蜱、苦参素、硫黄悬浮剂、阿维菌素、哒螨灵等农药交替使用。防治枸杞蚜虫、瘿蚊、红蜘蛛、锈螨和蓟马等害虫。同时悬挂驱虫诱杀板。每 667 m² 田块 40～50 涂抹诱杀剂灭杀害虫的成虫
		喷施叶面肥	树冠喷施保花保果的营养叶和氨基酸等微量元素液体肥	适用枸杞专用液体肥或微量元素液体肥或叶面喷雾。严格按说明书配制稀释液，喷洒均匀并注意膛内和叶中背面。早晚喷洒树冠以提高灌肥效。每隔 7～10 日喷肥一次
5月下旬	新果枝开花及老枝枝现幼果	灌水	灌水均匀，每 667 m² 进水量 50～55 m³	按田块灌水，不串灌，不漏灌，不跑水，不排水。田块灌满，堵好水口
		中耕除草	疏松土壤，清除杂草	园地略干即可中耕除草。枸杞行间耕深 15 cm，株间及冠下耕深 10 cm
6月上旬	新果枝花及老枝枝盛及老果枝幼果期	夏季修剪	剪除徒长枝，短截中间枝	剪除树体着生的徒长枝、交错短截树冠中上层萌发的中间枝。促发二次结果枝
		追肥灌水	土壤追施 N、P、K 三元复合肥及微肥保花保果，促进果实膨大	沿树冠外缘开对称沟 15 cm 深，施入 N、P、K 三元复合肥加微肥（锌、硼等）。成龄树株施 0.5～0.7 kg，幼树减半，沟内拌土封坑灌水。每 667 m² 进水量 50 m³
6月中旬	新果枝幼果及老果枝果熟开始	喷施叶面肥	叶面喷施保果及促进果实膨大的叶面营养	选用 N、P、K 稀土及氨基酸类叶面肥树冠喷雾。早晚喷施。着重喷洒叶背面
		鲜果采收	开始采收鲜果，人员、晾晒、烘干设备的准备	采用枸杞鲜果"三轻、两净、三不采"：轻采、轻拿、轻放；树上采净、地面拣净；果实成熟度不够不采、早晨露水不干不采、喷过农药和叶面肥不过安全间隔期不采。做到及时采摘，颗粒归仓。采回的鲜果冷浸、脱蜡，摊入果栈上晾干。（青海推迟一个多月）
6月下旬	鲜果成熟期	中耕除草	清除杂草，方便采果	枸杞行间及株间耕深 10 cm 左右。主要清除杂草
		喷施叶面肥	喷雾均匀，早晚喷洒	树冠叶面喷洒叶面宝、丰产素等，促进果体膨大
		灌水	促进果实膨大	灌过路水，每 667 m² 进水量 40～45 m³
		采鲜果	每 7 日左右采一蓬鲜果	采果做到"三轻、两净、三不采"，采回的鲜果冷浸脱蜡，摊入果栈上晾干。（青海推迟一个多月）
7月上旬	果实成熟期	喷施叶面肥	喷雾均匀，早晚喷洒	树冠叶面喷洒叶面宝、丰产素等，促进果体膨大
		采鲜果	每 5～6 日左右采一蓬鲜果	采果做到"三轻、两净、三不采"，及时采摘，颗粒归仓。（青海推迟一个多月）
		鲜果脱蜡	食用碱脱去表皮蜡质层	采用 50 g 食用碱和 30 g 食用小苏打打溶解于 1 000 ml 水中，冷浸鲜果 50 kg，翻均匀后摊入果栈上准备制干
		鲜果制干	日光晒干防止表皮起泡、烘干掌握好温度与通风	鲜果晒干，中午强光要遮阴防止果皮起泡，烘干控制温度 40～65 ℃，同时送风量达到 2.5～3.0 m/s，制干后的果实含水 13%以下

（续表）

月份	物候期	作业项目	技术要点	操 作 方 法
7 月中旬	果熟盛期	喷施叶面肥	喷雾均匀，早晚喷洒	树冠叶面喷洒叶面宝、丰产素等，促进果体膨大
		鲜果采收	每 5 日左右采一蓬鲜果	采果做到"三轻、两净、三不采"，及时采摘、颗粒归仓
		鲜果脱蜡、鲜果制干	日光晒干防止表皮脱去蜡质层、烘干掌握好温度与通风	采用 50 g 食用碱和 30 g 食用小苏打溶解于 1 000 ml 水溶液，冷浸鲜果 50 kg，翻均匀后摊入果栈上准备制干；鲜果晒干，中午强光要遮阴防止果皮起泡，烘干控制温度 40～65 ℃，同时送风量达到 2.5～3.0 m/s，制干的果实含水 13% 以下
7 月下旬	果熟期	采鲜果、鲜果脱蜡、制干	每 5～6 日左右采一蓬鲜果；食用添加剂配方脱去表蜡质层；日光晒干表皮起泡，烘干掌握好温度与通风	采果做到"三轻、两净、三不采"，及时采摘、颗粒归仓；采用 50 g 食用碱和 30 g 食用小苏打溶解于 1 000 ml 水中，冷浸鲜果 50 kg，翻均匀后摊入果栈上准备制干；鲜果晒干，中午强光遮阴防止果皮起泡，烘干控制温度 40～65 ℃，同时送风量达到 2.5～3.0 m/s，制干的果实含水 13% 以下
		土壤追肥	土内追入 N、P、K 复合肥	沿树冠外缘开对称沟 15 cm 深，施入 N、P、K 复合肥，成龄树株施 0.6 kg，幼树减半，与土拌匀后封沟，准备灌水
		灌水	稀释化肥，灌匀不排水	每 667 m² 进水量 50 m³，地面不积水
8 月上旬	果熟末期 秋梢萌发	采鲜果	每 5～6 日左右采一蓬鲜果	采果做到"三轻、两净、三不采"，及时采摘、颗粒归仓
		防病治虫喷农药	及时防蚜虫、蓟马、锈螨和黑果病	选用吡虫啉类和阿维菌素及辛硫磷防治害虫；选用多抗霉素和硫悬浮剂防治黑果病及锈螨
8 月中下旬	秋梢生长期	修剪	剪除株体萌发的徒长枝	自下而上剪除株体根茎、主干、主枝上萌发的徒长枝
		叶面喷肥	叶面喷雾，全天进行	树冠喷洒丰产素或 N、P、K 液肥，促进秋季果枝生长与结秋果
9 月上旬	秋果发育期	灌白露水	及时灌好白露水，同地入水量略大	灌溉均匀，每 667 m² 进水量 60～65 m³，不排水
9 月中下旬	秋果膨大成熟	翻晒园地	深翻土，晒秋园	沿树冠外缘开对称沟 15 cm 深，施入 N、P、K 复合肥，成龄树株施 0.6 kg，幼树减半，与土拌匀后封沟，准备灌水
		采秋果	每 8～9 日采摘一蓬	采果做到"三轻、两净、三不采"，及时采摘、颗粒归仓
		采秋果	每 8～9 日采摘一蓬	采果做到"三轻、两净、三不采"，及时采摘、颗粒归仓
10 月上中旬	秋果期	施基肥	基肥品种为腐熟的畜禽粪肥或碎的饼肥，坑穴深施	沿树冠外缘开挖对称穴，长 50 cm，宽 30 cm，深 40 cm，每株成龄枸杞施入畜禽粪肥 3 kg，饼肥 1 kg，加 N、P、K 复合肥 0.5 kg，混合拌土封坑，依树龄和产果量可适当增减基肥施入量

（续表）

月份	物候期	作业项目	技术要点	操作方法
10月下旬	早霜树体落叶	喷杀虫剂	全园连同周边喷杀虫剂,杀灭即将越冬害虫	选用有机化学农药如乐果、辛硫磷、毒死蜱等,全园及周边道路、林、渠一并喷洒,杀灭即将越冬成虫,控制越冬虫口基数
		冬灌	冬灌水量大些,灌满田块不排水	每 667 m² 进水量 70 m³ 以上,田块灌满,堵好入水口,不要排水
11月份	冬季休眠期	护园	做好保护围栏和专人看护	枸杞园周边做好保护林网或缘篱围栏,并有专人看护,防止羊、牛、牲畜进入枸杞园践踏啃食枸杞枝条或树皮,保护枸杞株体安全越冬

第十一章

柴达木枸杞深加工技术

随着人们对柴达木枸杞道地性认识不断增强，特别是柴杞绿色有机自然天成，天人合一的健康消费水平的兴起，柴达木枸杞从高原沙漠的田野不断走进工厂、市场、走出国门，走进了医药、保健食品领域配方之中，逐步与其他国内大产区形成鼎足之势，这些都为柴达木枸杞精深加工与开发较高附加值系列产品创造了条件。柴达木枸杞深加工技术虽起步较晚，加工转化率不高（80％干果形式），但起点较高，发展较快，一方面有传统的枸杞干果加工技术；另一方面更符合现代饮食科学高新技术较快引入枸杞加工之中，柴达木产业中广泛使用着太阳能、冷冻干燥、超微粉碎、发酵、超临界萃取、膜分离技术和生物技术，开发应用了黄酮、多糖、绿原酸等活性成分提取工艺，形成了枸杞干果、枸杞粉、枸杞汁、枸杞油、枸杞酒、枸杞茶菜等系列产品。创造了较高的经济效益和社会效益，柴达木枸杞深加工有着良好广阔的前景。

第一节　枸杞鲜果

枸杞鲜果是指成熟采摘后的新鲜果实。青海主要以宁杞1号、7号、5号、柴杞1号等品种为主，果实为鲜红色浆果，色泽光亮，果肉柔软且富有弹性，果肉含水量80％左右。作为一种营养价值极高的水果倍受人们喜爱，枸杞鲜果采摘与贮藏已成为重要技术。

一、枸杞鲜果形态

枸杞鲜果的形态有广椭圆形、矩圆形、卵形和近球形。顶端钝尖或圆，也有稍凹，果熟时色泽鲜红、表皮光亮，手感滑软；长2.5～2.8 cm，横径0.5～1.2 cm，内含种子20～50粒。

枸杞鲜果的形状是品种固有特性，果实形状受品种、栽培条件与生境、树龄等因素影响表现出差异。例如，枸杞主要品种"宁杞1号"，成熟鲜果为棱柱形，表面有4～5条纵棱，顶端截平，果粒大，鲜果百粒重490.5 g；"柴杞1号"果实呈纺锤形，果粒大，百粒重520.6 g。

枸杞鲜果大小与栽培年限（树龄）关系密切。虽然枸杞结果盛期一般从栽植后5～6年到20～25年，有研究表明，枸杞树龄对果粒大小有显著影响，两者间关系表现为：果粒重随树龄增加而降低，即树龄与粒重呈反比关系。其中，在栽植13年以后，果粒明显变小。因此，有人提议将枸杞淘汰树龄确定为13年，最多不超过17年。

栽培条件对枸杞果实的大小也有重要影响。一般情况下，肥水条件优越时，果实粒度大，制干后优等果率越高。有研究表明，当实施优质高产栽培技术时，枸杞果实的优等品占总产量的60％以上。反之，果实小、优等品率低。此外，虽然枸杞有较强的抗逆性,但适宜的土肥条件更利于果实的生长发育,因而果实更大。

二、枸杞果实结构

枸杞果实内部结构由果皮、果肉和果心3部分组成。果心含种子。果皮仅由外部几层细胞构成,非常薄,与果肉不易分离,故果肉厚度一般指果皮和果肉厚度的总和。枸杞果肉厚度为0.1～0.2 cm,果实含水量78%～82%,可溶性固性物14.2%～15.4%。果肉鲜红、果腔膨大、多汁;果心含种子20～50粒。果蒂松动。

图 11-1　枸杞鲜果横、纵切面观

三、枸杞果实发育特征

枸杞果实生长发育始于开花受精,到果实完全成熟,其间包括果实外部形态、果腔果肉、种子发育程度、可溶性固形物含量等一系列变化。

根据果实外部形态特征,结合果内组织和成分变化,对"宁杞1号"枸杞果实发育时期的观察表明,该品种枸杞果实从开花受粉到果实成熟,需要28～35天,分为5个时期,包括青果期(20～24天)、变色期(3～5天)、绿熟期(1～2天)、黄熟期(2～4天)、红熟期(1天)。

(1)青果期:此期果实表现为全果青绿—浅绿,至青果末期,果实平均长度1.15 cm,横径0.51 cm,此时果实以长度增加为主,横径生长相对较慢,纵横比为2.65∶1,裸果单重0.127 g。果体手感硬实,感观瘦长,与果柄附着紧密。果实口感涩酸;果瓣小、绿色,内腔无汁,完全被种子占据;种子乳白色,略小,瘦瘪,胚乳发育不完全。

(2)变色期:距开花24～27天,本时期需3～5天。此期典型特征是果口(与萼片接触处)开始呈绿黄色,果身大部分为绿色,且果实手感较硬,感官较瘦,与果柄附着紧密。果瓣开始增大,变为黄色—黄红色,种子呈白色—浅黄色,较前者的大,

略显饱满,胚乳发育接近完全。果实内腔无汁或有极少汁,口感酸涩;可溶性固形物为5.5%,果实平均长度1.268 65 cm,横径0.567 9 cm,长宽比为2.234∶1,裸果单重0.205 g。果体手感紧实,外表增速不大。

(3)绿熟期:距开花25～28天,本时期1～2天。此时果实特征为果口黄红,果实呈绿—黄色,显色率20%～50%;果体增大明显,手感较柔软,富有弹性,感官丰满,果实与果柄附着紧密;果腔内壁绿黄色,果肉密致,果瓣继续增大,变为黄红色;果汁极少;种子白色—浅黄色,大小接近成熟种子,幼胚已形成,胚乳饱满;果实口感酸,可溶性固形物含量为9.35%。果长1.48 cm,横径0.65 cm;长宽比为2.28∶1,裸果单重0.29 g。

(4)黄熟期:距开花27～22天,本发育阶段持续1～2天。果实典型特征是:果体外表黄红色,果瓣黄红色,果腔内壁黄红色—红色;种子浅黄色,饱满,已成熟;果实口感酸甜,可溶性固形物含量为11.34%;果汁适中;果体长度为1.55 cm,横径0.73 cm,生长速度加剧,长宽比为2.12∶1,裸果单重0.37 g;果体感官丰满,富有弹性;果实与果柄附着紧密度降低。

(5)红熟期:距开花一般在28～35天,距黄熟期1～2天,此时果实迅速膨大,颜色从里到外呈鲜红色,有光泽,有弹性,果实丰满。果实与果柄结合度显著降低,易于从果柄上脱落。口感甜酸,多汁;可溶性固形物含量为14.25%。果实平均果长1.84 cm,横径0.92 cm,长宽比为1.99∶1,裸果单重0.65 g。果肉致密,果瓣黄红色,内腔充实。幼胚成熟,种子浅黄色,饱满,坚硬。

枸杞果实从开始发育到完全成熟,包括体积变化、色泽变化、口感变化等。从外表看,观察枸杞果实颜色变化,遵循由上到下的原则,先从果口(即果实与果柄结合处)开始变色,由上而下逐步扩展到整个果体;从果体剖面看,枸杞果实发育表现为果瓣发育和成熟早于果皮,果瓣变色先于果皮,整个过程果体色泽由绿色→黄红色→红色。在变色后期,果体迅速膨大,完全成熟的枸杞果实色泽鲜红,皮色发亮。所以果体膨大、色泽鲜红、汁液丰富、果皮发亮是枸杞果实成熟的特征(叶力勤,2009)。

四、枸杞果实成熟特征与确定依据

（一）枸杞成熟果实的典型特征

（1）果实外形特征：果实色泽鲜红，表皮光亮、手感软滑；果体完全膨大。

（2）内部组织特点：果体变软，富有弹性，果内果肉增厚，果腔空心度大。

（3）结合力：果实与果柄结合力下降，果蒂松动，易于摘下。

枸杞果实生长发育与气温关系密切，一般表现为气温升高时成熟快、果粒大，气温降低时成熟慢、果粒小；日夜温差大的地方果实偏大；一般夏果比秋果大。但温差太大时，果实表面温度比内部高，会使蒸腾作用加强，果实暂处于收缩状态。此外，光照条件好的比遮阴条件下的果实大，其中果实可溶性固形物的含量随着果实的成熟随之增加。结果见图 11-2。

（二）枸杞鲜果的特点及成熟度确定依据

枸杞果实的成熟，无论是果实表面形态，还是内

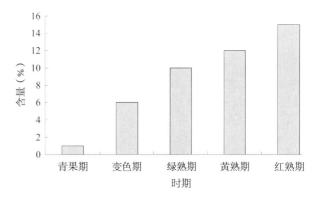

图 11-2 不同发育时期果实可溶性固形物

部结构，是个渐变的过程。因此，在理论上，果实成熟的内容应该包括果体表面形态变化、内部组织以及结构的变化。对枸杞果实不同成熟阶段的观察与检测表明，伴随果实成熟，果实外部呈现体积逐步增大、颜色逐步变红，手感由硬涩变为软滑，与果柄结合力逐步降低等特点。果实内部呈现果腔膨大，果肉增厚，种子体积增大，颜色趋于成熟色；口感由无味变为甘甜等特点（见表 11-1）。

表 11-1 果实成熟的基本特征

果实表面形态					果内特征			
体积	颜色	手感	表面	结合力	果肉	果腔	口感	种子
增大	鲜红	软滑	光亮	下降、易于采摘	增厚变软	膨大	甘甜	浅黄、种皮骨质化

一般情况下，在果实成熟过程中不同表面形态都有与之对应的内部组织结构变化特点。因此，生产上主要依据果实外部特征判断果实成熟状况。成熟果实在感官上表现为颜色鲜红光亮、果体充分膨大、果体丰满有弹性、与果柄结合力显著降低、易于从果柄上脱落、便于采摘等基本特征。

五、枸杞鲜果采收

（一）采收时间

柴达木枸杞每年从 7 月 20 日开始到 10 月中旬结束，一般有 3～4 个采摘期。宁夏各地枸杞从 6 月中旬开始至 10 月下旬，分春果、夏果、秋果。枸杞不同采摘期的果实其外观品质和有效成分含量等有所不同（杨文君，2009）。

（二）采收技术

枸杞鲜果是浆果，（图 11-3）含水量约 80%。鲜

果采摘以不破坏表皮为标准，为确保采收质量，要做到"三轻、两净、三不采"（毛金梅，2013）。

图 11-3 枸杞鲜果（摄于德令哈）

（1）三轻

轻采：采果时手指摘取果柄用力适度，轻轻采下果实无捏伤痕迹。

轻拿：采果时适时换手，手内不要捏果太多，防止果实挤压、破皮。

轻放：将手内采下的鲜果轻轻放入盛鲜果的筐内，装满鲜果7.5 g左右，不要装果太多，防止果筐底果实被压破。

（2）两净

树上采净：成熟的果实一次要采摘干净，如有遗漏未采，这些鲜果会因过熟脱落，或延期采回后，晒干变为"油货"，降低商品价值。

地面拣净：采果时有掉到地上的鲜果，要拣拾干净。有农谚"颗粒归仓"，就是要做到丰产丰收。

（3）三不采

果实未完全成熟不采：枸杞连续开花及结果，一条结果枝上有成熟果、半成熟果，在采摘时要专采红色膨大的成熟果，橙黄或是果皮不发亮的半成熟果留在下一蓬采收。

下雨或有露水时不采：下雨天或早上有露水未干时采摘的鲜果表面有水分，摊开晒干后果实颜色会由红色变成暗褐色而成为"等外货"，降低售价。

喷过农药和叶面肥未过残留期不采：采果期内会喷洒农药或叶面肥，一般需要间隔5天以上，此时间为残留期。过了残留期再采果，不受农药和肥料的污染。在采果期间，每采完一次鲜果，立即喷洒生物农药或叶面肥，过5天以后再采下一次，这样就满足了安全采收的要求。

（4）枸杞生物学特性导致的人工采摘低效性与采量大之间的矛盾。

由于枸杞枝条细软多刺、果实浆果体小量多、红绿相间，需据其成熟状况分次采摘，增加了采摘难度，速度慢、效率低，客观上增加了劳动力的需求数量。多年来，采摘费呈逐年上涨趋势，从2000年前后的采摘费每千克0.2元，到2009年采摘费每千克2.0~2.2元。近10多年来，枸杞鲜果采摘费几乎每年每千克0.1~0.2元的幅度增长，提高了约10倍。当前枸杞每千克售价为30元，而采摘成本就达到每千克10~12元，外加其他农资和管理费用，严重降低了枸杞种植效益。

（5）枸杞机械采果机携带方便、移动自如，动力源为蓄电池，采摘成本低、效率高，不会对枸杞枝条、青果、花和叶产生伤害。

该机械采果速度为10 kg/h，白天采果，晚上充电，安全便利，老人或童孩都能使用（图11-4）。

图11-4 枸杞采果机（摄于诺木洪）

六、枸杞鲜果贮藏技术

（一）鲜果生理特性

采收后的鲜果蔬，是有生命的活体，其化学成分在新陈代谢中不断发生变化。但是脱离了母株后组织中所进行的生理、生化过程，不完全同于生长期中所进行的过程。呼吸作用成为新陈代谢的主导过程。呼吸与各种生理过程存在着密切的联系，从而影响到鲜果在贮藏过程中的品质变化，也影响到耐贮藏性和抗病性。

果实的呼吸是一个重要的生理代谢过程，它保障有机体生命过程的基础物质和能量代谢，实质上是光合作用的氧化过程。魏天军（2008）研究结果初步表明，枸杞品种"宁杞1号"为呼吸非跃变型的果实，采后呼吸强度极高，绿色幼果的呼吸强度最高，达CO_2 407.05~420.34 mg/(kg·h)；随着果实发育成熟，呼吸强度逐渐降低；鲜红果的呼吸强度最低，达CO_2 139.99 mg/(kg·h)。而葛玉萍（2008）研究表明，"宁杞1号"为呼吸跃变型的果实。采后枸杞鲜果的呼吸速率较高，采收当日为41.34 mg/(kg·h)。乙烯已被公认为植物成熟的一种激素。它的作用在于增加细胞质膜透性，使CO_2进入细胞增加氧化过程，促进鞣质和有机物消失。在乙烯的影响下，淀粉水解酶的活性上升从而促使果肉变软。结合采后内源乙烯的变化来更进一步确定其呼吸跃变型是有必要的。

与鲜果贮藏加工关系密切的酶主要有多酚氧化酶和过氧化物酶等,降低温度可使其保持在受抑制的状态。赵建华等(2008)研究表明大果枸杞"宁杞3号"超氧歧化酶(SOD)活性在贮藏5~10天显著提高,过氧化氢酶(CAT)活性明显提高;多酚氧化酶(PPO)活性在贮藏15~25天显著下降,总酚含量在贮藏5~20天显著增加。过氧化物酶活性随果实衰老而升高,可以作为枸杞鲜果衰老的一个生理指标。过分氧化酶同其他果皮褐变密切相关,有氧气存在时,果实所含类似邻苯二酚物质被氧化产生醌,在正常情况下,醌很快被组织内的还原物质或一些酶还原为酚,但当果实衰老或受到某些伤害后,醌来不及被还原,逐渐积累并与其他物质发生聚合作用,产生黑色素,果皮变黑,这可能是枸杞鲜果果实褐变的机制之一。

枸杞具有很高的营养价值与加工价值。枸杞果实中含有大量的活性多糖、黄酮、生物碱、胡萝卜素、维生素C、磷、钙、有机酸以及少量的蛋白质、脂肪、铁等人体所需物质。葛玉萍等(2008)研究表明,在常温下贮藏,"宁杞1号"枸杞鲜果果肉维生素C含量和含水量呈下降趋势,可溶性糖含量先升后降,可溶性固形物含量在贮藏前期略有上升而后期下降;贮藏后期果肉可滴定酸含量增加,而10 ℃和4 ℃低温贮藏可降低果实代谢强度,延缓果实衰老,延迟果实软化,减少果实失重和果肉营养成分变化,保持果实较高的品质,延长果实贮藏期,而又以4 ℃低温贮藏更显著。

(二)鲜果腐烂褐变原因

枸杞果实很难贮藏,主要是因为果实采后很容易发生褐变、质变和腐变。

褐变伤害:枸杞果实在正常状态下2~3天即发生均匀褐变,虽然此时果肉仍然可以食用,但果实已经失去商品价值。

质变伤害:由于枸杞采摘后仍需进行呼吸作用,因而要以糖、有机酸等有机物质作为呼吸底物,来产生能量维持果实的生命活动,导致果实的组织软烂。在常温下2~3天果实基本失去其鲜活组织状态。

腐变伤害:贮藏或流通过程中发病而造成损失,使果实腐烂,失去食用价值及商品价值。枸杞采后常温(20~25 ℃)下存放1周,果实腐烂率和软化率明显增加,且失去保鲜意义。枸杞鲜果在贮藏过程中,有白色或灰白色菌斑出现使果实腐烂,但究竟是在哪个环节中染病,哪些病原菌所致,目前研究尚属空白。

(1)失水对果皮褐变的影响:枸杞果实采收后在常温下放置,如果没有适当的包装,果皮在1~2天内即会失去诱人的鲜红色并表现出组织变软,变皱情况。果皮变皱与果皮失水密切相关,失水主要是果皮中水分的散失。葛玉萍等(2008)研究表明,在常温下贮藏,果肉含水量呈下降趋势。魏天军、窦云萍(2008)研究表明,在5(±1)℃的低温下,橘红色浆果极易失水,失水率和贮藏时间呈极显著的正相关关系,相关系数$r=0.99996$,第3天时失水率已达6.8%。关于枸杞果皮组织失水的显微结构变化如何,目前尚未有研究报道。

(2)酶对果皮褐变的影响:对苹果、香蕉、鳄梨、马铃薯、荔枝等果实褐变的研究结果均表明,褐变的内因是多酚氧化酶(PPO)的酶促褐变。赵建华等(2008)研究表明,枸杞鲜果贮藏过程中多酚氧化酶(PPO)活性在贮藏15~25天显著下降,总酚含量在贮藏5~20天显著增加。其研究推测,枸杞果实褐变可能是细胞活性氧代谢失调,使PPO与酚类物质接触,导致酚类物质氧化的结果;4(±1)℃低温贮藏能通过调整鲜果活性氧代谢来有效延缓褐变进程。具体褐变机制如何尚不清楚。

(3)微生物引起的病变:枸杞鲜果因营养丰富、甜度高而容易招致微生物的侵染,采摘后放置保藏易长出白色或灰色霉层,但具体微生物分析鉴定尚属空白(张曦燕,2010)。

(三)鲜果贮藏

(1)软包装贮藏法:用立式包装机、复合薄膜包装袋,将鲜果枸杞拣选、清洗、护色、漂洗、装袋、保鲜液至封口冷藏即成。其中护色液为食用色素配成0.025%的溶液。保鲜液为白糖、食盐、蜂蜜按一定量加水溶解而成。贮藏特点是产品色泽鲜艳、果实红润、饱满,保持了鲜果的自然形态,而且增加了特有的香甜味,口感和营养均得以保存和提高,0~4 ℃低温冷藏条件下,保质期6个月以上。

（2）冷温塑料薄膜贮藏法：在低温（0±1℃，RH 85%～90%）条件下，采用低密度聚乙烯保鲜膜贮藏鲜枸杞。特点是显著减低枸杞鲜果的失重率，使其阻隔果实表面水分扩散，减少蒸腾失水，使果实外观饱满并有多汁的口感。缺点是包装内部腐烂率较高，与包装内部形成的高湿环境及乙烯气体的积累密切相关（张宁波，2005；郑永华，2000）。一方面在高湿环境中果实表面的病原物极易萌发、生长和繁殖；另一方面乙烯促进果实的成熟和衰老，使果实抗病性下降。观察表明，匍枝根霉（*Rhizopus stolonifer*）是常温下引起枸杞果实腐烂的主要病原物，链格孢（*Alternaria alternate*）则主要引起低温下果实的腐烂。前者主要通过伤口侵入果实组织，引起软腐病。该病原物对低温极为敏感，因此可通过低温对其加以有效抑制。链格孢主要侵染发育过程中的果实，病原物潜伏至采后发病，导致黑斑。该病原物可在较低的温度下生长（张唯一，1996），是低温贮藏期间的主要病害。有待于进一步采用防腐控制措施解决。

（3）CF 保险贮藏法：王瑞庆等（2012）用济南果品研究院研制的 CF 保鲜剂，配成 1 000 μL/L 浓度的溶液，浸泡采于青海柴达木盆地怀头他拉农场生长的宁杞 1 号枸杞鲜果，并在 2±1℃条件下贮藏。实验结构表明，CF 处理可将枸杞腐烂率由 46.7% 降低至 20.0%，并可减轻枸杞果实贮藏末期感官酸腐味，提高固/酸比和香气等感官品质，但加快了可溶性固形物含量和可滴定酸含量的下降，对颜色、果皮状况、液汁含量和质地影响不明显。CF 保鲜贮藏法的特点是降低腐烂率，延长贮藏期，保持了较好的口味感。

（4）壳聚糖涂膜贮藏法：取一定量的壳聚糖加入 1% 的乙酸水溶液，配成 1.25% 的壳聚糖涂膜液。将鲜果枸杞倒入上液中浸泡 30 s，捞出自然晾干，装入保鲜袋即可。

壳聚糖（chitosan，简称 CTs）是甲壳素（chitin）脱乙酰基的降解产物，来源于自然界甲壳类动物外壳及菌类、藻类的细胞壁。壳聚糖能溶于大多数弱酸，并形成具有一定黏度的胶体溶液，可在果实表面形成一层无色透明的薄膜，调节果实内外的气体交换，阻止病菌侵入，延长果蔬贮藏保鲜时间，并且具有营养保健、安全无毒、成膜杀菌等优点。其特点是腐烂指数和失重率较低，维生素 C 和可溶性固形物含量较高，保鲜效果好（李晓莺，2009）。

（5）植物源提取液保鲜法：用 2 g/L 荷叶提取物和 400 μL/L 柠檬油提出物的保鲜溶液，浸泡枸杞鲜果 15 min，自然晾干，放置到 0.03 mm 聚乙烯保鲜袋中保湿并扎口，室温（20±3）℃贮藏。特点是克服了化学保鲜剂农药残留增加而对人的健康产生的威胁，具有安全、无毒、无残留，保鲜性好的优点（赵荣祥，2014）。

（6）速冻冷藏法：鲜果枸杞在零下 18 ℃速冻 3 h，冷藏库可存 9 个月。

（7）青海省科技厅牵头联合省内企业完成了《枸杞鲜果贮运保鲜技术开发研究》课题，采用国际领先的物理保鲜技术，避免了加工中二次污染和营养流失，百分之百保留营养成分，为青海枸杞鲜果资源开辟了新途径，这项技术正在转化实现中。

七、枸杞鲜果品质

鲜果枸杞保鲜贮存，包装成盒，成为国内外水果市场上的新型水果品种。除具有强身生精，滋补肾脏、消除疲劳及养颜美容等功效外，还让消费者品尝到鲜食的独特美味，成为消费者热捧的时令果品。因此，鲜果枸杞品质要求至关重要。

（一）果粒大小与色泽

果粒大、色泽鲜亮的鲜果枸杞更受消费者青睐。枸杞鲜果形态较小，现有品种平均单果重在 0.5～1.5 g。果粒越大，消费者越有食欲，这符合鲜食果品"大的变小，小的变大"的需求。枸杞多变的颜色使得鲜果枸杞在吸引了更多消费者的同时也使得消费者对枸杞有了重新认识。绝大部分枸杞是红色的，此外还有黑枸杞、紫枸杞、橙色枸杞、黄枸杞等，这些五颜六色的枸杞更为鲜果枸杞家族增加了光彩，使得鲜果枸杞受到更多消费者的喜爱。

（二）横纵径比值

作为鲜食枸杞，外形个大、美观必不可少的条件。在统计了不同品种的鲜果枸杞大小、长宽比后发现，鲜果枸杞的体型美观也最受消费者欢迎。

（三）果皮厚度与耐储运性

枸杞成为时令果品最重要的就是要具备耐储运性。除储藏方式的改进，鲜果枸杞自身的品质，果皮厚度是鲜果枸杞能否耐储运的关键因素。"果皮厚度",不单纯是果皮的厚薄,更重要的是果皮的弹力、韧性,它是衡量果实经济性状(品质、储藏力等)的一个重要参考指标。鲜果枸杞果皮弹力大、韧性强、果皮较厚的品种适于储藏,因此适宜作为鲜果产品。

(四)口感

(1)脆硬度:脆硬度是常用于鲜食果蔬评价的一项重要指标。用硬度来评价鲜食水果品质,能反映果实的内部品质,可通过果实的硬度对果实储藏品质进行评价。同时果实硬度的变化影响果实内部化学品质的变化从而对果实口感产生重要的影响。因此,在鲜食枸杞中,脆硬度是影响口感的重要因素之一。

(2)糖酸比:糖酸比是鲜食枸杞口感评价中最重要的一项指标,是鲜食枸杞能否长久存在于鲜果市场的内在保证。味甘汁浓、甜味略胜于酸味的鲜果枸杞更符合大众消费者的口味,而略带苦涩的鲜果品种则不易被消费者接受。

(3)特殊气息:枸杞自古是一味重要的中药材,成熟的枸杞果实中含有枸杞多糖、多种氨基酸、微量元素、维生素、牛磺酸、生物碱、挥发油等多种化学成分。因此高品质的鲜食枸杞在食用中有一丝特有的中药气息,此种味道也是消费者对其喜爱有加的重要因素。

鲜食枸杞的品种具备果粒大、颜色多样、色泽光亮、果皮较厚、果皮强度和韧性好、纵横比值为0.4∶1.0左右、口感好、脆硬度适中、籽少肉厚、多汁甘甜等品质,才能被更广大的消费群体接受,成为更受欢迎的时令果品。

第二节 枸杞干果

枸杞果实制干是枸杞生产中十分重要的环节,是保证其产品质量的技术手段之一。目前,枸杞鲜果销售和榨汁占的比例较小,90%的枸杞需以干果形式在市场上流通、使用和贮藏。因此,保持枸杞干果质量,延长保存期,便于产品的持续利用是枸杞鲜果制干的目的。

一、枸杞干果生产原理

枸杞干果制备过程就是脱水过程。当枸杞所含的水分超过平衡水平,而它和干燥介质接触时,自由水分开始蒸发,水分从产品表面蒸发称为水分外扩散(表面汽化)。干燥初期,水分蒸发主要是外扩散。由于外扩散的影响,造成产品表面和内部的水蒸气产生压差,使内部水分向表面移动,称之为水分内扩散,方向是从温度较高处向温度较低处转移,因扩散时内、外层温差较小,热扩散较弱,所以,实际上干燥过程中水分的表面汽化和内部扩散是同时进行的,两者的速度随枸杞的品种、原料的状态及干燥介质的不同而异。枸杞果实皮薄、水分含量高,内部水分扩散速度较表面水分汽化速度快,水分在表面的汽化速度对整个干制过程起控制作用,称为表面汽化控制。只要提高环境温度、降低湿度,就能加快干制速度。在枸杞干制时必须使水分的表面汽化和内部扩散相互衔接,才能缩短干燥时间,提高枸杞干果制品质量(曹有龙,2013)。

二、枸杞干果生产方式

(一)自然晾晒

晾晒制干即将采摘的鲜果摊放在果栈上,在阳光下晾晒果实自然干燥。晾晒干制是枸杞鲜果干制的传统方法。

(1)晾晒场地与果栈准备:晾晒场地要求地面平坦,通风空旷,卫生条件好。一般在新建枸杞园时,就要有准备的制作果栈。在果实成熟前,需提前清理、维修果栈,以便鲜果采下后即可晾晒使用。做果栈用的竹帘,要保证有一定的硬度,支撑一定的果实质量;又要有一定的缝隙,保证满足果栈上下通风要求。

(2)脱蜡技术:枸杞表面有一层蜡质保护,如果直接晒干需 10~12 天,不但历时长,且如遇阴雨天气,极易霉变影响质量。为了缩短干燥时间,需采取人工方法破除鲜果表面蜡质层,使果实水分易于散发。

脱蜡技术是将晾晒钱的鲜果用食用碱或用含碱的冷浸液处理,溶解果实表面的蜡质层,缩短干制时间。

方法一:将食用碱配成 2.5%~3% 的水溶液,将鲜果放入其中浸泡 15~20 s,捞出闷放 20~30 min 后铺放在果栈上,晾晒。或在鲜果中加入鲜果重量 0.5% 的食用碱拌匀,闷放 20~30 min 后在果栈上晾晒。

方法二:将鲜果倒入冷浸液中浸 1 min 捞出,铺在果栈上制干。

冷浸液配置方法:先将 30 g 氢氧化钾加 300 mL 95% 乙醇充分溶解后,慢慢加入 185 mL 食用油(菜籽油或葵花籽油)边加边搅,直至溶液澄清,称皂化液。再另取洁净水 50 L,加入碳酸钾 1.25 kg,搅拌至完全溶解。将皂化液加入后制的碳酸钾水中,边倒边搅,得到乳白色的乳液,即为冷浸液。

(3)晾晒技术:将脱蜡后的鲜果铺在果栈上,铺放厚度 2~3 cm,要求厚薄均匀,便于干燥。铺好后将果栈放在通风的阳光下晾晒。为了缩短制干时间,在晾晒时果栈四角用砖或其他东西垫高 20~30 cm,以利于空气流动。晾晒期间,晚间遇无风或遇阴雨天,要及时把果栈起垛遮盖,以防雨水和露水淋湿枸杞,造成果实变黑或发霉。果实未干前不易用手翻动,如确遇阴雨造成果实发霉非动不可时,使用小棍从栈底进行拍打。自然晾晒的快慢与气温和太阳的照射时间长短关系密切。气温高,太阳照射时间长,制干时间短,一般 4~5 天;气温低,太阳照射时间短,制干时间长,一般 7~8 天。

图 11-5　枸杞自然晾晒(摄于诺木洪、乌兰等地)

图 11-6　枸杞温栅晾晒（摄于诺木洪、德令哈）

（4）优缺点：由于晒干方法设备简便、成本低廉、规模较大，目前大部分分散种植户采用此法制干。此法有时存在制干不完全、干果含水量偏高的缺点。制干时间长、干果颜色较暗等问题，还存在制干过程易受气象条件制约，易遭受灰尘、虫子等微生物污染，卫生条件不易控制等弊端。

（二）烘房制干

（1）烘房设施：在室内砌盖烤炉或煤炉，加热烘干枸杞。一般要求房舍长 4～6 m，宽 2.8～3.3 m。也有长宽为 3.3 m 的正方形房舍，内放烤火炉，安装通风扇排湿，地面有进风口，进风温度一般控制在 55～70 ℃，保持室内 50 ℃。

（2）优缺点：此烘房设备简单便于小规模经营户采用。缺点是由于温度分布不均匀，需要人工上下倒栈，操作性较差；且火炉设在室内，煤烟较多，果实清洁度差，二氧化硫残留超标可能性大。

（三）热风烘干

（1）热风炉烘干（隧道式烘干）：此法的特点是设备造价低，操作管理简便，热能利用率高，日吞吐量大。一座 24 m 的烘道每日吞吐鲜果 1 000～1 200 kg，烘干质量好，适用于大规模生产。

烘道式烘干的工作原理是利用炉火直接加热热风炉内热风管，开动风机后将热空气通过热风管输送管道送入烘干道内，外面的冷空气随即进入加热管，被加热的空气再被送到烘干道，如此昼夜不停地供给热空气烘干果实。

热风烘干装置由热风炉、鼓风机、热风输送管道和烘干隧道 4 部分组成（图 11-7）。热风炉长、宽、高

为 3.7 m×1.6 m×1.2 m，炉内分 5 层安装 38 根口径 7 cm、长 2.7 m 的铁管，炉正面开设两个口径为 25 cm×35 cm 的炉门用于填煤，热风炉与风机间开口径 20 cm×25 cm 的活动调分口，可以调节送入烘道热风的温度。

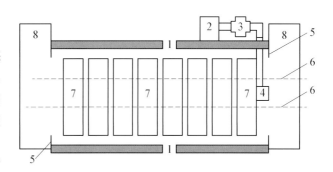

图 11-7　热风炉（隧道式）烘干房（平面图）

1. 墙体；2. 火炉；3. 鼓风机；4. 风口；
5. 门；6. 轨道；7. 果栈；8. 工作准备间

鼓分装置由一台 15 kW 的电动机和一台轴功率 15 kW、风压 2.69 kPa/m 的离心风机组成。风机风量 10 600 m³/h，风机一端连接热风炉出来的热风，另一端连接热风输送管道。

热风输送管道是一条地下热风道，一端连接风机，另一端穿过地下从离烘道口 1.5 m 远的烘道底部出口，口径长 0.6 m，宽 0.3 m，风口朝向烘道进口方向（图 11-8）。

烘道长、宽、高为 24 m×2 m×2 m，用砖块砌成。烘道底部铺设两根由角钢铺成的铁轨，备用放置果栈用的平板车运行。平板车长、宽为 1.8 m×0.9 m，角钢焊制，底部滑动铁轮便于其在轨道上滑动。

图 11-8　热风输送式设备（摄于诺木洪）

图 11-9　冷冻干燥机设备照（摄于诺木洪）

（2）烘干操作：脱蜡处理、果实摊铺及果栈码放与其他烘干设备一致，烘干也分 3 个温度阶段。第一阶段温度 40～50 ℃，历时 24～30 h，鲜果失水率 50% 左右；第二阶段温度 50～55 ℃，需 20～25 h，鲜果失水率 60%～70%；第三阶段温度 55～60 ℃，历时 12 h，即达烘干标准。

枸杞烘干速度一是取决于烘干时持续温度；二是取决于果实表面水分的蒸发速度。因此，在烘干时，要考虑温度条件和隧道内的流动风速。因热风风干是连续性流水作业，鲜果昼夜不停地由烘道口进口处推进，从出口拉出，进口温度低，出口温度高，正常情况下只需控制出口的进风温度在 60 ℃，即 3～4 昼夜干燥。

为了方便进口枸杞时操作方便，在烘干道进、出口应各留出 8 m 长，4～5 m 宽的棚架位置，作为工作准备间。

（3）优缺点：热风干燥法时间、电能消耗少，产量大。但产品颜色暗红色，坚硬干缩，油果率较高。

（四）冷冻干燥

（1）原理：冷冻升华干燥又称冷冻干燥或升华干燥。是使枸杞在冰点以下冷冻，水分即变为固态冰，然后在较高真空度下，使冰升华为蒸汽而除去，从而达到干燥目的。由于整个干燥是在低温低压条件下运行，果实营养物质损失少，表面不致硬化，蛋白质不易变性，体积收缩小，能较好地保持枸杞原有的色、香、味和营养价值。此法设备昂贵、干果保存条件要求高，在实际生产过程中较少推广应用（图 11-9）。

（2）方法：将枸杞鲜果用碱水浸泡除去蜡质，

沥干。分别给以 −20 ℃/h 和 −80 ℃/h 的降温速率冷冻至 −30 ℃，放入冷冻干燥机的真空室进行冻干，一般控制真空室的真空度在 15～60 Pa，每次干燥时将加热搁板的温度调至 −10～−20 ℃，冷冻温度 −50 ℃。冷冻干燥 10 h 后，再次将搁板温度调至 30 ℃。整个冻干的时间 24 h。

（3）优缺点：真空冷冻干燥枸杞子能够较好地保留枸杞鲜果原有的椭圆形形状和鲜红的色泽，真空冻干枸杞子的维生素 C 含量与枸杞鲜果比较接近，营养成分流失较少。而且浸水后能够很快吸水复原，其主要营养成分同鲜果比较接近。可见，真空冻干技术可以最大限度地保留鲜枸杞果中原有的营养成分和风味物质，而热风干燥的枸杞子品质下降相对较多。与热风烘干技术相比，真空冻干技术消耗的时间、电能较多，产量较少，生产效率低；而热风干燥枸杞效率较高，烘干量较多，较为经济（李强，2010）。

（五）太阳能烘干法

（1）工作原理：太阳能集热系统采用混联式结构进行光热转化的部件，光热转化部件将阳光及其辐射能转换为热能，加热空气，通过风机离心送入干燥室；烘干系统是由保温车板组装而成的热风干燥室，内有移动料车和托盘，设有匀风系统，是实现湿物料干燥的场所；排湿风机按工艺要求排出干燥室内湿气；辅助加热系统采用电加热技术，在夜间或阴雨天加热，避免干燥后物质腐烂和污染产品；智能控制系统按设定的烘干工艺参数自动控制烘干过程中的热风温度和及时排湿。设备工作时冷空气从集热系统上部流入,经过太阳能集热器后被加热,加热后的空气经过送风道由离心式风机送入干燥室,干燥室内设有轴流风机匀风装置,使得热空气与被烘干物料间均匀进行热质交换,从而加速物料水分扩散蒸发,达到制干的目的。太阳能制干设备见图11-10。

图 11-10　太阳能枸杞烘干设备

（2）优缺点：笔者在柴达木盆地青海翔宇生物公司调研了太阳能烘干枸杞技术。其优点是加工出的枸杞干果品质好、节能、环保、自动化、节省人力。较自然晒干缩短了80%时间,且营养成分保持完好,坏果率低,微生物污染少。与煤热烘干相比较,太阳能烘干法耗能大幅度较低,废气排放少,有利于节能减排（冉国伟,2015）。

综上所述,自然干燥法,半自然干燥法即塑料温棚干燥法,热风对流干燥法（电能、太阳混合热能、燃煤、天然气能等）,真空冷冻干燥法是目前柴达木枸杞主要制备干果的方式（图11-11～图11-15）。除上述方法外,还有以下方法值得借鉴应用。

图 11-12　枸杞太阳能干燥

图 11-11　枸杞烘干房烘干

图 11-13　白枸杞自然晒干

图 11-14　枸杞自然晾晒干燥

图 11-15　冻干枸杞

（六）微波干燥

（1）微波加热原理：微波是频率在 300 MHz～300 GHz 的具有穿透特性的电磁波。微波加热利用的是介质损耗原理，即物料中的水分子是极性分子，在微波作用下，其极性取向随着外电磁场的变化而变化。水分子以高速改变方向且方向一致产生振动，无数极性分子互相之间摩擦产生"摩擦效应"，结果一部分能量转换为分子热运动动能，即以热的形式表现出来，从而物料被加热干燥。

（2）枸杞微波干燥方法：枸杞鲜果初始含水率高、糖分含量高。直接采用微波干燥容易造成枸杞皮膨胀破裂、籽粒外出、糖分外溢及产品感官状态差的现象。故在进行微波干燥前对枸杞鲜果利用自制太阳能组合干燥系统或其他干燥方法，将枸杞鲜果干燥至半干状态，含水率约为 23％～26％。

工艺流程为：鲜果挑选、清理杂质→清洗（洗去鲜果表面的灰尘）→去梗→晾干表面自然水→组合系统干燥→冷却→微波干燥。

（3）优缺点：微波干燥能量利用率高，加热速度快而均匀，穿透力强，用此方法较自然干燥缩短 65 h，生产效率高，枸杞多糖保存率好（马林强，2015）。但枸杞商品感官较差，适合于和热风干燥组合使用，生产成本较高（吴海华，2010）。

（七）低温气流膨化枸杞

（1）气流膨化原理：低温气流膨化枸杞是一项较新的技术。气流膨化形成机制是利用相变化和气体的热压效应原理，使被干燥物料内部的液体成分（主要是水）汽化，通过外界压力的降低形成压力差。在压力差的作用下，物料膨胀，高分子物质结构变性，从而使之具有网状组织结构特征，定型为多孔状物质的过程。整个膨化过程分为三个阶段：相变阶段、增压阶段、定型阶段。

（2）工艺膨化干燥方法

枸杞子→快速清洗→预干燥→均湿→电加热式气流膨化→冷却→成品。

其成品符合 GB/T18672－2014《枸杞子》与 GB17401－1998《膨化食品卫生标准》及 QB2353－1998《膨化食品》等气流膨化枸杞标准。分感官指标、理化指标和卫生指标。

（3）优缺点：该方法生产的枸杞干果色泽鲜艳，口感酥脆，风味良好，但容易破裂使可溶物质溶出，降低了营养价值（胡风巧，2018）。

三、干燥方式对比

张蕴在 2018 年第 4 期《农村百事通》介绍一种空气式太阳能光热系统用于柴达木枸杞制干技术，日加工枸杞 10 吨生产线一条，较常规节能节时 75％，减排 100％，所得枸杞干果商品率高。

秦垦等（2015）研究认为，枸杞制干以晒干的方式较为常见，此方法简单，处理规模大，但干燥时间长，晒干过程中容易霉变，受天气影响较大，易遭受灰尘等污染，干燥后干果褐变严重，含水量不均匀，保存过程中容易发霉和生虫。热风干燥枸杞要分阶段进行,干燥初期不宜高温,防止枸杞发生严重褐变甚至烘糊,后期可升高温度,热风干燥成本较低,处理量大,干燥时间短,容易掌握,可以大规模生产(韩清华,2010;马林强,2015;张东峰,2008)。在枸杞干燥降速干燥阶段使用微波法干燥,大大地减少了干燥时间,干燥时间仅占自然晾晒所用时间的72%,且不同组合条件下的微波干燥对枸杞多糖保存率和感官品质影响较大(贾清华,2010)。枸杞干制会造成营养成分的变化。热风干燥枸杞干果颜色鲜艳,褐变较轻,水分含量低,但干燥过程中营养成分损失较大。使用真空冷冻干燥,枸杞基本不发生褐变,枸杞颜色与鲜果接近,而且能够基本保留枸杞的营养成分,但是真空冷冻干燥设备昂贵,而且干燥过程中动力成本高,处理量小,并且真空冷冻的枸杞呈现膨松状态,比较脆,其中多糖也有从冰晶刺破的细胞壁中逸出的现象,缺乏良好的外观(孙平,1994)。吴海华等(2010)比较了不同干燥方式对枸杞干燥效果的影响,发现微波真空干燥下的枸杞感官较差,不适合枸杞鲜果直接进行干燥,比较适合于枸杞的后期干燥。热风微波真空组合干燥能够极大地缩短干燥时间,并且干燥后的枸杞感官状态与热风干燥较为接近,多糖损失小,干燥时间仅需13.1 h,极大地提高了生产效率。但是该方法生产成本高,对于操作与控制环节有严格的要求。马文平等(2007)利用HPLC法分析了夏果枸杞与秋果枸杞在干燥过程中类胡萝卜素的变化,发现在干燥过程中玉米黄素和β-类胡萝卜素含量会呈现大幅增加、下降、再增加的趋势,而玉米黄素双棕榈酸酯在干燥初期呈现先下降后上升直到稳定的变化。李朋亮(2014)研究了枸杞干制对黄酮类化合物含量的影响,发现不同干燥方式总黄酮积累大小依次是烘干>晒干>冻干>鲜果,且差异显著;另外,得出总黄酮的增加速率与干燥(烘干或晒干)速率呈现显著正相关。但是,对于不同干燥方式枸杞类胡萝卜素、黄酮的抗氧化活性差异,多糖、甜菜碱含量和活性差异尚未见报道。

王海等(2015)研究了选择枸杞的适宜干燥方法,实验主要对枸杞的自然晾晒、燃煤烘干房及太阳能干燥设备3种干燥方法进行了研究,自然晾晒干燥枸杞时间最长,约78 h,枸杞的功能性成分为57.84 g/100 g,损失最大,枸杞的色泽最差,出糖率最高,约为6.739 g/100 g;燃煤烘干房干燥时间为34 h,功能性成分为64.59 g/100 g,烘干的枸杞颜色较暗,太阳能干燥设备采用太原能和电能作为热量来源烘干枸杞,枸杞的干燥时间缩短为26 h,干燥速率最快,并且功能性成分为71.77 g/100 g,损失相对最低,枸杞的色泽最接近鲜枸杞的色泽,出糖率也是相对最低约为1.533%,研究结果为太阳能干燥设备烘干的枸杞品质较高,为枸杞烘干方法的选择提供参考。

四、制干技术创新

传统的枸杞干果加工方法多半是碱处理、亚钠处理、硫熏处理后晒干或其他方式制成干果,其中引起枸杞表面醋层溶解、色变、黏结或颜色鲜亮等物理变化和部分糖分及活性成分外溢、发生氧化、引入盐类、硫元素超标等化学反应,北方产枸杞在高热多雨季节运往南方城市常出现吸潮板结现象,影响了品质及商品价值(王占林,2018)。为解决吸潮结块粘连问题,研究并实施了下列技术。

1. 食用碱液除螨法

(1)选料:挑选新鲜的、无病虫害、无破损且带果梗的鲜果。

(2)配制碱液:将食用碱(Na_2CO_3)在室温下按0.15∶1~0.2∶1的料液质量体积比溶于水中,搅拌均匀后既得碱液。

(3)配制矫味剂:将甜菊糖按1∶50~1∶100的料液质量体积比加入温度为60~70 ℃的水中,溶解后搅拌均匀,既得矫味剂。

(4)配制混合液:将所述矫味剂加入所述碱液中混合均匀,得到混合液A;在所述混合液A中加入质量浓度为95%的乙醇,混合均匀既得pH=10~11的混合液B;所述乙醇与所述混合液A的体积比为2.8∶1~3.75∶1。

(5)浸泡:将所述步骤(1)挑选的枸杞鲜果用清水漂洗1~2遍,得到清洗后的枸杞鲜果,该清洗后的枸杞鲜果按每500 g倒入100 ml混合液B中,浸泡2~5 min。

(6)干燥:将步骤(5)浸泡后的枸杞子捞出,在50 ℃下鼓风干燥24 h,然后在60 ℃下真空干燥5~6 h至水分含量≤13%即可。

本方法中的食用碱和甜菊糖代替了亚硫酸钠和

氢氧化钠传统制干法,改善了枸杞口感、提高了产品安全性,真空干燥大大缩短干燥时间,防止氧化褐变,成本较低,适合于枸杞制干工业化大生产。

2. 扎孔除蜡法

(1) 选料:鲜果枸杞中挑出病虫害和霉变的果实。

(2) 清洗:将(1)中枸杞清水漂洗,随机抽样测定初始含水率。

(3) 扎孔:用针或激光对所述步骤(2)所得的枸杞鲜果进行扎孔,每个枸杞鲜果扎孔 15~25 个。

(4) 干燥:将所述扎孔后的枸杞鲜果均匀单层铺到微波真空干燥箱的转盘上且枸杞鲜果正上方设置温度感应探头。在微波功率为 455~655 W、真空度为 0.09 MPa、温度为 0~4 ℃的条件下干燥 2~3 h 后,在 50~60 ℃条件下再进行鼓风干燥 2~3 h 至恒重,得到干燥的枸杞干果。

(5) 测定干燥后含水率:按常规方法随机抽样测定所述干燥的枸杞干果的含水率,若含水率≤13%即为合格品。

(6) 成品:采用常规方法将所述合格的干燥枸杞干果按质量要求进行分级、包装既得成品。

本法中采用针孔或激光扎孔,除果皮蜡层增加了水分散失通道,使干燥迅速,避免了传统药浸带来的涩味。保护原有枸杞的口感、色泽和营养成分。适合工业化连续生产。

3. 液蜡包衣法

(1) 选料:挑选无病虫害、无霉变及无破损的新鲜枸杞。

(2) 干燥:将所述步骤(1)挑选的枸杞鲜果清洗、去果蜡后干燥至水分含量≤13%,得到干燥的枸杞干果,干燥方法可以是晾晒法、烘房烘干法、炕床烘干法、冷冻干燥法、微波干燥法、鼓风干燥法中任意一种。

(3) 制蜡:将固体蜂蜡与液体石蜡按 1:1~1.2:1 的质量比混合后,在 60~70 ℃加热使其熔化并搅拌均匀,得到液状混合蜡,该液状混合蜡与 50 ℃恒温保存备用。

(4) 包衣:将所述枸杞干果置于包衣机中,并通入 50~60 ℃的热风,以 80~120 r/min 的转速,按 100 g 枸杞干果喷洒 0.5~1 g 液状混合蜡的条件进行均匀喷洒,使包衣均匀,得到包衣后的枸杞干果。

(5) 成品:采用常规方法将所述包衣后的枸杞干果按质量要求进行分级,并包装、检验后既得成品。

本方法采用混合液状蜡液包衣隔湿隔潮,防止了枸杞干果吸潮板结,防止了氧化褐变,所得产品色泽鲜亮。该技术对设备成本要求不高,可实现工业化连续生产(王占林,2018)。

五、枸杞干果包装

(一) 分级标准和拣选

由农户小规模种植的枸杞,通常以混等、大包装保存。大型农场生产的枸杞子,则直接进行分级保存。按照国家标准《枸杞子》GB/T18672-2014 标准为分级依据,将枸杞果实划分为 4 个等级,即优级、特级、甲级和乙级(表 11-2)。

表 11-2　枸杞果实不同等级的感官指标

项目	等级要求			
	优级	特级	甲级	乙级
形状	纺锤形或棒状而略方	纺锤形或棒状而略方	纺锤形或棒状而略方	纺锤形或棒状而略方
杂质	不得捡出	不得捡出	不得捡出	不得捡出
色泽	果皮鲜红、紫红色或枣红色	果皮鲜红、紫红色或枣红色	果皮鲜红、紫红色或枣红色	果皮鲜红、紫红色或枣红色
滋味、气味	具枸杞应有的滋味、气味	具枸杞应有的滋味、气味	具枸杞应有的滋味、气味	具枸杞应有的滋味、气味
不完整果实(%)	≤1	≤1.5	≤3	≤3
无使用价值粒	不允许有	不允许有	不允许有	不允许有

枸杞分级方法是将干燥的混等果实,置于不同孔径的分果筛上,通过筛体振动或摇动,使粒度不同的果实透过不同筛网,达到分级目的。枸杞分果筛一般由3层筛网组成,从上到下按筛眼大、中、小设置,经过筛后,留在上、中、下筛网上的果实分别是特优、特级、甲级,而最后漏在筛体底下的是末级果实。筛网网眼大小是根据分级标准设计制作。至于果实中的油果、杂质、霉变果粒等,经分级后再进行人工或机械拣选去除。

近年来,在枸杞果实拣选方面,色泽选择机械逐步发挥作用。该机械利用光电原理,通过计算机分析枸杞干果外表色泽,再通过色泽识别,将其中的霉果、黑果、油果、青果等分选出来。该机主要由主机和辅助设备组成。主机包括上料系统、识别系统、吹打系统、加热系统和操作系统;辅助系统由空气压缩机、储气罐和冷冻室空气干燥器组成。在实施拣选前,先设置好识别程序,在枸杞果实通过识别系统时,识别装置可按识别程序要求,将各类果实分离,达到分离和拣选的目的。利用拣选机拣选果实可极大地提高拣选速度、降低拣选过程的劳动力占有量;且拣选质量稳定,降低劳动强度效果明显。每台色选机日拣选枸杞$(1\sim1.5)\times10^4$ kg,相当于120人的拣选量;拣选成本在$0.13\sim0.15$元/kg,低于0.20元/kg的人工拣选成本。色选机设备一次性投入成本高,所以该机械仅限于有实力的大规模销售企业购买使用。

(二)包装

枸杞干果在完成分级拣选,多数产品要进行包装处理,才能进入市场销售。

枸杞包装涉及包装材料和包装规格。包装规格有大有小,大包装无统一规定,一般容量$25\sim30$ kg,通常采用特制包装袋。包装袋分内外两层,内层为优质黑色塑料袋,外层为塑料编织袋,以保证贮藏期间防潮、控气、遮光等需要。常见的枸杞小规格包装有250 g和500 g 2种,包装袋(小包装)材料有聚乙烯、聚氯乙烯、铝箔、复合材料等,这些材料有较好的阻隔功能,能有效阻止包装袋内外水分、氧气、二氧化碳等通透,从而抑制有害生物、微生物的繁殖,达到提高贮藏质量、延长贮藏期的目的。

保鲜剂:使用保鲜剂是提高枸杞产品贮藏期的有效手段。由于保鲜剂能有效吸附包装袋内残存的水分、氧气、二氧化碳,对枸杞的返潮、褪色、霉变、生虫有较强的抑制作用,有助于延长贮存期,提高保鲜效果。

包装技术:与包装材料一样,包装技术在一定程度上也影响贮藏质量。果实返潮、褪色、霉变和生虫,是贮藏质量下降的主要标志,而贮藏环境中水、空气、光照等,是果实返潮、褪色、霉变和生虫的主要诱因。因此,通过应用合理的包装技术,可有效减少包装袋内部水分和空气含量,优化包装袋内部环境,使果实返潮、褪色、霉变和生虫的风险大大降低,从而到达提高贮藏质量、延长贮藏期的目的。

在具体包装时,首先要根据包装量的多少,选择适当大小的包装袋,包装袋过大,不仅浪费材料,且为袋内空气水分的残存提供了空间,不利于果实贮藏。其次,在包装袋封口前,要尽量挤压出袋内空气;再次根据袋内果实量的多少,放置适量的保鲜剂后迅速封住袋口。在分装枸杞时,切忌将没有包装的果实长时间暴露于空气中。

(三)枸杞果实贮存

枸杞果实贮存涉及果实产后从制干包装到最终使用前的整个过程。枸杞子可溶性糖分含量高,营养丰富,如果果实制干不彻底,含水量≥13%,或包装打封口不及时、包装袋破损、密封不严等,都容易使枸杞子返潮和虫蛀霉变,造成结块、褐变、生虫,使其商品功能受到影响或失去商品价值,造成不必要的经济损失。

枸杞属于季产年销产品,枸杞产后需有一定的贮藏期。商品质量在很大程度上取决于贮存环节,除果实干燥度、包装材料、包装技术外,贮存外部环境如场地条件、贮藏温度等也非常重要。因此,在枸杞贮藏过程中,应注意以下几点。

首先,长期存放枸杞,必须是含水量≤13%的干燥枸杞。其次,进货前贮藏库房要彻底清扫,并用高效低毒农药进行熏蒸处理,以保证彻底消毒。第三,贮藏库房应是专用场所,具备通风、凉爽、干燥、避光和无异味条件,有条件的应采用低温贮藏。第四,在大堆码放置时应经常反倒货物,以免堆内货物发热,造成贮藏病虫害蔓延。第五,还应有防鼠防虫的措施,以防虫鼠破坏包装袋和货物造成经济损失。

第三节　枸杞果汁

枸杞鲜果水分含量高,采摘后极易产生腐烂变质现象,给贮存和运输带来风险,对其加工成汁,可避免过早腐烂,保持最好的营养与风味,使其商品使用价值接近枸杞新鲜果实。随着人们生活水平的不断提高,枸杞果汁类保健食品深受国内外好评,并呈现出"绿色、天然、营养、健康"的特点(图 11-16)。

图 11-16　纯枸杞果汁产品

枸杞果汁是生产复合饮料的原材料,营养成分和活性成分十分丰富,其市场上红枣枸杞饮料、芦荟枸杞饮料等产品深受青睐。产品也丰富,按生产方式分为枸杞果汁、枸杞浓缩汁、枸杞果浆、枸杞澄清汁等。

一、枸杞果汁生产工艺

(一) 原料选择

1. **高度新鲜**·采摘后即时加工枸杞果实采摘后内部发生了一系列反应,呼吸代谢加强,色、香、味、质地和营养都会发生变化,如果加工不及时,品质劣变程度会加深。因此,鲜度是衡量其质量的重要特征参数。

2. **适宜的成熟度**·加工枸杞汁一般要求果实达到最佳加工成熟度。因此,生产枸杞果汁的原料应该在果实适宜的成熟期收获。采收过早,果实色泽浅,风味平淡,酸度大,肉质生硬,出汁率低,品质较差;采收过晚,则组织变软,酸度降低,且不耐贮藏。

3. **异物和坏果清除**·果柄、叶枝、砂石等异物及时清除,未成熟果或过熟的果实,腐烂果、病虫果必须剔除。

(二) 清洗

通过清洗去除枸杞果实表面的微生物、农药残留等污物。枸杞原料清洗一般通过物理方法(浸泡、喷淋)和化学方法(清洗剂、表面活性剂等)进行。残留农药的清洗效果取决于农药种类、施用剂量、清洗工艺等因素,一般在清洗水中添加 $0.5\%\sim1\%$ 的盐酸或 0.05% 高锰酸钾溶液或 $600\ mg/kg$ 的漂白粉等浸泡后再冲洗。枸杞外层包有一层蜡质,增加了枸杞汁提取的难度,采用食用碱除蜡效果较好。用 $4.5\%\ Na_2CO_3$ 浸泡 $1\ min$,捞出沥干,再用清水冲洗。

清洗时应注意洗涤水的清洁,不宜重复使用。枸杞由于果实质地柔软容易破裂,在清洗时应尽量避免或减少果实之间或果实与洗涤设备之间的碰撞。洗涤前后均应分选果实,除去腐烂果是生产优质枸杞果汁的重要工序和必要步骤。否则,只要有少量霉果混入原料中,就会影响果汁的整体风味。

(三) 破碎

采取压榨取汁的生产工艺,为了获得最大出汁量,果实需要适度破碎。原料破碎的颗粒大小会影响出汁率。颗粒太大,压榨取汁时不容易使内层果肉组织被充分压榨,出汁率低。破碎太细,导致肉质成糊状,果肉不容易与糊状组织分离,出汁率也会降低。枸杞可用打浆机破碎取汁。破碎时喷入适量的抗氧化剂防止果汁氧化褐变,也可先经过热烫处理再进行破碎,加热软化后能提高出汁(浆)率。为了提高产品品质,减轻破碎过程中氧化对枸杞汁品质的影响,可采用瞬时加热破碎装置,该装置包括蒸汽加热、破碎和冷却部分,原料在设备中被通入的蒸汽加热,同时进行破碎,然后冷却。

(四) 取汁

果实取汁主要有打浆、压榨和浸提三种方式。枸杞浆果组织柔软,生产中主要运用打浆的方式取汁。

(五) 热处理

枸杞果实破碎后,取汁前适当进行加热处理,可以提高出汁率和汁液品质。加热会改变细胞组织结构，使果肉组织软化，便于打浆或榨汁；同时又能抑制各种水解酶和氧化酶类，使产品不致发生分层、变色变味及其他不良变化。但加热不可过度，否则会使组织糊化，反而降低出汁率，增加过滤难度，并破坏营养成分。一般热处理条件以 $60\sim70\ ℃$，$15\sim30\ min$ 为宜。

（六）过滤与均质

对于浑浊的枸杞汁，主要去除分散于枸杞汁中的粗大颗粒和悬浮物等，同时又保存色素微粒以获得色泽、风味和香气。枸杞浆汁中的粗大颗粒和悬浮物主要来自果肉组织的细胞壁、果皮、种子和其他纤维组织。生产上粗滤可在压榨或打浆过程中同步完成，也可在压榨或打浆后单独进行，根据设备选型和配置而定。

枸杞汁初出后呈浑浊状态，为了提高果肉微粒的均匀性、细度和口感，需要进行均质处理。常用的均质设备是高压均质机。超声波均质机是近年发展的一种新型均质设备，其工作原理基于超声波在液体中的空化作用，换能器将电能量通过变幅杆在液体中产生高强度剪切力，形成高频的交变水压强，使空腔膨胀、爆炸将细胞击碎。另外，由于超声波在液体中传播时产生剧烈的扰动作用，使颗粒产生很大的加速度，互相碰撞或与器壁碰撞而被击碎。该设备目前还处于实验研究阶段，未在果汁加工工业中大规模应用。

（七）脱气

脱气是为了脱除枸杞汁中的空气。脱气有几方面的作用。首先，消除氧对果汁营养成分、色素、芳香成分等的氧化作用，保持品质稳定。其次，可以除去附着在微粒上的气体，有利于生产澄清汁时果肉颗粒的沉降，也有利于保持浑浊枸杞果汁中果肉微粒的悬浮稳定。但脱气过程容易使挥发性芳香成分挥发损失。因此，根据需要在选择脱气方式上应予考虑。必要时，在脱气过程中进行芳香物质回收，然后再加进脱气后的果汁中。

生产中一般常用的是真空脱气法。是将果汁引入真空锅内，然后被喷成雾状或分散成液膜，使果汁中的气体迅速逸出。

（八）杀菌罐装

果汁变质一般是由微生物的代谢活动引起。因此，杀菌是果汁饮料生产中的关键技术之一。食品工业中采用的杀菌方法主要有热杀菌和冷杀菌两大类。目前常用的是热杀菌法。方法是先将产品加热到 $85\ ℃$ 以上，趁热罐装密封，在热蒸气或沸水浴中杀菌一定时间，然后冷却到 $38\ ℃$ 以下。果汁杀菌的微生物对象主要为好氧性微生物，如酵母和霉菌，酵母在 $66\ ℃$、$1\ min$ 内，霉菌在 $80\ ℃$、$20\ min$ 内即可被杀灭，一般巴氏杀菌条件 $80\ ℃$、$30\ min$ 即可将其杀灭。但对枸杞浑浊果汁，在此温度下如果长时间加热，容易产生煮熟味，色泽和香气损失大。

高温短时杀菌（HTST）或超高温瞬时杀菌（UHT）主要是指在未罐装的状态下，直接对果汁进行短时或瞬时加热，由于加热时间短，对产品品质影响较小。这两种杀菌方式必须配合热罐装或无菌罐装设备，否则罐装过程还可能导致二次污染。

（九）澄清

如需制备澄清枸杞果汁，需要澄清过滤获得清澈透明的枸杞汁。生产中常用以下方法。

（1）果胶酶澄清法：在 pH 4.0，$50\ ℃$ 条件下，果胶酶添加量 $0.1\ g/mL$ 作用 $90\ min$，一般澄清度达到 90.5%。果胶酶澄清法在黄酮和可溶性固形物保存率上比壳聚糖澄清方法好（张盛贵，2011）。

（2）壳聚糖澄清法：在 pH 3.8，$50\ ℃$ 条件下，壳聚糖添加量 $0.06\ g/100\ mL$ 作用 $100\ min$，澄清度达到 94.7%。对总抗坏血酸的保存率相对较好。用壳聚糖对果汁进行澄清处理，效果明显，透光率大于 95%，果汁中的营养不受损失或损失较小，不易产生二次沉淀，成本低，是一种理想的枸杞果汁澄清剂。其原理是果胶、蛋白质及微小颗粒等物质，在果汁中都带有负电荷，壳聚糖溶于稀盐酸成盐后，壳聚糖上的氨基与质子结合而带有正电荷，所以壳聚糖是天然的阳离子型絮凝剂，无毒，无味，可生物降解，不会造成二次污染（张盛贵，2011）。

（3）纤维素酶澄清法：在 pH 3.5，$50\ ℃$ 条件下，纤维素酶添加量 $0.03\ g/100\ mL$ 作用 $40\ min$，澄清度可达 94.2%。在枸杞多糖、类胡萝卜素、总酸和总糖保存率方面较优于其他方法。纤维素酶作澄清剂，添加量少，作用时间短，对营养成分影响小，是较为理想的枸杞汁澄清方法(张盛贵,2011)。

(4) PVPP 澄清法:PVPP 是一种不溶性的高分子量交联化合物,具有良好的吸附功能,能够选择性络合花色苷、单宁等成分,在果汁澄清工艺中加入万分之一的 PVPP,可使果汁透光率提高 1%～2%,色值提高 6%～8%,且产品浊度明显降低,同时也改善了果汁存放后的浑浊问题。

(5) 自然澄清法:枸杞果汁置于密封容器中,经长时间静置使悬浮物沉淀。这种澄清方法主要是利用果汁体系中悬浮微粒的密度差和胶体物质的自然水解而实现。需要注意的是,果汁在长期静置中易受微生物污染发酵变质,因此采用此法澄清果汁必须加入适量的防腐剂。

(6) 甘草汁澄清法:甘草汁无毒,并富含保健成分和甜味素,可改善果汁的风味。用甘草汁澄清枸杞汁对可溶性固形物含量影响不大,可以作为一种澄清果汁的澄清剂大量使用。

(7) 明胶-单宁法:明胶-单宁法是经典的澄清方法,成本低廉,稳定性好。但单宁有涩味,影响果汁口感,使用过量容易引起二次浑浊。不论是明胶还是琼脂,添加量都不易过高,否则反而会起保护和稳定胶体的作用,使用过量则果汁凝结成果冻。

另外,还有阿拉伯聚糖法、加热聚凝澄清法、明胶、蜂蜜、琼脂复配澄清剂法等(甘伯中,2007)。澄清后,生产上常用压滤法、真空过滤法、离心、超滤膜和有机膜过滤法将浑浊和沉淀物除去。其中有机膜过滤法有效保留了枸杞汁的风味和色泽,显著提高了透光率,降低了浊度(初乐,2015)。

(十) 浓缩

浓缩枸杞果汁是在其澄清汁或浑浊汁的基础上脱除大量水分,使果汁体系缩小、固形物浓度提高。一般固形物从 5%～20% 提高到 65%～70%。理想的浓缩枸杞果汁,在稀释和复原后应和原汁的风味、色泽、浑浊度相似。浓缩枸杞汁节省包装和运输费用,便于贮运;品质更加均匀一致;糖酸含量高,增加了产品的保存性;用途广泛,可以用于各种饮料的基础配料。生产上常用的浓缩方法有以下几种。

(1) 真空浓缩:真空浓缩是通过负压降低枸杞果汁的沸点,使果汁中的水分在较低温度下快速蒸发,由此提高浓缩效率,减少热敏性成分损失,提高产品品质。真空浓缩是目前生产中广泛使用的一种浓缩方式。

(2) 冷冻浓缩:冷冻浓缩是应用冰晶与水溶液的固-液相平衡原理将果汁中的水分以冰晶形式排除。当水溶液中所含溶质浓度低于共溶浓度时,溶液被冷却后,水(溶剂)便部分成冰晶析出,剩余溶液的溶质浓度则由于冰晶数量和冷冻次数的增加而大大提高,这即是冷冻浓缩果汁的基本原理。其过程包括三步:结晶(冰晶的形成)、重结晶(冰晶的成长)、分离(冰晶与液相分开)。目前,有部分加工企业应用冷冻浓缩,因其避免了热力及真空的作用,没有热变性,挥发性芳香物质损失少,产品质量高,特别适用热敏感性果汁的浓缩。但其效率不高,且除去冰晶时会带走部分果汁而造成损失。此外,冷冻浓缩时不能破坏微生物和酶的活性,浓缩汁还必须再经杀菌处理或冷冻贮藏。

(3) 反渗透和超滤浓缩:膜分离技术是伴随现代生物技术产业发展产生的新兴技术,其用于果汁浓缩一般采用反渗透浓缩技术。适用于分子量小于 500 的低分子无机物或有机物水溶液的分离,操作压力容易控制,具有较好的品质。但由于其投入成本高,且目前还不能把果汁浓缩到较高浓度而很少被采用。

二、褐变抑制

褐变是枸杞汁生产中突出问题,也是枸杞汁原料采收保存、加工成汁、贮藏过程中经常出现的现象。褐变是指在枸杞汁或枸杞酒生产过程中,鲜果枸杞或汁受病原菌、外境温度、氧气、内部化学成分等因素影响,造成颜色发生变化的现象。褐变会引起维生素 C 大量流失、口感味觉下降,严重影响了枸杞产品品质。刘威(2014)研究报道了枸杞制汁过程中褐变及主要活性物质含量变化,对指导枸杞汁生产过程各项技术要点控制起到了较大的促进作用。

(一) 酶促褐变

酶促褐变是指组织中的酚类物质在酶的作用下氧化成醌类,醌类聚合形成褐色物质而导致组织变色。初级产物醌类物质经一系列复杂的反应最终形成色素,色素的颜色主要取决于参与氧化反应的环境因素及酚类的种类。该类色素既有可溶性的,也包含不可溶性的。酶促褐变的实质是有氧气状态下酚类物质经PPO催化生产醌,醌聚合而产生有色物质的褐变反应。而另一种酶——过氧化物酶(POD)也能催化酚类氧化,生成邻醌,再经一系列复杂反应生成黑色素。而果汁的酶促褐变机制,表明了酶促褐变可以发生的3个必要条件:即酚类物质(底物)、PPO(多酚氧化酶)和氧气。当三者缺一时,果汁的酶促褐变不会发生。

(二)非酶褐变

非酶褐变是指由各种非酶原因引起的化学反应而造成的果肉或果皮的褐变,如糖与含氮物质、有机酸物质的反应等。非酶褐变是果汁在加工和贮存过程中常发生的化学反应,生成的黑褐色物质影响果汁的外观、颜色,降低果汁的营养价值,已成为果汁品质恶劣和贮存寿命缩短的主要原因。根据非酶褐变的反应机制,主要分为三类:美拉德反应、焦糖化反应和抗坏血酸氧化分解。

(三)研究结论

在枸杞汁的热加工过程中,主要存在的问题就是,随着温度升高,枸杞汁发生的非酶褐变。在不同的热处理条件下研究其变化情况,初步反映出来枸杞汁非酶褐变的机制和特征。研究枸杞制汁过程中的褐变及其主要活性物质含量的变化,可以为在保证其主要活性物质尽可能损失小的前提下尽可能维持枸杞原汁较好的颜色、风味和口感提供理论依据。

在枸杞制汁过程的酶促褐变中,枸杞PPO活性受pH和温度影响显著。4.5为枸杞最适pH,枸杞PPO活性,在酸性条件下较高。其最适温度为36℃。枸杞PPO最适pH和温度使得高温短时热处理对其活性进行抑制应用较为广泛。75℃下有效抑制枸杞PPO活性的时间为5 min、85℃下有效抑制其活性的时间为2 min、95℃下1 min。实验表明,枸杞PPO活性在75℃下热处理5 min可达到基本失活。亚硫酸氢钠、抗坏血酸、柠檬酸对枸杞PPO活性的抑制效果明显。枸杞在热加工过程中发生酶促褐变,但其总酚含量的变化与褐变度相关

性并不显著。

在枸杞制汁过程中的非酶褐变中,60℃、70℃的热处理温度下,枸杞汁 A_{420} 变化规律较符合零级反应动力学模型;而在较高热处理温度80℃、90℃和100℃下,枸杞汁 A_{420} 变化规律较符合一级反应动力学模型。而此过程中,枸杞汁的糖含量与总酚含量没有明显的变化规律,抗坏血酸的变化规律较接近一级反应动力学模型。80℃以下热处理过程中,5-HMF的产生量很少,而在80℃以5-HMF含量变化符合一级反应动力学模型。枸杞汁褐变反应可以通过多酚的聚合在热处理过程中的初始阶段引起,其次是美拉德褐变反应和抗坏血酸降解共同决定了反应。在枸杞热加工过程中糖含量和总酚含量与褐变度相关性不显著,5-HMF生成量与褐变度的关系为显著正相关,抗坏血酸含量与褐变度的关系为显著负相关。

枸杞制汁过程中主要活性物质包括枸杞多糖、类胡萝卜素和枸杞黄酮,含量变化总体无明显规律。类胡萝卜素在70℃左右性质稳定。黄酮含量变化不能确定,多糖含量变化无明显规律。在枸杞热加工过程中,应适当控制热加工的温度和条件,抑制褐变的发生,同时尽可能减少枸杞活性物质的损失。必要时,可在热处理过程完成后添加适量的生物活性物质,以保证产品的营养价值。枸杞制汁过程中主要活性物质含量变化总体无明显规律。类胡萝卜素在70℃左右较稳定。黄酮含量变化不能确定,多糖含量变化无明显规律。在枸杞热加工过程中,应适当控制热加工的温度和条件,尽可能减少枸杞活性物质的损失。必要时,可人为添加适量的生物活性物质,以保证产品的营养价值(刘威,2014)。

(四)褐变的抑制

褐变抑制不仅注重枸杞汁色泽、口感,也要尽量减少营养损失,要保证生物活性物质尽可能少的损失。

1. 酶促褐变的抑制方法·酶促褐变的抑制方法主要包括:

(1)降低pH:大多数酚酶的最适pH范围在4.3~8.2之间,当pH小于3时,酶已基本失活。果蔬加工过程中常用的酸味剂有柠檬酸、乙酸、酒石酸和葡萄糖酸等。不同的酸味剂具有不同的褐变抑制

效果。为了充分发挥酸味剂的效果,酸味剂一般都与其他抑制剂搭配使用(许勇泉,2007)。

(2)热处理:高温可使蛋白质变性,但条件应严格控制。大部分酶在75～95 ℃的温度间加热5～7 s后都会失活。

(3)降低溶解氧:一般使用真空脱气工艺减少溶解氧的含量,或在果汁传送管道加入惰性气体以挤出空气。

(4)向果汁体系中加入抗氧化剂:抗氧化剂种类广泛,包括抗坏血酸、亚硫酸盐和巯基化合物等。抗坏血酸是目前应用最广泛的抑制剂。可还原醌类、利用—OH 和多酚氧化酶辅基 Cu^{2+} 螯合。同时,抗坏血酸还可直接被多酚氧化酶氧化,可作为竞争性抑制剂和还原剂。若添加过量,则会产生异味,影响产品的风味。将柠檬酸与抗坏血酸或亚硫酸盐以 3∶1 的比例混合,效果比单一使用好。抗坏血酸与食盐的混合溶液可以抑制PPO的活性,生成一层氧化态抗坏血酸的隔离层,达到隔绝氧气的目的。

美拉德反应的产物(MRPs)也是一种酶促褐变抑制剂。它的抑制作用与 MRPs 的性质和结构有关。Amdaori 的重排产物是最主要的产物,它能螯合、还原及消除氧,还能与 Fe, Zn 和 Cu 等螯合,抗氧化性强,从而抑制酶促褐变。

2. 非酶褐变的抑制方法·常用的非酶褐变的抑制方法有:

(1)减少氧化底物或进行过氧化处理:如聚乙烯吡咯烷酮(PVPP)、酪蛋白酸钾、壳聚糖和明胶等,或者加入 PPO、通入氧气,氧化酚类底物,然后利用澄清技术去除已氧化聚合酚类物质和不溶性色素(康文怀,2005)。

(2)降低反应体系的pH:当反应体系的pH大于3.0时,非酶褐变反应速度随pH升高而加快,此外,在酸性条件下糖—氨基反应被抑制,因此抗坏血酸在 pH 为 3.0 左右时性质稳定,而在接近碱性时不稳定,容易产生褐变。因此,降低反应体系的 pH可有效抑制褐变。

(3)添加钙盐:钙离子与氨基酸反应生成不溶性化合物,且钙盐能协同二氧化硫起抑制褐变作用。

(4)降低贮藏温度:温度影响非酶褐变,效果显著。一般来说,温度每升高 10 ℃,非酶褐变速度就增加大约3～5倍,而美拉德反应在30 ℃以上反应速率较快。

三、β-胡萝卜素工艺技术

枸杞汁加工过程中,糖含量变化没有明显规律,总酚含量的变化不确定,黄酮含量变化也无明显规律,抗坏血酸含量降低,唯胡萝朴素变化较大,受工艺条件因素影响最为突出(刘威,2014)。

(一)β-胡萝卜素的加工特性

以 β-胡萝卜素为代表的类胡萝卜素对光、热、氧等十分敏感,容易发生降解反应。β-胡萝卜素的降解方式主要有热裂解、热氧化降解、化学氧化降解、光氧化降解和酶促降解等。β-胡萝卜素的降解产物随降解方式不同而各异。在同一降解方式下,反应条件(反应时间、温度等)的不同也会导致降解产物的变化。图 11-17 总结了 β-胡萝卜素在食品加工中的降解作用(胡晗艳,2012;赵小皖,2011)。

(1)热裂解:β-胡萝卜素热裂解指在绝氧高热作用(如深层油炸)下生成环氧化合物、短链物质、挥发性物质等成分,使食品的风味和颜色发生不同程度的变化。在相对较低的温度(300～500 ℃)下进行裂解时,形成芳香物质 β-紫罗兰酮和二氢猕猴桃内酯等;到 600 ℃时萘、蒽和菲等稠环化合物的含量迅速增加;到 800 ℃时,产物基本上是苯、甲苯、二甲苯、乙基苯等芳环化合物以及萘、蒽和菲等稠环化合物。

(2)热氧化降解:β-胡萝卜素热氧化降解的基本历程是先发生氧化作用后再发生降解,主要生成具有还原性的顺式异构体。β-胡萝卜素在分子氧存在下主要发生异构化作用、裂解作用和环氧化作用。异构化作用生成的 β-胡萝卜素异构体主要是13-顺、9-顺、2-顺异构体;发生裂解反应时生成的主要裂解产物是 β-脂蛋白-13-胡萝卜素酮和 β-脂蛋白-14-胡萝卜醛;环氧化作用下主要产生 β-胡萝卜素 5,8-环氧化物和 β-胡萝卜素 5,8-内过氧化物。

(3)化学氧化降解:β-胡萝卜素的化学氧化降解是先发生氧化作用后再发生降解,生成 β-胡萝卜素 5,6-环氧化合物,再进一步氧化生成相对分子量较低的降解产物。β-胡萝卜素化学氧化降解获得的产物具有良好的气味。利用从植物中提取纯化得

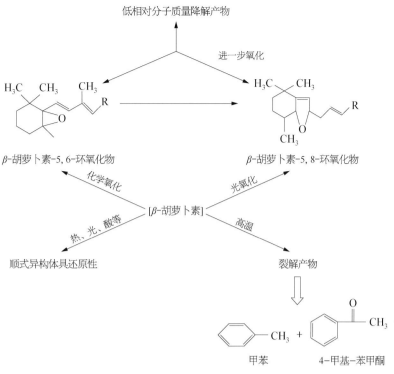

图 11-17　β-胡萝卜素的降解反应

到的类胡萝卜素混合物通过化学氧化降解制成的风味物质广泛应用于化妆品等行业。

（4）光氧化降解：β-胡萝卜素的光氧化降解遵循一级反应动力学模型如下。

$$LnC = LnC_0 - Kt$$

主要先在光线的辅助下发生氧化作用后再发生降解，生成β-胡萝卜素5,8-呋喃型化合物，进一步氧化生成低相对分子量的降解产物。

当食品受到光、紫外光或散射光照射时，食品中的油脂会发生光氧化而产生自由基，β-胡萝卜素作为抗氧化剂在清除自由基的同时被降解，导致食品褪色。研究表明食品中β-胡萝卜素的光氧化降解可转化成为玉米黄素、隐黄素、脱氢胡萝卜素等产物；透明包装的果蔬干制品在贮藏过程中的褪色也是其中β-胡萝卜素光氧化降解的结果。曝光对富含β-胡萝卜素食品的影响极为重要。

（5）酶促降解：β-胡萝卜素的酶促降解是在酶的催化作用下β-胡萝卜素直接同步氧化降解生成小分子有机物质的过程。β-胡萝卜素酶促降解包括羟化酶途径（BCH途径）、双加氧酶裂解途径（CCD途径）和氧化酶途径（BCO途径）见图11-18。

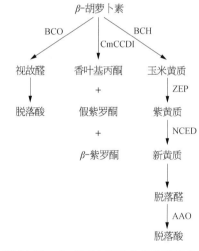

图 11-18　β-胡萝卜素生物氧化降解途径

BCO：β-胡萝卜素氧化酶；CCD：类胡萝卜素裂解双加氧酶；
BCH：β-胡萝卜素羟化酶；ZEP：玉米黄质环氧化酶；
NCED：9-顺式-环氧类胡萝卜素双氧含酶；AAO：ABA醛氧化酶

（二）β-胡萝卜素降解产物

（1）改善食品风味：β-胡萝卜素的主要降解产物β-紫罗兰酮和二氢猕猴桃内酯具有明显水果香。β-紫罗兰酮阈值是 7×10^{-12} g。β-胡萝卜素降解形成β-紫罗酮，进而转化形成的 C_{13}-茶香螺酮及其氧合衍生物对茶叶的香气至关重要。有研究表明茶叶中的β-紫罗酮衍生物来源于β-胡萝卜素在茶叶加工过程中的热降解。β-胡萝卜素降解形成的类异戊二烯的 C_{10} 组分对柑橘果汁的香气影响也很大。β-胡萝卜素和新黄质裂解产物β-紫罗酮和β-大马酮是西红柿的主要风味成分。在红酒、白酒和葡萄酒中β-胡萝卜素降解生成的香味物质是 C_{13}-降异戊二烯。$C_9 \sim C_{13}$ 和 C_{15} 的降异戊二烯等也是蜂蜜中β-胡萝卜素降解产生的风味物质。在可食性海藻中也曾鉴别出了β-胡萝卜素降解产物，这让海藻具有柔和的花香。

（2）导致食品褪色：β-胡萝卜素是食品中存在的天然色素。伴随β-胡萝卜素的降解，食品的颜色也随之发生减退，这直接影响食品的感官接受性。

（3）降低食品的营养价值：β-胡萝卜素作为维生素 A 原是一种对人体重要的营养物质。大量流行病学研究证实，膳食中富含β-胡萝卜素的人群各种慢性病的发生率较低。β-胡萝卜素作为一种强抗氧化剂能清除活性氧自由基，降低癌症的危险性。一方面，β-胡萝卜素降解能显著降低食品中β-胡萝卜素的含量；另一方面，β-胡萝卜素的部分降解产物也被认为对人体有害（赵小皖，2011）。

（三）β-胡萝卜素生产技术

由于β-胡萝卜素生理活性强，在食品与功能性食品中应用越来越广泛，但由于其不稳定的特征，在枸杞汁生产过程中提高保存率是关键技术，胡晗艳（2012）以枸杞汁加工过程中β-胡萝卜素含量为考核指标，研究了枸杞原汁、枸杞清汁最有效保持β-胡萝卜素含量的工艺，结果与结论如下：

1. 枸杞中β-胡萝卜素的提取条件的确定·通过单因素筛选实验，得出热浸提法的优化提取工艺为：以丙酮∶石油醚的比例作为提取剂，提取温度为 50 ℃，浸提时间 4 h。

2. 枸杞原汁加工过程中β-胡萝卜素的变化

（1）破碎打浆工艺，枸杞在破碎过程中添加 0.2% 维生素 C 和 0.2% 柠檬酸，对枸杞原汁的颜色、光泽度、稳定性有保护作用。

（2）脱气工艺中，最佳真空脱气工艺为 60 ℃ 0.06 Mpa，在此条件下，原汁中的胡萝卜素含量为 9.86 mg/100 g。

（3）热杀菌工艺中，加热温度对枸杞原汁β-胡萝卜素含量影响见图 11-19。原汁 80 ℃ 加热 20 min

的灭菌方式，能满足国家食品卫生部检验标准对饮料菌落数的要求（菌落总数≤100 cfu/mL），菌落总数为 47 cfu/mL，此时胡萝卜素的含量为 4.93 mg/100 g。

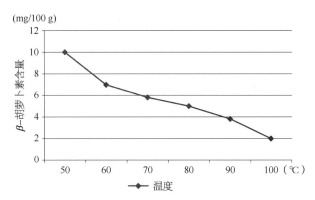

图 11-19　加热温度对枸杞原汁中 β-胡萝卜素的影响

（4）光照对枸杞原汁β-胡萝卜素含量影响见图 11-20；不同色泽包装影响见图 11-21。

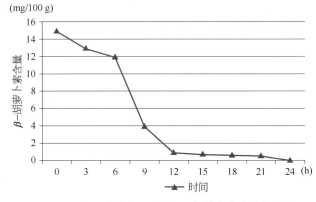

图 11-20　光照对枸杞原汁中 β-胡萝卜素含量的影响

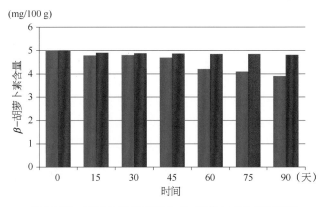

图 11-21　不同色泽包装瓶中 β-胡萝卜素含量的变化

光照是致使原汁在后期贮藏过程中β-胡萝卜素含量不断下降的主要因素，光照时间越长，原汁中β-胡萝卜素的含量越低。用 25 W 紫外灯辐照 24 h 后，原汁中的β-胡萝卜素仅为原来时的 3.48%；在后期的贮藏实验中,发现采取棕色包装材料能避免β-胡萝卜素的降解,贮藏至90天时,棕色包装瓶中β-胡萝卜素的量为4.37 mg/100 g,保存率较白色包装瓶中提高了。

3. 不同的加工处理方式对枸杞清汁中β-胡萝卜素的影响

(1)榨汁工艺:通过单因素、正交筛选实验,采用榨汁酶的制汁最佳工艺为——pH 4.6、酶添加量为0.02%、酶解温度46 ℃、酶解时间80 min,出汁率可以提高58.57%,出汁速度提高31.27%,枸杞原汁中β-胡萝卜素的含量提高了19.3%。

(2)酶解澄清工艺:采用果胶酶1号(酶活单位为20 000 U)吗,添加量0.3%、酶解温度45 ℃、酶解时间1 h,枸杞清汁透光率达到了93.54%,β-胡萝卜素量为14.27 mg/100 g,达到最佳效果。

(3)灭菌工艺:微波灭菌的最佳进口温度为74 ℃,此时β-胡萝卜素的含量为1.22 mg/100 g;最佳微波频率9 Hz,β-胡萝卜素的含量为0.95 mg/100 g;此最佳灭菌条件下,菌落总数可以控制在以10 cfu/mL内,保存率达95%。

4. 不同灭菌方式对枸杞汁色泽与褐变的影响·刘亚(2016)研究不同灭菌方式对枸杞汁色泽与褐变的影响,研究认为β-胡萝卜素、多酚物质是枸杞汁色泽变化褐变的主要物质,维生素C是间接保护色素物质。枸杞汁含β-胡萝卜素中有多个不饱和双键,受到热光、空气因素降解;含多酚物质是一类苯环上含有若干个羟基的化合物,也是引起褐变的主要因素。该实验采取高温高压灭菌、微波灭菌、煮沸灭菌方法,采用高效液相色谱法测定成分变化(见图11-22至图11-25)。

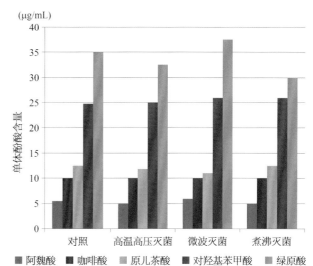

图11-23 不同灭菌方式对枸杞汁酚类物质的影响

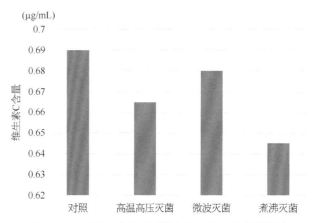

图11-24 不同灭菌方式对枸杞维生素C含量的影响

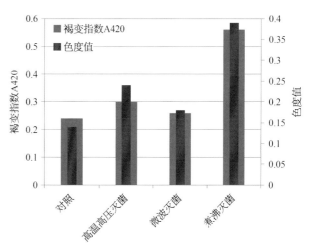

图11-25 不同灭菌方式对枸杞汁褐变指数和色度的影响

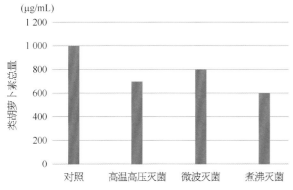

图11-22 不同灭菌方式对枸杞汁类胡萝卜素总量的影响

从总体分析,不同灭菌方式对枸杞汁色泽褐变影响趋势相似。经不同灭菌后,枸杞汁色度和褐变指数发生了不同程度的变化,其中煮沸灭菌对枸杞汁色泽影响最大,高温高压灭菌次之,微波灭菌影响最小。

四、柴达木枸杞果汁生产

（1）原料验收:原料枸杞鲜果来自柴达木盆地各种植地,供应商提供当次枸杞鲜果的农残、重金属合格的检验报告;包材供应商需提供合格的检验报告。

（2）去杂分选:通过人工手工分拣筛分,将颜色不均一、黑头、烂果、叶子等剔除。

（3）鼓泡清洗:将经过去杂的鲜果放入传送带,进入鼓泡浮洗槽内,利用气泡翻滚洗去表面泥沙,去除产品表面的污物或其他可能污染产品的污染物。

注:水应符合 GB5749 的要求。

（4）淋干:经过两道鼓泡浮洗槽清洗后的鲜果通过输送带进入吹干提升机中除去表面浮水。

（5）破碎:清洗干净的鲜果经锤式破碎机破碎成小块,直径 3 mm。

（6）预热:破碎后的鲜果经换热器预热至 30 ℃。

注:如采用速冻鲜枸杞,则直接进入下一工序。

（7）打浆:预热后的果浆经双道打浆精制机打浆,一道打浆至 1.2 mm,二道打浆至 0.8 mm。

（8）均质:果浆经均质机均质,均质压力 18～20 MPa。

（9）脱气:经过均质的果汁,进入真空脱气机－0.07 MPa 的压力下真空脱气。

（10）杀菌:列管式杀菌机杀菌,杀菌温度 95 ℃,杀菌时间 180 s。

（11）冷却:换热冷却至 40 ℃。

（12）无菌大包装:用无菌大包装机无菌灌装入无菌袋,外包铁桶。

（13）入库冷藏:入－18 ℃冻库,冷藏。

注:以上为无菌大包装工艺。

（14）出库解冻:分装时需至少提前 2 日从冻库中取出自然解冻。

（15）调配:解冻后的果汁经胶体磨入调配罐进行调配。

（16）杀菌:调配好的果汁经杀菌机 90 ℃,120 s 杀菌。

（17）脱气:经过均质的果汁,进入真空脱气机－0.07 MPa 的压力下真空脱气。

（18）均质:20 MPa 均质压力均质。

（19）热罐装:＞90 ℃灌装入 50 mL 玻璃瓶中。

（20）封盖。

（21）倒瓶杀菌:倒瓶杀菌 30 s。

（22）喷淋杀菌:隧道杀菌机喷淋杀菌温度 90 ℃,时间 10 min。

（23）冷却:冷却至 40 ℃。

（24）吹干。

（25）套标、喷码。

（26）装箱入库。

（27）产品。

第四节　枸　杞　酒

随着经济社会的快速发展和人民生活水平的提高,人们对绿色食品和身体健康的渴求更加迫切,食品行业不断吸收黄酒、啤酒、葡萄酒和果酒的营养特点,下大力气改善中国白酒少营养的缺陷,营养与健康饮酒已经成为一种时尚和趋势。以国家有关酒类产业调整方向"白酒向果酒、保健酒发展"的政策为依据,选取枸杞补肾养肝、润肺明目,壮筋益骨之功能原料,开发枸杞酒在宁夏、青海等地已经形成产业。据笔者 2018 年调研,目前市场上枸杞酒主要有两大品牌,一是青海圣烽生物技术开发有限公司所生产"雪域高原""杞九庄园"和"美域枸杞酒";二是宁夏香山酒业有限公司所生产"宁夏红"。产量相对较小的品牌有江中集团所生产"杞浓"、北京同仁堂"一世同仁"国杞香型酒、青海可可西里生物科技有限公司"美之羚"红枸杞酒、浙江致中和酒业有限公司"致中和"枸杞酒、劲牌有限公司的"劲牌"枸杞酒。枸杞酒共同特征是产品色泽淡黄,香气浓郁,赋以纯正的药香,口感绵甜,醇和协调,具有增加机体免疫

图 11-26　青海枸杞酒产品

力,抗疲劳耐氧等保健功能(图 11-26)。

一、枸杞酿酒

果实鲜果经清洗、破碎、压榨取汁、发酵或者浸泡等工艺精心调配酿制而成的各种低度饮料称之为枸杞果酒。优点:一是营养丰富,含有多种有机酸、芳香酯、维生素、氨基酸和矿物质等营养成分,经常适量饮用,能更多提供人体营养素,有益身体健康;二是果酒酒精含量低,刺激性小,既能提神、消除疲劳,又不伤身体;三是果酒在色、香、味上别具韵味,杞香浓郁、口味清爽、醇厚柔和、回味绵长等风格,可满足不同消费者的饮酒享受;四是果酒以枸杞果实为原料,节约酿酒用粮。

目前,枸杞酒按照制法可分为以下几种:①配制型枸杞果酒,即以高浓度白酒辅以枸杞澄清汁配制而成。②枸杞泡酒,将枸杞干制品或采摘后的鲜果直接投入高浓度白酒中,或将枸杞与其他药材配伍投入高浓度白酒中,以浸提的方式使其有效成分缓慢释放,制成泡酒。③发酵型枸杞果酒,是将枸杞果实经过处理,取其汁液,经发酵和陈酿而制成。枸杞鲜果为原料,经压榨取汁后,枸杞汁中的还原糖在酵母的作用下,在适宜的温度和 pH 内,使还原糖分解,产生酒精、二氧化碳、同时释放出热量,并产生风味物质。再经倒灌、澄清、陈酿、冷处理后枸杞酒具有枸杞特有的风味,而且醇厚柔和,澄清透明,活性成分和营养成分均高于浸泡或配置枸杞。

二、枸杞发酵酒生产

枸杞果酒的酿造是利用有益微生物酵母菌将果汁中可发酵性糖类经发酵作用生成酒精,再在陈酿澄清过程中经酯化、氧化及沉淀等作用制成酒液清晰、色泽鲜美、醇和芳香的产品,再经蒸馏制成含酒精度 40%～52%枸杞酒产品。

(一) 发酵原理

酿造枸杞果酒,酵母菌起主导作用。酵母菌是单细胞真菌,除了能够分泌胞内酶外,还能分泌胞外酶,如糖化酶、淀粉酶、麦芽糖酶等进行细胞外消化。利用糖化酶,单个酵母细胞能够将自身环境中的淀粉、麦芽糖等碳水化合物分解成为葡萄糖,然后将葡萄糖吸收后用于细胞代谢活动。在有氧条件下酵母菌进行有氧呼吸,产生水和二氧化碳,并进行大量繁殖;在无氧条件下进行酒精发酵,产生酒精和二氧化碳。温度是影响酵母菌发酵的重要条件,最适温度是 18～25 ℃左右,发酵产物中是否有酒精可以通过重铬酸钾来检验。

在有氧条件下,反应式如下:

$$C_6H_{12}O_6 + 6O_2 + 6H_2O \longrightarrow 6CO_2 + 12H_2O + 能量$$

实际上,酵母菌细胞内的葡萄糖要经过许多步骤才产生 CO_2、H_2O 并释放能量。其过程包括糖酵解、丙酮酸氧化脱羧、柠檬酸循环和电子传递链 4 个部分。

在无氧条件下,酵母细胞进行无氧呼吸以获取少量能量并维持生命活动，场所在酵母细胞基质中。反应式如下：

$$C_6H_{12}O_6 \xrightarrow{\text{酶}} 2C_2H_5OH + 2CO_2 + \text{能量}$$

无氧条件下，1分子的葡萄糖先被分解成2分子的丙酮酸，释放2个ATP和少量的$[H^+]$，乙醛在乙醇脱氢酶的作用下，被糖酵解产生的$NADH_2$还原为乙醇（酒精）。这个过程没有ATP产生。

$$2C_3H_4O_3 \xrightarrow[\text{丙酮酸脱羧酶}]{} 2CH_3CHO \xrightarrow[\text{乙醇脱氢酶}]{} 2CH_3CH_2OH$$
丙酮酸 ↓ 乙醛 NADH⁺H⁺ NAD 乙醇
CO₂

酵母细胞的无氧呼吸又称为酒精发酵。因此，其生活的细胞外环境常被称为发酵基质。几乎所有水果都可以用作果酒制作的发酵基质，因不同发酵基质所含碳水化合物的种类和数量各不相同，酵母菌在不同发酵基质中释放CO_2的速率也不同；加之不同发酵基质中有机物的种类和数量差异，就会酿制出不同风味的果酒（张荣华，2013）。

（二）枸杞酒发酵过程与主副产物

曹有龙（2013）枸杞汁中的葡萄糖和果糖可直接被酵母菌发酵利用，蔗糖和葡萄糖在发酵过程中需通过分解酶和转化酶的作用生成葡萄糖和果糖后，才可参与酒精发酵。但枸杞汁中戊糖、木糖和酮糖等则不能被酵母菌发酵利用。

1. 酒精发酵的主要过程·枸杞汁在酵母菌的一系列酶的作用下发生厌氧发酵，最终得到乙醇和二氧化碳。简单反应式：

$$C_6H_{12}O_6 \longrightarrow 2CH_3CH_2OH + 2CO_2$$

（1）葡萄糖磷酸化，生成活泼的1,6-二磷酸果糖。

（2）1分子1,6-二磷酸果糖分解为2分子的磷酸丙酮。

（3）3-磷酸甘油醛转变成丙酮酸。

（4）丙酮酸脱羧生成乙醛，乙醛在乙醛脱氢酶的催化下，还原成乙醇，为主要产物。

2. 酒精发酵的主要副产物

（1）甘油：在发酵时由磷酸二羟基丙酮转化而来，甘油可赋予果酒以清甜味，并且可使酒口味绵润。

（2）乙醛：主要是发酵过程中丙酮酸脱羧产生的，也由乙醇氧化而产生。游离乙醛的存在会使果酒具有不良的风味。用SO_2处理会消除此味。因为乙醛和二氧化硫结合可形成稳定的亚硫酸乙醛，此种物质不影响果酒的风味。

（3）醋酸：主要是乙醛氧化而生成，乙醇也可氧化生成醋酸。在无氧条件下，乙醇的氧化很少。醋酸为挥发酸，风味强烈，在果酒中含量不宜过多。醋酸在陈酿时可以生成酯类物质，赋予果酒以香味。

（4）琥珀酸：主要是由乙醛反应生成，或者是由谷氨酸脱氨、脱羧并氧化生成。琥珀酸的存在可增进果酒的爽口性。

（5）乳酸：主要来源于酒精发酵和苹果酸-乳酸发酵。

（6）高级醇：主要由新陈代谢过程中的氨基酸、六碳糖及低分子酸生成。如含量过高，可使酒具有不愉快的粗糙感，且使人头痛致醉。

此外，还有一些由酒精发酵的中间产物——丙酮酸所产生的具有不同味感的物质，如具有辣味的甲酸、具烟味的延胡索酸等。

（三）枸杞发酵酒技术

贺晓光（2008）以枸杞汁为原料，研究其发酵过程中干酵母选择，生产工艺条件，总结出了枸杞酒生产技术，按其工艺制成的枸杞酒口感纯正，风味醇香。

（1）鲜枸杞发酵酒工艺流程如下：

$$H_2SO_3, \text{果胶酶}$$
↓

鲜枸杞→分选→清洗→破碎、压榨→成分调整→前发酵→沉降分离→后发酵、陈酿→口感调整→下胶、过滤→冷处理→过滤→灌装→杀菌→包装→入库

（2）鲜枸杞汁的制备：采摘后的新鲜枸杞，按枸杞生产工艺破碎榨汁。在破碎榨汁时加入体积分数为60×10^{-6}的亚硫酸和$(80 \sim 100) \times 10^{-6}$的果胶酶。枸杞的成分比较复杂，使用果胶酶，不仅可以破坏果汁中的果胶物质，还可使更多的营养成分溶解。发酵罐的装汁量在75%左右，目的是防止发酵时产生的大量泡沫溢出。

（3）干酵母的活化：干酵母的活化根据 EC118 干酵母的活化要求，在 37～42 ℃的去离子水中加入 5%蔗糖和 5%活性干酵母，活化 30 min 后泵入发酵罐，干酵母的接种量为 0.1%～0.2%。

（4）成分调整：为了促进酵母生长繁殖并尽快起酵，提高果酒质量，需对发酵液中糖度和酸度进行成分调整。当果汁中糖的体积分数达到 2%时，酵母菌的繁殖速度最快。糖的体积分数为 16%左右时，酵母产酒度最高。鲜枸杞汁含还原糖 130～160 g/kg，若只用鲜果发酵仅得酒精体积分数为 7%～8%，为此以 17～22 g 糖转化为酒精的体积分数 1%计，向果汁中加入一定量的糖液在一定程度上可以调整酒度（陆晓滨，2003）。酸度影响酵母细胞的繁殖、细胞活性、细胞膜电位、胞内酶活性和细胞对营养物质的吸收及产物的代谢分泌（顾国贤，1996）。枸杞汁中酸度低，会起到起酵快、产生果香、降低甜度、修饰滋味和口感的作用，而酸度高又可防止微生物的生长繁殖。因此，为保证发酵正常进行和酒体口感，可通过添加柠檬酸或苹果酸来调整起酵酸的体积分数达到 4.2～4.5 g/L（以酒石酸计）。成分调整后，果汁发酵后酒精的体积分数通常能达到 11%～12%，最高可达到 16%。

（5）前酵：在主发酵期，温度是影响酵母生长和繁殖的主要环境因素。酵母发酵会产生大量的发酵热，若升温过快会加速纯种酵母的衰老，减少酵母菌数，从而降低酒度。高温条件下酒体易受杂菌的感染，不利于枸杞本身芳香物质的保存和挥发物质的形成，影响果酒的品质，同时温度升高又会加快维生素 C 的氧化破坏。因此，为使发酵顺利进行，在前发酵期必须将温度保持在 20～22 ℃。温度也不能太低，否则会影响酵母正常起酵。发酵 5～7 天，发酵液中的残糖降至 4.0 g/L 以下时，前发酵结束。

（6）沉降分离：前酵产生的沉淀物质（酒脚）在重力作用下沉降聚集并与清汁分离，将上清液倒入其他罐，满罐封存。

（7）后酵、陈酿：较低温度的后酵有利于酒体的澄清，形成枸杞独特的风味和良好的酒体，因此后酵的温度一般控制在 15～20 ℃，时间为 30 天。后酵结束时倒罐分离，上清液泵入陈酿罐，在室温下贮存 3～6 个月，使酒体澄清透亮，并形成醇厚柔和的风味口感。

（8）下胶、过滤：陈酿结束后抽出上清液，分离酒脚。由于枸杞中蛋白质的含量较高，酒体的澄清度较差，存放时间长会出现大量沉淀。另外，枸杞发酵酒中多酚类物质含量较高，酒体容易氧化褐变。因此，在清酒中加入 1∶10 的明胶和皂土进行处理，以提高酒的稳定性。明胶、皂土的具体用量应根据不同酒样进行梯度试验来确定。下胶后静止 7～15 天再用硅藻土过滤机进行粗滤，选用的硅藻土型号一般根据酒体的混浊度确定。

（9）冷处理：枸杞酒冷藏可加速一些胶体物质和无机盐类的沉降，4～6 ℃冷处理 5～7 天，可增加酒体的稳定性。

（10）过滤：冷处理后，用板框过滤机在低温条件下进行过滤，除去一些色素和单宁物质生成的络合物及其他冷不稳定物质。常用的纸板孔径有 0.25 μm 和 0.45 μm，在灌装之前再用孔径为 0.22 μm 膜进行精滤，以提高酒的清亮透明度。

（11）杀菌：灌装封口后经检验合格的枸杞酒，在 75 ℃条件下杀菌 30 min，放置 1 天进行抽检，合格后进行包装。

（四）影响酒质量的因素与控制

为达到生产优质枸杞酒的目的，安冬梅（2006）研究原料、菌种、发酵、温度、糖度、酸度、氧化度、SO_2 等工艺的影响与控制措施。

1. 原料品质·果酒酿造原料一般选择含糖量高、酸度适宜、香味浓、色泽好、汁液多、易榨汁的果品，这是保证所酿造的果酒产品清爽、稳定及自然酒精含量高的重要因素。枸杞鲜果水分约 80%，总糖 8%～12%，有机酸 0.45%～0.55%，氨基酸 0.3%～0.7%。青海产枸杞总糖高于宁夏、新疆、甘肃等产区，较适于酿酒。要生产出优质的枸杞酒，必须培育专用品种。通过先进的科学手段选育酿酒专用枸杞品种，对酿造高质量的枸杞酒具有重要意义。

枸杞在成长过程中由于受到病虫害及天气等自然环境的影响，容易感染一些导致腐败的微生物，如果腐烂果随枸杞的破碎、打浆、榨汁进入枸杞果汁，会使枸杞果汁或枸杞酒有霉味和怪味而影响枸杞酒的品质。另外，农药残留超标的枸杞也会导致果汁发酵后的枸杞酒品质降低。

2. 酵母菌种·枸杞酒是通过添加酵母菌而发酵生产的果酒,酵母菌种的发酵功能是否良好直接影响枸杞酒的品质好坏。

优良果酒酵母适宜于枸杞汁发酵,能产生良好的果香风味与口感;发酵速度平稳,发酵结束时残留可发酵性糖少;耐高温、高酸、高 SO_2;发酵温度范围宽,低温发酵能力好;产酒精率高,耐酒精能力强;挥发性酸生成少,主醇期间产生泡沫少,不生成或很少生成黏性物质,H_2S 等不良副产物生成少;酵母凝聚性强,发酵结束后快速沉淀,利于酒渣分离,提高出酒率,发酵功能稳定。目前枸杞酒酿造主要使用活性干酵母,目前尚未有分离出酿酒特性良好的专一的枸杞酒酵母。通过生物技术手段,可以选育适合于枸杞原料酿酒的产酒精率高、产香良好、发酵平稳、发酵特性良好的酵母菌。

贺晓光等(2008)从不同酵母发酵后枸杞酒成分差别,在 BM_{45}、DV_{10}、EC118 中得出 EC118 干酵母更适合枸杞酒发酵。

刁小琴等(2008)测试对 EC1118、E01 - 2005 枸杞干酵母和 PT 葡萄酒活性干酵母 3 菌株进行紫外线诱变,3 菌株的耐高糖试验得出 EC1118、E01 - 2005 - 1 枸杞酿酒酵母菌株在耐糖环境下生长状况较好,残糖含量较少,酒精度较高;而 PT - 1 酵母的起泡时间较长,发酵迟缓,气味不悦,从而选定 EC1118 - 1、E01 - 2005 - 1 枸杞酿酒酵母做后续的耐乙醇试验:通过对 EC1118 - 1、E01 - 2005 - 1 枸杞酿酒酵母菌的耐乙醇和重发酵试验结果得出,E01 - 2005 - 1 菌株发酵更为充分,发酵果酒酒色红润,酒香纯正,口感和谐,枸杞特色饱满。

张惠玲等(2010)通过实验选择产香产酒好的酵母 GQ 与 BY 酵母做出发菌,采用原生质体融合技术,获得融合子 RH - 7 进行枸杞酒发酵实验经实验分析鉴定,能较好地体现出枸杞中的风味代表物质藏红花醛、β -紫罗兰酮、2 -羟基 β -紫罗兰酮和马铃薯螺二烯 4 种物质,提高了产酒能力和产香能力。

3. 果汁的酸甜度·在枸杞酒酿制过程中为使发酵能够顺利进行,接种前需对果汁成分进行糖度和酸度调整。

(1)糖度调整:果汁中的糖是酵母菌生长繁殖的碳源。当糖浓度适宜时,酵母菌的繁殖和代谢速度都比较快;当糖浓度继续增加,酵母菌的繁殖和代谢速度反而变慢,甚至还会停止发酵。为了使发酵后成品酒达到所要求的酒精度,可以添加浓缩果汁或糖。若添加浓缩果汁,要注意先对浓缩果汁的含糖量进行分析,再利用交叉法求得浓缩果汁的添加量。浓缩果汁不要在主发酵前期加入,因浓缩果汁含糖太高会影响发酵。另外,要注意浓缩果汁的酸度是否影响原发酵液的酸度,当果汁中的糖浓度为 $1\%\sim2\%$ 时,酵母菌的繁殖速度最快;糖浓度为 16% 左右时,可以得到最大的酒精生产率;如超过 25% 时,酒精生产率明显下降,发酵液的残糖也会逐渐增加。若添加白糖要注意的是通常按 17 g 糖生成 $1\%(v/v)$ 酒精计。为使酵母尽快起酵,在发酵前只加入应加糖量的 60% 白砂糖比较适宜,当发酵至糖度下降约为 $8°Bx$ 时,再补加另外 40% 白砂糖。调后果汁含糖总量 $<25\%$,否则影响果酒质量。

(2)酸度调整:可滴定酸影响发酵液的 pH,从而影响酵母细胞的繁殖、细胞的活性、细胞膜电位、胞内酶活性、细胞对营养物质的吸收、产物的代谢和分泌。枸杞汁中可滴定酸高,起发快,酸会产生果香,保证果酒的新鲜果香,降低甜度,修饰其他滋味和口感。另外,高酸所产生的 pH 有利于防止微生物的生长繁殖,低 pH 能够保证果汁中有足够的游离 SO_2,但 pH 过低,会影响酵母的发酵,促进乙酸乙酯的水解,生成挥发酸,影响成品酒的口味。如果果汁的 pH 太低则可添加 $CaCO_3$,或者在接种酿酒酵母后再接种裂殖酵母使之进行苹果酸-乳酸发酵,但会使酒产生异味。若 pH 太高,可以添加柠檬酸或苹果酸,将果汁酸度调整为 $5.5\sim6.5$ g/L(以柠檬酸计)。枸杞酒发酵,应控制 pH $3.3\sim3.5$,在这个酸度下,杂菌受到抑制,而酵母则正常发酵。

4. 温度·温度是影响酵母生长、繁殖、发酵的主要环境因素。10 ℃以下酵母或其孢子一般不发芽或仅极缓慢地发芽;10 ℃以上发芽速度逐渐加快,以 20 ℃为最适繁殖温度并能获得最多的细胞数;如温度升高为 20 ℃以上时,发芽速度更快,但细胞出现逐渐衰老,酵母数随之降低;超过 35 ℃时酵母繁殖受阻,40 ℃以上时酵母停止发酵。酵母发酵能够产生大量的热量,如果不及时采取措施,会使发酵液温度升高,不仅影响酵母生命的活力,而且对酒的质量有不良影响。在高温条件下易发生杂菌感染,不利于枸杞本身芳香物质的保存及形成挥发性副产物。高温下酿造的酒缺乏新鲜的果香,酒质不细腻,口感粗糙,有异味,乙醇的挥发损失增加,不利于酒的澄清。

枸杞酒生产中通常选择低温发酵、低温陈酿,以保留水果中固有的风味物质及营养成分,提高酒精含量,增加酒味的柔和性及果味的浓郁感。低温条件下,酵母发酵平稳,不进入明显的对数发酵阶段,发酵周期长,可以使许多构成枸杞酒特殊的风味物质得以保存,酵母腐败程度较小。另外,低温还可以阻碍醋酸菌和乳酸菌的发育,但是温度过低,酵母不能正常起酵,酵母起酵晚,发酵速度过低,霉菌和产膜酵母就会在表面生长。一般控制枸杞酒发酵温度在 $15 \sim 20 \, ℃$ 为宜。生产中通常利用发酵罐的冷却管、蛇形管或双层发酵罐罐体外层的夹套来输送冰水或制冷介质,达到降温的目的。

5. 氧气·氧的存在是酵母繁殖及维持其功能必不可少的,因而在酵母发酵初期应适当通入无菌空气,控制有微量氧气存在,有利于酵母的生长繁殖和酵母各种功能的保持。但发酵液中的氧气过多,会使发酵液中多酚类物质氧化导致发酵液的色泽升高,从而影响成品酒的感官质量,不利于枸杞酒的陈酿。因此,在发酵的初期应适当通入无菌空气,使酵母能够顺利起酵。在主发酵阶段停止通入无菌空气,在枸杞酒的陈酿和贮藏过程中严格控制氧的进入。

6. SO_2 控制· SO_2 在果酒酿造及贮存过程中有不可替代的作用。酿酒过程中添加 SO_2 的目的在于抑制细菌繁殖,净化发酵基质,防止酒体氧化和变质等。由 SO_2 转化生成的亚硫酸有利于果皮中色素、酒石酸、无机盐等成分的溶解,可增加浸出物的含量和酒的色度。SO_2 可一定程度地抑制分解酒石酸和苹果酸的细菌,又可与酒石酸钾钙等盐作用,使其酸游离,增加不挥发酸的含量,同时,亚硫酸被溶于枸杞酒中的氧氧化为硫酸,也会使酸增高,以上均为 SO_2 在酿酒过程中的积极作用。从不利方面讲,发酵前添加 SO_2 在短期内会抑制酵母菌的活动,增长酵母繁殖的延滞期,导致起酵推迟;SO_2 使用不当或用量过高,会使酒体具怪味且对人体产生

毒害。在还原条件下,可形成具臭鸡蛋味的 H_2S,而 H_2S 可与乙醇化合产生硫醇(C_2H_2SH),过高的 SO_2 会降低微生物的活性及其抗氧化作用,推迟酒体的成熟。

SO_2 在酿酒过程中是必不可少的,过多也会有不利影响。对此,各国规定了酒体中 SO_2 的最高限量,我国 GB/T15038 - 94 规定,葡萄酒中游离 SO_2 不得高于 $50 \, mg/L$,总 SO_2 不得高于 $250 \, mg/L$。在国家标准规定范围内,规范控制 SO_2 的用量,研究酒体发酵过程中 SO_2 的变化动态,了解游离 SO_2 和总 SO_2 的变化趋势,探究 SO_2 的最适用量,对枸杞果酒的生产都具有重要的指导意义(贺芳,2016)。

SO_2 在枸杞酒酿造中的主要作用是抑制对果酒发酵起不良影响的微生物。如果皮上的野生酵母、霉菌及其他一些杂菌,而能使对其抵抗力较强的人工酵母菌繁殖,保证发酵醪的正常发酵。由于 SO_2 自身易被氧化而消耗汁液中的氧气,从而使芳香物质、色素、单宁、维生素 C 等不易被氧化,抑制氧化酶的活力,起到停滞或延缓果酒氧化的作用,避免果酒颜色过深和失光,保持酒的香气。陈酿时如果果酒中分子态氧含量较高,会产生氧化产物乙醛,使其丧失新鲜感。而少量的 SO_2 可和乙醛反应生成甘油,果酒获得饱满口感,在灌装时保持酒中有少量的 SO_2 存在,可使装瓶后的枸杞酒保持较低的氧化还原电位,以保持其良好的风味和口感。

7. 苹果酸-乳酸发酵·苹果酸-乳酸发酵最大的特点是果酒的口感变得柔和、协调。果酒的风格是由明串珠菌参与的苹果酸-乳酸发酵后得到的,而大多数球拟菌属、乳杆菌属产生不适的苦感、鼠臭味和黏稠等。在苹果酒中嗜柠檬酸明串珠菌经苹果酸-乳酸发酵可以降低苹果酒的酸度,使酒体变得丰满,增加口味和香气的复杂性,增加细菌的稳定性,有利于储藏和发酵。

8. 下胶和澄清·枸杞酒是一种胶体溶液,是以水为分散剂的复杂分散体系。其主要成分是呈分子状态的水和酒精分子,其余小部分为单宁、色素、有机酸、蛋白质、金属盐类、多糖、果胶质等,它们以胶体形式存在,是不稳定的胶体溶液,会发生物理化学和生化变化,影响澄清透明。

枸杞酒下胶和澄清操作的目的就是除去一些在酒中引起品质变化的因子,以保证枸杞酒在货架期

内质量的稳定。生产中常用的澄清剂主要有明胶、蛋清、单宁、皂土、纤维素,还有某些合成树脂如聚酰胺、聚乙烯吡咯烷酮(PVPP),多糖类如琼脂、阿拉伯树胶以及硅胶、壳聚糖等。各种澄清剂对酒的澄清机制和澄清作用存在一定的差异。因此,为达到澄清目的,经常几种澄清剂联合使用,在使用澄清剂前应做小样实验以免下胶过量。

范艳丽等(2008)研究了皂土、明胶和壳聚糖对枸杞酒的澄清效果以及非生物稳定性的影响。试验结果显示,3种澄清剂中除明胶的澄清效果不明显外,皂土和壳聚糖均显示良好的澄清效果,且澄清速度较快。其中,以4%的壳聚糖澄清效果最佳,透光率可达91.83%;添加0.2%的皂土,透光率可达90.36%。比较三者的降酚和降蛋白效果,皂土的降酚效果优于其余两者且速度较快,降酚率可达93.48%;而壳聚糖的降蛋白效果明显优于其余两者且速度较快,降蛋白率可达80.48%。此外,分别以4%的壳聚糖和0.2%的皂土作澄清剂,枸杞酒的蛋白质、酒石酸氢钾、铁、铜以及氧化稳定性试验结果均呈阴性,表明皂土和壳聚糖在一定程度上起到了增强枸杞酒非生物稳定性的作用。

除此之外,要达到除浑、防褐及抑菌的目的,微孔膜超滤有突出的优势,分离精度高、除菌能力强、不影响风味,亦可在常温低压下连续使用,在果酒业具有广阔的应用前景。

(五)常见质量隐患

1. 浑浊·产生浑浊的原因主要有:果酒在发酵完成之后以及澄清后分离不及时,酵母菌体的自溶或被腐败性细菌所分解而产生浑浊;下胶不适当也会引起混浊;也可能是由于有机盐的结晶析出、色素单宁物质析出以及蛋白质沉淀等均可导致酒液浑浊。这些浑浊现象可采取下胶过滤法除去。如果是发酵或醋酸菌等的繁殖而引起的混浊,则需先行巴氏杀菌后再下胶处理(曹有龙,2013)。

吴桂君(2002)对发酵型枸杞酒中沉淀物及成分进行了鉴定研究,发酵枸杞酒在货架期酒体易浑浊不稳定,其原因是单宁、蛋白质、果胶等沉淀物质引起。

(1)蛋白质的鉴定:采用双缩脲法对枸杞中的沉淀进行鉴定。试剂与沉淀样液混合后溶液变成深紫褐色,说明沉淀物中存在蛋白质。反应颜色较深也说明样液蛋白质浓度较大,蛋白质在沉淀物中占有很大的比例。

(2)单宁的鉴定:采用福林-单尼斯法对沉淀进行鉴定。沉淀样液与试剂混合后溶液颜色变为紫色,说明沉淀物中存在一定量的单宁;单宁浑浊沉淀的原因是枸杞酒在阳光、氧和金属离子的催化下会自身缩合成分子量很大的不溶性"根皮鞣红"而使枸杞酒出现暗棕色的雾浊、浑浊或沉淀,并同时伴有酒的色泽劣变。

(3)果胶的鉴定:采用GBn246-85方法对沉淀进行鉴定。烧杯中的黏性物质在冷却后呈现柔软而有弹性的胶冻,表明沉淀物中存在果胶。一般枸杞酒沉淀物中果胶占26%,仅次于蛋白质、说明果胶也是导致枸杞酒产生浑浊、沉淀的主要物质之一。蒽醌类的鉴定在纸上呈现黄色的斑点,表明沉淀物中存在蒽醌类。蒽醌类物质具有很强的生理保健功能,它一般存在于枸杞的果皮中。发酵型枸杞酒在温度及pH变化的情况下蒽醌类物质会沉淀,与蛋白质、色素结合产生沉淀。

(4)色素的鉴定:通过镜检法在显微镜下观察,发酵型枸杞酒沉淀出的棕色沉淀呈海绵状与从枸杞中提取的色素形态上相同,表明发酵型枸杞酒的此种沉淀物为色素沉淀物。发酵性枸杞酒的颜色源于枸杞色素,而酒在放置过程中颜色会因阳光、氧和金属离子的催化自身缩合形成分子量大的不容性物质使酒出现浑浊、沉淀,并使酒的色泽劣变。

2. 变色·在枸杞酒生产过程中,如铁制的机具与果酒或果汁相接触,使酒中的铁含量偏高(超过8~10 mg/L),就导致酒液变黑。铁与单宁化合生成单宁酸铁,呈蓝色或黑色(称为蓝色或者黑色败坏)。铁与磷酸盐化合则会生成白色沉淀(称为白色败坏)。因此,在生产实践中需避免铁质机具与果汁和果酒接触,减少铁的来源。如果铁污染已经发生,则可以加明胶与单宁沉淀后消除。

此外,生产过程中果汁或果酒与空气接触过多时,由于过氧化物酶在有氧的情况下会将酚类化合物氧化而成褐色(称为褐色败坏)。一般用SO_2处理可以抑制过氧化物酶的活性,加入单宁和维生素C等抗氧化剂,可有效地防止果酒的褐变(曹有龙,

2013)。

3. 生花·生花亦称生膜,是由酒花菌类繁殖形成的。果酒暴露在空气中,就会在表面生长一层灰白色或暗黄色、光滑而又薄的膜,随后逐渐增厚、变硬,膜面起皱纹,此膜将酒面全部盖满。振动后膜即破碎成小块,并充满酒中,使酒混浊,产生异味。

防治方法:避免酒液表面与空气过多接触,贮酒盛器需经常添满,密闭贮存,要保持周围环境及容器内外的清洁卫生;在酒面上加一层液体石蜡隔绝空气,或经常充满一层 CO_2 或 SO_2 气体;在酒面上经常保持一层高浓度酒精。若已发生生膜,则需用漏斗插入酒中,加入同类的酒充满盛器使酒花溢出。严重时需用过滤法除去酒花再行保存。

4. 变味

(1)酸味:果酒变酸主要是由于醋酸菌发酵引起的。醋酸菌繁殖时先在酒面上生出一层淡灰色薄膜,最初是透明的,以后逐渐变暗,有时变成一种玫瑰色薄膜,出现皱纹,并沿器壁生长而高出酒的液面。以后薄膜部分下沉,形成一种黏性的稠密的物质,称之为酵母。有时醋酸菌的繁殖并不生膜。由于醋酸菌经常危害果酒,所以,它是果酒酿造业的大敌。醋酸菌可以使酒精氧化成醋酸,使其产生刺舌感。若醋酸含量超过 0.2%,就会有明显的刺舌感,不宜饮用。最常见的是醋酸杆菌。这类菌繁殖的最适条件是酒精度 12% 以下,有充足的空气供给,温度为 33~35 ℃,固形物及酸度较低。防治方法与生膜相同。已感染醋酸菌的,采取加热灭菌,在 72~80 ℃ 保持 20 min 即可杀灭。凡已贮存过病酒的容器要用碱水洗泡,刷洗干净后用硫黄杀菌,方可再次使用。

(2)霉味:用生过霉的盛器盛酒、清洗除霉不严格、霉烂的原料未能除尽等原因都会使酒产生霉味。霉味可用活性炭处理过滤而减轻或去除。

(3)苦味:苦味多由种子或果梗中的糖苷物质的浸出而引起。可通过加糖苷酶以分解,或提高酸度使其结晶过滤除之。

(4)硫化氢味和乙硫醇味:硫化氢味(臭皮蛋味)和乙硫醇味(大蒜味)是酒中的固体硫被酵母菌所还原而产生硫化氢和乙硫醇而引起的。因此,硫处理时切勿将固体硫混入果汁中,利用加入过氧化

氢的方法可以去除。

(5)其他异味:酒中的木臭味、水泥味和果梗味等可经加入精制的棉子油、橄榄油和液体石蜡等与酒混合使之被吸附。这些油与酒互不溶合而上浮,分离之后即去除(曹有龙,2013)。

(六)质量控制指标

1. 感官指标·成品鲜枸杞发酵酒的感官指标为:

颜色:金黄色。

香气:具有愉悦感官的优雅、和谐的果香和典型的发酵酒香。

滋味:入口纯正、柔顺,余味悠长。

2. 保质期·要求成品酒在 5~35 ℃ 下运输储存。在运输储存过程中,应保持场地清洁、干燥、通风良好,严防日光直射,不得与潮湿地面直接接触,不得接近和靠近有腐蚀性的物品和易发霉、发潮的物品,严禁与有毒物品堆放在一起。保质期自装瓶之日起不少于 3 年。

3. 理化指标(干型)·成品鲜枸杞酒的理化指标为:

酒精的体积分数:(11.0~13.0)%

总糖(以葡萄糖计 g/L):≤4.0

总酸(以酒石酸计 g/L):5.0~7.0

挥发酸(以乙酸计 g/L):≤1.1

干浸出物(g/L):≥14

4. 微生物指标·成品鲜枸杞酒的微生物指标为:

细菌数/(个·mL)≤50

大肠菌群/(个·100 mL)≤3

三、枸杞酒香气成分

枸杞在发酵过程中会将枸杞多糖、甜菜碱、淀粉等转化为醇类,营养成分也随之发生变化,生成一系列挥发性香气物质。香气成分赋予枸杞酒感官质量起着决定性作用。王花俊等(2011)采用气象色谱-质谱联用仪在枸杞酒中共鉴定出 49 种成分,其中醇类有 7 种,占总面积的 73.3%。脂类和内酯种类 18种,占总面积的 16.98%。剧柠等(2017)在枸杞酒中共分离得到 58 个峰,鉴定出 32 种化学成分,其中醇类 8 种,占相对峰面积 55.22%,酯类 3 种,以烷

烃、烯烃为代表的其他类为7种,含量较小。学者研究发现枸杞酒中含有高浓度酯类成分,尤其是异戊基乙酸酯、己酸乙酯、癸酸乙酸、乙酸乙酯含量较高,决定着枸杞酒的香气,其次是酮类、4-乙烯基愈创木酚、萜类衍生物;也有学者在枸杞酒中检出25种香气成分,其中酯类化合物5种,醛酮类化合物5种,醛酸类和醇类的化合物为10种,杂环类化合物2种(梁颖,2019)。

不同研究者鉴定出的枸杞酒中香气成分不尽相同,枸杞品种、酵母品种、发酵工艺等都会影响枸杞酒最终香气组成。综合分析,枸杞酒中的香气成分主要由酯类、醛酮类、醇类、内酯类、萜类化合物、脂肪酸、挥发性酚及硫化合物等组成。

张峻松等(2007)对枸杞浸泡法和发酵法制备的枸杞酒香气成分进行分析,其差别较大。用60%的酒精按枸杞10%比例常温浸泡14天,过滤得浸泡

枸杞酒。用前发酵方式得发酵枸杞酒,采用GC-MS法分析,得出不同方法制备的枸杞酒中香味成分的相对含量。

结果表明,在浸泡法和发酵法制得的枸杞酒中,分别检出25种和54种成分,酯类化合物的种类分别为5种和15种;醛酮类的化合物的种类分别为5种和7种;羧酸类和醇类的化合物的种类分别为10种和24种;杂环类化合物的种类分别为2种和5种。不同方法所得到的枸杞酒香气成分不同,发酵法制备枸杞酒的香气成分的种类多于浸泡法。

王花俊等(2011)以枸杞为原料经浸泡与发酵相结合制备枸杞酒,采用同时蒸馏萃取提取枸杞酒的香味成分,利用气相色谱-质谱联用仪对挥发性香味成分进行分离和鉴定,得出如表11-3结果。

表 11-3　GC/MS 分离鉴定枸杞酒的挥发性香味化合物

序号	保留时间	中文名称	含量(%)	相似度(%)	序号	保留时间	中文名称	含量(%)	相似度(%)
1	4.35	乙酸乙酯	0.94	90	20	21.47	苯乙醛	0.45	76
2	5.39	异丁醇	5.68	91	21	22.12	糠醇	0.32	95
3	6.19	乙酸异丁酯	0.46	90	22	22.35	异戊酸	0.41	84
4	6.62	丁醇	0.14	86	23	22.98	γ-己内酯	0.12	86
5	8.47	异戊醇	34.04	83	24	24.25	戊酸	0.22	87
6	9.20	乙酸乙酯	0.25	97	25	25.24	乙酸	0.1	97
7	10.36	2-氧代丙酸乙酯	0.1	89	26	25.65	5-羟甲基糠醛	0.16	82
8	10.7	3-羟基2-丁酮	0.1	82	27	26.34	庚酸	0.68	90
9	11.18	1-羟基-2-丁酮	0.05	77	28	26.61	甲基环戊烯醇酮	0.03	94
10	12.49	庚酸乙酯	0.39	83	29	27.14	乙酸苯乙酯	1.48	83
11	15.34	辛酸乙酯	0.38	95	30	27.93	苄醇	0.09	98
12	15.72	乳酸乙酯	9.48	91	31	28.11	2,7-二甲基-4,5-辛二醇	0.09	91
13	16.23	糠醛二乙醇缩醛	0.15	97	32	28.87	β-苯乙醇	33.02	95
14	16.32	糠醛	0.53	97	33	29.87	辛酸	0.09	76
15	17.53	2-乙酰基呋喃	0.15	90	34	30.34	2-乙酰基吡咯	0.24	97
16	18.53	丙酸	0.63	95	35	31.70	γ-壬内酯	0.06	92
17	19.41	异丁酸	0.33	87	36	32.08	肉豆酸乙酯	0.07	89
18	19.58	5-甲基糠醛	0.21	95	37	32.50	丁二酸二乙酯	2.60	91
19	21.17	γ-丁内酯	0.36	91	38	34.74	丁香酚	0.07	78

（续表）

序号	保留时间	中文名称	含量（%）	相似度（%）	序号	保留时间	中文名称	含量（%）	相似度（%）
39	36.97	棕榈酸乙酯	0.07	98	45	41.87	亚油酸乙酯	0.09	97
40	37.39	壬酸	0.94	98	46	42.76	肉豆蔻酸	0.12	88
41	38.73	癸酸	0.08	91	47	43.34	苯丙酸乙酯	0.04	78
42	40.36	月桂酸	0.36	94	48	46.03	邻苯二甲酸二辛酯	0.05	88
43	40.77	苯甲酸	0.05	95	49	49.88	棕榈酸	0.13	97
44	41.75	油酸乙酯	0.04	96					

共鉴定出 49 种成分，占挥发性成分的 96.64%，其中醇类 7 种，占总面积的 73.38%；酯类和内酯种类 18 种，占总面积的 16.98%，并用面积归一化法测定各种成分的质量分数，其主要成分为异戊醇（34.04%）、β-苯乙醇（33.02%）、乳酸乙酯（9.48%）、异丁醇（5.68%）、丁二酸二乙酯（2.60%）、乙酸苯乙酯（1.48%）等。

这些香味成分的香气特征是异戊醇具有酒香和果香；β-苯乙醇具有青甜玫瑰的香韵，香气柔和；乳酸乙酯具有令人愉快的微甜香气；乙酸苯乙酯具有蜜样的花香香气；异丁醇具有温和的甜香；丁二酸二乙酯具有令人愉快而温和的果香味。相对含量较低的一些化合物在枸杞酒总体香气构成中也有不可忽视的作用，如辛酸乙酯具有令人愉快的花香和果香；庚酸乙酯具有强有力的酒香和果香；糠醛则具有浓郁谷物香气等。分析鉴定的枸杞酒香气成分与有关枸杞香气成分分析的文献相比，其香味物质较多，尤其 β-苯乙醇、丁二酸二乙酯、乳酸乙酯、乙酸苯乙酯等香气成分含量明显增加，这些香味物质对产品的香气有较大的贡献。从香气评价来看，枸杞酒既具有浓郁的枸杞香气又增加了酿香、果香，酒体醇厚、协调、丰满、肥硕、风格典型。

四、柴达木枸杞发酵酒

柴达木枸杞酒，选用柴达木盆地产的枸杞鲜果为原料，经榨汁、酶解、发酵、陈酿、蒸馏等 18 道工序而成。

柴达木枸杞酒技术要点
1. 工艺·见图 11-27。

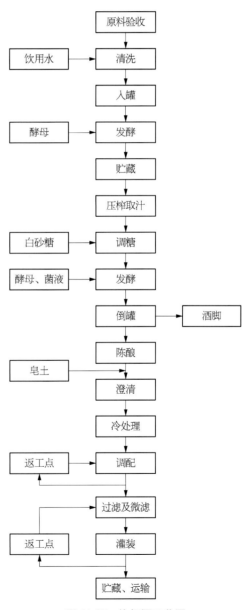

图 11-27　枸杞酒工艺图

2. 技术要点 · 见表 11-4。

表 11 - 4 枸杞酒生产工艺要点

工序	工 艺 说 明
枸杞鲜果验收	采用青海柴达木盆地新鲜采摘的枸杞鲜果,符合枸杞鲜果的验收标准
清洗分选	要求鲜果表面无煤烟、尘土等污染物,无机械伤,无病虫斑、水渍斑等霉烂变质果和其他杂质。先用人工挑除发霉变质的劣果和其他杂物,再用清水喷淋冲洗、沥干
压榨取汁	用物料泵将清洗后枸杞鲜果送入打浆机打浆/榨汁,再将果汁与枸杞果皮、籽分离,确保酿造用枸杞原汁纯正、无异味。以上操作条件下枸杞鲜果出汁率可达 70%
酶解	将混合原料加入果胶酶进行处理约 3~5 h,2~3 次
冷藏	果汁冷却后迅速打入冷冻罐,在低温 2 ℃±1 条件下,冲氮隔氧状态下低温贮存备用
升温	将果汁升温到 25 ℃,待发酵
主发酵	酵母用量为 250 mg/L。将酵母撒入后轻轻搅拌均匀,在 25 ℃下发酵 8~12 日,使最终发酵酒度在 8%~14%vol,残糖≤5.0 g/L 时为主发酵结束,可分离出罐
后发酵	前发酵结束后测定其总酸度、糖度、pH、酒度、挥发酸、口感;然后进行产品口感改善的后发酵,从而起到降低酸度、改善口感和香气,提高产品稳定性的作用
陈酿	发酵后酒液须经历半年左右的贮藏成熟期,温度 10~12 ℃为宜。控制储酒车间内温度在 5~20 ℃左右。定期检查酒的液面状况及进行普测,注意保持车间内卫生,做到干净、通风、无异味
澄清	皂土应充分浸泡至少 10 h 后使用。钠型皂土应该形成凝胶状。皂土应尽可能在水化后 24 h 内加入酒中,超过 24 h,应有酿酒师判断后决定是否可用
冷处理	将酒打入冷冻罐,启动制冷机与保温酒罐。温度控制在-8 ℃左右。冷冻结束,顶出冷冻机中的酒,盖好保温罐顶盖,封闭入孔,进行保温处理。保温 7~10 天后,在保温处理中认真填写观察记录
调配	根据每罐酒的理化指标,调整糖度、酒精度(同一批次酒),配制成成品
过滤及微滤	采用硅藻土粗过滤,过滤后经理化检验合格,再经膜过滤后在进行微生物检测,合格后可进行灌装。灌装前采用膜过滤,使用前查看过滤膜有无破损
灌装	按照无菌操作规程执行
贮藏、运输	按照产品执行标准检验合格后出厂销售

3. HACCP 关键控制点 · 从生物性危害、化学性危害和物理性危害进行危害分析与控制。生物性危害指的是对生产有害的各种细菌、酵母菌和害虫、果蝇、醋虱等;化学性危害指的是原料在生长过程中残留的农药、化肥以及生产过程中使用的消毒剂、洗涤剂滞留在成品中,物理性危害包括原料和产品中混有的泥沙、石块、梗叶、金属碎屑等杂物。

(1) 危害分析及措施:见表 11-5。

表 11 - 5 柴达木枸杞酒生产过程中的危害分析及控制措施

加工工序	潜在危害	控制措施	是否 CCP
枸杞采购、验收	生物性危害:致病菌	用大量水清洗	是
	化学性危害:铅、铜、砷、敌敌畏、乐果、马拉硫酸、一氧化硫	拒收无合格证明原料,要求提供合格证明,拒收发霉变质枸杞	是
	物理性危害:铁屑、沙尘、石块	通过拣选剔除	否
枸杞清洗	生物性危害:微生物残留	由 SSOP 控制	否
	物理性危害:沙尘	由 SSOP 控制	否

（续表）

加工工序	潜在危害	控制措施	是否CCP
原水	生物性危害：细菌、大肠菌群污染	定期抽检、在紫外杀菌工序中控制	是
	化学性危害：砷、铅、汞、铬、氟化物超标	定期抽检	是
	物理性危害：肉眼可见物	过滤	否
破碎	生物性危害：细菌污染	由SSOP控制	是
	物理性危害：金属碎屑	由SSOP控制	是
浸渍发酵	生物性危害：细菌污染	由SSM方案控制	是
	化学性危害：发酵异常产物HS、甲醛	由SSM方案控制	是
分离压榨	生物性危害：细菌污染	由SSM方案控制	否
	化学性危害：SO_2残留	由SSM方案控制	是
	物理性危害：滤布线头	经沉淀过滤后除去	否
倒酒	生物性危害：①外界环境污染；②陈酿容器清洗消毒不足引起的微生物污染。	尽量消除环境因素 按照SSOP规范清洗	是 是
	化学性危害：氧气进入导致酒体氧化	满罐贮存，加强封闭	是
下胶及过滤	化学性危害：①澄清剂验收；②下胶量过度。	辅料供应商的检验证明或第三方证明 预先小样试验，确定最佳下胶量	是 是
	生物性危害：设备、硅藻土清洗不彻底，造成微生物污染	按照SSOP规范清洗	是
灌装	生物性危害：①灌装机清洗不彻底；②灌装材料不合格。	按照SSOP规范清洗 供货商提供检验证明或第三方证明	是 是
灯检	物理性危害：碎玻璃片或其他杂质	设有专职的灯检员	否
巴氏杀菌	生物性危害：致病菌残留	通过检验判断是否合格，不合格再杀菌	是

（2）确定关键控制点（CCP）操作限值：根据CCP确定的原则，借助于CCP判断并结合危害控制的专业知识和企业的生产经验确定。根据HACCP基本原理及枸杞酒生产危害分析，其关键控制点为：

CCP1——原料质量：化学性危害（农药残留），原料的化学性危害在生产过程中无法消除或降低，从原料源头加以控制。

CCP2——加热灭菌过程：生物性危害（杀灭微生物）。为了保障产品销售期间微生物指标持续满足产品标准要求，产品经过巴氏杀菌法杀菌，杀菌的温度为70～75℃，时间为30 min。常见致病菌的D值、Z值，金黄色枸杞球菌D值为0.46～7.8（60），Z值为4.5～10.0；沙门氏菌D值为7.3～30（60），Z值为5.6～6.4；志贺氏细菌10（60），溶血性弧菌D值为1.0～4.1（53）。因此，大部分致病菌均可被杀死。

CCP3——灯检：物理性危害（酒中玻璃碴等异物）。通过灯检法去除酒体中的玻璃碴等异物。

第五节　枸　杞　粉

枸杞粉是利用鲜果枸杞制汁或干果枸杞水浸或水提取液，加入少量辅料经不同方式加热去水后制成。枸杞粉保留了鲜果枸杞的营养和活性成分，丰富了枸杞产品种类，更加节约枸杞应用各项成本。

枸杞粉保持了原有枸杞的味道、香气、成分、有利于充分利用,是目前枸杞加工的新趋势(图11-28)。

图 11-28　青海枸杞粉产品

一、枸杞粉加工

枸杞鲜果按制汁工艺生产枸杞汁,加入甜味剂、酸味剂,均质,然后采取不同方式加热制成枸杞粉。

枸杞干果用 8 倍量的饮用水浸泡 2 h,煮煎两次,每次 1～2 h,过滤,浓缩至相对密度为 1.05(70 ℃)的浸膏,加入麦芽糊精水溶液,混合,提取液经过干燥后粉碎既得(黄宁,2018)。

枸杞粉的干燥方式有:热风干燥、真空干燥、微波真空干燥、滚筒干燥等,宁夏和青海产区枸杞制粉工艺多用喷雾干燥。

刘光鹏等(2016)研究不同干燥方式对枸杞粉品质的影响,通过枸杞粉的总糖、黄酮、β-胡萝卜素、膳食纤维、维生素 C 及物理特性色泽、溶解性、吸湿性和复水性综合分析得出结论:不同干燥工艺所制备的枸杞微粉的营养成分存在显著差异,真空冷冻干燥所得产品的总糖、还原糖、类胡萝卜素、黄酮和维生素 C 含量最高,滚筒干燥所得产品的膳食纤维含量最高;热风干燥所得产品的总糖、还原糖、类胡萝卜素、黄酮和维生素 C 含量最低,真空冷冻干燥所得产品的膳食纤维含量最低。不同干燥工艺对枸杞微粉物理性质的影响不同,色泽值表现为真空冷冻干燥>微波真空干燥>喷雾干燥>滚筒干燥>热风干燥;真空冷冻干燥的枸杞微粉的溶解性和吸湿性均最高,热风干燥制备的枸杞微粉的溶解性和吸湿性均最低;复水比表现为真空冷冻干燥>微波真空干燥>喷雾干燥>热风干燥>滚筒干燥。

以上分析结果,对枸杞粉产业提供了选择工艺的科学依据,但真空冷冻干燥成本高,不适宜大生产工业需求,喷雾干燥技术目前应用较多。

二、喷雾干燥制备工艺

(一)原理

喷雾干燥技术特别适合干燥初始水分高的物料。该技术在食品工业中正发挥着越来越广泛的作用。喷雾干燥是利用喷雾器,将溶液,乳浊液,悬浮液或膏糊状物料喷洒成极细的雾状液滴,在干燥介质中液滴迅速汽化,形成粉状或颗粒状干制品的一种干燥方法。速度快,时间短。料液经雾化后,表面积瞬间增大若干倍,与热空气的接触面积增大,雾滴内部水分向外迁移的路径大大缩短,提高了传热传质速率,干燥时间仅为 5～35 s 就可蒸发掉 90%～95% 的水分。物料本身不承受高温。虽然喷雾干燥的热风温度比较高,但在接触雾滴时大部分热量用于水分的蒸发,所以排风温度并不高,绝大多数操作排风温度在 80～110 ℃ 之间,物料温度也不会超过周围热空气的温度,对于一些热敏性物料也能保证其产品质量。根据工艺要求选择适当的喷雾器,可使产品制成粉末或空心球,因此制品有良好的分散性和溶解性。

(二)工艺与关键技术

果胶酶、助干剂、稳定剂、乳化剂、甜味剂、酸味剂

↓

原料选择→清洗、浸泡→打浆(护色)→酶解、调配→加热搅拌→均质→喷雾干燥→集粉、包装

(1)原料选择:选用新鲜、饱满、色泽纯正、无虫害及机械伤害和发育变质的枸杞。

(2)清洗、浸泡:用洗涤剂浸泡,清水漂洗,洗净表面污物,再用清水冲洗干净。

(3)破碎、打浆:将枸杞果实放进打浆机中打浆破碎成浆状,破碎要迅速,避免与空气长时间接触使浆液氧化而发生褐变。同时加入异 VC-Na 和柠檬酸进行护色。再加水稀释到浓度为 15% 左右。

(4)酶解、抽滤:添加果胶酶 0.2%,水浴锅 50 ℃ 恒温保温 90 min,使果肉中的胶质被充分分解。用布氏漏斗抽滤,去除果浆中的纤维等物质。

（5）调配、均质：加助干剂、稳定剂等辅料，置45 ℃恒温磁力搅拌器中充分搅拌 15 min，使辅料混合均匀并溶解；用高压均质机均质，均质压力为30 MPa，时间 5 min。

（6）喷雾干燥、集粉、过滤、包装：进行喷雾干燥，控制进风温度 220 ℃，进料温度 50 ℃，进料浓度20%，风机频率 55 r/min，枸杞粉用 70 目网过筛，及时包装以防吸潮。

（三）影响因素

（1）护色剂选择：枸杞打浆过程中由于与空气接触而易发生褐变，因此，选择 VC-Na 和柠檬酸进行护色，以保护枸杞原有色泽。一般选用 0.4% VC-Na 和 0.1% 柠檬酸作护色剂效果可最大限度地保持枸杞浆原有色泽。

（2）助干剂选择：助干剂选用 β-环状糊精、麦芽糊精、CMC 和卡拉胶等，选用不同的助干剂，喷雾干燥效果不同。卡拉胶和 CMC 作为助干剂时，因其水溶性差，形成的是一种悬浊液，喷雾干燥时卡拉胶和 CMC 颗粒不能与枸杞浆很好地形成均匀雾滴，导致干燥时黏壁现象严重；β-环糊精和麦芽糊精的水溶性好，形成的雾滴均匀，全部干燥成粉，黏壁较少，效果好，且成本较低；同时对易挥发物质及光、热、空气敏感的物质产生稳定作用。因此，在喷雾干燥的助干剂麦芽糊精中加入适量 β-环糊精来稳定枸杞色素以及芳香物质。一般麦芽糊精添加量为 30%，β-环糊精添加量为 3% 时，喷雾干燥的效果好，所得枸杞粉的感官品质较好。

（3）糖酸比确定：常见的甜味剂种类有阿斯巴甜、山梨醇、乳糖、蔗糖（白砂糖）、葡萄糖等。由于阿斯巴甜、山梨醇、蛋白质糖等甜味剂在入口时的口感不如蔗糖和葡萄糖，而乳糖的甜度相对于蔗糖较小，且对某些人存在不耐症会引起肠胃不适，所以未选用。白砂糖添加量为 10% 时酸甜适宜，口感较佳。

（4）酸味剂的选择：在常用的酸味剂中柠檬酸具有圆润良好的酸味，但保留时间相对短，单独使用时，口味略显单薄。苹果酸稍带刺激性的酸味，与柠檬酸比例为 2:1 时效果较好。一般柠檬酸的添加量为 0.1% 时，枸杞粉甜酸度适宜，口感较好。

（5）工艺参数对枸杞粉口感的影响：参数主要有进料浓度、进料温度、进风温度和风机频率，影响强弱依次为：进料浓度＞风机频率＞进风温度＞进料温度。由于枸杞中含糖量较高，不加助干剂容易使喷头堵塞影响出粉率。因此，助干剂的选择、添加量对喷雾干燥的效果也有很大的影响。进料浓度 20%、进料温度 50 ℃、进风温度 220 ℃、风机频率55 r/min 为最佳喷雾干燥工艺参数（曹竑，2012）。张琰（2016）以喷雾干燥法对枸杞子进行干燥，以获得稳定生产工艺，进行枸杞粉的生产。方法：根据实验室内得到的参数，对枸杞粉的生产过程进行分析，并配合正交实验设计，以获得最高的集粉效率。结果：以喷雾干燥下处理，进料浓度为 16%，出风温度为 140 ℃ 及蠕动泵转速为 350 r/h。此时所获得的集粉率最高，为 22.9%。结论为以此工艺进行枸杞子粉的生产，效果稳定，集粉率较高。这两种均为适宜的工艺。

（6）荣群等（2013）以枸杞汁为原料，通过喷雾干燥制备枸杞粉，得出结果：当麦芽糊精添加量为 50%、固形物浓度为 8%、进风温度为 180 ℃、出风温度为 80 ℃ 时，喷雾干燥效果最好，在此条件下喷雾制备枸杞粉的出粉率为 29.1%，提高了枸杞产品的附加值。

三、冷冻真空干燥制备工艺

（一）原理

物质有固、液、汽三相态平衡共存的时刻，称为三相点，如图 11-29。对于一定的物质，三相点是固定不变的，此点对应着一定的压力、温度等物理参数。物质的三相在一定的条件下是能够相互转化的。当压力、温度处于三相点以下时，物质就能从固态不经液态直接转化为气态，这就是物质的升华现象。升华时，物质内部分子排列会发生变化，物质须从外界吸收一定的热量来满足分子运动要求的能量，而保证一定参数状态下的升华。这时吸收的热量称为升华热。图 11-29 中 OA 表示物质的升华曲线。冷冻真空干燥技术简称冻干技术，正是基于升华原理，将物料中的水分于低温下冻结成冰，然后在负压下吸收相应热量不经液态直接变成蒸汽，排出物料，达到干燥脱水之目的。冻干食品的生产，实际上就是利用机械设备对食品中水的压力、温度、升华热供给进行的调控。

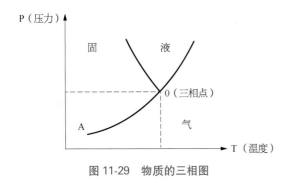

图 11-29　物质的三相图

(二) 工艺与关键技术

(1) 基本工艺流程

原料→分选→清洗→破碎→装盘→速冻→干燥（升华干燥→解析干燥）→粉碎→包装。

(2) 破碎目的：枸杞破碎成浆可使用打浆机或榨汁机。破碎目的一是将整粒枸杞破碎，增大升华面积，减少升华阻力，提高干燥速度；二是依据客户的要求加工全粉（含皮、籽）或精粉（去皮籽）。

(3) 枸杞粉最高加热温度的测定：枸杞浆共晶点或共融点温度与最高允许加热温度对冻干生产加工有着重要的意义。在确定冻干工艺中常常要测得这两个数据。共晶点温度或共融点温度测量一般采用电阻法。将枸杞打成浆，置于试验机的制冷箱中，逐步降温，观察电阻表电阻突变至无穷大，此刻枸杞浆的温度为共晶点温度，然后给枸杞浆缓慢升温，其电阻值明显变小时的温度即为共融点温度。依据此法，测得枸杞浆共晶点为 -17 ℃，共融点为 -14 ℃。枸杞粉最高允许温度的测定无标准方法。我们依据枸杞的化学成分特性及加工的经济性要求进行了实验。以鲜浆中蛋白含量及口感为参照标准，将干燥的枸杞粉（T_{max}＝40 ℃，水分 3.0%）于干燥仓在真空条件下加热至 70 ℃，保持 5～6 h，所得到的枸杞干粉复水后，溶液蛋白含量、口感与鲜浆相比，无明显差别。当温度超过 70 ℃时，枸杞干粉复水的溶液有明显的焦糖味。据此，确定实际生产中 T_{max} 应低于 70 ℃。

(4) 冷冻速度、冷冻温度的设定：速冻速度影响物料冻结时形成冰晶体的大小，冰晶体的大小又影响升华速度，冰晶体晶粒越大，吸热越快，升华速度越快，反之则慢。冻结晶粒越小，产品品质越好，反之则差。以枸杞粉复水速度及质量为指针，经实

验，枸杞冷冻速度设定于 0.50 ℃/h，最终冷冻温度低于 -25 ℃时，即利于经济冻干成品，又能保证质量，且干制的枸杞粉不易粘结。

(5) 干燥阶段：枸杞浆的干燥分为升华干燥、解析干燥两个阶段。将冻好的物料置于干燥仓中，启动真空泵，降低仓内压力达到 65 Pa，开始给加热板加热。在加热过程中，应控制压力变化使其不超过 150 Pa。同时，注意枸杞浆的温度不超过共融点温度（-14 ℃）。干燥进行 9～10 h，枸杞升华干燥基本完成。若在此阶段升华热供给太快或仓内压力过高，物料温度就会超过共融点温度，产生液化现象，而使产品品质下降。此后，枸杞进入解析干燥，加热方式采用以传导为主的设备，此时加热板温度基本升至最高，这时应控制加热温度并适当降温，干燥约 5～6 h。当物料温度升至与加热板温度相近时，停止加热，干燥随即完成。对于大型设备，停止加热后，升高压力至 500 Pa 左右，继续抽气 1 h。其目的为了使整仓枸杞传热均匀，消除残留冰核，平衡物料水分。这样就能充分保持产品质量。

(6) 枸杞粉粉碎包装：干枸杞粉粉碎包装时，特别注意：应在温度低于 25 ℃，湿度小于 40% 的清洁环境下进行，否则，枸杞粉因具有吸湿性而粘结成块或水分超标。包装材料应选择不透明的、防腐性好的材料，如复合铝箔膜等（杨涓，2001）。

四、其他干燥制粉工艺

(一) 热风干燥

将鲜枸杞浆平铺在干燥盘上置于温度为 60 ℃ 的条件下干燥至水分含量在 6% 以下，然后使用万能高速粉碎机将干燥后的枸杞浆粉碎。

(二) 滚筒干燥

将鲜枸杞浆于滚筒表面温度 135 ℃、转速 3 r/min 的条件下干燥，得到的枸杞浆湿基含水量在 6% 以下，然后使用万能高速粉将干燥后的枸杞浆粉碎。

(三) 微波真空干燥

将鲜枸杞浆平铺在干燥盘上，在微波真空干燥设备中于微波功率 1 000 W，真空度 6 kPa 的条件下干燥，得到的枸杞浆湿基含水量为 6% 以下，然后使用万能高速粉碎机将干燥后的枸杞浆粉碎。

五、枸杞粉感官评价

（一）喷雾干燥枸杞粉感官评价

枸杞粉冲调液感官评分标准见表11-6。

表11-6 枸杞粉冲调液感官评分标准（喷雾干燥）

项目	一级（90~99分）	二级（80~89分）	三级（70~79分）	四级（60~69分）	五级（50~59分）
滋味	较浓、协调、酸甜适中	较淡、较协调、酸甜适中	较淡、稍酸或甜	不协调、稍酸或少甜	过酸或过甜
香气	较浓、协调	较淡、较协调	较淡、不协调	差、不协调	较差、不协调
风味	较好	一般好	较淡	差	较差
色泽	良好、鲜红	一般红	深或浅	较深或较浅	过深或过浅
形态	良好	较好	一般	差	较差

（二）冻干枸杞粉质量标准

（1）感官指标：冻干枸杞粉感官指标见表11-7。

表11-7 冻干枸杞粉感官指标

项目	全粉	精粉
色泽	浅红色或红黄色	红色
组织形态	粉末状或极易松散之块状、均匀	
气味	具有正常的枸杞味	
杂质	不得检出	
细度	过80目筛通过率95% 过100目筛通过率99%	

（2）理化指标：冻干枸杞粉理化指标见表11-8。

表11-8 冻干枸杞粉理化指标

项 目	指 标
水分（%）	≤6
糖分（%）	≥40

（3）生物指标：冻干枸杞粉生物指标见表11-9。

表11-9 冻干枸杞粉生物指标

项 目	指 标
细菌总数（个/g）	≤20 000
大肠菌群（个/100 g）	≤30
致病菌（系肠道致病菌和致病性球菌）	不得检出

冻干枸杞粉复水后，立即溶解。溶液口味、气味、色泽与鲜枸杞相近。

（三）烘干枸杞与冻干枸杞粉成分比较

烘干枸杞与冻干枸杞粉成分比较见表11-10、表11-11。

表11-10 烘干枸杞与冻干枸杞粉成分比较

成分	V_e	pp	V_{B1}	V_{B2}	V_{B6}	V_{BE}	V_{BA}
烘干枸杞（mg/100 g）	50.8	6.15	1.65	0.80	1.00	1.00	1.40
冻干枸杞粉（mg/100 g）	137	14.5	3.80	2.75	4.50	2.20	2.80

表11-11 烘干枸杞与冻干枸杞粉化学成分比较

成分	葡萄糖	果糖	蔗糖	三糖	水分	粗纤维	灰分	脂肪	粗蛋白
烘干枸杞（%）	0.5	0.4	0.6	0.2	12.6	9.1	4.3	3.0	12
冻干枸杞粉（%）	0.2	0.1	0.95	0.3	3.0	8.3	3.5	4.5	15.5

六、柴达木枸杞粉

(一) 枸杞粉生产工艺要素

(1) 枸杞汁需检验合格,凭合格报告验收,此为CCP点,要求提供合格证明材料。

(2) 麦芽糊精(辅料),依GB/T20884-2007检验合格,此为CCP点,要求提供合格证明材料。

(3) 配料,枸杞果汁和辅料麦芽糊精在配料罐中进行混合。

(4) 灭菌,此为CCP点,要求灭菌温度115~135 ℃,灭菌时间2~3 s。

(5) 过滤,操作人员利用60目滤布对配料液进行过滤。

(6) 喷雾干燥(两种):第一种在GMP喷雾干燥车间,操作人员利用高速离心喷雾干燥机进行。另一种利用顺流式喷雾干燥机进行干燥。

(7) 混合过筛,干燥的料粉放置60目振动筛中进行过筛。

(8) 包装、检验合格、入库。在0~30 ℃,相对湿度在≤60%条件下贮存。

第六节 枸 杞 籽 油

20世纪90年代初,生产枸杞汁时对分离出的副产品枸杞籽就开始用于提取食用油,剩余残渣制作饲料。枸杞籽是枸杞中的精华,枸杞油是精华中的精华,不仅是较为理想的保健品原料,而且对婴儿的大脑和幼儿心脏发育以及组织细胞生长发育十分有益,由于含大量不饱和脂肪酸和生物活性物质,又是很好的天然植物化妆品(曹有龙,2013)。现代研究证明,枸杞油具有降血糖、抗氧化、抗疲劳、降血压、改善血管循环等作用(刘秀英,2004)。是具有较好保健功能的优良资源。

一、浸提法制备工艺

(一) 工艺流程图

破碎 → 软化 → 浸提 → 蒸馏 → 籽油 → 离心脱水 → 精品油

(二) 关键技术

(1) 破碎:将枸杞籽用风力或者人力分选,基本不含杂质后用破碎机破碎。枸杞籽细胞破碎愈彻底,油脂的浸出分离效率愈好,出油率愈高。出油率与破碎细度成正相关。超过60目过筛困难,因为枸杞籽磨碎后很油腻,易堵塞筛孔,采用40目筛最为适宜。

(2) 软化:破碎后,将破碎的枸杞籽投入软化锅内软化。条件为水分12%~15%,温度65~75 ℃,时间40 min,必须达到全部软化。

(3) 浸提:经过软化后就可以加有机溶剂进行浸提。有机溶剂有:己烷、石油醚、二氯乙烷、三氯乙烯、乙醇、甲醇、丙酮等。浸提液经压榨、过滤、分离即可得到毛油,其操作过程与精油的提取过程基本相似。生产中常用的枸杞籽油浸提有机溶剂是石油醚。

在浸提枸杞籽油过程中,浸出温度对枸杞油出油率有很大影响见表11-12。按照油脂浸出基本原理,提高浸出温度可以增加分子动能,加速分子运动,促进扩散作用,从而达到提高浸出效果的目的。所以,浸出温度应尽量高一点为好,但由于其他因素的制约,在实际生产中又不可能提得很高。例如,浸出温度过高会使溶剂气化而难以浸出油脂,增加溶剂损耗。在室温(15~25 ℃),油脂的浸出率变化不大,再相应地提高温度可提高油脂得出率;温度在30 ℃以上时,温度每增加5 ℃,枸杞油得出率相应的增加20.5%左右;但温度超过50 ℃时,溶剂挥发过快,不易采用。

表11-12 不同浸提温度枸杞籽的出油率

溶剂温度 (℃)	15	20	25	30	40	50
出油率 (%)	9.9	11.1	11.5	11.7	12.6	14.0

(4) 精炼:枸杞籽油的精炼与其他油脂的精炼

方法类似。生产中可采用离心脱水的方法进行精炼,精炼后的枸杞籽油还需经脱臭处理,间接蒸汽加热至 100 ℃,喷入直接蒸汽,真空度 800～1 000 Pa,时间 4～6 h,最后加入适量抗氧化剂即得成品精油。

(5)优缺点:溶剂浸出法的优点是油脂收率高,毛油质量高,干粕残油率低,粕蛋白变性小。由于有机溶剂对目标物的专一选择性较差,萃取液会含有较多的可溶性糖、蛋白质及色素等杂质,并且在溶剂回收过程中易引起不饱和脂肪酸分解,溶剂残留等较为严重(马晓燕,2013)。

二、压榨法制备工艺

(一)工艺流程图

破碎 → 软化 → 炒坯 → 压饼 → 榨油 → 毛油 → 精炼 → 成品

(二)关键技术

(1)破碎:同浸提法。

(2)软化:同浸提法。

(3)炒坯:炒坯的作用是使枸杞籽粒内部的细胞进一步破裂,蛋白质发生变性,磷脂等离析、结合,从而提高毛油的出油率和质量。一般将软化后的油料装入蒸炒锅内进行加热蒸炒,加热必须均匀。炒料后立即用压饼机压成圆形饼,操作要迅速,压力要均匀,中间厚,四周稍薄,饼温在 100 ℃ 为好。压好后趁热装入压榨机进行榨油。榨油时室温应控制在 35 ℃,以免降低饼温而影响出油率。出油的油温在 80～85 ℃ 为好,再经过过滤去杂即成为毛油。由于枸杞籽坚硬,用压榨法并不适宜,出油率低。为了提高出油率,即便采用有机溶剂浸提,炒坯这一步骤很关键。

(4)精炼:以上所得毛油,绝大部分为混酸甘油酯混合物,并含有少量杂质、泥沙、料胚粉末、饼渣,有胶溶性杂质和脂溶性杂质。需进行脱胶、脱酸处理。也可采用离心脱水的方法精炼、脱臭,蒸汽加热,加入抗氧化剂即得精品。

(5)优缺点:枸杞籽除杂质后进行破碎,再行软化锅软化,软化水分控制在 18%～20%,加热至 85 ℃,保温 40 min 左右,使破碎的枸杞籽全部软化,将其移至平底锅进行炒坯,20 min 后倒入压饼圈内压成饼坯,趁热压榨,得到枸杞籽毛油(吴素萍,2006)。

压榨法是应用历史最长的一种油脂提取方法,是一种借助于机械外力作用使油脂从油料中挤压出来的方法,主要机械有液压榨油机和螺旋榨油机,压榨法具有投资少、工艺简单、操作方便、无化学污染等优点,易于实现工业生产,但是在压榨的过程中,饼粕内部形成高温,亚油酸等多不饱和脂肪酸,在高温及反复的压榨、分离过程中极易被氧化和降解,不利于成品油的品质。油脂加工后的饼粕中的蛋白质会产生变性,使其在食品加工中的功能性下降,只适宜做饲料(马晓燕,2013)。

三、超临界 CO_2 萃取法制备工艺

(一)原理

超临界流体萃取技术是利用超临界流体的特殊性质,在高压条件下与待分离的固体或液体混合接触,调节系统的操作压力和温度,萃取出所需要的物质,然后通过降压或升温的方法,降低超临界流体密度,使萃取物得到分离的技术。

超临界流体是指在超临界温度和临界压力状态下的高密度流体,它具有气体和液体的双重特性,其黏度与气体相似,扩散系数比液体大。超临界流体的密度接近于液体,黏度和扩散系数接近于气体,它的熔解能力与液体溶剂相当,并且具有优良的传质功能。

目前,超临界流体应用较多的是 CO_2,其临界温度为 31.265 ℃,临界压力为 7.18 MPa,临界条件容易达到。在超临界状态下,CO_2 流体的密度对温度和压力在一定范围内成正比,因此可以通过改变体系的温度和压力使被提取物的溶解度发生变化而分离出来,达到分离提取的目的。超临界 CO_2 萃取技术是一种环境友好的"绿色"化工技术,已成为药用植物有效成分提取技术的发展趋势。

(1)超临界 CO_2 流体萃取兼有精馏和液液萃取的特点,与传统方法在中药有效成分提取方面相比,具有一系列优点:

1)萃取过程操作简单、范围广、便于调节,最常用的操作范围压力为 8～36 MPa,温度为 35～80 ℃。

2）选择性好。可通过控制压力和温度改变超临界 CO_2 的密度,从而改变其对物质的溶解能力,能针对性地萃取中草药中的某一成分。

3）操作温度低,能够在接近室温的条件下萃取,尤其适应对某些热敏性成分的提取。

4）萃取过程周期短、系统密封,连续进行,避免萃取物遇空气发生氧化和见光反应的可能性,使萃取稳定。

5）超临界 CO_2 流体萃取工艺流程简单,CO_2 易得且可循环使用,操作方便,几乎不产生新的"三废",属对环境友好的可持续发展的绿色环保产业。

6）超临界 CO_2 流体萃取不仅适用于单味中药,而且适用于复方中药有效成分和部分的提取。配合药理筛选可按要求通过调整工艺参数提取各种提取物,大大加速了新药筛选的速度。

7）超临界 CO_2 流体萃取还可以提取某些常规传统方法不能提取出来的物质,较易从中药中发现新成分,从而发现新的药理药性,开发新药品。

（2）超临界 CO_2 流体萃取效果的影响因素

1）压力:萃取压力是超临界 CO_2 流体萃取过程最重要的参数之一。在萃取温度一定时,当压力增大,流体的密度就会增大,其溶剂的溶解能力就增强,萃取效率也就相应提高。例如,CO_2 在 37 ℃下,当压力由 8 MPa 上升到 10 MPa 时,其密度增加近 1 倍,显著提高 CO_2 溶解度物质的能力。

2）颗粒大小:颗粒大小可影响提取回收率。减小样品粒度,可增加固体与溶剂的接触面积,提高萃取速度。但如果粒度过小,会堵塞筛孔,进而造成萃取器出口过滤网的堵塞。

3）水分:水分是影响萃取效率的重要因素。物料中含水量较高时水分主要以单分子水膜形式在亲水性大分子界面形成连续系统,从而增加超临界相流动的阻力,不利于萃取的进行,当继续增加水分时,多余水分子主要以游离态存在,对萃取不产生明显的影响,而当含水量较低时,水分子主要以非连续的单分子层形式存在,有利于萃取。

4）夹带剂的选择:超临界 CO_2 流体的极性与正乙烷相似,适宜萃取脂溶性成分,而对于极性较大成分的萃取,一般需要加入少量极性溶剂(作为夹带剂),如甲醇、乙醇、氯仿等,以改善萃取效果。因此,通过使用不同的夹带剂来改变 CO_2 的极性,使萃取

范围扩大,可萃取极性较强的物质。

超临界 CO_2 流体的密度对温度和压强的变化很敏感,而其溶解能力在一定压强范围内与其密度成比例关系,通过对温度和压强的调控而改变物质的溶解度。特别是在临界状态附近,超临界 CO_2 流体具有高度可压缩性,温度和压强的微小变化往往会导致溶质的溶解度发生几个数量级的突变。超临界 CO_2 流体正是利用这一特性实现物质的分离,而且过程中无相变,因此能耗较低(关金龙,2015)。

（二）工艺

（1）工艺流程图（曹有龙,2013）

破碎(40～60 目) → 装料 → 萃取(温度 40～50 ℃,压力 40 MPa) → 分离(温度 35～40 ℃,压力 10 MPa) → 枸杞籽油精品

（2）超临界 CO_2 萃取步骤:超临界 CO_2 萃取技术是目前国内外竞相研究开发的新一代高效分离技术,因其独特的溶剂性质,被广泛应用在功能性油脂提取方面。超临界 CO_2 萃取枸杞籽油基本步骤:

1）将预先处理(如粉碎、干燥)的原料放入萃取釜中。

2）超临界 CO_2 经过高压泵压缩升压,在萃取釜内达到设定的越临界状态。

3）在萃取釜中的可溶性成分熔解在超临界流体中并随着流体循环进入分离器中。

4）通过改变分离器压力和温度得到分离产物。

5）而超临界 CO_2 则经过压缩和热交换器,重新流入回路,实现循环使用。

（3）工艺研究:潘太安等(2000)研究了不同萃取压力、温度、流量和时间对枸杞籽出油率及油品质的影响。结果表明,萃取压力 20～30 MPa,温度 35～45 ℃,流量 40 kg/h,时间 3.5 h,枸杞籽油的提取的提取率 90%,籽油中亚油酸含量为 68.3%。陈淑花等(2004)采用不同的压力、温度以及流量等工艺技术参数:压力 30 MPa,温度 313～318 K,CO_2 流量为 0.3～0.4 m^3/h,枸杞籽油的提取率为 15.5%,用超临界技术得到的油脂纯度高,色泽好;无溶剂残留,无污染;而且工艺简单、分离范围广、只需控制压力和温度等参数即可达到提取混合物不同的组成成分的目的,因此超临界 CO_2 萃取籽油将成

为提取功能性油脂的发展方向。

李国梁等(2010)以青海柴达木枸杞为样品,采用 $L_9[3^4]$ 正交试验与单因素实验相结合的方法,考察了萃取温度、压力、CO_2 流量、时间等对超临界 CO_2 萃取枸杞籽油出油率的影响,优化了枸杞籽油的萃取工艺。得出最佳工艺条件:温度 45 ℃,流量 30 L/h,压力 30 MPa,提取时间 60 min,在最佳工艺条件下枸杞籽油出油率为 18.86%。采用 HPLC - APCI - MS 柱前衍生法分析了枸杞籽油的组成,测得枸杞籽油中不饱和脂肪酸占 89.01%,其中亚油酸与油酸含量最高,分别占 63.05% 和 21.13%。

超临界 CO_2 萃取法和溶剂萃取法提取枸杞籽油理化指标比较(见表 11-13)、微量元素检测指标(见表 11-14)、脂肪酸检测标准(见表 11-15)、重金属和有害物质检测指标(见表 11-16)、生物活性成分检测指标(见表 11-17)(曹有龙,2013)。

表 11-13　常规理化检测指标

序号	理化指标	石油醚(沸程60～90 ℃)溶剂萃取法含量	超临界 CO_2 萃取法含量
1	得率(%)	10.7	15.11
2	水分及挥发物(%)	0.35	1.47
3	酸价(mg KOH/g)	4.7	5.8
4	碘价(gI/100 g)	126.7	138.8
5	皂化价(mg KOH/g)	171.95	200.0
6	杂质(%)	0.1	0.05
7	色泽(罗维朋比色法)	黄 28.9,红 0.72	黄 70,红 3
8	加热试验(280 ℃)	油色稍浅,有析出物	油色变浅,无析出物,有白烟刺激气管
9	气味、滋味(D^{20}_{20})	正常,无异味	正常,无异味
10	比重(d^{20}_{20})	0.923 3	0.918 9
11	折光(h^{20})	1.476 2	1.475 0
12	黏度(恩氏 E20 ℃)	8.5 条件度	6.66 条件度

表 11-14　微量元素检测指标

序号	元素名称	石油醚萃取法(mg/100 g)	超临界 CO_2 萃取法(mg/100 g)
1	K	32.35	5.38
2	Ca	24.95	10.00
3	Mg	14.93	1.38
4	Na	6.83	10.00
5	Fe	1.49	5.88
6	Si	1.45	0.88
7	Zn	1.00	1.63
8	Sr	0.50	0.83
9	Mn	0.35	0.33
10	Al	0.20	5.63
11	Ti	0.115	<0.01
12	Cr	0.019	3.0
13	Ni	0.005	<0.01
14	Sn	0.005	<0.01
15	V	0.004 7	<0.01
16	Mo	0.004	0.013
17	Li	痕迹	0.05
18	Se	痕迹	0.009 3

表 11 - 15　脂肪酸检测标准

序号	组分	石油醚萃取法(%)	超临界 CO_2 萃取法(%)
1	棕榈酸	6.9	7.3
2	硬脂酸	3.01	3.2
3	油酸	17.6	16.8
4	亚油酸	66.5	67.8
5	亚麻酸	3.4	3.4
6	花生烯酸	1.4	1.5

表 11-16　重金属和有害物质检测指标

序号	项目	石油醚萃取法	超临界 CO_2 萃取法
1	Cu(mg/kg)	0.125	0.37
2	Pb(mg/kg)	0.01	未检出
3	As(mg/kg)	未检出	0.002 5
4	黄曲霉素 B_1(μg/kg)	未检出	未检出
5	石油醚溶剂残留量(mg/kg)	5.0	—

表 11-17　生物活性成分检测指标

序号	成分	石油醚萃取法	超临界 CO_2 萃取法
1	磷脂（%）	0.25	0.23
2	维生素 E（mg/100 g）	42.02	7.524
3	β - 胡萝卜素（mg/100 g）	0.73	260

四、超声辅助萃取法制备工艺

（一）原理

超声提取也称超声萃取，原理是通过与媒介的作用产生效应，加速细胞壁的破裂和物料的转移，提高提取效率。目前的超声提取研究仅限于单频超声提取技术，复频或双频超声提取的研究还处于开始阶段。研究发现复频超声化学作用优于单频超声。因为复频超声充分发挥不同频率超声波的特点，消除了驻场波，使声场更加均匀，而且复频超声除基频外，还出现了倍频波，和频波和差频波。

超声场强化提取油脂可使浸取效率显著提高，还可以改善油脂品质，节约原料，增加油脂的提取量。枸杞油的提取，传统方式采用压榨法和有机溶剂浸取法。将超声波应用于枸杞油的提取，与传统方法相比，超声法提取方法简便，出油率高，生产周期短，不用加热，有效成分不被破坏，油味清新纯正，色泽清亮，操作时间缩短。

（二）工艺流程图

筛选除杂 → 粉碎 → 过筛 → 称量 → 超声波处理 → 超临界 CO_2 提取 → 枸杞籽油

张佩等（2011）采用超声波辅助超临界 CO_2 提取枸杞籽油技术，与超临界 CO_2 直接提取相比可显著提高枸杞籽油的出油率；通过单因素试验和正交试验得出超声波处理的最佳条件为超声波处理温度 60 ℃，功率 300 W，时间 6 min 条件下，出油率可达到 22.35%。

五、枸杞籽油质量控制

枸杞籽油标准理化指标见表 11-18。

表 11 - 18　枸杞籽油标准理化指标

项　目	指　标
水分及挥发物（%）	1.88
酸值（KOH）/（mg/g）	2.47
碘值（I）（g/100 g）	139.1
皂化值（KOH）/（mg/g）	198.8
杂质（%）	0.1
色泽（罗维朋比色法）	黄 40，红 2.4
加热试验（280 ℃）	油色变浅，无析出物
气味滋味	正常，无异味
透明度	澄清透明
相对密度（20 ℃）	0.920 3
折光指数（n^{20}）	1.475 1

六、枸杞籽油成分分析

（1）枸杞籽油的 GC/MS 分析：李德英等（2015）以青海诺木洪枸杞为实验样品，使用微波消解仪提取枸杞籽油，并用气相色谱质谱联用仪 GC - MS 对其挥发成分进行定性定量分析见下表 11-19。

表 11 - 19　枸杞籽油的 GC/MS 分析结果

序号	保留时间	中文名称	相对含量（%）			
			10 s	20 s	30 s	60 s
1	3.86	乙酸乙酯	0.91	0.56	1.13	0.70
2	4.57	葵烷	0.15	0.12	0.21	0.16
3	4.96	葵酸甲酯	—	0.06	0.09	—
4	5.65	2-十三酮		0.01		
5	6.20	正十四烷	0.36	0.31	0.26	0.17
6	6.55	1-十四醇	0.25	0.15	—	—

（续表）

序号	保留时间	中文名称	相对含量（%）			
			10 s	20 s	30 s	60 s
7	6.91	4-甲醇-葵烷	0.53	0.34	0.68	0.54
8	7.50	十一烷	2.15	2.08	2.30	1.59
9	8.18	十二烷	1.69	1.4	1.87	1.31
10	8.83	辛酸	—	2.4	0.71	0.47
11	9.83	2-丙烯酸-2-氯代甲酯	2.3	2.18	1.88	1.47
12	10.50	十五烷	—	—	—	0.67
13	10.78	十六烷	4.2	2.1	2.58	1.97
14	11.42	4,6-二甲基-十二烷	1.94	1.66	2.41	1.47
15	12.05	十九烷	0.12	—	—	0.14
16	12.19	2,6,11-三甲基-十二烷	—	0.05	0.04	—
17	12.06	十三烷	1.09	1.12	—	—
18	13.39	2,6,10-三甲基-十二烷	0.06	—	0.08	0.05
19	13.88	2,7,10-三甲基-十二烷	1.52	1.41	1.56	1.04
20	14.53	2,甲基-十二烷	2.93	2.94	3.11	1.92
21	14.82	2,4-双（1,1-二甲乙基）-苯酚	1.97	1.82	2.07	1.36
22	15.33	2-甲基-十八烷	3.21	2.28	2.76	1.54
23	15.67	3,8-二甲基-十一烷	—	1.16	1.28	0.67
24	16.37	邻苯二甲酸二乙酯	—	11.08	5.07	1.25
25	16.39	吗啡酸二乙酯	2.22	—	—	—
26	17.28	菲	1.16	2.79	2.6	1.14
27	18.61	二十烷	3.68	4.09	4.93	2.69
28	18.83	二十四烷	3.7	4.23	5.55	2.81
29	19.59	4-(4-羧基-丁酰氨基)-苯甲酸乙酯	1.18	1.42	1.65	0.79
30	20.14	2,6,10-三甲基-十五烷	0.55	0.58	0.67	0.41
31	20.77	2,6,10,14-四甲基-十六烷	—	2.21	1.17	0.5
32	21.22	十六烷甲脂	3.66	2.32	2.27	1.08
33	21.77	十六烷酸	23.75	19.53	19.18	27.64
34	22.48	2,6,双（1,1-二甲基乙基）-2,5-环己烷二烯-1,4-二酮	0.73	0.64	—	1.04
35	22.91	十五烷酸	0.16	0.16	0.13	0.06
36	23.12	十六酸异丙酯	0.01	—	—	—
37	23.40	十八烯酸	1.07	0.94	0.79	0.84
38	23.92	9,12-十八碳二烯酸甲酯	25.55	17.47	15.72	31.81
39	25.10	十八烷酸	0.12	0.06	0.11	0.08

（续表）

序号	保留时间	中文名称	相对含量（%）			
			10 s	20 s	30 s	60 s
40	25.83	3-甲基-5-（1-甲乙基）-苯酚钾氨甲酸酯	1.31	1.51	2.83	1.98
41	26.23	二十五烷	1.56	—	—	0.87
42	26.52	9-十八烷酸甲酯	1.34	2.98	4.51	2.92
43	27.27	十八酸喹酯	0.22	0.94	0.85	0.63
44	27.78	3-甲基-丁酸-3,7-二甲基-2,6-辛二烯醇酯	—	2.13	3.29	2.31
45	28.50	1,2-苯二甲酸二异辛酯	0.27	0.12	0.05	0.24

从试验结果可以看出，柴达木枸杞的挥发油含量高，挥发油中含有大量的酸类、酯类、醇类和烷烃类等成分。

微波消解法微波处理时间为 20 s 时，枸杞挥发油中共鉴定出 39 种成分，相对含量占 98.35%。其中酸类 5 种，相对含量占 23.09%；烷烃类 17 种，相对含量占 27.08%；醇类 1 种，相对含量占 0.15%；酮类 2 种，相对含量占 0.65%；酯类 12 种，相对含量占 42.77%；其他 2 种，相对含量 4.61%。与李冬生等（2004）用水蒸气蒸馏萃取法提取枸杞挥发油的报道相比，由于采用不同的提取方法，也可能是枸杞产地不同，该试验分析鉴定出的香味成分较多。尤其是十六烷酸，十八碳二烯酸甲酯相对含量较高，这些挥发性成分在总挥发油的风味物质中承担重要的作用。微波消解仪在提取挥发油方面有特有的特点，即溶剂用量少、提取效率高。

（2）不同产地枸杞籽油的组成对比分析：李国梁等（2010），用超临界 CO_2 萃取法提取青海柴达木枸杞籽油，用质谱分析数据并与宁夏枸杞油做对比，柴达木枸杞籽油中含有 8 种脂肪酸，其中不饱和脂肪酸占 89.01%，其中亚油酸（C_{18-2}）与油酸（C_{18-1}）含量最高，分别为 63.05% 和 21.13%。不同产地的枸杞籽油分析见表 11-27，数据表明不同产区枸杞籽中都含有大量的不饱和脂肪酸，主要为亚油酸（C_{18-2}）和油酸（C_{18-1}）。宁夏枸杞籽油中含有 6 种脂肪酸，柴达木枸杞籽中比宁夏枸杞籽多检出 α-亚麻酸（C_{18-3}）和软脂酸两种脂肪酸，其含量分别为 1.01% 和 7.34% 见表 11-20。

表 11-20　不同产地枸杞籽油的组成对比分析表

脂肪酸含量（%）	柴达木枸杞	宁夏枸杞（中宁）	宁夏枸杞
α-亚麻酸	1.01	—	—
γ-亚麻酸	2.82	2.80	3.40
棕榈油酸	0.49	6.10	7.30
亚油酸	63.05	68.30	67.80
软质酸	7.34		
油酸	21.13	19.10	16.80
硬脂酸	3.50	2.00	3.20
花生烯酸	0.57	0.68	1.50

（3）柴达木枸杞籽油质量标准见表 11-21。

表 11-21　柴达木枸杞籽油企业标准

产品名称	枸杞籽油
配料（成分）	枸杞籽油
成分	含有一百多种活性物质，主要是脂肪酸、脂溶性维生素、植物淄醇及不皂化物中的少量组分
与食品安全有关的化学、生物和物理特性	铅（以 Pb 计 mg/kg）≤0.5，砷（以 As 计 mg/kg）≤0.1，汞（As 计 mg/kg）≤0.05 菌落总数（cfu/g）≤100，霉菌（cfu/g）≤20，酵母菌（cfu/g）≤20，大肠菌群（MPN/100 g）≤30，致病菌（沙门菌、金色葡萄球菌、志贺菌）：不得检出
包装方式	内包装：无菌包装袋规格为 20±0.1 kg/袋，马口铁桶规格为 16±0.1 kg/桶 外包装：圆纸桶规格为 1 袋/桶

（续表）

产品名称	枸杞籽油
贮存方法	16～30 ℃,阴凉、干燥处(湿度<60%)
保质期限	12 个月
运输方式	汽运、铁路运输、空运
预期供应对象及敏感人群	保健食品、化妆品、生物制药行业
预期用途	原料、辅料、添加剂
与食品安全有关的标识和(或)处理、制备及使用说明	枸杞籽油说明书

李冬生等(2004)用水蒸气蒸馏法提取市售宁夏枸杞油,用气相方法分析鉴定,共测出 28 种化合物。

从研究结果可以看出,枸杞的挥发油含量较高,为干重的 0.3%。枸杞挥发油中含有大量的氧化萜类、脂肪酸脂类、醛酮类、芳香族化合物和一部分烷烃类物质以及其他相关物质。

萜类化合物主要有氧气单萜和氧气倍半萜,其中氧气化倍半萜占 24.26%,为(E)-5,9-undecadien-2-one-6,10-dimethyl 和(E,E)-5,9,13-pen-tadecatnen-2-one-6,14-timethyl。此类化合物主要存在于植物中,具有多种生物活性,有平喘、镇痉、祛痰、利胆、抗菌、杀虫等作用,某些重要的药物活性也与萜类有关。

脂肪酸酯占 21.68%,主要成分为 hexade. canoic acid, methyl ester,此类化合物具有润肠、致泻的作用。

芳香族化合物占 13.42%,主要成分为 2-methoxy-4-vinylphenol 此类化合物可使挥发油带有特殊香味。另外,烷烃类化合物具有抗肿瘤的作用。

张成江等(2011)采用水蒸气蒸馏法、有机溶剂萃取法以及微波辅助水蒸气蒸馏法提取的枸杞籽油成分,并用 GC/MS 进行了分析鉴定。水蒸气蒸馏、有机溶剂萃取和微波辅助水蒸气蒸馏三种方法所得枸杞子挥发油样品经气相色谱-质谱分析共确定了 100 种成分,其中水蒸气蒸馏得到 45 种,有机溶剂萃取得到 47 种,微波辅助水蒸气蒸馏法得到 51 种,各组分相对百分含量分别占各自挥发油总量的 94.43%、91.66% 和 95.14%。

水蒸气蒸馏法得到的挥发油成分主要是烃类(39.07%)和脂肪酸类(35.89%)化合物,其中含量相对较高的化合物是十六酸(29.63%)、二十八烷(7.94%)和二十四烷(7.73%)。有机溶剂萃取法得到的挥发油成分主要是烃类化合物(66.16%),其中含量相对较高的 3 种烃类化合物是十六烷(11.71%)、二十四烷(10.32%)和二十五烷(8.80%)。微波辅助水蒸气蒸馏法得到的挥发油主要成分是脂肪酸酯类化合物(31.40%)、肉豆蔻酸乙酯(13.20%)和亚油酸(5.51%)。

不同的生产方法或不同的提取方法得到的枸杞油化学成分和相对含量差别较大。得到的枸杞子挥发油主要含有烃类、脂肪酸类、萜类、醇类、醛酮类和芳香族化合物及其他相关物质。

七、柴达木枸杞籽油

(1) 原料见图 11-30。

图 11-30 枸杞籽原料晾晒(诺木洪)

(2) 生产设备见图 11-31。

图 11-31 枸杞油超临界 CO_2 萃取设备(青海康普生物有限公司)

（3）产品见图 11 - 32。

图 11-32　枸杞籽油加工与产品

第七节　柴达木枸杞蜂蜜

柴达木枸杞开花期 5～6 月份,整个花期 25 天左右,茄科植物花序,结果不断,植株开花自下而上,由内向外,是养蜂产蜜的最好时段。一般气温在 20 ℃时开始泌蜜,低于 20 ℃泌蜜量少,泌蜜适宜温度为 27～30 ℃,泌蜜最佳时间是 11 时至 16 时。一般雨后枸杞植株生长茂盛,整齐、直立,花器墒情好,温度高湿度大,较热、无风的天气泌蜜最大,干旱时泌蜜少。植株 4 年以上枸杞花多蜜多。在柴达木诺木洪、都兰、乌兰、德令哈、格尔木等地集中种植产区泌蜜丰富,蜜深琥珀色,芳香。花期可摇蜜 3～5 次,多的达到 7～8 次,每箱蜂可采蜜 30～50 kg。作者在大格勒乡调研,大格勒乡枸杞蜂蜜名不虚传,一个蜂箱一天能酿出大约 10～12.5 kg 蜂蜜,一位养殖蜂户一年产出了 9 吨枸杞蜂蜜。枸杞绿色无公害,而且柴达木盆地目前还没见到蜜蜂天敌,加之少阴雨,日晒时间长,蜜蜂几乎没有空闲期,产量大,而且蜂蜜品质好。

一、柴达木枸杞花期蜂群管理

（1）选择场地：蜂群进入场地前先要调查了解情况,选择种植面积广,植株生长良好,生长期在 3 年以上,春季雨水充足,墒情好的场地。如遇干旱年份,枸杞植株矮小,病虫害严重或开花少的场地,应及早转移到其他蜜源场地采集。

（2）培育采集蜂,组织强群采蜜：在枸杞开花前 30 天左右调整群势,加强繁殖,当地蜂应早育、早分蜂。开花期应组织和维持强群采蜜,对群势不足的蜂群进场时就应按主副群排好,当大流蜜开始时,搬走副群为繁殖群,让副群采集蜂投入主群,增强采集力量。对土法饲养的中蜂,可采用割除边缘全蜜的方法多次取蜜,提高产量。

（3）养王换王：在春末夏初未换王的蜂群,可在枸杞蜜源初期培育一批蜂王,用来更换老、劣蜂王和分蜂用。

（4）注意遮荫：枸杞花期天气干燥,蜂群应放置于荫凉处或予以遮荫;巢门最好向东,既能刺激蜜蜂早外出采集又能避免蜂群正面受日光直射;经常在蜂箱周围洒水增加湿度、降低温度,为蜂群创造适宜的生活环境。

（5）巢内喂水：枸杞流蜜期气温高,子脾幼虫多,需要大量的水。为减轻蜜蜂采集水的负担,要注意喂水。喂水的方法可以在副盖上铺上 3～4 层湿布;或把清水灌入瓶或饲喂器中加入蜂群;或在巢门前置一盛水容器,其中放些麦草或细枝等漂浮物。

(6)培育强群:一是奖励饲喂,每晚用2∶1的蜜水250～500 mL饲喂一次,刺激蜂王产卵和工蜂哺育的积极性;二是选择产卵力强的优良蜂王作为生产群,使群内经常保持8～10框的虫蛹脾;三是组织双王群,把7～8框的蜂群合并成双王群,这样便将2个弱群合并为1个强群。

(7)加强繁殖:经过刺槐蜜源进入枸杞蜜源的蜂群主要以繁殖、补充蜂群为主,生产为辅;群内始终保持蜂脾相称;布置蜂巢要宽敞,不能太拥挤;中午给巢内喷水后折起覆布一角,以增加湿度降低温度。

(8)狠抓蜂螨防治:初入场时利用洋槐后期子脾少的机会抓紧治螨,在整个蜜源期连续治螨2～3次,以保证繁殖出众多健康采集蜂,以备采集下个蜜源。为防止药物对蜂蜜的污染,最好使用高效、低毒、无残留的蜂药,或将治螨期的蜂蜜作为饲料用。

(9)预防盗蜂:由于枸杞场地蜂场较密集,所以在蜜源中后期应适当缩小巢门。上午10时至下午4时少开箱或不开箱以预防盗蜂发生。

二、柴达木枸杞蜜品质

李成斌等(2006)研究表明,枸杞蜜含有糠醛、α-蒎烯等7种芳香性成分。含有的糖类主要是葡萄糖、果糖、蔗糖、少量麦芽糖。糖类占蜂蜜总质量的65%～80%,其次有蛋白质、维生素、酸类、酶、无机盐等。无机盐中有钙、磷、氯、镁、钾、铁、锌、硒等20多种。酶类主要有淀粉酶、葡萄糖氧化酶、过氧化物酶等。酸类有乳酸、草酸、苹果酸、柠檬酸等。维生素主要有B_2、B_{12}、B_6、胡萝卜素等。并有少量脂肪、生长素等对新陈代谢有促进作用的物质。蜂蜜是一种保健佳品,其医疗保健作用除用于便秘、支气管炎等疾病外,还可用于肝病、心脏病、贫血、胃及十二指肠溃疡、高血压、动脉硬化、肺部疾病、关节炎、眼科疾病等的辅助治疗。还有杀菌的作用。就各类蜂蜜对疾病的治疗而言,一般取决于蜜源植物的疗效,而不是蜂蜜本身。

柴达木枸杞蜜的颜色呈琥珀色,味道芳香,是品质很好的蜂蜜品种,也是地方性的主要蜂蜜品牌。许多消费者反映从青海买的枸杞蜜一直是凝固的,这正是品质好的原因。蜂蜜的自然结晶纯属正常物理现象,并非化学特性。蜂蜜结晶的快慢与所含的葡萄糖结晶核的数量、温度高低、含水量和蜜源花种有着密切的关系。通常条件下,蜂蜜中葡萄糖的含量越高,结晶核的数量也越多,结晶的速度就越快。因为蜂蜜的结晶实质上是葡萄糖从蜂蜜中析出被分离的一种现象和过程。从分子论的观点来看,在蜂蜜里葡萄糖分子本来是毫无秩序地运动的,在一定的温度下,蜂蜜里葡萄糖超过它的溶解度,成为过饱和溶液时,就有一部分葡萄糖分子在蜂蜜里开始有规则地运动、排列起来,形成一个微小的结晶核,成为一个结晶的中心,更多的葡萄糖分子有规则地排列在它的各面,逐渐形成较大的晶体,从蜂蜜里分离出来,结晶即很快产生,这就是蜂蜜结晶的全过程。因此,结晶蜂蜜对营养成分和应用价值不但毫无影响而且使其性质更稳定,析出的晶体是葡萄糖,非常酥软,而不是白糖(掺糖的蜂蜜沉淀用筷子捅非常坚硬)。结晶蜂蜜最好直接食用,也可用60 ℃左右的热水加热溶解。当然,像槐花、枣花等少数蜜因果糖含量高,所以很少结晶。此外,经过超高温浓缩的蜂蜜因破坏了结晶核,所以一般也不易结晶,同时也破坏了营养成分,使其价值大打折扣。假蜂蜜一般没有结晶的特性。

谢晓岚(2019)研究了7种高原野生蜂蜜的矿物质元素含量,从青海青藏蜂蜜良种养殖场购买了野生枸杞蜂蜜、油菜花蜜等,利用湿法消解、电感耦合等离子体原子发射光谱法ICP-AES测定了样品中20种元素,其中野生枸杞蜂蜜含量(mg/ml)如表11-22。

表 11-22　高原野生蜜矿物元素含量

项目	含量 （mg/mL）
Ca	31.55±5.89
K	215.33±30.05
Mg	11.59±2.09
Na	10.95±1.76
P	135.78±12.89
S	41.82±5.14
Ba	3.51±0.49
Cu	0.879±0.03

（续表）

项目	含量（mg/mL）
Fe	36.35±5.11
Li	9.55±1.00
Mn	11.75±1.81
Mo	0.37±0.02
Ni	0.89±0.07
Sr	0.57±0.02
Ti	0.09±0.01
Zn	7.89±0.83
Al	15.72±2.17
As	0.05±0.02
Cr	2.97±1.03
Pb	0.76±0.03

注：表中数值表示为平均值±标准差。

实验结果表明，青海柴达木枸杞蜂蜜含有丰富

的 K、P、Ca、Fe、Mg、Na、Mn、Zn 等元素，其具有的调补脾胃，缓急止痛，润肺止咳，润肠通便等症均与高含量的多种矿质元素具有密切关系。

三、柴达木枸杞蜂蜜产品

柴达木枸杞蜂蜜产品见图 11-33。

图 11-33　枸杞蜂蜜产品

第八节　柴达木枸杞保健产品

一、柴达木枸杞加工类原料

除前述介绍的枸杞干果、枸杞汁、枸杞粉、枸杞籽油外，以柴达木枸杞为原料生产提取的功能性产品原料有枸杞多糖、枸杞黄酮、枸杞绿原酸、枸杞色素等，并开发出了柴杞维康胶囊、枸杞油精华素软胶囊、抗氧化黑枸杞含片及其口服液。柴达木枸杞功能研究与精深加工产品不断涌现（王占林，2017）。

二、柴达木枸杞保健品开发

据作者调研，目前青海以枸杞为原料生产的保健品有枸杞油丸、枸杞颗粒、枸杞参液浆等品种，有几个品种已上市销售。

（1）三普牌红景天胶囊

组方：红景天、枸杞子、沙棘、淀粉。

批准文号：卫食健字（2002）第 0703 号。

保健功能：耐缺氧、抗疲劳。

适宜人群：处于缺氧环境者、易疲劳者。

不适宜人群：少年儿童。

功效成分/标志性成分含量：红景天甙 0.4 g/100 g。

规格：0.5 g/粒。

食用方法与食用量：每天 2 次，每次 2～3 粒。

生产厂家：三普药业股份有限公司。

（2）雪域阳光 R 红景天枸杞胶囊

组方：枸杞子提取物、红景天提取物、淀粉。

批准文号：国食健字 G20090238。

保健功能：缓解体力疲劳、提高缺氧耐受力。

适宜人群：易疲劳者、处于缺氧环境者。

不适宜人群：少年儿童。

功效成分/标志性成分含量：红景天苷 413 mg/100 g。

规格：0.3 g/粒。

食用方法及食用量：每天 2 次，每次 2 粒。

生产厂家：青海雪域保健特产有限公司。

（3）金诃牌雪益康胶囊

组方：白刺、枸杞子、沙棘、麦芽、山药、山楂。

批准文号：国食健字 G20041046。

保健功能：调节血糖。

适宜人群：血糖偏高者。

不适宜人群：少年儿童。

功效成分/标志性成分含量：总黄酮 1.2 g/100 g，多糖 3.0 g/100 g。

规格：0.3 g/粒。

食用方法及食用量：每天 3 次，每次 3 粒。

生产厂家：金诃藏药股份有限公司。

（4）央科藏域牌红天胶囊

组方：红景天、沙棘、西洋参、枸杞子、葛根、刺五加。

批准文号：国食健字 G20050750。

保健功能：提高缺氧耐受力、增强免疫力。

适宜人群：处于缺氧环境者、免疫力低下者。

不适宜人群：少年儿童。

功效成分/标志性成分含量：红景天苷 400 mg/100 g，总皂苷 430 mg/100 g。

规格：0.3 g/粒。

食用方法及食用量：每天 2 次，每次 2 粒，温开水送。

生产厂家：四川宝兴制药有限公司。

第九节　枸杞专利统计分析

随着人们不断对枸杞深层次开发研究，除在最早开发枸杞制药和酿酒业外，利用枸杞开发保健品药酒、药剂、口服液、枸杞原汁、营养强化型和功能性保健食品的步伐逐渐加快。全国以枸杞为原料的枸杞果汁保健饮料、枸杞速溶咖啡、枸杞酱、枸杞叶茶、枸杞酒、枸杞油丸和系列保健品及药品迅速开发生产，北京、华南等地大面积开发栽培枸杞，主要采收嫩叶和嫩茎作蔬菜用。药用价值开发是枸杞深度开发加工及产业化的突破口，美国等西方国家认可枸杞这一中药材疗效作用和保健品作用，开始把枸杞作为治疗艾滋病的辅助药物。中国枸杞产业有望大规模进入国际市场，这与枸杞深加工领域关键技术有密切关系。

一、枸杞深加工领域关键技术

（一）枸杞制干专利技术

搜集 1985—2018 年中国枸杞专利文献，以"枸杞"和"干"为检索词，数据以中华人民共和国知识产权专利网为准，对我国枸杞干燥装置、干燥工艺和枸杞制干护色剂等相关技术进行整理分析，其中 1985—2013 年数据来源于枸杞干燥专利技术分析（孙照斌，2013），论述如表 11-23。

专利分布：

表 11-23　枸杞干燥相关专利分布

| 时间段 | 内容 | | | 地区 | | 合计（项） | 占总专利比例（%） |
	鲜果干燥	冷冻干燥	制干护色剂	宁夏	其他		
1985—1992 年	1				1	1	4.55
1993—1999 年		3		3		3	13.64
2000—2004 年	1	1		2		2	9.09
2005—2007 年	4			2	2	4	18.18
2008—2013 年	6	3	3	5	7	12	54.55
总计（项）	12	7	3	12	10	22	100

我国在近 30 年中,枸杞干燥方面专利有 47 项,而且近 10 年专利技术逐年增加,说明枸杞越来越受公众认可。

1. 枸杞鲜果干燥装置和技术专利

(1) 1992 年内蒙古张文清发明了一种用枸杞鲜果制取干粉的方法。是以枸杞鲜果为原料,经过清洗、磨碎、过滤、浓缩、烘干等工序获得制取枸杞干粉的工艺方法。

(2) 宁夏胡玲于 2001 年发明了一种即食枸杞果干及其制作方法。用该方法制作的枸杞果干可以即食口服,具有口感甜润、色泽红艳、营养丰富、易于人体吸收等优点。

(3) 2005 年江苏高科应用科学研究所有限公司就枸杞鲜果的干燥装置申请了实用新型专利。该实用新型枸杞鲜果的干燥装置成本低,与冷冻干燥比,其干燥成本仅为冷冻干燥的 1/40,设备投入是冷冻干燥的 1/10,且干燥后的枸杞符合国家质量标准。

同年江苏高科应用科学研究所有限公司又进一步对枸杞鲜果干燥主机申请了实用新型专利。江苏高科应用科学研究所有限公司所申报的这两项专利,干燥主机是核心,其调温调湿和热泵技术是完成枸杞干燥的关键,同时是整个干燥装置的核心和动力源。

(4) 2007 年宁夏大学李明滨申请了侧风循环式太阳能枸杞干燥装置。该实用新型涉及一种利用太阳能干燥枸杞的装置,尤其涉及一种运用空气动力学原理,以太阳能为主、加热炉为辅加热空气,同时利用导流通道使热空气在干燥室内循环的侧风循环风式太阳能枸杞干燥装置。该干燥装置的主要特点是利用太阳能资源,并辅以热炉提供干燥枸杞所需的热空气。

(5) 2007 年宁夏曾保山申请了枸杞烘干棚实用新型专利。该实用新型结构独特,不受气候影响,能够充分利用太阳能和电能。

(6) 2010 年辽宁沈阳王建申请了发明专利—枸杞干窑温度控制。优点是采用水蒸气和太阳能双供热的方式对枸杞进行烘干,不仅提高了效率,保证了质量,同时有效地利用新能源。具有手动/自动两种运行方式。

(7) 2011 年四川李学齐等设计了一种多区段热风自循环枸杞干燥机,隧道式的长形烘室设置有进料口及出料口。有管道,风机形成的送排风装置,在隧道式的烘室内有物料输送装置,以及输送装置的推进装置,输送装置上有盛放物料的容器。热风生产装置的高温介质将贯通的烘室沿纵向分为至少两个或两个以上的干燥间,每个干燥间有各自的热风干燥系统。

(8) 2012 年甘肃张述珍等设计了一种烘干枸杞热风回收装置和枸杞制干方法。在烘室出口端上方设有散热器,进口端上方设有排风管,在靠近烘室进口端、排风管的右边设有水分过滤器,散热器与水分过滤器通过回收管路相连通。同年宁夏的张爱平设计了一种枸杞鲜果双循环热风烘干房,而且采用了自动控温排湿系统。该系统包括烘干房,节煤热风炉,循环风机,回风道,自动控温排湿系统,枸杞果栈及果栈车。

(9) 2013 年中国科学院西北高原生物研究所索有瑞等发明了一种枸杞鲜果制干方法,该方法包括选料、清洗、扎孔、干燥、测定干燥后含水率和成品等步骤。

中国科学院西北高原生物研究所索有瑞发明一种枸杞干果二次清洗干燥方法。本发明提供的清洗生产线中清洗后,再经干燥实现的。本发明清洗过程中均利用水流的物理作用以及枸杞干果与杂质的沉浮性将枸杞干果表面杂质除去,不易出现枸杞破损的现象,且采用柔软吸水胶辊可以轻松除去清洗后枸杞干果表面大部分水分,更利于枸杞干果清洗后的二次干燥,适合自动工业化大生产。另外,本发明采用多段式带式干燥方法有效解决了枸杞干果二次清洗后制干的问题,得到的产品色泽鲜亮、颗粒松散,且产品更加清洁卫生安全,提高了枸杞干果的品质,为高品质枸杞制干开辟了新的途径。

(10) 伊晓峰发明多层并联穿流式枸杞烘干机。本实用新型涉及一种农产品烘干技术领域。多层并联穿流式枸杞烘干机,包括隧道框体,热风通风系统,冷却通风系统,进料系统,自动控温系统,穿流式烘干料盘装置;热风通风系统由多个热风通风子系统组成,冷却通风系统由多个冷却通风子系统组成,自动控温系统包括温度传感器、处理器和蝶阀控制器。本实用新型多层并联穿流式枸杞烘干机的有益效果是针对枸杞烘干的特殊性,针对性地提供了一种适用于高含糖量农产品烘干工作的设备。

（11）聂建宙发明了沸腾式连续全自动枸杞烘干机。本实用新型涉及一种沸腾式连续全自动枸杞烘干机，特征在于包括若干个连续装置的烘箱，每个所属烘箱的下方均设有热风装置，且在烘箱和热风装置之间安装有网状带式传送机，自动连续布料机设在网状带式传送机的前端。本实用新型的沸腾式连续全自动枸杞烘干机将现行的静态烘干转变为动态烘干，将现行的间歇性操作转变为连续化作业，从而全面提升枸杞烘干的生产技术水平，大幅提高生产效率，缩短了生产时间，降低生产成本。

（12）甘肃省机械科学研究院寇明杰发明枸杞循环烘干装置。本实用新型涉及对枸杞等农作物进行烘干的装置技术领域，尤其涉及一种枸杞循环烘干装置。特点是包括至少三个热风循环干燥箱，每个热风循环干燥箱的上端设置有出风口，下端设置有进风口，前一个热风循环干燥箱的出风口通过设置有电动风扇门的管路与最后一个热风循环干燥箱的出风口相连，热风机的送风口分别通过设置有电动风门的管路与每个热风循环干燥箱的进风口相连，引风机的入风口分别通过设置有电动风门的管路与每个热风循环干燥箱的出风口相连，电动风门与电控箱相连。干燥效率提高，占地面积小，结构简单，提高了设备的自动化水平。

（13）青海青网科技有限责任公司马军等发明转盘式枸杞烘干机。本实用新型提供的是转盘式枸杞烘干机，包括烘箱。所述烘箱中部设置有转盘轴；所述转盘轴上设置有多个转盘；所述转盘轴顶部通过轴承安装于烘箱顶部；所述转盘轴底部延伸至烘箱外侧，且安装于轴承座上；所述轴承座上端的转盘轴上安装有转动轴；转动轴通过传动装置连接到减速机上；所述转盘上端外围一体制成有挡环；锁住转盘轴中间通过隔离板隔离有多个饼槽。本实用新型的转盘式枸杞烘干机，通过减速机带动转盘转动，枸杞受热比较均匀，因此烘干部位也比较均匀，通过密封的烘箱热量损失比较小，因此耗能也比较小，适用于多种场合加工。

（14）宁夏智慧生活科技有限公司胡长中等发明一种智能识别鲜枸杞烘干折干率的检测装置。本实用新型涉及一种智能识别鲜枸杞烘干折干率的检测装置，包括烘干系统及烘干系统中的烘干控制器；一架体、一承重传感器组件、一称重控制器、一称重

显示器，所述架体包括一顶面支架和一地面支架。本实用新型结构简单、使用便捷，实时对鲜枸杞重量进行测量，通过显示器直观显示其重量，并通过称重控制器对采集的数据进行处理、分析和发布指令实时控制烘干系统中的烘干控制器对高温热本等设备热度的设定；此设备通过上述过程自动识别枸杞的折干率，精确控制枸杞烘干过程中枸杞的折干率，减少了因操作员实时查看带来的人工成本，保证了枸杞烘干的出品率，具有很好的应用前景。

（15）江阴万龙源科技有限公司发明一种枸杞太阳能热泵复合模块化烘干机，它包括多个箱体烘道模块，每个箱体烘道模块包括箱体，所述箱体中段设置有保温通道和烘道，所述烘道位于保温通道左右两侧，所述保温通道和烘道前后端均设置有鼓风机，所述鼓风机后方设置有辅助加热系统，所述烘道前方设置有进出料口，所述多个箱体烘干模块上方设置有太阳能集热模块，所述太阳能集热模块与多个箱体烘干模块之间通过热风通道相连接，所述热风通道的多个接口分别位于多个箱体烘干模块保温通道后端鼓风机的后方，所述烘道中部上方设置有回风机，所述回风机与烘道后端鼓风机后方之间通过回风通道相连接。本实用新型是一种枸杞太阳能热泵复合模块化烘干机。它利用太阳能作为热能，配置有高温热泵作为辅助热能，大大节约了能源，降低了枸杞的制干成本，提高了产能，确保食品安全。

（16）江苏扬州李清发明一种枸杞风干装置。本实用新型提供了一种枸杞风干装置，包括干燥室、热风炉和除湿机。所述干燥室的顶部设有热风入口，所述热风炉的出风口通过热风管道与干燥室的热风入口相连通，所述热风管道上链接有第一风机，所述除湿机的入口端和出口端通过循环风道分别与干燥室底部和热风炉的进风口相联通，所述循环风道上连接有第二风机，所述干燥室内设有推车，所述推车上设有物料架。本实用新型实现了热风的循环利用，节约能源，并降低了枸杞干燥成本；热风能够均匀穿过枸杞物料层，实现了均匀干燥，湿热空气能够及时通过循环风道排出，提高了干燥效率。

（17）王尚银发明太阳能枸杞鲜果干燥机。本实用新型涉及一种枸杞干燥机，尤其涉及一种太阳能枸杞鲜果干燥机，它是太阳能甘旱放通过热风管与热风炉配合而成，特征在于太阳能干燥房底面下

部中间设有与热风管相连的热风道,其他五个面是由冷压薄壁方钢管焊接成框架,其中的西立面、顶面、南立面、东立面的上半部分的框架上装有平板式太阳能集热器;平板式太阳能集热器用螺钉和铝合金镶条安装在薄壁冷轧方钢管焊接成的框架中;东立面的下半部分装有彩钢保温板,北立面上设有门和透气窗。本实用新型结构独特、移动方便、节能环保枸杞干果干净卫生、干燥速度快、干燥均匀、质量稳定、应用范围广。

(18)甘肃永昌瓴源鸿枸杞开发有限公司发明一种用于枸杞干燥的多层箱式逆向热风干燥装置本实用新型提供了一种用于枸杞干燥的多层箱式逆向热风干燥装置,包括热风炉、换热器、热风管、干燥室及回风管,所述热风炉为位于换热器下方并对换热器进行加热,所述换热器的出口连接热风管、入口连接回风管,所述热风管与干燥室的顶部相连通,所述回风管与干燥室的底部相连通,回风管上还连接有风机;所述干燥室内设有干燥床,所述干燥床由架体及8~12层干燥筛构成。本实用新型充分利用物料分级干燥的原理进行干燥,采用热风循环系统,实现热能的循环利用,减少热能的浪费;同时采用了多层干燥床,使热风多次通过物料,提高了热风的利用率,增加了产能。

(19)江西天泉热能科技有限公司发明一种枸杞热泵烘干装置。本实用新型涉及一种枸杞烘干装置,属于烘干机技术领域。枸杞热泵烘干装置包括热泵烘干机组、热泵换热机组、循环风机、货架及箱体内部;热泵换热机组和循环风机设置于货架的一侧;热泵烘干机组设置于箱体外部,与热泵换热机组相连,还包括排湿风机,所述排湿风机设置于箱体的顶部。本实用新型与现有技术相比,具有如下优点:保证了烘干区的温度均匀,可生产高品质的枸杞。解决了枸杞在烘干过程的二次污染问题。具有巨大的社会和经济效益。

(20)田青波发明高效清洁环保枸杞烘干炉,包括炉体和散热通道,所述散热通道与炉体相互连通。散热通道由相互连通的U形腔和"回"字形腔组成,其中U形腔呈倒"U"字形,U形腔的底部连通炉体的两侧;所述散热通道的一侧设有一烟囱,该烟囱连通"回"字形腔的上部,散热通道的另一侧设有数个呈删状排列的散热片。该烘干炉的散热通道的特殊结构使得热气流在烘干炉中滞留的时间更长,在不增加烘干炉占用空气的前提下使热气在烘干炉中路程延长,热量得到了充分的释放及利用,提高了热能利用率,节约能源、降低成本,值得大力推广。

(21)青海庆华博众生物技术有限公司发明一种枸杞制干方法。本发明属于农产品加工领域。本发明提出的枸杞制干方法,包括:①新鲜枸杞清洗,其中所述清洗过程依次经过污水槽、碱水槽、清水槽、料盘输送机。②对清洗后枸杞进行臭氧农残降解。③对降解后的所述枸杞进行激光防板结处理。④对板结处理后的枸杞进行烘干。⑤对烘干后的所述枸杞进行色选、筛选分级、包装,得到质感的枸杞产品。本发明解决枸杞农药残留及自然晾晒中出现的脱水效果差、易返潮、易结块和霉变等技术难题,可达到提高干果品质、节约能源、降低成本的目的。

(22)伊晓峰发明回收余热的枸杞烘干机穿流型热风系统,包括热风管道、电动通风蝶阀、余热管道、三通管道、循环进风风机、排湿管道、排湿风机和枸杞烘干机隧道;热风管道分支管道的端口固定连有电动通风蝶阀,电动通风蝶阀与三通管道固定连通,三通管道固定连通于枸杞烘干机隧道侧面余热窗口连通的余热管道,三通管道与循环进风风机进风口固定连通,循环进风风机的出风口与枸杞烘干机隧道侧面下部的进热风口连通,枸杞烘干机隧道顶部有排湿窗口与排湿管道连通。排湿管道与排湿风机进风口连通,排湿风机出风口连通外界。余热窗口旁边有一个换风窗口;本实用新型一方面节约了锅炉或者热风炉产生热风需要的燃料;另一方面烘干机中的余热被循环利用,同时优化工作环境。

(23)张正芳发明一种枸杞烘干装置。本实用新型涉及枸杞加工设备技术领域。烘干仓内设有输送带,输送带通过转轴与动力相连,且烘干仓内顶部设有温度传感器和湿度传感器;烘干仓外部设有风机,风机一端连接在烘干仓顶部,另一端与热源连接;热源连接除湿装置,除湿装置与烘干仓连接;所述储物仓通过集料管道安装在烘干仓的底部;第一循环管外部设有加料口,第二循环管一端设有集料槽。本实用新型具有使用方便、能源利用率高、烘干效果好等优点。

(24)伊晓峰发明一种用于枸杞烘干设备的料盘吊具。本实用新型涉及机械设备领域,特别涉及一种用于吊运枸杞烘干料盘的吊具本实用新型装置是一种用于枸杞烘干设备的料盘吊具，包括主吊索、分吊索、吊钩、压盘和滑轮；主吊索末端连接分吊索上端，滑轮安装在压盘边缘上不，压盘边缘下部设计有吊索孔。吊索孔位于滑轮正上方，分吊索穿过滑轮与吊索孔。末端安装吊钩。本实用新型用于枸杞烘干设备的料盘吊具的有益效果，实现了多层叠放的、相互间无固定连接件的框架的吊运，使之不会因晃动倾倒，降低枸杞烘干料盘的运装设备成本，并提高工作效率。

（25）山东益希亮发明了枸杞烘干设备。本实用新型属于烘干设备领域，包括烘干机、烘干机连通烘干箱、烘干箱内设枸杞盛放架，烘干箱尾部上方设有出风口，烘干箱进风端上部为烘干盲区，出风口连接循环风管，循环风管连通烘干机，循环风管的分管连通烘干箱的烘干盲区，节约能源。

（26）甘肃永昌瓴源鸿枸杞开发有限公司发明了一种枸杞热风干燥工艺及装置，本发明所述工艺步骤主要包括：①原料挑选。②清洗。③脱蜡促干剂浸泡。将清洗后枸杞在脱蜡促干剂中浸泡 10～20 s 后捞出。④沥干。将沥干后枸杞铺匀后同干燥筛一同分层放入干燥床，然后将干燥床置入干燥室内。⑤逆向热风干燥。采用逆向热风干燥方式，将干燥室温度控制在 45～50 ℃，湿度控制在 30%；2 h 后将干燥室温度升至 65～70 ℃，湿度控制在 13%～15%，温湿度保持 20 h 后，即完成烘干。采用本发明工艺方法，干燥室内温度、湿度均衡，果品制干一致性好，且节约能源、成本较低、处理量大；可得到质量良好、霉变率低，品相和色泽较好的制干枸杞。

2. 枸杞冷冻干燥技术专利研究

（1）1998 年宁夏枸星营养制品有限公司对真空冷冻干燥枸杞果及其加工工艺进行了技术发明。其特征在于将精选清洗的枸杞鲜果速冻，温度降至 −45 ℃以下时，组织细胞中的水分完全冻结，液态水变为固态水，此时温度在共晶点以下，冻结的枸杞鲜果处于高真空状态，固态水开始升华为气态水，干燥箱和冷凝器之间存在饱和蒸气压差，气态水从干燥箱通过管道向冷凝器流动，冷凝器温度低于 −55 ℃，气态水在冷凝器中又凝结成固态水，这个过程持续到被干燥物质中的水分完全升华完毕为止。用该方法干燥后的枸杞果生物活性有效成分破坏极小，枸杞果外形保存完好，色泽红润，晶莹剔透，含水率<5%，便于运输和长期贮存。

此外，该公司还发明了真空冷冻干燥枸杞粉及其加工工艺。该工艺区别于上一专利的内容为将精选过的枸杞鲜果清洗后，沥干残留水分，去除籽和皮制成浆液，将浆液磨碎用均质机均质，颗粒在 2 μm 左右，通过巴氏灭菌，冷却至常温，装盘，然后持续上一专利的干燥工艺。该枸杞粉保持了枸杞果的营养成分和活性物质，含水率低，含糖量高。

（2）宁夏枸星营养制品有限公司还对枸杞中有效成分的提取做了研究，并申报真空冷冻干燥枸杞有效成分提取物及其加工工艺的发明专利。该方案采用生物提取技术将枸杞中的有效成分提取出来，制成溶液，采用真空冷冻干燥方法将溶液中的水分升华去除，制得提取物。工艺过程分为两步，可提取两种冷冻干燥制品。第一步，将精选的枸杞鲜果清洗后，沥干残留水分，配以鲜果重量 0.5 倍的蒸馏水，通过浆渣分离机去除枸杞中的皮和籽，把制备好的浆液置于不锈钢容器内，加入万分之二的纤维素酶及万分之一的果胶酶，迅速搅拌、酶解，温度控制在 45～50 ℃之间，经过 90 min 酶解后，加热灭酶，灭酶温度为 80 ℃，时间为 20 min。将制备好的浆液通过粗滤、精滤两道工序过滤后，为深红色清澈透明液体，再经巴氏灭菌后冷却至常温提取物，为第 1 步提取的液体，经真空冷冻干燥制成均匀一致的浅褐黄色粉末；第 2 步，将第一步提取的液体加入等量的无水乙醇，温度降至 −20 ℃，静置 12 h，溶液底部出现灰白色絮状沉淀物，去除上清液，将沉淀物加热至 80 ℃，去除乙醇，所得浆液为第二步提取液，经真空冷冻干燥后为深黄色粉末提取物。

（3）2000 年宁夏潘泰安发明了枸杞全粉冷冻升华干燥工艺。该工艺过程包括降低农药处理、漂洗、冷冻、升华干燥、低温粉碎、复合包装。所生产的枸杞全粉细度达到 100 目以上，无结块、无农药残留，产品可达到美国 FDA 质量标准规定，符合出口条件。

（4）基于采用枸杞干燥粉碎之后的粉末制备产品的研究，大连工业大学张玉苍和何连芳发明了枸杞子活性冻干粉及胶囊的制备技术。该技术首先选用枸杞子果实为基础原料，经清洗、预冻、升华、解析干燥、粉碎、包装、成品等工艺技术,得到枸杞冻干粉,可用作胶囊、果冻、果酱、果汁等系列食品的原料。尤其是制成胶囊产品掩盖了其自身带来的中药味,食用方便快捷,解决了大面积种植产品积压和销路不畅的问题。该产品具有生产成本低的特点,而且起到开发资源和保持热敏性活性功能物质的双重效果。

(5) 2011 年宁夏韩红雯申请了真空冷冻干燥枸杞鲜果的加工工艺的发明专利。该发明工艺步骤分为浸泡、清水冲洗后沥干水分、预冻、冷冻、抽真空干燥至枸杞果含水率小于 5% 后,取出枸杞并采用充氮气包装,防止枸杞吸潮。在抽真空干燥过程中,通过大量的试验总结出在不同温度下,配合不同的升温速度和真空度,达到保证枸杞果的外观形状和色泽的问题。

另外,韩红雯还对真空冷冻干燥枸杞粉及其加工工艺申请了发明专利。该特征在于将精选过的枸杞鲜果清洗后,沥干残留水分,通过浆渣分离机,去除枸杞鲜果的籽和皮制成浆液,把制备好的浆液通过胶体磨进行磨碎,用均质机均质后形成均匀稳定、细腻的浆液,颗粒在 2 μm 左右,通过巴氏灭菌,冷却至常温,装盘;将浆液盘放入干燥箱内速冻,当温度降至 -45 ℃ 以下时,液态水变为固态水,当物质处在高真空状态时,固态水开始升华为气态水,气态水从干燥箱通过管道向冷凝筒流动,冷凝筒温度低于 -55 ℃,气态水在冷凝筒中又凝结成固态水,这个过程持续到被干燥均质中的水分完全升华完毕为止,枸杞浆液干燥后再经高速粉碎机粉碎后即成真空冷冻干燥枸杞粉。该发明中粉碎工艺采用了低湿度、低转速和分筛工艺,避免了由于粉碎机转速过高所造成的枸杞中有效成分的损失、粘机、糖化等工艺弊端。

3. 枸杞制干护色剂的技术专利研究

在枸杞干燥产业中,附加产品和辅助产品的研究成为另一大亮点,其中制干护色剂的研制对于提高枸杞的干燥质量具有积极的意义。

(1) 2008 年宁夏贺嘉利等发明了一种枸杞专用护色制干剂。该制剂由食用纯碱、柠檬酸钠、异 VC 钠和山梨酸钾按照 1 000∶2～10∶1～8∶0.5～6 的重量配比组成。该发明所选用的食用纯碱可解除枸杞果表面的蜡质层,迅速吸收水分,从而缩短干燥时间,柠檬酸钠可解除农药残留,保留枸杞果的原有味道,使枸杞表面圆润;异 VC 钠可延长保质期;山梨酸钾起到护色、增色和保鲜的作用。以上制剂不破坏枸杞果的营养成分。该专利将上述化学制剂组合,从而缩短了枸杞的干燥时间,延长了保鲜及贮存时间,且不破坏枸杞干果的营养成分,枸杞干果颜色正、色泽均匀,无油货,无发霉现象,无异味,无残留。

(2) 2010 年兰州理工大学发明了一种枸杞促干护色剂,并对此使用方法进行了专利保护。该护色剂按质量百分比计,促干护色剂的组分为乙醇 5%～10%,焦亚硫酸钠,0.2%～0.5%,山梨酸钾 0.5%～1%,余量为碱金属碳酸盐;使用方法步骤为将焦亚硫酸钠,山梨酸钾,碱金属碳酸盐均匀混合,以固液比 1～2 g∶100 mL 的比例溶于水,搅拌均匀,然后再加入乙醇,混合均匀,即得枸杞促干护色剂溶液,将枸杞鲜果浸渍 0.5～1 min,捞出鲜果沥去水分,平铺于竹席或托盘上进行制干。

(3) 2011 年宁夏戴治稼和王军发明了一种枸杞鲜果脱水促干加工助剂。该助剂是粉状混合制剂,其重量配比为碳酸钠 50%～98%,碳酸钾 30%～80%,柠檬酸钠 1%～5%,氯化钾 5%～30%;制备工艺过程为各原料、磨成粉状、混合均匀、分装、质检、储存销售。该发明使用人们日常广泛接触的四种食品添加剂进行科学复配,既能使枸杞鲜果干燥较快,又能较好的保全枸杞鲜果原有的色泽和营养保健成分。

4. 存在问题与发展趋势

(1) 上述专利涉及的枸杞干燥方法和干燥设备,推广应用受到技术成本或技术成熟性的制约,在生产实践中实际应用相对较少。目前枸杞干燥技术生产使用的主要为自然晾晒、日光烘干(干燥)温棚、隧道式热风干燥窑,另有少数企业采用真空冷冻干燥进行小批量枸杞制干产品生产。而微波或热风微波真空组合干燥枸杞、远红外干燥、低温气流膨化法等枸杞干燥方法处于实验室试验阶段;太阳能热风干燥方法处于生产试验阶段,尚未大量进行生产应用。

(2) 热泵干燥技术能够回收干燥废气的湿热和潜热,是一种节能干燥技术。太阳能和热泵的联合干燥技术,既可以满足物料干燥的工艺需求,又可以克服单一太阳能热源的缺点,降低干燥的能耗,减少环境污染。因此开发利用基于枸杞干燥机制的太阳能快速干燥工艺、高效的太阳能储热-热泵废热回收技术，是提高枸杞干燥质量和效率的有效途径之一。

（3）针对枸杞干燥技术的进一步研究，应着眼于对枸杞生物学特性和不同干燥设备干燥时的枸杞干燥特性的认识上，如内部水分迁移特性、干燥动力学等，进而研发适用于某一地区枸杞干燥的干燥工艺和设备。此外，还可以借鉴其他农产品干燥所采用的先进设备和技术，通过改进，应用于枸杞的干燥技术上来。

综上所述，我国枸杞干燥专利主要涉及热风干燥和冷冻干燥技术，还未见基于太阳能和热泵的联合干燥技术的自主知识产权，而在太阳能资源充足的青海等西部地区，充分利用太阳能和热泵联合技术进行枸杞的干燥，不但可以降低能耗，而且可以形成国内特有的专利技术，为枸杞产业的发展提供坚实的技术保障。

（二）枸杞汁专利

（1）青海泰柏特生物科技有限公司陈宝华发明了含有超微粉碎枸杞籽粉的全营养枸杞汁及其制备方法。（公告号为CN105192604A）。本发明公开了含有超微粉碎枸杞籽粉的全营养枸杞汁及其制备方法，将枸杞籽进行清洗、干燥、冷冻和超微粉碎等工艺处理后，得到枸杞籽超微粉，最后将所得到的全部枸杞籽超微粉加入到去籽枸杞汁中，灭菌包装。本发明可以充分利用和保留枸杞籽，使枸杞籽具有的丰富活性成分最大限度保留，并得到营养全面的全营养枸杞汁。

（2）山东鲁菱果汁有限公司冷传祝发明了一种浓缩枸杞清汁及制备方法（公告号为CN105520023A）。本发明提出一种浓缩枸杞清汁产品和制备方法，产品经过果浆酶、果胶酶水解处理，可溶性固形物含量10%～45%，pH 4～5的浓缩清汁。制备方法包括：①原料处理。将干枸杞加温水浸泡破碎成为果浆。②榨汁。用压榨机对枸杞果浆榨汁。③酶解。枸杞压榨汁调整pH为4.0～4.5，经果胶酶水解1～3 h。④过滤。⑤浓缩。⑥灌装储存。本发明利用枸杞本身的糖分，吸附、超滤工艺还使枸杞清汁所含的胶体物质彻底分离，得到质地十分柔滑而稳定的蜜糖状产品。浓缩枸杞清汁产品内毋须加入甜味剂、防腐剂，保持纯天然性状，满足现代绿色消费理念，可直接作为功能食品开发利用，稀释后达到饮料要求的风味和口感。

（3）四川新荷花中药饮片股份有限公司江云发明了一种枸杞汁的灭菌保鲜方法及工业化生产方法（公告号为CN104757690A）。本发明公开了一种枸杞汁的灭菌保鲜方法，将已封装的鲜枸杞汁放入超高压灭菌器进行处理，超高压灭菌的工艺参数为——温度：室温；传压介质：水；保压压力：400～600 MPa；保压时间：5～25 min。该方法可有效杀灭枸杞汁中的细菌、酵母菌和霉菌等，避免了高温杀菌或添加防腐剂带来的营养物质损失、酶促褐变和食品安全隐患等缺点。本发明还公开了一种利用该灭菌保鲜方法进行枸杞汁工业化生产的方法，采用该方法生产枸杞汁，生产成本低，保质期长，可完好保留枸杞鲜果的营养成分，口感佳，色泽天然，安全性高，具有良好的商业化应用前景。

（4）安徽芜湖陶峰发明了一种枸杞果汁的制作方法（公告号为CN104068430A）。本发明公开了一种枸杞果汁的制作方法，属于饮料加工领域。其特征在于采用原料→分选→清洗→压碎→除梗→加热→榨汁→分离→澄清→过滤→配料→杀菌→灌装→封口→成品的加工工艺流程。本发明产品果汁，汁液浅红色，清亮透明，具有枸杞果之风味，酸甜适度，有利于提高人体免疫功能，增强人体适应调节能力。操作简单，易于实施。

（5）徐州绿之野生物食品有限公司发明了一种枸杞发酵浓缩汁的制备方法及应用（公告号为CN103704557A）。本发明公开了一种枸杞发酵浓缩汁的制备方法以及浓缩汁的应用。该方法是将枸杞利用有益的复合乳酸菌进行发酵后，再将其利用控制的温度和时间进行自然放置发酵，发酵后的汁液经过滤、高速离心处理，得到枸杞发酵汁，再经薄膜蒸发减压浓缩得到枸杞发酵浓缩汁产品；还可以经喷雾干燥或冷冻干燥，经粉碎、过筛制得枸杞发酵粉。本发明方法中的发酵过程，前段是有益复合乳酸菌的发酵过程，后段控温自然发酵实则是一种美拉德反应，采用益生菌和自然发酵结合，制得的产品具有很好的口感和风味，营养成分丰富。制得的产品可用于酒、软饮料、固体饮料、调味品、食品及保健食品制品中。

（6）宁夏赵军发明了含有枸杞籽油包合物的枸杞全汁制备方法及其枸杞全汁（公告号为CN105495180A）。本发明公开了一种含有枸杞籽油包合物的枸杞全汁制备方法及其枸杞全汁，该制备方法步骤为：①先将环糊精溶于温水中，该温水重量是环糊精的1～10倍。②按照环糊精与枸杞籽油的重量比为2～10∶1的比例，取相应重量的枸杞籽油溶解于80％～100％的乙醇中，枸杞籽油与乙醇的体积比为2～10∶1。③在搅拌状态下将步骤②中的产物缓慢加入到步骤①中的环糊精水溶液中，盖上容器盖，搅拌2～20 h后干燥，得到枸杞籽油的环糊精固体包合物。④将所得到的全部枸杞籽油包合物加入到去籽枸杞汁中，灭菌包装。本发明可以提高枸杞籽油的水溶性和稳定性，使枸杞籽油这一活性成分以包合物的形式直接应用于枸杞汁中，得到营养全面的枸杞全汁。

（7）宁夏杞叶青生物工程有限公司贺钧、王海燕发明枸杞果汁饮料及其生产工艺（公告号CN103549572A），本发明公开了一种枸杞果汁饮料及其生产工艺，所属食品技术领域；本发明枸杞果汁饮料由以下组分的配方组成：枸杞果汁10％～30％、结晶果糖10％～20％、杞花蜜0.3％、阿斯巴甜0.1‰、柠檬酸0.1％、木糖醇0.3％、羧甲基纤维素钠0.1‰、黄原胶0.2％余量为纯净水；本发明通过以下工艺制成：制取枸杞果汁、配制糖水溶液、配制枸杞露溶液、定容、双联过滤、均质、超高温瞬间杀菌、灌装、二次杀菌；本发明枸杞果汁饮料口感纯正，富含多种天然氨基酸、维生素和矿物质，营养丰富。

（三）枸杞酒专利

（1）青海圣峰生物技术开发有限公司发明一种枸杞鲜果全汁发酵酒及其制备方法（公告号CN103289858A）。本发明涉及一种枸杞鲜果全汁发酵酒及其制备方法，目的是提供一种经枸杞鲜果、分选清洗、分段压榨、酶解、高温瞬时灭菌、冷藏处理、超滤浓缩、发酵、陈酿、过滤、调配灌装，制备一种枸杞鲜果全汁发酵酒。该方法工艺简单，添加剂少，无残留。采用该方法制备的枸杞鲜果全汁发酵酒色泽金黄、澄清、透明；香气纯正、舒适，带有醇香，具有枸杞酒的典型性，有成熟果香；入口圆润、柔和、丰满，酒度与酸、单宁平衡良好、和谐；营养物质全面、

丰富。

（2）宁夏香川酒业发明枸杞酒的生产方法（公告号CN1465691A）。本发明公开了一种枸杞酒的生产方法。利用鲜枸杞为原料，经清洗、破碎、成分调整后进行酶处理，然后采用低温浓醪全汁微生物发酵技术，并利用传统的热浸提工艺，充分地精提出干枸杞、红枣、甘草中对人体有益的有效成分，使之与枸杞鲜汁的发酵产物有机结合，并进一步采用热处理、澄清稳定化处理、下胶处理、感官品评和巴氏杀菌等加工方法进行酿制，使生产出的枸杞酒为棕红色，澄清透明有光泽，入口清新爽快，味感圆润、细腻，具有典型的突出风格，成为果酒饮品中的新贵。

发明枸杞白兰地（CN1683495A）。本发明公开了一种枸杞白兰地及其生产方法。利用枸杞鲜汁为原料，采用先进的低温浓醪全汁酒精发酵技术，经分离压榨后得清汁发酵酒，对皮渣进行成分调整后浸渍发酵，获得皮渣发酵酒，对此二酒进行蒸馏，将分别获得的原白兰地装入橡木桶长时间陈酿，经理化、感官检验后进行调配，再经人工老熟处理，最后经过澄清稳定化处理后过滤获得。采用本发明方法得到的枸杞白兰地色泽诱人，澄清透明，香气悠长舒适，口感细腻，爽净，回味无穷，风格典型，成为果酒白兰地中的新秀。

（3）华中农业大学发明发酵型枸杞酒系列及加工工艺（公告号CN1380383A）。本发明属于食品加工酿酒技术领域，具体涉及以枸杞子、红曲米为原料生产系列枸杞酒及其加工工艺的发明。特点是采用两级萃取和发酵相结合的方法，建立适合枸杞酒的发酵、酿造工艺，制作了干型、半干型、甜型和半甜型系列枸杞酒。本发明的工艺最大限度地提取和保留了枸杞和红曲米中的有效成分，系列枸杞酒的风味明显优于传统浸泡法生产的枸杞酒。

（4）河北祁州酒业有限责任公司发明一种枸杞酒（公告号CN1310228A）。本发明是一种以枸杞为基础原料的酒精饮料，特点是该酒为干型发酵酒，颜色、口味近似干红葡萄酒。制备方法为磨浆，加辅料白砂糖、柠檬酸，在80～90 ℃下灭菌，加干酵母发酵，过滤熟化加蛋白糖、甘油、乳酸、柠檬酸调制，精滤后灌瓶灭菌。该发明符合干型发酵酒成品酒精标准，既有枸杞成分的药性及营养价值，适口性又好。

（5）中国科学院新疆化工研究所发明高档枸杞

酒制作方法(公告号为 CN1186850A)。本发明涉及一种高档枸杞酒制作方法,采用干枸杞子→去杂→清洗→提汁→压榨→取汁→加蜂蜜→加有机酸→加抗氧化剂→主发酵→后发酵→后熟→澄清过滤→装瓶→杀菌→成品工艺方法制成,主要是以干枸杞浸汁加入蜂蜜,经纯化的单一优良菌种定向发酵。该酒口感柔和清爽、不刺激,既保持枸杞的原有药用成分,同时又为餐桌上的佐餐佳品,集药酒、果酒两者于一身,是保健酒中的佳品。

(6)宁夏红中宁枸杞制品有限公司发明枸杞干红酿造方法(公告号 CN104232400A)。本发明涉及一种枸杞干红酿造方法,是以鲜枸杞为原料,采用两次发酵和橡木桶陈酿技术相结合制作的枸杞干红酿造方法。特点是以鲜枸杞为原料,经清洗、破碎后,采用带皮低温浸渍制成果浆发酵醪,加入枸杞果酒酵母在低温条件下进行一次发酵,经压榨取一次发酵酒,向酒中加入浓缩枸杞汁进行二次发酵获得二次发酵酒,再经橡木桶陈酿制成枸杞干红。经试用证明,采用本发明方法生产酿制的枸杞干红具有浓郁的杞香、优雅的醇香和协调的橡木香,酒体和谐绵柔,风格独特,营养丰富。

(7)张金山发明半干型枸杞果酒的酿造方法(公告号 CN103045426A)。本发明提供了一种半干型枸杞果酒的酿造方法,特别对于发酵用酵母菌进行了驯化处理,使酵母菌更适应枸杞原汁的发酵环境。本发明的酿造方法操作简便,所酿造的半干型枸杞果酒食用安全且酒质得到大幅度提高,具有更为广泛的市场推广前景。

发明干型枸杞酒酿造方法(公告号 CN103045424A)。本发明提供了一种干型枸杞果酒的酿造方法,特别对于发酵用酵母菌进行了驯化处理,使酵母菌更适应枸杞原汁的发酵环境。酿造方法操作简便,所酿造的干型枸杞果酒食用安全且酒质得到大幅度提高。

发明半干型枸杞果酒的酿造方法(公告号 CN103045427A 和 CN103045426B)。本发明提供了一种半干型枸杞果酒的酿造方法,特别对于发酵用酵母菌进行了驯化处理,使酵母菌更适应枸杞原汁的发酵环境。酿造方法操作简便,所酿造的半干型枸杞果酒食用安全且酒质得到大幅度提高。本发明提供了一种半甜型枸杞果酒的酿造方法,该方法

特别对于发酵用酵母菌进行了驯化处理,使酵母菌更适应枸杞原汁的发酵环境。酿造方法操作简便,所酿造的半甜型枸杞果酒食用安全且酒质得到大幅度提高,具有更为广泛的市场推广前景。

(8)宁夏红中宁枸杞制品有限公司发明一种年份枸杞果酒的陈酿工艺(公告号 CN102807946)。本发明涉及一种年份枸杞果酒的陈酿工艺,特点是将已经完成前发酵、澄清和过滤工艺的枸杞果酒,在陈酿阶段按照陈酿工艺,经过一定年份的陈酿,得到年份枸杞果酒。可有效解决枸杞酒在数年的存放陈酿过程中挥发酸指标无法控制的问题,如严格控制卫生条件,经数年陈酿,其挥发酸均低于 1.5 mg/L。经本发明工艺数年陈酿的年份枸杞果酒不仅拥有浓郁协调的酒香和果香,而且具有幽雅细腻的陈酿香,口感醇厚丰满,回味无穷。

发明一种枸杞酒发酵用汁的制备方法(公告号 CN102703280A)。本发明涉及一种枸杞酒发酵用汁的制备方法,特点是取干枸杞经淋冲后入罐酶解,完成后进行第一次浸提,再固液分离,然后将分离得到的枸杞进行第 2 次浸提后再次固液分离,再将分离得到的枸杞进行第三次浸提后固液分离,合并第二次和第三次浸汁后进行浓缩,当浓缩至体积比 1∶10～1∶30 后与第 1 次浸汁混合即得枸杞酒发酵用汁。采用本发明方法可以最大限度提取枸杞干果中营养物质,为枸杞酒发酵提供原材料,能够充分提取枸杞中的营养成分,尤其是脂溶性物质的溶出,又能增强功能因子作用,提高枸杞原汁浓度,使芳香物质得到进一步释放。

发明一种枸杞酒发酵醪的制备方法(公告号 CN103555501A)。本发明涉及一种枸杞酒发酵醪的制备方法,特点是取枸杞鲜果,除去果梗,首先用碳酸氢钠溶液喷淋 5～10 s,再用纯化水冲洗 5～10 s,然后气囊压榨,同时在果浆中添加 660～670 mL/吨 6% SO_2 溶液,并且加入 30～50 g/吨果胶酶和 30～50 g/吨蛋白酶,还要添加酿酒单宁、橡木片和橡木粉,入罐,循环,补糖,补酸,恒温浸渍,即得到发酵醪。本发明方法通过对鲜果压榨和浸渍的处理,取得了下列有益效果:一是压榨降温,降低了酶的活性,防止浆果氧化色变;二是弱碱溶液处理分解脂肪酸层,促进成色成香和营养物质的浸出;三是加入酿酒单宁,单宁与色素结成稳定色素的同时也增加了

发酵醪的抗氧化功能。

（9）宁夏香山酒业发明枸杞发酵酒前处理方法（公告号 CN102453647A）。本发明涉及枸杞发酵酒前处理方法，所述方法包括去除枸杞汁中的蛋白质，然后再接种酵母进行酒精发酵。通过本发明的方法，能够除去枸杞汁中绝大部分蛋白质，从而降低接种酵母进行酒精发酵时产生的高级醇含量，进而提高枸杞发酵酒的品质，缓解和改善因原料问题造成的枸杞酒饮后头疼等不良症状。

（10）辽宁三庆农业发展有限公司发明冰杞酒（公告号 CN101701172A）。本发明公开了以枸杞果为原料酿制的冰杞酒及其制作方法。特点是采用自然霜冻技术及低温反复冻融技术和微生物低温长期发酵技术相结合的酿造工艺，并且采用蜂蜜、果胶酶、酸性蛋白酶澄清下胶稳定处理制得枸杞冰酒。枸杞自然冰冻法：深秋季节的枸杞鲜果下树前经过 $-6\sim-10\ ℃$ 的自然霜冻后，采摘、分选、清洗；枸杞多次冻融法：熟透的枸杞采摘分选后经多次 $-10\sim-15\ ℃$ 低温冰冻、融化；冰枸杞果经榨汁、多次发酵、澄清、低温贮存熟化、调配、灭菌灌装成冰杞酒。用该方法生产酿制的冰杞酒具有幽雅愉悦的酒香和浓郁的杞香，酒体和谐绵柔，风格独特，具有多种营养成分，品质明显优于普通方法酿制的枸杞酒。

（11）西安天健医药科学研究所发明一种枸杞果酒（公告号 CN101457188A）。本发明涉及保健饮品技术领域，具体涉及一种枸杞子果酒。本发明克服现有技术存在的口感差、性质不稳定、易沉淀、饮用人群有限的问题。本发明的技术方案是——枸杞子果酒由以下制备方法制得：

1）备料：选果，清洗，破碎，降解，枸杞子汁的制备。

2）发酵：酵母活化及接入；酒精发酵。

3）过滤、灭菌、包装。

本发明的优点是采用现代生物发酵技术生产的枸杞酒色泽自然、果香浓郁、口味酸爽柔和，具有酒精度低、口感好、性质稳定，产品澄清透明、生物活性成分保存率高；产品营养丰富，保健效果好。

（12）陕西洋县王建成发明枸杞酒的酿造方法（公告号 CN101323823A）。本发明公开了一种枸杞酒的酿造方法，将破碎去籽的枸杞及熟化后的淀粉质原料中加入糖化发酵酒曲和酒母，在发酵罐中进行发酵；然后将发酵好的醪液进行压榨，酒汁经澄清、杀菌、陈酿、勾兑和过滤后装瓶。由于本发明采用了淀粉质原料作为发酵的碳源，酿制纯发酵枸杞酒，既能保证枸杞酒独特的营养保健作用，又能最大限度地降低生产成本。

（13）浙江汪雅平发明一种枸杞酒生产方式（公告号 CN102925333A）。本发明公开了一种枸杞酒生产方法，包括将新鲜枸杞鲜果进行除梗破碎、压榨发酵、倒酒过滤以提取枸杞酒汁的工艺步骤，还包括低温蒸馏分离的工艺步骤。通过物料输送泵将计量后的枸杞酒汁注入精馏塔第四塔分布器；对精馏塔内的枸杞酒汁进行加热、抽真空使之蒸馏；利用精馏塔内分布器和收集盘分离出有害物质，并通过设定的 4 个出液口分馏出酒精度为 10％、20％、40％ 和 50％ 的枸杞酒。采用低温精馏塔蒸馏技术，分离出人体有害的甲醇、甲醛等物质，保证饮酒安全；低温保证了枸杞酒的原汁原味，保持了枸杞原汁的有机成分和药用成分。

（14）胡博然发明枸杞白兰地酒及其生产方法（公告号 CN1417317）。本发明涉及一种枸杞白兰地酒及其生产方法。该酒以枸杞为原料，以复合酵母菌为菌种发酵，以枸杞自然色素和白兰地常用勾兑制剂勾兑而成。生产方法是将分选、洗涤后的枸杞按如下工艺过程加工：粉碎、除梗→加入糖、菌种及抗氧化剂进行发酵→蒸馏→贮存、老化→勾兑，即为成品。所获得的枸杞白兰地酒既保持了枸杞酒的丰富营养和独特药效，又兼具白兰地酒的特殊香味，尤其采用本发明的独特工艺过程，可缩短酒的老熟期，降低生产成本。

（四）枸杞籽油生产专利

（1）宁夏轻工业设计院发明用超临界 CO_2 萃取法从枸杞籽中分离枸杞油方法（公告号 CN1266092A）。本发明属于植物油领域。将新鲜枸杞浆果中分离出的枸杞籽，放入单萃取釜中，在一定压力和一定温度条件下，萃取 $6\sim7\ h$，枸杞油得率为 15.11％。通过本发明方法萃取的枸杞油亚油酸和 β-胡萝卜素含量高，对预防及辅助治疗心脏病、动脉硬化、肥胖症、糖尿病、高血压等有一定功效，是中老年人较理想的功能保健油品。

（2）清华大学发明了提取枸杞油的方法（公告

号为 CN1272417C）。本发明公开了属于植物油提取技术范围的采用超临界丙烷流体的一种提取枸杞籽油的方法。将新鲜枸杞浆果中分离出的枸杞籽经干燥粉碎后放入超临界萃取釜中，通入超临界丙烷流体，在一定的超临界压力和温度下萃取一定时间后，在解析釜中分离得到枸杞籽油。

公告号为 CN1616617A，本发明公开了属于植物油提取技术范围的采用超临界丙烷流体的一种提取枸杞籽中活性成分的方法。将新鲜枸杞浆果中分离出的枸杞籽经干燥粉碎后放入超临界萃取釜中，通入超临界丙烷流体，在一定的超临界 CO_2 压力和温度下萃取一定时间后，在解析釜中分离得到枸杞籽油。本发明萃取时间短、产品得率高，无丙烷残留。

（3）辽宁江大源生态生物科技有限公司发明了超临界萃取枸杞的方法（公告号为 CN101461424A）。本发明公开了一种超临界 CO_2 萃取枸杞籽油的方法，步骤如下：①将枸杞籽干燥粉碎后装入萃取釜中。②将超临界状态的 CO_2 注入萃取釜，在温度为 40～50℃，压力为 30～40 MPa，CO_2 流速为 8～18 L/min 的条件下萃取 2.5～4 h。③溶有枸杞籽油的 CO_2 流体进入分离釜，通过调节温度和压力将枸杞籽油分离出来，CO_2 气体经压缩后进入萃取釜循环使用。本发明工艺简单、操作方便，避免了有机溶剂的残留，同时缩短了提取时间，提高了枸杞籽油的萃取效率，尤其大大提高了枸杞籽油中 α-亚麻酸、γ-亚麻酸的含量。

（4）甘肃农业大学发明了超声波辅助超临界 CO_2 萃取枸杞机油的方法（公告号为 CN102234563A）。超声波辅助超临界 CO_2 萃取枸杞油的方法包括如下步骤：①预处理去除枸杞籽中的杂质，机械粉碎、过筛分级。②超声波处理称取枸杞籽粉，将其放入超声波设备中进行处理。③将步骤②处理的枸杞籽粉进行超临界 CO_2 提取。本发明提取技术将超声波提取与超临界 CO_2 萃取相结合，显著提高了萃取率，是一种高效安全提取枸杞籽油的方法。

（5）中国科学院研究高原生物研究所索有瑞研究员发明了枸杞种子细胞快速破壁及籽油提取工艺（公告号为 CN102071099A）。本发明涉及一种枸杞种子细胞快速破壁及籽油提取工艺，该工艺包括以下步骤：①枸杞籽细胞破壁处理：将洗净干燥的枸杞籽粉碎后放入萃取釜中；向萃取釜通入 CO_2 在常温下将萃取釜中的压力升高到 40～45 Mpa 后，保持 10～15 min；然后关闭萃取釜两端的进气阀门，在 1～5 min 内使萃取釜中的压力下降到大气压，得到破壁后的枸杞籽。②将所述步骤①所得破壁后的枸杞籽装入萃取釜中，同时通入 CO_2，在超临界条件下萃取 60～70 min，经两级减压分离后即得枸杞籽油。本发明工艺简单、成本低，能极大地减少萃取时间，使出油率在最短的时间内达到最高值，并且对环境无污染，可广泛应用于各种功能性不饱和脂肪酸类药物及其保健食品的深度开发及生产制备。

（6）宁夏医科大学发明了枸杞籽油自微乳化纳米组合物及其生产方法（公告号为 CN102145084A）。一种枸杞籽油自微乳化纳米组合物的特征在于组分及其重量百分比含量为枸杞籽油 0.1%～15%；油相 0～20%；表面活性剂 0.05%～90%；助表面活性剂 0～40%；余量。其制备方法包括如下步骤：将枸杞籽油、油相、表面活性剂和助表面活性剂按处方比例混合均匀后，直接分装软胶囊，或加入其他材料制备成相应的固体、半固体、液体制品。

（7）青海藏宝公司孟庆海发明了超临界 CO_2 萃取枸杞籽油的方法（公告号为 CN104694256A）。本发明涉及一种超临界 CO_2 萃取枸杞籽油的方法，应用于枸杞籽油的提取。特点是将枸杞籽油粉碎至 30～80 目，对粉碎后物料进行超声波处理，功率 30～500W，时间 20～30 min；再装入萃取釜中；调节萃取釜的温度至 40～50℃、分离釜一的温度至 35～45℃，分离釜二的温度至 30～40℃；打开 CO_2 贮气罐，对萃取釜进行加压，当萃取釜压力达到 25～35 MPa 时，打开控制分离釜一和分离釜二的压力阀门，分别调整分离釜一的压力为 6.0～7.0 MPa，分离釜二的压力为 4.0～5.0 MPa；同时调节 CO_2 流量为 25～40/h；萃取 40～90 min；定时收集萃取物。

（8）广西科技大学发明一种具有抗菌功能的枸杞油浸提液（公告号为 CN103710141A）。本发明公开了一种具有抗菌功能的枸杞籽油的浸提液，其组分按重量份计，乙醇 100 份，乙酸乙酯 35～38 份，蓖麻油 20～60 份、维生素 E 10～14 份、马齿苋提取液 6～9 份、碳酸钠 1～4 份。本发明所提供的具有抗菌功能的枸杞籽油的浸提液，不仅具有萃取率高，而且具有很强的抗菌功能,对大肠埃希菌等常见病菌的对抗性强,使枸杞油在生产时不易被细菌侵蚀,保证了产品的质量。

（9）广西柳城县天地自然食品有限公司发明一种枸杞油软胶囊制备方法（公告号为CN104366474A）。本发明涉及一种枸杞油软胶囊及其制备方法,以枸杞油、DHA、橄榄油、玫瑰精油、维生素、阿拉伯胶、山梨醇和水为原料,经过溶胶、内容物配置、压制、干燥、包装等步骤制备而成。本发明提供的制备方法,步骤简单、原料少,有效避免了有效活性物质挥发的问题,减慢了所含有的不饱和脂肪酸的氧化速度,使制得的软胶囊具有气味芳香、保质期长、易于服用、生物利用率高、携带轻巧等优点。另外配方中采用枸杞油、橄榄油、玫瑰精油为原料,具有提高免疫力、改善血液循环、美容养颜等功效,营养丰富、保健效果好。

（10）青海王洪伦等发明一种从枸杞渣粕同时提取分离油脂、绿原酸和总黄酮的方法（公告号为CN104257882A）。特征在于它包括如下操作步骤:①取枸杞渣粕,采用超临界 CO_2 萃取技术提取,即可得到枸杞油。②取提油后的枸杞渣粕,以乙醇为夹带剂进行超临界 CO_2 萃取,提取物备用。③将超临界 CO_2 萃取提取物上大孔吸附树脂,优选使用Dlol型大孔树脂,依次用水、$10\% \sim 15\%$（v/v）（优选 15%）和 $65\% \sim 75\%$（v/v）（优选 70%）乙醇洗脱,分别收集各浓度乙醇洗脱部位,浓缩,干燥,依次得到绿原酸和总黄酮。由于本发明采用的原料为枸杞渣粕,是对工业废料的再利用,不仅成本低廉,而且大大提高了枸杞的附加值。

（11）青海泰柏特生物科技有限公司发明了一种酶解法制备枸杞籽油的方法（公告号为CN105132119A）。本发明公开了一种酶解法制备枸杞籽油的方法,是将水和枸杞籽倒入匀浆机中充分匀浆后,用复合酶制剂进行酶解,然后离心取油。本发明优点得油率高、品质好、工艺简单安全,可操作性强,制油周期短,成本低。

（五）其他

（1）宁夏农林科学院枸杞研究所与宁夏务农源科技开发有限公司共同研发的"新型高效可升降折叠式双翼防风枸杞葡糖专用植保机械"成功申报实用新型专利,获得国家知识产权局颁发的实用新型专利证书。

（2）宁夏农科院枸杞工程技术研究中心组织科研人员从枸杞生长、结果特性出发,选择适宜材料、动力源,历经 3 年研制出第一代枸杞鲜果采收机。该机重量轻、体积小、携带方便,效率是人工采摘的 $6 \sim 10$ 倍,采净率达 70%,费用比人工采收节约一半。目前,该机已申请了中国发明和实用新型专利。

（3）宁夏农林科学院枸杞研究所、国家枸杞工程技术研究中心和宁夏科杞现代农业机械服务公司共同研发的 3 项实用新型专利获得国家知识产权局授,分别是《新型智能触感犁刀式枸杞株行间锄草机》《新型高效太阳能光伏板枸杞种植专用植保机》和《新型刀片式枸杞枝条还田机》。

新型智能触感犁刀式枸杞株行间锄草机采用电子负压传感器,用于杂草和枸杞树体的传感器检测,遇到枸杞树体自动回弹,以此清除株间杂草;锄草装置采用犁刀式,有效解决了爪式旋转刀造成杂草缠绕等诸多问题;适用于各种土壤条件的株行间锄草作业。

新型高效太阳能光伏板枸杞种植专用植保机是基于太阳能光伏板枸杞种植的特殊限制条件设计的枸杞种植专用植保机。该机械采用防风翼立体式喷头设计,喷药方向更加全面,安装有风机装置,扇动叶片,进行强制雾化,有效提高了喷药安全性及药剂使用效率。

新型刀片式枸杞枝条还田机采用粉碎还田一体化作业设计,利用双面反向刀头实现枝条粉碎、粉碎后碎枝能与土壤均匀的混合,方便操作,提高了作业效率。适用于枸杞及多种作物的茎秆、枝条的还田,机械部件通用性强。

二、枸杞专利情报研究

梅杰等（2016）通过 ography 专利分析平台对枸杞专利情报进行研究。对枸杞专利进行统计分析,并对枸杞产业发展提出了战略思路。

（一）有限申请年度趋势统计分析

通过有限申请年度趋势对枸杞统计分析,共检索国内外专利数 2 225 件,涵盖 20 年（1996—2016年）专利有效年度。枸杞子专利技术的发展大致可分为三个阶段,第一阶段从 1996—2008 年,该区间专利申请量很少,处于较低水平,年申请量不足百件,呈锯齿状起落,总体变化不大;第二阶段从 2009—2012 年,该区间专利申请量有所增加,申请量上升到 100～230 件之间;第三个阶段,进入 2013 年后申请量开始出现较快增长,尤其是 2013—2015 年间,申请量出现了大幅攀升,2013 年申请量 293 件,2014 年申请量 317 件,2015 年达到申请量最高峰,申请量达到 327 件。2013—2015 年这 3 年的专利申请总量超过了 1996—2008 年这 13 年的专利申请总量,但 2015 年之后,专利申请数量有所下降。

依据有限申请年度趋势对枸杞统计分析的情况来看,由于国内研究者和机构及企业早期申请专利保护理念较差,因此自 1996—2011 年申请的国家专利并不多,但从 2012 年开始,专利申请和认证数量逐步递增,尤其 2015 年申请专利的数量出现凸显,以个别研究机构及研究人员的申请专利为最多。

(二) 枸杞专利保护国统计分析

通过枸杞专利保护国对枸杞产业统计分析,共检索国内外专利数 2 225 件,涵盖 17 各地区和国家。对于专利保护国来说,中国作为枸杞种植发源地是主要的产地和专利申请的国家,专利申请量达到 2 075 件,国外来华申请的专利数量共计 150 件,占总专利申请量的 6.6%。其中申请国最多的 3 个机构和国家分别是韩国、全美包装专家学会(WPO)和法国,韩国专利申请量为 93 件、全美包装专家学会(WPO)11 件、法国 11 件。从专利保护国分析可以看出,虽然中国作为枸杞种植发源地是主要的产地和专利申请的国家,专利申请数拥有绝对优势。但随着经济的发展和技术的进步,国外很多机构都已开始重视枸杞行业的发展以及枸杞深加工的研发价值,比如法国很多国际知名化妆品公司欧莱雅、香奈儿、娇兰等知名化妆品牌,已经注意到枸杞产业在中国市场的巨大潜力,开始针对枸杞深加工进行技术创新和研发,并进行了前期的专利布局。

(三) 按研究内容统计分析

通过国际专利分类号对枸杞产业统计分析,共检索国内外专利数 2 330 件,161 个别。前 15 个类别主要是枸杞食品(20.8%)、不含酒精的枸杞保健饮料(14.8%)、含酒精及其成分的枸杞保健品饮料(13.7%)、枸杞茶(9.8%)、枸杞保健药品(9.8%)、枸杞种植(6.4%)、枸杞牛奶(3.4%)、枸杞美容化妆品(2.4%)、枸杞蔬菜食品(2.4%)、枸杞种植园艺(1.9%)、即食枸杞甜食(1.9%)、枸杞采摘及烘干机(1.6%)、枸杞中药(1.4%)、枸杞酒(1.6%)等。由以上可知,枸杞食用价值类别非常广泛,包括食品、保健酒、饮料、茶叶、牛奶、果醋等;近三分之一的专利申请量都与枸杞药用价值的保健品和化妆品有关,同时还包括枸杞园艺和采摘烘干机等专利。

(四) 枸杞产业专利地图、文本矩阵分析

通过专利地图、文本矩阵对枸杞产业统计分析,矩阵模块共有 133 个。枸杞功效主要集中在健康保健、枸杞酒、枸杞子原材料等方面。按照枸杞的营养价值和功效申请专利的包括医用类和食品类,以枸杞作为中药配伍的发明专利非常多。例如:枸杞与党参配伍的中药;枸杞与丹参配伍的中药;枸杞与黄芪配伍的中药;枸杞与当归配伍的中药;枸杞与茯苓配伍的中药;枸杞与山药配伍的中药等。还包括有利于人体其他功效的医药产品及其食品,例如纯枸杞、枸杞保健酒、枸杞果茶、枸杞口服液、枸杞鲜汁、枸杞泡腾片、枸杞油胶丸和含有枸杞的复合保健食品等。

三、战略分析

枸杞产业的跨越式发展是枸杞深加工,影响枸杞产业发展的发明专利申请和技术集中在枸杞深加工领域,枸杞专利分析,提出以下两方面的战略分析。

(一) 加强枸杞深加工发明专利申请

通过专利申请,形成核心专利保护网的核心技术,包括食品、饮料、功能成分提取及应用等几个方面。

枸杞食品、饮料基本专利申请。枸杞食品饮料的制备,技术水平单一、专利申请较多,技术具有普遍性,并不具有核心技术价值。如果将食品、饮料领域与枸杞药用价值、保健功能的有效功能提取结合,就可以开发出技术含量较高的产品,例如青海圣峰生物公司推出的杞浓保健酒系列和降血糖、血脂和保健品。

及时申请枸杞在药用、保健、化妆品方面的应用专利。按照枸杞的营养价值和功效申请专利有医药

类和食品类,以中药及其中草药为例大致分为:有利于人体血液流通的医药产品及其食品;有利于人体肝肾的食品及其中药;对人体抗炎症相关的复合药等;滋润皮肤的相关保健产品;枸杞多糖消炎抗菌、护肤抗皱等化妆品。

研究并及时申请枸杞多糖在治疗各种不同疾病方面的应用专利。包括有利于人体的其他功效的医药产品及其食品,例如有利于人体眼睛、肺、缓解肺气肿、有利于降血糖、降血压、有利于缓解高血脂、抗肿瘤、有利于加黑毛发的产品、有利于辅助治疗胃溃疡、有利于健康的调料等产品。

(二)实施外围专利申请战略,构筑枸杞深加工领域现有产品专利保护网

(1)外围专利是指围绕基本专利技术所做出的改进发明创造专利。主要指以核心技术的基本专利为基础,通过技术创新开发出技术含量不高但实用性强的发明、实用新型和外观设计专利申请。

(2)以枸杞酒产品包装为例。全美包装专家学会(WPO)针对枸杞包装、酒瓶设计等发明专利进行了申请,相比国内宁夏红等企业只将此类发明申请了实用新型专利来说,WPO公司更好地引导和占据了包装等附加专利的市场。鉴于酒类产品的特殊性,应重点在酒类产品的瓶型、外包装上加大设计力度,改变枸杞酒瓶型单一、包装过于大众化的弊端,设计不同的瓶型,通过申请外观设计专利,在枸杞酒制备工艺核心专利外围构筑强大的专利保护网。

(3)实施科技文献信息利用战略,促进柴达木枸杞产业健康持续发展。枸杞深加工领域技术信息公开的重要渠道是专利文献,枸杞深加工领域的最新、最前沿技术的90%以上集中在专利文献上,通过查询专利文献,避免科技信息不顺畅、低水平重复研究、重复投资等对行业发展带来不利影响的情况出现,重点产品技术研发离不开科研院所的研究,最新技术、研究主题和重点研发方向、研究方向等都需要查阅相关技术文献,通过文献跟踪分析,可以对项目的定题、方法、进展等多方面进行指导,为柴达木枸杞产业深加工寻找新的突破方向。

第十二章

柴达木枸杞产业化发展战略研究

枸杞产业已经成为青海农业结构调整的新兴产业,成为农牧民增收的富民产业和实现环境治理的生态产业。实践证明,枸杞产业是青海改善生态、适应市场发展的正确选择,也必将继续成为未来区域的优势主导产业。柴达木盆地枸杞已经成为经济、社会与生态效益"三兼顾"并行的植物,是盆地荒漠化植被治理和恢复首造树种,是盆地农作物调整力度最大最好的支持性植被,是盆地药食同源、医用潜力最大、品牌提升宣传的支柱性植物,柴达木被誉为"中华枸杞祖源地"和"高寒净地圣杞之源"。

纵向来看,柴达木枸杞产业已经实现了快速发展。横向着眼,从世界、全国枸杞行业发展形势来看,柴达木枸杞产业不论是在科技研发、枸杞种植、采摘处理、产品加工、仓储运输、市场交易、品牌建设和枸杞文化创意各个产业环节都相对比较薄弱。

基于此,青海迫切需要着眼大局,立足当地,面向全国,客观认识国内外枸杞产业发展状况与趋势,切实认清青海发展枸杞产业的优势和基础,在对全国主要枸杞产区进行评估的基础上,科学规划青海柴达木枸杞产业发展的战略定位、发展目标,发展重点和推进途径,谋求青海枸杞产业转型发展路径,寻找柴达木枸杞产业差异化发展之路!

第一节 中国枸杞产业

一、发展现状

我国枸杞种植主要分布在黄河沿线的宁夏、甘肃、内蒙古、新疆、青海、河北、山东一带。近年来,随着"三北"防护林、退耕还林实施力度加大和枸杞市场需求强劲的拉动下,我国枸杞产业步入快速发展轨道。呈现以下特点:

(1)枸杞产业规模增长较快。2000年,尤其是2007年以来,全国枸杞种植面积急剧扩大,2007年全国枸杞主产区种植面积约45万亩,至2011年,全国枸杞种植面积超过150万亩,4年时间增长2倍多。2007—2011年,全国枸杞产量由97838吨增加到2011年的190498吨,产量增长近1倍,年均增速18%。2011年全国枸杞工业产品行业总产值68.7亿元,近三年工业产值呈现逐年高速递增态势,年均工业产值增长15%。

2012年以后,枸杞种植面积平均递增19.8%,产量平均增长16.1%,至2017年全国种植面积达到235万亩,产量达到37万吨。

(2)枸杞种植布局出现较大调整。2000年之前,我国枸杞种植主要集中以中宁为中心的宁夏。2007年,宁夏枸杞种植面积和产量分别为23.5万亩和57149吨,占全国的比重分别为52%和58.4%。2007年以后,内蒙古、甘肃、青海、新疆等地枸杞种植面积和产量急剧扩大,宁夏"一统天下"的产业局面逐步有所改变。2011年,宁夏枸杞种植面积和产量分别为77万亩和83 053吨,占全国比重分别降至50%和43.6%。2011年,新疆枸杞种植面积和产量分别为25万亩和19 319吨,占比重分别为20%和10.1%;甘肃枸杞种植面积和产量分别为20万亩和21 642吨,占比重分别为13%和11.4%;内蒙古种植面积和产量分别为25万亩和19 068吨,占比重分别为16.7%和10%。

（3）枸杞精深加工水平逐步提升。在市场需求带动下,枸杞加工水平不断提高。枸杞加工企业数量不断增多,企业规模不断增大,出现了一批过亿元龙头企业。枸杞精深加工产品日益多元化,涵盖枸杞干果、枸杞糖果、枸杞汁、枸杞酒等大宗产品以及枸杞多糖提取、枸杞籽油、枸杞色素等科技含量高、附加值较大的精深加工产品不断涌现。

（4）枸杞产业发展水平区域分化明显。宁夏枸杞产业发展水平仍保持领先地位。内蒙古、青海、甘肃均为新兴枸杞产业基地,青海地理与环境优势将成为全国有机枸杞第二大产区,成为全国有机枸杞重要基地,枸杞种植规模增长较快。

（5）枸杞干果、枸杞汁、枸杞酒等产品出口日本、韩国、新加坡、美国、法国等10多个国家,每年以27%的速度平稳增长,由于受到经济危机和国际摩擦的影响,2011—2014年有下滑趋势,但近5年多又呈现上升趋势,基本处于平稳上升的发展水平。

二、发展趋势

（1）高端市场需求增长强劲。枸杞是药食同源保健食品,以枸杞为原料的精深加工品是近年来高端食品与保健品消费市场的新宠。人们对绿色枸杞、有机枸杞需求增大,企业高品质枸杞商品供不应求,但一般品质枸杞供大于求。广泛分布在食品加工业、制药业、饮食业等多个下游企业领域,下游企业需求可以直接影响到整个枸杞市场需求。经济危机对以枸杞为原料的下游精深加工企业影响不大,行业发展稳健,发展前景依然良好。

（2）绿色化和生态化将成为产业发展新趋势。随着公众生活水平的提高和消费观念的转变,以及环境污染和资源破坏问题的日益严峻,有利于人们健康无污染、安全、优质营养的绿色食品已成为时尚,越来越受到人们的青睐。开发绿色食品已具备深厚的市场消费基础。枸杞是健康绿色医药食品的典型代表,因此,绿色化发展将成为枸杞产业未来发展趋势。相应的实施产业生态化发展战略成为区域枸杞产业持续发展的必然选择,发展循环经济,构建循环枸杞产业发展模式,成为实施枸杞生态化发展战略的有效实现途径（曹林,2015）。

（3）创新成为产业发展的新动力。随着产业供求关系转换,需求日益多元化、高端化、个性化,客观要求产业加快创新,加快实现产业转型升级。一是研发技术创新。主要包括枸杞病毒防害、保鲜技术、各类提取技术、高效加工控制系统、自动分级系统等;二是产品品种创新。根据市场需求,发展鲜食枸杞、黑枸杞及其他功能性枸杞;推出不同民族风味的枸杞加工食品;生产符合现代人需求的便捷、时尚食品;三是食品包装创新。改变包装仅为单纯的保护和保存功能,更加注意美观与环保,突出品牌与个性;四是采购和销售渠道创新。推广形象专卖店,注重网络营销,提高流通效率（曹林,2015）。

（4）随着经济全球化,高新技术迅速发展的形势下,产业融合是提高生产率的重要模式。枸杞产业融合发展成为区域枸杞产业发展的新趋势,也将成为提升区域枸杞产业发展水平,加强产业关联带动作用,实现综合经济效益的战略选择。未来枸杞产业融合发展重点:一是加快信息技术与枸杞产业的融合,推进枸杞产业信息化;二是促进枸杞产业与第二、第三产业的融合,积极发展枸杞休闲农业、枸杞旅游、枸杞文化、枸杞餐饮等新兴产业（曹林,2015）。

（5）产业链将在全国范围内实现分化与重组,区域产业链分工进一步优化。全国各大产区将差异化发展,竞争更加激烈。一是宁夏将凭借其产业先行优势,依托良好的产业基础、市场中心地位、技术优势、品牌优势成为全国枸杞产业种植基地、加工基地和市场中心;二是青海地处世界三大净土之一的青藏高原,具有超净自然生态优势,具备发展原生态、有机枸杞的天然优势。未来,青海将独树一帜,形成全国生态有机枸杞的优良产地和优质枸杞出口基地;三是甘肃、内蒙古与新疆枸杞面积不断扩大,将成为未来新兴枸杞产业发展基地和加工基地（曹林,2015）。

第二节　柴达木枸杞产业现状

一、发展条件

（一）自然条件特色鲜明

柴达木盆地地处青藏高原北部、青海西部，面积30万km²，平均海拔在3 000 m以上。海西全境处于西风带控制中，由于受太阳辐射、大气环流及地理环境等因素的综合影响，形成了较独特的高寒干燥盆地气候；太阳辐射强，年日照时数均在3 000 h以上，农作物生育期内平均日照可达8.5 h/天，易于植物光合作用和糖分积累；干旱少雨，气压低，含氧量低，枸杞等植物的病虫害相对较少；柴达木盆地土地面积居青海第一位，约占青海土地面积的47%，且土壤类型多样，适应性广泛，为发展多样化种植业奠定了基础。

（二）生态条件天然优势

青海柴达木是世界四大超洁净地区之一，是三江源"中华水塔"重要的生态屏障。因此，柴达木盆地生态地位独特而重要，其保存天然的自然生态体系为当地发展生态农牧业提供了得天独厚的优势条件；柴达木枸杞基地方圆300~500 km。洁净的生态环境，工业污染少，水源、土壤无污染、无农药和重金属残留，所生产的枸杞达到了有机国际同行最高标准。

（三）劳动力资源相对丰富

青海地广人稀，劳动力属稀缺资源。海西州地区常住人口约49万人，其中，15~64岁的劳动力人数比重为78.68%，人口结构年轻，抚养负担较轻，劳动力资源潜力较大。相对青海全境，海西州人均受教育水平较高，文盲发生率较低，6岁及以上人口中未上学率仅7.04%（青海全境为13.51%），大专及以上的比重超过12.20%（青海全境为9.35%）；15岁及以上人口中文盲发生率为7.15%，远低于青海全境的12.94%。年轻的人口结构，较低的人口抚养负担，较高的人口受教育水平，较低的文盲发生率，和谐的民族关系，为海西州经济持续发展提供了较为优良的劳动力资源。

（四）经济实力不断增强

2017年，柴达木枸杞主产区海西州全年实现地区生产总值526.2亿元，增长9.5%，增速位列青海第一，对青海的贡献率25.4%；规模以上工业增加值9.2%，增速位列青海第二，对青海的贡献率39.6%；实现地方财政收入50.1亿元，增长11.1%，增速位列全国第二，对青海的贡献率23.9%；完成固定资产投资700.2亿元，增长25%，增速位列青海第一，对青海的贡献率38.5%，圆满地完成青海制定的经济指标。

二、发展现状

（一）发展历程与规模

柴达木枸杞种植始于1960年前后。据《都兰县志》记载：1971—1972年，诺木洪林业管理站种植枸杞3公顷，共5 000株，品种为宁夏中宁枸杞，粒大、味甘、肉多，有很高的药用价值。据考1958年7月11日，朱德视察青海时指着柴达木枸杞说："这好东西，可治疗糖尿病。"20世纪70年代，毛泽东主席会见东南亚大使时赠送的礼品就是青海枸杞。综合而论，柴达木枸杞种植发展大体可以分为3个阶段，即：

2001年以前，柴达木枸杞处于缓慢低水平发展阶段。

2001—2007年，柴达木枸杞初步产业化发展阶段。

2008年至今，柴达木枸杞快速发展阶段。

自2010年始，青海枸杞种植业向规模化、标准化、集约化、科技化方向发展。至2016年12月，青海枸杞种植面积达到47万亩，年产量为5 600余吨，产值达26亿元，综合产值达到85亿元左右，枸杞产业在第一产业中占比达50%以上，占农牧民可支配收入比例达30%以上，青海出口枸杞产量已突破1 000吨，创汇达1 500万美元左右。5年来，积极推进有机产品认证,有 12 家企业已通过欧盟、德国 BCS、色瑞斯(CERES)国际认证机构和中国农业部绿色认证,认证面积至 2015 年底达 9 万余亩。获得有机转换产品认证 1 家,认证面积 1 600 余亩,标准化生产示范基地 12 万余亩。科技推动企业发展壮大,通过实施龙头企业带动战略,大力推行龙头企业＋基地＋农户的经营模式,推动了产业快速发展。青海海西州政府建立了德令哈信息生物产业园区和诺木洪枸杞产业园,有 37 家企业已进驻园区,主要从事枸杞种植生产、产品开发及加工销售,产品由直销干果逐步研发生产出枸杞酒、枸杞汁饮料、枸杞茶、枸杞油、枸杞多糖和以枸杞为主要原料的各类保健食品。

"小小红枸杞,种采皆致富"。青海劳务品牌"海西枸杞采摘"带动省内外几十万名劳动力转移就业增收致富。每年 9～11 月,约有 40 万亩枸杞进入采摘期,4 亿多元的采摘费吸引 7.6 万名省内外务工人员进驻枸杞种植园劳动。青海枸杞是青海农产品年出口数量和金额排名第一的农产品,出口至欧盟、美国、中国香港等 20 余个国家和地区。

2017 年,全国枸杞种植 235 万亩,产量 37 万吨,产值达到 135 亿元左右。青海 70 万亩,约占 33％,产量 10 万吨以上见(图 12-1)。其中,通过中国有机枸杞认证面积达 5.6 万亩,通过欧盟认证有机种植面积 8.1 万亩,绿色认证面积达 12 万亩。连续两年出口量达到 700 多吨,其中有机枸杞占 90％以上。青海是全国有机枸杞种植面积量大,出口量最多的地区。在列入国家认监委批准的 39 家企业试点范围中,青海有 20 家,占全国试点企业的 51.2％,目前已有 16 家通过了有机认证。据中国林业年鉴收载,2016 年青海有机枸杞出口突破 900 吨。

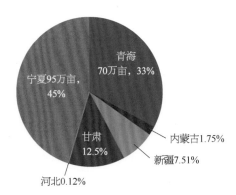

图 12-1　2017 年中国枸杞生产分布面积比

从表 12-1～表 12-3 可以看出,青海枸杞产量逐年增大,增长速度快,已成为全国第二大种植产业区,成为出口最大地区,也是青海农产品出口量大的产品。

表 12-1　主要年份青海枸杞产量与全国占比

年份	全国枸杞年产量（吨）	青海	青海占全国比重（%）
2002	76 000	5	0.006 5
2003	84 900	260	0.309 7
2004	37 088	950	2.561 5
2005	105 000	3 910	3.723 8
2006	132 300	5 930	4.486 0
2010	166 000	14 000	8.431 1
2013	252 000	40 000	15.873 0
2015	280 000	56 000	20.009
2016	350 000	110 000	30.000
2017	370 000	135 000	33.800

表 12-2　2011—2016 年主要农作物产品产量

指标	2011	2012	2013	2014	2015	2016
枸杞（吨）	18 160	26 411	40 373	53 070	58 701	65 586

注:数据源自《青海统计年鉴 2017》。

表 12-3　2012—2016 年农作物播种面积及种植结构

指标	2012	2013	2014	2015	2016	2012	2013	2014	2015	2016
枸杞（%）	20.8	21.70	22.57	29.59	31.09	99.20	94.10	93.69	92.04	91.69

注:数据源自《青海统计年鉴 2017》。

(二) 产业集群聚集发展

柴达木枸杞属于劳动密集型产业之一,是精准扶贫帮助农牧民增收脱贫的阳光产业,60 多年发展,集群内人数和企业数量猛增(表 12-4、表 12-5)。

表 12-4　柴达木枸杞产业集群企业、从业人口数量

时 期	企业数（个）	枸杞从业人员（人）	备 注
20 世纪 60 年代初至 2000 年	无	无统计	以诺木洪农场为主
2000—2008 年	12	5 860	以德令哈、诺木洪、格尔木为主的企业集群（枸杞从业人员包含采摘人员）
2008 年至今	83	96 205	企业分布逐渐扩大到乌兰、共和等地（枸杞从业人员包含采摘人员）

注：数据源自赵司楠(2018)。

表 12-5　2008—2016 年柴达木枸杞产业概况

年份	总面积（万亩）	产量（吨）	总产值（亿元）	出口量（吨）	企业个数（个）	采摘工人数（人）
2008	5.82	1 500	0.33	无	12	5 658
2009	12.55	3 214	0.83	无	13	12 200
2010	15.65	6 667	2.64	无	21	21 300
2011	27.61	18 160	5.34	345	31	35 300
2012	29.01	26 368	10.04	325	41	45 700
2013	30.3	39 529	14.56	573.14	55	55 005
2014	31.46	52 639	19.05	880.4	73	61 220
2015	42.23	58 136	21.42	475.2	83	76 005
2016	45.94	64 400	22.53	702.3	81	77 200
2017	70	80 000	60	1 000	81	70 000

注：数据源自赵司楠(2018)。

随着产业集群不断发展，各类服务性机构为枸杞种植提供了资金、知识、技术、人力资源、信息、管理服务，形成了柴达木枸杞产业集群生态系统的支撑体系。产业链已形成研发、种植、生产加工、电商、旅游观光、物流、包装的全链条（图 12-2、图 12-3）。

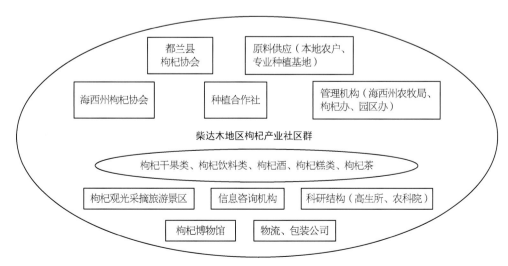

图 12-2　柴达木枸杞产业社区群（赵司楠，2018）

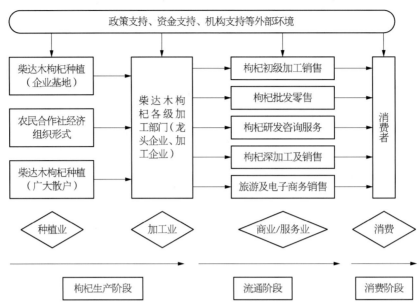

图 12-3 柴达木枸杞产业链结构图（赵司楠，2018）

柴达木枸杞在品牌效应方面发挥着较大潜力，形象不断提升，美誉度高（见表 12-6）。

表 12-6 2016 年中药材类地理标志产品排名

序号	品牌名称	品牌强度	品牌价值（亿元）
1	柴达木枸杞	800	83.27
2	新会陈皮	895	57.28
3	蕲艾	830	43.84
4	化橘红	855	41.78
5	霍山石斛	770	38.19

注：资料源自 2016 年中国品牌价值评价信息会会议资料。

柴达木枸杞深加工，企业创新发展较快，加工转化率不断提升，产品质量、效率及整个产业影响力逐渐提高（表 12-7）。

表 12-7 主深加工企业的生产线情况

企业名称	生产线（条）	生产内容
格尔木康普农业发展有限公司	2	枸杞汁、冷冻保鲜、枸杞饮料
青海大漠红枸杞有限公司	2	冻干枸杞、100%枸杞汁
格尔木云朵枸杞科技有限责任公司	1	枸杞沙棘浓浆

（续表）

企业名称	生产线（条）	生产内容
青海金泰商贸有限公司	7	枸杞烘干、枸杞果醋、枸杞汁
青海圣峰生物科技有限公司	5	枸杞酒、枸杞汁、枸杞粉
德令哈林生生物科技有限公司	2	枸杞烘干
都兰大青昆仑河枸杞产业有限责任公司	4	枸杞制干

注：数据源自赵司楠（2018）。

（三）产业发展特征

柴达木枸杞产业发展起步较晚，但目前已进入快速增长阶段，其现状特征（姚茜，2017）如下：

（1）产业初具规模，种植区域逐步扩大。青海枸杞种植目前主要分布在海西州柴达木盆地的都兰、德令哈、格尔木、乌兰等地和海南州共和。截至 2017 年底，青海枸杞种植面积已经达到 70 万亩，已成为全国枸杞主产区。青海已培育枸杞种植加工企业 58 家，其中种植企业 15 家、加工种植企业 19 家、深加工企业 15 家、流通贸易企业 9 家；专业合作社 71 家，其中种植加工枸杞专业合作社 12 家，已建成浓缩汁生产、保鲜、烘干、色选等生产线 30 余条，建成格尔木、诺木洪、德令哈 3 个制干基地，机械制干能力达到 3 万吨左右。

（2）产值效益递增，产品研发力度加大。青海枸杞产量由 2005 年的 1 000 吨提高到 2014 年 2.36 万吨，枸杞产业产值从 2010 年的 5 亿元增加到 2014 年的 68.7 亿元（其中黑枸杞产值 47 亿元），年均增速 92.5%。截至 2017 年底，青海已培育枸杞深加工企业 15 家，生产能力达 7 万吨。从事枸杞种植的企业、专业合作社、个体承包户有 1 400 余家。辐射带动农户近 7 000 户，户均可增加收入 6 000 元。现已初步形成由种植、精深加工、包装、销售四大环节组成的相对完整的企业产业链。通过鼓励企业加大产品研发力度，产品由直销干果逐步研发出枸杞浓缩汁、茶、籽油、干粉、果醋、果酒、红黑枸杞胶囊、黑果枸杞含片、泡腾片、枸杞多糖等系列产品。同时，依托青海省枸杞产业科技创新平台，不断加强产学研合作，重点在循环产业链延伸、植物源生物农药、有机肥、保鲜技术、制干等方面的关键技术开展科技攻关，枸杞研究形成科技成果 10 余项。

（3）重视认证检测，国外市场占比增大。柴达木枸杞的品质突出表现在产品的绿色、有机、无污染等方面，具有很高的药用价值和保健价值。2012 年以来，青海获得欧盟有机认证种植面积已达 5.62 万亩，绿色食品认证种植面积 10 万亩。诺木洪农场的 4 种枸杞产品和鲜果获得农业部中国绿色有机食品中心认证。截至 2017 年，已培育枸杞"诺蓝杞""柴达木""鑫源堂"等多个青海著名商标，"柴达木枸杞"的知名度也得到显著提高。有机枸杞出口占全国 90% 以上，成为中国有机枸杞主要出口地。出口市场也由传统的亚太地区扩展至欧美国家，主要有德国、法国、西班牙、荷兰等欧盟国家，向东南亚、日本、韩国、美国等国家有少量出口，出口额和出口量不断上升。

（4）得天独厚的条件，决定优良品质。独特的地理气候条件决定优良品质。青海枸杞产区地处世界"四大超净区"之一的青藏高原腹地，海拔高，属典型的大陆性气候。日照时间长，太阳辐射强，有效积温高，昼夜温差大，降水量少，蒸发量大，无霜期较长，这些有利因素决定了青海枸杞鲜果玲珑剔透、红艳欲滴，状似红宝石，色红粒大，果实卵圆形，籽少肉厚，大小均匀、无霉变、无杂质的优良品质。此外，枸杞产地远离工厂矿区，大气、水源、土壤基本无污染。因此，果品品质在营养成分、功能活性物质的积累以及口感和外观均优于其他地区。据中国科学院西北高原生物研究所测定，柴达木枸杞含多种维生素和人体必需的 18 种氨基酸，其中有利于人体健康和智力开发的有机硒、锗、锌的含量高。其蛋白质含量 11.2%、脂肪 6.6%、总糖 52.4%、18 种氨基酸 1%，特别在医药、保健功能中起关键作用的枸杞多糖高达 8.3%，显著高于宁夏、内蒙古、新疆等地。

丰富的土地种质资源蕴藏优良基因。青海海西州柴达木盆地和海南州土地资源丰富，为枸杞新品种培育提供了丰富的种质基因。据初步调查，柴达木盆地东南缘是我国天然枸杞的中心分布区，珍贵的天然枸杞种质资源，为枸杞新品种培育提供了丰富的遗传基因（姚茜，2017）。

（5）潜力巨大的后发优势。柴达木枸杞人工驯化栽培起步较晚，但柴达木枸杞人工种植起点较高，从一开始就以人工造林的国有农场（如诺木洪农场与德令哈农场）为主体。自 2001 年，国家实行退耕还林政策的实施，枸杞产业逐渐得到重视，以诺木洪农场和柴达木高科技药业有限公司为代表的农业产业化龙头企业开始引进宁杞品种和栽培管理技术，并相继开启规模化种植。尽管枸杞不论种植面积，还是产量都比宁夏小，但其产品质量却属上乘，在国内外市场赢得消费者的青睐。随着枸杞产业化进程加速，柴达木盆地得天独厚的资源环境优势渐次显现，后发优势显著。2017 年底，青海 80% 枸杞达到了无公害产品标准，90% 柴达木枸杞达到特级以上，已认证枸杞绿色食品 2 个，认证面积 10 万亩；认证有机产品 2 个，认证面积 4 万亩，有机认证 9 万多亩，成为全国第一。

（6）日益拓展的市场渠道。得益于独特的自然与生态条件，柴达木枸杞品质优良，逐步得到消费者的认可。目前，柴达木枸杞已经初步形成多元化、多层次的营销市场。在青海自然形成以诺木洪为中心的一级批发销售市场，在德令哈、格尔木形成了零散的批发零售市场；在宁夏中宁中国枸杞销售市场形成了独立的青海枸杞市场，产品以此畅销全国各地；柴达木枸杞已远销港澳台、东南亚等国家，逐步开启了欧、美、日、韩等新兴市场。在品牌建设方面，诺木洪农场生产的"柴达木"牌和"诺木洪"牌枸杞干果曾荣获多项全国"优质产品"荣誉称号。在市场建设方面，青海海西州投资 1 000 万元建设的诺木洪枸杞交易市场投入运营（王晓燕，2013）。

三、存在问题

近年来，青海采取种苗补贴、集中连片种植、配套推广滴灌等方式在柴达木盆地推行规模化种植枸杞，逐步使这一产业走上了集约化、效益型的发展之路。但是仍有一些问题和不足。

（一）资源成本较高削弱产业竞争力

作为传统的劳动力密集型的枸杞产业得到快速发展，发展过程中除受制于资金、技术的约束外，劳动力资源短板也越发显著。每年枸杞采摘季节，当地劳动力严重短缺，从甘肃、宁夏一带招引枸杞采摘工人。劳动力工资成本上升，也进一步削弱了柴达木枸杞市场价格优势。此外，属于高寒、干旱的青海海西地区耕地资源相对有限，对未来产业发展空间形成强力约束。在工业化、城市化背景下，更加加剧了这一用地矛盾。

（二）产业整合度低影响区域优势发挥

枸杞生产经营加工企业普遍处于"规模小、实力弱、精深加工能力不强、水平低"的状态，大部分企业也仅限于干果初加工的初级发展阶段，加工增值潜力远未发挥出来。区域内企业同质化竞争压力增大，"增产不增收，增量不增收"的风险隐患增大，只有推动产业整合才能充分发挥区域优势。

（三）市场短板成为产业发展瓶颈

柴达木具有"自然纯净"的枸杞种植环境，具有良好的产品质量。但柴达木枸杞产业销售环节薄弱，市场营销手段和渠道单一，产品还没有形成完善的市场体系、通畅的销售渠道、明晰的品牌形象和定位。表现在：

（1）柴达木枸杞没有开辟出自有的销售渠道，销售主渠道仍然依靠宁夏经销，小商小贩居多，管理难度大。

（2）缺少本地经纪人队伍和加工转化企业，产业链无法形成，没有叫得响过得硬的标志性产品，品牌体系也就无法建立，严重制约柴达木枸杞品牌的打造。

（3）产品质量安全从种植到加工、销售等环节没有配套完善的标准规程和监督管理体系，打造品牌质量安全隐患大，基础不稳。

（4）品牌宣传、推介缺少企业资金支撑，枸杞品牌文化、企业文化形同无本之木、无源之水。

因此，加强市场开拓，创新营销模式，推进区域枸杞形象策划和品牌营销，成为青海枸杞产业实现市场突破的必然选择。

另外，柴达木枸杞产业也存在技术落后制约产业转型发展、产品没有明晰的品牌形象、战略思维落后等问题。

四、市场分析

柴达木枸杞消费市场有中成药工业生产投料，医院处方，营养保健食品生产原料，人们日常使用消费、国际市场出口贸易。

（一）产品生命周期分析

目前，柴达木枸杞特色产业呈现出市场需求量大、产品供不应求、增收效益好等特征。从枸杞产业市场销售及供求特征来看，柴达木枸杞特色产业尚处在产品成长期（图 12-4）。这使得柴达木枸杞特色产业市场具备了进一步扩大和发展的机会，表明柴达木枸杞产业发展潜力巨大（马学梅等，2012）。

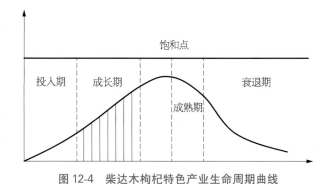

图 12-4　柴达木枸杞特色产业生命周期曲线

（二）市场销售与利润周期曲线分析

根据柴达木枸杞特色产业销售情况和利润情况分析可知，枸杞特色产业销售及利润处于（图 12-5）黑色位置。显示出柴达木枸杞特色产业依然处在成长期初级阶段，利润空间上涨趋势明显，市场容量空间巨大。且利润及销量随着产业的成熟，即将迎来产业发展高峰（马学梅等，2012）。

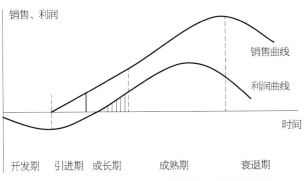

图 12-5　柴达木枸杞产业销售与利润曲线趋势

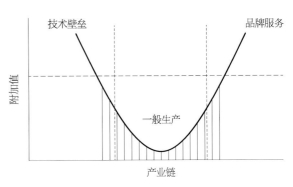

图 12-6　柴达木枸杞特色产业价值增值曲线分析

（三）价值曲线分析

图 12-6 显示了柴达木枸杞特色产业价值增值量。柴达木特色产业的产业链尚处在一般生产阶段，技术含量不高，深度加工能力较差，致使产业附加值较低。同时，由于枸杞产品品牌和相关服务处在较低水平，农产品获取的价值增值空间有限。随着枸杞特色产业的发展，技术含量的逐步提高，品牌优势逐渐加强，枸杞特色产业具有广阔的价值增长空间，以特色产业带动专业化、社会化、农工商一体化的更大发展（马学梅，2012）

（四）竞争力曲线分析

图 12-7 显示了柴达木地区枸杞产业的竞争曲线。柴达木地区枸杞特色产业竞争收益大于竞争成本，显现出其具备较强的竞争力。竞争收益明显，

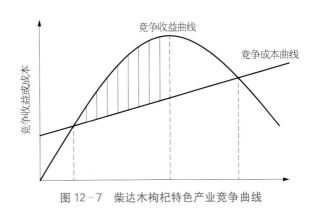

图 12-7　柴达木枸杞特色产业竞争曲线

说明柴达木枸杞特色农产品得到广大消费者和企业用户的肯定，竞争优势突出（马学梅，2017）。

第三节　柴达木枸杞产业发展的 SWOT 分析

SWOT 分析是制定产业发展战略的有效分析方法。采用该方法对柴达木枸杞产业所处的内部优势、劣势、外部机遇、挑战进行分析，为科学制定柴达木枸杞产业发展战略与策略提供依据（殷颂葵等，2012；刘伟，2015）。

一、优势分析

柴达木枸杞产业发展拥有四大优势。

（一）独特的自然条件

柴达木盆地位于青藏高原，具有独特的气候条件，为枸杞种植带来特定优势。柴达木盆地属高原大陆性气候，日照丰富，昼夜温差较大，可达 12～15 ℃（高于宁夏的 8～10 ℃），冬寒夏凉，干旱少雨，空气干燥，地表水、地下水资源较为丰富，自然条件有利于枸杞生长及有机物质、有效成分的形成和积累；耕地土质为灰漠钙土，多砂壤，pH 7.4～7.7，含氮 0.076%～0.124%，磷 0.089%～0.142%，钾 1.6%～2.1%，有机质 2.71%～5.26%，是枸杞种植的最优生产区之一，具备发展绿色、有机枸杞的优势条件；柴达木盆地冷凉、干燥的气候使枸杞病虫危害较少，远低于国内其他枸杞产区；柴达木盆地土地资源丰富，平整，集中连片，初步形成以都兰、格尔

木、德令哈和乌兰为中心的四大种植区域,非常适合规模化生产和标准化布局,有利于推行"公司＋基地＋农户"的生产经营模式和实施大行距、机械化操作的栽培模式和统防统治的病虫害防治模式。

(二)纯净的生态环境

柴达木盆地地处"四大超净区"之一的青藏高原,柴达木盆地具有纯净圣洁的生态环境。"三江源"国家级自然保护区,自然植被完整无破坏,拥有国内最大、最集中面积的天然野生枸杞群落。柴达木盆地已经成为国家级循环经济发展示范区,推行循环经济模式,工业污染源得到有效控制,为发展绿色、有机枸杞创造了有利环境。同时,柴达木枸杞集中种植区均远离城镇、工矿区,水源、土壤无污染,无农药和重金属残留,为生产绿色有机枸杞提供了无可比拟的天然条件。

(三)超群的果品品质

柴达木盆地属于高寒沙漠地区,丰富而独特的光、热、水、土资源,造就了柴达木枸杞丰富的种质资源、多样的品种和优良的品质。柴达木枸杞种源类型丰富,除了传统的红果枸杞外,还具有黄果枸杞和黑果枸杞等。柴达木枸杞具有优良的品质,粒大、肉厚、籽少、色鲜,商用品质、有效成分、营养价值多项指标高于国内其他产地。中国科学院西北高原生物研究所的检测数据显示,青海枸杞总糖、多糖、β-胡萝卜素、甜菜碱、总黄酮等功效性成分极高。

另外,柴达木有机枸杞迈出重要步伐,为柴达木枸杞走出国门,开拓国际市场,奠定了坚实的基础。2017年柴达木盆地有 12 万亩枸杞种植基地获得国际有机认证,4 种枸杞产品和鲜果获得农业部中国绿色有机食品认证中心认证。

(四)绚烂的历史文化

柴达木是神仙福地,道教圣境,盐湖之王,是神秘多彩的"聚宝盆"。柴达木北依祁连山、南靠昆仑山,有"八百里瀚海"之称。位于本区西南的昆仑山是昆仑神话的摇篮。巍巍昆仑,横空出世,被世人誉为"万山之祖""亚洲的脊柱"。瑶池、昆仑神泉传说是西王母举行蟠桃盛会之所、酿制琼浆玉液的泉水。格尔木、德令哈、香日德、希赛、察苏五大绿洲镶嵌在盆地四周,宛若五颗碧绿的翡翠。还有历史悠久的吐谷浑文明、吐蕃文化,激情燃烧的当代"柴达木精

神"。这些浑厚的、极具地域特色绚烂的文化资源,是柴达木枸杞产业文化的源泉。

二、劣势分析

柴达木枸杞产业发展面临三大劣势。

(一)经济规模不具优势

2017 年柴达木枸杞种植面积达到了 70 万亩,其中红枸杞达到了 62 万亩以上(青海省林业厅产业处调研数据),产量达 13.5 万吨,产值达 40 亿元。但实际经济收入远不能达到产业户和政府的规划水平,尚存更大的空间可开拓。其原因:一是栽培品种混杂,纯度不高。柴达木地区分布的野生枸杞,主要生于海拔 2 700～3 000 m 河岸阶地的盐化荒沙漠土、灌丛、丘间低地或河床两侧弱度盐渍化的砂质土壤,分布零星,产量低,果实的商品价值低,难以大面积推广种植。2015 年调查,柴达木地区种植的枸杞均引自宁夏,种植品种有宁杞 1 号、宁杞 2 号、宁杞 5 号、宁杞 7 号以及大麻叶等品种。也有柴杞 1 号、2 号、3 号,青杞 1 号,蒙杞 1 号等。由于柴达木地区枸杞产业发展速度快,引进苗木数量大,经营户缺乏技术识别能力,引苗渠道多元,导致品种杂、纯度不高、性状差异大,品种混杂现象较严重,生产功能下降,种植效益差。据中宁枸杞局统计,2007 年该地共有宁杞 4 号 70 余万株,其他品种已全部淘汰。然而,2008 年柴达木盆地枸杞产区却从中宁调苗多达 140 万株,这说明其中 70 多万株种苗来自其他地区,不能保证品种纯正。政府为保证种苗木质量,采取统一调苗的办法,纵使种苗质量有所提高,但所有种苗均由中间商从农户苗圃中收购,然后统一调销,仍很难保证品种纯正。二是节水灌溉技术应用已成为柴达木枸杞栽培所面临的新难题。柴达木枸杞产区主要依靠昆仑山雪融水灌溉,近年来降雪量减少,加之栽培面积逐年增加,灌溉用水越来越紧张,水资源短缺已成为柴达木地区枸杞产业未来发展的主要限制因素。针对柴达木地区水资源短缺问题,通过实施节水灌溉试验示范、国内外节水技术的集成创新,研究出柴达木地区节水灌溉新技术、新设施,为高寒干旱地区大面积推广节水灌溉新技术提供技术示范,科学利用柴达木盆地水资源,提升水资源的高效利用,是解决柴达木枸杞节水栽培的有效途径。三是青

海枸杞优良品种选育推广滞后,大面积外来引种宁杞1号,对具有自主知识产权的柴杞和尚处于研发试验阶段青杞系列品种,青海枸杞品牌效益不明显,市场认可度低,多数贴牌"宁夏枸杞"销售。青海枸杞有机绿色生产尚处于起步阶段,有机绿色枸杞种植达不到青海种植面积的 15%,经济总量一时间不上去。另外,生产环节管理水平低下,病虫害防治手段滞后等问题,导致柴达木枸杞经济规模不具优势。传统枸杞生产与现代绿色、有机生产矛盾较为突出。

(二) 市场影响力薄弱

目前,区域内仅有少数几家生产企业有能力在保鲜、储藏、去除农药残留和产品开发等方面进行研发投入,大部分企业仅仅进行鲜果和干果销售,产品深加工程度低、产业链较短、产品附加值低。青海市场上 80% 以上均为枸杞干果,近五年来虽有十几家枸杞酒、枸杞汁、枸杞油及系列枸杞保健品与食品生产企业,但由于技术、人才、资金的影响,产品技术含量和附加值低,没有形成拳头产品,与宁夏同类产品比较,国内外市场影响力薄弱。同时,尚未形成比较完善的枸杞交易市场和市场营销体系,销售渠道比较单一,缺乏产品定价权,绝大部分枸杞贴牌宁夏枸杞,通过中宁枸杞批发市场进入流通环节。在品牌建设方面,虽然已经通过统一商标、注册地理标识等措施解决了注册商标多、乱、杂问题,但还有诸多品牌建设的具体问题亟待解决,直接影响到产品市场占有率与市场影响力。

(三) 产业公共服务体系不健全

随着枸杞种植规模迅速扩张,枸杞产业公共服务体系不健全问题日益显现,成为制约枸杞产业发展的关键因素。主要表现是海西州缺乏市场平台和市场公共服务体系,缺乏有效的产业发展平台,园区基础条件落后;产业劳动力市场发育不完善,劳动力流通不畅;融资与科技服务体系不健全,企业融资难,相关技术发展滞后。

一是由于缺乏完善配套的综合交易市场,商家无法就地完成分级、分拣、色选、包装等生产工序,须经宁夏中宁市场才能完成这些工作。本地市场实际上只充当了中宁市场的"中转站"。二是缺乏有效的产业发展平台,园区基础条件落后。诺木洪园区水电路、城镇服务功能等极为落后,其他园区仅完成规划,"三通一平"等条件还不具备企业入驻,而投资企业对此要求极为苛刻,甚至有些企业提出"七通一平"入驻条件。三是产业劳动力市场发育不完善。枸杞产业属于劳动密集型产业,枸杞主产区人口密度小、劳动力缺乏,同时由于远离城镇,水源、餐饮、住宿、安全饮用水及道路等配套设施不健全,加剧了枸杞采果期劳动力紧缺的窘境。以 2010 年为例,柴达木地区枸杞种植和采摘用工需求达到 84.67 万个人,支付劳务费用为 5 080.2 万元,劳务费用占枸杞产业产值的比例达到了 10.16%,直接增加了产品生产成本。四是融资与科技服务体系不健全。枸杞产品的生产企业均为中小型企业,由于科技支撑服务体系和金融服务体系不完善,导致企业科技创新能力不足和融资困难。与此同时,产品质量安全检测监管体系不健全,缺少行业自律组织,缺乏产品生产销售标准。

三、机遇分析

柴达木枸杞产业发展将迎来三大机遇。

(一) 国内外市场前景广阔

我国城乡居民消费方式逐步由生存型向发展型和享受型转变,城乡居民消费结构中食品消费比重不断下降,医疗保健消费比重不断上升,医药保健品市场需求将会越来越大。而随着枸杞产品的营养与保健功能逐渐得到国内外消费者认可,以枸杞为原材料的医药保健品市场需求量也将逐年增加,表明青海发展枸杞产业具有更为广阔的市场前景。在出口贸易领域,消费市场与消费群体已经突破传统"中华文化"圈,作为一种健康食品已经得到欧美消费者广泛青睐。欧美新兴市场消费需求不断增加,国际出口总体呈现逐年递增态势。

(二) 高端市场需求增长强劲

枸杞是药食同源的保健食品,以枸杞为原料的精深加工品是近年来高端食品与保健品消费市场的新宠、新贵。下游企业广泛地分布在食品加工业、制药业、饮食业等多个领域,其需求可直接影响枸杞整个市场需求。近年来经济危机并未影响到以枸杞为原料的下游企业,行业发展稳健,发展前景依然良好。而柴达木枸杞因其优良品质,必然会成为未来下游企业开发高端消费品而竞相争夺的精品原料。

（三）面临良好的政策机遇

青海确定了"东沙西杞"现代特色农业战略布局，制定了《青海省枸杞产业发展规划》，海西州制定了《海西州枸杞产业发展规划》，明确提出了未来枸杞产业发展目标、重要任务和保障措施。随着各级政府对发展区域优势农业的重视，必将为区域内枸杞产业进一步发展壮大带来新的发展机遇。

四、挑战分析

（一）市场竞争日趋激烈

随着全国枸杞产业的快速发展，国内枸杞市场格局必然发生深刻变化。当前，不同地区之间的枸杞产品均是比较接近的替代品，彼此之间具有较强的竞争性。青海枸杞既面临发达产地宁夏利用其品牌与市场优势对其整合的威胁，又面临新疆、甘肃后起枸杞产地追赶的压力。尤其是宁夏枸杞历史悠久，品牌效应深入人心，给后起之秀柴达木枸杞品牌打造形成了巨大压力。西北新疆、甘肃、内蒙古等地政府受国家生态政策的鼓励和产业效益的吸引，纷纷将枸杞作为当地特色优势产业，必将促使枸杞产量猛增，市场竞争加剧。随着欧债危机的持续影响，医药保健品国际市场需求短期将呈萎缩态势，这在一定程度上增加了青海枸杞产品出口难度，也加剧了青海枸杞产品与其他地区枸杞产品在国际市场上的竞争。

（二）生态环境压力日益加大

青海海西以煤炭、石油、天然气、盐湖资源开采、冶炼、加工为主的工业快速发展，致使资源破坏和生态环境污染概率增大，给绿色农业、有机农业发展所依赖的生态环境带来较大威胁。作为国家级"三江源"自然保护区，青海海西州还承担着生态保护、环境治理重任，而以淡水资源，湿地资源，以及耕地资源的保护与实现枸杞规模化、产业化种植与精深加工也存在一定的矛盾冲突。

五、战略抉择

将柴达木枸杞产业发展的优势、劣势、机遇和挑战进行匹配，形成优势-机会战略（SO 战略）、劣势-机会战略（WO 战略）、优势-挑战战略（ST 战略）和劣势-挑战战略（WT 战略）。

（1）优势-机会战略（SO 战略）：又称之为"增长性战略"。即柴达木枸杞产业发展应该借助政府的政策支持和资金支持，发挥自身发展枸杞产业的区位优势和土地资源优势，坚持绿色发展道路，开发医药保健产品，满足市场需求。

（2）劣势-机会战略（WO 战略）：又称之为"扭转型战略"。柴达木枸杞产业发展应该以广阔市场前景为着眼点，争取政府产业政策的支持，健全科技创新服务体系和金融服务体系，努力扩大生产规模，增强市场影响力。

（3）优势-挑战战略（ST 战略）：又称之为"差异化经营战略"。柴达木枸杞产业发展应该始终依托区位优势和土地资源优势，突出绿色生态品质，实施差异化经营战略，化解产业发展的威胁因素。

（4）劣势-挑战战略（WT 战略）：又称之为"防御型战略"。柴达木枸杞产业发展应充分借鉴其他地区特别是宁夏的经验，发挥后发优势，科学规划，增强枸杞产业发展后劲，努力减少劣势，应对挑战（表 12-8）。

表 12-8　柴达木枸杞产业战略选择

内部因素 外部因素	内部优势（strength） S1：独特的自然条件 S2：纯净的生态环境 S3：超群的果品品质 S4：绚烂的历史文化	内部劣势（weakness） W1：经济规模不具优势 W2：市场影响力薄弱 W3：公共服务体系不健全
外部机遇（opportunity） O1：国内外市场前景广阔 O2：高端市场需求增长强劲 O3：面临良好的政策机遇	SO 战略 借助政府的政策支持和资金支持，以日益扩大的市场需求为导向，发挥优势	WO 战略 紧抓市场发展与政策支持发展机遇，扩大生产规模，健全服务支持体系，培育品牌，弥补不足
外部挑战（threat）	ST 战略	WT 战略

（续表）

外部因素 / 内部因素	内部优势（strength）	内部劣势（weakness）
	S1：独特的自然条件 S2：纯净的生态环境 S3：超群的果品品质 S4：绚烂的历史文化	W1：经济规模不具优势 W2：市场影响力薄弱 W3：公共服务体系不健全
T1：市场竞争日趋激烈 T2：生态环境压力日益增大	发挥自然、生态、品质优势，挖掘文化内涵，定位高端化、精品化，坚持有机发展，突出产品特性，走差别化道路，化解威胁	借鉴经验，发挥后发优势，减少劣势，规避威胁

通过内外整合、综合分析柴达木枸杞产业发展环境，得出优势、劣势、机遇与挑战等关键性战略影响因素。采用德尔菲专家咨询法，经过几轮咨询判断，发现柴达木枸杞产业发展的内部优势要素较为明显，远大于劣势；未来面临较好的发展机遇，但面临更加严峻的外部挑战。基于此，可以判断，上述四种策略中优势—挑战战略所面临的条件，比较符合海西未来一段时期面临的形势。因此，未来柴达木枸杞产业发展应采取 ST 战略，即"差异化发展战略"。

ST 发展战略的重点：

（1）科技强杞战略。科技是产业发展的基本动力。枸杞科技是柴达木枸杞实现种植品种多样化、差异化，种植规范化、标准化，加工品多样化、高附加值化的保障。柴达木要实施"科技兴杞"战略，通过成立青藏高原枸杞研究机构，确立行业重大科技项目，整合地区研发力量，强化枸杞科研与创新，创新体制机制，强化技术推广及应用，发挥科技对枸杞产业转型升级的推动作用。

（2）质量立杞战略。质量是产业发展的基本要求。青藏高原独特的自然地理条件决定了柴达木枸杞具有成长为生态高端枸杞的基因与潜在优势。发挥青藏高原生态优势，打造高原生态高端枸杞是柴达木实现枸杞特色化、差异化的必然选择。柴达木要实施质量立杞战略，实施总量控制，发展鲜食枸杞

与黑枸杞稀缺品种，优化产品结构；建设现代枸杞标准种植示范园，健全高原枸杞绿色、有机种植和质量标准管理体系，提高产品质量；探索有效的产业组织形式和循环产业发展模式，示范带动青海枸杞种植标准化、规范化、规模化发展。

（3）品牌兴杞战略。品牌是产业价值链的高端环节。柴达木枸杞区域品牌尚未形成，面临宁夏枸杞品牌整合的巨大压力。实现市场与品牌突围，做响柴达木枸杞品牌，已成为柴达木枸杞产业差异化发展的重中之重。柴达木要实施品牌兴杞战略，及早制定柴达木品牌战略，挖掘枸杞产品的品牌潜质，多渠道、多形式营销，打造"柴达木枸杞""原生态、高端、尊贵"品牌形象，提高国内外高端枸杞市场份额。

（4）文化名杞战略。文化是产业的灵魂与精神表现。作为食药同源的枸杞本身蕴含着丰富的历史文化价值，柴达木拥有绚烂多姿、独具地域特色的文化系统。枸杞文化与柴达木文化存有内在天然的交集，合二为一将打造出独具特色的柴达木枸杞文化。这是实现枸杞产品差异化的重要实现途径。柴达木要实施文化名杞战略，通过深掘青藏高原生态文化、民族文化、民俗文化，将其融入枸杞产业，与本地餐饮、文化、旅游紧密结合，形成独具特色的枸杞餐饮、枸杞文化旅游、枸杞创意产业，将柴达木枸杞打造成特色鲜明的世界原生态枸杞文化创意中心。

第四节　柴达木枸杞发展思路

一、战略思路

柴达木枸杞产业发展的总体思路概括为"围绕

一条主线，突出四大核心，抓住三大重点，实现一个目标"，即在习近平总书记青海视察的讲话精神和保护生态的指示指导下，紧抓国家实施西部大开发、青

海提出"生态立省"与"东棘西杞"林业发展的战略契机,充分发挥高原自然生态优势,以促进枸杞产业转型升级、跨越发展为主线。推动科技强杞,增强产业转型动力;促进质量立杞,打造生态高端枸杞;推进品牌兴杞,提升市场影响力;促动文化名杞,丰富产业文化内涵;强化精深加工,纵深延伸产业链条;强化市场流通,拓展产业价值空间;强化招商引资,借力共推产业发展。通过努力,促进柴达木枸杞产业集中、企业集群、经营集约,推动产业生态、持续、跨越发展,将海西打造成为效益良好、市场高端、享誉国际的青藏高原世界生态有机枸杞产业基地。

二、战略定位

柴达木枸杞发展,必须紧紧围绕青藏高原世界生态有机枸杞产业基地发展目标,突出四大核心,把握三个重点,打造在全国枸杞行业具有巨大影响力、在青海具有强大积聚带动功能的生态高端枸杞产业发展基地。总的考虑是:根据柴达木枸杞产业独有的生态自然条件、超群的果品品质和在全国枸杞行业发展中所处的地位,实施高端突围,竞合共进战略,寻求差异化发展道路,与宁夏、河北、新疆、内蒙古、甘肃等枸杞主产区谋求错位发展。总之,柴达木枸杞产业要力求突出定位高端、道路差异、方式创新,谋求科学战略定位。

(1)世界生态枸杞种植基地。顺应世界枸杞生态化、有机化发展趋势,充分发挥青藏高原"世界屋脊""生态环保""纯净天然"的地域优势和自然优势,以生态有机高端枸杞细化目标市场,按照"原生枸杞,超群品质"的发展要求,实施总量控制,通过产业创新,扩大柴杞品种,发展鲜食枸杞,培育黑果枸杞,尝试功能性枸杞,优化产品结构;建设良好农业规范(Good Agriculture Practices,英文缩写"GAP")基地,参照欧盟、日本等发达国家有机农产品标准,建立更为严谨的生态有机枸杞种植和质量标准体系;建设枸杞标准种植示范园,探索有效的产业组织形式,示范带动柴达木、青海枸杞种植标准化、规范化、规模化发展,逐步将柴达木盆地建成世界生态枸杞种植基地。

(2)世界枸杞高端知名品牌。品牌是产品品质的象征和标志。面对宁夏枸杞"一牌独大"的市场格局,柴达木枸杞要科学定位,细分高端市场,充分发挥柴达木枸杞地域优势、生态优势和文化优势,突出"天然纯净""尊贵高端""道地优质""保健养生"等品质内涵,加强品牌管理,建立从地头到餐桌的全产业链质量监控保障体系,充分利用现代媒体传播手段,多渠道、多方式、多层面广泛宣传,树立"雪域高原柴达木,天然枸杞养生果"世界原生态枸杞品牌形象,全力打造世界枸杞高端知名品牌。

(3)世界原生态枸杞文化创意中心。适应世界枸杞产业文化发展趋势,树立"泛枸杞产业"发展理念,立足柴达木盆地,深掘青藏高原生态文化、民族文化、民俗文化,找准对接点,与本地餐饮、旅游、文化紧密结合,弘扬高原枸杞特色餐饮文化,形成枸杞系列养生保健产品;开发枸杞文化旅游产业,形成柴达木枸杞精品旅游线路;发展枸杞文化创意产业,提升文化价值空间,最终形成枸杞餐饮文化、枸杞文化旅游、枸杞创意产业为主的枸杞文化产业体系,通过努力,将柴达木打造成世界原生态枸杞文化创意中心。

三、战略目标

在建设"青藏高原世界生态枸杞产业基地"战略定位指引下,围绕"一条主线",通过突出"四大核心",把握"三个重点",逐步实现:

(1)产业经济总量持续增长。年增速保持在15%以上,到2025年枸杞产业实现年销售收入达到125亿元,成为青海特色优势产业之一。

(2)规模种植水平不断提高。到2020年,枸杞种植面积稳定在70万亩左右,形成鲜食枸杞、黑果枸杞、功能性枸杞结构合理的产品体系,建立5 000~10 000亩种苗繁育基地,不断增加有机认证面积与品种,完善无公害、绿色、有机枸杞标准体系,成为国家一流有机枸杞生产与出口基地。

(3)精深加工能力持续增强。不断提高枸杞产业加工水平,开发深加工产品品种。到2020年,枸杞加工产值达到60亿元。枸杞深加工率达到25%以上,形成以养生食品、时尚休闲食品为主的产品体系。其中,枸杞养生保健食品初步形成系列化产品体系,销售额达到5 000吨;枸杞果酒生产能力达到1 000吨、枸杞粉1 000吨、枸杞浓缩果汁20 000吨、枸杞芽茶20吨、枸杞豆奶粉2 000吨、枸杞糖果、饼干等即食品2 000吨;枸杞黄酮30吨、枸杞多糖30吨、枸杞色素10吨、枸杞β-胡萝卜素3吨、枸杞籽油软胶囊 4 000 万粒。至 2025 年,枸杞深加工率达到 45% 以上,枸杞加工产值达到 65 亿元,枸杞保健医药与化妆品开发形成新的产品种类,行业销售额达到 5 亿元。

(4) 科技创新水平明显提高。枸杞技术水平得到进一步应用和提升,关键技术应用达到国内先进水平,初步建成枸杞产业科技创新体系,至 2020 年科技贡献率达到 30% 以上。形成枸杞产业科技创新体系,建成高原枸杞科技创新中心,科技贡献率达到 60% 以上。

(5) 文化附加价值不断提高。不断促进文化与枸杞产业融合,逐步形成枸杞餐饮、枸杞文化旅游、枸杞文化创意三大产品结构。至 2020 年枸杞文化产业销售额达到 10 亿元,2025 年达到 20 亿元,使枸杞成为青海新的城市名片。

(6) 枸杞品牌效应逐步显现。加大枸杞品牌建设力度,至 2020 年"柴达木枸杞"区域品牌知名度大幅提高,培育中国驰名商标或中国名牌产品 1～2 个,青海著名商标或名牌产品 3 个。至 2025 年,建成国际枸杞著名品牌 1～2 个,全国枸杞行业排名前十品牌 2～3 个。

四、空间布局

(一) 布局原则

1. 集约利用原则。产业空间布局要遵循集约化利用原则,综合考虑各地区资源禀赋及其发展空间。在有条件的地区增加土地、资金、技术和劳动力等要素的投入,重视土地本身的资产属性,将其纳入整个已有的资源保护体系之中。在国家相关法律法规允许的范围内,最大程度实现产业用地结构合理化、最优化,使产业用地投入产出比和土地利用率最佳。同时,要结合产业特点,考虑资金、技术及劳动力等要素的供求状况,确保产业可持续发展,实现各要素投入产出比最佳。

2. 产业集群原则。产业集群核心是在一定空间范围内产业的高集中度,这有利于降低企业的制度成本(包括生产成本、交换成本),提高规模经济效益和范围经济效益,提高产业和企业的市场竞争力。因此,布局产业时应在产业发展现状的基础上引导产业项目向特定空间聚集,形成产业区域化布局和

专业化生产,发挥产业集群效应;围绕优势企业和龙头产品,延伸产业链,增强产业配套能力,不断壮大产业实力,整合各种资源,形成稳定、持续的竞争优势集合体。

3. 可持续发展原则。在进行产业布局时必须注意节约资源和保护环境,防止资源过度开发和对环境的过度破坏。产业布局应符合国家产业政策和上位规划对产业发展的总体定位和战略指导,既满足当前产业发展的需求,又为未来产业发展留有足够空间。在尊重市场选择的前提下,正确处理产业发展与人口、资源、环境之间的关系,保证生态环境不被破坏,坚持经济效益、社会效益和生态效益相统一,以循环经济发展理念引导产业实现资源节约型与生态友好型布局。

(二) 空间布局

1. 种植业布局。在柴达木枸杞产业化发展战略思想指导下,结合柴达木原有枸杞产业发展基础,以枸杞种植适宜区都兰、格尔木、德令哈和乌兰四个区域为中心,向附近宜林荒地、宜林盐碱地逐步延伸扩大,建设柴达木枸杞四大优势产区:以都兰为中心的都兰枸杞产区,以格尔木为中心的格尔木产区,以德令哈为中心的德令哈产区,以乌兰为中心的乌兰产区。

(1) 都兰枸杞产区:以海西州宗加镇诺木洪地区优质枸杞种植示范基地为引领,在宗加镇、察苏镇、香日德镇和巴隆乡周边地区适度扩大枸杞种植规模,到 2020 年都兰枸杞种植面积应扩大到 25 万亩。其中,诺木洪农场到 2020 年建成 15 万亩高标准枸杞产业示范园区,统一种植、统一管理,以先进的模式有序带动诺木洪及都兰枸杞产业发展。加强对产区内集中分布的 8.3 万亩野生黑果枸杞资源保护及适度开发利用。

(2) 格尔木枸杞产区:以大格勒乡、郭勒木德镇和河西农场为中心,逐步扩大规模,集中连片种植,到 2020 年枸杞种植面积达 8 万亩。

(3) 德令哈枸杞产区:以怀头他拉镇、柯鲁柯镇和尕海镇为中心,以种植企业为引领,逐步扩大规模,集中连片种植,实现规模效益。到 2020 年枸杞种植面积达 8 万亩。

(4) 乌兰枸杞产区:以柯柯镇、茶卡镇和希里

沟镇为中心,在有枸杞产业发展基础地区引入企业或种植大户,集中连片种植,扩大枸杞种植规模,到2020年枸杞种植面积达3万亩。

2. 枸杞加工产业布局·综合考虑海西目前枸杞产业发展现状的基础上,在枸杞种植、加工销售基础比较好的都兰县诺木洪地区、格尔木市和德令哈生物产业园区、诺木洪枸杞产业园区和格尔木现代农业示范园区布局枸杞加工企业。

(1)德令哈绿色生物产业园区:发挥地处德令哈市的区位、科技、人才优势,主要布局枸杞养生食品、枸杞医药保健品和化妆品三大产业链,生产枸杞干粉、枸杞黄酮、枸杞酒、枸杞特色茶等系列产品。努力将德令哈绿色生物产业园区建设成海西州枸杞加工产业中心。到2020年园区应引入枸杞果酒生产企业1~2家,年生产能力达到10 000吨;引入枸杞粉生产企业1家,年生产能力达2 000吨;枸杞有效成分提取及加工企业2~3家,年生产枸杞黄酮30吨,枸杞多糖30吨,枸杞色素10吨,枸杞β-胡萝卜素3吨,枸杞籽油软胶囊4 000万粒。

(2)诺木洪枸杞产业园区:主要发挥海西最大的枸杞产地优势,重点布局枸杞制干,枸杞浓缩汁、枸杞果酱等枸杞初加工产品,适度发展枸杞医药食品等精深加工产品。努力将诺木洪产业园区打造成海西州重要的枸杞制干、枸杞食品饮料加工生产基地。到2020年园区应引入枸杞浓缩汁生产企业2~3家,年生产能力达5 000吨;枸杞制干企业5~6家,年制干果达4万吨;引入枸杞果酱生产企业1~2家,年生产能力达1万吨。

(3)格尔木现代农业示范区:发挥格尔木区位、交通与经济优势,重点布局枸杞休闲食品、枸杞医药保健品两大产业链,积极构建以枸杞精深产品

加工为主导,特色突出、功能齐全、环境优美、体制先进、管理科学、运转规范的现代化农业示范园区。到2020年园区应引入枸杞休闲食品、枸杞医药保健品生产企业2~3家,枸杞养生保健产品初步形成系列化产品体系,年生产枸杞粉2 000吨、枸杞浓缩果汁5 000吨、枸杞芽茶20吨、枸杞豆奶粉2 000吨、枸杞糖果、饼干等即食品2 000吨。另外,园区应充分发挥区位及交通优势引入1~2家企业,开展枸杞文化旅游活动。

(三)商贸物流业布局

适应柴达木枸杞高端市场定位,立足柴达木盆地枸杞产业发展基础,综合考虑区位、交通、物流与服务配套条件,以构筑格尔木高原有机枸杞交易物流中心为主,以都兰枸杞仓储物流基地、德令哈枸杞仓储物流基地为副的"一主两副"的交易物流分布格局,逐步建成公路、铁路、航空联运,形成衔接有序、相互配套、运转高效的立体综合交通运输网络。

(1)高原生态枸杞交易物流中心:在海西州格尔木建设辐射青藏高原的高原有机枸杞交易物流中心,仓储库容达到5万吨,年销售枸杞干果5万吨,销售额达到40亿元。努力将其打造成为青藏高原生态有机枸杞制干、仓储、集散、物流、交易与信息中心。

(2)都兰枸杞仓储物流基地:在枸杞种植核心区都兰县诺木洪建设枸杞仓储市场交易基地,仓储库容达到枸杞干果4万吨,将其建设成为都兰枸杞主产区规模较大的区域性枸杞制干、仓储、物流基地。

(3)德令哈枸杞仓储物流基地:在枸杞种植主产区德令哈建设仓储库容为1万吨的枸杞制干、仓储、物流设施,承担德令哈周边区域枸杞仓储、物流功能。

第五节 柴达木枸杞产业化发展战略

一、科技强化战略

科学技术是产业发展的基本动力,是促进产业转型升级的内在力量。现代农业技术在农业现代化发展过程中更是发挥着举足轻重的作用。以色列在

缺水和沙漠条件下,以高科技创造了世界农业奇迹。我国已经建立了500余家农业高科技示范园,有力地促进了农业科技化、信息化与现代化发展。宁夏中卫枸杞产业发展也走出了一条技术创新道路,以技术为引领推动产业转型发展是其基本经验之一。

实践证明,实施技术创新战略已成为推动产业发展的有效方式,成为实现产业转型升级的重要途径。

枸杞产业技术涉及品种培育、种植、采收、晾晒、贮藏、活性成分提取与分离和枸杞系列产品的研发与生产等环节。因此,枸杞产业不仅与中医药学、食品科学等生命科学密切相关,同时与枸杞种质资源的保护、植物育种、植物栽培、活性成分提取分离、产品与基地有机认证、绿色认证、药材 GAP 认证、市场准入等现代技术与管理学科联系紧密,属于知识密集型和技术密集型产业。

当前,柴达木枸杞产业技术发展基础比较薄弱,研发投入不足,科研设备短缺,研发力量薄弱、技术人才缺少,科研成果较少,科技推广不足等问题,已经成为制约产业发展核心问题。因此,为了推进柴达木枸杞产业转型升级,必须强化枸杞产业科技发展。树立"科学技术是第一生产力"的理念,实施"科技兴杞"战略,以青藏高原枸杞研究中心、青海大学农林科学院、青海药品检验检测院等研究单位为载体,以科技项目为纽带,整合研发力量,加强枸杞科研与创新,创新体制机制,推广技术普及应用,实现科技与产业统筹发展。

(一) 打造研发与转化平台

以青海省科技厅为中心,吸引政府、企业、高校、科研机构联合投资,以股份制模式建立高原枸杞虚拟研究院。以市场为导向,以项目为纽带,实行技术有偿服务,广泛联系青海省农林科学院、宁夏农林科学院、中国科学院西北高原生物研究所、宁夏国家级枸杞工程技术研究中心、青海大学、宁夏大学和青海药品检验检测院等国内外知名枸杞研究机构和行业龙头企业,联合开展行业重大课题、关键技术攻关,推动枸杞技术研发和应用。通过开展枸杞种质资源圃、育苗、栽培、病虫害防治及生物技术、枸杞产业化技术研究,努力将其建设成以高原自然地理为特定研究对象,集枸杞育种栽培、贮藏保鲜、深加工、科技咨询、示范培训等于一体的科技创新与成果转化基地,充分发挥加强产业关键共性技术和重大科技成果工程化、产业化研究与开发,科技成果转化,完善技术创新体系建设,培育和增强自主创新能力,促进特色农业产业技术发展和产业竞争力提升的重大职能和作用。

(二) 科学确定技术研究领域

从枸杞产业实际需求出发,及时收集和整理枸杞产业化过程中遇到的各类技术问题,科学制定枸杞科研中长期规划和年度科研工作计划,确定技术研究领域,采取自主研发与引进相结合的方式,按层次、分重点、稳步有序推进技术研究工作(表 12-9)。一方面,积极向上争取,组织企业申报国家、省、市各类科技和创新攻关项目,最大限度地争取国家、省级

表 12-9　柴达木枸杞技术重点研究领域与主要内容

技术研究领域	主要研究内容	研究时序、重要性及方式
枸杞种质资源保护	枸杞种质资源保护	近期,关键,自主研发
枸杞品种选育	柴达木枸杞新品种选育	近期,重要,自主研发
	黑果枸杞品种选育与栽培	近期,关键,自主研发
	鲜食枸杞品种选育与栽培	近期,关键,自主研发
	专用型枸杞品种选育	中期,重要,自主研发
	土壤有机质提高技术	近期,关键,自主研发
种植技术	高原有机枸杞标准化种植技术	近期,重要,示范推广
	高原绿色枸杞标准化种植技术	近期,重要,示范推广
	高原枸杞丰产栽培技术	中期,重要,自主研发
	高原枸杞节水栽培技术	近期,重要,自主研发
	上杞下养种植模式	近期,重要,自主研发
	林杞间作模式	近期,重要,自主研发
	高原枸杞温室栽培技术	中期,重要,相结合
	枸杞循环种植模式及技术	近期,重要,自主研发

（续表）

技术研究领域	主要研究内容	研究时序、重要性及方式
管护技术	枸杞病虫草鸟兽害防治技术	近期，一般，自主研发
	枸杞专用营养肥	近期，一般，自主研发
	枸杞修剪技术	近期，重要，自主研发
	枸杞有机肥施用技术	近期，一般，自主研发
	枸杞田间规范化管理技术	近期，一般，自主研发
	枸杞专用生物农药	近期，重要，相结合
	枸杞灌溉技术	近期，重要，相结合
	枸杞旱作技术	近期，一般，自主研发
	枸杞"智慧农业"综合技术与开发	中期，关键、相结合
采收与贮藏技术	鲜食枸杞采摘技术	
	有机枸杞采摘技术	
	绿色枸杞采摘技术	
	枸杞专用采摘机械	
	有机枸杞晾晒技术	
	绿色枸杞晾晒技术	
	枸杞网格式晾晒技术	
	枸杞鲜果脱水促干加工技术	
	枸杞太阳能烘干技术	
	多区段热风循环枸杞干燥机	
	鲜食枸杞保鲜方法	
	枸杞气调保鲜技术	
	枸杞冷链物流技术	
	枸杞鲜果箱式气调保鲜方法	
	枸杞冷冻制干技术	
	枸杞质量检测技术	
枸杞深加工技术	枸杞医药保健机制研究	中期，重要，相结合
	枸杞黄酮的提取制备技术	远期，重要，相结合
	枸杞干粉的制备技术	远期，重要，相结合
	枸杞多糖的提取制备技术	远期，重要，相结合
	枸杞籽油的提取制备技术	远期，重要，相结合
	枸杞色素的提取制备技术	远期，重要，相结合
	枸杞发酵酒的制备技术	远期，重要，相结合
	枸杞浓缩汁的制备技术	远期，重要，相结合
	枸杞保健茶的制备技术	远期，重要，相结合
	黑果枸杞原花青素产品及其制备方法	远期，重要，相结合
	抗氧化黑果枸杞提取物制备方法	远期，重要，相结合
	干鲜枸杞益生菌饮料及其制备方法	远期，重要，相结合
	人参枸杞酒的制作方法	远期，重要，相结合
	枸杞补肾酒的酿造方法	远期，重要，相结合
	枸杞综合加工利用技术与工艺	远期，重要，相结合

资金支持；另一方面，依托枸杞虚拟经济研究院，通过招标方式，整合国内枸杞产业研发力量，加强产、学、研合作，通过市场运作，推进一批现实需要、企业亟需、科研急待转化的重大项目的产生和运行。

按照时序划分为：近期、中期与远期；按照重要性分为：一般技术、重点技术、关键技术；按照研发方式分为：示范推广（已有技术）、自主研发、引进、自主与引进相结合（简称"相结合"）。

（三）建立枸杞产业标准体系

加快建设柴达木枸杞产业标准化体系，推动枸杞产业规范化发展。一是按照国家无公害、绿色枸杞食品标准，积极开展无公害与绿色认证。大力开展中国枸杞良好农业（GAP）认证、欧盟有机认证和出口果园注册，提高柴达木枸杞产业核心竞争力。二是对目前已经颁布实施的《柴达木绿色有机枸杞生产质量标准》《柴达木绿色有机枸杞生产技术操作规程》和《柴达木枸杞标准》等进行修改补充完善，参照欧盟、日本等国际农产品有机标准体系，结合柴达木实际，着手建立枸杞从品种培育与选择、土水肥管理、病虫害防治、田间管理到农产品采收的地方有机枸杞生产标准与管理规范体系，并逐步创建国家有机枸杞生产与管理行业标准体系。三是抓紧筹建枸杞检验检测中心，按照国家与地方相关标准及要求，加强枸杞产地环境检测、产品安全检测和产品质量检测，把好农特产品市场准入关，对农产品生产全过程农药残留、有害重金属、土壤、水肥等进行监控，对产品质量及分级进行认定，逐步建立和完善地方、国家枸杞行业检测及质量认定、分级标准。

（四）保护与开发种质资源

种质资源又称遗传资源。种质是指农作物亲代传递给子代的遗传物质，它往往存在于特定品种之中。如古老的地方品种、新培育的推广品种、重要的遗传材料以及野生近缘植物，都属于种质资源的范围。都兰诺木洪农场的五龙沟，系自然冲击而成的山涧河谷地带，全长10余千米。这里散布着中国年代最为长久的野生枸杞林带，根据当地民间传统考证，其中最大的枸杞王，存活寿命超过千年，拥有国内面积最大、最集中的多种野生枸杞群落。

（五）创新科技推广模式

枸杞产业属于技术密集型产业，因此科研成果的推广应用对于产业升级意义重大。做好技术推广工作，一是采取"走出去"与"引进来"相结合的人才战略，将专业技术人才送到农林院校与科研院所进修学习，并积极引进高学历专业对口大学生来产区就业，在现有枸杞专业技术人员的基础上壮大科技推广队伍，提升技术推广队伍的整体素质；二是利用现有产区农技部门的专业技术人员，为相关枸杞从业人员授课、示范，培养一批"土专家"和村级技术员，逐步形成技术推广网络体系，使科研成果能及时有效地得以推广应用；三是在枸杞种植及加工历史较长、技术应用效果好的企业和种植基地建立科技示范基地，将枸杞种植及加工方面的科研成果加以推广示范。

二、质量立杞战略

农业的本质是为提供人类满足生命得以延续的健康食品。特色种植业市场取胜的不二法宝是全产业链打造，生产健康、安全、天然的产品。这一结论被国内外无数成功区域特色农产品和企业发展案例所证明。

柴达木枸杞种植面积已经达到70万亩，初步实现了规模化和区域化种植。枸杞产业已成了主导地方农牧经济，支撑农牧民增收致富的支柱产业。然而，柴达木枸杞产业面临的核心问题是没有充分发挥高原"纯净自然，环保生态"的独特优势，没有对产业进行科学合理定位，没有形成高端细化市场，处于全国大众低端枸杞市场的激烈竞争之中。在种植环节具体表现为种植区域布局分散，种植水平参差不齐，产业化经营模式尚未形成。宁夏已经走上了绿色枸杞、服务枸杞、文化枸杞的产业转型发展之路，正在打造区域产业全链条，抢占枸杞高端产业链。甘肃、内蒙古、新疆也正在走产业化、规模化的发展道路。未来，枸杞产业种植面积和产量将会急剧增长，将会进一步加大枸杞市场的激烈竞争程度。因此发挥青藏高原生态优势，实施提质增效工程，提升产品质量，是青海实现枸杞特色化、高端化的必然选择。

按照"原生枸杞，超群品质"发展要求，实施总量控制，优化结构与布局，建设枸杞标准种植示范园，健全高原枸杞种植和质量标准管理体系，探索有效的产业组织形式和循环产业模式，示范带动周边枸杞种植标准化、规范化、规模化发展，进而引领柴达木枸杞产品增质提效。

（一）优化枸杞产品结构

按照"原生枸杞，超群品质"发展要求，细分市场，高端定位，大力发展天然无污染高端枸杞。实施总量适度控制,到 2020 年柴达木枸杞面积控制在 70 万亩左右。继续扩大绿色枸杞种植规模,稳步发展有机高端枸杞,至 2020 年使其种植面积所占比重达到 35%。至 2025 年有机枸杞种植面积所占比重达到 50% 甚至 70% 以上。以市场需求为导向,积极调整枸杞产品结构,重点推广普及"柴杞"系列优质品种,提高高原枸杞品质;坚持走差异化道路,积极发展鲜食枸杞,加快培育黑果枸杞,探索发展功能性枸杞,并尽快推动产业化,抢占市场先机,确立"高原鲜食枸杞,滋阴补阳之王""雪域黑美枸杞,紫艳水果女皇"的市场形象。通过努力,逐步形成多层次、多元化的枸杞产品结构体系,努力将柴达木建成世界生态枸杞种植基地。

(二)优化并调整四大种植区域

按照柴达木盆地自然资源条件、产业基础以及发展潜力,以枸杞种植适宜区都兰、格尔木、德令哈和乌兰四个区域为中心,向附近宜林荒地、宜林盐碱地逐步延伸扩大,建设柴达木枸杞四大优势产区:以都兰为中心面积 25 万亩的都兰枸杞产区,以格尔木为中心,枸杞种植面积 10 万亩的格尔木枸杞产区,以德令哈为中心枸杞种植面积 15 万亩的德令哈产区,以乌兰为中心枸杞种植面积 3 万亩的乌兰产区。

(三)建设现代标准示范性种植园

按照良好农业(GAP)规范,通过完善道路、机井、灌溉等基础设施,推广起垄栽植、改土施肥、覆盖地膜、增温保墒、抗旱造林、无公害、有机栽培等技术,在格尔木、都兰、乌兰和德令哈四大产区建设 15 万亩柴达木枸杞规模化 GAP 生产基地,提高枸杞产业化种植水平。按照"打造精品、以点带面、辐射拓展"的发展思路,建设枸杞标准种植园、新品种示范园、有机枸杞示范基地,推广规范化种植。一是在四大产区分别建设 5 000 亩枸杞标准种植园,通过引进高新农业技术、实施标准化种植和现代经营管理,示范带动周边地区枸杞连片、规模化发展。二是选择品质优良、市场效益较好、发展潜力较大的"柴杞"、黑果枸杞及功能性枸杞新品种,各建 5 000 亩枸杞新品种示范园。通过科学化种植、规范化管理和产业化经营,集中展示新品种特性、个性化栽培技术、病虫害防治、水肥科学使用等内容,为农户提供

优质、高产、高效新品种,推动枸杞新品种的种植和推广。三是建设三大万亩有机枸杞示范园。以国内、国际高端市场需求为导向,符合欧、美、日、韩市场准入条件,建设连片万亩现代化有机枸杞示范园。通过公司化运营与标准化管理,采用测土配方施肥,高效、优质、高产栽培,病虫害综合防治等先进技术,配套形成适合高原土壤、气候特点的有机枸杞的优质高效种植技术和经营开发体系,形成领跑西部、叫响全国、打入国际的品牌效应,发挥全方位、多层面的示范带动作用。

(四)构建循环经济产业体系

牢固树立生态理念,以枸杞循环产业示范区建设为重点,积极构建生态枸杞循环发展模式。一是遵循"减量化、再利用化、资源化"的原则,构建以"科技创新、枸杞产业、多链条、高原、绿色、有机"为核心,将枸杞种植与牧业养殖、加工转换紧密结合,集"种植业、养殖业、加工业、服务业、再生能源、水循环利用"为一体的枸杞循环产业模式。二是以无公害、绿色、有机枸杞为中心,进行产业结构优化,推广节水、水循环、有机肥制用等循环利用技术,推行农业"上果下养"种植模式和杞草间作模式,建立枸杞种植循环模式。三是以综合加工利用技术为核心,对枸杞枝、叶、果、根等进行综合开发利用,按照"产品关联""投入产出"关系,构建多条循环枸杞产品链,创建枸杞加工循环利用模式。

三、品牌战略

品牌是产业价值链的最高环节之一,也是产业升级的主要方向和价值链核心环节。经过 10 多年的持续快速发展,柴达木枸杞已成为极具地域特色的产业,产业化经营及国际贸易取得一定的发展,已拥有多家规模化企业,其中部分企业及产品获得国家有机枸杞证书,欧盟有机枸杞证书,美国有机枸杞证书,德国 BCS 有机食品认证,"无公害产品认证","绿色食品认证",ISO9001、HACCP 等质量体系认证,以及美国 FDA 注册认证,有效推进柴达木有机枸杞产品打入欧美高端市场。

然而,柴达木枸杞品牌经营能力还相对薄弱,产业化发展仍存在诸多问题。当地品质优良枸杞产品的市场知名度不高,品牌价值尚不足以与柴达木独

特资源优势相匹配,远未将产品优势转换成商品优势,没有充分发挥品牌应有的经济拉动力。目前,青海全域申请注册的枸杞生产、加工企业有76家,申请注册商标的25家(占比32.9%),其中已取得商标注册证的3家(占比3.9%),具有较高知名度注册商标的仅为诺木洪农场的"柴达木"商标。这些注册品牌多而杂乱,市场认知度低,未形成统一的具有市场竞争力的柴达木品牌,无法形成主流品牌市场,已成为制约柴达木枸杞产业发展的一大"瓶颈"。

品牌既是一个企业的竞争力,也是一个区域的竞争力。一个响亮而知名的品牌不仅能促使产品经济效益最大化,还能给整个产业带来质和量的长足发展。因此,如何做响柴达木枸杞品牌,已成为事关柴达木枸杞产业深化发展的重中之重。

当前乃至今后相当长一段时间,青海要在枸杞品牌建设方面下大功夫;尽快制定品牌发展战略,努力提高产品品质,充分挖掘枸杞产品的品牌潜质,多渠道、多形式营销,树立"柴达木枸杞""原生态、高端、尊贵"品牌形象,打造国内一流、国际知名高端枸杞品牌。

(一)品牌定位

目前,枸杞品牌市场呈现宁夏品牌"一牌独大"的发展格局。2012年在全国排名较前的枸杞企业品牌,几乎全部被宁夏枸杞垄断。其中,"中宁枸杞"独占鳌头。青海枸杞虽被行业认为具有"原生态、高品质"枸杞的优势,但柴达木枸杞并未获得广泛的市场认可度,与当前中国枸杞产业代言者"宁夏枸杞"相去甚远。特色鲜明的自然环境和天然优势的生态条件,柴达木枸杞具有超群的果品品质,具有成为高端枸杞的品质基础,也具备形成未来枸杞高端细分市场的基础。因此,面对宁夏枸杞品牌竞争压力,青海应综合采取"抢先占位"和"关联强势"策略,尽早尽快、依据优势、发挥特色、打造自身区域品牌。

依据自身优势及市场细分定位,柴达木枸杞品牌定位应该强调:①处于"世界屋脊"青藏高原所具有的独特(气候、土壤、水分、日照、矿物质等)自然环境条件。这是青藏高原以外任何地区所不具有的优势。②强调所处世界四大"超净区"之一的独特生态条件,是青藏高原的独特优势。③突出高原文化、生态文化、昆仑文化与枸杞文化的融合特性,赋予产品

区域文化、民族文化特性,增强高原枸杞文化的独一性和不可复制性。④突出与宁夏、新疆、内蒙古、甘肃和河北枸杞的差异性。⑤避开高原枸杞少季采摘的产量劣势,锁定高端,不求量多,以质取胜。⑥考虑将青藏高原独特的自然、生态、文化优势以某一符号集中代表和体现,给人以直观印象。如:柴达木盆地素有"高原聚宝盆"之称,既具有青藏高原标志性地理特征,又具有极高的认知度。同时,其盐化土质契合枸杞土壤生长要求。基于此,柴达木枸杞品牌应定位为:世界原生态有机枸杞,世界高端枸杞的代表。

柴达木盆地区域性枸杞品牌具体名称为:"柴达木枸杞"。

(二)品牌内涵

打造与培育"柴达木枸杞"品牌,重点要发掘品牌内涵,丰富品牌内容。柴达木枸杞品牌建设中应重点夯实其基本支撑点:

"天然、纯净(原生态)"——青藏高原独特自然生态环境孕育造化,中国唯一,世界稀有。

"尊贵、高端"——超群的品质,有限的数量,限于高端的细分市场定位,尽显与众不同,尊显高贵气质。

道地优质——枸杞显著的功效。

"保健、养生"——枸杞卓越的保健功能,融汇高原文化、生态文化、昆仑文化孕育神秘魅力的枸杞养生文化,使其独领保健市场。

通过"柴达木枸杞"品牌支撑点与差异化点培育与发掘,最终突显出"雪域高原柴达木,天然枸杞养生果"的独特区域品牌形象。

品牌名称:柴达木枸杞,简称"柴杞"。

品牌支撑点:"天然、纯净""尊贵、高端""保健、养生"。

品牌差异化点:"天然、纯净"及"尊贵、高端"。

品牌形象:"雪域高原柴达木,天然枸杞养生果"。

品牌宣传:

总体品牌形象宣传用语如下。

瑶母驻昆仑,百般觅柴杞;

万山之祖,养生柴杞;

天上人间柴达木,五行三界枸杞王;

柴杞圣果,高原品质,圣洁吉祥,尊贵体验;

海西枸杞王,阿慕皆格勒;

朝圣山昆仑,品高原奇果。

突出保健、养生、美容的品牌宣传用语如下。

高原枸杞红,养颜新动力;

独特品质,护航健康;

三色枸杞,为多彩生活加油;

五彩枸杞,品质养生;

尊贵养生,始于柴杞;

高原鲜食枸杞,滋阴补阳之王;

雪域黑枸杞,绝色浆果皇。

(三)品牌管理

质量是品牌的基石,没有过硬的产品质量,品牌就成了无源之水,无本之木。因此,柴达木枸杞品牌管理工作的核心是枸杞质量,要不遗余力的提高枸杞质量。首先要建立产品质量标准,从标准化规模发展、建立枸杞产业示范园、加大科技支撑力度等,大力发展枸杞产业,实施枸杞种植的 GAP 认证、有机认证、绿色认证工作,打造柴达木高原枸杞质量标准及评估体系,把柴达木枸杞打造成世界名牌产品。政府主管部门在优化柴达木枸杞区域分布的基础上,做好专用农资质量监控,产品质量追溯工作,杜绝产品农残超标。其次,进行品类创新,在宁夏枸杞独霸天下的市场格局中,青海要通过品类创新打造产品质量和品牌,重新分割市场。品类创新除了做好新产品开发外,更重要的是要做好产品系列化,营销针对化,如养颜枸杞产品系列、养生益寿枸杞产品系列、滋阴壮阳枸杞产品系列、滋补益智枸杞产品系列等。将柴达木建成世界高端精品枸杞生产基地。

(四)品牌传播

农产品品牌化过程中,除了要有优质的产品质量外,产品的形象包装、品牌的宣传和推广也是非常重要的环节。其中,包装设计是体现品牌形象、档次的重要载体。好的产品,只有配上好的包装设计,才能体现品牌的价值感,才会得到消费者的认可。柴达木枸杞包装设计在体现"天然""纯净""高原""健康""养生""尊贵""高端"等特征时,必须摆脱传统农产品包装设计上的"质朴"与"老土"困窘。

品牌传播和推广,不仅仅要着眼于品质、质量,也要充分挖掘柴达木枸杞产品的文化内涵、历史底蕴。做大柴达木枸杞文化历史内涵文章,通过"概念—故事—文化"三个阶段,为柴达木枸杞注入更多的感性消费元素,激发消费者购买欲望。综合运用各种传播工具或手段进行立体式品牌传播推广,既要用电视广告、平面广告等比较直接的方式,又要用终端媒体化、公关借势、品牌植入、网络推广等比较委婉的方式,大力进行品牌推广,快速占据消费者心智。

渠道选择是品牌接触点的重要部分。柴达木枸杞应定位在"高端"与"尊贵"档次的产品,所选渠道和终端与之匹配。建议在东部地区城市、机场设立高端形象连锁推广店、专柜,在中央电视台投放广告(这可与旅游推广广告结合起来),积极参加食品类、药材与保健品类、奢侈品类国际会展进行国际形象推广。

四、文化战略名杞

文化创意产业是文化与经济、技术相互结合,并通过人的智慧和创意将三者整合起来的文化产业形态,兼具"文化""创意""产业"三个特征。它对于推进文化产业发展,优化产业结构具有不可替代的作用,正在成为我国产业发展的重要趋势。

柴达木枸杞文化内涵丰富,是独具地域特色的昆仑文化和历史悠久的枸杞文化的有机融合,是一座极具挖掘价值的文化创意产业富矿。然而,受制于青海海西整体社会经济发展水平的影响,柴达木枸杞文化创意产业发展滞后,尚未形成轮廓清晰、业态稳定的文化创意产业体系,更未激发出促进柴达木枸杞产业健康快速发展的正能量。这直接影响了柴达木枸杞产品的社会知名度、消费者美誉度提升与改善,错失独特而厚重的文化资源优势,以及尊贵而优良产品资源优势。

作为食药同源的枸杞本身蕴含着丰富的历史文化价值,如"养生""健康""吉祥""辟邪"等。而柴达木盆地作为我国目前少有的清洁圣地,其优良、干净、生态的自然环境与浑厚的历史文化、神话典故造就了绚烂多姿、独具地域特色的文化系统。枸杞文化与海西文化存有内在天然的交集,合二为一将打造出独具特色的海西枸杞文化,以此为素材将可衍生出独具市场竞争优势的柴达木枸杞文化创意产业。基于此,柴达木枸杞要实施枸杞文化产业发展战略,基本思路为:树立"泛枸杞产业"理念,立足青海本地,深掘青藏高原生态文化、民族文化、民俗文化,将其融入枸杞产业,与本地餐饮、文化、旅游紧密结合,形成独具特色的枸杞餐饮、枸杞文化旅游、枸杞创意产业,通过努力将青海柴达木打造成世界原生态枸杞文化创意中心。

(一)建立枸杞文化创意发展机构

建立柴达木枸杞文化创意产业开发委员会,统筹枸杞文化创意产业体系策划与建设、制度设计、政策协调等。成立海西枸杞文化研究会,组织专门研究队伍负责柴达木枸杞文化资源的发掘、研究、整理,推动柴达木枸杞文化的宣传与推广,指导、协调行业企业枸杞文化的塑造与营销推广。

(二)挖掘弘扬枸杞特色餐饮文化

以食药同源的枸杞为原料、青海特色餐饮文化为基础,开发以养生保健、延年益寿、美容驻颜、强体益智为主题的枸杞家常菜、枸杞食疗保健菜及男性、女性、老年食疗保健菜等系列枸杞餐品、饮品、休闲食品、时尚食品。在产品宣传与推广上要突出一个系列一个功能主题,一个产品一个新颖故事,最终形成独具特色的柴达木枸杞餐饮文化体系。

(三)积极发展枸杞文化创意产业

一是以枸杞文化为主题,建设枸杞主题公园和枸杞博物院。建设枸杞主题公园,挖掘和营造"中国枸杞之乡"枸杞文化底蕴和文化氛围。发展枸杞博物院项目,集中展现柴达木枸杞的历史、传说、养生文化、种植、栽培、生产加工过程。二是以枸杞为创作题材,深度挖掘区域历史文化资源,拍摄反映产区当地文化历史和枸杞文化的纪录片、影视剧,采用"姚家大院"旅游模式,宣传柴达木枸杞。三是突出"中国枸杞之乡"城市形象设计,建设"枸杞之乡"地标性建筑物,以"枸杞大道""枸杞路""枸杞街"等凸显枸杞文化的名称命名新建道路、建筑、广场,栽培枸杞风景树种,布设枸杞道路文化景观,营造枸杞城市文化氛围。四是举行枸杞主题文化活动。与"中国养生文化会"、正在筹建的"中国枸杞产业协会"等机构联合举办中国枸杞文化节与旅游节、中国枸杞文化研讨会,扩大举办西部枸杞摄影大赛、枸杞采摘技术大赛、枸杞美食节等活动,挖掘、继承和弘扬枸杞文化。

(四)大力发展枸杞主题旅游

结合柴达木盆地独具特色的人文资源与自然资源,在大力发展海西文化旅游产业的同时,着力开发柴达木枸杞古老野生群落资源,培植新型枸杞旅游产业。培育枸杞文化旅游卖点,大力宣传"海拔最高的连片枸杞种植基地"吉尼斯纪录,申报乌龙沟世界最古老枸杞吉尼斯纪录。结合昆仑圣山筹建世界枸杞祈福基地。结合柴达木盆地特色旅游景区,建设海西最美摄影基地。大力打造柴达木盆地新型旅游线:枸杞古老群落峡谷(金猴守杞)—枸杞休闲观光农业园—枸杞博物馆—枸杞加工工业旅游,融入海西旅游规划,并积极申报国家 AAAA 级旅游景点。综合运用现代传媒手段、营销手段,在中央电视台密集植入广告,与各大电视台联合策划反映海西历史人文及现代生活的影视节目和专题片,邀请国内外知名影视公司及导演到柴达木盆地拍摄取景,组建"中国柴达木枸杞文化创意网",多渠道、多层次、多方式宣传推介枸杞旅游文化。

五、强化市场流通延伸产业链条

(一)推进延伸产业链条战略

以资本和品牌为纽带,通过兼并、联合、重组等形式,加速推进本地形成3～5家知名品牌和自主知识产权、核心能力较强的企业集团。抓住市场时机,率先在全国枸杞行业培育上市企业,以扩大在整个行业的影响力,进而带动柴达木枸杞产业的发展。发挥柴达木枸杞资源和特色农产品优势,实施产业链招商战略,引进国内外知名大型企业2～3家,加强研发,创新产品,打造品牌,创建行业旗舰龙头,引领特色农产品加工产业纵深发展。完善中小企业服务体系,提高与大企业配套能力,促进中小企业按照特色农产品产业链分工,向"专、精、特、新"方向发展。

遵循产业价值链演进规律,定位枸杞高端市场,与青藏高原旅游结合,对枸杞果、柄、叶、根、籽进行综合加工利用,生产枸杞红色素、多糖、超细枸杞柄粉、枸杞叶茶、枸杞油、膳食纤维等系列产品,大力推进枸杞精深加工。按照市场需求重点发展四大类系列产品。一是结合高原传统特色餐饮文化,大力开发枸杞家常菜、枸杞食疗保健菜以及男性、女性、老年食疗保健菜等系列养生食品,开展文化"讲菜"营销(讲述菜的特点、由来、蕴含故事),弘扬高原枸杞养生文化;二是顺应"现代、时尚、方便"餐饮潮流,着力发展以特色高端枸杞酒、枸杞饮料和枸杞休闲食品为代表的现代枸杞时尚休闲食品。三是加快枸杞功能性成分研究,积极培育以各类提取物为原料的医药保健产品。重点提取枸杞多糖、枸杞色素、枸杞β-胡萝卜素、枸杞玉米黄素以及相关系列医药保健产品。四是与旅游结合,联合生物医药企业共同研发,探索开发系列美容化妆品。

农业产业价值链一般呈现从种植、储藏分拣、初加工向交易物流、市场品牌和产业研发高价值环节演进的趋势。产业升级主要表现为从产业价值链低环节向高环节的跃升和从一个低产业链向另一新产业链的转换(图12-8)。

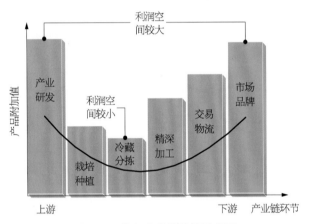

图 12-8 枸杞产业价值链示意图

枸杞采收后,储藏及运输环节如果没有适宜的条件,变质损失率极高。因此,大力发展专业的枸杞仓储物流业,对于保证枸杞的质量至关重要。目前柴达木枸杞仓储物流及市场发展战略任务主要有:促进枸杞专业物流发展,打造高原生态枸杞物流交易中心;利用枸杞产业发展优势,构建枸杞冷链物流网络;构筑枸杞冷链物流安全体系,强化冷链全过程管理;立足柴达木枸杞销售现状,积极开拓国内外市场。

(二)加大招商引资共推柴杞产业战略

招商引资是促进地方经济迅速发展的重要手段。就特色农业发展而言,招商引资更是将资源优势培植成产业优势,并凝结成市场竞争优势的重要手段。近年来,柴达木枸杞产业得到持续快速发展,产值和种植面积均居于全国前列。但柴达木枸杞产业仍存在从业企业数量少、产业规模经济效应与聚集效应低;龙头企业规模小,带动力不强;产业研发落后,精深加工能力低,品种单一、附加值不高;产品交易市场建设不完善;品牌宣传力度不够,市场认可度不高等问题。由于柴达木地域偏僻,自身经济实力弱,市场化水平较低,完全依赖自身的力量无法推进柴达木枸杞产业化发展,无法启动柴达木枸杞这艘"航空母舰"。因此,柴达木枸杞要突破现有产业发展瓶颈,实现产业跨越式发展,必须大做特做招商引资文章。

围绕柴达木枸杞产业发展的"差异化发展"战略定位——"始终依托区位优势和土地资源优势,突出绿色生态品质,实施高端精品与差别化发展战略,化解产业发展的威胁因素",发挥政府主导职能、优化服务、营造良好的招商引资环境,打造枸杞产业发展平台,制定产业链招商战略,整合资源、提升招商项目整体优势,创新招商激励机制与方式,多路并举、创新招商引资机制,瞄准重点企业与龙头企业实施重点突破,争取到2020年招商种植龙头企业10家精深加工企业10家。

根据柴达木枸杞产业发展重点方向,以及柴达木枸杞产业链发展重点,柴达木枸杞产业招商引资的方向应为科研技术、种植生产、精深加工、品牌与市场策划。其中科研技术类招商是为了实施科技强杞战略,为枸杞产业转型提供动力;种植生产类招商是为了实施生态兴杞战略,为枸杞规范化种植生产提供载体;精深加工类招商是为了实施产业链延伸战略,为枸杞产品持续增值提供保障;品牌与市场策划类招商是为了实现品牌战略,为枸杞产业价值空间拓展提供动力。

参 考 文 献

A

［1］ A. Bendich,潘丽梅. 类胡萝卜素在免疫功能中的作用［J］. 国外医学(卫生学分册),1990,17(2):106-110.

［2］ Afza N. Rein investigation of the chemical constituents of *Lyceum europium* Linn. ［J］. JchemSocPak, 1987, 9 (4):627.

［3］ A. I. Varnalis, J. G. Brennan, D. B. MacDougall. A proposed mechanism of high-temperature puffing of potato. Part I. The influence of blanching and drying conditions on the volume of puffed cubes ［J］. Journal of Food Engineering, 2001,48(4):361-367.

［4］ Arya S S, Thakur B R. Degradation products of sorbic acid in aqueous solutions ［J］. Food Chemistry, 1988,29(1):41-49.

［5］ 艾先元,石巍峻,刘雅琴. 枸杞茎尖培育四倍体苗初报［J］. 宁夏农林科技,1991(5):30-32.

［6］ 安焕霞. "青杞1号"组织培养关键技术研究［D］. 西宁:青海大学,2015.

［7］ 安焕霞,王占林,陈伟. 不同外植体处理条件对"青杞1号"初代培养过程中组织苗的影响［J］. 青海大学学报,2014,32 (4):6-10.

［8］ 安焕霞,王占林,侯宪宽. 不同激素对青杞1号枸杞叶片愈伤组织诱导和生长的影响［J］. 江苏农业科学,2015,43(4): 59-61.

［9］ 安冬梅,宋长冰,王文娟. 影响枸杞酒品质的因素及其控制措施［J］. 中国酿造,2006(07):52-54.

［10］ 安巍,王亚军,尹跃,等. 枸杞种质资源的SRAP分析［J］. 浙江农业学报,2013,25(6):1234-1237.

［11］ 安巍,章惠霞,何军,等. 枸杞育种研究进展［J］. 北方园艺,2009(5):132-135.

［12］ 安巍. 枸杞规范化栽培及加工技术［M］. 北京:金盾出版社,2010.

［13］ 安巍. 枸杞栽培发展概况［J］. 宁夏农林科技,2010(1):34-36.

［14］ 安巍,王亚军,巫鹏举,等. 枸杞属一份野生新种质的描述［J］. 中国野生植物资源,2014(6):66-67.

［15］ 安沙舟. 枸杞［M］. 北京:中国中医药出版社,2001.

B

［16］ B. Stephen Inbaraj, H. Lu, C. F. Hung, et al. Determination of carotenoids and their esters in fruits of *Lycium barbarum* Linnaeus by HPLC-DAD-APCI-MS ［J］. Journal of Pharmaceutical & Biomedical analysis, 2008,47(4-5): 812-818.

［17］ 白红进,汪河滨,褚志强,等. 不同方法提取黑果枸杞多糖的研究［J］. 食品工业科技,2007(3):140-141.

［18］ 白寿宁. 宁夏枸杞研究［M］. 银川:宁夏人民出版社,1999.

［19］ 白寿宁. 超临界CO_2萃取枸杞色素中β-胡萝卜素研究［J］. 包装与食品机械,2000(2):18-21.

［20］ 白雪梅,田嘉铭,王德宝. 高效液相色谱法测定枸杞子中氨基酸的含量［J］. 时珍国医国药,2005(8):52-53.

［21］ 白杨,夏伟. 精原细胞分化过程中c-kitmRNA和蛋白的表达［J］. 华中科技大学学报:医学版,2008,37(5):627-629.

［22］ 包振华,郭军战,周玮,等. 枸杞组织培养再生体系优化［J］. 西北林学院学报,2010(5):78-81.

[23] 鲍红春,李小雷,王建平,等.枸杞遗传多样性的 ISSR 分析[J].华北农学报,2014,29(1):89-92.

[24] 鲍山.野菜博录[M].王承略点校解说.济南:山东画报出版社,2007.

[25] 贝盏临,张欣,曹君迈,等.枸杞花总黄酮的测定[J].湖北农业科学,2012(06):169-170,173.

C

[26] Ceccarini M R,Vannini S,Cataldi S,et al. In Vitro Protective Effects of *Lycium barbarum* Berries Cultivated in Umbria (Italy) on Human Hepatocellular Carcinoma Cells [J]. BioMed Research International,2016(4):1-9.

[27] Ding-Tao Wu, Kit Leong Cheong, Yong Deng. Characterization and comparison of polysaccharides from *Lycium barbarum* in China using saccharide mapping based on PACE and HPTLC [J]. Carbohydr Polym,2015,134:12-19.

[28] Crabiste G H, Rotstein E. Design and performance evaluation of dryers [M]. Boca Raton:CRC, 1997.

[29] 丛虎滋,刘富娥,孙天罡,等.枸杞新品系精杞 4 号特性简介及栽培要点[J].黑龙江农业科学,2013(12):165-166.

[30] 蔡朝蓉,陆文泽,黄静.枸杞叶中 β-胡萝卜素的分离与鉴定—薄层层析法[J].柳州职业技术学院学报,2005,5(4):112-113.

[31] 蔡光华,王晓玲.高压脉冲电场提取枸杞多糖工艺[J].食品科学,2012(8):51-56.

[32] 蔡慧珍,刘福康,孙桂菊.枸杞多糖对 β-TC6 细胞胰岛素分泌及相关基因的影响[J].江苏医药,2013(4):391-393.

[33] 蔡慧珍.枸杞多糖对人胰岛素抵抗及血脂的干预作用及其机制[D].南京:东南大学,2012.

[34] 蔡清宇,赵宇新,康琛,等.高效液相色谱-蒸发光散射检测法测定中药地骨皮中的甜菜碱[J].北京中医药大学学报,2007(10):60-62.

[35] 蔡宇.超声法提取枸杞多糖工艺条件优选[J].中成药,2010(10):177-179.

[36] 曹炳章.增订伪药条辨[M].刘德荣点校.福州:福建科学技术出版社,2004.

[37] 曹竑,管春妮,张盛贵.速溶枸杞粉的加工工艺研究[J].饮料工业,2012,15(2):32-35.

[38] 曹虎.武威菜用枸杞引种试验研究[J].防护林科技,2013(12):36-37,45.

[39] 曹辉,付静.全国中药炮制经验规范集成[M].北京:科学出版社,2017.

[40] 曹静亚,谭亮,迟晓峰,等.枸杞子中 β-胡萝卜素的快速溶剂萃取提取条件优化及 HPLC 测定[J].中药材,2013(07):136-139.

[41] 曹静亚,迟晓峰,谭亮,等.UPLC-ELSD 法测定柴达木栽培和野生枸杞子中水溶性糖含量[J].天然产物研究与开发,2014,26(2):233-237.

[42] 曹丽春,董亮,王伟,等.酵母发酵法纯化枸杞多糖[J].食品工业科技,2007(3).

[43] 曹林,张爱玲.我国枸杞产业发展的现状阶段与趋势分析[J].林业资源管理,2015(2):4-8.

[44] 曹有龙,巫鹏举.中国枸杞种质资源[M].北京:中国林业出版社,2015.

[45] 曹有龙,贾勇炯,罗青,等.宁夏枸杞花粉形态的扫描电镜观察[J].宁夏大学学报:自然科学版,1997,18(1):71-74.

[46] 曹有龙,刘兰英,李晓莺,等.枸杞鲜果类胡萝卜素超声提取工艺优化及光稳定性[J].食品研究与开发,2014(5):30-32.

[47] 曹有龙,陈晓斌.枸杞髓部细胞悬浮培养获得单细胞植株的研究[J].宁夏农林科技,1996(4):19-21.

[48] 曹有龙,何军.枸杞栽培学[M].银川:阳光出版社,2013.

[49] 柴发永,李守拙.对《中国药典》枸杞子中甜菜碱含量测定方法的改进[J].中国药品标准,2009,10(2):87-90.

[50] 陈忱,彭景,孙桂菊,等.枸杞多糖提取工艺的研究进展[J].粮食与食品工业,2013(4):58-61.

[51] 陈冬玲,马俊.一种具有广阔应用前景的种质资源——美国枸杞[J].湖北农业科学,1997(6):52-54.

[52] 陈吉生,吕剑豪.超声法提取枸杞多糖工艺研究[J].今日药学,2009,19(12):46-48,51.

[53] 陈嘉谟.本草蒙筌[M].北京:人民卫生出版社,1988.

[54] 陈嘉谟.本草蒙筌[M].陆拯,赵法新校点.北京:中国中医药出版社,2013.

[55] 陈金金,赵明霞,姜树,等.基于 rbcL-a 和 ITS 的枸杞鉴别、遗传关系分析及 ITS 假基因的发现[J].生物技术通报,2017,33(5):123-130.

[56] 陈津岩,王立峰,赵慧,等.右归丸对脾肾两虚证大鼠甲状腺激素及环核苷酸水平的影响[J].广州中医药大学学报,2009,26(4):377-380.

[57] 陈静,鲍海华,周柱.慢性高原病主肺动脉扩张的病理生理及影像诊断[J].磁共振成像,2017(9):711-715.

[58] 陈开娟.不同等级枸杞中枸杞多糖的含量测定与比较[J].海峡药学,2011(8):100-102.

[59] 陈可翼,李春生.新编抗衰老中药学[M].北京:人民卫生出版社,1998.

[60] 陈磊,侯宏波,李宁宁.枸杞子中 β-胡萝卜素提取工艺研究[J].广东化工,2012,39(1):31-32.

[61] 陈立格.枸杞子的药理作用和临床应用价值分析[J].世界最新医学信息杂志,2015,15(59):92.

［62］陈亮,张炜,陈元涛,等.响应曲面法优化黑果枸杞多糖的超声提取工艺［J］.食品科技,2015(1):220－227.

［63］陈梦雷.古今图书集成［M］.北京:中华书局,1934.

［64］陈敏,林淑芳,邵爱娟,等.桑叶、茶叶及枸杞叶粗多糖样品的含量分析［J］.中国实验方剂学杂志,2008(8):10－11.

［65］陈仁寿."枸杞"考释［J］.江苏中医药,1993(3):38－38.

［66］陈淑花,刘学武,李志义,等.超临界二氧化碳萃取枸杞籽油的实验研究与数值模拟［J］.化学工业与工程技术,2004,25(5):11－13.

［67］陈淑英,李育浩.五子衍宗丸对链脲佐菌素所致糖尿病大鼠的影响［J］.新中医,1992(11):52－54.

［68］陈绥清,王强,龚孙莲,等.中药枸杞中的氨基酸分析［J］.中国药科大学学报,1991(1):53－55.

［69］陈天云,蒋旭亮,李清善.宁夏枸杞属(茄科)一新种和一新变种［J］.广西植物,2012(1):9－12.

［70］陈晓峰,张东峰,郝明明,等.基于机器视觉的枸杞产地识别研究［J］.农业科技与装备,2013(11):33－35.

［71］陈晓红,李小平,赵永纲.分散固相萃取结合液相色谱-串联质谱法测定枸杞中15种染料和色素［J］.卫生研究,2016,45(5):811－816.

［72］陈忻,周建平,李玉红.大黄等中药抗自由基损伤研究［J］.北京中医,1995(5):48－49.

［73］陈修园.神农本草经读［M］.北京:人民卫生出版社,1959.

［74］陈雅林,谭芳,彭勇.枸杞叶的研究进展［J］.中国药学杂志,2017,52(5):358－361.

［75］陈衍.宝庆本草折衷［M］.北京:人民卫生出版社,2007.

［76］陈义正.治老年性癃闭、小便不禁［J］.四川中医,1987(5):19－20.

［77］陈宇,李华.杞菊地黄丸对糖尿病视网膜病变的保护作用［J］.中国实验方剂学杂志,2011,17(19):251－253.

［78］陈玉珍.牛磺酸的生理功能及其应用［J］.解放军预防医学杂志,1994(4):329－332.

［79］陈玉珍.食物中牛磺酸含量［J］.氨基酸杂志,1994(4):52－55.

［80］陈振林,黄永艺,莫显瑞.枸杞叶保健茶的研制［J］.农产品加工·学刊,2005(9):166－169.

［81］陈智松,吴志奎,陈玉英,等.枸杞多糖对衰老小鼠脑NO、NOS的影响［J］.中药药理与临床,2000,16(6):16－18.

［82］成都中医学院.中药学［M］.上海:上海科学技术出版社,1978.

［83］成都中医学院.中药鉴定学［M］.上海:上海科学技术出版社,1980.

［84］成都中医学院.中药鉴定学［M］.上海:上海科学技术出版社,1990.

［85］程刘柯,张欣,贝盏临.响应面法优化枸杞花中多糖的提取工艺［J］.食品工业,2014,35(4):59－61.

［86］程起骏.布哈河畔的乙弗无敌国［J］.柴达木开发研究,2009(1):1－3.

［87］初乐,马寅斐,赵岩,等.枸杞汁有机膜过滤工艺技术研究［J］.农产品加工,2015(12):39－41.

［88］崔永红.青海通史［M］.西宁:青海人民出版社,2017.

［89］崔治家,吕培霖,李善家,等.清水河枸杞——甘肃省茄科植物一新分布种［J］.中国现代中药,2013,15(7):590.

［90］楚笑辉,王伽伯,周灿平,等.不同商品等级枸杞子的抗氧化活性比较及其生物效价检测［J］.中国新药杂志,2011(7):599－603.

D

［91］D Antony Jeyaraj, Gail Grossman, Peter Petrusz. Dynamics of testicular germ cell apoptosis in normal mice and transgenic mice overexpressing rat androgen-binding protein［J］. Reproductive Biology & Endocrinology Rb & E, 2003, 1(1):48.

［92］Dawei Gao, Qingwang Li, Zhengrong Gao, et al. Antidiabetic Effects of Corni Fructus Extract in Streptozotocin-Induced Diabetic Rats［J］. Yonsei Medical Journal, 2012,53(4):691－700.

［93］Dong Gun Lee, Hyun Jun Jung, Eun-Rhan Woo. Antimicrobial property of（＋）－ lyoniresinol-3α-O-β-D-glucopyranoside isolated from the root bark of *Lycium chinense* Miller against human pathogenic microorganisms［J］. Archives of Pharmacal Research, 2005,28(9):1031－1036.

［94］Drost-Karbowska K, Hajdrych-Szaufer M, Kowalewski Z. Search for alkaloid-type bases in *Lycium halimifolium*［J］. Act apoloniae pharmaceutica, 1984,41(4):127－129.

［95］戴微微,金国琴,张学礼,等.左归丸、右归丸对衰老大鼠海马学习记忆相关基因BDNFmRNA表达的影响［J］.中药药理与临床,2007,23(4):14－16.

［96］党军,王瑛,陶燕铎,等.微波法提取枸杞叶甜菜碱工艺的研究［J］.氨基酸和生物资源,2011(3):31－33.

［97］党少飞,王占林,张得芳,等.枸杞基因组微卫星特征分析［J］.西北林学院学报,2016,31(1):97－102.

［98］刁小琴,关海宁.浓香型枸杞酒酿造酵母的选育［J］.中国酿造,2008(18):30－32.

［99］ 丁协刚,刘波,李世文.枸杞多糖通过氧化应激途径促海绵体神经再生的实验研究[J].现代泌尿外科杂志,2016,21(12):960-963.

［100］ 丁园.枸杞多糖对2型糖尿病大鼠血糖、血脂的影响[J].辽宁医学院学报,2015,36(5):12-14.

［101］ 董昌平.地骨皮及其混淆品的鉴别[J].海峡药学,2002,14(3):14-15.

［102］ 董川.枸杞水分测定中减压干燥法与蒸馏法的比较[J].中国食品安全,2017(1):99.

［103］ 董进文,高天顺,胡庆和,等.中药LPB-G抗癌的实验研究[J].中国中医基础医学杂志,1997,3(6):32.

［104］ 董静洲,王瑛.宁夏枸杞主要产区枸杞子总黄酮的测定与分析研究[J].食品研究与开发,2009(1):36-40.

［105］ 董静洲,杨俊军,王瑛.我国枸杞属物种资源及国内外研究进展[J].中国中药杂志,2008,33(18):2020-2027.

［106］ 董秀丽.反相高效液相色谱法测定枸杞中有机酸的含量[J].安徽农业科学,2010,38(19):9959-9960.

［107］ 董泽宏.《食疗本草》白话评析[M].北京:人民军医出版社,2015.

［108］ 窦国祥,窦勇.十大名中药丛书——枸杞子[M].天津:天津科学技术出版社,2009.

［109］ 杜光,刘异.枸杞子糖缀合物对荷瘤小鼠的抑瘤作用[J].中国药师,2005,8(9):753-754.

［110］ 杜敏,巩颖,林兆洲,等.样品表面近红外光谱结合多类支持向量机快速鉴别枸杞子产地[J].光谱学与光谱分析,2013,33(5):1211-1214.

［111］ 杜平中.溶栓药物的研究进展[J].世界临床药物,1998,19(2):67-71.

［112］ 杜守英,钱玉昆.枸杞子提取物对淋巴细胞增殖的调节作用及其机理研究[J].北京医科大学学报,1995,27(增刊):175.

［113］ 段金廒.中药资源化学[M].北京:科学出版社,2015.

［114］ 段丽君,周军,曹有龙,等.6种枸杞植物花药培养单倍体的诱导[J].安徽农业科学,2009,37(2):531-532.

［115］ 多芳芳,邹志东,王文娟,等.杞菊地黄丸对血管紧张素Ⅱ诱导损伤的血管内皮细胞超微结构的影响[J].中国医药导报,2010,12(10):1751-1752.

［116］ 多杰扎西,吴启勋.不同产地枸杞子中微量元素的因子分析[J].西南民族大学学报(自然科学版),2008,34(3):514-517.

［117］ 多杰扎西,李仲,刘明地.红外光谱结合聚类分析鉴别青海枸杞产地[J].安徽农业科学,2014,42(12):3704-3705.

E

［118］ Evans Joseph L, Goldfine Ira D, Maddux Betty A, et al. Oxidative Stress and Stress-Activated Signaling Pathways: A Unifying Hypothesis of Type 2 Diabetes [J]. Endocrine Reviews, 2002,23(5):599-622.

F

［119］ Fujii S, Setoguchi C, Kawazu K, et al. Functional Characterization of Carrier-Mediated Transport of Pravastatin across the Blood-Retinal Barrier in Rats [J]. Drug Metabolism & Disposition the Biological Fate of Chemicals, 2015,43(12):1956-1959.

［120］ Funayama S, Yoshida K, Konno C, et al. Structure of kukoamine A, a hypotensive principle of Lycium chinense root barks 1 [J]. Tetrahedron Letters, 1980,21(14):1355-1356.

［121］ Funayama S, Zhang G R, Nozoe S. Kukoamine B, a spermine alkaloid from Lycium chinense [J]. Phytochemistry (Oxford),1995,38(6):1529-1531.

［122］ 付海燕,管吉龙.诺木洪地区红枸杞生长期主要气候条件及田间管理[J].现代农业科技,2019(2):64-68.

［123］ 樊光辉."宁杞1号"枸杞辐射诱变育种初报[J].北方园艺,2014(2):149-151.

［124］ 樊光辉,王占林,耿生莲等.青海枸杞杂交育种试验初报[J].青海农林科技,2009(4):5-7.

［125］ 樊光辉,王占林,谢守忠.柴达木盆地白果枸杞果实活性成分测定与分析[J].青海科技,2017(1):63-66.

［126］ 樊光辉,王占林,郑淑霞等.青海枸杞自然变异优选育种试验[J].林业科学,2012,37(4):8-10.

［127］ 樊光辉,王占林,白生宏,等.柴达木枸杞产业化发展中存在的主要问题分析[J].青海科技,2009(5):15-17.

［128］ 樊光辉.青海柴达木地区枸杞栽培品种品比试验[J].西北林学院学报,2012,27(6):98-100,164.

［129］ 樊光秀.德令哈地区枸杞种植气候适应性分析[J].青海气象,2011(1):53-55.

［130］ 樊蓉芸.柴达木枸杞促进运动员低氧适应能力的研究[J].青海科技,2018(5):22-25.

［131］ 樊永平,宋丽君,龚海洋,等.左归丸和右归丸对实验性自身免疫性脑脊髓炎大鼠中枢神经系统IFN-r、MMP-9免疫组化表达的影响[J].中华中医药杂志,2009,24(11):1446-1450.

[132] 樊云芳,安巍,曹有龙,等. 枸杞属(*Lycium* L.)13 份供试材料花粉形态研究[J]. 自然科学进展,2008,18(4):470 - 474.

[133] 樊云芳,陈晓军,李彦龙,等. 宁夏枸杞 DFR 基因的克隆与序列分析[J]. 西北植物学报,2011(12):15 - 21.

[134] 范艳丽,陈彦霖. 不同澄清剂对枸杞酒的澄清效果及非生物稳定性的影响[J]. 中国酿造,2008(18):27 - 29.

[135] 范艳丽,龚媛,梁飞,等. 微波辅助法提取枸杞叶黄酮的工艺研究[J]. 中国食品添加剂,2013(4):85 - 91.

[136] 方翠芬,李文庭,祝明,等. GC - MS/MS 法同时测定枸杞子中 23 种农药残留量[J]. 药物分析杂志,2016(11):2009 - 2015.

[137] 方以智. 物理小识(下)[M]. 上海:商务印书馆,1937.

[138] 方云芸,黄金珠,马洁,等. 右归丸对雄激素致排卵障碍型不孕大鼠血清 E2、T 和 IGF - 1 水平影响研究[J]. 世界中医药,2010,5(6):427 - 429.

[139] 房想,魏超昆,刘关瑞,等. 枸杞成熟与干制过程中多糖积累的蛋白质组学研究进展[J]. 食品安全质量检测学报,2015(10):3901 - 3906.

[140] 周德生,喻嵘.《食鉴本草》释义[M]. 山西:山西科学技术出版社,2014.

[141] 冯美,张宁. 枸杞果实生长发育过程中有机酸变化研究[J]. 农业科学研究,2005(4):19 - 20,24.

[142] 冯美玲,王书芳,张兴贤. 枸杞子的化学成分研究[J]. 中草药,2013,44(3):265 - 268.

[143] 冯显逵,宋玉霞. 宁夏枸杞形态解剖特征的观察[J]. 宁夏农林科技,1990(2):16 - 17.

[144] 冯作山,陈计峦,孙高峰,等. 枸杞色素的提取及纯化技术[J]. 食品与发酵工业,2004(12):141 - 144.

G

[145] Gironi Carnevale U A, Mattana A, Anichini R, et al. Plasma and platelet taurine are reduced in subjects with insulin-dependent diabetes mellitus: effects of taurine supplementation [J]. American Journal of Clinical Nutrition, 1995,61(5):1115 - 1119.

[146] 甘伯中,孙洁,刘昕,等. 枸杞汁的澄清与脱色方法研究[J]. 中国食物与营养,2007(1):29 - 32.

[147] 甘璐,张声华. 枸杞多糖的抗肿瘤活性和对免疫功能的影响[J]. 营养学报,2003,25(2):200 - 202.

[148] 高仿,田英姿,丁晓丽,等. 新疆精河地区四种枸杞果实品质的比较分析[J]. 现代食品科技,2017(5):194,239 - 245.

[149] 高欢,万鸣. 丙基酰胺键合硅胶柱用于测定枸杞子中甜菜碱含量的方法研究[J]. 湖北中医杂志,2017(2):57 - 58.

[150] 高凯,汤海峰,陆云阳,等. 宁夏枸杞子乙酸乙酯部分的化学成分研究[J]. 中南药学,2014(4):324 - 327.

[151] 高岐,何丽娟. 微波快速提取市售枸杞中总黄酮含量的研究[J]. 农业机械,2013(9):79 - 80.

[152] 高向阳,徐雅莉,黄亚亭. 郑州枸杞色素的稳定性及其吸收曲线动力学特性研究[J]. 河南科学,2010,28(12):1539 - 1542.

[153] 高允生,陈伟,陈美华,等. 盐酸甜菜碱对缺氧小鼠的保护作用[J]. 中国药理学通报,2005,21(12):1525 - 1527.

[154] 葛建彬,卢红建,宋新建,等. 枸杞多糖对小鼠脑缺血再灌注损伤的保护作用及其抗氧化应激的机制研究[J]. 中风与神经疾病杂志,2016,33(9):790 - 794.

[155] 葛玉萍,曹有龙,许兴,等. 不同厚度保鲜膜对枸杞果实品质的影响[J]. 安徽农业科学,2008,36(20):8805 - 8806.

[156] 葛玉萍,曹有龙,许兴,等. 枸杞鲜果采后品质变化初探[J]. 北方园艺,2008(5):227 - 228.

[157] 葛玉萍. 枸杞鲜果采后生理特性及其贮藏保鲜技术研究[D]. 西宁:宁夏大学,2008.

[158] 葛争艳,金龙,刘建勋. 五子衍宗丸补肾壮阳作用的实验研究[J]. 中国实验方剂学杂志,2010,16(7):173 - 176.

[159] 耿丹丹,谭亮,肖远灿,等. 离子色谱法测定黑果枸杞中的甜菜碱[J]. 食品科学,2015(20):152 - 154.

[160] 龚海英,李建宇,梁林,等. 枸杞多糖对神经元缺氧损伤的保护作用[J]. 武警医学院学报,2009,18(12):1002 - 1004.

[161] 龚丽芬,黄慰生,郑志福,等. 牛磺酸的生物活性、提取与测定[J]. 福建化工,2003(1):26 - 28.

[162] 龚媛,刘敦华,王旭. 枸杞干果色泽与化学成分的相关性研究[J]. 食品科技,2015(10):57 - 61.

[163] 古赛,姜蓉. 枸杞多糖防治大鼠酒精性脂肪肝的作用及机制研究[J]. 中国药房,2007,18(21):1606 - 1610.

[164] 古赛. 枸杞多糖防治大鼠酒精性脂肪肝的实验研究[D]. 重庆:重庆医科大学,2007.

[165] 顾翠英,金国琴,赵新永,等. 皮质酮损伤大鼠海马神经细胞病理模型的建立及补肾方药的作用[J]. 中药药理与临床,2010,26(2):10 - 12.

[166] 顾淑荣,桂耀林,徐廷玉. 枸杞胚乳植株的诱导及染色体倍性观察[J]. Journal of Genetics & Genomics,1985,27(1):106 - 109.

[167] 顾元交. 本草汇笺[M]. 刘更生,郭栋,张蕾,等校注. 北京:中国中医药出版社,2015.

[168] 谷素云. 道地药材形成和变迁因素的文献研究[D]. 北京:北京中医药大学,2007.

［169］关素珍,德小明,庞克华,等.枸杞多糖对脊髓神经细胞辐射损伤后的保护作用研究［J］.癌变·畸变·突变,2019,31(1):45-48.

［170］关金龙.超临界二氧化碳萃取技术在中药提取中的应用［J］.机电信息,2015(29):44-46.

［171］关文霞,仝雪霞,任飞,等.慢性低氧及枸杞多糖干预对大鼠生理指标和血浆IL-2、IL-6及IgG含量的影响［J］.宁夏医科大学学报,2015,37(4):367-369.

［172］管华全,欧阳思清.肾气丸与右归丸对肾阳虚小鼠睾酮影响的实验研究［J］.中国中医药科技,2010,17(5):471.

［173］郭春秀,姚拓,马俊梅,等.石羊河下游不同类型荒漠草地黑果枸杞群落结构及物种多样性特征［J］.草地学报,2017,25(3):529-537.

［174］郭栋,童元元,黄生权,等.基于数据挖掘的枸杞研究热点分析［J］.中国中医药信息杂志,2016(9):48-51.

［175］郭辉,沈宁东.柴达木盆地产枸杞的资源状况及其栽培繁育研究进展［J］.青海师范大学学报(自然科学版),2009(1):62-66.

［176］郭鹏举,叶宝林,孙尚运,等.青海地道地产药材［M］.西安:陕西科学技术出版社,1996.

［177］郭鹏举,皱寒雁,叶宝林.青海药史［M］.西安:陕西科学技术出版社,1999.

［178］郭钰琪,周宪宾,王丽,等.右归丸对糖皮质激素诱导的胸腺细胞凋亡的保护作用［J］.中国免疫学杂志,2008,28(5):431-434.

［179］郭志华,刘刚,王聪,等.超声波辅助提取枸杞中的色素［J］.光谱实验室,2012,29(6):3429-3432.

［180］郭荣.宁夏绿色食品枸杞种植过程关键点的控制［J］.农产品质量与安全,2009(2):46-48.

［181］郭本兆.青海经济植物志［M］.西宁:青海人民出版社,1987.

［182］国际高原医学会慢性高原病专家小组.慢性高原病青海诊断标准［J］.青海医学院学报,2005,26(1):3-5.

［183］国家药典委员会.中国药典［M］.北京:中国医药科技出版社,2015.

［184］中华人民共和国卫生部药典委员会.中国药典［M］.北京:人民卫生出版社,1977.

H

［185］Hampton B M, Schwartz S G, Brantley M A, et al. Update on genetics and diabetic retinopathy ［J］. Clinical ophthalmology (Auckland, N. Z.),2015,9:2175-2193.

［186］Hayes K C, Carey R, Schmidt S. Retinal Degeneration Associated With Taurine Deficiency In The Cat ［J］. Nutrition Reviews, 1985,43(3):84-86.

［187］Harunobu Amagase, Norman R. Farnsworth. A review of botanical characteristics, phytochemistry, clinical relevance in efficacy and safety of *Lycium barbarum* fruit (Goji) ［J］. Food Research International, 2011,44(7):1702-1717.

［188］Hiu-Chi Chan, Raymond Chuen-Chung Chang, Angel Koon-Ching Ip, et al. Neuroprotective effects of *Lycium barbarum* Lynn on protecting retinal ganglion cells in an ocular hypertension model of glaucoma ［J］. Experimental Neurology, 2007,203(1):269-273.

［189］Harsh M, Nag T N. Flavonoids with antimicrobial activities of arid zone plant ［J］. Geobios, 1988,15(1):32-35.

［190］韩爱霞,任彦蓉.果胶酶对枸杞中总黄酮的提取效果研究［J］.食品科技,2009,34(8):138-141.

［191］韩邦兴,彭华胜,黄璐琦.中国道地药材研究进展［J］.自然杂志,2011,33(5):281-285.

［192］韩俊生.中药产地引种与质量关系探要［J］.实用中医内科杂志,2004,18(1):52.

［193］韩秋菊,赵佳.超声法提取枸杞多糖工艺优化［J］.科学技术与工程,2013,13(13):3783-3785.

［194］韩荣生,李鹏.枸杞中总黄酮提取工艺的研究［J］.国医论坛,2011,26(2):39-42.

［195］韩晓滨,刘冬生.牛磺酸与大脑发育关系的初步探讨——牛磺酸与行为［J］.卫生研究,1988(3):22-26,54-55.

［196］郝凤霞,李宏燕.几种不同产地枸杞中甜菜碱含量的比较［J］.江苏农业科学,2014,42(7):330-332.

［197］郝继伟.均匀设计法优化超声波辅助提取枸杞多糖的工艺［J］.光谱实验室,2011,28(5):2493-2497.

［198］何剑平,李俊,李小敏.杞菊地黄丸对家兔实验性高脂血症及动脉粥样硬化的影响［J］.深圳中西医结合杂志,2002(6):332-333.

［199］何进,阎淳泰,章继华.枸杞叶成分研究进展及产品开发展望［J］.农牧产品开发,1995(9):26-29.

［200］何晋浙,胡飞华,孙培龙,等.枸杞多糖结构及其单糖组分的分析研究［J］.食品与发酵工业,2008,34(5):48-54.

［201］何军,李晓莺,焦恩宁,等.三个枸杞品种花粉直感效应研究［J］.北方园艺,2013(9):178-180.

［202］何丽娟.不同种类及种源枸杞染色体核型分析［D］.兰州:甘肃农业大学,2016.

［203］何丽娟,王有科,张如力,等.柴达木盆地不同枸杞群体种子表型多样性分析［J］.草原与草坪,2016(36):34-39.

［204］何文革,那松曹克图,吾其尔,等.新疆焉耆盆地黑果枸杞自然分布特点及其生物特性［J］.中国野生植物资源,2015,34

(4):59 - 63.

[205] 何笑荣,邹定,姜文清,等.毛细管气相色谱法分析枸杞子及其制剂中有机氯农药残留[J].中国药学杂志,2006,41(9):704 - 706.

[206] 何彦丽,应逸,王斌,等.枸杞多糖对荷瘤小鼠免疫抑制 VEGF、FGF - β1 水平的影响[J].中药药理与临床,2005,21(5):950 - 952.

[207] 贺芳,崔振华,余昆,等.枸杞果酒中 SO₂ 的存在和变化动态研究[J].酿酒,2016,43(2):97 - 99.

[208] 贺文信.柴达木盆地枸杞园建植管理技术[J].林业使用技术,2008(9):37 - 39.

[209] 贺晓光,郭春香,王松磊.鲜枸杞汁发酵酒生产工艺研究[J].农业科学研究,2008,29(4):77 - 79.

[210] 侯典云,胥华伟,李雪林,等.中华枸杞叶片离体再生技术初探[J].湖北农业科学,2014(12):2928 - 2931.

[211] 侯庆宁,何兰杰.枸杞多糖对 2 型糖尿病大鼠血糖、血脂及 TNF - α 水平的影响[J].宁夏医学杂志,2009,31(3):201 - 203.

[212] 侯学谦,祝婉芳,曲玮,等.枸杞化学成分及药理活性研究进展[J].海峡药学,2016,28(8):1 - 7.

[213] 侯志恒.枸杞子高产半圆型树形修剪与管理技术[J].中国园艺文摘,2010(4):157 - 158.

[214] 忽思慧.饮膳正要[M].张秉伦,方晓阳译注.上海:上海古籍出版社,2014.

[215] 胡秉芬,张宝琳,蔡国军,等.十七份中美枸杞材料的 SSR 遗传多样性[J].北方园艺,2016(1):90 - 94.

[216] 胡博然,徐文彪,赵吉强,等.枸杞生物技术研究进展[J].西北植物学报,2001,21(4):811 - 817.

[217] 胡晗艳.枸杞加工过程中 β-胡萝卜素变化的研究[D].天津:天津科技大学,2012.

[218] 胡瑾,杨静,张开云,等.枸杞多糖对大鼠视神经损伤的保护作用[J].宁夏医科大学学报,2017,39(1):30 - 33.

[219] 胡世林.现代道地论概要[J].中国中医药信息杂志,1995,2(7):7 - 9.

[220] 胡世林.中国道地药材[M].哈尔滨:黑龙江科学技术出版社,1989.

[221] 胡世林.中国道地药材原色图说[M].济南:山东科学技术出版社,1998.

[222] 胡忠庆,枸杞优质高产高效综合栽培技术[J].宁夏人民出版社,2004(3):22 - 32.

[223] 胡忠庆,周全良,谢施祎,等."宁杞 4 号"的选育[J].宁夏农林科技,2005(4):11 - 13.

[224] 胡仲秋,刘建党,王保玲.枸杞多糖的碱液提取工艺研究[J].西北农林科技大学学报(自然科学版),2008,36(10):173 - 178.

[225] 胡凤巧.几种枸杞干燥方法的综述[J].黑龙江农业科学,2018,290(8):141 - 145.

[226] 胡仲秋,王利,王保玲,等.枸杞多糖提取及消除羟自由基性研究[J].食品科学,2009(24):93 - 98.

[227] 皇甫嵩,皇甫相.本草发明[M].李玉清,向楠校注.北京:中国中医药出版社,2015.

[228] 黄诚,陈群力,孙江涛,等.枸杞多糖及其复方对链尿佐菌素所致糖尿病大鼠胰岛功能的保护效应[J].中医临床康复,2006,10(20):173 - 175.

[229] 黄宫绣.本草求真[M].清乾隆三十七年壬辰广雅堂刻本.北京:中国中医药出版社,2008.

[230] 黄桂芳.复方五子衍宗丸的药理作用[J].长春中医药大学学报,1991,17(2):57 - 58.

[231] 黄薇,陈学松,廖强.HPLC - ELSD 法测定枸杞子中甜菜碱[J].中国实验方剂学杂志,2010,16(7):59 - 60.

[232] 黄丽,於洪建,吴巍,等.枸杞多酚提取物中总多酚的测定[J].药物评价研究,2012,35(4):273 - 275.

[233] 黄丽,於洪建,吴巍.枸杞中类胡萝卜素的研究进展[J].食品研究与开发,2012(5):233 - 236.

[234] 黄丽丹,邢亚东,王玲玲,等.2,4 - 二硝基氟苯柱前衍生化 HPLC 法测定保健食品中牛磺酸含量[J].药物分析杂志,2016(1):171 - 175.

[235] 黄璐琦,张瑞贤."道地药材"的生物学探究[J].中国药学杂志,1977,32(9):563 - 566.

[236] 黄璐琦,张瑞贤.道地药材理论与文献研究[M].上海:上海科学技术出版社,2016.

[237] 黄文波.宁夏枸杞总黄酮的提取、纯化及其抗氧化活性研究[D].银川:宁夏大学,2006.

[238] 黄小红,周兴旺,王强,等.3 种地骨皮类生药对白鼠的解热和降血糖作用[J].福建农业大学学报,2000,29(2):229 - 232.

[239] 黄晓兰.枸杞多糖对大鼠生殖系统保护作用的机制探讨[J].武汉大学学报(医学版),2004,25(6):30 - 31.

[240] 黄欣,赵海龙.枸杞总黄酮对运动小鼠腓肠抗氧化能力的影响[J].现代中西医结合杂志,2008,17(15):2280 - 2283.

[241] 黄欣,赵海龙,尹宏,等.青海枸杞叶提取物对小鼠耐缺氧作用的影响[J].青海医学院学报,2007,28(4):262 - 264.

[242] 黄欣,赵海龙,尹宏.青海枸杞叶提取物对低氧递增游泳训练小鼠运动能力的影响[J].辽宁中医药大学学报,2008,10(7):141 - 143.

[243] 黄宁.枸杞粉干燥工艺研究[J].饮料工业,2008,21(3):31 - 37.

[244] 黄宗轩,张奇峰.枸杞多糖对少精症模型小鼠的治疗作用及其机制探讨[J].广西医科大学学报,2012,29(2):203 - 205.

[245] 惠红霞,许兴,李前荣.外源甜菜碱对盐胁迫枸杞生长及膜脂过氧化的影响[J].西北农林科技大学学报(自然科学版),

2004,32(7):77-80.

[246] 惠红霞,许兴,李守明.盐胁迫抑制枸杞光合作用的可能机理[J].生态学杂志,2004,23(1):5-9.

[247] 霍国进,邹有瑞,夏明,等.枸杞多糖对脑出血模型大鼠继发性脑损伤的影响[J].宁夏医科大学学报,2016,38(2):125-128.

J

[248] Jichun Chen, Clinton M Astle, David E Harrison. Genetic regulation of primitive hematopoietic stem cell senescence [J]. Experimental Hematology, 2000,28(4):442-450.

[249] J Crouzet, P Kanasawud. [7] Formation of volatile compounds by thermal degradation of carotenoids [J]. Methods in Enzymology, 1992,213C:54-62.

[250] J. A. Sturman, G. E. Gaull. Taurine in the brain and liver of the Developing human and monkey [J]. Journal of Neurochemistry, 2006,25(6):831-835.

[251] 贾清华,赵士杰,柴京富,等.枸杞热风干燥特性及数学模型[J].农机化研究,2010,32(6):153-157.

[252] 贾韶千,吴彩娥,李艳霞.枸杞中黄酮类化合物的超声波强化提[J].农业机械学报,2009,40(5):130-134.

[253] 贾锡莲,曲竹秋,徐灿坤,等.右归丸对实验性甲减大鼠甲状腺滤泡细胞凋亡相关因子Bcl-2/Bax表达的影响[J].山东中医杂志,2007,26(10):706-708.

[254] 贾敏如,张艺.中国民族药词典[M].11版.北京:中国医药科技出版社,2016.

[255] 贾锡莲,曲竹秋,姚凯,等.右归丸减轻甲状腺功能减退模型大鼠体内自由基过氧化受损的机制探讨[J].天津中医药,2008,25(3):225-228.

[256] 贾锡莲,徐灿坤,周阳,等.右归丸对实验性甲状腺功能减退大鼠骨骼肌GluT4mRNA表达水平的影响[J].中医杂志,2006,47(9):698-671.

[257] 简永兴,马英姿,彭映辉,等,枸杞的染色体核型分析[J].中国中药杂志,1997,22(9):532-533.

[258] 江海涛.药性琐谈[M].北京:人民出版社,2013.

[259] 蒋万志,张洪泉.枸杞多糖在免疫和抗衰老方面的研究进展[J].中国野生植物资源,2010,6(2):5-7,14.

[260] 焦东海,胡世林.道地与非道地大黄临床疗效与副作用的对比观察[J].中国中药杂志,1990,15(7):53-54.

[261] 金宏.支链氨基酸提高大鼠游泳耐力作用探讨[J].营养学报,2001,23(1):48-51.

[262] 金龙,葛争艳,刘建勋.五子衍宗丸对大鼠交配功能和肾阳虚模型小鼠的影响[J].中国实验方剂学杂志,2012,16(16):228-231.

[263] 金龙,葛争艳,刘建勋.五子衍宗丸对小鼠记忆力、免疫功能、耐缺氧及耐疲劳的影响[J].中国实验方剂学杂志,2010,16(16):123-125.

[264] 金世元.论道地药材[J].中药研究与信息,2001,3(11):11-13.

[265] 金文英,程路遥.连续小波变换HATR-FTIR分析应用于中药枸杞子与同属非正品鉴别的研究[J].浙江师范大学学报(自然科学版),2008,31(3):312-315.

[266] 剧柠,赵梅梅,柯媛,等.枸杞果酒用非酿酒酵母的分离筛选及香气成分分析[J].食品与发酵工业,2017(11):129-135.

K

[267] K.-T. Cheng, H.-C. Chang, H. Huang, et al. RAPD analysis of *Lycium barbarum* medicine in Taiwan market [J]. Botanical Bulletin-Academia Sinica Taipei, 2000,41(1):11-14.

[268] Kramer J H, Chovan J P, Schaffer S W. Effect of taurine on calcium paradox and ischemic heart failure [J]. American Journal of Physiology-Heart and Circulatory Physiology, 1981,240(2):H238-H246.

[269] Kim J S, Chung H Y. GC-MS analysis of the volatile components in dried boxthorn (*Lycium chinensis*) fruit [J]. Journal of the Korean Society for Applied Biological Chemistry, 2009,52(5):516-524.

[270] Kim D H, Lee B, Kim M J. Molecular Mechanism of Betaineon Hepatic Lipid Metabolism: Inhibition of Forkhead BoxO1(FoxO1) Binding to Peroxisome Proliferator-Activated Recept or Gamma(PPAR γ)[J]. J Agric Food Chem. 2016,64(36):6819-6825.

[271] Kurata T, Wakabayashi H, Sakurai Y. Degradation of L-Ascorbic Acid and Mechanism of Non-enzymic Browning Reaction [J]. Agricultural and Biological Chemistry, 1967,31(1):101-105.

[272] 康明丽,牟德华.板栗加工褐变机理及控制方法研究进展[J].河北科技大学学报,2003,24(4):72-76.

[273] 康文怀,李华,严升杰,等.葡萄汁过量氧化研究进展[J].酿酒科技,2005(7):71-75.

[274] 康湘萍,金国琴,龚张斌,等.左归丸、右归丸对老年大鼠下丘脑氨基酸类神经递质受体表达的影响[J].中药药理与临床,2007,23(3):6-8.

[275] 康迎春,尹跃,赵建华,等.HPLC法测定枸杞鲜果中主要类胡萝卜素组成[J].食品工业,2014(12):270-273.

[276] 柯铭清.中草药有效成分理化与药理特性[M].修订本.长沙:湖南科学技术出版社,1982.

[277] 寇宗奭.本草衍义[M].北京:人民卫生出版社,1990.

[278] 乐夫.枸杞叶的药用价值甚高[J].新疆林业,2002(6):33.

L

[279] Lounasmaa M, Holmberg C, Langenskiöld T. Total Syntheses of Knightinol, Acetylknightinol and 2,3-Dihydrodarlingine: Tropane Alkaloids from Knightia strobilina and Bellendena montana [J]. Planta Medica, 1983,48(1):56-58.

[280] Lee C Y, Kagan V, Jaworski A W, et al. Enzymatic browning in relation to phenolic compounds and polyphenoloxidase activity among various peach cultivars [J]. J. Agric. Food Chem, 1990,38.

[281] Lehmann A. Taurine — an amino acid with many functions [J]. Lakartidningen, 1995,92(10):979-984.

[282] Lim J H, Lee Y M, Chun Y S, et al. Sirtuin 1 Modulates Cellular Responses to Hypoxia by Deacetylating Hypoxia-Inducible Factor 1α[J]. Molecular Cell, 2010,38(6):864-878.

[283] 雷玉红,梁志勇,李志莲.等.柴达木枸杞发育期监测及其相关气象条件分析[J].青海农林科技,2015(2):32-37.

[284] 雷玉红,梁志勇,颜亮东.柴达木地区枸杞气象服务指标研究青海农技推广[J].2019(1):38-44.

[285] 雷志荣.枸杞新品种选育——蒙杞1号选育报告[J].河套大学学报,2005(4):48-51.

[286] 黎雪如.枸杞多糖在微生物和免疫中的影响研究[J].中医药信息,1998,23(2):18.

[287] 李树华,何军,杨淑琴,等.野生稻、野燕麦、枸杞DNA的提取方法[J].干旱地区农业研究,2005,23(3):166-169.

[288] 李成斌,林瑜,邓国宾,等.八种蜂蜜挥发性成分分析[J].精细化工,2006,23(11):1082-1088.

[289] 李成武,庄曾渊,张守康,等.五子衍宗汤治疗Leber遗传性视神经病变的临床研究[J].中国中西医结合杂志,2009,29(12):1078-1080.

[290] 李承哲,曾常春,李劲平.七宝美髯丹对衰老大鼠自由基及免疫指标的影响[J].广州中医药大学学报,2003,20(1):66-67.

[291] 李晨,张得芳,樊光辉,等.柴达木地区枸杞主栽品种果实综合评价[J].青海大学学报,2018,36(5):11-18.

[292] 李从兵,王琪,刘琨毅.澄清条件对枸杞酒品质的影响[J].现代食品2016(11):40-41.

[293] 李静,余意,郭兰萍,等.枸杞子品质区划研究[J].中国中药杂志,2019(6):1156-1163.

[294] 李静,余意,张小波,等.药用枸杞本草考证[J].世界中医药,2019(10):68-72.

[295] 李丹丹,吴茂玉,于滨,等.枸杞多糖的制备、结构与生理活性研究进展[J].食品工业,2013(8):223-227.

[296] 李德英,屠荫华,包俊鑫.微波消解-气质联用仪法分析枸杞挥发油成分[J].安徽农业科学,2015,43(22):59-61.

[297] 李丁仁,李爽,曹弘哲.宁夏枸杞[M].银川:宁夏人民出版社,2012.

[298] 李冬生,胡征,王芹,等.枸杞挥发油的GC/MS分析[J].食品研究与开发,2004,25(4):133-135.

[299] 寇宗奭.本草衍义 本草衍句合集[M].太原:山西科学技术出版社,2012.

[300] 李国梁,刘永军,史俊友.柴达木枸杞几种活性成分分析[J].分析实验室,2009,28(b5):286-288.

[301] 李国梁,史俊友,孙志伟,等.超临界CO_2萃取柴达木枸杞籽油工艺与籽油成分研究[J].食品工业科技,2010,31(5):257-259.

[302] 李国银,李正英,李成军,等.皂化对枸杞色素提取效果的影响[J].农产品加工·学刊,2009(1):28-31.

[303] 李海凤,祁贵明,郭晓宁.柴达木盆地枸杞种植气候资源区划[J].安徽农业科学,2016,44(19):201-203.

[304] 李赫,刘丽娟,陈敏,等.VLC法分离纯化枸杞子中类胡萝卜素的研究[J].天然产物研究与开发,2006(b6):19-22.

[305] 李红英,彭励,王林.不同产地枸杞子中微量元素和黄酮含量比较[J].微量元素与健康研究,2007.24(5):14-16.

[306] 李红英,吴东.宁夏枸杞叶茶中微量元素含量与其他茶叶的比较[J].微量元素与健康研究,2008,25(4):34-35,50.

[307] 李宏燕,黄小花,赵广涛.宁夏枸杞色素的提取及其稳定性研究[J].食品研究与开发,2013(5):71-73.

[308] 李慧芸,张宝善.果汁非酶褐变的机制及控制措施[J].食品研究与开发,2005,26(6):145-147.

[309] 李吉宁,蒋旭亮,李志刚,等.清水河枸杞,宁夏茄科一新种[J].广西植物,2011,31(4):427-429.

[310] 李健,王锦秀,王立英.等.无籽枸杞新品种选育研究[J].西北植物学报,2001,21(3):446-450.

[311] 李捷,冯丽丹,杨成德,等.接种尖镰孢菌对枸杞苯丙烷代谢关键酶及产物的影响[J].草业学报,2016,25(5):87-94.

[312] 李解,陈雪皎,郭承义,等.雅安藏茶和低聚木糖复配物润肠通便作用[J].食品科学,2015,36(1):220-224.

[313] 李金梅,赵智宏,杨秋林.微波辅助法提取枸杞红色素的工艺条件研究[J].内蒙古农业大学学报(自然科学版),2012(2):249-252.

[314] 李进,李淑珍,冯文娟,等.黑果枸杞叶总黄酮的体外抗氧化活性研究[J].食品科学,2010,31(13):259-262.

[315] 李进,瞿伟菁.大孔树脂吸附分离黑果枸杞色素的研究[J].食品科学,2005,26(6):47-51.

[316] 李京生,武博,曹正青,等.中药材商品规格的变迁[J].首都食品与医药,2012(3):41-42.

[317] 李军,郭晏海,秦雪梅.DNA随即扩增多态性分析技术在枸杞道地药材鉴别中的应用[J].中医药研究,2002,18(3):48-49.

[318] 李军凯,许文,刘燕.枸杞多糖对肝癌患者血清 AFP、PHCA、VEGF 及 CTGF 水平的影响[J].现代生物医学进展,2015,15(25):4912-4915.

[319] 李康,袁昕蓉,韩洁,等.RP-HPLC 测定地骨皮中肉桂酸的含量[J].中国中药杂志,2005,30(4):300-301.

[320] 李柯妮,王康才,梁永富,等.江苏省盐城地区沿海滩涂野生枸杞资源调查与质量分析评价[J].中国现代中药,2015(7):16-20.

[321] 李莉,江树人,潘灿平,等.分散固相萃取-气相色谱-质谱方法快速净化测定枸杞中 12 种农药残留[J].农药学学报,2006(4):371-374.

[322] 李莉娟.柴达木盆地枸杞无公害综合配套栽培技术[J].中国园艺,2011(7):178-180.

[323] 李林,王竹丽,刘芭,等.一贯煎抗无水乙醇性胃黏膜损伤的作用[J].世界华人消化杂志,1998,6(6):519-520.

[324] 李隆云,秦松云,张艳.郁金类药材质量比较研究[J].中国中药杂志,1996,21(12):726.

[325] 李梅兰.不同产地枸杞质量的模糊综合评价[J].青海大学学报(自然科学版),2010,28(1):83-85.

[326] 李明滨,张增,慕松.枸杞平衡含水率的测定及其干燥工艺的优化[J].现代食品科技,2013(2):73-75,123.

[327] 李娜,孙先勇.年龄相关性黄斑变性的发病机制及治疗研究现状[J].中国全科医学,2016,19(6):724-728.

[328] 李楠,杨昌友,马晓强.中国枸杞属(Lycium L.)花粉形态研究[J].八一农学院学报,1995(2):45-50.

[329] 李朋亮.枸杞干制中黄酮类化合物变化规律及其抗氧化活性研究[D].银川:宁夏大学,2014.

[330] 李茜,刘松涛,秦萍.不同枸杞品种花粉活力的测定及自交亲和性[J].江苏农业科学,2014,42(6):238-239.

[331] 李强.不同采收期枸杞叶片中类黄酮含量的变化规律研究[J].现代农业科技,2016(22):59-60.

[332] 李强,唐虎利.枸杞子冷冻干燥和热风干燥的品质比较[J].安徽农业科学,2010,38(26):14779-14780.

[333] 李瑞盈.宁夏枸杞产地特征识别技术研究[D].保定:河北大学,2013.

[334] 李杉,邢更妹,崔凯荣,等.枸杞体细胞胚发生中 Ca^{2+} 和 ATPase 的超微结构定位研究[J].实验生物学报,2003,36(6):414-420.

[335] 李时珍.本草纲目[M].北京:人民卫生出版社,1982.

[336] 李时珍著.本草纲目[M].北京:人民出版社,1999.

[337] 李淑珍.黑果枸杞总黄酮制备工艺优化和抗氧化、降血脂活性及成分研究[D].乌鲁木齐:新疆师范大学,2009.

[338] 李岁成,王有科,樊辉,等.土壤水分下限对枸杞水分生理和生长的影响[J].湖北农业科学,2010,49(11):2737-2740.

[339] 李炜,张丹参.甜菜碱的提取分离及测定方法研究进展[J].医学综述,2006,12(8):506-508.

[340] 李文钿,王锡林,罗蕴芳.宁夏枸杞开花结果形态发育的初步观察[J].宁夏农业科技,1979(6):31-35.

[341] 李文谦,茅燕勇.响应面法超声波提取枸杞多糖工艺优化[J].中国酿造,2011,235(10):122-126.

[342] 李文君,王成章,叶建中,等.枸杞色素及多糖的不同提取次序对其得率及抗氧化活性的影响[J].天然产物研究与开发,2019(6):932-939.

[343] 李文顺,李楠,王和鸣,等.龟鹿二仙胶汤含药血清对体外软骨细胞表型 BMSCS 凋亡的影响[J].中国中医骨伤科杂志,2009,17(1):5-7.

[344] 李文顺,李楠,王和鸣,等.龟鹿二仙胶汤含药血清对兔骨髓基质干细胞增殖的影响[J].上海中医药大学学报,2009,23(1):56-60.

[345] 李旭青.柴达木枸杞整形修剪技术[J].青海农技推广,2012(3):20-21.

[346] 李向阳,屠万倩,李振национальном.HPLC 测定强力宁片中紫丁香苷和甜菜碱的含量[J].中成药,2007,29(5):700-703.

[347] 李小亭,李瑞盈,相海恩,等.基于 HPLC 指纹图谱及聚类分析对不同产地枸杞质量评价研究[J].现代食品科技,2012(9):1251-1253.

[348] 李晓飞,刘劲睿,廉晓宇,等.枸杞多糖联合替莫唑胺对大鼠脑胶质瘤的作用及机制研究[J].广西医科大学学报,2017,34(3):350-354.

[349] 李晓莉,王斌,刘嘉麟,等.枸杞多糖对小鼠耐缺氧效应的研究[J].华中大学学报,1999,18(3):283-285.

[350] 李晓莉,王斌,刘嘉麟,等.枸杞多糖对小鼠耐常压缺氧能力的影响[J].营养学报,2000,22(4):337-340.

[351] 李晓莺,何军,葛玉萍,等.壳聚糖涂膜对枸杞鲜果常温保鲜的研究[J].安徽农业科学,2009,37(14):6597-6598.

[352] 李晓莺,李红,何军,等.枸杞花、枸杞叶保健饮料加工工艺研究[J].江苏农业科学,2014,42(4):215-217.

[353] 李一婧,马伟超,王廷璞,等.宁夏枸杞中蛋白质的提取与鉴定[J].种子,2011,30(9):59-61.

[354] 李勇,张建波,余昆,等.枸杞除蜡浸提汁效果探讨[J].农产品加工·学刊,2012(7):86-88.

[355] 李友宾,李萍,屠鹏飞,等.地骨皮化学成分的分离鉴定[J].中草药,2004,35(10):1100-1101.

[356] 李育浩,吴清和,韩坚,等.五子衍宗丸对小鼠免疫功能的影响[J].广州中医学院学报,1993,10(4):220-223,247.

[357] 李育浩,吴清和,李茹柳,等.五子衍宗丸药理研究Ⅰ.对生殖系统的影响[J].中药药理与临床,1992,8(3):4-6.

[358] 李育浩,吴清和,赵文昌,等.五子衍宗丸药理研究Ⅱ、对正常小鼠血糖和四氧嘧啶糖尿病小鼠的影响[J].中药药理与临床,1992,8(5):10-12.

[359] 李媛媛,亓翠玲,周芷晴,等.枸杞多糖对自发乳腺癌 MMTV-PyMT 小鼠肿瘤生长和转移的作用[J].中国实验动物学报,2016,24(6):618-621.

[360] 李月梅,杨文辉,高玉亭,等.柴达木盆地枸杞种植园土壤养分状况评价[J].广东农业科学,2013,40(24):51-54.

[361] 李月梅,杨文辉,塔林葛娃,等.柴达木地区枸杞干物质积累及养分吸收特性研究[J].北方园艺,2015(9):127-132.

[362] 李跃森,吴水金,林江波,等.4个菜用枸杞品种蛋白质及微量元素营养价值评价[J].福建农业学报,2014(12):1207-1210.

[363] 李贞,张芳霞,马雅玲.枸杞多糖对体外培养的视网膜神经节细胞氧化应激损伤的保护作用[J].宁夏医学杂志,2017,39(3):193-195.

[364] 李志霞,聂继云,闫震,等.果品主要真菌毒素污染检测、风险评估与控制研究进展[J].中国农业科学,2017,50(2):332-347.

[365] 李中立.本草原始[M].北京:学苑出版社,2011.

[366] 李中梓.医宗必读[M].北京:人民卫生出版社,2006.

[367] 李中梓.本草图解[M].上海:上海中华新教育社,1928.

[368] 李忠,彭光华,张声华.非水反相高效液相色谱法分离测定枸杞子中的类胡萝卜素[J].色谱,1998(4):63-65.

[369] 李仲,刘明地,吉守祥,等.基于红外光谱和随机森林的枸杞产地鉴别[J].计算机与应用化学,2016,33(7):803-806.

[370] 李锋.枸杞病虫害可持续调控技术[M].银川:阳光出版社,2012.

[371] 李重,胡伟明,杨天顺,等.用于枸杞品种鉴定的多重 EST-SSR 标记的建立[J].分子植物育种,2017,15(10):4066-4070.

[372] 李紫薇,姜有霞,腊萍,等.枸杞色素的提取及稳定性研究[J].伊犁师范学院学报(自然科学版),2009(4):28-30.

[373] 陶弘景.名医别录[M].北京:中国中医药出版社,2013.

[374] 梁海永,刘兴菊,杨敏生.利用 RAMP-PCR 技术对枸杞 10 个品种资源的分析[J].中国农学通报,2011,27(16):61-64.

[375] 梁颖,马蓉,李亚辉,等.枸杞酒酿造技术及香气分析研究进展[J].中药酿造,2019,38(2):16-20.

[376] 梁军,张志宁,廖国玲.枸杞类胡萝卜素色谱分析条件优化[J].长治医学院学报,2014,28(1):6-8.

[377] 梁敏,邹东恢,郭建华.酶法提取枸杞多糖工艺研究[J].粮油加工,2010(3):104-106.

[378] 梁奇,孙冬梅.杞菊地黄汤对慢性乙肝性肝损伤大鼠血、肝过氧化脂质的影响[J].江西中医学院学报,2005,17(3):59-60.

[379] 梁越欣.枸杞多糖牛膝多糖对 H_2O_2 诱导 2BS 细胞衰老的影响[J].中国新药杂志,2004,13(7):599-601.

[380] 廖国玲,王伟.反相高效液相色谱法测定枸杞活性成分[J].医学信息,2013,26(2):68.

[381] 廖国玲,杨文,张自萍.RP—HPLC 法测定不同产地宁夏枸杞甜菜碱含量[J].宁夏医学杂志,2007(6):492-493.

[382] 林丽,朱学艺,何娟生,等.枸杞子的生药鉴定[J].甘肃中医学院学报,2000,17(S1):61-65.

[383] 林楠,杨宗学,蔺海明,等.不同产地枸杞质量的比较研究[J].甘肃农业大学学报,2013,48(2):34-39.

[384] 林胜友,沈敏鹤,陈建,等.龟鹿二仙胶抵抗化疗小鼠脾 T 淋巴细胞凋亡的实验研究[J].中国中西医结合杂志,2008,4(28):339-342.

[385] 林胜友,沈敏鹤,刘振东,等.龟鹿二仙胶抵抗化疗小鼠骨髓 CD34$^+$ 细胞凋亡的研究[J].中国中医药科技,2008,15(3):172-173.

[386] 林童,魏玉海,凤晓博,等.超高效液相色谱-串联质谱法测定枸杞中常见的 5 种农药残留[J].现代农药,2015(1):37-39.

[387] 林祥群,卢春霞,罗小玲,等.气相色谱-质谱法测定枸杞中 28 种农药残留[J].江苏农业科学,2016,44(1):285-289.

[388] 林玉友.本草辑要[M].北京:中国中医药出版社,2015.

[389] 刘得俊,李润杰.柴达木巴隆地区枸杞滴灌水耦合效应研究[J].安徽农业科学,2016,44(32):117-118,199.

[390] 刘敦华,董文江,陈正行.响应面法优化超声波提取枸杞黄酮的工艺研究[J].粮油加工,2010(3):99-103.

[391] 刘峰,黄国栋,朱凌燕,等.枸杞多糖对 2 型糖尿病大鼠胰腺 β 细胞 PDX-1 基因表达的实验研究[J].中国医药科学,2013,3(1):34-45.

[392] 刘富娥,孙天罡.枸杞新品种精杞 2 号栽培要点[J].新疆林业,2010(5):31-32.

[393] 刘光鹏,王娟,和法涛,等.不同干燥方式对枸杞微粉品质的影响[J].河南农业科学,2016,45(11):130-134.

[394] 刘海彬,张炜,陈元涛,等.高效液相色谱法同时测定枸杞中槲皮素、山柰酚和异鼠李素[J].分析试验室,2015,34(11):1336-1338.

[395] 刘海波,刘建利,贾沙.ICA-HPLC 检测枸杞中赭曲霉毒素 A 提取方法的比较[J].江苏农业科学,2016,44(7):347-349.

[396] 刘海波,刘建利,贾沙.枸杞子中 OTA 污染检测方法的建立[J].湖北农业科学,2016,55(14):3733-3736.

[397] 刘海青,朱志强,张志成,等.柴达木盆地的药用植物资源概况[J].中国中药杂志,1998,23(1):10-14.

[398] 刘红云,张才乔.禽类下丘脑-垂体-性腺轴的内分泌调节[J].中国兽医杂志,2006,42(9):41-43.

[399] 刘俭,秦垦,戴国礼.特殊气候与青海枸杞的品质和发展前景的关系[J].江西农业学报,2012,24(10):112-114.

[400] 刘俭,张波,秦垦,等.不同枸杞种质间品质比较与分析[J].江西农业学报社,2015,27(1):53-56.

[401] 刘杰,潘晓秋,周晖,等.枸杞多糖的提取及其抗衰老的研究[J].中国医院用药评价与分析,2016,16(3):75-77.

[402] 刘兰英,曹有龙,马洋洋,等.枸杞花花色素提取工艺研究[J].安徽农业科学,2010,38(32):18140-18143.

[403] 刘灵卓,李文霞,宋平顺.HPLC-ELSD 法测定枸杞子中甜菜碱的含量[J].药学进展,2012(8):38-40.

[404] 刘璐星,于丽娜.枸杞子寒热属性考证[J].浙江:浙江中西医结合杂志,2017,27(10):78-79.

[405] 刘明地,李仲,吴启勋,等.枸杞产地的小波变换红外光谱的聚类分析鉴别[J].华中师范大学学报(自然科学版),2014,48(6):857-860.

[406] 刘明地.红外光谱结合计算机解析技术对青海枸杞的鉴别研究[D].西宁:青海民族大学,2015.

[407] 刘萍,何兰杰.枸杞多糖对糖尿病大鼠糖脂代谢的影响[J].宁夏医学院学报,2008,30(4):427-728.

[408] 刘若金.本草述校注[M].北京:中医古籍出版社,2005.

[409] 刘少静,刘萌,杨黎彬.RP-HPLC 法同时测定枸杞中 4 种酚酸类成分的含量[J].应用化工,2016,45(6):1181-1183.

[410] 刘腾子,赵春玲,张成军,等.超声法提取枸杞多糖的工艺研究[J].广东化工,2014,41(18):18-19.

[411] 刘树兴,杜丁,花俊丽.黑果枸杞多糖的分离纯化及抗氧化活性研究[J].食品工业,2016,37(12):134-137.

[412] 刘伟.海西州政府推动枸杞产业发展的策略研究[D].西宁:青海民族大学,2015.

[413] 刘万仓,孙磊,乔善义,等.不同产地枸杞药材中多糖的含量测定[J].国际药学研究杂志,2011,38(3):229-231.

[414] 刘王锁,石建宁,郭永恒,等.宁夏野生枸杞资源现状[J].浙江农业科学,2013(1):17-21.

[415] 刘王锁.宁夏野生枸杞资源的开发与研究[J].林业研究,2015(3):31-35.

[416] 刘威.枸杞制汁过程中褐变及主要活性物质含量变化的研究[D].银川:宁夏大学,2014.

[417] 刘文兰,油红捷,高连印,等.一贯煎对肝炎小鼠模型 TNF-α 信号通路的影响[J].中华中医药杂志,2010,25(4):597-599.

[418] 刘文泰.本草品汇精要[M].北京:华夏出版社,2004.

[419] 刘文泰.本草品汇精要[M].北京:人民卫生出版社,1982.

[420] 刘心昕,黄益麒,高英英,等.枸杞多糖对少精症大鼠模型生精功能改善的机制研究[J].浙江中医杂志,2016,51(3):225-226.

[421] 刘歆.山海经[M].北京:北京联合出版社,2015.

[422] 刘亚,张惠玲,王晓昌.枸杞酒酿造预处理中不同灭菌方式对枸杞汁色泽的影响[J].酿酒科技,2016(2):47-50.

[423] 刘迎迎,李盼盼,刘柯妍.微波萃取技术的应用与发展[J].济源职业技术学院学报,2015,14(3):21-23.

[424] 刘永宏,郭廷锋,谢继香.柴达木盆地水资源概况及开发的几个问题[J].青海环境,2009,19(4):154-156.

[425] 刘增根,党军,江磊,等.柴达木枸杞叶有效成分高压均质提取及纯化[J].精细化工,2011(4):43-47.

[426] 刘秀英,胡怡秀,臧雪冰,等.枸杞油胶丸对高脂大鼠血脂水平的影响[J].中国自然医学杂志,2004(3):134-136.

[427] 刘增根,陶燕铎,邵赟,等.柴达木枸杞和黑果枸杞中甜菜碱的测定[J].光谱实验室,2012,29(2):56-59.

[428] 龙礼华.五子衍宗丸加味治疗小儿遗尿症 64 例[J].广西中医药,1985(3):7.

[429] 龙兴超,郭宝林.中药材商品电子交易规格等级标准[M].北京:中国医药科技出版社,2017.

[430] 卢多逊.开宝本草[M].辑复本.合肥:安徽科学技术出版社,1998.

[431] 卢红梅,梁逸曾.枸杞的高效液相色谱指纹图谱[J].中南大学学报,2005,36(2):248-252.

[432] 卢有媛,郭盛,张芳,等.枸杞属药用植物资源系统利用与产业化开发[J].中国现代中药,2019,21(1):41-48.

[433] 卢耀环,辛长砺,刘喜文,等.猴头菇对小鼠抗疲劳作用的实验研究[J].生理学报,1996,4(8):98-101.

[434] 鲁军.中国本草全书:第一五九卷[M].北京:华夏出版社,1999.

[435] 陆华,刘敏如,李春梅.养精汤促卵泡发育的临床观察[J].中国中西医结合杂志,1998,18(4):217-220.

[436] 路安民,王美林.关于中药现代化中的物种鉴定问题——基于枸杞分类和生产问题的讨论[J].西北植物学报,2003,23(7):1077-1083.

[437] 罗术东,王彪,褚忠桥,等.宁南固原枸杞开花生物学特性[J].西北农业学报,2011,20(10):150-156.

[438] 罗汉文,关宏刚.右归丸对骨质疏松模型大鼠垂体-肾上腺轴影响的实验研究[J].贵阳医学院学报,2006,28(2):60-62.

[439] 罗青,米佳,张林锁.枸杞及不同果蔬中类胡萝卜素含量及抗氧化活性研究[J].食品研究与开发,2015,36(24):39-42.

[440] 罗青,曲玲,曹有龙,等.抗蚜虫转基因枸杞的初步研究[J].宁夏农林科技,2001(1):1-3.

[441] 罗青,张波,李彦龙,等.枸杞花药离体培养获得单倍体植株[J].宁夏农林科技,2016,57(6):17-19.

[442] 罗琼,阎俊,张声华.枸杞多糖的分离纯化及其抗疲劳作用[J].卫生研究,2000(2):53-55.

[443] 罗永红.做大做强柴达木枸杞产业的思考[J].柴达木开发研究,2010(6):34-37.

[444] 雒维萍,芦广元,祁贵明.格尔木枸杞作物气象条件及其栽培技术要点[J].安徽农业科学,2012(6):3467-3469.

[445] 吕凤娇,吴洪,高平章,等.枸杞多糖提取工艺研究[J].安徽农业科学,2011,39(4):2075-2076,2079.

[446] 吕海棠,刘同慧,冯瑞琴.FTIR法测定枸杞中的有效成分[J].食品工业科技,2012,33(6):102-103,107.

[447] 兰州军区后勤部卫生部.陕甘宁青中草药选[M].南京:江苏科学技术出版社,1971.

M

[448] Ma W Y, Wu D T. Effect of lyceum bararum polysaccharide on the adhesion andinvasion of humana lignant melanoma cells A375 [J]. Chinese General Practice,2016,19(17):2028-2032.

[449] Maignan M, Rivera-Ch M, Privat C, et al. Pulmonary Pressure and Cardiac Function in Chronic Mountain Sickness Patients [J]. Chest,2009,135(2):499-504.

[450] Mandal P K, Blanpain, Cédric, Rossi D J. DNA damage response in adult stem cells: pathways and consequences [J]. Nature Reviews Molecular Cell Biology,2011,12(3):198-202.

[451] Mehta K, Thiel D H, Shah N, et al. Nonalcoholic Fatty Liver Disease: Pathogenesis and the Role of Antioxidants [J]. Nutrition Reviews,2002,60(9):289-293.

[452] Min Zhang, Haixia Chen, Jin Huang, et al. Effect of lycium barbarum polysaccharide on human hepatoma QGY7703 cells: Inhibition of proliferation and induction of apoptosis [J]. 2005,76(18):2115-2124.

[453] Morota T, Sasaki H, Chin M, et al. Studies on the crude drug containing the angiotensin I converting enzyme inhibitors (I) on the active principles of *Lycium chinense* Miller [J]. Shoyakugaku Zasshi,1987,41(3):169-173.

[454] Murata M, Homma S. Recent Progressin Polyphenol Oxidase and Control of Enzymatic Browning. [J]. Nippon Shokuhin Kagaku Kogaku Kaishi,1998,45(3):177-185.

[455] 马季芳.德令哈市近40年气候特征分析[J].青海气象,2014(4):2-5.

[456] 马建军,周涛,朱立新,等.不同产地宁夏枸杞特征化学成分及营养成分比较[J].中国蔬菜,2009,2009(12):11-14.

[457] 马历阳.衰老机制和延缓衰老的措施[J].广西中医学院学报,2001,4(4):108.

[458] 马林强,慕松,李明滨,等.枸杞的微波干燥特性及其对品质的影响[J].农机化研究,2015(5):208-211.

[459] 马琪,张建龙,冉新建.复方枸杞叶茶抗疲劳、耐缺氧、耐低温和对血脂的影响[J].新疆医科大学学报,2000,23(2):153-154.

[460] 宇妥·元丹贡布.四部医典[M].上海:上海科学技术出版社,1987.

[461] 马顺虎,马明呈,田丰,等.青海柴达木地区毛苕子腐解对枸杞生长的影响[J].西北林学院学报,2014,29(6):106-109.

[462] 马婷婷,王忠忠,牛东玲.宁夏枸杞叶总黄酮提取和纯化方法的优化[J].植物科学学报,2012,30(6):644-650.

[463] 马婷婷,张旭,饶建华,等.枸杞叶成分及药理作用研究进展[J].北方园艺,2011(13):54-56,194-196.

[464] 马文平,李赫,叶立勤,等.不同采收期枸杞干燥过程中主要类胡萝卜素的变化[J].中国农业科学,2007,40(7):1492-1497.

[465] 马文宇,吴邓婷.青海枸杞多糖对人黑素瘤细胞A375增殖与凋亡的影响[J].中国皮肤性病学杂志,2016,30(5):449-452.

[466] 马小飞.枸杞多糖对高糖所致视网膜神经节细胞凋亡、基因表达及延迟整流钾电流的影响[J].海南医学院学报,2017,23(5):581-584.

[467] 马晓燕,吴茂玉,朱风涛,宋烨.枸杞籽油的生理功能及提取方法的研究进展[J].中国果菜,2013(5):37-40.

[468] 马学梅.青海特色产品的营销问题,以柴达木枸杞为例[D].西宁:青海大学,2012.

[469] 马学琴,黄青,付雪艳,等.宁夏不同地区和不同生长期地骨皮总蒽醌含量比较[J].时珍国医国药,2008,19(3):636 - 637.

[470] 马学琴,杨凯,曹非,等.不同地域不同生长期宁夏地骨皮总黄酮含量比较[J].时珍国医国药,2008,19(5):1138 - 1139.

[471] 马彦军,张荣梅,苏永德.黄果枸杞的组织培养与快繁殖技术研究[J].林业科技通讯,2016(4):50 - 54.

[472] 马永平,赵海燕,杨少娟.枸杞多种同工酶水平的遗传多样性分析[J].安徽农业科学,2010,38(8):4042 - 4043.

[473] 马运运,丹阳,孙志一,等.从发明专利视角分析枸杞子开发现状[J].中国现代中药,2016,18(5):541 - 546.

[474] 马子密,傅延龄.历代本草药性汇解[M].北京:中国医药科技出版社,2001.

[475] 毛桂莲,张春梅,许兴.NaCl胁迫对枸杞幼苗活性氧的产生和保护酶活性的影响[J].农业科学研究,2005,26(4):21 - 24.

[476] 毛金梅.枸杞鲜果采收及制干技术[J].现代农业科技,2013(15):299 - 300.

[477] 帝玛尔·丹增彭措.晶珠本草[M].上海:上海科学技术出版社,1986.

[478] 梅杰,杨剑,康磊,等.枸杞专利情报研究——基于Innography专利分析平台[J].中国科技信息,2016(16):104 - 105.

[479] 孟良玉,邱松山,兰桃芳,等.枸杞多糖的超声提取工艺优化及其抗氧化能力研究[J].安徽农业科学,2009,37(25):12168 - 12170.

[480] 孟艳.绿色食品枸杞种植技术规范[J].河北农业,2016(5):9 - 12.

[481] 孟协中,胡向群,张桂兰,等.枸杞子和枸杞叶化学成分的研究——第2报杞枸子和杞枸叶中的氨基酸[J].中药通报,1987,12(5):42 - 44.

[482] 米佳丽,曹有龙,王俊.枸杞胚乳离体培养技术体系的建立[J].江苏农业科学,2011,39(5):54 - 57.

[483] 苗珍花,于建春,苗永霸,等.枸杞叶及枸杞多糖对快速老化模型小鼠行为学的影响[J].宁夏医科大学学报,2013,35(2):117 - 121+129.

[484] 缪细泉,余跃龙.中药枸杞子的质量研究[J].中草药,1987,18(8):35 - 36.

[485] 兰茂.滇南本草[M].北京:中国中医药出版社,2013.

[486] 李时珍.本草纲目[M].北京:人民卫生出版社,1999.

[487] 莫仁楠,夏园园,曲玮,等.枸杞子多酚类化合物研究进展[J].海峡药学,2016,28(4):1 - 4.

[488] 莫晓宁,李艾,余启明,等.枸杞多糖的提取及其生物活性研究进展[J].轻工科技,2019,35(5):8 - 10.

[489] 慕松,郭学东,顾正军,等.太阳能干燥在枸杞加工中的应用[J].农业装备技术,2008,34(5):27 - 29.

[490] 慕永平,刘平,王磊,等.一贯煎影响CCL_4大鼠肝硬化形成期肝组织基因表达谱的效应机制研究[J].世界科学技术,2007,9(3):44 - 55.

N

[491] Noguchi M,Mochida K,Shingu T,et al. Sugiol and 5α-Stigmastane-3,6-dione from the Chinese Drug\"Ti-ku-p\"i\" (Lycii radicis cortex)[J]. Journal of Natural Products,1985,48(2):342 - 343.

[492] Naoki Asano,Atsushi Kato,Miwa Miyauchi,et al. Specific α-alactosidase Inhibitors,Ncmethylcalystegines Structure/Activity Relationships of Calystegines from Lycium Chinense [J]. European Journal of Biochemistry,1997,248(2):296.

[493] Nelly Pitteloud,Apisadaporn Thambundit,Andrew A. Dwyer,et al. Role of Seminiferous Tubular Development in Determining the FSH versus LH Responsiveness to GnRH in Early Sexual Maturation [J]. Neuroendocrinology,2009,90(3):260 - 268.

[494] Ni W,Gao T,Wang H,et al. Anti-fatigue activity of polysaccharides from the fruits of four Tibetan plateau indigenous medicinal plants [J]. Journal of Ethnopharmacology,2013,150(2):529 - 535.

[495] 南京药学院.中草药学[M].南京:江苏科学技术出版社,1980.

[496] 江苏新医学院.中药大辞典[M].上海:上海人民出版社,1977.

[497] 南雄雄,邵千顺,王锦秀,等.专用枸杞品种选育研究展望[J].宁夏林业,2017(1):50 - 54.

[498] 南雄雄,王锦秀,常红宇,等.鲜食枸杞新品种——宁杞6号选育研究[J].宁夏农林科技,2014(4):11 - 15.

[499] 南亚昀,李阳,雍学芳.枸杞多糖对大鼠睾丸支持细胞体外增殖的影响[J].中国中医急症,2015,24(1):35 - 37.

[500] 内蒙古自治区革命委员会卫生局.内蒙古中草药[M].呼和浩特:内蒙古自治区人民出版社,1972.

[501] 聂国朝.3种枸杞的HPLC - DAD图谱比较[J].福建林学院学报,2004,24(2):162 - 164.

P

[502] Pion P，Kittleson M，Rogers Q，et al. Myocardial failure in cats associated with low plasma taurine：a reversible cardiomyopathy [J]. Science，1987，237(4816)：764 - 768.

[503] Philippe Christen，Ilias Kapetanidis. Flavonoids from *Lycium halimifolium* 1 [J]. Planta Medica，1988，53(6)：571 - 572.

[504] Pietras E M，Warr M R，Passegue E. Cell cycle regulation in hematopoietic stem cells [J]. The Journal of Cell Biology，2011，195(5)：709 - 720.

[505] 潘京一，杨隽，潘喜华，等. 枸杞子抗疲劳与增强免疫作用的实验研究[J]. 上海预防医学杂志，2003，15(8)：377 - 379.

[506] 潘泰安，刘敦华，毛忠英，等. 超临界 CO_2 萃取枸杞籽油的研究[J]. 宁夏大学学报(自然科学版)，2000(2)：156 - 158.

[507] 潘泰安，毛忠英，张建成，等. 枸杞多糖生产工艺及产品的开发研究[J]. 中国食品添加剂，2002(4)：21 - 24.

[508] 潘远根，王平南，刘绪银，等. 古今名医药论[M]. 北京：人民军医出版社，2008.

[509] 彭光华，李忠，张声华. 薄层色谱法分离鉴定枸杞子中的类胡萝卜素[J]. 营养学报，1998(1)：79 - 81.

[510] 彭晓东，沈泳，李锋，等. 枸杞多糖对电刺激离体蟾蜍腓肠肌疲劳的影响[J]. 中草药，2000，3(5)：356 - 358.

[511] 彭勇，孙素琴，赵中振，等. 国产枸杞属植物的红外指纹图谱无损快速鉴别研究[J]. 光谱学与光谱分析，2004(6)：679 - 681.

Q

[512] 齐昭京，陈苟蒙，罗少，等. 微波消解-火焰原子吸收光谱法测定枸杞多糖铁配合物中铁含量[J]. 天津农林科技，2015(6)：4 - 5.

[513] 祁贵明，王发科，贺海成，等. 诺木洪枸杞发育气象条件及气象灾害分析[J]. 青海气象，2009(4)：6 - 8.

[514] 祁友松. 中医经典方剂药学研究[M]. 北京：中国中医药出版社，2017.

[515] 其美格. 柴达木枸杞的价值、产业背景及病虫害统防统治[J]. 中国园艺文摘，2012(10)：157，185 - 186.

[516] 钱春艳，曹有龙，段安安，等. 枸杞花药培养体系优化[J]. 安徽农业科学，2010，38(2)：1079 - 1081.

[517] 钱丹，黄璐琦，邱玏，等. 枸杞子性味变迁的本草考辨[J]. 中华中医药杂志，2016(5)：1539 - 1542.

[518] 钱丹，赵振宇，马帅，等. 我国枸杞的国际贸易情况及问题分析[J]. 中国中药杂志，2019(13)：2880 - 2885.

[519] 中国枸杞属种间亲缘关系和栽培枸杞起源研究进展[J]. 中国中药杂志，2017(17)：3282 - 3285.

[520] 乔枫，耿贵工，张丽，等. 枸杞苯丙氨酸解氨酶基因的克隆与表达分析[J]. 中国农业大学学报，2017(12)：65 - 73.

[521] 乔风云，陈欣，余柳青. 抗氧化因子与天然抗氧化剂研究综述[J]. 科技通报，2006，22(3)：332 - 336.

[522] 乔浩. 柴达木盆地枸杞农药、重金属质量安全评价研究[D]. 西宁：青海大学，2017.

[523] 秦垦，吴广生，王俊，等. 两个宁夏枸杞品种叶片的解剖比较研究[J]. 宁夏农林科技，2006(1)：9 - 10.

[524] 秦垦，戴国礼，曹有龙，等. 制干用枸杞新品种'宁杞 7 号'[J]. 园艺学报，2012，39(11)：2331 - 2332.

[525] 秦垦，王兵，焦恩宁，等. 宁夏枸杞繁育系统初步研究[J]. 广西植物，2009，29(05)：587 - 591，606.

[526] 秦国峰. 枸杞属植物一个新变种——黄果枸杞[J]. 宁夏农业科技，1980(1)：21 - 24.

[527] 秦路平，黄宝康，郑汉臣. 我国实施 GAP 的背景、现状、问题及对策[J]. 药学实践杂志，2001，19(2)：67 - 68.

[528] 青海种子植物名录编写组. 青海种子植物名录[M]. 西宁：青海省新闻出版局，1990.

[529] 王昂. 本草备要[M]. 北京：中国医药科技出版社，2012.

[530] 邱红，罗燕枫，孙向平，等. 宁夏无果枸杞芽茶对高血脂患者血脂水平及抗氧化功能的影响[J]. 宁夏医科大学学报，2015，37(11)：1402 - 1404.

[531] 邱志敏，芮汉明. 微波辅助提取枸杞多糖的工艺优化及其抗氧化性研究[J]. 食品工业科技，2012，33(7)：220 - 223，227.

[532] 瞿延辉，文昌湖，张六通，等. 七宝美髯丹对老龄鼠神经元超微结构和突触界面结构影响的研究[J]. 中国实验方剂学杂志，2012，8(4)：24 - 26.

[533] 曲玲，焦恩宁，李彦龙，等. 枸杞抗炭疽病菌毒素愈伤组织变异体的离体筛选及其防御酶活性研究[J]. 西北林学院学报，2015，30(3)：81 - 88.

[534] 曲云卿，张同刚，刘敦华. 不同产地枸杞中主要类胡萝卜素的聚类分析[J]. 食品与机械，2015(2)：76 - 79.

[535] 全国中草药汇编组. 全国中草药汇编[M]. 北京：人民卫生出版社，1975.

R

[536] Rassin D K，Sturman J A，Guall G E. Taurine and other free amino acids in milk of man and other mammals

[J]. Early Human Development，1978，2(1)：1 - 13.

[537] 冉国伟，张慧媛，刘瑜，等. 智能多段式变温变湿太阳能枸杞烘干设备的设计与试验[J]. 包装与食品机械，2015(6)：34 - 38.

[538] 任顺成，王小丽，孙军涛，等. 枸杞色素提取工艺及其稳定性研究[J]. 食品研究与开发，2009，30(2)：183 - 187.

[539] 任奕. 枸杞多糖提取纯化工艺研究进展[J]. 农业科技与装备，2015(11)：47 - 49.

[540] 任永丽，董海峰. 青海和宁夏枸杞子中微量元素的对应聚类分析[J]. 安徽农业科学，2012，4(31)：15119 - 15120；15143.

[541] 任玉芬，和焕然，陈宝香. 枸杞组织培养研究初报[J]. 宁夏农业科技，1983(3)：25 - 26.

[542] 荣群，于蒙，包晓玮，等. 喷雾干燥制备枸杞粉工艺研究[J]. 中国食物与营养，2013(1)：26 - 28.

[543] 如克亚·加帕尔，孙玉敬，钟烈州，等. 枸杞植物化学成分及其生物活性的研究进展[J]. 中国食品学报，2013，13(8)：161 - 172.

S

[544] Sturman J A，Chesney R W. Taurine in pediatric nutrition [J]. Pediatric Clinics of North America，1995，42(4)：879 - 897.

[545] Shicheng Z，Pham T，Jae K，et al. Molecular Characterization of Carotenoid Biosynthetic Genes and Carotenoid Accumulation in Lycium chinense [J]. Molecules，2014，19(8)：11250 - 11262.

[546] Se-Jung Lee，Sung-Soo Park，Wun-Jae Kim，et al. Gleditsia sinensis Thorn Extract Inhibits Proliferation and TNF-®-Induced MMP-9 Expression in Vascular Smooth Muscle Cells [J]. American Journal of Chinese Medicine，2012，40(2)：373 - 386.

[547] Simons A L，Renouf M，Hendrich S，et al. Metabolism of Glycitein (7,4'-dihydroxy-6-methoxy-isoflavone) by Human Gut Microflora [J]. Journal of Agricultural and Food Chemistry，2005，53(22)：8519 - 8525.

[548] Nakamaru Y，Vuppusetty C，Wada H，et al. A protein deacetylase SIRT1 is a negative regulator of metalloproteinase-9[J]. FASEBJ，2009，23(9)：2810—2819.

[549] Scarpino S，Morena A R，Petersen C，et al. A rapid method of Sertoli cell isolation by DSA lectin，allowing mitotic analyses [J]. Molecular & Cellular Endocrinology，1998，146(1 - 2)：121 - 127.

[550] Stephen Cho-Wing Sze，Ju-Xian Song，Ricky Ngok-Shun Wong，et al. Application of SCAR (sequence characterized amplified region) analysis to authenticate Lycium barbarum (wolfberry) and its adulterants [J]. Biotechnology & Applied Biochemistry，2010，51(1)：15 - 21.

[551] 尚洁，思彬彬. 宁夏枸杞主要栽培品种的 DNA 多态性分析[J]. 安徽农业科学，2010，38(6)：2801 - 2802，2805.

[552] 申定珠，陶庆，都金星，等. 基于差异蛋白质组学解析一贯煎对大鼠肝硬化形成的影响[J]. 中西医结合学报，2010，8(2)：158 - 167.

[553] 神农氏. 神农本草经[M]. 顾观光辑. 北京：学苑出版社，2002.

[554] 沈宏林，向能军，高茜，等. 枸杞子脂肪酸成分的 GC/MS 分析[J]. 质谱学报，2009(2)：37 - 42.

[555] 沈剑明，刘晓峰. 宁夏枸杞的花联合现象[J]. 西北植物学报，1990，10(3)：221 - 224.

[556] 盛伟，范文艳. 枸杞多糖对小鼠耐缺氧及抗疲劳能力的影响[J]. 新乡医学院学报，2011，28(3)：298 - 300.

[557] 石桂英，白琳. 枸杞对小鼠辐射损伤后造血系统修复的促进作用[J]. 中国比较医学杂志，2015，25(2)：38 - 42.

[558] 石志刚，安巍，焦恩宁，等. 基于 nrDNAITS 序列的 18 份宁夏枸杞资源的遗传多样性[J]. 安徽农业科学，2008，36(24)：10379 - 10380.

[559] 史高峰，李娜，陈学福，等. 微波辅助提取枸杞中总多糖的工艺研究[J]. 中成药，2011，33(3)：521 - 524.

[560] 史秀红，常璇，袁毅，等. 不同产地枸杞微量元素的因子分析与聚类分析[J]. 安徽农业科学，2010，38(4)：1839 - 1841.

[561] 寿鸿飞，马天宇，苏苗，等. 浸提法提取枸杞多糖工艺优选[J]. 北方药学(10)：86 - 88.

[562] 述小英，尹跃，安巍，等. 不同品种枸杞果实功能营养成分比较分析[J]. 西北林学院学报，2017(1)：157 - 164.

[563] 思彬彬，王镇. ISSR - PCR 分子标记法鉴别宁杞 1 号与雄性不育枸杞[J]. 安徽农业科学，2011，39(14)：8309 - 8310.

[564] 思彬彬，张靠稳，刘国迪. 采用 ISSR - PCR 分子标记法鉴别黑果枸杞与雄性不育枸杞[J]. 安徽农业科学，2012，40(33)：16094 - 16095

[565] 宋平顺，丁永辉，杨平荣. 甘肃道地药材志[M]. 兰州：甘肃科学技术出版社，2016.

[566] 宋宪铭，贾宁. 枸杞多糖对小鼠免疫功能影响的研究[J]. 甘肃畜牧兽医，2011，41(6)：5 - 7.

[567] 宋向芹，司秀文，张芳，等. VEGF 基因沉默对肝癌 HepG2 细胞侵袭和迁移的影响[J]. 山东医药，2012，52(46)：42 - 43.

[568] 宋焱鑫，刘保兴，韩东，等. 五子衍宗丸含药血清对活性氧致大鼠精子鞭毛超微结构损伤的保护作用[J]. 中华中医药学

刊,2010,28(6):1293-1295.

[569] 宋育林,曾民德,陆伦根,等.枸杞多糖对高脂饮食诱导的脂肪肝大鼠模型的影响[J].安徽医药,2007,11(3):202-205.

[570] 宋育林,曾民德,陆伦根,等.枸杞多糖防治大鼠酒精性肝病的形态学观察[J].医学研究生学报,2002,15(1):13-18.

[571] 苏敬.新修本草[M].尚志钧辑校.合肥:安徽科学技术出版社,1987.

[572] 苏颂.图经本草[M].尚志钧辑校.合肥:安徽科学技术出版社,1994.

[573] 苏雪玲,齐国亮,郑国琦,等.不同产地气象因子对宁夏枸杞果实糖分积累的影响[J].西北植物学报,2015,35(8):1634-1641.

[574] 苏颖.本草图经研究[M].北京:人民卫生出版社,2011.

[575] 孙晓东,李军,施辰红.枸杞基因组 DNA 的提取与分析[J].陕西中医,2003,24(12):1129-1130.

[576] 孙波,鞠萍,杨科,等.枸杞鲜果冻干制品中枸杞多糖的含量及抗氧化活性研究[J].食品科技,2014(10):223-226.

[577] 孙波,黄昊,王娟,等.不同产地枸杞中β-胡萝卜素的含量及其抗氧化活性研究[J].时珍国医国药,2012,23(7):1666-1667.

[578] 孙汉文,刘占锋.枸杞多糖的超声波辅助水提取与分级纯化[J].食品工业科技,2009,30(3):230-233.

[579] 孙红亮.枸杞叶的研究及利用[J].山西农业科学,2017,45(6):1037-1039,1052.

[580] 孙化鹏,钟晓红,张珉,等.超声提取枸杞叶总黄酮的工艺研究[J].现代生物医学进展,2009,9(14):2645-2648.

[581] 孙楠,杜连平,孙跃宁,等.黑果枸杞、枸杞、黑加仑中原花青素含量对比研究[J].食品与药品,2013(4):51-53.

[582] 孙平,李春禄,杨育民,等.真空冷冻干燥生产活性枸杞的试验[J].食品科学,1994(10):45-46.

[583] 孙青凤.五子衍宗丸加减治疗排卵障碍性不孕临床观察[J].吉林中医药,2012,32(12):1243-1244.

[584] 孙思邈.千金翼方[M].影印本.北京:人民卫生出版社,1955.

[585] 孙照斌,张国梁,张振涛,等.枸杞干燥专利技术分析[J].干燥技术与设备,2013(2):3-9.

[586] 孙思邈.备急千金要方[M].北京:中医古籍出版社,1999.

[587] 孙思邈.千金翼方[M].北京:人民卫生出版社,2014.

[588] 孙向平,黄晨,李晓龙,等.宁夏无果枸杞芽茶对中老年人慢性习惯性便秘的影响[J].宁夏医学杂志,2017,39(1):56-59.

[589] 孙兆娴.中医药贸易中道地药材的地理标志保护[J].法制与社会,2016(6):55-57.

[590] 孙天罡,刘富娥,王军山,等.枸杞新品系'精杞6号'[J].北方果树,2014(1):55.

[591] 孙芝杨,钱建亚,陈卫.宁夏枸杞子中类黄酮的提取及其性质研究[J].食品科学,2008(3):154-160.

[592] 索南东智.对柴达木盆地发展野生枸杞的思考[J].法治建设,2016(3):43-45.

[593] 索有瑞,鲁长征,李刚.青海生态经济林浆果资源研究与开发[M].北京:中国林业出版社,2012.

T

[594] 覃仕扬.枸杞子的安全性研究[D].北京:北京协和医学院,2011.

[595] 谭亮,冀恬,曹静亚,等.双波长薄层扫描法测定不同来源枸杞子中甜菜碱的含量[J].天然产物研究与开发,2014(3):88-91,97.

[596] 汤健,陈岳祥,王慎传,等.牛磺酸对实验性肝坏死大鼠血浆内皮素的影响[J].中国药理学通报,1993,9(2):117.

[597] 汤丽华,刘敦华.基于近红外光谱技术的枸杞产地溯源研究[J].食品科学,2011,32(22):175-178.

[598] 汤显祖.牡丹亭[M].北京:北京人民文学出版社,1978.

[599] 唐国君.杞菊地黄丸对糖尿病视网膜病变的保护作用[J].河北中医药学报,2012,27(1):45-16.

[600] 唐华丽,孙桂菊,陈忱.枸杞多糖的化学分析与降血糖作用研究进展[J].食品与机械,2013,29(6):244-252.

[601] 唐明华,乔华琳.论道地药材与中药质量[J].时珍国医国药,1999,10(3):240-241.

[602] 唐文惠.柴达木盆地东部地区发展枸杞产业的气候条件分析现代农业科技[J].2019(9):74-77.

[603] 唐慎微.经史政类大观本草[M].台南:正言出版社,1966.

[604] 唐慎微.重修政和经史证类备用本草[M].北京:人民卫生出版社,1957.

[605] 唐慎微.证类本草[M].北京:中国医药科技出版社,2011.

[606] 陶汉华,吴翠珍,郭根艳,等.肾气丸、右归丸对"劳倦过度,房室不节加庆大霉素"致肾虚大鼠精液质量影响的实验研究[J].四川中医,2009.27(9):12-14.

[607] 陶弘景.名医别录[M].北京:人民卫生出版社,1986.

[608] 陶弘景.名医别录[M].北京:中国中医药出版社,2013.

[609] 陶弘景.本草经集注[M].芜湖:芜湖医学专科学校,1963.

[610] 陶弘景.本草经集注[M].北京:人民卫生出版社,1994.

[611] 陶瑶,吴琼,张瑞,等.枸杞血管紧张素转换酶(ACE)化学合成多肽对自发性高血压大鼠的降压作用及机制研究[J].营养报,2019,41(1):74-80.

[612] 陶能国,张继红,张妙玲,等.微波法提取枸杞中类胡萝卜素的工艺研究[J].湘潭大学学报(自然科学版),2008(2):52-55,75.

[613] 田惠桥.枸杞茎尖培养[J].植物生理学通讯,1983(6):39.

[614] 田惠桥.宁夏枸杞的胚胎发生和胚乳发育[J].武汉植物学研究,1988,6(1):21-24.

[615] 田晓静,马忠仁,王彩霞.枸杞子掺伪检测方法的研究进展[J].食品安全质量检测学报,2015(10):127-132.

[616] 田晓静,景冰玉,王彩霞,等.枸杞多糖提取方法的研究进展[J].食品安全质量检测学报,2017(2):81-87.

[617] 汪昂.本草备要[M].郑金生整理.北京:人民卫生出版社,2005.

[618] 田英,李云翔,秦垦,等.宁夏枸杞雄性不育材料小孢子发生的细胞形态学观察[J].西北植物学报,2009,29(2):263-268.

[619] 田英,常红宇,王昊,等.2个宁夏枸杞新品种花蕾物质代谢水平研究[J].中国农学通报,2014,30(22):165-168.

[620] 田跃胜,许洁婷,陆平,等.枸杞胆碱单加氧酶基因的克隆与表达分析[J].上海交通大学学报(农业科学版),2010,28(5):408-412.

[621] 田跃胜,许洁婷,唐克轩,等.枸杞甜菜碱醛脱氢酶基因全长cDNA的克隆与表达分析[J].扬州大学学报,2010,31(2):48-52.

[622] 涂雪松,胡友红,胡利霞.枸杞多糖抗衰老药理作用研究进展[J].实用医技杂志,2007,14(26):3685-3686.

[623] 滕园园,李菁.我国特色农产品枸杞标准体系现状研究[J].中国标准化,2019(1):100-104.

W

[624] Wu Ding-Tao, Lam Shing-Chung, Cheong Kit-Leong, et al. Simultaneous determination of molecular weights and contents of water-soluble polysaccharides and their fractions from Lycium barbarum collected in China [J]. Journal of Pharmaceutical & Biomedical Analysis, 2016,129:210-218.

[625] Wan T T, Li X F, Sun Y M, et al. Recent advances inunderstanding the biochemical and molecular mechanism of diabetic Retinopathy [J]. Biomed Pharmacother, 2015,74:145-147.

[626] Warner N, Eggenberger E. Traumatic optic neuropathy: a review of the current literature [J]. Current Opinion in Ophthalmology, 2010,21(6):459-462.

[627] Watanabe H, Kobayashi T, Tomii M, et al. Effects of Kampo Herbal Medicine on Plasma Melatonin Concentration in Patients [J]. The American Journal of Chinese Medicine, 2002,30(1):65-71.

[628] 汪智军,靳开颜,古丽森.新疆枸杞属植物资源调查及其保育措施[J].北方园艺,2013(3):177-179.

[629] 汪琢,赵佳莹,廖林,等.枸杞多糖提取条件优化及体外抗氧化活性研究[J].湖北农业科学,2015,54(6):1440-1444.

[630] 王杉杉,马韵升,姚刚,等.超声波辅助复合酶法提取枸杞多糖工艺研究[J].中国酿造,2015,34(7):134-137.

[631] 王宝娟,夏天,苍荣.归肾丸的现代研究进展[J].湖北中医杂志,2011(10):30-31.

[632] 王厄舟,徐华洲,刘希福,等.影响中药道地药材形成的主要因素[J].河北中医学报,1998,13(2):30-32.

[633] 王发春,韩鸿萍,马永贵,等.柴达木地骨皮中总黄酮提取及含量测定[J].青海师范大学学报(自然科学版),2010(1):51-53.

[634] 王凤宝,付金锋,董立峰,等.多倍体菜用枸杞新品种天精3号选育[J].核农学报,2013(6):723-730.

[635] 王凤宝,付金锋,董立峰,等.菜用枸杞的品种筛选及营养品质分析[J].中国蔬菜,2011(6):86-89.

[636] 王桂兰.西宁地区智能温室"宁杞7号"硬枝扦插技术研究[J].青海农林科技,2014(1):10-13.

[637] 王海,高月.适宜干燥方法提高干制枸杞品质[J].农业工程学报,2015,31(21):271-274.

[638] 王海宽,赵新淮.枸杞有效成分分离及其对自由基的清除能力[J].江苏食品与发酵,2001(2):12-14.

[639] 王和鸣,余丹丹,汤亭亭,等.龟鹿二仙胶汤及其拆方对关节软骨细胞增殖的作用[J].中国中医骨伤科杂志,2007,15(7):45-49.

[640] 王红旗.山海经鉴赏辞典[M].上海:上海辞书出版社,2012.

[641] 王花俊,刘利锋,张峻松.利用气相色谱-质谱法测定枸杞酒中的香味成分[J].河南农业科学,2011,40(8):210-212.

[642] 王怀隐.太平圣惠方[M].北京:人民卫生出版社,1956.

[643] 王欢,金哲雄,温美佳,等.不同产地宁夏枸杞活性成分比较研究[J].现代中药研究与实践,2014,28(6):21-25.

[644] 王奂仑.青海省枸杞重金属含量分析及土壤关联性研究[D].西宁:青海大学,2018.

［645］王继红,刘学政.枸杞多糖对糖尿病大鼠血-视网膜屏障保护的研究[J].辽宁医学院学报,2010,31(3):193-196.

［646］王建华,王汉中,张民,等.枸杞多糖延缓衰老的作用[J].营养学报2002,24(2):189-191.

［647］王建民,王建平,郭喜平,等.蒙杞1号枸杞新品种的选育[J].作物研究,2007,21(3):415-417.

［648］王介.履巉岩本草[M].北京:人民卫生出版社,2007.

［649］王锦秀,王娅丽,常红宇,等.宁夏枸杞新品种宁杞6号优良性状初报[J].现代农业科技,2011(23):150-151,155.

［650］王昆,王凤洲,褚春薇,等.一贯煎加味抗肝纤维化的实验性研究[J].贵阳中医学院学报,2006,28(1):61-63.

［651］王磊.水肥一体化技术在柴达木枸杞上的应用[J].青海大学学报,2015,33(2):24-27.

［652］王蕾,樊永平,龚海洋,等.左归丸和右归丸对实验性变态反应性脑脊髓炎大鼠髓鞘及轴突再生的影响[J].中国实验方剂学杂志,2008,14(4):42-45.

［653］王丽.道地药材的保护与发展对策[J].中国热带医学,2006,6(3):501-502.

［654］王莉,陈素萍,秦金山,等.枸杞胚乳植株的诱导和它的倍性水平[J].遗传学报,1985(6):38-42,94.

［655］王良信.药用植物资源调查中年允收量的计算方法[J].中草药,1987,18(6):22.

［656］王玲,张才军,李维波,等.枸杞多糖-D对四氧嘧啶糖尿病小鼠高血糖的防治作用[J].河北中医,2000,22(2):159-160.

［657］王玲,赵翀,李欣,等.枸杞多糖的分离、纯化、鉴定及生物活性的研究[J].中国中西医结合杂志,1996(sl):221-223.

［658］王龙强,蔺海明,肖雯,等.盐地宁夏枸杞生理生化指标及抗盐特性研究[J].甘肃农业大学学报,2004,39(6):611-614.

［659］王孟英,归砚录,盛增秀.王孟英医学全书[M].北京:中国中医药出版社,1999.

［660］王启为,晋晓勇,全晓塞,等.微波-纤维素酶法提取枸杞多糖的工艺研究[J].生物学杂志,2013(6):99-102,106.

［661］王荣梅.低温气流膨化枸杞的研制及其品质测定[D].济南:山东农业大学,2014.

［662］王瑞庆,魏雯雯,徐新明,等.CF保鲜剂对鲜食枸杞贮藏品质的影响[J].北方园艺,2012(10):169-171.

［663］王杉杉,马韵升,姚刚,等.超声波辅助复合酶法提取枸杞多糖工艺研究[J].中国酿造,2015,34(7):134-137.

［664］王树鹏,刘书宇.龟鹿二仙胶颗粒对自然衰老小鼠学习记忆能力的影响[J].中国实验方剂学杂志,2010,16(18):142-142.

［665］王焘.外台秘要[M].北京:人民卫生出版社,1955.

［666］王伟,尚佳,楚元奎.枸杞总黄酮提取物对2型糖尿病大鼠血管内皮细胞的保护作用[J].重庆医学,2017,46(32):4481-4483.

［667］王伟,尚佳,廖国玲.宁夏枸杞总黄酮对高糖诱导损伤人脐静脉内皮细胞抗氧化作用的影响[J].宁夏医科大学学报,2015,37(6):605-607.

［668］王晓菁,潘灿平,张艳,等.枸杞中吡虫啉、阿维菌素农药残留量的测定[J].西北农业学报2007,16(2):250-252.

［669］王晓宇,陈鸿平,银玲,等.Folin-Ciocalteu比色法测定枸杞子中总酚酸的含量[J].亚太传统医药,2012(1):51-53.

［670］王晓宇.枸杞子"走油变色"化学物质基础及饮片贮藏养护研究[D].成都:成都中医药大学,2012.

［671］王孝荣.响应面优化枸杞色素提取工艺及稳定性研究[J].西南师范大学学报(自然科学版),2013,38(8):108-113.

［672］王孝涛.中国传统道地药材图典[M].北京:中国中医药出版社,2017.

［673］王星,牛黎莉,王晓璇,等.皂化工艺对枸杞皮渣中类胡萝卜素提取效果的影响[J].食品与生物技术学报,2014,33(7):709-714.

［674］王秀梅,王国轩.诗经[M].4版.北京:中华书局,2015.

［675］王秀芸,吕占军,宋淑霞.7种中药小分子物质对淋巴细胞杀伤活力的影响[J].中华微生物学的免疫学杂志,1997,17(6):446.

［676］王绪前.时珍说药[M].北京:人民卫生出版社,2015.

［677］王学美,富宏,刘庚信,等.加味五子衍宗颗粒治疗轻度认识障碍的临床研究[J].中国中西医结合杂志,2004,24(5):392-395.

［678］王学美,富宏,刘庚信.五子衍宗丸及其拆方对老年大鼠心脑线粒体DNA缺失、线粒体呼吸链酶复合体及ATP合成的影响[J].中国中西医结合杂志,2001,21(6):437-440.

［679］王亚军,郭素娟,安巍,等.5种枸杞的果实性状及主要营养成分[J].森林与环境学报,2016(3):367-372.

［680］王娅丽,王锦秀,常红宇,等.枸杞新品系NQ-2开花生物学研究[J].植物研究,2011,31(03):330-335.

［681］王娅丽,王锦秀,常红宇,等.枸杞新品系NQ-2开花生物学研究[J].植物研究,2011,31(3):330-335.

［682］王彦芳,赵海燕,韩凤兰.枸杞子水浸液中氨基酸和微量元素含量的测定[J].食品工业,2012(5):119-121.

［683］王祥根,邹燕辉.高效液相色谱法测定龟鹿二仙膏中甜菜碱含量[J].江西中医药,2008,39(2):44.

［684］王一飞.人类生殖生物学[M].上海:上海科学技术文献出版社,2005.

［685］王益民,王玉,任晓卫,等.不同枸杞品种氨基酸含量分析研究[J].食品科技,2014(2):74-77.

［686］王迎昌,叶真.地骨皮提取液对 H_2O_2 诱导的人脐静脉内皮细胞凋亡的影响[J].中华中医药学刊,2010,28(7):1405 - 1408.

［687］王院星,刘梅,王鑫,等.天麻枸杞佐膳治疗老年高血压肾阴亏虚型眩晕 37 例[J].浙江中医杂志,2009,44(9):652.

［688］王月囡,辛广,翁霞.两种不同方法提取枸杞多糖的比较研究[J].鞍山师范学院学报,2010(4):43 - 47.

［689］王紫文,赵海涵,温婷婷,等.柴达木盆地枸杞气候品质认证技术研究[J].青海科技,2018,25(6):49 - 55.

［690］王占林,徐生旺,樊光辉,等.青海省枸杞产业技术研究进展[J].青海科技,2017(1):39 - 41.

［691］王占林.青海高原枸杞种质资源与栽培技术研究[M].西宁:青海人民出版社,2018.

［692］王晓燕.柴达木枸杞产业发展战略探讨[J].柴达木开发研究,2018(8):14 - 17.

［693］王倬,吴玉萍.共和盆地防沙治沙枸杞种植的气象条件分析[J].安徽农业科学,2015(28):169 - 172.

［694］汪焕林,曹长年,汪世昊,等.酶法提取格尔木枸杞中多糖工艺的研究[J].安徽农业科学,2013,41(1):304 - 306.

［695］卫琼玲,石渊渊,任艳彩,等.地骨皮的降血糖机制研究[J].中草药,2005,36(7):1050 - 1052.

［696］卫琼玲,闫杏莲,柏李.地骨皮的镇痛作用[J].中草药,2000,31(9):668.

［697］卫裴,梁杰,吴志贤.枸杞多糖药理学功效研究综述[J].辽宁中医药大学学报,2012,14(6):247 - 249.

［698］卫生部药政管理局,中国药品生物制品鉴定所.中药材手册[M].北京:人民卫生出版社,1959.

［699］卫生部药典委员会.中华人民共和国药典[M].北京:中国医药科技出版社,1963.

［700］卫生部药政局,中国药品检定所.中药材手册[M].北京:人民卫生出版社,1996.

［701］魏芬芬,王文娟,张波.枸杞多糖对酒精性肝损伤小鼠肾脏的保护作用[J].癌变·畸变·突变,2019,31(2):148 - 152.

［702］魏刚,陈西华,张树成,等.五子衍宗丸对无精子症模型小鼠生精能力恢复作用的基因表达谱研究[J].河北中医药学报,2012,27(1):4 - 7.

［703］魏玉清,许兴,王璞.不同地区主要栽培宁夏枸杞品种的 RAPD 分析[J].西北农林科技大学学报(自然科学版),2007,35(1):91 - 95.

［704］魏天军,窦云萍.宁夏枸杞采后呼吸强度和水分变化研究初报[J].北方园艺 2008(9):210 - 220.

［705］魏秀丽,梁敬钰.地骨皮的化学成分研究[J].中草药,2003,34(7):580 - 581.

［706］魏秀丽,梁敬钰.地骨皮化学成分的研究[J].中国药科大学学报,2002,33(4):271 - 273.

［707］魏永生,古元梓,曹蕾,等.青海枸杞子中矿质元素的测定[J].咸阳师范学院学报,2012(2):33 - 36.

［708］魏智清,于洪川,樊瑞军.地骨皮降血糖有效成分的初步研究[J].时珍国医国药,2009,20(4):848 - 850.

［709］温枫,庄洁.道地药材的特点[J].北京中医药大学学报,2001,24(1):47.

［710］温立香,刘功德,冯春梅,等.枸杞叶资源的研究进展[J].大众科技,2014,16(6):146 - 149＋154.

［711］温梓辰.反复冻融法对枸杞多糖溶出率的研究[J].安徽农业科学,2016,44(19):111 - 113.

［712］文怀秀,邵赟,王启兰,等.不同产地及采收时间青海产野生宁夏枸杞叶片中总黄酮含量的比较[J].植物资源与环境学报,2015,24(01):107 - 109.

［713］文静,王建,罗世兰,等.中药对神经血管单元的保护作用研究进展[J].时珍国医国药,2016,27(3):707 - 710.

［714］吴古飞.枸杞干燥过程中防霉剂的开发与应用研究[D].兰州:兰州理工大学,2011.

［715］吴广生,唐慧锋,李瑞鹏.宁夏枸杞在青海的发展现状[J].宁夏农林科技,2008(2):19,62.

［716］吴桂君.发酵型枸杞酒中沉淀物及成分的鉴定研究[J].科学实践,2002(2):322 - 323.

［717］吴海华,韩清华,杨炳南,等.枸杞热风微波真空组合干燥试验[J].农业机械学报,2010,(41):178 - 181.

［718］吴华玉,刘敦华.宁夏枸杞籽分离蛋白的功能特性[J].食品科学,2013,34(9):28 - 32.

［719］吴莉莉,韦若勋,杨庆文,等.枸杞属(茄科)新类群杂交起源初探[J].广西植物,2011(3):304 - 311.

［720］吴其濬.植物名实图考[M].北京:中医古籍出版社,2007.

［721］吴韶梅,哈婧,冀亚敏.枸杞总黄酮的提取及抗氧化作用研究[J].中国食品添加剂,2013(5):97 - 101.

［722］吴素萍.枸杞油功能及其制取[J].粮油加工,2006(6):45 - 46.

［723］吴素萍,徐建宁.酶法提取枸杞多糖的研究[J].食品科技,2007,32(8):114 - 117.

［724］吴有锋,马世震,谭亮,等.柴达木枸杞化学成分的测定[J].中成药,2017,39(5):984 - 989.

［725］吴振山,马明呈,马梦茹.青海柴达木地区有机枸杞篱架栽培管理技术试验[J].防护林科技,2016(8):16 - 33.

［726］伍玉辉,罗俊.黑果枸杞色素药理作用研究进展[J].中国民族民间医药,2015,15(13):20 - 22.

X

［727］Xiao Chonghou. Chinese Medicine Chemistry [M]. Shanghai:Shanghai Science and Technology, 1995.

［728］Xiao L, Kai T, Fang, et al. Assessing phylogenetic relationships of *Lycium* samples using RAPD and entropy theory

［J］．Acta Pharmacologica Sinica，2005，26（10）：1217 - 1224.

［729］Xia Yao，Yong Peng，Qun Zhou，et al．Distinction of eight *Lycium* species by Fourier-transform infrared spectroscopy and two-dimensional correlation IR spectroscopy［J］．Journal of Molecular Structure，2010，974（1 - 3）：161 - 164.

［730］Xianghong Wu，Lang Li．Rosiglitazone suppresses lipopolysaccharide-induced matrix metalloproteinase-2 activity in rat aortic endothelial cells via Ras-MEK1/2 signaling［J］．International Journal of Cardiology，2012，158（1）：54 - 58.

［731］Xiaojing Tian，Jun Wang，Shaoqing Cui，et al．Taste Characterization for the Quality Assessment of Dried *Lycium* Fruits：Quality Assessment of Dried Lycium Fruits［J］．Journal of Food Quality，2015，38（2）：103 - 110.

［732］Xie Dong-Mei，Zhang Xiao-Bo，Qian Dan，et al．*Lycium amarum* sp. nov.（Solanaceae）from Xizang，supported from morphological characters and phylogenetic analysis［J］．Nordic Journal of Botany，2016，34（5）：538 - 544.

［733］奚风群．枸杞风雅颂——柴达木枸杞的前世今生［J］．柴达木开发研究，2015（b10）：1，4.

［734］夏惠，唐华丽，潘佳琪．枸杞多糖防治 2 型糖尿病的机制研究进展［J］．食品科学，2016，37（9）：232 - 234.

［735］向兰，杨美华，陈虎彪，等．论药材道地性的研究方法［J］．世界科学技术——中药现代化，2000，2（1）：44 - 46.

［736］项立霞．热处理、半胱氨酸、赤霉素、真空处理对莲藕品质及表皮褐变的影响［D］．武汉：华中农业大学，2006.

［737］肖明，杨文君，吕新，等．柴达木盆地干旱区灌溉枸杞田土壤砷空间变异及评价［J］．农业工程学报，2014，30（10）：99 - 105.

［738］肖明，杨文君，孙小凤，等．土壤 As 动态影响下枸杞质量评价及环境风险预测［J］．农业资源与环境学报，2014，31（3）：273 - 278.

［739］肖木金．肠清肠润茶治疗中老年人便秘 49 例［J］．海峡药学，2010，22（2）：145 - 146.

［740］江红武．世界药用植物速查辞典［M］．北京：中国医药科技出版社，2015.

［741］肖培根．新编中药志［M］．北京：化学工业出版社，2002.

［742］肖小河，陈士林，黄璐琦，等．中国道地药材研究 20 年概论［J］．中国中药杂志，2009，34（5）：519 - 523.

［743］肖小河，夏文娟，陈善墉．中国道地药材研究概述［J］．中国中药杂志，1995，20（6）：323 - 326.

［744］肖小河．中药材品质变异的生态生物学探讨［J］．中草药，1989（20）：46.

［745］谢靖欢，易佳佳，姚嘉禄，等．枸杞多糖工艺研究［J］．化学工程与装备，2016（9）：27 - 31.

［746］谢孝福，陈永秀，沈明裕．肉桂引种栽培技术的研究［J］．中药材，1987，1（1）：8.

［747］谢晓岚，王文芳，汪永顺，等．ICP - AES 法测定 7 种高原野生蜂蜜的矿质元素含量［J］．矿产勘查，2019（3）：700 - 704.

［748］谢宗万．论"道地药材"与"就地取材"［J］．上海中医药杂质，1958，（6）：27 - 31.

［749］谢宗万．论道地药材［J］．中医杂质，1990（10）：43 - 46.

［750］谢宗万．中国道地药材论丛［M］．北京：中医古籍出版社，1997.

［751］邢雁霞，刘宏，刘斌钰，等．枸杞多糖对肝损伤小鼠总胆红素和 NO 影响的实验研究［J］．社区医学杂志，2011，9（14）：22 - 23.

［752］熊晓玲，李文．部分扶正固体中药对小鼠脾细胞 IL - 2 产生的双向调节作用［J］．中国实验临床免疫学杂志，1991，3（4）：38 - 39.

［753］胥耀平，李冰．10 个主要枸杞品系综合评定［J］．西北林学院学报，1996，11（3）：46 - 49.

［754］徐菲，李顺祥，周晋，等．药食果蔬褐变机制及其干燥工艺研究现状［J］．湖南中医药大学学报，2011，31（11）：72 - 74.

［755］徐峰．《药性赋》评注［M］．北京：人民军医出版社，2011.

［756］徐凯霞，王永辉，杨向竹，等．补肾方剂对胎鼠 DNA、RNA 影响的实验研究［J］．新中医，2013，45（2）：137 - 138.

［757］徐凯霞，王永辉，杨向竹，等．补肾方剂对小鼠胎盘单胺氧化酶火星的影响［J］．中国中医药信息杂志，2012，19（4）：40 - 42.

［758］徐曼艳，张红锋，王煜飞．枸杞多糖对四氧嘧啶损伤的离体大鼠胰岛细胞的作用［J］．河北中医，2002，24（8）：636 - 638.

［759］徐鹏，徐德平．枸杞低聚糖的分离与结构鉴定［J］．食品与发酵工业，2009，35（6）：196 - 198.

［760］徐青，王仙琴，田惠桥．枸杞花粉发育的超微结构变化［J］．西北植物学报，2006，26（2）：226 - 233.

［761］徐青，王仙琴，田惠桥．枸杞花药发育过程中脂滴和淀粉粒的分布特征［J］．分子细胞生物学报，2006，39（2）：103 - 110.

［762］徐生旺，王占林．青海枸杞苗木繁育丰产栽培及无公害防治技术规范［D］．西宁：青海大学，2013.

［763］徐向荣，王文华，李华斌．荧光法测定 Fenton 反应产生的羟自由基［J］．分析化学，1998（12）：1460 - 1463.

［764］徐晓娟，金沈锐，秦旭华，等．右归丸对肾阳虚大鼠卵巢细胞 caspase23、TNF - α、Bcl - 2、Bax 表达的影响［J］．中国中医基础医学杂志，2005，11（7）：503 - 505.

［765］徐国琴，翁锡全，彭燕群，等．枸杞汁对成年男性血清睾酮及性功能的影响［J］．转化医学电子杂志，2016，3（4）：66 - 69.

［766］徐晓娟，金沈锐，秦旭华．右归丸水提液对小鼠卵巢颗粒细胞雌激素、孕酮分泌的影响及机制［J］．四川中医，2006，24（5）：22 - 23.

[767] 许程剑.新疆枸杞多糖提取与脱色工艺的研究[J].安徽农业科学,2012,40(5):2887-2889.

[768] 许春瑾,张睿,于修烛,等.基于近红外光谱的中宁枸杞子判别分析[J].食品科学,2014,35(02):164-167.

[769] 许青媛,于利森.七宝美髯丹对肾阳虚动物抗衰老作用探讨[J].中国实验方剂学杂志,1996,2(3):33-34.

[770] 许士凯,王晓东.天然药物抗衰老有效成分研究进展[J].临床中西医结合杂志,2004,14(19):2497.

[771] 许勇泉,尹军峰,袁海波,等.果蔬加工中褐变研究进展[J].保鲜与加工,2007(3):11-14.

[772] 薛己.本草约言[M].北京:中国中医药出版社,1999.

[773] 薛莎,汤学军,马威,等.右归丸对家兔肾阳虚证生化指标及皮质醇的影响[J].中医杂志,2001,42(7):434-436.

Y

[774] Yahar S, Shigeyama C, Nohara T, et al. Structuresofanti-aceand-reninpeptidesfromlyciiradiciscortex [J]. Tetrahedron Letters, 1989,30(44):6041-6042.

[775] Yahara Shoji, Shigeyama Choko, URA Takeshi, et al. Cyclic Peptides, Acyclic Diterpene Glycosides and Other Compounds from *Lycium chinense* Mill. [J]. Chemical & Pharmaceutical Bulletin,1993,41(4):703-709.

[776] Y. Nakamaru, C. Vuppusetty, H. Wada, et al. A protein deacetylase SIRT1 is a negative regulator of metalloproteinase-9 [J]. Faseb Journal,2009,23(9):2810-2319.

[777] Ying Z, Han X, Li J. Ultrasound-assisted extraction of polysaccharides from mulberry leaves [J]. Food Chemistry,2011,127(3):1273-1279.

[778] 严奉坤,许兴,魏玉清,等.枸杞基因组 DNA 提取及指纹图谱分析[J].时珍国医国药,2007,18(1):46-48.

[779] 严奉坤,许兴.关于中药指纹图谱用于枸杞子质量控制的探讨[J].中国药房,2007,18(15):1195-1197.

[780] 严林,郭蕊,李琳琳,等.青海省枸杞林病虫害及其天敌昆虫种类调查[J].植物保护,2017,43(5):189-197.

[781] 严西亭,施澹宁,洪缉庵.得配本草[M].上海:上海科学技术出版社,1994.

[782] 严宜昌,博杰,陈平,等.宁夏枸杞产区调研及商品鉴别[J].湖北预防医药杂志,2002,13(6):40.

[783] 颜正华.临床应用中药学[M].北京:人民卫生出版社,1984.

[784] 颜正华.中药学[M].北京:人民卫生出版社,1991.

[785] 杨春霞,张艳,赵子丹,等.简述枸杞中二氧化硫残留现状及检测分析方法[J].宁夏农林科技,2018,59(12):111-112.

[786] 杨春霞.黑果枸杞与红果枸杞氨基酸含量的差异性研究[J].食品研究与开发,2017,38(4):34-37,75.

[787] 杨东辉,王积福.枸杞子浸膏甜菜碱的含量测定[J].中国中药杂志,1997,22(10):608-610.

[788] 杨风琴,陈少平,马学琴.地骨皮的醇提取物及其体外抑菌活性研究[J].宁夏医学杂志,2007,29(9):787-789.

[789] 杨洪军,申丹,唐仕欢,等.方药纵横——中药成方制剂用药规律分析[M].北京:人民卫生出版社,2014.

[790] 杨涓,魏智清,庞伟.分光光度法测定宁夏枸杞中牛磺酸含量[J].农业科学研究,2005,26(2):28-30.

[791] 杨涓,许兴,魏玉清,等.盐胁迫下枸杞叶片细胞表面糖蛋白的变化[J].西北植物学报,2004,24(11):2053-2056.

[792] 杨涓.枸杞粉的冷冻干燥加工工艺[J].宁夏农学院学报,2001,22(1):74-75.

[793] 杨涓,康建宏,魏智清,等.分光光度法测定地骨皮中牛磺酸含量[J].氨基酸和生物资源,2006,28(3):26-29.

[794] 杨丽,陈鸿平,李雪莲,等.不同"变色"程度枸杞子外观颜色表征与内在色素类成分变化相关性[J].中国实验方剂学杂志,2015,21(8):47-50.

[795] 杨丽,李雪莲,陈鸿平,等.不同"变色"程度枸杞子中 5-羟甲基糠醛含量测定[J].成都中医药大学学报,2014,37(2):7-9.

[796] 杨莉,郭洁红.枸杞色素提取工艺研究[J].西安文理学院学报(自然科学版),2007,10(4):29-32.

[797] 杨仁明,景年华,王洪伦,等.青海不同地区枸杞营养成分与活性成分含量分析[J].食品科学,2012(20):272-276.

[798] 杨仁明,索有瑞,王洪伦.青海不同地区枸杞微量元素分析研究[J].光谱学与光谱分析,2012,32(2):525-528.

[799] 杨天顺,董静洲,岳建林,等.'中科绿川 1 号'枸杞新品种经济性状研究[J].西北农业学报,2017,26(2):274-280.

[800] 杨天英.枸杞酒生产工艺初探[J].中国酿造,2005(12):51-53.

[801] 杨文博,李红兵,吴璟,等.枸杞籽油对 C57BL/6J 小鼠 2 型糖尿病肾脏损伤干预作用的研究[J].宁夏医科大学学报,2012,34(1):1-3.

[802] 杨文君,肖明,张泽,等.不同品种对柴达木枸杞外观性状和活性成分含量影响[J].农产品加工·学刊,2012(8):61-63;81.

[803] 杨文君.柴达木枸杞果实外观性状及有效成分的研究与评价[D].西宁:青海大学,2012.

[804] 杨新才.枸杞栽培历史与栽培技术演进[J].古今农业,2006(3):49-54.

[805] 杨新生,姜忠丽.枸杞多糖的超声波辅助提取法及其抗氧化研究[J].食品研究与开发,2016,37(10):73-77.

［806］杨绪启,安承熙.北方枸杞籽油中脂肪酸的毛细管气相色谱法分析[J].青海农林科技,1997(4):30-31.

［807］杨薛康,海春旭,梁欣,等.枸杞提取物的抗氧化作用[J].第四军医大学学报,2007,28(6):518-520.

［808］杨学东,李德伟.原子吸收分光光度法测定枸杞中微量元素的含量[J].黑龙江医药科学,2006(2):29.

［809］杨亚玲,赵榆林,林强,等.固相萃取-高效液相色谱法测定枸杞中的类胡萝卜素[J].分析试验室,2004,23(6):25-27.

［810］杨永利,明磊国,林浩,等.枸杞养肝明目功效研究进展[J].中国食物与营养,2015,21(7):75-78.

［811］杨裕华,李震,陶汉华.金匮肾气丸、右归丸对肾阳虚小鼠模型影响的脑基因图谱研究[J].北京中医药大学学报,2008,31(9):600-607.

［812］姚建平,金国琴,戴薇薇,等.右归丸对衰老大鼠下丘脑-垂体-肾上腺轴功能变化的影响[J].中药药理与临床,2010,26(1):8-10.

［813］姚可成.食物本草[M].南京:中医古籍出版社,1985.

［814］姚茜,贾晶.青海省枸杞产业发展研究[J].攀登,2017,36(1):78-80.

［815］姚少威,宋金春,李玉琴,等.高效液相色谱法测定复方枸杞颗粒中甜菜碱的含量[J].中国医院药学杂志,2005,25(3):225-227.

［816］姚霞,孙素琴,许利嘉,等.红外光谱法对野生和栽培枸杞子的鉴别与分析[J].医药导报,2010,29(8):1065-1068.

［817］叶力勤.枸杞果实发育时期及特性观察[J].宁夏农林科技,2009(2):18-19.

［818］叶玉娣.不同等级枸杞中枸杞多糖的含量测定与比较[J].浙江中医杂志,2009,44(12):921-922.

［819］衣艳君.枸杞降血脂作用的实验研究[J].首都师范大学学报(自然科学版),2000(4):68-70.

［820］佚名.补遗雷公炮制便览[M].郑金生考校、补遗.上海:上海辞书出版社,2012.

［821］佚名.增广和剂局方药性总论[M].点校.北京:中医古籍出版社,1988.

［822］佚名.银海精微[M].郑金生整理.北京:人民卫生出版社,2006.

［823］阴健,郭力弓.中药现代研究与临床应用[M].北京:学苑出版社,1995.

［824］殷军,王大为,李发美,等.几种生药的提取部位对成骨样细胞的增殖作用[J].沈阳药科大学学报,2001,18(4):279-282.

［825］殷颂葵,王建,武振利.基于SWOT分析的青海省枸杞产业发展策略研究[J].开发研究,2012(5):49-52.

［826］尹孝萍.青海省诺木洪枸杞主要栽培品种的表型研究[J].青海大学学报,2016,34(6):16-19.

［827］雍晓静,刘钢,张境.应用大孔树脂分离纯化枸杞叶总黄酮的研究[J].宁夏大学学报(自然科学版),2005,26(2):148-150.

［828］于程远,马秀梓,段媚,等.枸杞多糖对HepG2细胞膜表面超微结构变化的影响[J].中国食物与营养,2013(5):63-67.

［829］于化新,王德山,单德红.右归丸对慢性肾衰大鼠肾保护作用的实验研究[J].吉林中医药,2009,29(5):443-444.

［830］于化新,王德山,单德红.右归丸对慢性肾衰大鼠肾脏水道蛋白2表达的影响[J].中华中医药学刊,2009,27(11):2445-2447.

［831］于利.大鼠睾丸的Sertoli细胞的分离纯化及体外培养[J].辽宁医学院学报,2008,29(3):204-205.

［832］于晓捷.常用中药名ע对手册[M].北京:人民军医出版社,2008.

［833］余昆,李勇,陈玲,等.响应面分析法优化枸杞皮渣中色素的超声波辅助提取工艺[J].食品工业科技,2013(2):262-265.

［834］袁海静,安巍,李立会,等.中国枸杞种质资源主要形态学性状调查与聚类分析[J].植物遗传资源学报,2013,14(4):627-633.

［835］袁海静,袁汉民,刘飞,等.宁夏野生枸杞(Lycium barbarum L)苦味性状研究[J].植物遗传资源学报,2017,18(5):999-1000.

［836］袁易,王旭慧.五子衍宗丸对小鼠抗疲劳、耐缺氧作用的影响[J].药学实践杂志,2008,26(6):430-431.

Z

［837］Zhang K Y B,Leung H W,Yeung H W,et al. Differentiation of Lycium barbarum from its Related *Lycium* Species using Random Amplified Polymorphic DNA [J]. Planta Medica,2001,67(4):379-381.

［838］Zhao Chen,Popel Aleksander S,Saucerman Jeffrey J. Computational Model of MicroRNA Control of HIF-VEGF Pathway:Insights into the Pathophysiology of Ischemic Vascular Disease and Cancer [J]. Plos Computational Biology,2015,11(11):e1004612.

［839］Zheng G Q,Zheng Z Y,Xu X,et al. Variation in fruit sugar composition of *Lycium barbarum* L. and Lycium chinense Mill. of different regions and varieties [J]. Biochemical Systematics and Ecology,2010,38(3):275-284.

[840] Zhou Z Q，Xiao B J，Fana H X，et al. Polyphenols from wolfberry and their bioactivities [J]. Food Chemistry, 2016, 214(105):644 - 654.

[841] 张本强. 机具推广价值的枸杞新品种及其特征特性[J]. 现代农业科技,2018,23(8):110 - 113.

[842] 曾琦斐. 青海枸杞子中微量元素含量的测定[J]. 广东微量元素科学,2011,18(9):59 - 62.

[843] 查美琴,赵玉玲,李疆,等. 新疆枸杞种质资源遗传多样性的 SRAP 分析[J]. 西北植物学报,2016,36(4):681 - 687.

[844] 张多强,辛国军. 枸杞多糖抑制 SMMC - 7721 肝癌细胞的 VEGF 表达、迁移与侵袭[J]. 中国组织化学与细胞化学杂志,2019,28(1):26 - 31.

[845] 张大红,朱卫国,岳顺. 血管内皮生长因子在原发性肝癌组织中的表达及临床意义[J]. 细胞与分子免疫学杂志,2011, 27(2):199 - 200.

[846] 张芙蓉,谢志春. 枸杞多糖对肝癌细胞中 VEGF 表达的影响. 现代医药卫生[J]. 2010,26(22):3401 - 3403.

[847] 张满效,陈拓,肖雯,等. 不同盐碱环境中宁夏枸杞叶生理特征和 RAPD 分析[J]. 中国沙漠,2005(3):391 - 396.

[848] 张波,罗青,王学琴,等. 不同产区宁夏枸杞品质分析比较[J]. 北方园艺,2014(15):165 - 168.

[849] 张波,秦垦,戴国礼,等. 不同产区宁夏枸杞果实的主成分分析与综合评价[J]. 西北农业学报,2014,23(8):155 - 159.

[850] 张昌军,原方圆,邵红兵. 超声波法在提取多糖类化合物中的应用研究[J]. 化工刊,2007(2):54 - 56.

[851] 张成江,娄方明,谢增琨. 不同方法提取的枸杞子挥发油化学成分的研究[J]. 遵义医学院学报,2011,34(2):117 - 122.

[852] 张春兰. 新疆枸杞色素的稳定性研究[J]. 农产品加工,2008(11):69 - 71.

[853] 张莘蓉. 地道药材与环境[J]. 资源节约和综合利用,1995,6(2):52 - 53.

[854] 张德裕. 本草正义[M]. 北京:中国中医药出版社,2015.

[855] 张东峰. 太阳能枸杞干燥装置的研究[J]. 农机化研究,2008(1):95 - 97.

[856] 张恩勤. 中国名贵药材[M]. 上海:上海中医学院出版社,1990.

[857] 张芳,郭盛. 枸杞多糖的提取纯化与分子结构研究进展及产业化开发现状与前景分析. 中草药,2017,48(3):424 - 432.

[858] 张贵君. 常用中药材鉴定大全[M]. 哈尔滨:黑龙江科学技术出版社,1993.

[859] 张贵林,杨纯,任光友,等. 五子衍宗丸药理学研究[J]. 贵阳医学院学报,1998,23(2):27 - 28.

[860] 张华峰,杨晓华. 枸杞叶的生物活性成分及其在食品工业中的应用[J]. 食品工业科技,2010,31(2):369 - 373.

[861] 张惠玲. 细胞融合构建枸杞酒专用酵母的研究[J]. 中国酿造,2010(11):141 - 144.

[862] 张慧芳,黄燕,杨红霞,等. 宁夏枸杞叶、果柄及根皮降血糖作用的初步研究[J]. 农业科学研究,2008,29(4):23 - 26.

[863] 张璐. 本经逢原[M]. 北京:中国医药科技出版社,2010.

[864] 张建军,胡春玲,樊晓明. 枸杞子的混淆品黄芦木果实的鉴定[J]. 甘肃高师学报,2019,24(2):60 - 62.

[865] 张介宾. 景岳全书[M]. 北京:中国中医出版社,1999.

[866] 张俊慧,王楠,曹爽,等. 枸杞子在男性不育症中的应用[J]. 中华男科学杂志,2008,14(3):279 - 281.

[867] 张峻松,毛多斌,李孟华,等. 发酵法和浸泡法枸杞酒香气成分的比较[J]. 酿酒科技,2007,(11):62 - 64.

[868] 张立木,张颖,牛瑞仙,等. 非水滴定法测枸杞子中甜菜碱的含量[J]. 泰山医学院学报,2005,26(2):149 - 149.

[869] 张磊,郑国琦,滕迎凤,等. 不同产地宁夏枸杞果实品质比较研究[J]. 西北药学杂志,2012,27(3):195 - 197.

[870] 张璐. 本草逢原[M]. 顾漫、杨亦周校注. 北京:中国中医药出版社,2015.

[871] 张宁波. 薄膜包装冷藏对带壳扁桃仁采后生理及营养的控制[D]. 咸阳:西北农林科技大学,2005.

[872] 张佩,张珍,张盛贵,等. 超声波辅助超临界 CO_2 提取枸杞籽油工艺条件研究[J]. 中国油脂,2011(2):39 - 42.

[873] 张钦德. 中药鉴定学[M]. 北京:人民卫生出版社,2005.

[874] 张荣华,李绍元. 果酒酿造实验探索[J]. 生物学通报,2013,48(5):43 - 46.

[875] 张唯一,毕阳. 果蔬采后病害与控制[M]. 北京:中国农业出版社,1996.

[876] 张蕊,蔡靳,惠伯棣,等. 一种枸杞中玉米黄素检测的方法[J]. 中国食品添加剂,2013(2):239 - 245.

[877] 张盛贵,魏苑. 不同澄清方法对枸杞汁中营养成分的影响[J]. 食品工业科技,2011,32(6):276 - 280.

[878] 张树成,贺斌,王尚明,等. 五子衍宗丸和金匮肾气丸对动物生精功能影响的比较研究[J]. 中国计划生育学杂志,2009 (7):401 - 404.

[879] 张天天,侯芳洁,李英,等. 不同产地枸杞子微性状鉴别研究[J]. 中药材,2016,39(5):1010 - 1013.

[880] 张晓娟,王有科. 枸杞 6 个品种果实品质对比[J]. 安徽农业科学,2015,43(10):89 - 90.

[881] 张晓薇. SDS - PAGE 对不同产地及质量枸杞的鉴别研究[J]. 光明中医,2011,26(5):917 - 918.

[882] 张晓燕. 菜用枸杞的开发与运用[J]. 吉林蔬菜,2017(7):40 - 41.

[883] 张晓煜,刘静,王连喜. 枸杞品质综合评价体系构建[J]. 中国农业科学,2004,37(3):416 - 421.

[884] 张晓煜,刘静,袁海燕,等. 枸杞多糖与土壤养分、气象条件的量化关系研究[J]. 干旱地区农业研究,2003,21(3):43 - 47.

[885] 张晓煜,刘静,袁海燕.枸杞总糖含量与环境因子的量化关系研究[J].中国生态农业学报,2005,13(3):101-103.

[886] 张晓煜,刘静,袁海燕.土壤和气象条件对宁夏枸杞灰分含量的影响[J].生态学杂志,2004(3):42-46.

[887] 张欣,曹君迈,贝盏临,等.枸杞花抗氧化作用的研究[J].江苏农业科学,2012,40(3):289-291.

[888] 张新生,项树林,崔晓燕.枸杞多糖对小鼠淋巴细胞信号系统的效应[J].中国免疫学杂志,1997,13(5):289.

[889] 张秀梅,杨莉琳,刘小京,等.枸杞新品种'盐杞'和'海杞'[J].园艺学报,2011(1):203-204.

[890] 张旭强,季静,王罡,等.枸杞紫黄质脱环氧化酶(LcVDE)基因的克隆和分析[J].中国生物工程杂志,2014,34(1):21-27.

[891] 张雪琴,魏加印.枸杞子鉴别[J].时珍国医国药,2000,11(1):52.

[892] 张雅莉,黄晓旭,蔡美琴.枸杞多糖缓解小鼠体力疲劳作用研究及机制探讨[J].营养学报,2015,37(6):616-618.

[893] 张琰,孙笑雨.枸杞子粉制备工艺的优化[J].现代养生,2016(7):67-68.

[894] 张艳,苟金萍,程淑华,等.枸杞中有机磷和氨基甲酸酯类农药残留量的测定[J].西北农业学报,2005,14(2):84-86.

[895] 张艳,王晓菁.液相色谱-串联质谱法测定枸杞中氨基甲酸酯类农药残留量[J].河南农业科学,2011,40(2):107-110.

[896] 张艳,吴燕,牛艳,等.枸杞制干对农药残留量的影响及膳食暴露评估[J].食品研究与开发,2016(13):176-180.

[897] 张业辉,张桂,孙卫东,等.枸杞中类胡萝卜素的提取研究[J].食品研究与开发,2006(11):89-92.

[898] 张昱,曹俊岭.千年奇方五子衍宗丸[M].北京:中医古典出版社,2015.

[899] 张元,冯琼,杨晓方,等.酶解-超声法对猪苓多糖正交优选提取及抗氧化活性的初步实验研究[J].天然产物研究与开发,2015(09):65,152-157.

[900] 张志宁,张玮.宁夏枸杞类胡萝卜素含量测定[J].内蒙古中医药,2013,32(34):134-134.

[901] 张子龙.枸杞体细胞胚双向电泳技术的建立与蛋白质表达谱的初步分析[D].兰州:兰州大学,2007.

[902] 张自萍,黄文波.枸杞总黄酮和多糖的超声提取及含量测定[J].农业科学研究,2006,27(1):22-24.

[903] 张自萍,廖国玲,李弘武.宁夏枸杞黄酮类化合物 HPLC 指纹图谱研究[J].中草药,2008,39(1):103-105.

[904] 张自萍,黄文波.枸杞总黄酮和多糖的超声提取及含量测定[J].农业科学研究,2006,27(1):22-24.

[905] 张爱香,季静,王罡,等.枸杞叶片 cDNA 文库的构建[J].吉林农业大学学报,2005(2)24-26.

[906] 张爱香,季静,王罡,等.枸杞中番茄红素 β-环化酶基因(LycB)的分离[J].中国农学通报,2005,21(1):46-46.

[907] 张曦燕.枸杞鲜果采后贮藏保鲜技术研究进展[J].宁夏农林科技(6):81-82.

[908] 张爱香,季静,王罡,等.枸杞中 IPP 异构酶相关基因(IPI)的分离[J].西北农业学报,2006,15(3):186-189.

[909] 章金英.苹果汁加工工艺中果汁褐变控制[D].北京:中国农业大学,2004.

[910] 章英才,张晋宁.几种枸杞属植物叶片的结构比较.宁夏大学学报(自然科学版)[J],1999,20(4):374-378.

[911] 章中.枸杞保藏加工技术现状[J].中国食物与营养,2008(5):31-33.

[912] 掌禹锡.嘉祐本草[M].辑复本.北京:中医古籍出版社,2009.

[913] 赵丹丹,李小可,于娜,等.降糖消渴颗粒对 2 型糖尿病大鼠糖脂代谢的影响[J].中国实验方剂学杂志,2013,19(24):172-176.

[914] 赵东利,徐红梅,胡忠,等.中宁枸杞(Lycium barbarum L.)的核型分析[J].兰州大学学报,2000,36(6):97-100.

[915] 赵芳芳,杨冬萍,俞洋.枸杞多糖对兔视网膜色素上皮细胞光损伤凋亡线粒体信号传导途径的影响[J].湖北中医杂志,2018,40(10):3-7.

[916] 赵佶.圣济总录[M].北京:人民卫生出版社,1963.

[917] 赵建华,李浩霞,安巍,等.采后枸杞鲜果褐变与其活性氧代谢的关系[J].西北植物学报,2008,28(10):2023-2027.

[918] 赵建华,李浩霞,尹跃,等.枸杞酸性转化酶基因的克隆与表达[J].江苏农业学报,2015,31(5):1140-1148.

[919] 赵建华,述小英,李浩霞,等.不同果色枸杞鲜果品质性状分析及综合评价[J].中国农业科学,2017,50(12):2338-2348.

[920] 赵小皖,刘润好,李慧勤,等.β-胡萝卜素的降解及其对食品体系的影响[J].食品工业科技,2011(3):417-421.

[921] 赵孟良,任钢,李屹,等.枸杞 ISSR-PCR 反应体系优化与遗传多样性研究[J].分子植物育种,2018,16(2):502-511.

[922] 赵明宇.枸杞子的药理作用及临床应用研究[J].北方药学,2018,15(4):156.

[923] 赵荣祥,范小静,郝佳,等.18 种植物源物质对枸杞鲜果的保鲜活性[J].西北农业学报,2014,23(9):147-151.

[924] 赵蕊,王春仁,黄玉兰.枸杞多糖改善糖尿病肾病作用的研究[J].黑龙江八一农垦大学学报,2017,29(1):89-93.

[925] 赵锡兰.超声浸取法提取枸杞中类胡萝卜素方法优化.宁夏医学杂志,2010,32(5):424-425.

[926] 赵岩.枸杞多糖对糖尿病大鼠早期肾组织保护作用及机制初探[J].光明中医,2016,31(12):1729-1731.

[927] 赵永红,刘华.枸杞多糖的提取工艺研究[J].中国食品添加剂,2008(4):73-78.

[928] 赵司楠.柴达木枸杞产业集群演化分析研究[D].西宁:青海大学,2018.

[929] 甄录旭,方宗华,吴海林,等.HPLC 法测定枸杞子中甜菜碱的含量[J].安徽医药,2007,11(8):703-704.

[930] 郑国琦,许兴,邓西平,等.盐分和水分胁迫对枸杞幼苗渗透调节效应的研究[J].干旱地区农业研究,2002,20(2):56-59.

[931] 郑国琦,胡正海.宁夏枸杞的生物学和化学成分的研究进展[J].中草药,2008,39(5):796-800.

[932] 郑国琦,苏雪玲,马玉,等.宁夏枸杞种子性状对果实大小的影响[J].北方园艺,2015(7):134-137.

[933] 郑国琦,谢亚军.干旱胁迫对宁夏枸杞幼苗膜脂过氧化及抗氧化保护酶活性的影响[J].安徽农业科学,2008(4):1343-1344,1552.

[934] 郑红军.LC-MS/MS测定牛奶和奶粉多种农药残留的研究[D].济南:山东农业大学,2009.

[935] 郑金生.道地药材的形成与发展Ⅱ[J].中药材,1990,13(7):39-45.

[936] 郑军义,赵万洲.地骨皮的化学与药理研究进展[J].海峡药学,2008,20(5):62-65.

[937] 郑玲利,李燕,黄玲,等.枸杞多糖的微波提取及抗氧化性分析[J].解放军药学学报,2016(1):1-4.

[938] 郑宁.药性要略大全[M].北京:人民卫生出版社,2003.

[939] 郑蕊,岳思君,王丽娟,等.枸杞 LbMYB103 基因克隆及转化拟南芥的研究[J].西北植物学报,2015,35(9):1722-1727.

[940] 郑硕,李明滨,慕松.枸杞热风对流干燥动力学特性的研究与试验[J].食品工业,2012(9):143-6.

[941] 郑文菊,张承烈.盐生和中生环境中宁枸杞叶显微和超微结构的研究[J].草业学报,1998,7(3):72-76.

[942] 郑晓冬,吴茂玉,朱风涛,等.枸杞及制品中类胡萝卜素与其在加工过程中的稳定性研究进展[J].食品工业科技,2015(9):360-365.

[943] 郑轶峰,姜建青,张力华,等.右归丸对骨髓抑制小鼠骨髓细胞周期和凋亡的影响[J].西南军医,2009,11(3):395-397.

[944] 郑阳霞.枸杞类胡萝卜素合成酶基因 PSYLycB 的克隆及其转换洋桔梗的研究[D].雅安:四川农业大学,2006.

[945] 郑永华.琵琶薄膜包装贮藏效果研究[J].食品科学,2000(9):56-58.

[946] 黄恩锡,郑元吉.标点注释中卫县志[M].银川:宁夏人民出版社,1990.

[947] 郑贞贞,王占林.不同浓度植物生长调节剂 GGR7 号对宁杞 1 号嫩枝扦插成苗的影响[J].安徽农业科学,2011,39(29):17970-17975.

[948] 郑贞贞.柴达木盆地地主要枸杞资源遗传多样性分析[D].西宁:青海大学,2012.

[949] 中国科学院甘肃省冰川冻土沙漠研究所.中国沙漠地区药用植物[M].兰州:甘肃人民出版社,1973.

[950] 中国科学院西北高原生物研究所.青海经济植物志[M].西宁:青海人民出版社,1987.

[951] 中国科学院西北高原生物研究所.青海植物志:第三卷[M].西宁:青海人民出版社,1996.

[952] 中国科学院中国植物志编辑委员会.中国植物志[M].北京:科学出版社,1985.

[953] 中华人民共和国农业部.绿色食品枸杞:NY/T1051-2006[S].北京:中国农业出版社,2006.

[954] 中华人民共和国卫生部,中国国家标准化管理委员会.食品添加剂使用卫生标准:GB2760-2007[S].北京:中国标准出版社,2007.

[955] 中医研究院.中医大辞典:中药分册[M].北京:人民卫生出版社,1982.

[956] 中国医学科学院药物研究所.中药志:第二册[M].北京:人民出版社,1959.

[957] 钟鉎元,李健,樊梅花,等.枸杞新品种"宁杞 1 号"的选育[J].宁夏农林科技,1988(4):21-24.

[958] 李健.枸杞新品种"宁杞 2 号"的选育[J].宁夏农林科技,1990(4):17-20.

[959] 钟智敏,李正英.枸杞脂溶性色素提取条件的优化[J].农业机械,2011(29):162-165.

[960] 仲怡铭,王三英,张广忠,等.10 个枸杞品种在盐碱地上的栽培特性研究[J].经济林研究,2017,35(4):202-206.

[961] 周春梅."入世"与中国农产品农药残留的应对措施[J].农林与科技,2011,21(6):7-10.

[962] 周海波,陈林,闫永利.近红外光谱技术在宁夏枸杞子产地鉴别中的应用研究[J].检验检疫学刊,2014,24(2):52-55.

[963] 周会舜,罗海涛,王建兵,等.枸杞中类胡萝卜素超声波法提取工艺优化及其在卷烟中的应用研究[J].食品工业,2011(2):73-77.

[964] 周林宗,尹海川,林强,等.用固相萃取和微柱高效液相色谱法快速测定枸杞样品中的类胡萝卜素[J].云南师范大学学报(自然科学版),2005,25(5):48-50.

[965] 周晶,李光华.枸杞的化学成分与药理作用研究综述[J].辽宁中医药大学学报,2009,22(6):93-95.

[966] 周强,仝小林,刘桂芳,等.糖尿病肾病的中医临床治疗概况[J].中医药信息,2011,29(1):95-97.

[967] 周荣汉.中草药资源学[M].北京:中国医药科技出版社,1993.

[968] 周宪宾,王丽,郭钰琪,等.右归丸对糖皮质激素诱导小鼠胸腺树突状细胞表型变化的作用[J].中国中西医结合杂志,2008,28(5):431-434.

[969] 周兴华,周晓娟.枸杞史话[M].银川:宁夏人民出版社,2009.

[970] 周兴民,王质彬,杜庆.青海植被[M].西宁:青海人民出版社,1986.

［971］ 周兴旺,徐国钧,王强.地骨皮化学成分的研究[J].中国中药杂志,1996,21(11):675-676.

［972］ 周亚平,于士梅,戴洪义,等.苹果浓缩汁非酶褐变的研究进展[J].莱阳农学院学报,自然科学版,2006,23(1):23-26.

［973］ 周永锋,陈新来,宋克勤,等.我国枸杞标准体系建设现状及对策建议[J].农产品质量与安全,2017(3):78-80.

［974］ 周芸,张珍.正交试验优化磁场法提取枸杞黄酮工艺[J].食品科学,2012,33(18):98-101.

［975］ 朱彩平,张声华.枸杞子水提物中多糖含量的测定[J].食品与发酵工业,2005,31(2):111-113.

［976］ 朱彩平,张声华.枸杞多糖对 H-(22)肝癌小鼠的抑癌作用[J].中国公共卫生,2006,22(6):717-718.

［977］ 朱传根.浅谈影响中药疗效诸因素[J].浙江中医学院学报,2000,24(2):76.

［978］ 朱娟娟,何华屿,刘旺锁,等.密枝枸杞叶营养成分和活性物质研究[J].北方园艺,2016(23):157-160.

［979］ 朱俊儒,丁永辉,罗兴平,等.地骨皮混伪品——黑果枸杞根皮的鉴别[J].中药材,1993(3):24-25.

［980］ 朱橚.救荒本草校释与研究[M].王家葵,张瑞贤,李敏校注.北京:中医古籍出版社,2007.

［981］ 朱秀苗,吴学明,祝静静.青海省东部农业区北方枸杞种子萌发条件的研究[J].安徽农业科学,2018(10):216-217.

［982］ 朱燕妮,孙玉宁,关文霞,等.枸杞多糖增加缺氧肺血管平滑肌细胞 SIRT1 表达并降低 MMP-9 及 HIF-1α 表达[J].细胞与分子免疫学杂志,2016,32(7):906-910.

［983］ 诸国本.加强对地道药材的研究[J].中国中药杂志,1990,15(2):3-4.

［984］ 祝捷,迟焕芳.枸杞提取液对实验性肾动脉狭窄性高血压损伤鼠的治疗[J].现代医学生物进展,2008(1):16-18.

［985］ 宗灿华,田丽梅.枸杞多糖对 2 型糖尿病大鼠胰岛素抵抗及脂联素基因表达的影响[J].中国康复理论与实践,2008,14(6):531-532.

［986］ 邹彩云,刘永亮,曾少华,等.宁夏枸杞苯丙氨酸解氨酶基因的 cDNA 克隆及其表达分析[J].热带亚热带植物学报,2014,22(02):155-164.

［987］ 邹东恢,郭建华,魏小娟.枸杞多糖的双酶法提取与纯化工艺研究[J].农业机械,2011(32):153-156.

［988］ 邹寒雁.青海高原本草概要[M].西宁:青海人民出版社,1993.

［989］ 邹耀洪.枸杞叶的黄酮类化学成分[J].分析测试学报,2002,21(01):76-78.

［990］ 左银虎.枸杞叶营养分析[J].食品科技,1998(5):17.

附 录

附录一 枸杞扦插育苗技术规程

一、范围

本规程规定了枸杞采穗圃建设、硬枝扦插育苗和嫩枝扦插育苗技术。

本规程适用于青海枸杞产区枸杞扦插育苗。

二、规范性应用文件

下列文件对于本文件的应用是必不可少的。凡注明日期的应用文件版本适用于本文件。凡未注明日期的引用文件,其最新版本(包括所有的修改单)适用于本文件。

DB63/T236 主要造林树种苗木质量分级

DB63/T299 育苗技术标准

三、采穗圃建设

(一)采穗圃的建立

枸杞采穗圃选择在气候适宜、土壤肥沃、地势平坦、便于排灌、交通方便的地方,宜设在苗圃。

采穗圃不需隔离,按品种、品系或无性系分区。采穗圃营建面积根据需要确定,宜按计划育苗面积的1/10。

建圃前,结合圃地深耕施腐熟的有机肥 2 000～3 000 kg/hm²,根据土壤情况适量施入尿素和磷肥。

(二)采穗母株培育

枸杞采穗母株按灌丛式栽培,栽植株行距为 0.5 m×1.0 m/0.5 m×1.5 m。一至二年生苗定植后,在 10 cm 高处平茬。当萌条高达 10 cm 时定条、去弱留壮,栽植当年只留 3～5 个萌条,第二年开始留 5～10 个萌条。

每年追肥 2～3 次,以氮磷肥为主,最后一次追肥不迟于 8 月上旬,并加强有害生物防治。

(三)采穗圃更新

采穗圃每 4～5 年更新一次,忌重茬;可将旧采穗圃通过密度调整改造为栽培园。

(四)建立技术档案

详细记录采穗园的基本情况,包括区划图,优良品种的名称、来源和性状,采取的经营措施,种条品质和产量的变化情况等。

四、硬枝扦插育苗

(一)育苗地选择

选择育苗地要求地势平坦,排灌方便不积水,地下水位 1.5 m 以下;土壤含盐量 0.5% 以下,pH 7.8 以下,呈中性或微碱性,土壤熟化程度高,较肥沃的沙壤或壤土。

（二）整地与土壤处理

1. 整地·育苗前一年秋季进行平整和深翻，深翻深度 20～30 cm，清除杂草、树根、石块等。

2. 土壤处理·结合深翻整地进行土壤施肥，施腐熟的有机肥 2 000～3 000 kg/hm²。

土壤消毒、杀虫处理参表附-1 执行。

3. 做床·采用高床、平床或高垄。平床规格为宽 2～4 m，长度 6～10 m。高床规格为床宽 0.8～1.2 m，高 0.2 m，步道宽 0.4 m，长度 4～6 m。高垄垄宽 0.25～0.30 m，垄高 0.2 m，垄距 0.4 m，垄距 0.4 m，长度依地块确定。

（三）种条采集及储藏

1. 采集时间·春季采条时间为每年 3～4 月，春季萌芽前进行；秋季彩条时间为 10～11 月份，植株休眠后进行。

2. 种条采集·采集一至二年生直径 0.6～1.0 cm 木质化枝条，枝条要求髓心充实，芽眼明显。

3. 种条越冬储藏·种条秋冬越冬需沙藏处理。沙藏处理时选择向阳背风、排水良好地块挖深 80～100 cm 的沟，先在沟底铺一层湿沙，将成捆的种条与湿沙分层埋在沟内，放至距地面约 20 cm 处，用沙镇平，再覆土成脊状，中间插草把或竹把通气。

（四）插穗制取与处理

1. 插穗制取·将种条剪成直径 0.4～0.8 cm，长 15 cm 的插穗。插穗上切口，距饱满芽 1 cm 处平切，下切口在距第一个芽 0.5 cm 处，剪成马蹄形，50～100 个为一捆。

2. 催根处理·插穗催根处理可采取生根剂处理催根或倒置催根方法，也可生根剂处理的插穗再进行倒置催根。

生根剂处理方法根据按照表附-2 执行。

倒置催根选择地势平坦、管理方便地块，地表铺 6～8 cm 湿沙，把插穗倒置（基部朝上，梢部朝下），上盖湿沙 5～6 cm。根据沙子的干湿情况，每日喷水 1～2 次，插穗基部形成愈伤组织后扦插。

（五）扦插

1. 扦插时间·扦插时间 4 月中下旬。

2. 扦插密度·平床采用 5～20 cm 或 10～30 cm 株行距，高床采用 5～20 cm 株行距，高垄每垄插两行，株距 10 cm。扦插密度为每公顷 30～45 万株为宜。

3. 扦插方法·将已处理好的扦穗下端轻轻直插床内，地上部留 1～2 cm（外露 1～2 个饱满芽）。为保墒和提高地湿，促进生根发芽，在扦插后最好覆盖地膜，并使插穗地上部分露出地膜，地膜外侧覆土压实。也可先覆膜，扦插，注意不要使地膜包住扦穗基部。

（六）苗期管理

1. 水分管理·扦插后立即灌透水，在扦穗生根期间不宜灌溉；扦穗萌芽后幼条生长至 15～20 cm 时灌第二次水；苗木生长期（6～9 月）根据墒情适时灌溉，灌溉时避免积水。入冬前灌尽冬水。

2. 破膜放苗·扦穗萌芽期每 1～2 日观察苗床一次，如发现新芽在地膜下边，要及时破膜放苗，以免烧苗。

3. 除草·每年除草 3～4 次，除草要做到除早、除小、除净。第一次除草在幼苗生长高度达 10 cm 以上进行。

4. 追肥· 6～7 月，结合灌溉适量追肥 2 次。每次施尿素 100～150 kg/hm²、磷酸二铵 15～225 kg/hm²。

5. 有害生物防治·在 5～6 月进行第一次有害生物防治。生长期根据病虫发生情况在整个发育期防治 1～5 次，病害盛发时，可交替喷施 2 种以上灭菌剂处理。有害生物防治方法参照表附-1 执行。

6. 修剪·苗高 25～35 cm 时，选留一健壮枝做主干，剪除其余萌生德枝条，苗高 60 cm 时剪顶。

五、嫩枝扦插育苗

（一）育苗选择

嫩苗扦插在温时进行，必须有保温、保湿和遮荫条件。

（二）土壤处理与作床

1. 土壤处理·扦插前对育苗地土壤进行平整、施肥、土壤消毒、杀虫处理。施腐熟有机肥 2 000～3 000 kg/hm²，尿素 75 kg/hm²，磷酸二铵 150 kg/hm²。

扦插基质消毒见表附-3。杀虫参照表附-1 执行。

2. 作床·将处理好的育苗地整平后，做高床，床高 15 cm，宽 80～120 cm，步道宽 40 cm，苗床长度可根据温室条件来确定，床面整平后创面覆 3 cm 厚细河沙。扦插前 2～3 日浇透水。

（三）扦插制取与处理

1. 插穗制取·6～8 月在枸杞优良母树上采取当年生长旺盛、无病虫害、半木质化的嫩枝，进行剪穗。剪穗时避免阳光直射，宜在室内背阴处进行。

插穗长 8～10 cm，直径 0.3～0.5 cm，上切口平剪，下切口剪为马蹄形，上下切口离叶芽距离为 0.5～1.0 cm，剪口平滑，防止裂皮，并摘去下部 2/3 叶片，保留 2～3 个上部叶片，大叶片剪去 1/3～1/2。

2. 插穗催根处理·剪好的插穗按 50 根一捆立即进行催根处理。插穗处理方法参照表附-3 进行。

（四）扦插

1. 扦插时间·嫩枝扦插在每年 6～9 月份进行。

2. 扦插方法·扦插株行距为 5 cm×10 cm 或 5 cm×15 cm，扦插深度 2.0～2.5 cm，并用沙土将孔隙填满压实。

扦插后床面喷洒灭菌剂，方法参照表附-1 执行。

（五）苗期管理

1. 温湿度管理·生根期室内温度保持在 80%～90%，使叶片表面始终保持一层水膜，插床温度处于 20～28 ℃，切忌苗床积水。

2. 遮阴·生根期温室遮盖遮阴网，透光率控制在 40%～60%。

3. 有害生物防治·有害生物防治方法参表附-1 执行。

4. 除草·每年除草 3～4 次，除草要做到除早、除小、除净。第一次除草在幼草在幼苗生长高度达 10 cm 以上进行。

5. 修剪·苗高 25～35 cm 时，选留一健壮其余萌生的枝条，苗条 60 cm 时剪顶。

六、苗木出圃

（一）起苗

起苗时间要与造林季节相配合，在秋季苗木生长停止后和春季苗木萌动前起苗。

起苗深度 25～30 cm，要做到根系完整，少伤根，不折断苗干。

（二）假植

不能及时移植或包装运往造林地的苗木，要立即临时假植。

（三）苗木质量

起苗后要立即在蔽阴无风处修剪过长的主根和侧根及受伤部分，选苗分级，剔除废苗。

苗木质量要求和分级按照 DB36/F236（主要造林树种苗木质量分级）执行。

表附-1 有害生物防治常用药剂及方法

药剂名称	剂型	防治病虫、病害种类	药量及使用方法	备注
多菌灵	40%粉剂	根腐病、茎腐病、叶枯病等	5 g/m² 混泥散施	土壤消毒
硫酸亚铁	30%粉剂	根腐病、茎腐病、叶枯病等	40～50 kg/hm² 混土散施	土壤消毒
辛硫磷	50%粉剂	蛴螬等	7.5 kg/hm² 混土散施	土壤灭虫
代森锌	65%粉剂	立枯病、猝倒病等	600～800 倍液喷施	出苗期
甲霜恶霉灵	30%粉剂	立枯病、猝倒病等	1 500～2 000 倍液喷施	出苗期
百菌清	65%粉剂	立枯病、猝倒病等	600～800 倍液喷施	出苗期
复方五氯硝基苯粉剂	40%粉剂	立枯病、猝倒病等	200～300 倍液喷施	出苗期
粉锈宁	15%粉剂	白粉病等	1 000 倍液	生长期
多抗毒素	10%粉剂	白粉病等	1 000～1 500 倍液喷施	生长期
霉死蝉	10%粉剂	蛴螬等	30～45 kg/hm² 灌施或开沟条施	生长期
吡虫啉	10%粉剂	枸杞瘿螨、枸杞蚜虫、负泥虫等	4 000～6 000 倍液喷施	生长期
啶虫脒	3%粉剂	枸杞瘿螨、枸杞蚜虫、负泥虫等	1 000～2 000 倍液进行叶面喷施	生长期

表附-2　枸杞硬枝扦插常用生根剂及使用方法

药剂名称	药剂及使用方法	备　注
生根粉(GGR)	100~200 mg/kg	浸泡插穗下端 2~3 cm,浸泡时间为 2~3 h
萘乙酸(NAA)	50~150 mg/kg	浸泡插穗下端 2~3 cm,浸泡时间为 2~3 h
吲哚乙酸(IAA)	100~200 mg/kg	浸泡插穗下端 2~3 cm,浸泡时间为 2~3 h

表附-3　枸杞嫩枝扦插常用生根剂及使用方法

药剂名称	药剂及使用方法	备　注
生根粉(GGR)	100~200 mg/kg 1 000 mg/kg	浸泡插穗下端 2~3 cm,浸泡时间为 2~3 h 用滑石粉调成糊状,速蘸(15~30 s)插穗下端 2~3 cm 后扦插
萘乙酸(NAA)	50~150 mg/kg 500~1 000 mg/kg	浸泡插穗下端 2~3 cm,浸泡时间为 2~3 h 用滑石粉调成糊状,速蘸(15~30 s)插穗下端 2~3 cm 后扦插
吲哚乙酸(IAA)	100~200 mg/kg 500~1 000 mg/kg	浸泡插穗下端 2~3 cm,浸泡时间为 2~3 h 用滑石粉调成糊状,速蘸(15~30 s)插穗下端 2~3 cm 后扦插
萘乙酸(NAA)和吲哚乙酸(IAA)	萘乙酸(NAA)500 mg/kg 吲哚乙酸(IAA)500 mg/kg	用滑石粉调成糊状,速蘸(15~30 s)插穗下端 2~3 cm 后扦插

附录二　柴达木地区枸杞无性繁殖技术规程

一、范围

本规程规定了柴达木地区枸杞扦插繁殖标准化生产过程的技术规范。包括营建采穗圃、硬枝扦插和嫩枝扦插。

本规程适用于青海柴达木及类似生态区域的苗圃、林场和其他林木种苗培育场所的枸杞扦插繁殖。

二、规范性引用文件

下列文件中的条款通过本规程的引用而成为本规程的条款。凡注明日期的引用文件,其随后所有的修改单(不包括勘误的内容)或修订版均不适用于本规程,然而,鼓励根据本规程达成协议的各方研究是否可使用这些文件的最新版本。凡未注明日期的引用文件,其最新版本适用于本规程。

GB/T19116 枸杞栽培技术规程

DB63/T236 青海省主要造林树种苗木质量分级

三、营建采穗圃

(一)圃地选择

在地势平坦,排灌方便,土壤透气性好、肥沃、土壤熟化程度高的土地上建圃,以沙壤、轻壤或中壤为宜,不选重盐碱地。地下水位要求不小于 1.5 m,土壤 pH 7.5~8.5。

(二)圃地营建

1. 整地·圃地选好后,当年秋季首先要进行平整和深翻,深翻 20~30 cm。同时清除杂草、石块、达到地平土碎。

2. 施基肥与土壤处理·结合深翻整地进行土壤施肥和灭虫处理。每公顷施腐熟农家肥 45 000~75 000 kg/hm²,5% 辛硫磷粉剂 30 kg,均匀撒入地表后深翻,灌足底水。

3. 做床·第二年春季浅耕后做平床。床规格：宽6～8 m，长度依地形而定。

4. 栽植

（1）品种与种苗选择：营建采穗圃以当地广泛栽植的优良品种为主。建采穗圃时各品种分别建圃，做到一品一圃，从根源处杜绝各品种混淆现象的发生。种苗选一至二年生Ⅰ、Ⅱ级扦插苗（表附-4）。

（2）栽植时间：4月下旬，春天树体萌动前进行。

（3）栽植株行距：栽植株行距1.0 m×2.0 m或1.5 m×2.0 m。

（4）栽植：穴状栽植。规格为40 cm×40 cm×40 cm（长×宽×深）。栽植时保证根系舒展，分层填土踏实。

（三）采穗圃管理

1. 灌溉·4月中旬开始春灌，4月下旬以后至6月中旬，每20～25天灌一次水；6月下旬至8月上旬每15～20天灌一次水；9月上旬至10月下旬灌1～2次水；11月底灌冬水。春灌和冬灌水量要大，灌水900～1 200 m³/hm²，生长期灌水量要小，以浅灌为宜，灌水750 m³/hm²。

2. 施肥

（1）栽植当年：6月下旬和7月上旬追施氮肥。追施纯氮96.6～103.5 kg/hm²。采用环状沟施法，施肥深度12～17 cm。

（2）第二年以后

追肥：5月下旬、6月下旬和7月上旬进行追肥，5月下旬追施纯氮96.6～103.5 kg/hm²，6月下旬、7月上旬追施氮磷复合肥，其中纯氮37.8～40.5 kg/hm²，纯磷96.6～103.5 kg/hm²。采用环状沟施法或对称沟施法，施肥深度15～17 cm。

有机肥于10月中下旬施入，施有机肥45 000～52 500 kg/hm²。采用环状沟施法。距根径40～50 cm。挖深25～30 cm的环状沟，均匀施入肥料后覆土填平。根据栽植的密度和树冠的大小，也可采用对称沟施法。

3. 松土除草·种苗栽植后，及时进行松土、除草。每年松土除草2～4次，松土深度5～10 cm。做到除早、除小、除净。

4. 病虫害防治

（1）主要病虫害种类：主要虫害有枸杞蚜虫、枸杞瘿螨、锈螨、木虱、蛴螬等。主要病害有白粉病和根腐病等。

（2）农业防治方法：枸杞病虫害要以防为主，搞好圃内环境卫生，做到圃内无杂草，及时清除田间病虫枝叶。加强肥水管理，促进苗木生长，增强苗木抗性。

（3）物理防治：利用害虫的群居性、假死性、趋化性等特点，用人工扑杀法、阻隔法、诱杀法等方法来防枸杞病虫害。

（4）化学防治：选用高效低毒低残留的药剂，防治药剂、时间、方法见表附-5。

5. 整形修剪·栽植当年30 cm高定干，到秋季选留3～4个分布均匀的侧枝并短截至20 cm，形成产穗骨架枝，以后每年从骨架枝上采集萌生枝条作为插穗。

四、硬枝扦插

（一）育苗地选择硬枝扦插

选择交通比较便利的苗圃地，要求地势平坦，土壤熟化程度高，土壤质地为沙壤土或轻壤土，圃地杂草少、病虫害少、排灌方便、易于管理，地下水位不小于1.2 m，土壤呈中性或微碱性。

（二）整地做床

1. 整地·同采穗圃整地。

2. 施基肥与土壤处理·同采穗圃的施肥与土壤处理方法。

3. 做床·第二年春浅耕后做高垄或高床。

高垄规格：垄宽40～50 cm，垄高25～30 cm，垄间距为30 cm，垄长根据地形而定。

高床：床面高于地面25 cm，床面宽80 cm，步道宽30 cm，长度依地形而定。

（三）枝条采集

4月上旬至下旬，树液流动至萌芽前。选用采穗圃里生长健壮、粗度大0.4 cm、一至二年生木质化营养枝条。也可以选用同样规格的徒长枝。徒长枝要求髓部充实，芽眼明显。

（四）剪制插穗

选择无机械损伤、无病虫害的枝条，以中段部位为好,将其剪成直径 0.4～0.8 cm,长 15～18 cm 的插穗。插穗上部留好饱满芽,距饱满芽 1.0 cm 处平切。下切口在距第一个芽 0.5 cm 处剪成马蹄形。

(五) 插穗处理

对插穗的基部用适当浓度的生长素进行处理。可选用 100 mg/kg 的 ABT6$^\#$ 生根粉对插穗进行生根处理。将剪制好的插穗 50 或 100 个捆成一捆,将插穗下端 3～5 cm 浸入药液,浸泡时间以药液渗到插穗顶端髓心为宜,时间 12 h 左右。

(六) 扦插

扦插株行距 5 cm×30 cm;10 cm×30 cm。按规定株行距直插入苗床。地上部留 1～2 cm,外露 1～2 个饱满芽。扦插后覆盖地膜,使插穗地上部分露出地膜,地膜外侧覆土压实。

(七) 苗期管理

1. 水分管理

(1) 生根期间:扦插后立即灌透水。当土壤出现白皮时,用细沙封严地膜洞口。在插穗生根期间除非土壤特别干,否则不需要灌溉。

(2) 生长期:插穗萌芽后幼苗生长至 15～20 cm 时(此时插穗已生根)灌第一次水,灌溉深度以不淹没苗床为宜。6 月下旬、7 月下旬各灌溉一次。每公顷灌水量 600～750 m^3。浇水时防止大水漫灌冲毁垄床。

2. 松土除草 · 浇第一遍透水后,松土锄草一次,松土深度 5 cm 左右。第二次、第三次松土除草在 6～7 月份灌溉追肥后进行。

3. 追肥 · 6～7 月结合灌溉适量追肥 2 次。当苗高长到 20 cm 以上时施第一次肥,施纯氮 96 kg/hm^2、纯磷 69 kg/hm^2;当苗高长到 50 cm 左右时施第二次肥,施纯氮 205.5 kg/hm^2、纯磷 172.5 kg/hm^2。在浇水前结合锄草进行沟内撒施。

4. 修剪 · 苗高 25～35 cm 时,选一健壮枝做主干,将其余萌生的枝条抹除。苗高 60 cm 时剪顶。

5. 病虫害防治 · 枸杞扦插苗容易发生的病虫害为:蚜虫、木虱、负泥虫、瘿螨和锈螨。6 月初进行第一次防治,可选用 2.5% 的敌杀死 6 000 倍液 + 40% 溴螨酯 4 000 倍液混合喷雾。根据虫情在整个发育期防治 2～5 次。

(八) 苗木出圃

1. 起苗时间 · 于翌年 4 月下旬春季土壤解冻后起苗。

2. 起苗 · 出圃前一个星期灌溉苗水。起苗时防止机械损伤,尽量保持根系完整,根长大于 20 cm。起苗时沿行向挖深 30～40 cm 的沟,顺沟起挖。

3. 苗木分级 · 枸杞苗木分级标准按 GB/T 19116《枸杞栽培技术规程》执行。分级方法见表附-4。出圃时选用 Ⅰ、Ⅱ 级苗,严防等外苗混入。

4. 质量检验 · 按 DB63/T236 中的有关规定执行。

5. 包装运输与假植

(1) 包装运输:苗木根系沾泥浆,每 50 株一捆,装入草袋等包装材料,草袋下部可填入少许锯末,洒水捆好。外挂标签,并附苗木检疫证书和苗木生产许可证书。随包装随运输。

(2) 假植:在排水良好背风的地方挖深 40～60 cm,宽 60～80 cm 的沟,将分级后的苗木倾斜排列于假植沟内,假植时要将苗木头朝南,用湿土埋根,单排假植,做到疏摆、深理、分层压实。有条件的地方,苗木可窖藏,用湿土埋压根部即可。

五、嫩枝扦插

(一) 育苗基础条件

育苗地为温室或大棚,有喷灌和通风条件,扦插生根期间要求透光率 40%～50%。

(二) 育苗时间

每年 6～8 月份均可进行。苗木生根及生长期间每天平均气温高于 15 ℃ 时即可进行嫩枝扦插。

(三) 土壤处理

1. 温室育苗地土壤处理 · 4～5 月对温室育苗地进行施肥和土壤杀虫处理。一栋温室(666.7～800.0 m^2)施腐熟羊粪 4 m^3 左右,纯氮 4.1 kg,纯磷 4.6 kg,拌撒杀虫剂(如辛硫磷、呋喃丹等)0.5～0.8 kg。

2. 嫩枝扦插基质层土壤处理 · 嫩枝扦插基质选用细河沙或风积沙。扦插前 2 日进行基质灭菌。可选用 0.2% 的多菌灵、百菌清或高锰酸钾溶液消毒,用量 3～5 kg/m²。

(四) 做床

将处理好的温室育苗地整平后压实,高差小于 2 cm。用细河沙做高床。床面规格高 8～10 cm,宽 100 cm,步道宽 30 cm,长度依温室宽度而定。

(五) 枝条采集

6 月初在采穗圃中选择生长健壮的植株作为采穗母株,采集母株当年生半木质化枝条。

(六) 剪制插穗

1. 剪制要求·剪制插穗应在室内或背阴处进行。也可选择在上午 10 时前、傍晚时分、阴天全天进行。

2. 剪制插穗规格·插穗长 7～10 cm,直径 0.3～0.5 cm。剪时除去下部叶片,保留 3～5 个上部叶片,大叶片剪去 1/3～1/2。上切口平剪,下切口剪为马蹄型,上下切口离叶芽距离为 0.5～1.0 cm。

(七) 插穗生根处理

用适宜的生长素对插穗进行处理。可选用 100 mg/kg 6 号生根粉处理插穗。将剪制好的插穗每 50 个或 100 个基部对齐后捆成一捆,将插穗下端 1/3～1/2 浸入药液 1～2 h;或将 250 mg/kg 萘乙酸(NAA)和 250 mg/kg 吲哚乙酸(IAA)的混合溶液用滑石粉调成糊状,速蘸插穗下端 1～2 cm 后扦插。

(八) 扦插

扦插时避开每天高温期,或选择在阴天进行扦插。

扦插株行距(3～5) cm×15 cm。扦插时按 15 cm 的行距开深 3～4 cm 的沟,然后将插穗按一定的株距排好,再培土,稍镇压使插穗与基质密接。插穗下端埋入基质 3～4 cm。

(九) 扦插后消毒

扦插后及时进行床面消毒。可选用 0.1%多菌灵、百菌清或高锰酸钾溶液喷洒灭菌。

(十) 苗期管理

1. 温度管理·温度白天控制在 25 ℃左右,最高温度不超过 35 ℃,最低不低于 20 ℃。夜间温度不低于 15 ℃。每天 11:00～16:00 高温时段,当室内温度超过 25 ℃时,喷降温水同时加大室内通风,以防日灼危害。17:00 室内温度降至 25 ℃以下时,要关闭通风口。

2. 水分管理

(1) 插穗生根期间(0～20 天):室内湿度保持在 80%～90%,每天高温期透光率为自然光的 30%～50%。即 11:00～17:00 时加盖遮阳网遮荫,阴雨天则不遮阴。早晚各喷水 1 次,喷水时将喷头朝上,向叶片落雾滴,以叶片截留水珠但不下滴为好。午间高温时段增喷 1～2 次降温水。

(2) 插穗生根后:前期灌溉要多次少量,苗木速生期应少次多量,苗木生长后期控制灌溉,以防苗木徒长。

3. 病虫害防治·生根期间对插穗和床面进行灭菌,可以交替喷施 0.1%的多菌灵、百菌清或高锰酸钾,喷药间隔期为 7～10 天。苗木旺盛生长期及时杀灭地上害虫,可以交替喷施 0.3%敌百虫和 40%毒杀蜱乳剂 1 500 倍液,喷药间隔期为 20 天。5 月中旬后蛴螬幼虫上升至土表层时,及时杀灭土壤中的蛴螬幼虫,可以用敌百虫 800 倍液灌根或 14%毒杀蜱粒剂撒施根际土层后灌水,间隔期 20 日,共施用 3 次(表附 5)。

4. 松土除草·松土除草 2 次,深 3～5 cm。嫩枝扦插苗密度大,除草时要特别小心,以防带掉幼苗。第一次除草在幼苗生长高度达 10 cm 以上进行。第二次松土除草在 8 月份以前完成。

5. 追肥

生根后即喷施 1 次 0.1%尿素,以增强光合作用和促进生长,20～30 天后再重复喷施 1 次。

6. 抹芽

苗高 5 cm 以上时,选一健壮枝作主干,将其余萌生的侧芽抹除。苗高 60 cm 时剪顶。

7. 越冬期管理

越冬前灌透水 1 次。翌春 3 月初及时灌头水。

(十一) 苗木出圃

按本规程“(八)苗木出圃”的相关规定执行。

表附-4　枸杞扦插苗苗木质量分级表

苗龄（年）	苗木等级						综合控制指标	适用范围
	I 级苗			II 级苗				
	地径（cm）	苗高（cm）	根幅（cm）	地径（cm）	苗高（cm）	根幅（cm）		
1～2	＞0.8	＞100	＞20	0.5～0.8	60～100	15～20	枝条无机械损伤，无抽条干缩，无畸形；无病虫害；根系无霉变腐烂	柴达木地区枸杞经济林基地建设用苗

表附-5　枸杞采穗圃病虫害化学防治方法

病虫害种类	药剂	防治时间	主要防治方法
虫害	枸杞蚜虫（*Aphis* sp.）	10%扑虱蚜 吡虫啉 啶虫脒 苦参素	防治期：4、5、6、7、8月下旬。最佳防治期：蚜虫孵化期和无翅胎生蚜	10%%扑虱蚜 1 500～2 000 倍液；10%吡虫啉 1 000～1 500 倍液；3%啶虫脒 2 500 倍液；4%苦参素 800～1 200 倍液；2.5%的鱼藤精 1 000～2 000 倍液；大功臣 1 500～2 000 倍液；25%灭幼脲Ⅲ号悬浮剂 1 000 倍液喷雾
	枸杞木虱（*Trioza* sp.）	苦参素 敌虱龙 益犁克虱 木虱一边净 阿维菌素 蛾虱净乳油 阿克泰 吡虫啉	防治期：3、4、5月。最佳防治期：成虫出蛰期、若虫发生期	1%苦参素 1 200 倍液（若虫发生期）；25%敌虱龙 2 000～2 500 倍液；1.8%益犁克虱 5 000～6 000 倍液；木虱一边净 1 500 倍液；1.8%阿维菌素 3 000 倍液；28%蛾虱净乳油 1 500 倍液；2.5%阿克泰 6 000～8 000 倍液；10%吡虫啉 1 000～1 500 倍液
	枸杞锈螨（*Aculops lycii*）	硫黄胶悬剂 牵牛星 克螨特乳油 哒螨灵 石硫合剂	防治期：5月下旬、6月中旬。最佳防治期：成虫、若虫期	20%牵牛星可湿性粉剂 3 000～4 000 倍液（若虫期）；硫黄胶悬剂 600～800 倍液（成虫期）；73%克螨特乳油 2 000～3 000 倍液；20%哒螨灵 3 000～4 000 倍液；早春发芽前树体喷石硫合剂 3～5 波美度
	枸杞瘿螨（*Aceria macrodonis*）	石硫合剂 哒螨灵 克螨特乳油	防治期：5月初、6月中旬、8月中旬。最佳防治期：成虫出蛰转移期	早春发芽前树体喷石硫合剂 3～5 波美度；20%哒螨灵 3 000～4 000 倍液；73%克螨特乳油 2 000～3 000 倍液
	蛴螬	毒杀蜱 敌百虫	幼虫最佳防治期：5月中上旬	14%的毒杀蜱粒剂根际撒施；50%辛硫磷乳油 800 倍液灌根

(续表)

病虫害种类	药剂	防治时间	主要防治方法
病害 白粉病 (*Erysiphe graminis*)	波尔多液 噻霉酮 春雷霉素 多抗霉素 高锰酸钾 多菌灵	防治期：7～8月。 最佳防治期：阴雨天之前1～2日	1：1：200 波尔多液（硫酸铜：生石灰：水）噻霉酮 800 倍液；春雷霉素 600 倍液；多抗霉素 600 倍液；高锰酸钾 1 000 倍液；15％多菌灵可湿性粉剂 800～1 000 倍液
枸杞根腐病 (*Fusarium solani*)	灭病威 三唑酮 高锰酸钾 硫酸铜	防治期：7～8月。 最佳防治期：根茎处有轻微脱皮病斑	灭病威 500 倍液灌根；用三唑酮 100 倍液涂抹病斑；高锰酸钾 500 倍液灌根；硫酸铜 500 倍液灌根

附录三　枸杞组织培养养育技术规程

一、范围

本规程规定了枸杞（*Lucium barbarum* L.）组织培养养育过程中的培养条件、外植体处理、愈伤组织诱导、愈伤组织分化、不定芽诱导、生根培养以及组织培苗移植技术。

本规程适应于枸杞组织培养育苗。

二、规范性引用文件

下列文件对于本文件的应用是必不可少的。凡是注日期的应用文件，仅所注日期的版本适用于本文件。凡未注明日期的应用文件，其最新版本（包括所有的修改单）适用于本文件。

LY/T1882 林木组织培养育苗技术规程

DB63/F236 主要造林树种苗木质量分级

DB63/T1448 枸杞扦插育苗技术规程

三、组织培养条件

组织培养室建设、组织流程、管理按照 LY/T1882 执行

培养湿度 24～28 ℃，空气湿度 50％～80％，光照强度 1 000～1 600 lx，光照时间 16 h/天。

四、外植体材料

选择树势强健、无病虫害的枸杞植株幼嫩叶片或茎尖为组织培养外植体材料。

五、基本培养基的配置

（一）药品母液的配制

1. 制备细胞分裂素（6-BA，KT）母液·配制细胞分裂素 6-BA 或 KT 1 g/L 浓度母液。准确称取 6-BA 或 KT 药粉 100 mg，加少量蒸馏水，缓慢滴入 0.1 mol/L HCL 溶液的同时，反复摇晃，直至药物全部溶解，最后加蒸馏水定容至 100 mL，盖塞后摇匀。

2. 制备生长素类（IBA，NAA）母液·配制生长素类 IBA 或 NAA g/L 浓度母液。准确称取 IBA 或 NAA 药粉 100 mg，加 1.0 mL 蒸馏水，然后逐渐滴入 0.1 mol/L NaOH 溶液的同时，反复摇晃，直至药物全部溶解，最后加蒸馏水定容至 100 mL，盖塞后摇匀。

（二）基本培养基

基本培养基为 MS 培养基，培养基成分含量见

表附-6。

外植体处理、愈伤组织诱导和愈伤组织分化采用 1/2 MS 培养基,添加蔗糖 30 g/L、琼脂 6.0 g/L,调节 pH 为 5.8。

不定芽诱导和生根培养采用 1/2MS 培养基(大量元素和 Ca^{2+} 含量减半,其他元素含量不变),添加蔗糖 30 g/L、琼脂 6.0 g/L,调节 pH 为 6.1。

将培养基溶液在培养瓶中进行分装,培养液在组织瓶中的高度控制在 1.0～1.2 cm,在高压灭菌锅(121 ℃)灭菌 25 min。

六、外植体处理

采集长势良好、半木质化枸杞枝条上叶片,用毛刷蘸洗衣粉溶液轻轻地洗刷后,浸泡 25～30 min,再用流水冲洗 2 h。在超净工作台上用 75% 酒精消毒 30 s,无菌水冲洗 2 遍,再用 0.1 mg/L $HgCl_2$ 消毒 10 min,最后用无菌水冲洗 5 次以上,即可以进行接种工作。

七、叶片愈伤组织诱导

愈伤组织诱导培养基采用 MS 培养基,激素配比为 NAA 0.7 mg/L+6-BA 0.7 mg/L。

将外植体处理的枸杞叶片接入愈伤组织诱导培养基中,在无菌培养室内进行愈伤组织诱导。愈伤组织诱导培养时间为 25～30 天。

八、愈伤组织增殖

愈伤组织增殖培养基采用 MS 培养基,激素配 6-BA 1.0 mg/L+IBA 0.8 mg/L+NAA 0.2 mg/L。

选择呈现黄绿色、软硬适中的松散愈伤组织,剪切成直径 0.2～0.4 cm³ 小块,接入配制好的培养基,在无菌培养室内进行愈伤组织增殖培养。

愈伤组织增殖培养时间为 25～35 天。

九、愈伤组织分化

愈伤组织增殖分化培养基采用 MS 培养基,激素配比 KT 1.3 mg/L+NAA 0.02 mg/L。

将大量繁殖的愈伤组织切成体积为 0.4～0.6 cm³ 的小块,接入愈伤组织分化培养基,在无菌室内进行愈伤组织分化培养。

愈伤组织分化培养时间为 20～30 天。

十、茎段不定芽诱导

不定芽诱导培养基采用 1/2MS 培养基,激素配比 6-BA 0.8 mg/L+NAA 0.3 mg/L。

对愈伤组织分化形成的枸杞丛生芽进行分切,将带少量愈伤组织的丛生芽接入不定芽诱导培养基,于无菌培养室内进行不定芽诱导。

不定芽诱导培养时间为 20～30 天。

十一、茎段生根培养

不定芽诱导培养基采用 1/2MS 培养基,激素配比 6-BA 0.3 mg/L+NAA 0.3 mg/L。

将生长健壮的丛生芽幼茎剪成 1～2 cm 左右长度,转接入生根培养基,在培养室进行生根培养,生根培养时间为 15～20 天。

经过生根培养生长,正常生根并且长势良好的组培苗可以进行移植。部分组培苗通过循环进行茎段生根培养扩大生产。

十二、移植

(一)基层

选用蛭石、珍珠岩和泥炭配比为 5∶3 的混泥基质,在高压灭菌锅(121 ℃)灭菌 25 min,装入育苗容器。移植前基质必须充分浸水。

(二)移植

选择粗壮、均一、长势好、无变异的组培苗,在培养瓶内倒入适量清水,摇动,使培养基与幼苗分离,用镊子或小钩取出幼苗,用水冲洗干净黏附在根部的培养基,泥浆蘸根后植入育苗容器。

(三)炼苗

组织苗移栽后,每天洒水 1～2 次,保持湿度 70%～90%;覆盖遮阳网,避免阳光直射,前 10 天光强控制在 1 000～1 600 lx,以后逐渐提高到自然光强;湿度保持在 15～25 ℃;每 5～7 天喷 1 次杀菌剂。经过 20～30 天的过渡期后,进入常规管理。

十三、苗期管理

苗期管理参照 DB63-T1448 执行。

十四、苗木质量

苗木质量标准按照 DB63/F236 执行。

表附-6　MS培养基成分

成分	含量（mg/L）	成分	含量（mg/L）	成分	含量（mg/L）
NH_4NO_3	1 650	H_3BO_4	6.2	肌醇	100
KNO_3	1 900	$MnSO_4 \cdot 4H_2O$	22.3	烟酸	0.5
$CaCl_2 \cdot 2H_2O$	440	$CoCl_2 \cdot 6H_2O$	0.025	烟酸吡哆醇	0.5
$MgSO_4 \cdot 7H_2O$	370	$FeSO_4 \cdot 7H_2O$	27.8	盐酸硫胺素	0.1
KH_2PO_4	170	$Na_2EDTA \cdot 2H_2O$	37.3	甘氨酸	2
KI	0.83	$CuSO_4 \cdot 5H_2O$	0.025		

附录四　篱架枸杞栽培技术规程

一、范围

本规程规定了枸杞（*Lycium chinense* Mill.）篱架设施搭建、结果主枝骨架培养，结果枝组培养等技术。

本规程适用于枸杞产区。

二、规范性引用文件

下列文件对于本文件的应用是必不可少的。凡注明日期的引用文件，仅所注日期的版本适用于本文件。凡未注明日期的引用文件，其最新版本（包括所有的修改单）适用于本文件。

GB/T19116　枸杞栽培技术规程

DB63/T830　柴达木地区枸杞无性繁殖技术规程

DB63/T858　柴达木地区枸杞栽培技术规程

DB63/T916　枸杞丰产栽培技术规范

三、术语解释

1. 篱架·以枸杞栽植行为基准线，按不同间距栽植中间立柱，并按不同的高度和层次搭设支撑层，依附篱架设施的支撑作用，抬高结果主枝骨架高度，提高枸杞植株抵御风沙能力的设施。

2. 端头立柱·用于固定两端支撑层的立柱，主要作用是拉紧支撑层。

3. 斜顶柱·用于固定端头立柱，主要作用是与支撑层的拉力形成反作用力。

4. 中间立柱·用于固定支撑层垂直方向立柱。

四、篱架设施搭建

（一）篱架立柱

1. 材料及规格

（1）角钢立柱：高 200 cm，长、宽、厚：4 cm×4 cm×4 mm。端头立柱配套斜顶柱，斜顶柱采用钢管，长 200 cm±50 mm；立柱 150 cm 处打眼孔，眼孔直径 10 mm，斜顶柱端头打孔，眼孔直径 10 m，用 10 mm 螺丝杆连接固定；斜顶柱另一端垂直焊接挡板，挡板采用角钢，高 40 cm，长、宽、厚：4 cm×4 cm×4 mm。详见图附-1。

（2）水泥预制立柱：高 200 cm，长、宽：10 cm×10 cm，内置 2 根 Φ8 钢筋。端头立柱配套斜顶柱，斜顶柱采用水泥预制立柱，高 200 cm，长、宽：10 cm×10 cm，内置 2 根 Φ8 钢筋。端头立柱 150 cm 处预制三角凸出挡坎。详见图附-2。

2. 支撑立柱穿眼孔规格·根据不同栽培品种采用不同的配置规格，每根立柱预留穿眼孔，穿眼孔高度规格为以下 2 种：

（1）生长中庸品种（如青杞 1 号、宁杞 1 号等）采用：110 cm、155 cm、200 cm。

（2）生长旺盛品种（如青杞 2 号、宁杞 7 号等）采用：120 cm、160 cm、200 cm。

3. 支撑立柱布设与安装·立柱间距 15 m，行距依据枸杞栽植行距，安装深度 50 cm，采用 C20 以上商砼浇筑,两端从内侧加设斜顶柱,斜顶柱与立柱夹角为60°。

(二)篱架层

1. 篱架层材料·采用12号冷拔钢丝作为支撑层材料。

2. 篱架支撑层搭设·将钢丝绳穿过穿眼孔,利用紧线设备将钢丝绳拉紧,并固定在两端立柱上,见图附-3。

(三)绑缚材料

选用防紫外线黑色尼龙扎带,规格0.5 cm×25 cm、0.3 cm×15 cm。

五、枸杞苗栽

枸杞苗选用Ⅰ级苗,栽植时间和方法,按DB63/T830规定执行。

株行距1 m×3 m。

六、结果主枝骨架培养

(一)中央领导干型结果主枝骨架培养(图附-4)

1. 定干·栽植后,按照第一层篱架层高度定干,定干高度低于篱架层高度10 cm。

2. 第一层结果主枝培养·当年定干后,在剪口下20 cm范围内生长出5～6条新枝。有针对性地沿篱架层平行方向培养2个结果主枝,采取抹芽、重剪等相应的技术措施,扶壮结果主枝,9～10月,将2个结果主枝绑缚在篱架层上,绑缚方法以牵制住结果主枝方位即可,不能绑缚过紧,避免后期结果主枝加粗后绑缚带造成拘束影响。同时,沿钢丝绳垂直方向选留2个结果主枝,采用短截方法,截留长度25 cm以下,用于补空。

3. 第二层结果主枝培养·第一层结果主枝上选留1个靠近中心的背上枝(2条主枝上选留1个),并加以扶壮,培养中心干,于低于第二层篱架层高度10 cm处短截,培养第二层结果主枝。培养方法与第一层相同。

4. 第三层结果主枝培养·第二层结果主枝上选留1个靠近中心的背上枝(2条主枝上选留1个),并加以扶壮,培养中心干并于低于第三层篱架层高度10 cm处短截,培养第三层结果主枝。培养

方法与第一层相同。

(二)无中央领导干型结果主枝骨架培养(图附-5)

1. 定干·同"1. 定干"。

2. 第一层结果主枝培养·同"2. 第一层结果主枝培养"。

3. 第二层结果主枝培养·第一层2条结果主枝上分别选留1个健壮的背上枝(距中心30～40 cm处),加以扶壮,并于低于第二层篱架层高度10 cm处短截,培养第二层结果主枝。培养方法与第一层相同。

4. 第三层结果主枝培养·第二层4条结果主枝,距中心30～40 cm处选留2个健壮的背上枝,加以扶壮,并于低于第三层篱架层高度10 cm处短截,培养第三层结果主枝。培养方法与第一层相同。

七、结果枝组培养

(一)第一层结果枝组培养

第一层结果主枝培养后,通过对主枝短截,培养侧枝,利用侧枝短截技术逐年沿着篱架层方向延伸主枝,直至与相邻植株的反向主枝交汇为止。主枝上培养的次生枝,结合每年的休眠期修剪,清除背下枝;梳留侧枝,并逐年短截,截留长度15 cm以内;背上枝选留培养下一层结果主枝的枝条,除补空需要选留外全部清除。

(二)第二层结果枝组培养

培养方法同"(一)第一层结果枝组培养"。

(三)第三层结果枝组培养

培养方法同"(二)第二层结果枝组培养"。封顶高度距离地面170 cm,及时梳留背上枝并短截,达到封顶的效果。

(四)后期管理

三层结果主枝及结果枝组培养需要3年时间,一年一层,第三年培养第三层后,进入后期管理。主要通过封顶、短截等措施,整体调整、平衡树势,培养和维护篱架设施支撑的"一面墙"式立体结果枝组。按照结果期正常的整形修剪技术进行管理,在休眠期修剪中,及时清除徒长枝和不合理的新生枝,及时更换绑缚材料,维护好立体结果枝组骨架。

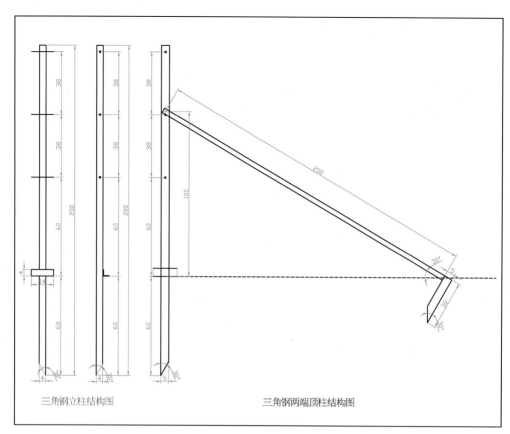

三角钢立柱结构图　　　　　　　三角钢两端顶柱结构图

图附-1　三角钢立柱及斜顶柱结构示意图

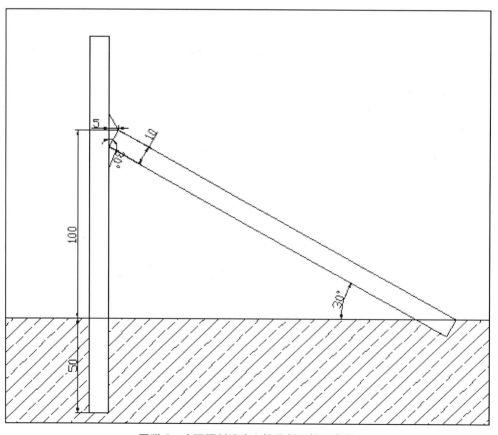

图附-2　水泥预制端头立柱及斜顶柱示意图

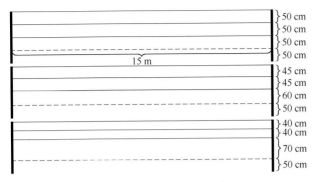

图附-3 篱架支撑层搭设示意图

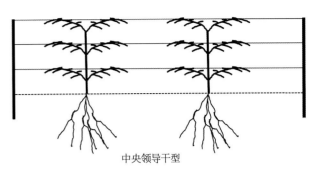

中央领导干型

图附-4 中央领导干型主枝培养示意图

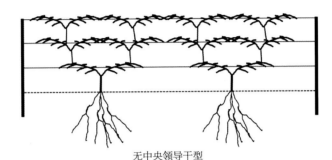

无中央领导干型

图附-5 无中央领导干型主枝培养示意图

附录五 病虫害综合防治技术规程

一、范围

本规程规定了枸杞病虫害的综合防治技术。本规程适用于青海枸杞适宜种植地区使用。

二、规范性引用文件

下列文件对于本文件的应用是必不可少的。凡注明日期的引用文件,仅所注日期的版本适用于本文件。凡未注明日期的引用文件,其最新版本(包括所有的修改单)适用于本文件。

GB/T4285 农药安全使用标准

GB/T8321 农药合理使用准则

三、技术内容

(一)防治原则

坚持"预防为主,综合防治"的植保原则,坚持以农业和物理防治为基础,生物防治为核心,辅以化学防治(表附-7)。

(二)病害综合防治技术

主要病害:白粉病、黑果病、根腐等。

1. 防治技术

(1)农业防治

清洁田园:秋季枸杞收获后结合秋冬季修剪整枝,要彻底清除树体上的病果、病枝及落叶落果进行烧毁或深埋。

田间栽培管理:对枸杞树进行合理的整形修剪,增加树体的通风透光;增施有机肥,提高枸杞树的抗病能力;勤于田间管理,发现中心病株,及时用有效药剂防治。

(2)化学防治:白粉病和黑果病发生期,按GB/T4285 和 GB/T8321 规定进行防治。

（三）虫害综合防治技术

主要虫害：枸杞蚜、枸杞锈螨、枸杞木虱、枸杞负泥虫、枸杞跳甲等。

1. 防治技术

（1）农业防治：人工铲除生长于田埂、地头、沟边以及房前屋后的野生枸杞。夏季及时剪除徒长枝和根蘖苗，防治枸杞锈螨、枸杞负泥虫及枸杞跳甲的滋生和蔓延。春秋两季修剪整枝，及时清除枯枝落叶和园地周围的枯草落叶，集中园外烧毁，消灭虫源。

加强土壤管理：秋季翻晒园地及早春土壤浅耕，结合灌溉，杀死土层越冬害虫，降低虫口密度。

合理施肥：合理施用有机肥和优质无机复合肥，减少氮肥的施用量。

（2）物理防治：利用害虫的群居性、假死性、趋光性、趋化性等特点，用人工扑杀法、阻隔法、诱杀法等方法进行防治。

（3）生物防治：在早春人工采集越冬天敌瓢虫和捕食性蝽象，在枸杞蚜、枸杞木虱等害虫活动时散放于枸杞地里，以控制其发生。

（4）化学防治：枸杞虫害的第一个危害高峰期集中在5月下旬至6月上旬，是药剂防治的关键期。8月上中旬枸杞害虫又进入繁殖盛期，出现第二个危害高峰期，9月中下旬结果期结束，害虫进入越冬期，应加大防治力度。根据虫害发生情况，正确使用农药、剂型、浓度和方法，做到适时防治见表附-7。早春发芽前树体喷石硫合剂消灭在树体越冬的害虫。虫害防治关键期，首先使用阿维菌素、苦参素等植物源农药、1∶1∶120倍波尔多液、45%硫黄胶悬剂200～300倍液等矿物类农药进行防治；其次按GB/T4285和GB/T8321规定进行防治。

表附-7 常用药剂及使用方法

防治对象	防治时期	防治药剂及浓度	安全使用间隔期	备注
枸杞黑果病	7～8月	1∶1∶200波尔多液（硫酸铜∶生石灰∶水）；50%多菌灵可湿性粉剂800倍液；45%硫黄胶悬剂200～300倍液	5～7天	
白粉病	7～8月	1∶1∶200波尔多液（硫酸铜∶生石灰∶水）；3～5波美度石硫合剂；45%硫黄胶悬剂200～300倍液；15%粉锈宁可湿性粉剂1 000倍液	粉锈宁15日以上；其余农药7～10天	石硫合剂在早春树体萌芽前全树喷施
枸杞根腐病	7～8月	45%代森铵500倍稀释液；50%甲基托布津1 000～1 500倍液；50%多菌灵1 000～1 500倍液		每株用10～15 kg药水灌根
枸杞蚜虫	4～8月下旬 最佳防治期：蚜虫孵化期和无翅胎生蚜	50%灭幼脲悬浮剂1 500倍液；10%吡虫啉可湿性粉剂1 000～1 500倍液；1.8%阿维菌素3 000倍液	灭幼脲15～21天；其余农药7天以上	
枸杞木虱	3～10月 最佳防治期：成虫出蛰期、若虫发生期	25%灭幼脲悬浮剂1 500倍液；1.8%阿维菌素3 000倍液；25%扑虱灵可湿性粉剂1 500倍液；48%乐斯本乳油1 500倍液	灭幼脲15～21天；其余农药7天以上	
枸杞锈螨	4～6月上旬、10月 最佳防治期：成虫、若虫期	50%硫黄胶悬剂600～800倍液；3～5波美度石硫合剂；20%哒螨灵矿物油乳油3 000～4 000倍液＋1.8%阿维菌素3 000倍液	杀螨剂15天；其余农药7天以上	石硫合剂在早春树体萌芽前全树喷施
负泥虫	4～7月 最佳防治期：幼虫期	2%阿维菌素5 000倍液；10%吡虫啉可湿性粉剂1 500～2 000倍液；48%乐斯本乳油1 500倍液	7天以上	
枸杞跳甲	4～7月	2.5%溴氰菊酯乳油3 000倍液；40%菊杀或菊马乳油2 000倍液；48%乐斯本乳油1 500倍液	7天以上	

附录六 柴达木枸杞栽培整形修剪规程

一、丰产栽培整形与修剪

(一)幼龄树丰产修剪

枸杞在定植后4～5年内为幼树期。幼树整形采用疏散分层形或圆锥形树形。

定植后第一年在苗高50～60 cm定干,定干在春季进行,选3～5个分布均匀,生长健壮的枝作主枝,在主枝15～20 cm处剪短,已形成骨干枝。

第二年春,对主枝上抽生的当年没有摘心的分枝,选主枝两侧的1～2个留10 cm左右短截,促使其发分枝,培养成结果枝;疏除第一年留在主干上太弱或过密的临时结果枝。

第三年至第五年按照第二年的方法,对徒长枝进行摘心利用,逐年扩大,充实树冠。经过4～5年整形修剪,形成高1.6 m左右,树冠1 m左右,主枝4～6层,枝干分布均匀、冠形稳定、上小下大的丰产树形。

(二)成龄树丰产修剪

成年枸杞修剪的要点是对枝条去旧留新,不断更新复壮结果枝;利用徒长枝补充树冠空缺,保持结果面积大、高产稳产的树冠。具体为春、夏、秋冬三次修剪。

3～4月春剪,剪除冬季干枯枝,并对秋季修剪的不足进行补充修剪。

5～8月夏剪,对徒长枝的剪除和利用,形成新的结果枝组;对树冠结果较少、树冠高度不够、秃顶、偏冠及有缺空的树体利用徒长枝,多次打顶促进枝条萌发,有效增加枝级和结果枝数;清除树冠顶上、根径和主干周围无用的徒长枝。

9月底,在采收完后至翌年3月进行秋冬剪,剪去主干基部和树冠顶部无价值的徒长枝、病枯枝;在冠顶去强枝留弱枝,中层短截中间枝,下层留顺结果枝,枝组去弱留壮枝,冠下回截着地;利用徒长枝短截补空保持树冠疏密分布均匀、圆满。

二、有机生态(经济林)整形修剪

(一)结构

密植林选用长圆锥形、疏散分层形;稀植林选用自然半圆形。三种树形的结构特点为:

1. 自然半圆形结构特点·主干40～50 cm,分两层一顶,层间距50～60 cm,树高1.6 m,冠幅1.5～1.6 m,呈上稀下密,上小下大,主枝5个(第一层3个,第二层2个)。

2. 长圆锥形结构特点·树高1.6 m,冠幅1.0～1.2 m。有明显的中央领导干,小主枝20个,分4～5层,着生在中心干上,每层4～5主枝。

3. 疏散分层形结构特点·树高1.6 m,冠幅1.4 m,主干40～50 cm。主枝5～7个。

(二)幼树整形(1～4年)

枸杞树型虽多,但整形修剪原则基本相同,只是各树形的主枝量和层次不同。现以自然半圆形为例,介绍幼树整形修剪方法。

1. 剪顶定干与主枝选择·株高60 cm剪顶定干。将主干根径以上40 cm的萌芽抹除,分枝带上选留生长不同方向的嫩枝3～5个,于20～30 cm处短截作为小树冠骨干枝。

等骨干枝发出分枝后,在其两侧各选1～2个分枝做一级大侧枝。同时利用主干上部发出的直立徒长枝,当其高出树冠20 cm时摘心培养成第二层中心干,同理在其上端培养第二层主枝,在主枝10～15 cm处摘心,形成第二层树冠。

2. 培养基层·第二、第三年,选留和短截中间枝促发结果枝,扩大充实树冠,同时,剪除树冠上部和主干其他部位所抽生的徒长枝。

3. 放顶成形·第四年在树冠顶层选留靠近树中心的中间枝放顶20～30 cm。同时,剪除树冠下层的结果枝要逐年剪旧留新,剪弱留强。对树冠中下部生长势强的中间枝和结果枝实行交错短截,促发二、三次结果枝,充实树冠。

（三）盛果期树的修剪（5～15 年）

1. 春季修剪·4～5 月剪去越冬后风干的枝条或枝梢，并对秋冬季修剪的不足进行补充修剪。

2. 夏季修剪·5 月下旬～8 月上旬，主要是徒长枝的剪除和利用，形成新的结果枝组，保持夏秋正常开花结果。对树冠结果枝少、树冠高度不够、秃顶、偏冠及有缺空的树体利用徒长枝，多次打顶促进枝条萌发，有效增加枝级，增加结果枝数。对生长在树冠顶上、根径和主干周围无用的徒长枝予以清除。

3. 秋冬季修剪·9 月中旬至第二年 3 月，保持树冠枝条上下通顺，疏密分布均匀，树冠圆满。

剪除主干基部和树冠顶部的徒长枝。在冠顶去强枝留弱枝，中层短截中间枝，下层留顺结果枝，枝组去弱留壮枝，冠下回截着地枝。利用徒长枝短截补空。

（四）盛果中后期树的修剪（15 年以后）

这期间枸杞林的经济价值正逐年降低，对于立地条件较好的生态经济林来说，枸杞林 15 年后，建议挖除后重新建园。

附录七　有机枸杞栽培技术规范

一、范围

本规范规定了有机枸杞种植基地与品种选择、栽培技术要求、病虫害防治、采收等技术要求。

本规范适用于柴达木地区海拔 2 900 m 以下的有机枸杞栽培。

二、规范性应用文件

下列文件对于本文件的应用是必不可少的。凡注明日期的应用文件，仅所注日期的版本使用于本文件。凡未注明日期的引用文件，其最新版本（包括所有的修改单）适用于本文件。

GB6000 主要造林树苗木质量分级

NY525 有机肥料

DB63/T829 柴达木地区枸杞生态经济林基地建设技术规程

DB63/T858 柴达木地区枸杞栽培技术规程

DB63/T 有机枸杞种植基地建设技术规范

三、种植基地与品种选择

1. 种植基地建设要求·种植基地符合 DB63/T 的要求。

2. 品种与苗的选择·选择通过审定或认定的枸杞品种。

3. 种苗的选择·符合 GB6000 中枸杞 I 级苗标准。

四、栽培技术要求

1. 整地·在栽植种苗的当年秋季，结合整地每 0.067 hm² 施有机肥 2 000～3 000 kg，深翻土地 25～30 cm，并灌足冬水。翌年春季栽植前浅耕细耙，平整土地，按株行距挖栽植穴，长、宽、深均为 40 cm。

2. 栽植

（1）栽植密度：机械作业园，株行距为 1 m×3 m。人工作业园，株行距为 1 m×2 m。

（2）栽植方法：春季栽植应在土壤解冻后，苗木发芽前的 4 月进行。

栽植时采用穴植，每坑投放 2～3 kg 的有机肥料，用"三埋两踩一提苗"的方法进行栽植，栽植后灌足水。

3. 灌溉·按照 DB63/T858 执行。

4. 除草·采用人工除草或机械除草，除草后及时清理杂草。

5. 施肥·应施符合 NY525 要求的有机肥料。施肥总量中 2/3 作基肥，1/3 作追肥，在苗期和盛花期各追肥一次。追肥方式为环状浅沟施肥。在种苗四周，距离种苗 20～30 cm，开深 15～25 cm 环状浅沟或侧沟，将肥料均匀撒入沟底，用土壤覆盖，并踩压紧实，追肥后立即灌溉。

6. 整形修剪·按照 DB63/T829 执行。

五、病虫害防治

(一) 病虫害种类

主要虫害有枸杞蚜虫、枸杞瘿螨、枸杞负泥虫、枸杞锈螨、枸杞木虱。

主要病虫害有枸杞炭疽病、枸杞根腐病、枸杞白粉病。

(二) 病虫害防治方法

1. 防治原则·以防为主,防治结合,优先采用农业防治,综合运用物理防治措施和生物防治措施,不应采用化学防治方法。

2. 农业防治·早春土壤浅耕、中耕除草、挖坑施肥、灌水封闭和秋季晒坨。早春和晚秋清理被修剪下来的残、枯、病、虫枝条连同周围的枯草落叶,集中枸杞种植区外销毁。

3. 物理防治·用人工扑杀法、阻隔法、诱杀法等方法来防治枸杞病虫害,具体防治方法可参见表附-8。

4. 有机农药防治·利用植物源和矿物源有机农药进行防治,有机农药必须使用经由有机认证机构认证的农药。具体防治方法可见表附-9。

六、采收

1. 采收时间·果实色泽红润、果蒂松动,易脱落时采收。采收期 7 月下旬至 10 月中旬。

2. 采收要求·采果时应轻采、轻拿、轻放。采收工具和运输车辆宜专用,在使用前应进行清洁,并有明显标志,避免与非有机货混装混运。

3. 标识·果品从采收至包装应有详细的记录,并有严格的批次号追溯体系,保证果品在每个环节都能识别出批次号及来源。

表附-8 物理防治病虫害

病虫害种类	物理防治方法	防治时间	主要防治方法
枸杞蚜虫	黄色粘虫板防治	防治期:5~8 月	(1) 在枸杞田间距离地面 140 cm 高处,悬挂黄色粘虫板,采用棋盘式布局。 (2) 在枸杞园行间悬挂银灰色塑料条,高度等高或高于枸杞植株
枸杞负泥虫	地膜覆盖防治人工捏除防治	防治期:4~5 月	(1) 以树行为中线,在树行两侧同时覆膜,范围为枸杞树冠下超出冠幅在地面垂直投影外侧 15~20 cm 处,将两侧膜靠近树行的内侧边,拉拢叠到一起,重叠宽度 5~10 cm,两侧边均匀用土压实。应先施肥、后覆膜、再灌水。 (2) 枸杞负泥虫的幼虫和"人"字形排列卵块易辨认,可用手将枝条、叶片上的虫卵和幼虫捏除
枸杞木虱	地膜覆盖黄色粘虫板防治	防治期:4~5 月	(1) 可结合枸杞负泥虫用地膜覆盖法防治。 (2) 在枸杞田间距地面 140 cm 高处,悬挂黄色粘虫板,采用棋盘式布局

表附-9 有机农药防治病虫害防止

病虫害种类	有机农药	防治时间	主要防治方法
枸杞蚜虫	石硫合剂	防治期:4~8 月、10 月。 最佳防治期:无翅胎生期	早春前选用 40% 石硫合剂晶体 100 倍或熬制的石硫合剂 20~30 倍对树冠进行喷雾
枸杞瘿螨	石硫合剂硫黄悬浮剂	防治期:4~6 月、10 月。 最佳防治期:成虫出蛰转移期	越冬或早春前选用 40% 石硫合剂晶体 100 倍或熬制的石硫合剂 20~30 倍对树冠进行喷雾;成虫期选用硫黄悬浮剂 600~800 倍对树冠进行喷雾

（续表）

病虫害种类	有机农药	防治时间	主要防治方法
枸杞负泥虫	石硫合剂 除虫菊素	防治期：4～6月、7月。 最佳防治期：幼虫期	越冬或早春前选用40％石硫合剂晶体100倍对全园进行喷雾；成虫期选用1.5％除虫菊素水乳剂对树冠进行喷雾。注意喷洒叶片背面
枸杞锈螨	石硫合剂 硫黄悬浮剂	防治期：4～6月、10月。 最佳防治期：成虫期、若虫期	越冬或早春前选用40％石硫合剂晶体100倍对树冠进行喷雾；成虫期选用硫黄悬浮剂600～800倍对树冠进行喷雾
枸杞木虱	除虫菊素	防治期：4月、5月、10月。 最佳防治期：成虫出蛰期、若虫发生期	1.5％除虫菊素水乳剂对树冠进行喷雾
枸杞炭疽病	—	防治期：1月、7～8月。 最佳防治期：阴雨之前1～2天	在天气最冷的1月敲打震落病虫残果，清园，去除田间病、残果，把病残枝、叶、果全部带出园外销毁
枸杞根腐病	石硫合剂	防治期：7～8月。 最佳防治期：根茎处有轻微脱皮病斑	早春发芽前选用40％石硫合剂晶体100倍对树体进行喷雾；发现皮层破裂式伤口，立即涂刷石硫合剂
枸杞白粉病	石硫合剂	防治期：7～8月。 最佳防治期：阴雨前1～2天	发现病株、病叶后，连续喷施45％石硫合剂晶体300倍，均匀喷洒

附录八　有机枸杞种植基地建设技术规范

一、范围

本规范规定了有机枸杞种植基地建设过程中的基地建设条件、基地规划、土壤培肥、建立技术档案及种植基地有机认证等技术要求。

本规范适用于柴达木地区海拔2900 m以下有机枸杞基地建设。

二、规范性引用文件

下列文件对于本文件的应用是必不可少的。凡注明日期的引用文件，仅所注日期的版本适用于本文件。凡未注明日期的引用文件，其最新版本（包括所有修改单）适用于本文件。

GB3095 环境空气质量标准

GB5084 农田灌溉水质标准

GB15618 土壤环境质量标准

NY525 有机肥料

三、术语和定义

下列术语和定义适用于技术规范

1. 有机枸杞·枸杞在栽培过程中不使用化学合成的肥料、农药、生长调节剂和除草剂等投入物，不采用基因工程技术及其产物，并且经过合法机构依据有机食品相关标准认证，获得有机认证证书的枸杞果实。

2. 防护林带·在种植基地周围以防御自然灾害、保护农田、控制漂移污染、保障农业生产为主要目的的带状形式森林、林木和灌木丛。

3. 缓冲带·在有机和非有机地块之间有目的的设置的、可明确界定和用来限制或阻挡邻近地块的禁用物质漂移的过度区域。

4. 土壤培肥·通过一定的措施提高土壤肥力。

5. 有机肥料·主要来源与植物和动物，经过发酵腐熟的含氮有机物料，其功能是改善土壤肥力、提供作物营养、提高作物品质。应经有机认证或有机认证机构允许。

四、基地建设条件

1. 环境空气质量·符合 GB3095 二级标准。
2. 土壤环境质量·符合 GB15618 二级标准。
3. 水环境质量·符合 GB5084 二级标准。

五、基地规划

1. 选址·集中连片，有水源保障，远离城市和工矿区，远离交通主线、生活垃圾厂，距禽畜养殖场 1 km 以上，周围 3 km 及主导风险 5 km 内无工矿业污染源。

2. 种植区的规划·按 20～30 hm² 设立一个枸杞种植小区，每个小区之间栽植防护林带。

3. 渠系配套·设置宽度为 100～150 cm 主渠，80～120 cm 支渠，50～60 cm 斗渠。

4. 防护林建设·防护林带的建设与种植园区的渠、路等设施相结合；主林带方向与主风方向垂直，副林带与主林带垂直，主副林带宜 2～4 行；林带树种选择新疆杨、河北杨、小叶杨及怪柳等。

5. 田间道路建设·与渠道、防护林相结合，道路宽度为 4～6 m，高出地面 30 cm 以上，实现道路互通互联。

6. 缓冲带设置·缓冲带宽度不少于 20 cm。

六、土壤培肥

1. 土壤培肥原则·不应使用任何化肥、农药、生长调节剂和除草剂等。

2. 有机肥料·施用的有机肥料必须通过有机认证或经认证机构允许，符合 NY525 的要求。

根据土壤状况施肥，一般土壤每 0.067 hm² 施 2 000～3 000 kg 有机肥料，新开垦的荒地每 0.067 hm² 施 3 000～5 000 kg 有机肥料。

七、建立技术档案

关键技术环节均要有详细完整的记录和档案，记录清单参见表附-10。

表附-10 技术档案清单

序号	记录名称
1	地理位置图(包含基地周围环境、水源)
2	地块分布图(包含缓冲带、防护林、水渠布局)
3	基地环境证明材料(包含土壤、大气、灌溉水、加工用水等检测报告)
4	土地租赁合同或土地证
5	苗木来源
6	种苗审定(或认定)报告
7	有机肥料来源(包含厂家资质)
8	有机农药来源(包含成分说明、厂家资质)
9	有机种植、加工管理文件、操作规程、工艺流程图
10	农事记录
11	有机肥制备记录
12	病虫害防治记录
13	投入物管理记录(农药、肥料)
14	有机枸杞收货记录
15	产品收货、加工、贮运、销售等全套可追溯记录
16	专业技术人员和管理人员资质证书
17	购买树苗、有机肥、有机农药的发票和证明

附录九　柴达木地区枸杞栽培技术规程

一、范围

本规程规定了枸杞生产基地环境要求；种条扦插技术要求；栽培技术要求以及枸杞栽培中的农药和肥料使用准则技术要求。

本规范适用于柴达木盆地及毗邻地区。

二、规范性引用文件

下列文件中的条款通过本标准的引用而成为本标准的条款。凡注明日期的引用文件，其随后所有的修改单(不包括勘误的内容)或修订版均不适用于本标准,然而,鼓励根据本标准达成协议的各方研究是否可使用这些文件的最新版本。凡未注明日期的引用文件,其最新版本适用于本标准。

GB3095 环境空气质量标准

GB3838 地表水环境质量标准

GB4285 农药安全使用标准

GB5084 农田灌溉水质标准

GB8321 农药合理使用准则

GB/T14848 地下水质量标准

GB15618 土壤环境质量标准

NY/T393 绿色食品　农药合理使用准则

DB/T830 - 2009 柴达木地区枸杞无性繁殖技术规程

三、生产条件要求

(一)自然环境条件

1. 气候条件·应为大陆性季风气候,年平均日照时数 2 554～3 000 h 之间,日照百分率为 66.4%～72.6%,太阳辐射量在 540.4～642.6 kJ/m² 之间,年平均气温 4～7℃,年平均降水 50～200 mm,无霜期大于 100 天。

2. 土壤条件·土壤以沙壤土、灰漠土、灰棕漠土为主,土壤层厚度大于 50 cm,土壤表层 10～30 cm 有机质含量为 5%～25%,土壤 pH 7.2～8.5。

(二)产区环境质量要求

1. 环境空气质量·符合 GB3095 二级标准。

2. 土壤环境质量·符合 GB15618 二级标准。

3. 水环境质量·农田灌溉水质符合 GB5084、地表水质达到 GB3838、地下水质达到 GB/T14848 的要求。

四、扦插条技术要求

(一)扦插条技术要求

1. 扦插种条的采选与处理·嫩枝扦插种条应选择直径 0.5 cm 以上当年萌发的半木质化营养枝。扦插种条修剪长度 15～18 cm,每枝种条上应当保持有 2～3 个发育良好的侧芽。扦插种条应在现场采选、现场修剪并及时运送到处理池进行处理(40% 或 80% α-萘乙酸 500 倍液浸泡 3～12 h),处理后直接扦插栽植。

2. 选地、整地·翻耕深度 20 cm 以上,做到精耕细作,清除石块、杂草,达到地平土碎。地下病虫害多的地方,育苗前应进行土壤处理,用啶虫脒、百菌清或多菌灵防治害虫和病菌,虫害用药量 7.5～12.0 kg/hm²(0.5～0.8 kg/亩),拌土撒施。病害用药量 4.5～9.0 kg/hm²(0.3～0.6 kg/亩),拌土撒施。

3. 施肥·利用牛、羊等家畜粪便经过发酵腐熟添加生物菌素生产的有机肥,其有机质含量≥30%,速效氮、磷、钾含量分别大于 28%、27% 和 18%,并以施足基肥,适当追肥为原则。基肥中的有机肥结合翻耕施肥每 37.5×10³～75.0×10³ kg/hm²(2.5×10³～5×10³ kg/每亩),在生长期间的 6～8 月份追施有机肥 1.5×10³～3.0×10³ kg/hm²(100～200 kg/每亩),施肥后灌水。

嫩枝扦插条在栽植后应当架设高 50～60 cm 拱棚。待种条生根后,可拆除拱棚并灌水和追肥。扦插苗长到 20～30 cm 高时,应及时抹去苗木基部发生的侧芽,保留离地面 15～20 cm 高处的侧芽。当苗高达 6 cm 时及时摘心控制高生长。

4. 除草与间苗

(1) 除草:苗期除草应除早、除小、除净。除草结合松土进行,灌溉后应松土,松土要全面,但不能伤苗。

(2) 间苗:当年生幼苗高达 3～5 cm 时,进行第一次间苗。间去劣质和过密苗,株距为 3～5 cm。当苗高达 8～10 cm 时进行定苗,株距 5～6 cm。每公顷定苗 22.5～30 万株(1.5～2.0 万株/每亩)。

5. 苗期管理·嫩枝扦插条在栽植后应当架设高 50～60 cm 拱棚,以保持种条的生长发育温度和适度环境;待种条生根后,既可拆除拱棚并灌水和追肥;扦插苗长到 20～30 cm 高时,应及时抹去苗木基部发生的侧芽,保留离地面 15～25 cm 高处的侧芽;当苗高达 60 cm 时及时摘心控制高生长。

(二)硬枝扦插

1. 扦插种条的采选与处理·硬枝扦插条应当选择三年生以上树龄健康无病害木质化植株作为采条母树,采种枝条直径大于 0.5 cm,在 4 月下旬进行。扦插种条应选择直径 0.8 cm 以上越冬木质化营养枝，扦插种条修剪长度 18～20 cm，每枝种条上应当保持有 2～3 个发育良好的侧芽。扦插种条应在现场采选、修剪并及时运送到处理池中进行处理（40％或 80％ α-萘乙酸 500 倍液浸泡 24 h），处理后直接扦插栽植。

2. 选地整地·按本标准"2.选地、整地"执行。

3. 苗期施肥·按本标准"3.施肥"执行。

4. 苗期管理·硬枝扦插种条在栽植（扦插）后应覆盖农用薄膜。在栽植（扦插）中应当控制密度，株距为 5～6 cm。栽植密度控制在 22.5～25.5 万株/hm²（1.5～1.7 万株/亩）。种条萌发后应将薄膜及时开孔，露出苗芽，五月中旬去除薄膜，保障种苗生长。待种条生根实生苗长到 20～30 cm 高时，及时抹去苗木基部发生的侧芽，保留离地面 15～25 cm 高处的侧芽。当苗高达 60 cm 时摘心控制高生长。

5. 除草、间苗

（1）除草：按本标准"（1）除草"执行。

（2）间苗：当年生幼苗高达 10～15 cm 时，应进行第一次间苗。间去劣质和过密苗，株距为 5～6 cm。当苗高达 20～30 cm 时进行定苗，株距 5～6 cm。定苗 22.5～25.5 万株/hm²（1.5～1.7 万株/亩）。

6. 起苗·春季育的苗在翌年春季或当年秋末起苗，边起苗边定植，栽后浇水。夏季育的苗需在翌年春季定植，挖苗时地要潮湿松软，以保持大苗的根系完整，从地边向内挖苗，挖出的苗子及时假植，防止苗干枯。挖完后，将苗按照 50 株或 100 株为单位扎成小捆，保持根系湿润，运往异地定植。

（三）枸杞种苗质量分级

按 DB/T830-2009 柴达木地区枸杞无性繁殖技术规程执行。

五、栽培技术要求

（一）田间管理

1. 选种整地·按本标准"2.选地、整地"执行。

2. 种植密度·枸杞栽植密度可以按照机械化作业和人工作业两种方式控制密度。栽植密度控制在 3 900～4 500 株/hm²（260～300 株/亩），保苗数 3 900～4 500 株/hm²（230～280 株/亩）。机械化作业区的栽植株行距为 1.0 m×3.0 m；人工作业区的栽植株行距控制在 1.5 m×2.0 m。栽培方式：圆形穴植。植穴规格：直径 50～60 cm、深 60 cm；栽坑穴内放置枸杞苗专用配方肥 0.2 kg，再将枸杞种苗放入坑穴中（根部要全部放入坑穴底部），填埋土壤、提苗、边填土边踩压（避免踩伤种苗种皮），直到苗木基茎处，土壤紧实后再培土 20～30 cm（防止灌溉后，土壤下陷造成种苗倾斜）。

3. 除草与施肥

（1）除草：苗期应随时清除杂草，锄草、松土要同时进行。种苗种植后的十个月以内应当间隔 5～7 日除草一次。除草后应将杂草统一搬运到距离枸杞田地 50 m 范围以外空旷地点，统一焚烧或填埋。苗期（一至两年生）以人工除草或机械除草为主，三年生及以上主要采用锄具或机械除草和松土。

（2）施肥：要采取早施、深施、秋施的方法。施足底肥，巧施追肥。生长期使用有机肥（有机质含量≥30％，速效氮、磷、钾含量分别≥28％、27％和 18％）。施肥量为 82.5×10³～105.0×10³ kg/hm²［（5.5～7.0）×10³ kg/亩］，其中 2/3 作底肥，1/3 作追肥，在苗期和盛花期各追肥一次。追肥方式：环状浅沟施肥。在种苗四周，距离种苗 20～30 cm，开深 15～25 cm 环状浅沟或侧沟，将肥料均匀撒入沟底，用土壤覆盖，并踩压紧实。追肥后应当立即灌溉。

4 月初结合除草进行一次施肥，施 150×10³ kg/hm²（1×10³ kg/亩）有机肥，施肥后覆土 3～5 cm。第四年 6 月结合行间杂草清除，开沟施用 20×10³ kg/hm²（1.3×10³ kg/亩），施肥后覆土深度 3～5 cm 并踩压。

（二）灌溉

灌水情况随树冠大小、园地土质及生长期等方面而变化，一般大树比小树需水量大，沙土比壤土需水量大，灌水次数多。夏季是花果盛期，气温高，需水量和灌水次数都比春、秋季多。

灌水可分为三个时期：

（1）采果前：4 月下旬至 8 月中旬，是春枝生长和新、老枝开花结果时期，除保证在萌芽前灌好头水外，还应根据土壤墒情，一般隔 15～25 天灌 1 次水。

（2）采果期：8 月下旬至 10 月中旬，一般每采 1～2 次蓬果后灌 1 次水。8 月上旬灌伏泡水有利于秋果生长。

（3）采果后期：11 月上旬至 11 月中旬灌冬水，既有利秋果生长发育，还能起到一定的压碱作用，对翌年枸杞生长也有利。

头水和冬水灌水量要大，其他时候灌水量小。水源充足地方多采用全园灌溉，在缺水地区利用沟灌或滴灌，在炎热夏季采果后除进行土壤灌水外，还要向树冠泼水，可增加树冠表面水分，也可洗去叶上部分害虫，有利果实生长。最好采用喷灌或微灌，既可节约用水，又有利于枸杞生长。

（三）剪枝

枸杞幼树和盛果期都应进行整形修剪，保持圆满的丰产树形。剪枝从成活之时即开始选留枝芽。春季主要留中果枝，多次剪切强壮枝条（剪切 1/3，保留 2/3），培养 1、2、3 次枝。彻底清除老弱枝、过密枝、膛内枝和疯长枝，夏季和秋季主要剪除膛内枝和疯长枝。

六、病虫鸟害防治

（一）防治方法

1. 病害防治

（1）枸杞黑果病防治：冬季清理枸杞园，把病害的果、叶、枝等清除烧毁；用 70% 甲基托布津可湿性粉剂 600 倍稀释液或喷等量式波尔多液 100 倍稀释液。

（2）枸杞根腐病防治：改善耕作条件，培土垄作，减少枸杞根际积水，避免耕作时伤根；用 45% 代森锌 500 倍稀释液或 50% 多菌灵 500 倍稀释液灌根。

（3）枸杞白粉病防治：利用三唑酮稀释 500 倍液喷雾防治，连续喷施 3 次。

（4）枸杞流胶病防治：应在发病早期防治，先将有流胶及污染部位的树皮用刀刮干净，然后涂上多菌灵原液或 2% 硫酸铜溶液涂抹。

2. 虫害防治·危害枸杞的害虫主要有枸杞蚜虫、红蜘蛛、枸杞瘿螨、枸杞锈螨、枸杞木虱、枸杞负泥虫、地老虎和蛴螬等。枸杞瘿螨、枸杞锈螨、枸杞木虱、枸杞负泥虫等虫害利用啶虫脒稀释 2 000 倍液喷雾，枸杞蚜虫、红蜘蛛用 3% 闪剑稀释 500 倍液液喷雾防治害虫。生产过程中严禁使用高毒高残留农药，出口产品还应禁止使用菊酯类农药。

3. 鸟害防治·在初果期架设高度 2 m 以上防鸟网。

（二）疫情和病、虫、鸟害的检测

1. 检测·采用定期和不定期的检测方法。定期检测周期按照枸杞的不同发育时期，采用不同的检测频率。实生苗期每 3 天检测一次，三年生及以上每 2 天检测一次，不定期检测，每月不得低于 5 次。

2. 预警预报·病、虫、鸟害发生率达到 1% 时，为预警预报限值标准，当病虫鸟害发生率达到 1% 以上即达到全面防治标准。

3. 防治效果·防治效果达到 60% 以上为防治初步效果，防治效果达到 98% 以上则为达到全面控制防治效果。

（三）农药使用要求

1. 农药类型

（1）生物源农药：直接利用生物活体或生物代谢过程中产生的具有生物活性的物质或从生物体提取的物质作为防治农药，按 NY/T393 标准执行。

（2）矿物源农药：有效成分起源于矿物的无机化合物和石油类农药。

（3）有机合成农药：由人工研制合成，并由有机化学工业生产的商品化的一类农药，包括中等毒和低素类杀虫杀螨剂、杀菌剂、除草剂。

2. 允许使用的农药种类

（1）生物源农药

1）农用抗生素

防治真菌病害：灭瘟素、春雷霉素、多抗霉素（多氧霉素）、井岗霉素、农抗菌 120、中生菌素等。

防治螨类：浏阳霉素、华光霉素。

2）活体微生物农药

真菌剂：蜡蚧轮枝菌等。

细菌剂：苏云金杆菌、蜡质芽孢杆菌等。

拮抗菌剂。

昆虫病原线虫、微孢子。

病毒：核多角体病毒。

3）动物源农药

昆虫信息素（或昆虫外激素）：如性信息素。

活体制剂：寄生性、捕食性的天敌动物。

4）植物源农药

杀虫剂：除虫菊素、鱼藤酮、烟碱、植物油等。

杀菌剂：大蒜素。

拒避剂：印楝素、苦楝素、川楝素。

增效剂：芝麻素。

（2）矿物源农药

1）无机杀螨杀菌剂

硫制剂：硫悬浮剂、可湿性硫、石硫合剂等。

铜制剂：硫酸铜、王铜、氢氧化铜、波尔多液等。

2）矿物油乳剂：柴油乳剂等。

（3）有机合成农药。

3. 使用准则·枸杞生产应从作物——病虫草等整个生态系统出发，综合运用各种防治措施，创造不利于病虫草害孳生和有利于各类天敌繁衍的环境条件，保持农业生态系统的平衡和生物多样化，减少各类病虫草害所造成的损失。

（1）施药量与安全间隔期：按照 GB4258、GB8321.1、GB8321.2、GB8321.3、GB8321.4、GB/T8321.5、GB/T8321.6、GB/T8321.7、GB/T8321.8 要求控制施药量与安全间隔期。

（2）最终残留：有机合成农药在农产品中的最终残留应符合 GB4285、GB8321.1、GB8321.2、GB8321.3、GB8321.4、GB/T8321.5、GB/T8321.6、GB/T8321.7、GB/T8321.8 的最高残留限量（MRL）要求。

（3）严禁使用基因工程品种（产品）及制剂。

（4）优先采用农业措施，通过选用抗病抗虫品种，非化学药剂种子处理，培育壮苗，加强栽培管理，中耕除草，秋季深翻晒土，清洁田园，轮作倒茬、间作套种等一系列措施起到防治病虫草害的作用。还应尽量利用灯光、色彩诱杀害虫，机械捕捉害虫，机械和人工除草等措施，防治病虫草害。特殊情况下，必须使用农药时，要遵守以下准则：首选使用 AA 级绿色食品生产资料农药类产品。在 AA 级绿色食品生产资料农药类不能满足植保工作需要的情况下，允许使用以下农药及方法。

1）中等毒性以下植物源杀虫剂、杀菌剂、拒避剂和增效剂。如除虫菊素、鱼藤根、烟草水、大蒜素、苦楝、川楝、印楝、芝麻素等。

2）释放寄生性捕食性天敌动物，昆虫、捕食螨、蜘蛛及昆虫病原线虫等。

3）在害虫捕捉器中允许使用昆虫信息素及植物源引诱剂。

4）允许使用矿物油和植物油制剂。

5）允许使用矿物源农药中的硫制剂、铜制剂。

6）经专门机构核准，允许有限度地使用活体微生物农药。如真菌制剂、细菌制剂、病毒制剂、放线菌、拮抗菌剂、昆虫病原线虫、原虫等。

7）允许有限度地使用农用抗生素。如春雷霉素、多抗霉素（多氧霉素）、井岗霉素、农抗 120、中生菌素、浏阳霉素等。

4. 禁止使用的农药

（1）禁止使用有机合成的化学杀虫剂、杀螨剂、杀菌剂、杀线虫剂、除草剂和植物生长调节剂。

（2）禁止使用生物源、矿物源农药中混配有机合成农药的各种制剂。

（3）严禁使用基因工程品种（产品）及制剂。

（4）严禁使用高毒高残留农药防治贮藏期病虫害。

5. 肥料施用准则

（1）允许施用经过产品检验符合有机食品生产要求的效素有机肥。

（2）严禁使用化肥。

七、采收

（一）时间

枸杞在柴达木盆地自开花至结果成熟，夏季需 35～65 天，秋季气温降低，成熟期延长。成熟的果实色泽鲜红，表面明亮，质地变软，富有弹性，果肉增厚，果实空心度大；果蒂松动，易脱落；种子由白变为浅黄色，种皮骨质化；此时是采收的适宜时期，应及时采收。采果期自 8 月份至 10 月中旬。采果时间，一般每隔 5 天采 1 次果。在雨水未干时不宜采果，以免在制干（日晒）时引起霉烂。

（二）方法

采果时应轻采、轻拿、轻放。果筐中盛放 7 kg 以内。采收时不带果把（加工速冻鲜果要求带把），更不能采下青果和叶片。

附录十　柴达木地区枸杞生态经济林基地建设技术规程

一、范围

本规程以柴达木地区有灌溉条件的立地为基础，规定了其枸杞生态经济林基地建设过程的标准化操作技术规范。包括适宜栽培区域的选择、经济林基地的建设方法、抚育管理技术及采收和制干等多个环节的操作方法。

本规程适用于柴达木地区生态经济林基地的建设。

二、规范性引用文件

下列文件中的条款通过本规程的引用而成为本规程的条款。凡注明日期的引用文件，其随后所有的修改单（不包括勘误的内容）或修订版均不适用于本规程，然而，鼓励根据本规程达成协议的各方研究可使用这些文件的最新版本。凡未注明日期的引用文件，其最新版本适用于本规程。

GB3095 - 1996　环境空气质量标准

GB5084 - 1992　农田灌溉水质标准

GB15618 - 1995　土壤环境质量标准

GB/T18672　枸杞（枸杞子）

DB63/T830　柴达木地区枸杞无性繁殖技术规程

三、基地建设的条件

（一）气候条件

在海拔 2 700～3 000 m，年均气温不小于 4 ℃，大于 10 ℃有效积温不小于 1 600 ℃，一年内日均气温稳定通过 0 ℃的天数不小于 216 天，年日照时数不小于 3 096 h，年降水量小于 200 mm 的气候条件下适宜建立枸杞经济林基地。

（二）土壤条件

选择土层深厚、土壤疏松、有排灌条件的灰棕漠土、风沙土、棕钙土、灰钙土、栗钙土。有效活土层大于 30 cm，土层深度不小于 1 m，地下水位不小于 1.5 m，土壤含盐量不大于 0.6%，pH 7.5～8.5。

（三）环境质量

建立枸杞生态经济林基地，应远离城市和工矿区，集中连片，远离交通主干道 100 m 以上，周围 3 km、主导风向 5 km 内无工矿业污染源分布；要有洁净充足的灌溉水源，禁止使用城市、工业污水灌溉；禁止将城市或工矿废弃物作为肥料施入农田，禁止使用不合格的化学肥料。

1. 水质·灌溉水质达到国家农田灌溉水质 GB5084 - 1992 二级以上标准。

2. 大气环境·基地周围大气环境达到国家环境空气质量 GB3095 - 1996 二级以上标准。

3. 土壤质量·基地土壤质量达到国家质量 GB15618 - 1995 二级以上标准。

四、基地规划

（一）基地选址与规模

符合基地建设的适宜条件，集中连片，规模种植，面积一般在 20 hm² 以上，种植枸杞的土地净面积为总面积的 60%～70%。基地内小区面积一般为 5～15 hm²。为防止土壤风蚀，小区长边应与主害风方向垂直。

（二）渠、沟、路的设置

依据生态经济林基地规模和地势，规划灌水渠、排水沟。大面积集中栽培区依据水渠灌溉能力划分地块，各地块之间设置农机具和车辆的运行道路。道路设置为"井"字形。

（三）营造防护林带

风障防护林的主林带与当地主风方向垂直，如不垂直，偏角要小于 45。主林带间距 200 m（林带间距为树高的 15～20 倍），每条林带栽植树木 4～7 行，株行距 1.5 m×2.0 m，乔灌多树种混交；副林带与主林带垂直，栽植 2～5 行，副林带间距 400 m，株行距 1.5 m×2.0 m，用窄冠乔木混栽。

五、整地与施基肥

（一）整地

在栽植前一年秋季施行全面整地,风沙土在当年早春整地。依地块平整土地,深耕 25 cm,耙耱后依 333.3~666.6 m² 为一小区,做好隔水埂。

（二）施基肥

在苗木栽植前一年秋季或当年早春结合整地施基肥。

低密度栽植基地:用大穴培肥,培肥穴规格 50 cm×50 cm×50 cm,每穴施腐熟的农家肥 3~5 kg。施肥时将肥料与表土混匀回填,灌足冬水。第二年春季栽植。

高密度栽植基地:要全面施肥,施肥量为每公顷施腐熟的农家肥 60 000~75 000 kg,将肥料全园均施后深翻,灌溉。

六、栽植

（一）种苗选择

选择在本地表现优良的品种。

（二）苗木类型与规格

1. 苗木类型·选择优良品种无性繁殖苗。
2. 苗木规格·栽植苗选用Ⅰ级或Ⅱ级苗。苗木规格按 DB63/T830 柴达木地区枸杞无性繁殖技术规程中苗木分级标准执行。

（三）栽植时间

于土壤解冻至萌芽前,约 4 月中下旬开始栽植,最迟不得延至树木发芽。

（四）栽植密度

生产中可供选择的栽植密度如下:1.0 m×2.0 m,每公顷栽植 5 001 株;1.5 m×2.0 m,每公顷栽植 3 333 株;1.0 m×3.0 m,每公顷栽植 3 333 株。

（五）栽植技术

采用穴植法。按规定株行距,于前一年秋季结合施基肥,挖 50 cm×50 cm×50 cm(长×宽×深)的栽植穴。第二年春季土壤解冻后,将苗木放入穴中央,扶正苗木,填湿表土,提苗、踏实、再填土至苗木根径处(即苗木原土印处),踏实覆土。栽植完毕及时灌溉。

栽植后没有定干的苗木要立即定干,定干高度 60 cm。定干后在苗旁插粗 3~5 cm,长 1.5 m 的木棍,将幼苗主干扶绑于木棍之上。同时注意对幼树进行根部培土,使树体端直生长。

七、土壤管理

（一）春季浅翻

4 月上中旬土壤解冻后,根系开始旺盛生长。浅翻土壤 10~15 cm。

（二）秋季深翻

8 月下旬至 9 月上旬,深翻 20 cm。根盘范围内,适当浅翻,以免伤根,引起根腐病。

（三）中耕除草

5~8 月中耕除草 2~4 次,深度 5~10 cm。第一次在 5 月下旬,第二次在 6 月下旬,第三次在 7~8 月。

八、施肥

（一）施肥原则

柴达木盆地土壤贫瘠,盐碱较重,要多施有机肥,辅以速效无机肥。以达到改良土壤,提高土壤肥力的目的。

（二）基肥

每年 9 月下旬至 10 月中旬灌冬水前,施入优质有机肥。施入方法和施入量同本规程"(二) 施基肥"的规定。具体施入时,施肥量根据苗子大小、长势强弱、土壤肥沃程度等酌量增减。一般大树比小树多,弱树比旺树多,结果多的树比结果少的树多,贫瘠地比肥沃地多。

（三）追肥

在枸杞生长结果期间增施无机肥,以弥补秋施有机肥的不足。

1. 土壤追施·6 月初每公顷追纯氮 172.5 kg。7 月初每公顷追纯氮 81~189 kg,纯磷 207~483 kg。8 月初每公顷追纯氮 40.5 kg,纯磷 103.5 kg。

施入方法:在树冠外缘开沟 20~30 cm 深、宽 30 cm 的环形沟,或在树冠外缘开深 20~30 cm 的对称沟。将定量的肥料施入沟内,与土拌匀后封沟灌水。

2. 根外追施

（1）幼林：二至四年生幼树于5月、6月、7月、8月下旬各喷洒一次枸杞叶面专用肥。

上午10时以前或下午4时以后作业喷施。采用背负式喷雾器或机动喷雾机喷雾，以叶片浸润不滴水为好。

（2）成熟林：4年以上成熟林，在春枝生长至花果期，每隔15～20天喷叶面肥1次。前期可以喷0.5%氮磷钾枸杞专用复合液肥，采收期喷多维蛋白、氨基酸微肥。每公顷喷量：背负式喷雾器600 kg肥液。动式喷雾器每公顷900 kg肥液。

九、灌溉

（一）全面灌溉

1. 幼林期·一至三年生幼林：4月上中旬灌头水，灌水量1 050 m³/hm²左右；生长期即5月中旬至8月中旬每20天灌溉一次，灌水量750 m³/hm²左右；11月初灌冬水，灌水量1 050 m³/hm²左右。全年灌溉7次左右。

2. 盛果期·4月上中旬灌头水；5～6月下旬采果前灌水3次，第一次在春水过后10天，以后每20天灌水1天；6月下旬至8月初，采果期灌水4次，一般每采1～2次果实（10天左右）灌水1次。这期间气温高，灌水最好在早晚进行；8月上旬至10月底，秋梢、秋果生长期结合施肥灌溉1～2次；11月初灌冬水。全年灌溉10次左右。灌水量头水、冬水用量较大，其他各次灌溉以浅灌为宜，不能大水漫灌。

（二）沟灌、滴灌、喷灌

灌溉时期与不同树龄灌溉要求同全灌。

十、整形修剪

（一）整形

密植林选用长圆锥形、疏散分层形；稀植林选用自然半圆形。三种树形的结构特点为：

（1）自然半圆形结构特点：主干40～50 cm，分二层一顶，层间距50～60 cm，树高1.6 m，冠幅1.5～1.6 m，呈上稀下密，上小下大，上短下长，主枝5个（第一层3个，第二层2个）。

（2）长圆锥形结构特点：树高1.6 m，冠幅1.0～1.2 m。有明显的中央领导干，小主枝20个，

分4～5层，着生在中心干上，每层4～5主枝。

（3）疏散分层形结构特点：树高1.6 m，冠幅1.4 m，主干40～50 cm。主枝5～7个。

（二）幼树整形（1～4年）

枸杞树型虽多，但整形修剪原则基本相同，只是各树形的主枝量和层次不同。现以自然半圆形为例，介绍幼树整形修剪方法。

1. 剪顶定干与主枝选择·株高60 cm剪顶定干。将主干根径以上40 cm的萌芽抹除，分枝带上选留生长不同方向的嫩枝3～5个，于20～30 cm处短截作为小树冠骨干枝。

等骨干枝发出分枝后，在其两侧各选1～2个分枝做一级大侧枝。同时利用主干上部发出的直立徒长枝，当其高出树冠20 cm时摘心培养成第二层中心干，同理在其上端培养第二层主枝，在主枝10～15 cm处摘心，形成第二层树冠。

2. 培养基层·第二、第三年，选留和短截中间枝促发结果枝，扩大充实树冠。同时，剪除树冠上部和主干其他部位所抽生的徒长枝。

3. 放顶成形·第四年在树冠顶层选留靠近树中心的中间枝放顶20～30 cm。同时对树冠下层的结果枝要逐年剪旧留新，剪弱留强。对树冠中下部生长势强的中间枝和结果枝实行交错短截，促发二、三次结果枝，充实树冠。

（三）盛果期树的修剪（5～15年）

1. 春季修剪·4～5月剪去越冬后风干的枝条或枝梢，并对秋冬季修剪的不足进行补充修剪。

2. 夏季修剪·5月下旬至8月上旬，主要是徒长枝的剪除和利用，形成新的结果枝组，保持夏秋正常开花结果。对树冠结果枝少、树冠高度不够、秃顶、偏冠及有缺空的树体利用徒长枝，多次打顶促进枝条萌发，有效增加枝级，增加结果枝数。对生长在树冠顶上、根茎和主干周围无用的徒长枝予以清除。

3. 秋冬季修剪·9月中旬至第二年3月，保持树冠枝条上下通顺，疏密分布均匀，树冠圆满。

剪除主干基部和树冠顶部的徒长枝。在冠顶去强枝留弱枝，中层短截中间枝，下层留顺结果枝，枝组去弱留壮枝，冠下回截着地枝。利用徒长枝短截补空。

（四）盛果中后期树的修剪（15 年以后）

这期间枸杞林的经济价值正在逐年降低,对于立地条件较好的生态经济林来说,枸杞林 15 年后,建议挖除后重新建园。

十一、病虫害防治

（一）病虫害种类

在柴达木地区枸杞生态经济林的虫害主要有枸杞蚜虫、枸杞瘿螨、枸杞锈螨、枸杞木虱、病害有黑果病、根腐病、白粉病。

（二）病虫害防治方法

1. 防治原则·枸杞经济林基地病虫害防治坚持以农业和物理防治为基础,生物防治为核心,建议不用或少用化学防治方法。

2. 田间抚育管理

（1）合理施肥:合理施肥——主要施有机肥和优质无机复合肥,特别是减少枸杞氮肥的施用量,恶化刺吸性(枸杞虫害多为刺吸式口器)害虫的营养。抑制害螨、蚜虫等害虫的发生和繁殖速度。

（2）加强土壤管理:秋季翻晒林地及早春土壤浅耕,结合灌溉封闭,杀死土层越冬虫体,降低虫口密度。

（3）田间清理:休眠期敲振树上的病果,并将早春和晚秋剪下的残、枯、病虫枝及园地周围的枯草落叶,集中园外烧毁,消灭病虫源。

3. 物理防治·利用害虫的群居性、假死性、趋光性、趋化性等特点,用人工扑杀法、阻隔法、诱杀法等方法来防治枸杞病虫害。

4. 生物防治·充分利用寄生性、捕食性天敌昆虫及病原微生物,调节害虫种群密度,将其种群数量控制在危害水平以下。

（1）天敌利用:在天敌调查和天敌效能估测的基础上,制定保护利用天敌、引进天敌的措施。在害虫发生初期有计划地引进人工饲养天敌,选择适当时机投放。

（2）生物制剂农药的使用:在病虫害防治中,充分利用植物源类、微生物类、矿物类农药进行防治。

5. 化学防治·在病虫危害较严重的地区,按照病虫害发生规律和经济阈值,有选择性地使用残留量低、毒害作用小和对环境无污染的高效低残留无公害农药和生物农药(昆虫生长调节剂、烟碱类、微生物类、植物源农药)经济、安全、有效地控制病虫危害。

（1）最佳防治期的确定:枸杞生长季节有 3 个明显的关键防治时期:第一,害虫始发期虫源的控制。4 月下旬,花叶开始萌发,枸杞木虱、枸杞瘿螨、枸杞锈螨开始活动,枸杞蚜虫卵也开始孵化,该期是对土壤进行药剂封闭消灭越冬虫源的最佳时期。第二,5 月下旬至 6 月初害虫盛发期的防治。5 月下旬后绝大部分枸杞害虫进入繁殖盛期,即出现第一个危害高峰期。整个生长季节枸杞害虫能否得到有效控制,关键在于该期防治工作的优劣。这一时期防治重点是枸杞蚜虫、枸杞瘿螨和枸杞锈螨。第三,抓好秋果期的防治。8 月上、中旬枸杞害虫又进入繁殖盛期,出现第二个危害高峰期,此期防治的重点是枸杞蚜虫、枸杞瘿螨和白粉病。

（2）主要病虫害的化学防治方法:枸杞病虫危害防治中建议使用的药剂类型和用量见表附-11。

十二、采收和制干

（一）采收

7 月上旬至 10 月中下旬,果实八九成熟开始采收。采收时坚持"三轻二净三不采",三轻即轻采、轻拿、轻放,果筐盛果量以不超过 10 kg 为宜;二净即树上果实采净,树下掉落的果实捡净;三不采即早晨有露水不采,喷农药不到间隔期不采,阴天或下雨天不采。

（二）制干

1. 鲜果处理·鲜果用 3%～5%碳酸钠水溶液浸洗 1 min 后捞出。以清除果实表皮灰尘和其他残留物,破坏鲜果表皮蜡质层,缩短脱水时间。浸洗过的鲜果及时晒干。

2. 干燥指标·制干后的果实含水量低于 13%。

3. 制干方法

（1）阴干:建立遮阳棚架,将鲜果摊在果栈上,分层铺开,自然阴干。要求场地通风良好。

（2）自然晾晒:将鲜果摊在果栈上,厚 2～3 cm。置于阳光下干燥。在晾晒过程中要避免二次污染。

（3）热风烘干：使用枸杞热风炉烘干。将用碳酸钠溶液浸洗过的鲜果铺在果栈上，把果栈沿轨道推入烘道，烘道有三个温度段，进口温度 40～50 ℃，历时 24 h；第二个阶段 50～55 ℃，历时 36～48 h；第三个阶段 55～65 ℃，历时 24 h。果实经过 3 个昼夜即可烘干。

（三）分级与包装

1. 分级

（1）分级标准：按 GB/T18672 的分级标准执行。

（2）分级方法：根据各级果实大小，用不同孔径的分果筛进行分级。果实中的油粒、杂质、霉变粒用人工拣选或色选机拣选。

2. 消毒·包装前的枸杞用紫外线消毒 30 min。

3. 包装·内销果用纸箱、木箱包装，每箱净重 20～25 kg。同一包装件中果实等级差异不得超过 10%，各包装件枸杞在大小、色泽等各方面应代表整批次的质量。

4. 保管·保管涉及生产以后到消费以前的整个过程。要保证枸杞制干含水量小于 13%。同时要保护包装袋的完整与密封，防止包装袋破损引起的枸杞果反潮、结块、褐变、生虫等。

十三、建立技术档案

（一）基地的本底状况

包括土壤状况、植被状况、水文状况以及建立基地前的土地利用情况。

（二）基地的营建情况

包括基地规划、使用品种与苗木来源、造林设计方案、施工情况等。

（三）管理技术

包括造林成活、保存及补植情况、历年土壤耕作管理情况、历年的苗木生长情况、开始结实的年龄及历年产量、病虫害发生及防治情况、修剪与施肥情况等。

表附-11　枸杞生态经济林基地建议使用的药剂类型和用量

病虫害种类	药剂	防治时间	主要防治方法
枸杞蚜虫 （Aphis sp.）	石硫合剂 鱼藤精 灭幼脲 吡虫啉 苦参素 阿维菌素	防治期：4～7 月、8 月下旬。 最佳防治期：蚜虫孵化期和无翅胎生蚜	2.5% 的鱼藤精 1 000～2 000 倍液；50% 灭幼脲；枸蚜 1 号 1 000 倍液；大功臣 1 500～2 000 倍液；枸蚜 2 号 1 000～1 500 倍液；10% 吡虫啉 1 000～1 500 倍液；0.3% 苦参素水剂 1 000～2 000 倍液；1.8% 阿维菌素 3 000 倍液
枸杞木虱 （Trioza sp.）	灭幼脲 苦参素 扑虱蚜 阿维菌素	防治期：3～5 月、10 月。 最佳防治期：成虫出蛰期、若虫发生期	25% 灭幼脲；0.3% 苦参素 1 000～2 000 倍液（若虫发生期）；10% 扑虱蚜 1 500～2 000 倍液；1.8% 阿维菌素 3 000 倍液；百草一号 1 500 倍液＋阿维菌素 3 000 倍液；扑虱蚜 1 500 倍液＋木醋液 300 倍液
枸杞锈螨 （Aculops lycii） 枸杞瘿螨 （Aceria macrodonis）	硫黄胶悬剂 石硫合剂 哒螨灵 阿维菌素	防治期：4 月、5 月下旬、6 月上旬、10 月。 最佳防治期：成虫、若虫期	硫黄胶悬剂 600～800 倍液（成虫期）；越冬前或早春树体萌芽前喷 3～5 波美度石硫合剂；托尔螨净 2 500～3 000 倍液；20% 哒螨灵 3 000～4 000 倍＋1.8% 阿维菌素 3 000 倍液
负泥虫	鱼藤精	防治期：4～7 月。 最佳防治期：幼虫期	2.5% 的鱼藤精 1 000～2 000 倍液

（续表）

病虫害种类	药剂	防治时间	主要防治方法
蛴螬	毒杀蜱 敌百虫	幼虫最佳防治期：5 月中上旬	14％的毒杀蜱粒剂根际撒施；50％敌百虫乳油 800 倍液灌根
枸杞黑果 （*Glomerella cingulata*）	百菌清 代森锰锌 多菌灵 绿得保	防治期：7～8 月。 最佳防治期：阴雨天之前 1～2 天	40％百菌清 800 倍液；代森锰锌 800～1 000 倍液；50％多菌灵可湿性粉剂 800 倍液；30％绿得保 800 倍液
枸杞根腐病 （*Fusarium solani*）	石硫合剂 高锰酸钾 硫酸铜	防治期：7～8 月。 最佳防治期：根径处有轻微脱皮病斑	早春发芽前树体喷石硫合剂 3～5 波美度；一旦发现皮层破裂式伤口，立即涂刷石硫合剂；高锰酸钾 500 倍液灌根；硫酸铜 500 倍液灌根。
白粉病 （*Erysiphe graminis*）	波尔多液 石硫合剂 农抗 120 高锰酸钾 多菌灵	防治期：7～8 月。 最佳防治期：阴雨天之前 1～2 天	1∶1∶200 波尔多液（硫酸铜∶生石灰∶水）；石硫合剂 3～5 波美度；农抗 120 600～800 倍液；高锰酸钾 1 000 倍液；50％多菌灵 500 倍液

附录十一　柴杞 1 号生产种植规范

一、范围

本规范规定了柴杞 1 号的品种来源、生产能力及适宜种植地区、植物学特征、生物学特性、经济性状、抗逆性及抗病性、栽培技术要点以及采收和制干等技术内容。

本标准可作为各级种苗和林业科研、教学、生产、林技推广部门对该品种进行鉴别、繁殖、推广、检验、收购和销售时使用。

二、规范性引用文件

下列文件对于本文件的应用是必不可少的。凡注明日期的引用文件，仅所注日期的版本适用于本文件。凡未注明日期的引用文件，其最新版本（包括所有的修改单）适用于本文件。

GB3095 环境空气质量标准
GB5084 农田灌溉水质标准
GB15618 土壤环境质量标准
DB63/T917 枸杞病虫害综合防治技术规程

三、品种来源

青海海西州农业科学研究所于 2003 年以海西野生枸杞为父本，宁杞 1 号为母本，通过杂交选育而来。2012 年 12 月 19 日青海省林业厅林木品种审定委员会审定通过，定名柴杞 1 号（良种编号：S-SV-LB-001-2013）。

四、植物学特征

（一）叶部

1. 当年生枝条叶部性状·叶为披针形，长 8.28±

0.37 cm,宽 2.43±0.15 cm,长宽比 3.62±0.32;横切面为长扁形,厚 0.2±0.1 cm;叶色浅绿,叶中脉浅黄色,叶脉数 11.30±1.56 条;叶互生,着生密度 0.12±0.15 片/cm;每个叶基处着生 1～3 片叶。

2. 一年以上生枝条叶部性状·叶为披针形,长 7.35±1.14 cm,宽 1.17±0.15 cm,长宽比 6.6±0.27;横切面为长扁形,厚 0.11±0.09 cm;叶色浅绿,叶中脉浅黄色,叶脉数 7.22±1.44 条;叶互生,着生密度 3.53±0.58 片/cm;每个叶基处着生 2～8 片叶。

(二)主干与枝条部

1. 主干性状(树龄 4 年)·树高 152±12 cm,基茎粗 3.49±0.46 cm,树冠直径 158±44 cm;自然侧枝发枝数 3.60±1.33 个,剪截后枝条发枝数 4.45±1.32 个,全株枝条数 178.00±35.50 个,全株结果枝条数 168.00±22.00 个,全株结果枝条率 94.3%。

2. 枝条性状·当年生枝条:无木质化;树皮易破损,纵向无纹理。节间长 1.88±0.28 cm,与主干着果距离 3.17±0.62 cm。开花密度(春梢)1.68±0.31 个/cm;结果密度 1.44±0.27 个/cm;叶基处挂果 1～5 个。

一年生枝条开花密度 2.99±0.45 个/cm,一年生枝条结果密度 2.9±0.39 个/cm,叶基处挂果 2～6 个。枝条纵向树皮纹理明显,木质化明显。与主干着果距离在 3.87±0.55 cm,节间长 1.87±0.37 cm。

(三)花部

花萼浅黄绿色,萼片数 2～3 个。花冠筒状五瓣花,紫色,花基部与中部浅黄绿色;花长 1.76±0.12 cm,直径 1.72±0.17 cm。雄蕊 5 个,有绒毛,长 1.33±0.14 cm;雌蕊 1 个,浅黄色,长 1.31±0.13 cm。花柄浅绿色,长 1.86±0.47 cm。

(四)籽实部

果实纺锤形,红色,果棱 4 个,果尾平,腔室 2～3 个;纵径 2.76±0.25 cm,横径 1.07±0.16 cm,单果平均重量 1.74±0.6 g。果实内含种子 34～83 粒。干果肉厚 0.82±0.07 cm。

五、生产能力及适宜种植地区

(一)生产能力

一般水肥条件下(4 年龄以上),干果 4.65～5.40 吨/公顷(310～360 kg/亩);高水肥条件(4 年龄以上),干果 5.7～6.0 吨/公顷(380～400 kg/亩)。

(二)适宜种植地区

青海海西州、海南州枸杞适生区。

六、生物学特性

萌芽 5 月 1 日±4 日,一年生现蕾 5 月 18 日±5 日,当年生枝条现蕾 6 月 10 日±2 日,果熟初期 7 月 5 日±2 日,盛果期 7 月 17 日±5 日。

七、经济性状

鲜果千粒重 1 569.06±22.6 g,鲜干比 3.3:1～3.6:1;干果粒度 133.00±18.37 粒/50 g。

八、抗逆性及抗病性

耐旱、耐盐碱;中抗白粉病。

九、栽培技术要点

(一)建园

选择地势平坦,土壤符合 GB15618 标准,空气符合 GB3095 标准,灌溉用水符合 GB5084 标准的土地建园。

(二)施基肥

每公顷施有机肥 45 吨(3 000 kg/亩)。

(三)定植

定植期 4～5 月。按行距 3 m,株距 1 m 定植。定植前挖 0.5 m×0.5 m×0.5 m 定植坑,苗木定植后灌水。

(四)田间管理

1. 土壤管理·4～5 月浅翻一次,深 10～15 cm,避免伤根。9 月下旬至 10 月中旬翻晒一次,深 20～25 cm,清除杂草。

2. 追肥·6 月上旬、8 月上旬各追肥一次。

3. 灌溉·全年灌水 4～5 次。

4. 整形与修剪·按半圆形两层树形修剪。

(五)病虫害防治

按 DB63/T917 执行。

附录十二 柴杞 2 号生产种植规范

一、范围

本规范规定了枸杞柴杞 2 号的品种来源、生产能力及适宜种植地区、植物学特征、生物学特性、经济性状、抗逆性及抗病性、栽培技术要点、采收和制干等技术内容。

本标准可作为各级种苗和农业科研、教学、生产、农技推广部门对该品种进行鉴别、繁殖、推广、检验、收购和销售时使用。

二、规范性引用文件

下列文件对于本文件的应用是必不可少的。凡注明日期的引用文件,仅所注日期的版本适用于本文件。凡未注明日期的引用文件,其最新版本(包括所有的修改单)适用于本文件。

GB3095 环境空气质量标准

GB5084 农田灌溉水质标准

GB15618 土壤环境质量标准

DB63/T917 枸杞病虫害综合防治技术规程

三、技术内容

(一)品种来源

青海海西州农业科学研究所于 2003 年在宁杞 1 号枸杞园中发现优异单株,经系统筛选而来。2012 年 11 月 29 日青海省第八届农作物品种审定委员会第二次会议审定通过,现定名柴杞 2 号(青审枸杞 2012001)。

(二)特征特性

1. 叶部

(1)当年生枝条叶部性状:叶为披针形,长 8.25±0.67 cm,宽 2.23±0.17 cm,长宽比 3.60±0.28;横切面为长扁形,厚 0.11±0.10 cm;叶色浅绿,叶中脉浅黄色,叶脉数 12.30±1.86 条;叶互生,着生密度 0.12±0.12 片/cm;每个叶基处着生 1～3 片叶。

(2)一年生以上枝条叶部性状:叶为披针形,长 7.28±1.12 cm,宽 1.07±0.15 cm,长宽比 6.8±0.72;横切面为长扁形,厚 0.11±0.09 cm;叶色浅绿,叶中脉浅黄色,叶脉数 6.12±1.64 条;叶互生,着生密度 2.13±0.48 片/cm;每个叶基处着生 2～8 片叶。

2. 主干与枝条部

(1)主干性状(树龄 4 年):树高 149±11 cm,基茎粗 2.49±0.43 cm,树冠直径 148±44 cm;自然侧枝发枝数 2.60±1.53 个,剪截后枝条发枝数 5.45±1.43 个,全株枝条数 176.00±34.50 个,全株结果枝条数 170±20 个,全株结果枝条率 96%。

(2)枝条性状:当年生枝条:无木质化;树皮易破损,纵向无纹理。节间长 1.87±0.29 cm,与主干着果距离 3.27±0.62 cm。开花密度(春梢)1.69±0.21 个/cm;结果密度 1.42±0.23 个/cm;叶基处挂果 1～4 个。

一年生枝条开花密度 2.95±0.48 个/cm,一年生枝条结果密度 2.8±0.37 个/cm,叶基处挂果 2～5 个。枝条纵向树皮纹理明显,木质化明显。与主干着果距离在 4.87±0.59 cm,节间长 1.89±0.27 cm。

3. 花部·花萼浅黄绿色,萼片数 2～3 个。花冠筒状五瓣花,紫色,花基部与中部浅黄绿色;花长 1.75±0.24 cm,直径 1.73±0.19 cm。雄蕊 5 个,浅黄色并有绒毛,长 1.23±0.14 cm;雌蕊 1 个,浅黄色,长 1.21±0.13 cm。花柄浅绿色,长 1.85±0.45 cm。

4. 籽实部·果实纺锤形,红色,果棱 4 个,果尾平,腔室 2～3 个;纵径 2.85±0.25 cm,横径 1.03±0.16 cm,单果平均重量 1.35±0.6 g,最大单果重量 2.68 g。果实内含种子 37.70±4.91 粒。干果肉厚 0.55±0.08 cm。

5. 经济性状·鲜果千粒重 1 537.8±11.3 g,鲜干比 3.70±0.61∶1;干果粒度 135.00±20.66 粒/50 g。

6. **抗逆性及抗病性** · 耐旱、耐盐碱;中抗白粉病。

7. **生育期** · 在柴达木地区,萌芽 5 月 1 日±3 天,一年生现蕾 5 月 16 日±5 天,当年生枝条现蕾 6 月 8 日±2 天,果熟初期 7 月 3 日±2 天,盛果期 7 月 15 日±5 天。

(三)栽培技术要点

1. **建园** · 选择地势平坦、土壤疏松肥沃,有机质含量 0.5% 以上,有效活土层 25 cm 以上,地下水位 1.2 m 以下,土壤符合 GB15618 标准,空气符合 GB3095 标准,灌溉用水符合 GB5084 标准的土地建园。

2. **施基肥** · 在栽植前一年秋季整地施肥。依地块平整土地,深翻 25~30 cm,每公顷施有机肥 45 吨(3 000 kg/亩)。

3. **定植** · 选用根茎粗 0.7 cm 以上的苗木定植。定植期 4~5 月。按行距 3 m,株距 1 m 定植。定植前挖 0.5 m 见方定植坑,表层土和底层土分开放置,定植时每个定植坑的表层土中混合 3~5 kg 有机肥,先填入定植坑中(厚度 10~15 cm),将苗木放入坑中央,扶正苗木,再填底层土,提苗、踏实,再填土至苗木根茎处(距地表 10~15 cm),踏实覆土。苗木定植后灌水。

4. **田间管理**

(1) 土壤管理:枸杞园每年进行两次翻晒,4~5 月浅翻一次,深 10~15 cm,避免伤根。9 月下旬至 10 月中旬翻晒一次,深 20~25 cm,清除杂草。

(2) 追肥:6 月上旬、8 月上旬各追肥一次;花蕾期喷施叶面宝;结果期喷施 0.3%~0.5% 的磷酸二氢钾水溶液 3~4 次,每次间隔 15 天。

(3) 灌溉:全年灌水 4~5 次,成龄树采果前 10~15 天灌水一次,冬灌水在 11 月中旬灌溉,春灌水在 4 月下旬灌溉。

(4) 整形与修剪

1) 幼龄树的整形修剪:定植后 4~5 年内为幼树期。幼树整形采用疏散分层形或圆锥形树形。第一年在苗高 50~60 cm 定干;定干在春季进行,选 3~5 个分布均匀,生长健壮的枝做主枝,在主枝 15~20 cm 处剪短,形成骨干枝。第二年春,对主枝上抽生的当年没有摘心的分枝,选主枝两侧的 1~2 个留 10 cm 左右短截;疏除第一年留在主干上太弱或过密的临时结果枝。第三年至第五年按照第二年的方法,对徒长枝进行摘心利用,逐步扩大,充实树冠。经过 4~5 年整形修剪,形成高 1.60±0.12 m,树冠 1.4±0.4 m,主枝 4~6 层,枝干分布均匀,冠形稳定,上小下大的丰产树形。

2) 成龄树的丰产修剪:成年枸杞修剪的要点是对枝条去旧留新,不断更新复壮结果枝;利用徒长枝补充树冠空缺,具体为春、夏、秋冬 3 次修剪。

3~4 月春剪,剪除冬季干枯枝,并对秋冬季修剪的不足进行补充修剪。

5~8 月夏剪,对徒长枝的剪除和利用,形成新的结果枝组;对树冠结果枝少、树冠高度不够、秃顶、偏冠及有缺空的树体利用徒长枝,多次打顶促进枝条萌发,有效增加枝级和结果枝数;清除树冠顶上、根茎和主干周围无用的徒长枝。

9 月底,在采收完后至翌年 3 月进行秋冬剪,剪去主干基部和树冠顶部无价值的徒长枝、病枯枝;在冠顶去强枝留弱枝,中层短截中间枝,下层留顺结果枝,枝组去弱留壮枝,冠下回截着地枝;利用徒长枝短截补空,以保持树冠疏密分布均匀、圆满。

(5) 病虫害防治:按 DB63/T917 执行。

(四)生产能力及适应地区

1. **生产能力** · 一般水肥条件下(4 年龄以上),干果 5.40~5.85 吨/公顷(360~390 kg/亩);高水肥条件(4 年龄以上),干果 6.00~6.15 吨/公顷(400~410 kg/亩)。

2. **适宜地区** · 适宜柴达木盆地灌区种植。

附录十三　柴杞3号生产种植规范

一、范围

本规范规定了柴杞3号的品种来源、生产能力及适宜种植地区、植物学特征、生物学特性、经济性状、抗逆性及抗病性、栽培技术要点以及采收和制干等技术内容。

本标准可作为各级种苗和农业科研、教学、生产、农技推广部门对该品种进行鉴别、繁殖、推广、检验、收购和销售时使用。

二、规范性引用文件

下列文件对于本文件的应用是必不可少的。凡注明日期的引用文件,仅所注日期的版本适用于本文件。凡未注明日期的引用文件,其最新版本(包括所有的修改单)适用于本文件。

GB3095 环境空气质量标准

GB5084 农田灌溉水质标准

GB15618 土壤环境质量标准

DB63/T917 枸杞病虫害综合防治技术规程

三、技术内容

(一)品种来源

青海海西州农业科学研究所于2003年通过枸杞杂交选育而成,2012年11月29日青海省第八届农作物品种审定委员会第二次会议审定通过,现定名柴杞3号(青审枸杞2012002)。

(二)特征特性

1. 叶部·当年生枝条叶部性状:叶为披针形,叶色浅绿,叶中脉颜色浅黄色,叶横切面形状为长扁形。长8.29±2.03 cm,宽2.26±0.61 cm,长宽比3.68±0.37,叶厚0.095±0.016 cm,叶脉数11.04±2.18条,着生密度1.43±0.3片/cm,叶着生形式互生,每个叶基处着生1~3片叶。

一年生以上枝条叶部性状:叶为披针形,叶色浅绿,叶中脉颜色为浅黄色,叶横切面形状为长扁形。长7.58±1.01 cm,宽1.09±0.18 cm,长宽比6.85±0.69,叶厚0.11±0.02 cm,叶脉数5.18±1.66条,叶着生密度2.02±0.58片/cm,叶互生,每个叶基处着生2~8片叶。

2. 主干与枝条部

(1)主干性状(树龄4年):树高172.60±9.06 cm,基茎粗3.71±0.48 cm,树冠直径162.60±22.2 cm。自然侧枝发枝数4.55±1.61个,剪截后枝条发枝数7.45±1.95个,全株枝条数225±25.21个,全株结果枝条数161±27.34个,全株结果枝条率72.0%。

(2)枝条性状:一年生枝条开花密度2.60±0.67个/cm,一年生枝条结果密度1.99±0.39个/cm,叶基处挂果2~4个。枝条纵向树皮纹理明显,木质化明显。与主干着果距离在5.45±2.64 cm,节间长3.20±0.58 cm。

当年生枝条开花密度(春梢)1.36±0.39个/cm,当年生枝条结果密度0.68±0.1个/cm,叶基处挂果1~3个,枝条纵向树皮无纹理,无木质化,树皮易破损。与主干着果距离在4.80±2.35 cm,节间长3.48±0.77 cm。

3. 花部·花萼浅黄绿色,萼片数2~3个。花冠筒状五瓣花,紫色,花基部与中部浅黄绿色;花长1.59±0.1 cm,直径1.57±0.20 cm。雄蕊5个,浅黄色并有绒毛,长1.09±0.16 cm,雌蕊1个,浅黄色,雌蕊长1.06±0.1 cm。花柄浅绿色,长2.02±0.47 cm。

4. 籽实部·果实红色,果沟2~5个,外部形状扁圆,果尾凸出,横切后内部结构为二腔室,果沟底部颜色为浅黄色。最大单果重量为5.78 g,纵径3.36±0.15 cm,横径1.49±0.13 cm,单果平均重量2.99±0.57 g,果实内含种子27.52±10.6粒,鲜果肉厚0.79 cm。

5. 经济性状·鲜果千粒重(g/1 000粒)2 502.66±10.9 g,鲜干比4.75±1.2:1。干果粒度91.5±9.9粒/50 g。

6. 抗逆性及抗病性·耐旱、耐盐碱。

7. 生育期·萌芽 5 月 1 日 ±3 天,一年生现蕾 5 月 19 日 ±5 天,当年生枝现蕾 6 月 11 日 ±2 天,果熟初期 7 月 7 日 ±2 天,盛果期 7 月 20 日 ±3 天。

(三)栽培技术要点

1. 建园·选择地势平坦、土壤疏松肥沃,有机质含量 0.5% 以上,有效活土层 25 cm 以上,地下水位 1.2 m 以下,土壤符合 GB15618 标准,空气符合 GB3095 标准,灌溉用水符合 GB5084 标准的土地建园。

2. 施基肥·在栽植前一年秋季整地施肥。依地块平整土地,深翻 25～30 cm,每公顷施有机肥 45 吨(3 000 kg/亩)。

3. 定植·选用根茎粗 0.7 cm 以上的苗木定植。定植期 4～5 月。按行距 3 m,株距 1 m 定植。定植前挖 0.5 m 见方定植坑,表层土和底层土分开放置,定植时每个定植坑的表层土中混合 3～5 kg 有机肥,先填入定植坑中(厚度 10～15 cm),将苗木放入坑中央,扶正苗木,再填底层土、提苗、踏实、再填土至苗木根茎处(距地表 10～15 cm),踏实覆土。苗木定植后灌水。

4. 田间管理

(1) 土壤管理:枸杞园每年进行两次翻晒,4～5 月浅翻一次,深 10～15 cm,避免伤根。9 月下旬至 10 月中旬翻晒一次,深 20～25 cm,清除杂草。

(2) 追肥:6 月上旬、8 月上旬各追肥一次;在花蕾期喷施叶面宝;结果期喷施 0.30%～0.50% 的磷酸二氢钾水溶液 3～4 次,每次间隔 15 天。

(3) 灌溉:全年灌水 4～5 次,成龄树采果前 10～15 天灌水一次,冬灌水在 11 月中旬灌溉,春灌水在 4 月下旬灌溉。

(4) 整形与修剪

1) 幼龄树的整形修剪:定植后 4～5 年内为幼树期。幼树整形采用疏散分层形或圆锥形树形。第一年在苗高 50～60 cm 定干;定干在春季进行,选 3～5 个分布均匀,生长健壮的枝做主枝,在主枝 15～20 cm 处剪短,形成骨干枝。第二年春,对主枝上抽生的当年没有摘心的分枝,选主枝两侧的 1～2 个留 10 cm 左右短截;疏除第一年留在主干上太弱或过密的临时结果枝。第三年至第五年按照第二年的方法,对徒长枝进行摘心利用,逐步扩大、充实树冠。经过 4～5 年整形修剪,形成高 1.72±0.09 m,树冠 1.62±0.22 m,主枝 4～6 层,枝干分布均匀,冠形稳定,上小下大的丰产树形。

2) 成龄树的丰产修剪:成年枸杞修剪的要点是对枝条去旧留新,不断更新复壮结果枝;利用徒长枝补充树冠空缺,具体为春、夏、秋冬 3 次修剪。

3～4 月春剪,剪除冬季干枯枝,并对秋冬季修剪的不足进行补充修剪。

5～8 月夏剪,对徒长枝的剪除和利用,形成新的结果枝组;对树冠结果枝少、树冠高度不够、秃顶、偏冠及有缺空的树体利用徒长枝,多次打顶促进枝条萌发,有效增加枝级和结果枝数;清除树冠顶上、根茎和主干周围无用的徒长枝。

9 月底,在采收完后至翌年 3 月进行秋冬剪,剪去主干基部和树冠顶部无价值的徒长枝、病枯枝;在冠顶去强枝留弱枝,中层短截中间枝,下层留顺结果枝,枝组去弱留壮枝,冠下回截着地枝;利用徒长枝短截补空,以保持树冠疏密分布均匀、圆满。

(5) 病虫害防治:按 DB63/T917 执行。

(四)生产能力及适应地区

1. 生产能力·一般水肥条件下(4 年龄以上),5.25～5.70 吨/公顷(350～380 kg/亩);高水肥条件(4 年龄以上),5.7～6.0 吨/公顷(380～400 kg/亩)。

2. 适宜地区·适宜柴达木盆地灌区种植。

海拔 2 982 m,年平均降雨量 176.1～186.9 mm,年平均气温 2.9～3.8 ℃,无霜期 90～150 天,≥0 ℃ 积温 2 180～2 400 ℃,日照时数 3 150～3 169 h/年,年太阳辐射量 695～704 kJ/cm²,气温年较差 26.9～27.3 ℃,年平均地面温度 6.1 ℃,日均温 ≥ 0 ℃ 的天数 208～212 天。土壤类型为棕钙土,质地砂壤至轻壤,pH 8.0～8.9,土壤有机质 0.8%～1.2%,全氮 0.05%～0.08%,全磷含量 0.12%～0.14%,碱解氮 30～70 mg/kg,速效磷含量 6～20 mg/kg,有效磷含量 5～12 mg/kg,土层厚 50～80 cm,土壤平均含盐量 0.18%～0.25%。

附录十四　宁杞 1 号栽培管理历

表附-12　宁杞 1 号栽培技术管理历

月份	物候期	作业项目	技术要点	操作方法
2 月、3 月下旬	休眠期	整形修剪	整理树形,枝条更新	因树修剪,随枝做形;树冠总枝量剪、截、留各 1/3;剪除徒长枝,短截中间枝;冠顶选弱枝,膛内留短枝;去老换新枝,密处疏弱枝;短截着地枝,去掉针刺枝;留好结果枝,树冠分层次
		清理园地	仔细清园,杀灭虫源	使用清园工具仔细清理枸杞园内修剪后的残枝、枯枝、病虫枝,连同园地周围沟、渠、路边的杂草枯叶集中园外一并沤肥或在空旷地统一烧毁
3 月下旬	树液流动	预防病虫害	选用枸杞保护剂药物园地喷洒封闭,杀灭病原菌和羽化越冬害虫	用 40% 石硫合剂 100 倍液加 40% 毒死蜱 1 000 倍液,全园连同地边、水渠喷洒封闭或用 3% 乐果粉每 667 m² 田块喷粉 1.5 kg,全园封闭
		园地地上浅耕	破土保墒,增温灭草	株行间农机耙地,株间及树冠下人工铲园,深 10 cm 左右,不要碰伤枸杞株体
		硬枝扦插育苗	育苗地耙糖保墒,剪截插穗、生根剂处理,在育苗地点打孔或开沟扦插	在良种苗树上剪取 0.5 cm 左右的枝条,截成 15～18 cm 的插穗,生根剂水溶液浸泡插穗下端至髓心浸透,随即插入开沟或打孔的土内,地表露 1～2 cm,浇适量水后封沟踏实再覆盖细土或盖地膜,之后进入苗圃管理
4 月上旬	芽磷裂开至萌芽	建园苗木及幼龄园缺株补植	按规划设计建园,选择一级、二级苗木栽植,大面积种植株行距 1 m×3 m;小面积散种植株行距 1 m×2 m,缺株补植要选择一级苗木	按设计株行距定点挖穴,规格为 30 cm×30 cm×40 cm(长×宽×深),坑穴内施入有机肥 2 kg 与土拌匀,苗木用生根剂蘸根后放入坑穴内栽植,株行对齐,一提二踏三覆土后浇水再填土略高于地面。1 m×2 m 株行距每 667 m² 地块栽苗 222 株;栽植后建立该枸杞园的技术档案
4 月中旬	发芽至展叶	病虫害预测预报及防治	测报病虫害的疫情、虫情发生于消长,防治结合治早治小	选用高效、低毒,低残留的杀虫、杀螨剂和生物农药、矿物农药,如苦参碱、硫悬浮剂等无公害农药,按说明书全枸杞园喷洒 2 遍,防止蚜虫、螨虫、木虱等害虫;喷药时均匀、细致,注意不同农药品种的交替使用
		抹芽剪干枝	抹除植株根茎、主干、主枝上萌发的无用萌芽,剪除冠层干枝	顺植株根茎自下而上,由里向外抹除主干和主枝上的萌芽,在冠层空缺处留下向外生长的萌芽,沿树冠剪除干枝或枝条杆尖
4 月下旬	新枝抽生及老枝现蕾	追肥灌头水	灌头水前,地上施催条肥,促进春发早、齐、壮	灌头水前一天,于树冠外缘地面开环形沟深 10～15 cm,成龄枸杞树施入 N、P 复合肥 0.5 kg,幼龄树减半,拌土封沟,灌水,每 667 m² 田块进水量 60～70 m³

（续表）

月份	物候期	作业项目	技术要点	操作方法
5月上旬	新枝生长期	中耕除草	疏松土壤,清除杂草	枸杞园行间深 15 cm,株间及树冠下 10 cm 左右,注意不碰伤树干,保护根茎
		修剪	剪除徒长枝,打顶直立中间枝,冠层空缺处留枝补空	剪除植株根茎、主干、主枝着生的徒长枝,将树冠中、上部萌生的直立中间枝打顶促发二次结果枝;对冠层空缺处发生的枝条于空缺的二分之一短截,促发侧枝补空
5月中旬	新枝现蕾及老枝开花	防虫喷药装置灭虫诱杀板	对危害枸杞的蚜虫、木虱、瘿蚊等害虫进入重点防治期,连续喷药两遍,注意要喷洒叶背面和农药的交替使用	选用吡虫啉类和低毒辛硫磷、毒死蜱、苦参素、硫黄悬浮剂、阿维菌素、哒螨灵等农药交替使用,防治枸杞蚜虫、瘿螨、红瘿蚊、锈螨和蓟马等害虫,同时悬挂驱虫诱粘板,每 667 m² 田块 40～50 块涂抹诱杀剂杀灭害虫的成虫
		喷施叶面肥	树冠喷施保花保果的营养叶肥和氨基酸等微量元素液体肥	选用枸杞专用液体肥或微量元素液体肥树冠叶面喷雾。严格按说明书配制稀释液,喷洒均匀并注意膛内和叶背面。早晚喷洒树冠以提高肥效,每隔 7～10 天喷肥一次
6月下旬	新果枝开花及老果枝现幼果	灌水	灌水均匀,每 667 m² 进水量 50～55 m³	按田块灌水,不串灌,不漏灌,不排水,不跑水,田块灌满,堵好水口
		中耕除草	疏松土壤,清除杂草	园地略干即可中耕除草,枸杞行间耕深 15 cm,株间及冠下耕深 10 cm
6月上旬	新果枝花盛及老果枝幼果期	夏季修剪	剪除徒长枝,短截中间枝	剪除树体着生的徒长枝,交错短截树冠中上层萌发的中间枝,促发二次结果枝
		追肥灌水	土壤追施 N、P、K 三元复合肥及微肥保花保果,促进果实膨大	沿树冠外缘开对称沟 15 cm 深,施入 N、P、K 三元复合加微肥(锌、硼等),成龄树株施 0.5～0.7 kg,幼树减半,沟内拌土封坑灌水,每 667 m² 进水量 50 m³
6月中旬	新果枝幼果及老果枝果熟开始	喷施叶面肥	叶面喷施保果及促进果实膨大的叶面营养	选用 N、P、K 稀土及氨基酸类叶面肥树冠喷雾,早晚喷施,着重喷洒叶背面
		鲜果采收	开始采收鲜果,人员、晾晒、烘干设备的准备	采用枸杞鲜果"三轻、两净、三不采":轻采、轻拿、轻放;树上采净、地面拣净;果实成熟度不够不采,早晨露水不干不采,喷过农药和叶面肥不过安全间隔期不采。做到及时采摘,颗粒归仓,采回的鲜果冷浸、脱蜡,摊入果栈上晾干(青海推迟一个多月)
6月下旬	鲜果成熟期	中耕除草	清除杂草,方便采果	枸杞树行间及株间耕深 10 cm 左右,主要清除杂草
		喷施叶面肥	喷雾均匀,早晚喷洒	树冠叶面喷洒叶面宝、丰产素等,促进果体膨大
		灌水	促进果实膨大	灌过路水,每 667 m² 进水量 40～45 m³
		采鲜果	每 7 天左右采一蓬鲜果	采果做到"三轻、两净、三不采",采回的鲜果冷浸脱蜡,摊入果栈制干(青海推迟一个多月)

（续表）

月份	物候期	作业项目	技术要点	操作方法
7月上旬	成熟期	喷施叶面肥	喷雾均匀,早晚喷洒	树冠叶面喷洒叶面宝、丰产素等,促进果体膨大
		采鲜果	每5～6天左右采一蓬鲜果	采果做到"三轻、两净、三不采",及时采摘,颗粒归仓(青海推迟一个多月)
		鲜果脱蜡	食用添加剂配方脱去表皮蜡质层	采用50 g食用碱和30 g食用小苏打溶解于1 000 mL水中,冷浸鲜果50 kg,翻均匀后摊入果栈上准备制干
		鲜果制干	日光晒干防止表皮起泡,烘干掌握好温度与通风	鲜果晒干,中午强光要遮阴防止果皮起泡,烘干控制温度40～65 ℃,同时送风量达到2.5～3.0 m/s,制干的果实含水13%以下
7月中旬	果熟盛期	喷施叶面肥	喷雾均匀,早晚喷洒	树冠叶面喷洒叶面宝、丰产素等,促进果体膨大
		鲜果采收	每5天左右采一蓬鲜果	采果做到"三轻、两净、三不采",及时采摘,颗粒归仓
		鲜果脱蜡,鲜果制干	日光晒干防止表皮起泡,烘干掌握好温度与通风	采用50 g食用碱和30 g食用小苏打溶液,冷浸鲜果50 kg,翻均匀后摊入果栈上准备制干;鲜果晒干,中午强光要遮阴防止果皮起泡,烘干控制温度40～65 ℃,同时送风量达到2.5～3.0 m/s,制干的果实含水13%以下
7月下旬	果熟期	采鲜果、鲜果脱蜡,制干	每5～6天左右采一蓬鲜果;食用添加剂配方脱去表皮蜡质层;日光晒干防止表皮起泡,烘干掌握好温度与通风	采果做到"三轻、两净、三不采",及时采摘,颗粒归仓;采用50 g食用碱和30 g食用小苏打溶解于1 000 mL水中,冷浸鲜果50 kg,翻均匀后摊入果栈上准备制干;鲜果晒干,中午强光要遮阴防止果皮起泡,烘干控制温度40～65 ℃,同时送风量达到2.5～3.0 m/s,制干的果实含水13%以下
		土壤追肥	土内追入N、P、K复合肥	沿树冠外缘开对称沟15 cm深,施入N、P、K复合肥,成龄树株施0.6 kg,幼树减半,与土拌匀后封沟,准备灌水
		灌水	稀释化肥,灌匀不排水	每667 m² 进水量50 m³,地面不积水
8月上旬	果熟末期秋梢萌发	采鲜果	每5～6天左右采一蓬鲜果	采果做到"三轻、两净、三不采",及时采摘,颗粒归仓
		防病虫喷农药	及时防蚜虫、蓟马、锈螨和黑果病	选用吡虫啉类和阿维菌素及辛硫磷防治害虫;选用多抗霉素和硫黄悬浮剂防治黑果病及锈螨
8月中下旬	秋梢生长期	修剪	剪除株体萌发的徒长枝	自下而上剪除株体根茎,主干,主枝上萌发的徒长枝
		叶面喷肥	叶面喷雾,全天进行	树冠喷洒丰产素或N、P、K液肥,促进秋季果枝生长与结秋果
9月上旬	秋果发育期	灌白露水	及时灌好白露水,园地入水量略大	灌溉均匀,每667 m² 进水量60～65 m³,不排水
9月中下旬	秋果膨大成熟	翻晒园地	深翻土,晒秋园	沿树冠外缘开对称沟15 cm深,施入N、P、K复合肥,成龄树株施0.6 kg,幼树减半,与土拌匀后封沟,准备灌水
		采秋果	每8～9日采摘一蓬	采果做到"三轻、两净、三不采",及时采摘,颗粒归仓

(续表)

月份	物候期	作业项目	技术要点	操作方法
10月上中旬	秋果期	采秋果	每8~9日采摘一蓬	采果做到"三轻、两净、三不采",及时采摘,颗粒归仓
		施基肥	基肥品种为腐熟的畜禽粪肥或粉碎的饼肥,坑穴深施	沿树冠外缘开挖对称坑穴,长50 cm,宽30 cm,深40 cm,每株成龄枸杞施入畜禽粪肥3 kg,饼肥1 kg,加N、P、K复合肥0.5 kg,混合拌土封坑,依树龄和产果量可适当增减基肥施入量
10月下旬	早霜树体落叶	杀虫剂	全园连同周边喷杀虫剂,杀灭即将越冬害虫	选用有机化学农药如乐果、辛硫磷、毒死蜱等,全园及周边路、林、渠一并喷洒,杀灭即将越冬成虫,控制越冬虫口基数
		冬灌	冬灌水量大些,灌满田块不排水	每667 m² 进水量70 m³ 以上,田块灌满,堵好入水口,不要排水
11月份	冬季休眠期	护园	做好保护围栏和专人看护	枸杞园周边做好保护林网或绦篱围栏,并有专人看护,防止羊、牛、牲畜进入枸杞园践踏啃食枸杞枝条或树皮,保护枸杞株体安全越冬

附录十五　宁杞7号生产栽培技术规程

"宁杞7号"在青海引种已有6年历史,诺木洪种植的经验告诉人们,该品种丰产、稳定、均匀,比苗木品质有退化现象的"宁杞1号"有潜在优势。

品种特性:自交亲和水平高,单一品种建园可稳产丰产;2~4龄幼树期较宁杞1号增产20%~30%,5龄时即可进入盛果期,较"宁杞1号"提前一年,盛果期单位面积产量较宁杞1号基本相当;鲜果平均单果重0.71~0.89 g,较"宁杞1号"的0.56~0.65 g增加30%以上,制干速度与"宁杞1号"基本相当,干果售价提高30%以上。

同一地域较"宁杞1号"早萌芽4~5天;树体生长旺盛,突出表现为发芽早、生长快、生长量大;腋花芽为主,二年生枝(老眼枝)花量极少(休眠期修剪留枝均需短截),生殖生长强势,耐肥水、耐修剪,当年生枝(七寸枝)成花起始节位与宁杞1号基本相当,每叶腋花蕾1~2枚;当年生结果枝较"宁杞1号"粗长,平均长56 cm,粗0.35 cm,新梢果熟期较"宁杞1号"二年生枝推后3~4天,较当年生新枝提前6~7天,剪截成枝力4.2左右,属中等水平;成熟叶片宽披针形,叶脉清晰、叶片厚、青灰色;根系较宁杞1号肉质、粗壮。

耐盐碱、耐寒、抗寒性与"宁杞1号"相当,宁夏、青海、新疆、甘肃等宁夏枸杞适生区不同气候条件、不同土壤类型试验点上均稳产丰产,较当地主栽品种显著增收,表现出广泛的适应性。

"宁杞7号"配套生产技术:

一、建园

(一)适宜种植区划

适宜种植范围,年降水600 mm以下,年日照时数大于2 600 h以上,年均温5~10 ℃。

(二)园地选择

选择地势平坦,有排灌条件,地下水位1 m以下,较肥沃的沙壤、轻壤或中壤地块;土壤含盐量0.5%以下,pH 8左右,活土层30 cm以上。

(三)园地规划

1. 园地规划集中连片,园地宽度40~50 m,长度 150～200 m,过宽不利于灌溉,两边需留出 2 m 耕作带。

2. 配置道路和水利系统

(1) 合理设置农机具车辆运行道路系统。

(2) 建立完善的排灌系统。

3. 营造防护林带·防护林主林带与当地主风向垂直,乔灌多树种混交;副林带与主林带垂直,设置在地条两头,以窄冠乔木混栽。树种可选择杨柳、洋槐等与枸杞无共生性病害的树种。

4. 整地·上年秋季进行园地平整,平整高差小于 5 cm,深翻 25～30 cm,耙耱后以 335～667 m² 为一小区,建立隔水埂,隔水埂高度 40～50 cm,灌冬水,以备翌年春季栽植苗木。

5. 定植

(1) 种苗:选育单位推荐、确保纯度、无病虫害,植株健壮的嫩、硬枝越冬扦插苗或营养钵苗,同一地条应选用同一类型苗木。

(2) 密度:"永久株行距"单个农户小面积分散栽培以 1.5 m×2.0 m 为宜,小型家庭农场与大型种植企业 1.2 m×3.0 m 为宜,早期为提高产量可株间加倍密植。

(3) 时间:越冬裸根苗在春季解冻后至萌芽前起苗定植;营养钵苗在最低气温稳定通过 2 ℃以上,当地枸杞抽枝后至夏果采收结束前均可定植。

(4) 定植前准备

1) 种苗预处理:裸根苗定植前使用 20 ppm 萘乙酸溶液浸泡 4～6 h 或 200 pp 萘乙酸水溶液速蘸,无条件的单位可将种苗在水中浸泡 24 h 而后定植可显著提高成活率。

2) 定植穴与基肥:按株行距挖直径 30 cm、深 45 cm 的定植穴,穴内基施腐熟有机肥 1.5 kg,氮磷钾 1:1:1 复合肥 100 g 与土拌匀,上覆土 4～6 cm 准备定植。密植时可用大型机械开定植沟,沟底施肥,苗施腐熟有机肥 3～4 m³,复合肥 100 kg。

3) 定植:苗木根系放入定植坑,先填入表土,填土约一半时,稍微向上提苗,使苗木根系舒展,再填入底土。整个过程,边填土,边用脚踩实。填土至苗根茎处,覆土略高于地面。嫩、硬枝扦插苗定植深度以原插穗露出地表为宜,营养袋苗在基质块上覆土 2 cm 左右即可。

4) 灌水:头水应确保边定植边灌水,头水一定要浇透,定植后 20 天左右灌 2 次水,二、三次水间隔应在 30 天以上。

附录十六　地理标志产品　柴达木枸杞(DB63/T1759—2019)

一、范围

本标准规定了柴达木枸杞的术语和定义,地理标志产品保护范围、要求、试验方法、检验规则、标签、标志、包装、运输及贮存。

本标准适用于国家市场监督管理行政主管部门根据《地理标志产品保护规定》批准保护的柴达木枸杞产品。

二、规范性引用文件

下列文件对于本文件的应用是必不可少的,下列文件中的条款通过本标准的引用而成为本标准的条款,凡是注明日期的引用文件,其随后所有的修改单(不包括勘误内容)或修订版均不适用于本标准。

凡是不注日期的引用文件,其最新版本适用于本标准。

GB 4789.4—2016 食品安全国家标准　食品微生物学检验　沙门氏菌检验

GB 4789.5—2012 食品安全国家标准　食品微生物学检验　志贺氏菌检验

GB 4789.10—2016 食品安全国家标准　食品微生物学检验　金黄色葡萄球菌检验

GB 5009.11—2014 食品安全国家标准　食品总砷及无机砷的测定

GB 5009.12—2017 食品安全国家标准　食品中铅的测定

GB/T 5009.34—2016 食品中二氧化硫的测定

GB 5084—2005 农田灌溉水质标准

GB 7718—2011 食品安全国家标准 预包装食品标签通则

GB 15618—2018 土壤环境质量 农用地土壤污染风险管控控制(试行)

GB/T 18672—2014 枸杞

GB 23200.10—2016 食品安全国家标准 桑枝、金银花、枸杞子和荷叶中 488 种农药及相关化学品残留量的测定 气相色谱-质谱法

GB 23200.11—2016 食品安全国家标准 桑枝、金银花、枸杞子和荷叶中 413 种农药及相关化学品残留量的测定 液相色谱-质谱法

DB63/T 917—2010 枸杞病虫害防治技术规程

三、术语和定义

下列术语和定义适用于本文件。

(一)外观

枸杞的颜色、光泽、颗粒均匀整齐度和洁净度。

(二)杂质

一切非本品物质。

(三)不完善粒

尚有使用价值的枸杞破碎粒、未成熟粒和油果。

1. 破碎粒·失去部分达颗粒体积 1/3 以上的颗粒。

2. 未成熟粒·颗粒不饱满,果肉少而干瘪,颜色过淡,明显与正常枸杞不同的颗粒。

3. 油果·成熟过度或雨后采摘的鲜果因烘干或晒干或晾晒不当,保管不好,颜色变深,明显与正常枸杞不同的颗粒。

(四)无使用价值颗粒

被虫蛀、粒面病斑面积达 $2\ mm^2$ 以上、发霉、变黑、变质的颗粒。

(五)百粒重

100 粒枸杞的克数。

(六)粒度

50 g 枸杞所含颗粒的个数。

四、地理标志保护范围

柴达木枸杞地理标志产品保护范围限于国家质量监督检验检疫总局行政主管部门根据《地理标志产品保护规定》批准的范围位于东经 90°05′~99°45′,北纬 35°02′~39°20′之间,辖区面积 286 626.16 km^2,海拔高度在 2 600~3 200 m,适宜种植的区域。

五、管理

(一)立地条件

1. 产地环境·产地范围内海拔 2 700~30 00 m,pH7.5~8.5,土壤类型为灰棕漠土、风沙土、棕钙土、灰钙土、栗钙土,有效活土层>30 cm,地下水位≥2 m,土壤含盐量≤0.5%,pH 7.5~8.5。

2. 气候条件·年均气温≥4℃,大于等于 10 ℃ 的有效积温不小于 1 600 ℃,年日照时数不小于 3 000 h。

3. 土壤条件·选择土层深厚,土层疏松,有排灌条件的灰棕漠土、风沙土、棕钙土、灰钙土、栗钙土,pH 7.5~8.5,有效活土层>30 cm,地下水位≥2 m,土壤含盐量≤0.5%。

(二)栽培技术

品种选用柴杞 1 号、柴杞 2 号、柴杞 3 号、宁杞 1 号、宁杞 5 号、宁杞 7 号等在柴达木盆地适宜的通过审定的优良品种。

(三)种苗选择

选择无性扦插繁育(硬质扦插、嫩枝扦插)或组织培养育苗技术,禁止使用实生苗、分蘖苗及采用基因工程技术繁育的种苗。

(四)定植

以春季定植,春季 4~5 月按密度株行距 1 m×3 m 或 1 m×2 m 进行定植。

(五)施肥

基肥在 10 月中旬或 4 月上旬,采用经发酵无害化处理的有机肥,追肥结合催梢促果、壮条于 6 月中下旬,8 月中旬分别进行一次。

(六)灌水

根据土壤墒情灌水,冬水和春季头水量每公顷水量 1 050 吨。生长季宜浅灌每公顷数量 900 吨,提倡采用节水灌溉,水质符合 GB 5084—2005 农田灌溉水质标准的规定。

（七）整形修剪

1. 主要树形·树形采用自然半圆形或伞形。

2. 修剪·第一年选组织，第二年到第三年培养冠层，第三年到第四年枝条去旧留新，增加枝级和有效结果枝数，利用徒长枝短截补空，以保持树冠疏密分布均匀、圆满。

（八）病虫害防治

坚持预防为主综合防治的植保方针，按照 DB63/T 917—2010 执行（枸杞病虫害防治技术规程）。

六、采收

采收期在 8 月中旬到 10 月中旬。鲜果至九成熟采摘，不宜在晨露、雨水未干时采摘，采摘时要轻采轻放。

（一）制干

采回的鲜果用油脂冷浸液、碳酸钠/碳酸氢钠进行脱蜡处理，然后采用自然晾晒或热风烘干进行制干。

（二）感官指标

应满足表附-13 的要求。

表附-13　柴达木枸杞感官指标

项目	等级及要求			
	特优	特级	甲级	乙级
形状	类纺锤型略扁稍皱缩	类纺锤型略扁稍皱缩	类纺锤型略扁稍皱缩	类纺锤型略扁稍皱缩
杂质	不得检出	不得检出	不得检出	不得检出
色泽	果皮鲜红色、紫红色或枣红色	果皮鲜红色、紫红色或枣红色	果皮鲜红色、紫红色或枣红色	果皮鲜红色、紫红色或枣红色
滋味、气味	具有枸杞应有的滋味、气味	具有枸杞应有的滋味、气味	具有枸杞应有的滋味、气味	具有枸杞应有的滋味、气味
不完善粒（%）（w/w）	≤1.0	≤1.5	≤3.0	≤3.0
无使用价值颗粒	不允许有	不允许有	不允许有	不允许有

（三）理化指标

应满足表附-14 的要求。

表附-14　柴达木枸杞理化指标

项目	等级及指标			
	特优	特级	甲级	乙级
粒度（粒/50g）	≤200	≤260	≤350	≤380
枸杞多糖（%）	≥3.2	≥3.2	≥3.2	≥3.2
水分（%）	≤13.0	≤13.0	≤13.0	≤13.0
总糖（以葡萄糖计）（%）	≥46.0	≥46.0	≥46.0	≥46.0
蛋白质（%）	≥10.0	≥10.0	≥10.0	≥10.0
脂肪（%）	≥5.0	≥5.0	≥5.0	≥5.0
灰分（%）	≤6.0	≤6.0	≤6.0	≤6.0

（四）卫生指标及农残指标

应满足表附-15 的要求。

表附-15　枸杞卫生指标

序号	项目	单位	限量
1	沙门氏菌	个/100 g	不得检出
2	志贺菌	个/100 g	不得检出
3	金黄色葡萄球菌	个/100 g	不得检出
4	无机砷	以 As 计，mg/kg	≤0.05
5	铅	以 Pb 计，mg/kg	≤0.20
6	二氧化硫	mg/kg	不得检出
7	农药残留	符合 GB/T 18672—2014　枸杞规定	

七、试验方法

（一）感官指标、理化指标

按 GB/T 18672—2014 执行。

（二）卫生指标

1. 无机砷的测定·按 GB 5009.11—2014 测定。

2. 铅的测定·按 GB 5009.12—201 测定。

3. 氧化硫的测定·按 GB/T 5009.34—2016 测定。

4. 致病菌的测定·按 GB 4789.4—2016、GB 4789.5—2012、GB 4789.10—2016 测定。

5. 农药残留限定指标测定·按 GB/T 23200.11—2016 和 GB/T 23200.10—2016 执行。

八、判定规则

检验项目如有一项不符合本规定，判该产品为不合格，不得复验。出厂检验如有不合格项时，则应在同批产品中加倍抽样，对不合格项目复验，以复验结果为准。

九、标签、标志、包装、运输、存储

（一）标签

标签应符合 GB 7718—2011 的规定。

（二）标志

标志预包装食品标签通则的规定，获得柴达木枸杞地理标志授权后方可在包装上使用地理标志专用标签。

（三）包装

1. 包装容器（袋）应用干燥、清洁、无异味并符合国家食品卫生要求的包装材料。

2. 包装要牢固、防潮、整洁、美观、无异味、能保护枸杞的品质，便于装卸、仓储和运输。

3. 预包装产品净含量允差应符合《定量包装商品计量监督管理办法》的规定。

（四）运输

运输工具应整洁、干燥、无异味、无污染。运输时应防雨防潮，严禁与有毒、有害、有异味、易污染的物品混装、混运。

（五）储存

产品贮存于清洁、阴凉、干燥、无异味的仓库中，不得与有毒、有害、有异味及易污染的物品共同存放。

致　谢

本专著历经课题立项、调研实施、样品采集、文献检索汇总、实验检测分析、书稿撰写、修订校样等过程,历时 4 年。本书的出版,得益于青海省科技厅项目的支持;得益于青海省药品检验检测院、青海省中藏药现代化研究重点实验室领导、相关专家与技术人员的支持;得益于所有编者的通力合作。在此表示最诚挚的感谢!

本书在编写过程中,得到了宁夏农林科学院枸杞研究所、中国科学院西北高原生物研究所、上海中医药大学、青海师范大学生命科学学院、青海省气象局、青海省出入境检验检疫局综合技术中心、青海省中医院、青海省海西州食品药品检验所的积极合作与帮助;得到了青海大学农林科学院王占林、樊光辉教授以及原青海省药品检验所宗玉英副主任药师的指导,并提供部分有价值的资料。在项目调研与采样期间,得到了青海杞酒庄园生物科技开发有限公司、青海康宁医药连锁有限公司、青海康普生物科技股份有限公司、青海大漠红枸杞有限公司、青海昆仑河枸杞有限公司、青海仁玮医药有限公司的工作指导,并提供便利;得到青海摄影家协会原副主席樊大新和青海著名摄影家李双京同志的帮助,实地拍摄枸杞种植基地和枸杞样本,并进行后期制作;得到青海省林业厅、青海省统计局、青海省海西州各级政府及相关业务部门的大力支持;得到同行张宏涛、赵志杰、杨海源、乔亚玲、袁璐、刘子霞、刘晓玲、江龙、郭安青、王菲、郭凯宁、何存玲、唐启奎、马捷男、雷迪等人帮助与支持,谨此一并致谢。

特别感谢中国工程院院士吴天一先生在百忙之中为本书作序。

本书由青海省科技基础条件平台建设专项——青海省药品检验检测平台(项目编号:2017 - ZJ - Y40)等项目资助。

编著者

2020 年 1 月